《 互联网＋新编全功能实战型教材 》

中文版 3ds Max/VRay 效果图设计与制作案例教程

（含微课）

主　编　卢彦臣　周士锋　周晓芬
副主编　闫　丽　张　涛　陈　晨
王红伟　王志华

北京希望电子出版社
Beijing Hope Electronic Press
www.bhp.com.cn

内容简介

本书通过 300 个 3ds Max/VRay 室内外建筑效果图及相关构件器具的经典实例，从基础建模到完整室内外建筑效果图制作，以通俗易懂的讲解方式将理论知识与实际操作融会贯通，使读者能够由浅入深、循序渐进地进行学习。

本书共分 15 章，第 1～9 章全方位地介绍照明灯具、室内家具、日用品、厨卫器具、器材设备、果蔬食物、植物盆栽、户外小品及五金构件等各类常用构件器具模型的制作过程；第 10～15 章主要介绍室内外建筑效果图的制作过程。

本书内容全面，结构合理，实例丰富，讲解到位，适合初、中级读者自学、查阅，也可以作为大中专院校相关专业及建筑设计、室内外装潢设计等培训机构的教材用书。

本书配套资源包括书中实例的视频教学文件、场景文件、素材文件和效果文件等。

图书在版编目（CIP）数据

中文版 3ds Max/VRay 效果图设计与制作案例教程/卢彦臣，周士锋，周晓芬主编．—北京：北京希望电子出版社，2020.8（2023.8 重印）

ISBN 978-7-83002-784-1

Ⅰ.①中…　Ⅱ.①卢…　②周…　③周…　Ⅲ.①三维动画软件－教材　Ⅳ.①TP391.414

中国版本图书馆 CIP 数据核字（2020）第 154717 号

出版：北京希望电子出版社

地址：北京市海淀区中关村大街 22 号

中科大厦 A 座 10 层

邮编：100190

网址：www.bhp.com.cn

电话：010-82626270

传真：010-62543892

经销：各地新华书店

封面：赵俊红

编辑：李小楠

校对：石文涛

开本：889mm×1194mm　1/16

印张：27.5（全彩印刷）

字数：1066 千字

印刷：唐山唐文印刷有限公司

版次：2023 年 8 月 1 版 2 次印刷

定价：98.00 元

实例001　吊灯类——田园小清新玻璃吊灯

实例002　吊灯类——欧式客厅水晶吊灯

实例003　吊灯类——中式木质吊灯

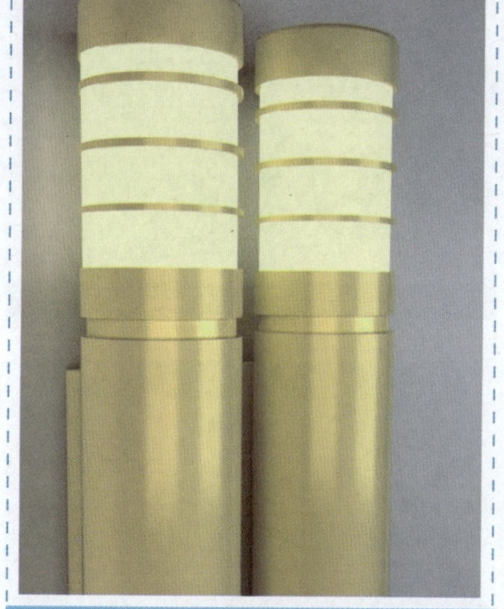
实例006　壁灯类——筒式壁灯

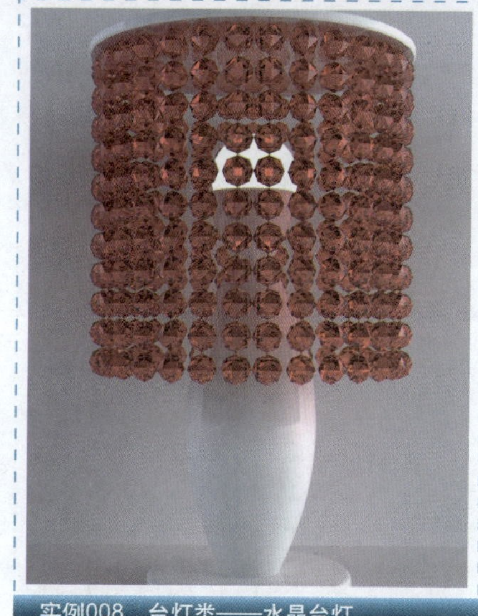
实例008　台灯类——水晶台灯

实例009　台灯类——时尚台灯

实例010　落地灯类——中式落地灯

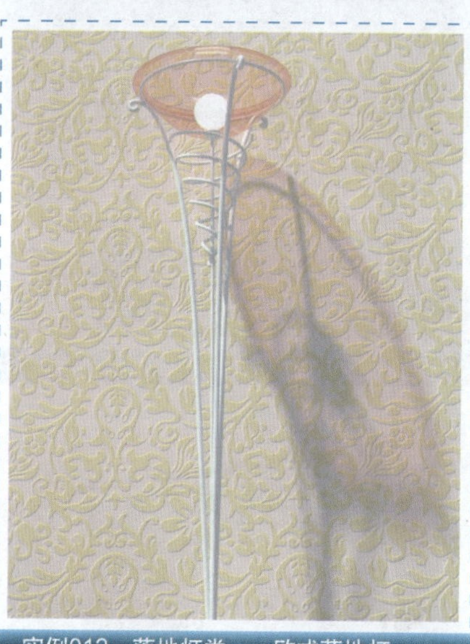
实例012　落地灯类——欧式落地灯

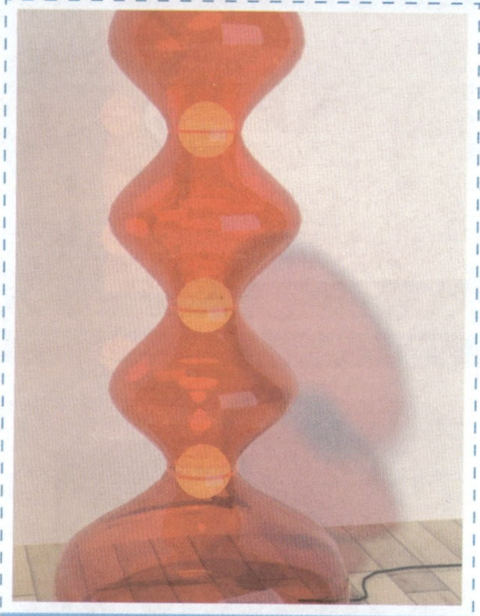
实例013　落地灯类——创意柔美落地灯

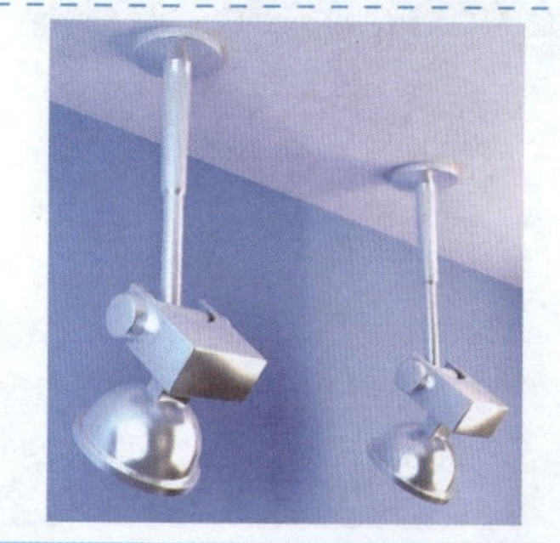
实例016　射灯类——工装射灯

实例017　草坪灯类——普通草坪灯

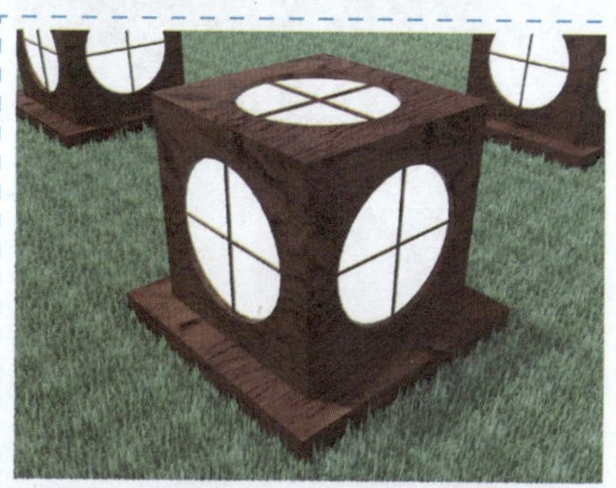
实例019　草坪灯类——仿古草坪灯

实例025 客厅家具类——玻璃茶几

实例026 客厅家具类——圆形茶几

实例027 客厅家具类——仿古中式茶几

实例028 客厅家具类——休闲躺椅

实例030 客厅家具类——边柜

实例032 客厅家具类——储物架

实例037 卧室家具类——铁艺床

实例038 卧室家具类——沙发椅

实例039 卧室家具类——现代中式床

实例040 卧室家具类——软床

实例041 卧室家具类——罗汉床

实例042 卧室家具类——欧式床头柜

实例046 卧室家具类——仿中式衣柜

实例047 卧室家具类——推拉门衣柜

实例050 餐厅家具类——中式餐椅

实例052　餐厅家具类——中式餐桌

实例053　餐厅家具类——实木餐桌

实例055　餐厅家具类——简约餐桌

实例057　其他家具类——时尚椅子

实例059　其他家具类——吧椅

实例061　陈设品类——竹节花瓶

实例122　电器设备类——电视机

实例128　电器设备类——吊扇

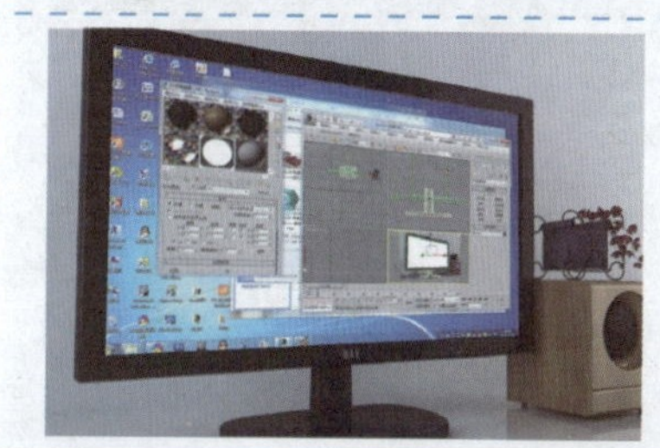
实例130　电器设备类——显示器

实例150　水果类——橙子

实例152　水果类——哈密瓜

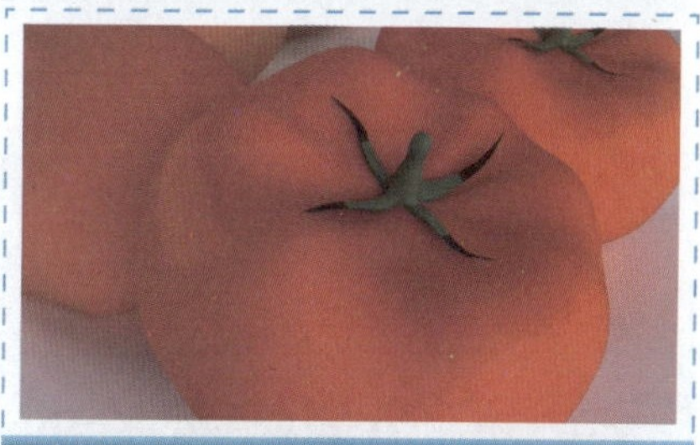
实例154　蔬菜类——西红柿

实例175　建筑小品类——石灯

实例176　建筑小品类——垃圾桶

实例177　建筑小品类——花箱

实例203　隔断类——时尚隔断

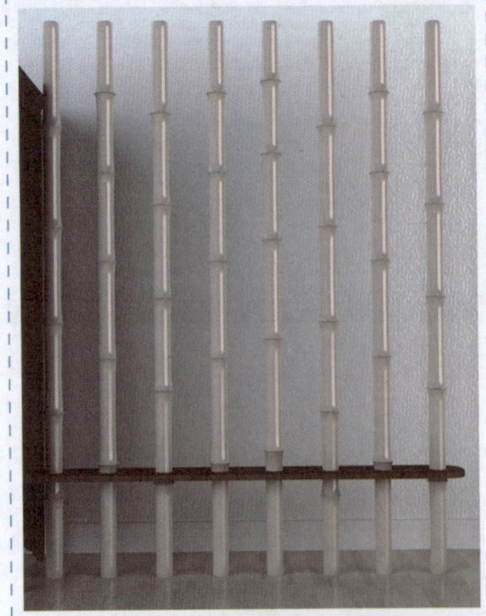
实例204　隔断类——竹子隔断

实例211　窗类——欧式窗

实例213　屏风类——中式屏风

实例214　屏风类——简约屏风

实例215　屏风类——弧形屏风

实例219　楼梯类——L形楼梯

实例220　楼梯类——螺旋楼梯

实例221　拉手类——球形拉手

实例228　其他构件类——壁炉

实例229　其他构件类——罗马柱

实例230　其他构件类——半圆柱

3ds Max是近年来备受瞩目的应用软件，它集三维建模、材质制作、灯光设定、摄影机设置、动画设定及渲染输出于一身，提供了三维动画及静态效果图制作全面、完整的解决方案，成为当今各行各业使用较为广泛的三维制作软件。特别是在建筑行业中，受到建筑设计师和室内外装潢设计师的青睐。在3ds Max系统中，如果使用VRay渲染器进行渲染，可以尽情地发挥想象，制作出富有真实感的效果图。

本书以300个精心设计的实例向读者详细介绍了3ds Max有关三维建模、材质制作、灯光设定和渲染输出等的强大功能，在实例的具体编写中注重将理论与实践紧密结合，实用性和可操作性较强。相较于其他3ds Max实例类书籍， 本书具有以下特色。

循序渐进：本书设计了300个实例，从最基础的设置与操作入手，由浅入深，从易到难，使读者循序渐进地学到3ds Max的重要技术（三维建模、材质制作、灯光设定和渲染输出等）及相关技巧，同时掌握建筑及室内外装潢设计行业内的相关知识。

技术手册：在以实例介绍软件功能的同时，针对技术难点给出提示，使读者在充分掌握所学知识的基础上，在实际工作中遇到问题时能够及时解决。

速查手册：在实际工作中拿到一个项目后，往往会先制作模型，这时可以根据本书目录或彩插方便地查找到相应的参考内容，以激发设计灵感，使制作思路更清晰。

广泛适用：本书内容全面，结构合理，实例丰富，讲解到位，图文并茂，不仅可以供初、中级读者自学、查阅，也可以作为大中专院校相关专业及建筑设计、室内外装潢设计等培训机构的教材用书。

技术含量：由专门从事3ds Max培训的老师编写而成，包括详细的制作过程及视频教学（视频教学中不仅录制了书中实例的操作过程，还穿插有书中未涉及的专业知识）。

配套文件：书中实例的视频教学文件、场景文件、素材文件和效果文件等。

注意：书中实例操作步骤配图中的文件路径仅作为教学使用，相关配套文件路径请参考实例操作步骤前所示各项；书中实例操作步骤配图中因软件版本的界面显示问题，一些参数或命令为英文状态，为方便读者学习，在操作步骤讲解中以中文说明。

本书由兰州职业技术学院的卢彦臣、河南农业职业学院的周士锋和甘肃省广播电视学校的周晓芬担任主编，由三门峡职业技术学院闫丽、兰州职业技术学院的张涛和陈晨、漯河职业技术学院的王红伟、郑州工业安全职业学院的王志华担任副主编。本书的相关资料和售后服务可扫描封底二维码或登录www.bjzzwh.com下载获得。

由于编者水平有限，书中难免有不足和疏漏之处，恳请读者批评指正。

编　者

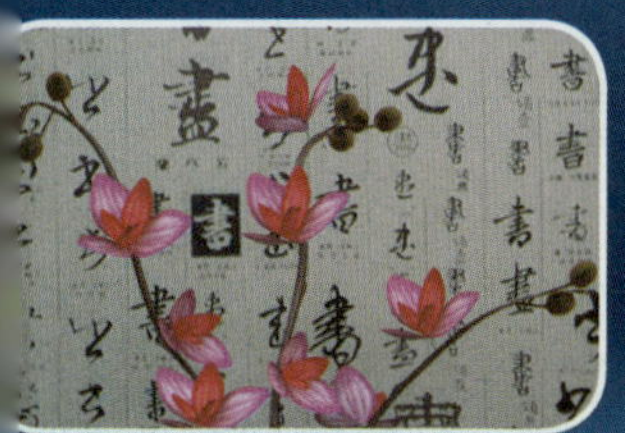

目 录 CONTENTS

第1章 照明灯具

第2章 室内家具及其他

第3章 日用品及其他

第4章 厨卫器具

第5章 器材设备

第6章 果蔬及其他

第7章 植物盆栽

第8章 户外小品

第9章 门窗、五金构件及其他

第10章 轻奢华欧式客厅

第11章 时尚现代卧室

第12章 现代家庭健身房

第13章 阳台花房空间

第14章 简欧风格的独栋别墅

第15章 花园式住宅

第1章 照明灯具

本章主要介绍室内各种灯具的制作。作为装修装饰中的最后一个环节，灯具是较能体现品位和档次的重要装饰材料之一。它的应用非常广泛，大到酒店、宾馆、饭店、会议室，小到客厅、餐厅、卫生间，各类灯具可以说是无处不在。

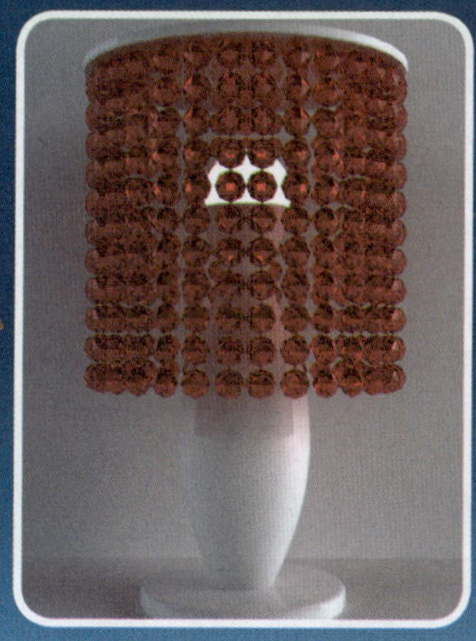

实例001 吊灯类——田园小清新玻璃吊灯

实例效果剖析

在制作田园小清新玻璃吊灯前，首先要分析其应用在什么场景中，需要与什么风格的场景来搭配，这样才能使整体效果更加亮丽，从而起到画龙点睛的作用。

田园小清新玻璃吊灯主要是体现其质感的通透和风格的清新，以凸显田园意趣。在本例田园小清新玻璃吊灯的设计中，整体给人的感觉是清丽脱俗。

本例制作的田园小清新玻璃吊灯，效果如图1-1所示。

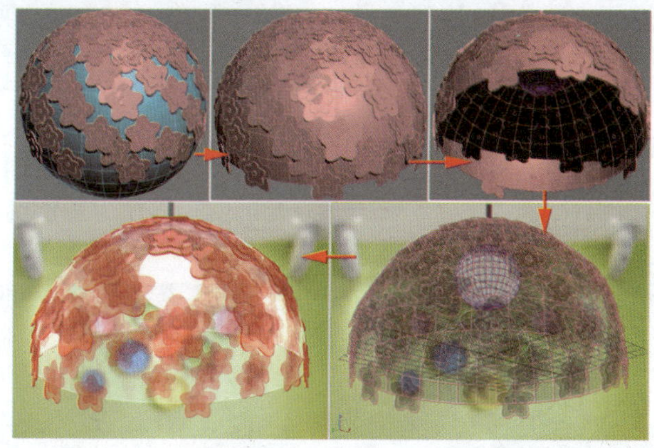

图1-1 效果展示

实例技术要点

本例中主要用到的功能及技术要点如下。

- 创建球体：将其作为内侧的灯罩和灯泡。
- 创建星形和圆柱体：为星形施加修改器组合以完成灯罩上玻璃碎花效果的制作。
- 使用“散布”工具：将碎花分布到球体灯罩上。
- 设置玻璃材质：用来表现玻璃灯罩和玻璃碎花的效果。
- 设置发光材质：用来制作灯泡效果。
- 设置金属材质：将其作为吊灯支架的材质。
- 创建灯光和摄影机：为场景指定一个视口观察角度，并设置照明效果。
- 设置渲染输出：为环境设置背景并渲染输出，完成本例的制作。

实例制作步骤

场景文件路径	Scene\第1章\实例001 田园小清新玻璃吊灯.max	
贴图文件路径	Map\	
视频路径	视频\cha01\实例001 田园小清新玻璃吊灯.mp4	
难易程度	★★	学习时间
		17分49秒

❶ 制作玻璃碎花灯罩。启动3ds

Max，重置一个新的场景文件，在“顶”视图中创建一个合适大小的球体，效果如图1-2所示。

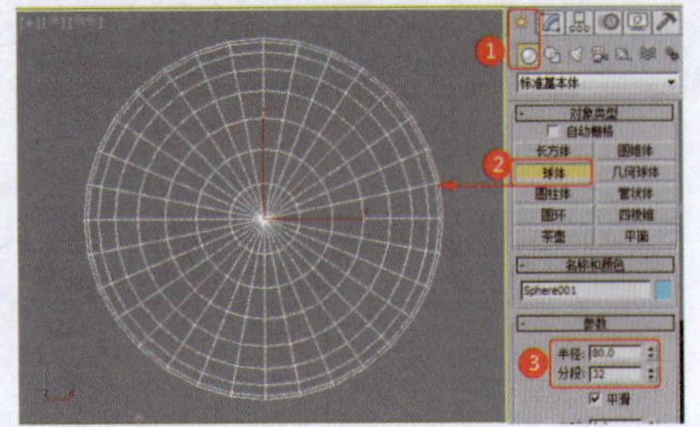

图1-2 创建球体

❷在“顶”视图中创建一个星形，将其命名为“Star001”，并设置合适的参数，效果如图1-3所示。

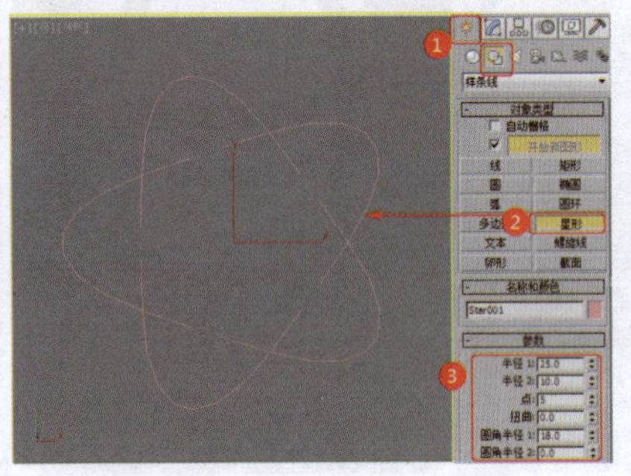

图1-3 创建星形

❸为星形“Star001”施加“编辑样条线”修改器，定义选择集为“顶点”，选择如图1-4所示的顶点，对其进行焊接。

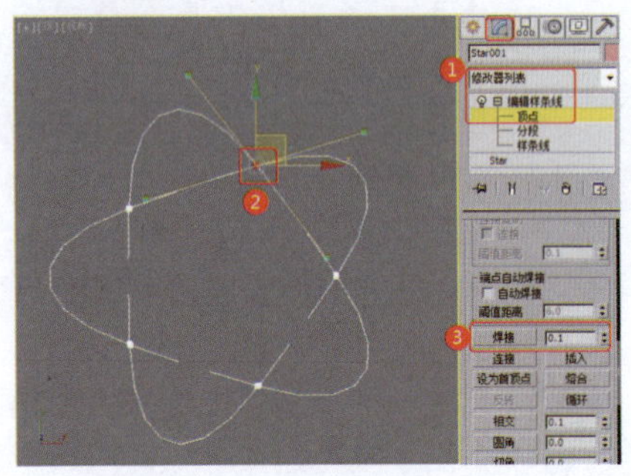

图1-4 选择顶点并进行焊接

❹一组一组地进行顶点焊接，焊接顶点后的图形效果如图1-5所示。

提 示

由于创建的星形各顶点的控制点是交错的，挤出后的效果不理想，在此需要调整这些顶点的控制点，使其不再交错，最好的方法就是将堆叠在一起的星形控制点焊接为一个顶点。

❺关闭选择集，为星形“Star001”施加“挤出”修改器，设置合适的“数量”数值，效果如图1-6所示。

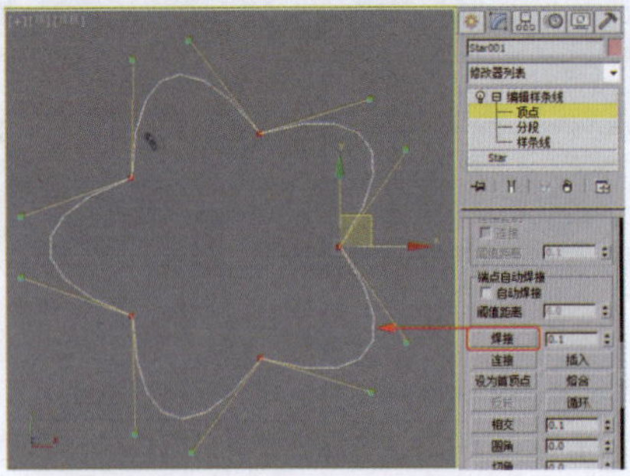

图1-5 焊接后的效果

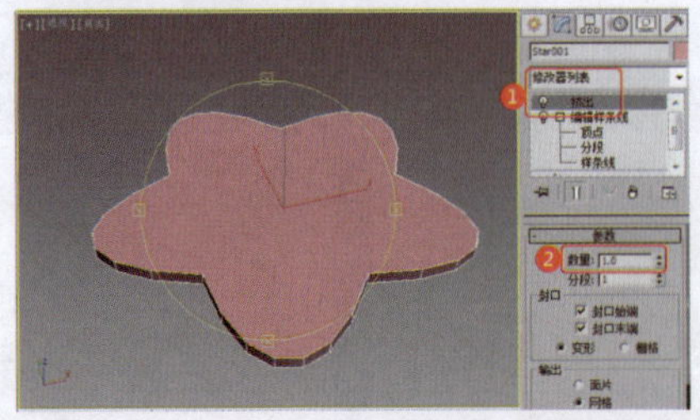

图1-6 为星形施加“挤出”修改器

❻按Ctrl+V组合键，复制出一个星形模型并缩放其大小，效果如图1-7所示。

提 示

快速复制的方法有很多，按Ctrl+V组合键是其中较为常用的，也可以使用“移动”“旋转”“缩放”等工具并按住Shift键，根据自己的喜好使用适合的复制方法对模型进行复制。

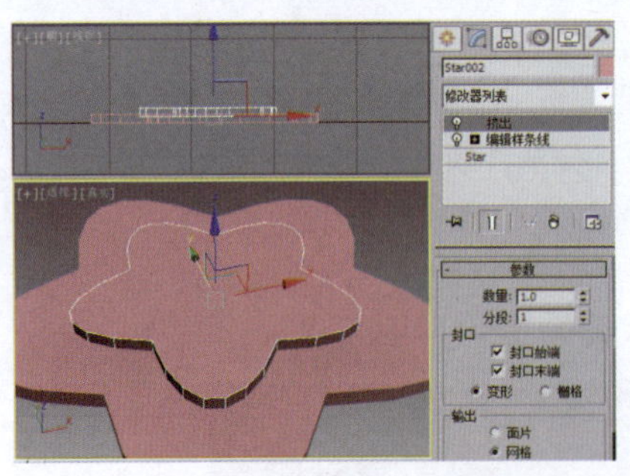

图1-7 复制星形

❼在“顶”视图中，在星形模型的中间位置创建圆柱体，并设置合适的参数，效果如图1-8所示。

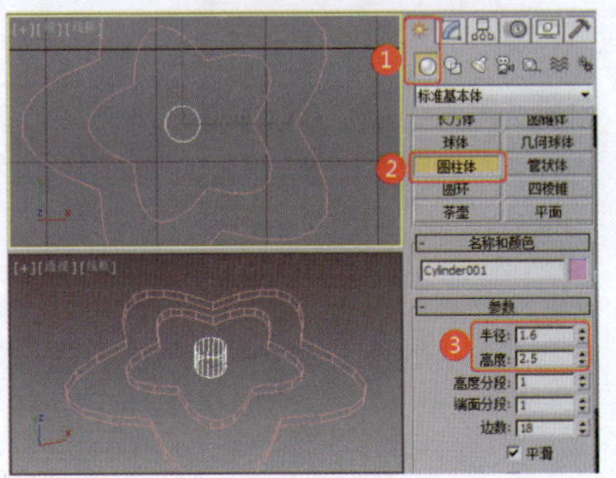

图1-8 创建圆柱体

❽选择模型“Star001”，为其施加“编辑多边形”修改器，使用“附加”工具，将另一个星形和星形中间的圆柱体附加为一个模型，效果如图1-9所示。

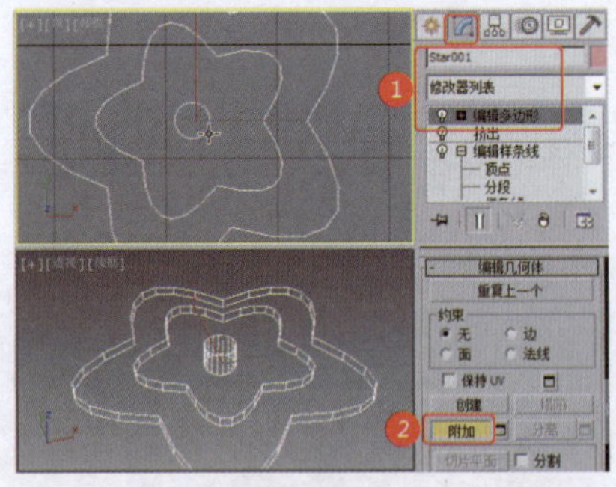

图1-9 附加为一个模型

❾选择模型“Star001”，使用“散布”工具，拾取球体作为散布对象，效果如图1-10所示。

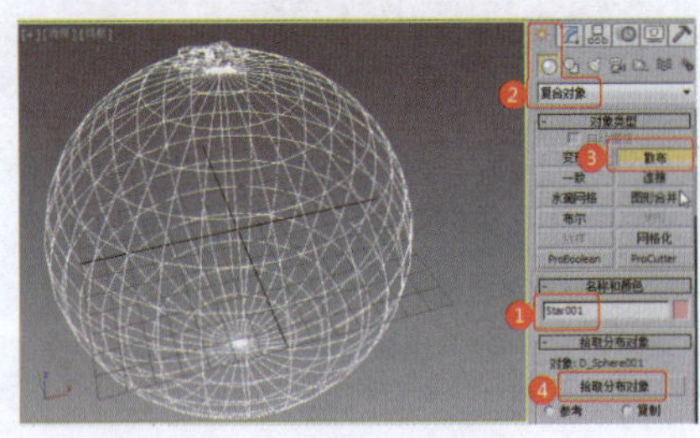

图1-10 拾取球体作为散布对象

❿设置散布的参数，效果如图1-11所示。

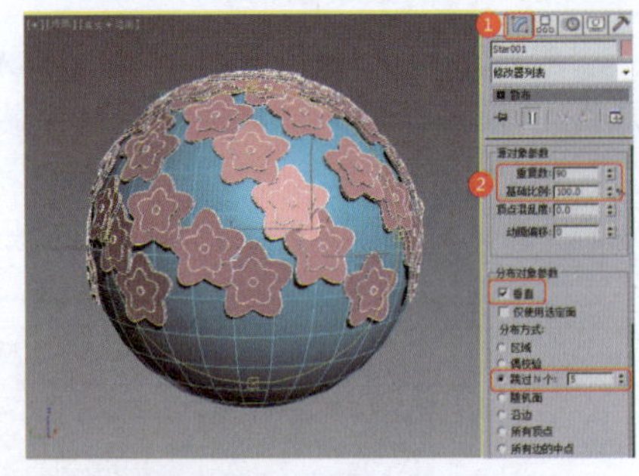

图1-11 设置散布的参数

⓫选择模型“Star001”，隐藏未选定的对象以便于制作模型，效果如图1-12所示。

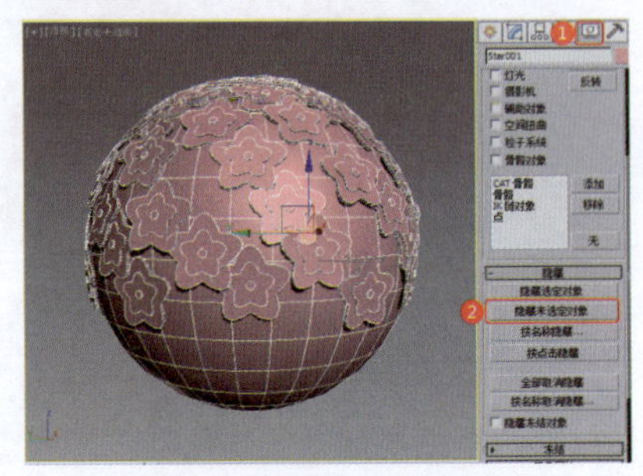

图1-12 隐藏未选定的对象

⑫ 为模型“Star001”施加“编辑多边形”修改器，定义选择集为“元素”，选择球体元素，效果如图1-13所示。

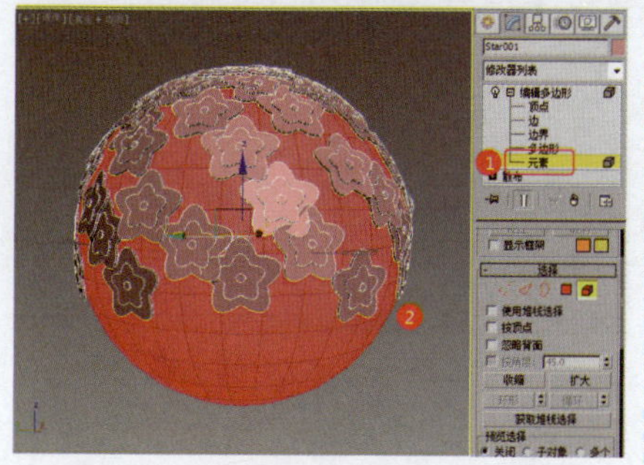

图1-13 选择球体元素

⑬ 定义选择集为“多边形”，按住Alt键，减选如图1-14所示的球体部分，按Delete键将选择的多边形删除。

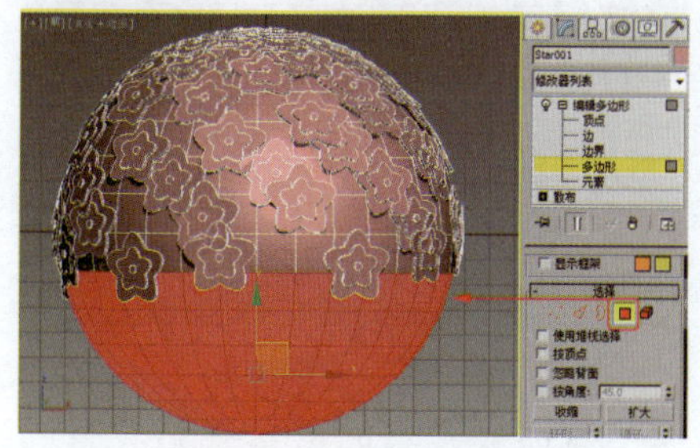

图1-14 定义选择集为“多边形”

⑭ 继续选择元素，并选择半球模型，将其分离出来，效果如图1-15所示。

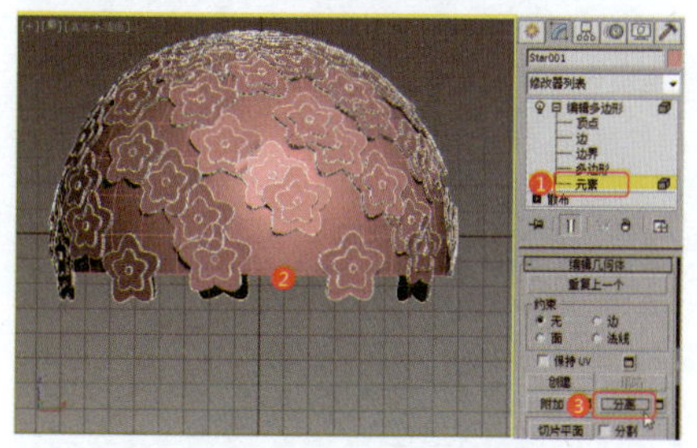

图1-15 分离模型

⑮ 关闭选择集。选择分离出去的对象，为其施加“壳”修改器，使用默认的参数设置，效果如图1-16所示。

提 示

删除多边形后的球体剩下一层薄片，施加“壳”修改器后可产生厚度。

⑯ 创建可渲染的样条线，将其作为支架，效果如图1-17所示。

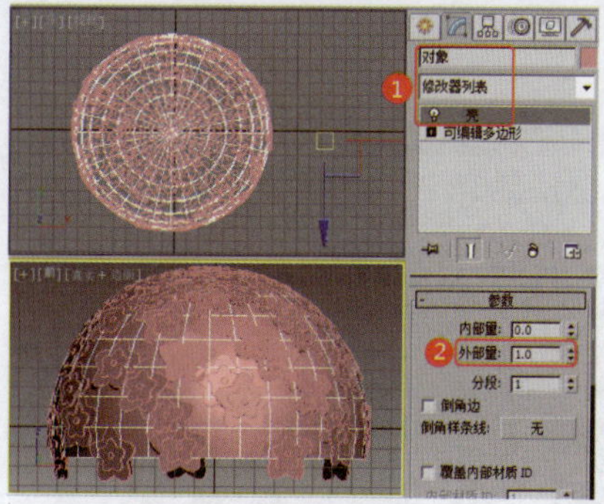

图1-16 为半球施加“壳”修改器

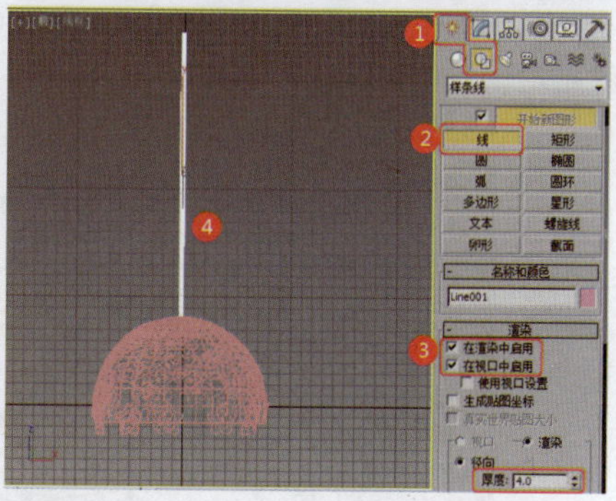

图1-17 创建可渲染的样条线

⑰ 创建球体，将其作为灯，效果如图1-18所示。

⑱ 创建摄影机，为其调整合适的位置和角度，效果如图1-19所示。

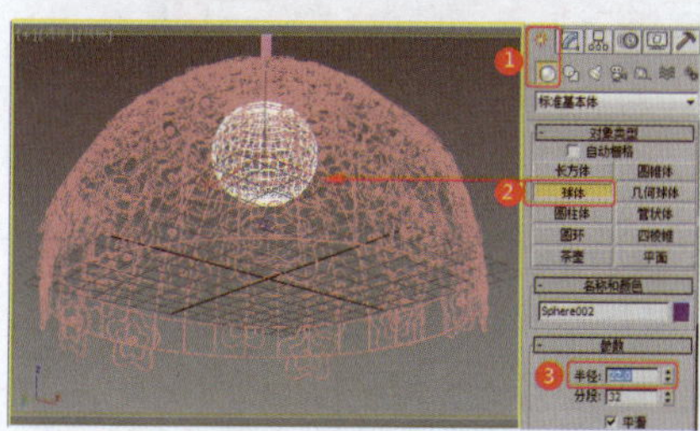

图1-18 创建球体

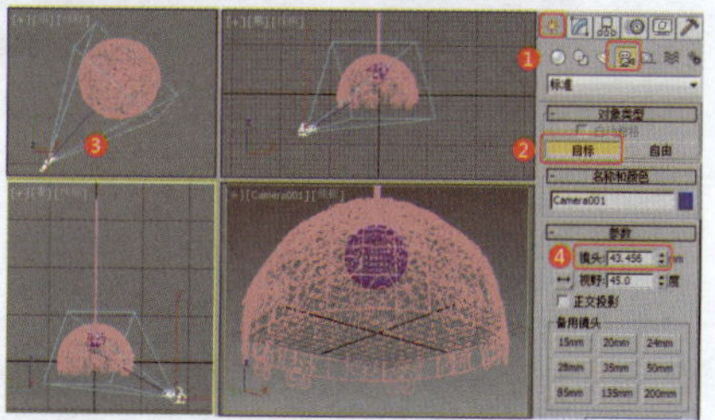

图1-19 创建摄影机

技 巧

在“透视”视图中调整视图的角度，按Ctrl+C组合键可以在当前的视图角度中创建摄影机。

⑲ 为场景模型设置材质。在场景中选择灯罩上的碎花模型，打开材质编辑器，设置一个VRay材质，将其作为红色玻璃材质，双击材质名称，显示参数面板，在“基本参数”卷展栏中设置合适的参数，如图1-20所示，将材质指定给选定对象。

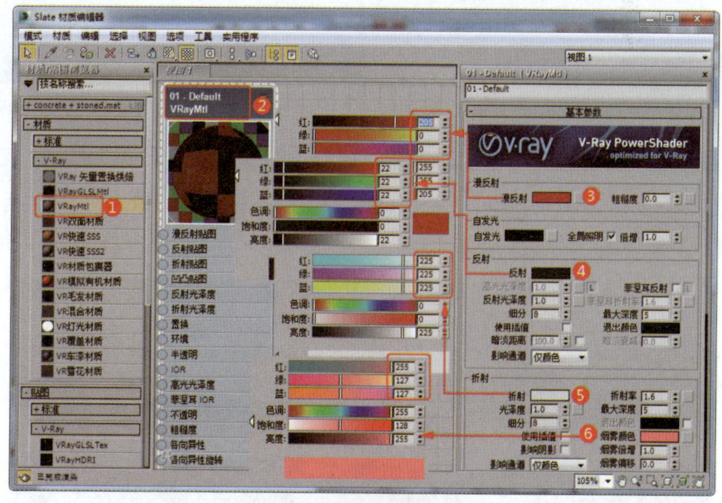

图1-20 设置红色玻璃材质

技 巧

“反射”参数的色块颜色决定了反射的强度，颜色越接近白色，反射的效果越强烈，反之则越暗淡，颜色为白色时该材质为镜面效果材质。“折射”参数的色块颜色决定了透明的程度，颜色越接近白色，折射的效果越透明，颜色为白色时该材质为透明材质。可以通过设置颜色来调整透明材质。

⑳ 再次设置一个VRay材质，将其作为蓝色玻璃材质，如图1-21所示，将材质指定给场景中的半球模型。

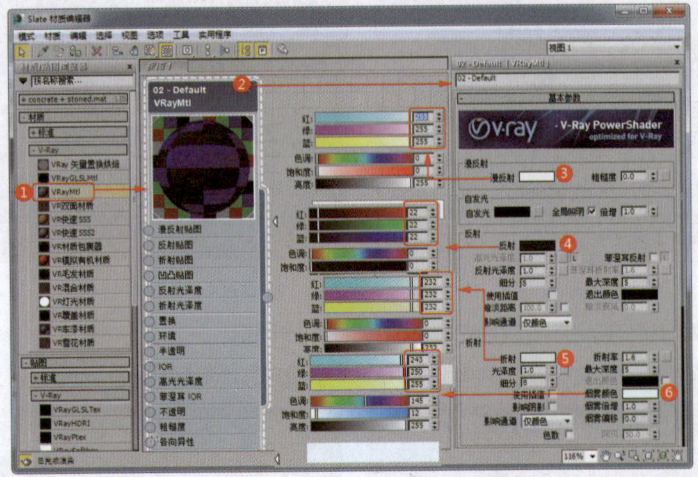

图1-21　设置蓝色玻璃材质

㉑ 设置一个VR灯光材质，设置合适的参数，并将材质指定给场景中的灯泡球体模型，效果如图1-22所示。

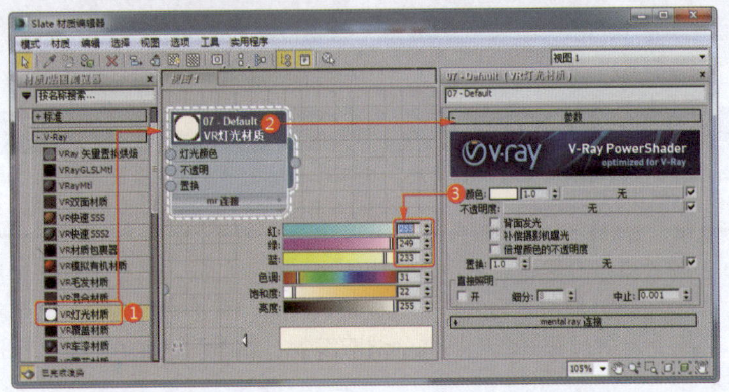

图1-22　设置灯泡材质

提　示

利用VR灯光材质可以使场景产生照明效果。通过设置“倍增”参数调整照明的强弱程度，默认数值为1；通过设置“颜色”参数决定发光的颜色。

㉒ 设置塑料材质。设置一个VRay材质，设置合适的参数，如图1-23所示，将材质指定给场景中的吊灯支架。

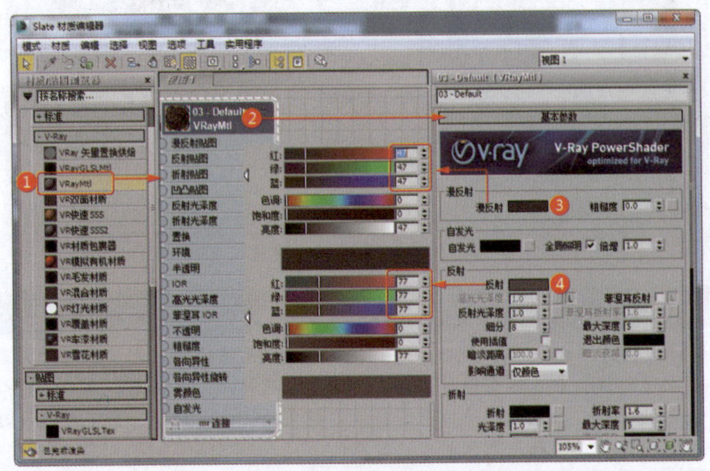

图1-23　设置吊灯支架材质

㉓ 在场景中创建VR灯光，并调整灯光的照射角度和参数，效果如图1-24所示。

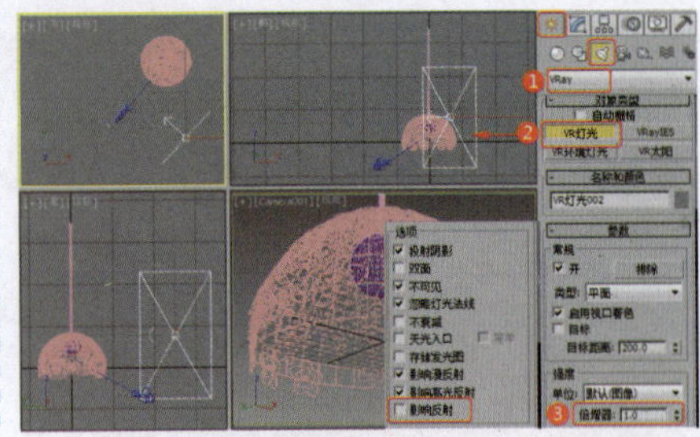

图1-24　创建第一盏灯光

㉔ 复制并调整灯光的大小及位置，效果如图1-25所示。

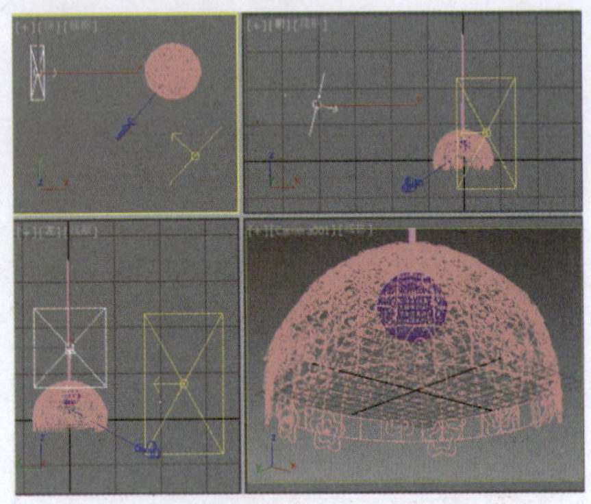

图1-25　复制灯光

㉕ 设置场景的渲染参数。打开“渲染设置”面板，在“公用”选项卡中设置“输出大小”选项组中的参数，如图1-26所示。

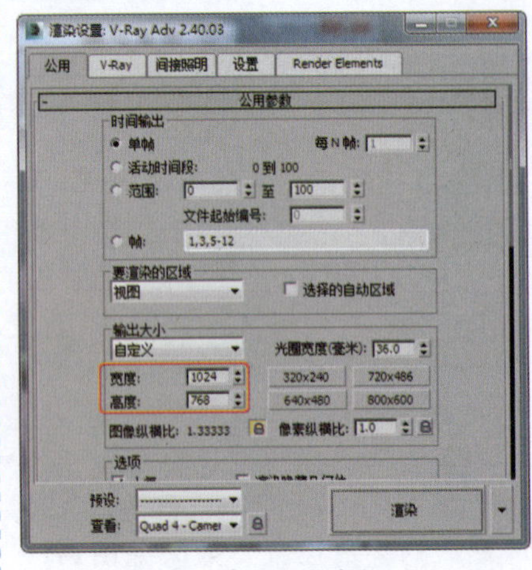

图1-26　设置参数

㉖ 选择“V-Ray”选项卡，设置“V-Ray:：全局开关”和“V-Ray:：图像采样器（反锯齿）”卷展栏参数，如图1-27所示。

㉗ 设置“V-Ray:：固定图像采样器”和“V-Ray:：环境”卷展栏参数，如图1-28所示。

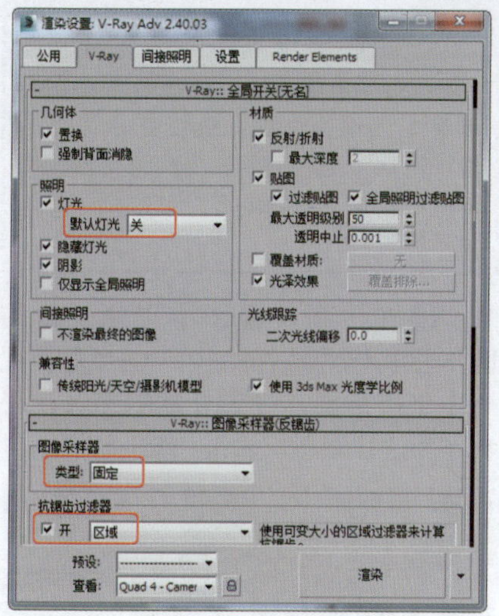
图1-27 设置参数

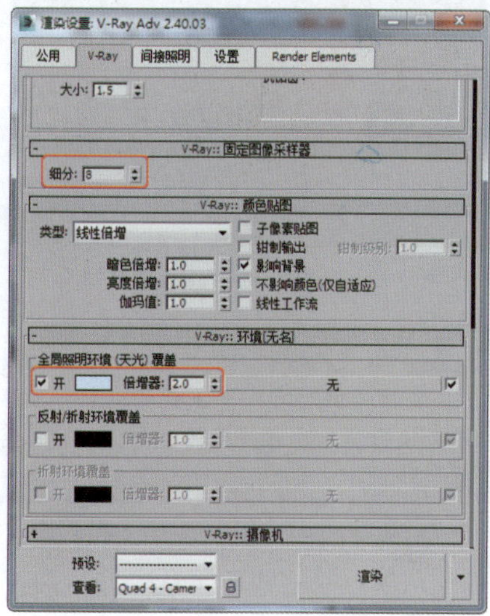
图1-28 设置参数

㉘选择“间接照明”选项卡，设置“V-Ray:：间接照明（GI）”和“V-Ray:：发光图”卷展栏参数，如图1-29所示。

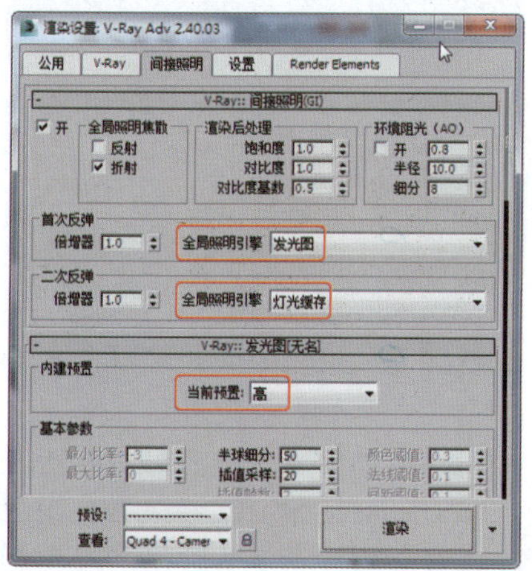
图1-29 设置参数

㉙设置“V-Ray:：灯光缓存”卷展栏参数，如图1-30所示。

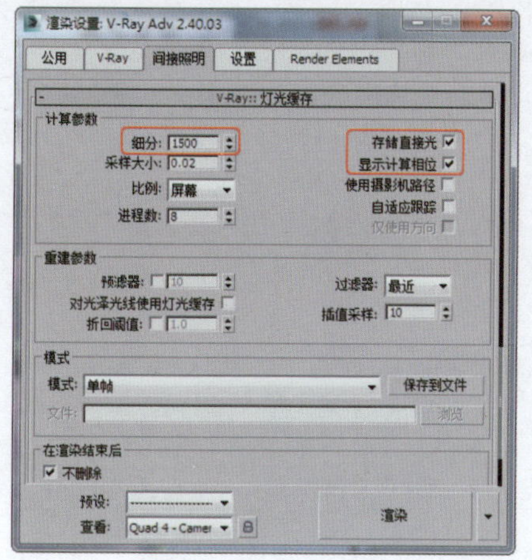
图1-30 设置参数

技 巧

本书中的渲染设置基本相同，在后面的章节中不再赘述，除非设置不同参数的特殊场景。

㉚按8键，在打开的面板中为“环境贴图”指定“位图”贴图（随书配套资源:\Map\keting.tif），如图1-31所示，渲染场景后即可得到田园小清新玻璃吊灯的效果。

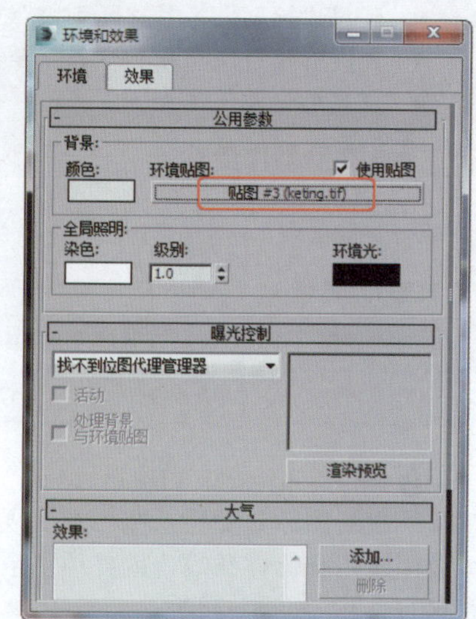
图1-31 设置环境背景参数

实例002 吊灯类——欧式客厅水晶吊灯

实例效果剖析

欧式客厅一般会采用复杂的包边和各种欧式贴纸墙面，在此基础上加装欧式客厅水晶吊灯。欧式客厅水晶吊灯是欧式家居装饰中的重要构件之一，要着重体现其金属质感和水晶效果，可以在其上添加水晶吊坠，使整个吊灯更加具有浪漫气息。在本例欧式客厅水晶吊灯的设计中主要是表现其欧式的灯罩和造型柔美的支架，使其整体给人的感觉大方、浪漫。

本例制作的欧式客厅水晶吊灯，效果如图1-32所示。

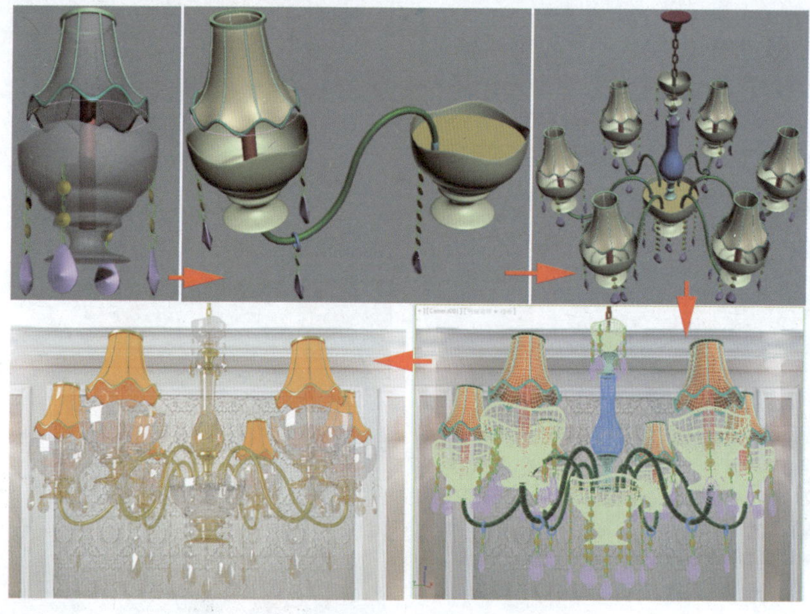
图1-32 效果展示

实例技术要点

本例中主要用到的功能及技术要点如下。

- 使用“放样”工具：制作灯罩下的装饰环。
- 施加“FFD”修改器：用于调整灯罩和装饰环的摆边效果。
- 使用“阵列”工具：阵列灯罩骨、灯罩、支架和装饰坠模型。
- 创建纺锤：用于模仿水晶吊坠。
- 创建其他几何体和可渲染的样条线：用于制作支架。

实例制作步骤

场景文件路径	Scene\第1章\实例002 欧式客厅水晶吊灯.max		
贴图文件路径	Map\		
视频路径	视频\ cha01\实例002 欧式客厅水晶吊灯.mp4		
难易程度	★★★	学习时间	47分40秒

❶ 制作灯罩模型。启动3ds Max，重置一个新的场景文件，在“前”视图中创建闭合的样条线，调整顶点至满意的效果，如图1-33所示。

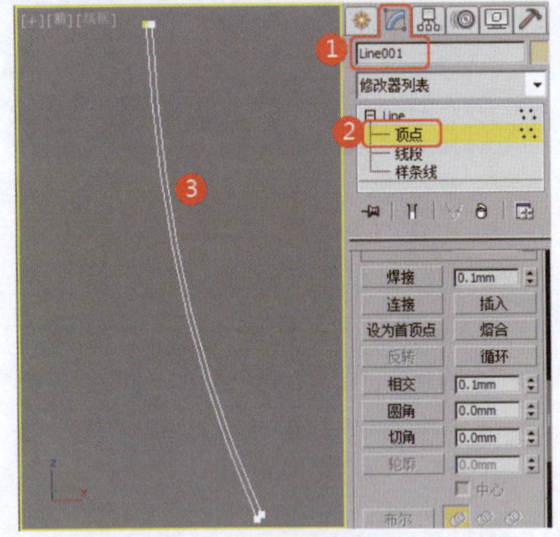

图1-33　创建样条线

❷ 为样条线施加“车削”修改器，设置合适的参数，定义选择集为“轴”，在场景中移动轴，使灯罩模型中间留有空隙，效果如图1-34所示。

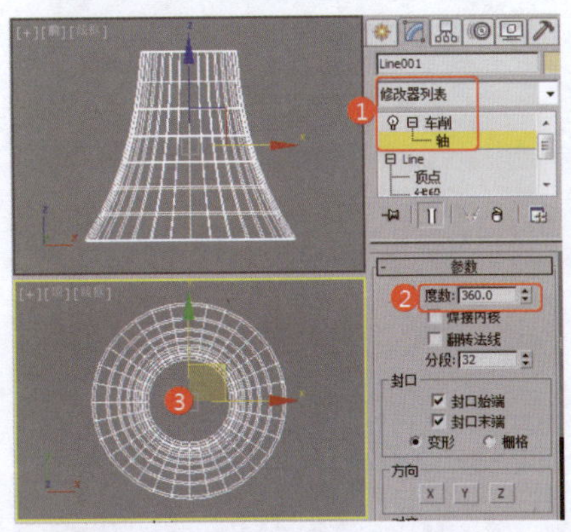

图1-34　施加“车削”修改器

❸ 为灯罩模型施加“FFD（圆柱体）”修改器，设置合适的点数，定义选择集为“控制点”，在场景底端每隔一个控制点进行选择，并将其沿z轴向上调整，效果如图1-35所示。

> **提　示**
>
> FFD是可变形修改器，通过对控制点进行操作，可以改变模型的形状。

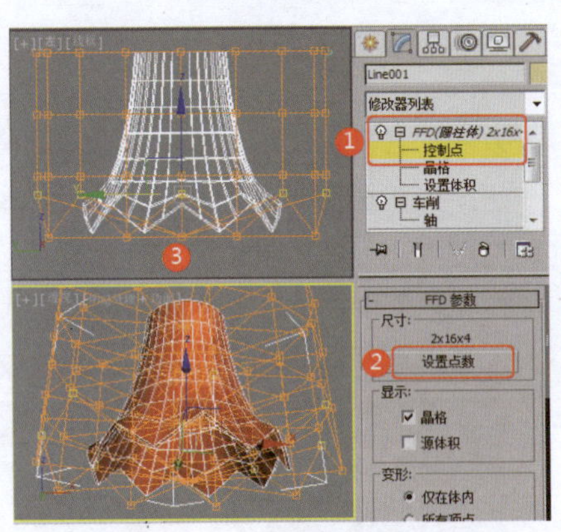

图1-35　调整模型的形状

❹ 调整模型后，为模型施加“涡轮平滑”修改器，使用默认参数，效果如图1-36所示。

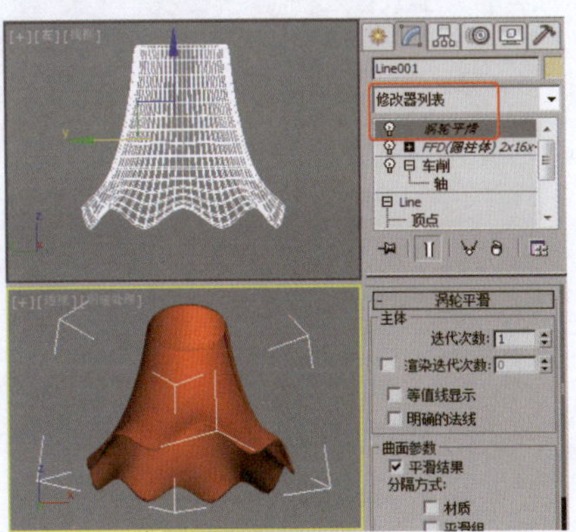

图1-36　施加“涡轮平滑”修改器

> **提　示**
>
> 利用“涡轮平滑”修改器可以在基础模型上增加分段，使模型效果更光滑。通过“迭代次数”参数调整光滑的级别，数值越高越光滑，但需要注意数值不能过高。

❺ 在“顶”视图中创建合适的圆，将其作为放样路径；在“左”视图中创建椭圆，设置合适的参数，将其作为放样图形，效果如图1-37所示。

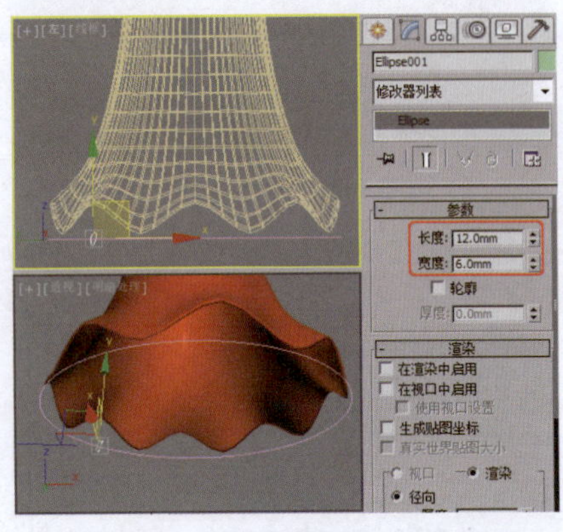

图1-37　创建放样路径和放样图形

> **提　示**
>
> 放样模型时有一个重要的前提，就是必须要有一条放样路径和至少一个放样图形。

❻ 在场景中选择作为放样路径的圆，选择“放样”工具，在“创建方法”卷展栏中单击“获取图形”按钮，拾取作为放样图形的椭圆，效果如图1-38所示。

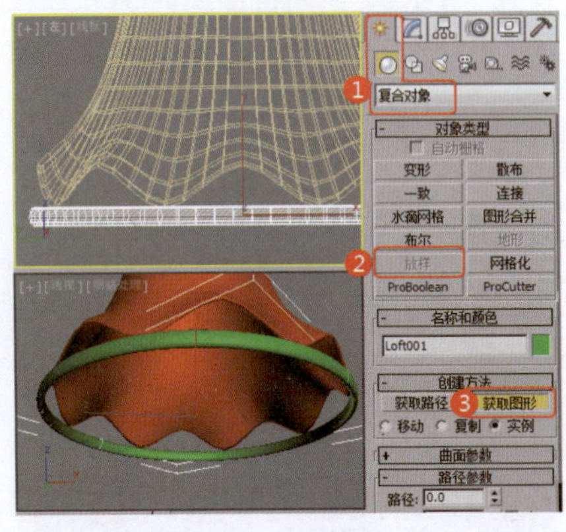

图1-38　获取图形

❼ 在场景中为放样模型施加“FFD（圆柱体）”修改器，设置合适的点数，定义选择集为“控制点”，在场景中每隔一个控制点进行选择，并将其沿z轴向上调整，效果如图1-39所示。

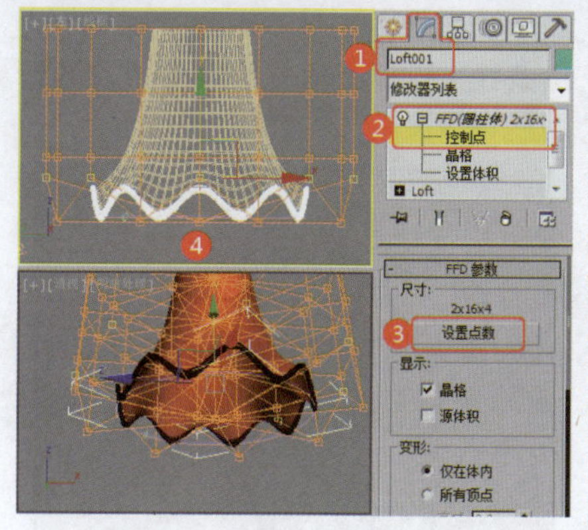

图1-39 调整放样模型的形状

❽ 为模型施加"涡轮平滑"修改器，如图1-40所示，调整模型至合适的位置和效果。

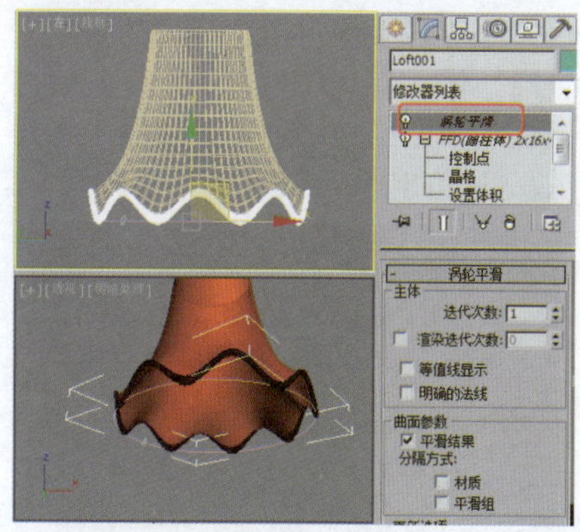

图1-40 施加"涡轮平滑"修改器

❾ 在"前"视图中创建可渲染的线，设置合适的参数，创建如图1-41所示的图形效果。

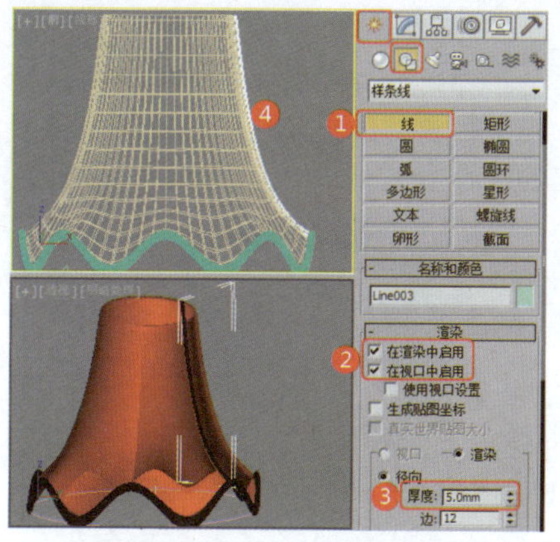

图1-41 创建可渲染的线

❿ 选择可渲染的样条线，调整其轴心位置，如图1-42所示，调整后关闭"仅影响轴"按钮。

⓫ 激活"顶"视图，在菜单栏中执行"工具"→"阵列"命令，在打开的对话框中设置参数，如图1-43所示，单击"确定"按钮。

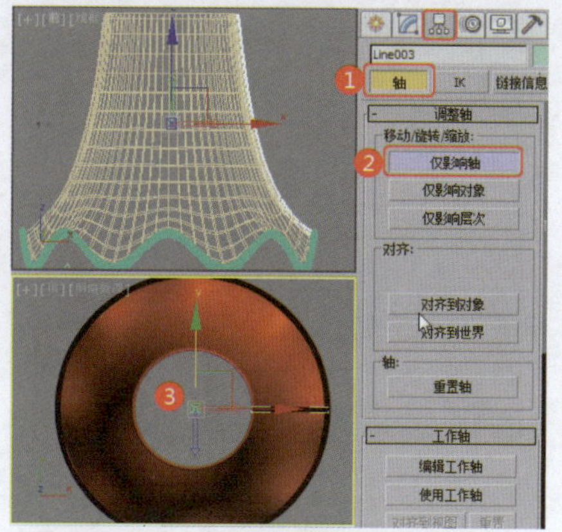

图1-42 调整模型的轴心位置

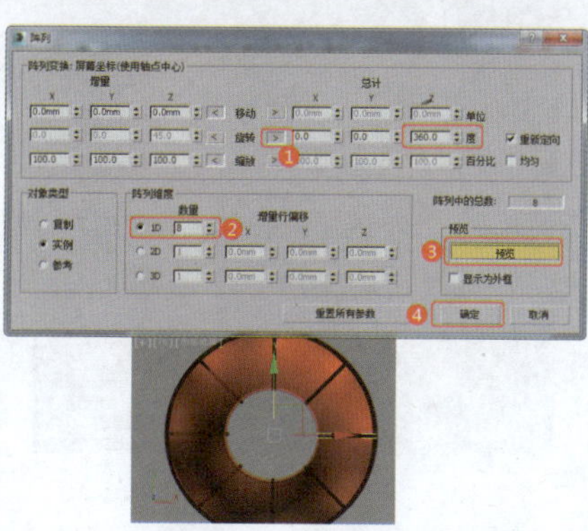

图1-43 阵列模型

提 示

（1）"阵列变换"选项组：用于指定如何进行阵列复制。

- 增量：用于设置x、y、z三个轴向上的阵列对象之间的距离大小、旋转角度、缩放程度的增量。
- 总计：用于设置x、y、z三个轴向上的阵列对象自身的距离大小、旋转角度、缩放程度的增量。

（2）"对象类型"选项组：用于确定复制的方式。

（3）"阵列维度"选项组：用于确定阵列变换的维数。

- 1D、2D、3D：根据"阵列变换"选项组的参数设置，创建一维阵列、二维阵列、三维阵列。
- 数量：表示阵列复制对象的总数。

（4）"重置所有参数"按钮：用于将所有参数恢复到默认设置。

⓬ 在"顶"视图中创建管状体，设置合适的参数，效果如图1-44所示。

⓭ 在"顶"视图中创建大小合适的圆柱体，设置合适的参数，将其作为支架，效果如图1-45所示。

提 示

由于在开始创建场景时使用了样条线，没有任何参数定义，因此，在后面涉及的所有参数都可以根据场景来调整，合适即可，不必严格按照图例中的参数设置来制作。

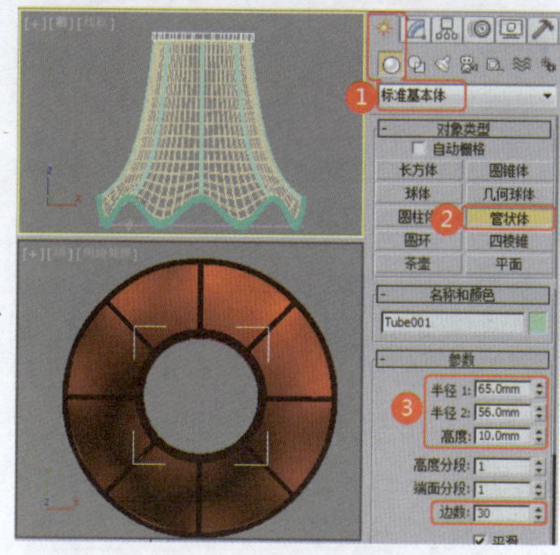

图1-44 创建管状体

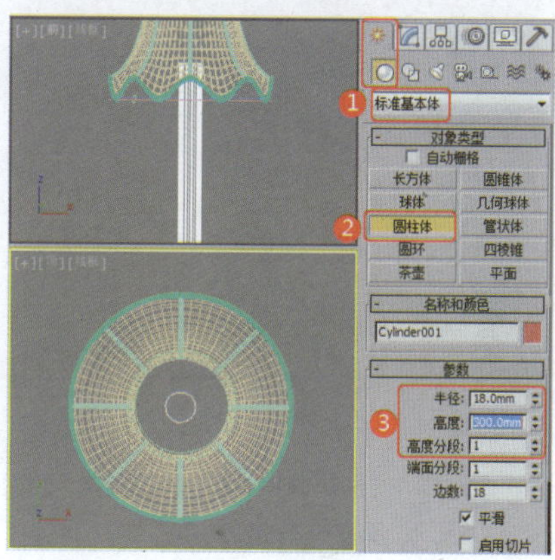

图1-45 创建圆柱体

⓮ 在"前"视图中创建样条线，定义选择集为"顶点"，在场景中调整其形状，将其作为灯托，效果如图1-46所示。

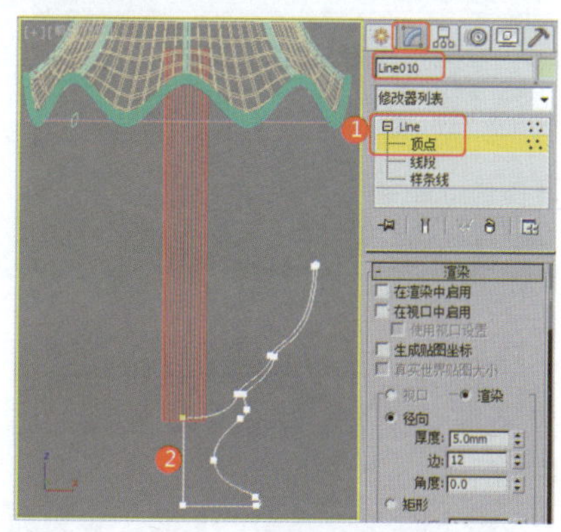

图1-46 创建灯托模型

⓯ 为样条线施加"车削"修改器，设置合适的参数，效果如图1-47所示。

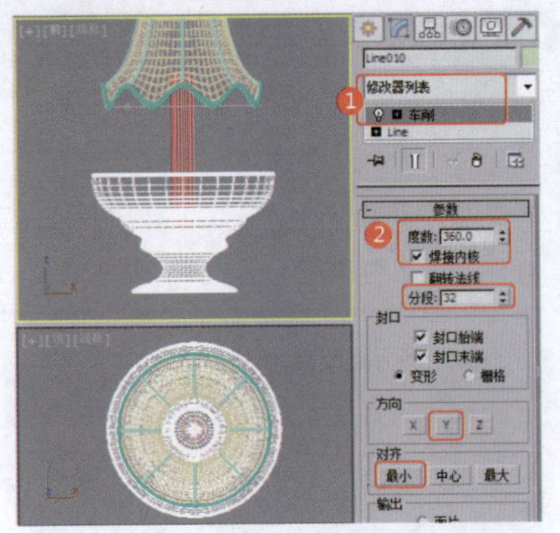
图1-47 施加"车削"修改器

⑯为灯托模型施加"FFD 4×4 × 4"修改器，定义选择集为"控制点"，在场景中每隔一个控制点进行选择，并将控制点向上调整，效果如图1-48所示。

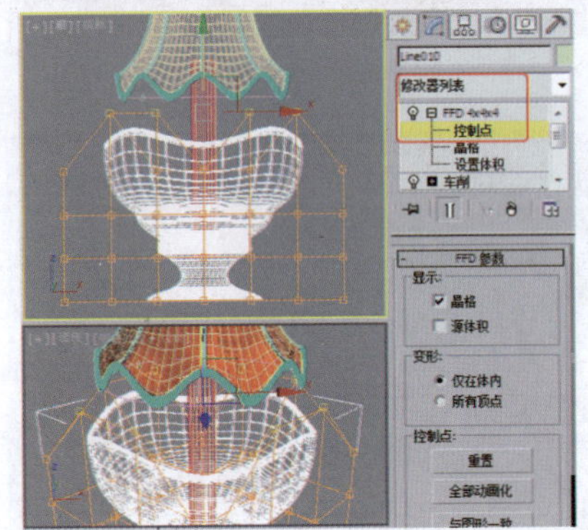
图1-48 调整灯托的形状

⑰在"前"视图中创建可渲染的样条线，效果如图1-49所示。

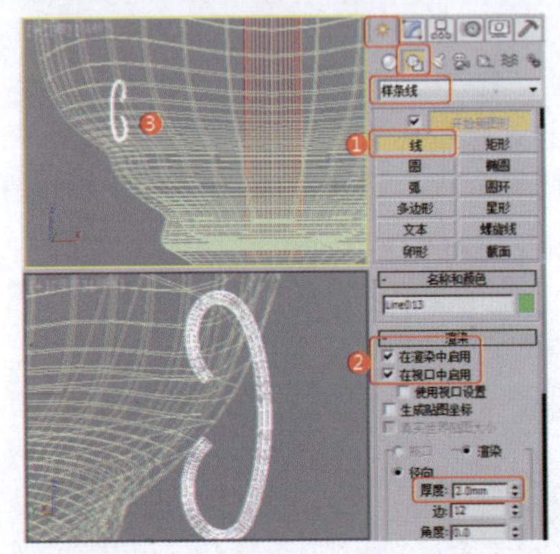
图1-49 创建可渲染的样条线

⑱在"前"视图中创建纺锤模型，将其作为装饰吊坠，效果如图1-50所示。

⑲调整装饰吊坠的形状，效果如图1-51所示。

⑳在场景中选择调整后的装饰吊坠，将其编组，调整其轴心位置，效果如图1-52所示。

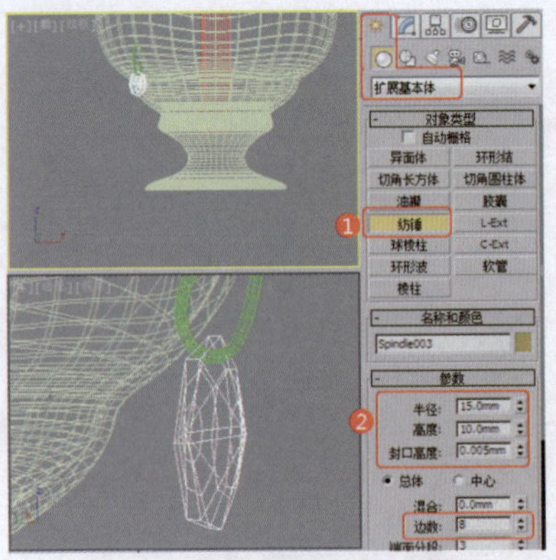
图1-50 创建纺锤模型

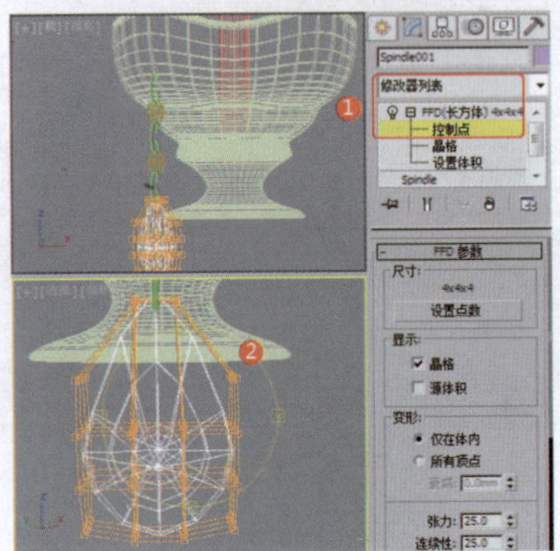
图1-51 调整模型的形状

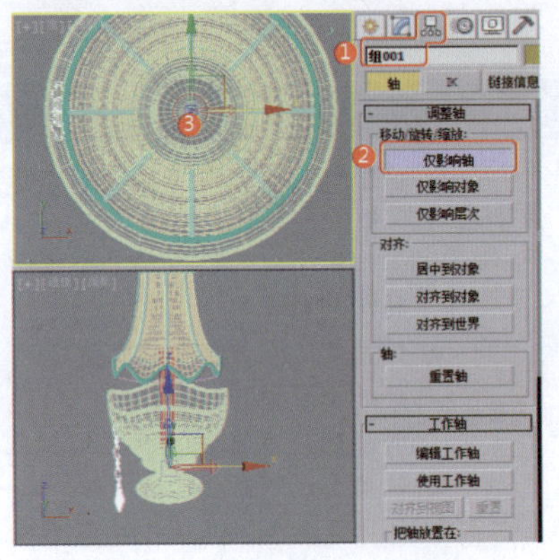
图1-52 调整轴心位置

㉑激活"顶"视图，在菜单栏中执行"工具"→"阵列"命令，在打开的对话框中设置合适的参数，如图1-53所示，单击"确定"按钮。

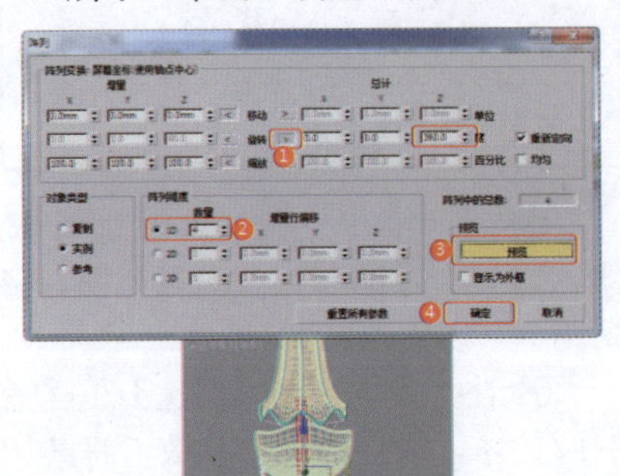
图1-53 阵列装饰吊坠

㉒在"前"视图中创建可渲染的样条线，设置合适的渲染参数，调整图形的形状，效果如图1-54所示。

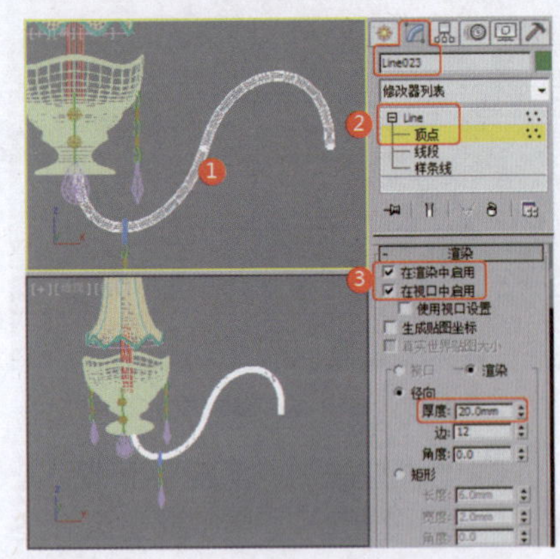
图1-54 创建可渲染的样条线

㉓在场景中可渲染支架的末端创建圆柱体，将其作为垫子，复制灯托模型和吊坠模型，创建圆柱体，将其放在灯托的内侧，效果如图1-55所示。

图1-55 复制模型并添加其他构件

㉔在场景中选择如图1-56所示的模型，将其编组，然后调整编组模型的轴心。

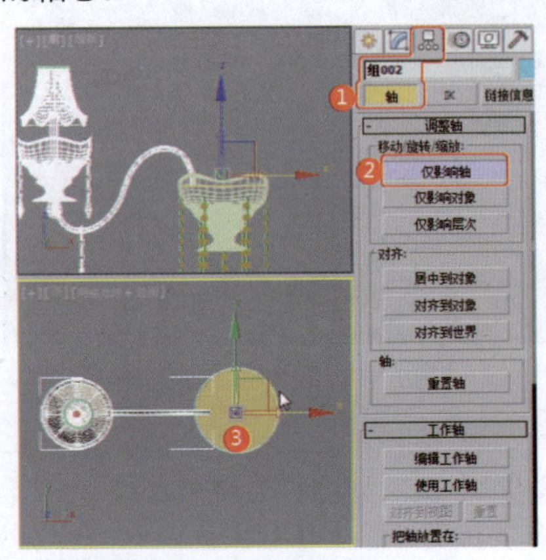
图1-56 调整编组模型的轴心

㉕关闭"仅影响轴"按钮，激活"顶"视图，在菜单栏中执行"工具"→"阵列"命令，在打开的对话框

框中设置参数，如图1-57所示，单击“确定”按钮。

图1-57 阵列模型

㉖ 在中间的灯托模型上创建闭合图形，并对图形进行调整，效果如图1-58所示。

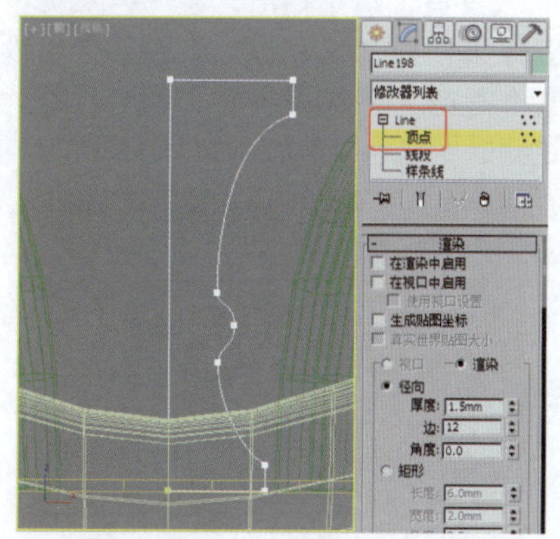

图1-58 创建并调整图形

㉗ 为图形施加“车削”修改器，效果如图1-59所示。

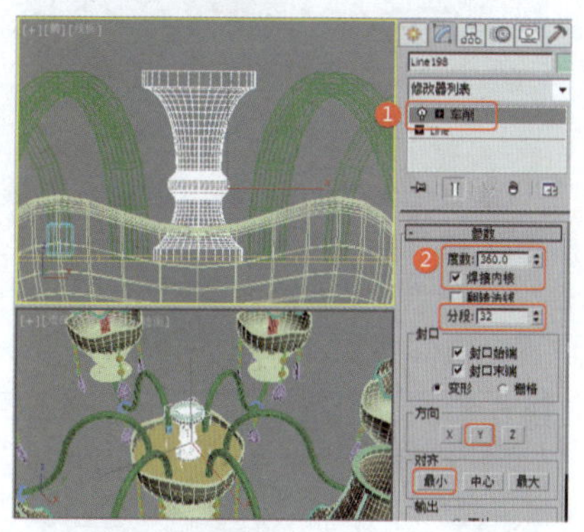

图1-59 施加“车削”修改器

㉘ 继续在车削后的模型上创建如图1-60所示的图形。

㉙ 为图形施加“车削”修改器，效果如图1-61所示。

㉚ 将如图1-59所示的模型复制到如图1-61所示的模型上，创建矩形并设置其渲染参数，然后复制模型，效果如图1-62所示。

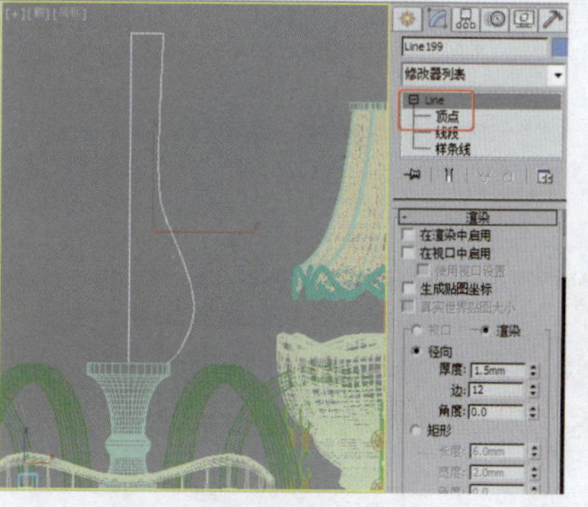

图1-60 创建图形

图1-61 施加“车削”修改器

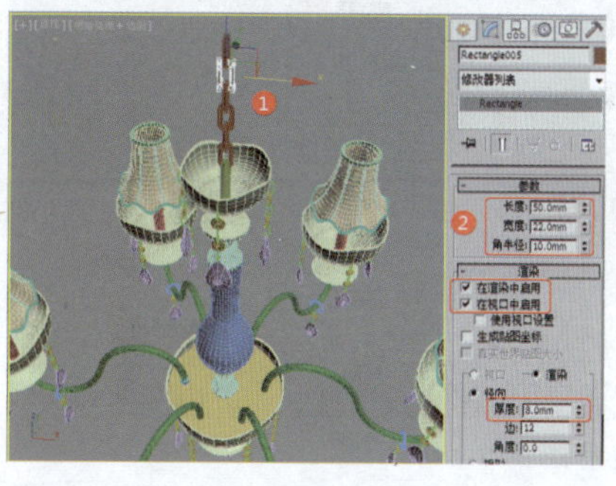

图1-62 创建可渲染的矩形并复制模型

㉛ 创建如图1-63所示的图形，将其作为底座的基础形状。

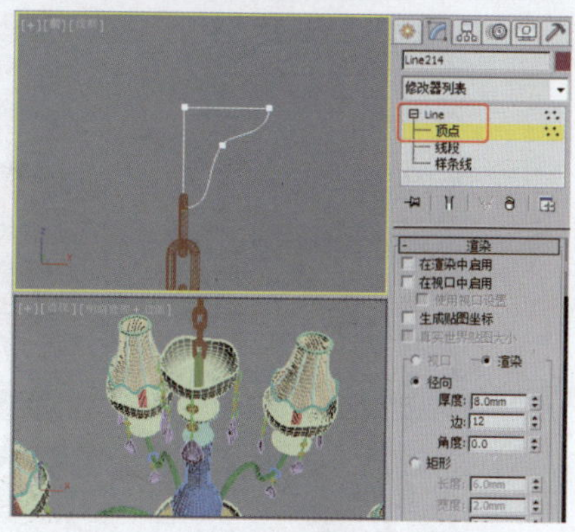

图1-63 创建图形

㉜ 为图形施加“车削”修改器，设置合适的参数，效果如图1-64所示。

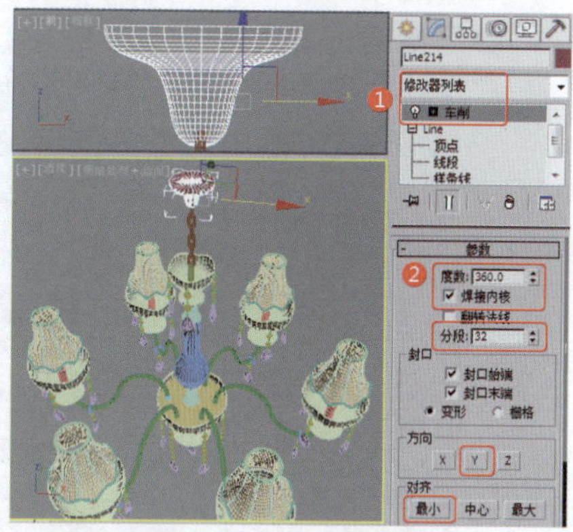

图1-64 施加“车削”修改器

㉝ 设置欧式客厅水晶吊灯的材质。指定渲染器为VRay，打开材质编辑器，设置一个VRay材质，将其作为玻璃材质，如图1-65所示，将材质指定给场景中的灯托和装饰吊坠模型。

图1-65 设置灯托和装饰吊坠的玻璃材质

34 设置第二个VRay材质，将其作为红色灯罩的玻璃材质，如图1-66所示，将材质指定给场景中的灯罩模型。

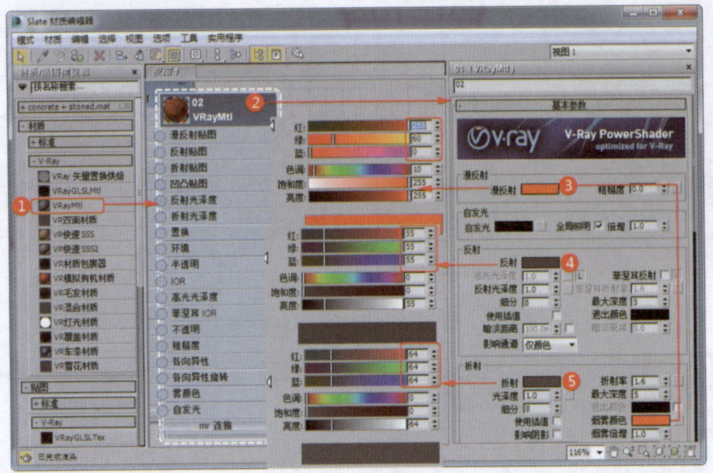

图1-66 设置灯罩的玻璃材质

35 设置第三个VRay材质，将其作为黄色高光反射金属的材质，如图1-67所示，将材质指定给场景中支架的装饰模型。

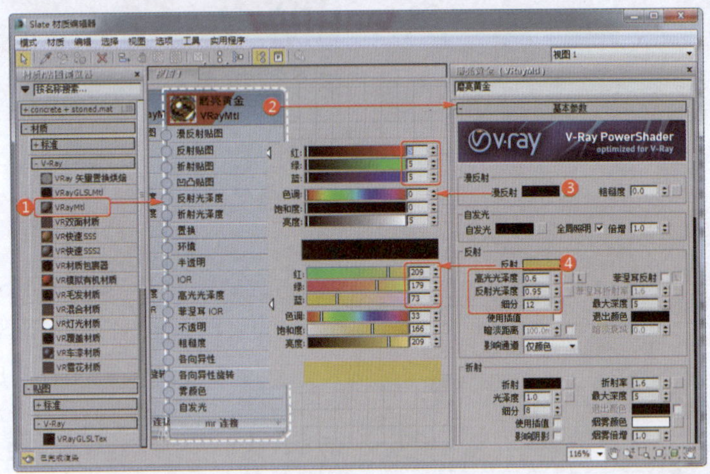

图1-67 设置金属材质

36 设置灯光和摄影机。按8键，打开“环境和效果”面板，在“环境”选项卡中指定“位图”贴图（随书配套资源: \Map\oushi.tif），如图1-68所示。

37 在场景中调整“透视”视图至合适的角度，按Ctrl+C组合键，将视图转换为“摄影机”视图。

38 在“前”视图中创建“VR灯光”，设置合适的参数并调整灯光的位置和角度，效果如图1-69所示。

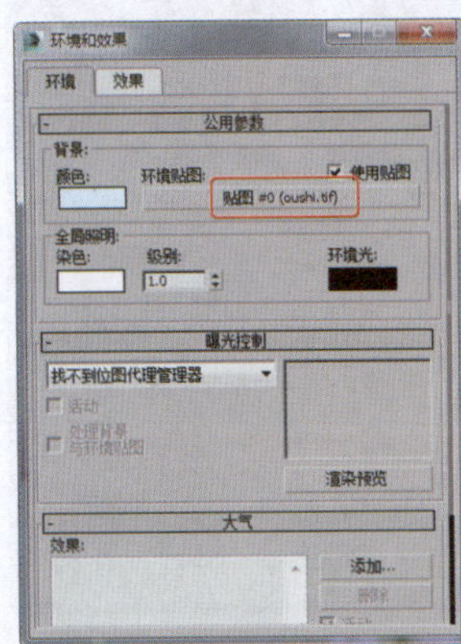

图1-68 设置背景图像

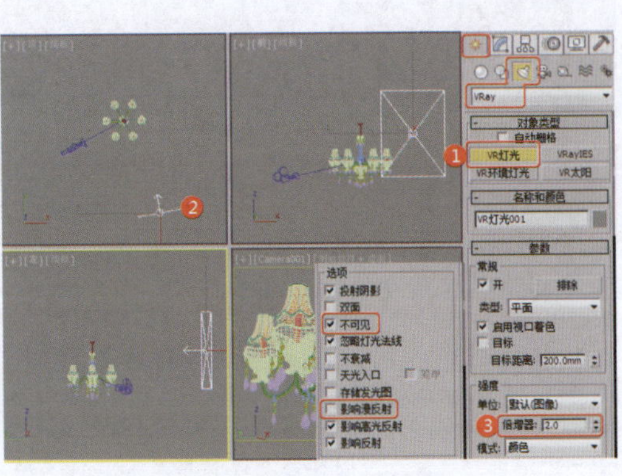

图1-69 创建第一盏灯光

39 创建第二盏灯光，设置合适的灯光参数并调整灯光的位置和角度，效果如图1-70所示。

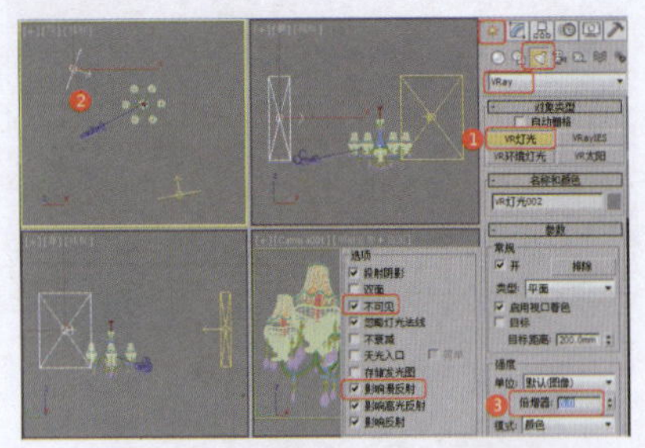

图1-70 创建第二盏灯光

提 示

渲染设置可以参考实例001中的渲染设置，下面介绍与实例001中不同的参数设置。

40 设置渲染输出。在“V-Ray::图像采样器（反锯齿）”卷展栏中设置合适的“图像采样器”和“抗锯齿过滤器”选项组参数，如图1-71所示。

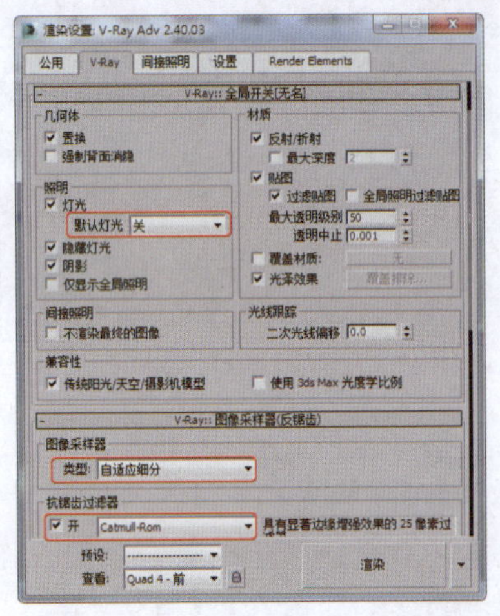

图1-71 设置参数

41 在“V-Ray::颜色贴图”卷展栏中选择“指数”选项并设置合适的参数；在“V-Ray::环境”卷展栏中设置合适的参数，如图1-72所示。

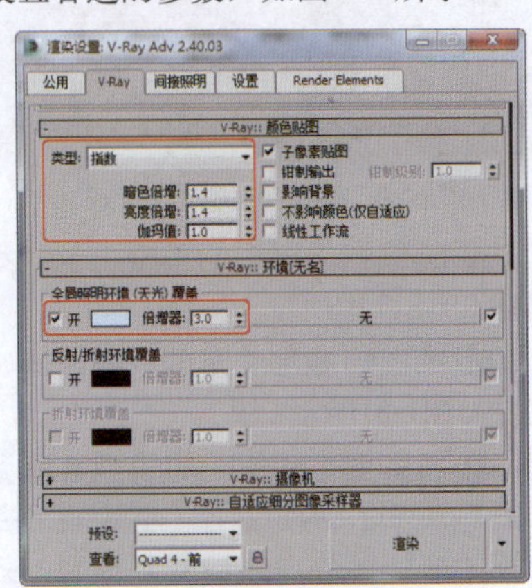

图1-72 设置参数

实例003 吊灯类——中式木质吊灯

实例效果剖析

本例中的中式木质吊灯是被放置在客厅中的吊灯，稳重、大气；再配合一些中式的镂空花纹，高贵而不俗气。

本例制作的中式木质吊灯，效果如图1-73所示。

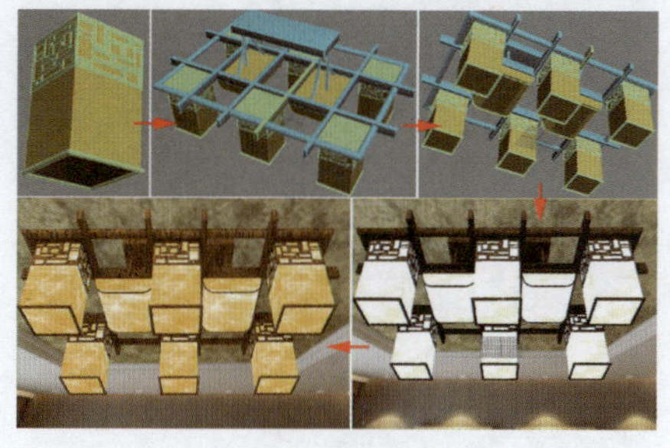
图1-73 效果展示

实例技术要点

本例中主要用到的功能及技术要点如下。

- 创建几何体：将其作为支架和灯。
- 施加"挤出"修改器：用于制作雕刻图案和中间的两个切角矩形灯等。
- 施加"倒角"修改器：用于制作灯下装饰木和灯架的边框等。

场景文件路径	Scene\第1章\实例003 中式木质吊灯.max		
贴图文件路径	Map\		
视频路径	视频\ cha01\实例003 中式木质吊灯.mp4		
难易程度	★★★	学习时间	22分49秒

实例004 壁灯类——欧式壁灯

实例效果剖析

欧式壁灯主要被放置在客厅电视墙、沙发墙和柱子等地方，其作用是作为装饰灯。本例可以参考实例002来制作。

在制作欧式壁灯前，根据场景风格，首先制作一个红色的玻璃灯罩和一个黄色的金属支架，并添加一些玻璃吊坠，以显示欧式壁灯的浪漫效果。

本例制作的欧式壁灯，效果如图1-74所示。

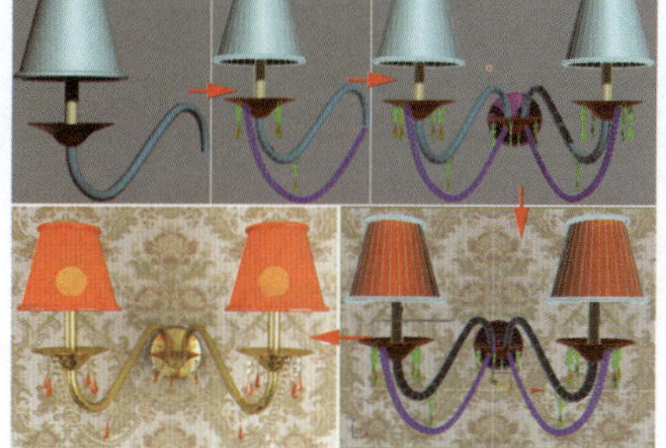
图1-74 效果展示

实例技术要点

本例中主要用到的功能及技术要点如下。

- 指定路径约束：前提是将一个图形作为路径。
- 使用"快照"工具：为几何球体指定路径约束后设置快照，制作水晶链子。
- 使用"镜像"工具：镜像复制另一半壁灯模型。

实例制作步骤

场景文件路径	Scene\第1章\实例004 欧式壁灯.max		
贴图文件路径	Map\		
视频路径	视频\ cha01\实例004 欧式壁灯.mp4		
难易程度	★★★	学习时间	28分42秒

❶ 创建如图1-75所示的两条闭合样条线。

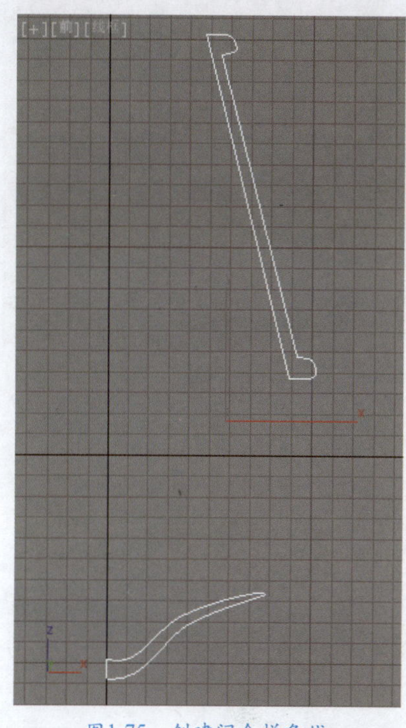
图1-75 创建闭合样条线

❷ 分别为两条闭合样条线施加"车削"修改器，设置合适的参数，将其作为灯罩。选择该模型，定义选择集为"轴"，在场景中调整轴的位置，制作出灯罩和灯托的效果，如图1-76所示。

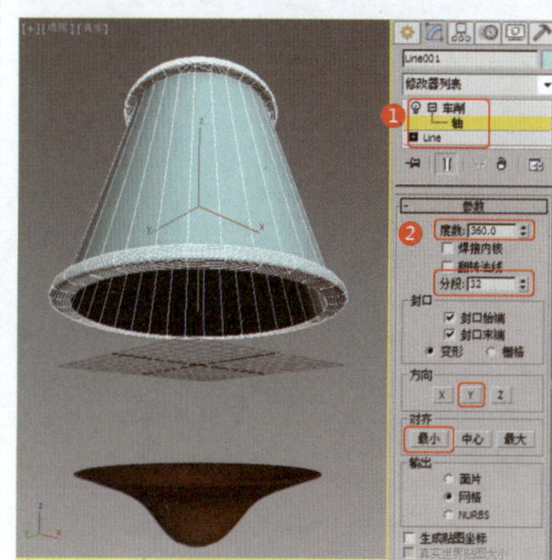
图1-76 施加"车削"修改器

❸ 在"顶"视图中创建圆柱体，将其作为支架，设置合适的参数，效果如图1-77所示。

❹ 在"前"视图中创建纺锤，设置合适的参数，效果如图1-78所示。

❺ 复制模型，选择底端的模型，为其施加"编辑多边形"修改器，定义选择集为"顶点"，在场景中调整顶点，制作吊坠效果，如图1-79所示。

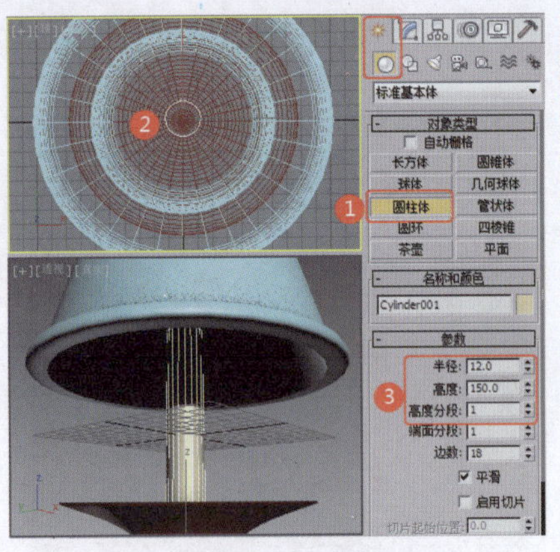

图1-77　创建圆柱体

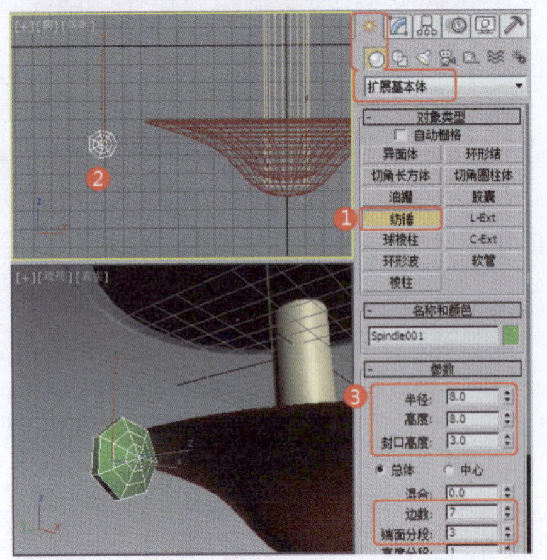

图1-78　创建纺锤

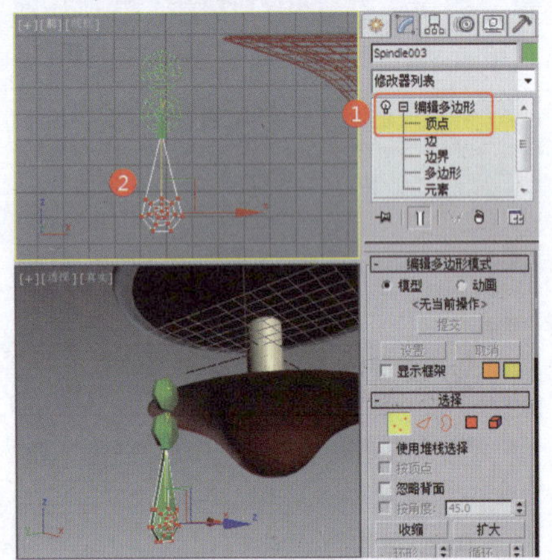

图1-79　制作吊坠效果

❻在“左”视图中创建可渲染的圆，设置合适的参数，效果如图1-80所示。

❼将吊坠模型编组并调整轴心的位置，效果如图1-81所示，关闭“仅影响轴”按钮。

提　示

在不使用选择集或者某按钮时，必须将选择集关闭或者将按钮弹起，否则会影响下一步操作。

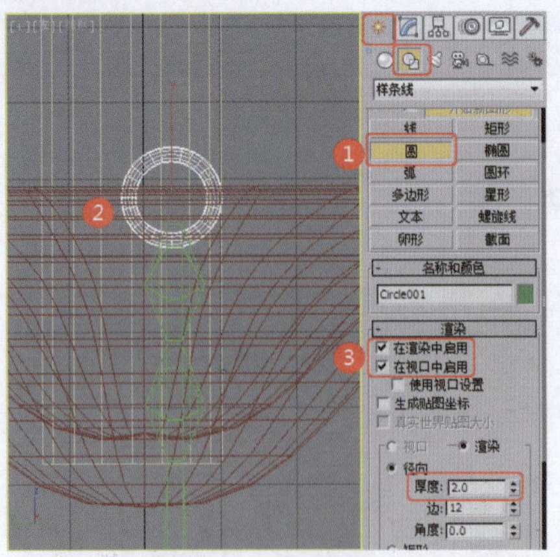

图1-80　创建可渲染的圆

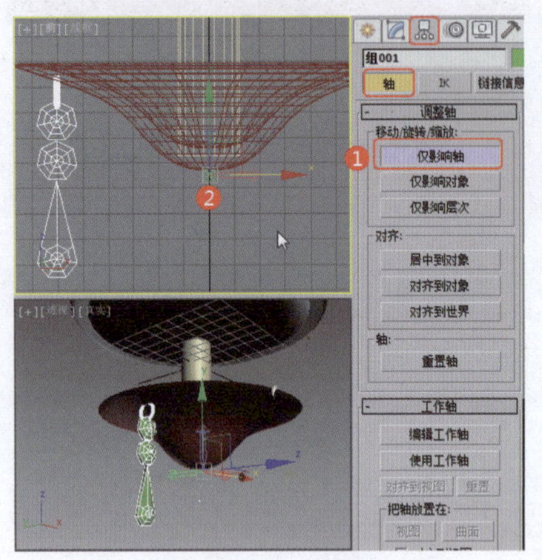

图1-81　调整轴心的位置

❽在菜单栏中执行“工具”→“阵列”命令，在打开的对话框中设置合适的阵列参数，如图1-82所示，单击“确定”按钮。

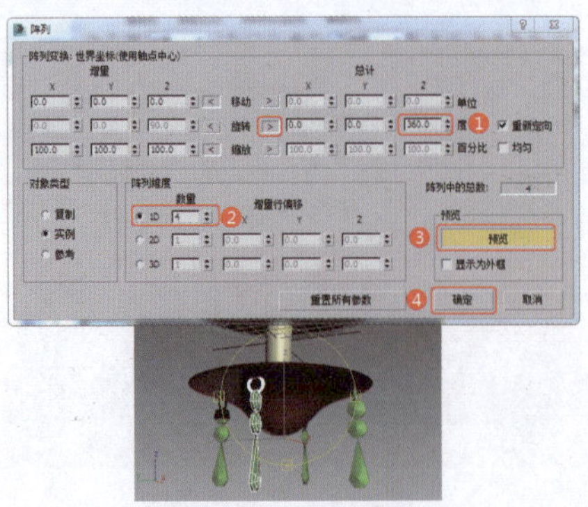

图1-82　阵列模型

❾在“左”视图中创建可渲染的样条线，将其调整至合适的形状，设置合适的渲染参数，如图1-83所示。

❿在“左”视图中创建不可渲染的样条线，将其作为路径，效果如图1-84所示。

⓫在“左”视图中创建几何球体，设置合适的参数，效果如图1-85所示。

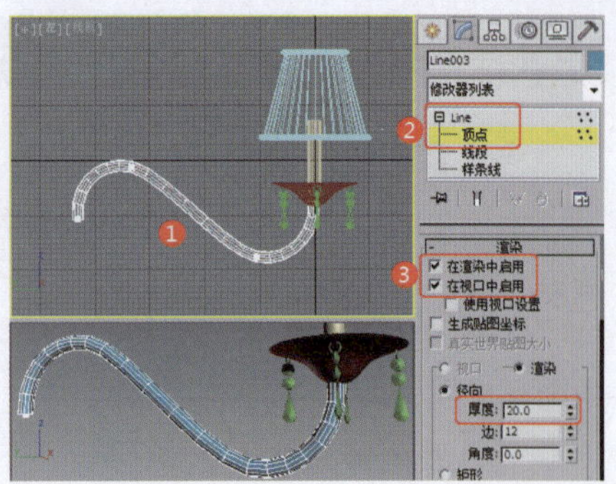

图1-83　创建可渲染的样条线

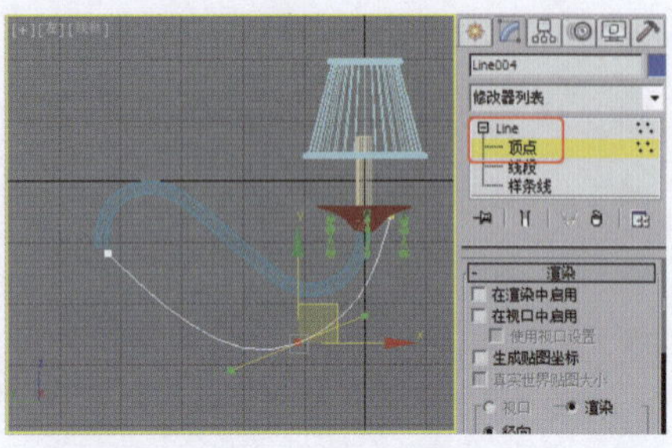

图1-84　创建路径

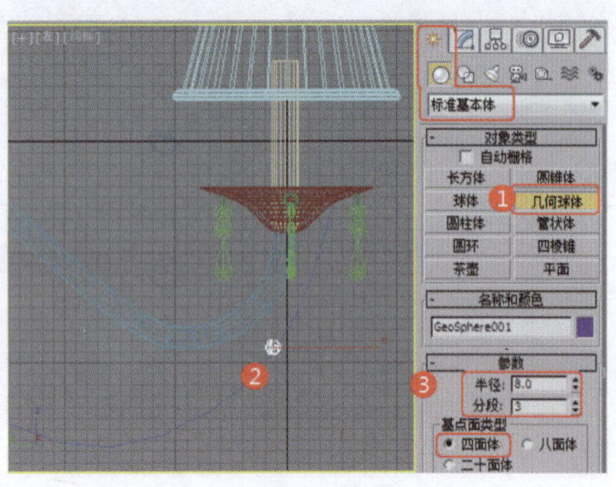

图1-85　创建几何球体

⓬选择几何球体，为其指定路径约束，如图1-86所示。

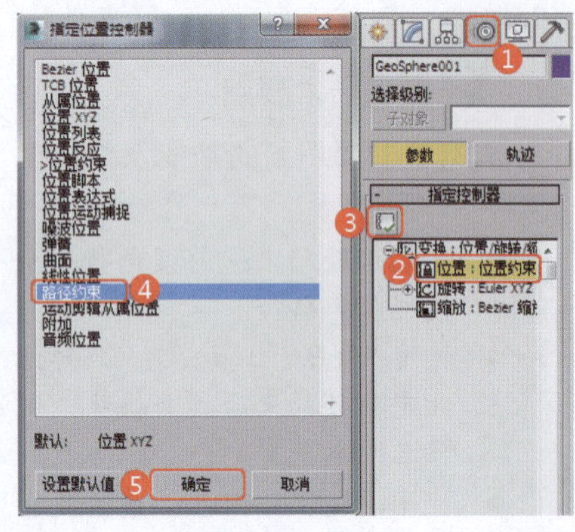

图1-86　指定路径约束

⓭在“路径参数”卷展栏中单击“添加路径”按钮，在场景中拾取作为路径的样条线，效果如图1-87所示。

⓮在菜单栏中执行“工具”→“快照”命令，在打开的对话框中设置合适的参数，如图1-88所示，单击“确定”按钮。

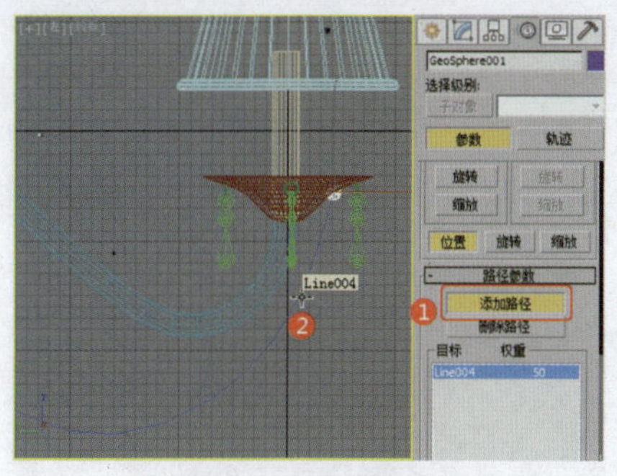
图1-87 添加路径

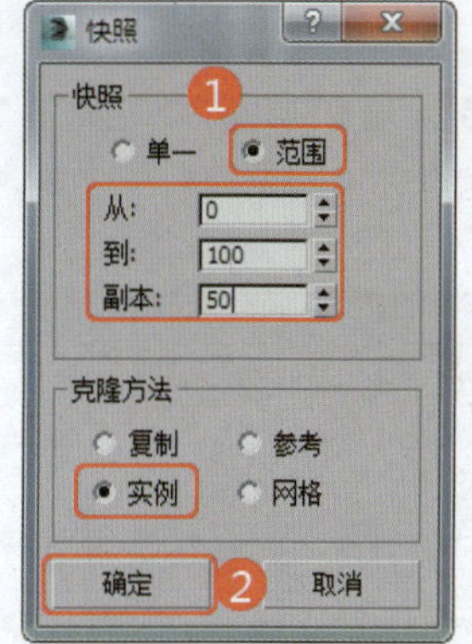

图1-88 设置快照

⑮ 通过快照制作而成的链子模型，效果如图1-89所示。

图1-89 制作链子模型

⑯ 将模型编组，在工具栏中选择“选择并旋转”工具，在“顶”视图中旋转模型，效果如图1-90所示。

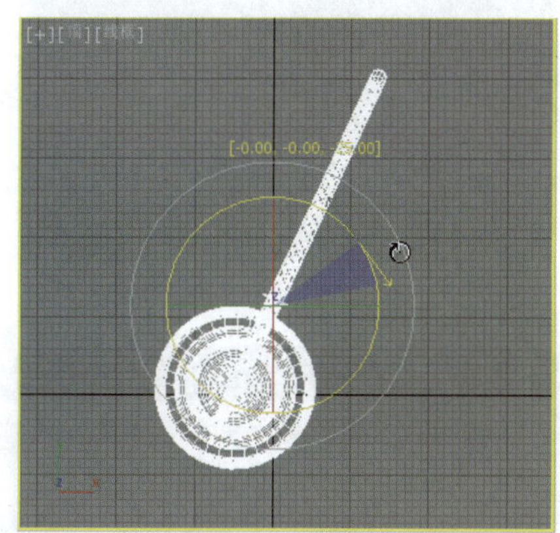
图1-90 旋转模型

⑰ 在工具栏中选择“镜像”工具，在打开的对话框中设置合适的参数，如图1-91所示，单击“确定”按钮。

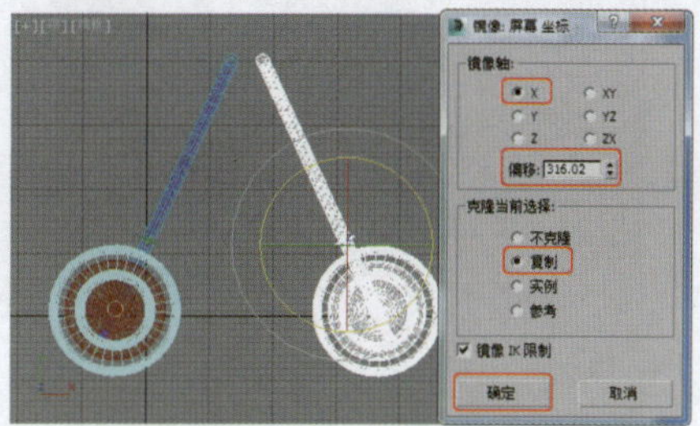
图1-91 镜像模型

提 示

通过调整“偏移”右侧的微调器数值，可以调整镜像模型的移动位置。

⑱ 在“前”视图中创建切角圆柱体，设置合适的参数，效果如图1-92所示。

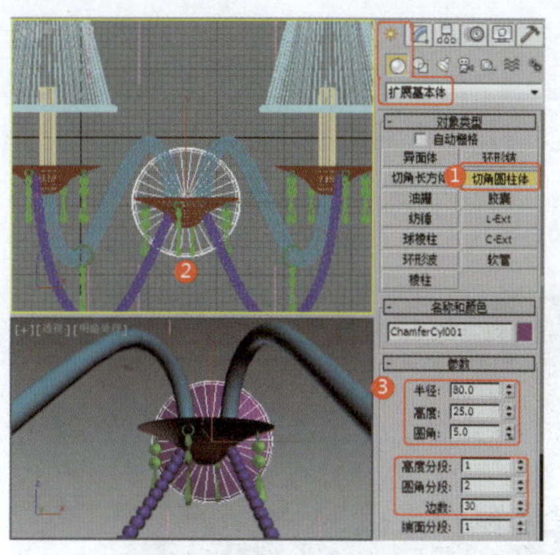
图1-92 创建切角圆柱体

⑲ 在“前”视图中创建平面，将其作为背景，设置合适的参数，效果如图1-93所示。

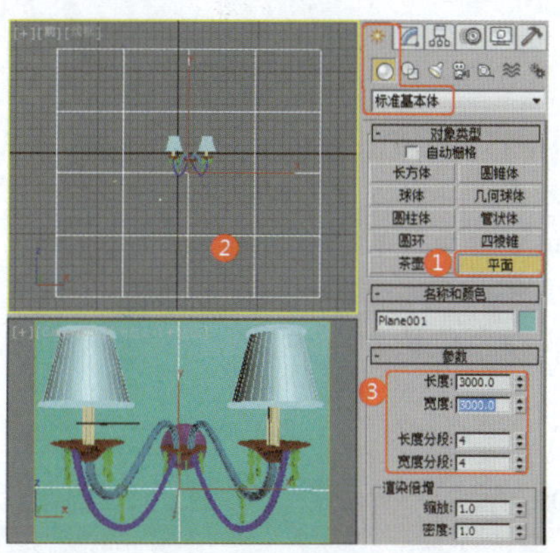
图1-93 创建平面

⑳ 设置场景中的材质。可以参考实例002中玻璃和金属材质的设置，根据情况指定给场景中的模型。

㉑ 设置一个新的VRay材质，将其作为背景材质。在“贴图”卷展栏中只为“漫反射”指定“位图”贴图（随书配套资源:\Map\布0114ghjh副本.jpg），如图1-94所示，将材质指定给场景中的平面模型。

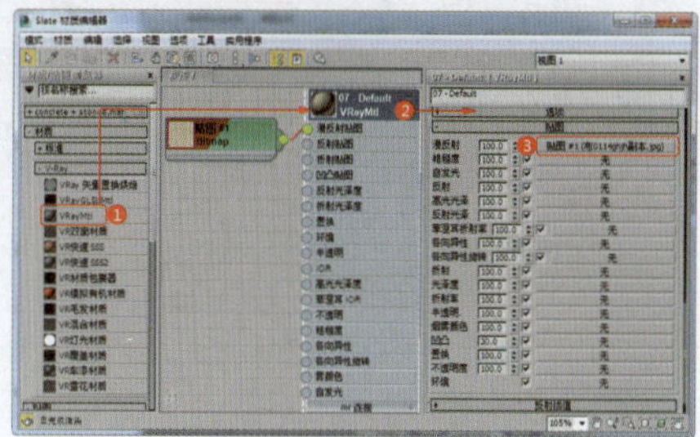
图1-94 设置背景材质

㉒ 在“前”视图中创建第一盏VR灯光，设置合适的参数，调整灯光的照射角度和位置，效果如图1-95所示。

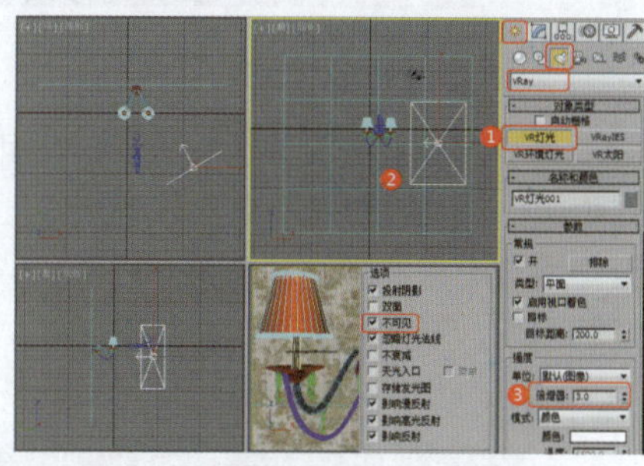
图1-95 创建第一盏灯光

㉓ 创建第二盏VR灯光，设置合适的参数，调整灯光的照射角度和位置，设置灯光的颜色为浅蓝色，效果如图1-96所示。

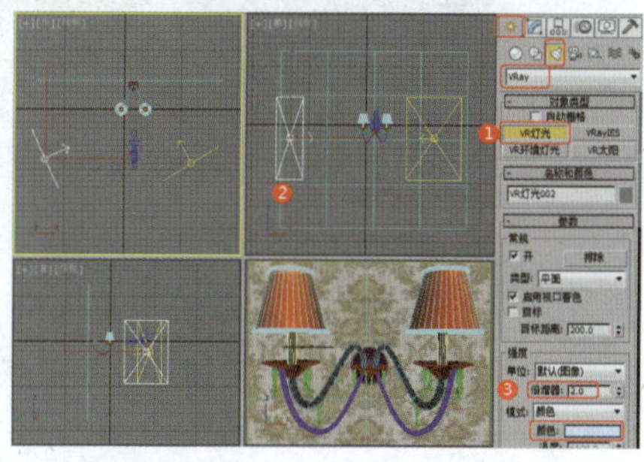
图1-96 创建第二盏灯光

㉔ 在场景中创建VR灯光的球体灯，设置合适的参数，设置灯光的颜色为浅橘黄色，效果如图1-97所示，调整灯光至灯罩中以模拟灯泡照明效果，将调整好的灯光复制到另一盏灯中。

提 示

在复制相同参数的模型时，建议以“实例”的方式进行复制，以便修改其中一个模型时另一个模型也随之改变。

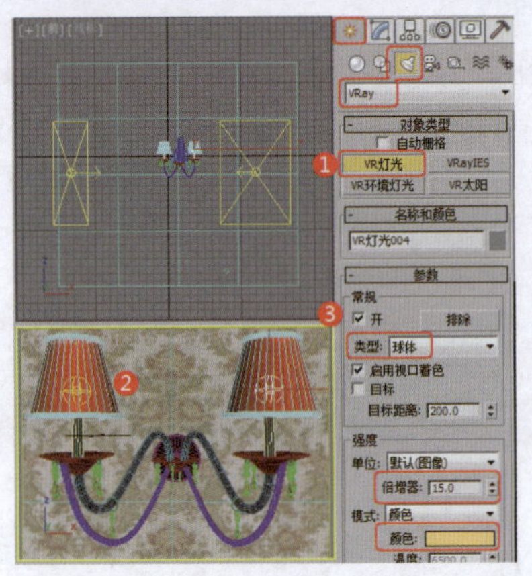

图1-97　创建球体灯光

㉕ 按8键，打开“环境和效果”面板，为“环境贴图”指定“位图”贴图（随书配套资源:\Map\oushi.tif），如图1-98所示。

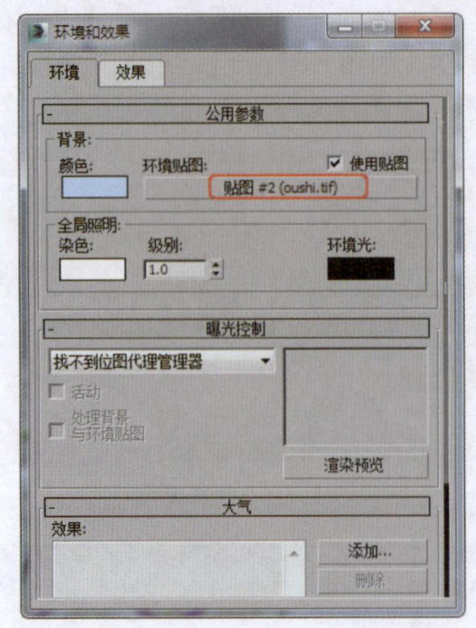

图1-98　设置环境背景

实例005　壁灯类——仿古壁灯

实例效果剖析

作为装饰灯光，仿古壁灯必须在外形上有创意且美观。中式风格的仿古壁灯中木制结构比较多，在制作时需要创建一个木制支架，在本例中采用中式元素仿古扇面来完成并以红绳加以点缀，以增加些许活泼的色彩；灯的形状采用灯笼造型，整体风格统一、复古。

本例制作的仿古壁灯，效果如图1-99所示。

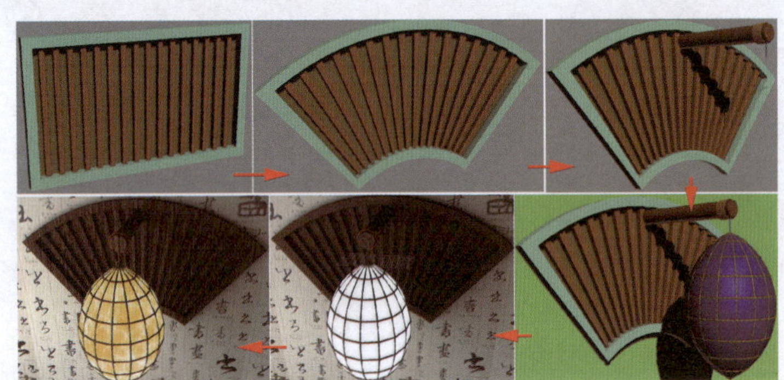

图1-99　效果展示

实例技术要点

本例中主要用到的功能及技术要点如下。

- 使用“拆分”工具：将模型拆分为多段，以方便弯曲。
- 施加“弯曲”修改器：用于制作仿古扇面效果。
- 施加“晶格”修改器：用于制作骨架效果。
- 施加“挤出”修改器：用于制作墙矩形的厚度。

实例制作步骤

场景文件路径	Scene\第1章\实例005 仿古壁灯.max		
贴图文件路径	Map\		
视频路径	视频\ cha01\实例005 仿古壁灯.mp4		
难易程度	★★	学习时间	17分20秒

❶ 在“前”视图中创建墙矩形，效果如图1-100所示。

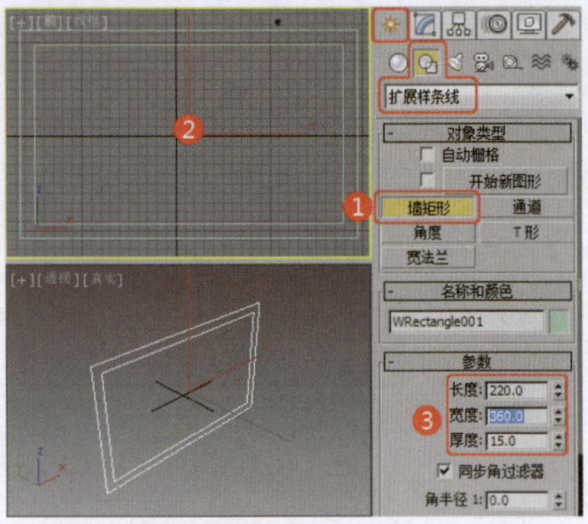

图1-100　创建墙矩形

❷ 为墙矩形施加“挤出”修改器，设置合适的参数，效果如图1-101所示。

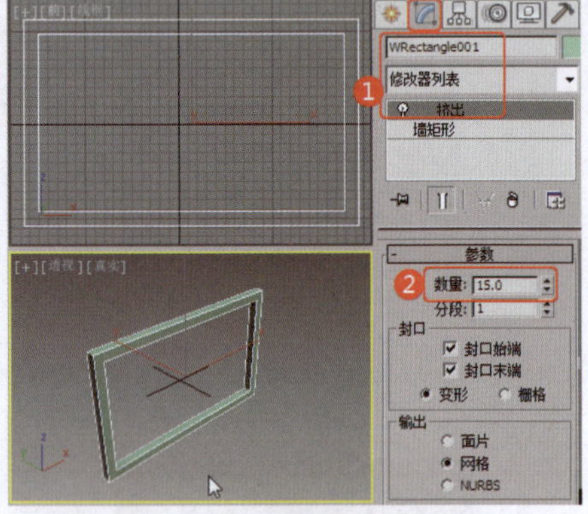

图1-101　为墙矩形施加“挤出”修改器

❸ 在堆栈中选择“墙矩形”，为其施加“编辑样条线”修改器，定义选择集为“分段”，在“前”视图中选择上下四条分段，在“几何体”卷展栏中设置“拆分”为15，单击“拆分”按钮，如图1-102所示。

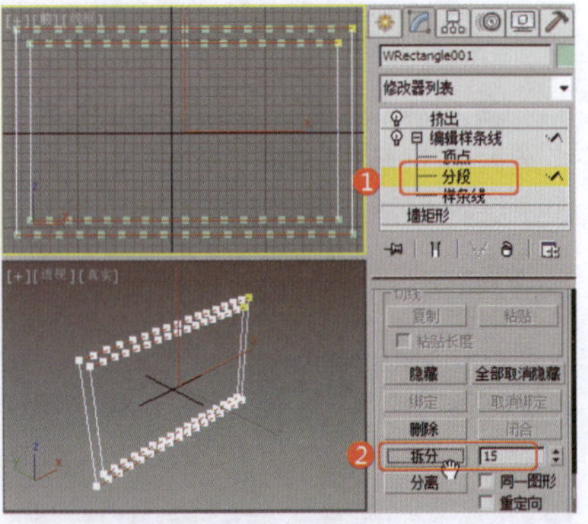

图1-102　拆分墙矩形的分段

提　示

因为在下面的操作中会为墙矩形施加“弯曲”修改器，所以此处会对其进行拆分，拆分的分段越多，弯曲后的模型越平滑。

❹ 在“前”视图中创建长方体，设置合适的参数，如图1-103所示。

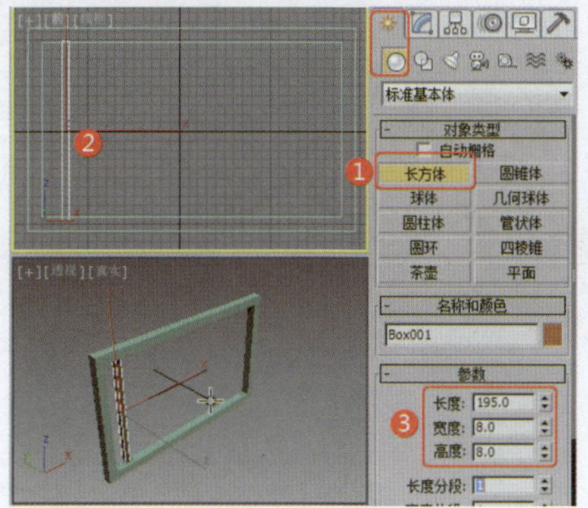

图1-103 创建长方体

❺ 调整模型的位置后，在工具栏中使用“选择并移动”工具，按住Shift键，在“前”视图中沿x轴向右移动复制，在打开的对话框中设置“副本数”数值，如图1-104所示，单击“确定”按钮。

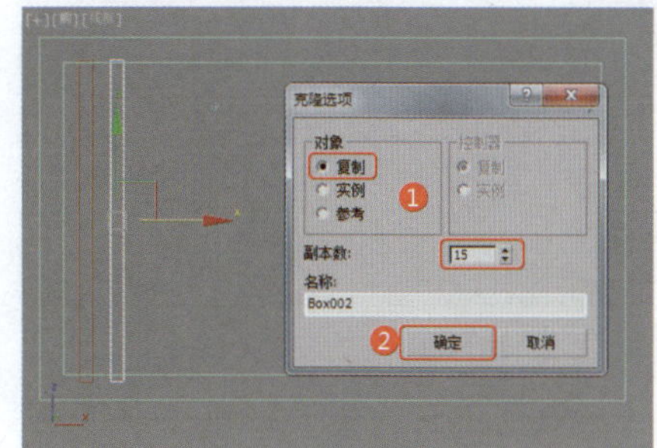

图1-104 移动并复制模型

❻ 在“前”视图中创建平面，设置合适的参数，如图1-105所示。

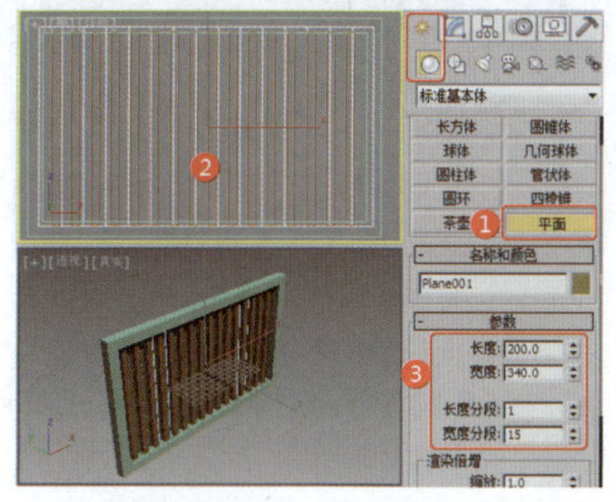

图1-105 创建平面

❼ 将模型编组，为编组后的模型施加“弯曲”修改器，设置合适的参数，如图1-106所示。

提 示

弯曲模型的前提是模型具有一定的分段。

❽ 在“前”视图中创建圆柱体，设置合适的参数，如图1-107所示。

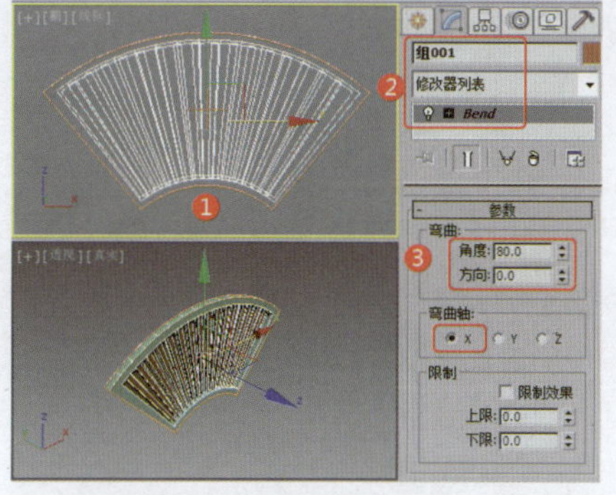

图1-106 施加“弯曲”修改器

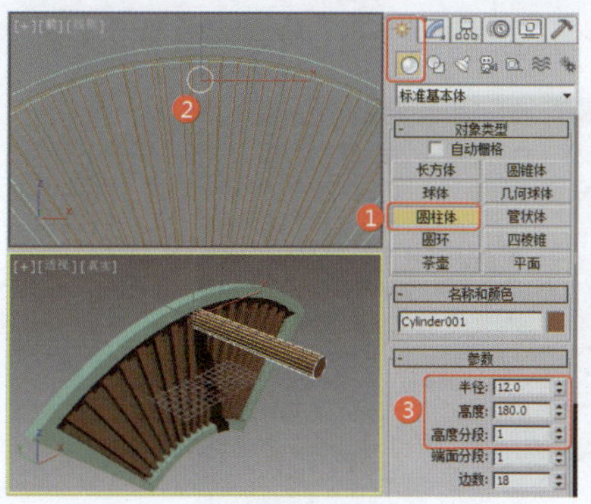

图1-107 创建圆柱体

❾ 在“前”视图中创建可渲染的螺旋线，设置合适的参数，如图1-108所示。

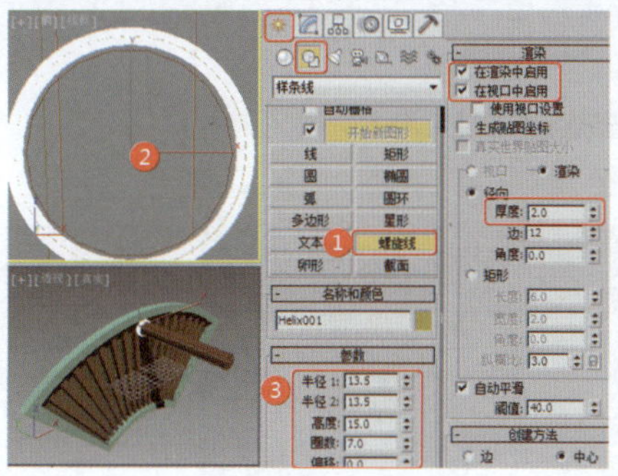

图1-108 创建螺旋线

❿ 继续创建可渲染的线，连接到螺旋线的一端，使其作为垂下来的线。

⓫ 在“前”视图中创建弧，如图1-109所示。

⓬ 为弧施加“车削”修改器，设置合适的参数，如图1-110所示。

⓭ 按Ctrl+V组合键，在打开的对话框中单击“复制”单选按钮，如图1-111所示，单击“确定”按钮。

⓮ 选择复制出的模型，为其施加“晶格”修改器，设置合适的参数，如图1-112所示。

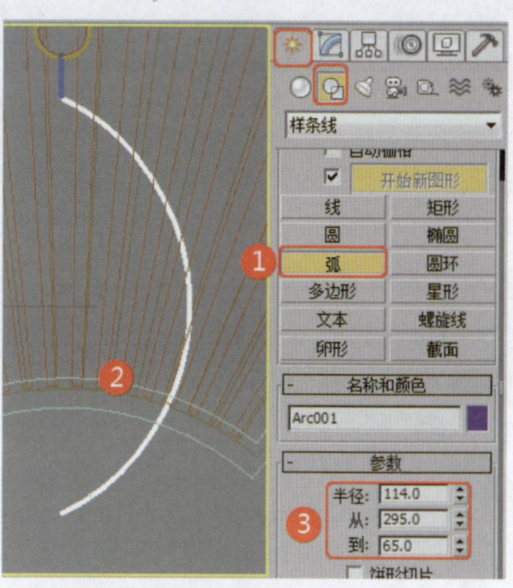

图1-109 创建弧

图1-110 为弧施加“车削”修改器

图1-111 复制模型

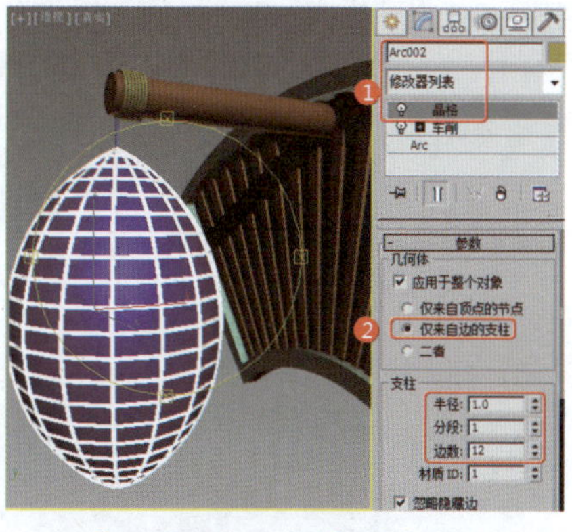

图1-112 施加“晶格”修改器

提 示

使用“晶格”修改器可以将图形的线段或边缘转化为圆柱形结构，并在顶点上产生可选的关节多面体，即，使用该修改器可基于网格拓扑创建可渲染的几何体结构，或得到线框渲染效果。

⑮ 在堆栈中选择“Arc”，设置其参数，如图1-113所示。

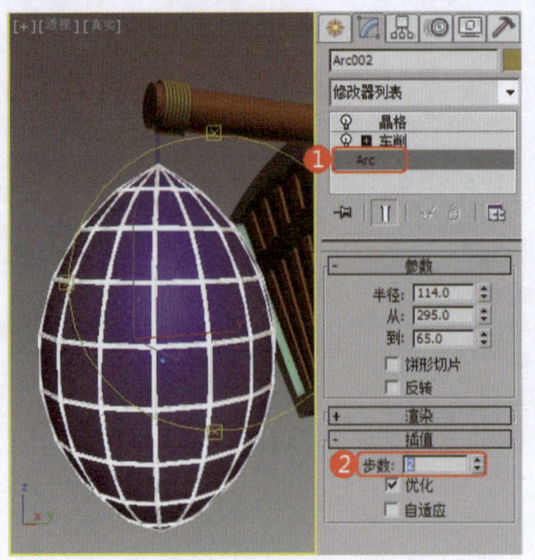

图1-113 修改模型参数

⑯ 为场景中的模型设置材质。首先设置红绳材质，确定当前渲染器为VRay，打开材质编辑器，设置一个VRayMtl材质，如图1-114所示，将材质指定给场景中对应的模型。

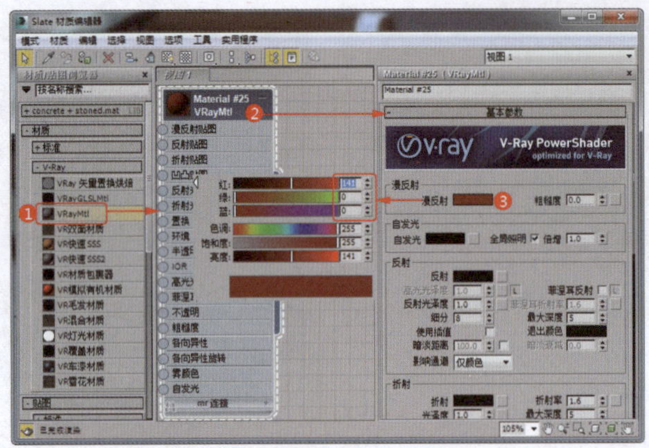

图1-114 设置红绳材质

⑰ 设置一个VR灯光材质，为灯光材质指定“位图”贴图（随书配套资源:\Map\云石02.jpg），将其作为灯材质，如图1-115所示。

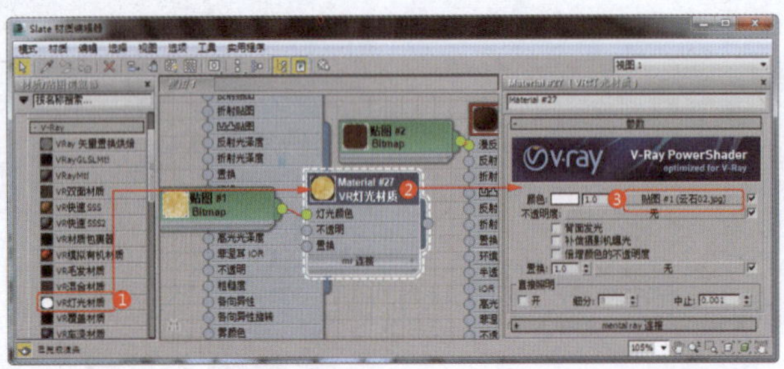

图1-115 设置灯材质

⑱ 设置一个VRayMtl材质，为“漫反射”指定“位图”贴图（随书配套资源:\Map\黑胡桃木6.jpg），将其作为木纹材质，如图1-116所示。

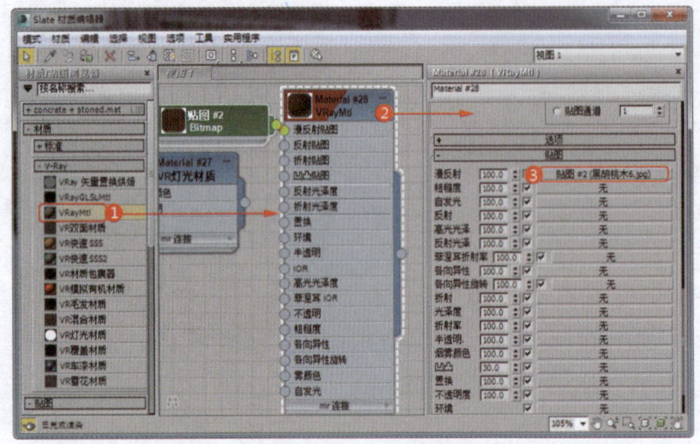

图1-116 设置木纹材质

⑲ 选择指定了木纹材质的模型，为其施加“UVW贴图”修改器，设置合适的参数，如图1-117所示。

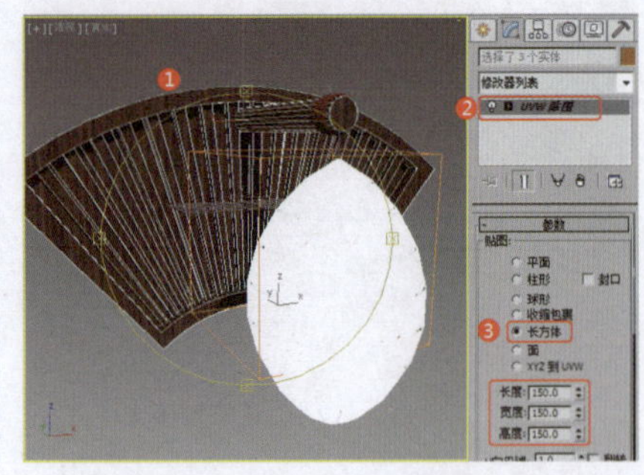

图1-117 施加“UVW贴图”修改器

⑳ 在场景中创建平面，将其作为背景，为其设置一个VRayMtl材质，为“漫反射”参数指定“位图”贴图（随书配套资源:\Map\55873575.jpg），如图1-118所示。

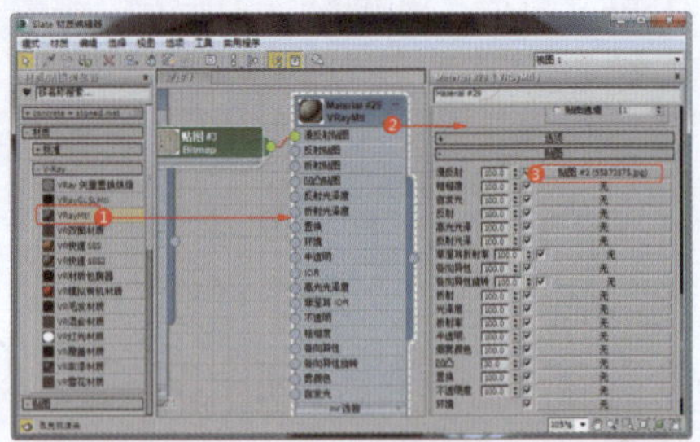

图1-118 设置背景材质

㉑ 为创建的背景施加“UVW贴图”修改器，设置合适的参数，如图1-119所示。

图1-119 为背景施加“UVW贴图”修改器

㉒ 在场景中选择灯模型，为其施加“UVW贴图”修改器，设置合适的参数，如图1-120所示。

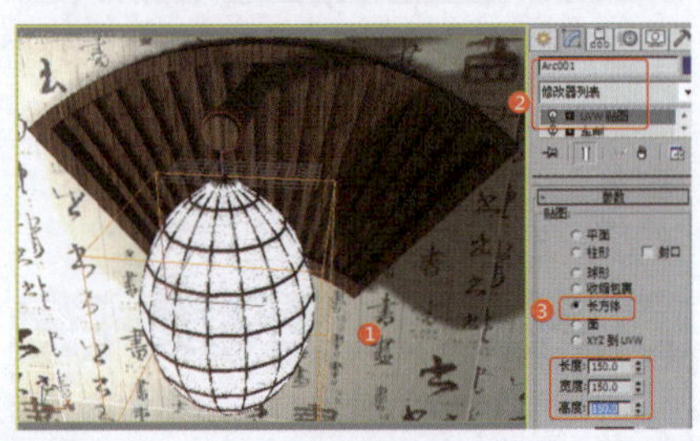

图1-120 为灯施加“UVW贴图”修改器

㉓ 在场景中创建VR灯光，将其

作为第一盏灯光，调整合适的位置和角度，并设置合适的参数，如图1-121所示。

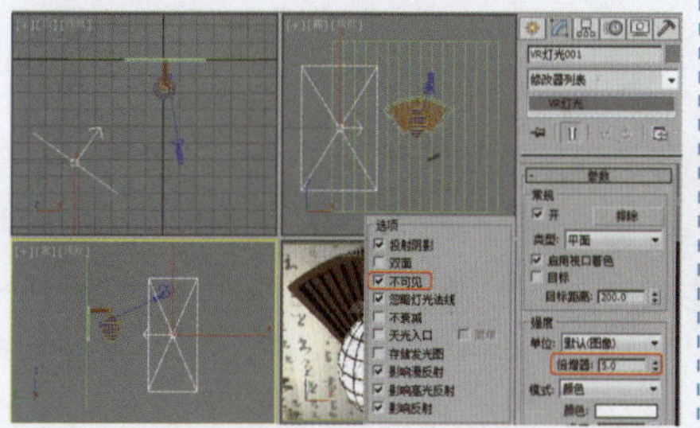
图1-121 创建第一盏灯光

24 复制VR灯光，将其作为第二盏灯光，并调整灯光的参数，如图1-122所示。

25 参照前面实例中设置的渲染参数渲染场景。

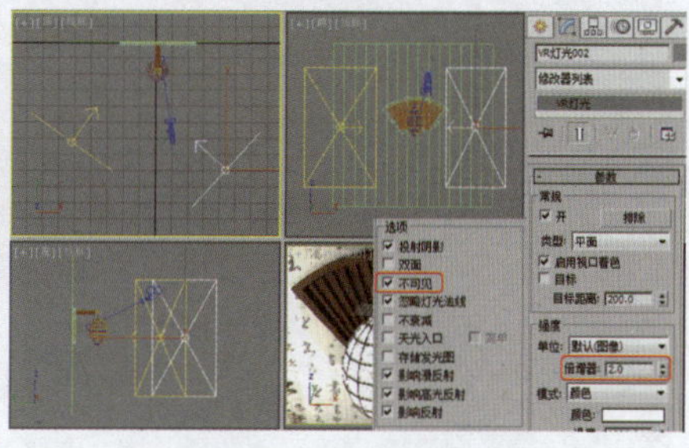
图1-122 创建第二盏灯光

实例006 壁灯类——筒式壁灯

实例效果剖析

筒式壁灯有很多种类和风格，在本例中将简单制作具有现代感的筒式壁灯。筒式壁灯一般都比较简单，从字面上可以将其理解为管状体和圆柱体形状的壁灯。本例将在圆柱体的基础上简单地制作出发光的灯的效果，使筒式壁灯简单而不失大气，以起到照明及点缀的作用。

本例制作的筒式壁灯，效果如图1-123所示。

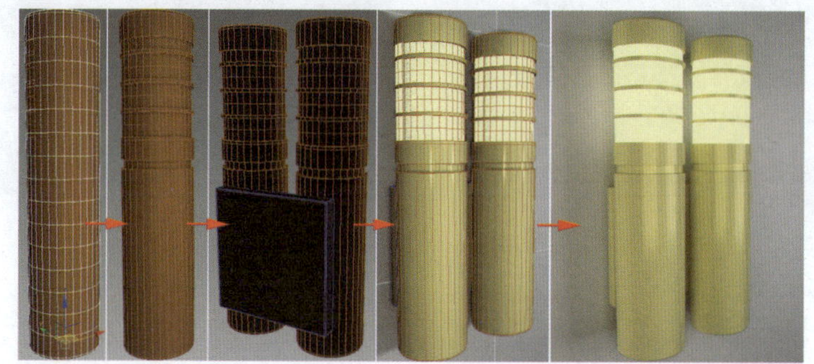
图1-123 效果展示

实例技术要点

本例主要用到的功能及技术要点如下。

- 施加“挤出”修改器：在筒式壁灯的模型上向内挤出多边形，制作发光的灯的效果。
- 使用“分离”工具：将挤出的灯模型分离出来作为单独的模型存在。

场景文件路径	Scene\第1章\实例006 筒式壁灯.max		
贴图文件路径	Map\		
视频路径	视频\ cha01\实例006 筒式壁灯.mp4		
难易程度	★★	学习时间	13分31秒

实例007 台灯类——中式台灯

实例效果剖析

中式台灯主要是被放置在沙发柜或床头柜上，作为夜灯来辅助照明。中式台灯主要为木质结构，采用古色古香的传统中式风格，充满书香气息。本例制作的中式台灯没有太多烦琐的细节，却也很漂亮，曲线柔美的木质弧形支架，搭配纯中式花纹的灯罩，一个简易、古朴的中式台灯效果就得以完美展现。

本例制作的中式台灯，效果如图1-124所示。

图1-124 效果展示

实例技术要点

本例主要用到的功能及技术要点如下。

- 施加“倒角”修改器：用于制作台灯的支架。
- 施加“锥化”修改器：用于进一步制作灯罩模型。
- 施加“编辑多边形”修改器：删除一部分灯罩模型，使灯罩不封闭。
- 施加“壳”修改器：用于制作灯罩的厚度。
- 施加“网格平滑”修改器：用于进一步优化模型效果。

实例制作步骤

场景文件路径	Scene\第1章\实例007 中式台灯.max		
贴图文件路径	Map\		
视频路径	视频\ cha01\实例007 中式台灯.mp4		
难易程度	★★	学习时间	22分19秒

1 在“前”视图中创建图形，并调整图形的形状，效果如图1-125所示。

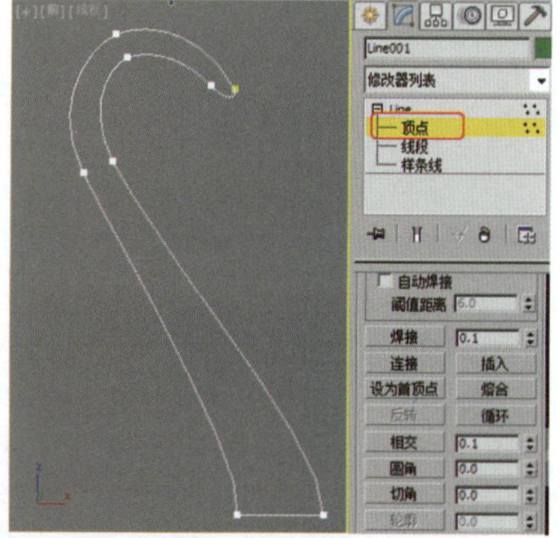
图1-125 创建图形

2 为图形施加“倒角”修改器，设置合适的参数，如图1-126所示。

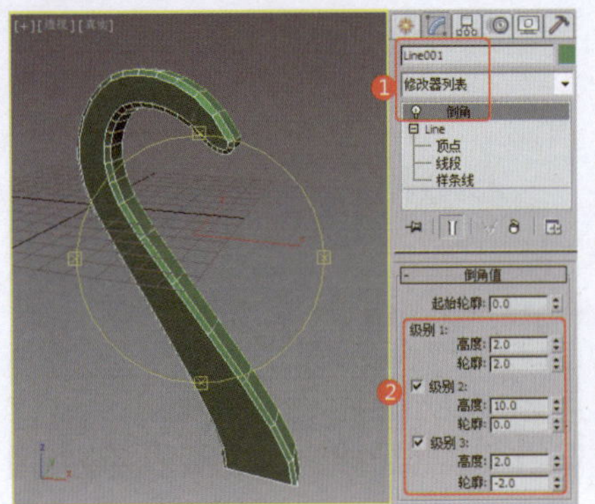

图1-126　施加“倒角”修改器

❸ 为模型施加“细化”修改器，设置合适的参数，效果如图1-127所示。

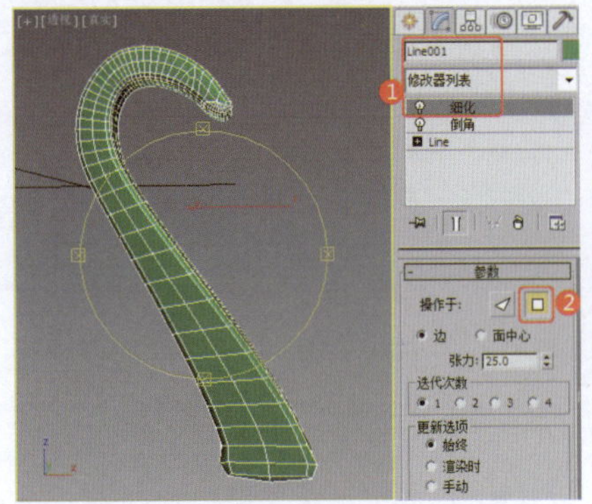

图1-127　为模型施加“细化”修改器

❹ 在“顶”视图中创建切角圆柱体，设置合适的参数，效果如图1-128所示。

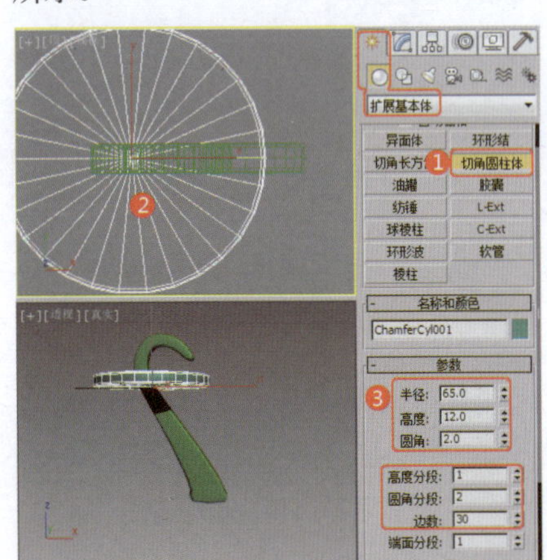

图1-128　创建切角圆柱体

❺ 调整模型的位置，继续创建如图1-129所示的图形。

❻ 为图形施加“车削”修改器，设置合适的参数，效果如图1-130所示。

❼ 在“顶”视图中创建球体，效果如图1-131所示。

❽ 为球体施加“编辑多边形”修改器，定义选择集为“多边形”，删除多边形，效果如图1-132所示。

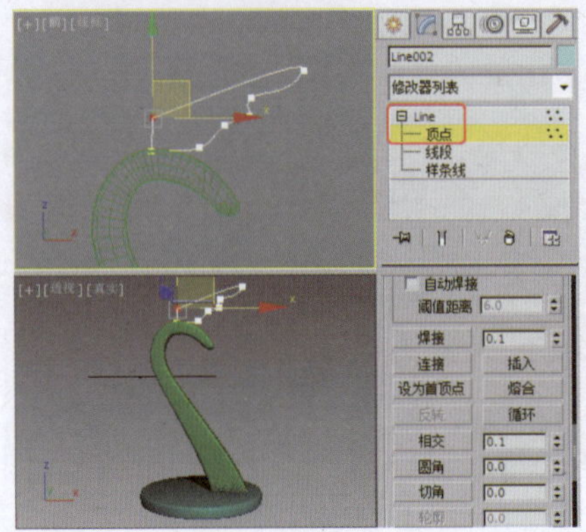

图1-129　创建图形

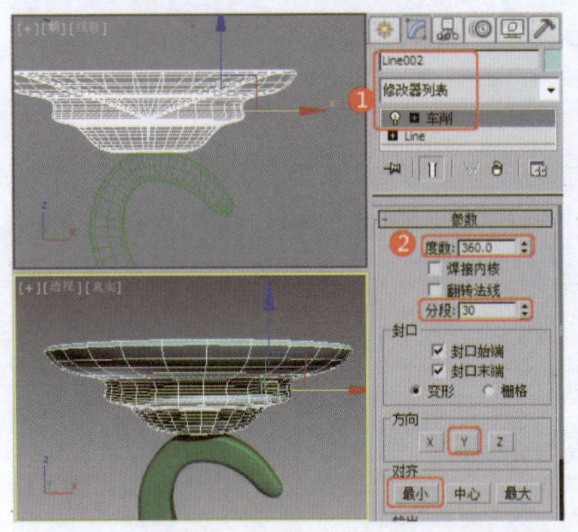

图1-130　为图形施加“车削”修改器

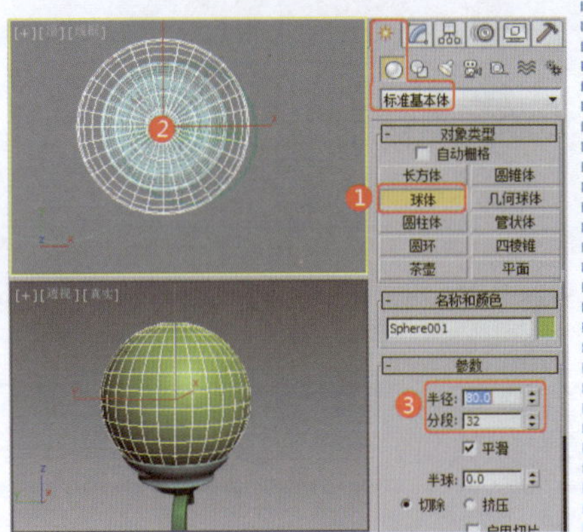

图1-131　创建球体

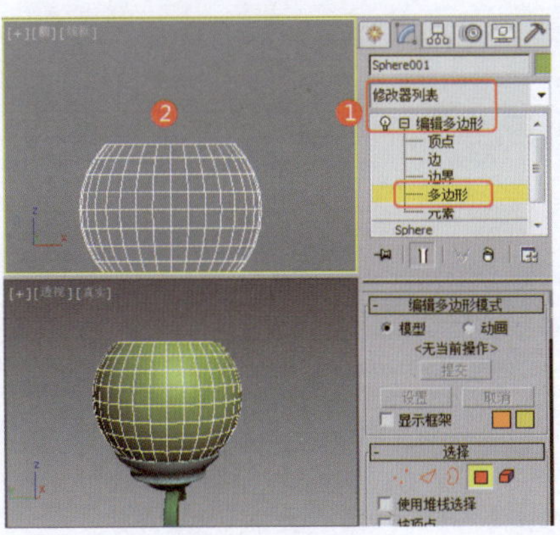

图1-132　制作效果

❾ 关闭选择集，为模型施加“锥化”修改器，设置合适的参数，效果如图1-133所示。

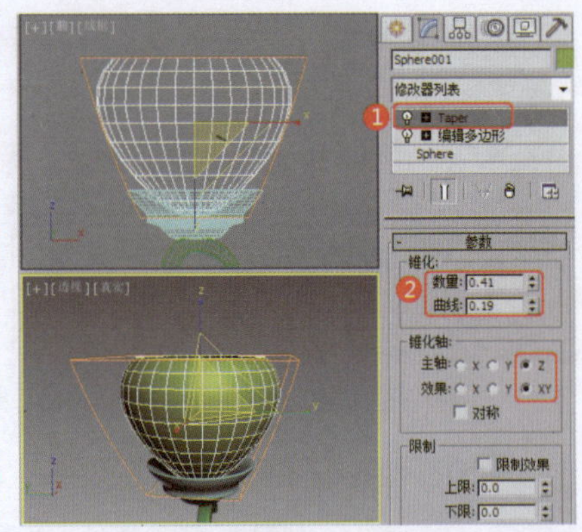

图1-133　施加“锥化”修改器

❿ 为模型施加“壳”修改器，使用默认的参数，效果如图1-134所示。

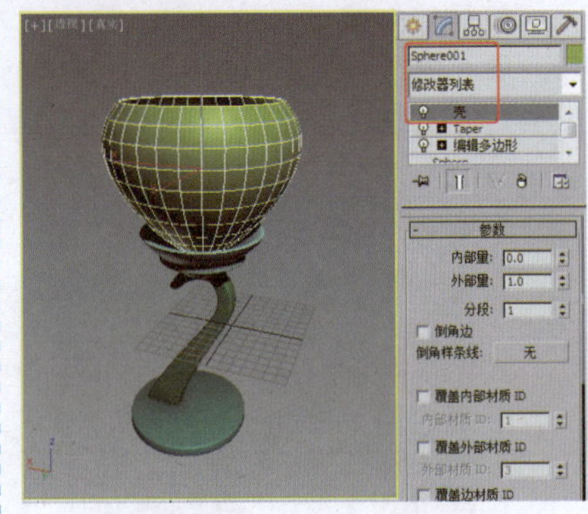

图1-134　施加“壳”修改器

⓫ 为模型施加“网格平滑”修改器，使用默认参数，效果如图1-135所示。

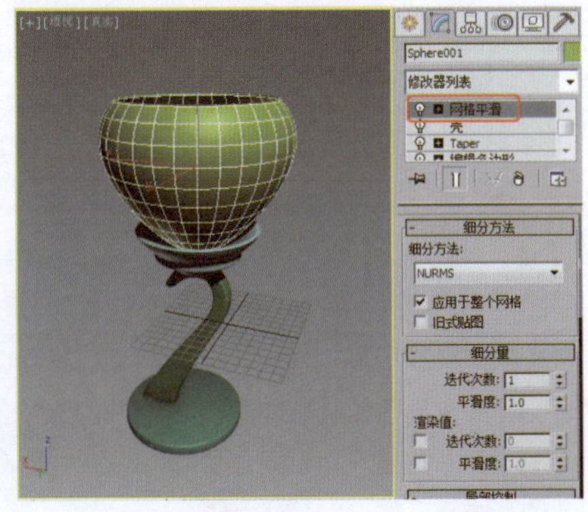

图1-135　施加“网格平滑”修改器

⓬ 设置场景材质。确定当前渲染器为VRay渲染器，打开材质编辑器，设置一个VRayMtl材质，将其作为木材质，如图1-136所示。

⓭ 在“贴图”卷展栏中为“漫反射”参数指定“位图”贴图（随书配套资源:\Map\木.jpg），如图1-137所示。

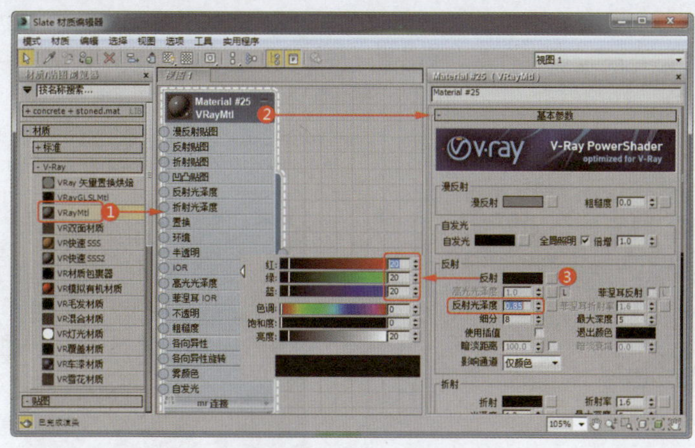
图1-136 设置木材质

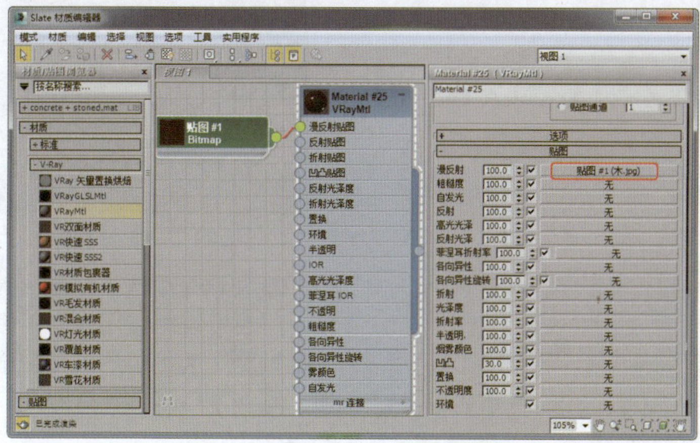
图1-137 为木材质指定贴图

⑭ 为场景的支架指定木材质，并为其施加“UVW贴图”修改器，设置合适的参数，如图1-138所示。

⑮ 设置一个VRayMtl材质，将其作为灯罩材质，在“贴图”卷展栏中为“漫反射”参数指定“位图”贴图（随书配套资源:\Map\木.jpg）；设置“置换”的数量为5，为其指定“位图”贴图（随书配套资源:\Map\纹理.jpg），其他参数设置如图1-139所示。

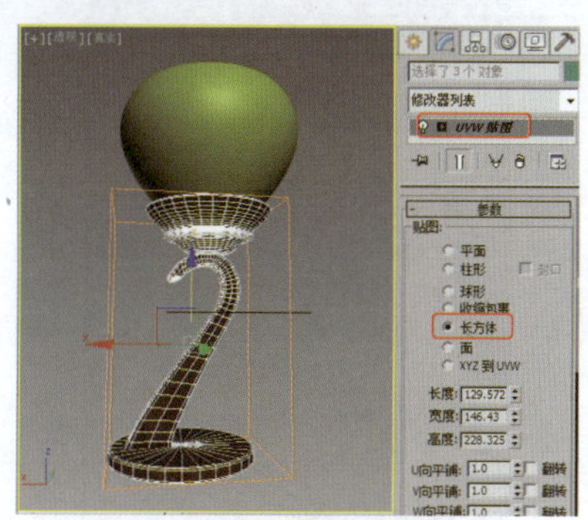
图1-138 施加“UVW贴图”修改器

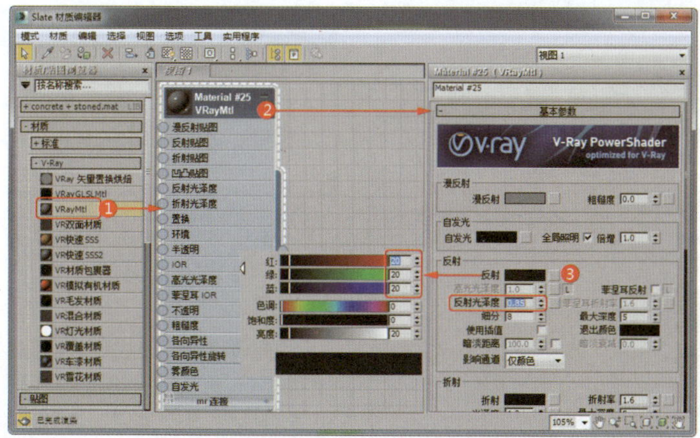
图1-139 设置灯罩材质

⑯ 在“顶”视图中灯罩的内侧创建合适大小的VR球体灯光，设置灯光的颜色为浅橘黄色，如图1-140所示。

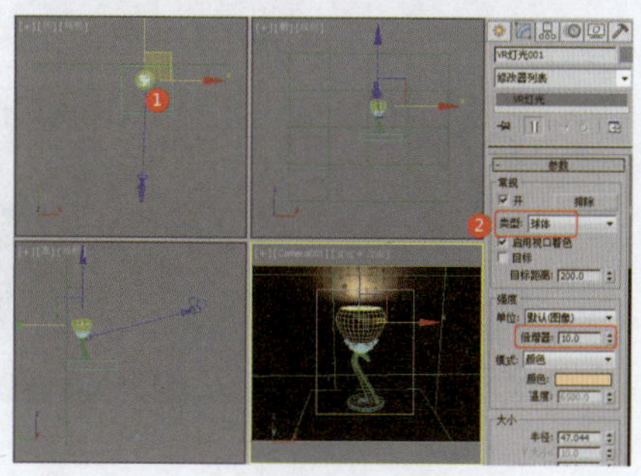
图1-140 创建VR球体灯光

⑰ 创建VR平面灯光，设置合适的参数，设置灯光的颜色为浅橘黄色，如图1-141所示。

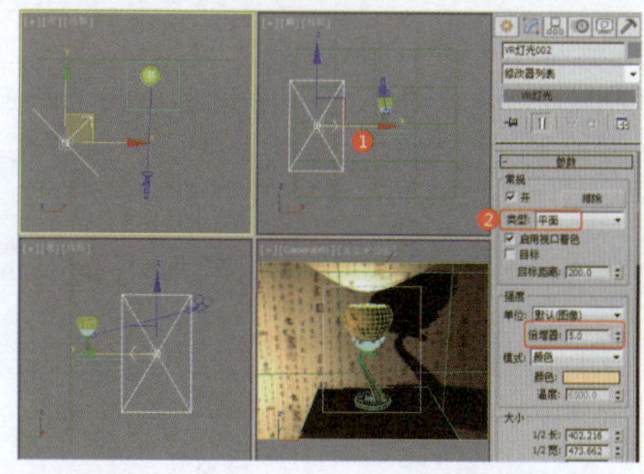
图1-141 创建VR平面灯光

⑱ 复制VR平面灯光，修改灯光的参数，设置颜色为白色，调整灯光的位置和角度，效果如图1-142所示。

⑲ 参考前面实例的渲染参数进行设置，然后渲染场景，在此不再赘述。

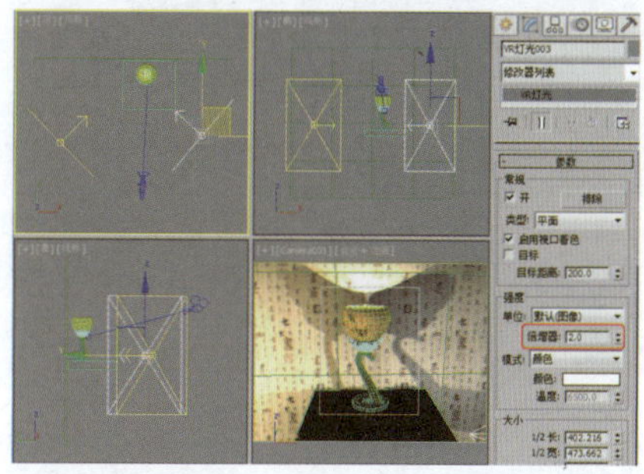
图1-142 设置参数

实例008 台灯类——水晶台灯

实例效果剖析

现代装饰风格中有多种台灯效果，其中水晶台灯最为耀眼，是时尚装饰中的首选灯具。台灯是人们生活中用来照明的电器，水晶台灯则由原来单纯的局部照明灯具逐渐转为照明与装饰功能并存的灯具装饰了。在消费趋势的引导下，水晶台灯的种类也逐渐多样化。本例制作的水晶台灯是一种比较简单的装饰灯，与现代时尚家居的装饰风格相互辉映。

本例制作的水晶台灯，效果如图1-143所示。

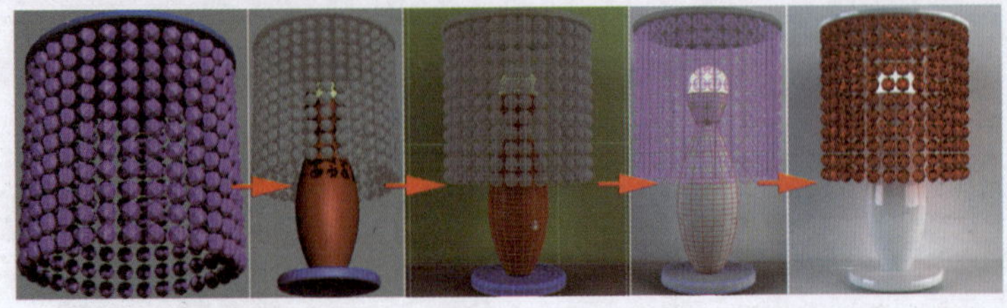

图1-143　效果展示

实例技术要点

本例主要用到的功能及技术要点如下。

- 移动复制：移动复制水晶坠模型。
- 施加“弯曲”修改器：将复制出的水晶坠进行弯曲，使其形成灯罩效果。
- 施加“锥化”修改器：用于制作灯支架的造型。

实例制作步骤

场景文件路径	Scene\第1章\实例008 水晶台灯.max		
贴图文件路径	Map\		
视频路径	视频\ cha01\实例008 水晶台灯.mp4		
难易程度	★★	学习时间	16分5秒

❶在“顶”视图中创建几何球体，设置合适的参数，制作水晶效果，如图1-144所示。

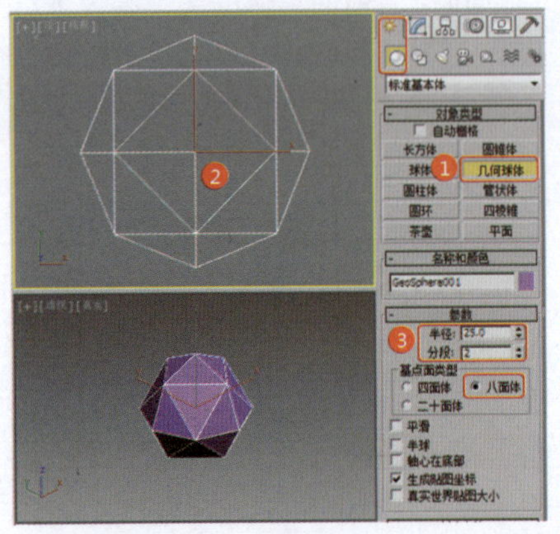

图1-144　创建几何球体

❷在“前”视图中使用“选择并移动”工具，按住Shift键沿y轴向下移动模型，在合适的位置松开鼠标左键，在打开的对话框中设置合适的参数，如图1-145所示，单击“确定”按钮。

❸在“前”视图中创建可渲染的样条线，效果如图1-146所示。

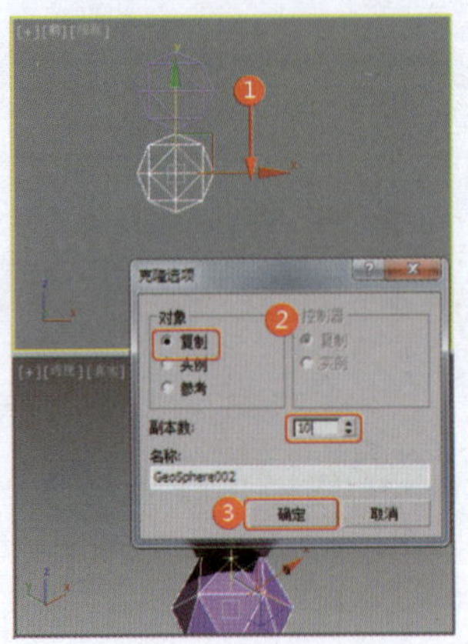

图1-145　复制几何球体

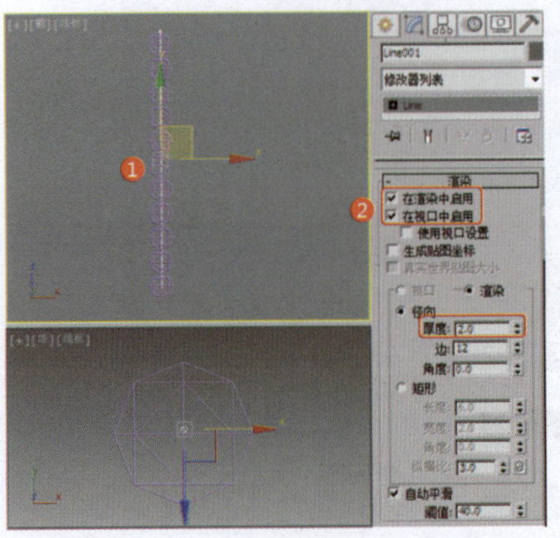

图1-146　创建可渲染的样条线

❹在场景中选择整串水晶，按住Shift键在“前”视图中沿x轴移动复制模型，在打开的对话框中单击“复制”单选按钮，设置“副本数”为30，如图1-147所示，单击“确定”按钮。

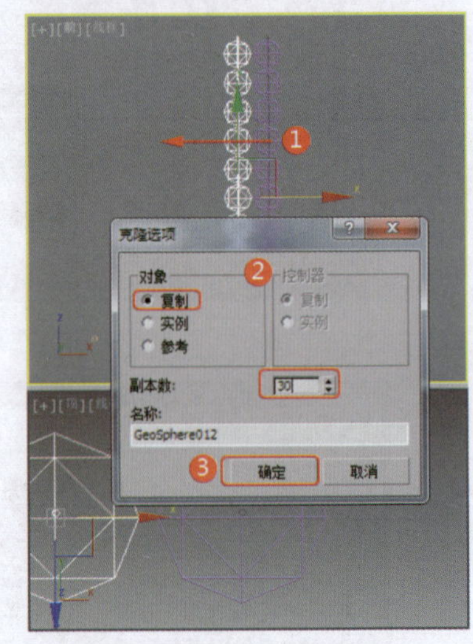

图1-147　复制水晶模型

❺在场景中选择复制出的吊坠模型，将模型编组，切换到“修改”命令面板，为编组后的模型施加“弯曲”修改器，设置合适的参数，效果如图1-148所示。

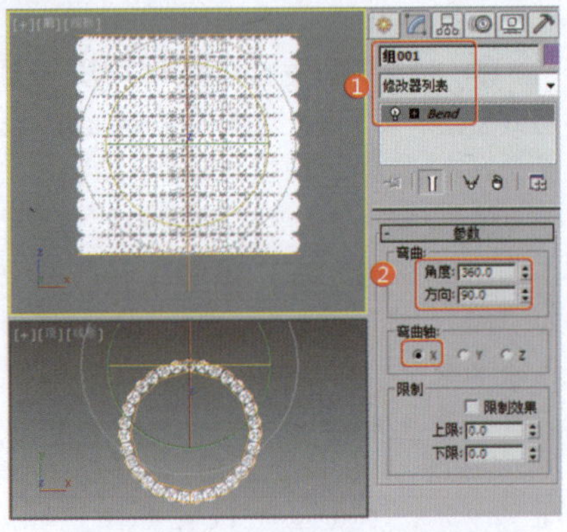

图1-148　施加“弯曲”修改器

> **提　示**
>
> 在施加“弯曲”修改器时，通过设置“弯曲”→“角度”参数，可以调整弯曲模型的角度；通过设置“弯曲”→“方向”参数，可以调整弯曲相对于水平面的方向。

❻在“顶”视图中创建切角圆柱体，将其作为顶部模型，效果如图1-149所示。

❼在“顶”视图中创建圆柱体，设置“高度分段”参数，可以将数值设置得大一些，将其作为支架，效果如图1-150所示。

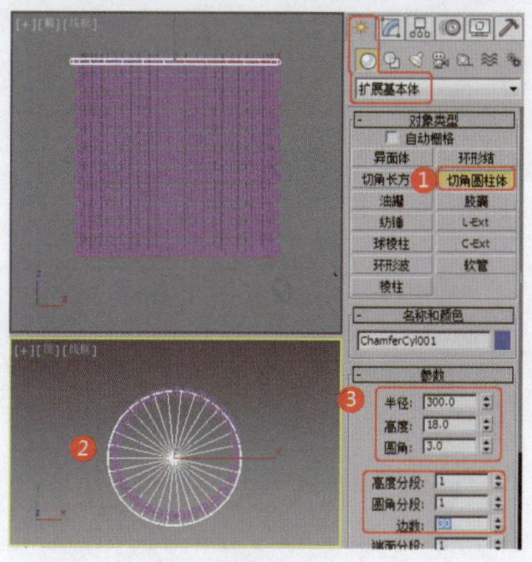
图1-149 创建顶部模型

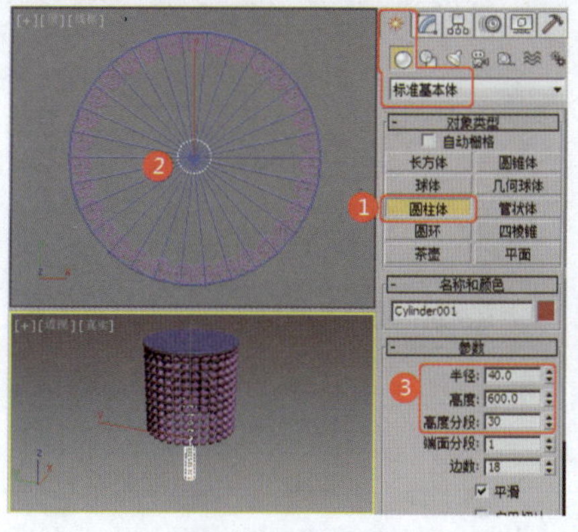
图1-150 创建圆柱体

❽ 切换到“修改”命令面板，为模型施加“锥化”修改器，设置合适的参数，效果如图1-151所示。

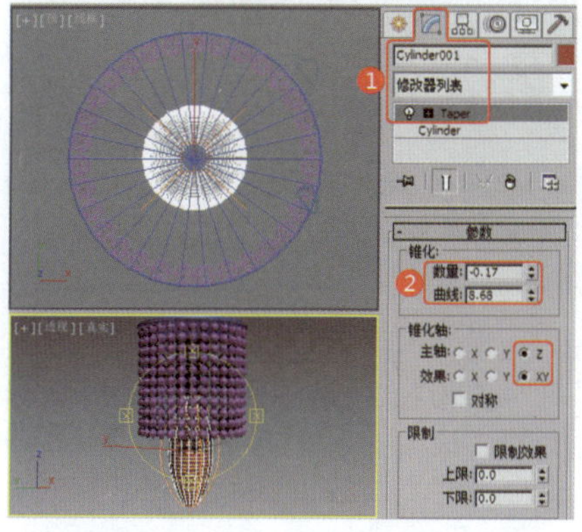
图1-151 施加“锥化”修改器

❾ 在“顶”视图中创建切角圆柱体，将其作为底部模型，设置合适的参数，效果如图1-152所示。

提 示

“锥化”修改器的原理是，通过缩放对象几何体的两端以产生锥化轮廓，一端放大而另一端缩小。可以在几何体的两端控制锥化的量和曲线，也可以在几何体的一端控制锥化的量和曲线。

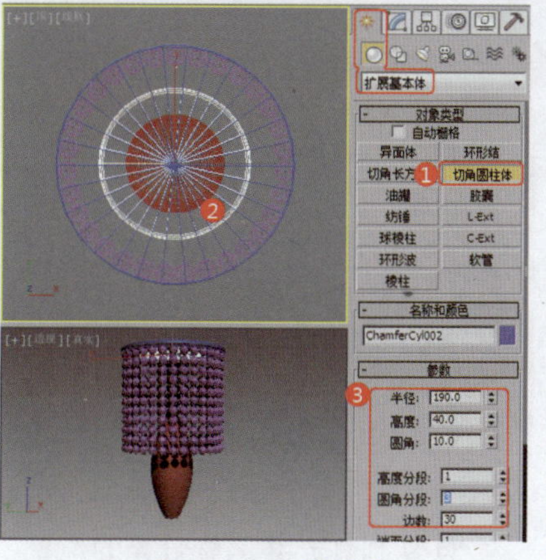
图1-152 创建底座

❿ 调整底座模型，在支架模型的上方创建图形，将其作为灯托，效果如图1-153所示。

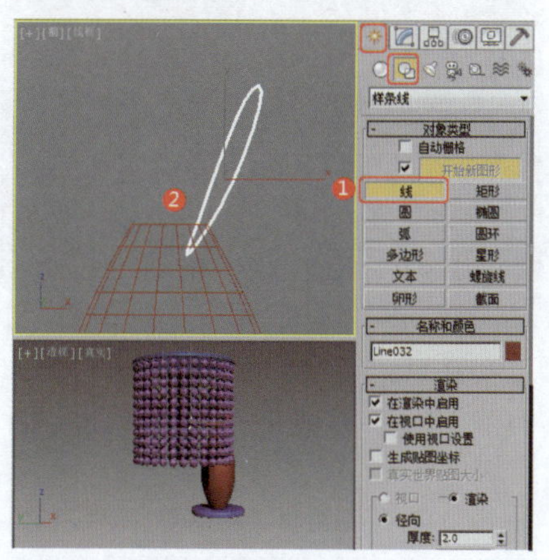
图1-153 创建灯托

⓫ 为图形施加“车削”修改器，设置合适的参数，定义选择集为“轴”，在场景中调整轴，使模型达到合适的效果，如图1-154所示。

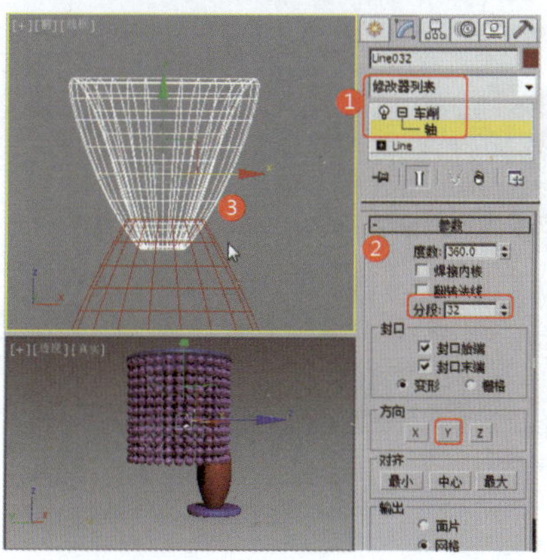
图1-154 施加“车削”修改器

⓬ 创建球体，将其作为灯泡，如图1-155所示，然后组合模型。

⓭ 打开材质编辑器，指定一个VRayMtl材质，在“基本参数”卷展栏中设置“漫反射”的颜色为白色，设置“反射”的颜色为白色，勾选“菲涅耳反射”复选框，如图1-156所示。

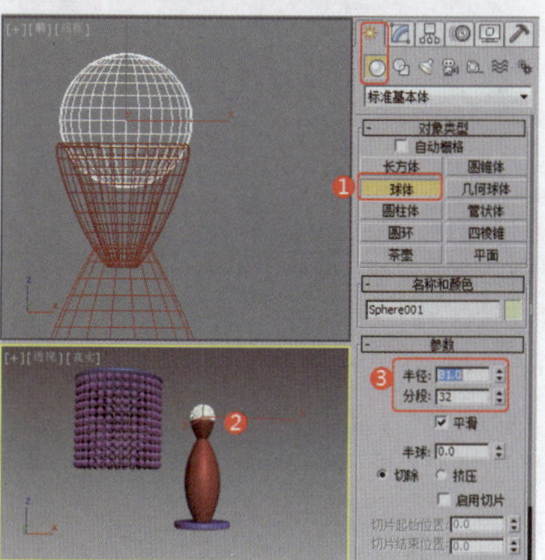
图1-155 创建灯泡

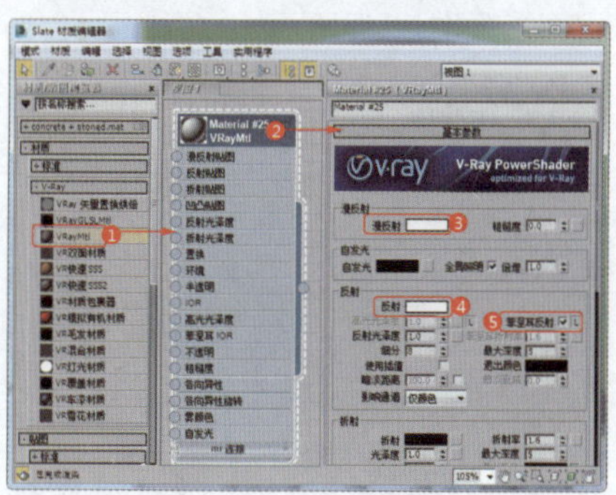
图1-156 设置支架材质

⓮ 将该材质指定给场景中灯具的支架模型。

⓯ 指定一个VRayMtl材质，在“基本参数”卷展栏中将“漫反射”右侧的色块拖动到“反射”右侧的色块上，复制该颜色，设置“折射”的颜色为白色，然后设置“烟雾颜色”的RGB值为255、122、122，如图1-157所示。

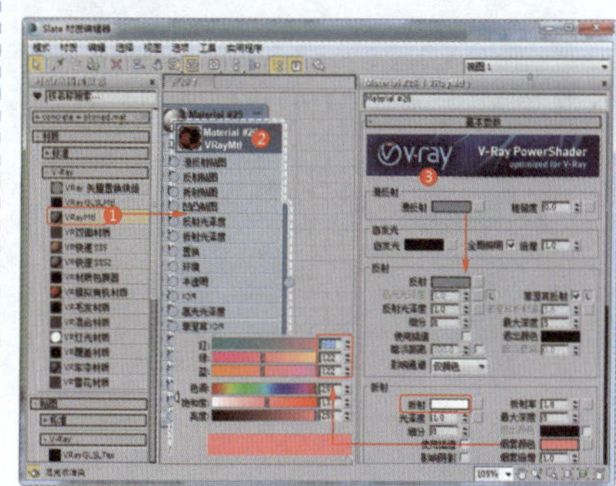
图1-157 设置吊坠材质

⓰ 将该材质指定给场景中的吊坠模型。

⓱ 设置一个VR灯光材质，使用默认参数，将其指定给场景中作为灯泡的球体模型，效果如图1-158所示。

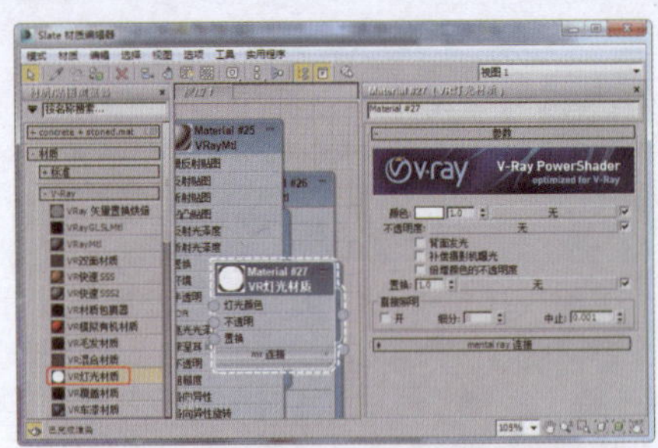

图1-158　设置VR灯光材质

⑱ 设置场景的材质后，在场景中创建一个平面，将其作为墙面背景，然后创建长方体，将其作为储物的家具并为其指定白色的材质，在场景中调整"透视"视图至合适的角度，按Ctrl+C组合键将其转换为"摄影机"视图，如图1-159所示。

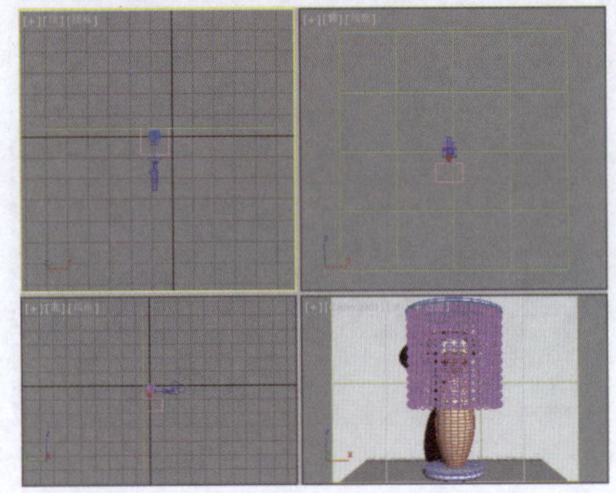

图1-159　创建场景

⑲ 在场景中创建VR平面灯光，设置灯光的参数，如图1-160所示。

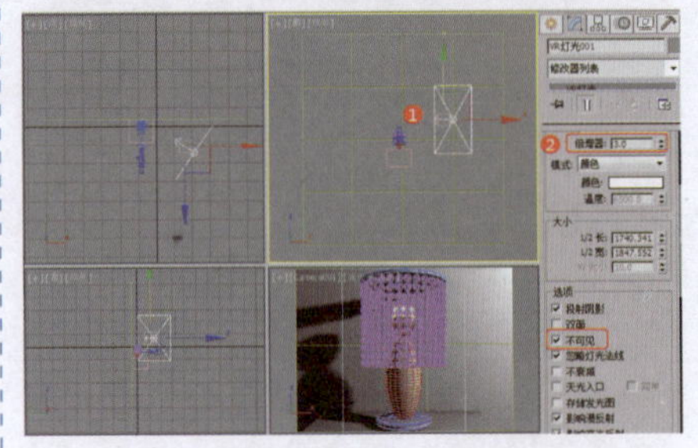

图1-160　创建VR灯光

⑳ 复制灯光并调整灯光的位置、角度等参数，设置灯光的颜色为浅蓝色，如图1-161所示。

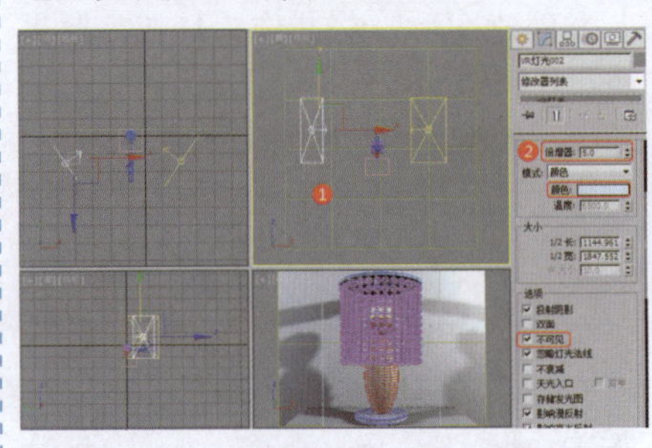

图1-161　复制VR灯光并调整参数

㉑ 参考前面实例中的渲染设置，调整本场景的渲染参数，在此不再赘述。

实例009　台灯类——时尚台灯

实例效果剖析

时尚是现代装饰装修中不可或缺的元素。本例制作的时尚台灯在晶格效果的球体灯罩的基础上添加了球体装饰作为点缀，简单又不失美观。

本例制作的时尚台灯，效果如图1-162所示。

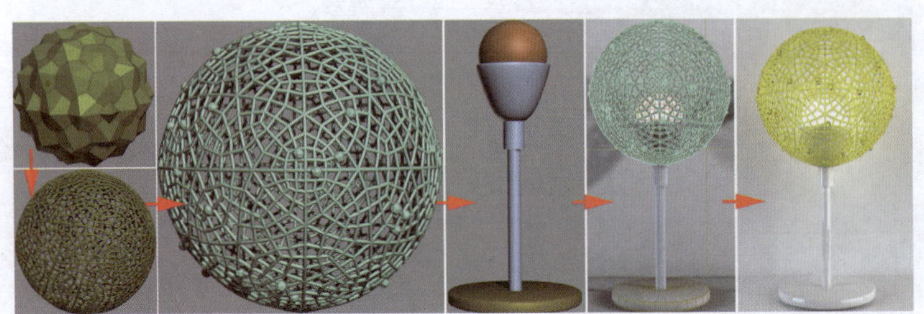

图1-162　效果展示

实例技术要点

本例主要用到的功能及技术要点如下。

- 施加"细化"修改器：设置几何球体的细化参数，以增加纹路。
- 施加"网格平滑"修改器：用于使模型产生平滑效果。
- 施加"晶格"修改器：设置网格的支柱，以完成镂空效果。
- 使用"散布"工具：可以将模型分散到镂空的几何球体上。

实例制作步骤

场景文件路径	Scene\第1章\实例009 时尚台灯.max	
贴图文件路径	Map\	
视频路径	视频\ cha01\实例009 时尚台灯.mp4	
难易程度	★★	学习时间
		14分38秒

❶ 在"顶"视图中创建几何球体，设置合适的参数，将其作为灯罩，效果如图1-163所示。

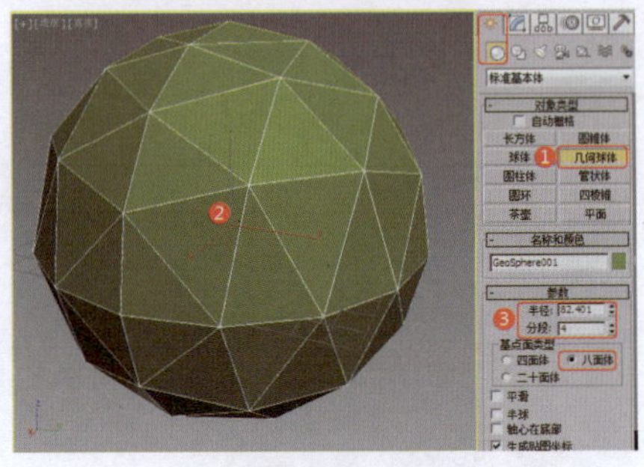

图1-163　创建几何球体

❷ 切换到"修改"命令面板，为其施加"细化"修改器，设置合适的参数，如图1-164所示。

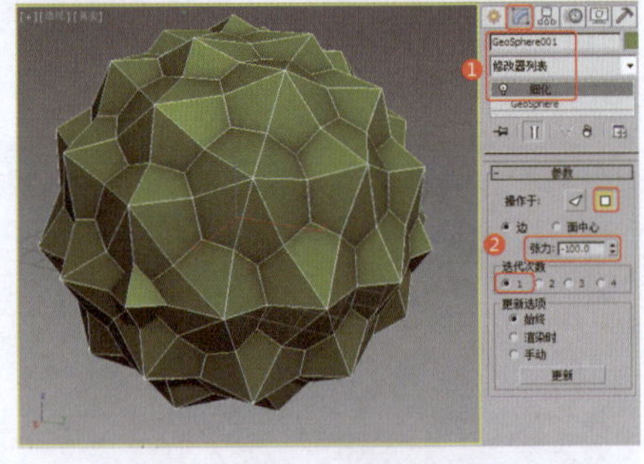

图1-164　施加"细化"修改器

❸ 为模型施加"网格平滑"修改器，设置合适的参数，如图1-165所示。

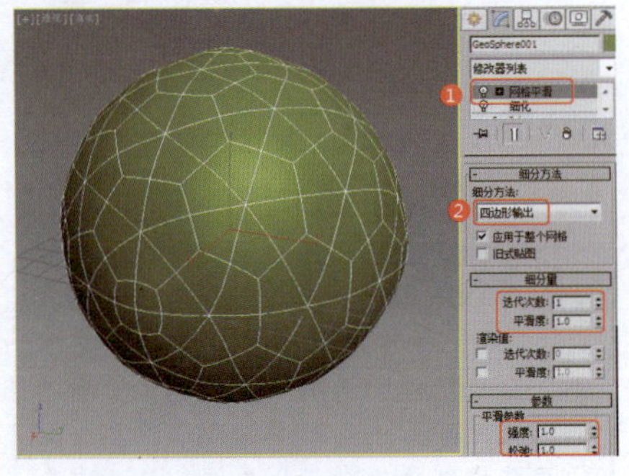

图1-165　施加"网格平滑"修改器

❹ 为模型施加"晶格"修改器，

设置合适的参数，如图1-166所示。

❺ 继续在场景中创建几何球体，设置合适的参数，将其作为球体灯罩的装饰水晶，如图1-167所示。

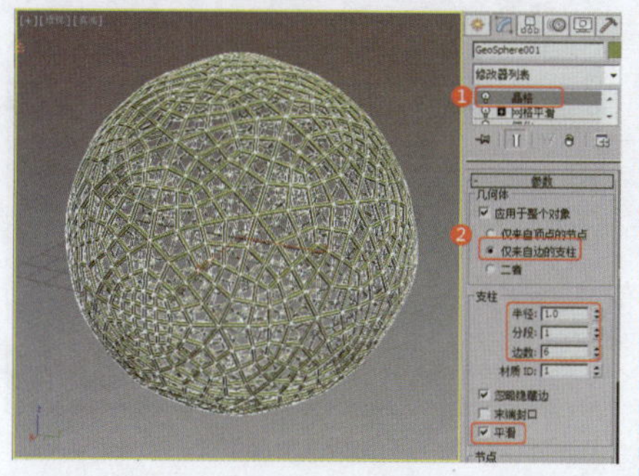
图1-166 施加“晶格”修改器

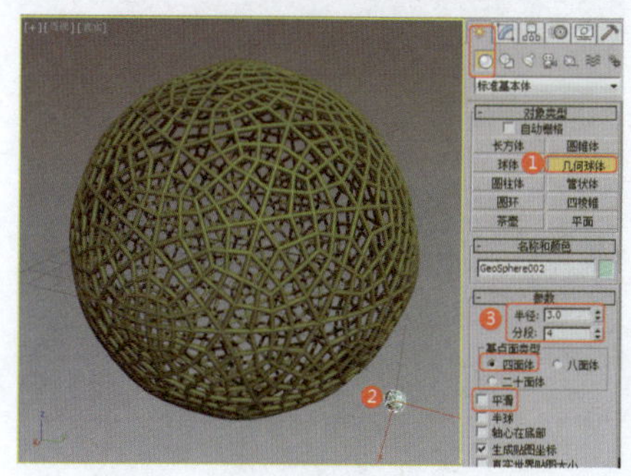
图1-167 创建几何球体

❻ 选择作为装饰水晶的几何球体，使用“散布”工具，在“拾取分布对象”卷展栏中单击“拾取分布对象”按钮，在场景中拾取灯罩模型，如图1-168所示。

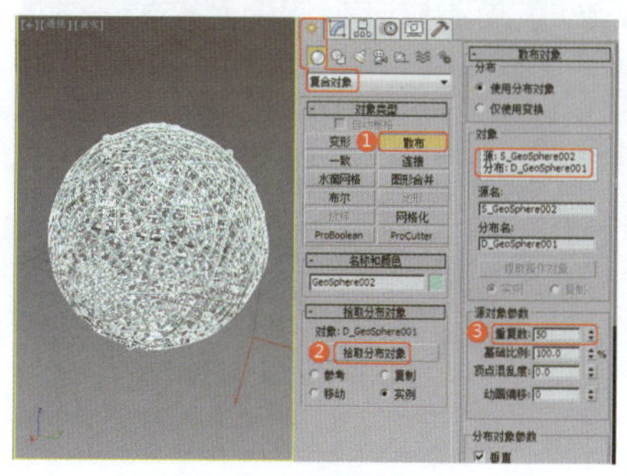
图1-168 拾取模型

❼ 选择散布的模型，切换到“显示”命令面板，单击“隐藏未选定对象”按钮，如图1-169所示。

❽ 在“前”视图中创建如图1-170所示的样条线。

❾ 为图形施加“车削”修改器，设置合适的参数，如图1-171所示。

❿ 创建球体，将其作为灯泡，然后创建切角圆柱体，将其作为底座，创建如图1-172所示的台灯支架。

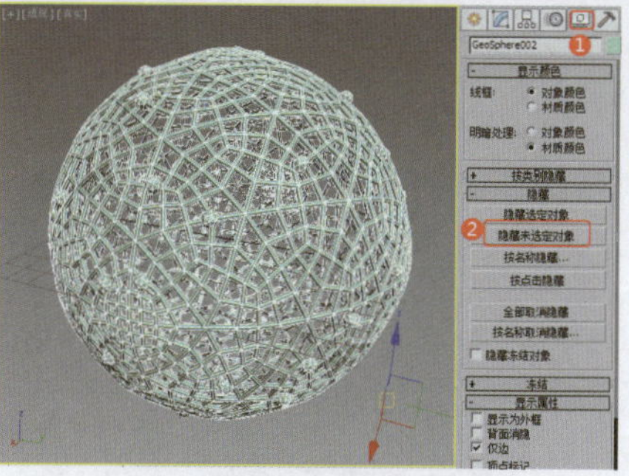
图1-169 隐藏未选定对象

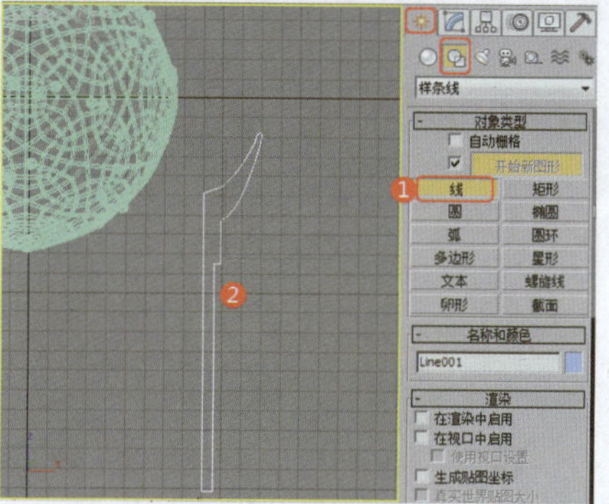
图1-170 创建样条线

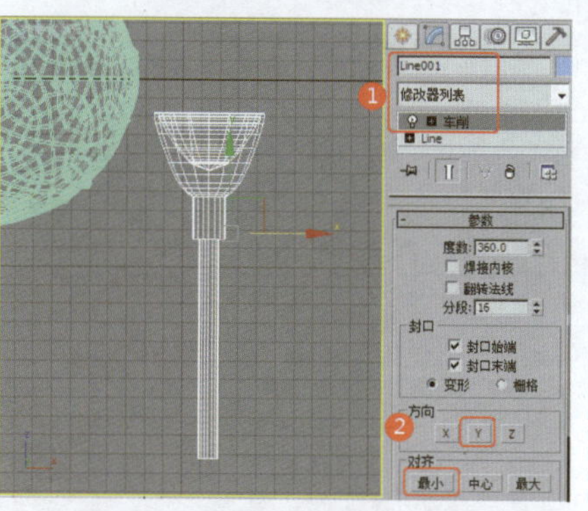
图1-171 施加“车削”修改器

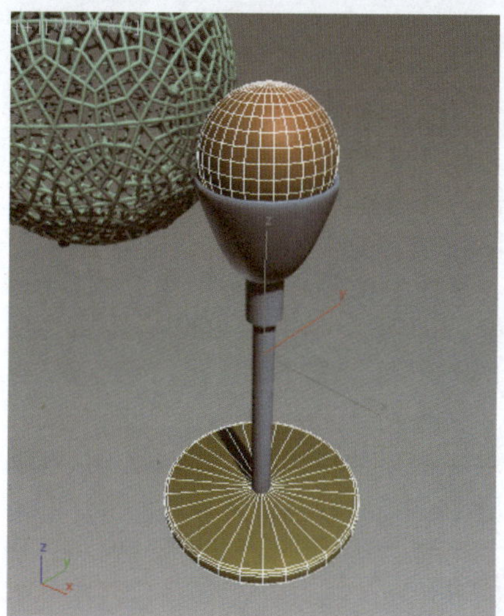
图1-172 制作台灯支架

⓫ 组合模型，得到合适的效果，如图1-173所示。

图1-173 组合模型

⓬ 参考前面实例中模型材质和场景的设置，制作该实例中的材质和场景。

实例010 落地灯类——中式落地灯

实例效果剖析

落地灯一般是由灯罩、支架、底座三部分组成，被放置在客厅或休息室，与沙发、茶几配合使用，以满足空间局部照明和点缀的需求。本例中制作的中式落地灯，从风格出发，稳重与时尚相结合，表现出中式灯具的独特效果。中式落地灯以木质支架为主，在本例中使用中式画来制作灯罩的图案，使用“线”“星形”“放样”“可渲染的样条线”“可渲染的圆”“阵列”等工具，结合“车削”“倒角”修改器制作中式落地灯模型，结合木质和装饰画材质制作场景效果。

本例制作的中式落地灯，效果如图1-174所示。

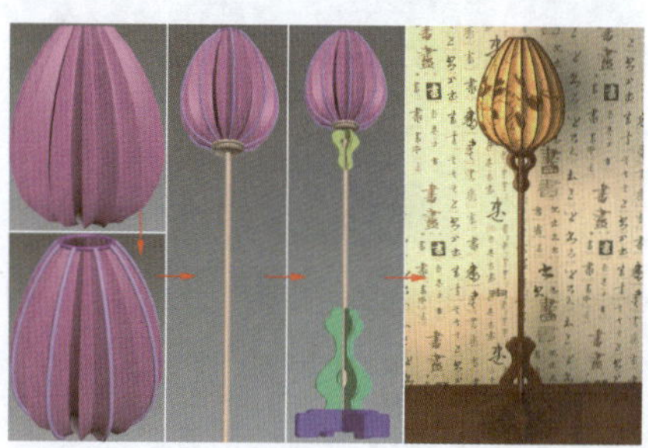
图1-174 效果展示

实例技术要点

本例主要用到的功能及技术要点如下。

- 使用“放样”工具：创建灯罩的截面图形和路径，放样得到模型，通过调整完成灯罩的制作。
- 创建可渲染的图形：制作灯罩的龙骨。
- 使用“阵列”工具：完成龙骨的排列。
- 施加“车削”修改器：用于制作中式落地灯的支架。
- 施加“倒角”修改器：用于制作中式落地灯的花式纹理支架。

场景文件路径	Scene\第1章\实例010 中式落地灯.max	
贴图文件路径	Map\	
视频路径	视频\ cha01\实例010 中式落地灯.mp4	
难易程度	★★★	学习时间
		31分39秒

实例011 落地灯类——田园落地灯

实例效果剖析

田园落地灯一般给人以童话世界的浪漫感觉，体现乡间风格，营造自然、闲适的效果。本例中制作的田园落地灯以碎花灯罩为主，曲线造型自然、流畅，结合花边和流苏，效果更加柔美、浪漫。

本例制作的田园落地灯，效果如图1-175所示。

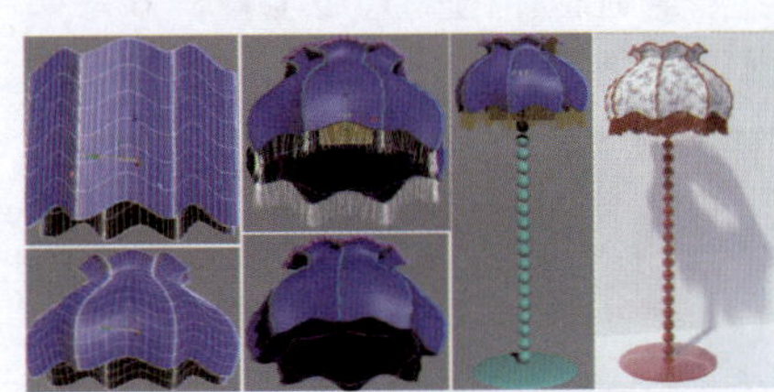

图1-175　效果展示

实例技术要点

本例主要用到的功能及技术要点如下。

- 使用“放样”工具：创建灯罩和灯罩的装饰花边。
- 使用“截面”工具：提取灯罩侧面装饰花边的路径。
- 使用“VR毛皮”工具：制作灯罩流苏。
- 制作丝绸材质：使用VRayMtl材质进行设置。

实例制作步骤

场景文件路径	Scene\第1章\实例011 田园落地灯.max	
贴图文件路径	Map\	
视频路径	视频\ cha01\实例011 田园落地灯.mp4	
难易程度	★★★	学习时间
		25分25秒

❶在“顶”视图中创建星形，设置合适的参数，将其作为放样的截面图形，效果如图1-176所示。

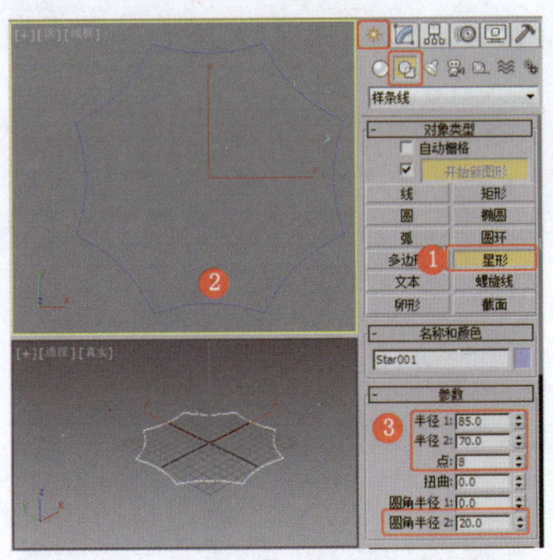

图1-176　创建星形

❷切换到“修改”命令面板，为该图形施加“编辑样条线”修改器，将选择集定义为“样条线”，在场景中选择样条线，在“几何体”卷展栏中设置“轮廓”为2，按Enter键，即可生成轮廓图形，效果如图1-177所示。

❸在“前”视图中创建直线，将其作为放样路径，效果如图1-178所示。

❹在场景中选择该放样路径，选择“放样”工具，在“创建方法”卷展栏中单击“获取图形”按钮，在场景中拾取设置的星形轮廓，放样模型效果如图1-179所示。

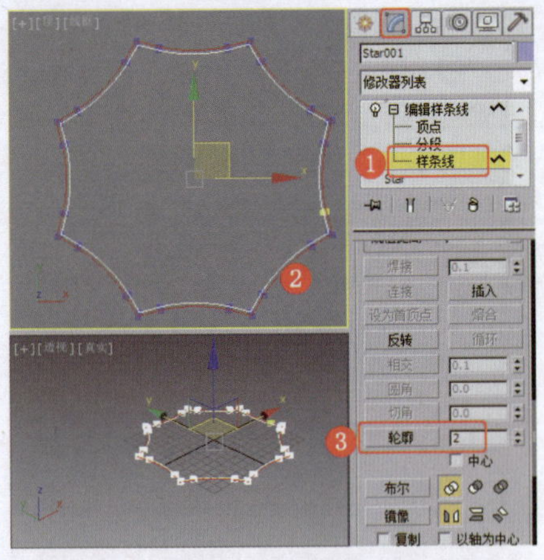

图1-177　创建轮廓

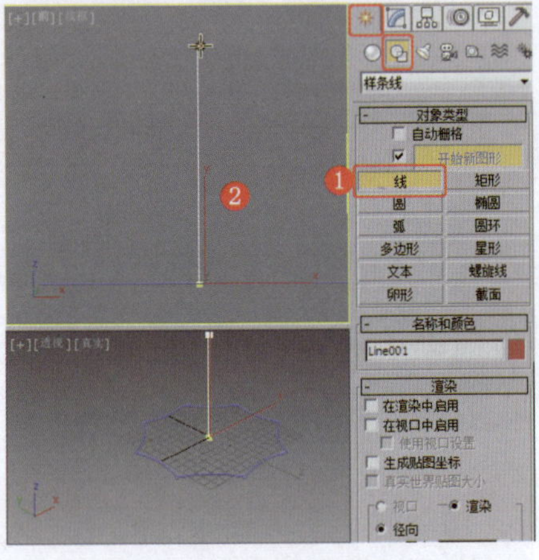

图1-178　创建放样路径

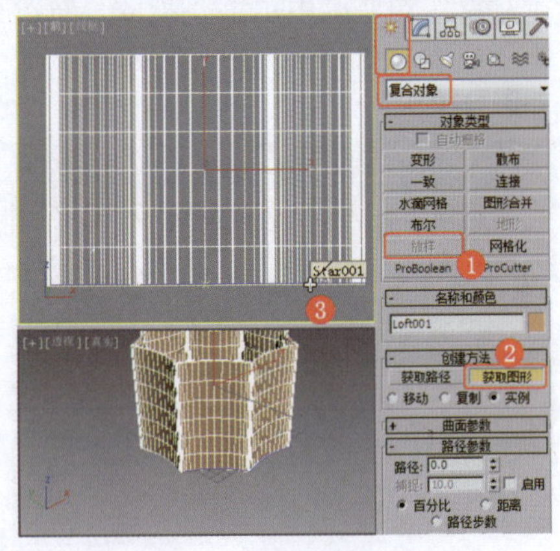

图1-179　创建放样模型

❺在场景中选择该放样模型，在“变形”卷展栏中单击“缩放”按钮，在打开的面板中调整曲线的形状，得到合适的模型，效果如图1-180所示。

❻为该模型施加“编辑多边形”修改器，将选择集定义为“顶点”，在场景中选择如图1-181所示的顶点。

❼选择顶点后，在“软选择”卷展栏中勾选“使用软选择”复选框，设置“衰减”为40.0，如图1-182所示。

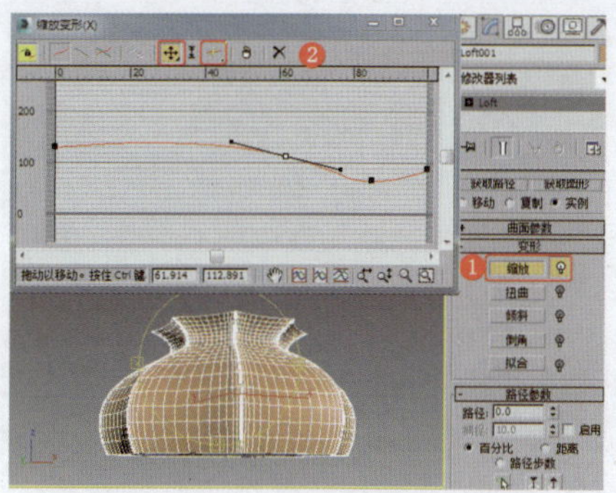
图1-180 调整放样模型的形状

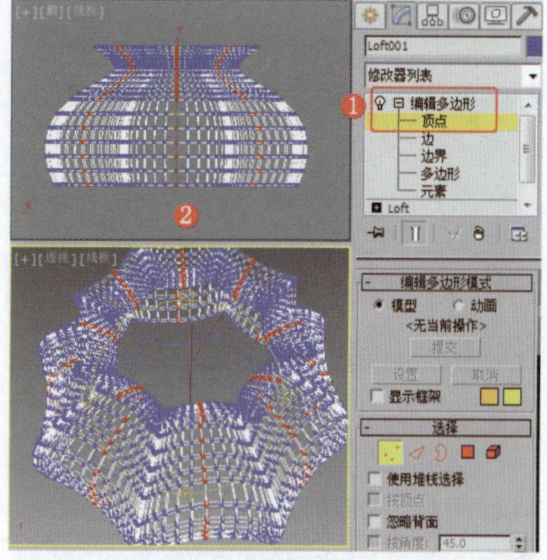
图1-181 选择模型的顶点

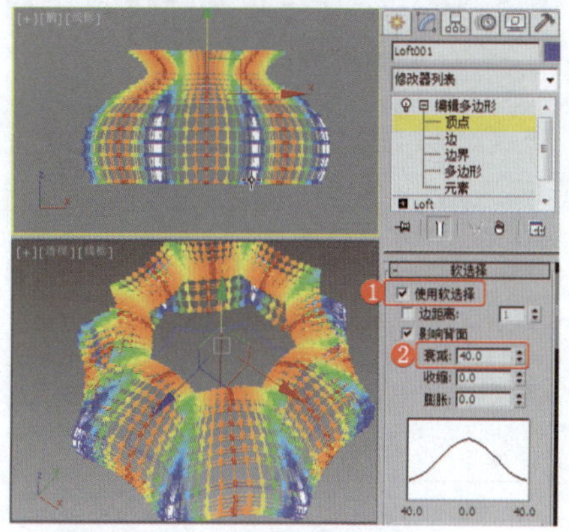
图1-182 设置软选择

⑧ 在场景中调整顶点的位置，效果如图1-183所示。

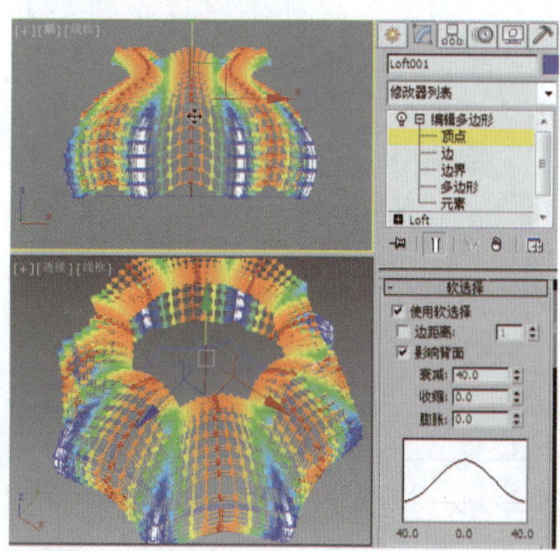
图1-183 调整顶点

提 示

必须一次性调整好软选择的顶点。

⑨ 在场景中创建顶部模型装饰花边的路径，调整其形状，效果如图1-184所示。

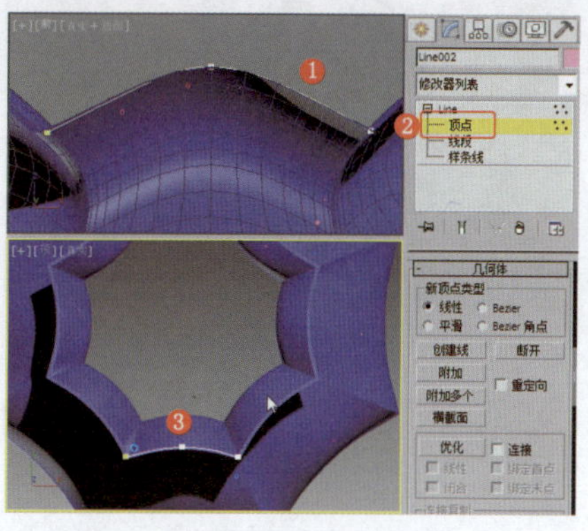
图1-184 创建顶部模型装饰花边的路径

⑩ 在场景中如图1-185所示的位置创建截面，调整其位置和角度。

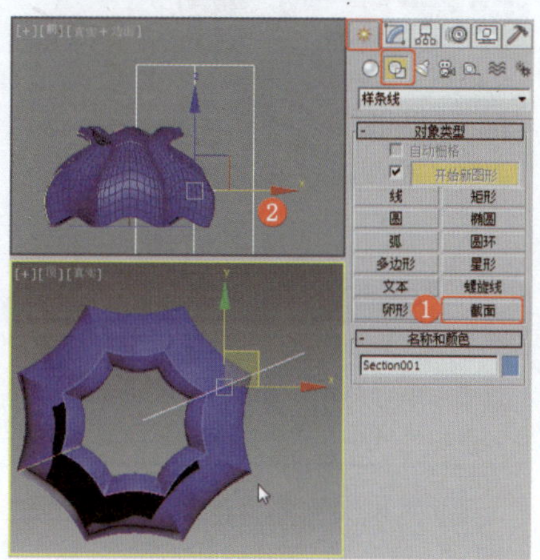
图1-185 创建截面

⑪ 切换到“修改”命令面板，在“截面参数”卷展栏中单击“创建图形”按钮，在打开的对话框中使用默认的名称，如图1-186所示，单击“确定”按钮。

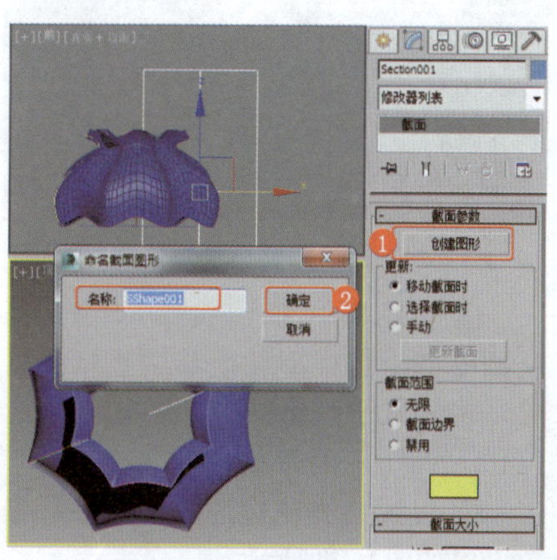
图1-186 创建截面图形

⑫ 选择创建的截面图形，将选择集定义为“线段”，在场景中选择外侧的线段，将其作为路径，如图1-187所示，按Ctrl+I组合键，反选线段，按Delete键删除反选的对象。

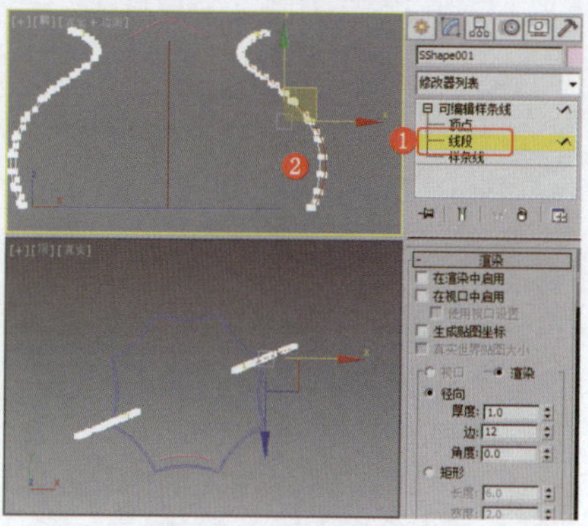
图1-187 选择作为路径的线段

⑬ 在“前”视图中创建圆，设置合适的参数，效果如图1-188所示。

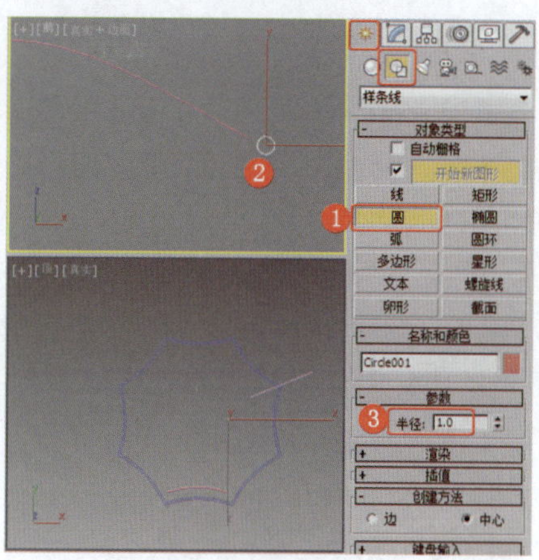
图1-188 创建圆

⑭ 在场景中复制圆，效果如图1-189所示。

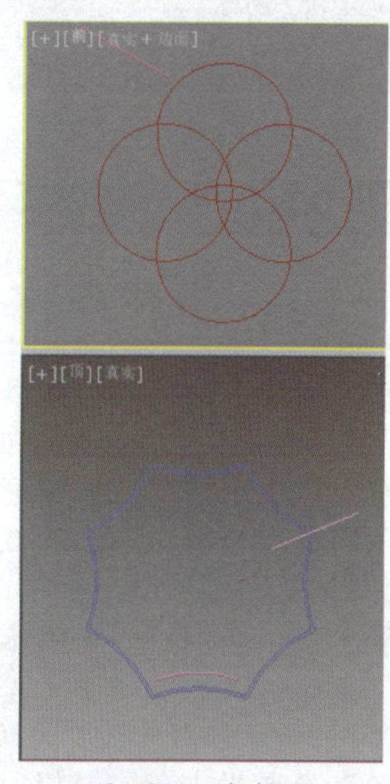
图1-189 复制圆

⑮ 在场景中选择其中一个圆，为其施加“编辑样条线”修改器，在“几何体”卷展栏中单击“附加”按钮，将其他三个圆附加到一起，效果如图1-190所示。

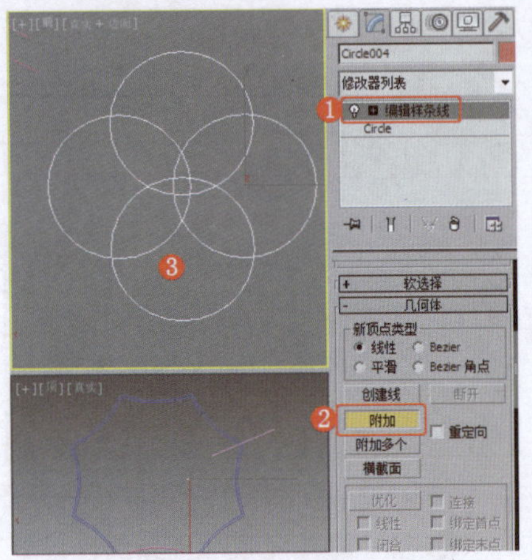

图1-190　附加圆

⑯ 将选择集定义为“样条线”，在“几何体”卷展栏中单击“布尔”按钮，使用“布尔”工具调整样条线的形状，如图1-191所示，将该图形作为放样的截面图形。

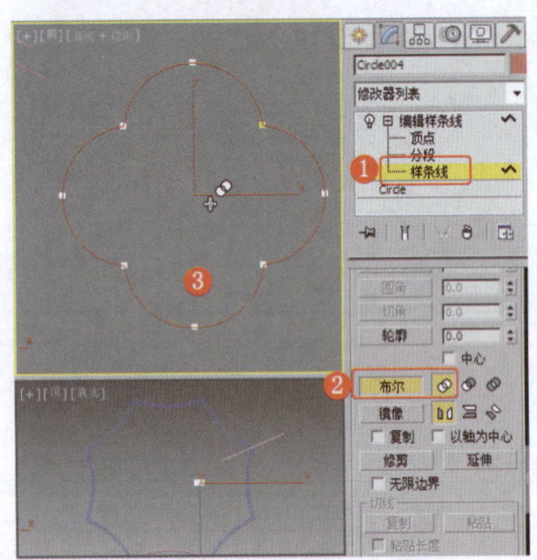

图1-191　修改图形的形状

提　示

较之“布尔”工具，“修剪”工具只需在不需要的分段上单击即可将其删除。

⑰ 在场景中选择作为路径的图形，选择“放样”工具，在“创建方法”卷展栏中单击“获取图形”按钮，在场景中拾取布尔后的截面图形，效果如图1-192所示。

⑱ 选择放样的模型，切换到“修改”命令面板，在“蒙皮参数”卷展栏中设置“路径步数”为50，在“变形”卷展栏中单击“扭曲”按钮，在打开的面板中调整曲线，如图1-193所示。

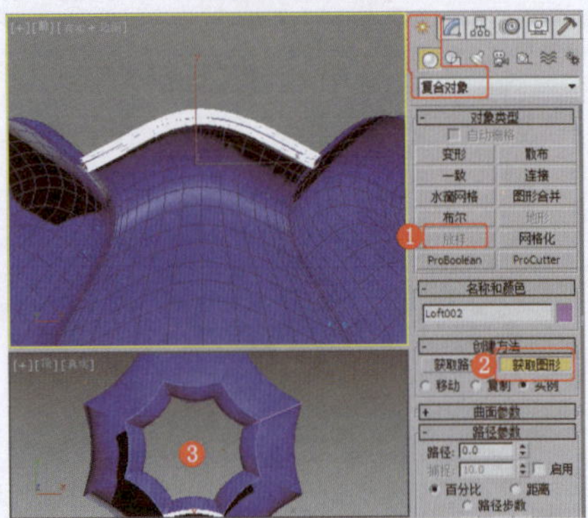

图1-192　创建放样模型

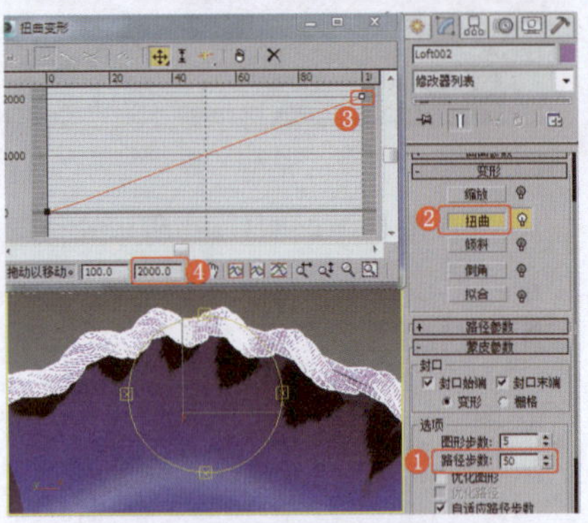

图1-193　调整扭曲效果

提　示

如果要达到较好的扭曲效果，必须设置足够的分段，有了分段之后才可以扭曲出“麻花”效果。

⑲ 使用同样的方法创建侧面的装饰花边模型，如图1-194所示。

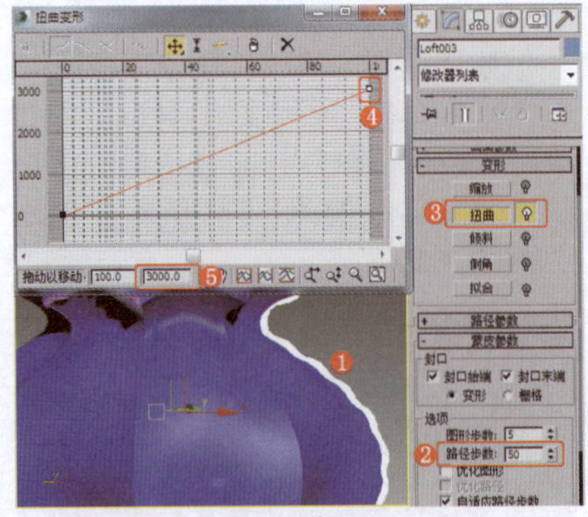

图1-194　创建侧面的装饰花边模型

⑳ 在场景中选择创建的两个放样装饰模型，将模型编组并调整轴的位置，将其置于灯罩处，即模型的中心位置，如图1-195所示。

㉑ 设置装饰花边的阵列效果，参数设置如图1-196所示。

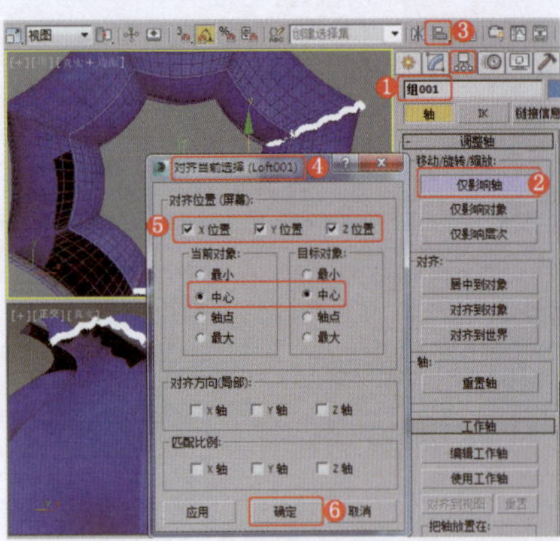

图1-195　编组并调整模型的轴

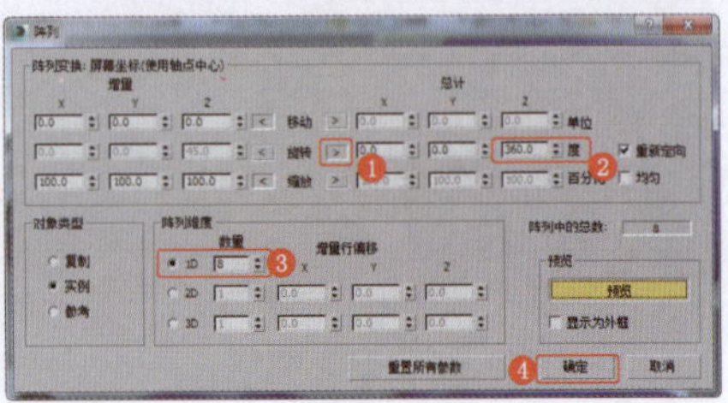

图1-196　设置阵列参数

㉒ 阵列复制的装饰花边模型，效果如图1-197所示。

图1-197　阵列模型

㉓ 在场景中选择灯罩模型，为其施加“编辑多边形”修改器，将选择集定义为“多边形”，在场景中选择底部的多边形，在“编辑几何体”卷展栏中单击“分离”右侧的按钮□，在打开的对话框中使用默认参数，如图1-198所示，单击“确定”按钮。

㉔ 选择分离出的模型，单击“创建”→“VR毛皮”按钮，在场景中创建类似毛发的效果，设置合适的参数，如图1-199所示。

㉕ 在场景中创建球体，对球体进行复制以模拟支架，然后创建半球，设置合适的参数并对半球进行缩放，制作出底座模型，效果如图1-200所示。

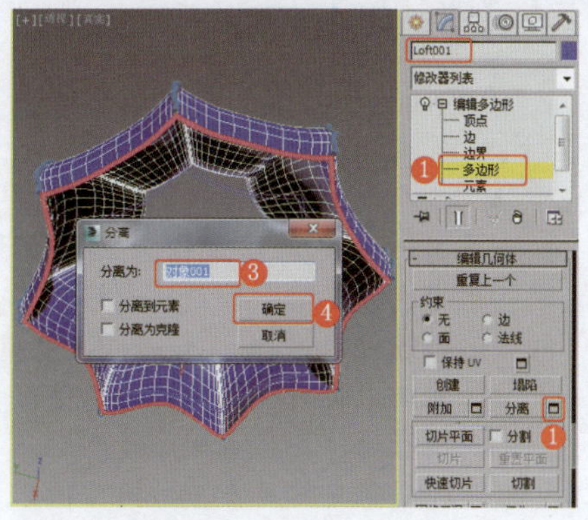
图1-198 分离出多边形

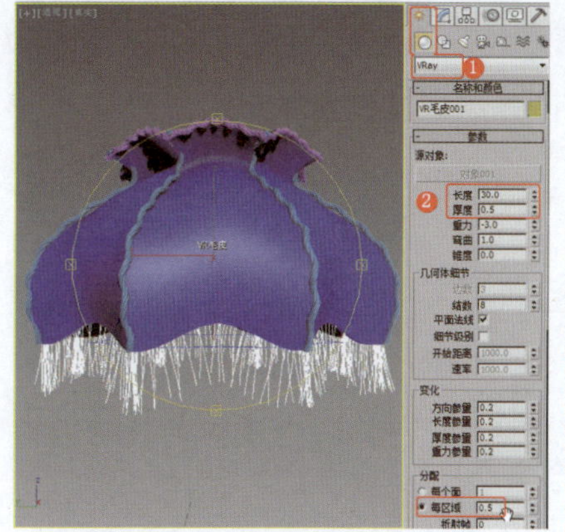
图1-199 创建类似毛发的效果

图1-200 制作底座模型

㉖ 设置丝绸材质。打开材质编辑器，选择一个新的材质样本球，将其转换为VRayMtl材质，设置"基本参数"卷展栏的参数，如图1-201所示。

㉗ 为"漫反射"参数指定"衰减"贴图，进入"漫反射贴图"层级，设置衰减的颜色，如图1-202所示。

㉘ 为"反射"指定"衰减"贴图，进入"反射贴图"层级，设置衰减颜色，如图1-203所示。

㉙ 切换到丝绸的主材质面板，设置"双向反射分布函数"卷展栏的参数，如图1-204所示，将该材质指定给场景中的装饰花边、支架和流苏。

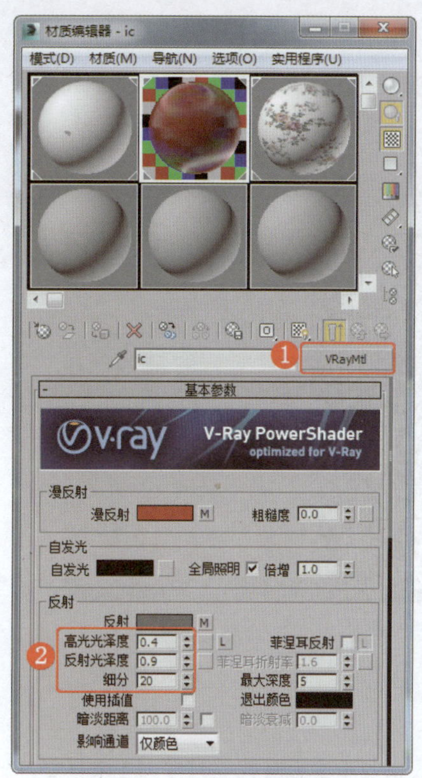
图1-201 设置丝绸材质

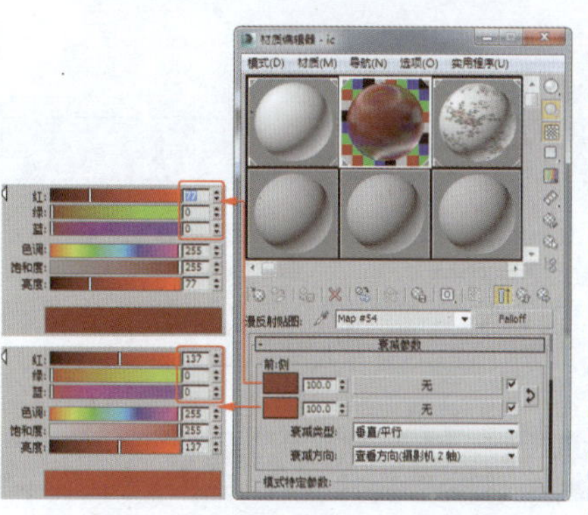
图1-202 设置漫反射的衰减颜色

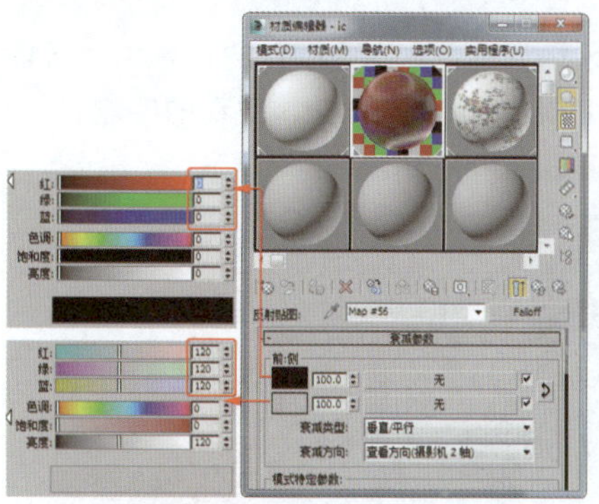
图1-203 设置反射的衰减颜色

㉚ 设置一个新的VRayMtl材质，为"漫反射"参数指定贴图，如图1-205所示，将材质指定给场景中的灯罩模型。

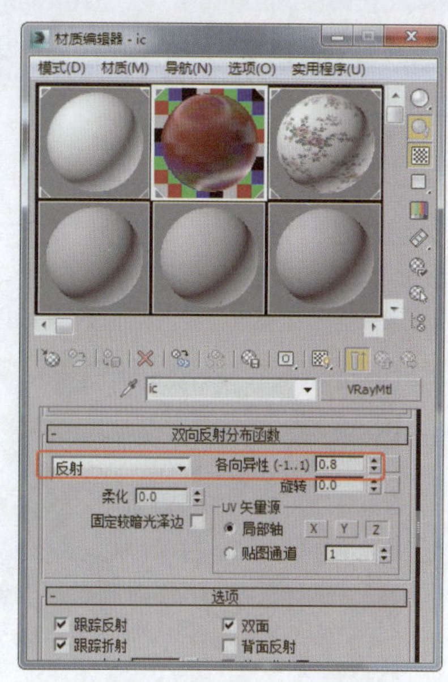
图1-204 设置双向反射分布函数

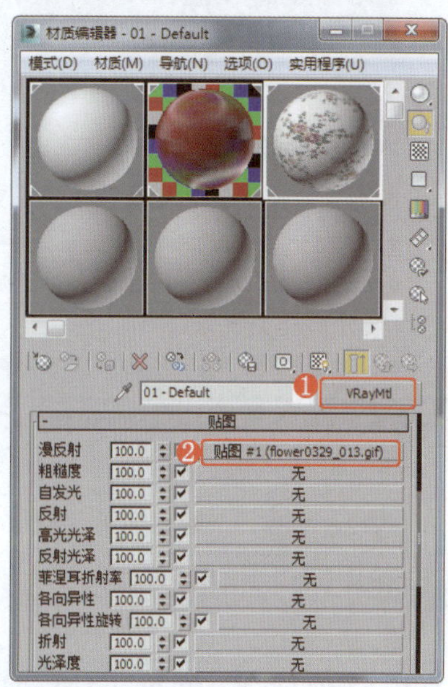
图1-205 设置灯罩材质

㉛ 在场景中创建VR太阳，设置合适的参数，如图1-206所示，并为环境指定"VR天空"贴图。

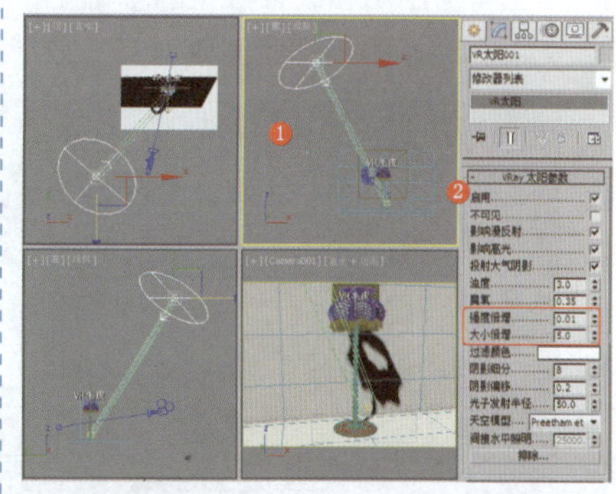
图1-206 创建VR太阳

㉜ 参照前面实例中的渲染设置，对场景进行渲染，在此不再赘述。

实例012 落地灯类——欧式落地灯

实例效果剖析

本例介绍欧式落地灯的制作，配合欧式装修浪漫、典雅、大气的风格来设计欧式落地灯效果。欧式落地灯的支架选用金属铁艺，力求造型生动；灯罩模仿火炬的形状来制作。

本例制作的欧式落地灯，效果如图1-207所示。

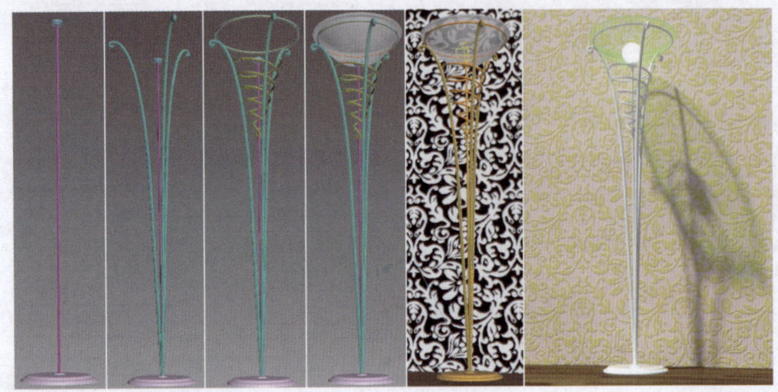

图1-207 效果展示

实例技术要点

本例主要用到的功能及技术要点如下。

- 创建可渲染的图形：设置线和螺旋线的可渲染参数，制作出支架模型。
- 施加“车削”修改器：创建底座和灯罩的截面图形，使用该修改器制作出模型效果。
- 创建VR灯光：设置VR球体灯光，模拟灯泡效果。

场景文件路径	Scene\第1章\实例012 欧式落地灯.max		
贴图文件路径	Map\		
视频路径	视频\ cha01\实例012 欧式落地灯.mp4		
难易程度	★★	学习时间	27分17秒

实例013 落地灯类——创意柔美落地灯

实例效果剖析

创意落地灯一般是以现代、时尚的风格为主。本例中制作的创意柔美落地灯，在满足照明和装饰效果的基础上，力求给人以形态柔美、灵动的感觉。

本例制作的创意柔美落地灯，效果如图1-208所示。

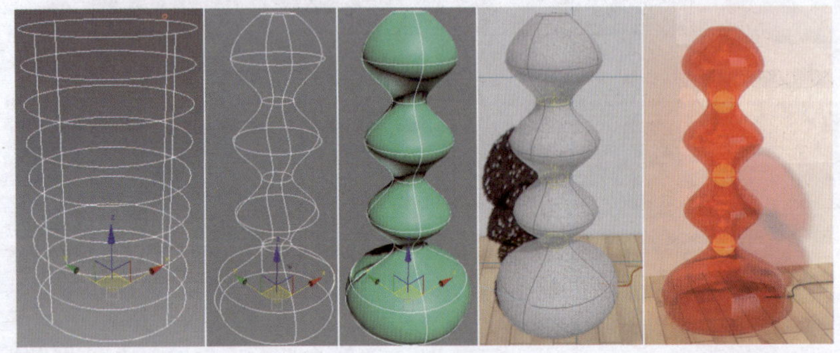

图1-208 效果展示

实例技术要点

本例主要用到的功能及技术要点如下。

- 施加“编辑样条线”修改器：本例主要使用该修改器中的“连接复制”和“软选择”参数进行制作。
- 施加“曲面”修改器：调整好图形后，为其施加该修改器，可以将其转换为曲面模型。
- 施加“壳”修改器：为模型施加该修改器，使模型产生一定的厚度。

实例制作步骤

场景文件路径	Scene\第1章\实例013 创意柔美落地灯.max	
贴图文件路径	Map\	
视频路径	视频\ cha01\实例013 创意柔美落地灯.mp4	
难易程度	★★	学习时间
		16分49秒

❶ 在“顶”视图中创建合适大小的圆，效果如图1-209所示。

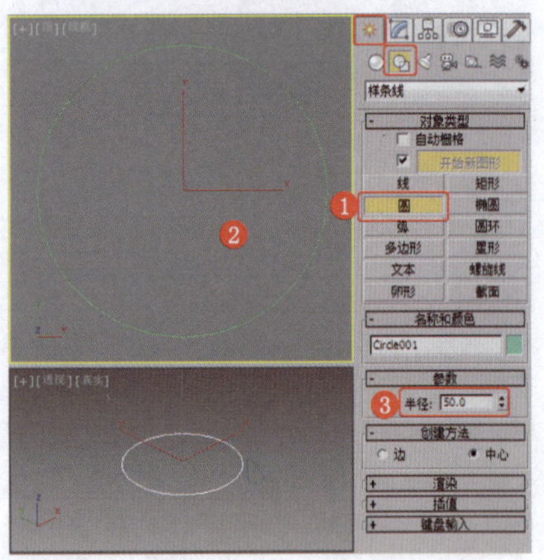

图1-209 创建圆

❷ 为圆施加“编辑样条线”修改器，将选择集定义为“样条线”，在“几何体”卷展栏中勾选“连接复制”选项组中的“连接”复选框，如图1-210所示。

> **提 示**
>
> 使用“连接复制”参数，可以在复制样条线时在顶点处延伸出一条连接的线，是制作曲面模型时常用的工具参数。完成使用后记住将该参数关闭，以免出现不必要的错误。

❸ 按住Shift键在场景中移动复制

圆，效果如图1-211所示。

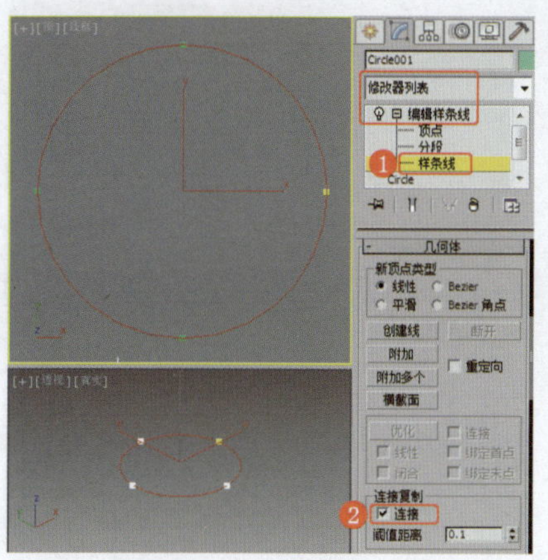

图1-210 连接复制

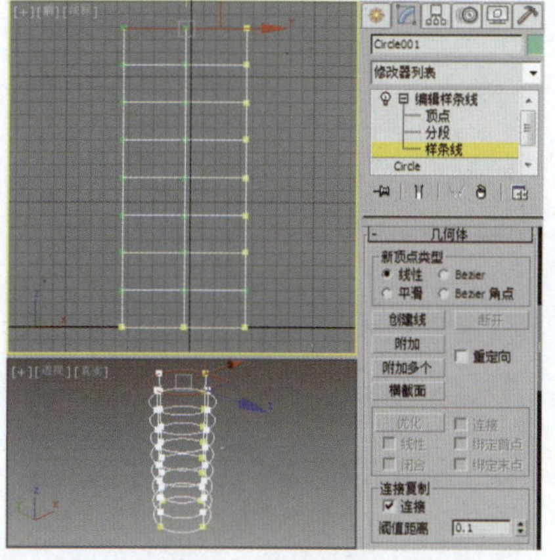

图1-211 复制圆

❹在“软选择”卷展栏中设置合适的参数，并在场景中进行如图1-212所示的选择。

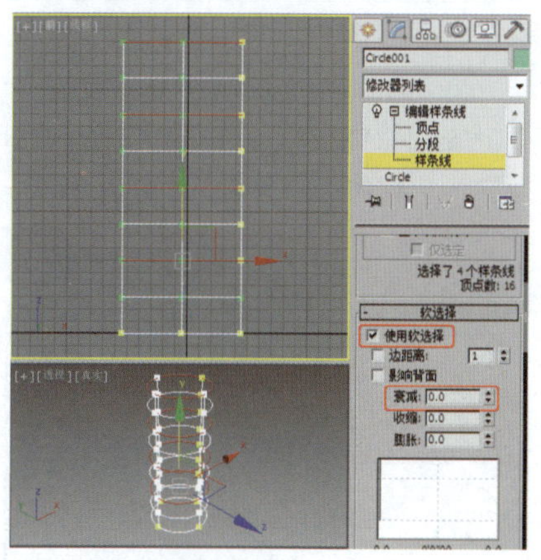

图1-212 设置“软选择”卷展栏参数

❺在“顶”视图中缩放样条线，效果如图1-213所示。

❻将选择集定义为“顶点”，按Ctrl+A组合键，在场景中全选顶点，在视口中右击，在弹出的快捷菜单中选择“平滑”命令，如图1-214所示。

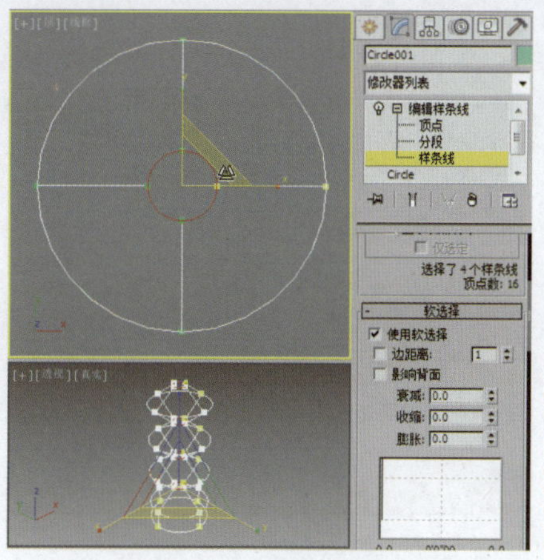

图1-213 缩放样条线

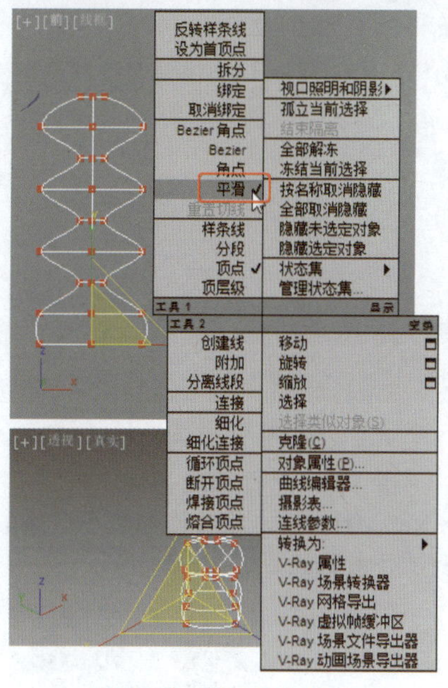

图1-214 设置顶点类型

❼缩放调整样条线，效果如图1-215所示。

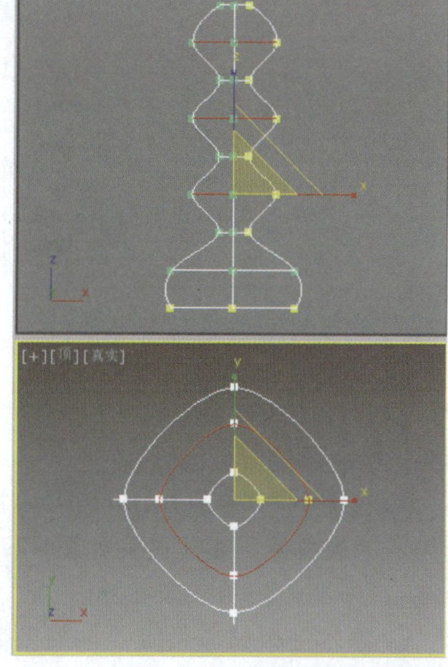

图1-215 调整样条线

提 示

这里需要注意的是，在缩放样条线时必须确定使用了软选择，这样可以较好地调整样条线及其连接的线的大小和形状。

❽按Ctrl+A组合键，在场景中全选顶点，在视口中右击，在弹出的快捷菜单中选择“Bezier”命令，如图1-216所示。

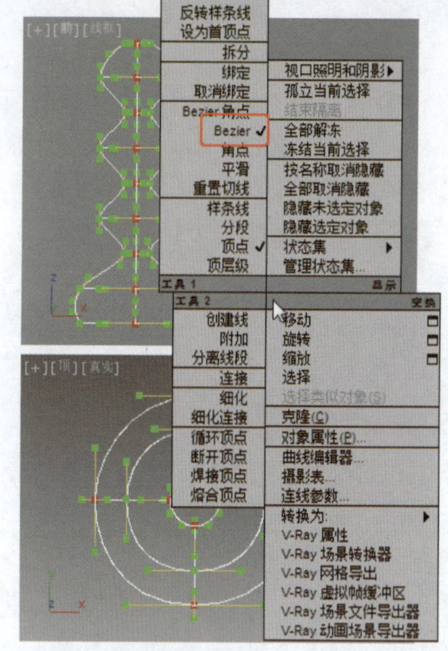

图1-216 设置顶点类型

❾在“顶”视图中调整图形的形状，效果如图1-217所示。

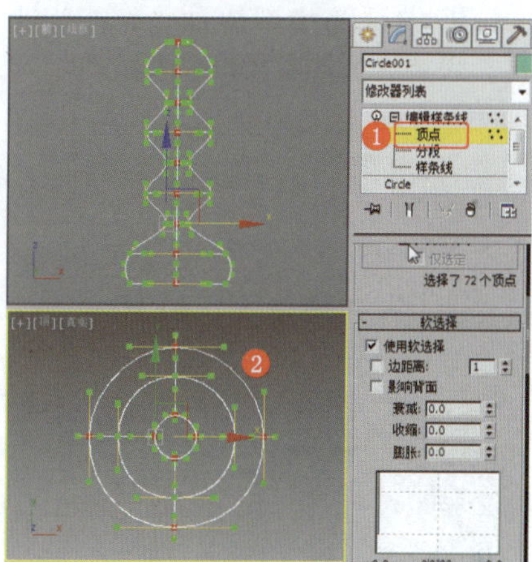

图1-217 调整图形

❿为图形施加“曲面”修改器，效果如图1-218所示。

提 示

利用“曲面”修改器，可以基于样条线网格的轮廓生成面片曲面。将“曲面”修改器和“横截面”修改器结合在一起，即“曲面工具”。

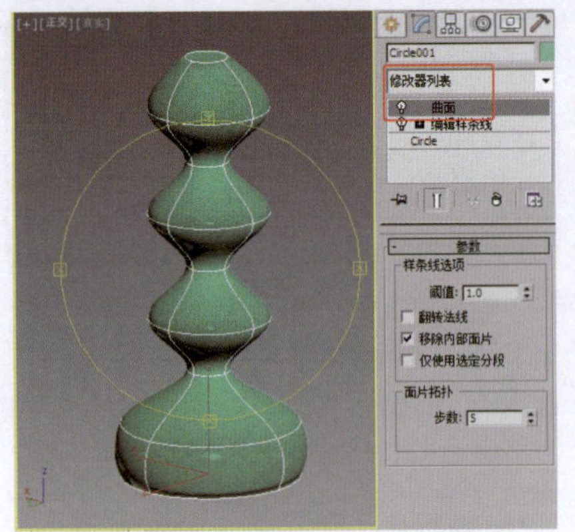
图1-218　施加“曲面”修改器

⑪ 在“顶”视图中创建并复制圆柱体，设置合适的参数，并将模型调整到合适的位置，效果如图1-219所示。

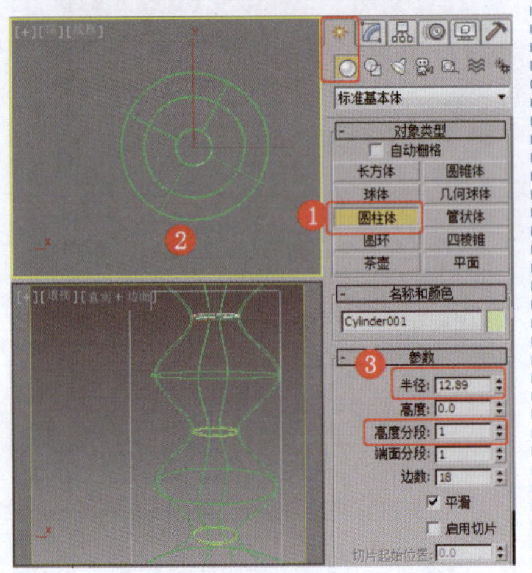
图1-219　创建并复制圆柱体

⑫ 继续为模型施加“壳”修改器，设置合适的参数，效果如图1-220所示。

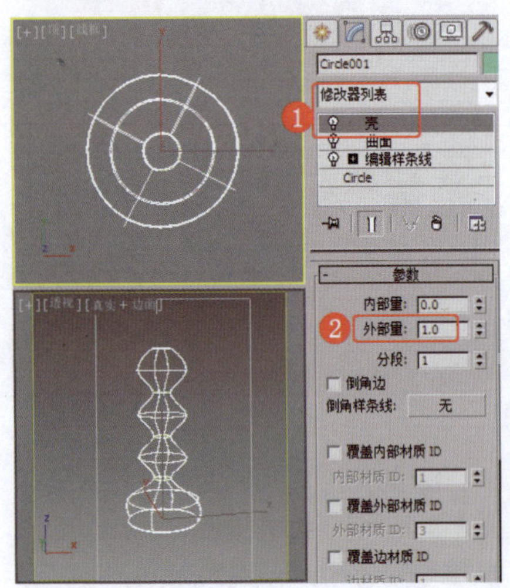
图1-220　施加“壳”修改器

⑬ 在“顶”视图中创建可渲染的样条线，将其作为电线，效果如图1-221所示。

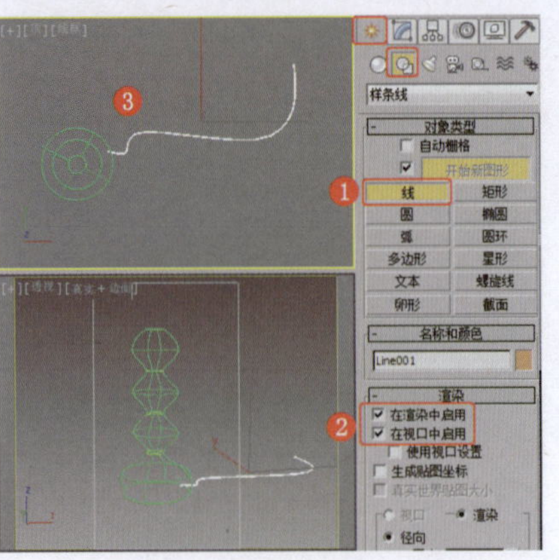
图1-221　创建可渲染的样条线

⑭ 创建平面，将其作为地面和墙面，效果如图1-222所示。

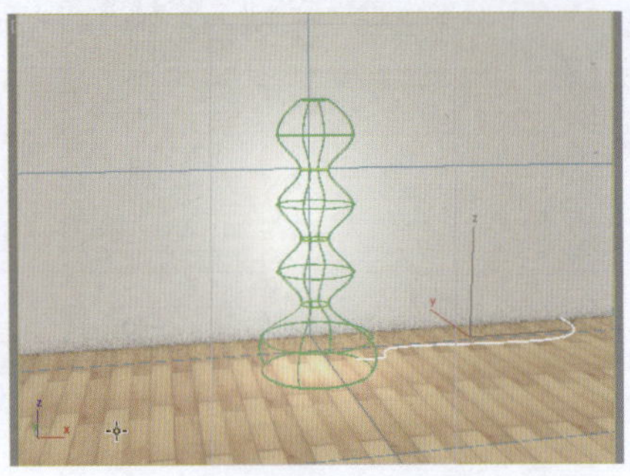
图1-222　创建平面

⑮ 打开材质编辑器，设置一个VRayMtl材质，将其作为红色玻璃的材质，参数设置如图1-223所示。

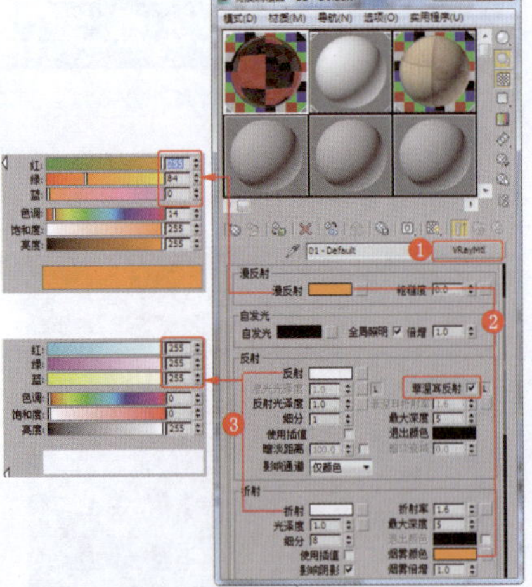
图1-223　设置红色玻璃材质

⑯ 设置一个白色的VRayMtl材质，将其作为墙面材质，可以参考前面实例中材质的参数设置。

⑰ 设置一个VRayMtl材质，将其作为木地板材质，参数设置如图1-224所示。

⑱ 为木地板材质指定“位图”贴图，如图1-225所示。

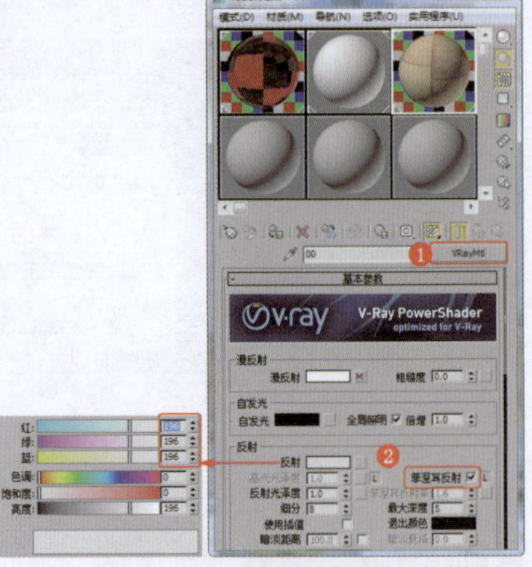
图1-224　设置木地板材质

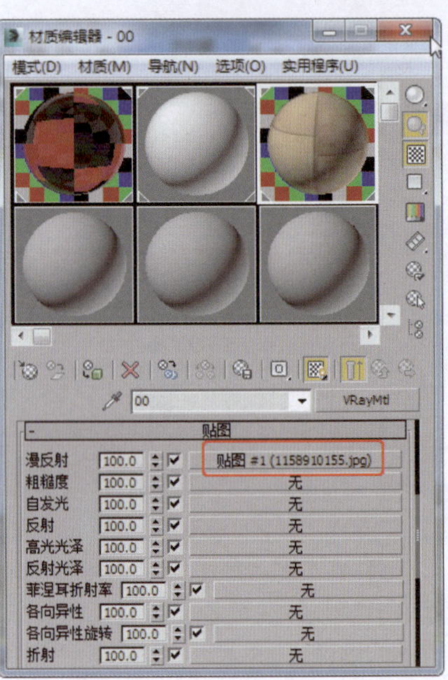
图1-225　指定木纹贴图

⑲ 在场景中如图1-226所示的三个位置创建VR灯光，设置灯光的“类型”为“球体”，并设置其他参数。

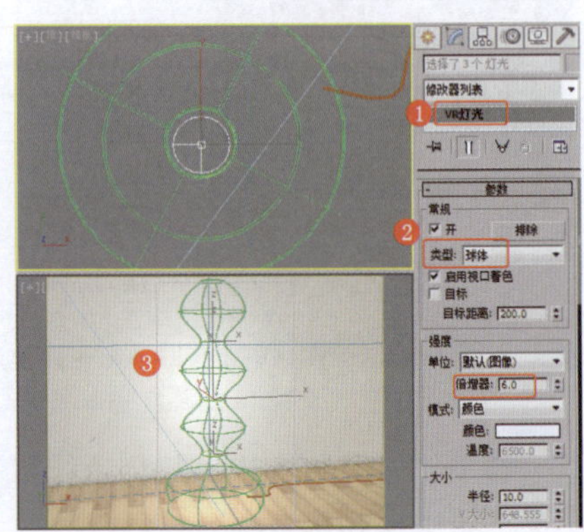
图1-226　创建VR灯光

⑳ 在场景中创建VR平面灯光，设置合适的参数，调整灯光的位置和角度，如图1-227所示。

㉑ 在场景中创建VR太阳，设置

合适的参数，如图1-228所示。

> **提 示**
>
> 在此没有使用VR天空贴图。

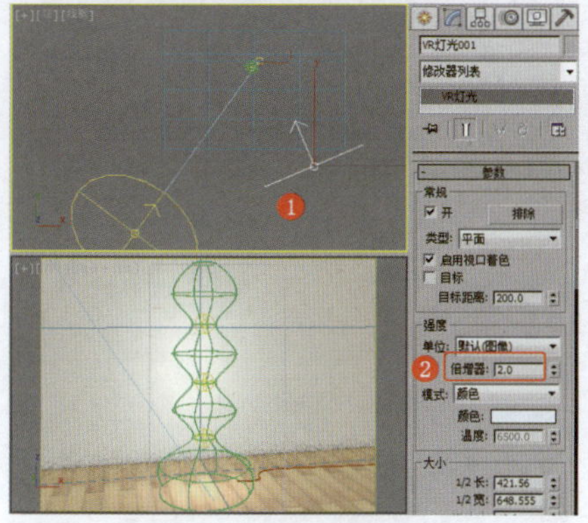

图1-227 创建VR灯光

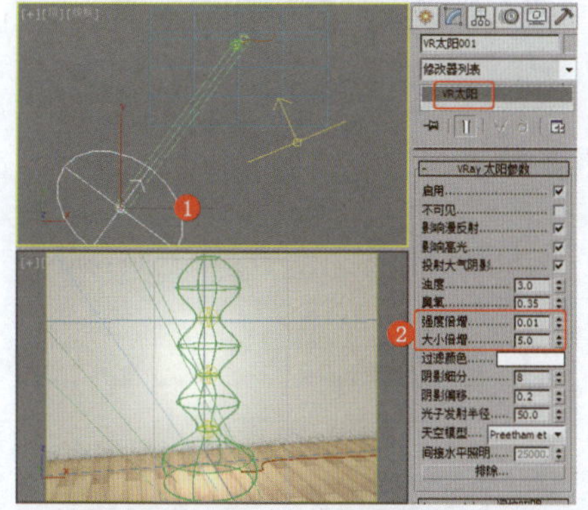

图1-228 创建VR太阳

22 可以参考前面实例设置渲染参数，然后渲染场景，得到最终效果。

实例014 筒灯类——圆筒灯

实例效果剖析

筒灯是一种商业照明灯具，属于点光源，通常被置于天花板上，作为空间照明使用，适合任何室内装修风格。本例介绍圆筒灯的制作。

本例制作的圆筒灯，效果如图1-229所示。

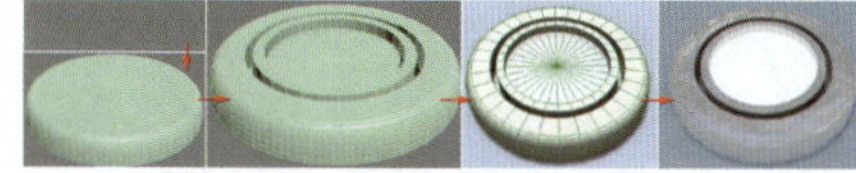

图1-229 效果展示

实例技术要点

本例主要用到的功能及技术要点如下。

- 施加“车削”修改器：创建图形，并为图形施加该修改器，制作出筒灯的基础模型。
- 施加“编辑多边形”修改器：通过调整多边形的“倒角”“挤出”参数，完成筒灯的造型。
- 设置“多维/子对象”材质：通过设置模型的材质ID，完成材质的制作。

场景文件路径	Scene\第1章\实例014 圆筒灯.max		
贴图文件路径	Map\		
视频路径	视频\cha01\实例014 圆筒灯.mp4		
难易程度	★★	学习时间	9分2秒

实例015 筒灯类——方筒灯

实例效果剖析

本例介绍方筒灯的制作。在方筒灯的制作中，坚持以筒灯功能为主的原则，在圆筒灯挤出造型的基础上加一个方形的装饰边框。这类筒灯造型主要被用于商业效果图中。

本例制作的方筒灯，效果如图1-230所示。

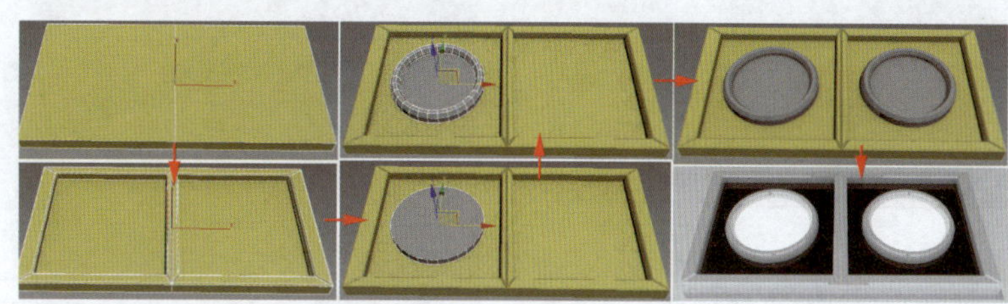

图1-230 效果展示

实例技术要点

本例主要用到的功能及技术要点如下。

- 施加“编辑多边形”修改器：通过调整多边形的“倒角”“挤出”参数，完成造型的设置。
- 设置“多维/子对象”材质：通过设置模型的材质ID，完成材质的制作。

实例制作步骤

场景文件路径	Scene\第1章\实例015 方筒灯.max		
贴图文件路径	Map\		
视频路径	视频\cha01\实例015 方筒灯.mp4		
难易程度	★★	学习时间	11分46秒

1 在“顶”视图中创建长方体，设置合适的参数，效果如图1-231所示。

2 为模型施加“编辑多边形”修改器，将选择集定义为“多边形”，在场景中选择多边形，设置多边形的“倒角”参数，如图1-232所示。

3 确定多边形处于被选择状态，调整多边形的位置，效果如图1-233所示。

4 继续设置多边形的“挤出”参数，效果如图1-234所示。

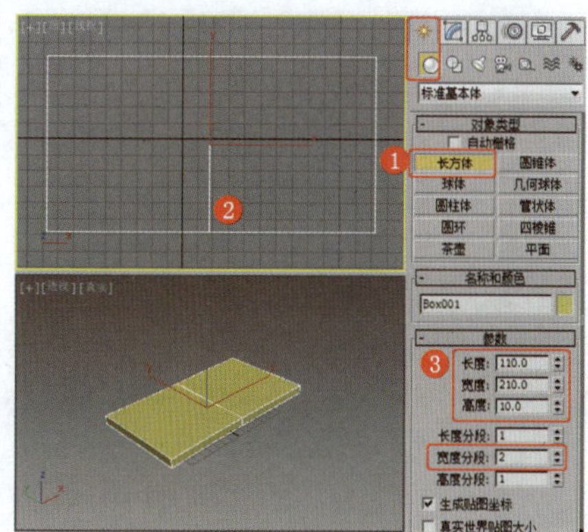

图1-231 创建长方体

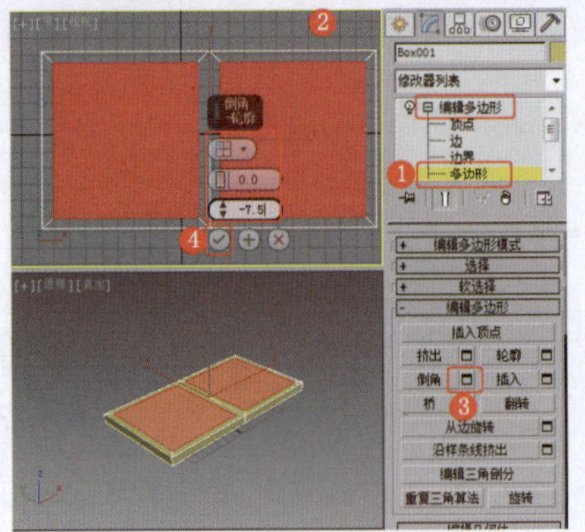
图1-232 设置参数

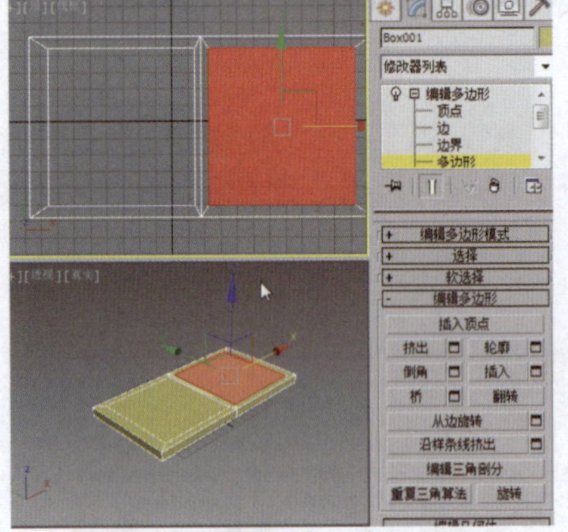
图1-233 调整多边形的位置

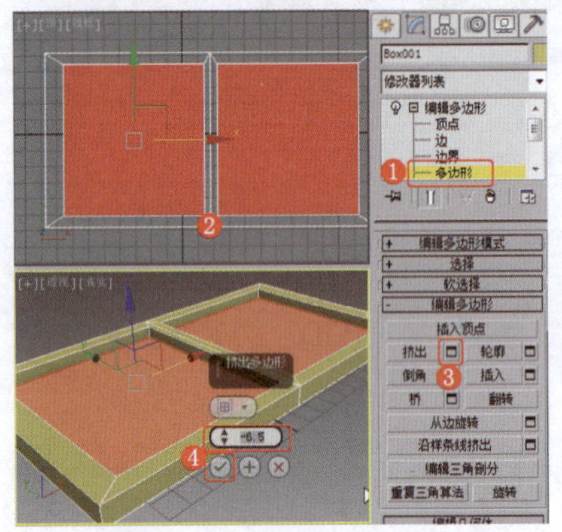
图1-234 挤出多边形

❺在场景中选择如图1-235所示的多边形。

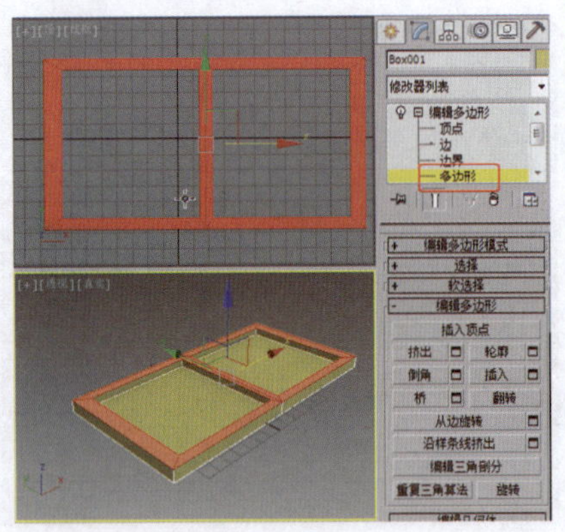
图1-235 选择多边形

❻设置多边形的“倒角”参数，效果如图1-236所示。

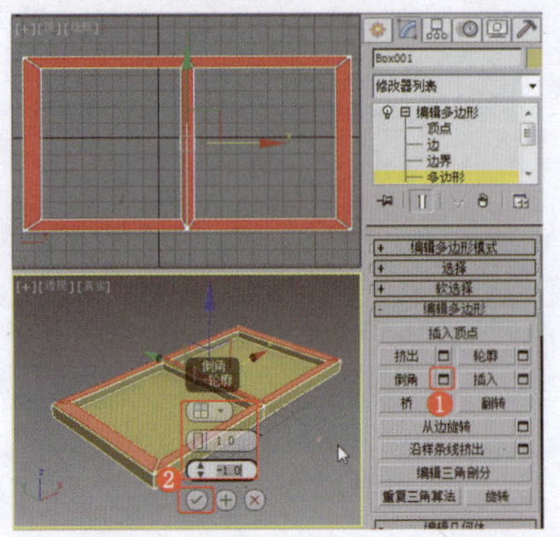
图1-236 倒角多边形

❼创建圆柱体，设置合适的参数，效果如图1-237所示。

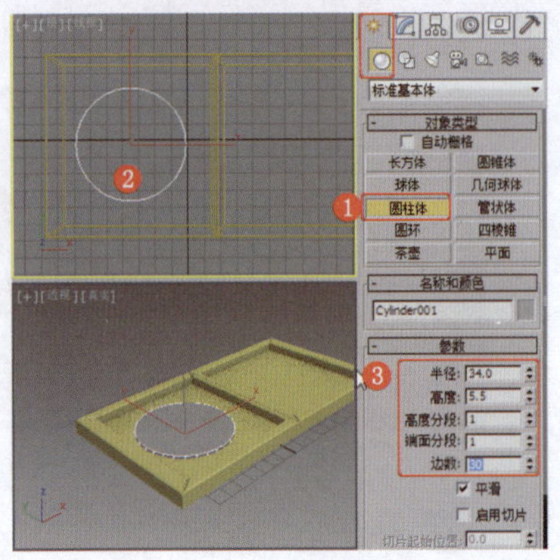
图1-237 创建圆柱体

❽为圆柱体施加“编辑多边形”修改器，将选择集定义为“多边形”，在场景中选择多边形，设置其“倒角”参数，效果如图1-238所示。

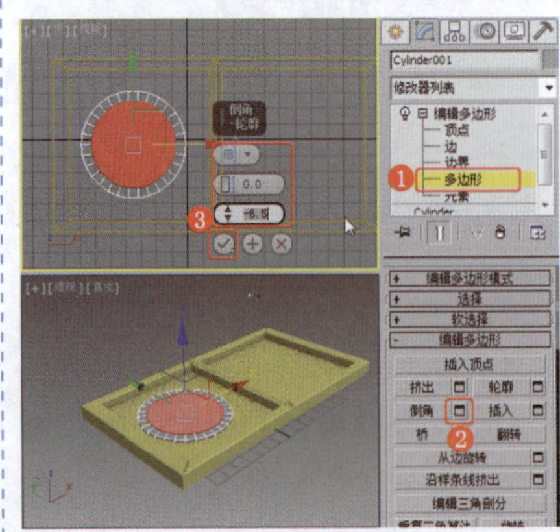
图1-238 倒角多边形

❾设置多边形的“挤出”参数，效果如图1-239所示。

❿在场景中选择如图1-240所示的多边形。

⓫设置多边形的“倒角”参数，效果如图1-241所示。

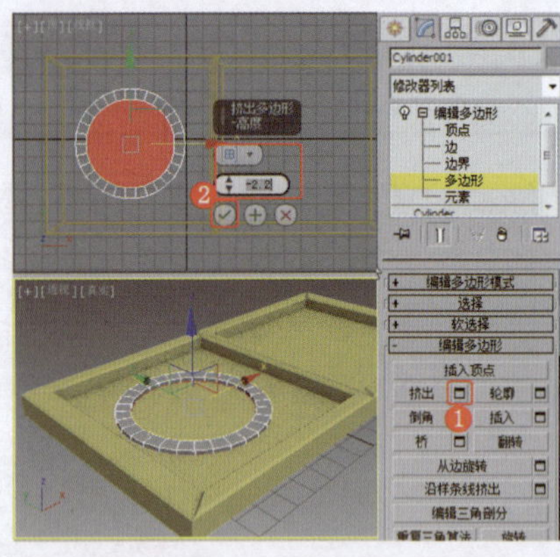
图1-239 挤出多边形

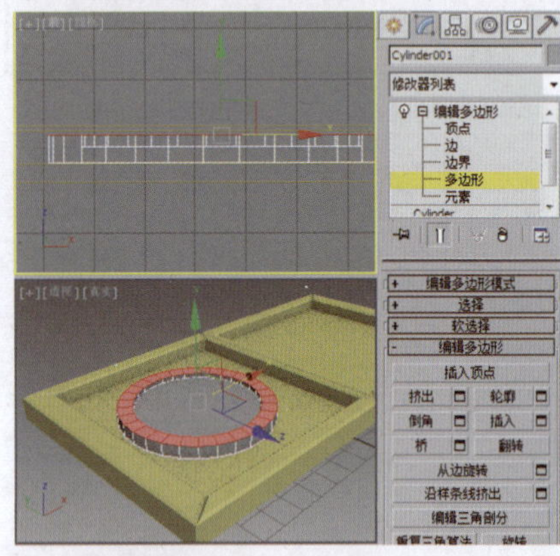
图1-240 选择多边形

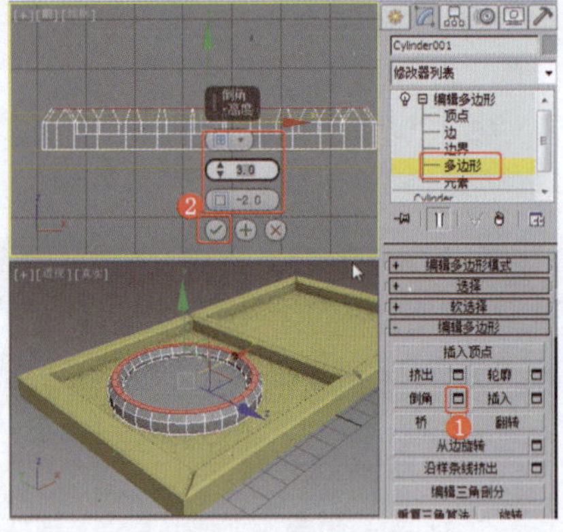
图1-241 倒角多边形

⓬关闭选择集，在场景中复制模型，效果如图1-242所示。

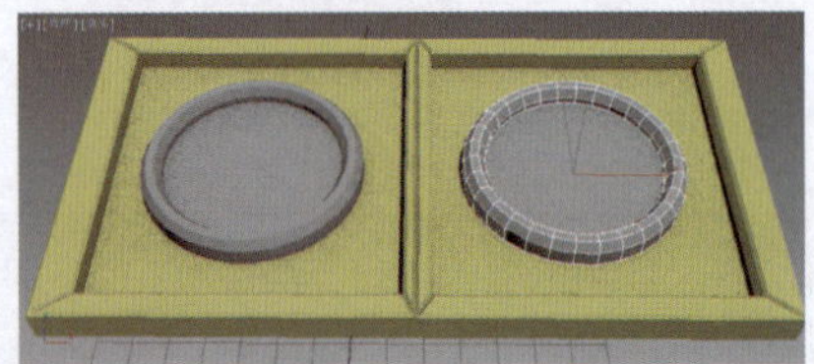
图1-242 复制模型

⓭在场景中选择如图1-243所示的多边形，设置其ID为1。

⓮反选多边形，设置其ID为2，如图1-244所示。

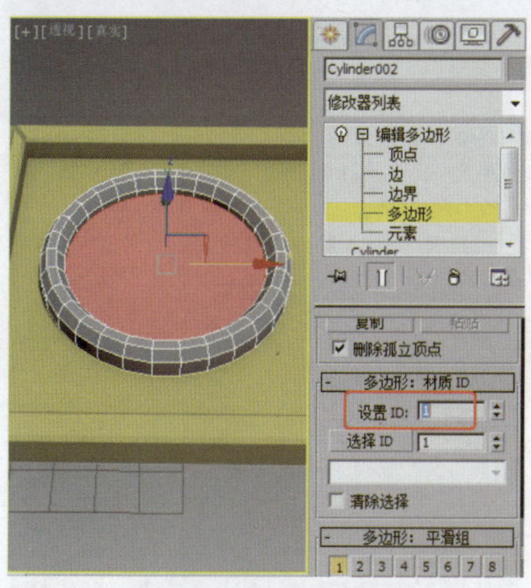

图1-243 设置ID

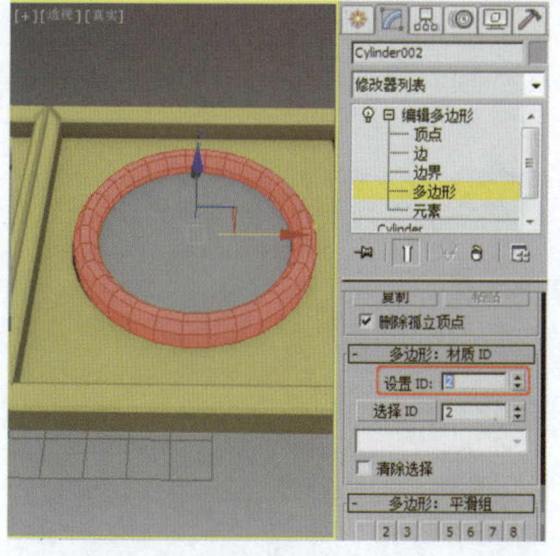

图1-244 设置ID

⑮ 在场景中选择如图1-245所示的多边形，设置其ID为1。

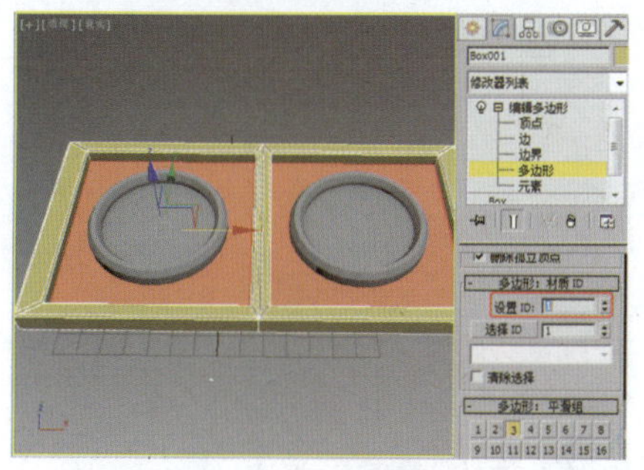

图1-245 设置ID

⑯ 反选多边形，设置其ID为2，如图1-246所示。

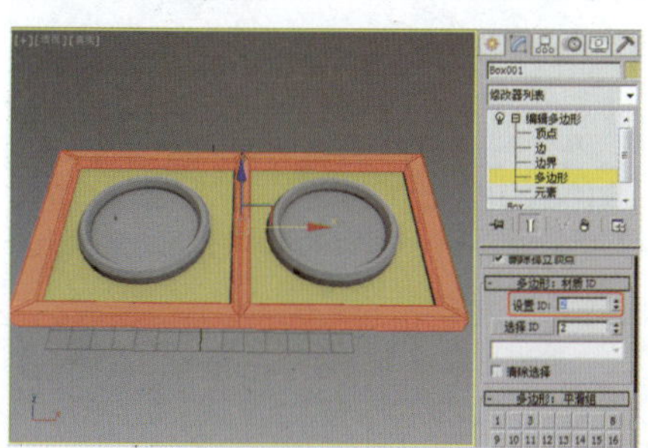

图1-246 设置ID

⑰ 选择一个新的材质，设置该材质为“多维/子对象”材质，确定“设置数量”为2。设置该“多维/子对象”材质的第一个材质为VR灯光材质，设置第二个材质为白色反射材质，如图1-247所示，将该“多维/子对象”材质指定给场景中圆形的筒灯模型。

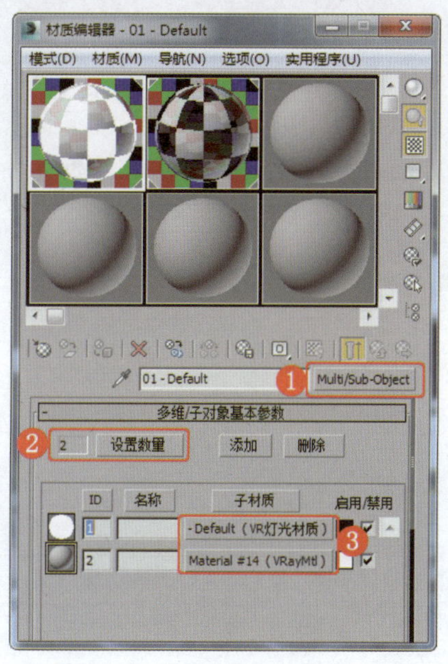

图1-247 设置圆形筒灯材质

⑱ 选择一个新的材质，设置该材质为“多维/子对象”材质，确定“设置数量”为2。设置该“多维/子对象”材质的第一个材质为黑色反射材质，设置第二个材质为白色反射材质，如图1-248所示，将该“多维/子对象”材质指定给场景中的方形边框模型。

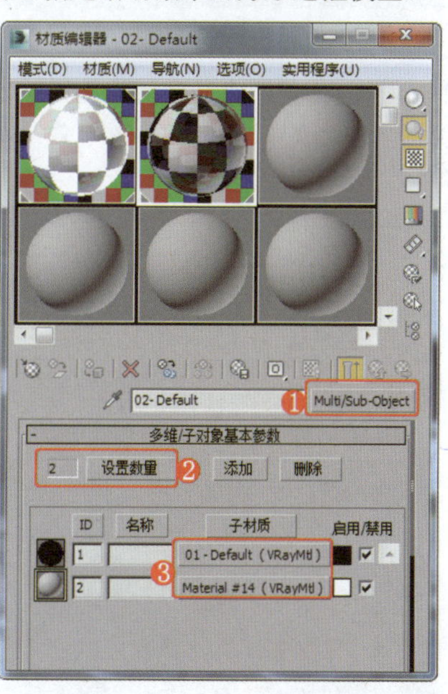

图1-248 设置方形边框材质

⑲ 在场景中创建地面模型，指定一个白色反射地面材质，效果如图1-249所示。

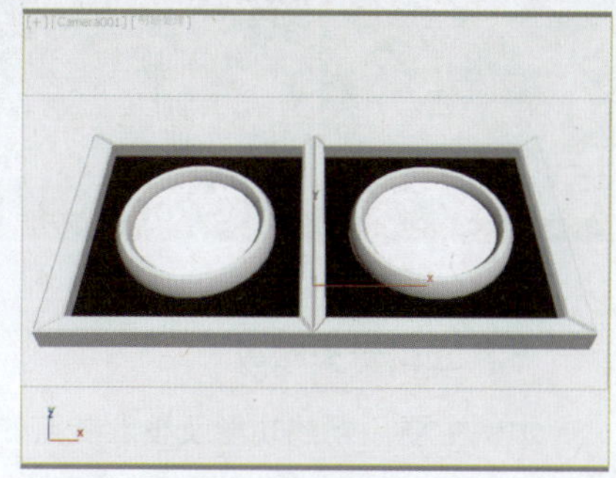

图1-249 创建地面模型并指定材质

⑳ 在场景中创建两个相同的VR灯光，如图1-250所示。

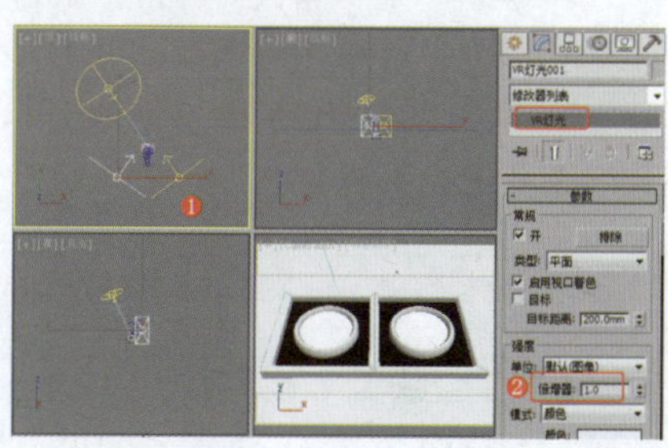

图1-250 创建VR灯光

㉑ 在场景中创建VR太阳，设置VR太阳的参数，如图1-251所示，为环境和效果指定VR天空贴图。

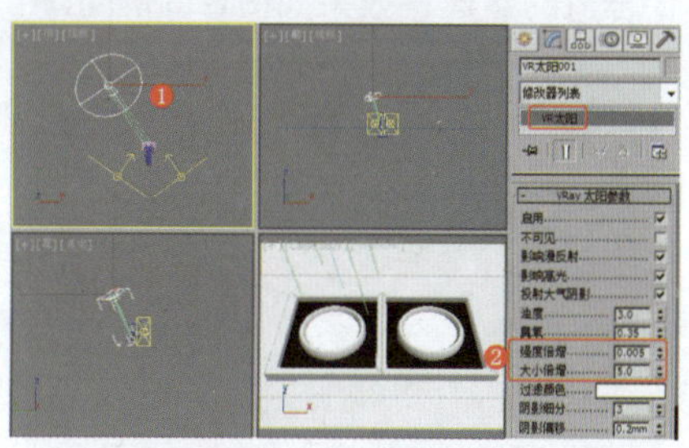

图1-251 创建VR太阳

㉒ 参考前面实例中的渲染设置，对场景进行渲染输出。

实例016 射灯类——工装射灯

实例效果剖析

射灯是营造室内氛围的一种灯光类型，可以自由变换角度，组合照明的效果也千变万化。射灯光线柔和，可局部采光，烘托气氛。本例将介绍工装效果图中的射灯制作，风格庄重、大气，并且使用了普通的镜面不锈钢材质。

本例制作的工装射灯，效果如图1-252所示。

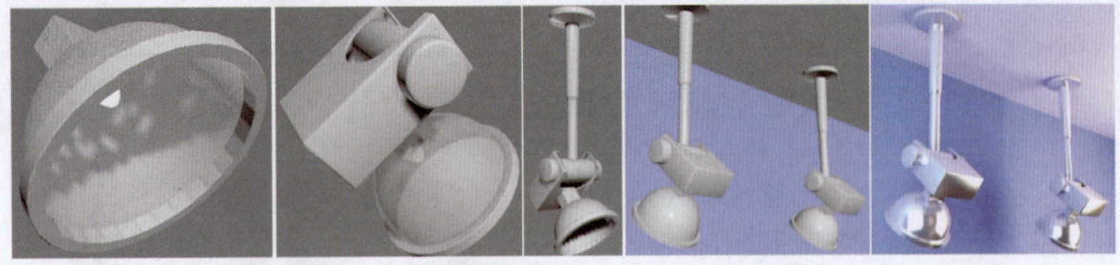

图1-252　效果展示

实例技术要点

本例主要用到的功能及技术要点如下。

- 施加“编辑多边形”修改器：通过调整顶点，设置多边形的“挤出”“倒角”“切割”“分离”“创建”参数，以及边的“切角”参数，制作灯罩和支架。
- 施加“壳”修改器：用于制作灯罩的厚度。
- 施加“车削”修改器：用于制作灯泡。
- 使用“ProBoolean”工具：制作灯罩上方的轴模型。

实例制作步骤

场景文件路径	Scene\第1章\实例016 工装射灯.max		
贴图文件路径	Map\		
视频路径	视频\ cha01\实例016 工装射灯.mp4		
难易程度	★★★	学习时间	22分24秒

❶ 在“顶”视图中创建球体，设置合适的参数，效果如图1-253所示。

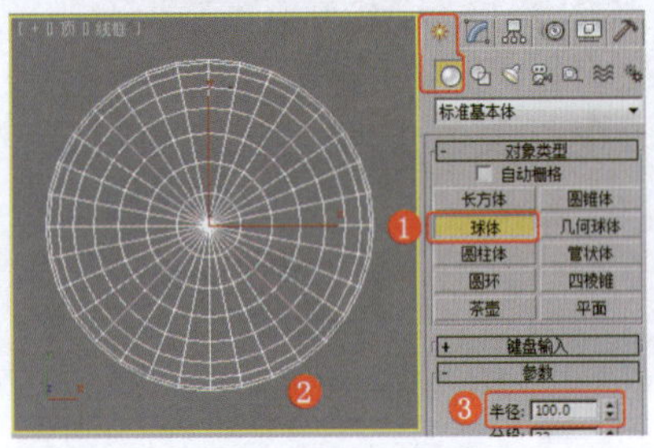

图1-253　创建球体

❷ 为球体施加“编辑多边形”修改器，将选择集定义为“多边形”，选择如图1-254所示的多边形，按Delete键将其删除。

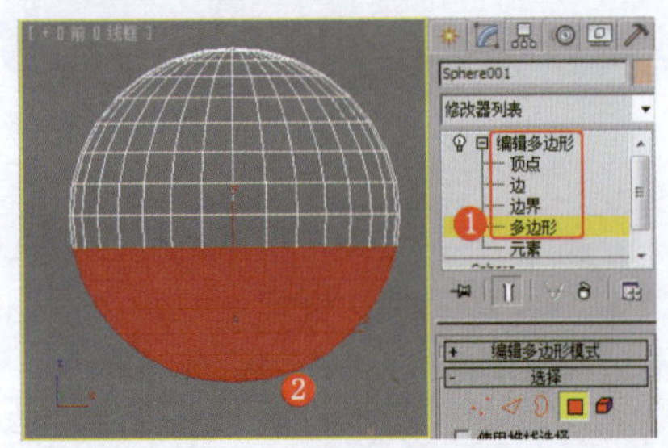

图1-254　选择并删除多边形

❸ 将选择集定义为“顶点”，在场景中调整顶点，效果如图1-255所示。

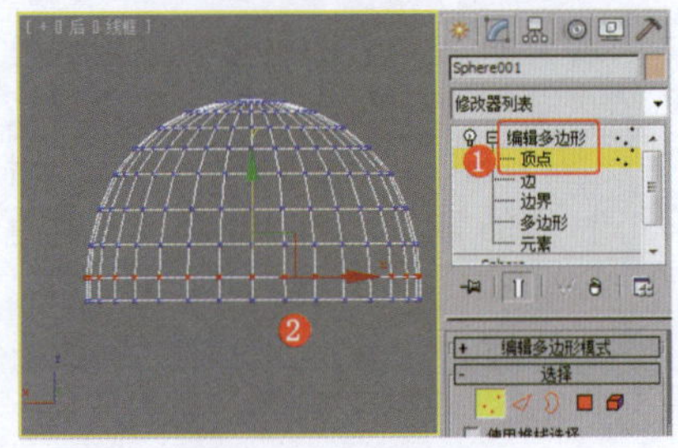

图1-255　调整顶点

❹ 在场景中选择底部的多边形，设置多边形的“挤出”参数，效果如图1-256所示。

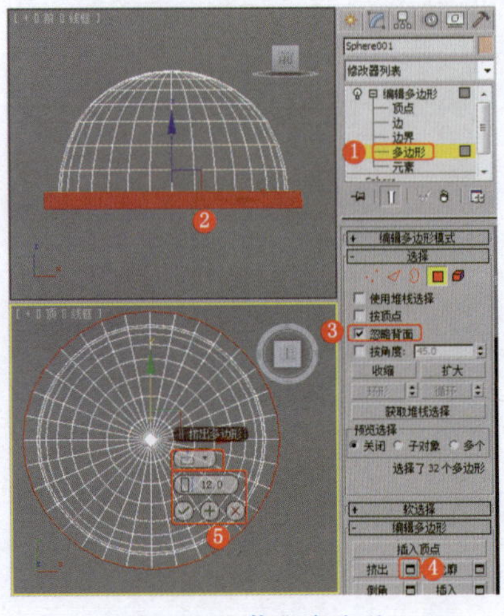

图1-256　挤出多边形

❺ 保持当前选择，设置多边形的“倒角”参数，效果如图1-257所示。

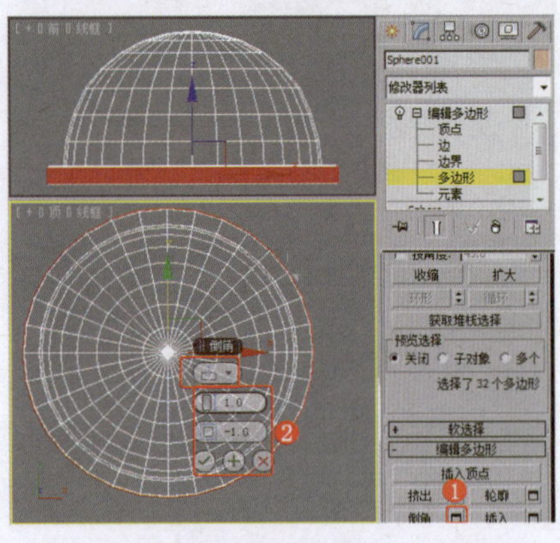

图1-257　倒角多边形

❻ 将选择集定义为“多边形”，在“顶”视图中使用“切割”工具，切割出如图1-258所示的形状。

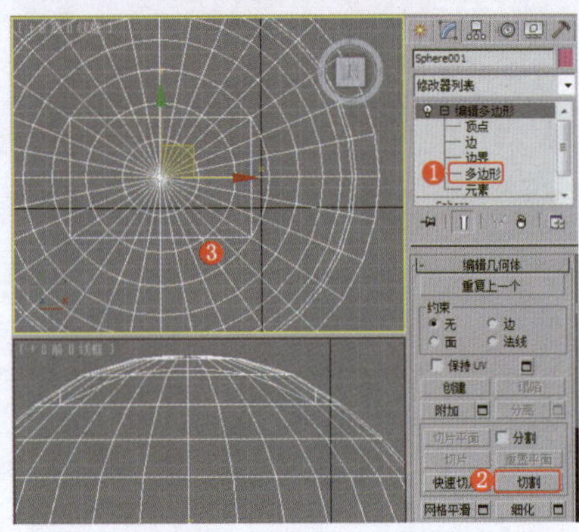

图1-258　切割多边形

❼ 将选择集定义为“多边形”，在“顶”视图中选择如图1-259所示的多边形。

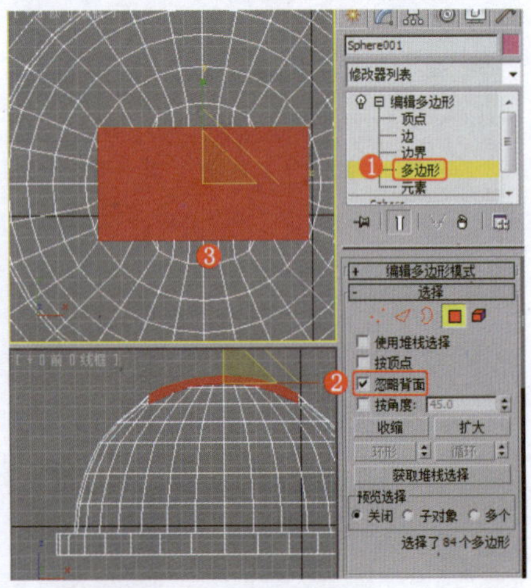

图1-259　选择多边形

❽ 设置多边形的“挤出”参数，效果如图1-260所示。

❾ 将选择集定义为“顶点”，在场景中缩放顶点，效果如图1-261所示。

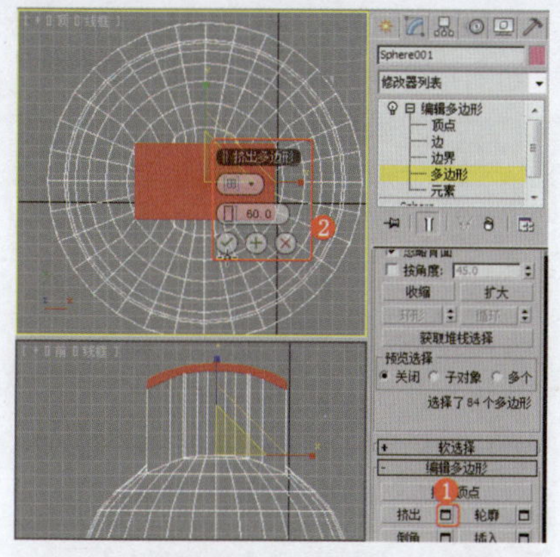
图1-260 挤出多边形

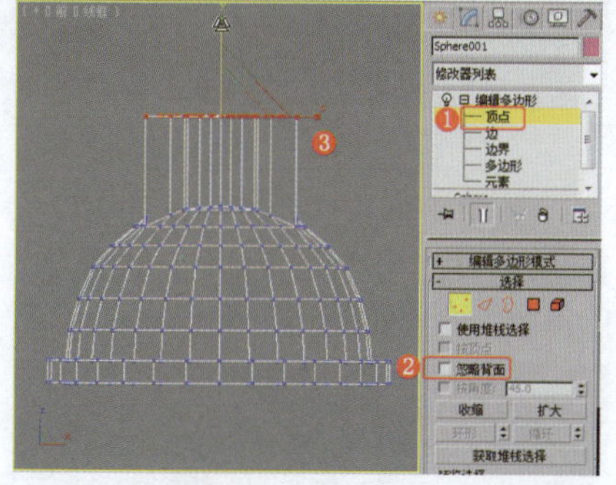
图1-261 调整顶点

❿ 将选择集定义为“边”，在场景中选择如图1-262所示的边，并设置边的“切角”参数。

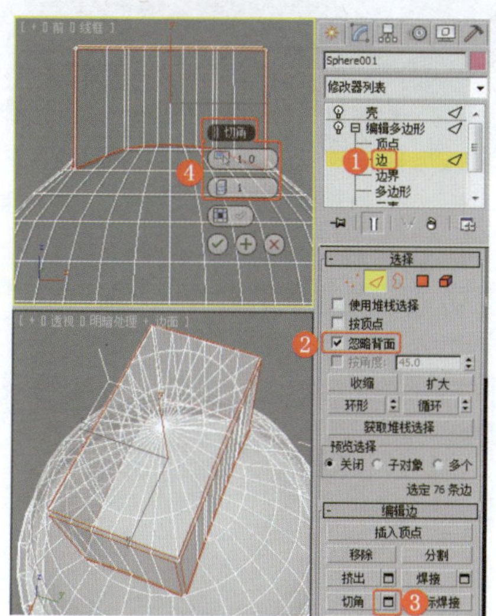
图1-262 设置边的“切角”参数

⓫ 为模型施加“壳”修改器，效果如图1-263所示。

⓬ 关闭“壳”修改器，将选择集定义为“多边形”，在场景中选择如图1-264所示的多边形，设置多边形的“分离”参数。

⓭ 在场景中选择分离出的模型，隐藏不需要的部分，将选择集定义为“多边形”，在“编辑几何体”卷展栏中单击“创建”按钮，在场景中如图1-265所示的内侧创建多边形。

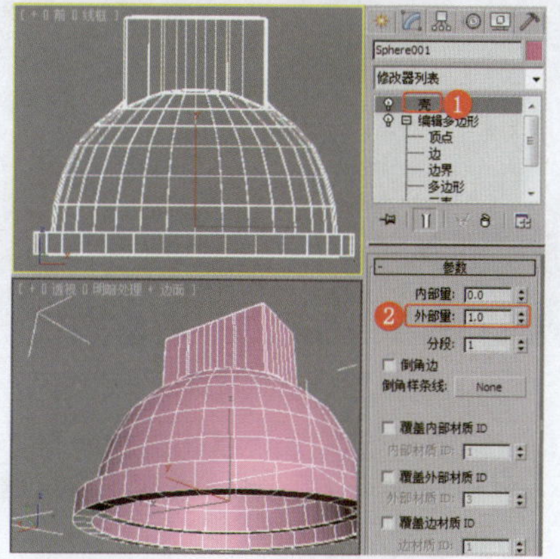
图1-263 施加“壳”修改器

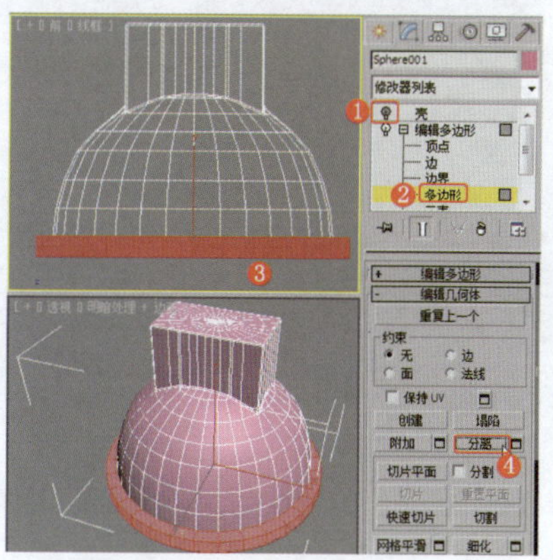
图1-264 分离多边形

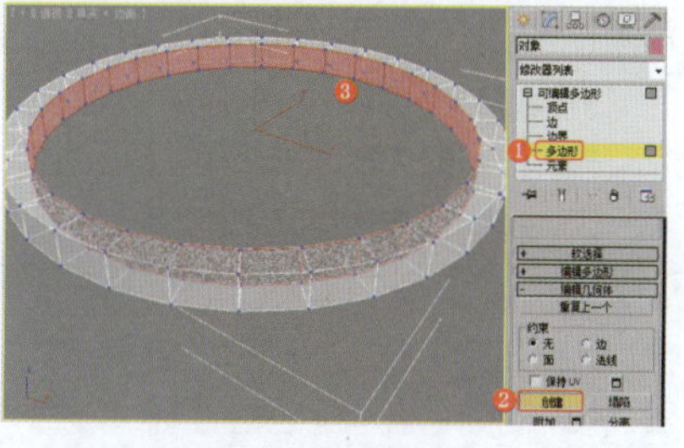
图1-265 创建多边形

⓮ 在场景中显示模型，并显示模型的“壳”修改器，效果如图1-266所示。

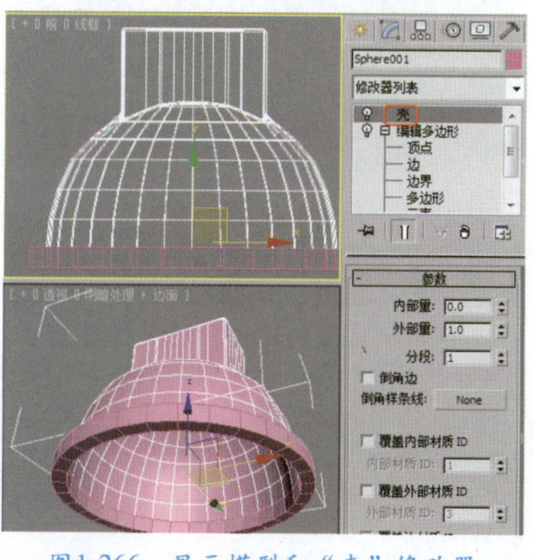
图1-266 显示模型和“壳”修改器

⓯ 在场景中创建灯泡图形，效果如图1-267所示。

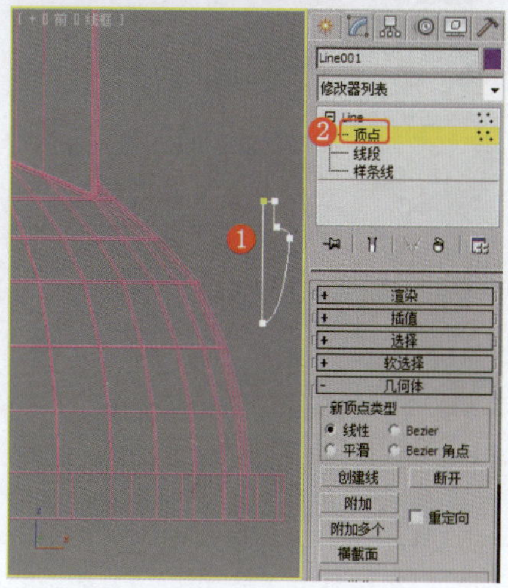
图1-267 创建灯泡图形

⓰ 为灯泡图形施加“车削”修改器，调整车削模型的位置，效果如图1-268所示。

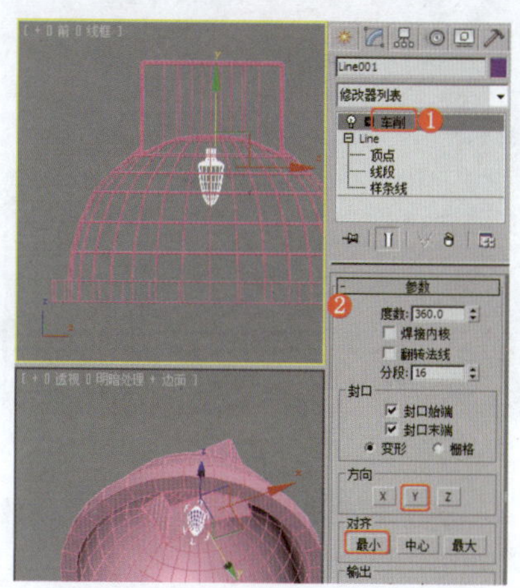
图1-268 车削模型

⓱ 在场景中创建长方体，设置合适的参数和位置，效果如图1-269所示。

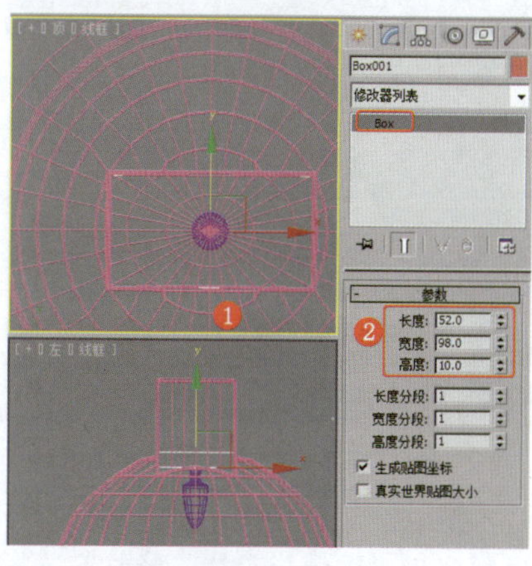
图1-269 创建长方体

⓲ 在场景中创建切角长方体，设置合适的参数，效果如图1-270所示。

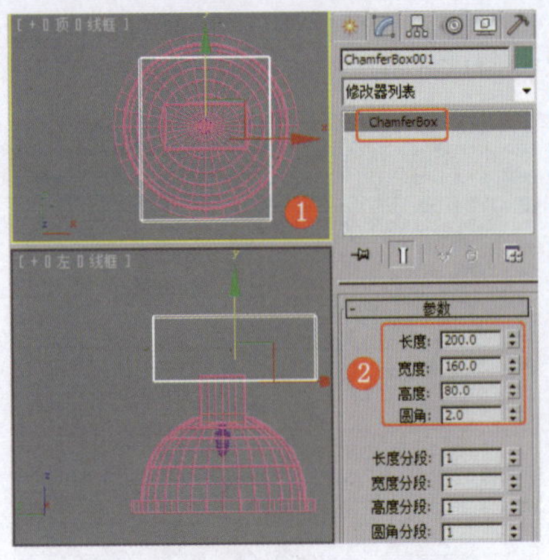

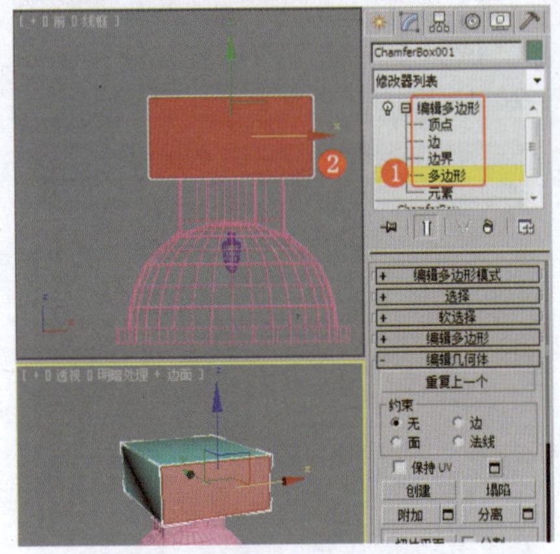

图1-270　创建切角长方体

⑲ 为切角长方体施加“编辑多边形”修改器，将选择集定义为“多边形”，在场景中选择如图1-271所示的多边形，将其删除。

图1-271　删除多边形

⑳ 为模型施加“壳”修改器，效果如图1-272所示。

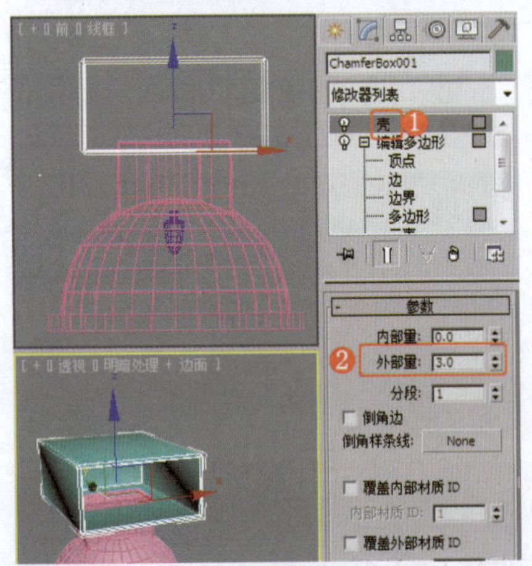

图1-272　施加“壳”修改器

㉑ 在“顶”视图中创建矩形，为矩形施加“编辑样条线”修改器，将选择集定义为“顶点”，调整图形的形状，效果如图1-273所示。

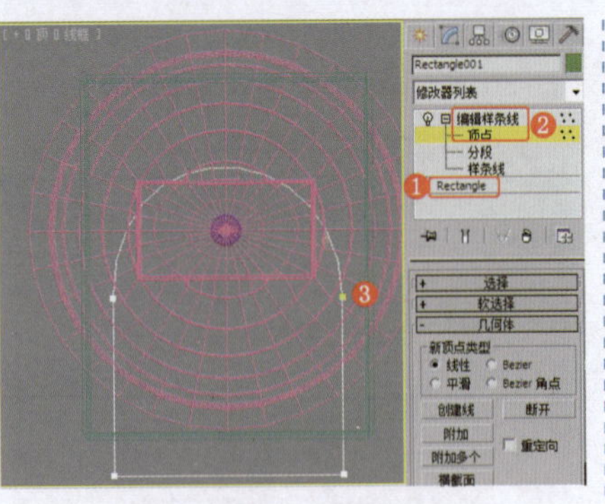

图1-273　创建图形

㉒ 为图形施加“挤出”修改器，设置合适的参数，效果如图1-274所示，调整模型的位置。

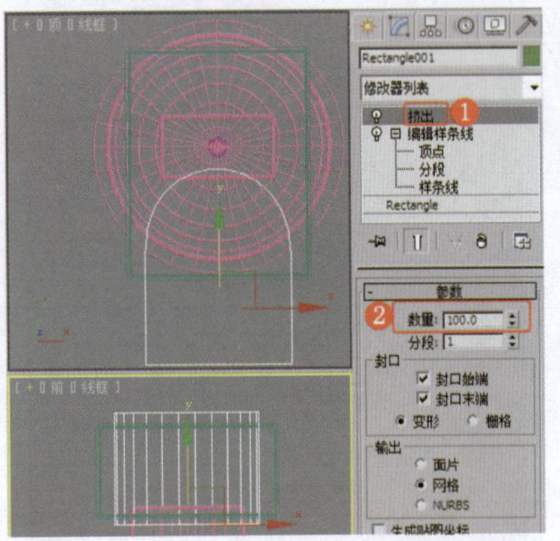

图1-274　施加“挤出”修改器

㉓ 在场景中选择修改后的切角长方体，使用“ProBoolean”工具，单击“开始拾取”按钮，拾取场景中的挤出模型，布尔效果如图1-275所示。

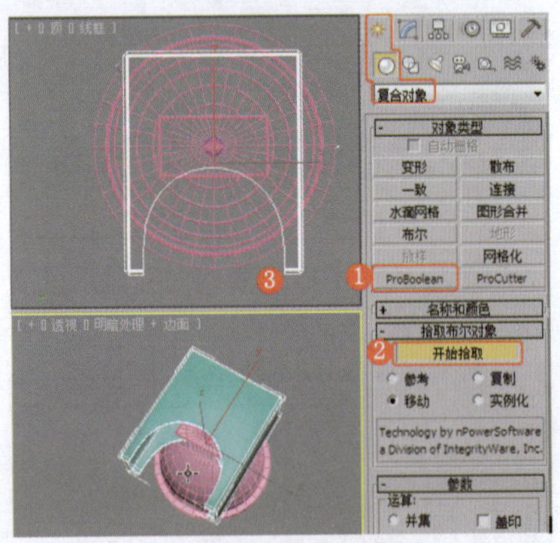

图1-275　布尔模型

提　示

布尔模型是指通过对两个或多个对象执行布尔运算，从而将它们组合在一起。“ProBoolean”工具将大量功能添加到传统的3ds Max布尔模型中，例如能够每次使用不同的布尔运算一次合并多个对象。

㉔ 在场景中创建切角圆柱体，效果如图1-276所示。

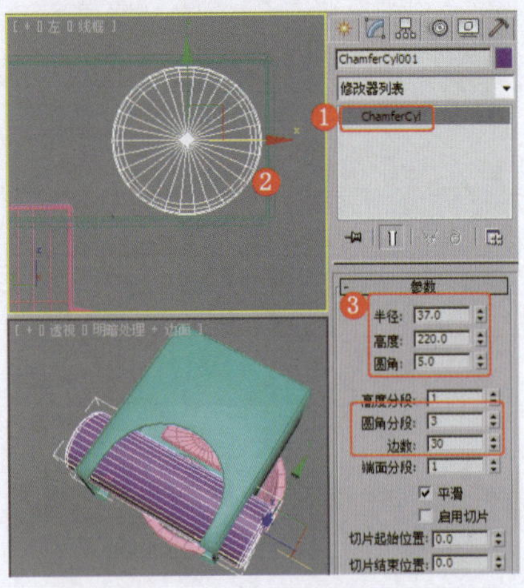

图1-276　创建切角圆柱体

㉕ 使用创建切角圆柱体的方法，在“顶”视图中创建圆柱体，设置合适的参数，效果如图1-277所示。

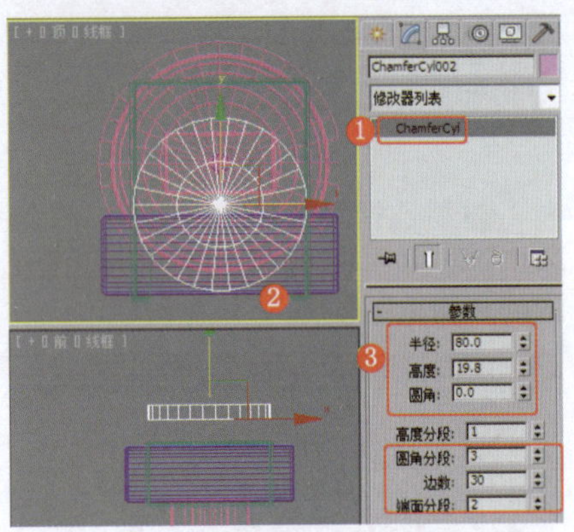

图1-277　创建圆柱体

㉖ 为圆柱体施加“编辑多边形”修改器，将选择集定义为“顶点”，调整顶点，效果如图1-278所示。

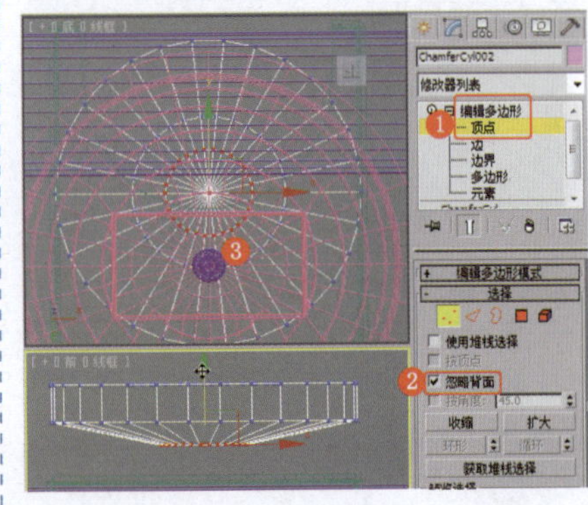

图1-278　调整顶点

㉗ 将选择集定义为“多边形”，设置多边形的“挤出”参数，效果如图1-279所示。

㉘ 继续设置多边形的“倒角”参数，效果如图1-280所示。

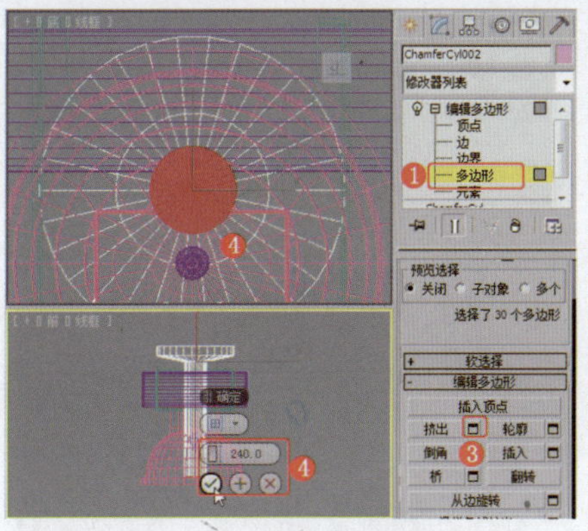
图1-279 挤出多边形

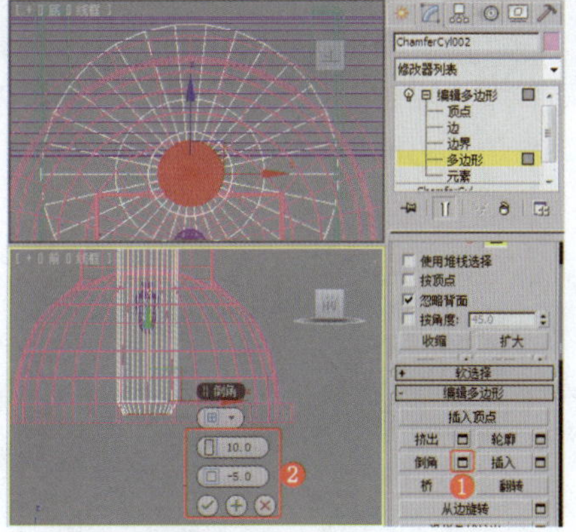
图1-280 倒角多边形

㉙ 调整顶点，效果如图1-281所示。

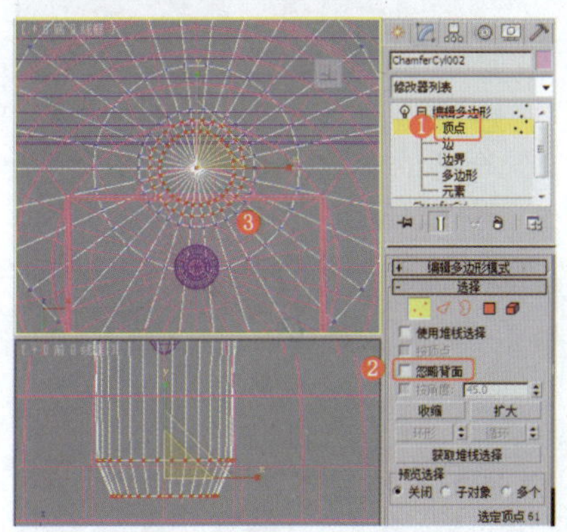
图1-281 调整顶点

㉚ 将选择集定义为“多边形”，设置多边形的“挤出”参数，效果如图1-282所示。

㉛ 组合模型，效果如图1-283所示。

㉜ 设置场景中的墙面材质为蓝色，顶面材质为白色，设置射灯材质为白色反射，设置灯光材质为发光材质。

㉝ 在场景中创建平面，将其作为墙面和顶面，创建摄影机，对射灯模型进行复制，效果如图1-284所示。

㉞ 在场景中创建第一盏VR灯光，设置灯光为暖色，设置其他灯光参数，效果如图1-285所示。

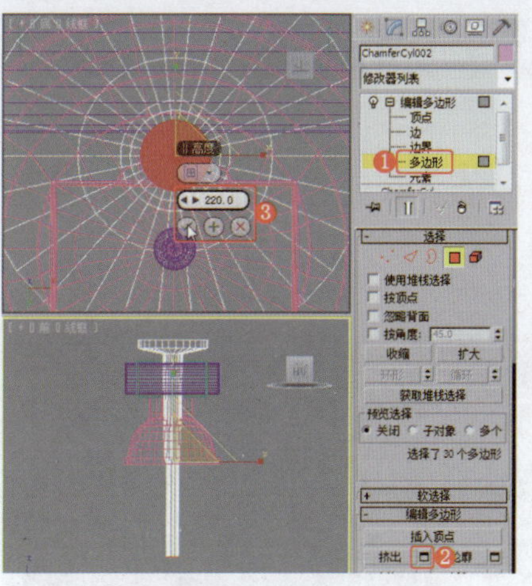
图1-282 挤出多边形

图1-283 组合模型

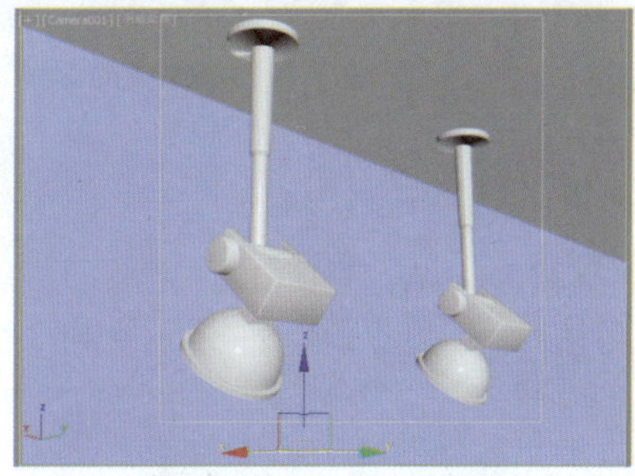
图1-284 创建和复制模型

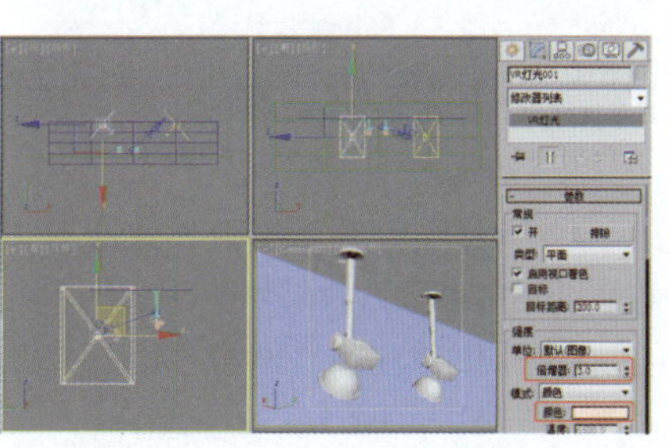
图1-285 创建第一盏VR灯光

㉟ 创建第二盏VR灯光，设置灯光的颜色为浅蓝色，设置其他灯光参数，如图1-286所示。

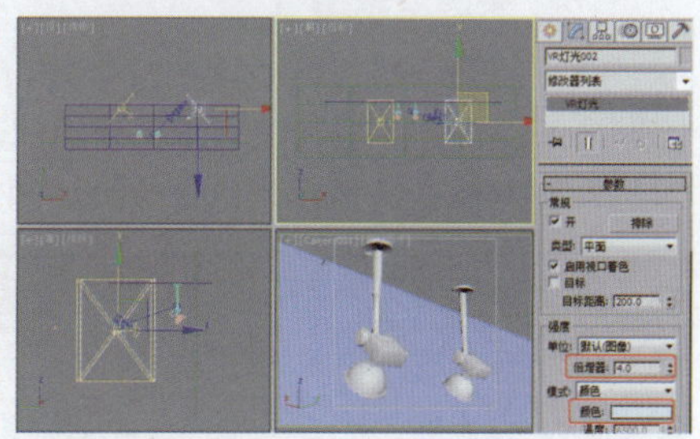
图1-286 创建第二盏VR灯光

㊱ 设置场景的渲染参数，为“反射/折射环境覆盖”选项组中的参数指定VRayHDRI贴图，如图1-287所示。

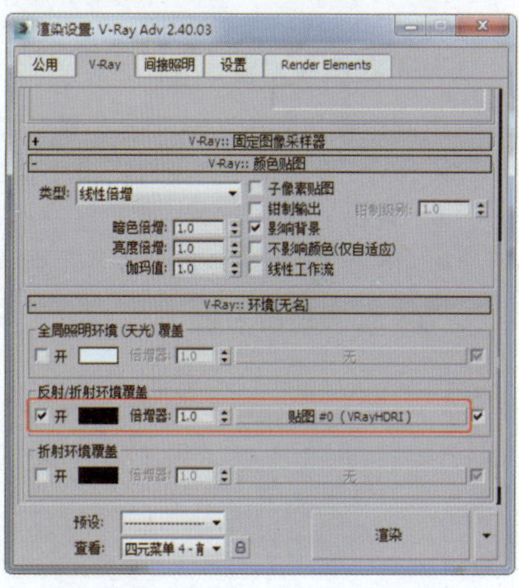
图1-287 设置参数

㊲ 将上一步骤设置的材质拖动到新的材质样本球上，“实例”复制贴图并指定贴图，如图1-288所示。

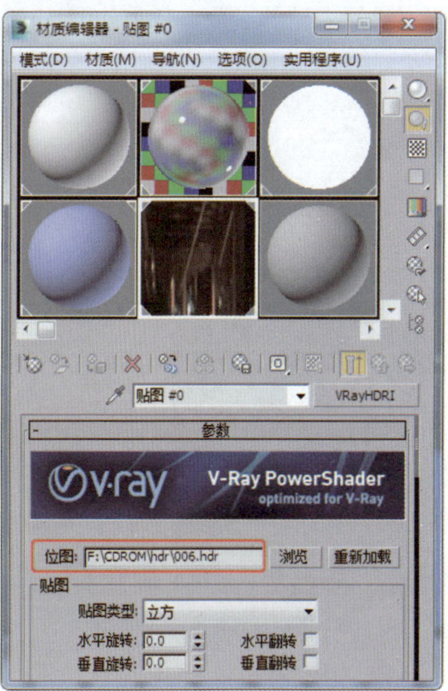
图1-288 指定贴图

实例017 草坪灯类——普通草坪灯

实例效果剖析

草坪灯是一类美化景观的灯具，为城市绿地景观增添了安全与美丽。装饰性强是草坪灯的主要特点，本例介绍的是仿石头类的普通草坪灯的制作。

本例制作的普通草坪灯，效果如图1-289所示。

图1-289 效果展示

实例技术要点

本例主要用到的功能及技术要点如下。

- 施加“细化”修改器：用于细化模型的分段。
- 施加“噪波”修改器：用于设置模型的不规则凹凸形状。
- 使用“ProBoolean”工具：制作灯的凹槽。

实例制作步骤

场景文件路径	Scene\第1章\实例017 普通草坪灯.max		
贴图文件路径	Map\		
视频路径	视频\ cha01\实例017 普通草坪灯.mp4		
难易程度	★★★	学习时间	15分45秒

❶ 在“顶”视图中创建切角圆柱体，设置合适的参数，效果如图1-290所示。

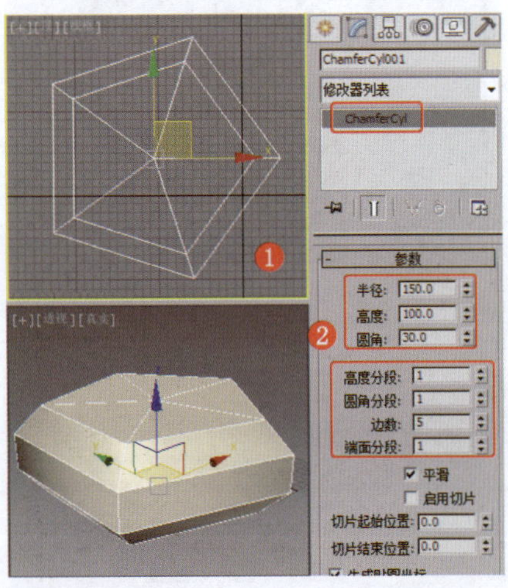

图1-290 创建切角圆柱体

❷ 为模型施加“细化”修改器，设置合适的参数，效果如图1-291所示。

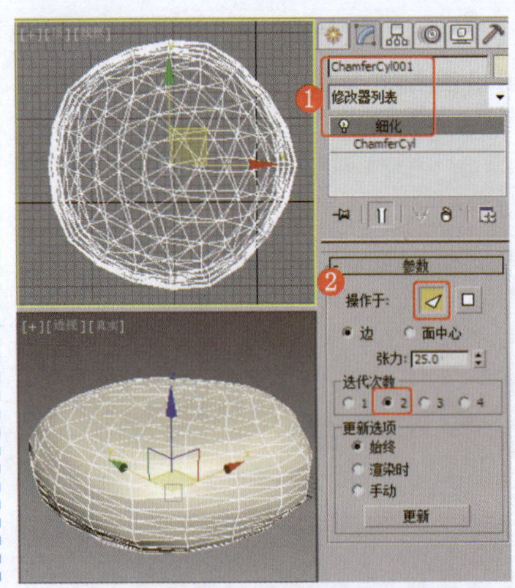

图1-291 细化模型

❸ 为模型施加“噪波”修改器，设置合适的参数，效果如图1-292所示。

❹ 为模型施加“网格平滑”修改器，使用默认的参数，效果如图1-293所示。

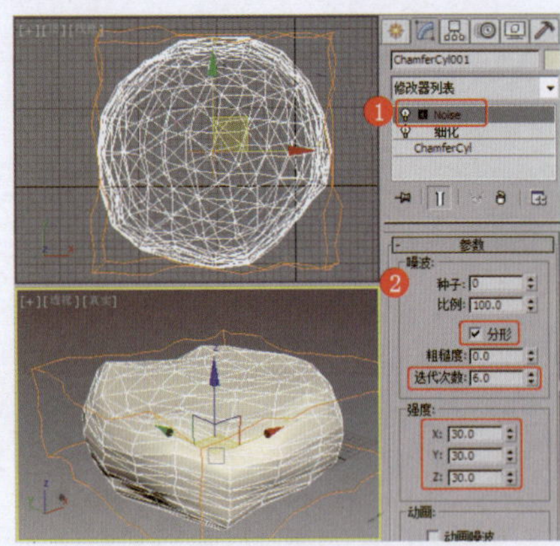

图1-292 施加“噪波”修改器

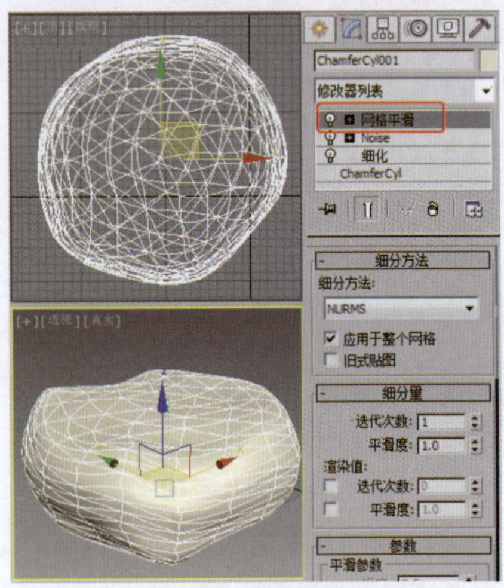

图1-293 施加“网格平滑”修改器

❺ 在“顶”视图中创建圆柱体，设置合适的参数，效果如图1-294所示，将该模型作为布尔对象。

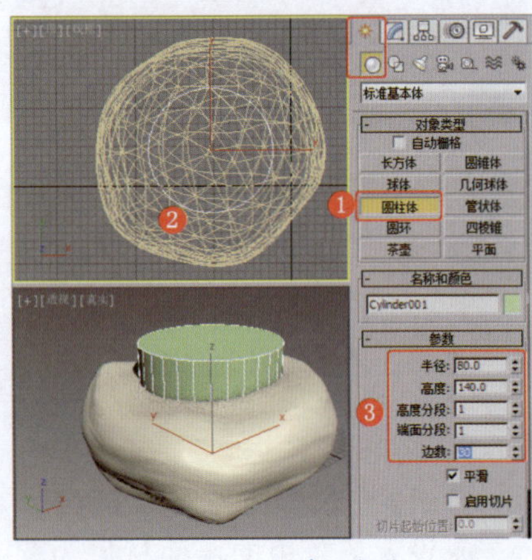

图1-294 创建圆柱体

❻ 在场景中调整圆柱体的位置，效果如图1-295所示。

❼ 在场景中选择调整后的切角圆柱体，使用“ProBoolean”工具，在“拾取布尔对象”卷展栏中单击“开始拾取”按钮，在场景中拾取圆柱体，效果如图1-296所示。

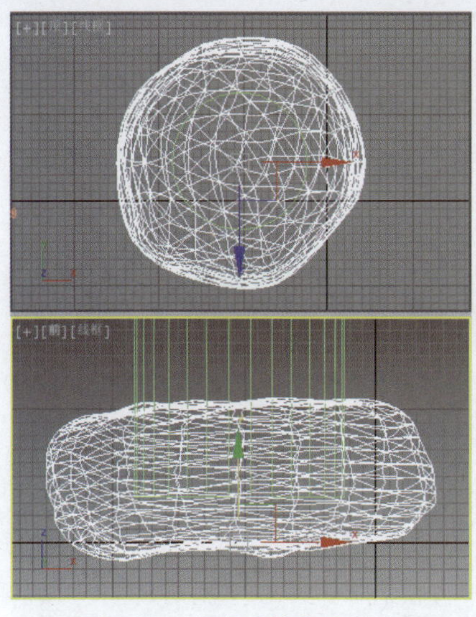

图1-295 调整圆柱体的位置

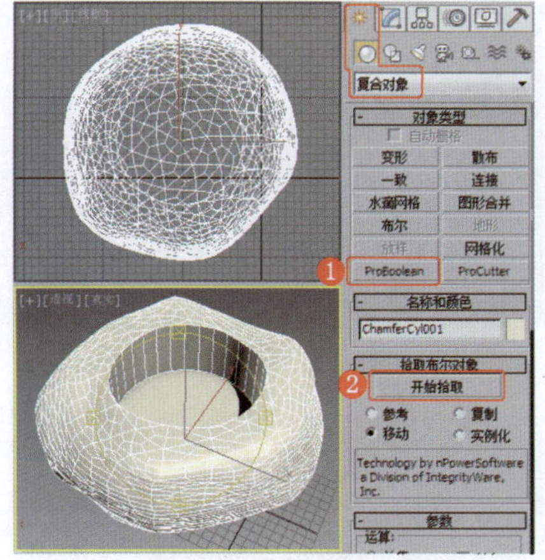

图1-296 拾取布尔对象

❽在“顶”视图中创建管状体，设置合适的参数，效果如图1-297所示。

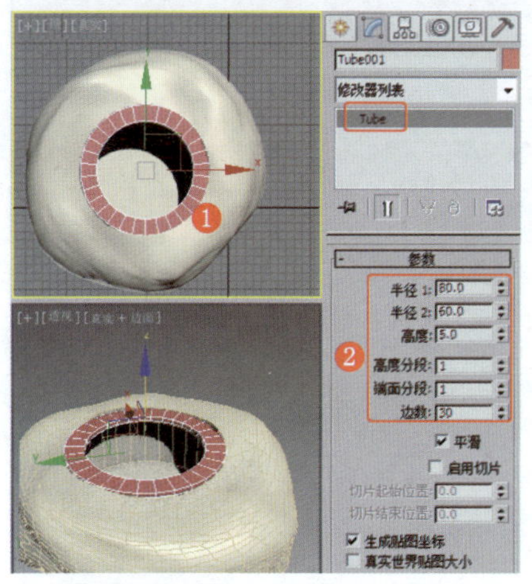

图1-297 创建管状体

❾继续创建圆柱体，设置合适的参数，调整模型的位置，效果如图1-298所示。

❿在场景中创建球体，设置合适的参数，效果如图1-299所示。

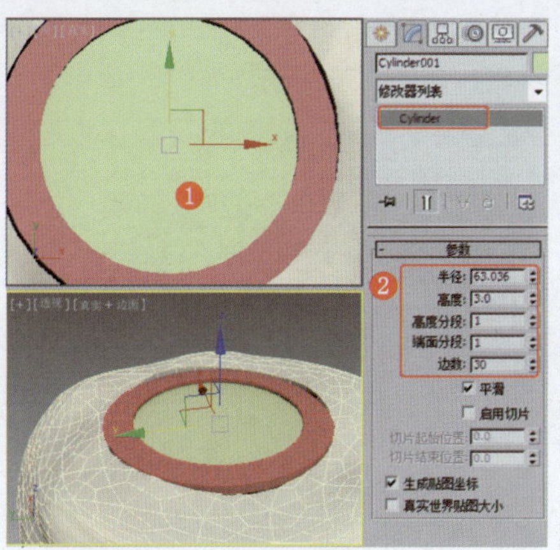

图1-298 创建圆柱体

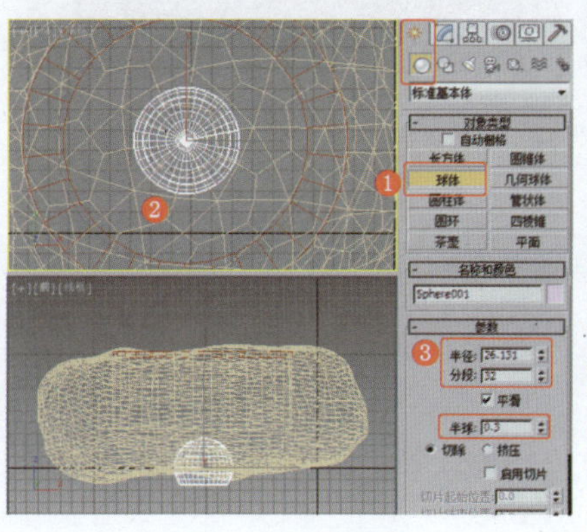

图1-299 创建球体

⓫在场景中组合模型，效果如图1-300所示。

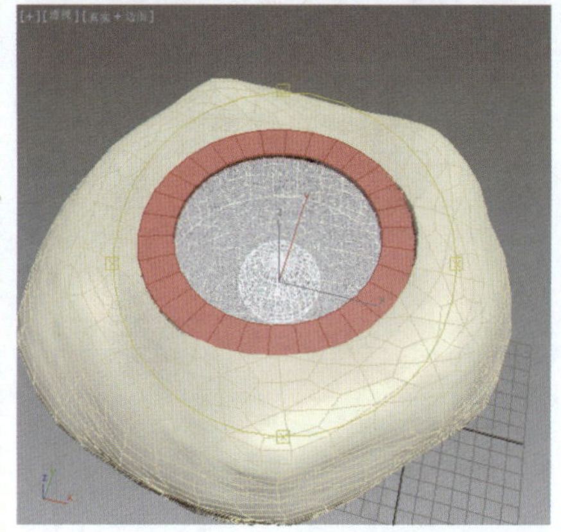

图1-300 组合模型

⓬在“顶”视图中创建圆柱体，设置合适的参数，效果如图1-301所示，复制圆柱体，将其作为螺丝。

⓭在场景中对模型进行复制，然后创建平面，将其作为地面，调整合适的角度创建摄影机，效果如图1-302所示。

⓮打开材质编辑器，设置一个石材材质，如图1-303所示，将其指定给组合模型。

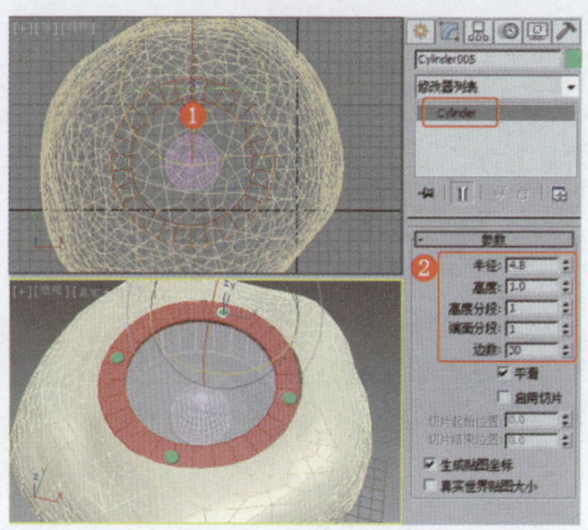

图1-301 创建圆柱体

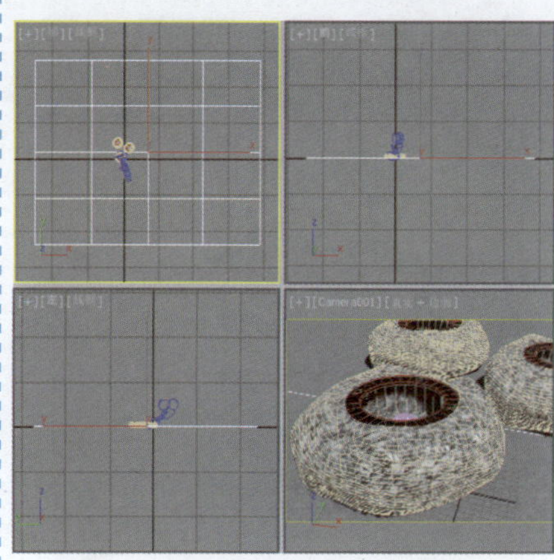

图1-302 创建地面模型

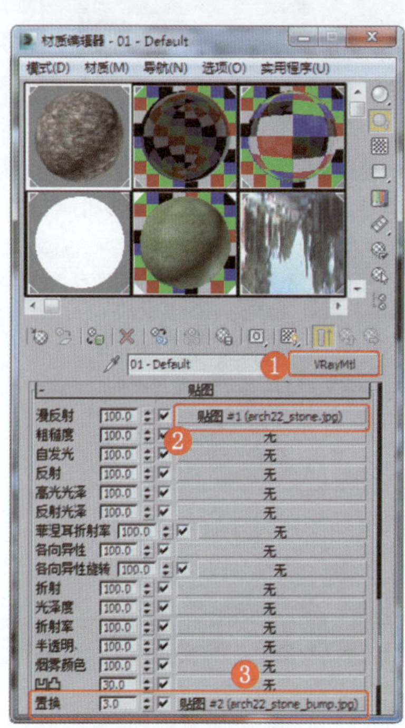

图1-303 设置石材材质

⓯在场景中为石材模型施加“UVW贴图”修改器，设置合适的参数，效果如图1-304所示。

⓰设置一个黑色反射材质，将其指定给场景中的管状体模型，效果如图1-305所示。

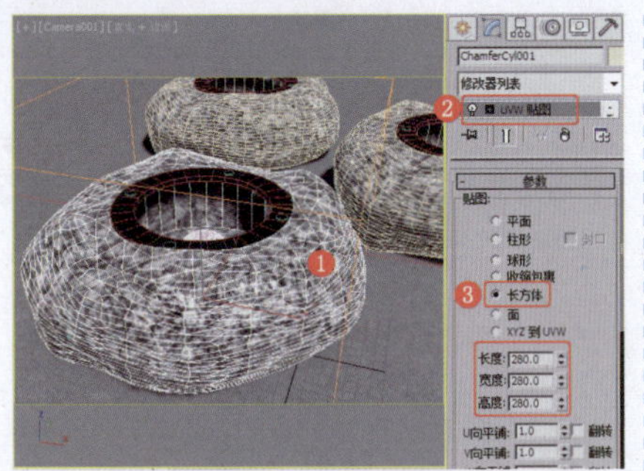

图1-304 为模型设置贴图

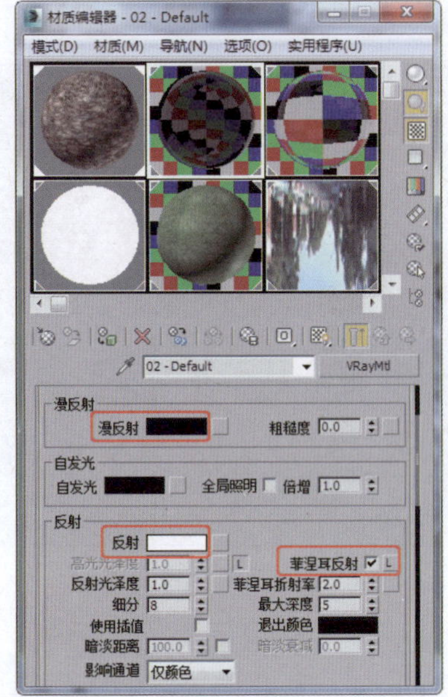

图1-305 设置黑色反射材质

⑰ 设置一个玻璃材质，将其指定给灯罩模型，效果如图1-306所示。

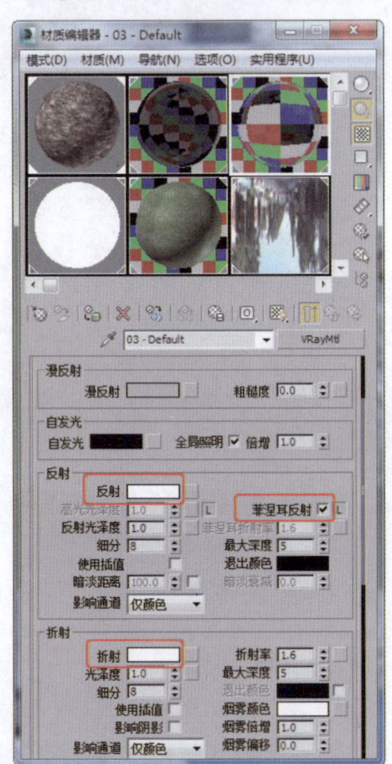

图1-306 设置玻璃材质

⑱ 为灯泡模型指定一个VR灯光材质，如图1-307所示。

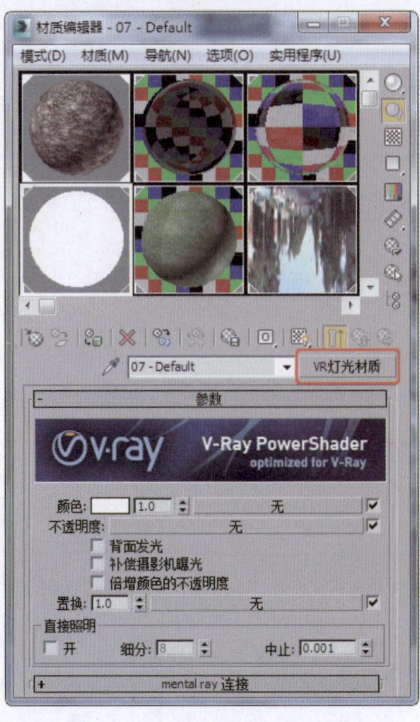

图1-307 设置VR灯光材质

⑲ 设置一个草地材质，如图1-308所示。

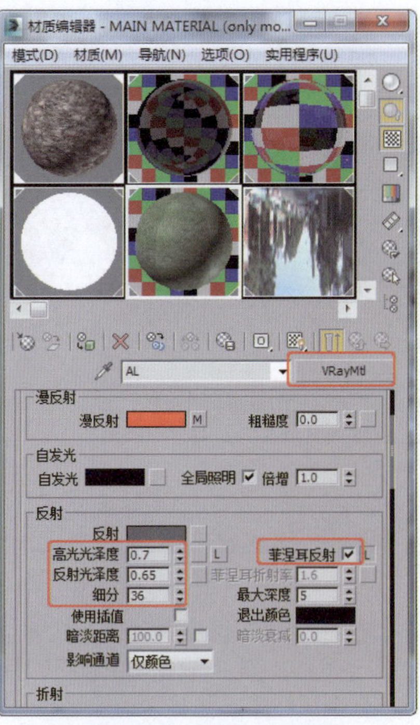

图1-308 设置草地材质

⑳ 为草地材质指定“位图”贴图，如图1-309所示。

㉑ 在场景中为草地平面模型施加“UVW贴图”修改器，设置合适的参数，效果如图1-310所示。

㉒ 设置渲染参数，为“反射/折射环境覆盖”选项组中的参数指定“VRayHDRI”贴图（一个合适的动态贴图即可），如图1-311所示。

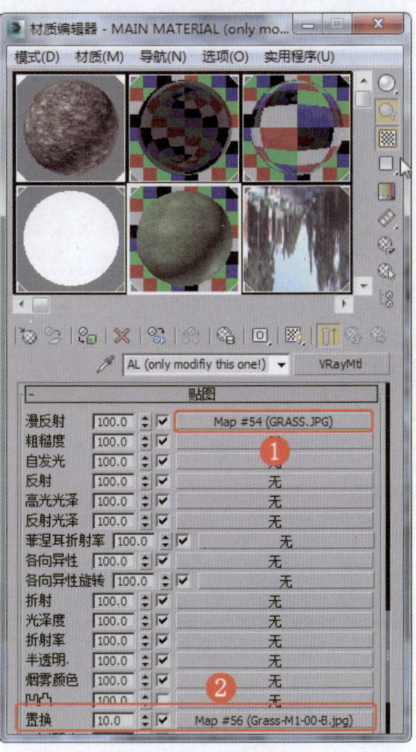

图1-309 指定贴图

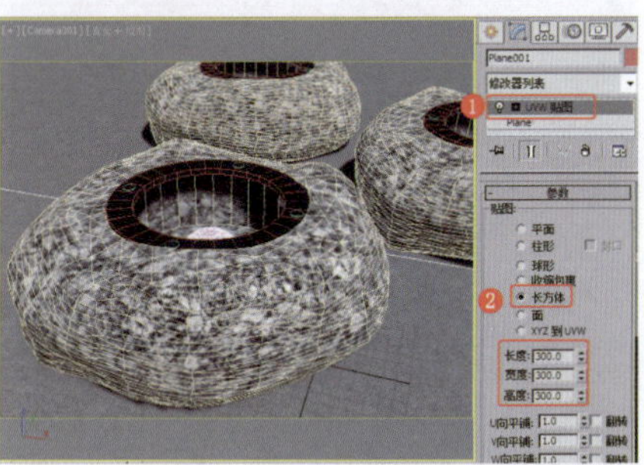

图1-310 为草地平面设置贴图

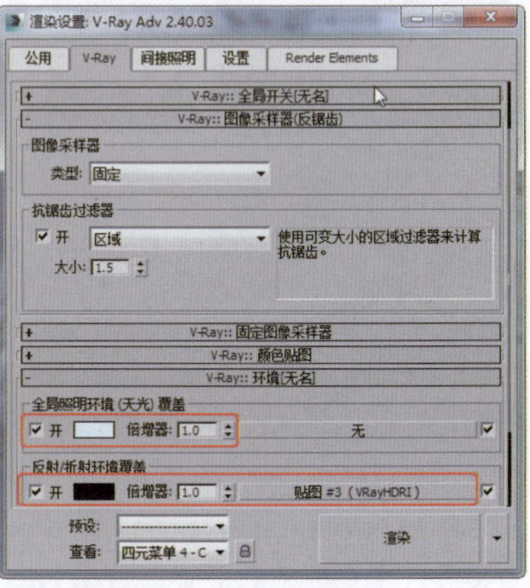

图1-311 指定反射贴图

㉓ 设置其他渲染参数，如图1-312和图1-313所示，然后渲染输出。

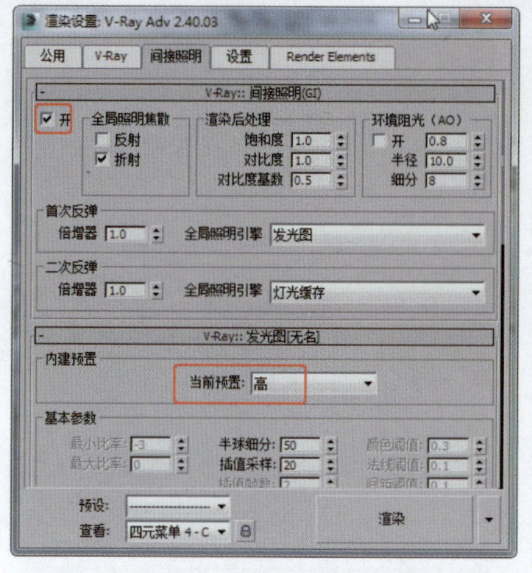
图1-312　设置渲染参数

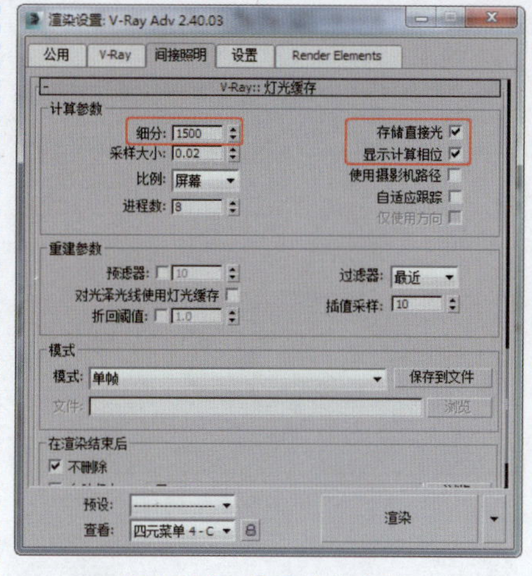
图1-313　设置渲染参数

实例018　草坪灯类——地灯

实例效果剖析

地灯与草坪灯的功能基本相同，主要用于装饰和照明草地或路面。场景不同，地灯的风格也各有不同。本例制作的是一款简单、时尚的地灯，效果如图1-314所示。

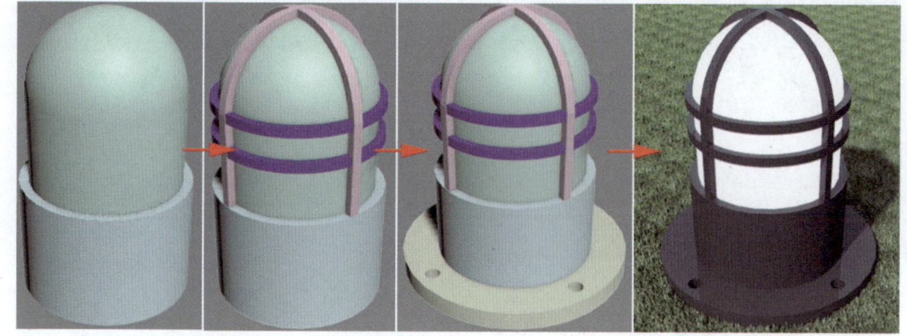
图1-314　效果展示

实例技术要点

本例主要用到的功能及技术要点如下。

- 施加“编辑多边形”修改器：选择多边形并删除多边形，以制作地灯模型。
- 使用“轮廓”工具：设置样条线的轮廓。
- 施加“挤出”修改器：用于制作地灯顶部效果。
- 使用“ProBoolean”工具：制作螺丝孔。

实例制作步骤

场景文件路径	Scene\第1章\实例018 地灯.max		
贴图文件路径	Map\		
视频路径	视频\ cha01\实例018 地灯.mp4		
难易程度	★★	学习时间	16分48秒

❶ 在“顶”视图中创建胶囊，设置合适的参数，效果如图1-315所示。

图1-315　创建胶囊

❷ 为胶囊施加“编辑多边形”修改器，将选择集定义为“多边形”，在场景中选择如图1-316所示的多边形，按Delete键，将选择的多边形删除。

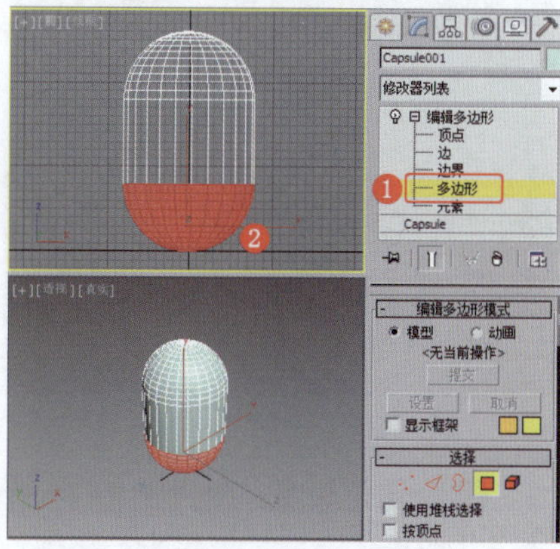
图1-316　选择多边形

❸ 在“顶”视图中创建圆柱体，设置合适的参数，效果如图1-317所示。

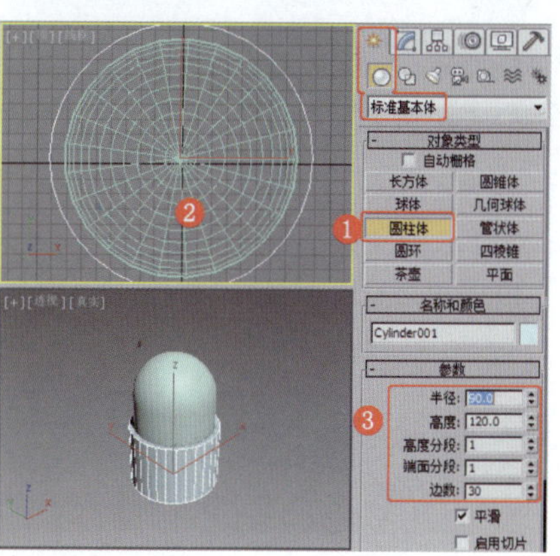
图1-317　创建圆柱体

❹ 在“顶”视图中选择圆柱体，在工具栏中选择“对齐”工具，在场景中拾取胶囊，设置模型的“对齐当前选择”对话框参数，如图1-318所示，单击“确定”按钮。

❺ 在如图1-319所示的“前”视图中创建样条线，并对齐进行调整。

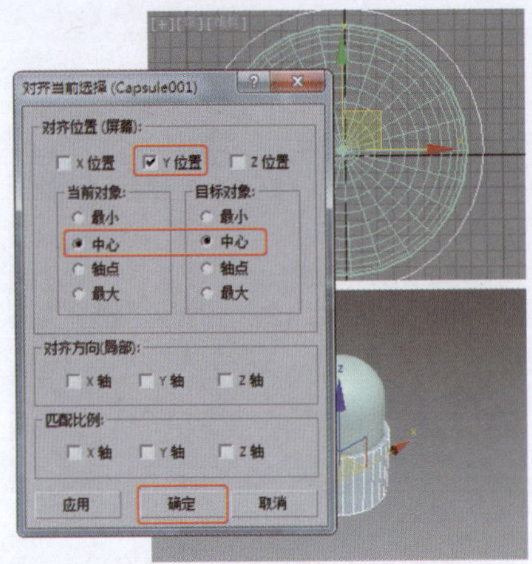
图1-318 对齐模型

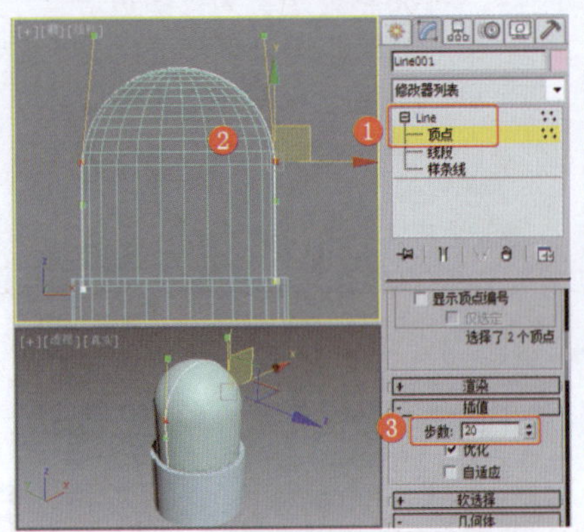
图1-319 创建并调整样条线

⑥将选择集定义为“样条线”，在“几何体”卷展栏中单击“轮廓”按钮，在场景中拖动样条线，调整出合适的轮廓，如图1-320所示，完成后关闭“轮廓”按钮。

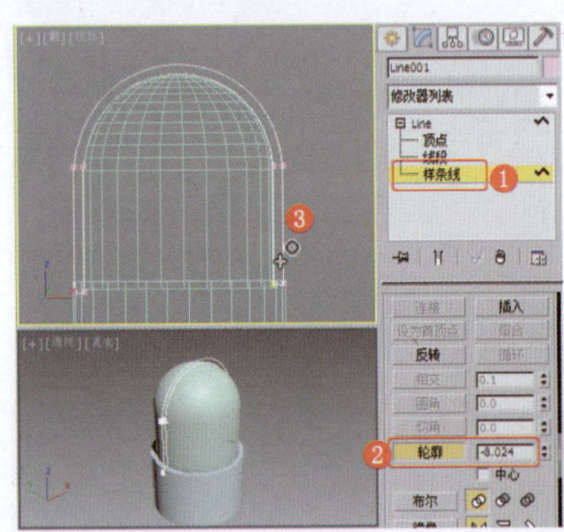
图1-320 设置样条线的轮廓

⑦为图形施加“挤出”修改器，设置合适的“数量”数值，效果如图1-321所示。

⑧旋转复制模型，效果如图1-322所示。

⑨在“顶”视图中创建圆环，设置合适的参数，效果如图1-323所示。

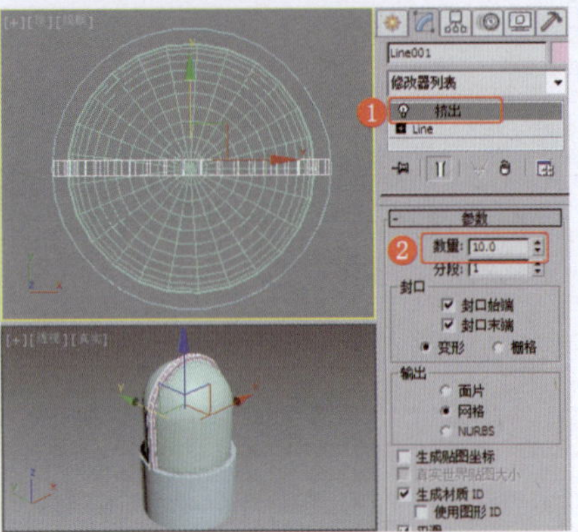
图1-321 施加“挤出”修改器

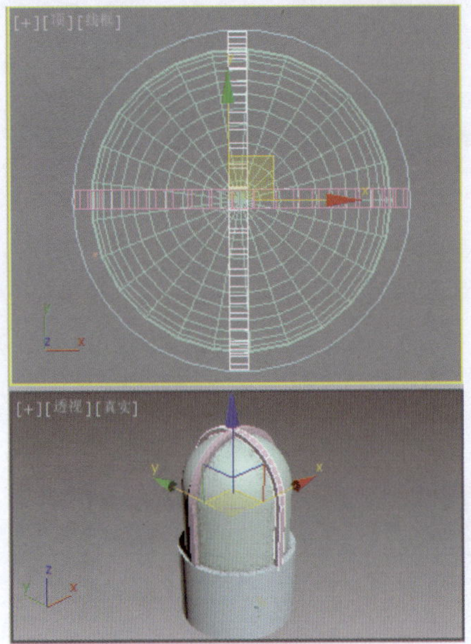
图1-322 旋转复制模型

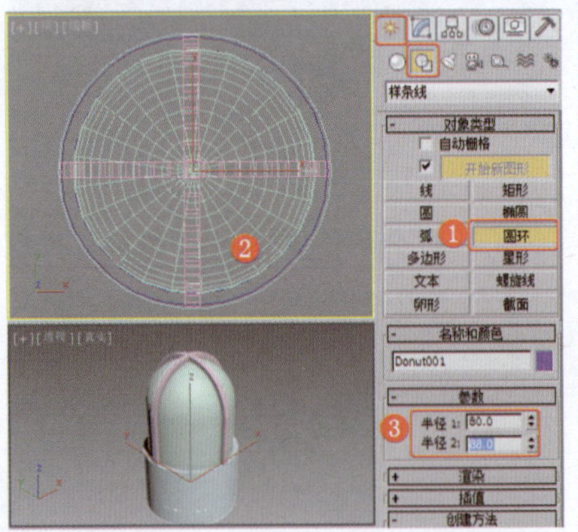
图1-323 创建圆环

⑩为圆环施加“挤出”修改器，设置合适的参数，并对模型进行复制，效果如图1-324所示。

⑪创建圆柱体，将其作为底座，效果如图1-325所示。

⑫在“顶”视图中创建圆柱体，对模型进行复制，调整模型的位置，将其作为布尔对象，效果如图1-326所示。

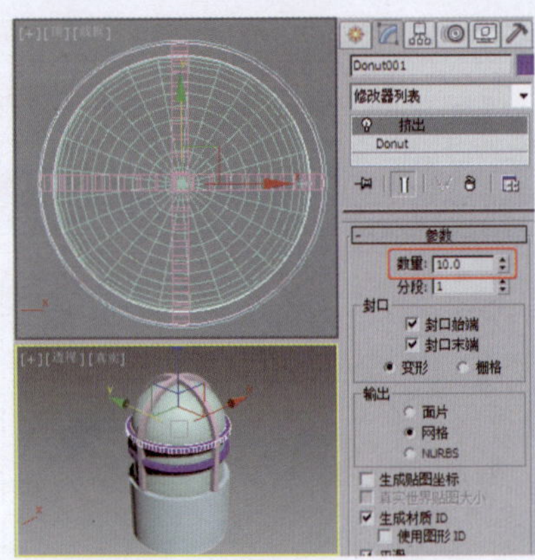
图1-324 挤出并复制模型

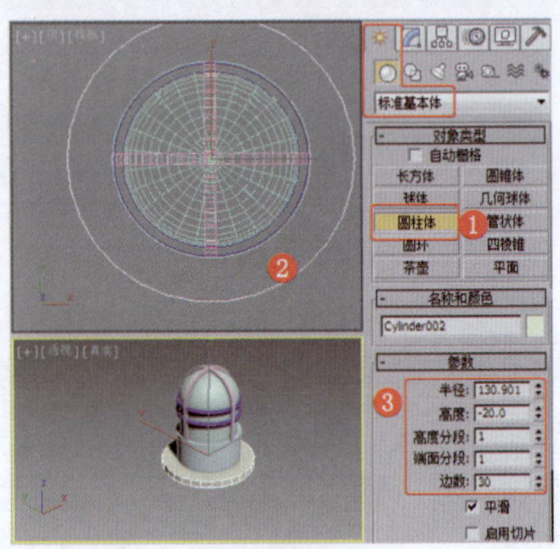
图1-325 创建圆柱体底座

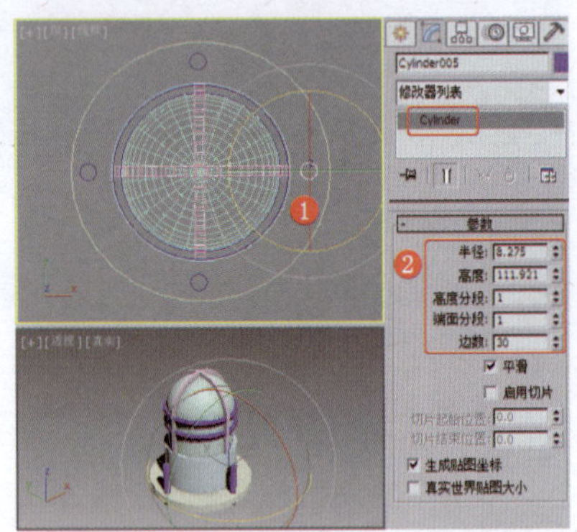
图1-326 创建并复制圆柱体

⑬在场景中选择作为底座的圆柱体，使用“ProBoolean”工具，在场景中拾取作为布尔对象的圆柱体，制作出螺丝孔，效果如图1-327所示。

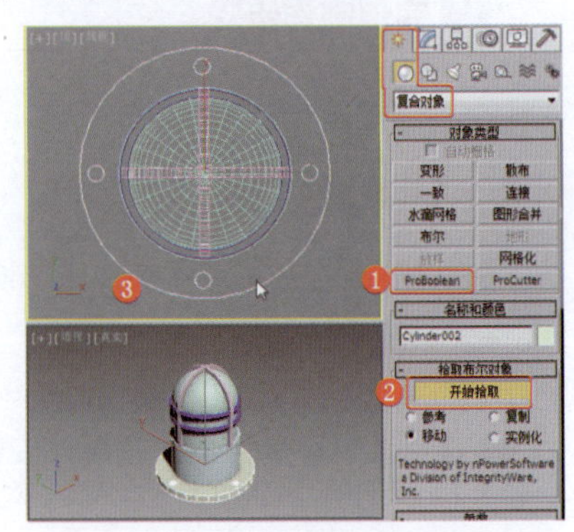
图1-327 制作底座的螺丝孔

⑭ 在场景中创建VR太阳，调整其至合适的位置和角度，并设置合适的参数，效果如图1-328所示。

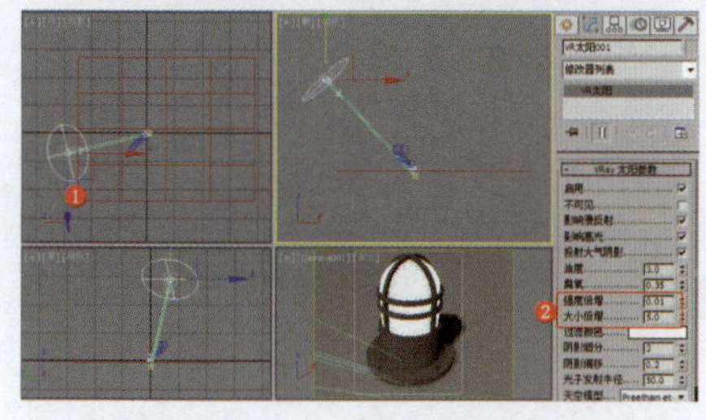

图1-328 创建VR太阳

⑮ 参考前面实例的渲染设置，设置本例的反射贴图，如图1-329所示，具体的渲染设置在此不再赘述。

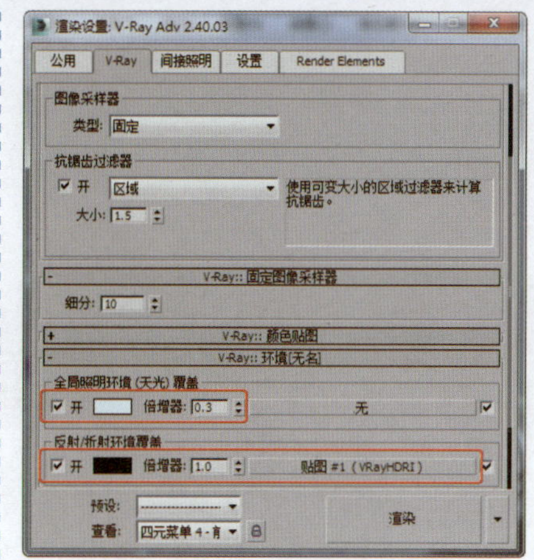

图1-329 设置反射贴图

实例019 草坪灯类——仿古草坪灯

实例效果剖析

仿古草坪灯一般被用于景观或广场草地上的装饰和照明。本例采用简单的仿古构架来制作木纹质感的草坪灯。

本例制作的仿古草坪灯，效果如图1-330所示。

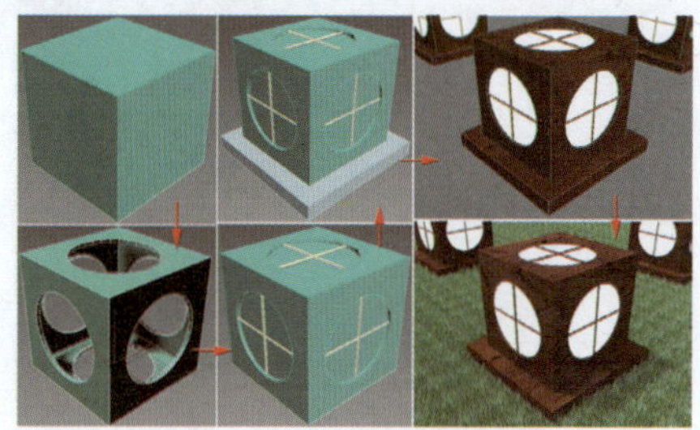

图1-330 效果展示

实例技术要点

本例主要用到的功能及技术要点如下。

- 使用“布尔”工具：制作灯具模型的外壳。
- 施加“晶格”修改器：用于设置平面的晶格，将其作为灯具的装饰支架。

场景文件路径	Scene\第1章\实例019 仿古草坪灯.max		
贴图文件路径	Map\		
视频路径	视频\ cha01\实例019 仿古草坪灯.mp4		
难易程度	★	学习时间	10分39秒

实例020 路灯类——仿古欧式路灯

实例效果剖析

路灯是指被安装在柱子上，沿道路分立的灯具。本例介绍的仿古欧式路灯采用黑色铁艺，并添加一些水滴状和球状的装饰物，以达到欧式复古效果。

本例制作的仿古欧式路灯，效果如图1-331所示。

图1-331 效果展示

实例技术要点

本例主要用到的功能及技术要点如下。

- 施加“车削”修改器：用于制作支架和灯罩。
- 施加“锥化”修改器：用于制作灯具的锥化效果。
- 施加“晶格”修改器：用于制作灯具的骨骼模型。
- 施加“倒角”修改器：用于制作灯托的倒角效果。

实例制作步骤

场景文件路径	Scene\第1章\实例020 仿古欧式路灯.max	
贴图文件路径	Map\	
视频路径	视频\ cha01\实例020 仿古欧式路灯.mp4	
难易程度	★★	学习时间 31分3秒

❶ 在“前”视图中创建灯罩的截面图形，效果如图1-332所示。

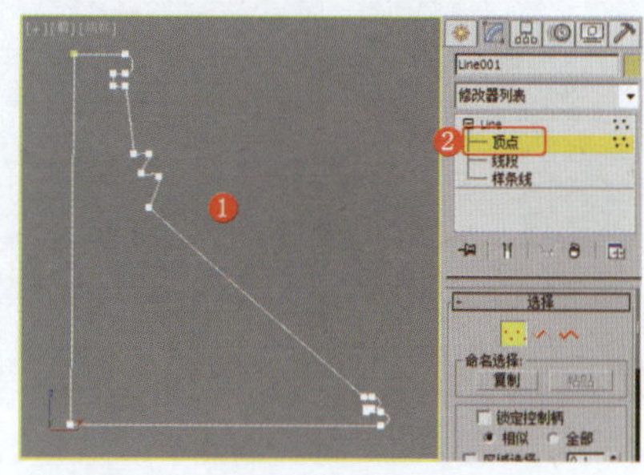

图1-332 创建灯罩的截面图形

❷ 为图形施加“车削”修改器，取消“平滑”复选框的勾选，其他参数设置如图1-333所示。

图1-333 施加“车削”修改器

❸ 在“前”视图中创建图形，效果如图1-334所示。

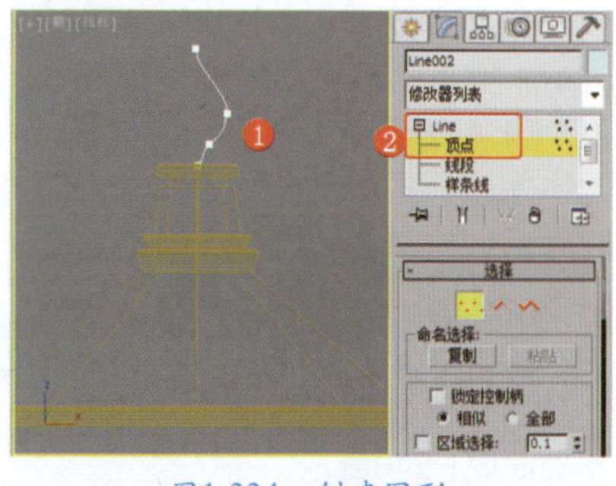

图1-334 创建图形

④ 为图形施加“车削”修改器，设置合适的参数，效果如图1-335所示。

图1-335 施加“车削”修改器

⑤ 在“顶”视图中创建圆柱体，设置合适的参数，效果如图1-336所示。

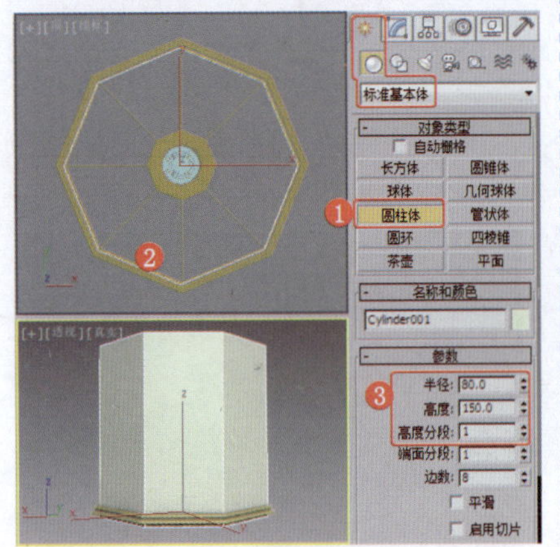

图1-336 创建圆柱体

⑥ 为模型施加“锥化”修改器，设置合适的参数，效果如图1-337所示。

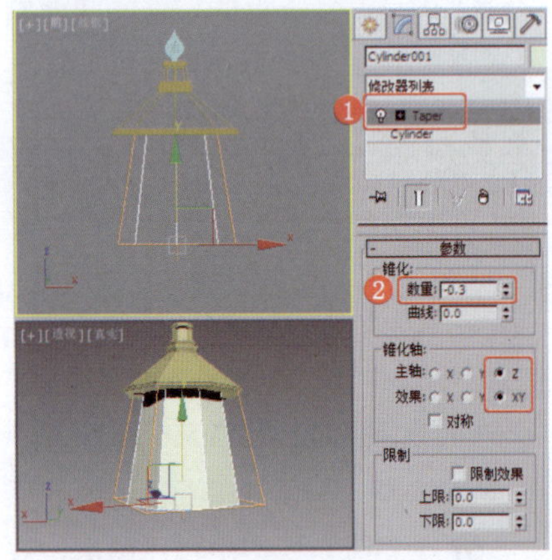

图1-337 施加“锥化”修改器

⑦ 镜像模型，参数设置如图1-338所示，单击“确定”按钮。

⑧ 在场景中调整模型的位置，将其作为灯，按Ctrl+V组合键，在打开的对话框中单击“复制”单选按钮，如图1-339所示，单击“确定”按钮。

⑨ 选择复制出的模型，为其施加“晶格”修改器，设置合适的参数，效果如图1-340所示。

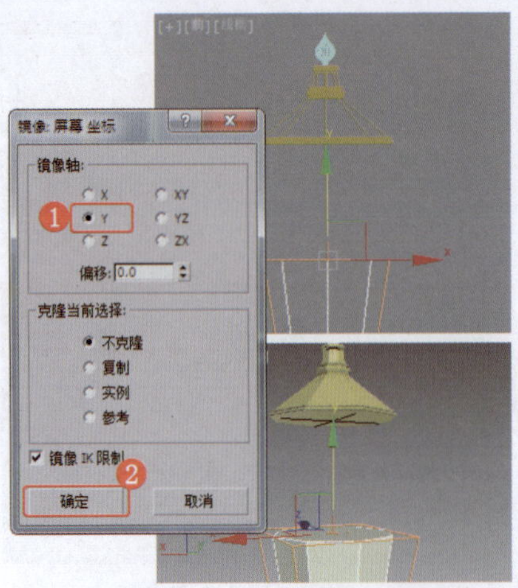

图1-338 镜像模型

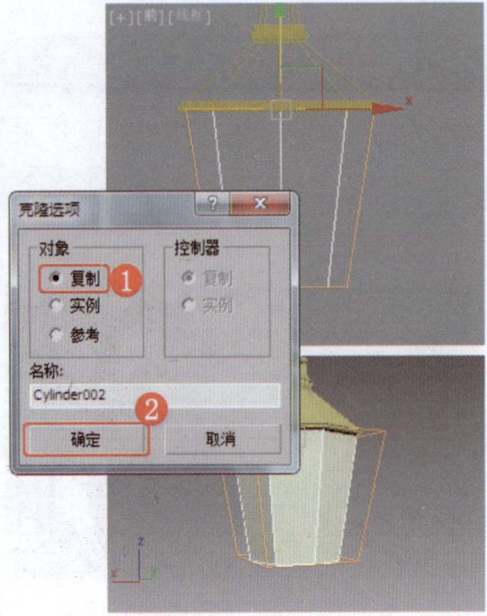

图1-339 复制模型

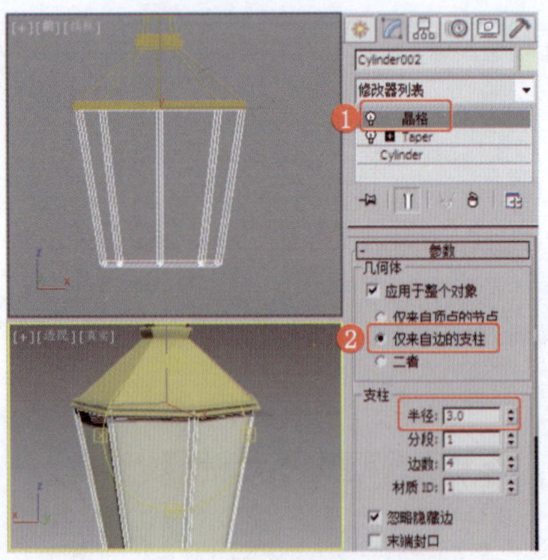

图1-340 施加“晶格”修改器

⑩ 在“左”视图中创建如图1-341所示的样条线，调整样条线的形状。

⑪ 将选择集定义为“样条线”，设置样条线的轮廓，效果如图1-342所示。

⑫ 通过调整顶点，调整图形的形状，效果如图1-343所示。

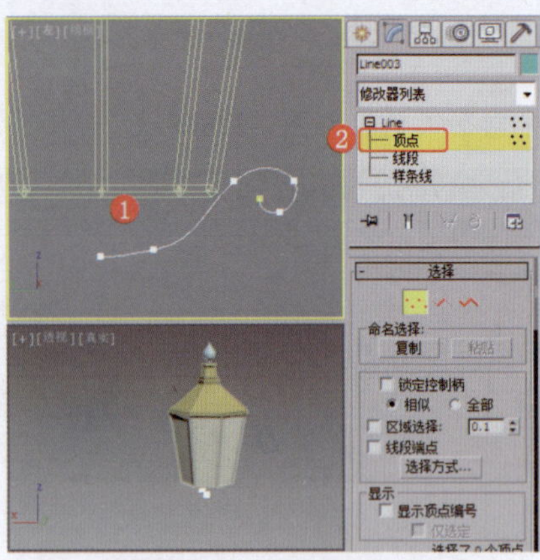

图1-341 创建样条线

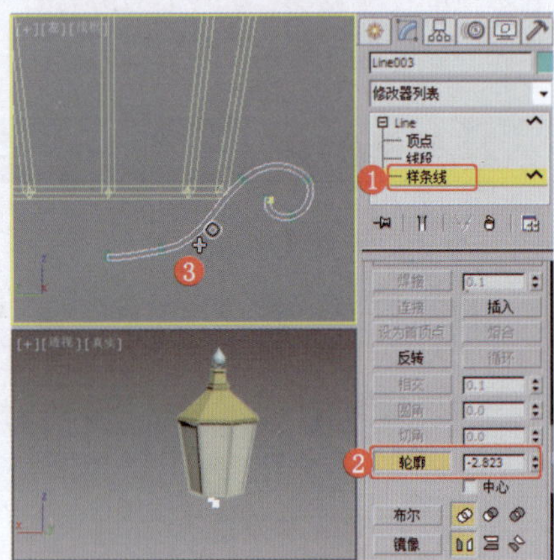

图1-342 设置样条线的轮廓

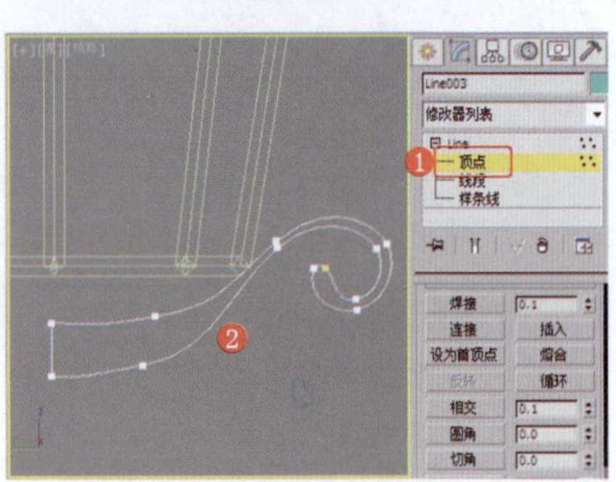

图1-343 调整图形的形状

⑬ 为图形施加“倒角”修改器，设置合适的参数并调整模型至合适的位置，效果如图1-344所示。

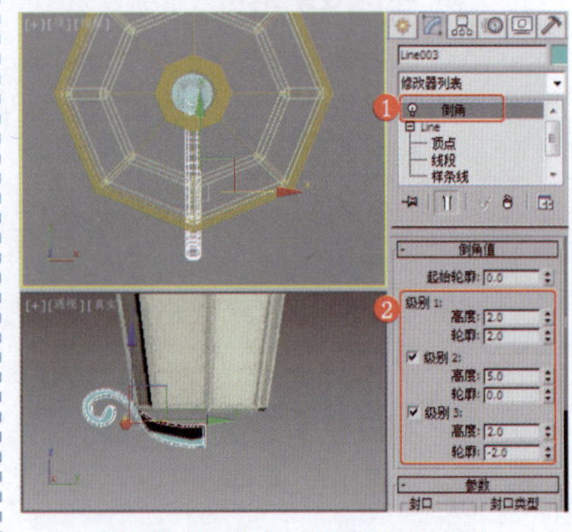

图1-344 施加“倒角”修改器

⑭ 在“左”视图中镜像复制模型，效果如图1-345所示。

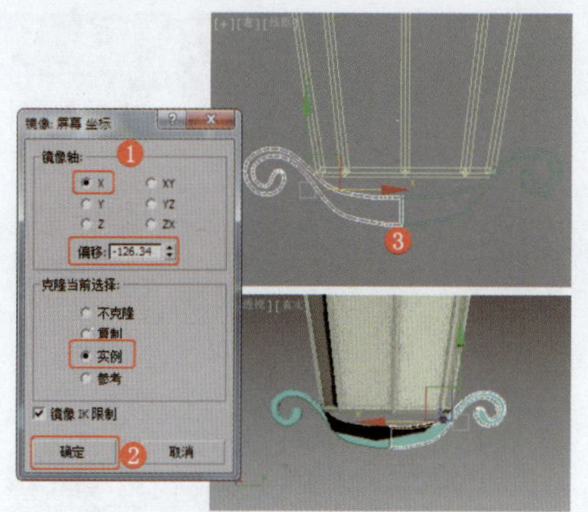

图1-345 镜像复制模型

⑮ 在“前”视图中创建如图1-346所示的样条线，并对其进行调整。

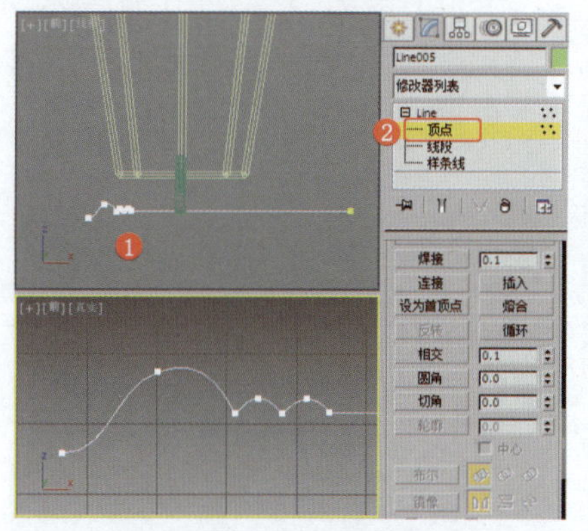

图1-346 创建样条线

⑯ 为创建的样条线施加“车削”修改器，设置合适的参数，并将选择集定义为“轴”，然后在场景中调整轴，效果如图1-347所示。

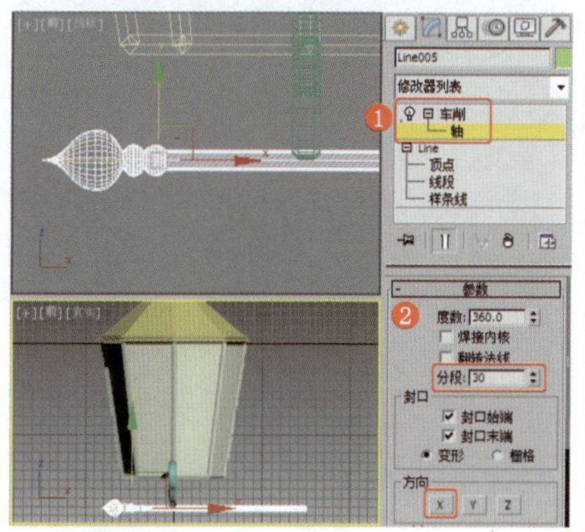

图1-347 施加“车削”修改器

⑰ 在“前”视图中创建中间支柱的截面图形，效果如图1-348所示。

⑱ 为图形施加“车削”修改器，设置合适的参数，效果如图1-349所示。

⑲ 在“前”视图中创建可渲染的样条线，效果如图1-350所示。

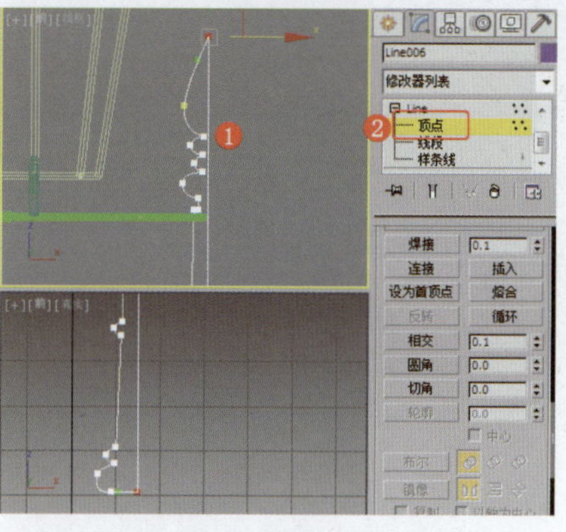

图1-348 创建支柱截面图形

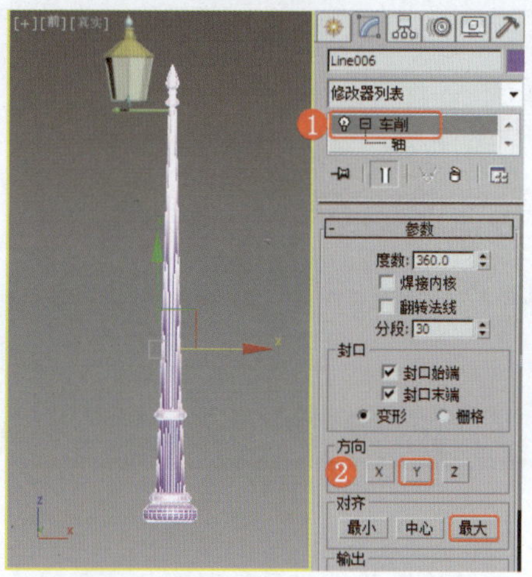

图1-349 施加“车削”修改器

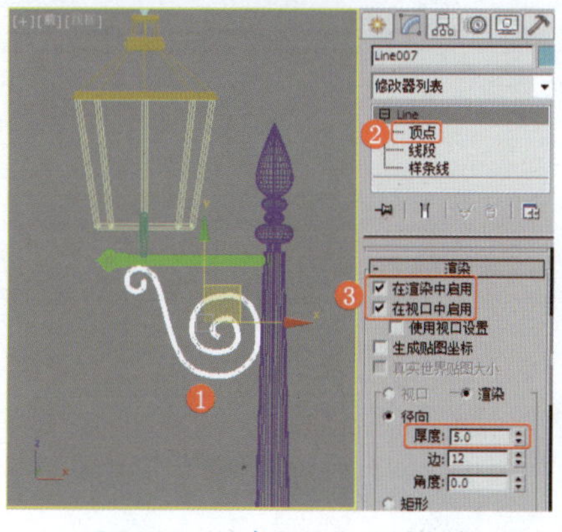

图1-350 创建可渲染的样条线

⑳ 继续创建可渲染的样条线，效果如图1-351所示。

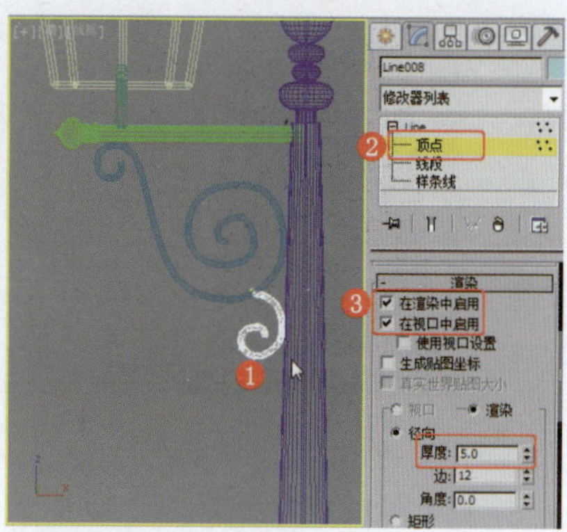

图1-351 创建可渲染的样条线

㉑ 镜像复制模型至支架的另一端，效果如图1-352所示。

图1-352 镜像复制模型

㉒ 参考前面实例的制作，创建平面，将其作为地面和背景墙，设置其材质为白色，然后为场景创建VR太阳，设置合适的参数，并设置合适的渲染参数，效果如图1-353所示。

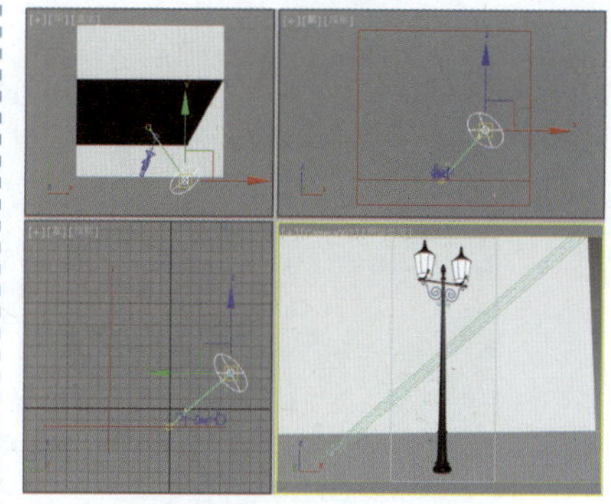

图1-353 设置参数

实例021 路灯类——太阳能路灯

实例效果剖析

太阳能灯的寿命比普通电力灯的寿命要长得多，太阳能是节约、环保、安全、方便的新能源。根据太阳能路灯的特点，本例首先制作的是太阳能板，用于吸收、储存太阳能，然后再制作一个简约的照明灯罩和支架，完成简单、时尚的太阳能路灯的整体制作。

本例制作的太阳能路灯，效果如图1-354所示。

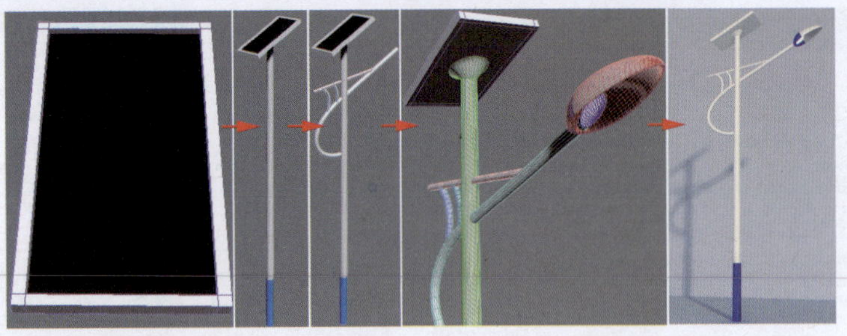
图1-354　效果展示

实例技术要点

本例主要用到的功能及技术要点如下。

- 施加"编辑多边形"修改器：挤出多边形，制作太阳能板；倒角多边形，模拟太阳能板底下的支架。
- 施加"锥化"修改器：用于制作灯泡和灯罩的锥化效果。
- 施加"壳"修改器：用于制作灯罩的厚度。

场景文件路径	Scene\第1章\实例021 太阳能路灯.max		
贴图文件路径	Map\		
视频路径	视频\ cha01\实例021 太阳能路灯.mp4		
难易程度	★★	学习时间	24分15秒

实例022　路灯类——景观灯

实例效果剖析

景观灯，顾名思义，是在庭院、步道等处摆放的灯具。景观灯不仅具有较高的观赏性，而且还强调与景观文化、背景环境协调、统一，利用不同的造型、光色与亮度来营造氛围，是不可或缺的一类灯具。本例介绍的景观灯，主要制作的是其木纹格子龙骨和中式花纹灯效果。

本例制作的景观灯，效果如图1-355所示。

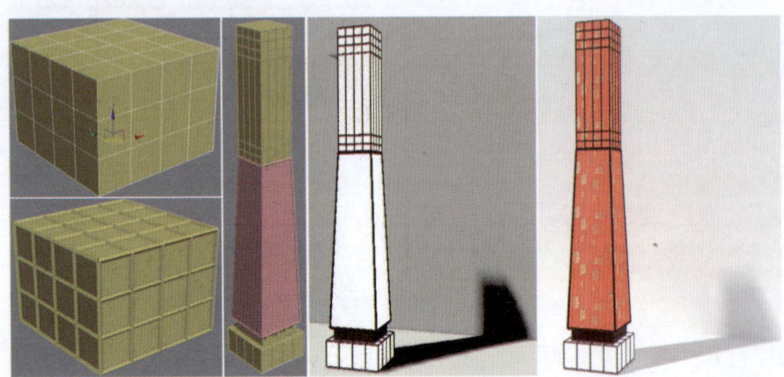
图1-355　效果展示

实例技术要点

本例主要用到的功能及技术要点如下。

- 施加"晶格"修改器：用于制作长方体和圆锥体的龙骨。

实例制作步骤

场景文件路径	Scene\第1章\实例022 景观灯.max		
贴图文件路径	Map\		
视频路径	视频\ cha01\实例022 景观灯.mp4		
难易程度	★	学习时间	14分52秒

❶ 在"顶"视图中创建长方体，设置合适的参数，效果如图1-356所示。

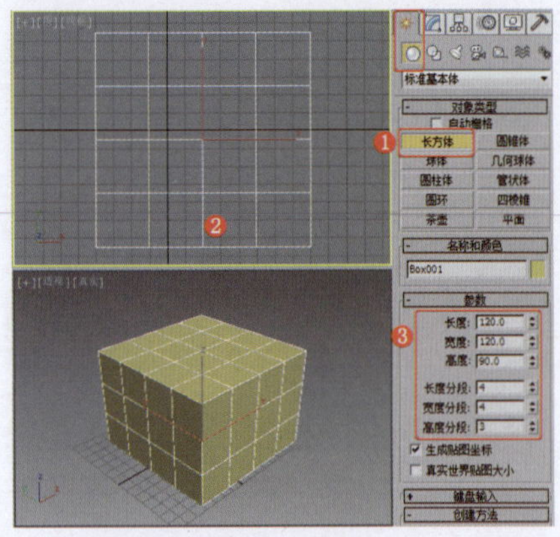
图1-356　创建长方体

❷ 为模型施加"晶格"修改器，设置合适的参数，效果如图1-357所示。

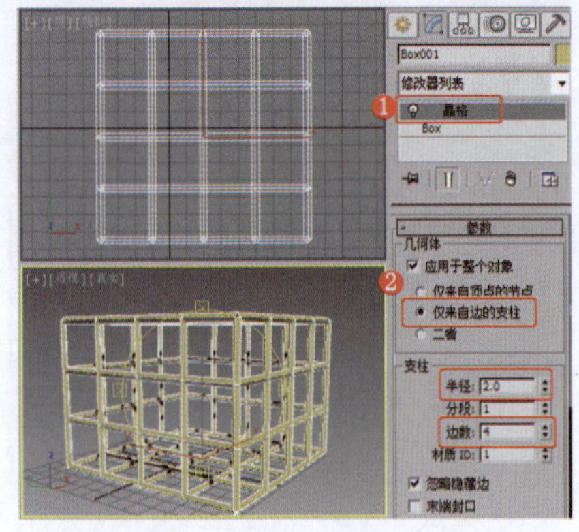
图1-357　施加"晶格"修改器

❸ 按Ctrl+V组合键，复制长方体模型，并将"晶格"修改器删除，效果如图1-358所示。

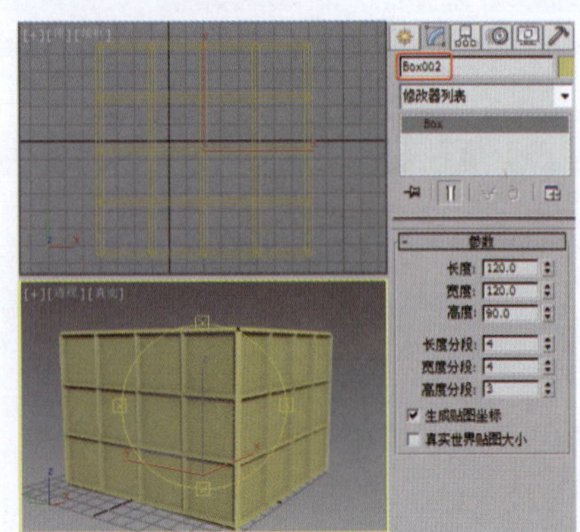
图1-358　删除"晶格"修改器

❹ 复制两个模型至如图1-359所示的位置。

❺ 在场景中为复制出的晶格模型施加"编辑多边形"修改器，将选择集定义为"顶点"，在场景中调整顶点，效果如图1-360所示，使用同样的方法调整作为灯的长方体。

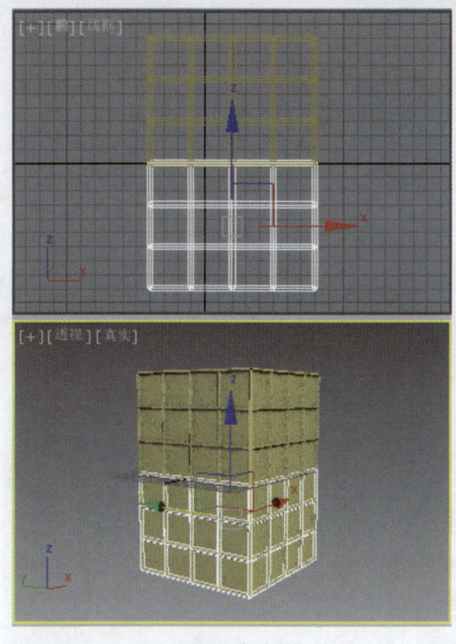

图1-359 复制模型

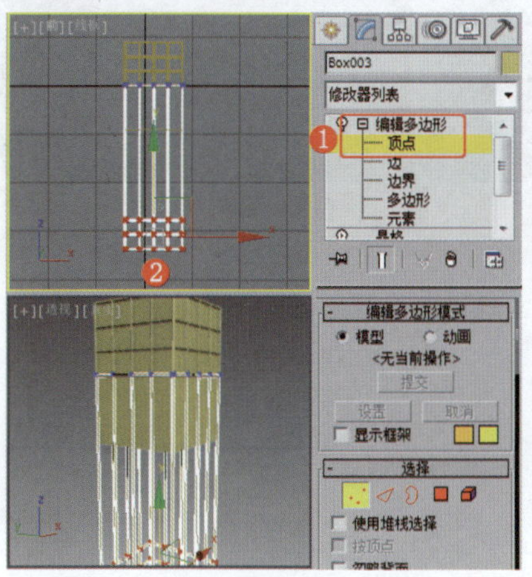

图1-360 调整复制出的模型

❻ 在“顶”视图中创建圆锥体，设置合适的参数，效果如图1-361所示。

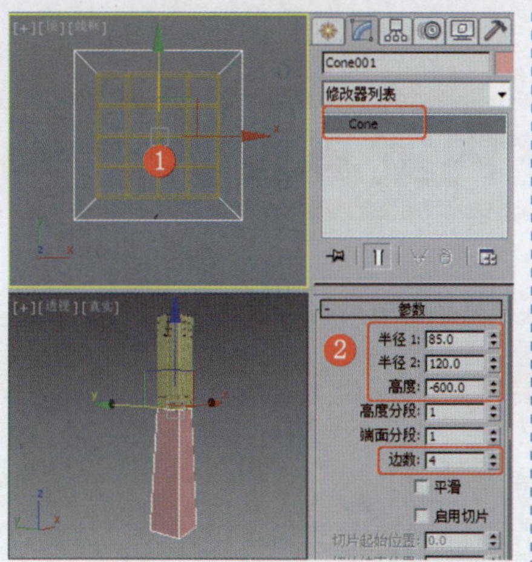

图1-361 创建圆锥体

❼ 复制模型，为模型施加“晶格”修改器，设置合适的参数，效果如图1-362所示。

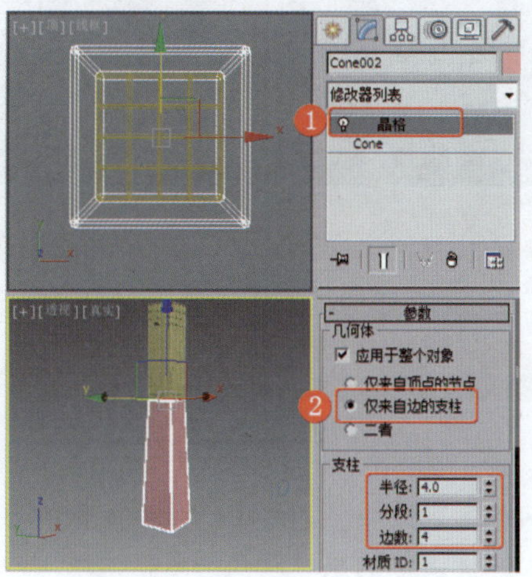

图1-362 复制模型并施加“晶格”修改器

❽ 使用同样的方法，在场景的底端创建长方体，将其设置为合适的模型效果，并为相应的模型施加“晶格”修改器，效果如图1-363所示。

图1-363 创建底座模型

❾ 按照前面实例的操作创建地面、背景和灯光，并设置合适的渲染参数，然后渲染输出。

第 2 章 室内家具及其他

本章主要介绍各种风格的室内家具及其他用具的制作。

实例023 客厅家具类——时尚单人沙发

实例效果剖析

时尚单人沙发可以被放置在时尚风格的客厅中。随着人们生活质量的提高，单人沙发的款式也越来越多样化。本例制作的是一款简约风格的单人沙发，使用热烈的红色，搭配不规则圆柱体金属支架，给人以热情、奔放的视觉感受。

本例制作的时尚单人沙发，效果如图2-1所示。

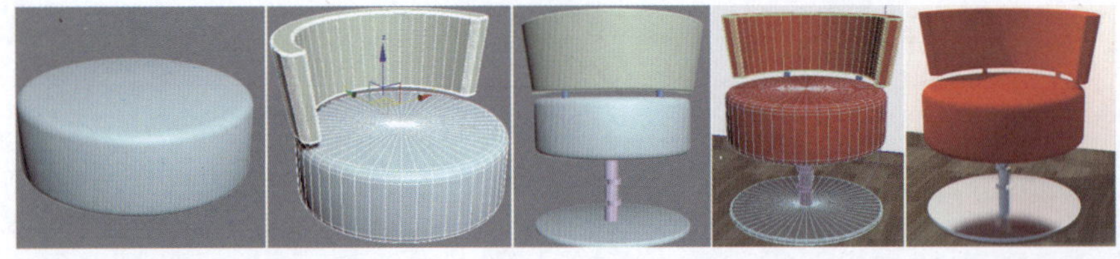

图2-1 效果展示

实例技术要点

本例主要用到的功能及技术要点如下。

- 施加"编辑样条线"修改器：调整弧的轮廓，制作沙发靠背的截面图形。
- 施加"挤出"修改器：用于制作沙发靠背的高度。
- 施加"编辑多边形"修改器：用于制作沙发靠背顶底的切角，使靠背顶底效果更圆滑。
- 施加"锥化"修改器：用于制作靠背的锥化效果。

实例制作步骤

场景文件路径	Scene\第2章\实例023 时尚单人沙发.max	
贴图文件路径	Map\	
视频路径	视频\cha02\实例023 时尚单人沙发.mp4	
难易程度	★★	学习时间
		15分14秒

❶在"顶"视图中创建切角圆柱体，设置合适的参数，效果如图2-2所示。

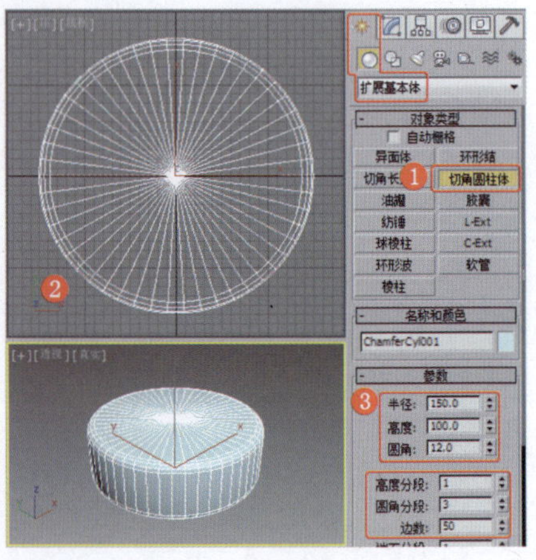

图2-2 创建切角圆柱体

❷在“顶”视图中创建弧，设置合适的参数，将其作为靠背的原始图形，效果如图2-3所示。

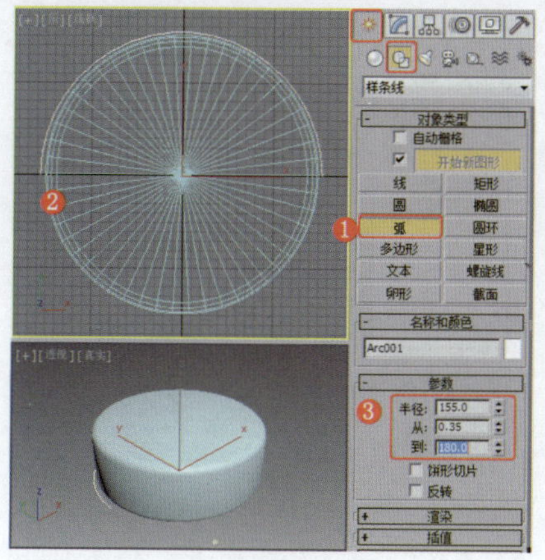

图2-3 创建弧

❸为弧施加“编辑样条线”修改器，将选择集定义为“样条线”，在“几何体”卷展栏中单击“轮廓”按钮，在场景中拖动样条线以调整样条线的轮廓，效果如图2-4所示。

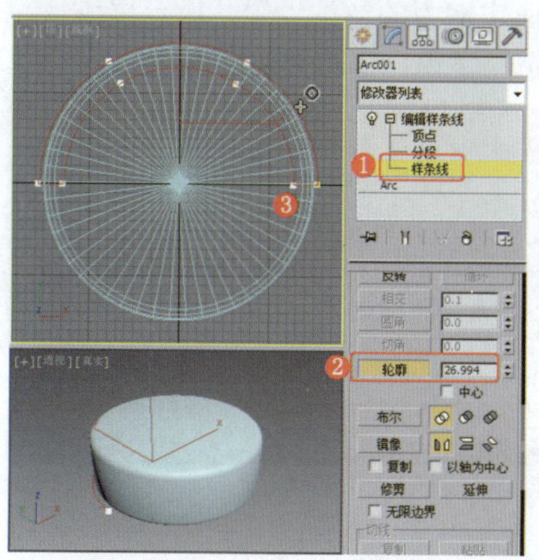

图2-4 设置样条线的轮廓

❹将选择集定义为“顶点”，在“几何体”卷展栏中单击“优化”按钮，优化如图2-5所示的顶点。

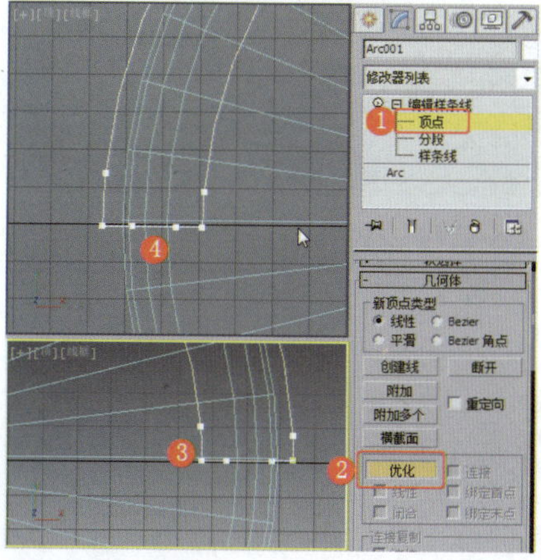

图2-5 优化顶点

❺删除角的顶点并调整图形的形状，效果如图2-6所示。

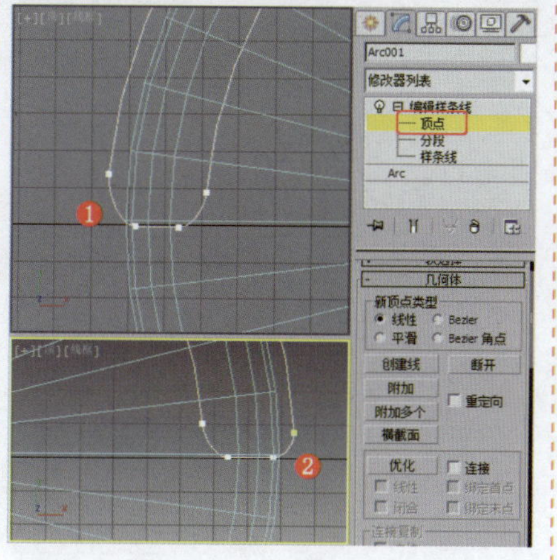

图2-6 调整图形的形状

❻为图形施加“挤出”修改器，设置挤出的“数量”数值，效果如图2-7所示。

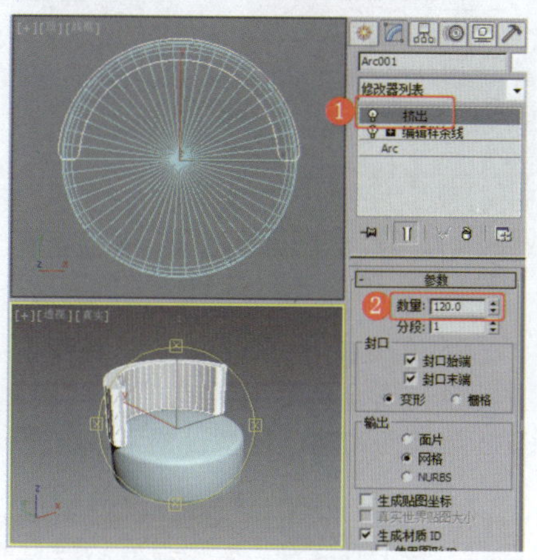

图2-7 挤出模型

❼为模型施加“编辑多边形”修改器，在场景中选择模型顶底的边，效果如图2-8所示。

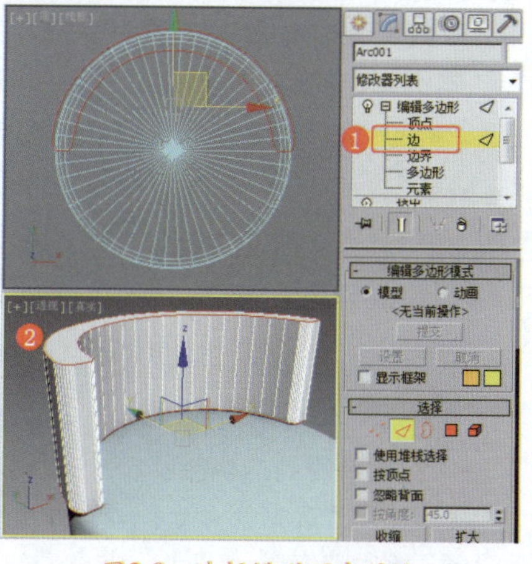

图2-8 选择模型顶底的边

❽设置边的“切角”参数，效果如图2-9所示。

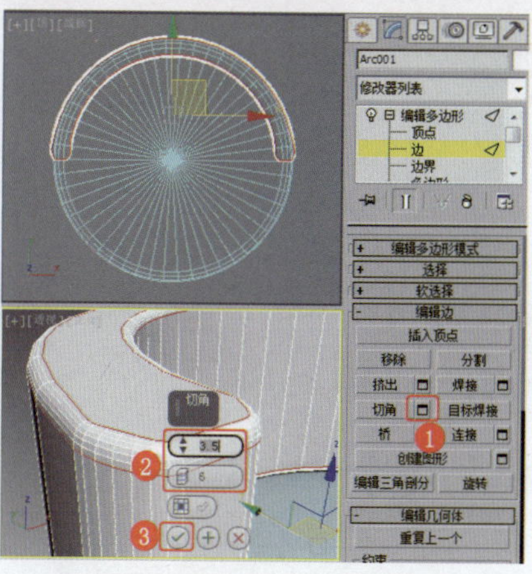

图2-9 设置边的“切角”参数

❾关闭选择集，为模型施加“锥化”修改器，设置锥化的“数量”数值，效果如图2-10所示。

图2-10 锥化模型

❿在“顶”视图中创建圆柱体，设置合适的参数，将其作为靠背的支架，对该模型进行复制，效果如图2-11所示。

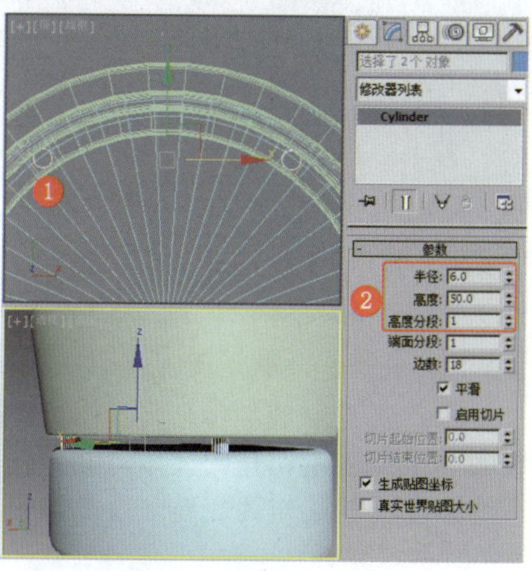

图2-11 创建靠背支架

⓫创建如图2-12所示的圆柱体，设置合适的参数，将其作为座椅支架。

⓬复制并调整圆柱体，效果如图2-13所示。

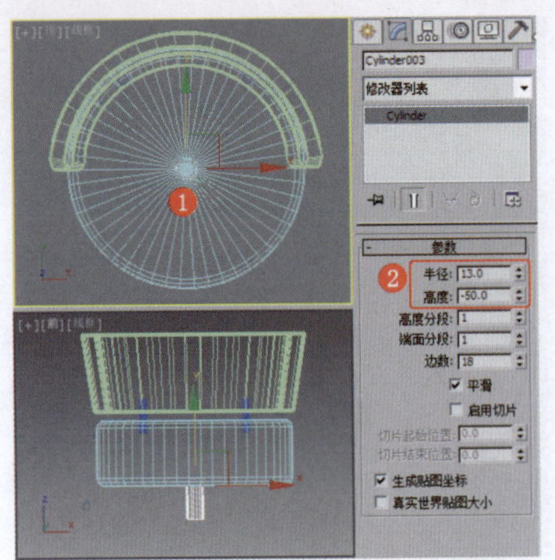

图2-12　创建座椅支架

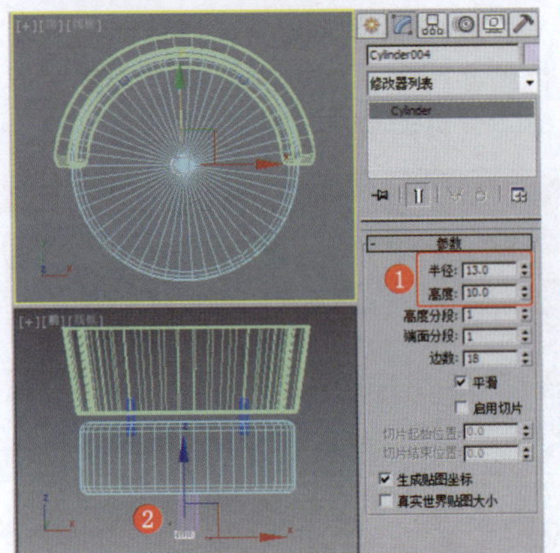

图2-13　复制并调整圆柱体

⑬ 复制并调整圆柱体，调整模型至合适的位置，效果如图2-14所示。

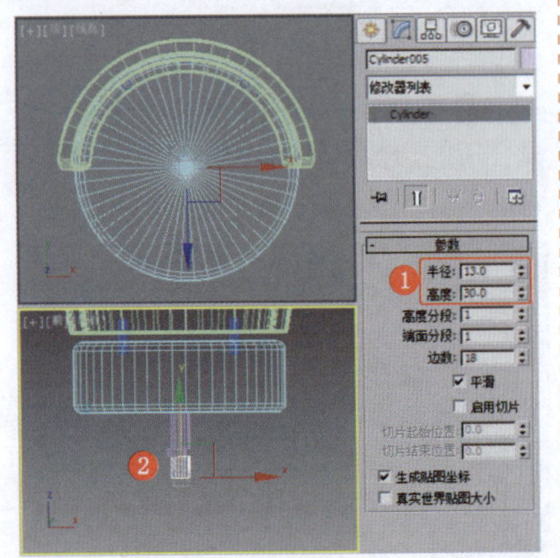

图2-14　复制并调整圆柱体

⑭ 继续复制圆柱体，将其作为模型的支架；创建切角圆柱体，设置合适的参数，将其作为底座，效果如图2-15所示。

⑮ 在场景中创建平面，对其进行调整，将其作为地面和墙面，并为其施加“UVW贴图”修改器，以便于设置材质贴图，效果如图2-16所示。

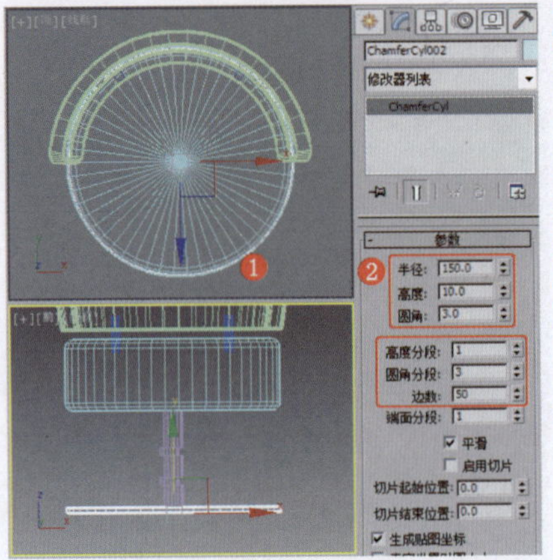

图2-15　创建底座

图2-16　施加“UVW贴图”修改器

⑯ 为场景中的坐垫和靠背模型设置红色材质，为支架模型设置金属材质，为地面和墙面模型设置“多维/子对象”材质并设置材质的数量，如图2-17所示，然后设置木纹材质和白色墙体材质。

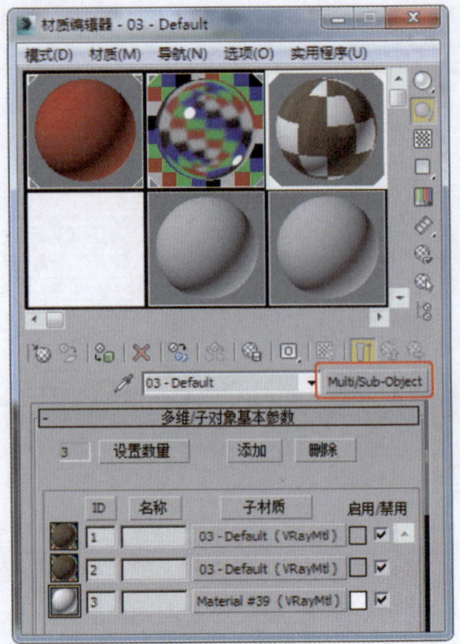

图2-17　设置材质

⑰ 为场景简单设置灯光，参考前面实例中的渲染设置，设置该场景的渲染参数，在此不再赘述。

技　巧

可以简单地创建一个VR太阳，或者创建正面和背面的两个VR灯光，将其作为场景灯光，通过不断地调整，完成场景的照明设置。

实例024　客厅家具类——仿中式沙发

实例效果剖析

本例介绍客厅家具中仿中式沙发的制作。仿中式风格是将现代风格和中国古典风格相结合，在中国传统元素的基础上推陈出新。仿中式沙发的支架使用中式家具特有的木纹，结合现代布艺，通过对各种元素进行组合来完成制作。

本例制作的仿中式沙发，效果如图2-18所示。

图2-18　效果展示

实例技术要点

本例主要用到的功能及技术要点如下。

- 使用“复制”命令：通过该命令来完成沙发支架模型的制作。
- 施加“编辑多边形”修改器：设置沙发坐垫模型的切角，并使用软选择来调整顶点，完成坐垫模型的制作。

- 施加“涡轮平滑”修改器：用于平滑坐垫模型。
- 施加“FFD 4×4×4”修改器：通过调整控制点来完成方形沙发抱枕模型的制作。

实例制作步骤

场景文件路径	Scene\第2章\实例024 仿中式沙发.max	
贴图文件路径	Map\	
视频路径	视频\cha02\实例024 仿中式沙发.mp4	
难易程度	★★★	学习时间
		20分8秒

❶ 在“顶”视图中创建切角长方体，设置合适的参数，效果如图2-19所示。

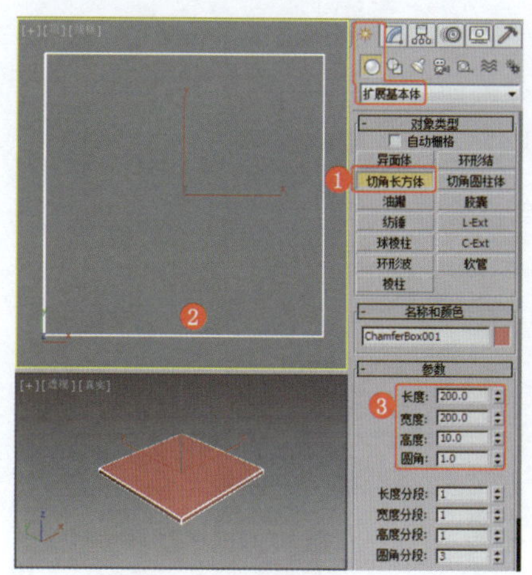

图2-19 创建切角长方体

❷ 创建并复制切角长方体，设置合适的参数，并在场景中调整模型的位置，效果如图2-20所示。

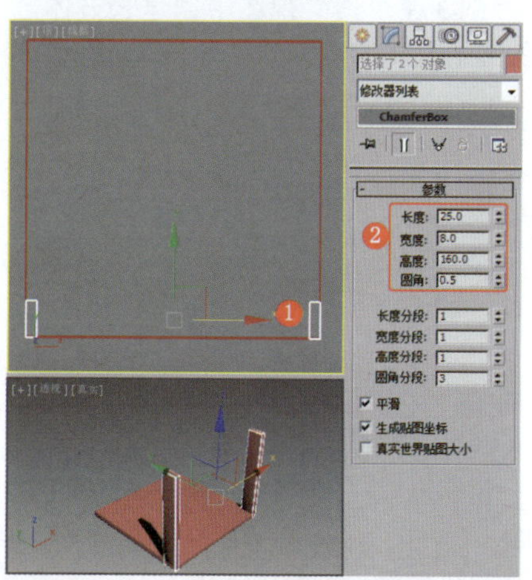

图2-20 创建并复制切角长方体

❸ 创建切角长方体，设置合适的参数，效果如图2-21所示。

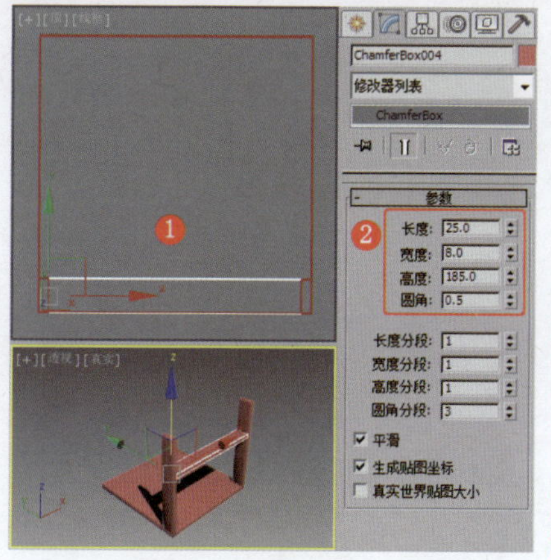

图2-21 创建切角长方体

❹ 复制并调整切角长方体，效果如图2-22所示。

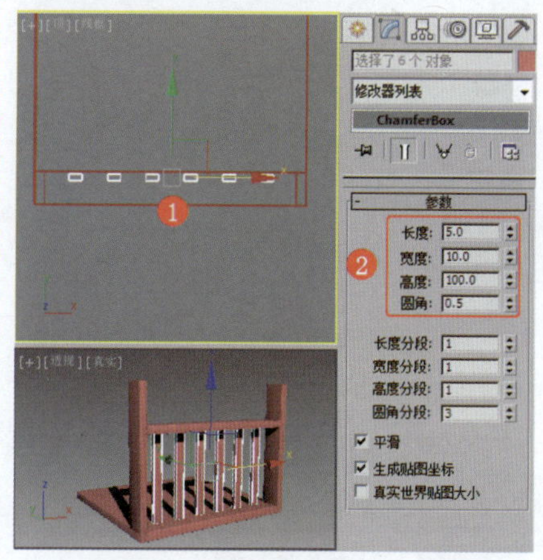

图2-22 复制并调整切角长方体

❺ 在“左”视图中创建椭圆，设置合适的参数，效果如图2-23所示。

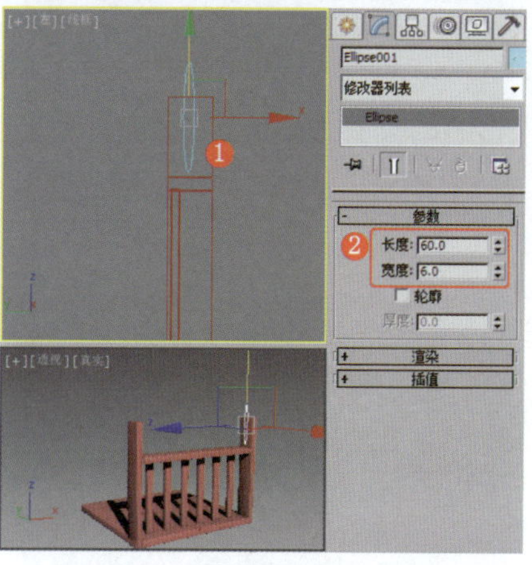

图2-23 创建椭圆

❻ 为椭圆施加“倒角”修改器，设置合适的参数，效果如图2-24所示。

❼ 复制模型，效果如图2-25所示。

❽ 在场景中选择底座的切角长方体，为其施加“编辑多边形”修改器，将选择集定义为“顶点”，在场景中调整模型的大小，效果如图2-26所示。

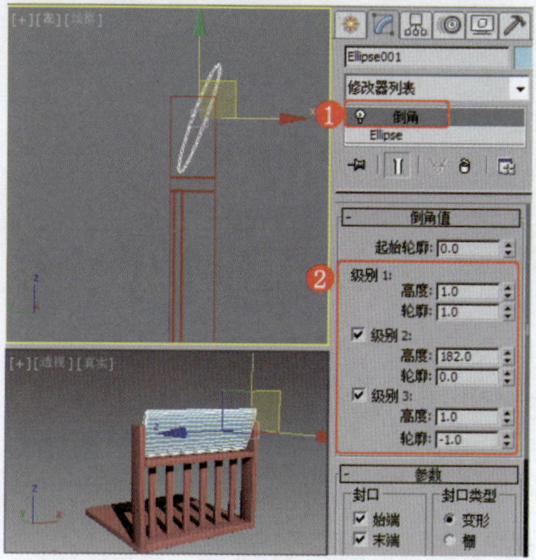

图2-24 施加“倒角”修改器

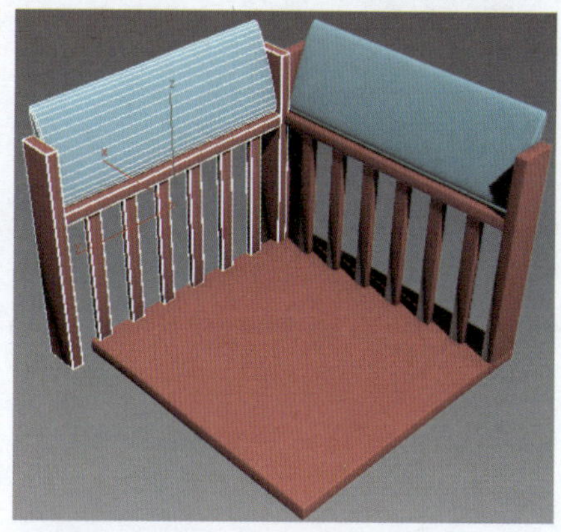

图2-25 复制模型

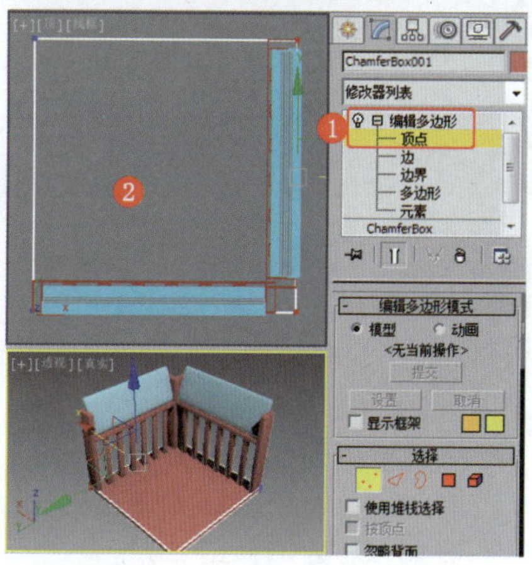

图2-26 调整模型的大小

❾ 在“顶”视图中创建长方体，设置合适的参数，效果如图2-27所示。

❿ 为长方体施加“编辑多边形”修改器，将选择集定义为“边”，在场景中选择模型底部一圈的边，设置边的“切角”参数，如图2-28所示。

⓫ 使用同样的方法设置长方体顶部切角的参数，效果如图2-29所示。

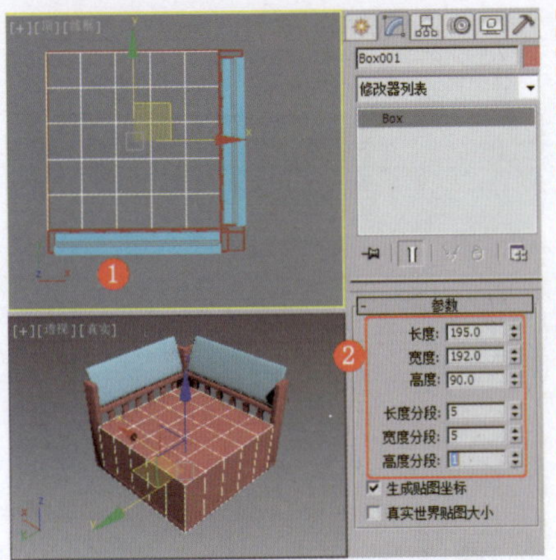
图2-27　创建长方体

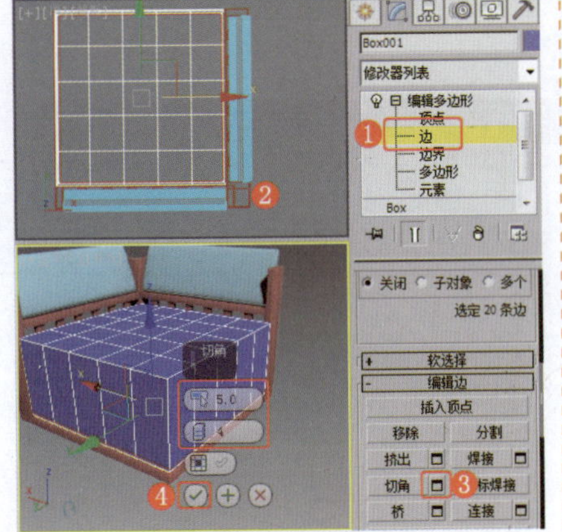
图2-28　设置长方体底部的切角

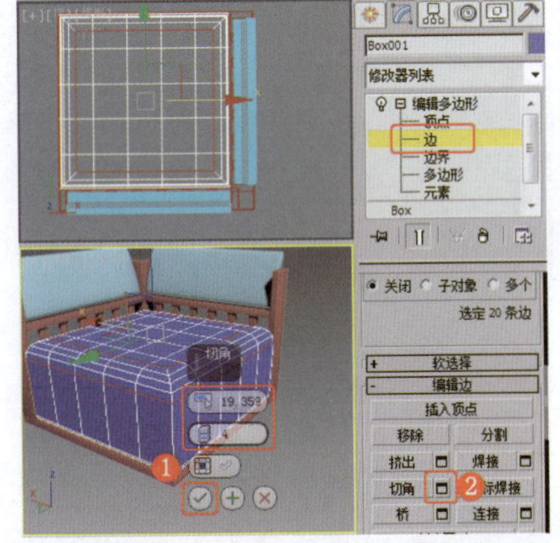
图2-29　设置长方体顶部的切角

⑫ 将选择集定义为“顶点”，勾选“使用软选择”复选框，设置合适的“衰减”参数，并在场景中调整顶点，效果如图2-30所示。

⑬ 为模型施加“涡轮平滑”修改器，使用默认的参数设置，效果如图2-31所示。

⑭ 在场景中创建切角圆柱体，设置合适的参数，效果如图2-32所示。

⑮ 在场景中创建切角长方体，设置合适的参数，效果如图2-33所示。

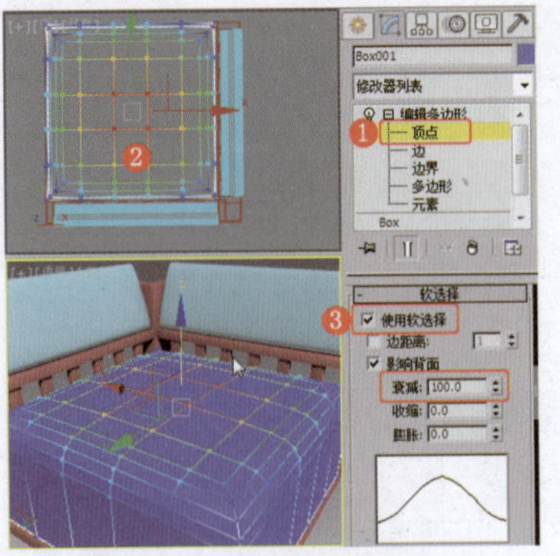
图2-30　调整模型的顶点

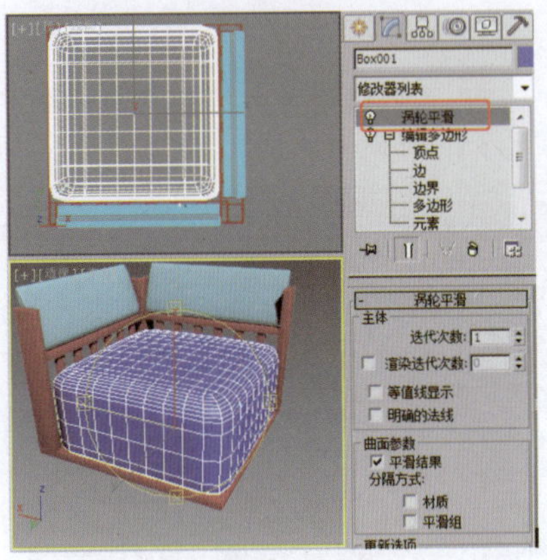
图2-31　施加“涡轮平滑”修改器

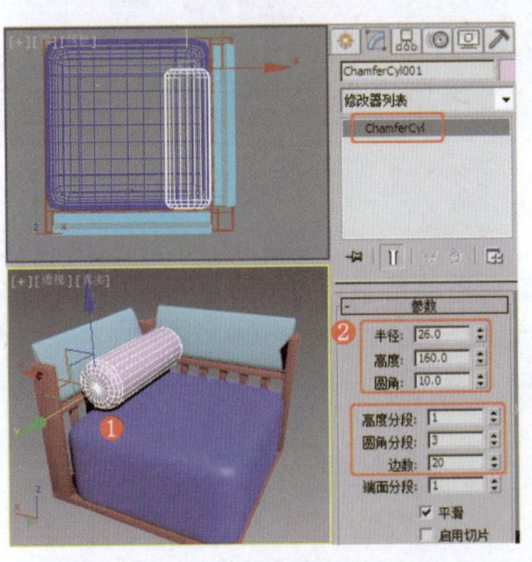
图2-32　创建切角圆柱体

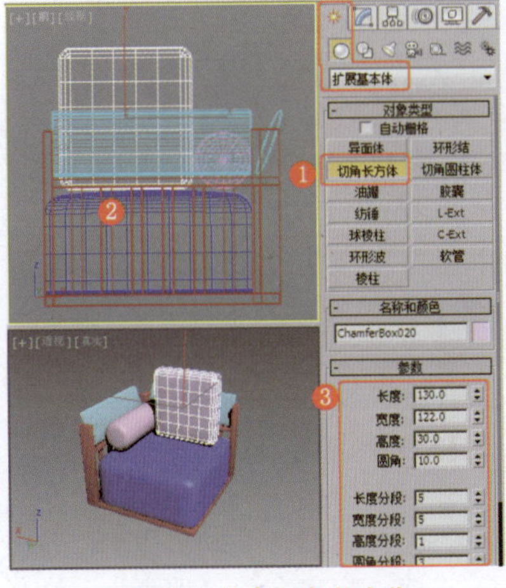
图2-33　创建切角长方体

⑯ 为切角长方体施加“FFD 4×4×4”修改器，将选择集定义为“控制点”，并在场景中缩放如图2-34所示的控制点。

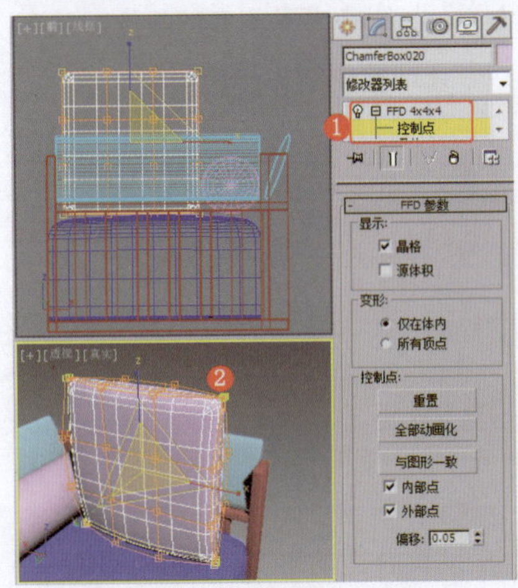
图2-34　缩放控制点

⑰ 在“左”视图中调整控制点，效果如图2-35所示。

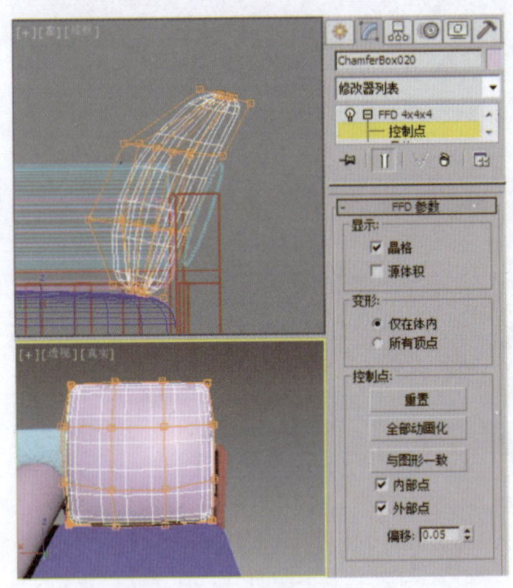
图2-35　调整控制点

⑱ 在“顶”视图中创建长方体，设置合适的参数，效果如图2-36所示。

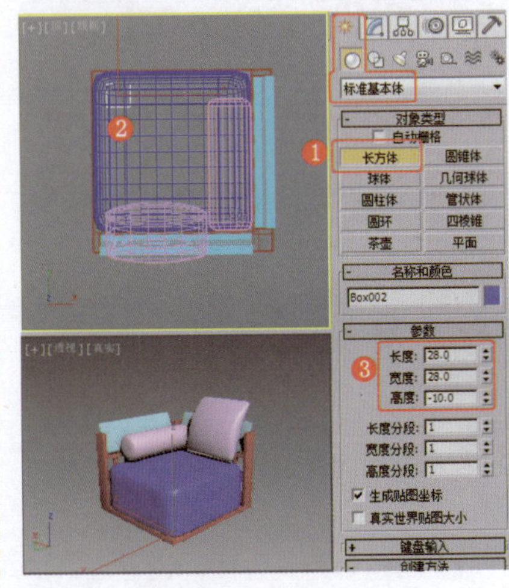
图2-36　创建长方体

⑲ 在场景中复制长方体，将其作为沙发的支架，效果如图2-37所示。

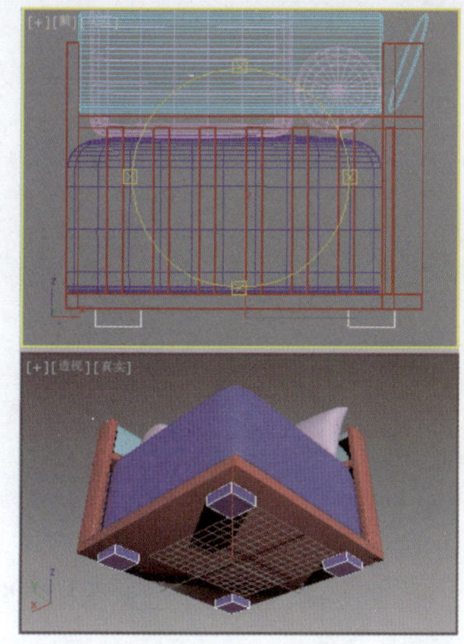

图2-37 复制长方体

⑳ 在场景中选择沙发的支架模型，并为其施加“UVW贴图”修改器，设置合适的参数，效果如图2-38所示。

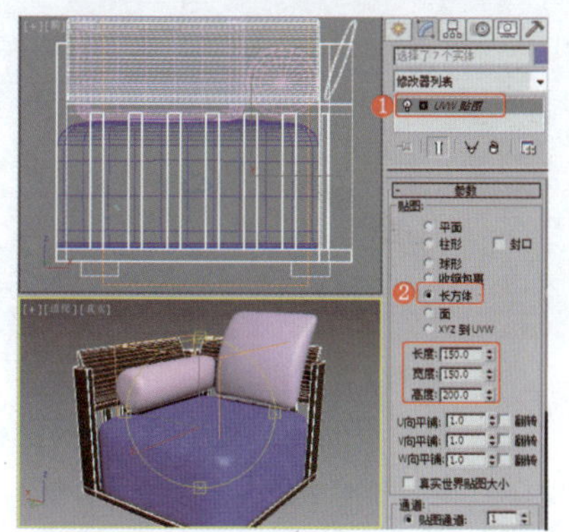

图2-38 施加“UVW贴图”修改器

㉑ 设置木纹材质，首先设置其“反射”参数，如图2-39所示。

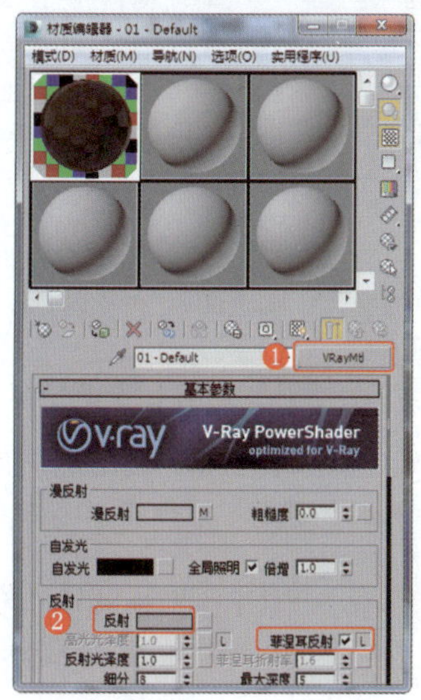

图2-39 设置“反射”参数

㉒ 指定木纹贴图，如图2-40所示。

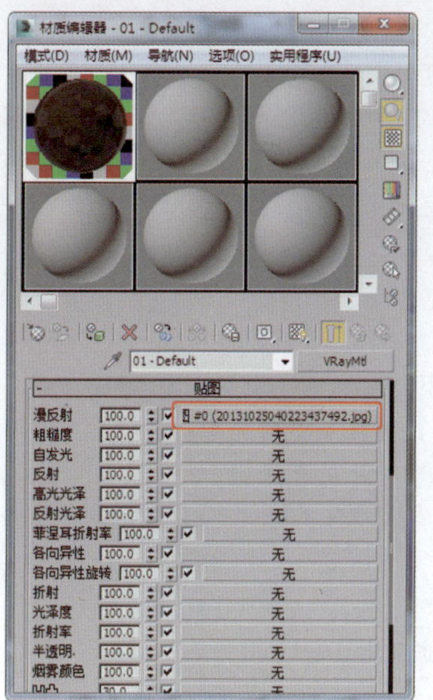

图2-40 指定木纹贴图

㉓ 设置坐垫模型的木纹材质，指定“漫反射”的“位图”贴图，如图2-41所示。

图2-41 指定“位图”贴图

㉔ 为模型施加“UVW贴图”修改器，设置合适的参数，效果如图2-42所示。

㉕ 为靠枕模型设置材质，指定“位图”贴图，如图2-43所示。

㉖ 为模型施加“UVW贴图”修改器，设置合适的参数，效果如图2-44所示。

㉗ 参考前面实例中的场景设置，完成本例场景的制作。

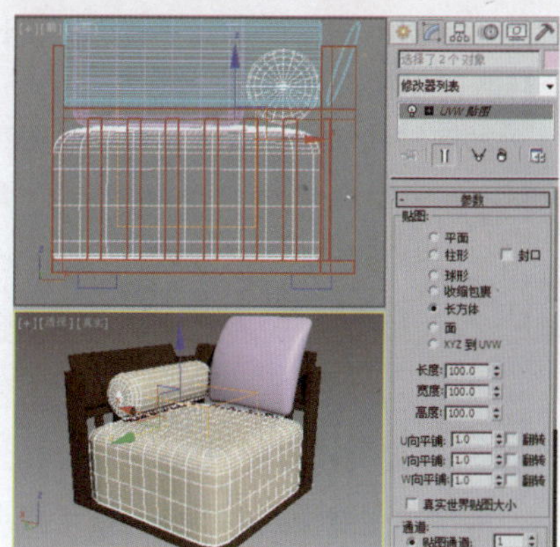

图2-42 施加“UVW贴图”修改器

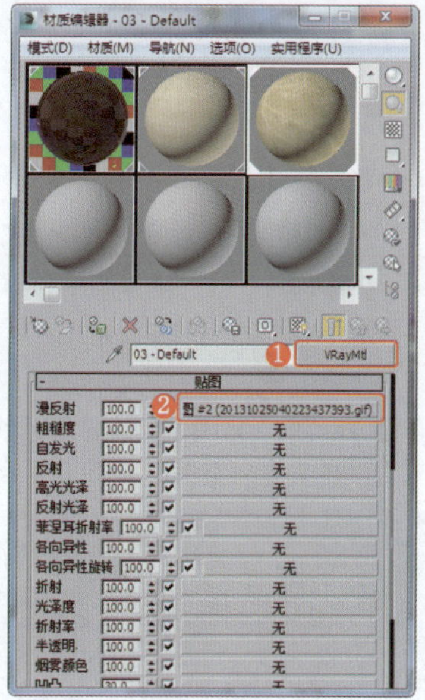

图2-43 指定“位图”贴图

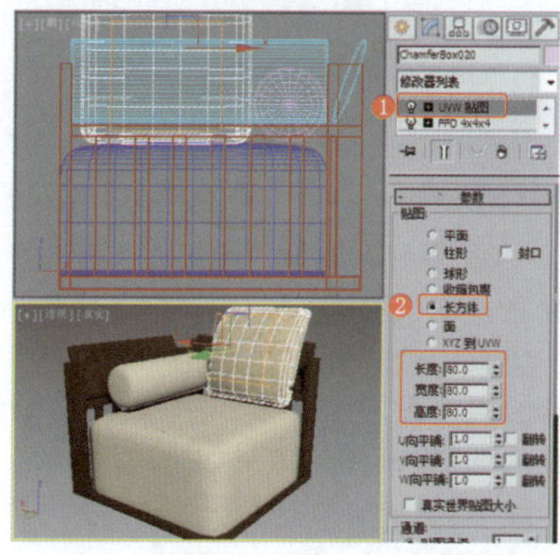

图2-44 施加“UVW贴图”修改器

实例025 客厅家具类——玻璃茶几

实例效果剖析

客厅家具中的玻璃茶几主要被用于放置杯盘茶具，一般被摆放在沙发附近。本例中制作的茶几，在形态设计上选择了圆角矩形，通过柔美的曲线来诠释其时尚的现代美。

本例制作的玻璃茶几，效果如图2-45所示。

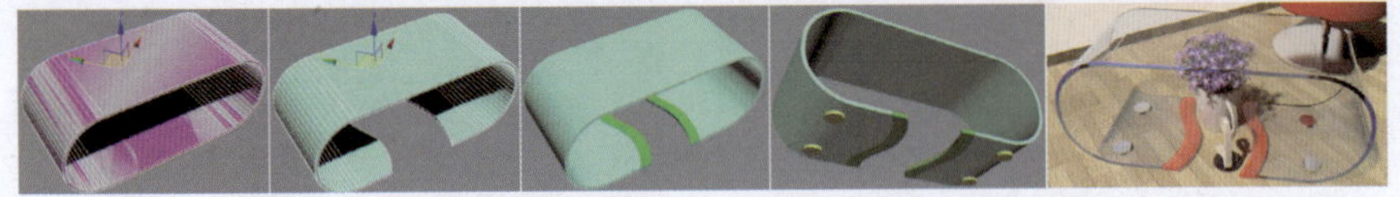

图2-45 效果展示

实例技术要点

本例中主要用到的功能及技术要点如下。

- 施加“编辑样条线”修改器：用于设置样条线的轮廓。
- 施加“挤出”修改器：用于设置玻璃茶几的厚度。
- 使用“ProBoolean”工具：制作茶几底部效果。

实例制作步骤

场景文件路径	Scene\第2章\实例025 玻璃茶几.max		
贴图文件路径	Map\		
视频路径	视频\ cha02\实例025 玻璃茶几.mp4		
难易程度	★★★	学习时间	11分59秒

❶ 在“前”视图中创建圆角矩形，设置合适的参数，效果如图2-46所示。

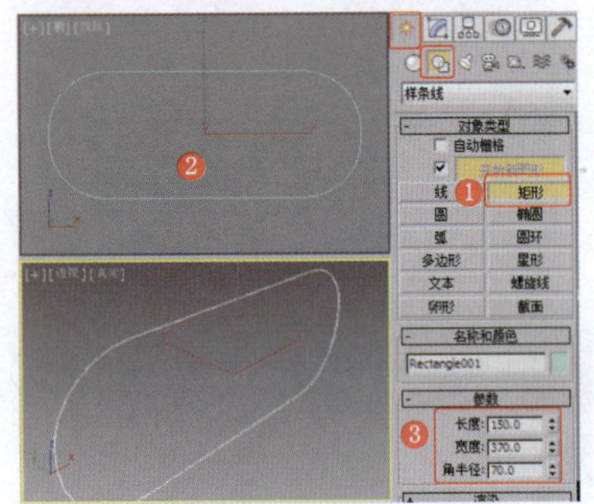

图2-46 创建圆角矩形

❷ 为图形施加“编辑样条线”修改器，将选择集定义为“样条线”，在场景中选择样条线，在“几何体”卷展栏中设置“轮廓”参数，按Enter键，制作出轮廓，效果如图2-47所示。

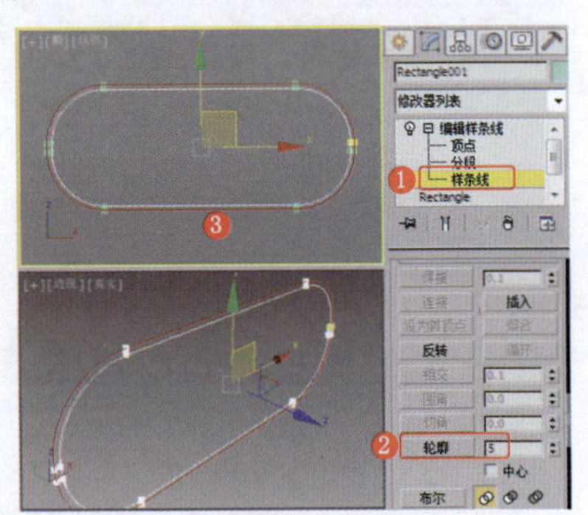

图2-47 设置圆角矩形的轮廓

❸ 关闭选择集，为图形施加“挤出”修改器，效果如图2-48所示。

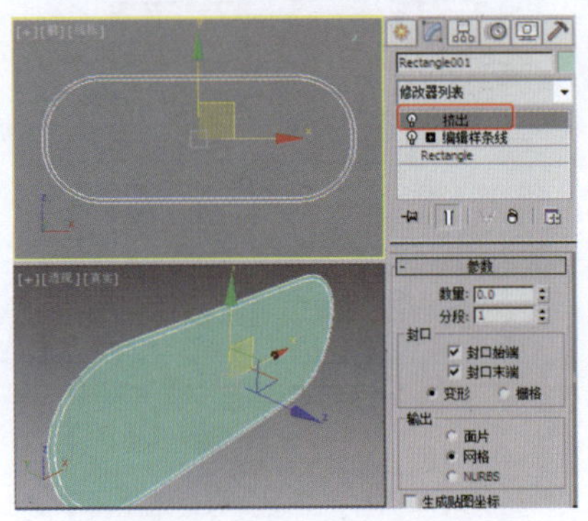

图2-48 施加“挤出”修改器

❹ 由于挤出模型出现错误，下面通过调整顶点，将圆角处交错的顶点分开，使其控制柄保持距离，效果如图2-49所示。

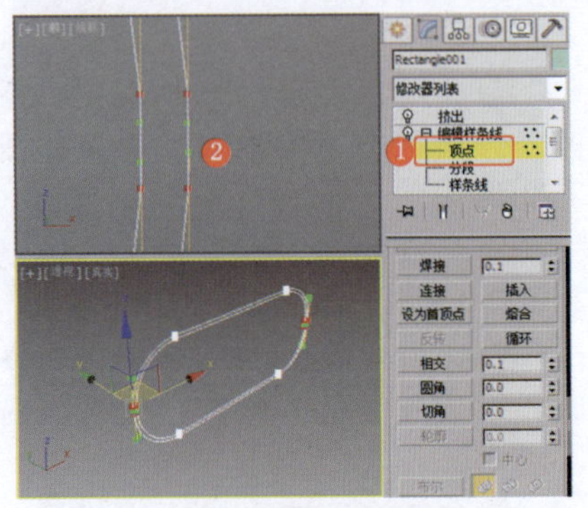

图2-49 调整图形的顶点

❺ 在堆栈中返回到“挤出”修改器，设置挤出的“数量”数值，效果如图2-50所示。

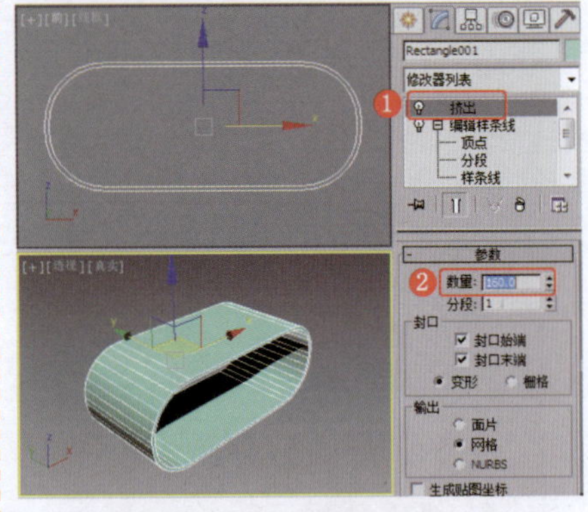

图2-50 设置“挤出”参数

❻ 在“顶”视图中创建如图2-51所示的样条线。

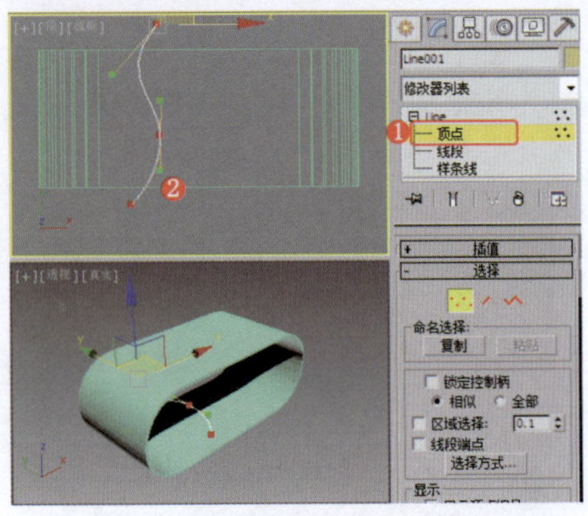

图2-51 创建图形

❼ 将图形的选择集定义为“样条线”，设置样条线的“轮廓”参数，效果如图2-52所示。

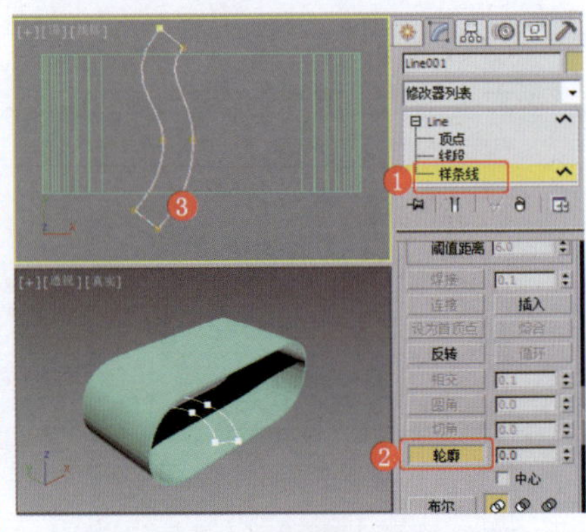

图2-52 设置图形的轮廓

❽ 继续调整图形的顶点，然后为其施加“挤出”修改器，效果如图2-53所示。

❾ 回到“Line”堆栈中，设置“步数”参数，效果如图2-54所示。

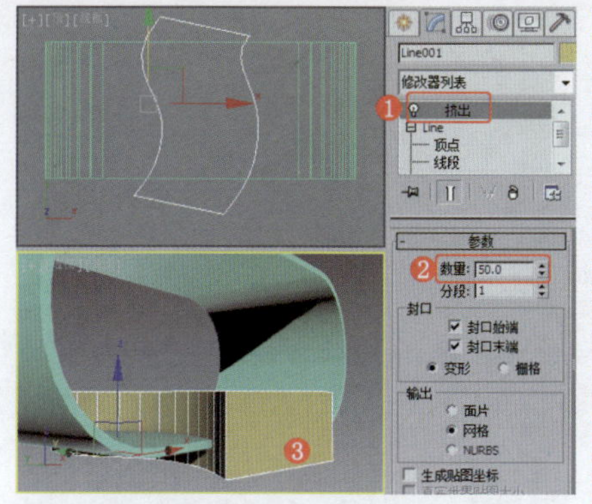

图2-53 施加“挤出”修改器

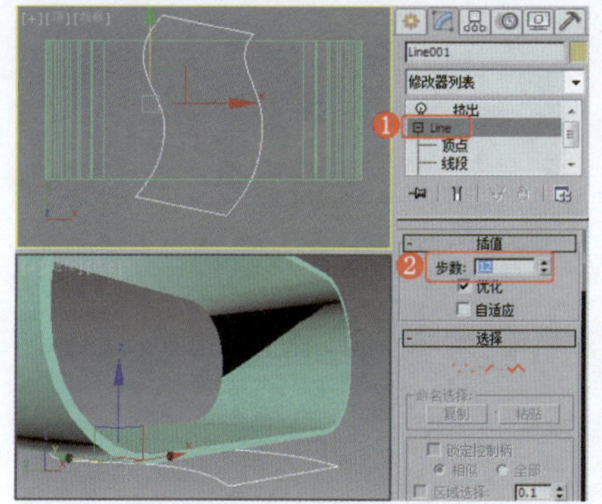

图2-54 设置图形的“步数”参数

> **技 巧**
>
> 为了使图形效果更平滑，可以设置图形的“插值”→“步数”参数，“步数”数值越高，图形弯曲得越平滑。

⑩ 在场景中选择圆角矩形模型，使用“ProBoolean”工具，在“拾取布尔对象”卷展栏中单击“开始拾取”按钮，在场景中拾取图2-53中挤出的模型，效果如图2-55所示。

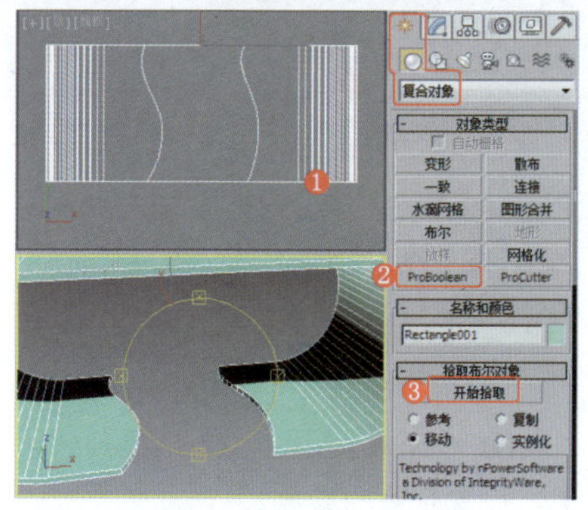

图2-55 布尔出模型

⑪ 切换到“修改”命令面板，选择运算的模型，单击“复制”单选按钮和“提取选定对象”按钮，将布尔出的模型提取出来，效果如图2-56所示。

⑫ 选择提取出的布尔模型，通过调整顶点，调整出如图2-57所示的模型。

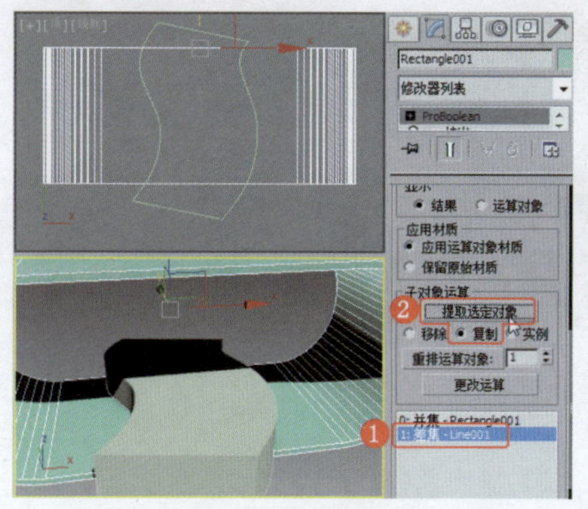

图2-56 提取模型

图2-57 调整提取出的模型

⑬ 在场景中选择茶几的主体模型，使用“ProBoolean”工具创建布尔对象，效果如图2-58所示。

⑭ 为布尔出的模型施加“编辑多边形”修改器，将选择集定义为“顶点”，在场景中调整模型，效果如图2-59所示。

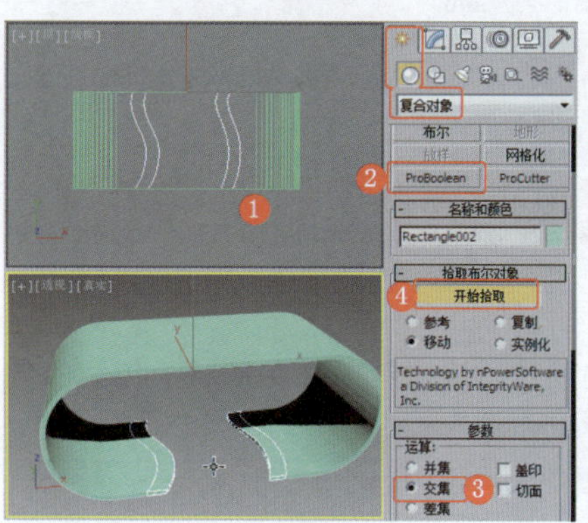

图2-58 布尔模型

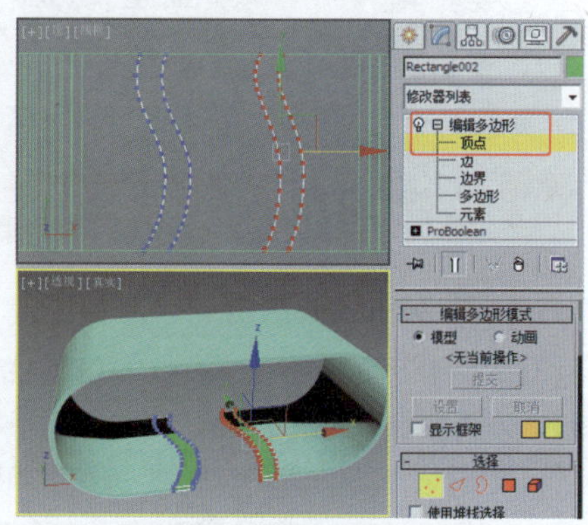

图2-59 调整布尔出的模型

⑮ 创建圆柱体，将其作为茶几腿，效果如图2-60左图所示。

⑯ 将该模型合并到实例023中，为模型设置玻璃、金属和简单的颜色材质，效果如图2-60右图所示。

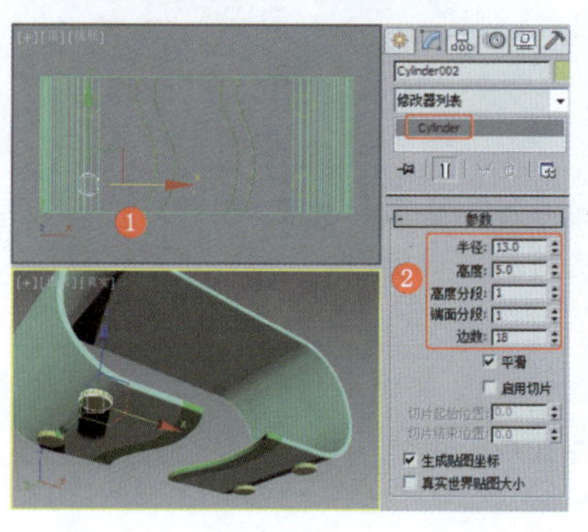

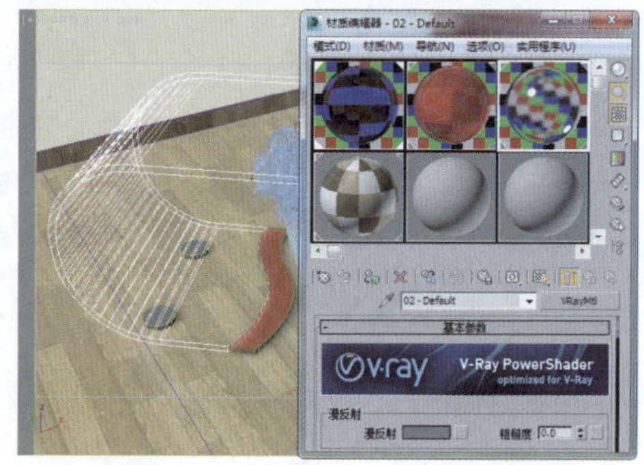

图2-60 制作模型

实例026 客厅家具类——圆形茶几

实例效果剖析

茶几是客厅家具中不可缺少的元素，按照不同的形状可以将其分为矩形、圆形等。本例制作的圆形茶几，从严格意义上说是椭圆形茶几，遵循了人性化的创意设计，节约了居室空间，为家居增添了一抹纯净色彩。

本例制作的圆形茶几，效果如图2-61所示。

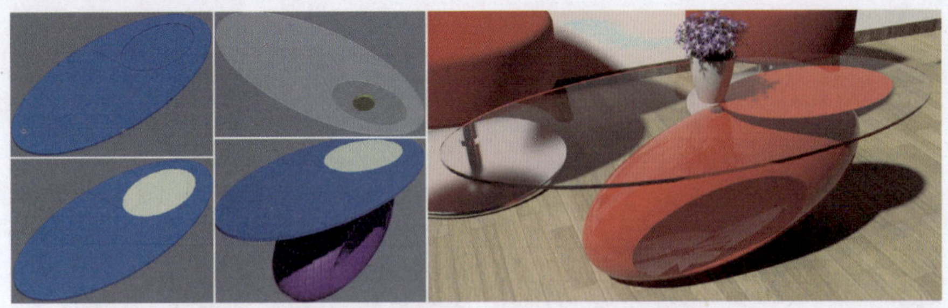

图2-61　效果展示

实例技术要点

本例主要用到的功能及技术要点如下。

- 使用“布尔”工具：制作圆形桌面和椭圆形支架的装饰孔。

场景文件路径	Scene\第2章\实例026 圆形茶几.max		
贴图文件路径	Map\		
视频路径	视频\ cha02\实例026 圆形茶几.mp4		
难易程度	★★★	学习时间	8分44秒

实例027　客厅家具类——仿古中式茶几

实例效果剖析

本例介绍的是一款仿古中式茶几的制作，以木料为主，形状为传统的方形，分为两层，风格古朴。

本例制作的仿古中式茶几，效果如图2-62所示。

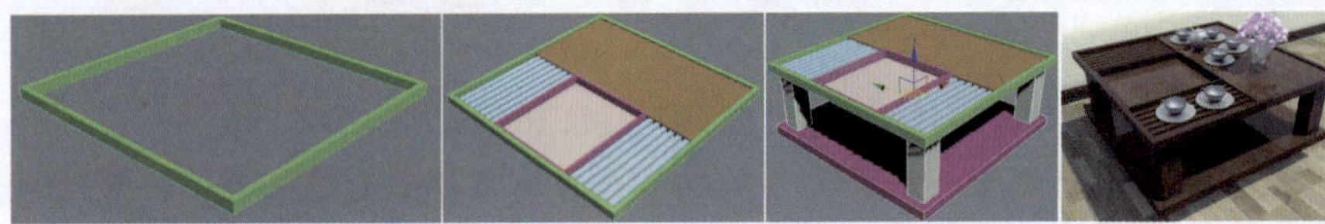

图2-62　效果展示

实例技术要点

本例主要用到的功能及技术要点如下。

- 施加“编辑样条线”修改器：用于制作茶几台面和托盘的轮廓。
- 施加“挤出”修改器：用于制作茶几的基本模型。

实例制作步骤

场景文件路径	Scene\第2章\实例027 仿古中式茶几.max		
贴图文件路径	Map\		
视频路径	视频\ cha02\实例027 仿古中式茶几.mp4		
难易程度	★★★	学习时间	7分49秒

❶ 在“顶”视图中创建矩形，设置合适的参数，效果如图2-63所示。

❷ 为图形施加“编辑样条线”修改器，将选择集定义为“样条线”，在场景中选择样条线，设置合适的样条线轮廓，效果如图2-64所示。

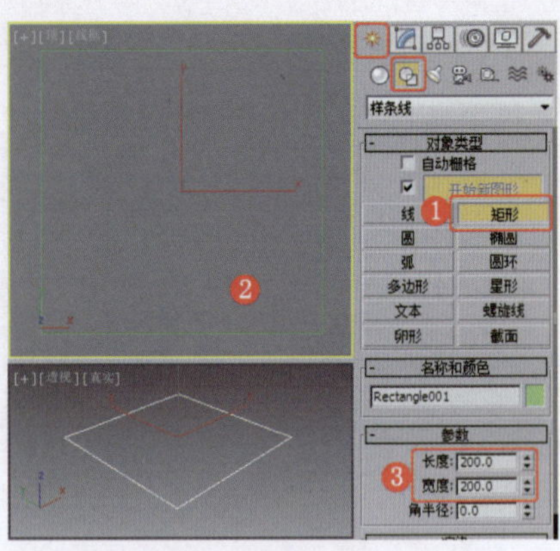

图2-63　创建矩形

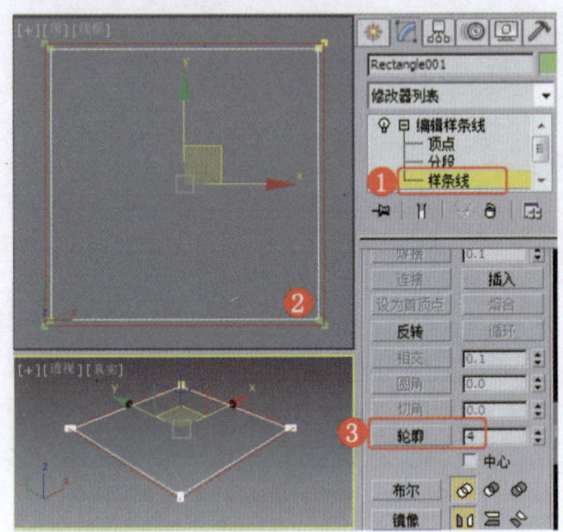

图2-64　设置矩形的轮廓

❸ 为图形施加“挤出”修改器，设置合适的挤出数量。

❹ 在“顶”视图中创建长方体，设置合适的参数，并调整长方体的位置，效果如图2-65所示。

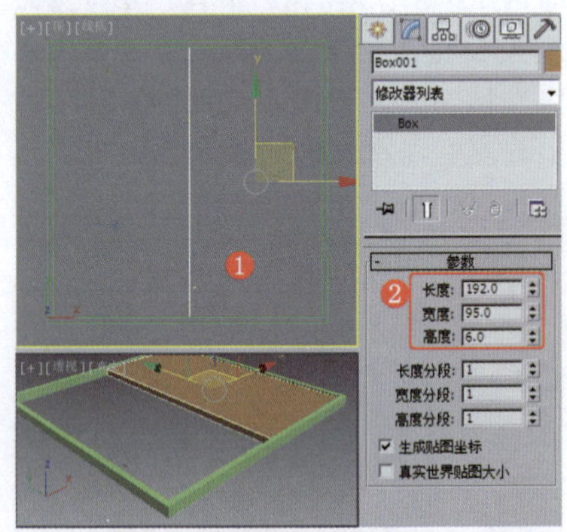

图2-65　创建并调整长方体

❺ 在如图2-66所示的位置创建矩形，设置合适的参数。

❻ 为图形施加“编辑样条线”修改器，将选择集定义为“样条线”，在场景中选择样条线，设置合适的样条线轮廓，效果如图2-67所示。

❼ 为图形施加“挤出”修改器，设置合适的挤出数量，效果如图2-68所示。

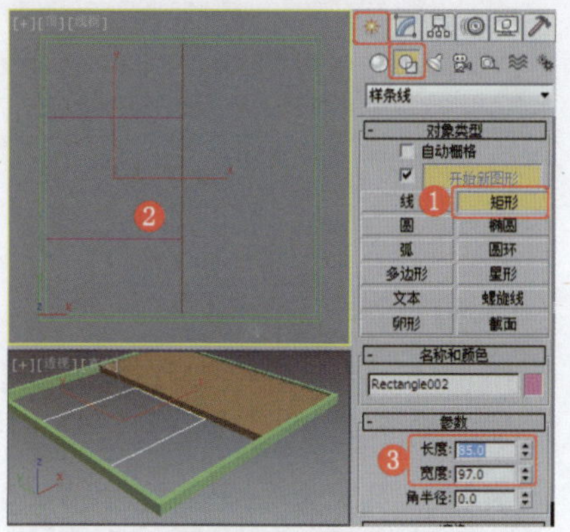

图2-66 创建矩形

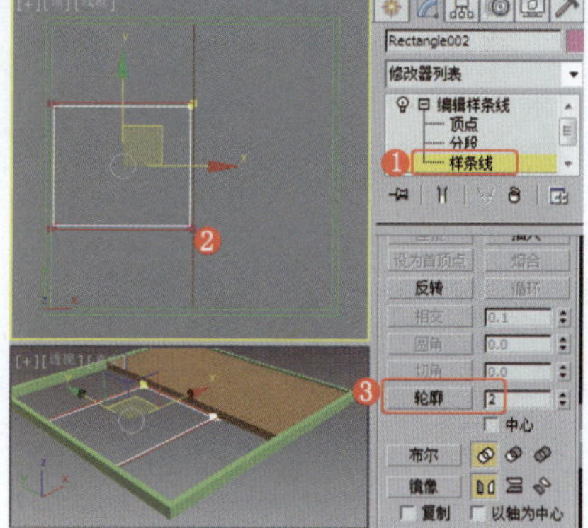

图2-67 设置图形的轮廓

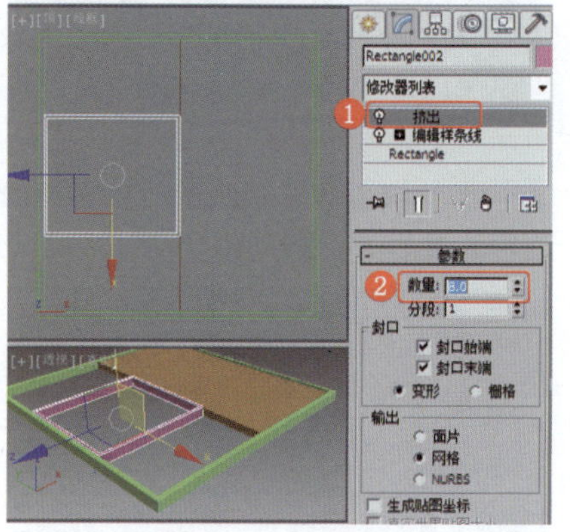

图2-68 挤出模型

❽ 在场景中矩形模型的位置处创建平面，效果如图2-69所示。

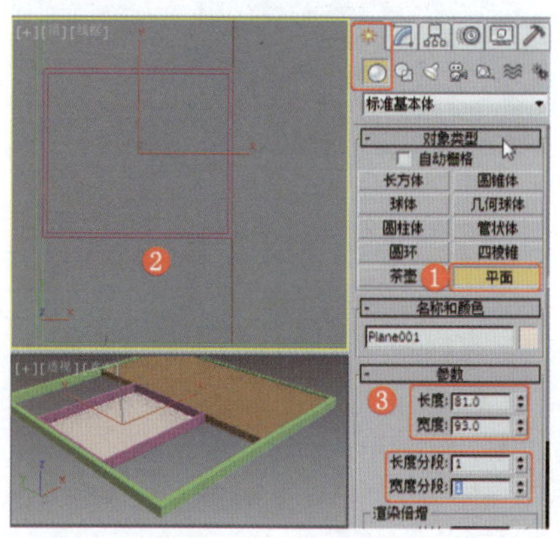

图2-69 创建平面

❾ 在“左”视图中创建长方体，设置合适的参数，并在场景中对模型进行复制，效果如图2-70所示。

❿ 为平面施加“编辑多边形”修改器，将选择集定义为“顶点”，在场景中调整平面的大小，效果如图2-71所示。

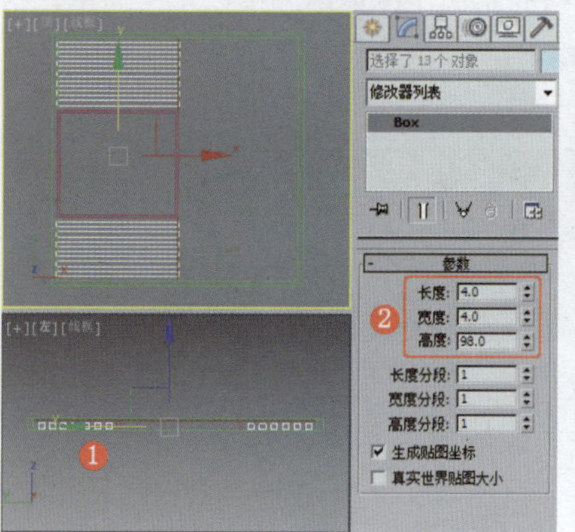

图2-70 创建长方体

图2-71 调整平面的大小

⓫ 在“顶”视图中创建长方体，将其作为支架，效果如图2-72所示。

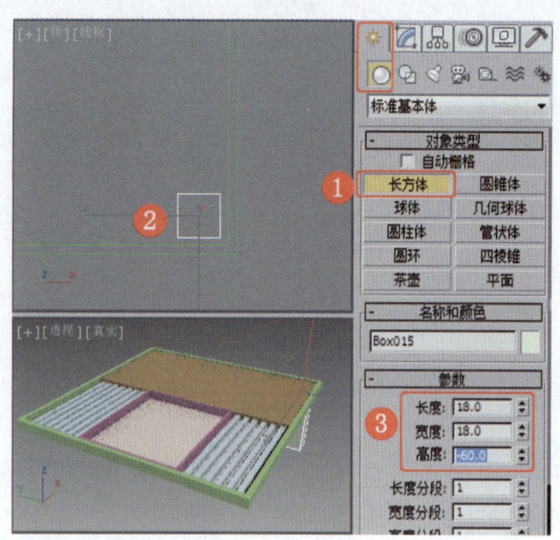

图2-72 创建支架

⓬ 复制长方体，并继续创建底部的长方体，如图2-73左图所示，设置合适的参数，调整模型至合适的位置。

⓭ 参考前面实例中的场景设置，设置场景的材质、灯光及渲染参数，为茶几指定一个合适的木纹材质，效果如图2-73右图所示。

技 巧

为该场景导入一些装饰素材模型，以达到美化的效果。

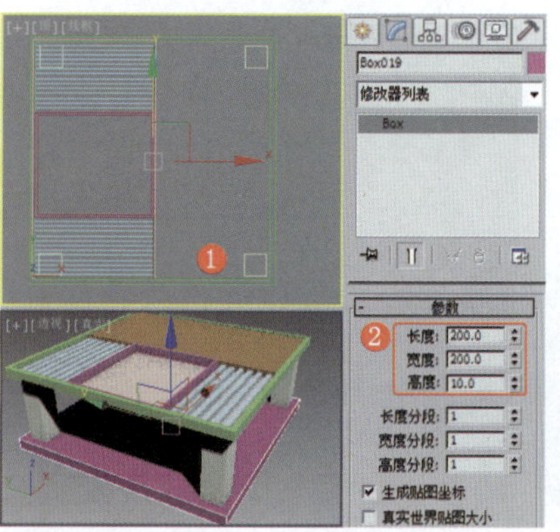

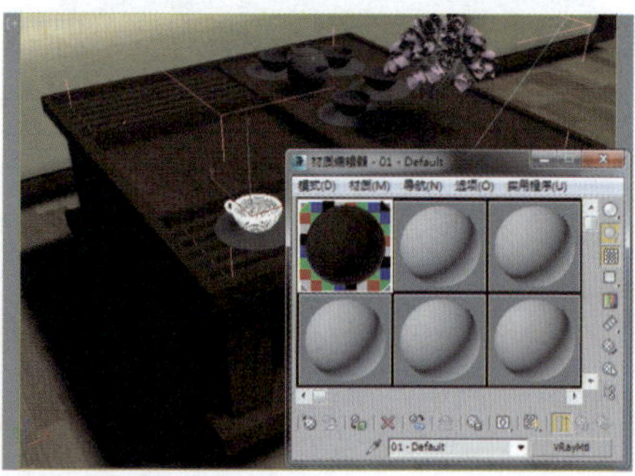

图2-73 创建底部的长方体并指定茶几的材质

实例028 客厅家具类——休闲躺椅

实例效果剖析

本例介绍的是一款仿古中式休闲躺椅的制作，该休闲躺椅以木料为主，结合坐垫的仿古中式花纹，风格古朴、典雅。

本例制作的休闲躺椅，效果如图2-74所示。

图2-74 效果展示

实例技术要点

本例主要用到的功能及技术要点如下。

- 施加“挤出”修改器：用于制作坐垫模型。
- 施加“编辑多边形”修改器：用于制作基本的躺椅坐垫。
- 施加“细化”修改器：用于细化侧面的多边形。
- 施加“涡轮平滑”修改器：用于平滑模型效果。

实例制作步骤

场景文件路径	Scene\第2章\实例028 休闲躺椅.max		
贴图文件路径	Map\		
视频路径	视频\ cha02\实例028 休闲躺椅.mp4		
难易程度	★★★	学习时间	29分33秒

❶ 在“左”视图中创建坐垫的截面图形，为其施加“挤出”修改器，设置合适的参数，效果如图2-75所示。

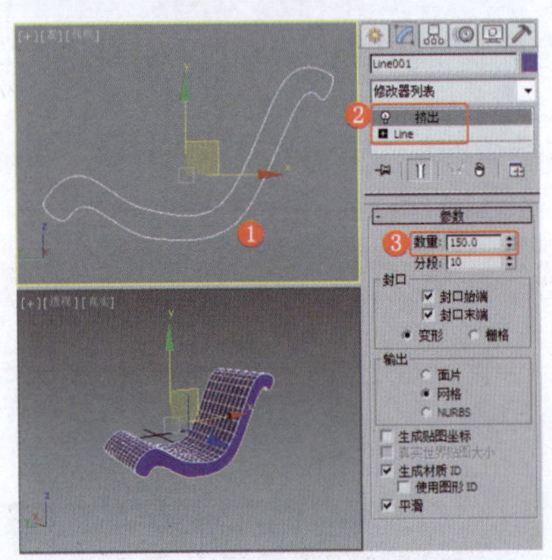

图2-75 创建坐垫模型

❷ 为模型施加“编辑多边形”修改器，将选择集定义为“边”，在场景中选择如图2-76所示的边。

❸ 设置边的“切角”参数，效果如图2-77所示。

❹ 在场景中选择多边形，效果如图2-78所示。

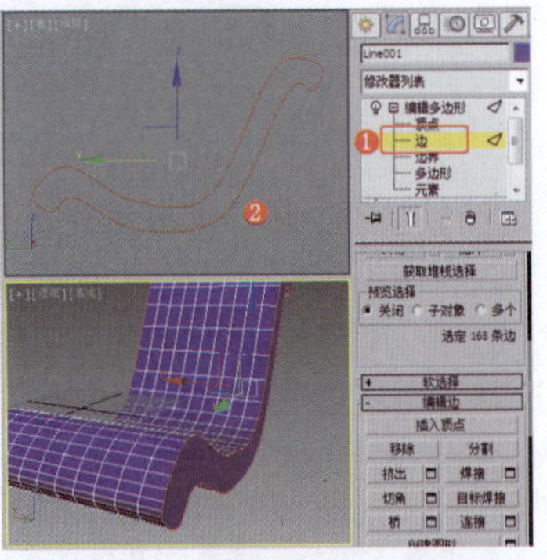

图2-76 选择模型的边

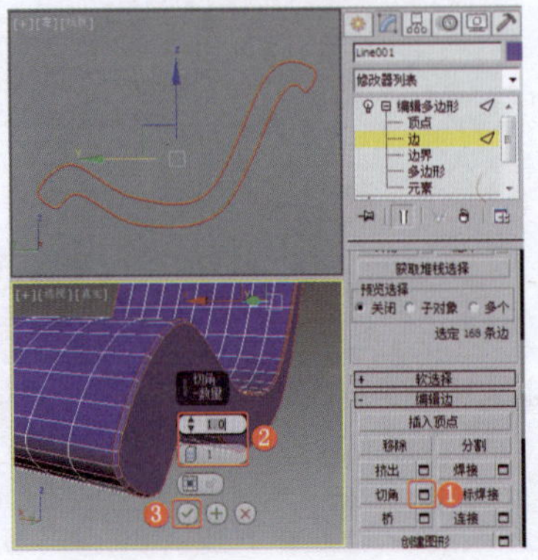

图2-77 设置边的“切角”参数

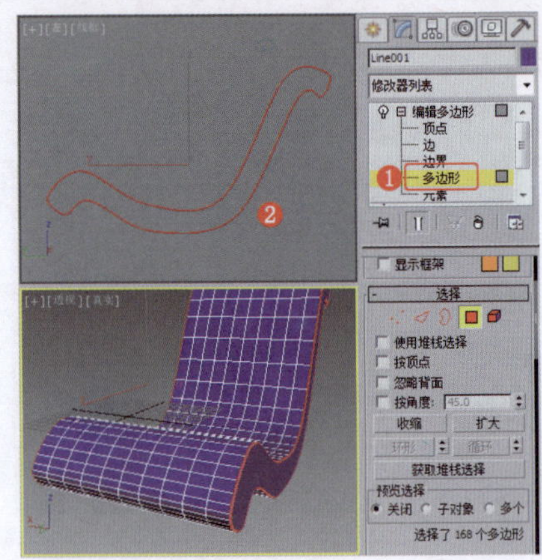

图2-78 选择多边形

❺ 设置多边形的“倒角”参数，效果如图2-79所示。

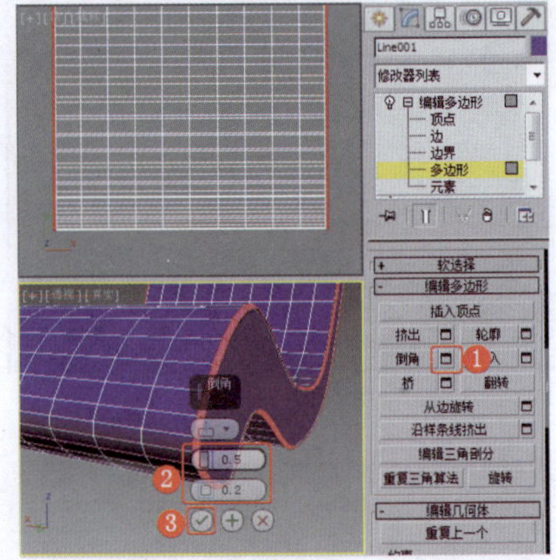

图2-79 设置多边形的“倒角”参数

❻ 继续设置多边形的“倒角”参数，效果如图2-80所示。

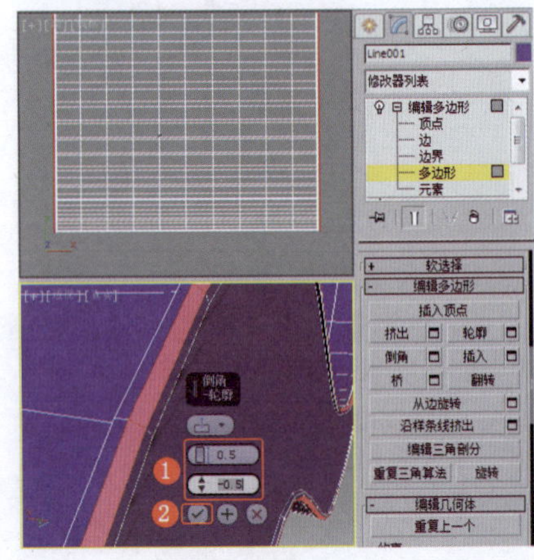

图2-80 继续设置“倒角”参数

❼ 将选择集定义为“边”，在场景中选择如图2-81所示座椅正面的边，可以使用“循环”命令来选择。

❽ 设置边的“切角”参数，效果如图2-82所示。

❾ 在场景中选择如图2-83所示的多边形。

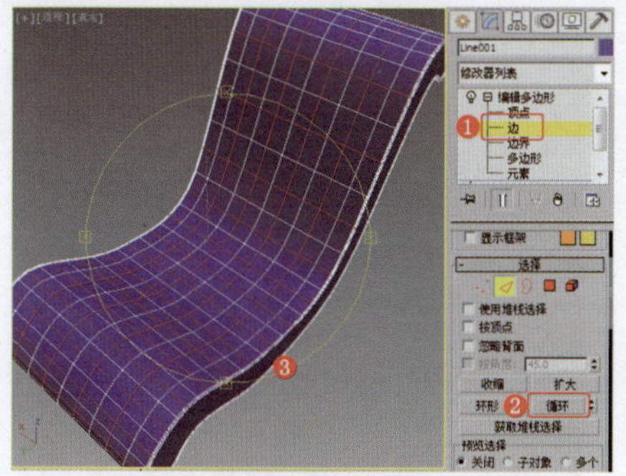
图2-81 选择边

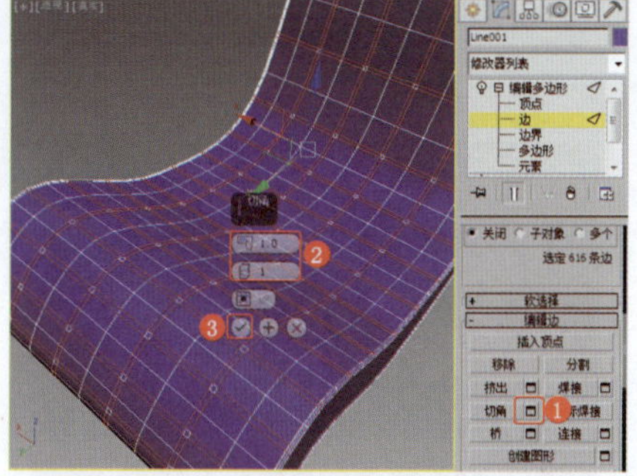
图2-82 设置边的“切角”参数

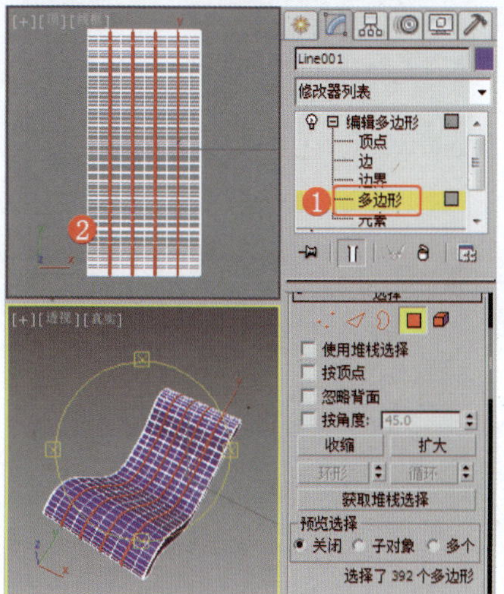
图2-83 选择多边形

⑩ 设置多边形的“倒角”参数，效果如图2-84所示。

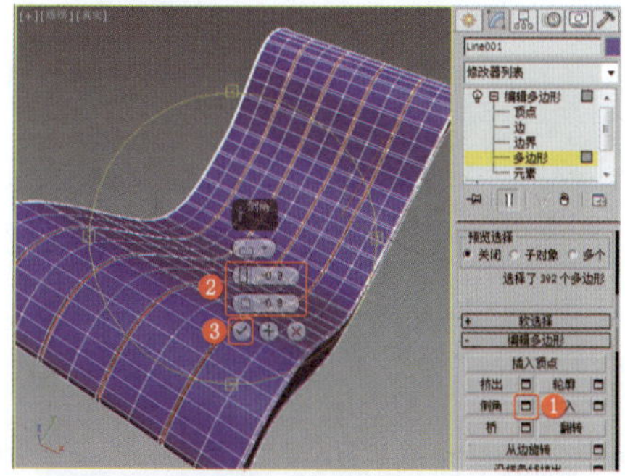
图2-84 设置“倒角”参数

⑪ 选择如图2-85所示的多边形。

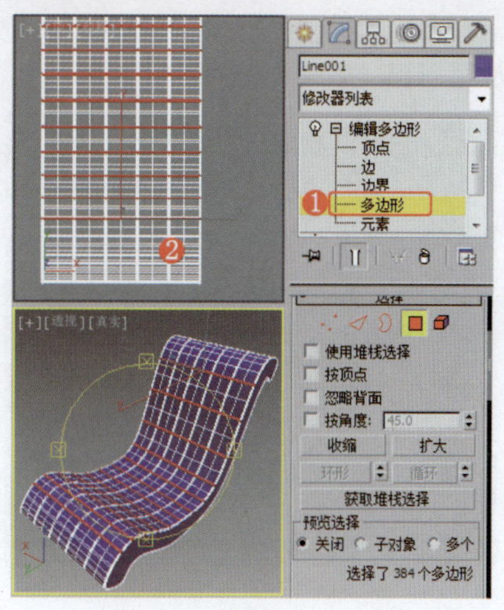
图2-85 选择多边形

⑫ 设置多边形的“倒角”参数，效果如图2-86所示。

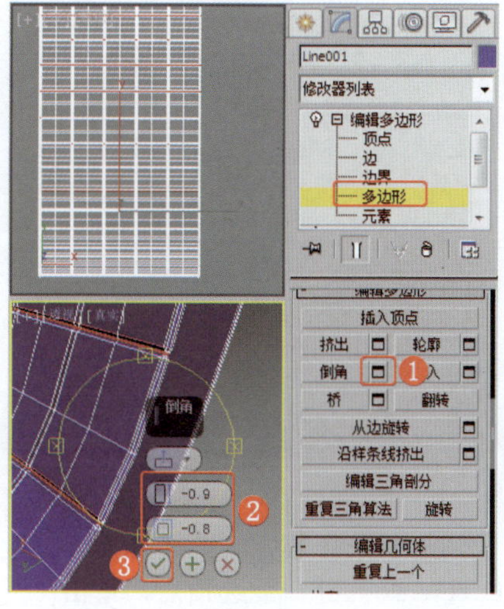
图2-86 设置多边形的“倒角”参数

⑬ 在场景中选择躺椅坐垫侧面的多边形，为其施加“细化”修改器，设置合适的参数，效果如图2-87所示。

技 巧

注意：这里不需要关闭选择集，因为这里需要为选择的多边形单独施加“细化”修改器。

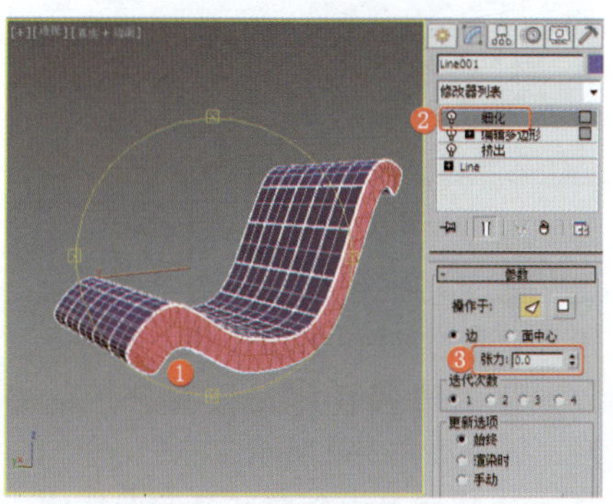
图2-87 施加“细化”修改器

⑭ 继续为模型施加“编辑多边形”修改器，关闭选择集，为模型施加“涡轮平滑”修改器，效果如图2-88所示。

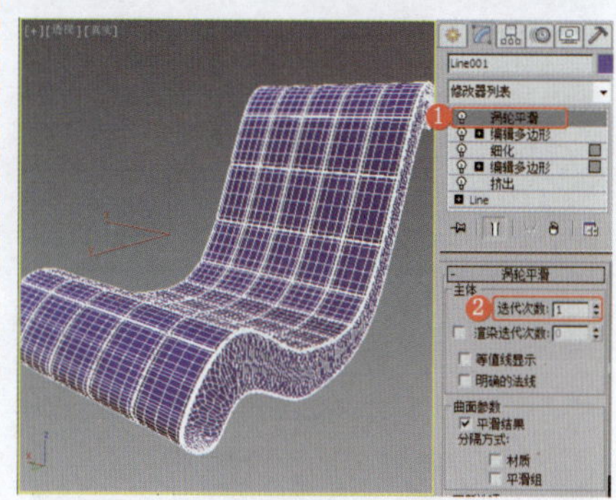
图2-88 施加“涡轮平滑”修改器

⑮ 将选择集定义为“顶点”，勾选“使用软选择”复选框并设置合适的参数，勾选“忽略背面” 复选框，在场景中选择需要调整的顶点，效果如图2-89所示。

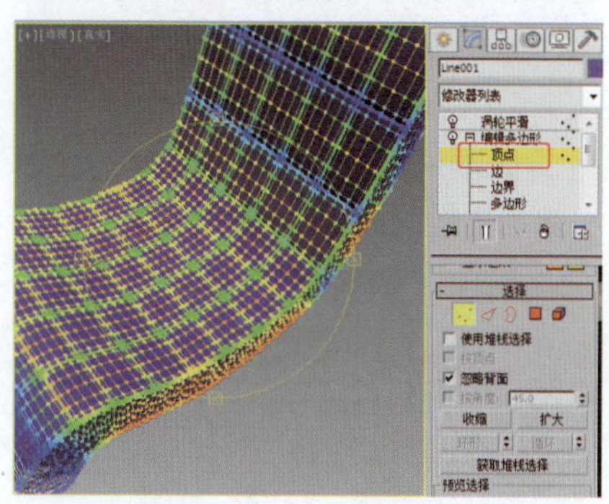
图2-89 调整顶点

⑯ 调整顶点，完成效果如图2-90所示。

图2-90 调整的坐垫

⑰ 在“左”视图中创建样条线，效果如图2-91所示。

⑱ 设置样条线的“轮廓”参数，效果如图2-92所示。

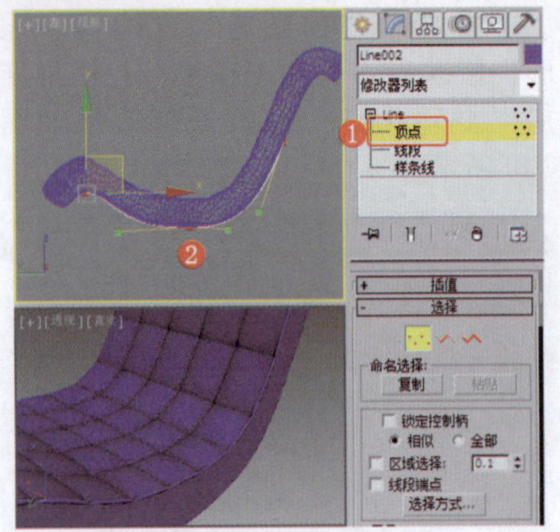
图2-91　创建样条线

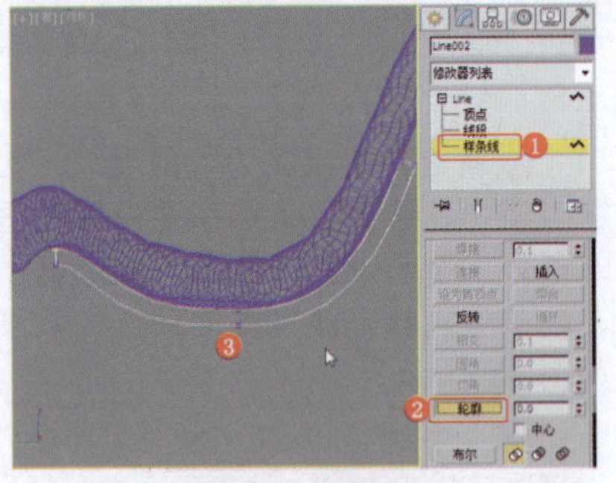
图2-92　设置样条线的"轮廓"参数

⑲在"左"视图中创建弧，设置合适的参数，效果如图2-93所示。

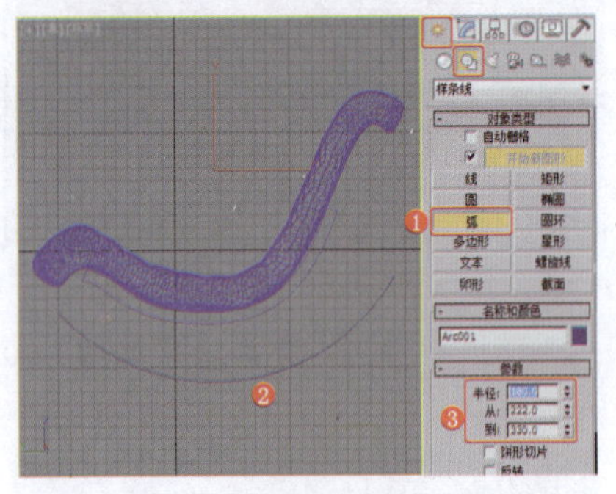
图2-93　创建弧

⑳为弧施加"编辑样条线"修改器，设置样条线的"轮廓"参数，然后将选择集定义为"顶点"，优化顶点并调整图形的形状，效果如图2-94所示。

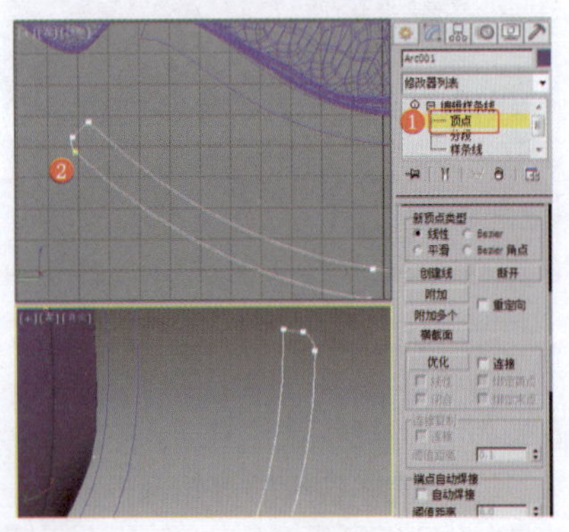
图2-94　调整图形

㉑创建图形，并将创建的图形附加到一起，效果如图2-95所示。

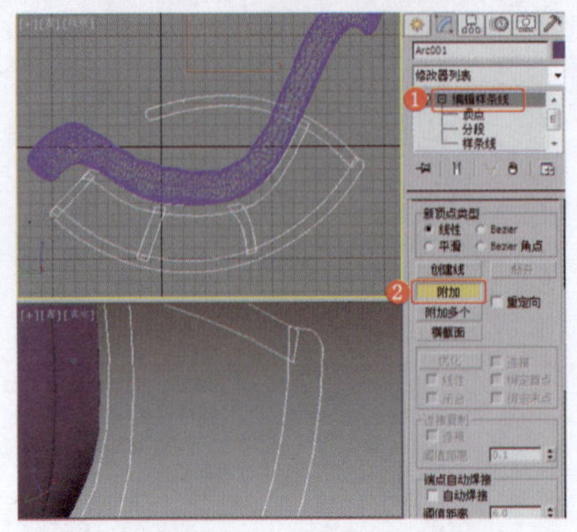
图2-95　创建并附加图形

㉒将选择集定义为"样条线"，使用"修剪"工具，对不需要的图形进行修剪，效果如图2-96所示。

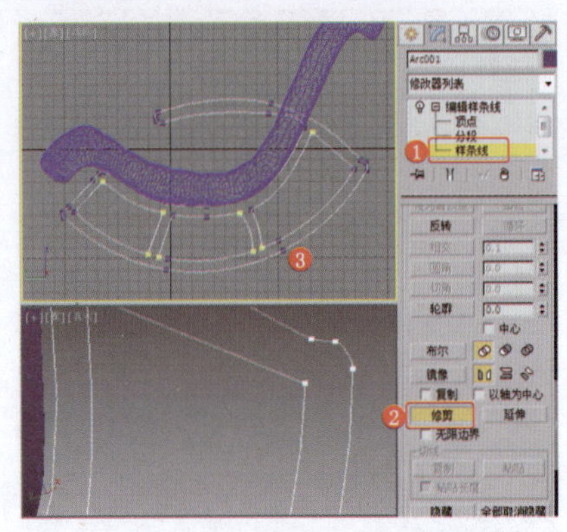
图2-96　修剪图形

㉓将选择集定义为"顶点"，按Ctrl+A组合键，全选顶点，单击"焊接"按钮，焊接修剪后的顶点，效果如图2-97所示。

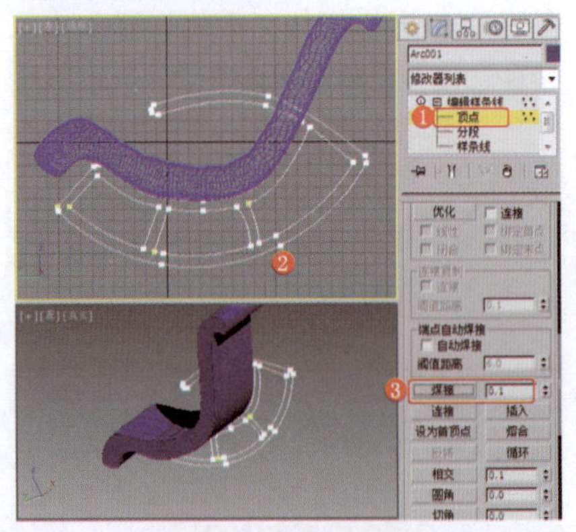
图2-97　焊接顶点

㉔为图形施加"倒角"修改器，设置合适的参数，效果如图2-98所示。

㉕创建圆柱体，设置合适的参数，效果如图2-99所示。

㉖在场景中创建和复制圆柱体，将其作为支架，效果如图2-100所示。

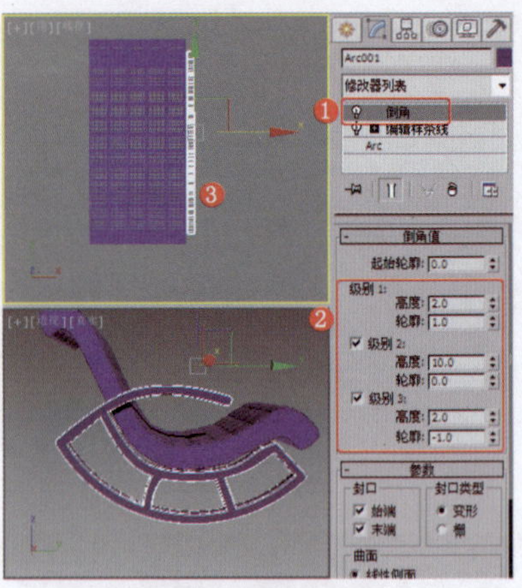
图2-98　设置图形的倒角

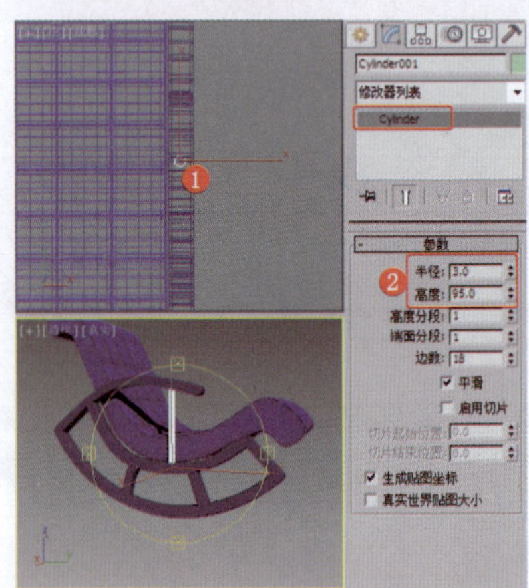
图2-99　创建圆柱体

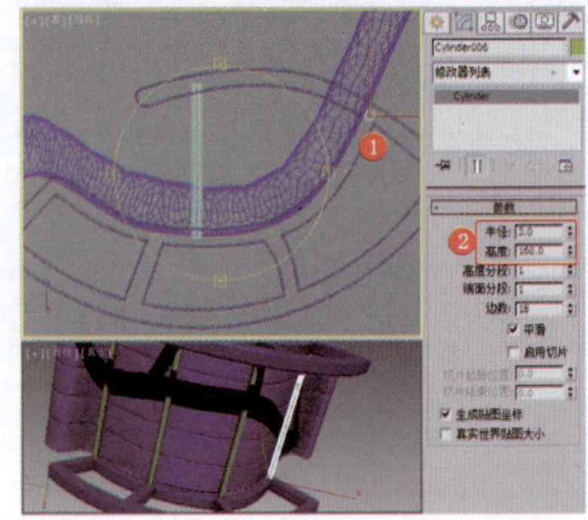
图2-100　创建支架

㉗在"左"视图中创建如图2-101所示的图形。

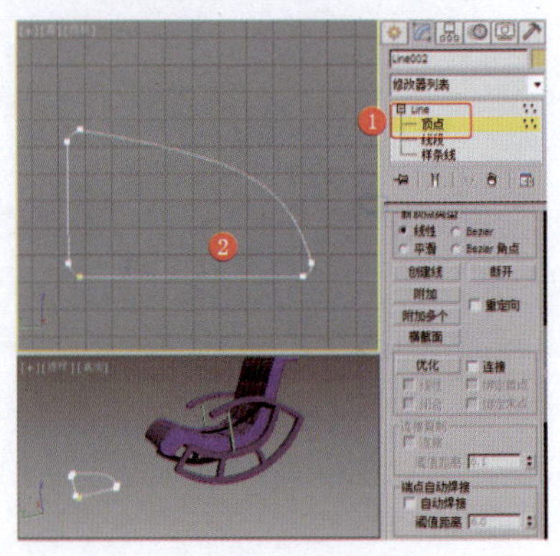
图2-101　创建图形

㉘ 设置图形的轮廓，并调整图形的形状，效果如图2-102所示。

㉙ 为图形施加“倒角”修改器，并创建合适的切角长方体，然后调整模型的位置，效果如图2-103所示。

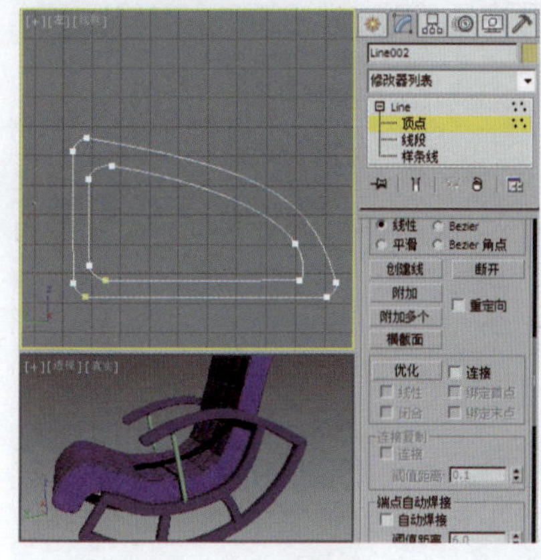

图2-102 调整图形

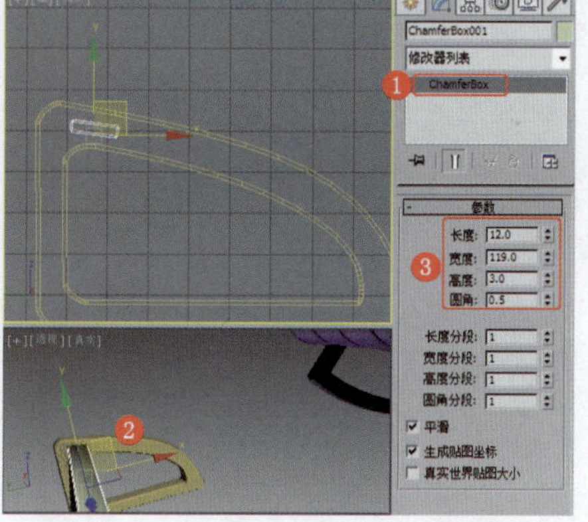

图2-103 创建切角长方体并调整模型

㉚ 复制并调整模型，完成躺椅踏板的制作，效果如图2-104左图所示。参考前面实例中的灯光和渲染参数设置本例场景，并为场景中的躺椅设置木纹和绒布材质，效果如图2-104右图所示，完成制作。

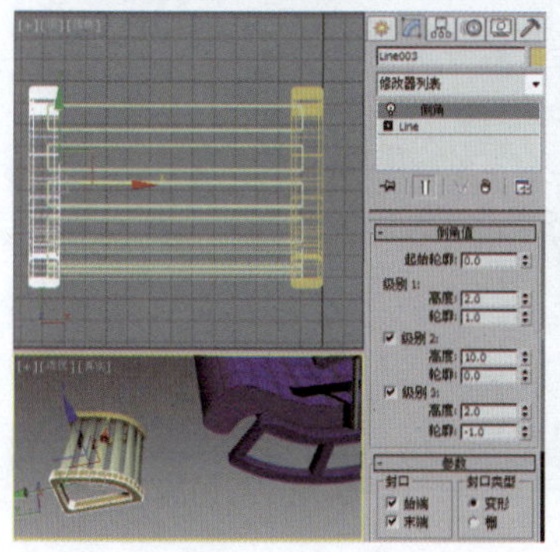

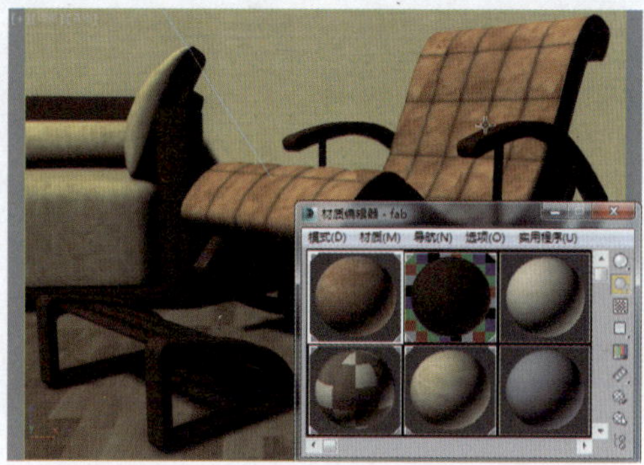

图2-104 完成制作

实例029 客厅家具类——鞋柜

实例效果剖析

鞋柜是现代家居生活中不可或缺的家具之一，其主要功能是用来放置鞋子。随着人们生活水平的提高，人们对鞋柜的要求也有所提高，从早期的功能单一、样式简约发展成现在的多功能、多样式，种类上增加了电子鞋柜、消毒鞋柜等。本例制作的鞋柜是一款简单的木质鞋柜，采用通风扇叶的设计，在材质上使用了环保的无漆木，以营造一个自然、安全的家居空间。

本例制作的鞋柜，效果如图2-105所示。

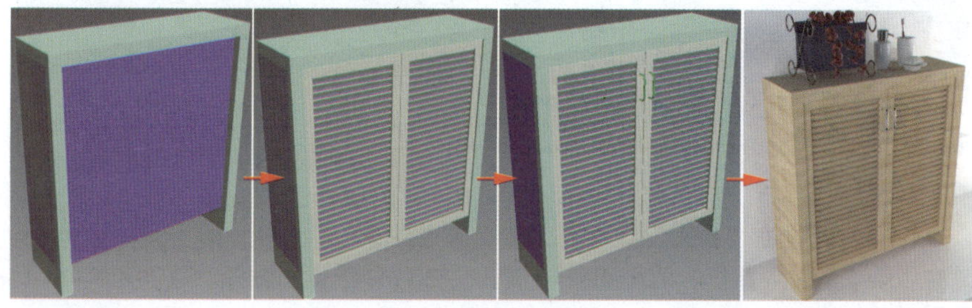

图2-105 效果展示

实例技术要点

本例主要用到的功能及技术要点如下。

- 施加“编辑样条线”修改器：用于制作样条线的轮廓，并调整出鞋柜的外框。
- 施加“挤出”修改器：用于制作外框的厚度。
- 施加“编辑多边形”修改器：用于调整模型的顶点，制作门框。
- 使用“放样”工具：制作门把手。创建矩形作为放样路径，创建椭圆形作为放样图形，以放样模型。

场景文件路径	Scene\第2章\实例029 鞋柜.max	
贴图文件路径	Map\	
视频路径	视频\ cha02\实例029 鞋柜.mp4	
难易程度	★★	学习时间
		12分4秒

实例030 客厅家具类——边柜

实例效果剖析

边柜的功能没有特别的定义，可以用来放置任何物品。本例介绍一款欧式高光漆面边柜的制作，这种边柜给人以干净、利落的感觉。

本例制作的欧式边柜，效果如图2-106所示。

图2-106 效果展示

实例技术要点

本例主要用到的功能及技术要点如下。

- 施加“编辑样条线”修改器：用于制作外框。
- 施加“倒角剖面”修改器：拾取作为剖面的图形，用于制作边柜的顶部。

- 施加“挤出”修改器：用于制作柜体。
- 施加“编辑多边形”修改器：用于调整柜体和门框的效果。
- 施加“曲面”修改器：用于将图形转换为面片。

实例制作步骤

场景文件路径	Scene\第2章\实例030 边柜.max	
贴图文件路径	Map\	
视频路径	视频\ cha02\实例030 边柜.mp4	
难易程度	★★	学习时间 16分10秒

❶在“顶”视图中创建矩形，将其作为边柜的截面图形，效果如图2-107所示。

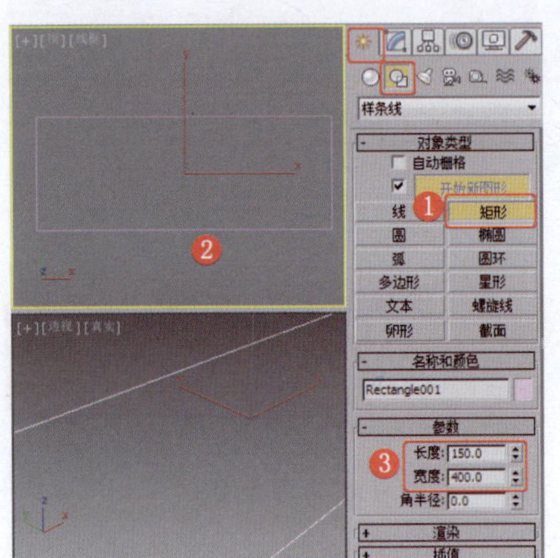

图2-107 创建矩形

❷切换到“修改”命令面板，为其施加“编辑样条线”修改器，将选择集定义为“顶点”，在场景中调整图形的形状，效果如图2-108所示。

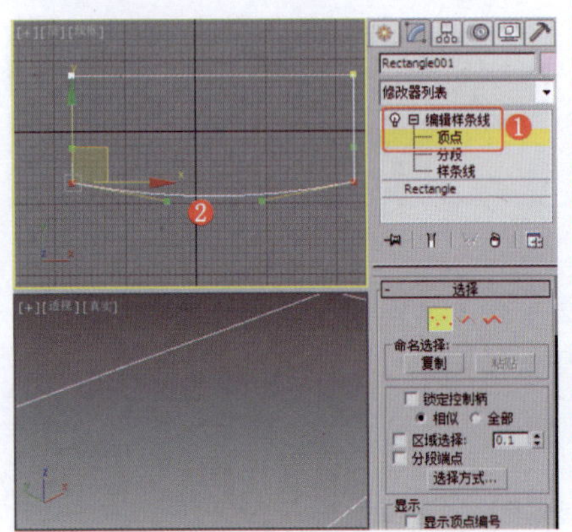

图2-108 调整图形的形状

❸在“左”视图中创建剖面图形，调整图形的形状，效果如图2-109所示。

❹在场景中选择调整后的图形，为其施加“倒角剖面”修改器，在“参数”卷展栏中单击“拾取剖面”按钮，在场景中拾取作为剖面图形的线，效果如图2-110所示。

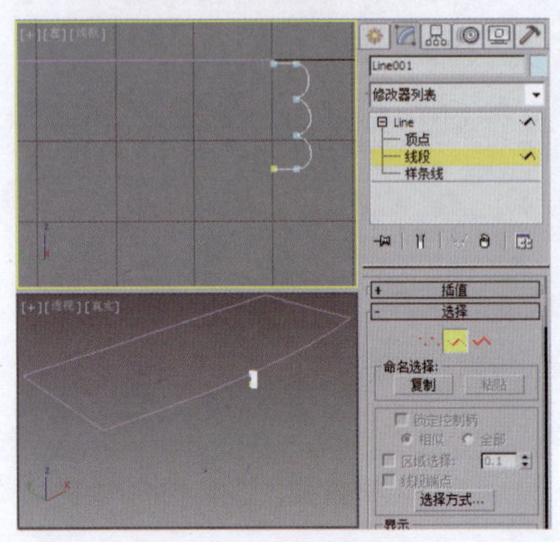

图2-109 创建剖面图形

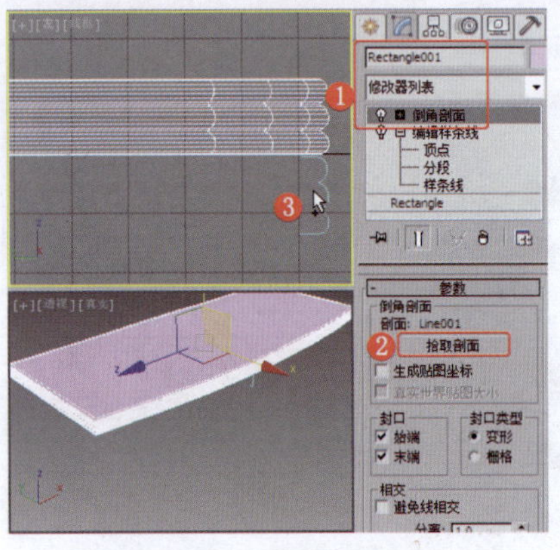

图2-110 施加“倒角剖面”修改器

❺在场景中复制作为左侧边柜的模型，在堆栈中删除“倒角剖面”修改器，将选择集定义为“顶点”，在场景中调整顶点，效果如图2-111所示。

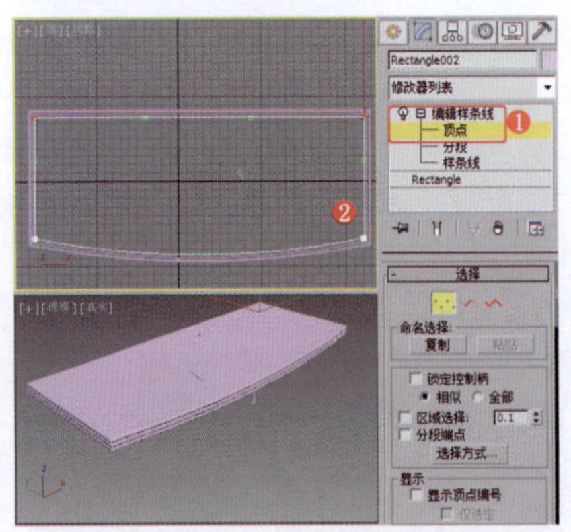

图2-111 复制并调整模型

❻为图形施加“挤出”修改器，设置合适的“数量”数值，效果如图2-112所示。

❼继续为模型施加“编辑多边形”修改器，将选择集定义为“顶点”，调整顶点的位置，再将选择集定义为“多边形”，在场景中选择如图2-113所示的多边形。

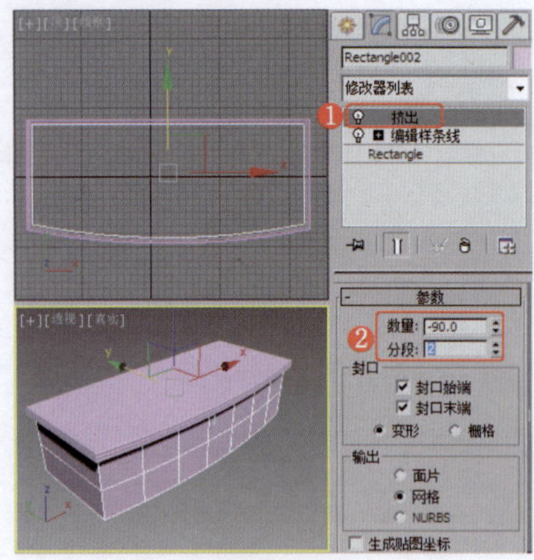

图2-112 施加“挤出”修改器

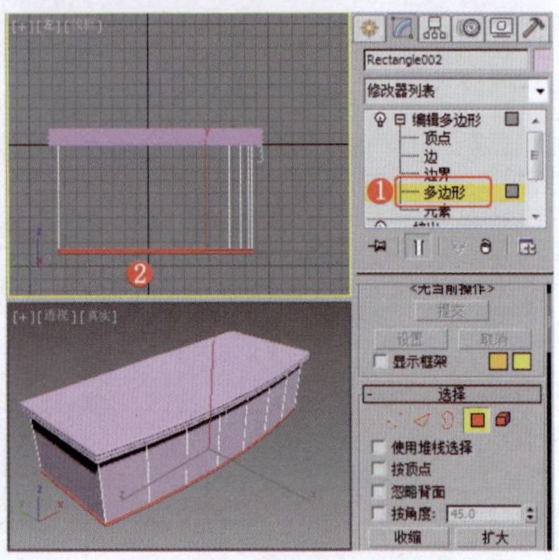

图2-113 选择多边形

❽设置多边形的“挤出”参数，效果如图2-114所示。

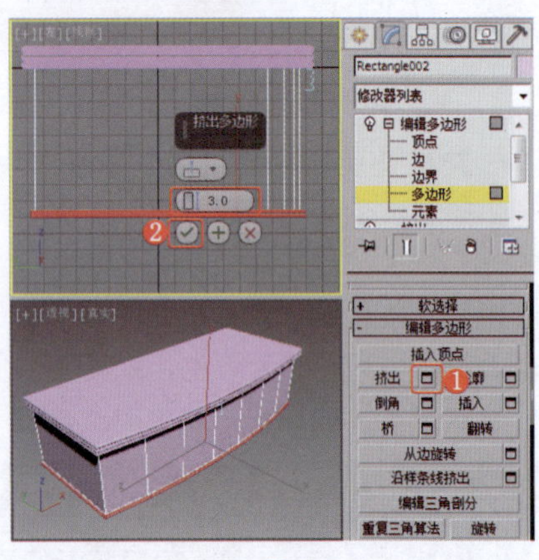

图2-114 挤出多边形

❾关闭选择集，继续对模型进行复制，删除多余的修改器，将选择集定义为“分段”，在场景中选择除弧以外的三条分段并将其删除，效果如图2-115所示。

❿继续选择如图2-116所示的分段，设置“拆分”为3，单击“拆分”

按钮，拆分模型。

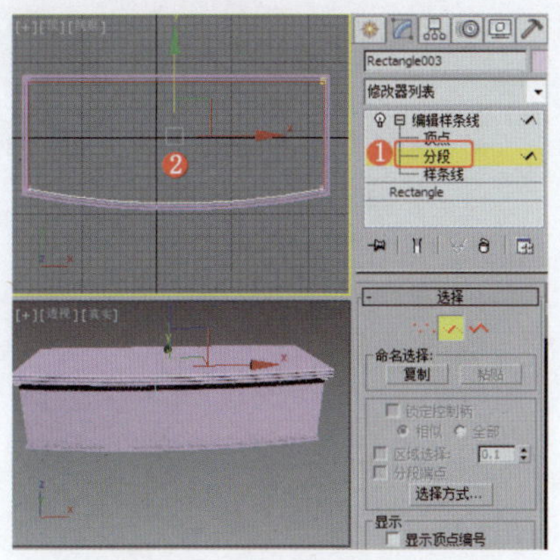

图2-115 选择模型的分段

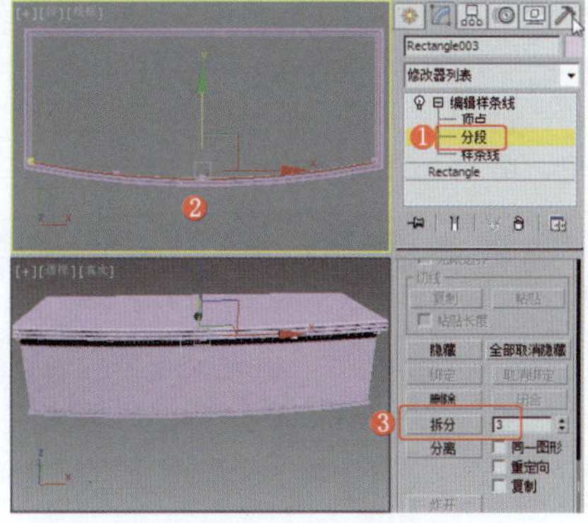

图2-116 拆分模型

⑪ 在“几何体”卷展栏中勾选“连接复制”选项组中的“连接”复选框，按住Shift键在“前”视图中向下移动复制分段，效果如图2-117所示。

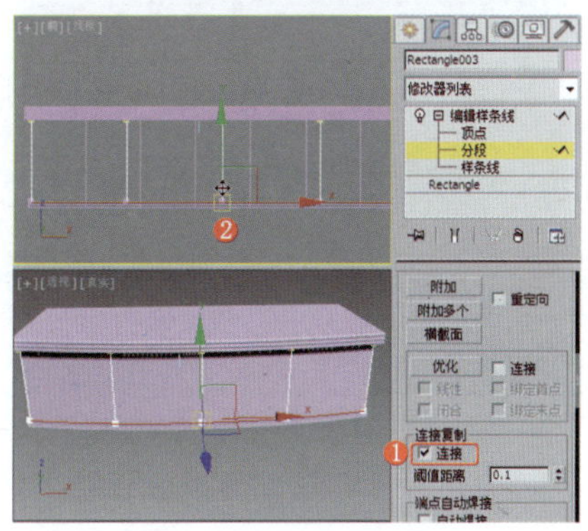

图2-117 连接复制分段

⑫ 将选择集定义为“顶点”，按Ctrl+A组合键，全选顶点，单击“焊接”按钮，焊接顶点，效果如图2-118所示。

⑬ 为模型施加“曲面”修改器，设置合适的参数，效果如图2-119所示。

⑭ 在场景中为模型施加“编辑多边形”修改器，将选择集定义为“多边形”，在场景中选择多边形，设置多边形的“倒角”参数，效果如图2-120所示。

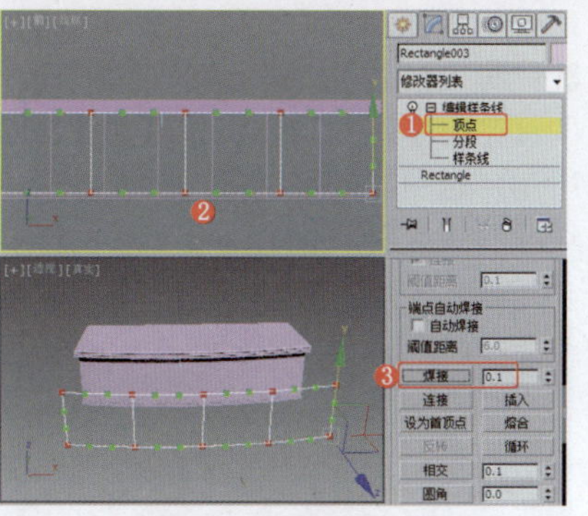

图2-118 焊接顶点

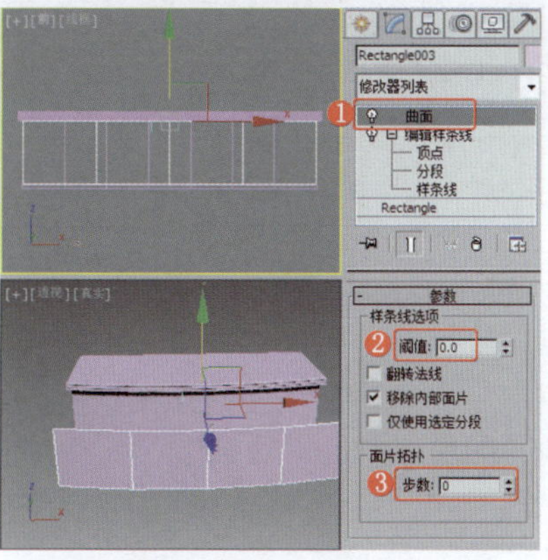

图2-119 施加“曲面”修改器

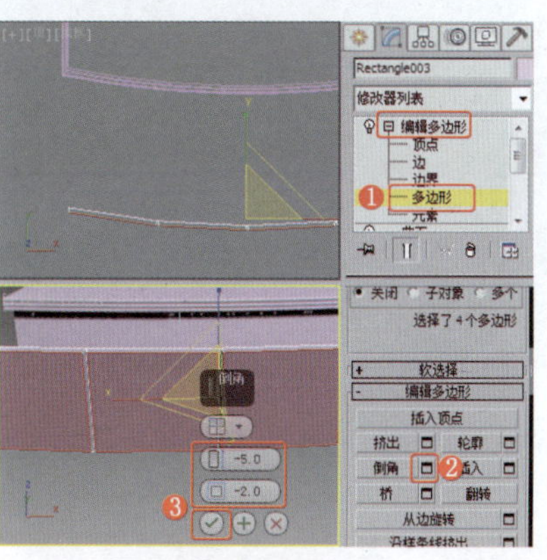

图2-120 设置多边形的“倒角”参数

⑮ 继续设置多边形的“倒角”参数，效果如图2-121所示。

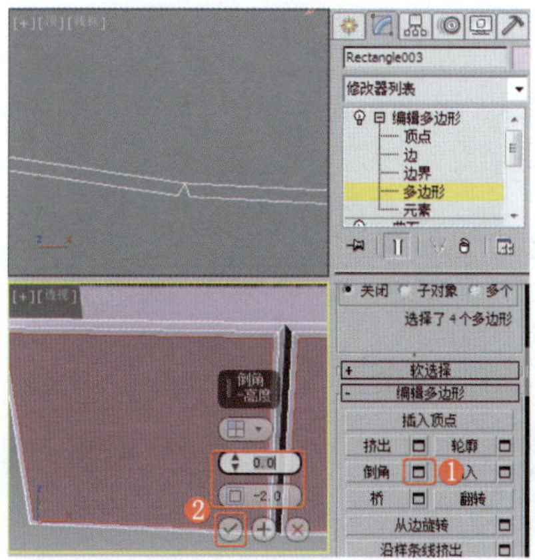

图2-121 设置多边形的“倒角”参数

⑯ 继续设置多边形的“倒角”参数，效果如图2-122所示。

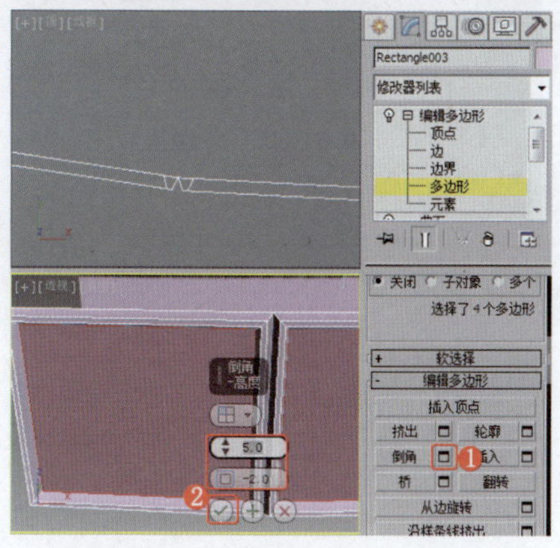

图2-122 设置多边形的“倒角”参数

⑰ 创建几何球体，设置合适的参数，复制模型，调整模型至合适的位置，将其作为把手，效果如图2-123所示。

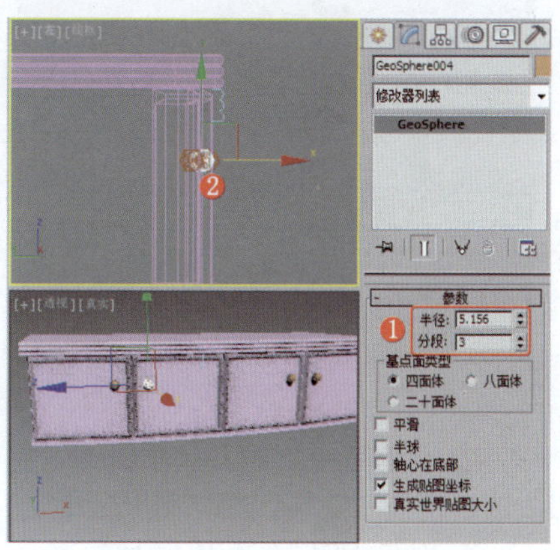

图2-123 创建把手

⑱ 在场景中创建球体，设置合适的参数，效果如图2-124所示。

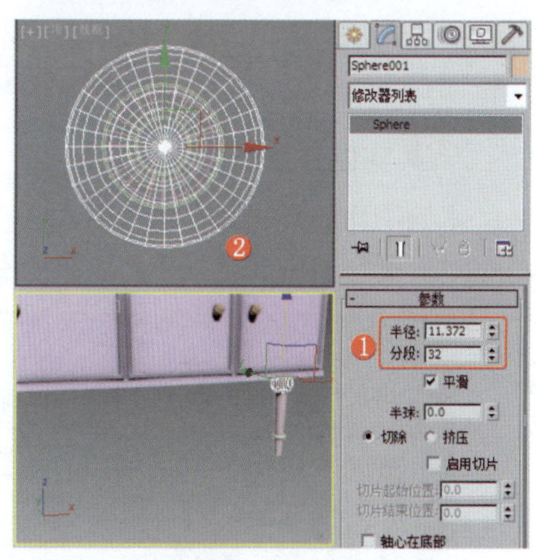

图2-124 创建球体

⑲ 创建圆锥体，设置合适的参数，效果如图2-125所示。

⑳ 创建圆环，设置合适的参数，组合模型，将其作为边柜的腿，效果

如图2-126所示。

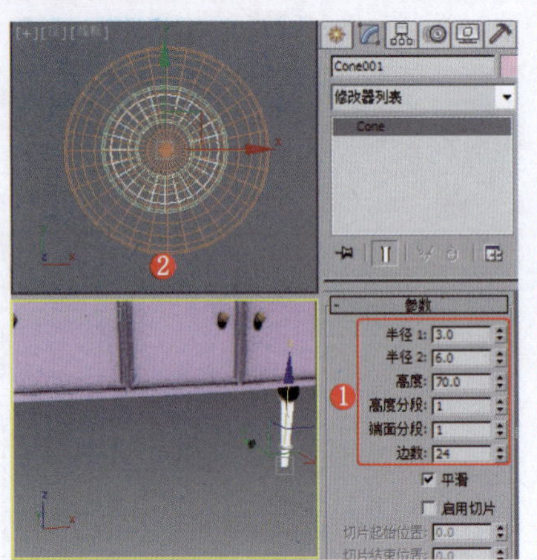
图2-125　创建圆锥体

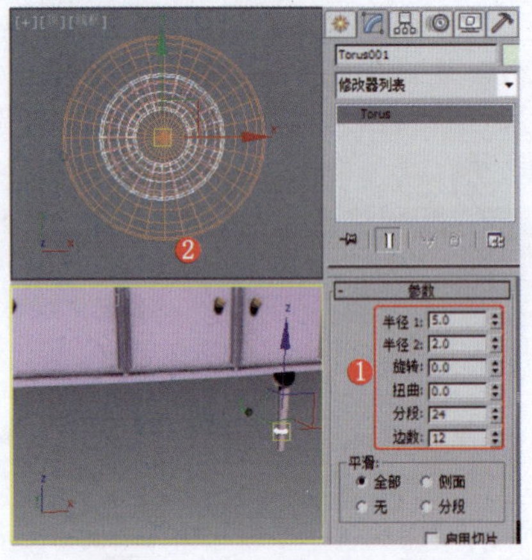
图2-126　创建圆环并组合模型

㉑ 在场景中复制并调整模型，完成的边柜模型效果如图2-127所示。

㉒ 在场景中为边柜模型设置一个黑色的高光反射漆材质；创建地面和墙面模型，设置一个反白的反射场景；创建两盏灯光，设置合适的参数；导入装饰模型，设置渲染参数，即可完成本例的制作，效果如图2-128所示，也可以将该边柜模型合并至制作好的场景模型中。

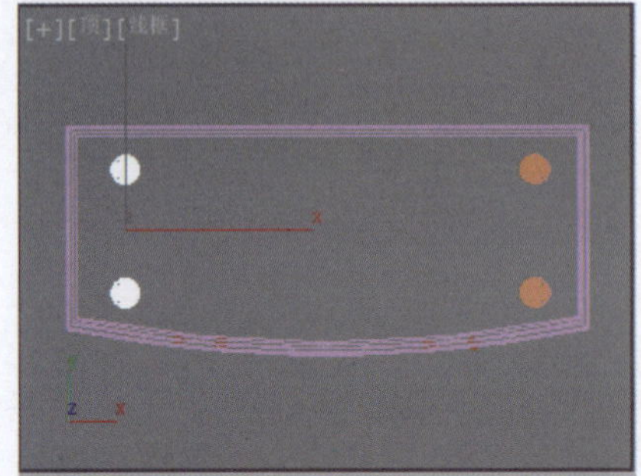
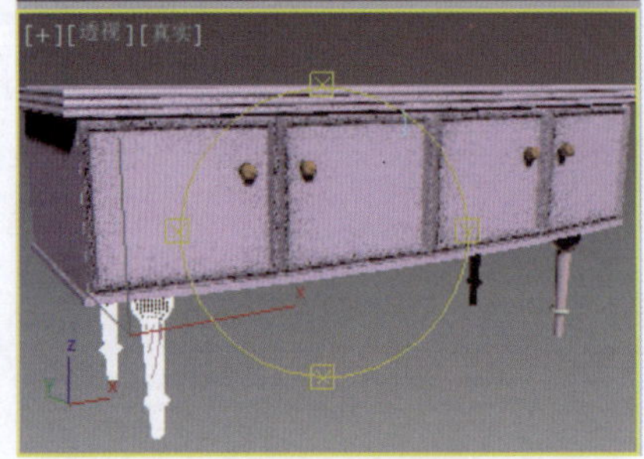
图2-127　完成的边柜模型

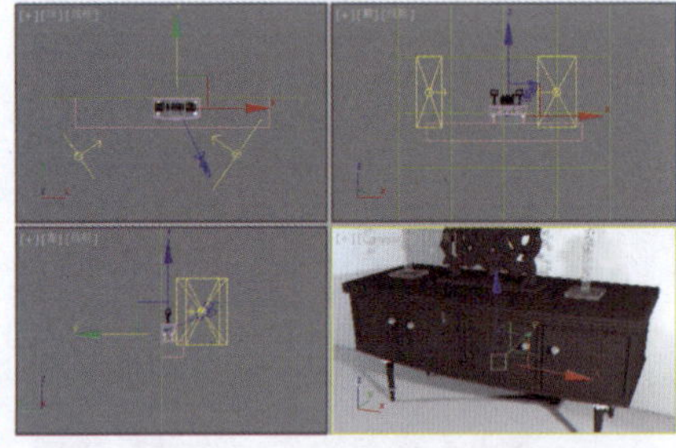
图2-128　搭建完成的场景

实例031　客厅家具类——电视柜

实例效果剖析

本例制作的是一款简约的中式电视柜，风格雅致。

本例制作的中式电视柜，效果如图2-129所示。

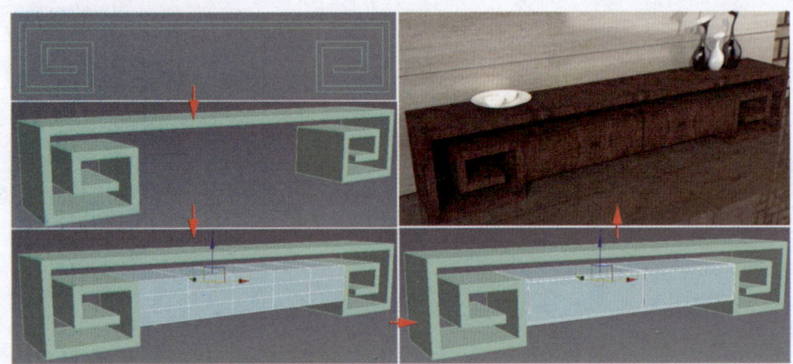
图2-129　效果展示

实例技术要点

本例主要用到的功能及技术要点如下。

- 施加“挤出”修改器：用于制作电视柜的基本模型。
- 施加“编辑多边形”修改器：用于制作电视柜的抽屉。

实例制作步骤

场景文件路径	Scene\第2章\实例031 电视柜.max		
贴图文件路径	Map\		
视频路径	视频\ cha02\实例031 电视柜.mp4		
难易程度	★	学习时间	8分19秒

❶ 在“前”视图中创建截面图形，效果如图2-130所示。

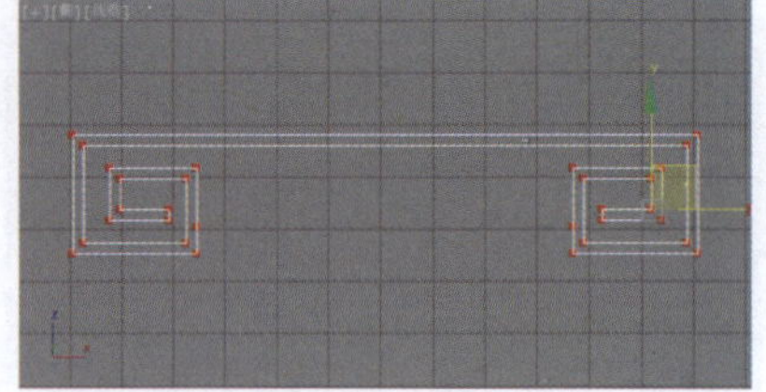
图2-130　创建截面图形

❷ 为截面图形施加“挤出”修改器，设置合适的参数，如图2-131所示。

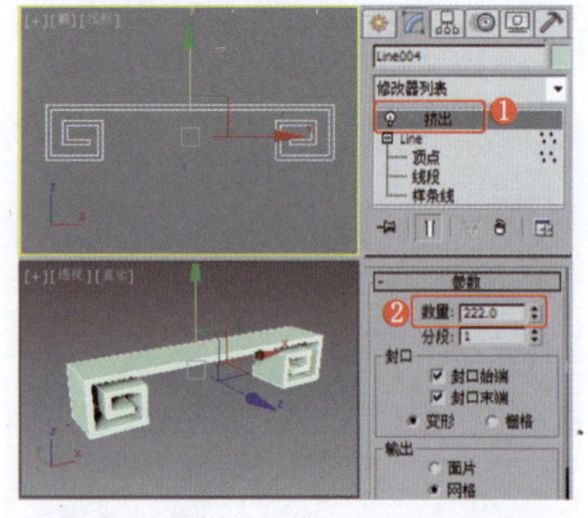
图2-131　施加“挤出”修改器

❸ 在“前”视图中创建长方体，设置合适的参数，如图2-132所示。

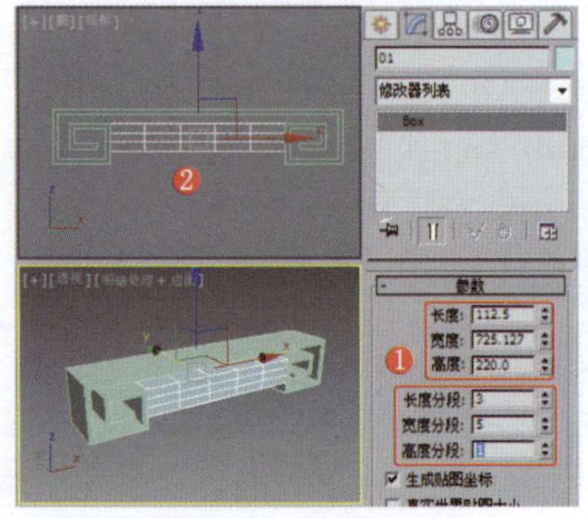
图2-132　创建长方体

❹ 为长方体施加"编辑多边形"修改器，将选择集定义为"顶点"，在场景中调整顶点，效果如图2-133所示。

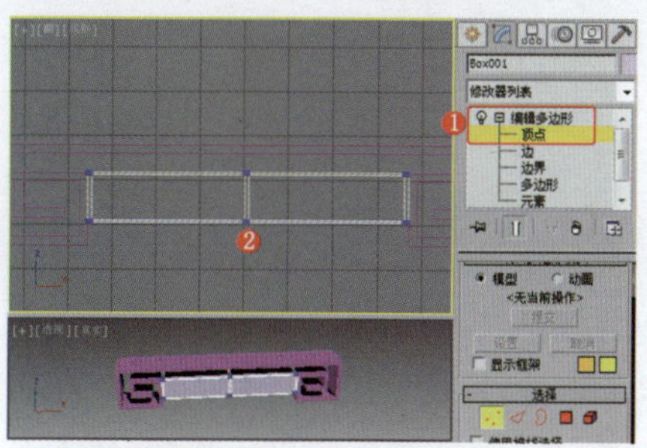

图2-133 调整长方体的顶点

❺ 将选择集定义为"多边形"，在场景中选择多边形并调整多边形的"挤出"参数，效果如图2-134所示。

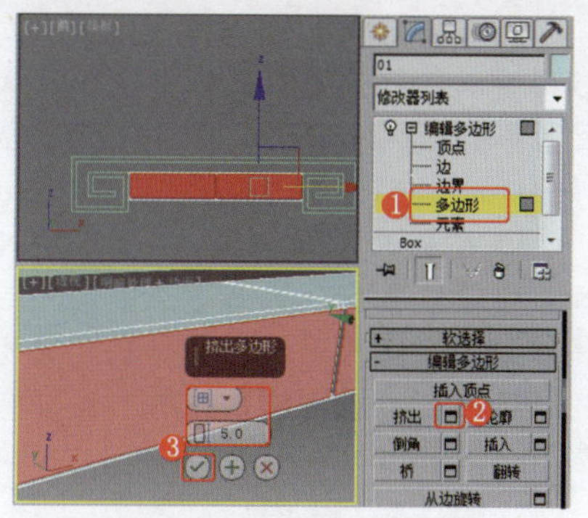

图2-134 设置多边形的"挤出"参数

❻ 导入一些装饰性的素材模型；为中式电视柜设置一个木纹材质；创建一个底面和背景板，为其设置合适的材质；创建两盏合适的灯光；设置场景的渲染参数，对场景进行渲染输出。

实例032 客厅家具类——储物架

实例效果剖析

储物架是小户型房主比较青睐的一种家具构件。对于很多小户型的居室，空间的有效利用是很重要的，可以使房间更开阔。本例介绍的是一款简单的钢化玻璃储物架。

本例制作的储物架，效果如图2-135所示。

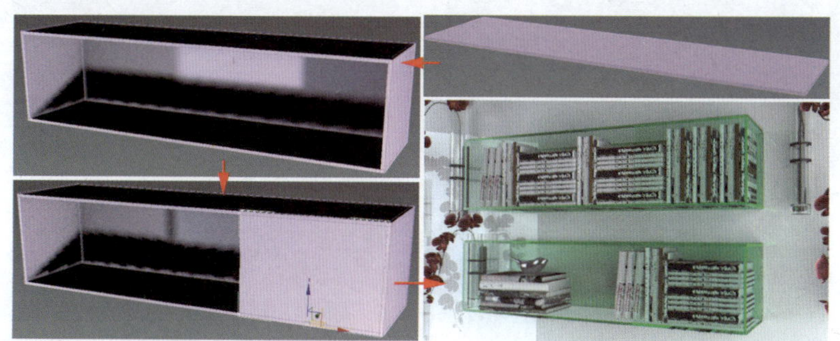

图2-135 效果展示

实例技术要点

本例主要用到的功能及技术要点如下。

- 创建长方体：用于通过组合来制作储物架。

场景文件路径	Scene\第2章\实例032 储物架.max		
贴图文件路径	Map\		
视频路径	视频\ cha02\实例032 储物架.mp4		
难易程度	★	学习时间	7分19秒

实例033 客厅家具类——中式角几

实例效果剖析

角几比较小巧，可灵活移动，造型多变、不固定，一般被摆放于角落、沙发附近或者床边等，目的是方便放置日常小物件。本例中介绍的角几采用了中式的花纹及中式惯有的木纹材质。

本例制作的中式角几，效果如图2-136所示。

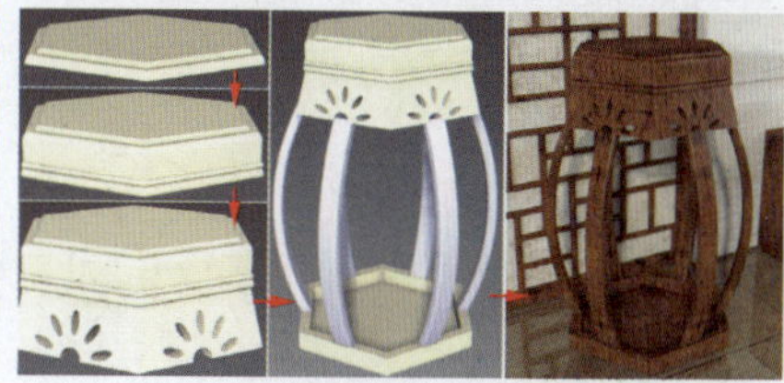

图2-136 效果展示

实例技术要点

本例主要用到的功能及技术要点如下。

- 施加"倒角剖面"修改器：用于制作角几的台面。
- 施加"编辑样条线"修改器：用于制作角几台面下方模型的轮廓，并附加角几花纹。
- 施加"挤出"修改器：用于制作角几下方的模型厚度。
- 施加"编辑多边形"修改器：用于调整角几台面下装饰模型的顶点。
- 使用"阵列"工具：制作角几的花纹和支架。
- 使用"ProBoolean"工具：制作角几花纹的镂空效果。
- 使用"放样"工具：制作角几支架。

实例制作步骤

场景文件路径	Scene\第2章\实例033 中式角几.max	
贴图文件路径	Map\	
视频路径	视频\ cha02\实例033 中式角几.mp4	
难易程度	★★★	学习时间 13分33秒

❶ 在"顶"视图中创建多边形，设置合适的参数，效果如图2-137所示。

❷ 在"前"视图中创建剖面图形，如图2-138所示，调整图形的形状。

❸ 在场景中选择多边形，为多边形施加"倒角剖面"修改器，在"参数"卷展栏中单击"拾取剖面"按钮，在场景中拾取创建的剖面图形，效果如图2-139所示。

❹ 将选择集定义为"剖面Gizmo"，在"顶"视图中创建倒角剖面模型，效果如图2-140所示。

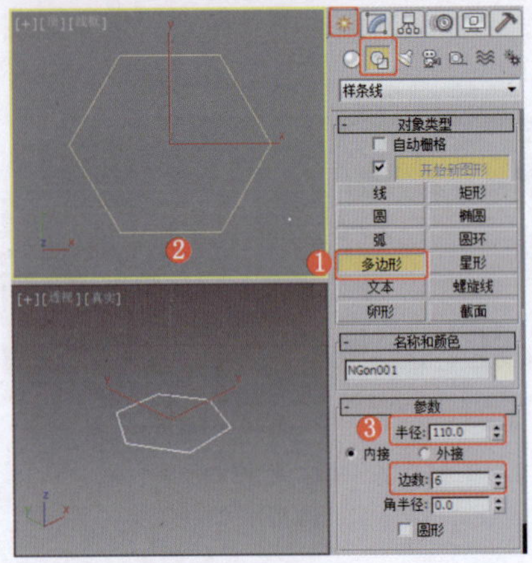
图2-137　创建多边形

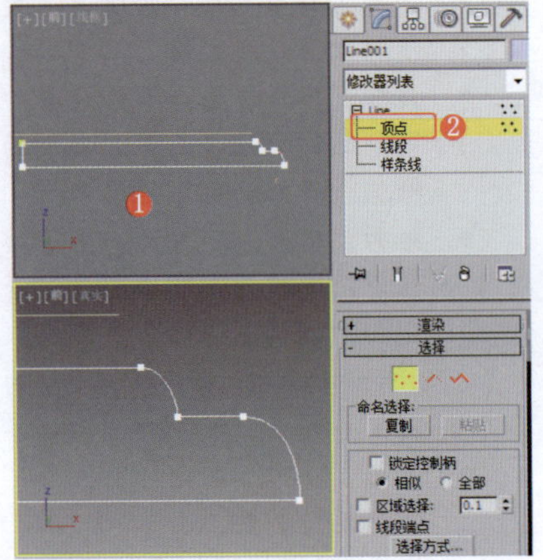
图2-138　创建剖面图形

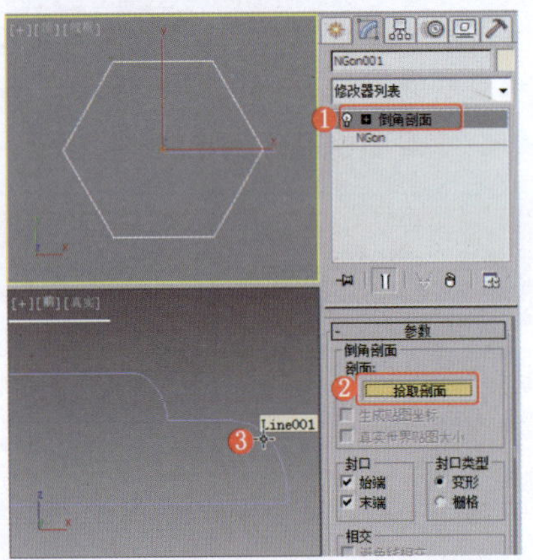
图2-139　拾取剖面图形

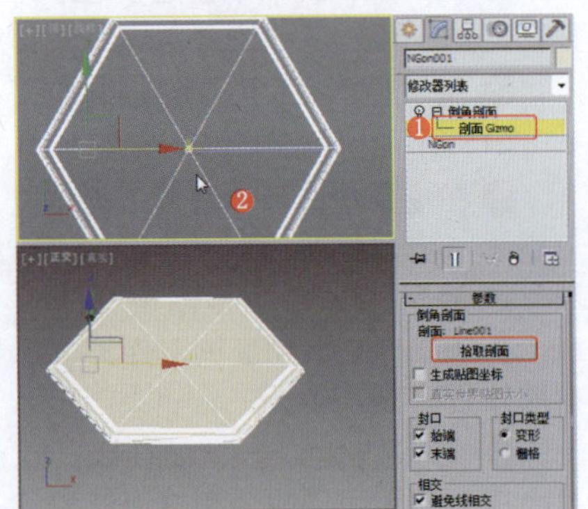
图2-140　创建倒角剖面模型

⑤ 按Ctrl+V组合键，在场景中复制模型，在打开的对话框中使用默认参数，如图2-141所示，单击“确定”按钮。

⑥ 在修改器堆栈中将“倒角剖面”修改器删除，为多边形施加“编辑样条线”修改器，将选择集定义为“样条线”，设置样条线的“轮廓”参数，效果如图2-142所示。

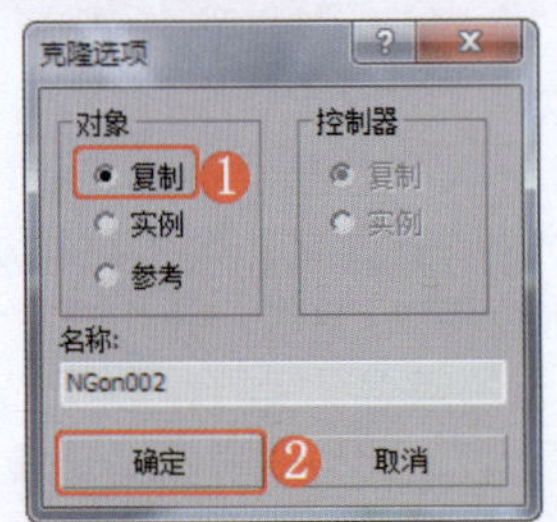

图2-141　复制模型

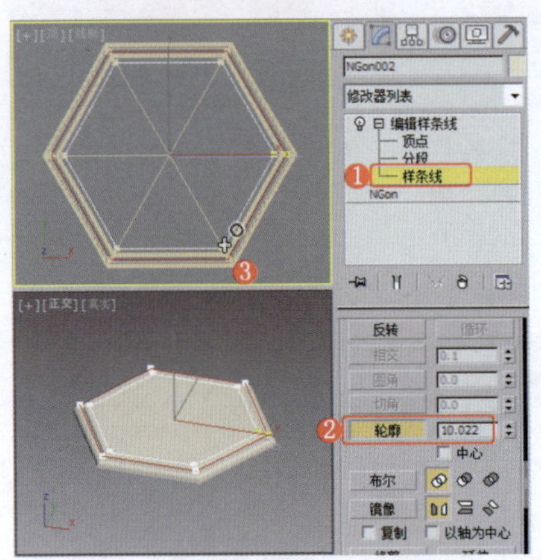
图2-142　设置样条线的轮廓

⑦ 为样条线施加“挤出”修改器，设置合适的参数，调整模型的效果如图2-143所示。

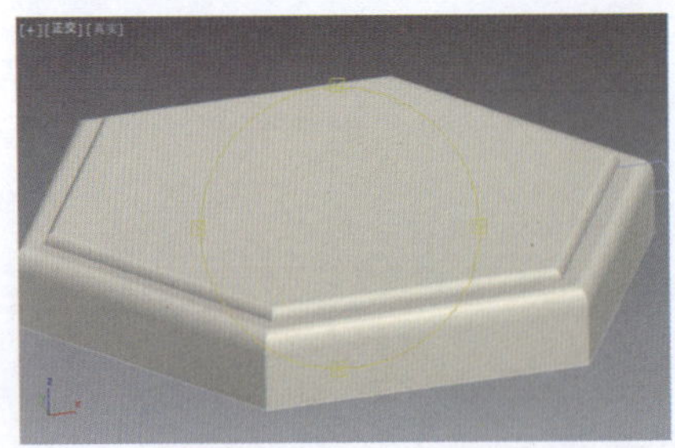
图2-143　挤出并调整模型

⑧ 在场景中复制挤出后的模型，将相应的修改器删除，设置合适的参数，并设置其可渲染参数，效果如图2-144所示。

⑨ 继续复制多边形，设置合适的参数，效果如图2-145所示。

⑩ 复制角几模型下的挤出模型，为其施加“编辑多边形”修改器，将选择集定义为“顶点”，在场景中调整模型，效果如图2-146所示。

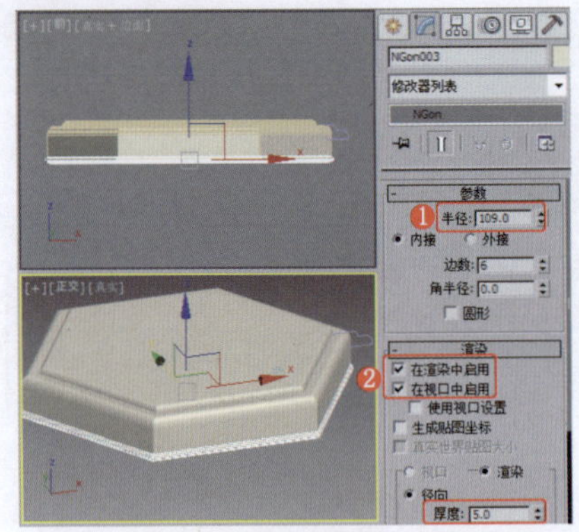
图2-144　设置可渲染参数

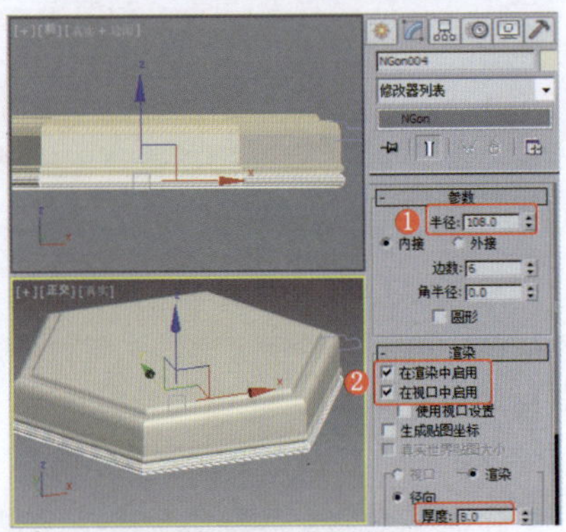
图2-145　复制多边形

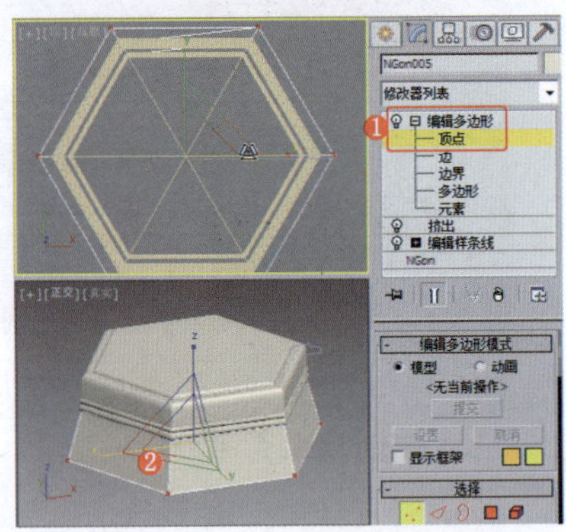
图2-146　调整模型的形状

⑪ 在“前”视图中创建椭圆和圆，并为其中一个图形施加“编辑样条线”修改器，将图形附加到一起，效果如图2-147所示。

⑫ 在场景中为附加到一起的图形施加“挤出”修改器，设置合适的参数，并在场景中调整模型轴的位置，效果如图2-148所示。

提　示

在调整模型轴的位置时，可以使用“对齐”工具，以便更准确地调整轴心的位置。

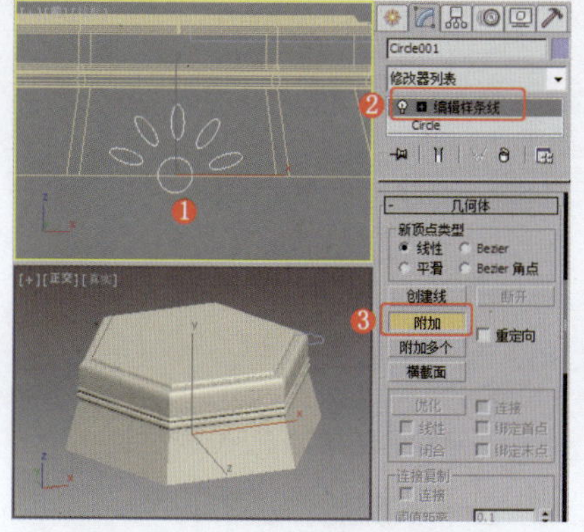
图2-147 创建图形并将其附加到一起

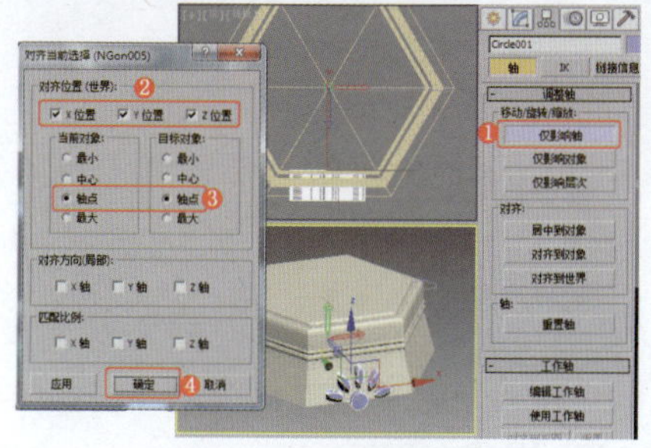
图2-148 调整轴的位置

⑬ 在菜单栏中选择“工具”→“阵列”命令，在打开的“阵列”对话框中设置合适的参数，如图2-149所示，单击“确定”按钮。

提 示

确定阵列时“顶”视图为当前的激活状态。

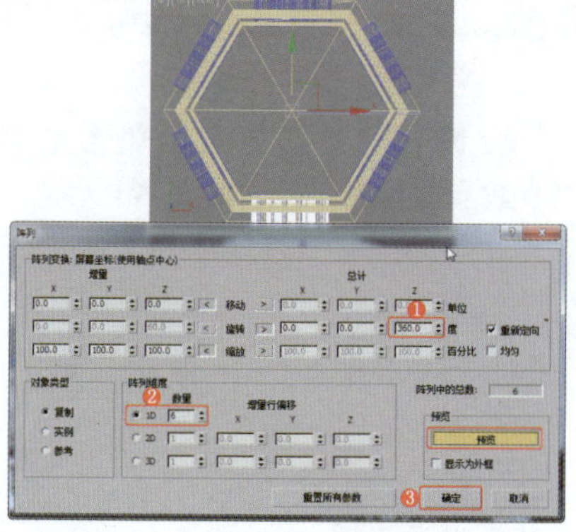
图2-149 阵列复制模型

⑭ 在场景中选择其中一个阵列出的模型，为其施加“编辑多边形”修改器，使用“附加”工具将作为装饰物的模型附加到一起，效果如图2-150所示。

⑮ 在场景中选择需要布尔出花纹的模型，使用“ProBoolean”工具，在场景中拾取附加到一起的装饰模型，效果如图2-151所示。

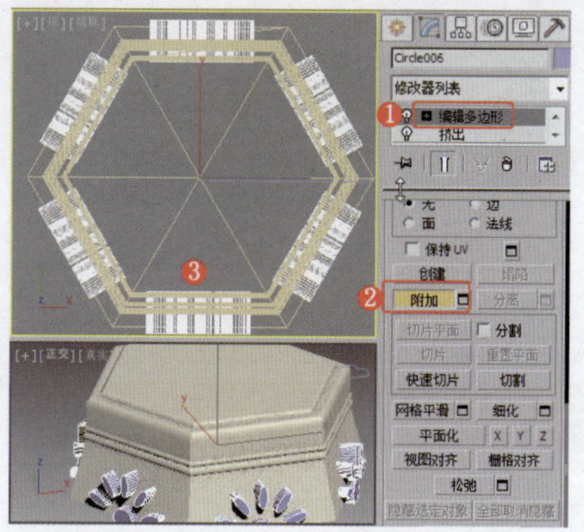
图2-150 附加模型

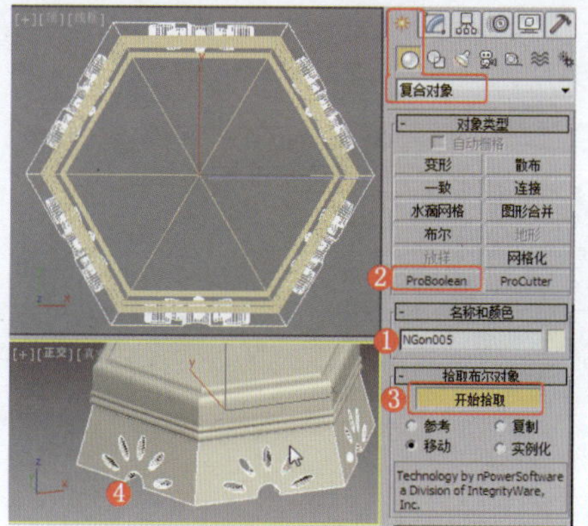
图2-151 布尔模型

⑯ 在“前”视图中创建弧，设置合适的参数，效果如图2-152所示。

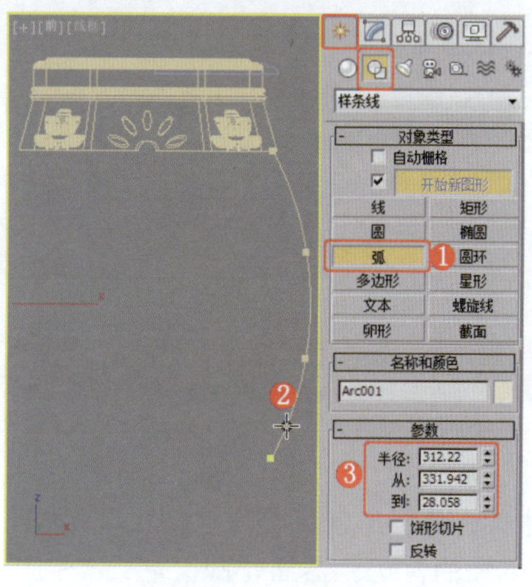
图2-152 创建弧

⑰ 在“顶”视图中创建圆角矩形，设置合适的参数，效果如图2-153所示。

⑱ 在场景中选择弧，使用“放样”工具，单击“获取图形”按钮，在场景中拾取圆角矩形，效果如图2-154所示。

⑲ 在场景中调整放样的角几支架模型，调整模型的轴，效果如图2-155所示。

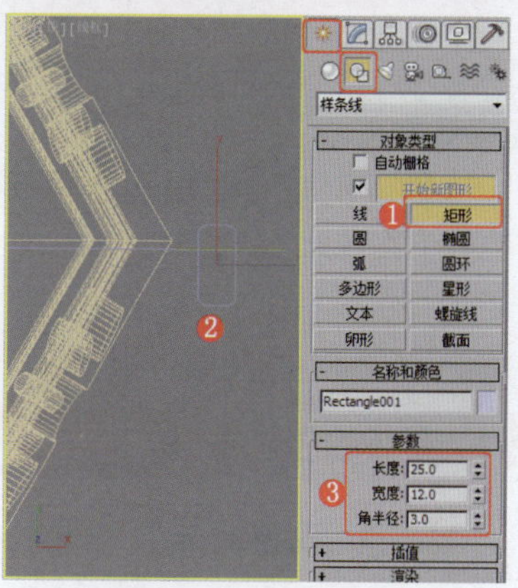
图2-153 创建圆角矩形

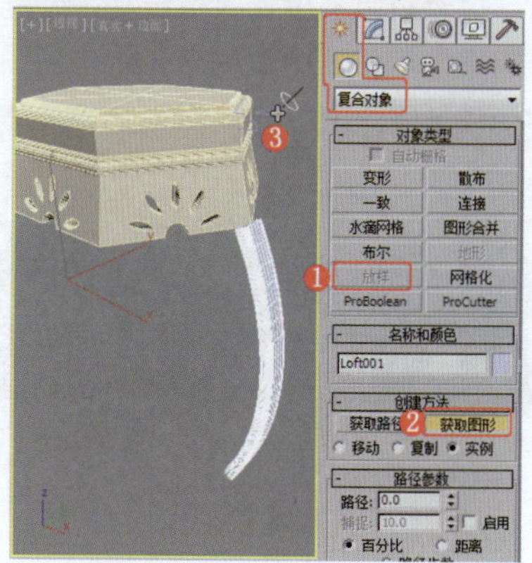
图2-154 放样支架模型

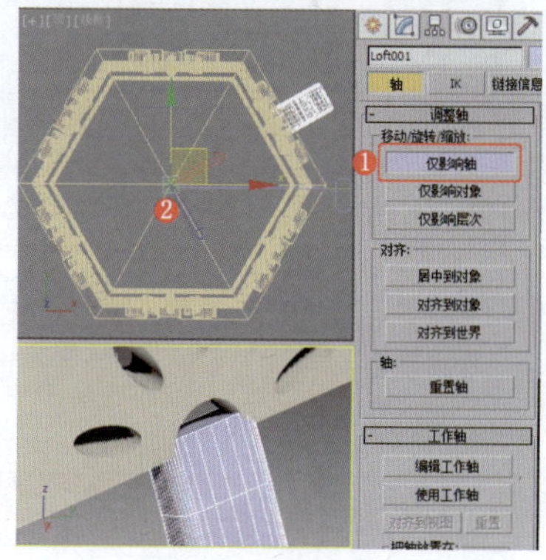
图2-155 调整模型的轴

⑳ 在场景中选择角几支架模型，使用“阵列”工具，设置“阵列”对话框参数，效果如图2-156所示。

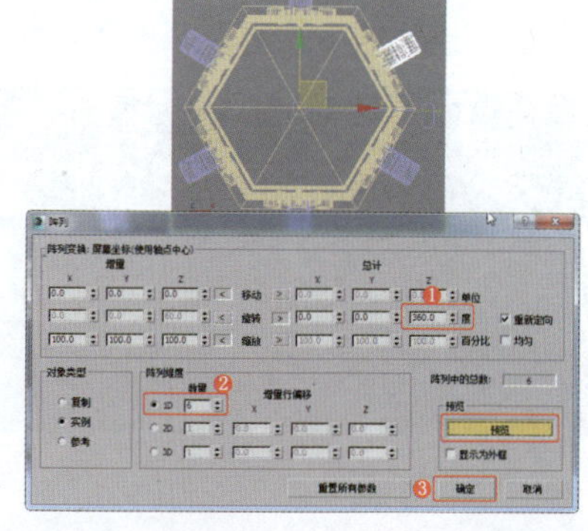
图2-156 阵列模型

21 在场景中复制角几台面模型的底端，对模型进行缩放，效果如图2-157左图所示。

22 将中式角几模型合并到电视柜场景中，在此不再赘述，效果如图2-157右图所示。

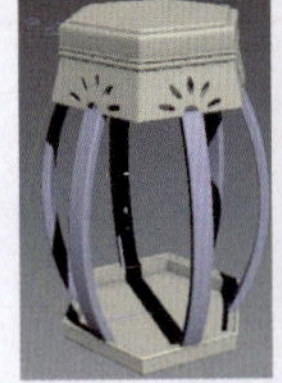
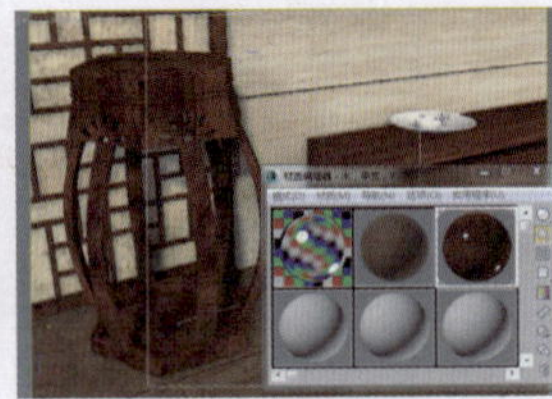

图2-157 完成制作

实例034 客厅家具类——中式供桌

实例效果剖析

供桌是一种长方形桌子，常被用来供设香蜡和摆放供品。本例介绍的供桌，主要采用了中式的构造及花纹桌布。

本例制作的中式供桌，效果如图2-158所示。

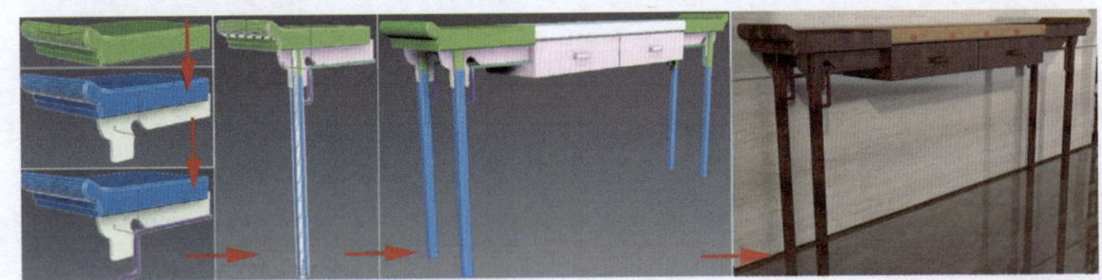

图2-158 效果展示

实例技术要点

本例主要用到的功能及技术要点如下。

- 施加“挤出”修改器：用于制作供桌桌面底端的花纹和桌腿。
- 施加“倒角”修改器：用于制作桌面模型。

场景文件路径	Scene\第2章\实例034 中式供桌.max		
贴图文件路径	Map\		
视频路径	视频\ cha02\实例034 中式供桌.mp4		
难易程度	★★	学习时间	15分28秒

实例035 客厅家具类——中式博古架

实例效果剖析

本例介绍的中式博古架是一种多层木架，每层形状不规则，前后均敞开，无板壁封挡，便于从各个位置观赏架上陈设的古玩、器皿，故又名“十锦槅子”“集锦槅子”“多宝槅子”。

本例制作的中式博古架，效果如图2-159所示。

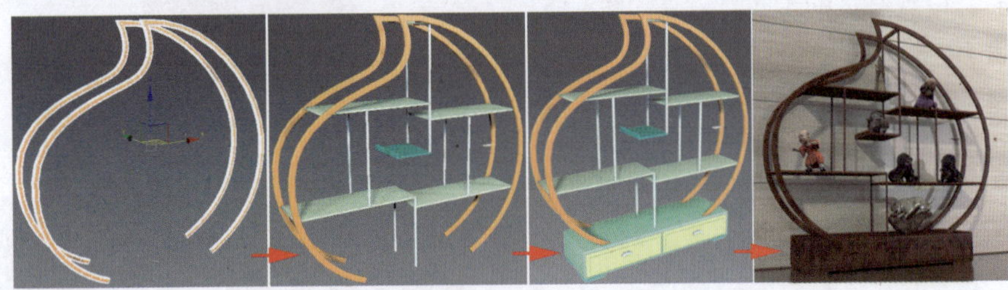

图2-159 效果展示

实例技术要点

本例主要用到的功能及技术要点如下。

- 转换为“可编辑多边形”：用于设置模型的切角和插入效果。
- 施加“FFD 2×2×2”修改器：用于调整多边形的顶点。
- 施加“挤出”修改器：用于制作博古架的把手和支架。

实例制作步骤

场景文件路径	Scene\第2章\实例035 中式博古架.max	
贴图文件路径	Map\	
视频路径	视频\ cha02\实例035 中式博古架.mp4	
难易程度	★★	学习时间
		24分10秒

1 在“前”视图中创建并调整样条线，效果如图2-160所示。

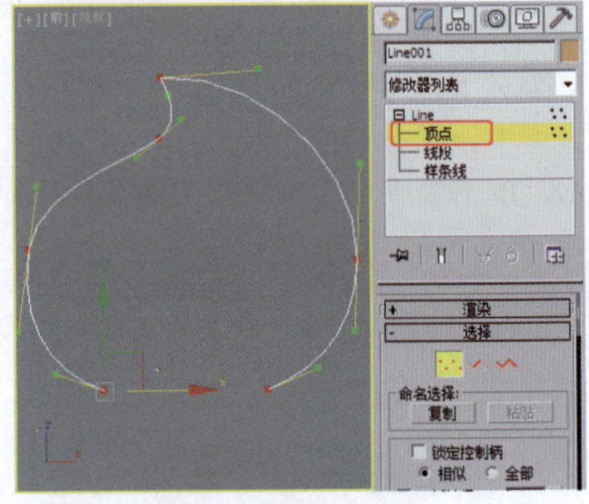

图2-160 创建并调整样条线

2 设置样条线的可渲染参数和“步数”数值，效果如图2-161所示。

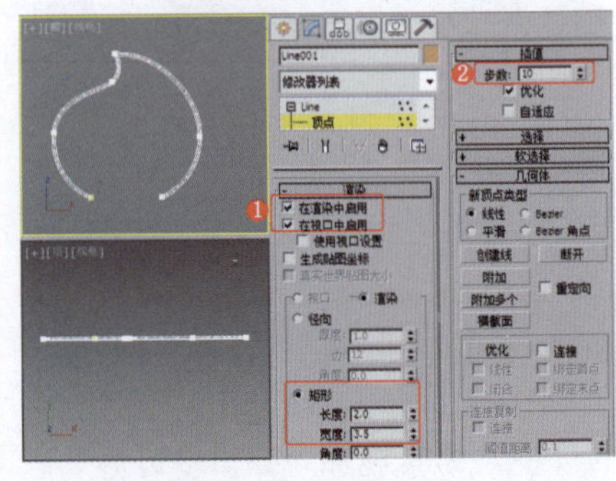

图2-161 设置参数

3 在“捕捉开关”按钮上右击，调出“栅格和捕捉设置”面板，在其中设置“捕捉”和“选项”选项卡参数，如图2-162所示。

4 在场景中的可渲染样条线上右击，在弹出的菜单中选择“转换为"→"转换为可编辑样条线"修改器，可以看到如图2-163所示的叠加多边形。

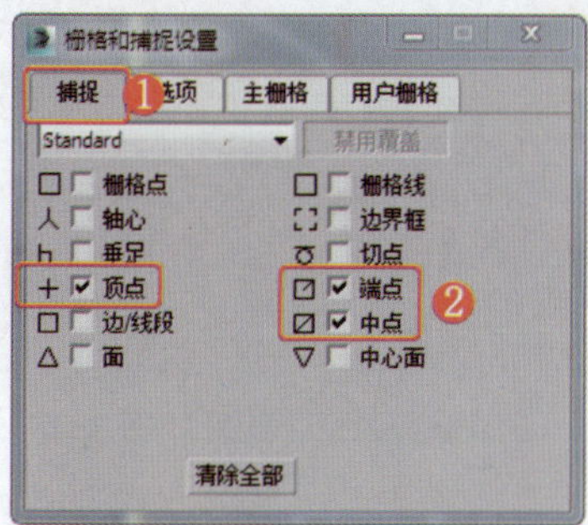

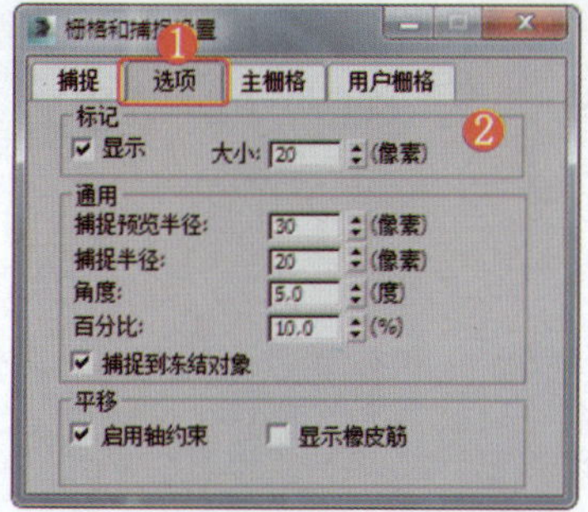

图2-162 设置捕捉参数

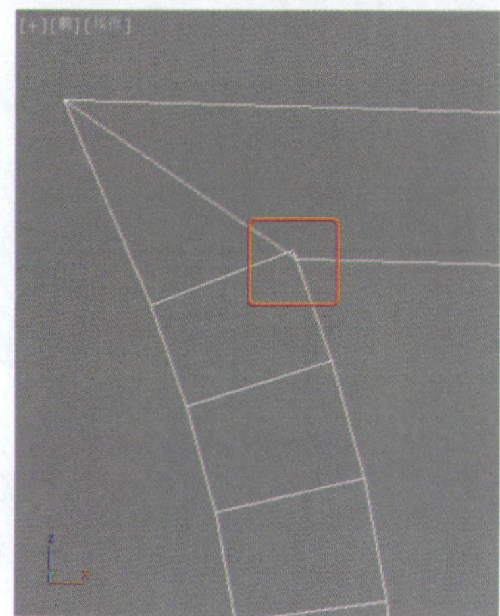

图2-163 叠加多边形

5 将选择集定义为"顶点"，在场景中调整叠加多边形的顶点，效果如图2-164所示。

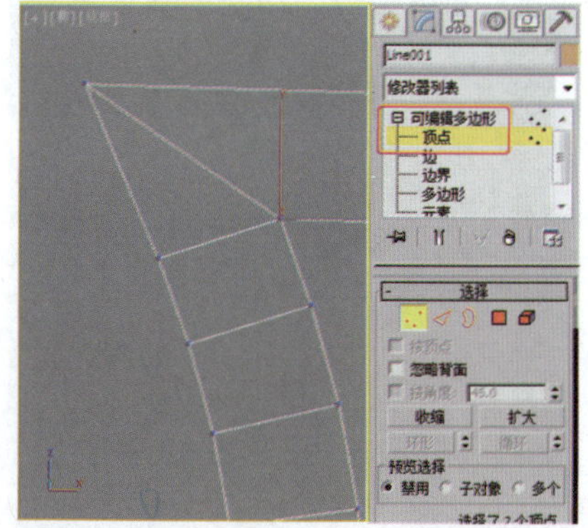

图2-164 调整顶点

6 将选择集定义为"边"，在"编辑边"卷展栏中单击"移除"按钮，移除多边形，效果如图2-165所示。

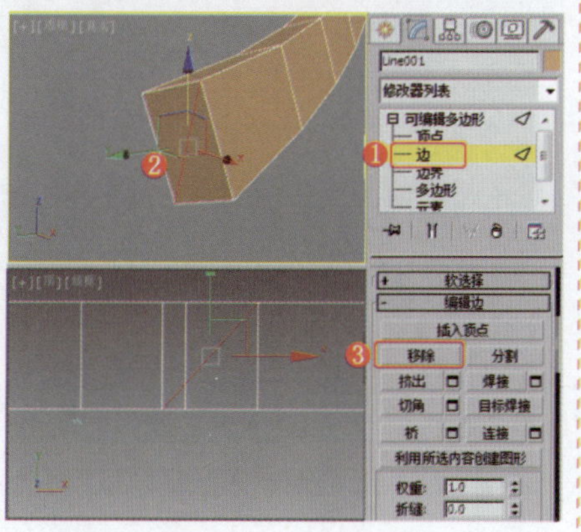

图2-165 移除边

7 在场景中选择如图2-166所示的边，单击"循环"按钮，选择循环边。

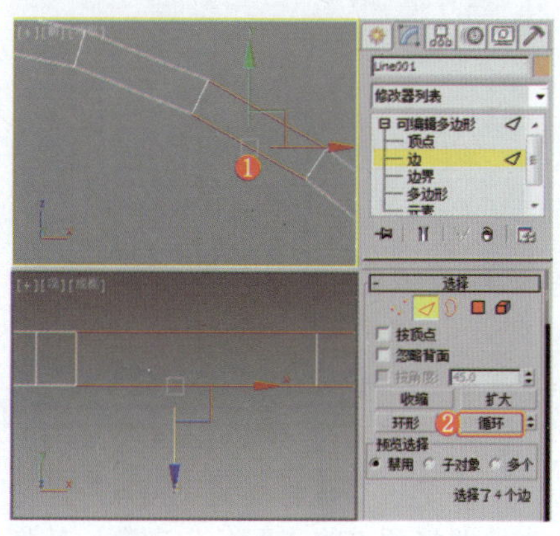

图2-166 选择边

8 选择边，右击，在弹出的快捷菜单中选择"切角" 工具，设置"切角"参数，效果如图2-167所示。

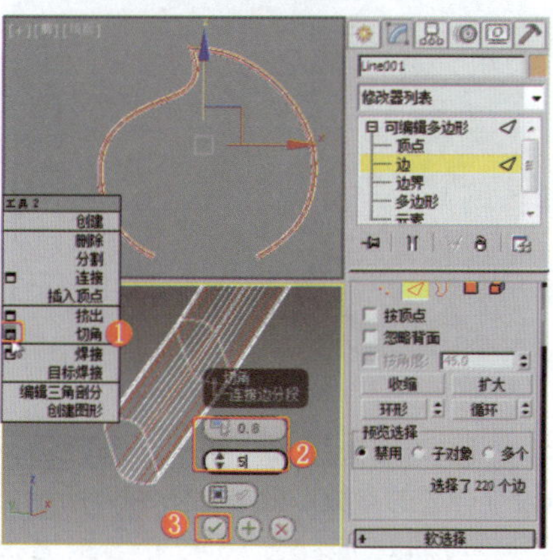

图2-167 设置"切角"参数

9 复制模型，效果如图2-168所示。

10 在"顶"视图中创建切角长方体，设置合适的参数，调整模型的位置，效果如图2-169所示。

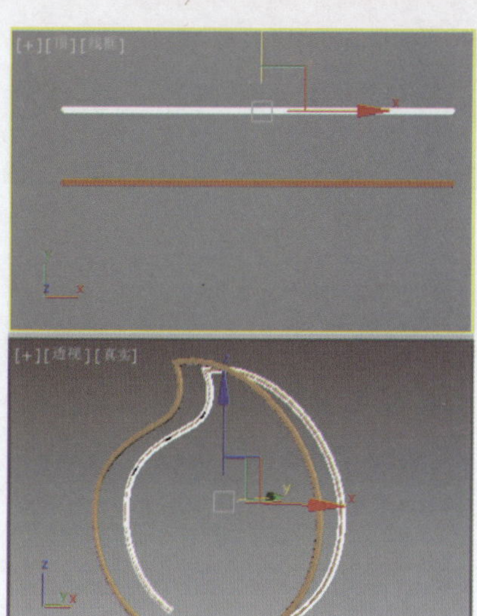

图2-168 复制模型

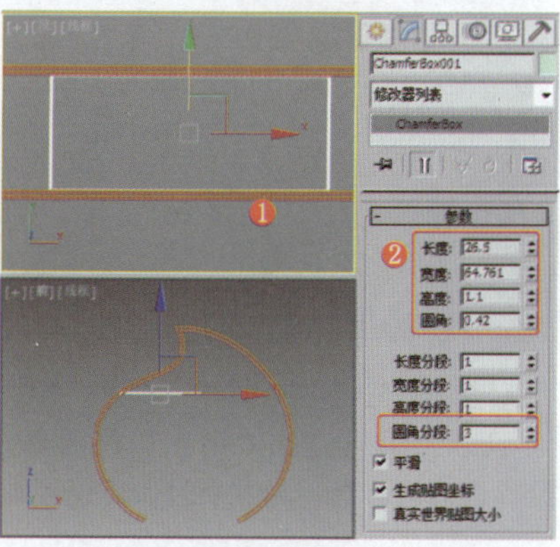

图2-169 创建切角长方体

11 将创建的切角长方体转换为"可编辑多边形"，将选择集定义为"顶点"，选择左侧的切角顶点，并为其施加"FFD 2×2×2"修改器，如图2-170所示，将选择集定义为"控制点"，调整选择的顶点。

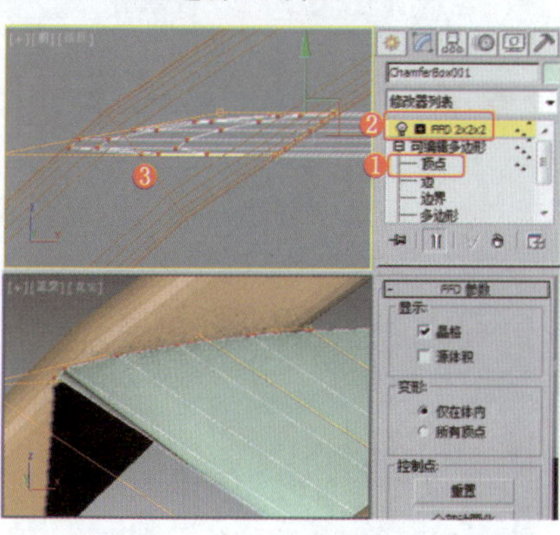

图2-170 调整顶点的变形

12 对模型进行复制，并重新调整如图2-171所示的顶点。

13 在"前"视图中创建矩形，将其转换为"可编辑样条线"，将选择集定义为"顶点"，调整图形的形状，效果如图2-172所示。

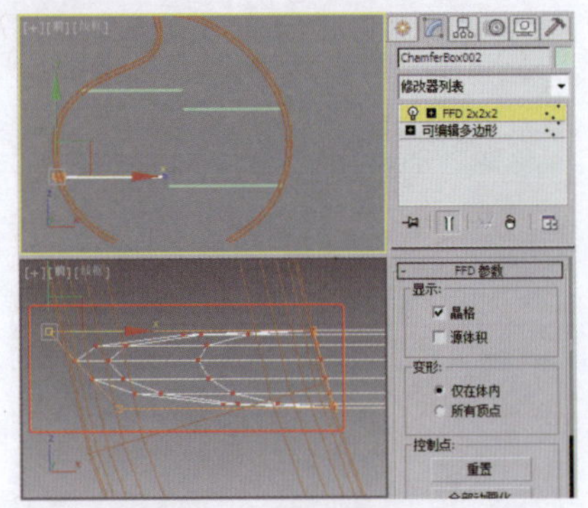
图2-171 调整模型的顶点

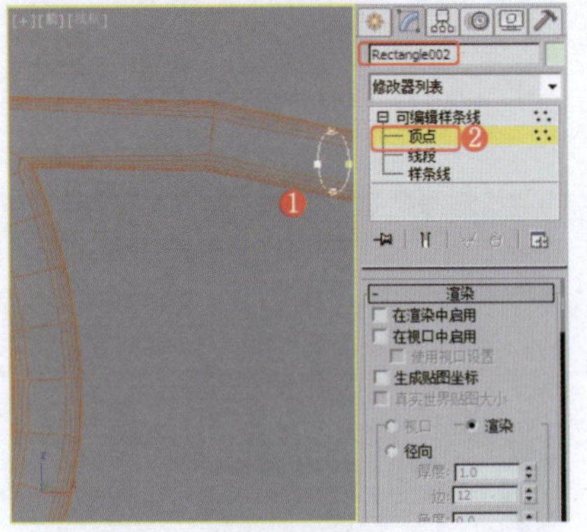
图2-172 创建并调整矩形

⑭ 为图形施加“挤出”修改器，设置合适的参数，效果如图2-173所示。

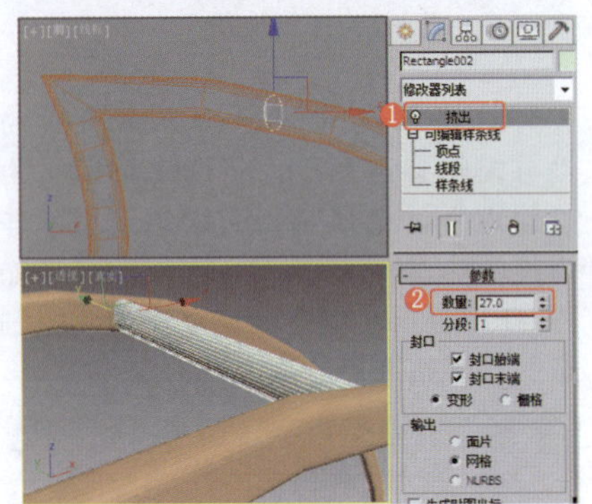
图2-173 挤出图形

⑮ 在场景中创建矩形，设置合适的参数，效果如图2-174所示。

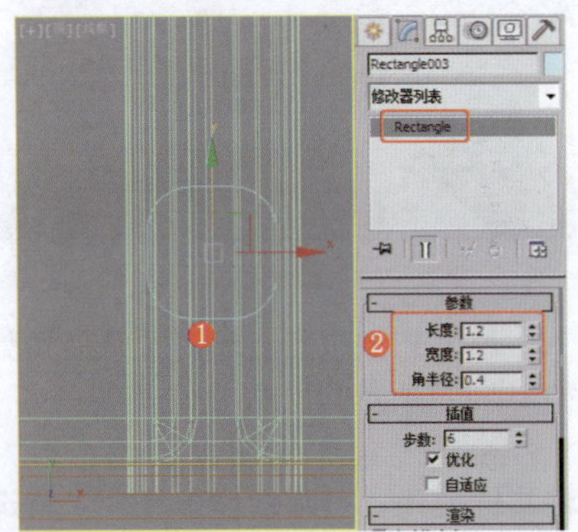
图2-174 创建矩形

⑯ 为矩形添加“挤出”修改器，设置合适的“数量”数值，效果如图2-175所示。

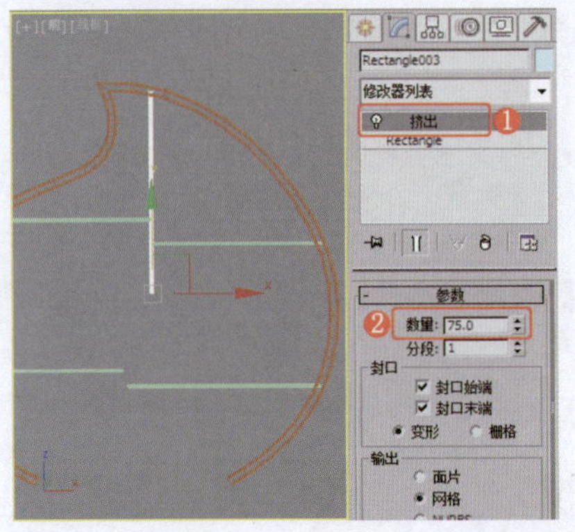
图2-175 挤出矩形

⑰ 在“前”视图中创建并调整图形，效果如图2-176所示。

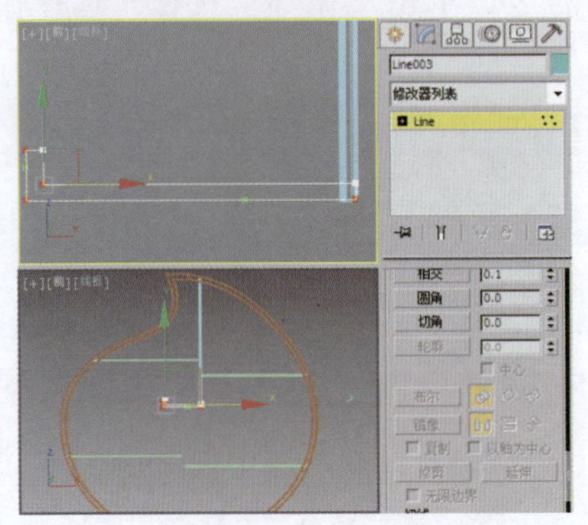
图2-176 创建并调整图形

⑱ 将选择集定义为“顶点”，适当地调整顶点的“圆角”参数，效果如图2-177所示。

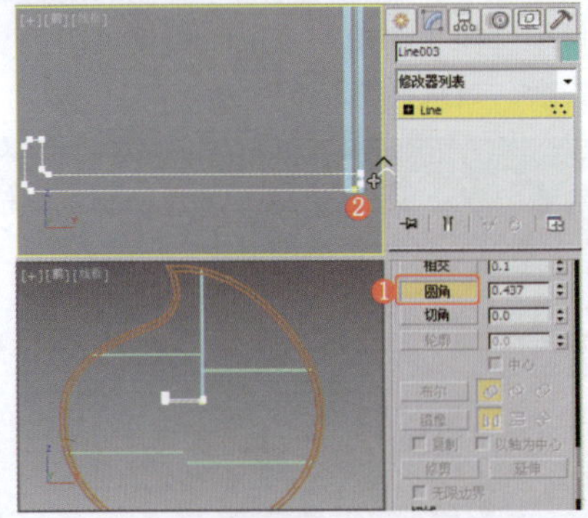
图2-177 设置图形的圆角

⑲ 为图形施加“挤出”修改器，设置合适的参数，效果如图2-178所示。

⑳ 将模型转换为“可编辑多边形”，选择如图2-179所示的边。

㉑ 设置边的“切角”参数，效果如图2-180所示。

㉒ 在场景中复制模型，效果如图2-181所示。

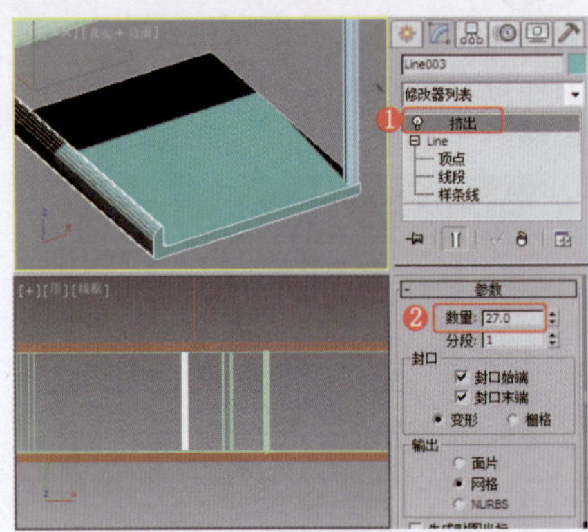
图2-178 挤出图形

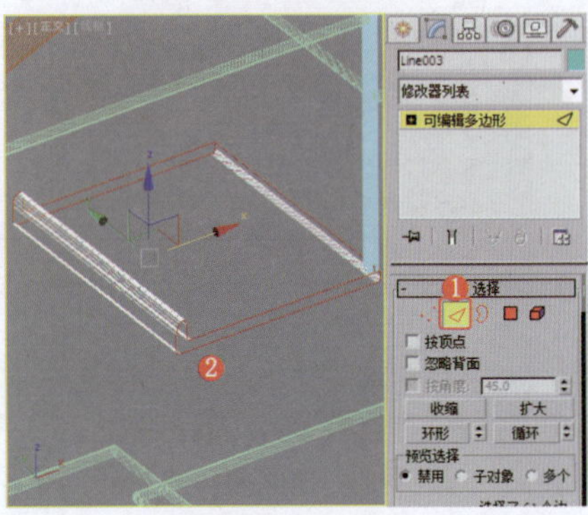
图2-179 选择边

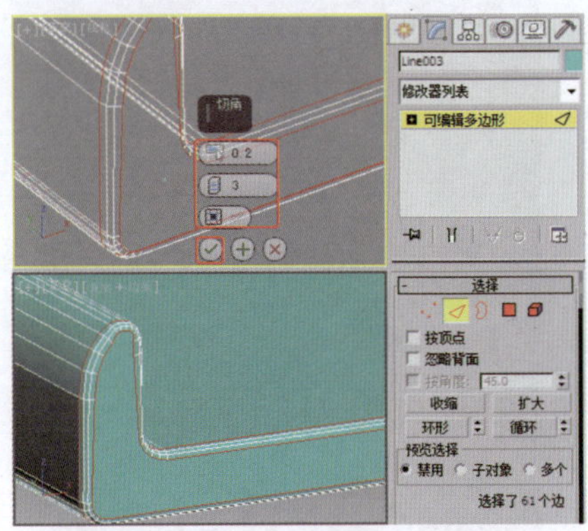
图2-180 设置边的“切角”参数

图2-181 复制模型

㉓在“前”视图中创建切角长方体，设置合适的参数，效果如图2-182所示。

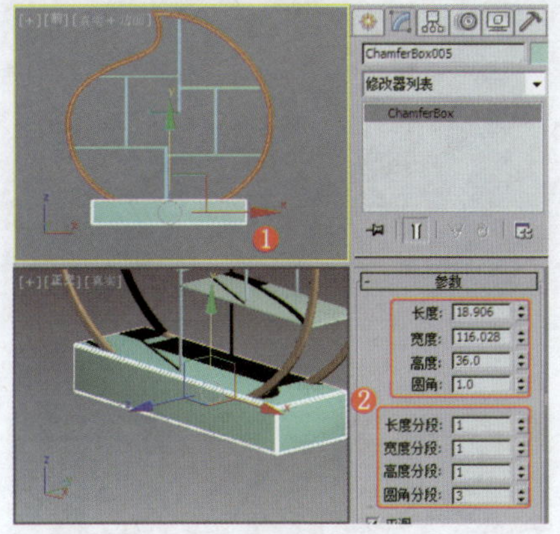

图2-182 创建切角长方体

㉔在场景中适当的位置创建切角长方体，设置合适的参数，将其作为抽屉，效果如图2-183所示。

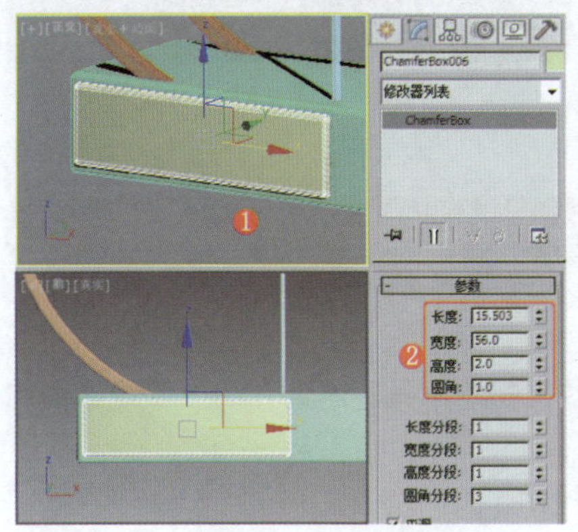

图2-183 创建抽屉模型

㉕将作为抽屉的模型转换为“可编辑多边形”，将选择集定义为“多边形”，选择正面的多边形，右击，在弹出的快捷菜单中选择“插入”命令，设置多边形的“插入”参数，单击按钮，效果如图2-184所示。

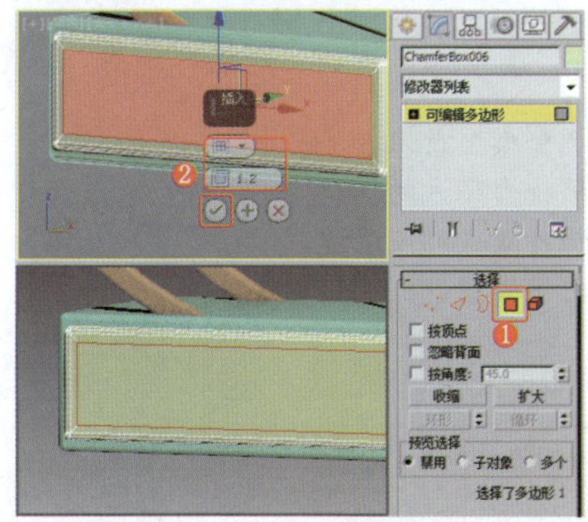

图2-184 设置抽屉模型的“插入”参数

㉖继续选择多边形，设置多边形的“挤出”参数，效果如图2-185所示。

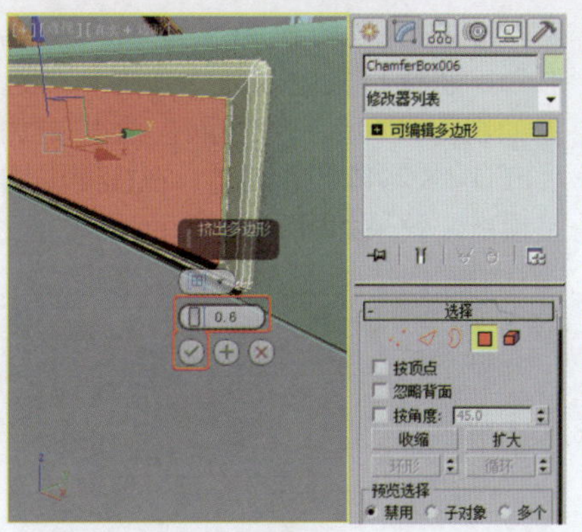

图2-185 设置多边形的“挤出”参数

㉗将选择集定义为“边”，在场景中选择如图2-186所示的边。

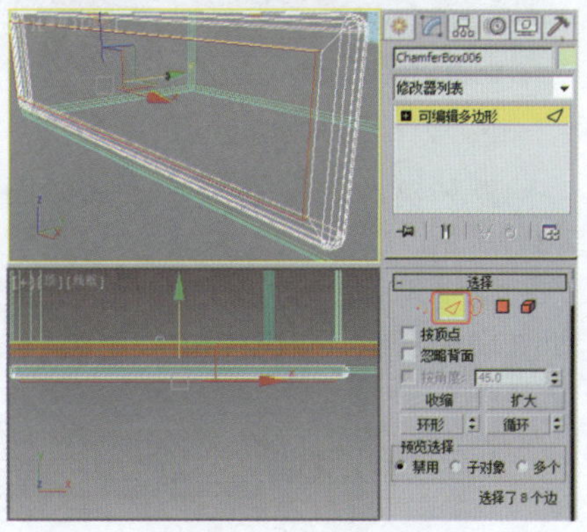

图2-186 选择边

㉘设置边的“切角”参数，效果如图2-187所示。

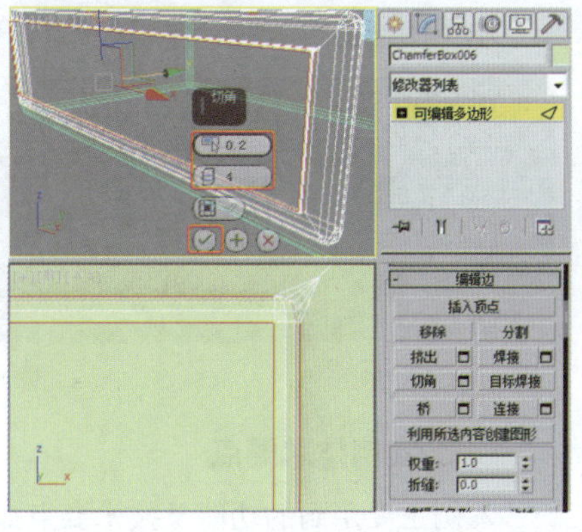

图2-187 设置边的“切角”参数

㉙在“前”视图中创建并调整图形，效果如图2-188所示。

㉚为图形施加“挤出”修改器，设置挤出的“数量”数值，效果如图2-189所示。

㉛在挤出的模型上右击，在弹出的快捷菜单中选择“可编辑多边形”命令，将选择集定义为“边”，选择如图2-190所示的边。

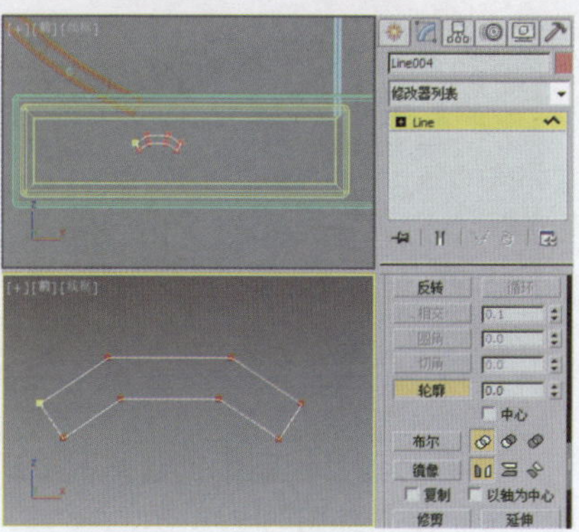

图2-188 创建并调整图形

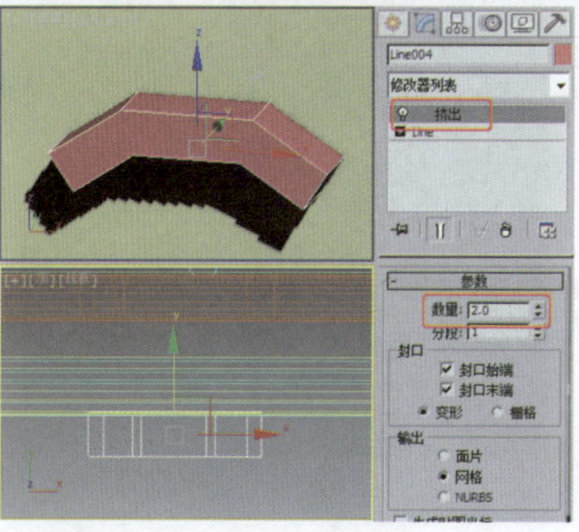

图2-189 挤出图形

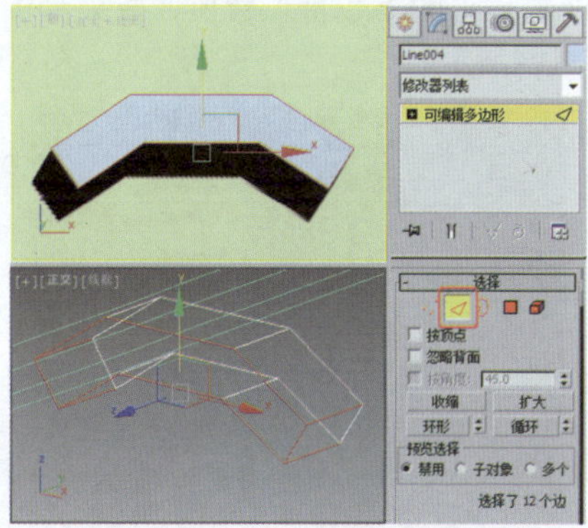

图2-190 选择模型的边

㉜设置模型边的“切角”参数，效果如图2-191所示。

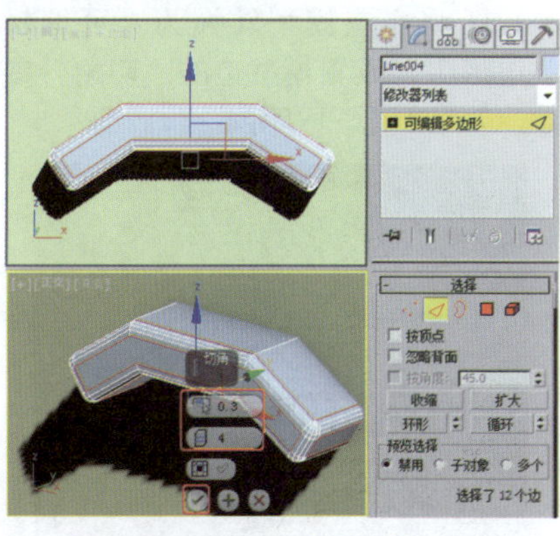

图2-191 设置边的“切角”参数

㉝对抽屉模型和把手模型进行复制，效果如图2-192所示。

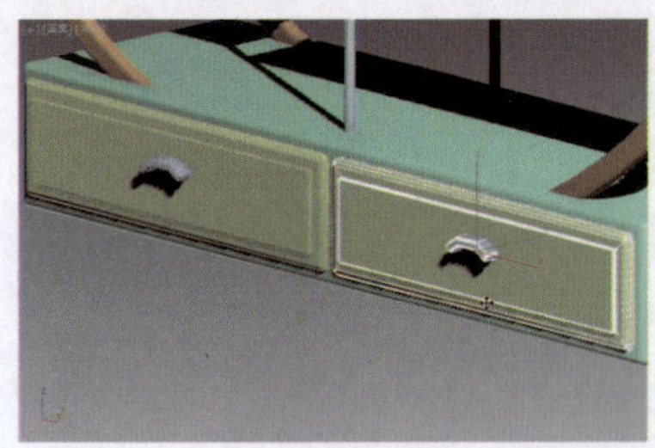

图2-192　复制模型

34 在“顶”视图中创建并调整底座图形，效果如图2-193所示。

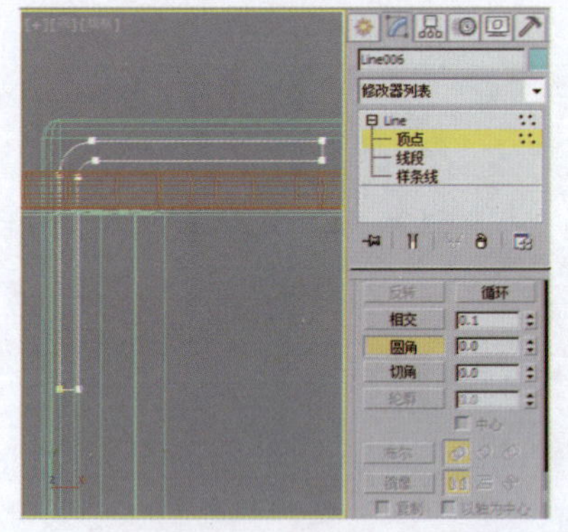

图2-193　创建并调整图形

35 为图形施加“挤出”修改器，设置挤出的“数量”数值，效果如图2-194所示。

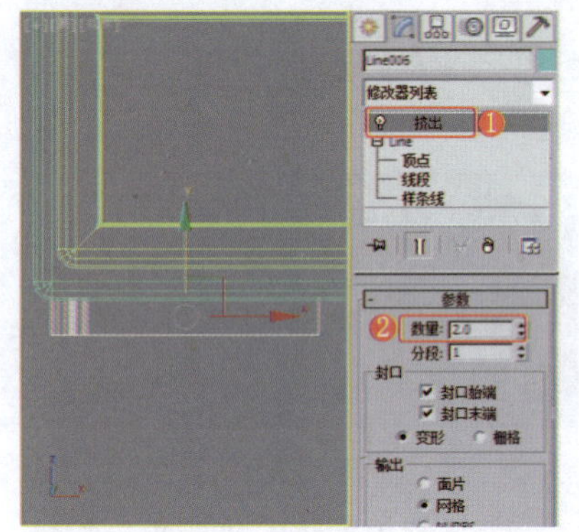

图2-194　为图形施加“挤出”修改器

36 将底座模型转换为“可编辑多边形”，设置模型边的“切角”参数，效果如图2-195所示。

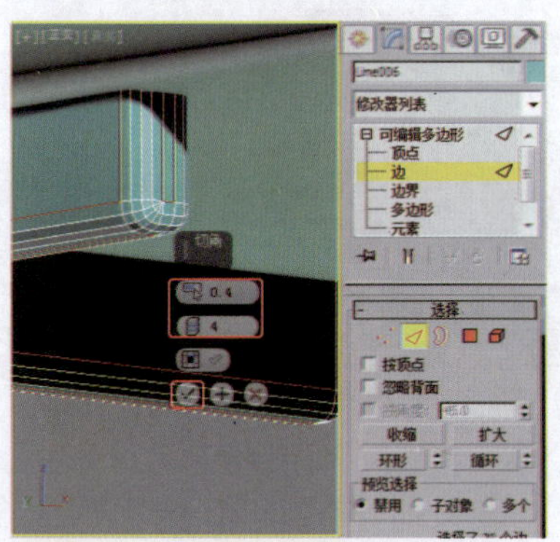

图2-195　设置边的“切角”参数

37 将模型转换为“可编辑多边形”，将选择集定义为“顶点”，选择如图2-196所示的顶点，为其施加“FFD 2×2×2”修改器，在视图中调整顶点，效果如图2-196所示。

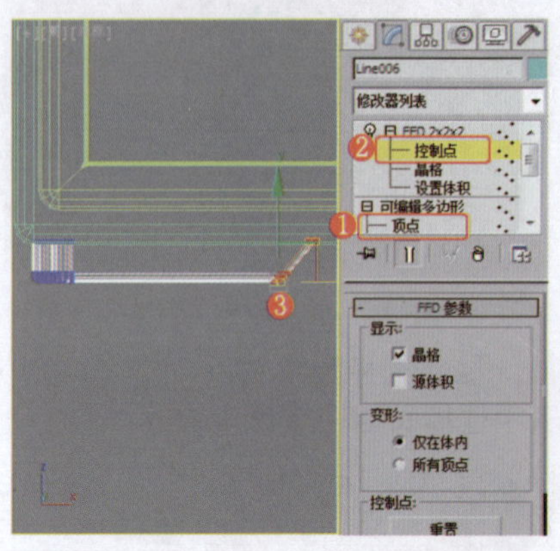

图2-196　调整顶点的变形效果

38 对模型进行复制，效果如图2-197所示。

39 完成中式博古架的制作，效果如图2-198所示。可以使用中式供桌实例的场景，对该博古架进行渲染，在此不再赘述。

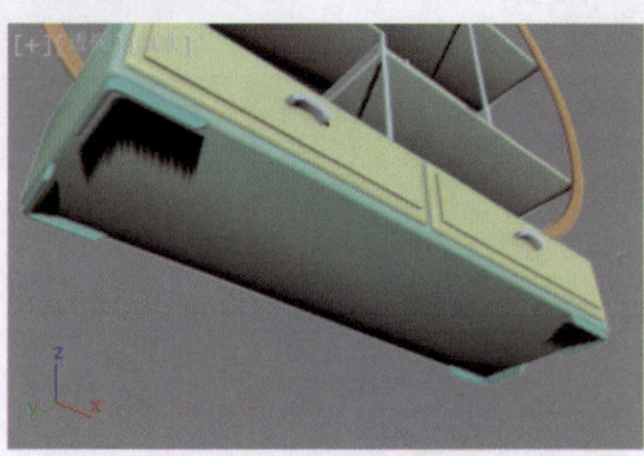

图2-197　复制模型

图2-198　完成的博古架模型

实例036　卧室家具类——梳妆台

实例效果剖析

梳妆台是放置在卧室中主人用来梳妆打扮的家具。本例介绍一款欧式简约梳妆台的制作，效果自然、流畅。

本例制作的梳妆台，效果如图2-199所示。

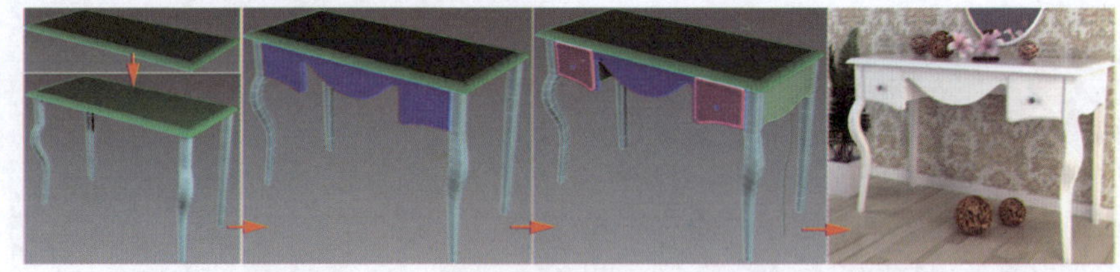

图2-199　效果展示

实例技术要点

本例主要用到的功能及技术要点如下。

- 转换为“可编辑多边形”：用于调整模型效果。
- 施加“挤出”修改器：用于制作梳妆台下方的模型。
- 施加“倒角剖面”修改器：用于制作欧式的圆滑边。
- 施加“车削”修改器：用于制作把手模型。

实例制作步骤

场景文件路径	Scene\第2章\实例036 梳妆台.max		
贴图文件路径	Map\		
视频路径	视频\ cha02\实例036 梳妆台.mp4		
难易程度	★★★	学习时间	34分28秒

❶在“顶”视图中创建矩形，设置合适的参数，效果如图2-200所示。

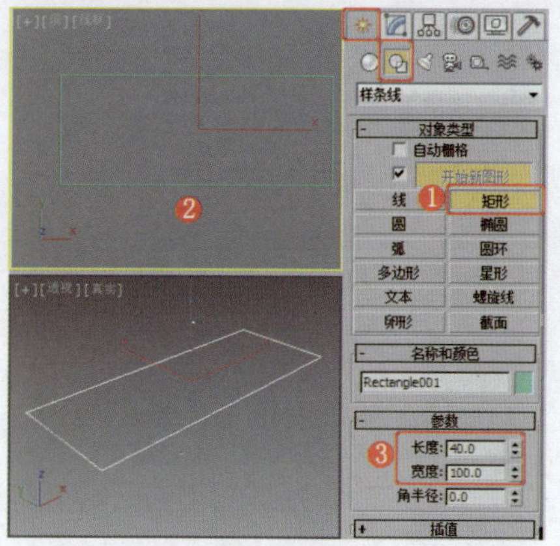

图2-200 创建矩形

❷在“前”视图中创建剖面图形，对其进行调整，效果如图2-201所示。

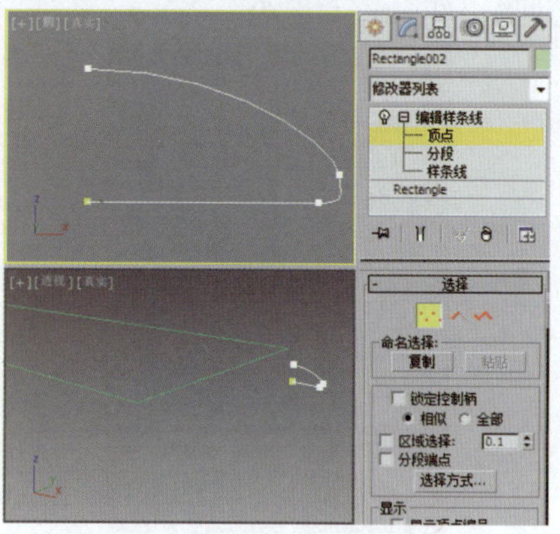

图2-201 创建桌面剖面图形

❸在场景中选择矩形，为其施加“倒角剖面”修改器，拾取调整后的剖面图形，效果如图2-202所示。

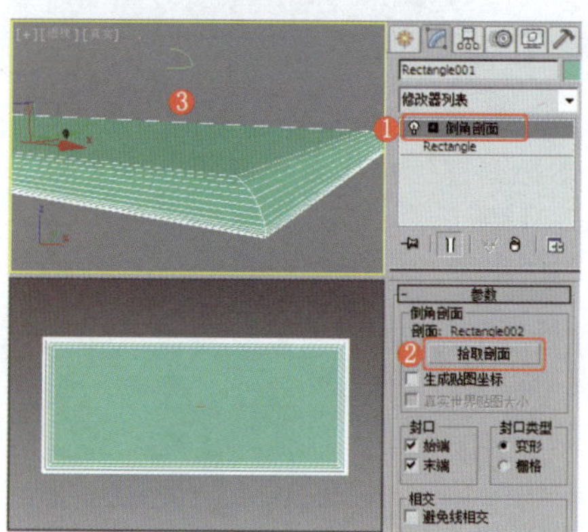

图2-202 创建桌面模型

❹在“顶”视图中创建长方体，设置合适的参数，效果如图2-203所示。

❺在“前”视图中创建样条线，调整样条线的形状，效果如图2-204所示。

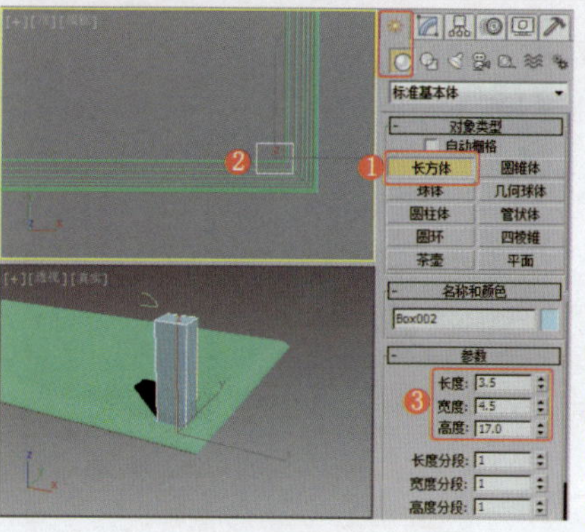

图2-203 创建长方体

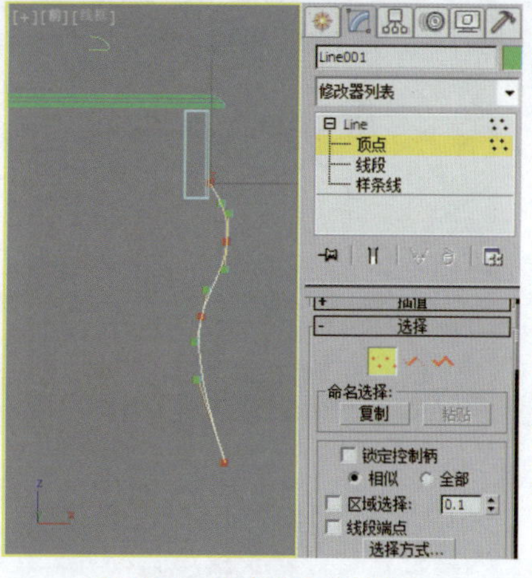

图2-204 创建并调整样条线

❻在场景中选择长方体，将其转换为“可编辑多边形”，将选择集定义为“边”，在场景中选择垂直的四条边，设置边的连接，效果如图2-205所示。

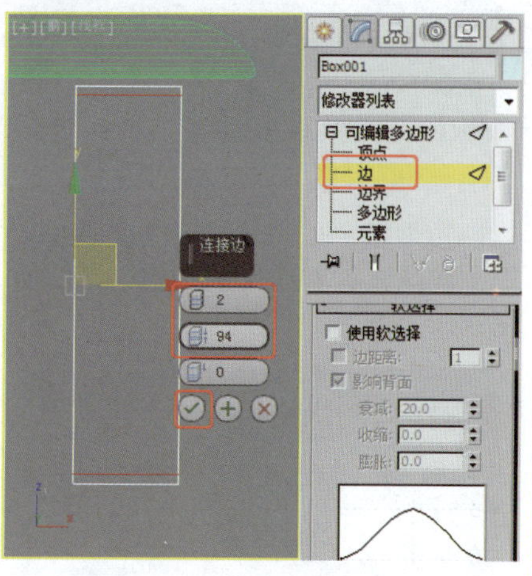

图2-205 连接边

❼在场景中选择前后纵向的四条边，设置边的连接，如图2-206所示。

提 示

这里需要注意的是，左右的纵向边不需要选择。

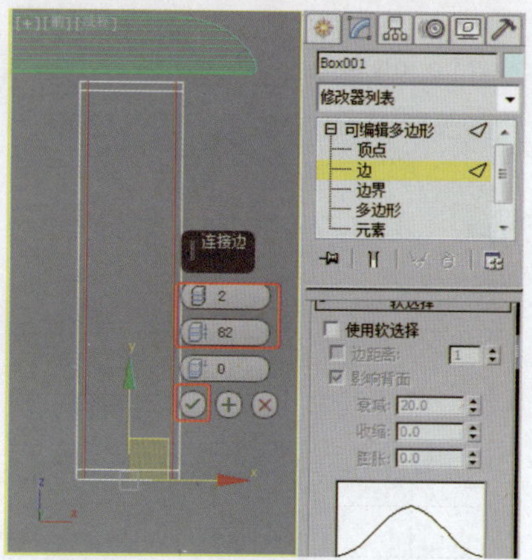

图2-206 连接边

❽在场景中选择如图2-207所示的边。

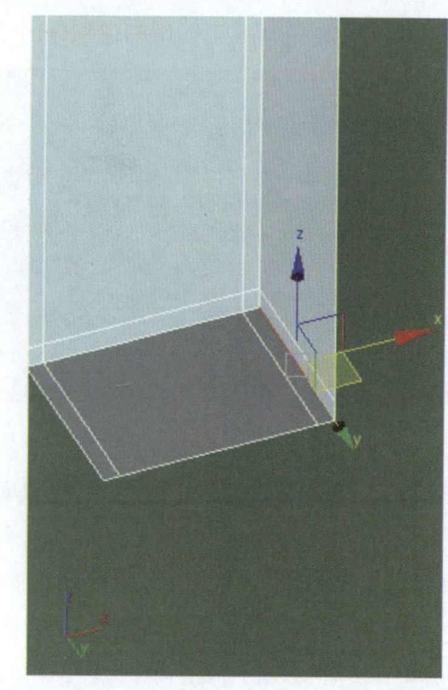

图2-207 选择边

❾在“选择”卷展栏中单击“环形”按钮，选择如图2-208所示的边。

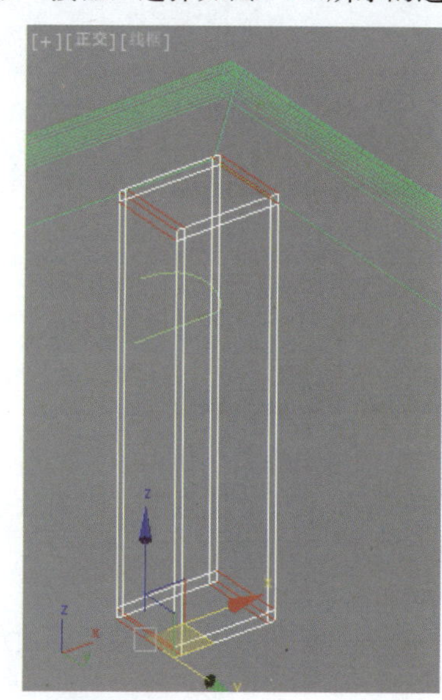

图2-208 选择边

⑩ 选择边，设置边的连接，效果如图2-209所示。

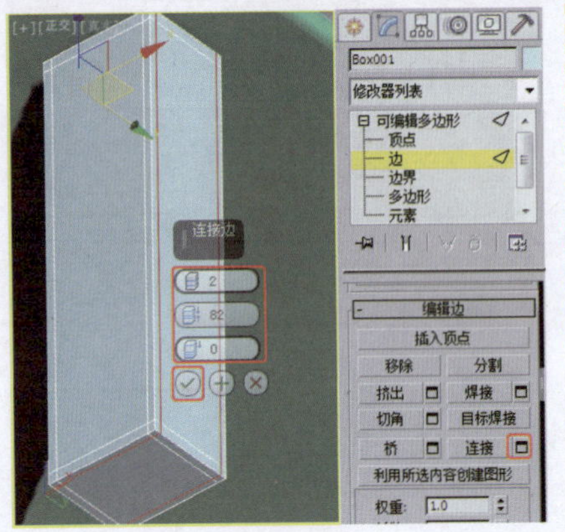

图2-209　连接边

⑪ 在场景中旋转样条线，效果如图2-210所示。

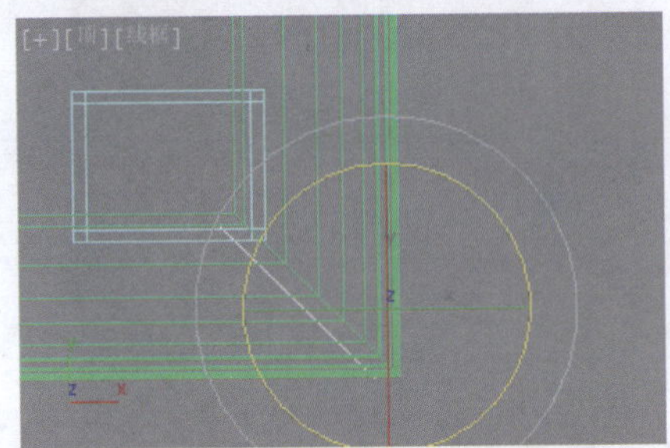

图2-210　旋转样条线

⑫ 在场景中选择多边形，效果如图2-211所示。

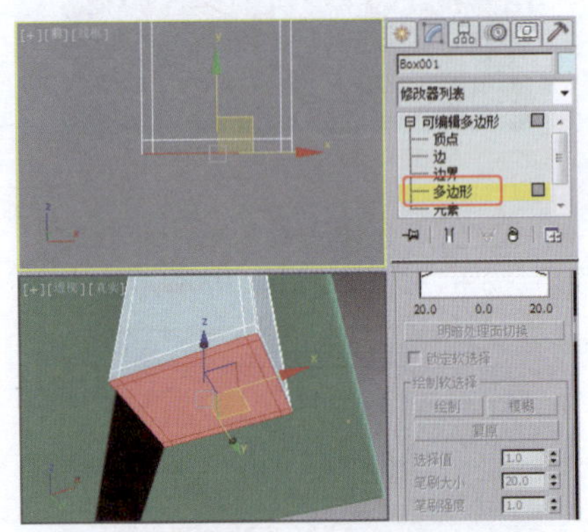

图2-211　选择多边形

⑬ 选择多边形，在“编辑多边形”卷展栏中单击“沿样条线挤出”右侧的按钮▣，单击拾取样条线，设置分段，如图2-212所示。

⑭ 创建沿样条线挤出的模型后，将选择集定义为“顶点”，使用软选择调整顶点的缩放，效果如图2-213所示。

⑮ 继续使用软选择调整顶部顶点的缩放，效果如图2-214所示。

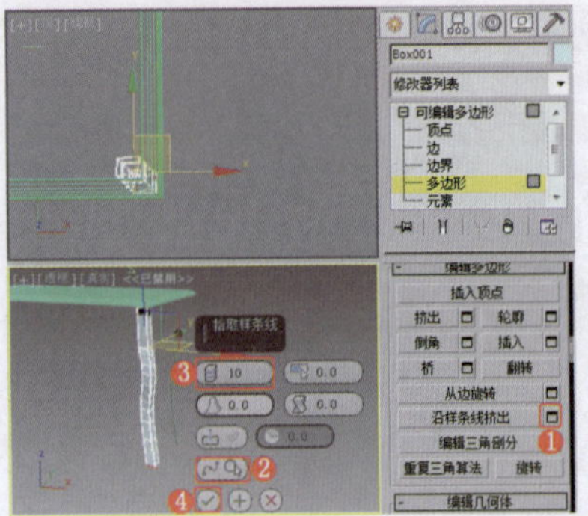

图2-212　沿样条线挤出

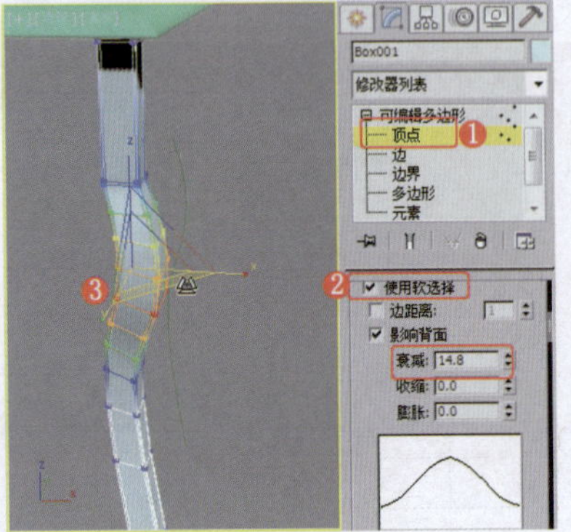

图2-213　调整顶点

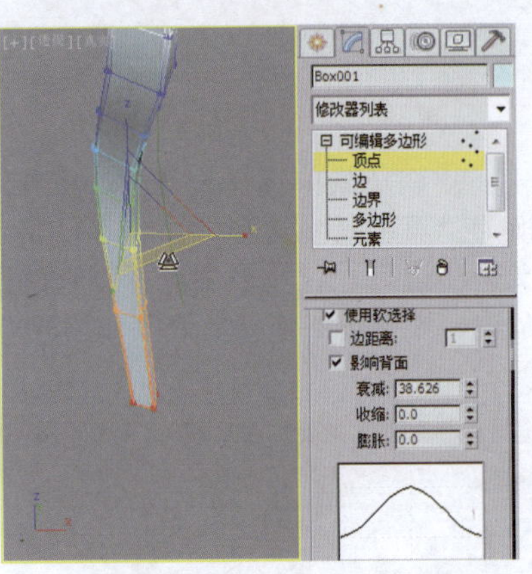

图2-214　调整顶部的顶点

⑯ 取消“使用软选择”复选框的选中状态，调整底部的顶点，效果如图2-215所示。

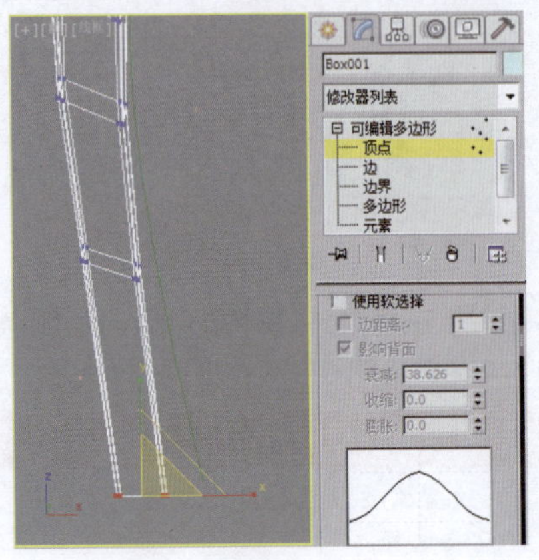

图2-215　调整底部的顶点

⑰ 关闭选择集，为模型施加“涡轮平滑”修改器，效果如图2-216所示。

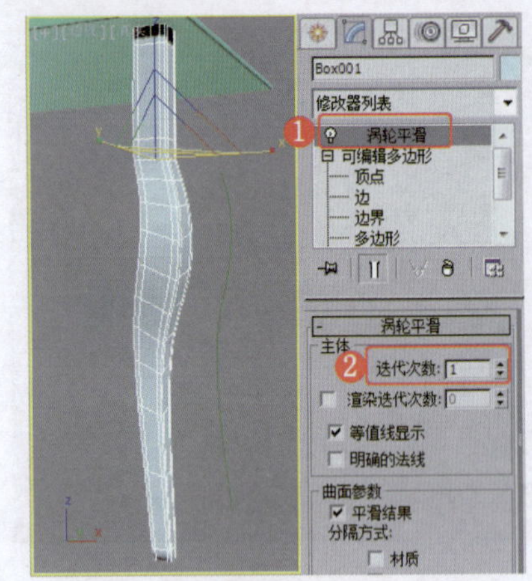

图2-216　设置模型的平滑效果

⑱ 观察调整后的梳妆台腿部模型，可以看出底部多边形的平面不够细腻，如图2-217所示。

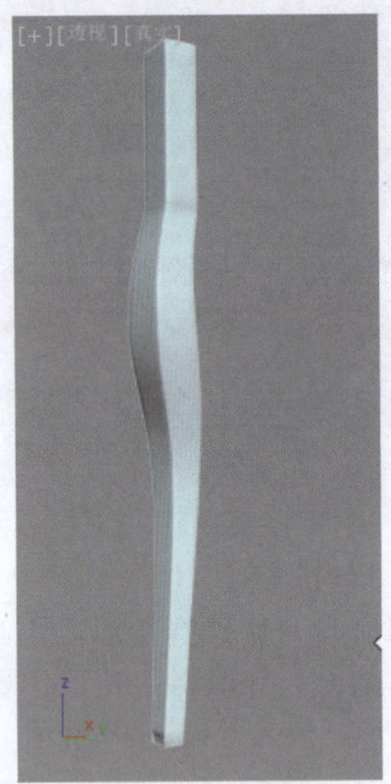

图2-217　观察模型

⑲ 设置底部多边形的“挤出”参数，连续挤出多段模型，效果如图2-218所示。

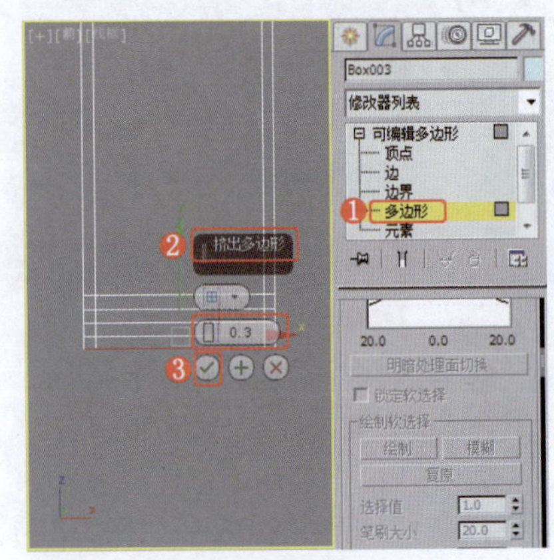

图2-218　挤出多边形

⑳ 在“前”视图中创建如图2-219所示的样条线，并调整图形的形状。

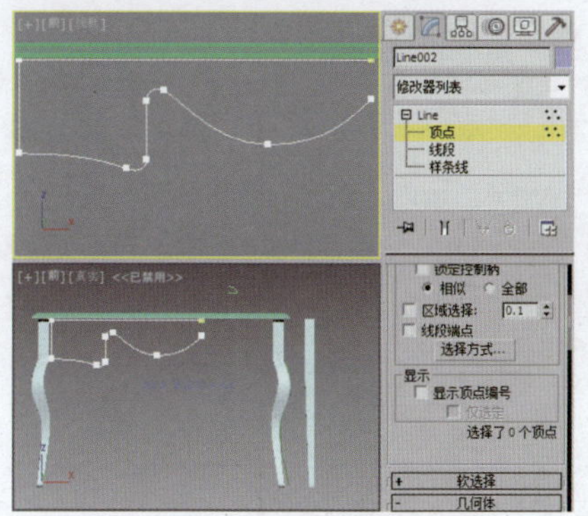

图2-219 创建并调整图形

㉑ 将选择集定义为“样条线”，选择样条线，设置样条线的“镜像”参数，效果如图2-220所示。

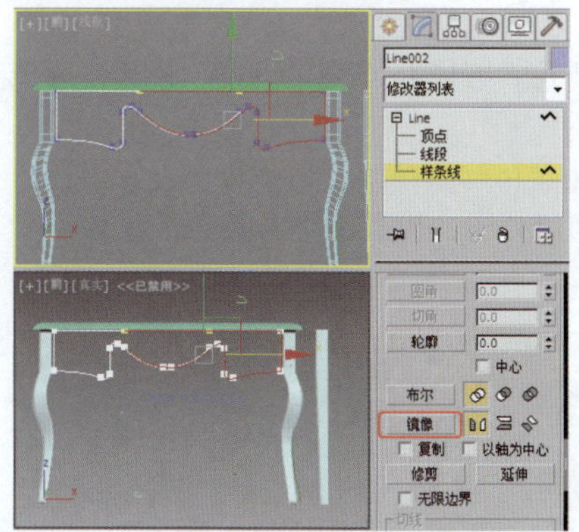

图2-220 镜像样条线

㉒ 使用“修剪”或“布尔”工具修剪样条线，然后使用顶点的“焊接”工具，将模型组合为一个整体，效果如图2-221所示。

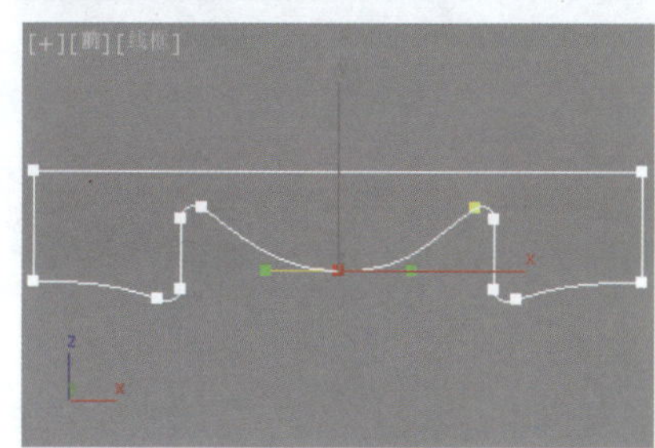

图2-221 调整模型

㉓ 为图形施加“挤出”修改器，设置合适的数量，效果如图2-222所示。

㉔ 将模型转换为“可编辑多边形”，将选择集定义为“边”，在场景中全选模型的边，并设置其“切角”参数，效果如图2-223所示。

㉕ 在“前”视图中创建切角长方体，设置合适的参数，效果如图2-224所示。

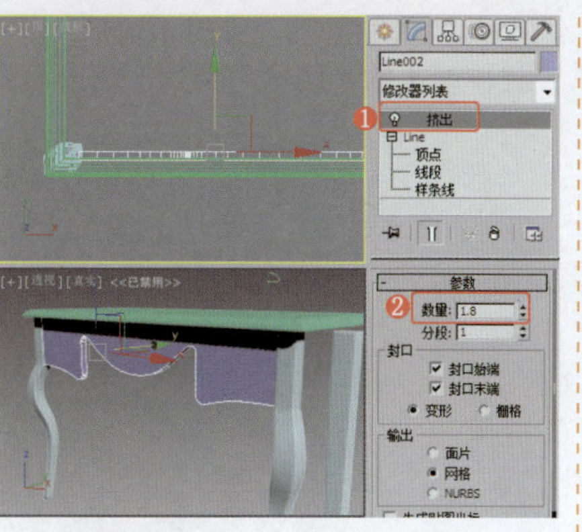

图2-222 施加“挤出”修改器

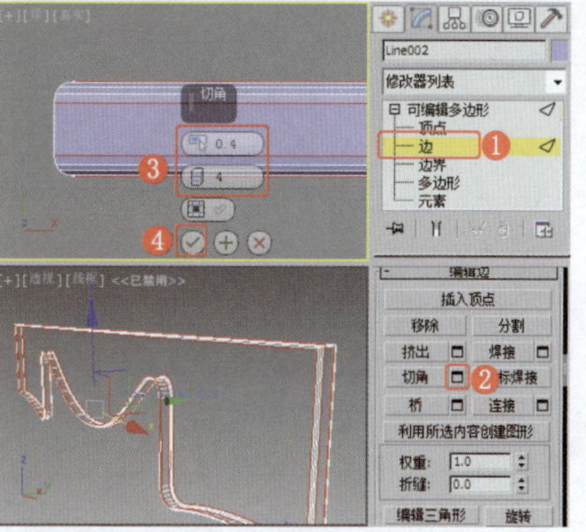

图2-223 设置边的“切角”参数

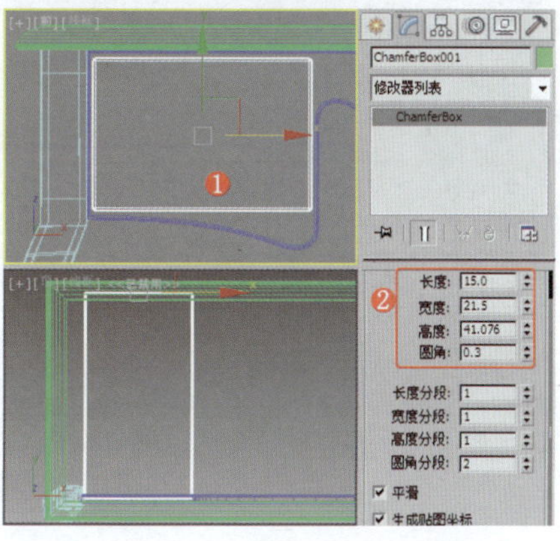

图2-224 创建切角长方体

㉖ 在“前”视图中根据模型的形状绘制图形，效果如图2-225所示。

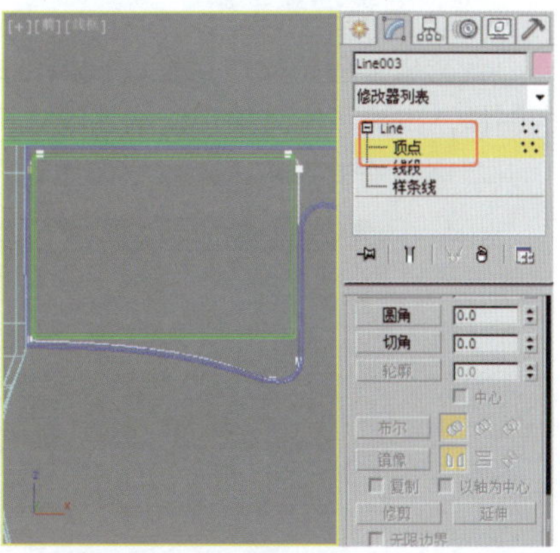

图2-225 创建图形

㉗ 将选择集定义为“样条线”，设置样条线的轮廓并删除外侧的样条线，效果如图2-226所示。

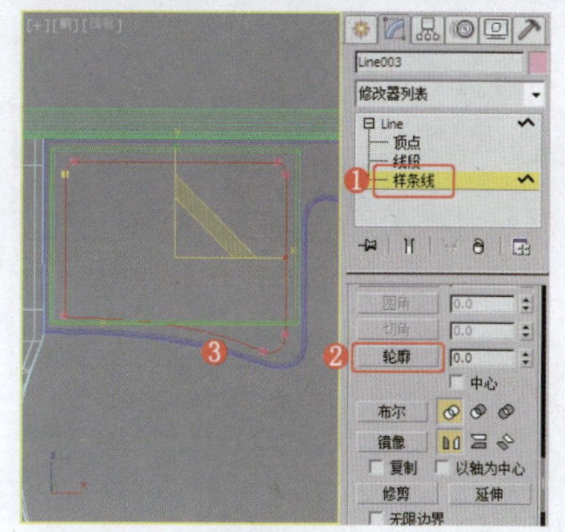

图2-226 设置并调整样条线

㉘ 在“顶”视图中创建剖面图形，调整图形的形状，效果如图2-227所示。

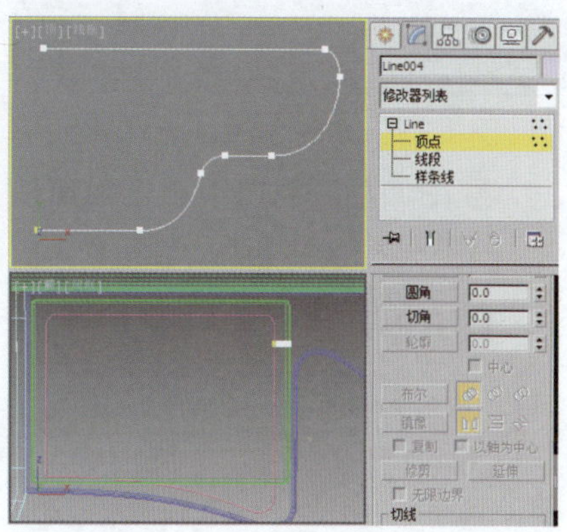

图2-227 创建剖面图形

㉙ 在场景中选择设置有轮廓的样条线，为其施加“倒角剖面”修改器，拾取图2-227中创建的剖面图形，效果如图2-228所示。

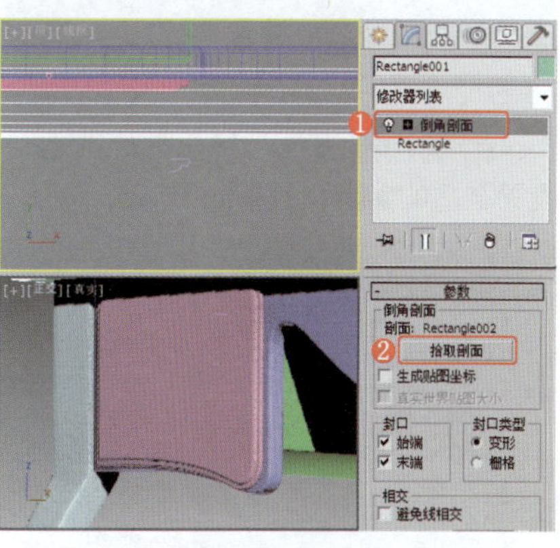

图2-228 施加“倒角剖面”修改器

㉚ 在“顶”视图中创建把手的截面图形，效果如图2-229所示。

㉛ 为图形施加“车削”修改器，设置合适的参数，效果如图2-230所示。

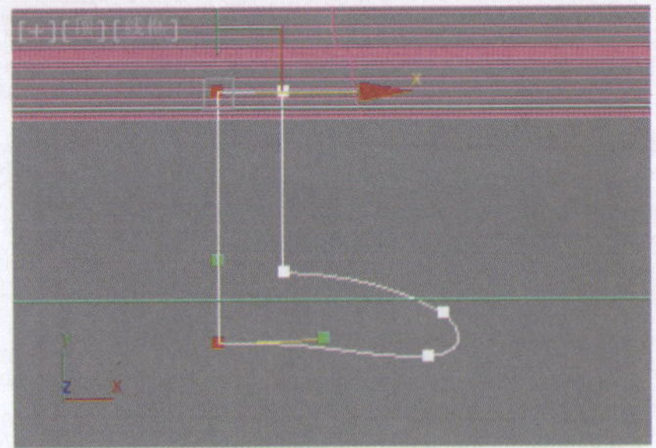

图2-229　创建把手的截面图形

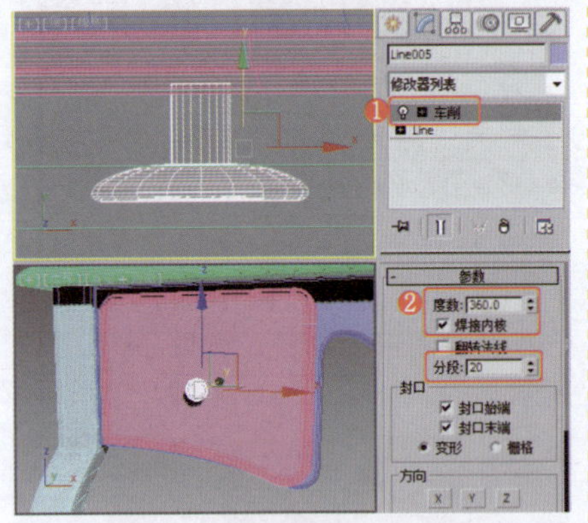

图2-230　施加"车削"修改器

32 在"左"视图中创建截面图形，效果如图2-231所示。

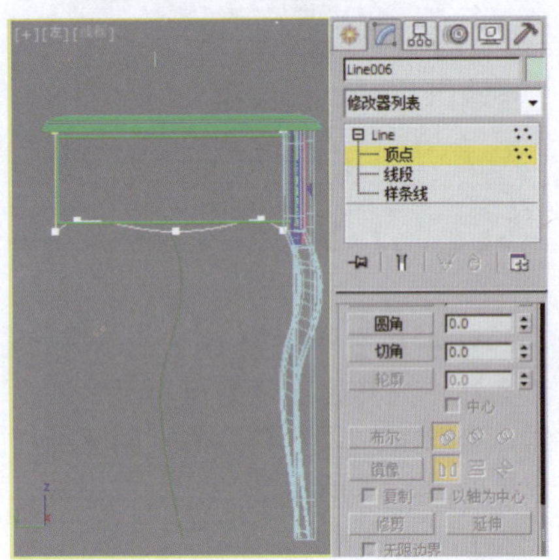

图2-231　创建截面图形

33 为图形施加"挤出"修改器，设置合适的参数，效果如图2-232所示。

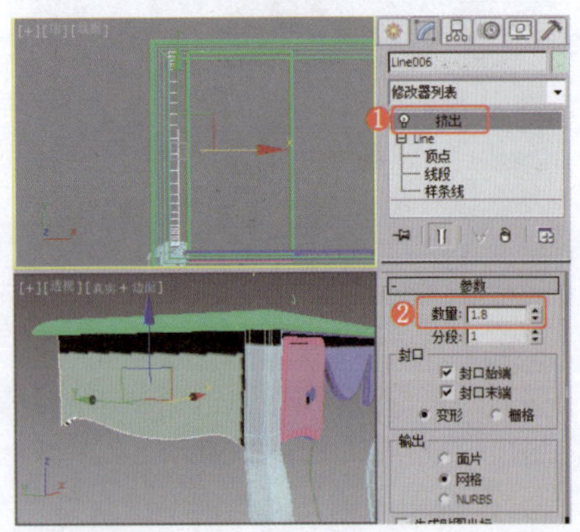

图2-232　施加"挤出"修改器

34 为模型施加"编辑多边形"修改器，将选择集定义为"边"，在场景中设置模型边的"切角"参数，效果如图2-233所示。

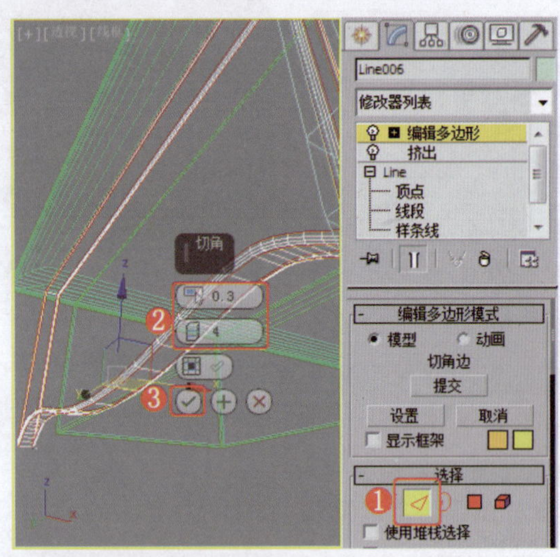

图2-233　设置模型边的"切角"参数

35 对模型进行复制，然后创建一个切角长方体并调整其参数，将其作为梳妆台后面的挡板，效果如图2-234左图所示。

36 至此，模型制作完成，为其制作地面和墙面模型；为梳妆台设置白色漆面材质，为把手设置金属材质；为场景创建灯光；设置渲染参数，渲染输出，在此不再赘述，效果如图2-234右图所示。

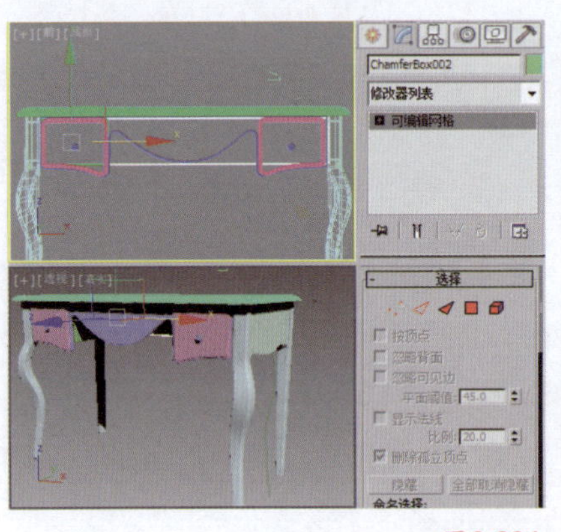

图2-234　完成制作

实例037　卧室家具类——铁艺床

实例效果剖析

铁艺床一般是被应用在欧式风格的家居装修中。本例介绍一款欧式铁艺床的制作，床头和床尾采用流畅的欧式田园花纹。

本例制作的铁艺床，效果如图2-235所示。

图2-235　效果展示

实例技术要点

本例主要用到的功能及技术要点如下。

- 施加“车削”修改器：用于制作床腿。
- 转换为“可编辑网格”：用于将可渲染的线进行缩放调整。
- 转换为“可编辑多边形”：用于调整模型的效果。
- 施加“编辑样条线”修改器：用于调整图形的形状。
- 施加“挤出”修改器：用于制作装饰图形。
- 使用“放样”工具：放样床裙模型。
- 刚体和布料：使用“MassFX”工具制作出布料床单的效果。

实例制作步骤

场景文件路径	Scene\第2章\实例037 铁艺床.max	
贴图文件路径	Map\	
视频路径	视频\ cha02\实例037 铁艺床.mp4	
难易程度	★★★	学习时间 43分25秒

❶在“前”视图中创建可渲染的样条线，设置合适的参数，效果如图2-236所示。

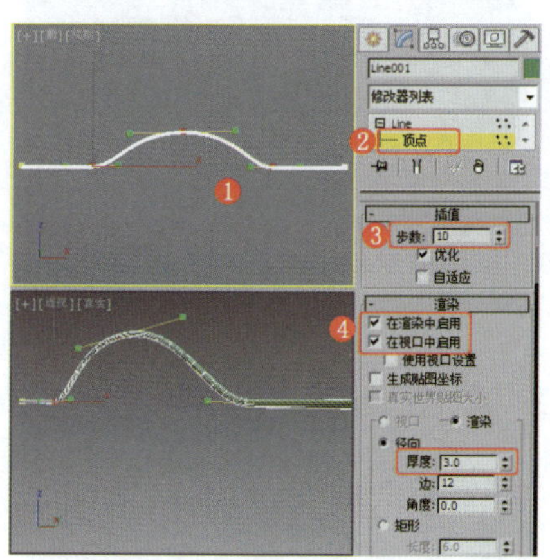

图2-236 创建可渲染的样条线

❷在“前”视图中移动复制可渲染的样条线，重新设置其可渲染参数，效果如图2-237所示。

❸在“前”视图中创建床腿截面图形，效果如图2-238所示。

❹调整床腿顶部图形的形状，效果如图2-239所示。

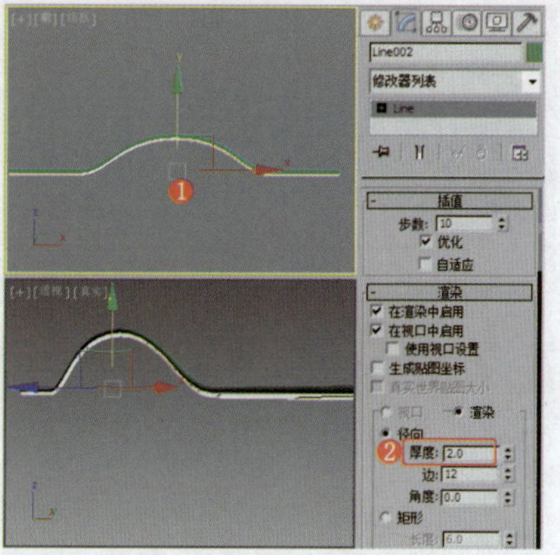

图2-237 复制样条线并调整参数

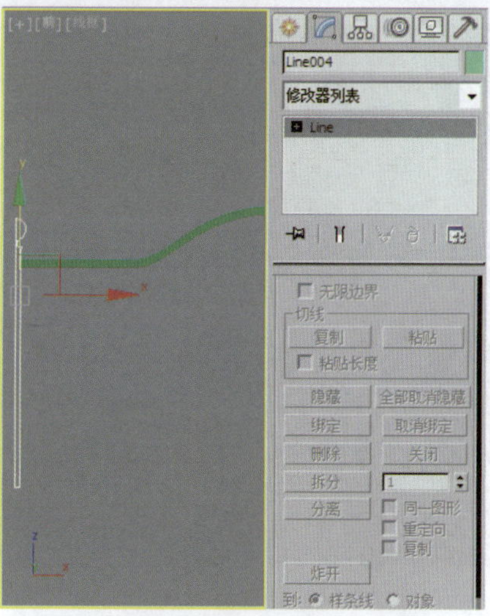

图2-238 创建床腿截面图形

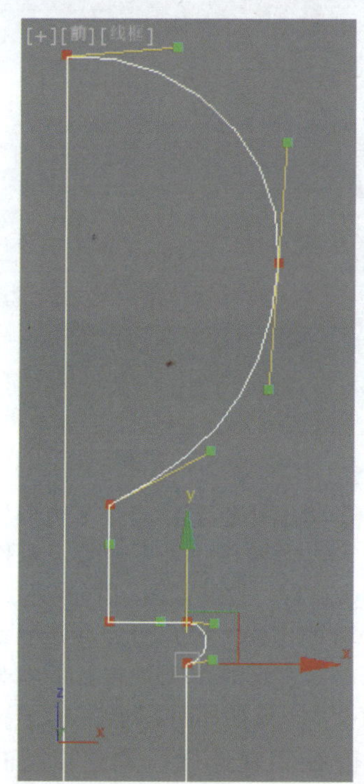

图2-239 调整床腿顶部图形的形状

❺为图形施加“车削”修改器，设置合适的参数，效果如图2-240所示。

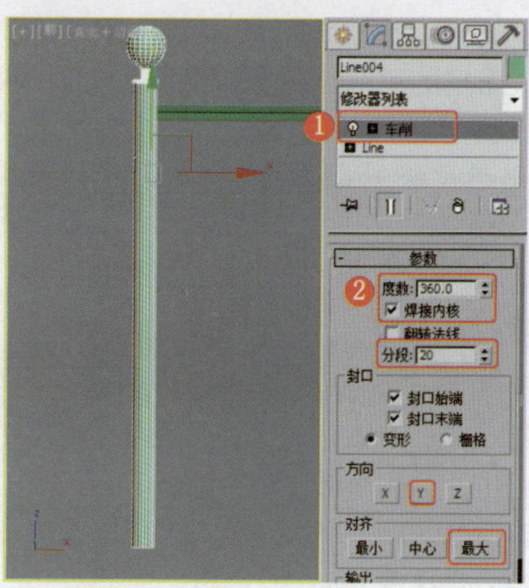

图2-240 施加“车削”修改器

❻在“前”视图中创建可渲染的样条线，设置合适的渲染参数，效果如图2-241所示。

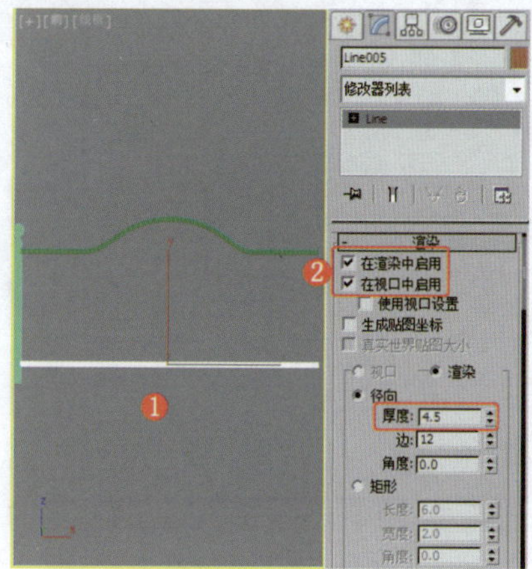

图2-241 创建可渲染的样条线

❼在“前”视图中创建可渲染的样条线，设置合适的渲染参数，效果如图2-242所示。

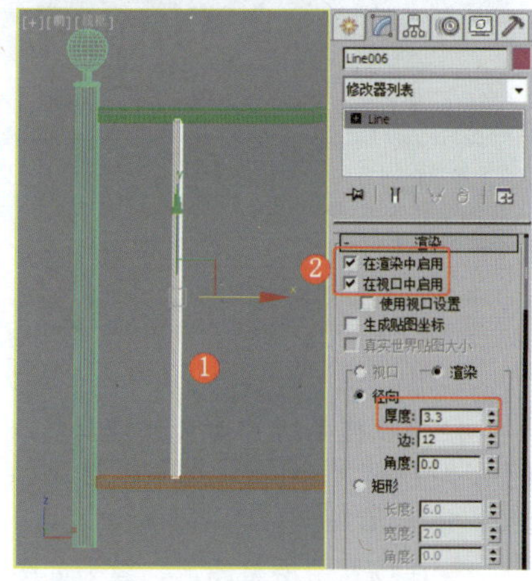

图2-242 创建可渲染的样条线

❽将可渲染的样条线转换为“可编辑网格”，在“顶”视图中缩放可渲染的样条线，效果如图2-243所示。

❾在“前”视图中创建可渲染的

样条线，设置合适的渲染参数，并调整图形的可渲染参数，效果如图2-244所示。

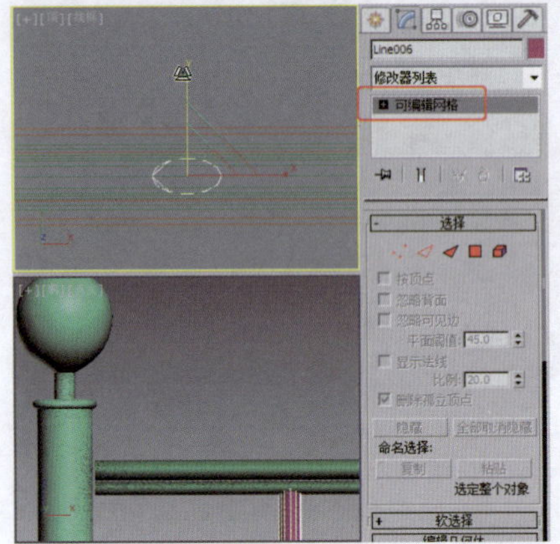

图2-243　缩放模型

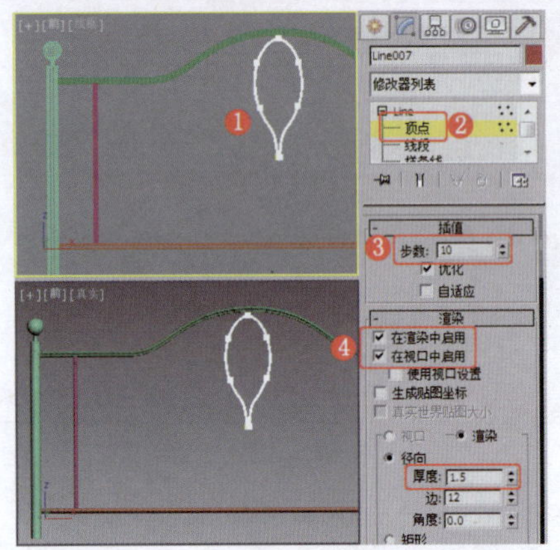

图2-244　创建可渲染的样条线

⑩ 可以取消图形的可渲染设置，调整样条线的形状，效果如图2-245所示。

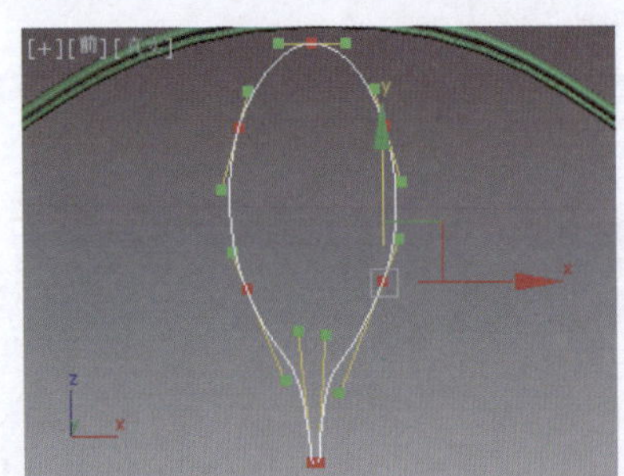

图2-245　调整图形的形状

⑪ 复制样条线并对其进行调整，使用“优化”工具优化图形，效果如图2-246所示。

⑫ 在场景中调整图形，效果如图2-247所示。

⑬ 将如图2-248所示的样条线转换为“可编辑多边形”，将选择集定义为“边”，在场景中选择多余的边，并将其移除。

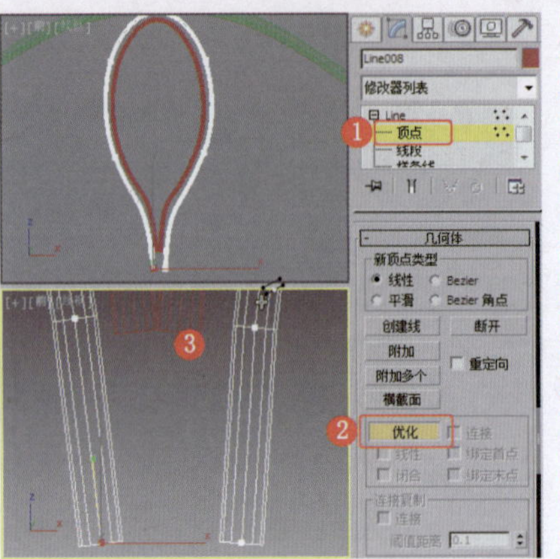

图2-246　优化图形

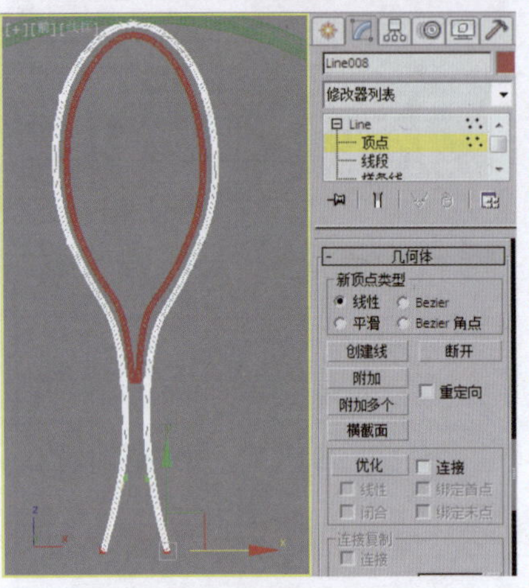

图2-247　调整样条线的形状

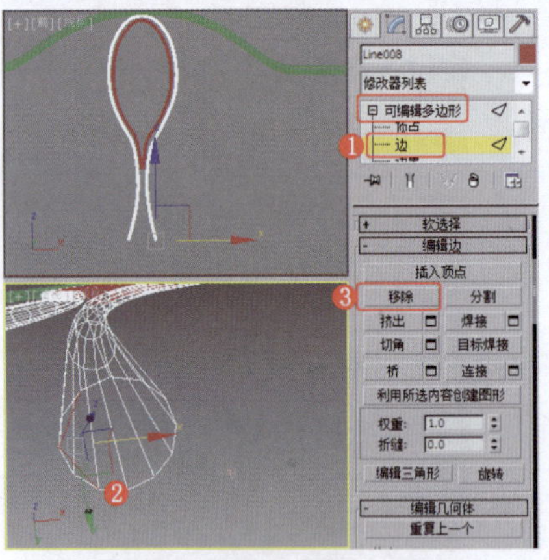

图2-248　移除多边形

⑭ 将选择集定义为“多边形”，设置多边形的“插入”参数，制作多段的多边形，效果如图2-249所示。

⑮ 使用软选择，设置合适的参数并调整多边形的位置，将其调整为较粗的模型，效果如图2-250所示。

⑯ 使用软选择，调整模型的顶点，缩放后的效果如图2-251所示。

⑰ 在“前”视图中创建样条线，效果如图2-252所示。

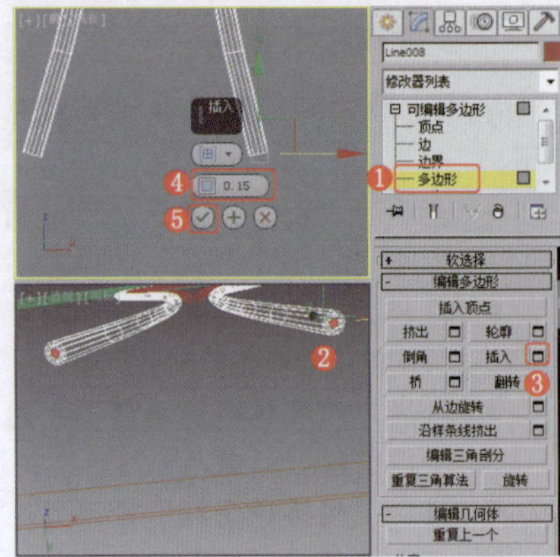

图2-249　设置多边形的“插入”参数

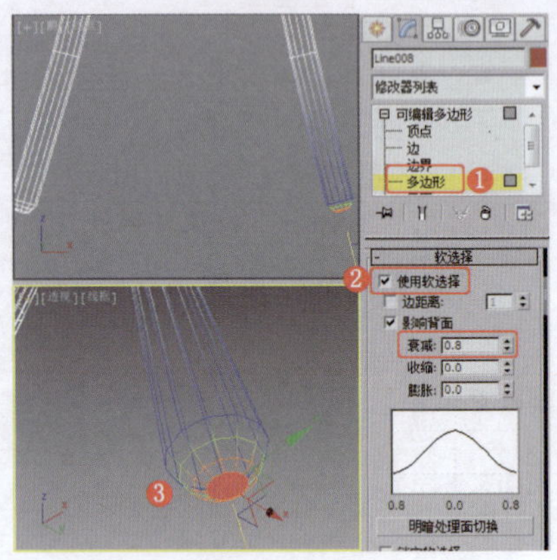

图2-250　调整多边形的软选择

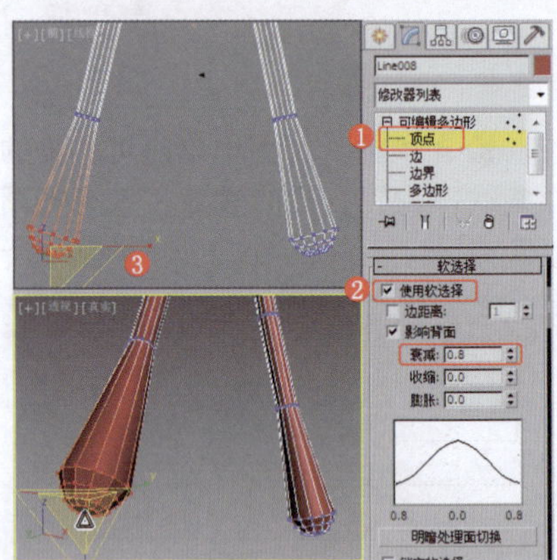

图2-251　缩放顶点

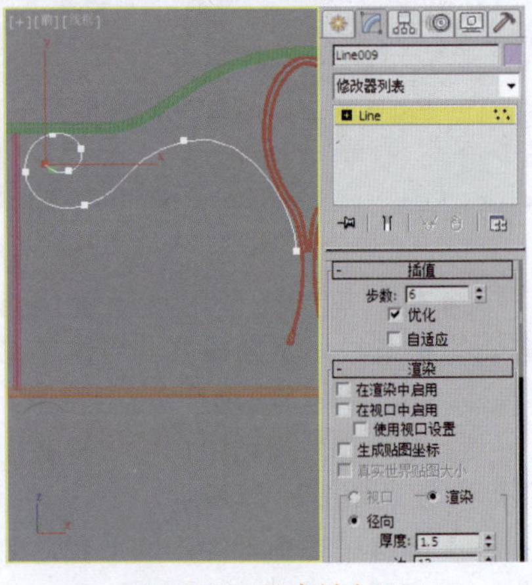

图2-252　创建样条线

⑱ 将选择集定义为“样条线”，设置样条线的“镜像”参数，镜像复制的效果如图2-253所示。

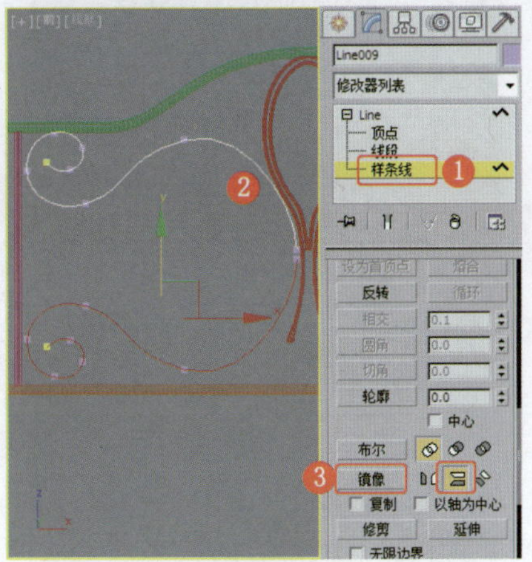

图2-253 镜像复制样条线

⑲ 将顶点进行焊接，效果如图2-254所示，设置合适的可渲染参数。

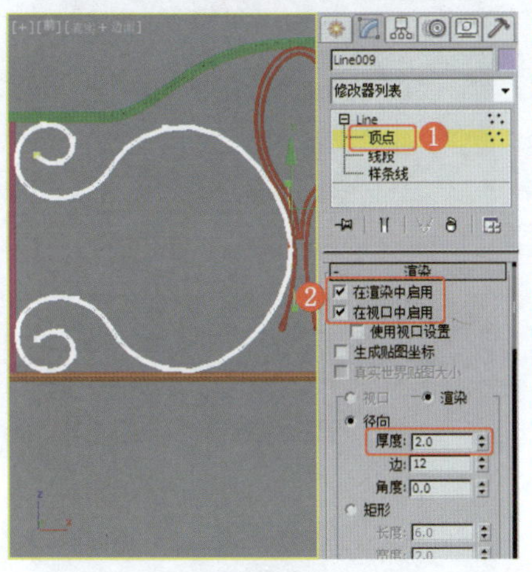

图2-254 设置可渲染参数

⑳ 缩放复制样条线并修改其可渲染参数，效果如图2-255所示。

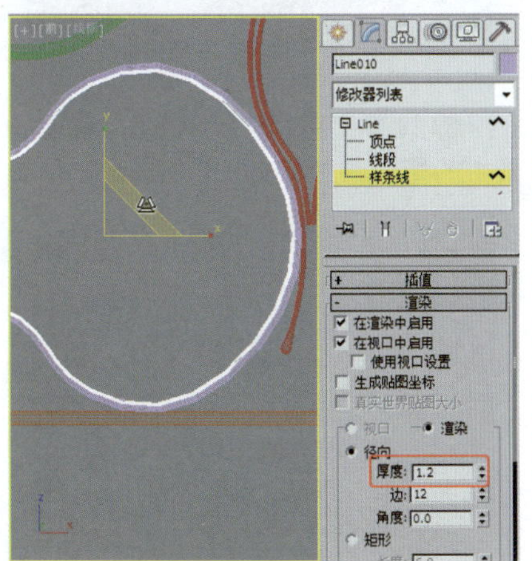

图2-255 缩放复制并调整样条线

㉑ 修改复制出的样条线，删除多余的样条线，效果如图2-256所示。

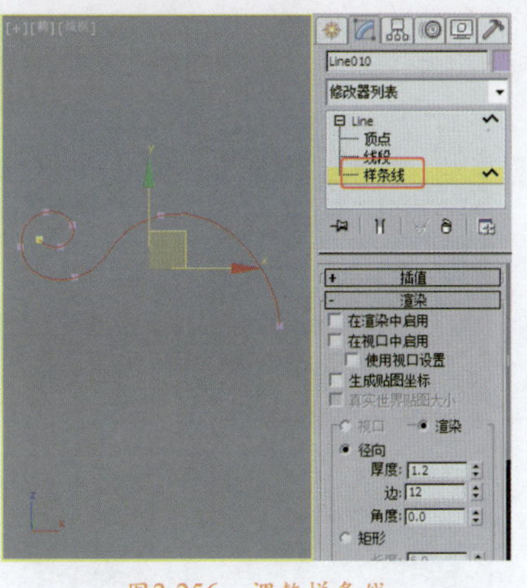

图2-256 调整样条线

㉒ 按Alt+Q组合键，在场景中孤立复制出的样条线，可以先取消其可渲染设置，选择如图2-257所示的顶点，右击，在弹出的快捷菜单中选择“断开顶点”命令，如图2-257所示。

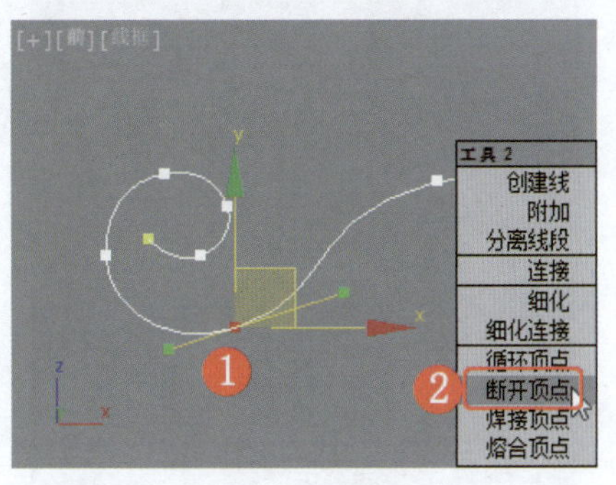

图2-257 断开顶点

㉓ 选择如图2-258所示的线段，旋转其角度。

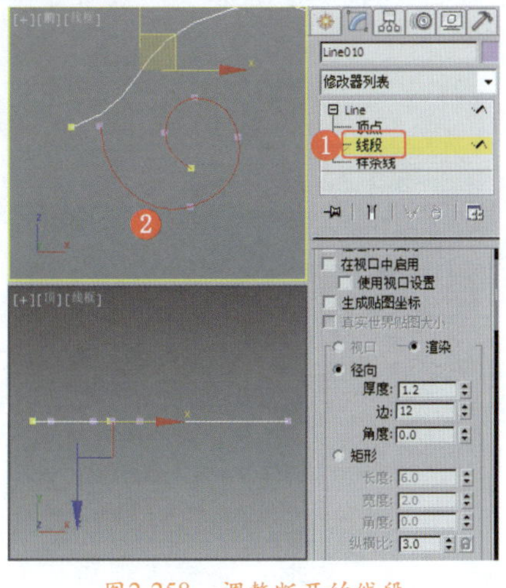

图2-258 调整断开的线段

㉔ 调整图形的形状，效果如图2-259所示。

㉕ 将选择集定义为“样条线”，镜像复制样条线，效果如图2-260所示。

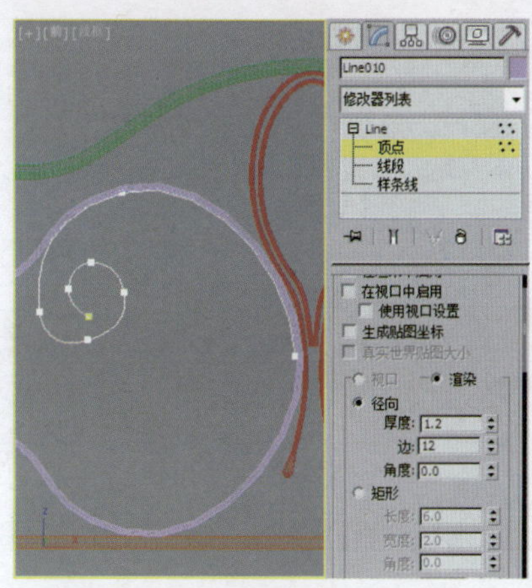

图2-259 调整图形的形状

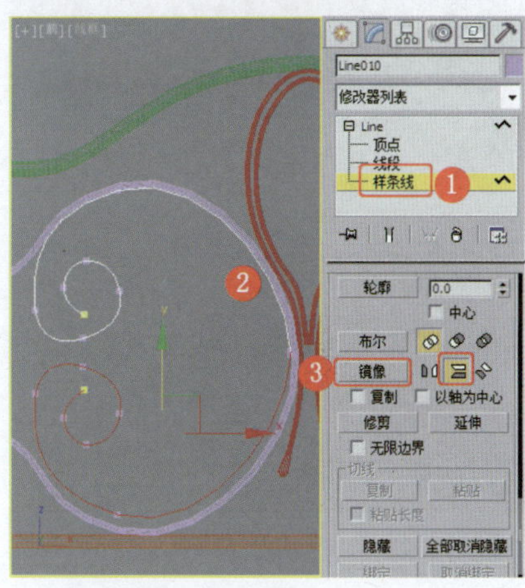

图2-260 镜像复制样条线

㉖ 设置样条线的可渲染参数，效果如图2-261所示，启用其可渲染设置。

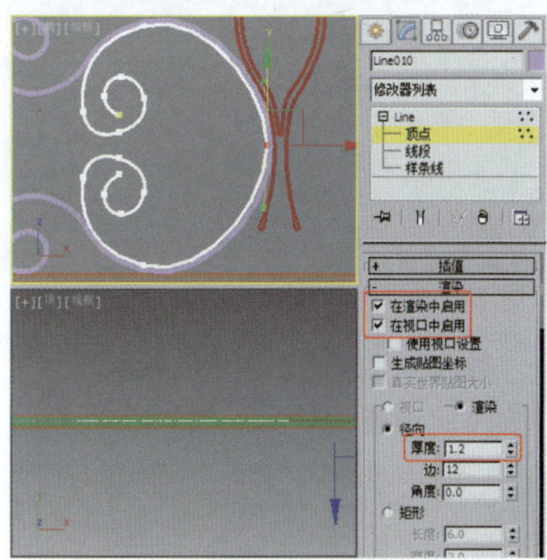

图2-261 设置样条线的可渲染参数

㉗ 在“顶”视图中创建圆角矩形，为其施加“编辑样条线”修改器，调整图形的顶点，效果如图2-262所示。

㉘ 为图形施加“挤出”修改器，设置合适的“数量”数值，图形高度的挤出效果如图2-263所示。

㉙ 镜像复制模型，效果如图2-264所示。

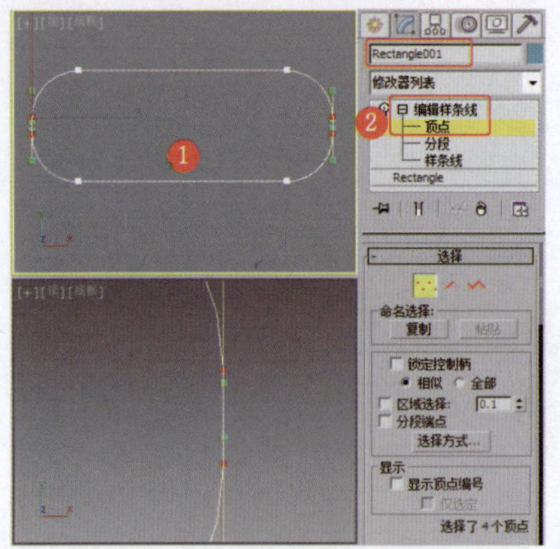
图2-262　创建并调整圆角矩形

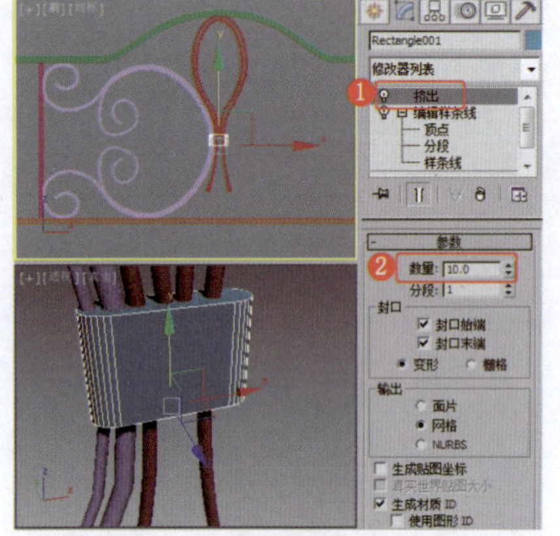
图2-263　挤出图形的高度

图2-264　镜像复制模型

㉚ 复制床头模型并调整床头处床腿模型的高度，效果如图2-265所示。

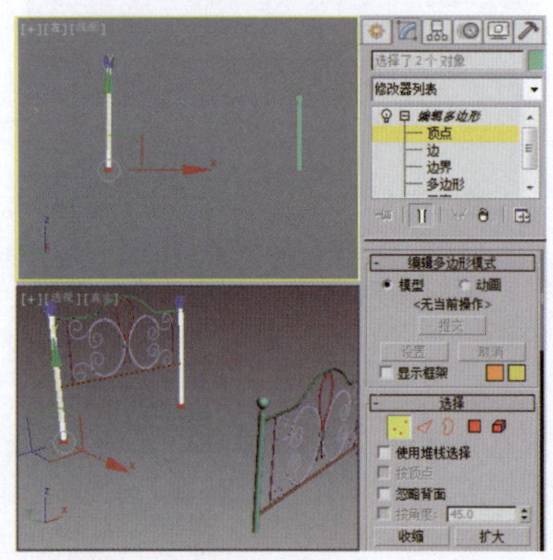
图2-265　制作床头及床头处床腿模型

㉛ 创建切角长方体，效果如图2-266所示。

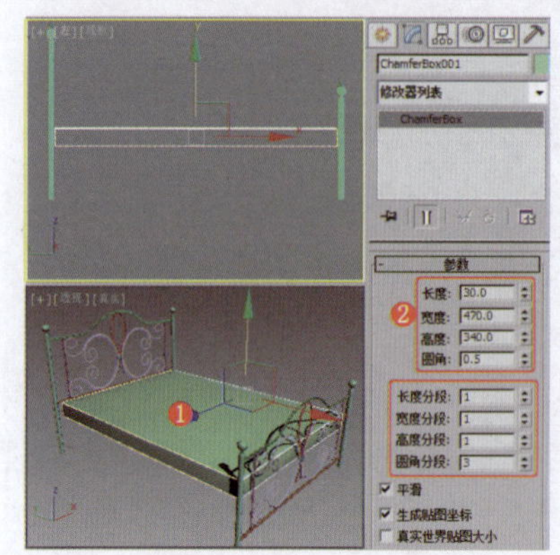
图2-266　创建切角长方体

㉜ 在“顶”视图中创建矩形，为其施加“编辑样条线”修改器，设置“分段”的“拆分”参数，效果如图2-267所示。

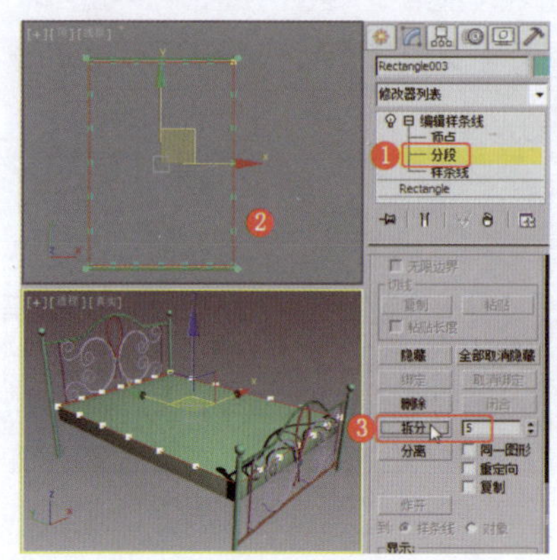
图2-267　创建并拆分矩形

㉝ 调整矩形的形状，效果如图2-268所示。

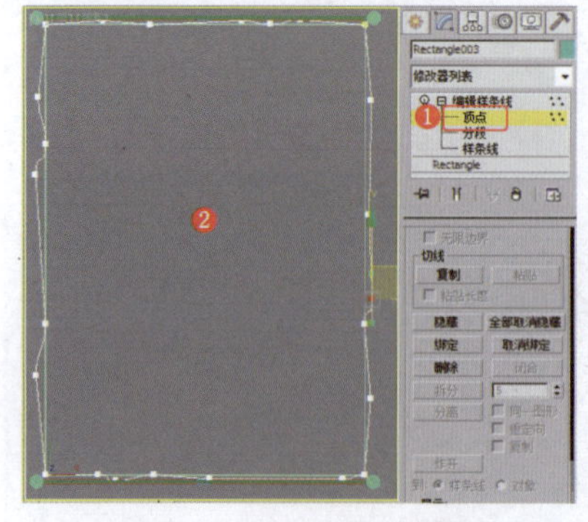
图2-268　调整矩形的形状

㉞ 复制矩形，删除“编辑样条线”修改器，效果如图2-269所示。

㉟ 在“前”视图中创建线，将其作为放样路径，效果如图2-270所示。

㊱ 在场景中选择作为路径的样条线，使用“放样”工具，单击“获取图形”按钮，在场景中拾取调整后的矩形，放样效果如图2-271所示。

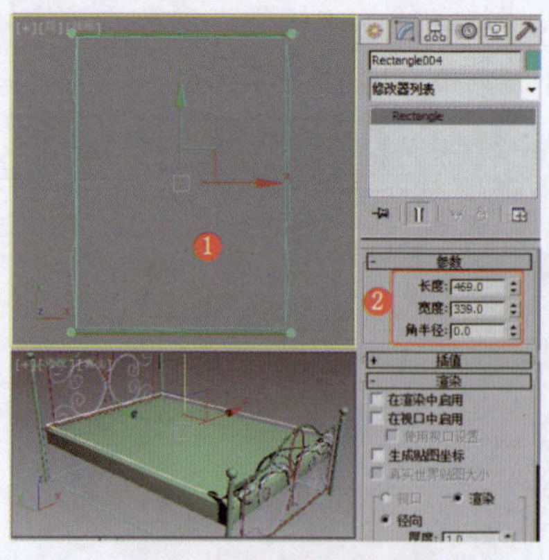
图2-269　复制矩形

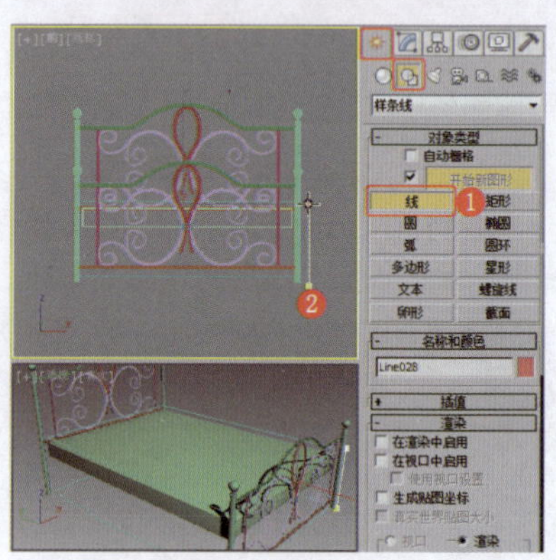
图2-270　创建放样路径

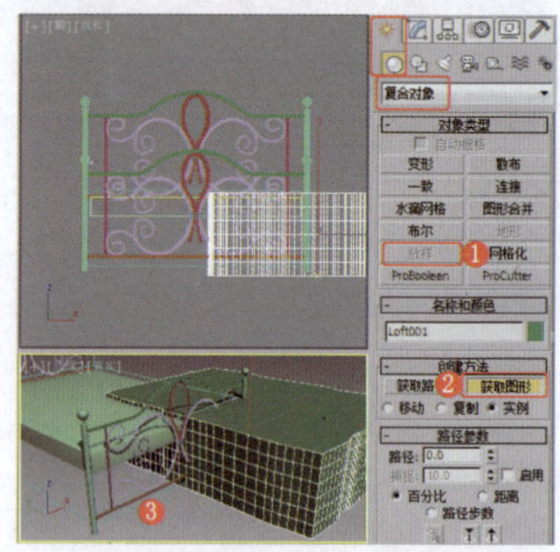
图2-271　创建放样模型

㊲ 设置“路径”为100.0，获取场景中的矩形，效果如图2-272所示。

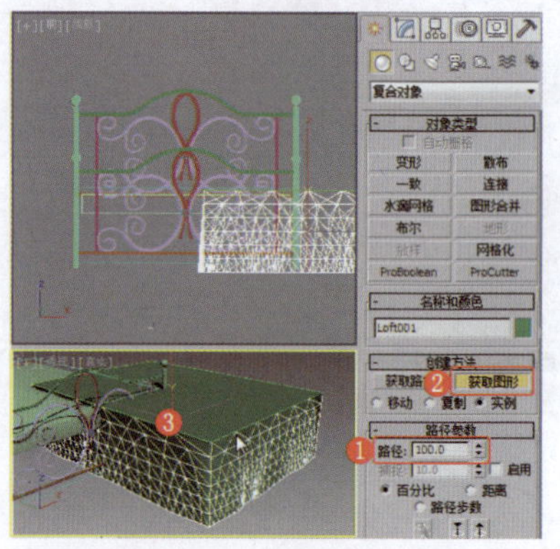
图2-272　创建放样模型

38 在场景中修改切角长方体的参数，如图2-273所示，将该模型作为辅助模型，后期可以删除。

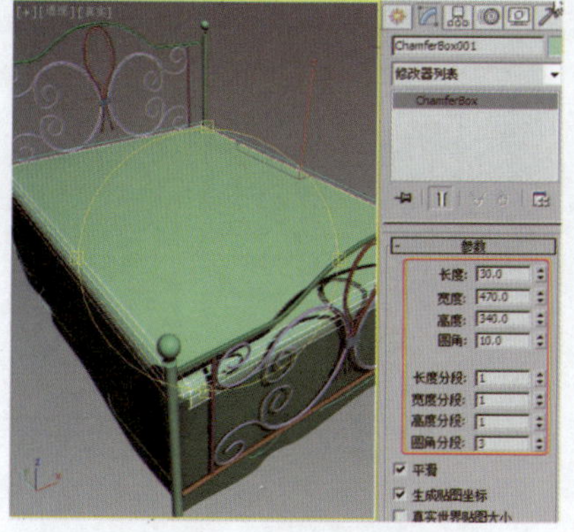

图2-273 调整切角长方体

39 在场景中创建合适参数的平面，效果如图2-274所示；在工具栏的空白处右击，在弹出的快捷菜单中选择“MassFX”命令，打开其工具栏。

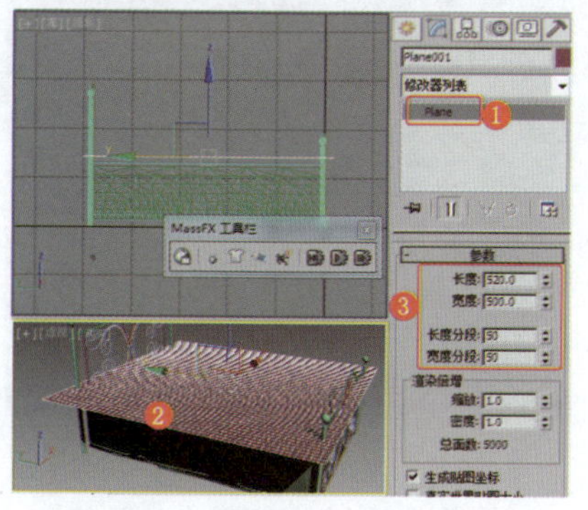

图2-274 创建平面并打开工具栏

40 在场景中选择放样出的床围模型和切角长方体，在“MassFX工具栏”中单击“刚体”工具按钮；在场景中选择平面，在“MassFX工具栏”中单击“布料”工具按钮。可以看到，此操作为平面施加了相应的“布料”修改器，效果如图2-275所示。单击“烘焙”按钮，即可烘焙出布料。

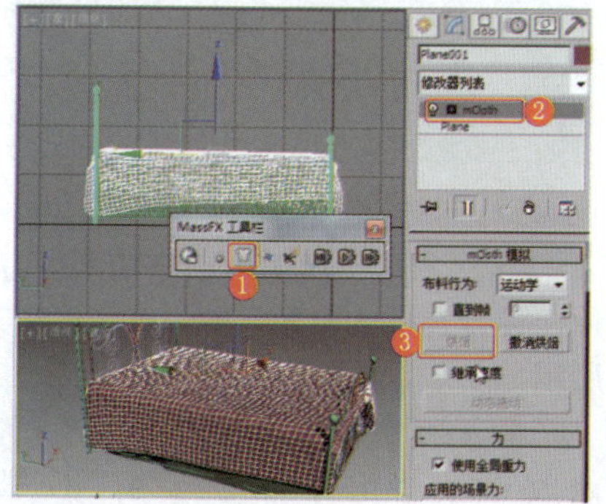

图2-275 烘焙布料

41 保留合适的帧，为平面施加“编辑多边形”修改器，将选择集定义为“顶点”，在场景中调整顶点，效果如图2-276所示。

42 调整好平面的顶点，为平面施加“壳”修改器，设置合适的参数，效果如图2-277所示。

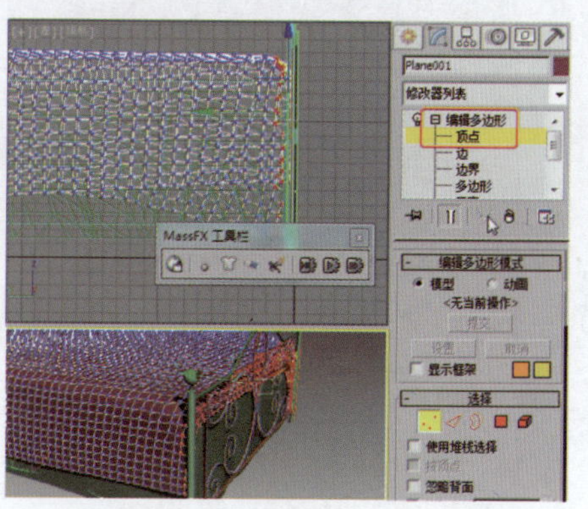

图2-276 调整模型的顶点

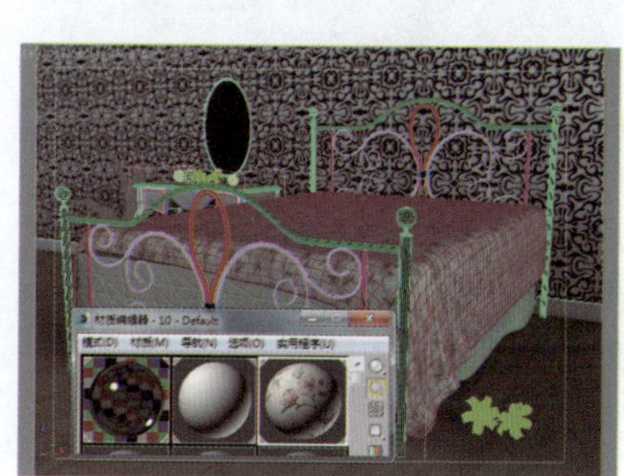

图2-277 设置平面的壳

43 为平面施加“网格平滑”修改器，铁艺床的模型制作完成，效果如图2-278左图所示。为场景中的床架设置金属材质，为床单设置布纹材质，效果如图2-278右图所示；设置合适的场景，对模型进行渲染，在此不再赘述。

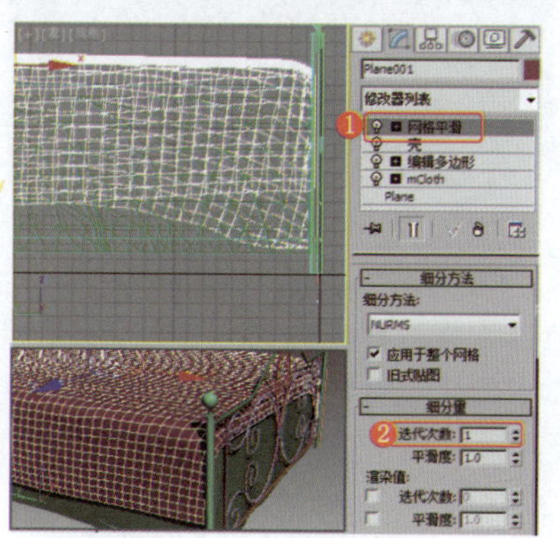

图2-278 完成模型的制作并设置材质

实例038 卧室家具类——沙发椅

实例效果剖析

本例介绍一款现代时尚风格的沙发椅，造型简约，充满了艺术感。

本例制作的沙发椅，效果如图2-279所示。

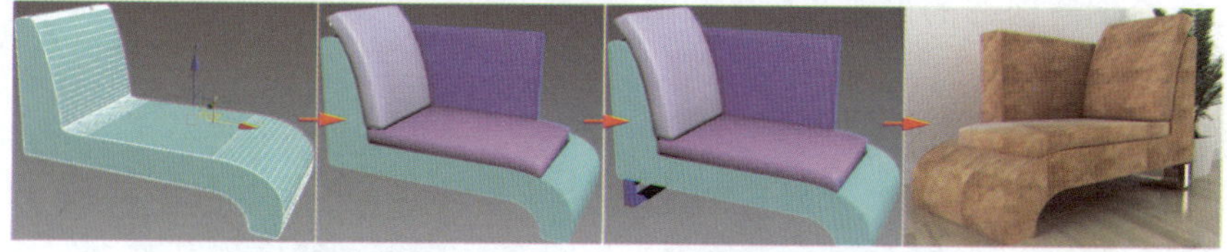

图2-279 效果展示

实例技术要点

本例主要用到的功能及技术要点如下。

- 施加“编辑样条线”修改器：用于调整样条线的形状。
- 施加“挤出”修改器：用于制作沙发椅的基本模型。
- 施加“编辑多边形”修改器：用于设置模型边的切角。
- 施加“FFD”修改器：用于调整模型的变形效果。

实例制作步骤

场景文件路径	Scene\第2章\实例038 沙发椅.max	
贴图文件路径	Map\	
视频路径	视频\ cha02\实例038 沙发椅.mp4	
难易程度	★★	学习时间
		16分22秒

❶ 在“前”视图中创建圆角矩形，设置合适的参数，效果如图2-280所示。

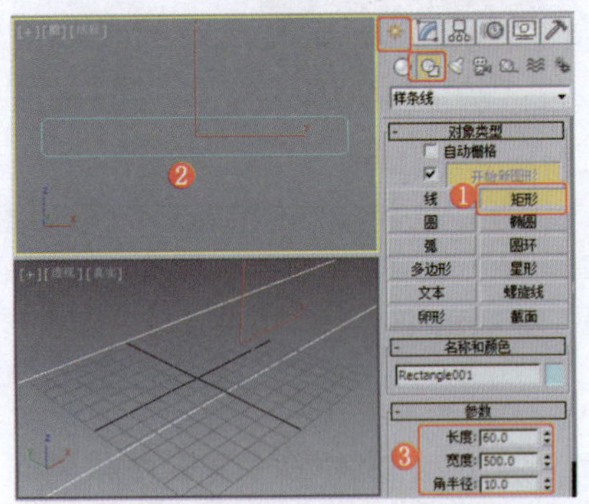

图2-280 创建圆角矩形

❷ 为圆角矩形施加“编辑样条线”修改器，将选择集定义为“顶点”，优化图形，效果如图2-281所示。

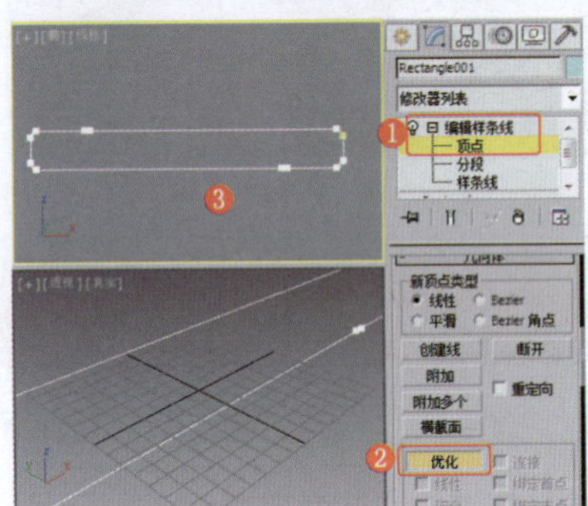

图2-281 优化图形

❸ 调整图形的形状，效果如图2-282示。

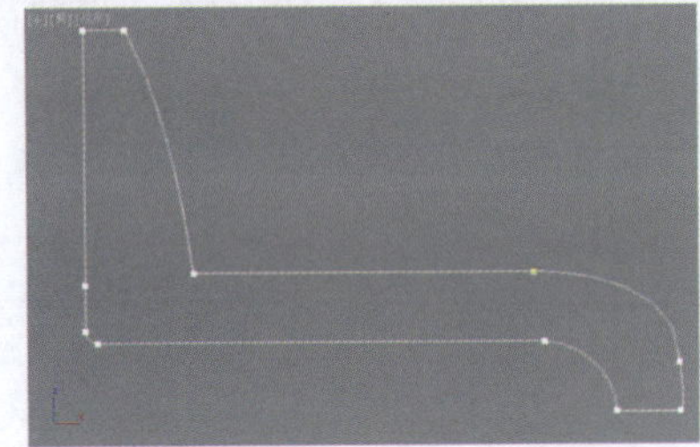

图2-282 调整图形的形状

❹ 调整图形的圆角效果，效果如图2-283所示。

❺ 为图形施加“挤出”修改器，设置合适的“数量”数值，效果如图2-284所示。

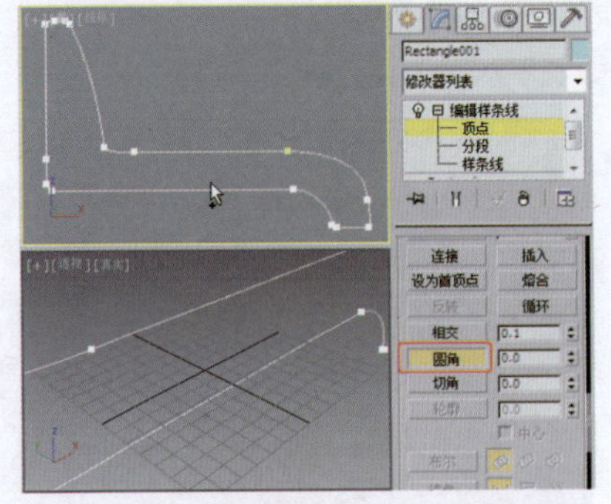

图2-283 调整图形的圆角效果

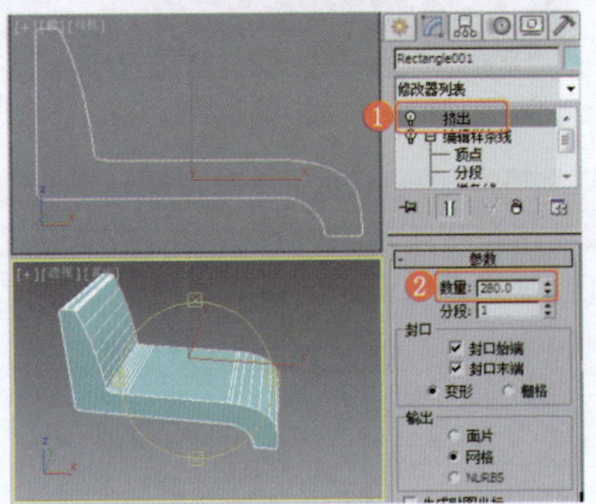

图2-284 挤出图形

❻ 为模型施加“编辑多边形”修改器，将选择集定义为“边”，在场景中选择如图2-285所示的边。

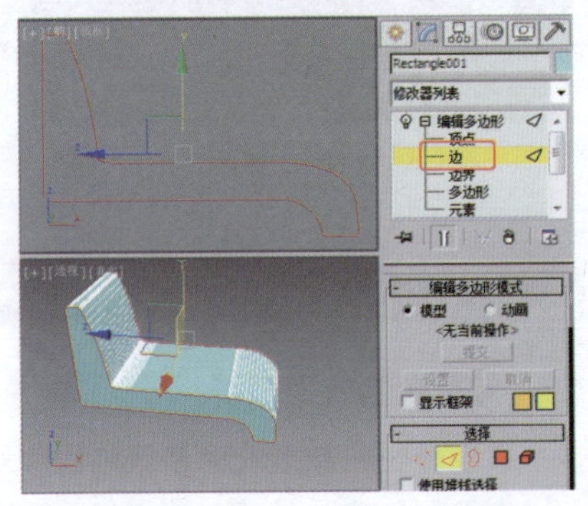

图2-285 选择边

❼ 设置边的“切角”参数，效果如图2-286所示。

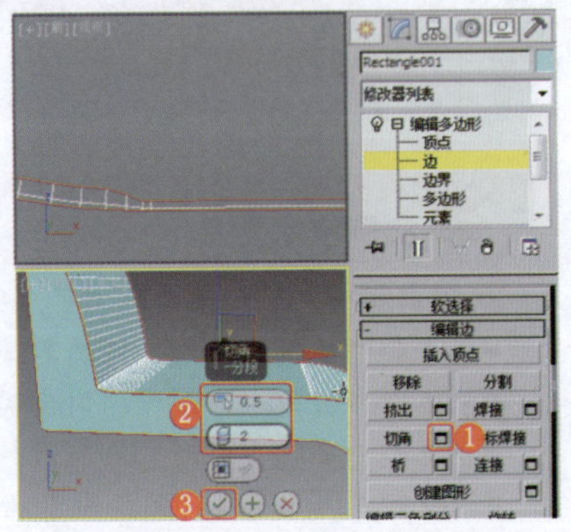

图2-286 设置边的“切角”参数

❽ 在“顶”视图中创建切角长方体，设置合适的参数并调整模型的位置，效果如图2-287所示。

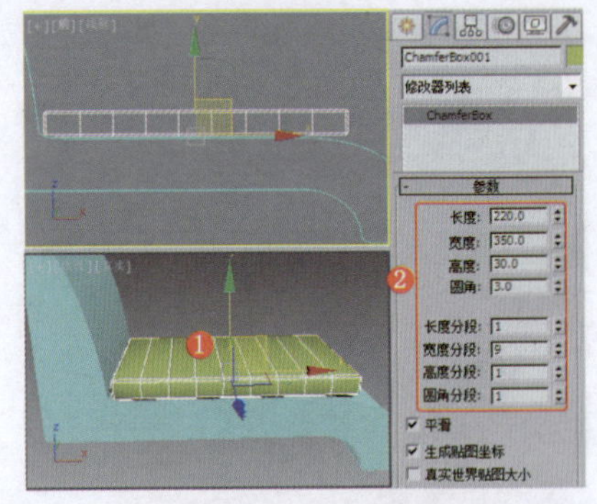

图2-287 创建切角长方体

❾ 为模型施加“编辑多边形”修改器，将选择集定义为“顶点”，在场景中选择如图2-288所示的顶点。

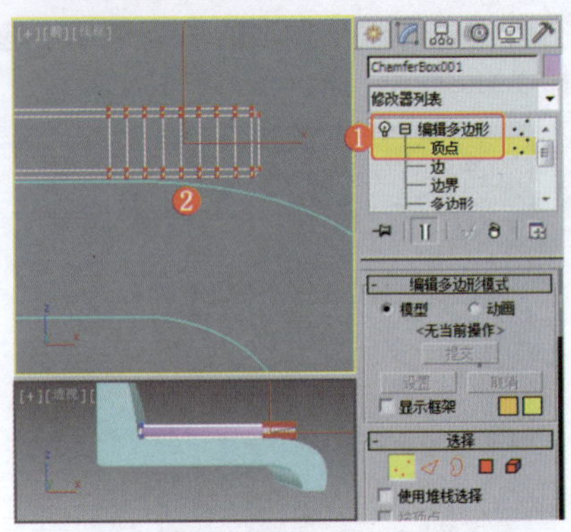

图2-288 选择顶点

❿ 确定选择的是顶点，为模型施加“FFD 4×4×4”修改器，将选择集定义为“控制点”，在“前”视图中调整顶点，效果如图2-289所示。

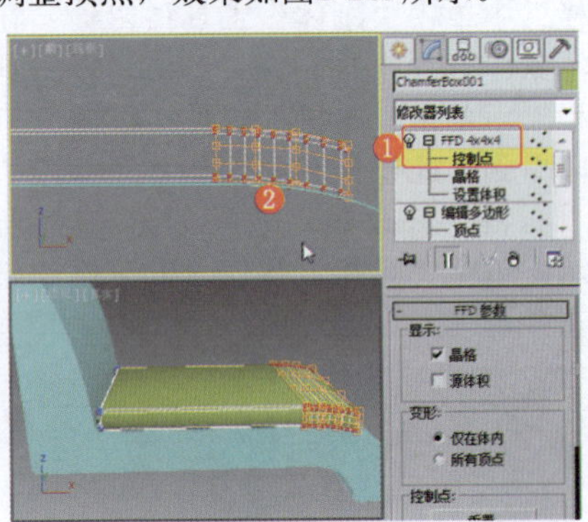

图2-289 调整模型的形状

⓫ 在“前”视图中创建切角长方体，设置合适的参数，效果如图2-290所示。

⓬ 为模型施加“FFD 4×4×4”修改器，将选择集定义为“控制点”，在“前”视图中调整控制点，效果如图2-291所示。

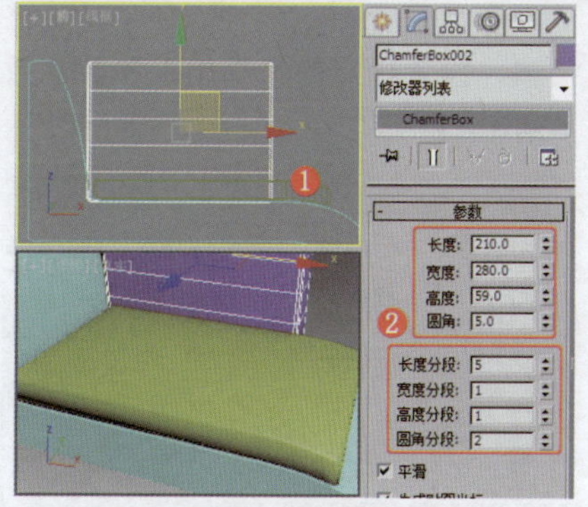

图2-290 创建切角长方体

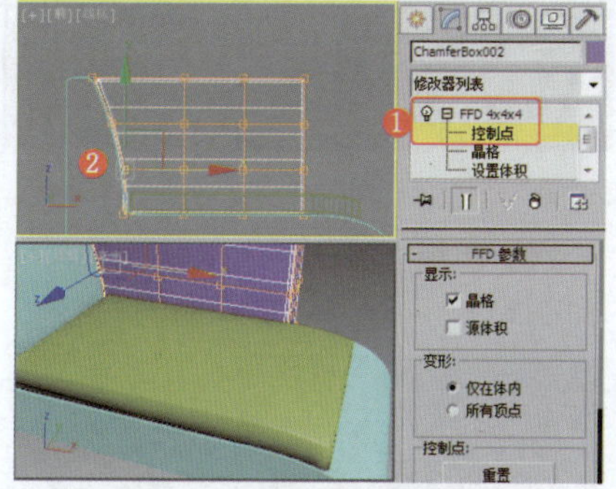

图2-291 调整模型的形状

⑬ 在“左”视图中创建切角长方体，设置合适的参数，效果如图2-292所示。

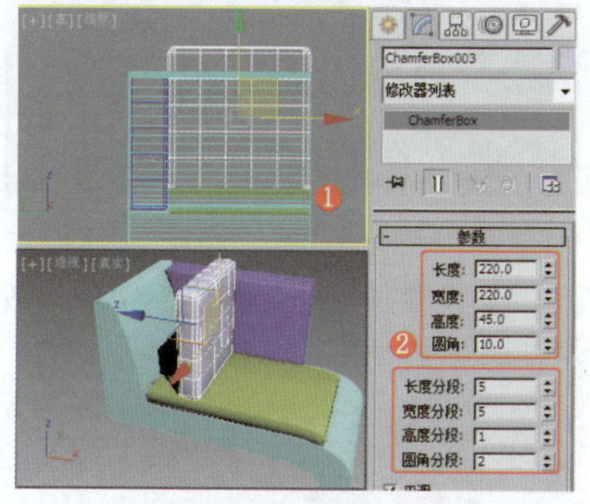

图2-292 创建切角长方体

⑭ 为模型施加“FFD 4×4×4”修改器，将选择集定义为“控制点”，在“前”视图中调整模型的形状，效果如图2-293所示。

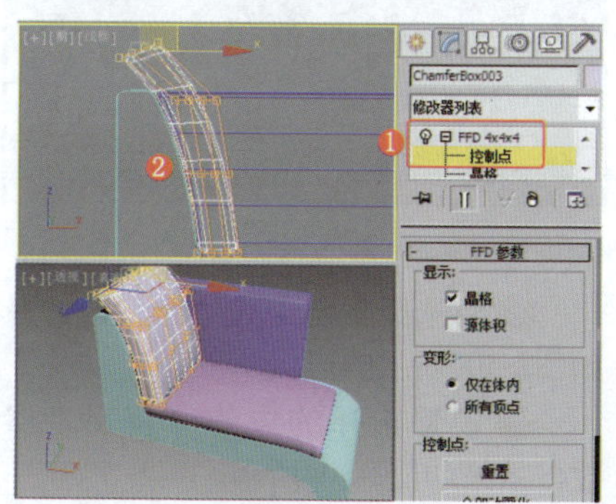

图2-293 调整模型的形状

⑮ 在“左”视图中创建墙矩形，设置合适的参数，效果如图2-294所示。

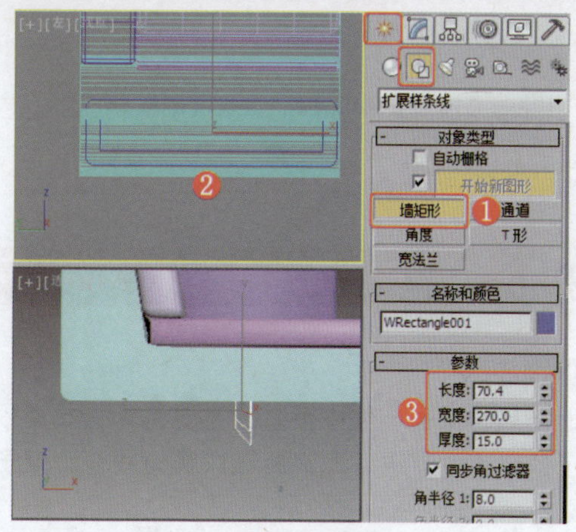

图2-294 创建墙矩形

⑯ 为墙矩形施加“挤出”修改器，设置合适的参数，效果如图2-295左图所示。

⑰ 为模型设置金属和绒布材质，效果如图2-295右图所示。

⑱ 为场景设置灯光、摄影机等，并渲染场景，在此不再赘述。

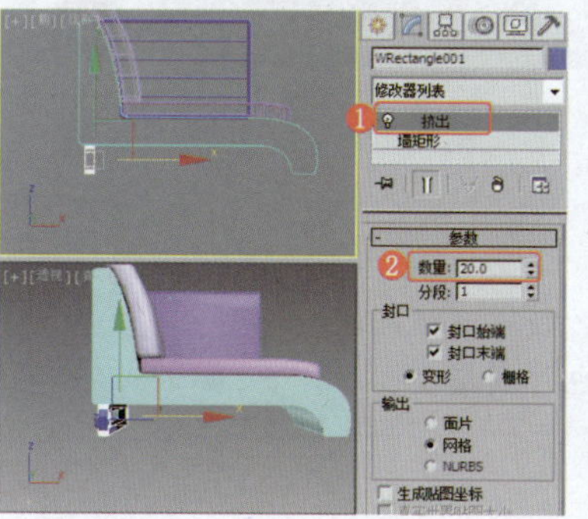

图2-295 为图形施加“挤出”修改器并设置材质

实例039 卧室家具类——现代中式床

实例效果剖析

本例以中式花纹形状的窗格作为床头，以现代较为常用的床品作为装饰，以完成现代中式床的制作。

本例制作的现代中式床，效果如图2-296所示。

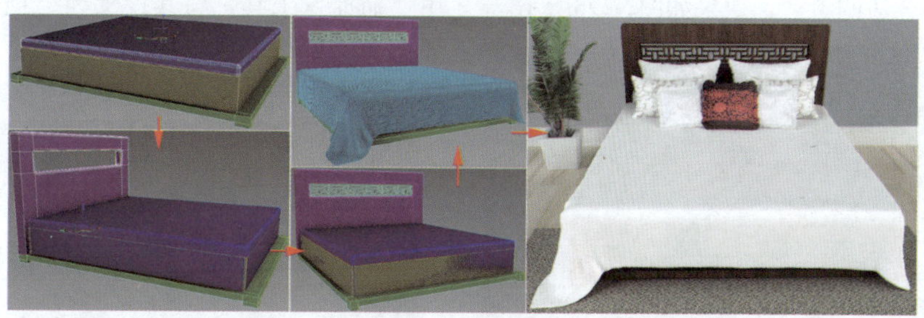

图2-296 效果展示

实例技术要点

本例主要用到的功能及技术要点如下。

- 施加“编辑多边形”修改器：用于制作床支架模型和床头格纹模型。
- 使用“刚体”“布料”工具：制作床单模型。

场景文件路径	Scene\第2章\实例039 现代中式床.max		
贴图文件路径	Map\		
视频路径	视频\ cha02\实例039 现代中式床.mp4		
难易程度	★★	学习时间	19分36秒

实例040 卧室家具类——软床

实例效果剖析

软床是现代时尚风格家居装修中卧室的重要构件，其柔软的布包可以防止磕碰，是有小孩子的家庭的首选。本例设计床头为软包，赋予床体布艺材质，给人以舒适的感觉。

本例制作的软床，效果如图2-297所示。

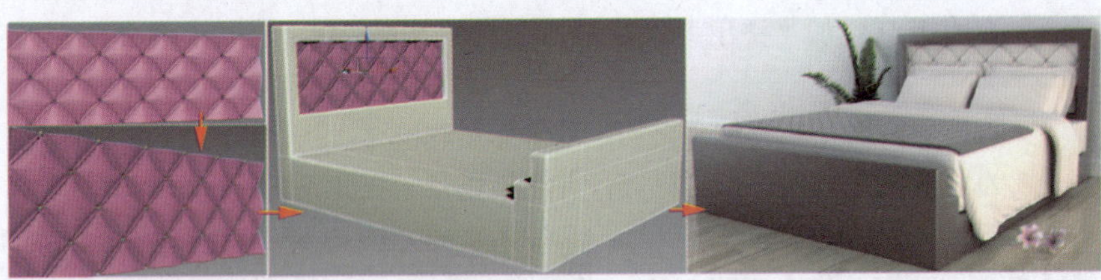

图2-297 效果展示

实例技术要点

本例主要用到的功能及技术要点如下。

- 转换为“可编辑多边形”：用于制作软包效果和床头模型。
- 施加“挤出”修改器：用于制作软包外围模型。

实例制作步骤

场景文件路径	Scene\第2章\实例040 软床.max		
贴图文件路径	Map\		
视频路径	视频\ cha02\实例040 软床.mp4		
难易程度	★★	学习时间	21分3秒

❶ 在“前”视图中创建平面，设置合适的参数，效果如图2-298所示。

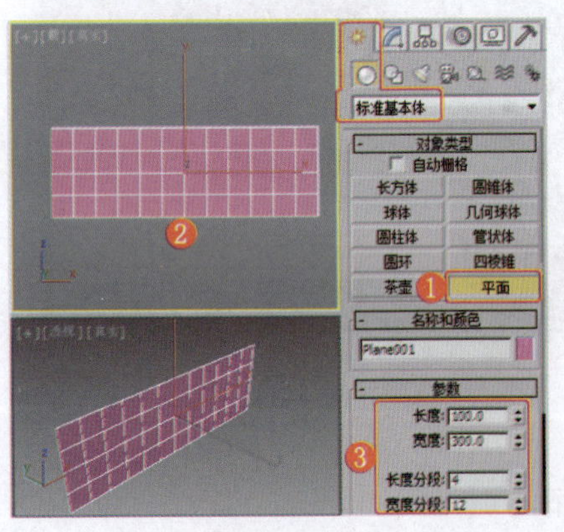

图2-298 创建平面

❷ 将平面转换为“可编辑多边形”，将选择集定义为“顶点”，使用“捕捉”工具，将其设置为“顶点捕捉”，使用“快速切片”工具将平面切割成如图2-299所示的效果。

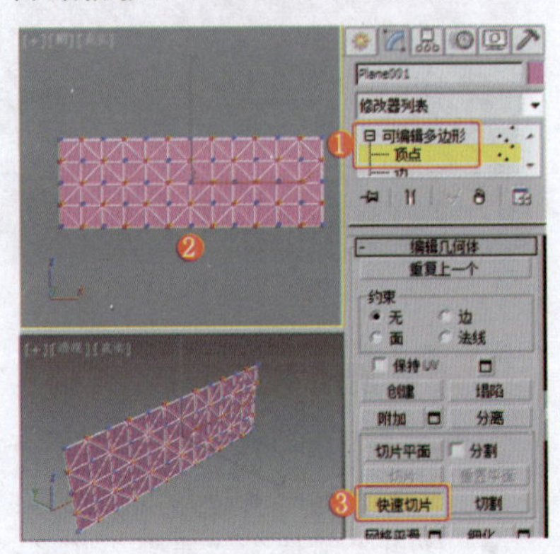

图2-299 切割平面

❸ 确认切割出的顶点处于被选择状态，设置顶点的“挤出”参数，效果如图2-300所示。

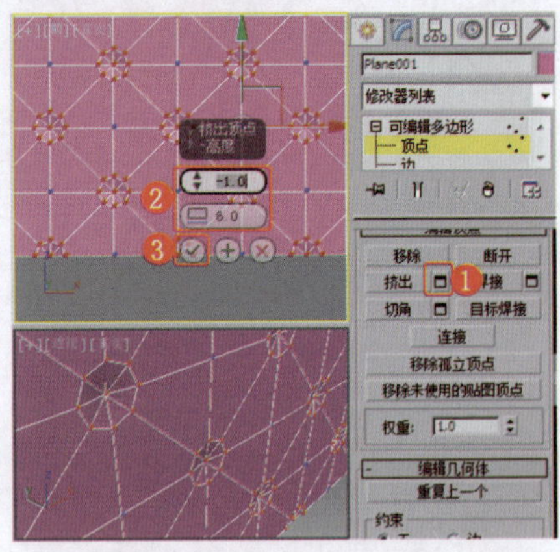

图2-300 设置顶点的“挤出”参数

❹ 切割出顶点，选择如图2-301所示的顶点。

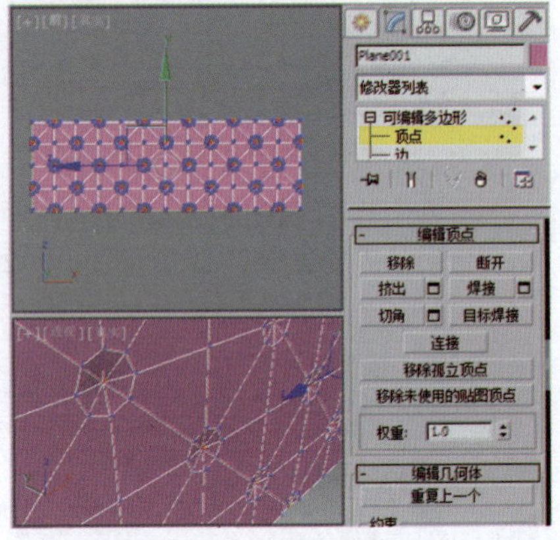

图2-301 选择顶点

❺ 设置顶点的“挤出”参数，效果如图2-302所示。

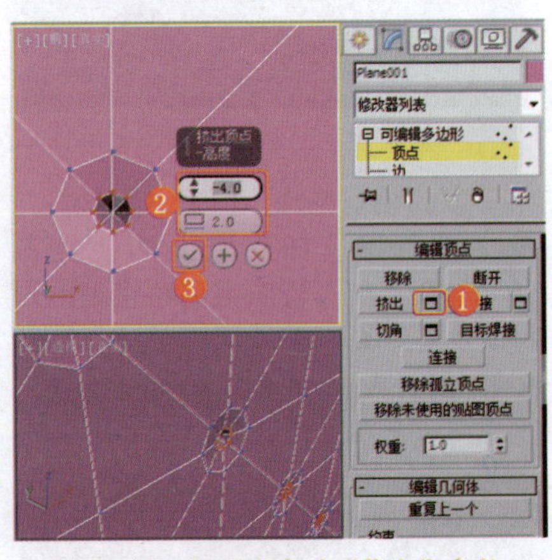

图2-302 设置顶点的“挤出”参数

❻ 将选择集定义为“边”，选择如图2-303所示的边。

❼ 设置选择的边的“挤出”参数，效果如图2-304所示。

❽ 选择如图2-305所示的顶点。

图2-303 选择边

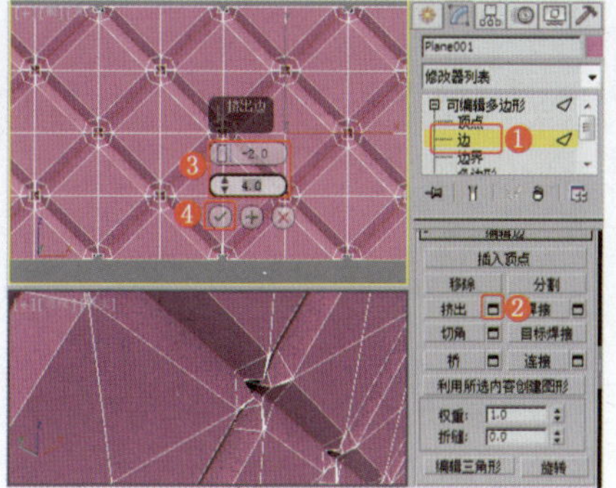
图2-304 设置边的“挤出”参数

图2-305 选择顶点

❾ 将顶点向外拖动，如图2-306所示，使其连接的边鼓出模型。

图2-306 调整顶点的位置

❿ 在“细分曲面”卷展栏中勾选“使用NURMS细分”复选框，设置“迭代次数”为2，如图2-307所示。

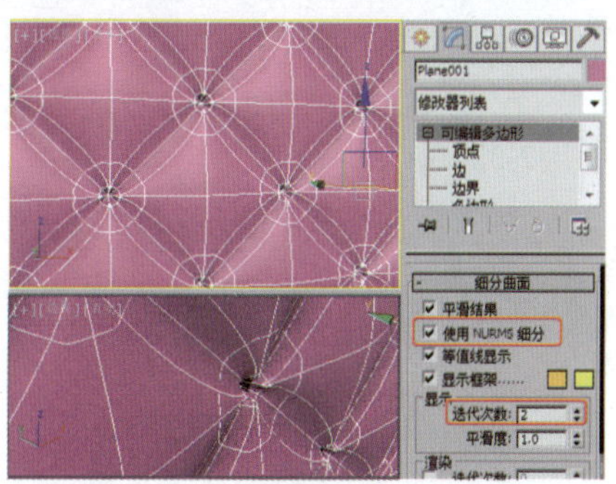
图2-307 平滑模型

⓫ 在修改器堆栈中右击，在弹出的快捷菜单中选择“可编辑多边形”命令，如图2-308所示。

⓬ 将选择集定义为“边”，系统将自动选择上一次的选择，即如图2-309所示的边，将边向外拖动。

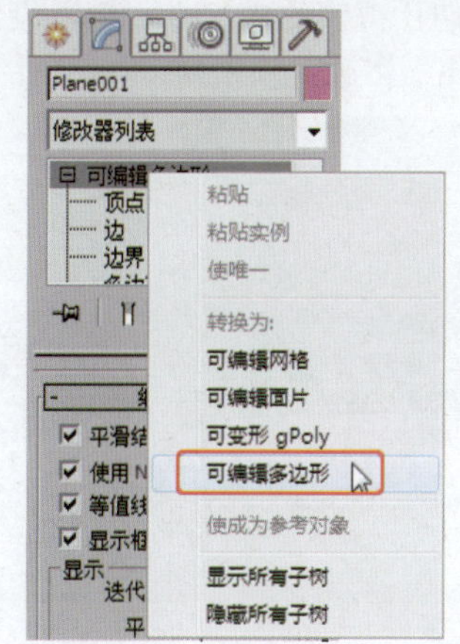
图2-308 选择“可编辑多边形”命令

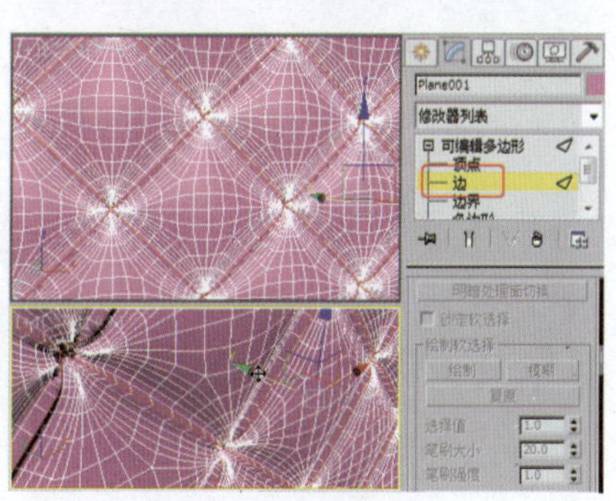
图2-309 选择边

⓭ 调整模型，效果如图2-310所示。

图2-310 调整软包

⓮ 在“前”视图中创建几何球体，设置合适的参数，效果如图2-311所示。

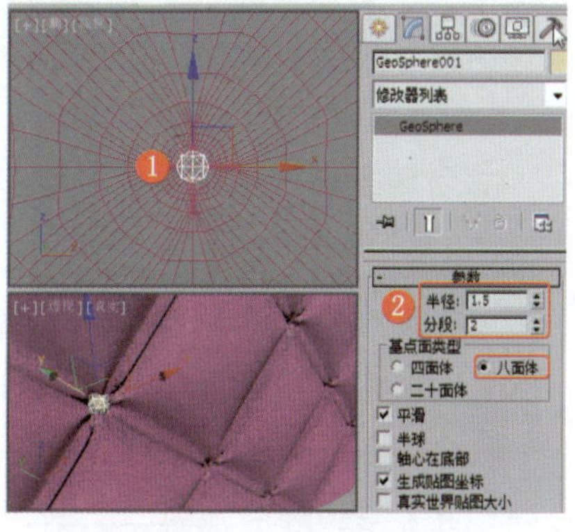
图2-311 创建几何球体

⓯ 在场景中复制几何球体，效果如图2-312所示。

⓰ 在软包的外侧创建墙矩形，设置合适的参数，效果如图2-313所示。

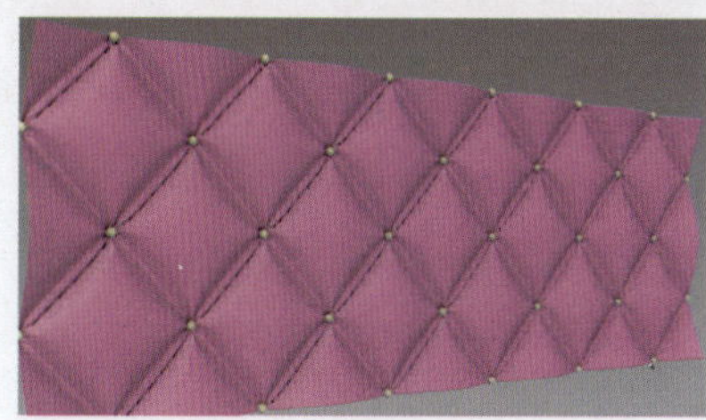
图2-312 复制几何球体

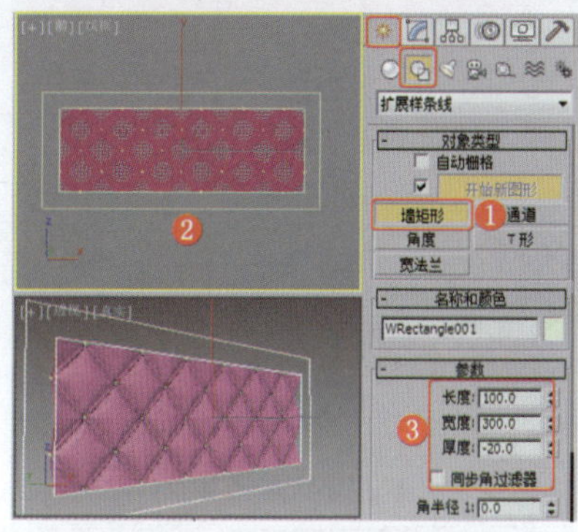
图2-313 创建墙矩形

⓱ 为墙矩形施加“挤出”修改器，设置合适的“数量”数值，效果如图2-314所示。

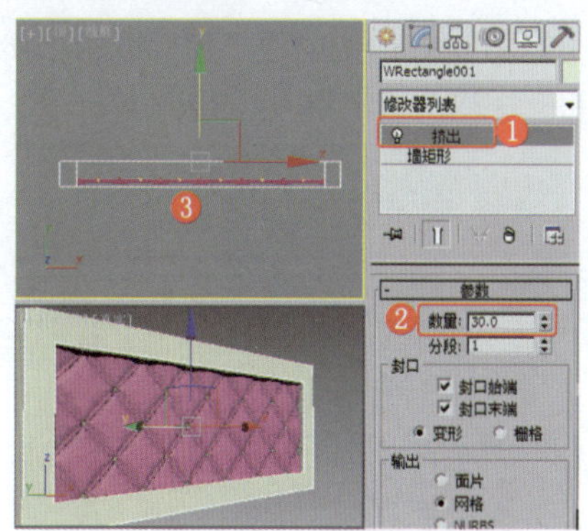
图2-314 施加“挤出”修改器

⓲ 将模型转换为“可编辑多边形”，如图2-315所示，将其斜边移除。

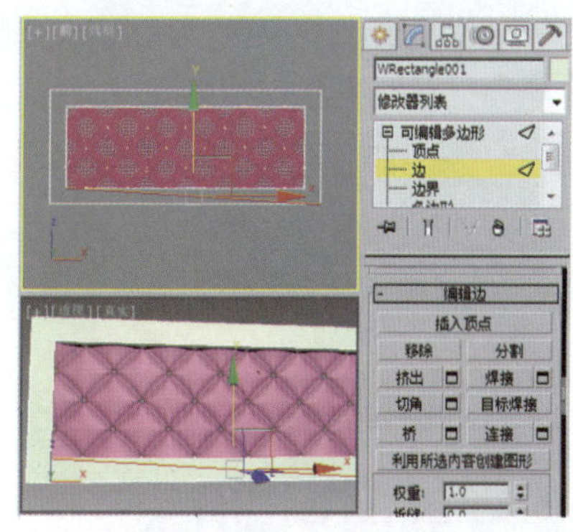
图2-315 将模型转换为“可编辑多边形”

⓳ 将选择集定义为“边”，创建如图2-316所示的切片平面。

⓴ 选择如图2-317所示的边，单击“移除”按钮移除边。

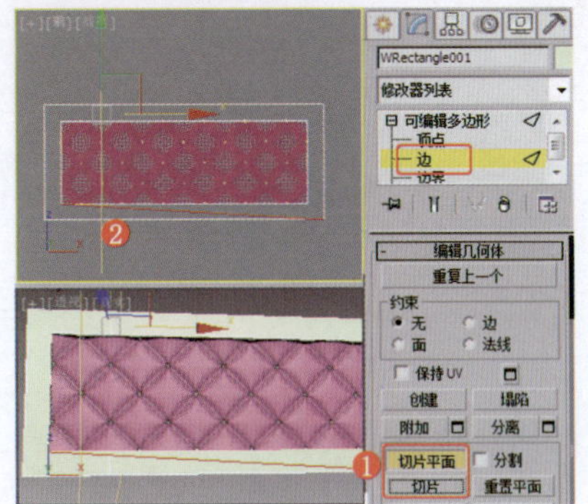

图2-316 创建切片平面

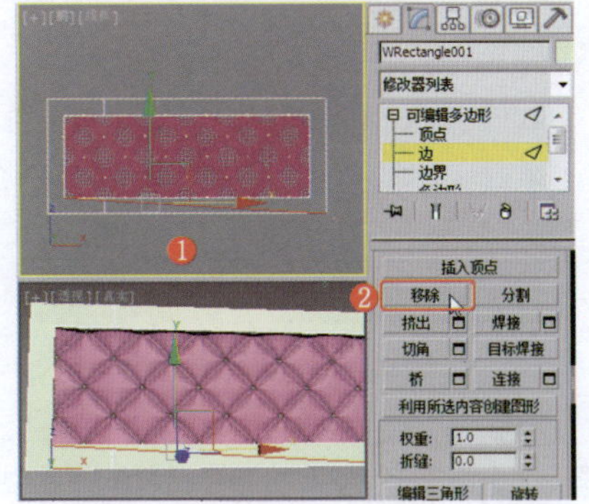

图2-317 移除边

㉑选择内侧的边，设置边的“切角”参数，效果如图2-318所示。

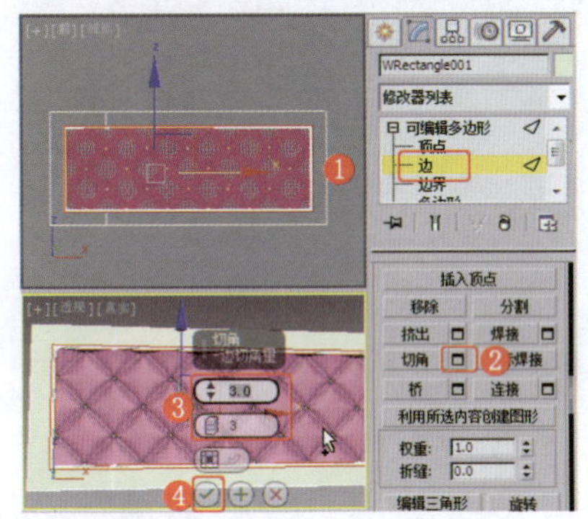

图2-318 设置边的“切角”参数

㉒将选择集定义为“顶点”，调整顶点，效果如图2-319所示。

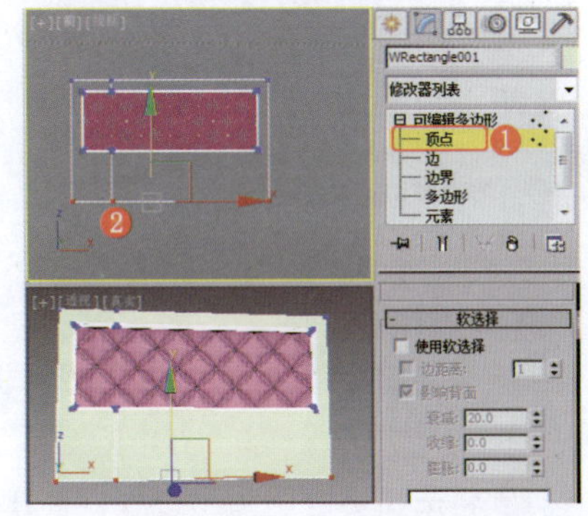

图2-319 调整模型的顶点

㉓创建快速切片，效果如图2-320所示。

㉔将选择集定义为“多边形”，选择切片得到的底部多边形，设置其“挤出”参数，效果如图2-321所示。

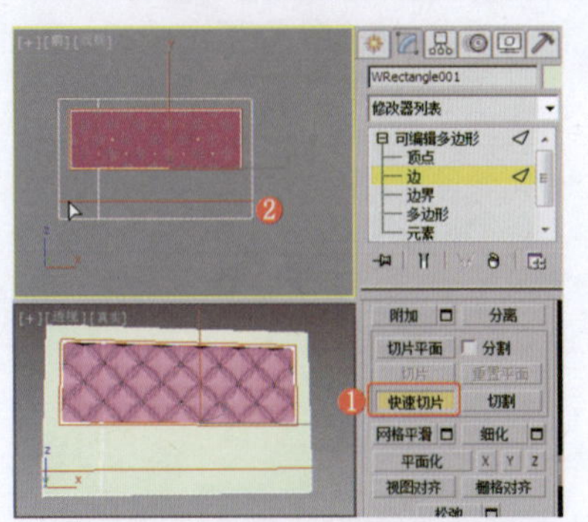

图2-320 创建快速切片

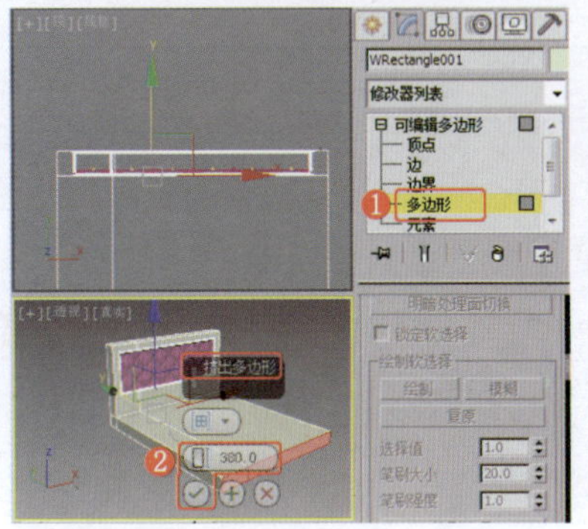

图2-321 挤出多边形

㉕继续挤出多边形，效果如图2-322所示。

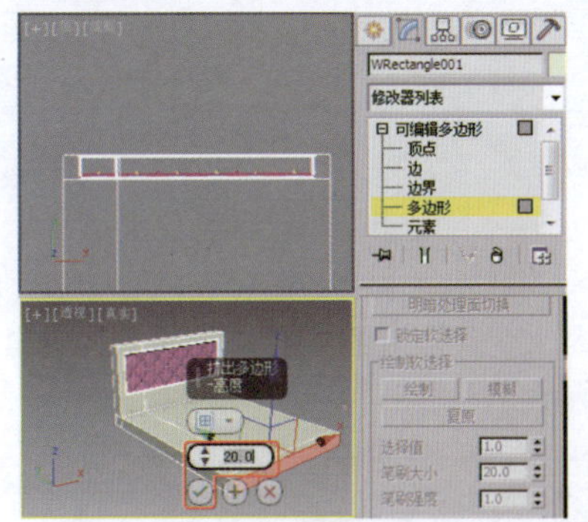

图2-322 挤出多边形

㉖选择多边形，设置多边形的“挤出”参数，效果如图2-323所示。

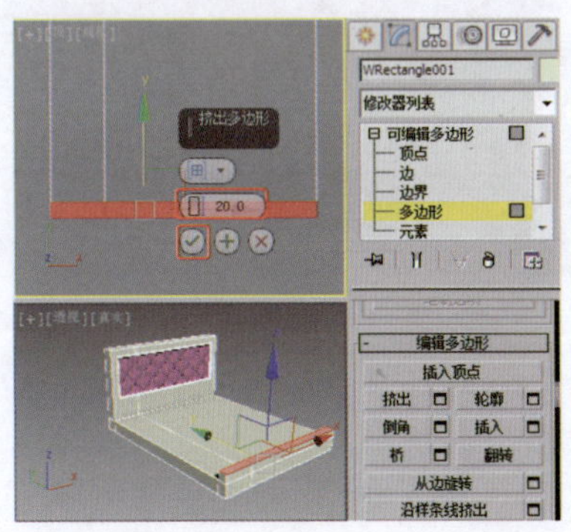

图2-323 挤出多边形

㉗挤出多边形，效果如图2-324所示。

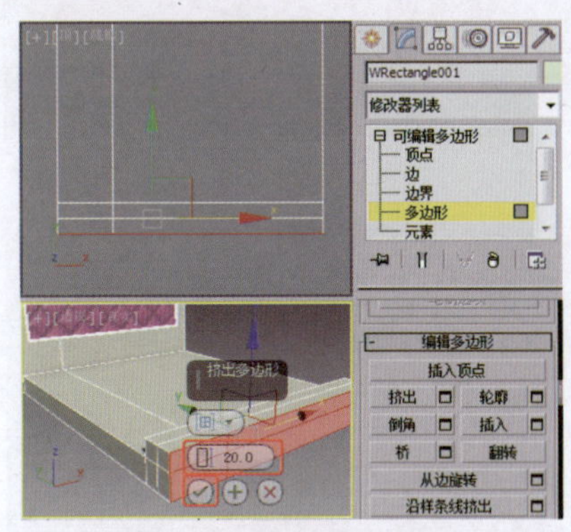

图2-324 挤出多边形

㉘挤出多边形，效果如图2-325所示。

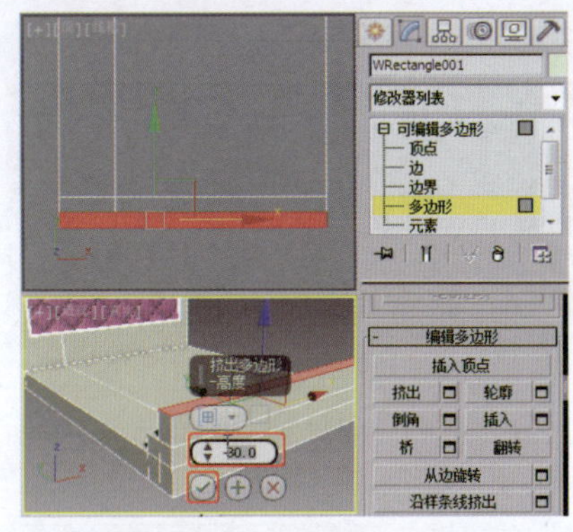

图2-325 挤出多边形

㉙将选择集定义为“边”，选择如图2-326所示的边。

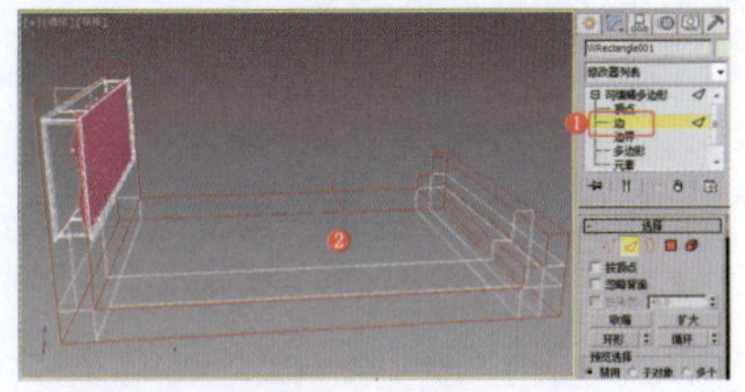

图2-326 选择边

㉚设置边的“切角”参数，效果如图2-327所示。

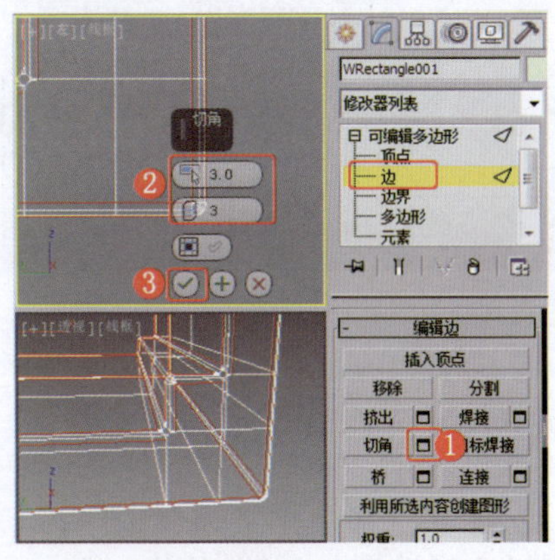

图2-327 设置边的“切角”参数

31 完成床体模型。为床体设置皮革材质，为床头软包设置布料材质；合并床上饰品，可以参考铁艺床的制作，为场景制作背景，创建灯光、材质等，效果如图2-328所示，最后将场景渲染输出，在此不再赘述。

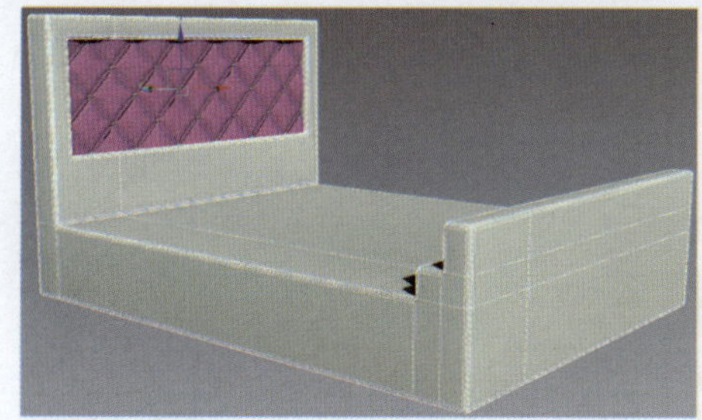

图2-328 完成场景

实例041 卧室家具类——罗汉床

实例效果剖析

罗汉床是中国古代家具中卧具的一种形式，供睡眠之用，还兼有坐之功能。

本例制作的罗汉床，效果如图2-329所示。

图2-329 效果展示

实例技术要点

本例主要用到的功能及技术要点如下。

- 施加“倒角剖面”修改器：用于制作罗汉床的床板。
- 施加“编辑多边形”修改器：用于调整模型的顶点，制作罗汉床的支架。
- 施加“网格平滑”修改器：用于制作罗汉床支架的平滑效果。

实例制作步骤

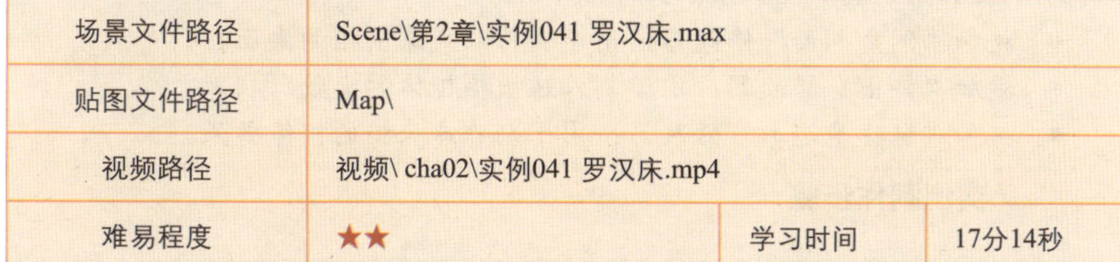

场景文件路径	Scene\第2章\实例041 罗汉床.max		
贴图文件路径	Map\		
视频路径	视频\ cha02\实例041 罗汉床.mp4		
难易程度	★★	学习时间	17分14秒

1 在“顶”视图中创建矩形，设置合适的参数，效果如图2-330所示。

2 在“前”视图中创建截面图形，调整图形的形状，效果如图2-331所示。

3 在场景中选择矩形，为其施加“倒角剖面”修改器，拾取创建的截面图形，制作床板，效果如图2-332所示。

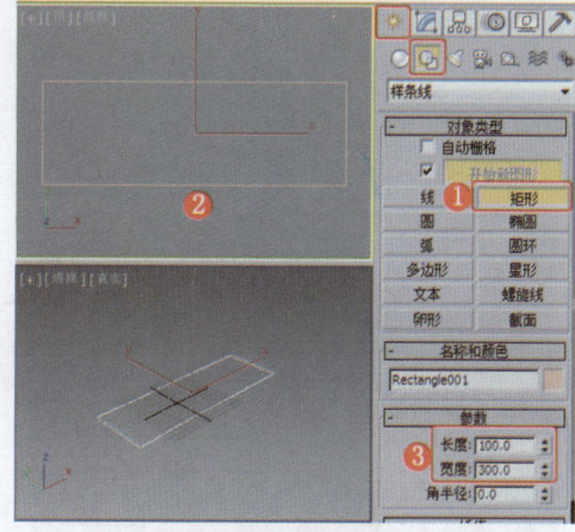

图2-330 创建矩形

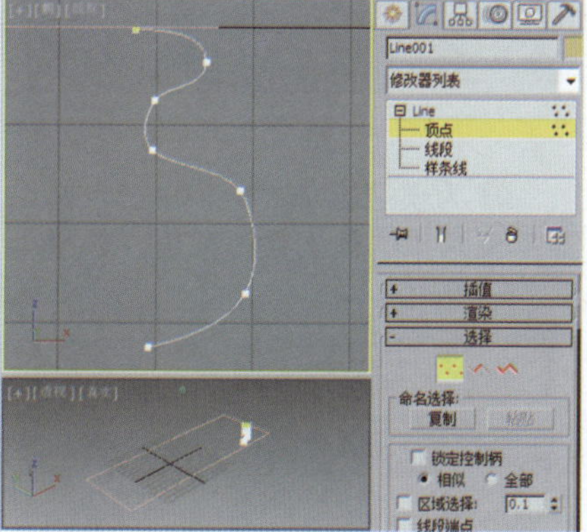

图2-331 创建倒角剖面的截面图形

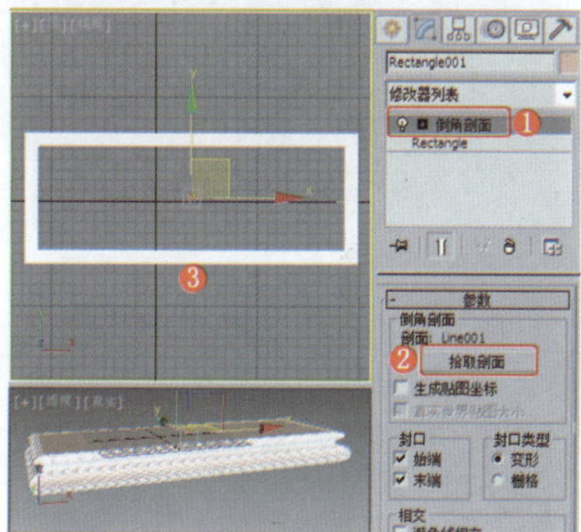

图2-332 创建倒角剖面模型

4 在“顶”视图中创建长方体，设置合适的参数，效果如图2-333所示。

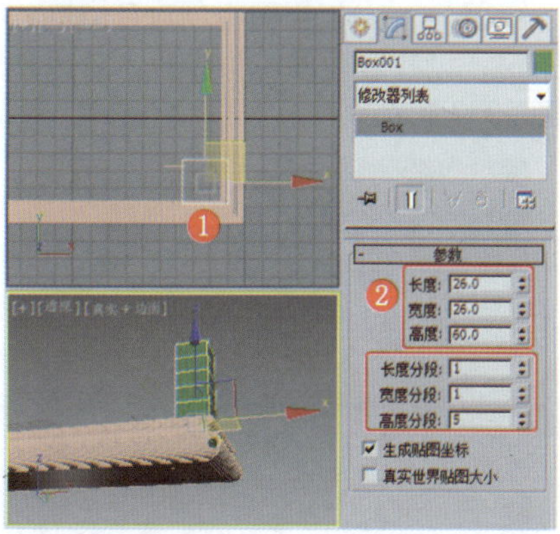

图2-333 创建长方体

⑤ 为模型施加“编辑多边形”修改器，将选择集定义为“顶点”，在场景中调整模型的顶点，效果如图2-334所示。

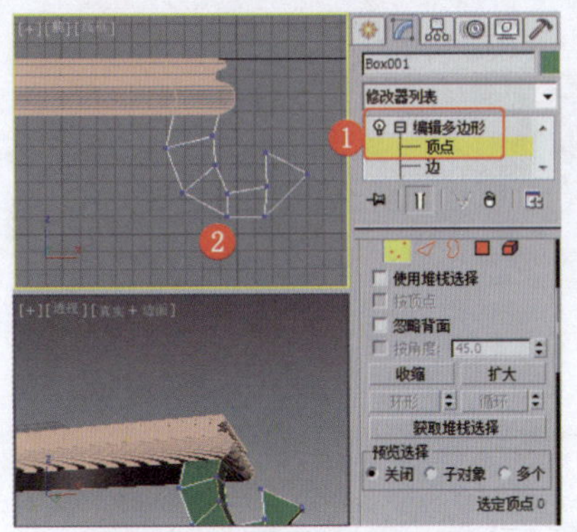

图2-334　调整模型的顶点

⑥ 为模型施加“网格平滑”修改器，设置“迭代次数”数值，效果如图2-335所示。

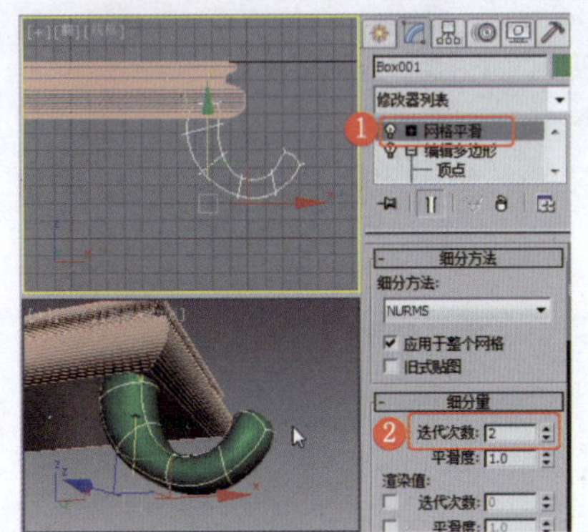

图2-335　设置模型的平滑效果

⑦ 对模型进行复制并调整模型的角度，效果如图2-336所示。

图2-336　复制支架模型

⑧ 在“左”视图中创建可渲染的矩形，设置合适的渲染参数，效果如图2-337所示。

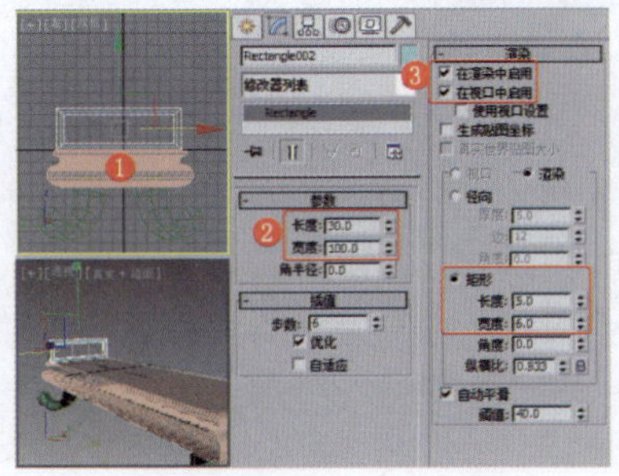

图2-337　创建可渲染的矩形

⑨ 创建可编辑样条线，对其进行调整和复制，效果如图2-338所示。

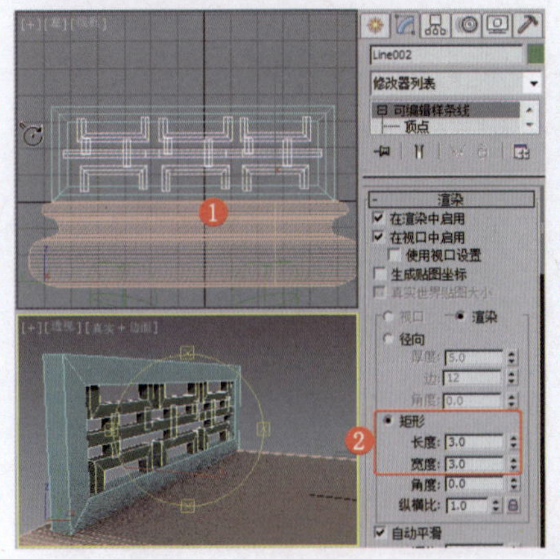

图2-338　创建可编辑样条线

⑩ 复制模型，完成靠背支架模型。为模型指定一个木纹材质，对场景进行完善处理，如图2-339所示，在此不再赘述。

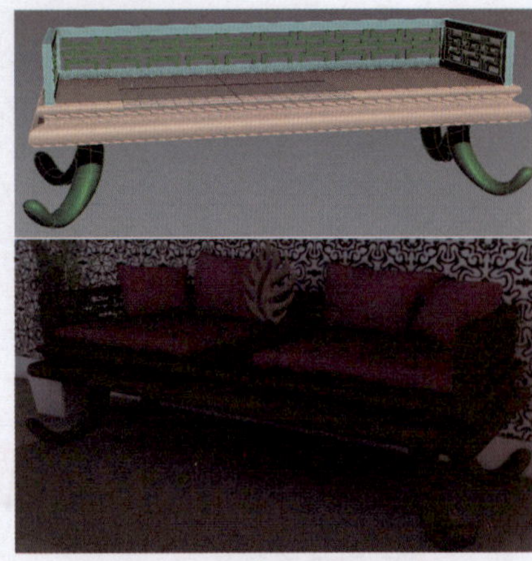

图2-339　复制模型

实例042　卧室家具类——欧式床头柜

实例效果剖析

欧式床头柜适用于欧式风格的家居装修中。

本例制作的欧式床头柜，效果如图2-340所示。

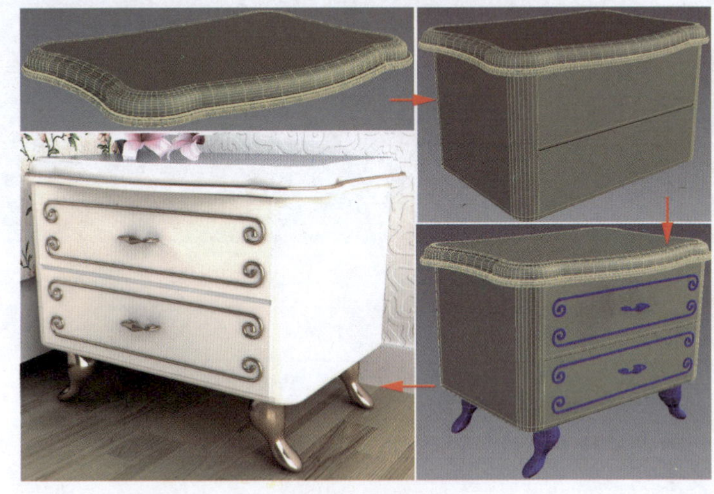

图2-340　效果展示

实例技术要点

本例主要用到的功能及技术要点如下。

- 施加“倒角剖面”修改器：用于制作欧式床头柜的桌面。
- 施加“挤出”修改器：用于制作床头柜柜体的大致形状。
- 施加“编辑多边形”修改器：用于制作床头柜的柜体效果。

实例制作步骤

场景文件路径	Scene\第2章\实例042 欧式床头柜.max		
贴图文件路径	Map\		
视频路径	视频\ cha02\实例042 欧式床头柜.mp4		
难易程度	★★	学习时间	24分39秒

❶在“顶”视图中创建圆角矩形，设置合适的参数，效果如图2-341所示。

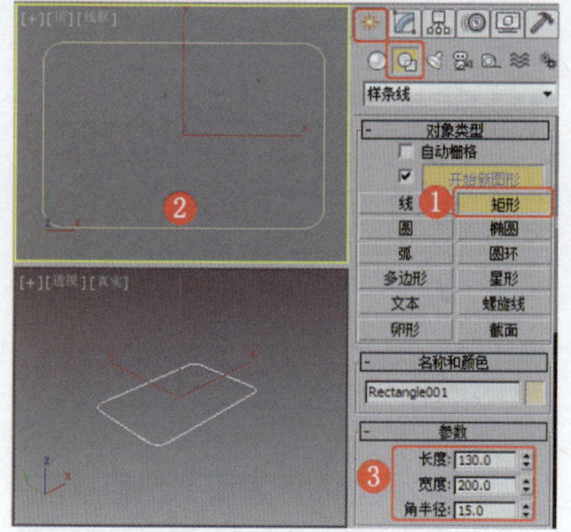
图2-341 创建圆角矩形

❷为圆角矩形施加“编辑样条线”修改器，将选择集定义为“顶点”，使用“优化”工具，调整图形的形状，效果如图2-342所示。

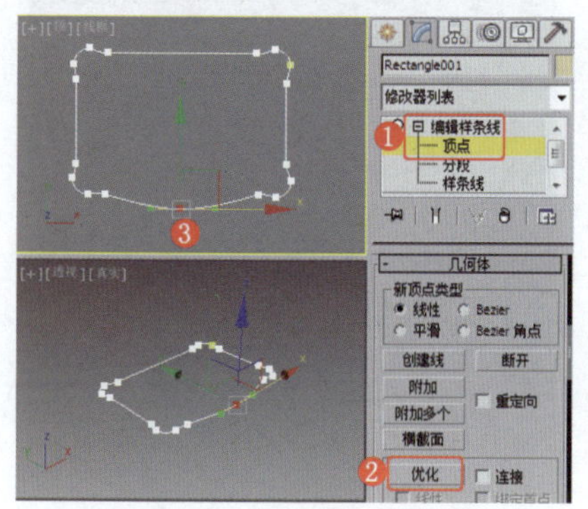
图2-342 调整图形的形状

❸在“前”视图中创建倒角剖面的截面图形，效果如图2-343所示。

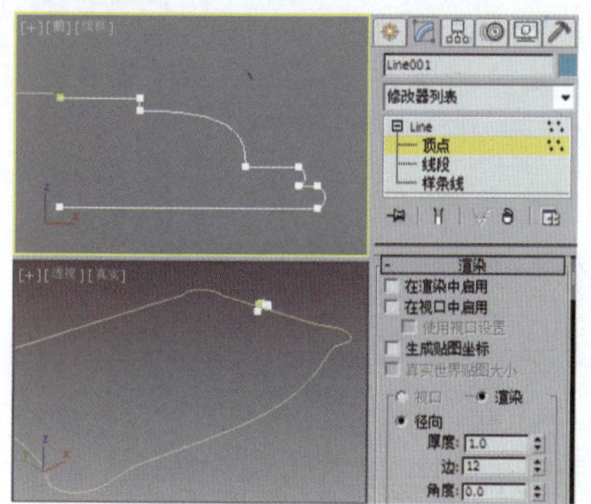
图2-343 创建倒角剖面的截面图形

❹在场景中选择优化调整后的图形，为其施加“倒角剖面”修改器，拾取创建的倒角剖面截面图形，效果如图2-344所示。

❺复制倒角剖面模型，删除倒角剖面模型，施加“挤出”修改器，柜体效果如图2-345所示。

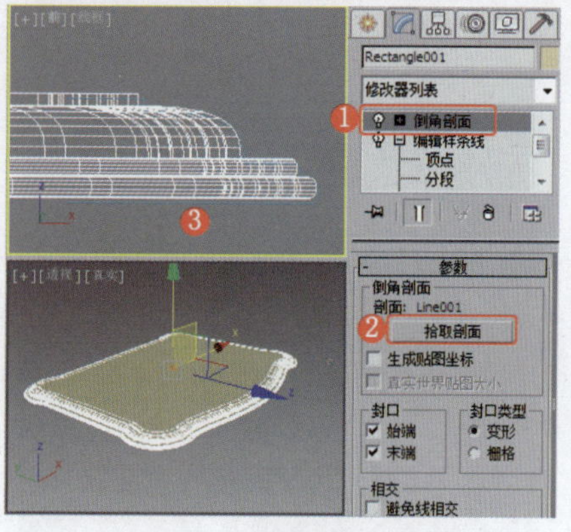
图2-344 创建倒角剖面模型

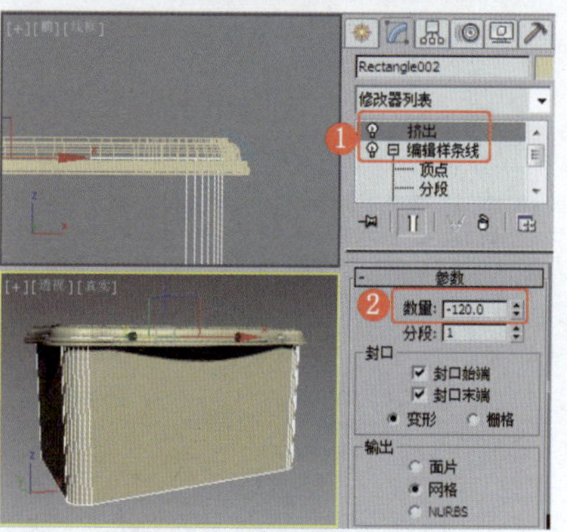
图2-345 挤出柜体模型

❻为模型施加“编辑多边形”修改器，将选择集定义为“边”，设置底部边的“切角”参数，效果如图2-346所示。

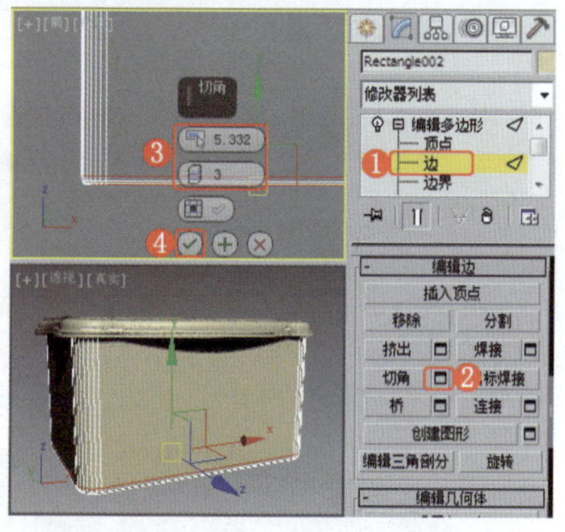
图2-346 设置柜体底部边的切角

❼将选择集定义为“边”，选择柜体正面左右两侧的边，设置边的“连接”参数，效果如图2-347所示。

❽继续连接边，效果如图2-348所示。

❾选择如图2-349所示的边，设置其“挤出”参数。

❿设置如图2-350所示的多边形的挤出效果。

⓫在“前”视图中创建可渲染的样条线，调整样条线的形状，效果如图2-351所示。

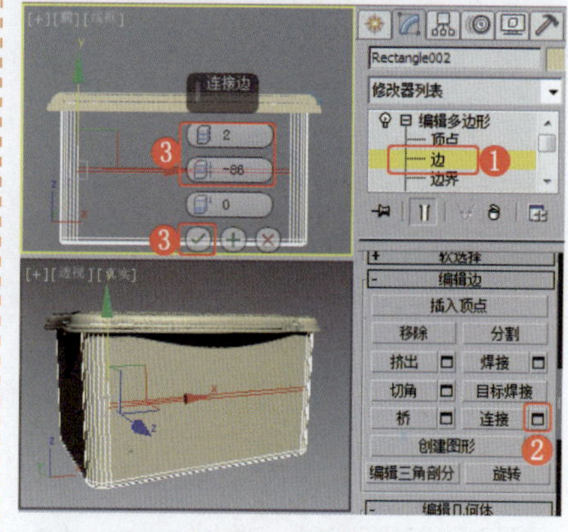
图2-347 连接边

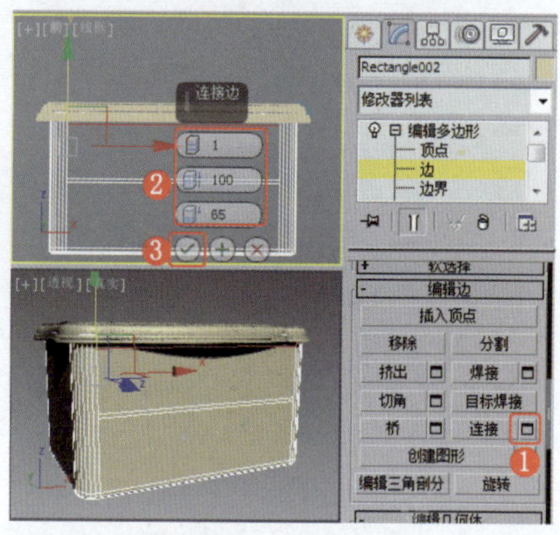
图2-348 继续连接边

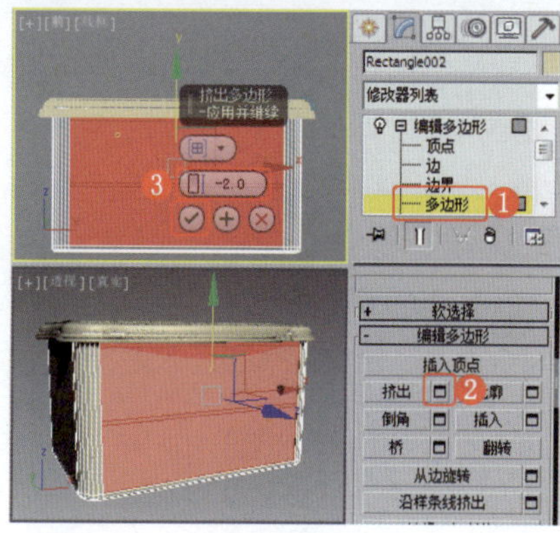
图2-349 设置多边形的“挤出”参数

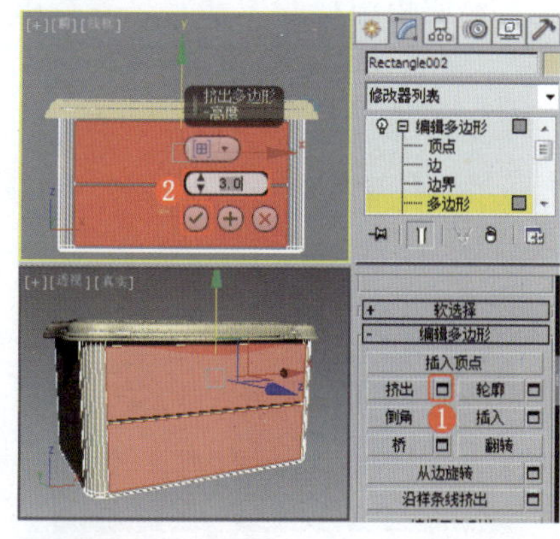
图2-350 设置多边形的挤出效果

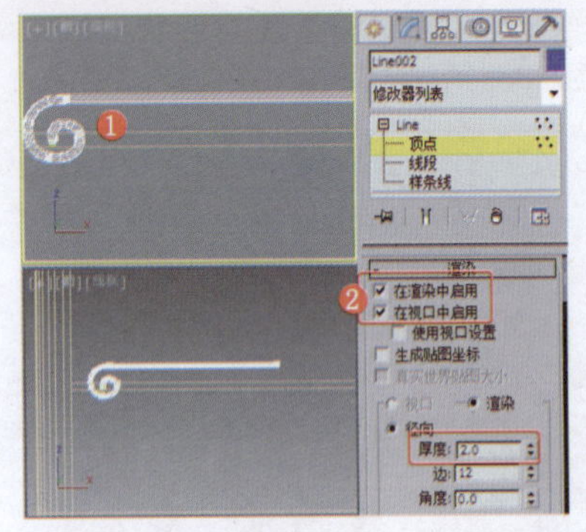
图2-351　创建可渲染的样条线

⑫ 将样条线转换为“可编辑多边形”，将选择集定义为“边”，选择如图2-352所示的边，将其移除。

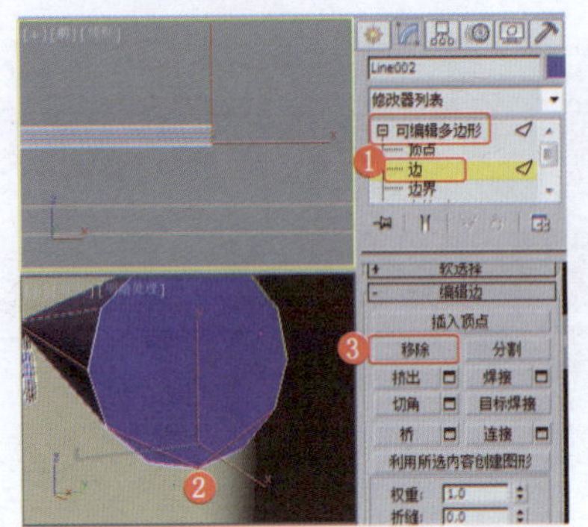
图2-352　移除边

⑬ 设置如图2-353所示的边的“切角”参数。

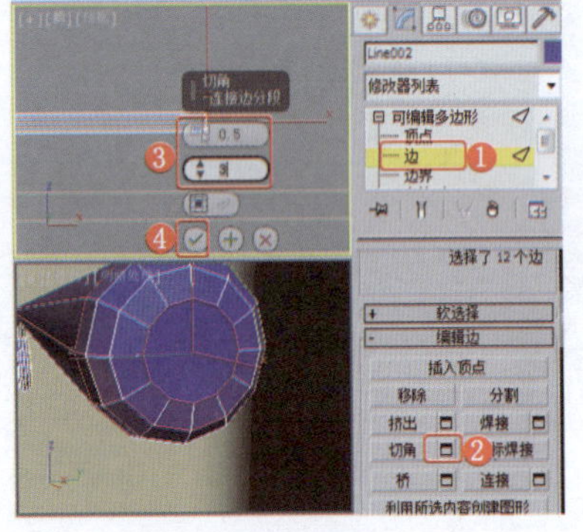
图2-353　设置边的切角

⑭ 使用同样的方法，设置如图2-354所示的边的“切角”参数。

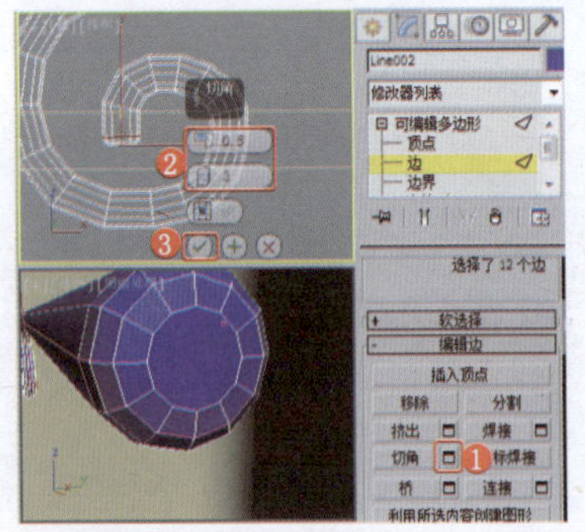
图2-354　继续设置切角

⑮ 勾选“使用软选择”复选框，缩放如图2-355所示的顶点。

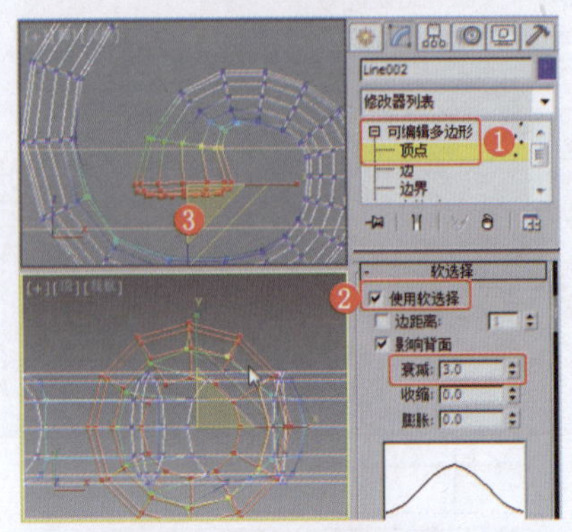
图2-355　缩放顶点

⑯ 在“顶”视图中创建长方体，设置合适的参数，效果如图2-356所示。

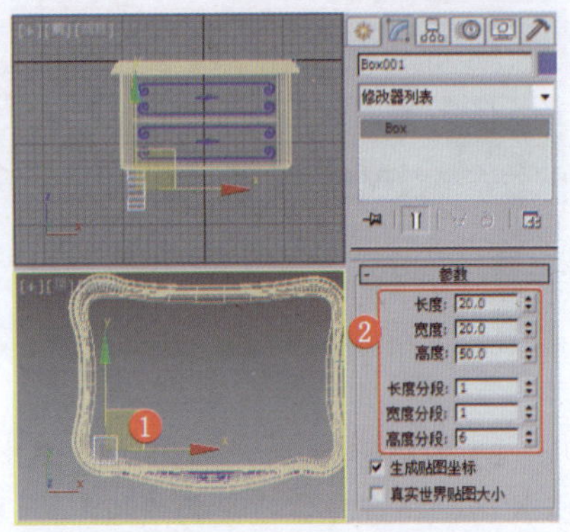
图2-356　创建长方体

⑰ 为长方体施加“编辑多边形”修改器，将选择集定义为“顶点”，调整顶点，效果如图2-357所示。

图2-357　调整模型的形状

⑱ 为柜腿模型施加“涡轮平滑”或“网格平滑”修改器，对模型进行复制，完成模型的制作，效果如图2-358所示。为模型指定金属和白色漆材质，为场景设置合适的渲染参数，在此不再赘述。

图2-358　完成模型

实例043　卧室家具类——现代中式床头柜

实例效果剖析

本例介绍的是一款将现代风格与中式风格相结合的床头柜，效果厚重、大气。

本例制作的现代中式床头柜，效果如图2-359所示。

图2-359　效果展示

实例技术要点

本例主要用到的功能及技术要点如下。

- 施加“编辑多边形”修改器：用于制作现代中式床头柜的各部分效果。

实例制作步骤

场景文件路径	Scene\第2章\实例043 现代中式床头柜.max	
贴图文件路径	Map\	
视频路径	视频\ cha02\实例043 现代中式床头柜.mp4	
难易程度	★★	学习时间 14分53秒

❶ 在“顶”视图中创建长方体，设置合适的参数，效果如图2-360所示。

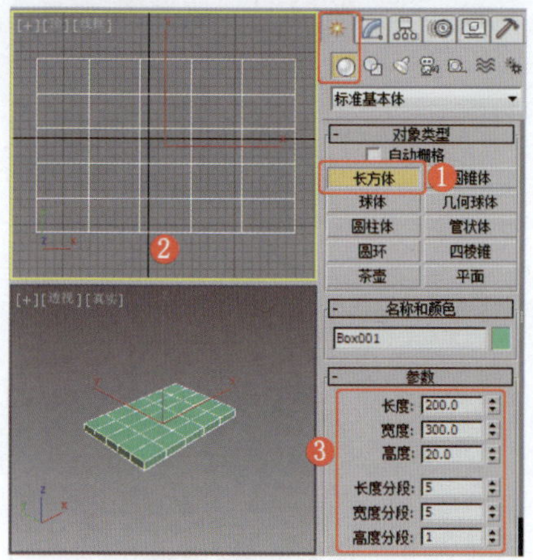

图2-360 创建长方体

❷ 为模型施加“编辑多边形”修改器，将选择集定义为“顶点”，在场景中调整顶点，效果如图2-361所示。

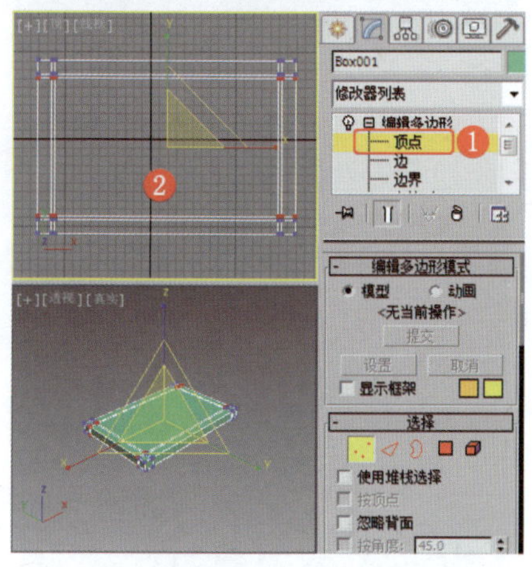

图2-361 调整顶点

❸ 将选择集定义为“多边形”，在场景中设置多边形的“挤出”参数，效果如图2-362所示。

❹ 将选择集定义为“边”，在场景中选择如图2-363所示的边。

❺ 设置边的“切角”参数，效果如图2-364所示。

❻ 选择如图2-365所示的多边形，效果如图2-365所示。

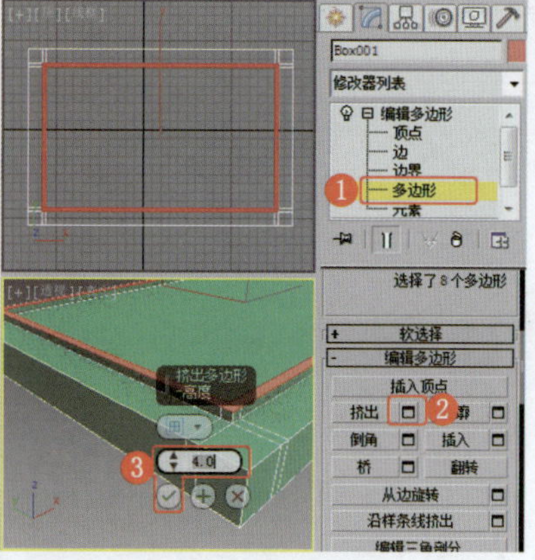

图2-362 设置多边形的“挤出”参数

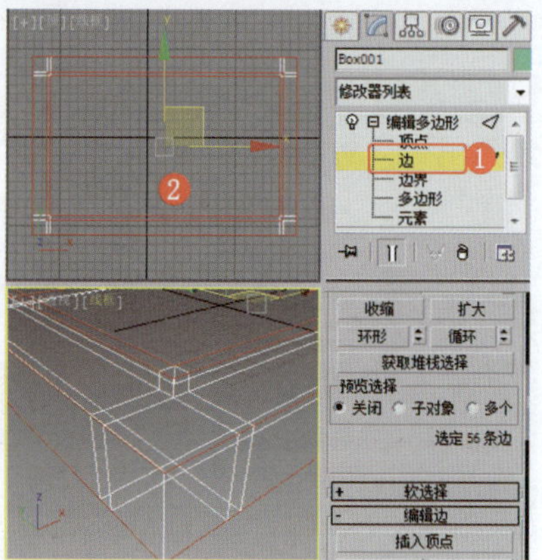

图2-363 选择边

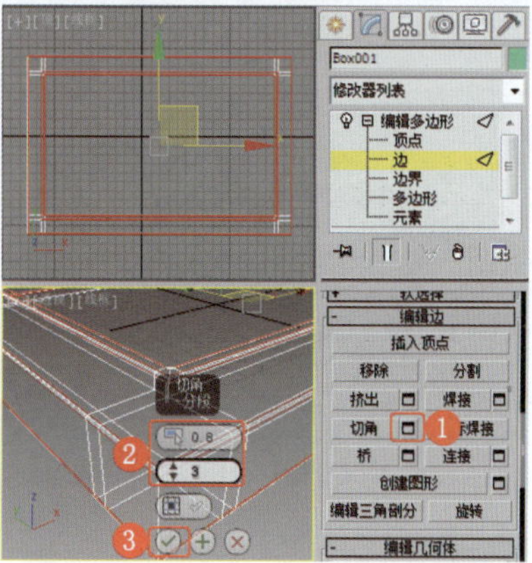

图2-364 设置边的切角

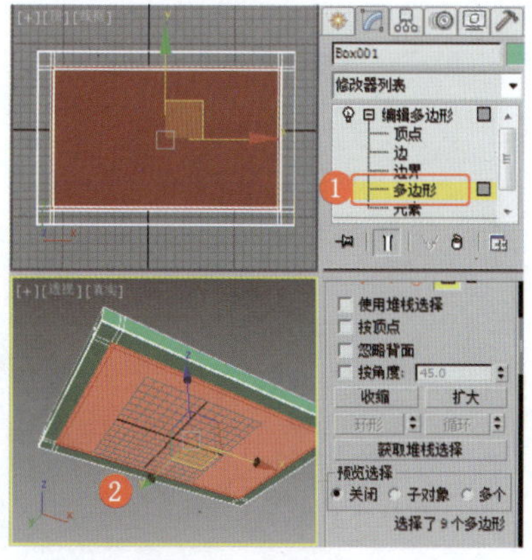

图2-365 选择多边形

❼ 设置多边形的“挤出”参数，效果如图2-366所示。

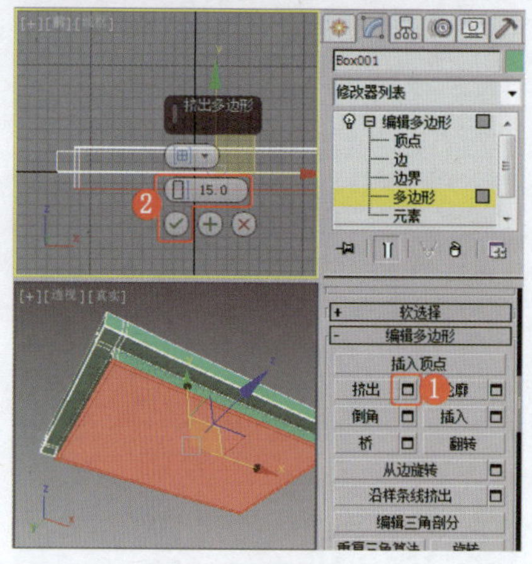

图2-366 挤出多边形

❽ 设置多边形的“倒角”参数，效果如图2-367所示。

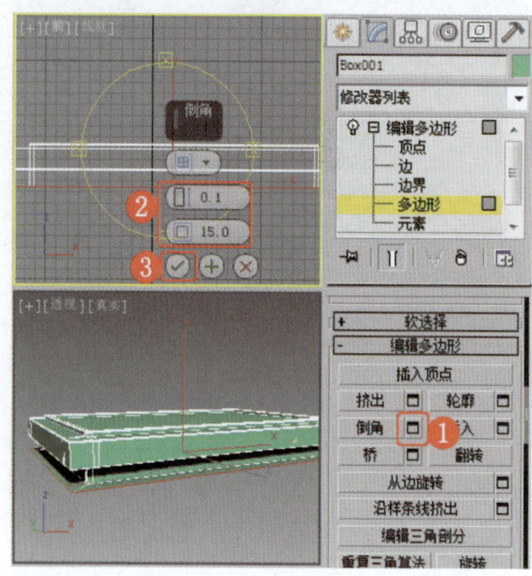

图2-367 倒角多边形

❾ 设置多边形的“挤出”参数，效果如图2-368所示。

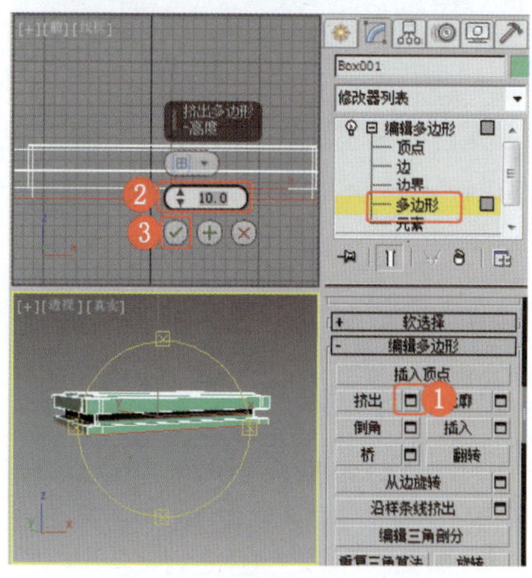

图2-368 挤出多边形

❿ 设置多边形的“挤出”参数，效果如图2-369所示。

⓫ 设置多边形的“挤出”参数，效果如图2-370所示，观察模型效果。

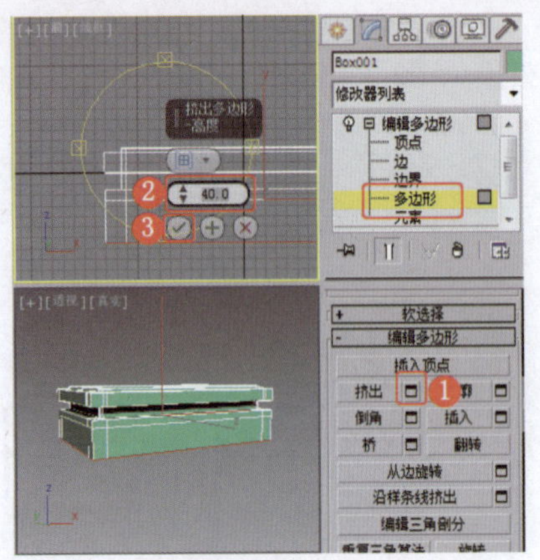
图2-369 挤出多边形

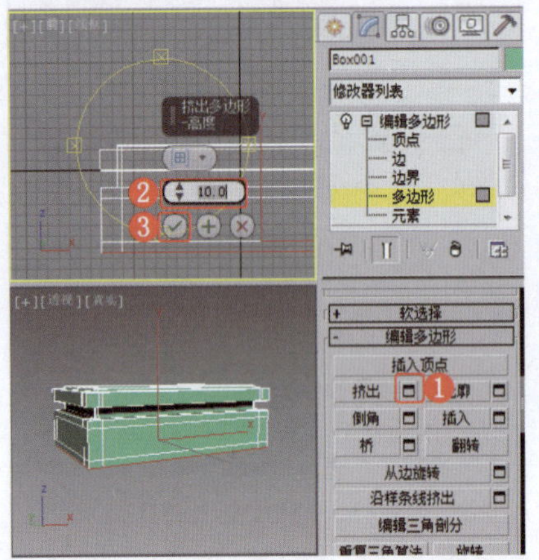
图2-370 挤出多边形

⑫ 将选择集定义为“边”，选择左侧抽屉模型的内侧上下边，设置边的“连接”参数，效果如图2-371所示。

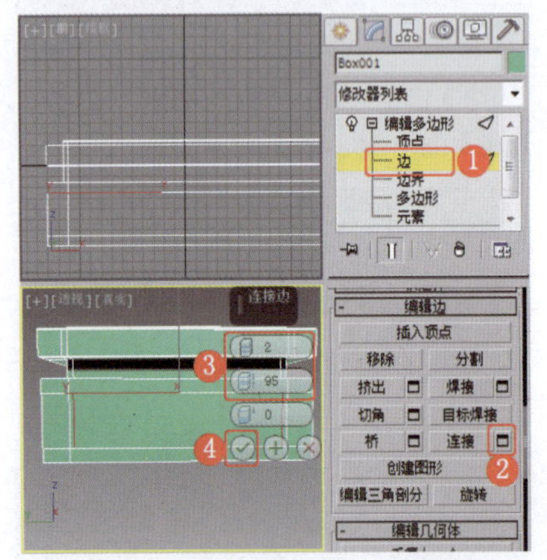
图2-371 设置边的“连接”参数

⑬ 继续选择模型内侧左右的边，设置边的“连接”参数，效果如图2-372所示。

⑭ 选择连接处的多边形，设置多边形的“挤出”参数，效果如图2-373所示。

⑮ 使用同样的方法，设置柜体前面抽屉的模型效果，设置挤出模型的边的“切角”参数，效果如图2-374所示。

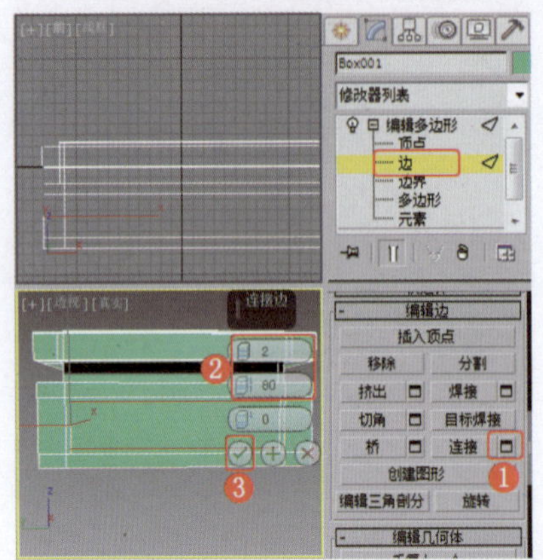
图2-372 设置边的“连接”参数

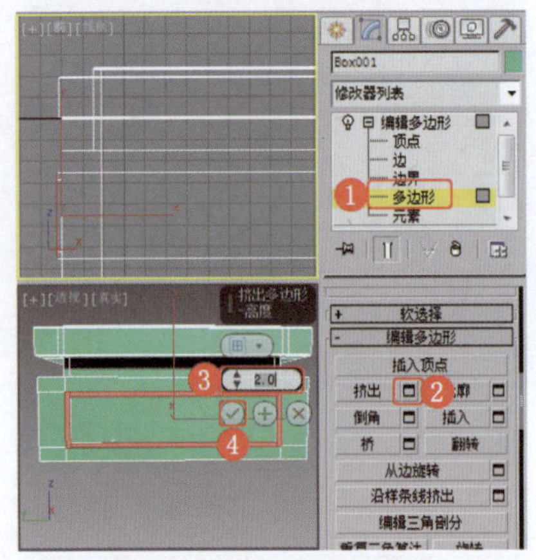
图2-373 挤出多边形

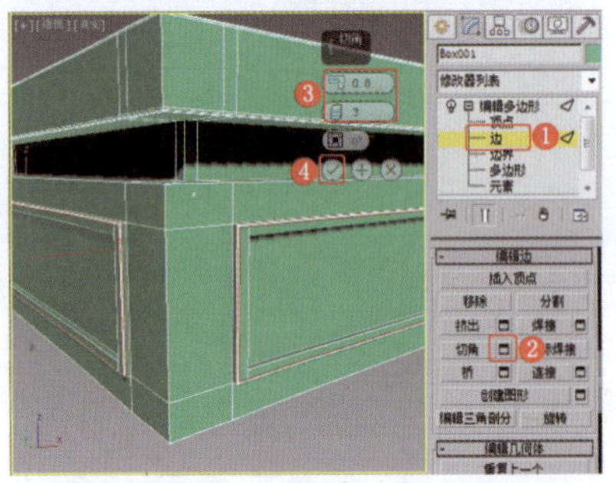
图2-374 设置边的“切角”参数

⑯ 设置模型正面的边的连接，如图2-375所示。

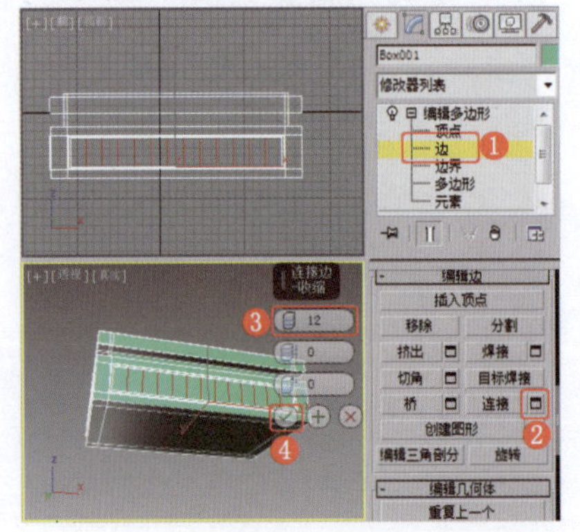
图2-375 设置边的“连接”参数

⑰ 设置连接的多边形的“倒角”参数，效果如图2-376所示。

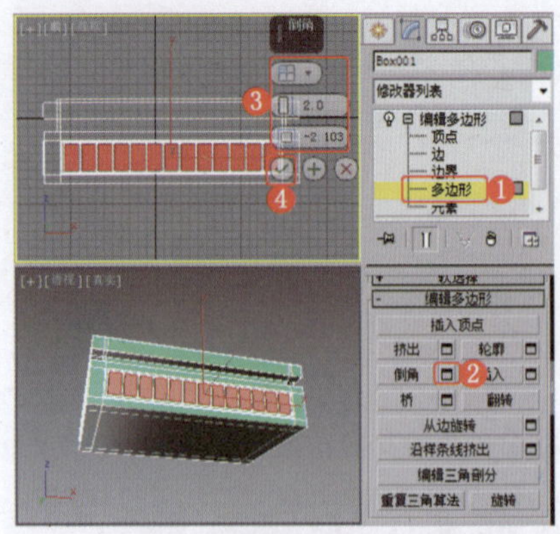
图2-376 设置连接多边形的“倒角”参数

⑱ 选择模型腿部的多边形，设置其“挤出”参数，效果如图2-377所示。

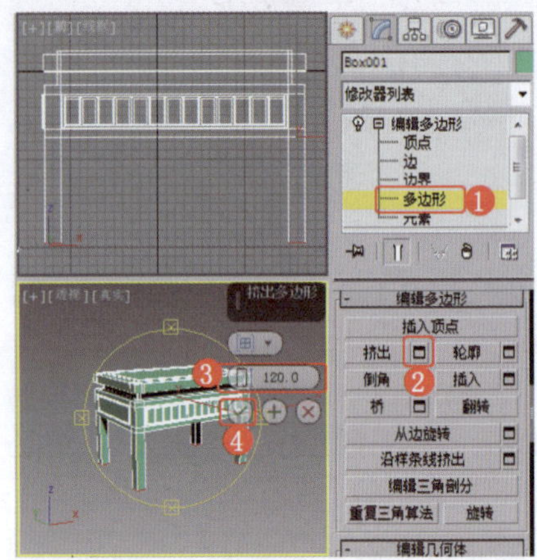
图2-377 挤出床头柜的腿部模型

⑲ 设置多边形的“挤出”参数，效果如图2-378所示。

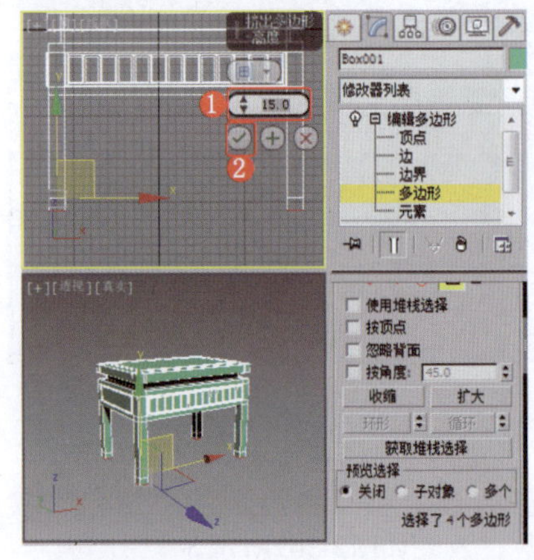
图2-378 设置多边形的“挤出”参数

⑳ 继续设置多边形的“挤出”参数，效果如图2-379所示。

㉑ 选择相对的边，对其执行“桥”命令，对其多边形进行连接，效果如图2-380所示。

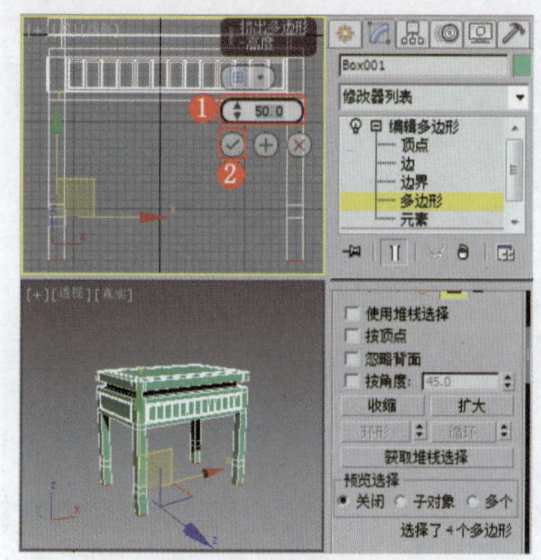
图2-379 挤出柜腿模型

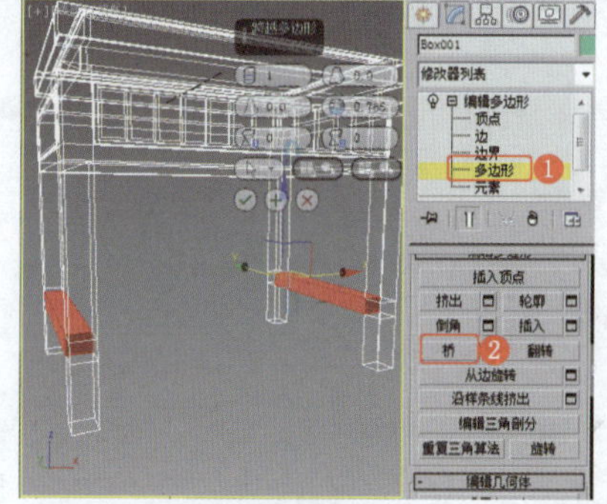
图2-380 设置多边形的“桥”参数

㉒继续设置多边形的“桥”参数，得到的模型效果如图2-381所示。

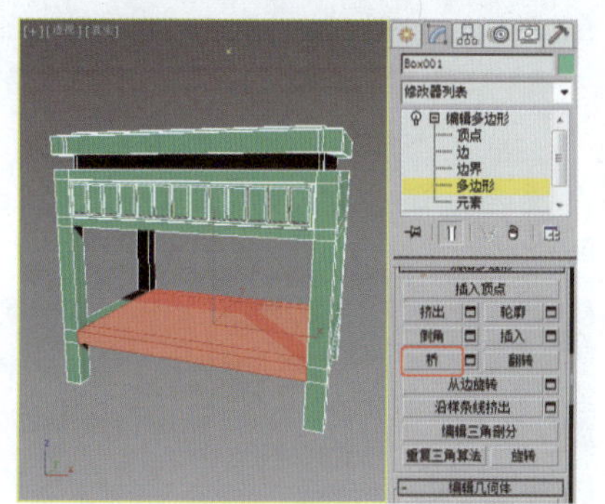
图2-381 设置多边形的“桥”参数

㉓在“前”视图中创建球体，设置合适的半球参数，效果如图2-382所示。

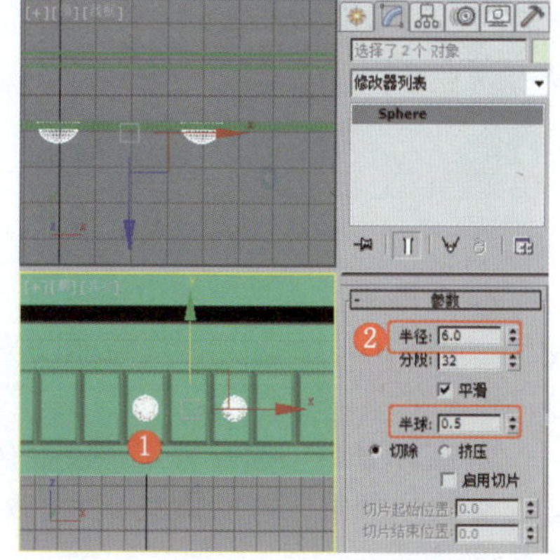
图2-382 创建球体

㉔复制并调整球体的参数，效果如图2-383所示。

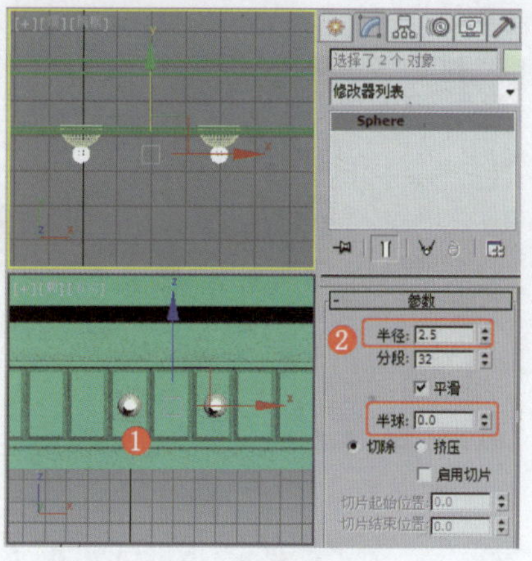
图2-383 复制并调整球体

㉕在“前”视图中创建可渲染的圆角矩形，设置合适的参数，效果如图2-384所示。

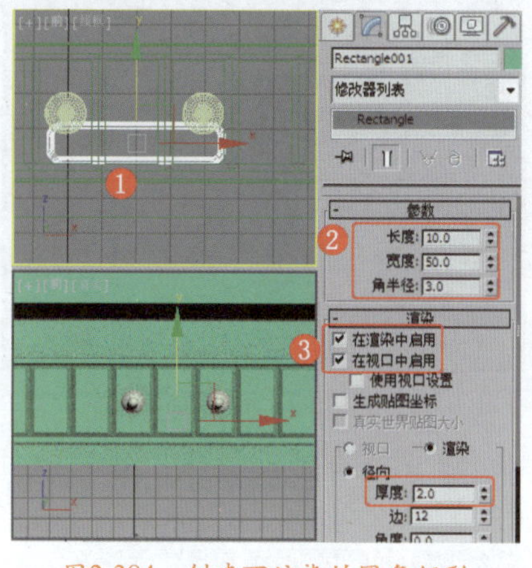
图2-384 创建可渲染的圆角矩形

㉖为可渲染的圆角矩形施加“编辑样条线”修改器，删除分段，调整样条线的形状，效果如图2-385所示。

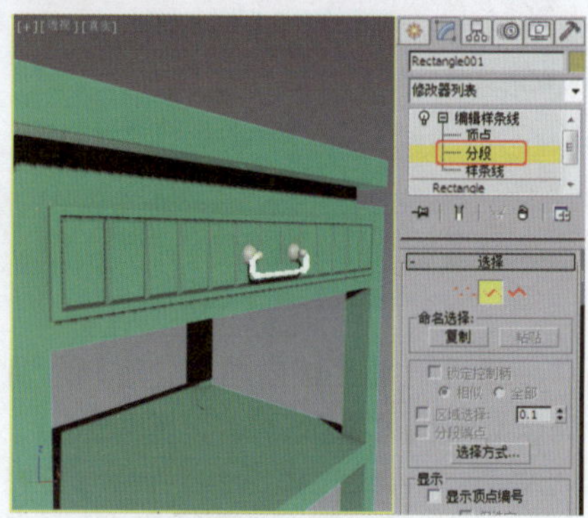
图2-385 调整样条线的形状

㉗完成床头柜模型，效果如图2-386所示。为模型指定金属和木纹材质，设置场景渲染参数，渲染输出。

图2-386 完成床头柜模型

实例044 卧室家具类——时尚床头柜

实例效果剖析

本例制作一款时尚床头柜模型，用来放置卧室中常用的物品及台灯。本例制作的时尚床头柜，效果如图2-387所示。

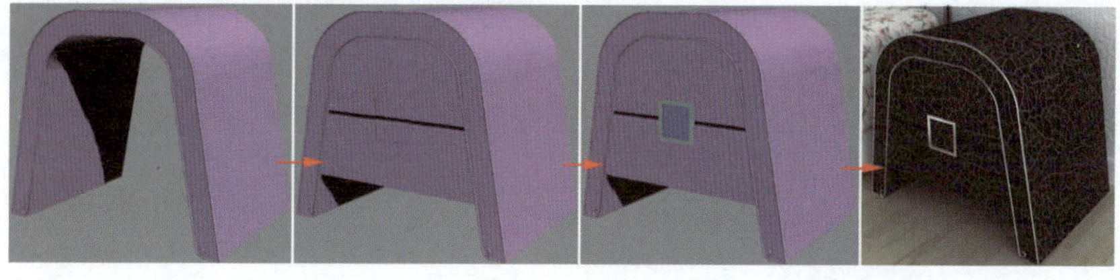
图2-387 效果展示

实例技术要点

本例主要用到的功能及技术要点如下。

- 施加“挤出”修改器：用于制作床头柜的基本模型。
- 使用“ProBoolean”工具：制作床头柜抽屉的形状。

实例制作步骤

场景文件路径	Scene\第2章\实例044 时尚床头柜.max	
贴图文件路径	Map\	
视频路径	视频\ cha02\实例044 时尚床头柜.mp4	
难易程度	★★	学习时间
		12分21秒

❶ 在“前”视图中创建图形，调整图形的形状，效果如图2-388所示。

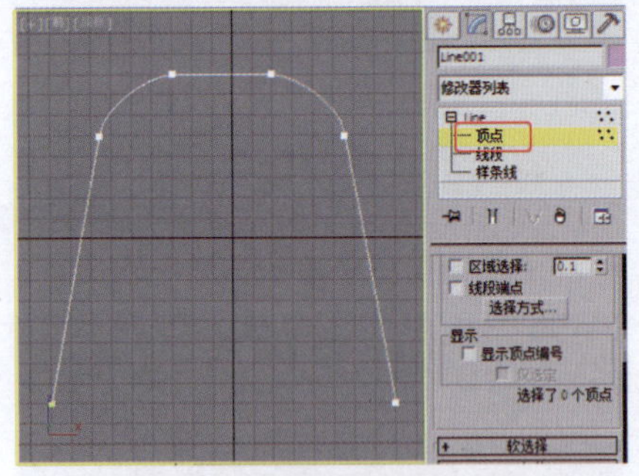

图2-388 创建图形

❷ 将选择集定义为“样条线”，设置样条线的“轮廓”参数，效果如图2-389所示。

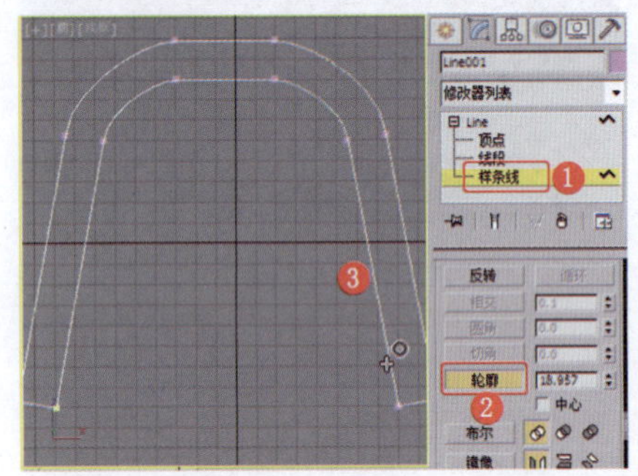

图2-389 设置样条线的“轮廓”参数

❸ 设置图形的可渲染参数，效果如图2-390所示。

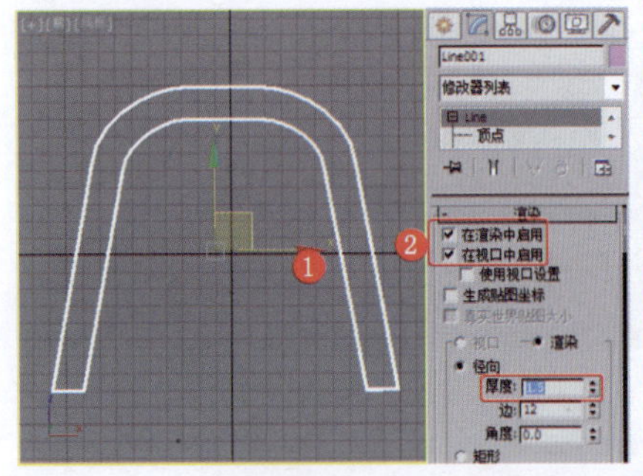

图2-390 设置图形的可渲染参数

❹ 复制图形并为图形施加“挤出”修改器，设置合适的参数，效果如图2-391所示。

❺ 选择可渲染的样条线，将选择集定义为“顶点”，断开如图2-392所示的顶点。

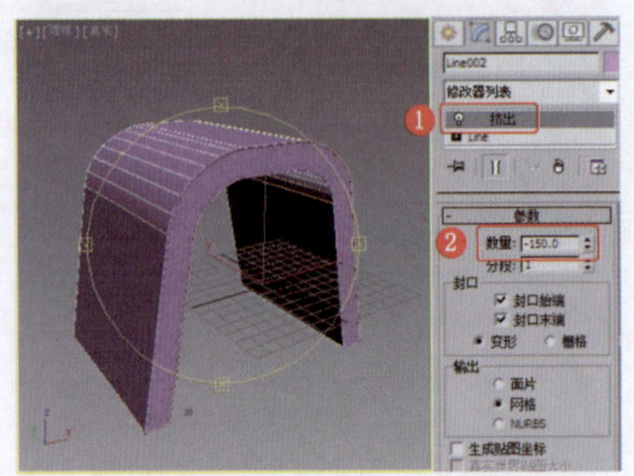

图2-391 设置图形的“挤出”参数

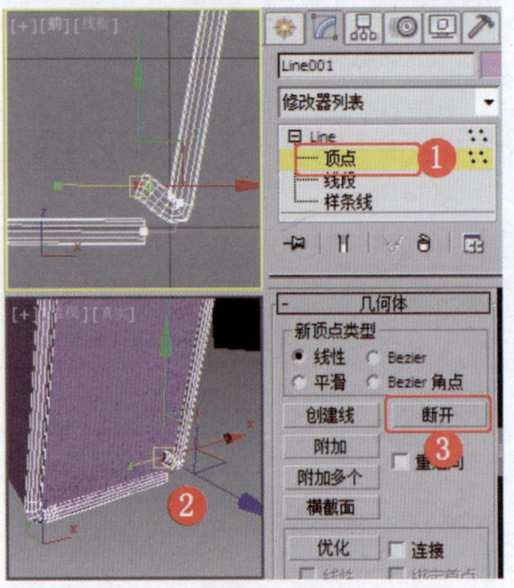

图2-392 断开顶点

❻ 调整图形的形状，效果如图2-393所示。

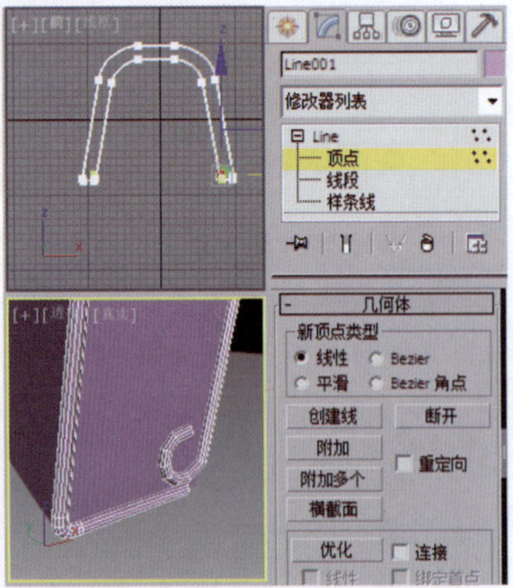

图2-393 调整图形的形状

❼ 选择挤出厚度的外侧模型，对模型进行复制，将选择集定义为“线段”，删除外侧的线段，将选择集定义为“顶点”，连接底部顶点，效果如图2-394所示。

❽ 调整图形，效果如图2-395所示。

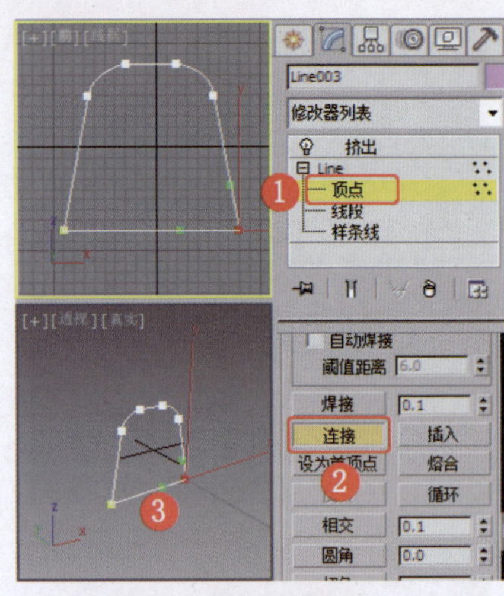

图2-394 连接顶点

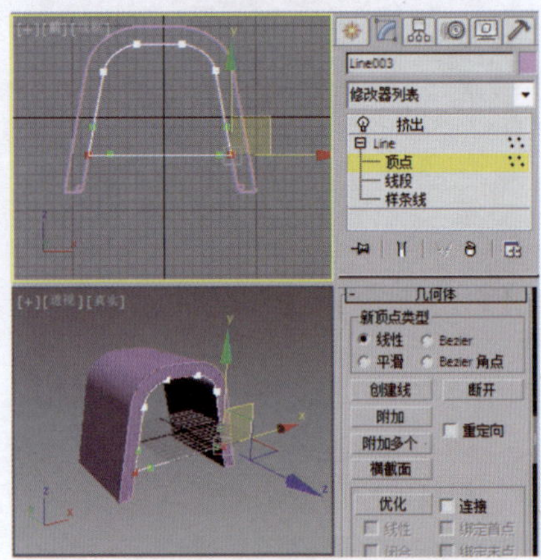

图2-395 调整图形的形状

❾ 在“前”视图中创建长方体，设置合适的参数，效果如图2-396所示。

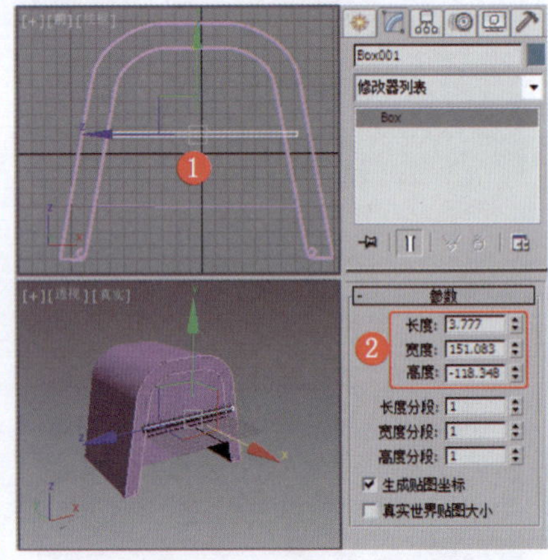

图2-396 创建长方体

❿ 在场景中选择复制出的模型，使用“ProBoolean”工具布尔长方体，效果如图2-397所示。

⓫ 在场景中创建长方体，设置合适的参数，调整模型的位置，效果如图2-398所示。

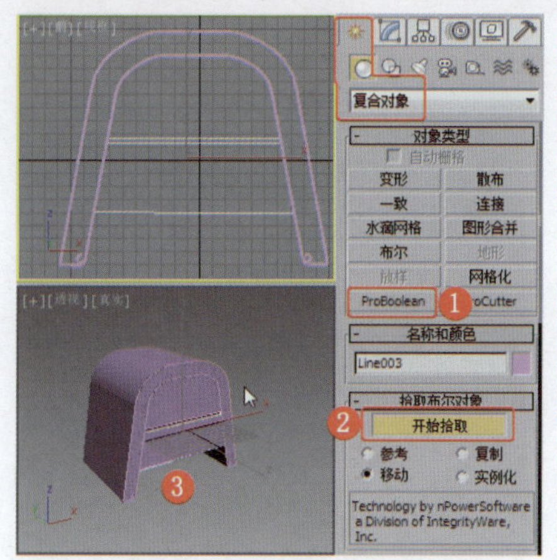

图2-397　布尔长方体

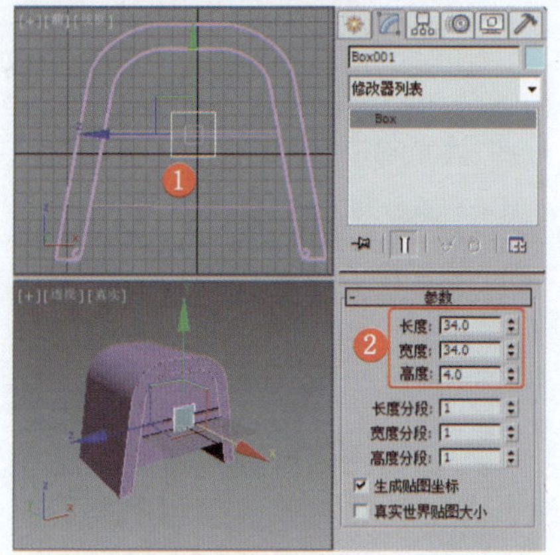

图2-398　创建长方体

⑫ 使用“ProBoolean”工具继续布尔模型，效果如图2-399所示。

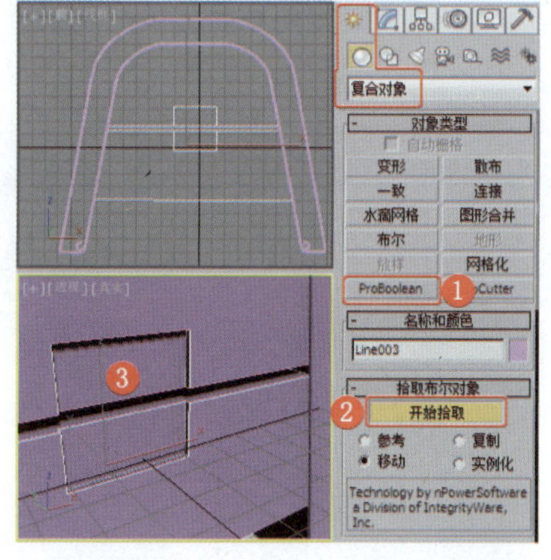

图2-399　布尔模型

⑬ 在“前”视图中创建墙矩形，设置合适的参数，效果如图2-400所示。

⑭ 为墙矩形施加“挤出”修改器，效果如图2-401所示。

⑮ 创建长方体，设置合适的参数，效果如图2-402上图所示。为模型设置金属材质和崩裂漆材质，为场景设置合适的渲染参数，进行渲染输出，效果如图2-402下图所示。

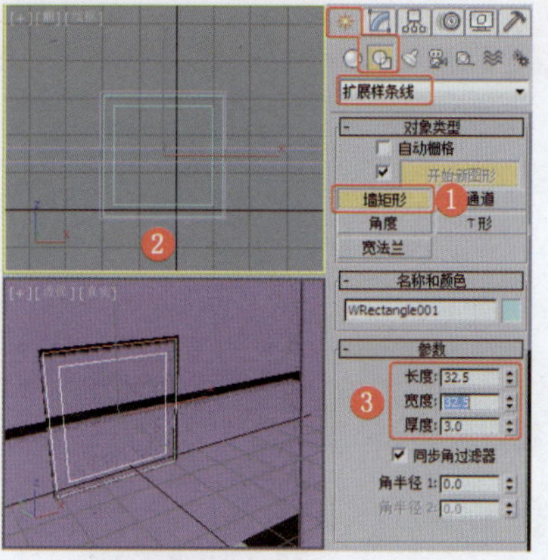

图2-400　创建墙矩形

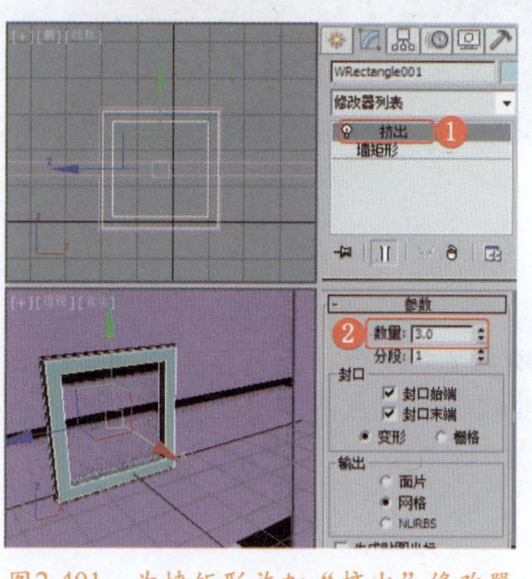

图2-401　为墙矩形施加“挤出”修改器

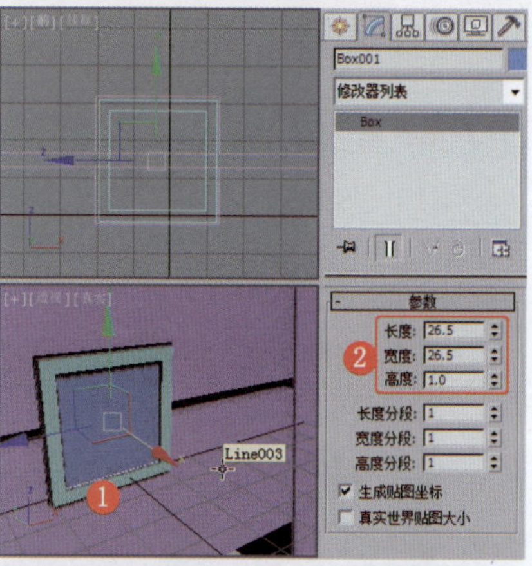

图2-402　制作效果

实例045　卧室家具类——现代衣柜

实例效果剖析

衣柜是存放衣物的柜式家具，一般分为单门、双门、嵌入式等，是居室常用的家具之一。本例制作的是一款简单的现代衣柜。

本例制作的现代衣柜，效果如图2-403所示。

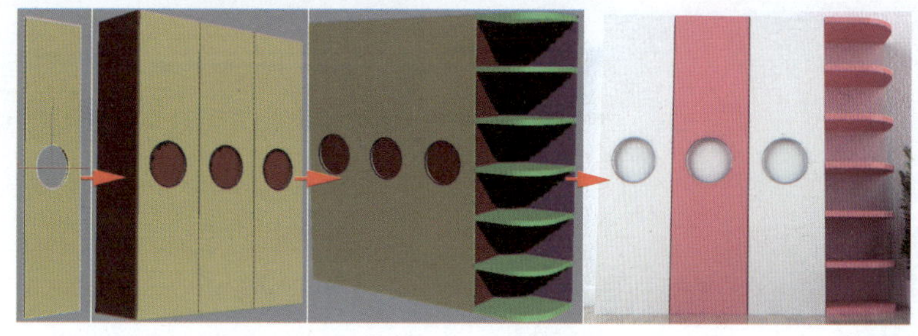

图2-403　效果展示

实例技术要点

本例主要用到的功能及技术要点如下。

- 施加“挤出”修改器：用于制作柜门和隔断的厚度。

场景文件路径	Scene\第2章\实例045 现代衣柜.max		
贴图文件路径	Map\		
视频路径	视频\cha02\实例045 现代衣柜.mp4		
难易程度	★★	学习时间	12分18秒

实例046 卧室家具类——仿中式衣柜

实例效果剖析

本例制作的是一款双门仿中式衣柜，结合中式铜锁及红木材质的使用，效果古朴。

本例制作的仿中式衣柜，效果如图2-404所示。

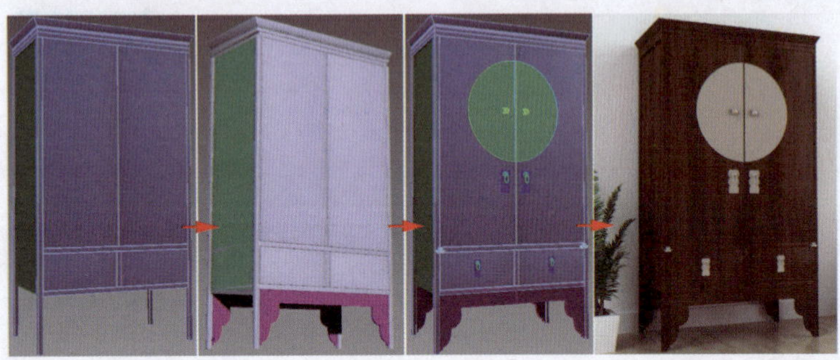

图2-404 效果展示

实例技术要点

本例主要用到的功能及技术要点如下。

- 施加“锥化”修改器：用于制作顶部模型的锥化效果。
- 施加“挤出”修改器：用于制作柜门把手的底座。
- 使用“ProBoolean”工具：制作柜门的半圆把手。

实例制作步骤

场景文件路径	Scene\第2章\实例046 仿中式衣柜.max		
贴图文件路径	Map\		
视频路径	视频\cha02\实例046 仿中式衣柜.mp4		
难易程度	★★	学习时间	24分28秒

❶ 在“顶”视图中创建切角长方体，设置合适的参数，效果如图2-405所示。

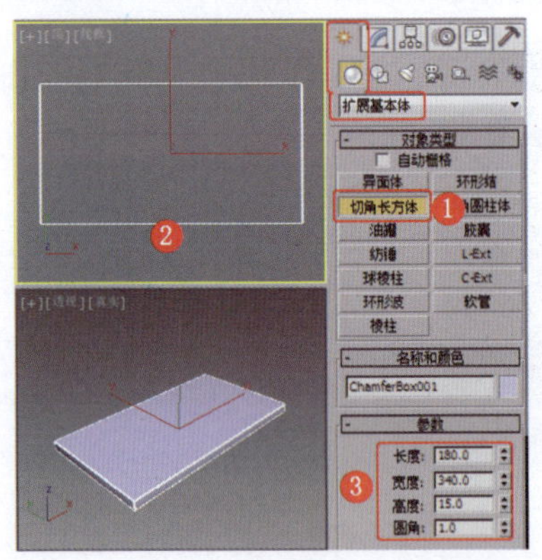

图2-405 创建切角长方体

❷ 为切角长方体施加“锥化”修改器，设置合适的参数，效果如图2-406所示。

❸ 对切角长方体进行复制，修改其参数并调整模型的位置，效果如图2-407所示。

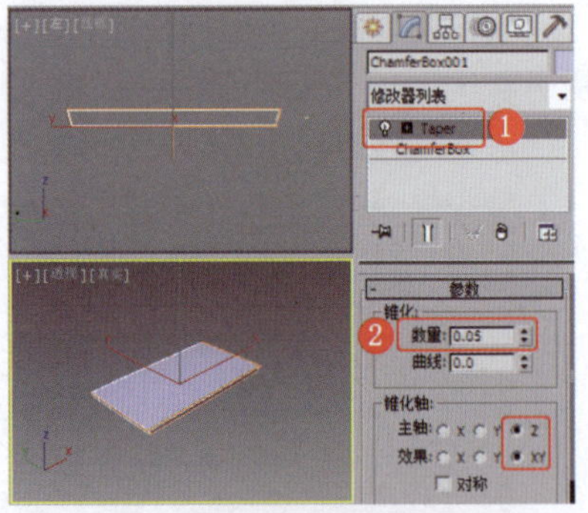

图2-406 施加“锥化”修改器

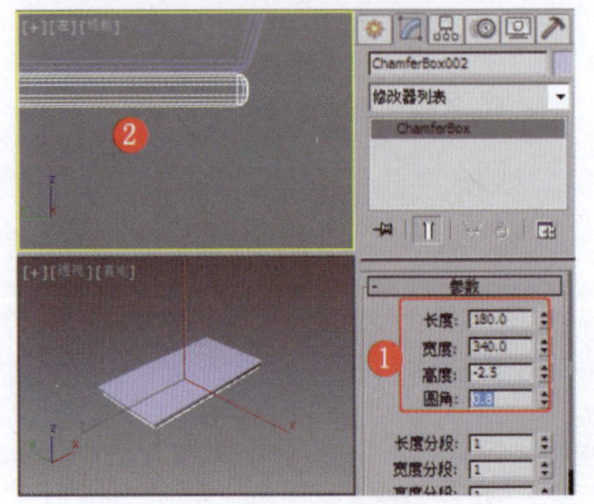

图2-407 复制并调整模型

❹ 对切角长方体进行复制，设置合适的参数并调整模型的位置，效果如图2-408所示。

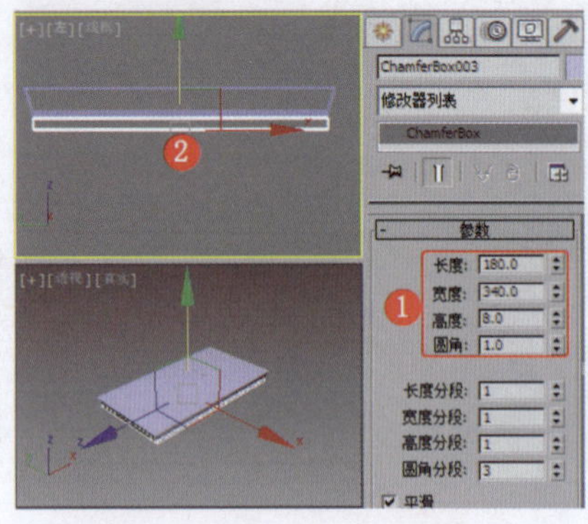

图2-408 复制并调整模型

❺ 对切角长方体进行复制，修改模型的参数并调整模型的位置，效果如图2-409所示。

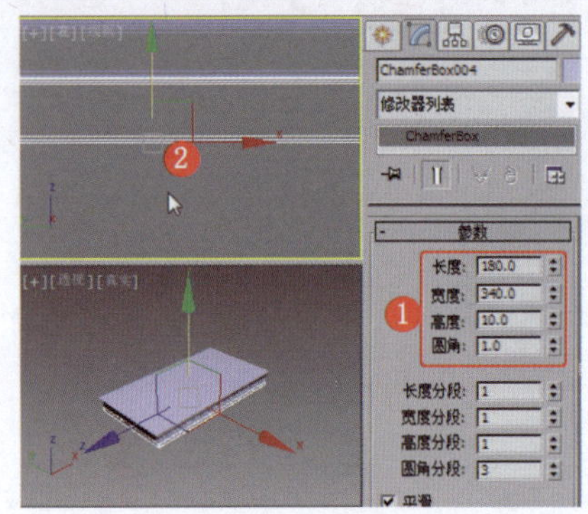

图2-409 复制并调整模型

❻ 继续复制切角长方体，设置合适的参数，将其作为柜腿，效果如图2-410所示。

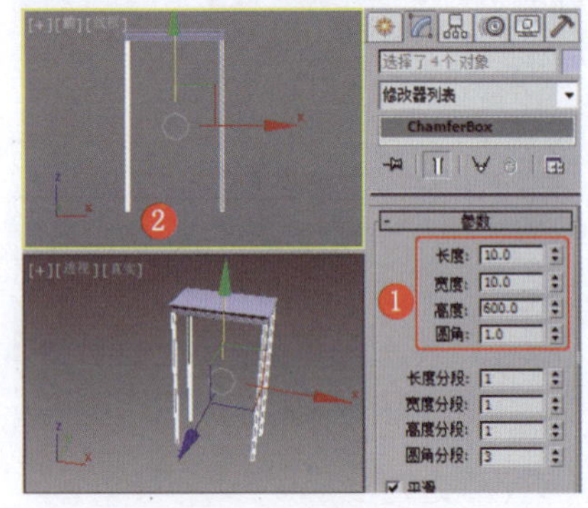

图2-410 复制并调整模型

❼ 复制模型，将其作为柜门，修改模型的参数，效果如图2-411所示。

❽ 复制模型，将其作为柜门的隔断，修改模型的参数，效果如图2-412所示。

❾ 复制模型，将其作为柜体底部的柜门，修改模型的参数，效果如图2-413所示。

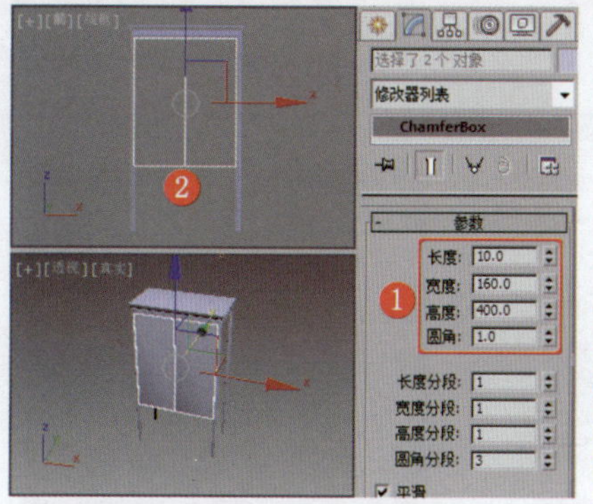
图2-411 制作柜门

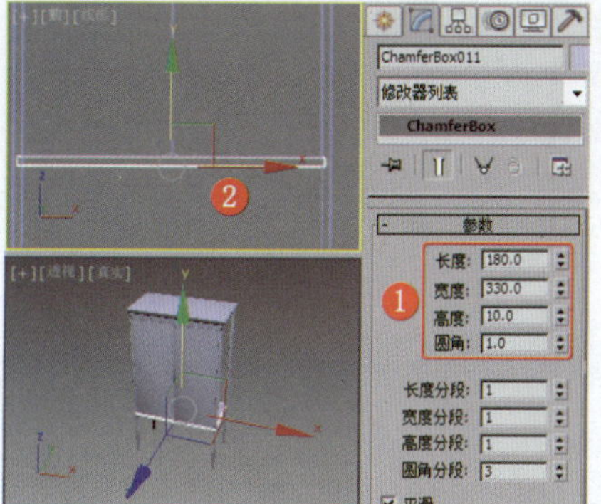
图2-412 制作柜门隔断

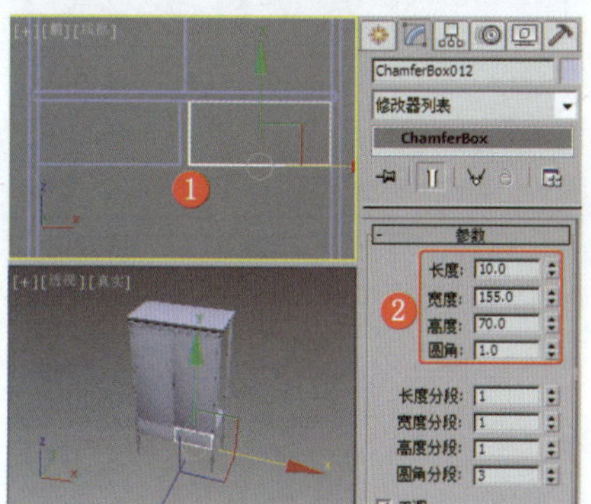
图2-413 制作柜体底部的柜门

⑩ 复制如图2-414所示的柜门底部中间隔断，修改模型的参数。

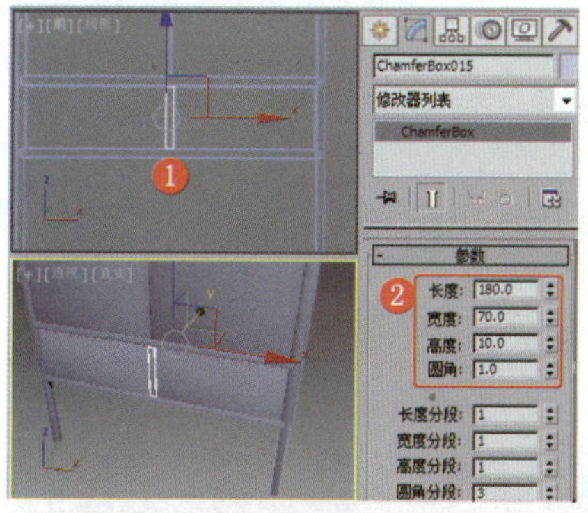
图2-414 复制并调整隔断模型

⑪ 创建合适的模型，将其作为柜体左右及后侧的挡板，效果如图2-415所示。

图2-415 创建挡板

⑫ 在“前”视图中创建图形，为其施加“挤出”修改器，设置合适的参数，将其作为柜体底部的花纹，效果如图2-416所示。

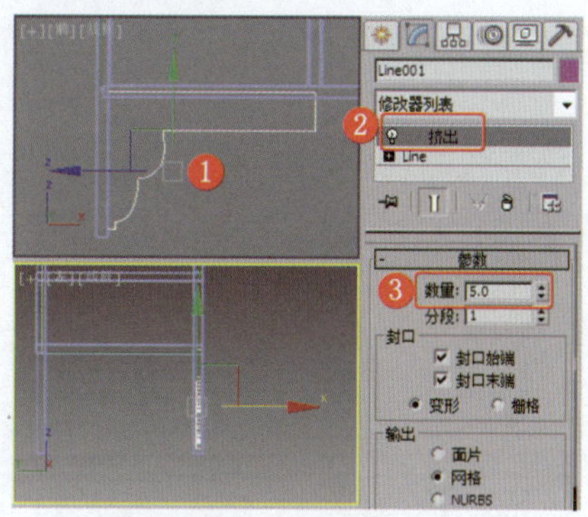
图2-416 创建花纹

⑬ 对底部的花纹模型进行复制，效果如图2-417所示。

图2-417 复制模型

⑭ 在“前”视图中创建圆柱体，设置合适的参数，调整模型的位置，效果如图2-418所示。

⑮ 在“前”视图中创建长方体，调整参数及模型的位置，将其作为布尔对象，效果如图2-419所示。

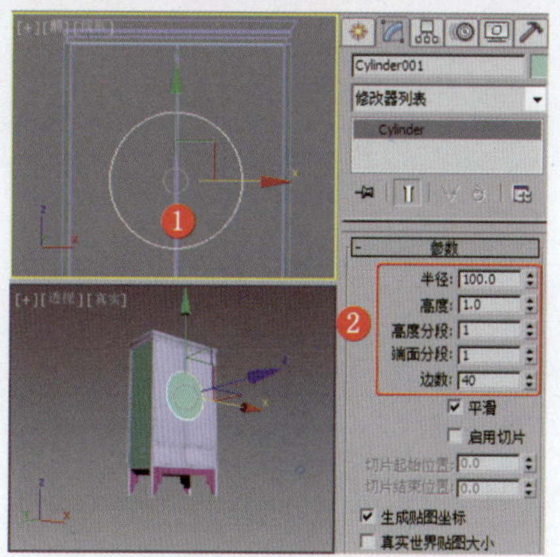
图2-418 创建圆柱体

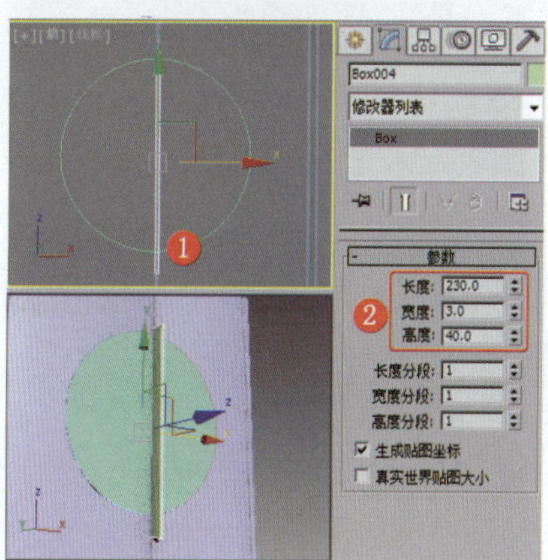
图2-419 创建长方体

⑯ 在场景中选择圆柱体，使用“ProBoolean”工具，拾取长方体，布尔长方体，模型效果如图2-420所示。

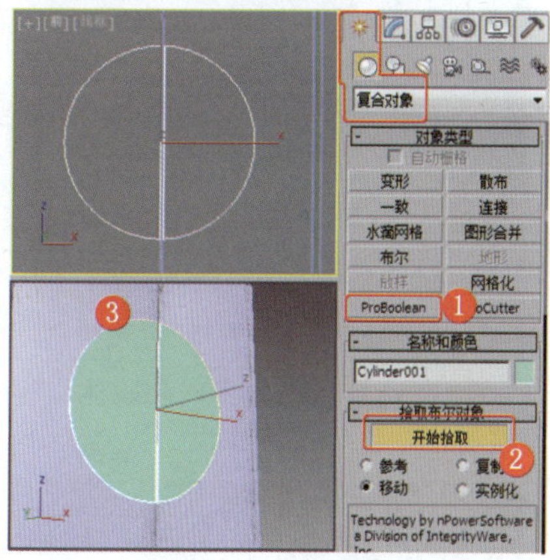
图2-420 布尔模型

⑰ 在“左”视图中创建可渲染的弧，设置合适的参数，效果如图2-421所示。

⑱ 在“前”视图中缩放可渲染的弧，效果如图2-422所示。

⑲ 在“前”视图中创建如图2-423所示的图形，为其施加“挤出”修改器，设置合适的参数。

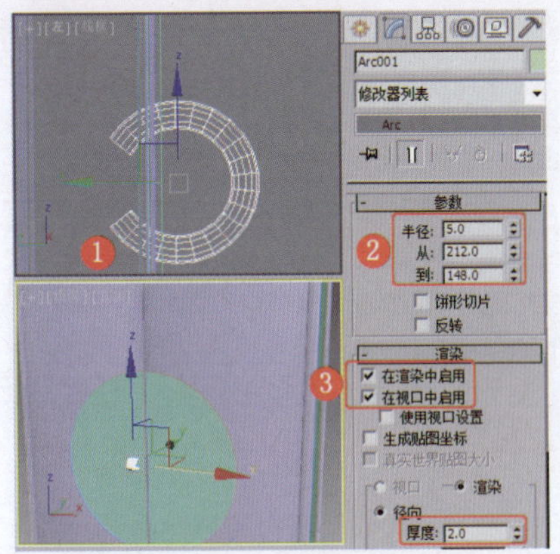

图2-421　创建弧

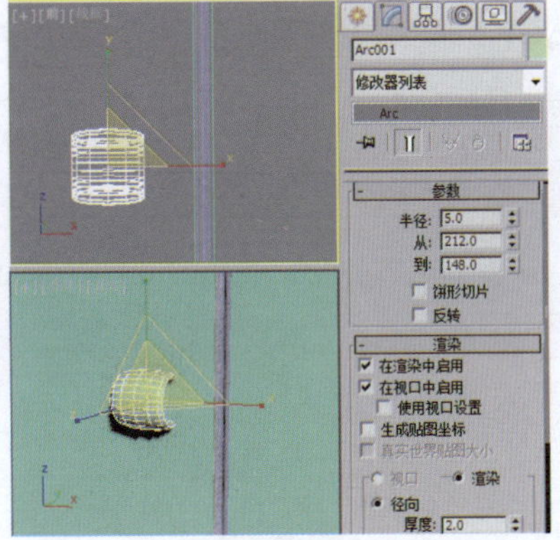

图2-422　调整弧的形状

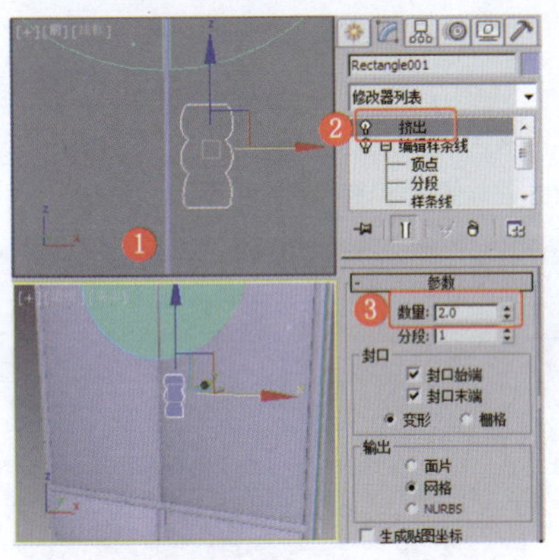

图2-423　创建图形并施加“挤出”修改器

⑳ 在场景中创建半球和球体，组合成如图2-424所示的效果。

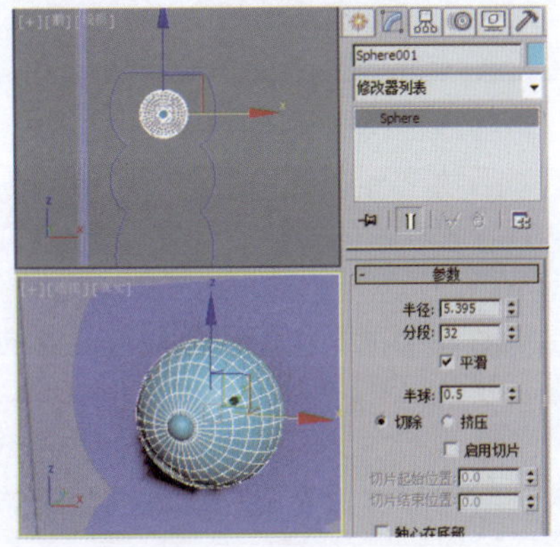

图2-424　创建半球和球体

㉑ 在“前”视图中创建椭圆，设置合适的参数，效果如图2-425所示，调整模型的位置。

㉒ 对模型进行组合和复制，效果如图2-426所示。

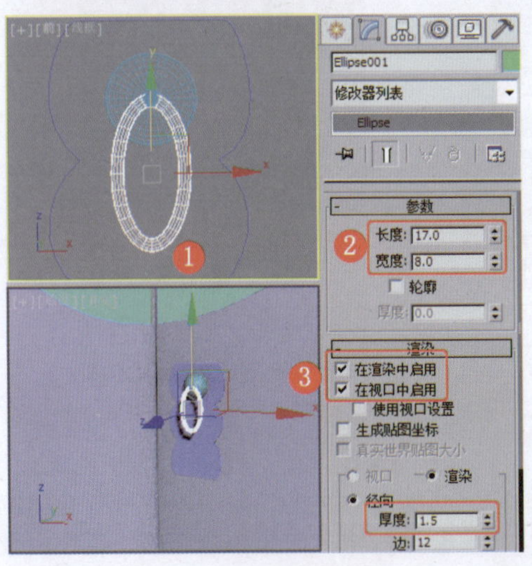

图2-425　创建并调整椭圆

图2-426　组合并复制模型

㉓ 创建可渲染的弧，对弧进行复制和组合，效果如图2-427所示。

㉔ 创建可渲染的样条线，调整样条线的形状，效果如图2-428所示。

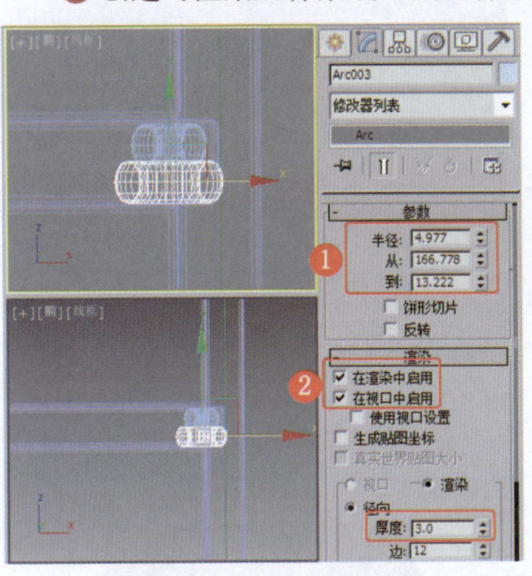

图2-427　复制并组合弧

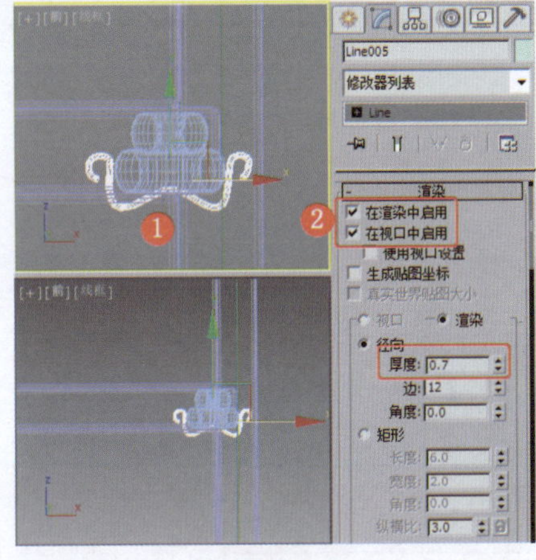

图2-428　创建并调整可渲染的样条线

㉕ 对模型进行复制，完成模型的制作，效果如图2-429左图所示；为模型设置木纹材质，为装饰设置金属材质，设置合适的渲染参数，效果如图2-429右图所示，进行渲染输出。

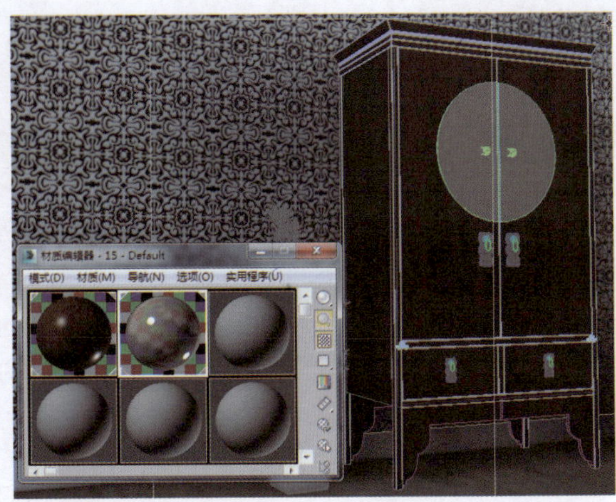

图2-429　完成的模型

实例047 卧室家具类——推拉门衣柜

实例效果剖析

本例制作的是一款时尚、简约的推拉门衣柜，不需占用太大的开门空间，是小户型家装中备受青睐的家具种类。

本例制作的推拉门衣柜，效果如图2-430所示。

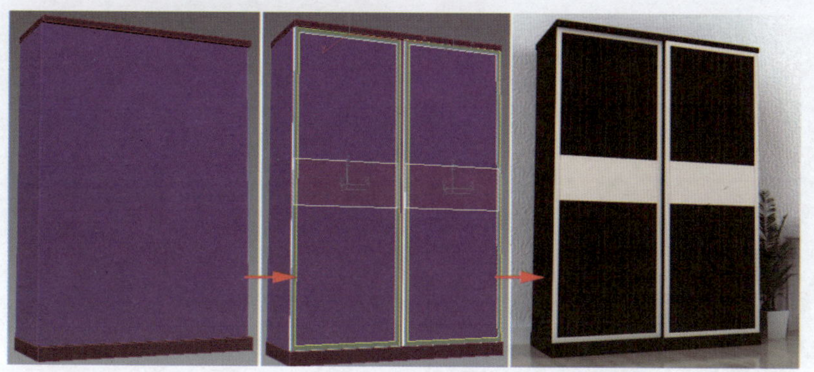

图2-430 效果展示

实例技术要点

本例主要用到的功能及技术要点如下。

- 施加“挤出”修改器：用于制作推拉门的边框。

场景文件路径	Scene\第2章\实例047 推拉门衣柜.max		
贴图文件路径	Map\		
视频路径	视频\ cha02\实例047 推拉门衣柜.mp4		
难易程度	★★	学习时间	6分41秒

实例048 卧室家具类——软床床凳

实例效果剖析

床凳是供人们起居换鞋的一种较矮的凳子。在前面的实例中介绍了软床的制作，下面使用类似的方法制作软床床凳。

本例制作的软床床凳，效果如图2-431所示。

图2-431 效果展示

实例技术要点

本例主要用到的功能及技术要点如下。

- 施加“编辑多边形”修改器：用于切片得到边和顶点，并调整边和顶点的挤出效果。
- 施加“网格平滑”修改器：用于平滑模型。

实例制作步骤

场景文件路径	Scene\第2章\实例048 软床床凳.max	
贴图文件路径	Map\	
视频路径	视频\ cha02\实例048 软床床凳.mp4	
难易程度	★★	学习时间
		12分46秒

❶ 在“顶”视图中创建长方体，设置合适的参数，效果如图2-432所示。

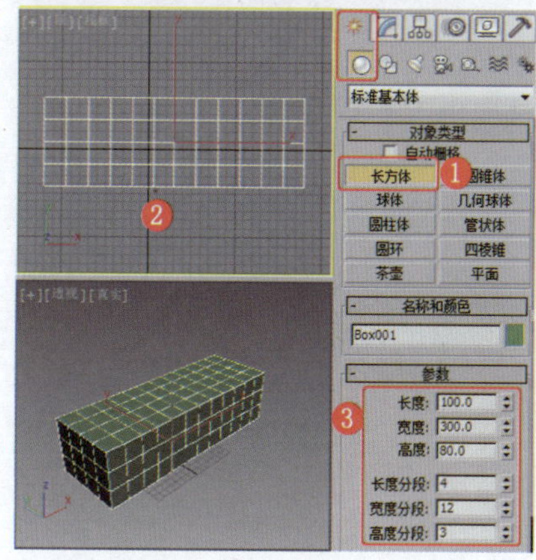

图2-432 创建长方体

❷ 为长方体施加“编辑多边形”修改器，将选择集定义为“多边形”，选择如图2-433所示的多边形，将未选择的多边形隐藏。

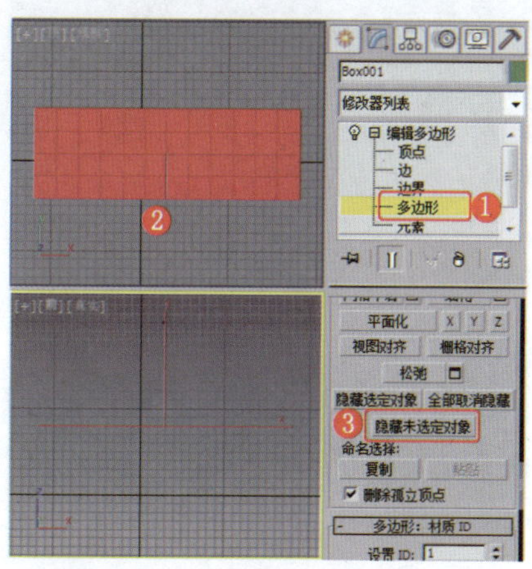

图2-433 隐藏未选择的多边形

❸ 将选择集定义为“顶点”，使用“捕捉”工具，将其设置为“顶点捕捉”，在场景中进行快速切片，模型效果如图2-434所示。

❹ 确定当前选择的顶点，设置顶点的“焊接”参数，效果如图2-435所示。

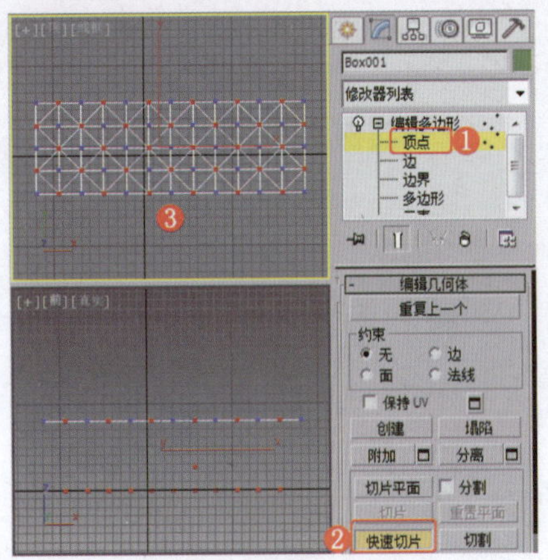
图2-434　快速切片

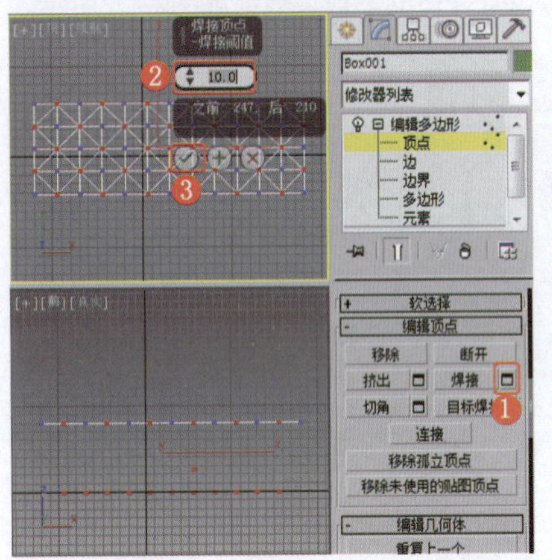
图2-435　焊接顶点

⑤ 设置快速切片得到的顶部顶点的“挤出”参数，效果如图2-436所示。

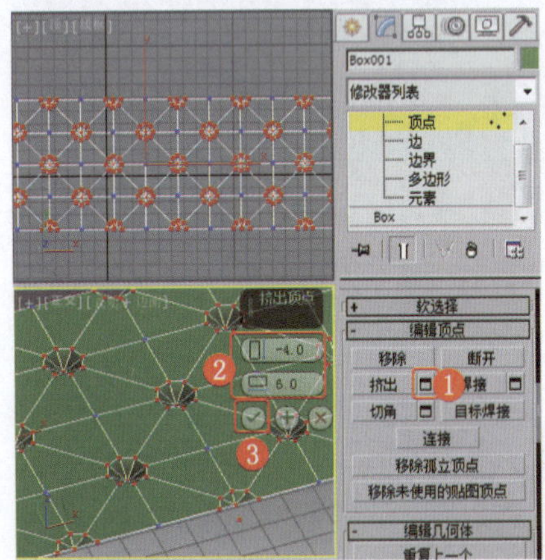
图2-436　设置顶点的“挤出”参数

提　示

在快速切片时，隐藏的底部多边形切片得到多余的顶点，在这里可以按住Alt键，减选底部切片得到的顶点，以免在后面的制作中出现错误。

⑥ 选择如图2-437所示的边。

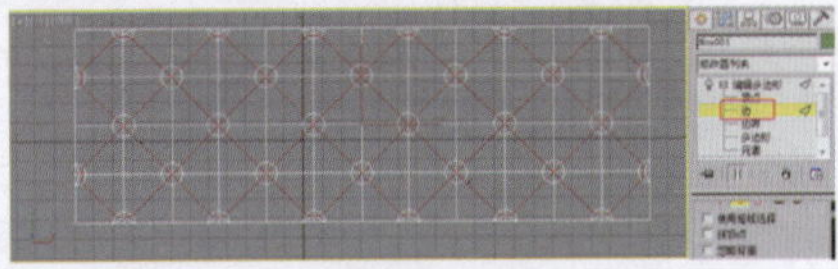
图2-437　选择边

⑦ 设置边的“挤出”参数，效果如图2-438所示。

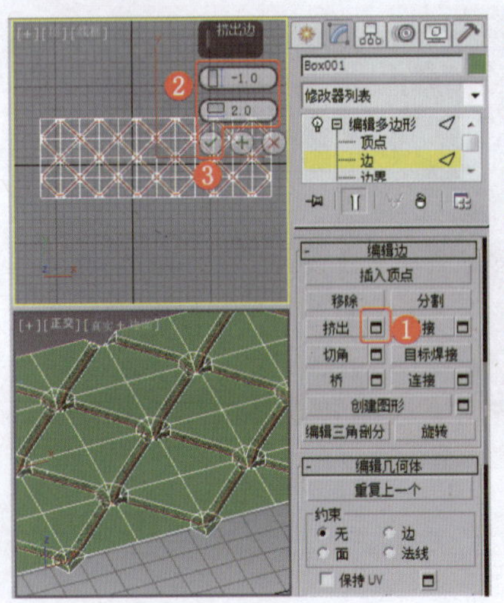
图2-438　设置边的“挤出”参数

⑧ 继续设置顶点的“挤出”参数，效果如图2-439所示。

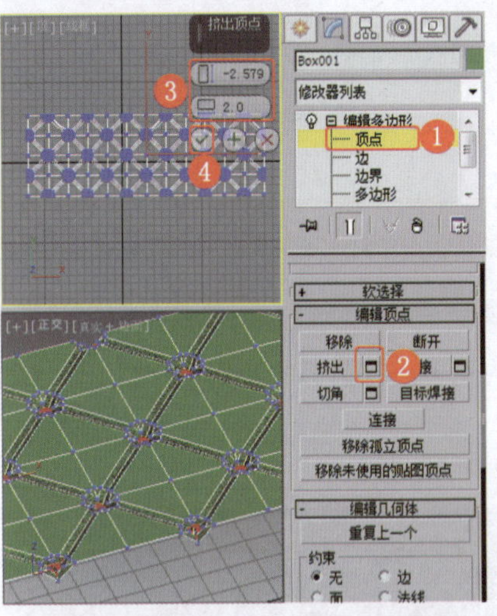
图2-439　设置顶点的“挤出”参数

⑨ 为模型施加“网格平滑”修改器和“编辑多边形”修改器，将选择集定义为“边”，将如图2-440所示的边向上移动。

⑩ 将选择集定义为“多边形”，将所有多边形显示出来，效果如图2-441所示。

⑪ 关闭选择集，为模型施加“网格平滑”修改器，效果如图2-442所示。

⑫ 在场景中挤出到内侧的点的位置创建球体，将其作为装饰，效果如图2-443所示，可以将该模型导入到软床的场景中进行渲染，在此不再赘述。

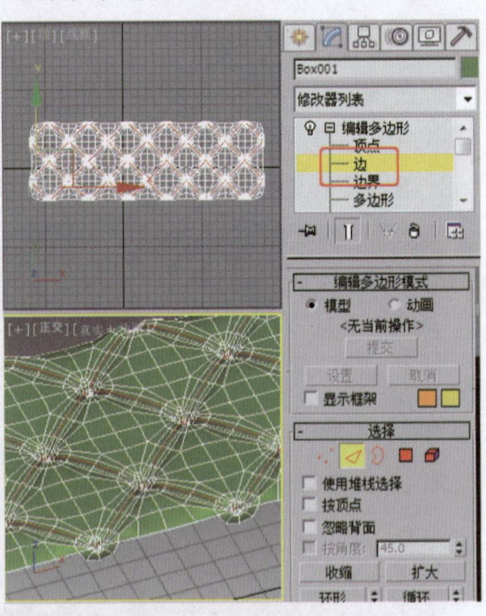
图2-440　调整边

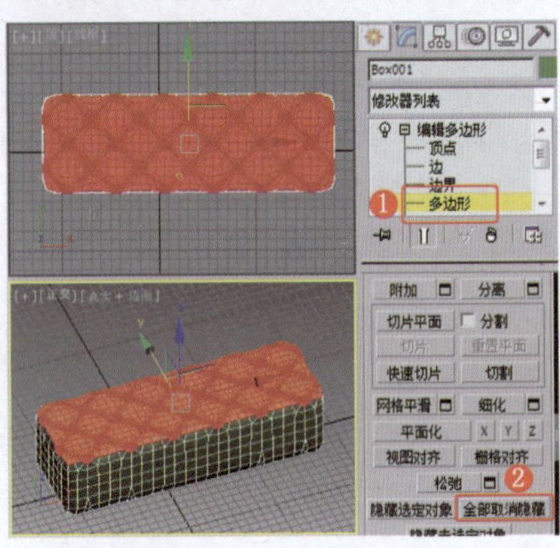
图2-441　显示多边形

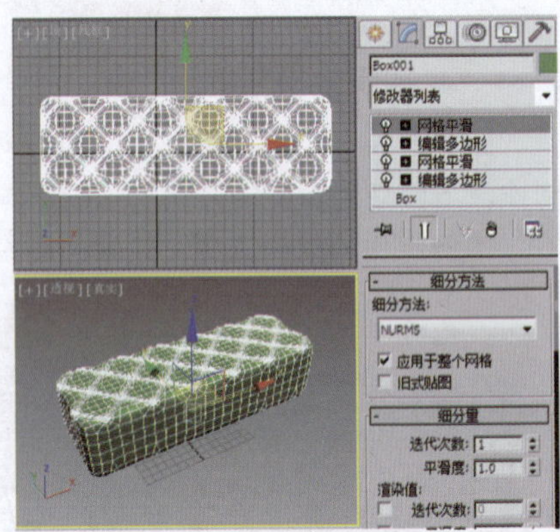
图2-442　施加“网格平滑”修改器

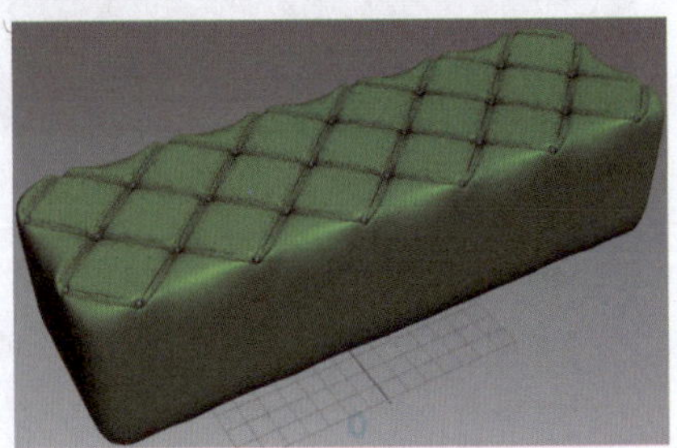
图2-443　完成制作

实例049 卧室家具类——实木床凳

实例效果剖析

在前面的实例中介绍了软床床凳的制作，本例使用类似的方法制作实木床凳。

本例制作的实木床凳，效果如图2-444所示。

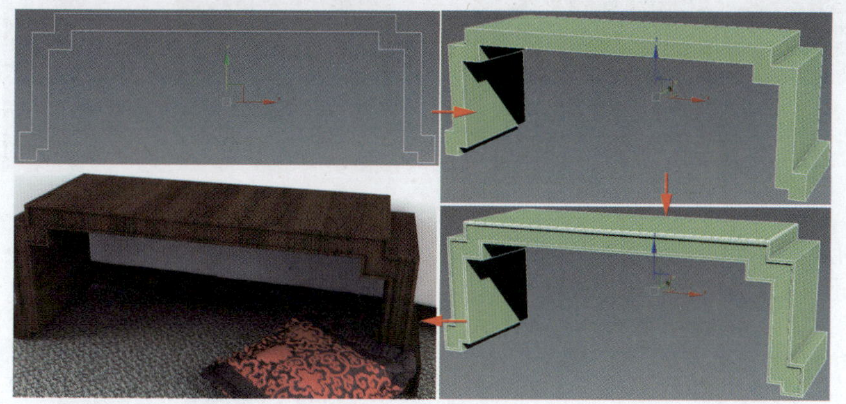

图2-444 效果展示

实例技术要点

本例主要用到的功能及技术要点如下。

- 施加"挤出"修改器：用于制作床凳的基本模型。
- 施加"编辑多边形"修改器：用于制作边的切角。

实例制作步骤

场景文件路径	Scene\第2章\实例049 实木床凳.max		
贴图文件路径	Map\		
视频路径	视频\ cha02\实例049 实木床凳.mp4		
难易程度	★★	学习时间	6分28秒

❶ 在"前"视图中创建图形，设置图形的"轮廓"参数，效果如图2-445所示。

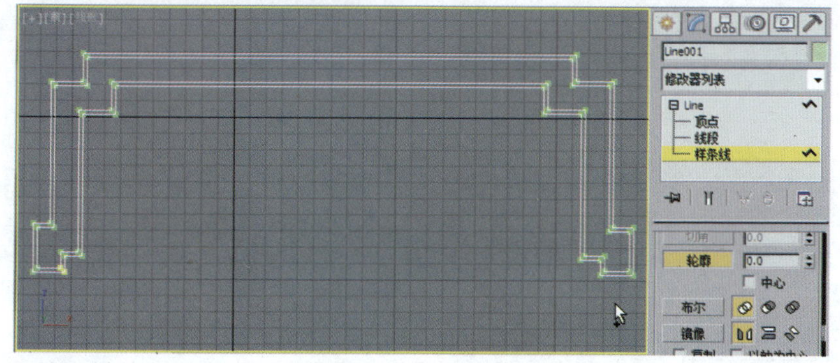

图2-445 创建图形并设置轮廓

❷ 为图形施加"挤出"修改器，设置合适的参数，效果如图2-446所示。

❸ 复制模型，在堆栈中将选择集定义为"样条线"，删除外侧的样条线，修改"挤出"修改器的"数量"数值，效果如图2-447所示。

❹ 选择外侧边框的模型，为其施加"编辑多边形"修改器，将选择集定义为"边"，选择如图2-448所示的边。

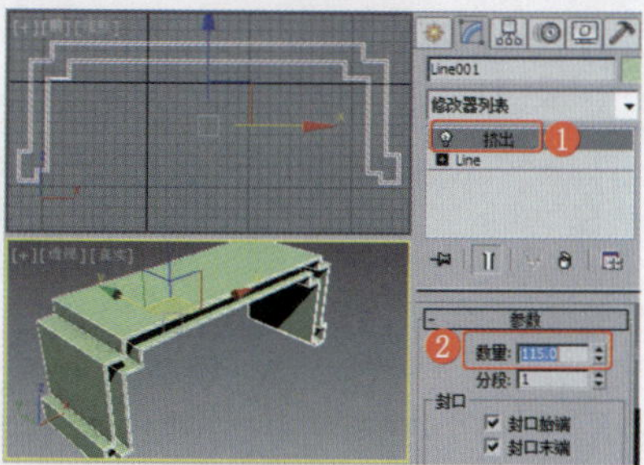

图2-446 挤出图形

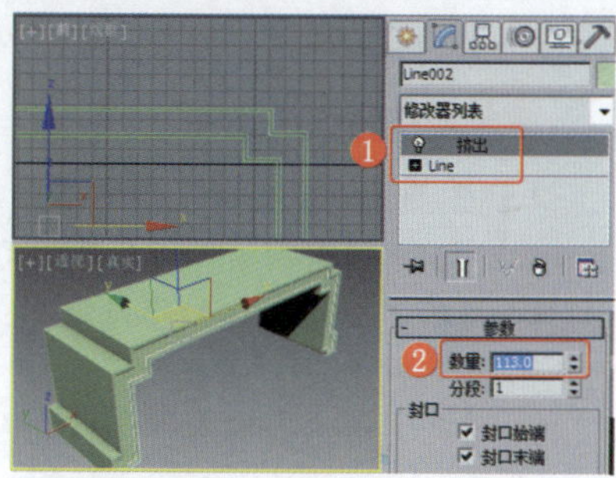

图2-447 修改模型

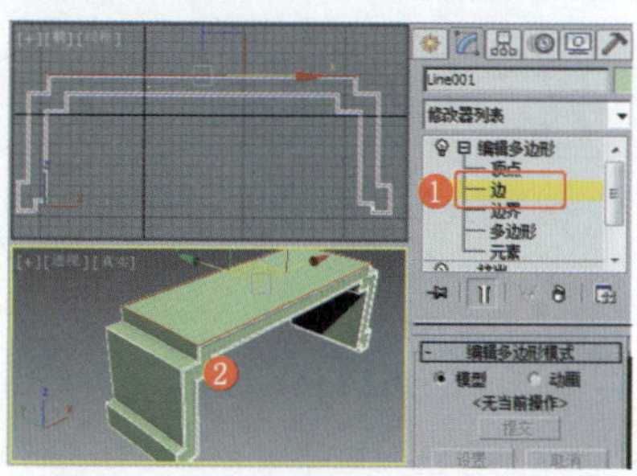

图2-448 选择模型的边

❺ 设置边的"切角"参数，效果如图2-449所示。

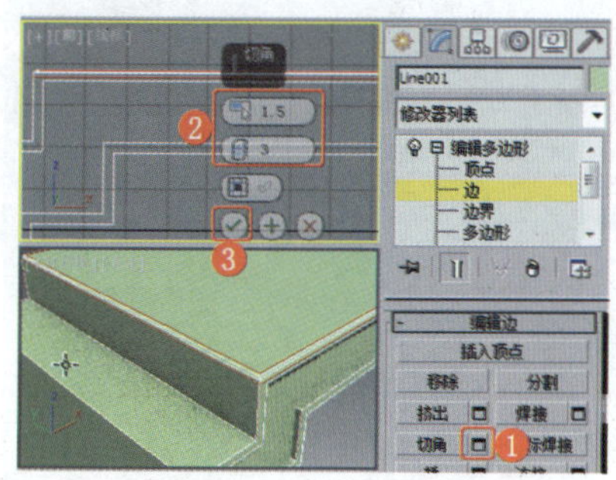

图2-449 设置边的"切角"参数

❻ 完成实木床凳的制作，将该床凳导入到现代中式床的场景中，为其设置木纹材质，在此不再赘述。

实例050 餐厅家具类——中式餐椅

实例效果剖析

在中式装修风格中不乏有特色的

藤制家具。本例制作的是一款中式藤制餐椅。

本例制作的中式餐椅，效果如图2-450所示。

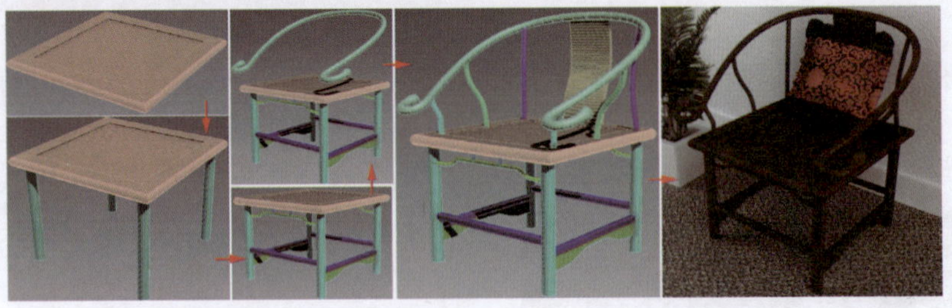

图2-450　效果展示

实例技术要点

本例主要用到的功能及技术要点如下。

- 施加“倒角剖面”修改器：用于创建餐椅的面。
- 施加“编辑多边形”修改器：用于设置多边形的挤出、边的切角、顶点缩放等。
- 施加“挤出”修改器：用于制作餐椅横撑支架。

实例制作步骤

场景文件路径	Scene\第2章\实例050 中式餐椅.max		
贴图文件路径	Map\		
视频路径	视频\ cha02\实例050 中式餐椅.mp4		
难易程度	★★	学习时间	21分14秒

❶ 在“顶”视图中创建矩形，设置合适的参数，效果如图2-451所示。

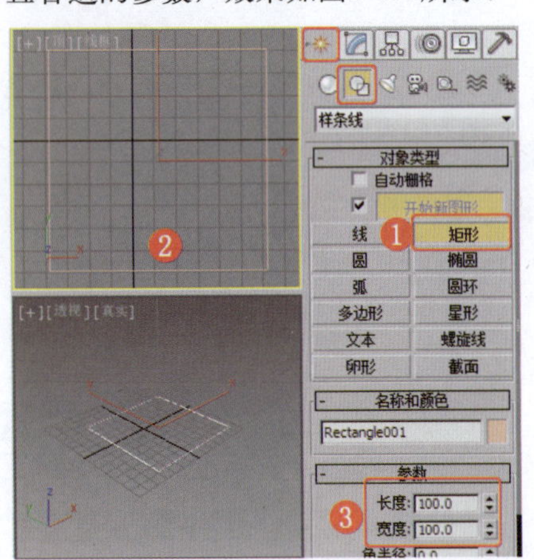

图2-451　创建矩形

❷ 在“前”视图中创建弧，设置合适的参数，效果如图2-452所示。

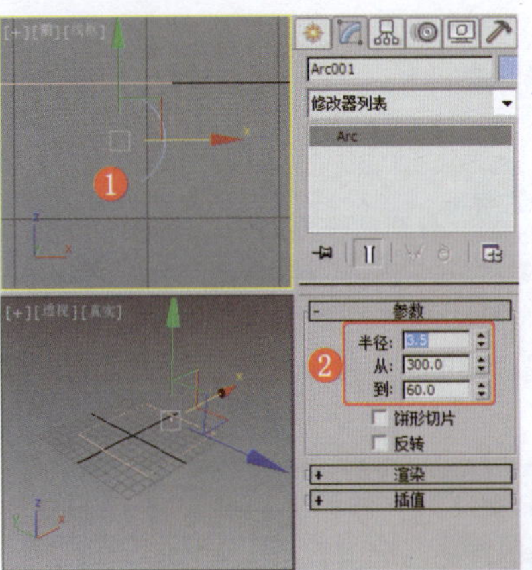

图2-452　创建弧

❸ 在场景中选择矩形，为其施加“倒角剖面”修改器，在“参数”卷展栏中单击“拾取剖面”按钮，在场景中拾取弧，效果如图2-453所示。

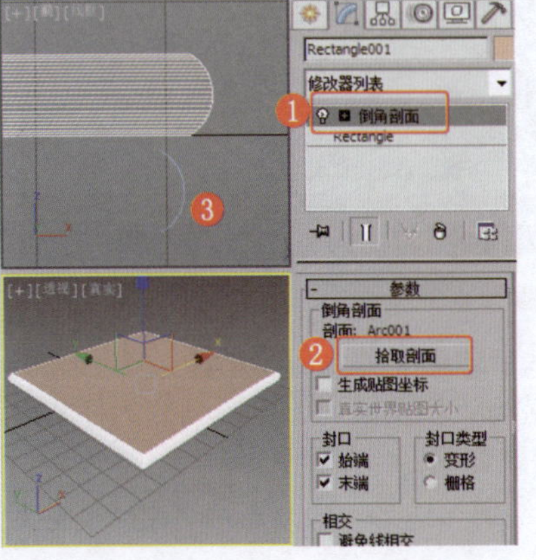

图2-453　创建倒角剖面模型

❹ 为模型施加“编辑多边形”修改器，将选择集定义为“多边形”，在场景中选择顶面中部的多边形，设置其“插入”参数，效果如图2-454所示。

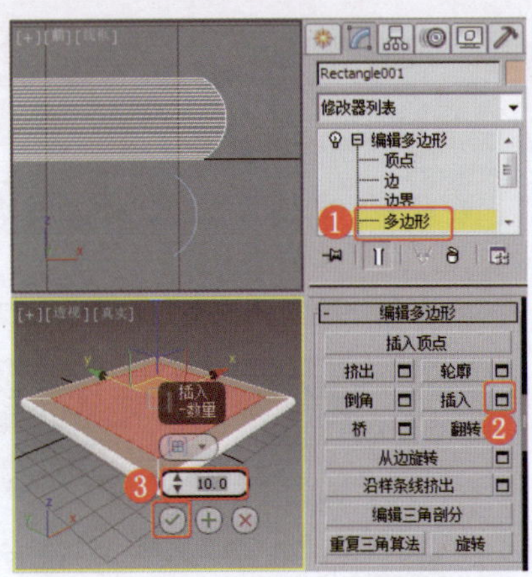

图2-454　设置多边形的“插入”参数

❺ 设置多边形的“挤出”参数，效果如图2-455所示。

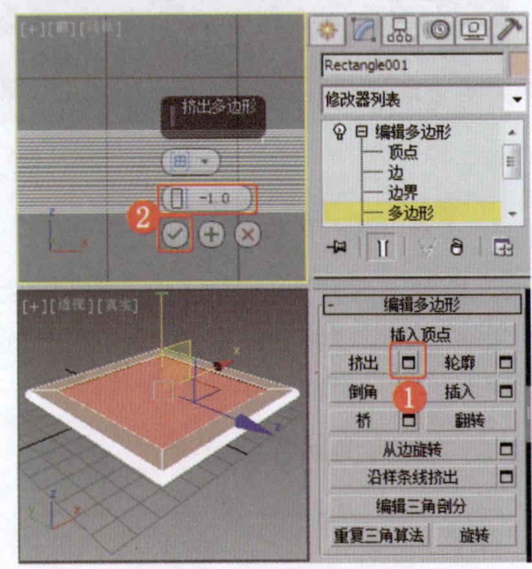

图2-455　设置多边形的“挤出”参数

❻ 在“顶”视图中创建圆柱体，设置合适的参数，效果如图2-456所示。

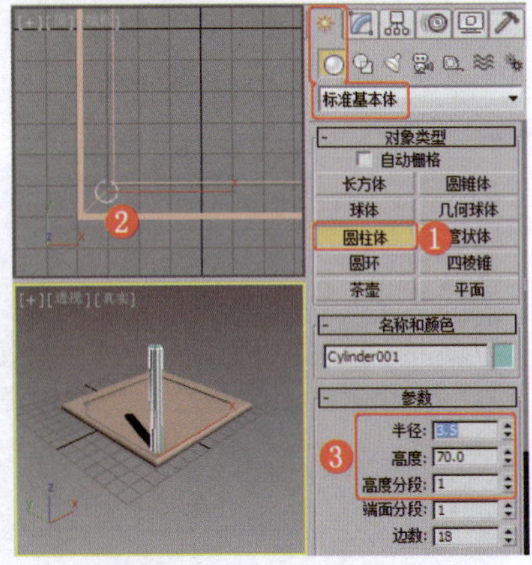

图2-456　创建圆柱体

❼ 在场景中复制圆柱体，效果如图2-457所示。

❽ 在“左”视图中创建矩形，设置合适的参数，为其施加“编辑样条线”修改器，将选择集定义为“分段”，设置分段的“拆分”数值，效果如图2-458所示。

图2-457 复制模型

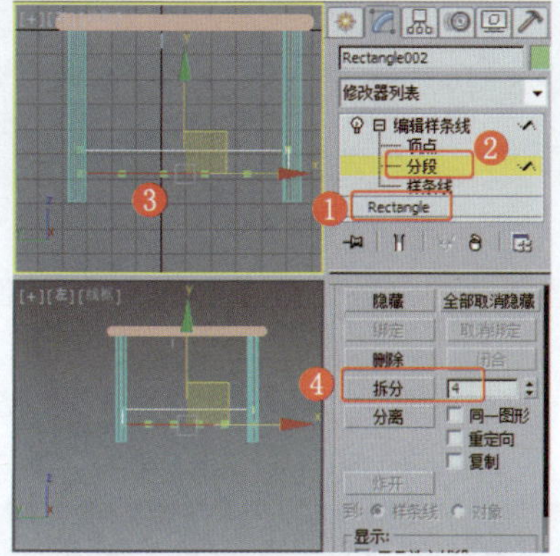

图2-458 拆分矩形的分段

⑨将选择集定义为“顶点”，在场景中调整图形的形状，效果如图2-459所示。

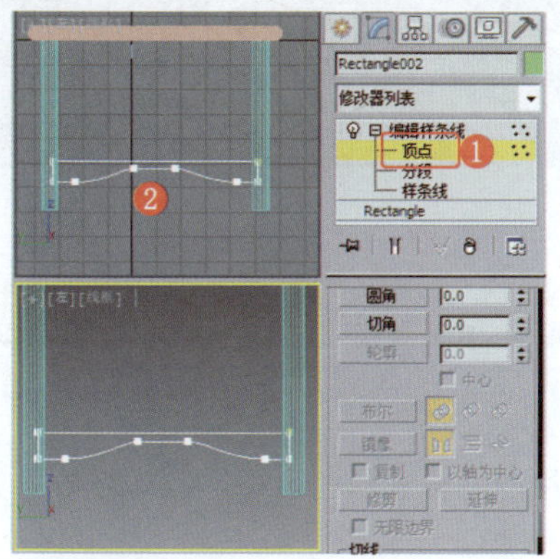

图2-459 调整图形的形状

⑩为调整的图形施加“挤出”修改器并设置“数量”数值，效果如图2-460所示。

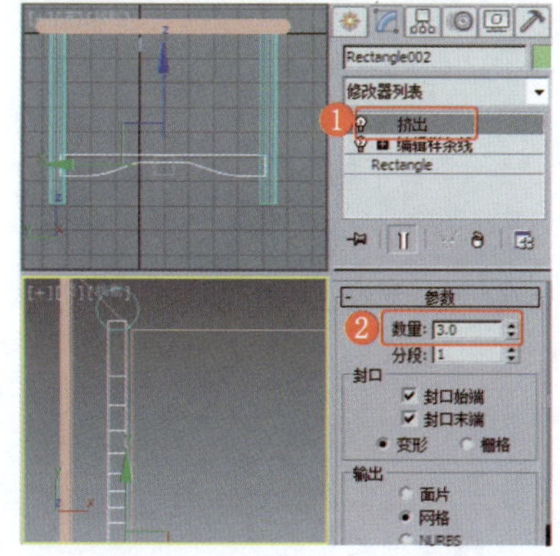

图2-460 施加“挤出”修改器

⑪在“左”视图中创建切角长方体，设置合适的参数，效果如图2-461所示。

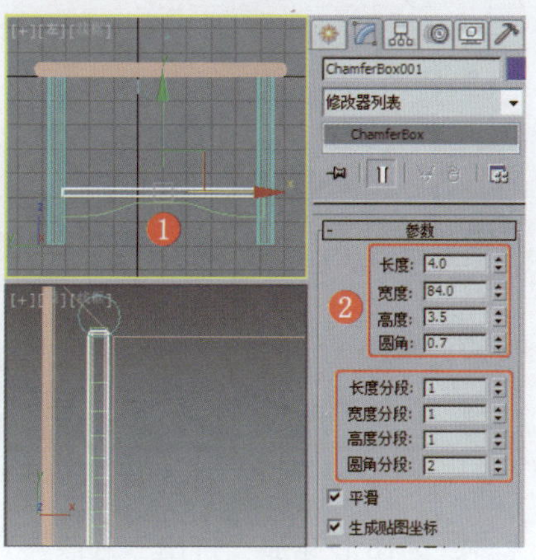

图2-461 创建切角长方体

⑫复制餐椅腿部横撑支架的模型，效果如图2-462所示。

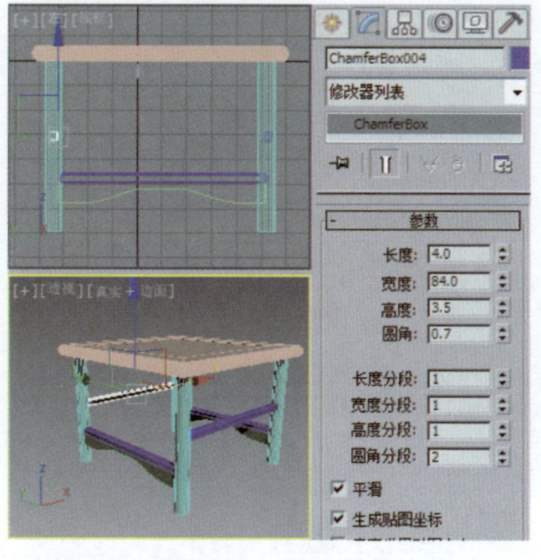

图2-462 复制模型

⑬在场景中复制挤出的餐椅横撑模型，删除“挤出”修改器，将选择集定义为“分段”，删除分段，设置图形的可渲染参数，效果如图2-463所示。

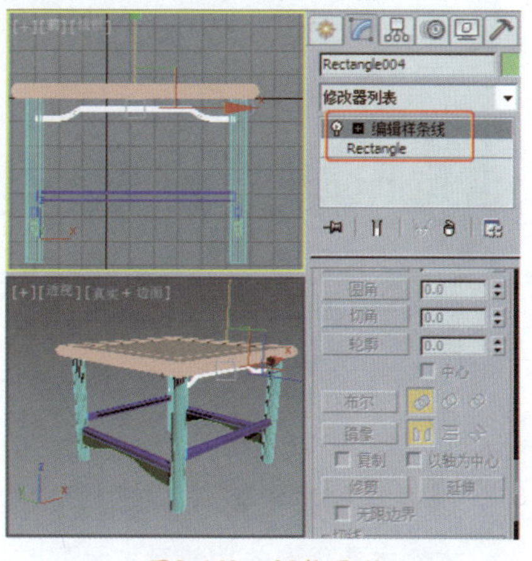

图2-463 调整图形

⑭在“前”视图中创建可渲染的样条线，设置合适的参数，效果如图2-464所示。

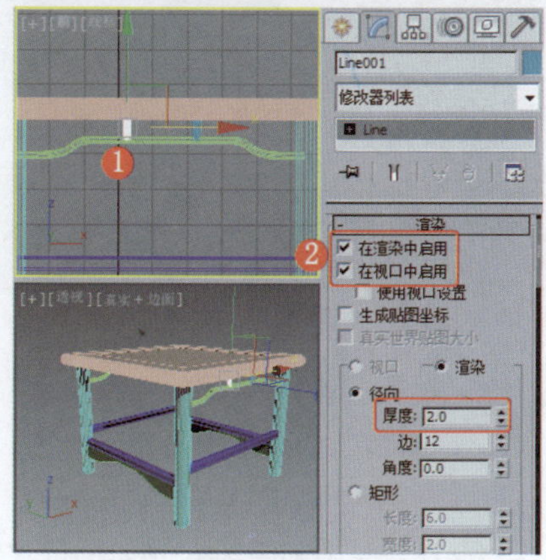

图2-464 创建可渲染的样条线

⑮在“顶”视图中创建可渲染的样条线，设置合适的参数，效果如图2-465所示。

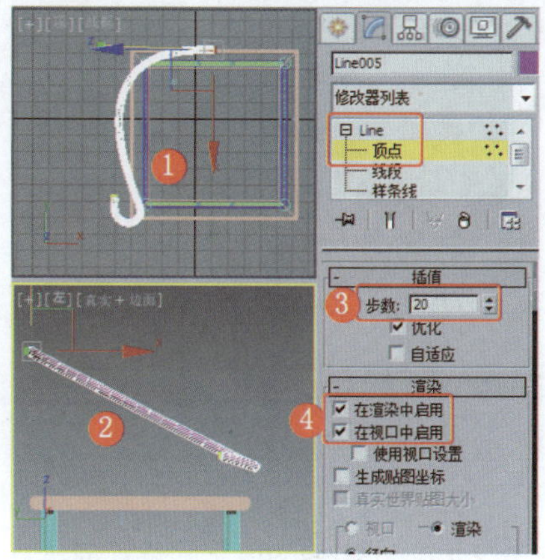

图2-465 创建可渲染的样条线

⑯为可渲染的样条线施加“编辑多边形”修改器，设置如图2-466所示的边的切角。

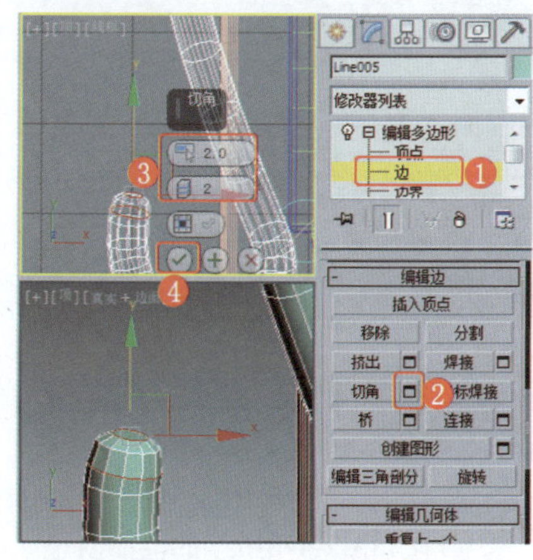

图2-466 设置边的切角

⑰将选择集定义为“顶点”，使用软选择缩放调整顶点，效果如图2-467所示。

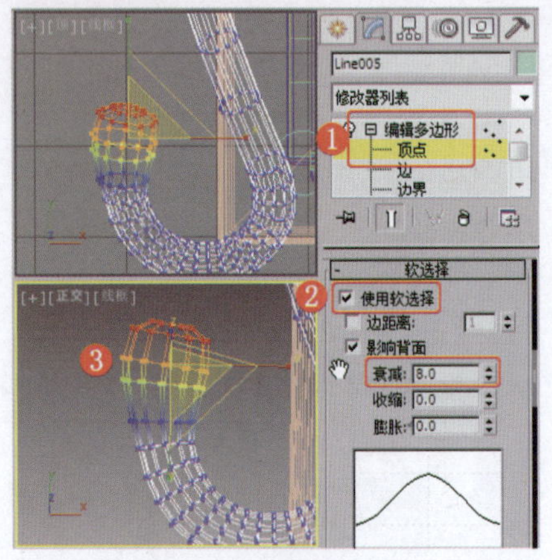
图2-467　缩放顶点

⑱ 在场景中如图2-468所示的位置创建可渲染的样条线并设置参数。

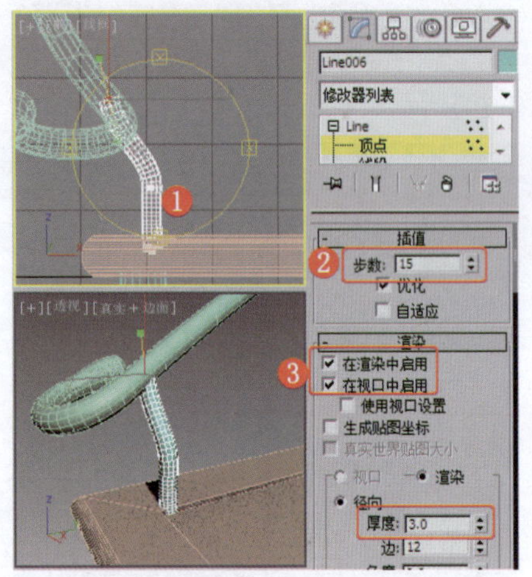
图2-468　创建可渲染的样条线

⑲ 在如图2-469所示的位置创建可渲染的样条线并设置参数。

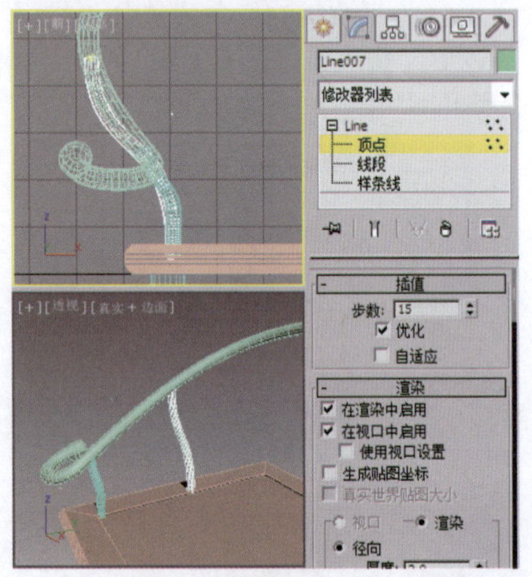
图2-469　创建可渲染的样条线

⑳ 在如图2-470所示的位置创建可渲染的样条线并设置参数。

㉑ 在“左”视图中创建样条线，设置合适的“轮廓”参数，效果如图2-471所示。

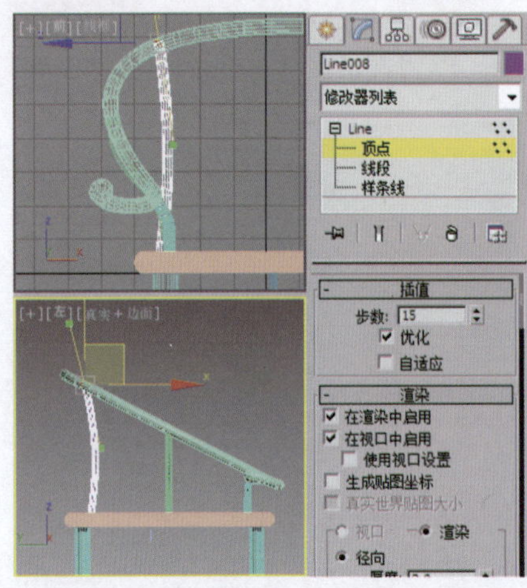
图2-470　创建可渲染的样条线

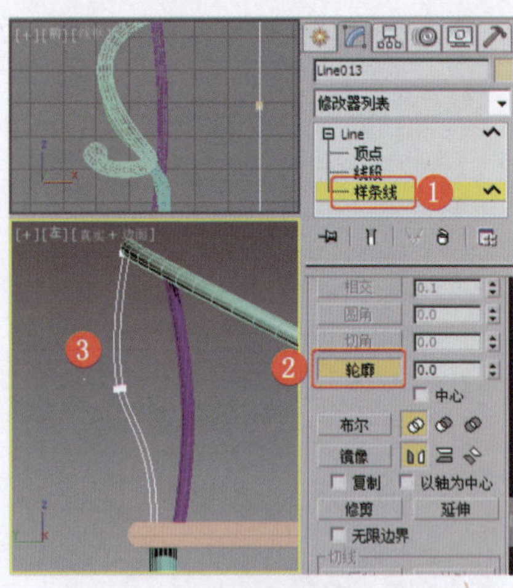
图2-471　创建并调整样条线

㉒ 为图形施加“挤出”修改器，设置合适的参数，效果如图2-472左图所示。

㉓ 为模型设置木纹材质，效果如图2-472右图所示，为场景设置合适的渲染参数，渲染输出。

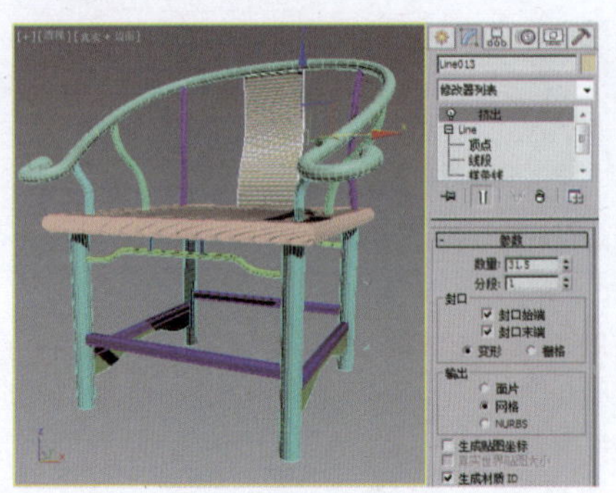

图2-472　完成制作

实例051　餐厅家具类——实木简约餐椅

实例效果剖析

本例制作的是一款实木简约餐椅，采用的是美式乡村风格，以本色效果充分体现出淳朴、简素的特质。

本例制作的实木简约餐椅，效果如图2-473所示。

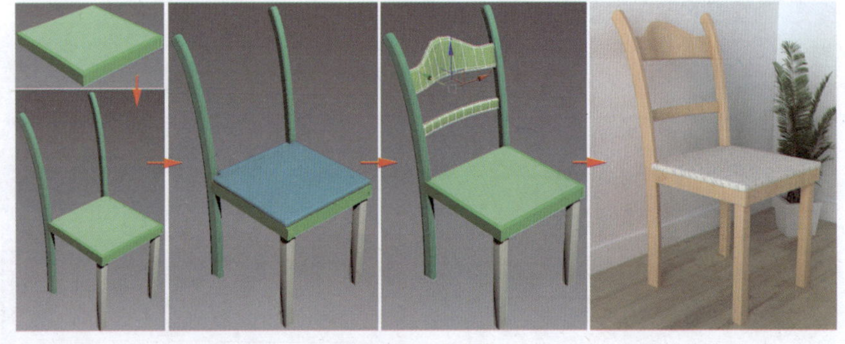
图2-473　效果展示

实例技术要点

本例主要用到的功能及技术要点如下。

- 施加“倒角”修改器：用于创建餐椅的腿部模型。

- 施加“编辑多边形”修改器：用于设置多边形的挤出效果。
- 施加“FFD”修改器：用于制作餐椅的椅背效果。

实例制作步骤

<table>
<tr><td>场景文件路径</td><td colspan="2">Scene\第2章\实例051 实木简约餐椅.max</td></tr>
<tr><td>贴图文件路径</td><td colspan="2">Map\</td></tr>
<tr><td>视频路径</td><td colspan="2">视频\cha02\实例051 实木简约餐椅.mp4</td></tr>
<tr><td rowspan="2">难易程度</td><td rowspan="2">★★</td><td>学习时间</td></tr>
<tr><td>12分39秒</td></tr>
</table>

❶ 在“顶”视图中创建长方体，设置合适的参数，效果如图2-474所示。

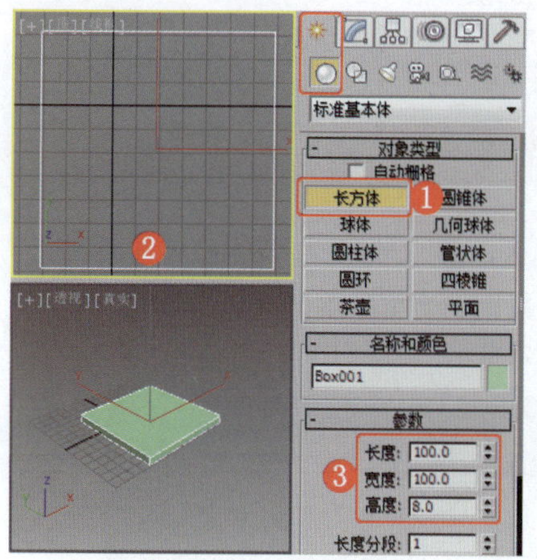

图2-474 创建长方体

❷ 继续在“顶”视图中创建长方体，设置合适的参数，复制出两个模型，并调整其至合适的位置，效果如图2-475所示。

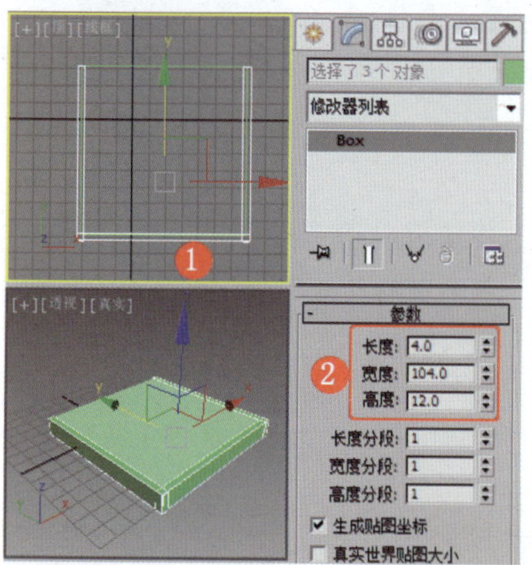

图2-475 创建长方体并进行复制

❸ 在“左”视图中创建样条线，调整其顶点，效果如图2-476所示。

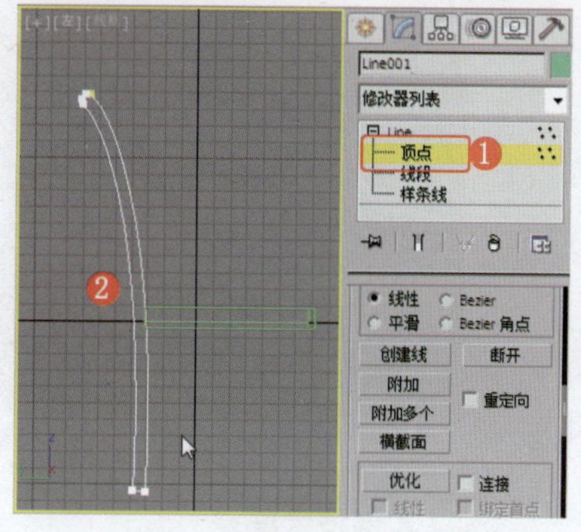

图2-476 创建并调整样条线

❹ 为图形施加“倒角”修改器，在“倒角值”卷展栏中设置合适的参数，调整得到的模型至合适的位置，在“顶”视图中使用“镜像”工具复制模型，效果如图2-477所示。

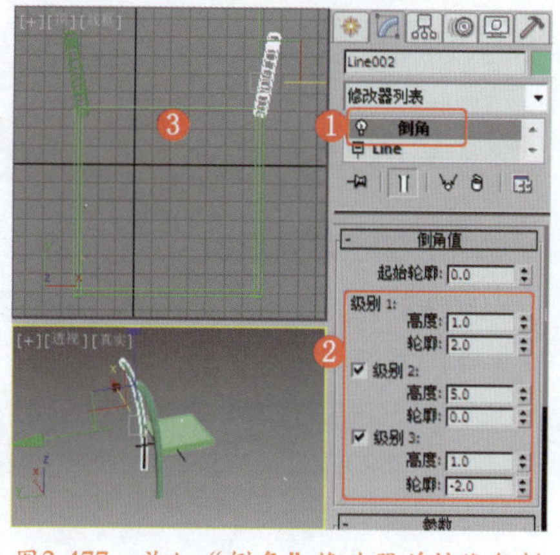

图2-477 施加“倒角”修改器并镜像复制

❺ 在“顶”视图中创建切角长方体，设置合适的参数，复制模型，并调整其至合适的位置，将其作为餐椅腿部，效果如图2-478所示。

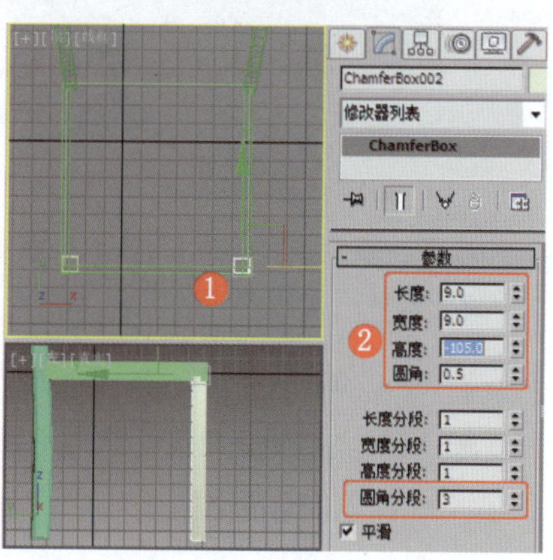

图2-478 创建餐椅腿部模型

❻ 在“顶”视图中创建切角长方体，在“参数”卷展栏中设置合适的参数，将其作为坐垫，效果如图2-479所示。

❼ 为模型施加“编辑多边形”修改器，将选择集定义为“多边形”，选择多边形，设置其“挤出”参数，效果如图2-480所示。

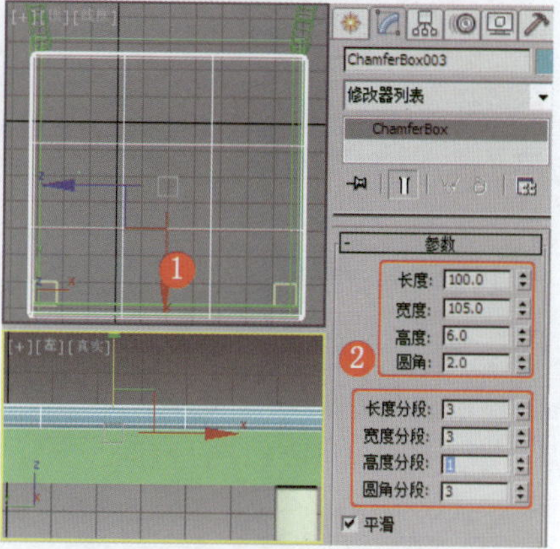

图2-479 创建坐垫模型

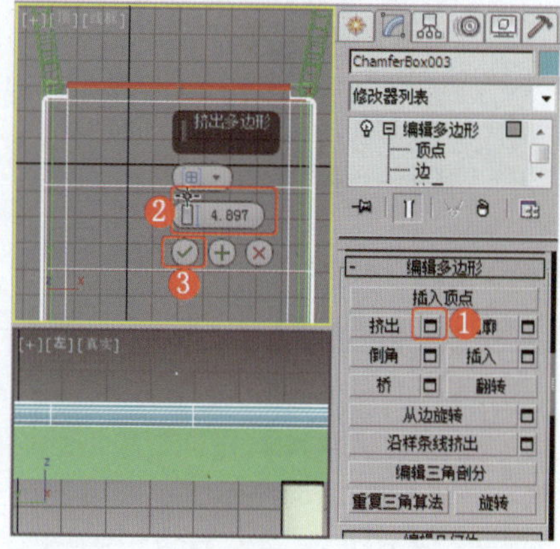

图2-480 设置多边形的“挤出”参数

❽ 在“前”视图中创建切角长方体，设置合适的参数，效果如图2-481所示。

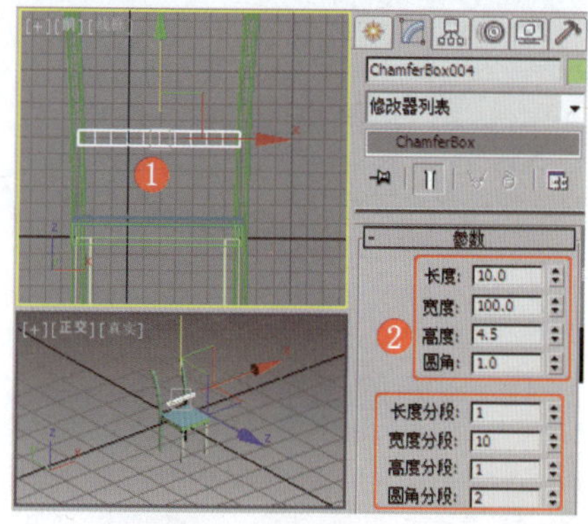

图2-481 创建切角长方体

❾ 为模型施加“FFD 4×4×4”修改器，通过调整控制点调整模型的形状，效果如图2-482所示。

❿ 复制步骤8中创建的切角长方体，调整其位置，删除“FFD 4×4×4”修改器，为模型施加“FFD（长方

体）”修改器，单击“设置点数”按钮，设置合适的参数，效果如图2-483所示。

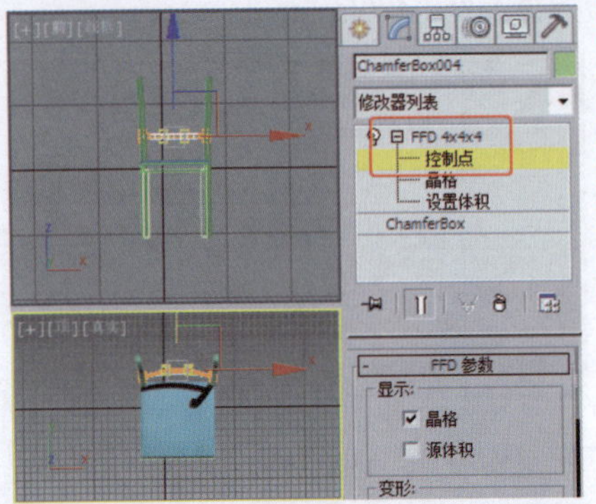

图2-482　调整模型的形状

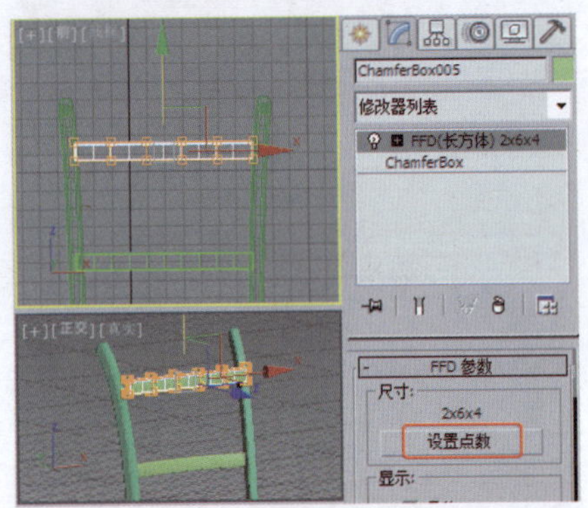

图2-483　调整模型

⑪ 通过调整控制点调整模型的形状，效果如图2-484所示。

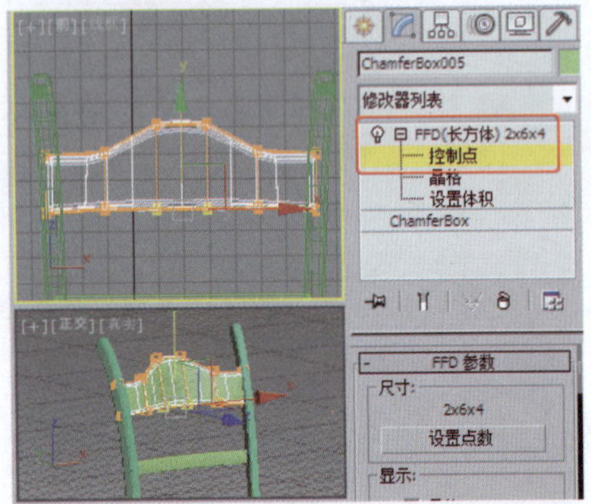

图2-484　调整模型的形状

实例052 餐厅家具类——中式餐桌

实例效果剖析

本例制作的是搭配实例050中式餐椅的一款中式餐桌，其中主要使用了简单的几何体。

本例制作的中式餐桌，效果如图2-485所示。

图2-485　效果展示

实例技术要点

本例主要用到的功能及技术要点如下。

- 施加“编辑多边形”修改器：用于设置多边形的挤出和倒角。

场景文件路径	Scene\第2章\实例052 中式餐桌.max		
贴图文件路径	Map\		
视频路径	视频\ cha02\实例052 中式餐桌.mp4		
难易程度	★★	学习时间	4分54秒

实例053 餐厅家具类——实木餐桌

实例效果剖析

本例制作的是搭配实例051实木简约餐椅的一款实木餐桌。

本例制作的实木餐桌，效果如图2-486所示。

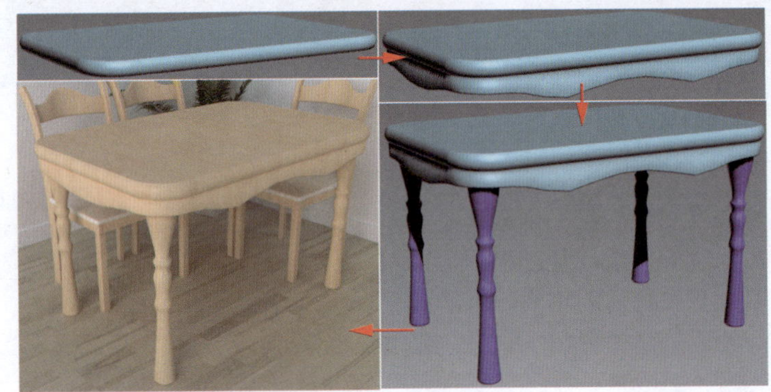

图2-486　效果展示

实例技术要点

本例主要用到的功能及技术要点如下。

- 施加“倒角剖面”修改器：用于创建桌面模型。
- 施加“编辑样条线”修改器：用于调整图形的分段拆分效果。
- 施加“FFD”修改器：用于调整模型的形状。
- 施加“编辑多边形”修改器：用于调整边的切角。

实例制作步骤

场景文件路径	Scene\第2章\实例053 实木餐桌.max		
贴图文件路径	Map\		
视频路径	视频\ cha02\实例053 实木餐桌.mp4		
难易程度	★★★	学习时间	10分

❶ 在场景中创建圆角矩形和弧，设置合适的参数，效果如图2-487所示。

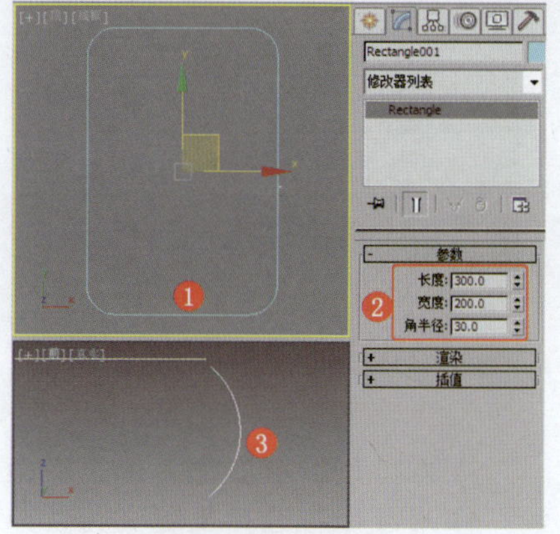

图2-487 创建圆角矩形和弧

❷ 在场景中选择圆角矩形，为其施加“倒角剖面”修改器，在“参数”卷展栏中单击“拾取剖面”按钮，在场景中拾取弧，效果如图2-488所示，将其作为桌面。

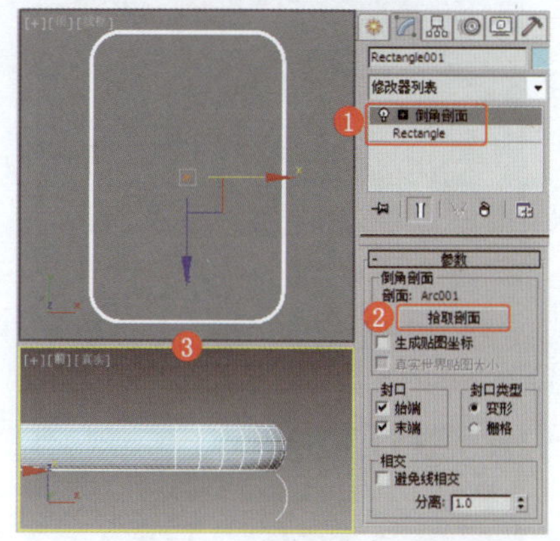

图2-488 创建桌面模型

❸ 在场景中复制倒角剖面得到的桌面模型，删除复制的模型中的“倒角剖面”修改器，施加“编辑样条线”修改器，将选择集定义为“分段”，设置圆角矩形的“拆分”参数，效果如图2-489所示。

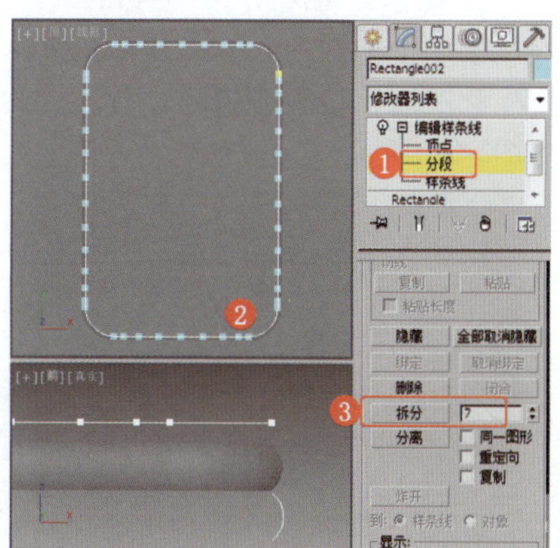

图2-489 复制并调整圆角矩形

❹ 为圆角矩形施加“挤出”修改器，设置合适的参数，效果如图2-490所示。

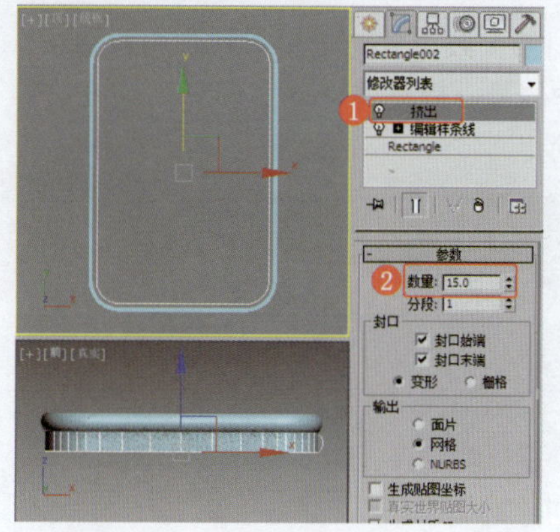

图2-490 挤出模型的厚度

❺ 为模型施加“FFD（长方体）”修改器，设置合适的点数，将选择集定义为“控制点”，在场景中调整模型的形状，效果如图2-491所示。

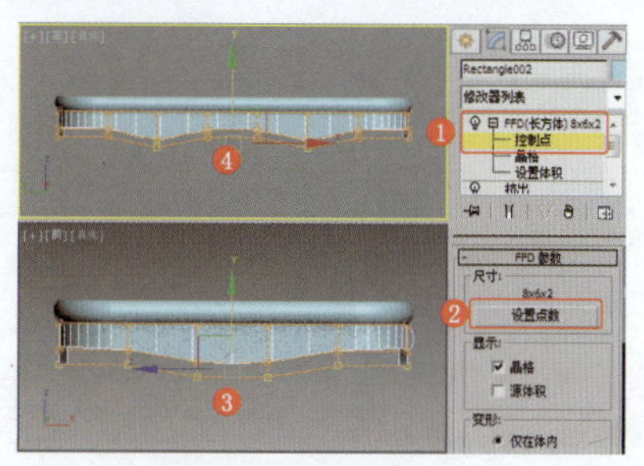

图2-491 调整模型的形状

❻ 在“顶”视图中创建切角圆柱体，设置合适的参数，效果如图2-492所示。

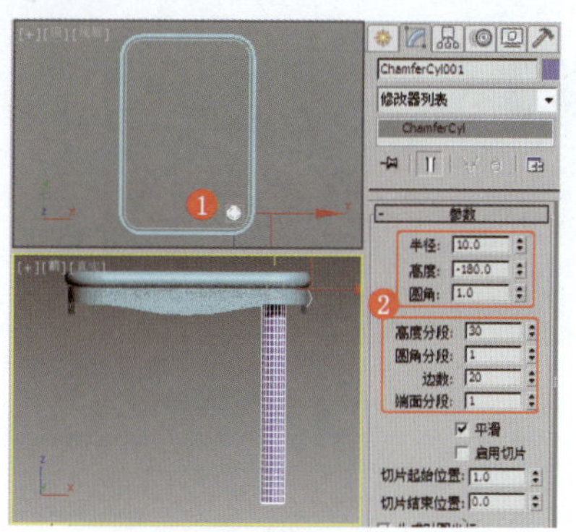

图2-492 创建切角圆柱体

❼ 为切角圆柱体施加“FFD（圆柱体）”修改器，设置合适的点数，效果如图2-493所示。

❽ 将选择集定义为“控制点”，在场景中缩放并调整控制点，效果如图2-494所示。

❾ 复制桌腿模型，效果如图2-495所示。

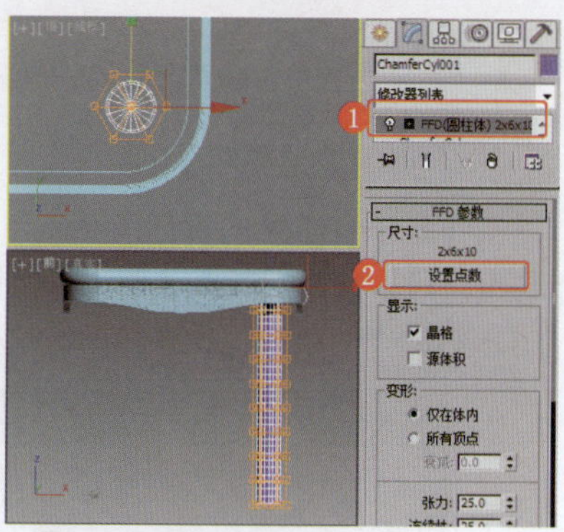

图2-493 施加“FFD（圆柱体）”修改器

图2-494 调整控制点

图2-495 复制桌腿模型

❿ 在场景中选择餐桌下方的模型，为其施加“编辑多边形”修改器，将选择集定义为“边”，在场景中调整边的切角，效果如图2-496所示。

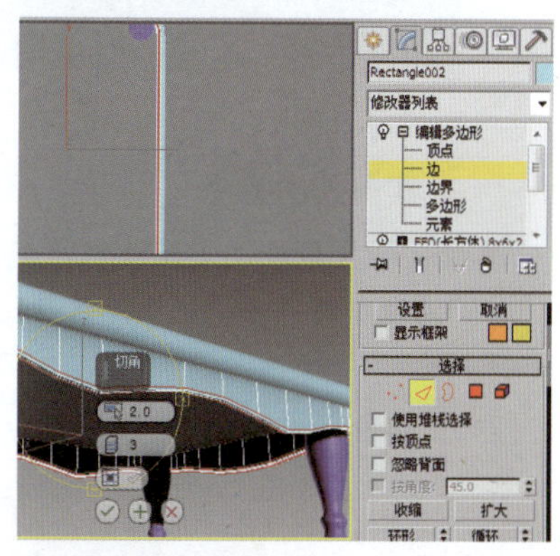

图2-496 调整模型边的切角

⓫ 为模型指定一个木纹材质，将模型导入到其他场景中进行渲染输出。

实例054 餐厅用具类——桌布

实例效果剖析

桌布是一种常见的餐厅消耗品，按材质大致可分为塑料桌布和布料桌布，布料桌布可以使用得长久一些。本例制作的是一款丝绸桌布的模型。

本例制作的桌布，效果如图2-497所示。

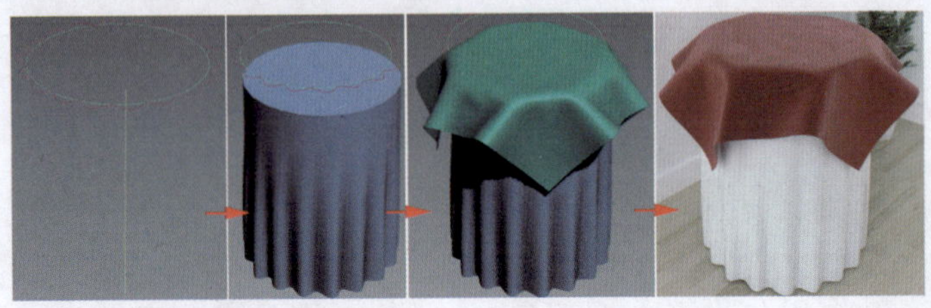

图2-497 效果展示

实例技术要点

本例主要用到的功能及技术要点如下。

- 使用“放样”工具：创建两个放样图形和一个放样路径，制作放样模型。
- 施加“布料”修改器：为平面指定该修改器，并将放样模型作为冲突对象，创建布料效果。

场景文件路径	Scene\第2章\实例054 桌布.max		
贴图文件路径	Map\		
视频路径	视频\ cha02\实例054 桌布.mp4		
难易程度	★★★	学习时间	7分57秒

实例055 餐厅家具类——简约餐桌

实例效果剖析

在时尚装修中，为了使环境整体看起来不那么凌乱，人们大多青睐于一些简约风格的家具。在一些小户型的家居装修中，简约餐桌更是主人的首选。

本例制作的简约餐桌，效果如图2-498所示。

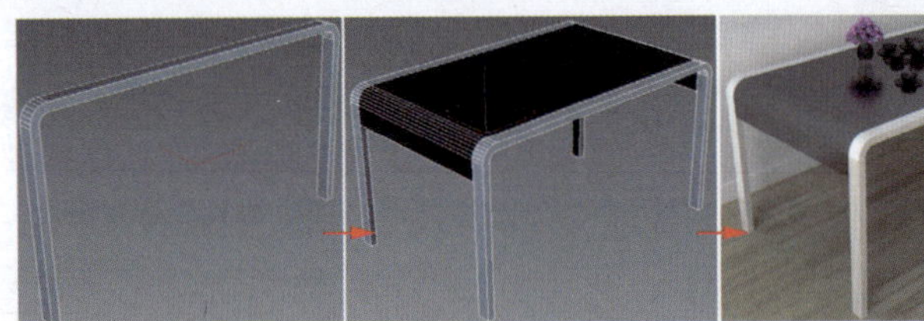

图2-498 效果展示

实例技术要点

本例主要用到的功能及技术要点如下。

- 施加“编辑样条线”修改器：用于调整图形的形状。
- 施加“挤出”修改器：用于制作餐桌的基本模型。

实例制作步骤

场景文件路径	Scene\第2章\实例055 简约餐桌.max		
贴图文件路径	Map\		
视频路径	视频\ cha02\实例055 简约餐桌.mp4		
难易程度	★	学习时间	5分28秒

❶ 在“前”视图中创建圆角矩形，设置合适的参数，效果如图2-499所示。

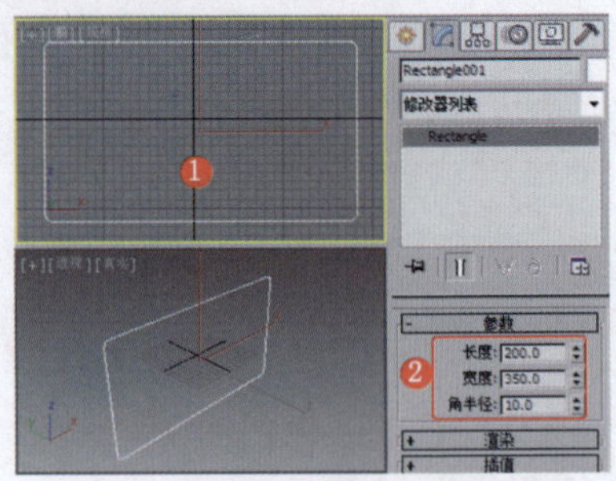

图2-499 创建圆角矩形

❷ 为圆角矩形施加“编辑样条线”修改器，将选择集定义为“分段”，将底端的分段删除，将选择集定义为“样条线”，设置“轮廓”参数，效果如图2-500所示。

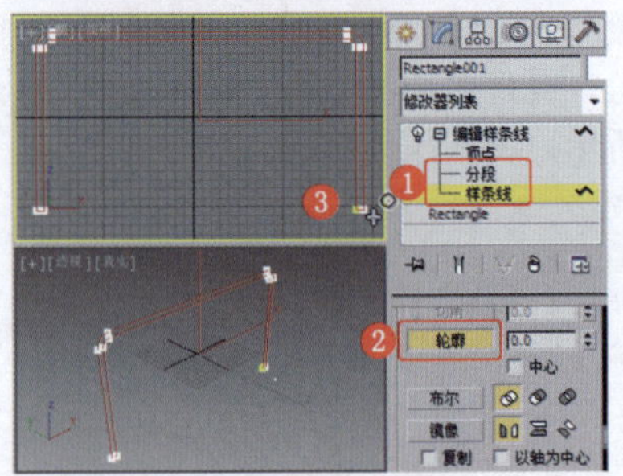

图2-500 施加“编辑样条线”修改器

❸ 为图形施加“挤出”修改器，设置合适的参数，效果如图2-501所示。

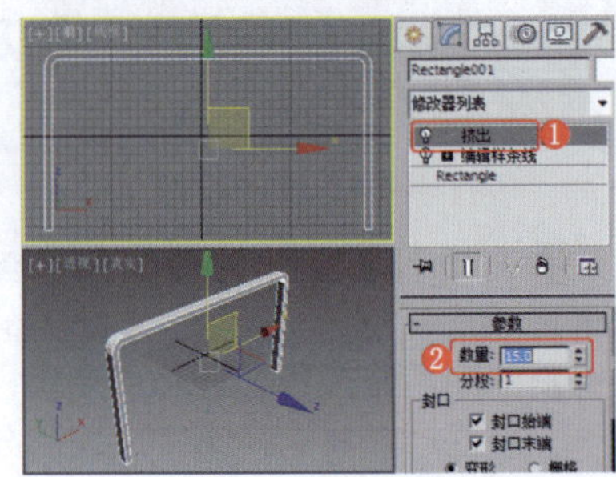

图2-501 施加“挤出”修改器

❹ 将选择集定义为“顶点”，在场景中调整顶点，并为其施加“挤出”修改器，设置合适的参数，效果如图2-502所示。

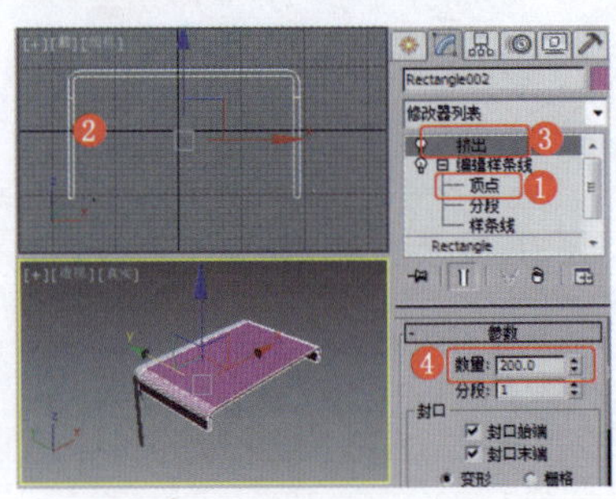

图2-502 施加“挤出”修改器

❺ 复制餐桌腿部模型，并为模型设置合适的渲染参数，渲染输出。

实例056 餐厅家具类——圆形餐桌

实例效果剖析

本例制作的是一款圆形餐桌，主要使用了锥化效果。

本例制作的圆形餐桌，效果如图2-503所示。

图2-503 效果展示

实例技术要点

本例主要用到的功能及技术要点如下。

- 施加“锥化”修改器：用于调整模型的锥化效果。

实例制作步骤

场景文件路径	Scene\第2章\实例056 圆形餐桌.max		
贴图文件路径	Map\		
视频路径	视频\ cha02\实例056 圆形餐桌.mp4		
难易程度	★	学习时间	4分51秒

❶ 在“顶”视图中创建切角圆柱体，设置合适的参数，效果如图2-504所示。

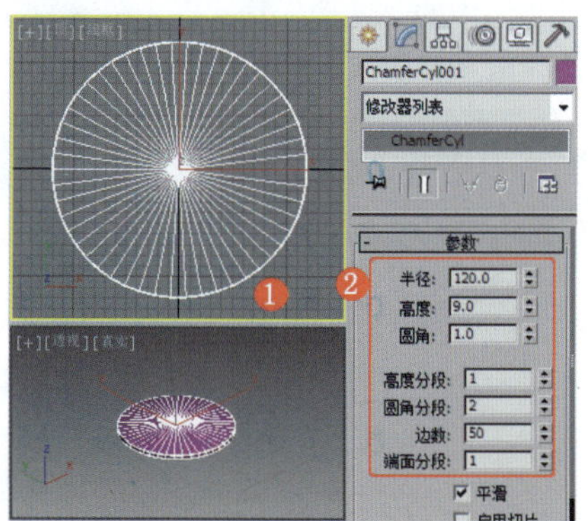

图2-504 创建切角圆柱体

❷ 对模型进行复制，设置合适的参数，效果如图2-505所示。

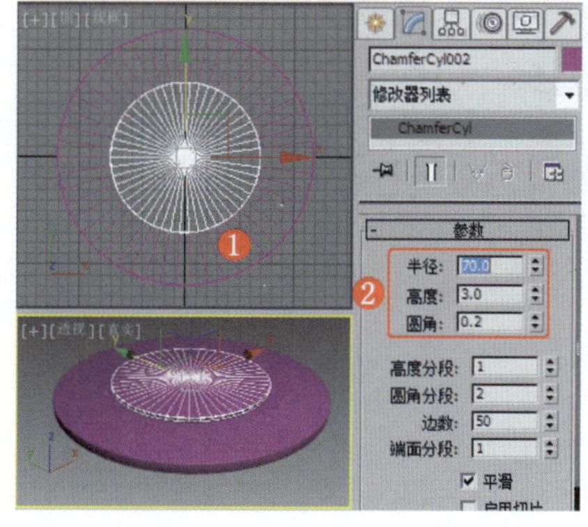

图2-505 复制并调整模型

❸ 继续复制模型并修改模型的参数，效果如图2-506所示。

❹ 为切角圆柱体施加“锥化”修改器，调整模型的角度，效果如图2-507所示。

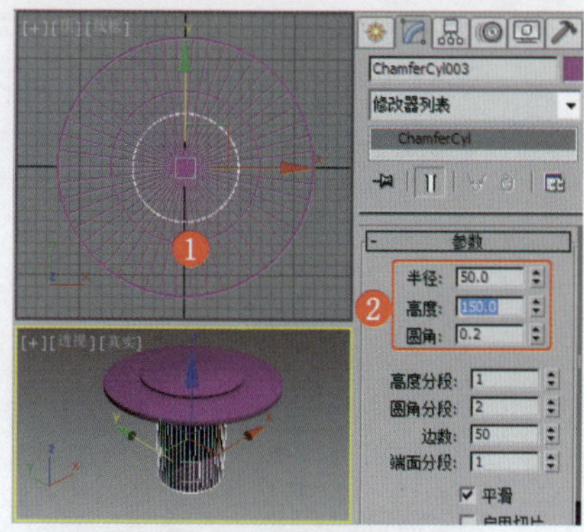

图2-506 继续复制并调整模型

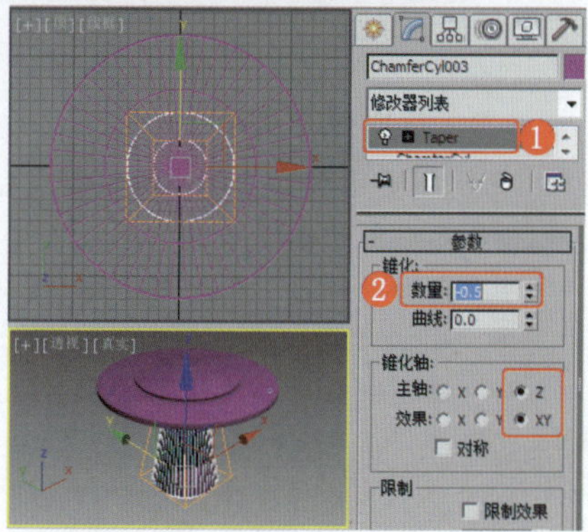

图2-507 锥化模型

❺ 继续复制模型，将其作为底座，效果如图2-508所示。

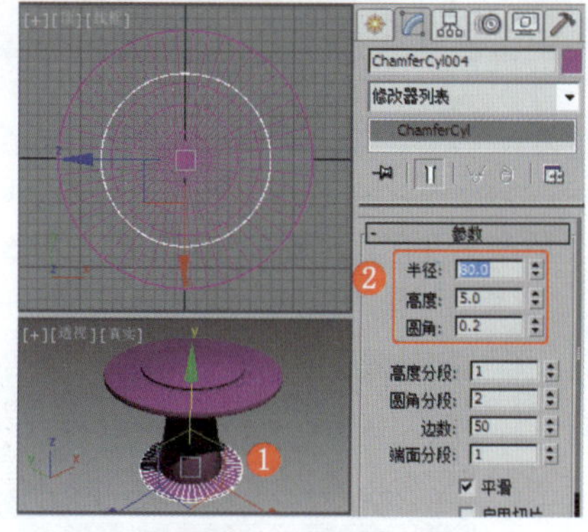

图2-508 复制底座模型

❻ 对模型进行调整，为模型设置一个渲染场景，对模型进行渲染输出。

实例057 其他家具类——时尚椅子

实例效果剖析

时尚椅子可以被随意放置在餐厅、客厅、卧室或阳台，供人休息之用，其造型多种多样。本例制作的是一款镂空风格的时尚椅子，以半球形底座来表现时尚元素，可以在其上放置坐垫。

本例制作的时尚椅子，效果如图2-509所示。

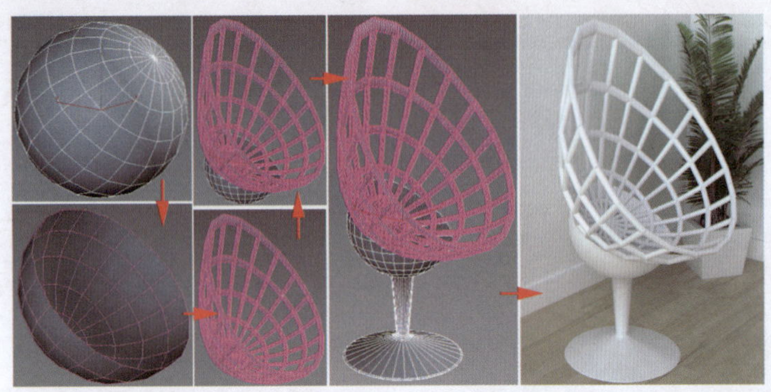

图2-509　效果展示

实例技术要点

本例主要用到的功能及技术要点如下。

- 施加“晶格”修改器：用于设置模型的晶格效果。
- 施加“FFD”修改器：用于调整模型的形状。
- 施加“编辑多边形”修改器：用于设置多边形的挤出、倒角等效果，并删除多余的多边形。

场景文件路径	Scene\第2章\实例057 时尚椅子.max		
贴图文件路径	Map\		
视频路径	视频\ cha02\实例057 时尚椅子.mp4		
难易程度	★★	学习时间	7分28秒

实例058　其他家具类——鼓凳

实例效果剖析

鼓凳是中式装修中常用的装饰家具，有着古老、浓厚的中式色彩。本例制作的鼓凳使用了半球模型，以模拟出鼓凳的效果。

本例制作的鼓凳，效果如图2-510所示。

图2-510　效果展示

实例技术要点

本例主要用到的功能及技术要点如下。

- 施加“FFD”修改器：用于调整模型的形状。
- 施加“编辑多边形”修改器：用于设置多边形的挤出、倒角等效果。

场景文件路径	Scene\第2章\实例058 鼓凳.max		
贴图文件路径	Map\		
视频路径	视频\ cha02\实例058 鼓凳.mp4		
难易程度	★★	学习时间	9分31秒

实例059
其他家具类——吧椅

实例效果剖析

吧椅是酒吧中的必备用具，现在也慢慢进入年轻人的家居空间中，用以营造浪漫的氛围。本例制作的是一款简约、时尚的吧椅。

本例制作的吧椅，效果如图2-511所示。

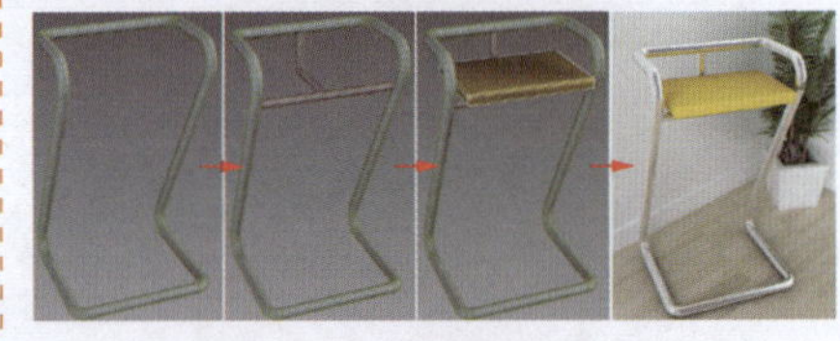

图2-511　效果展示

实例技术要点

本例主要用到的功能及技术要点如下。

- 创建并编辑样条线：调整样条线的连接复制和附加效果，制作出铁艺吧椅支架。

实例制作步骤

场景文件路径	Scene\第2章\实例059 吧椅.max	
贴图文件路径	Map\	
视频路径	视频\ cha02\实例059 吧椅.mp4	
难易程度	★★	学习时间
		7分11秒

❶ 在“前”视图中创建样条线，调整样条线的形状，勾选“连接复制”选项组中的“连接”复选框，在场景中连接复制样条线，效果如图2-512所示。

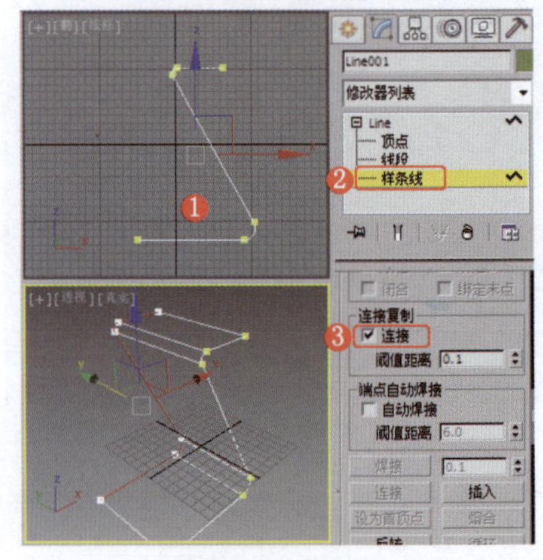

图2-512　创建样条线

❷ 将选择集定义为“分段”，删除连接复制出的多余分段，将选择集定义为“顶点”，按Ctrl+A组合键，全选顶点，单击“焊接”按钮焊接顶点，效果如图2-513所示。

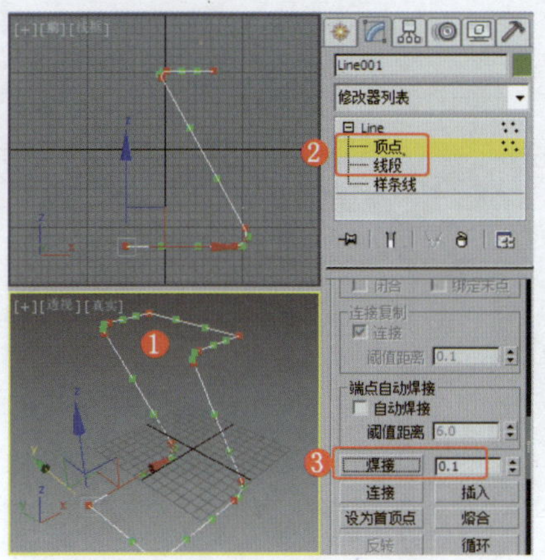

图2-513 设置图形的“焊接”参数

❸ 将选择集定义为“顶点”，调整“圆角”参数，效果如图2-514所示。

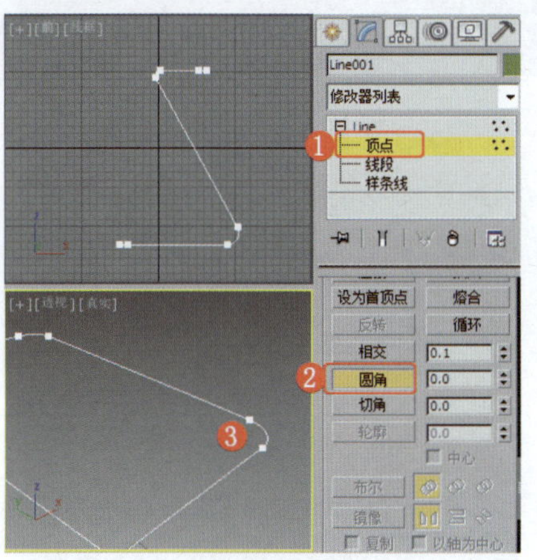

图2-514 设置图形的“圆角”参数

❹ 设置图形的可渲染参数，效果如图2-515所示。

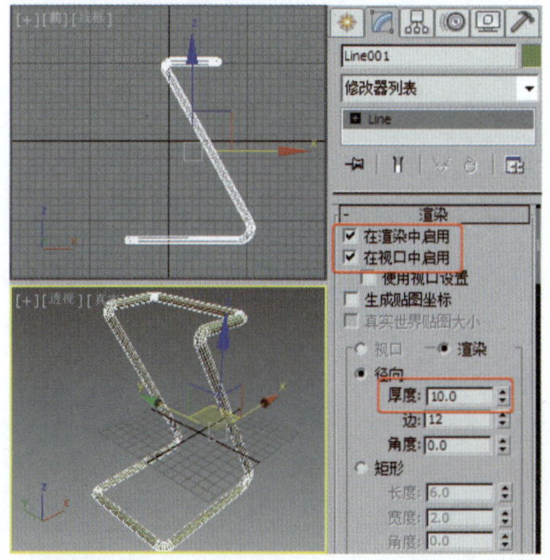

图2-515 设置图形的可渲染参数

❺ 继续创建可渲染的样条线，将其附加在一起，效果如图2-516所示。

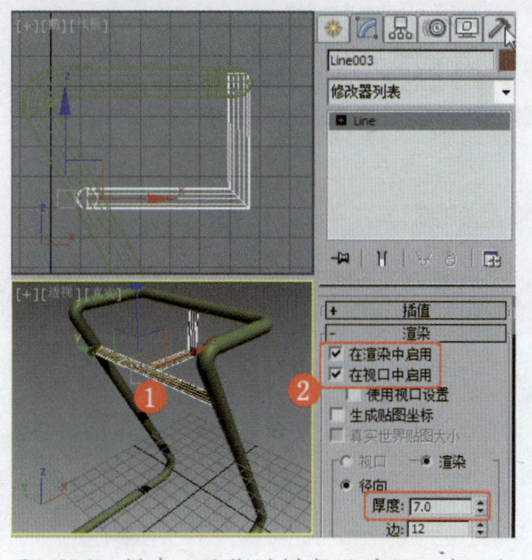

图2-516 创建可渲染的样条线并附加在一起

❻ 创建合适大小的切角长方体，将其作为坐垫，整体效果如图2-517所示。

❼ 为吧椅模型设置金属材质和铝塑材质，设置合适的渲染参数，对模型进行渲染输出。

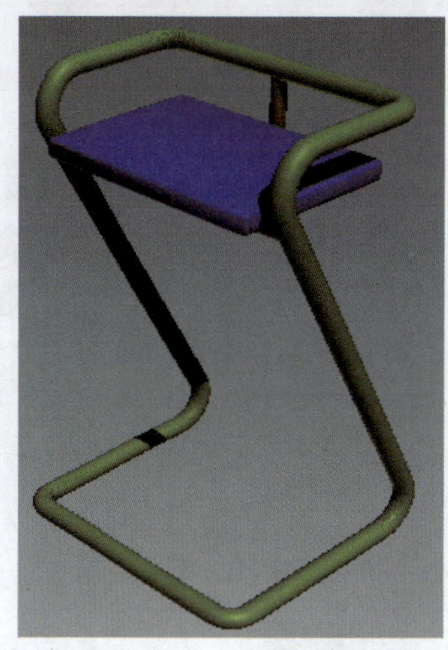

图2-517 创建坐垫

实例060 其他家具类——吧台

实例效果剖析

本例制作的是一款与实例059吧椅相匹配的吧台，以大理石材质为主。本例制作的吧台，效果如图2-518所示。

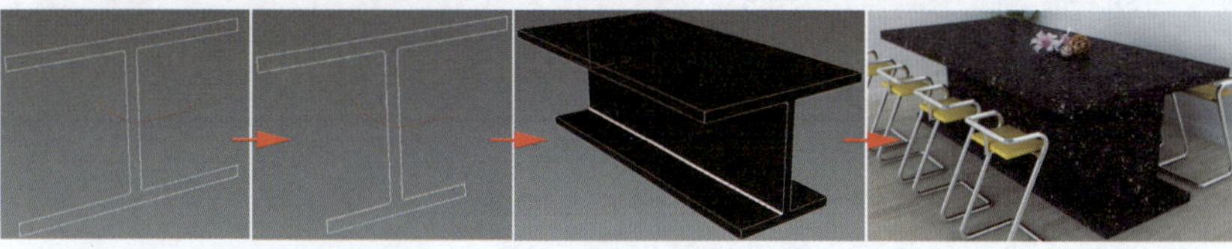

图2-518 效果展示

实例技术要点

本例主要用到的功能及技术要点如下。

- 创建并编辑样条线：调整样条线的连接复制和附加效果。

场景文件路径	Scene\第2章\实例060 吧台.max		
贴图文件路径	Map\		
视频路径	视频\ cha02\实例060 吧台.mp4		
难易程度	★★	学习时间	4分25秒

第3章 日用品及其他

本章主要介绍家居日用品及其他物品的制作。

实例061 陈设品类——竹节花瓶

实例效果剖析

本例制作的是一款竹节花瓶，在设计上借鉴了竹子的形态。

本例制作的竹节花瓶，效果如图3-1所示。

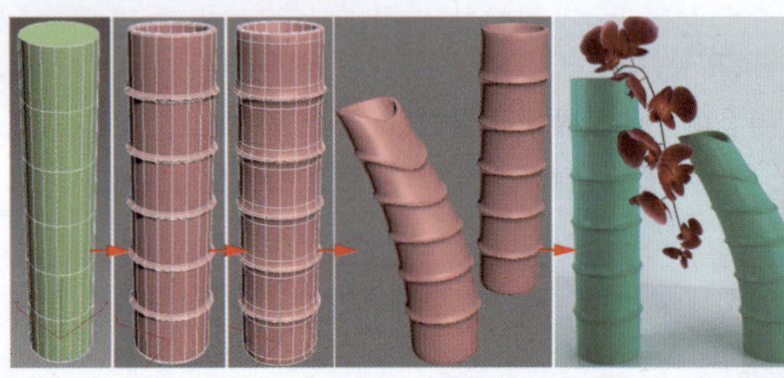

图3-1 效果展示

实例技术要点

本例主要用到的功能及技术要点如下。

- 转换为“可编辑多边形”：用于设置模型边的挤出和切角，以及模型的平滑效果。
- 施加“弯曲”“挤压”修改器：用于制作竹节的弯曲和挤压效果。

实例制作步骤

场景文件路径	Scene\第3章\实例061 竹节花瓶.max		
贴图文件路径	Map\		
视频路径	视频\ cha03\实例061 竹节花瓶.mp4		
难易程度	★★	学习时间	6分55秒

❶ 在“顶”视图中创建圆柱体，设置合适的参数，效果如图3-2所示。

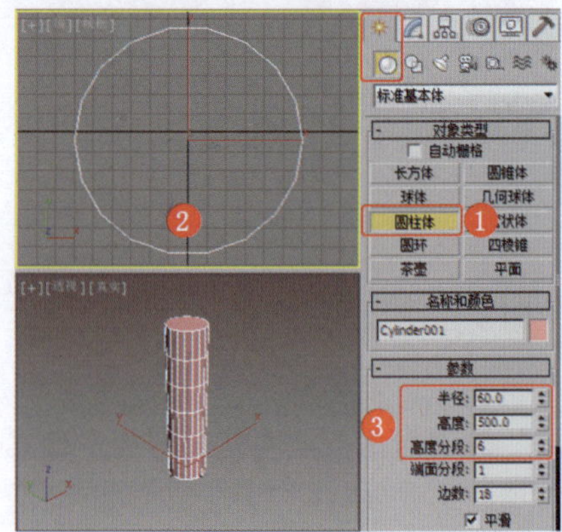

图3-2 创建圆柱体

❷ 右击模型，在弹出的快捷菜单中选择“转换为”→“转换为可编辑多边形”命令，将选择集定义为“多边形”，设置多边形的“插入”参数，效果如图3-3所示。

❸ 继续设置多边形的“挤出”参数，效果如图3-4所示。

❹ 在场景中选择如图3-5所示的边。

❺ 设置边的“挤出”参数，效果如图3-6所示。

❻ 确定当前选择的边，设置边的

"切角"参数，效果如图3-7所示。

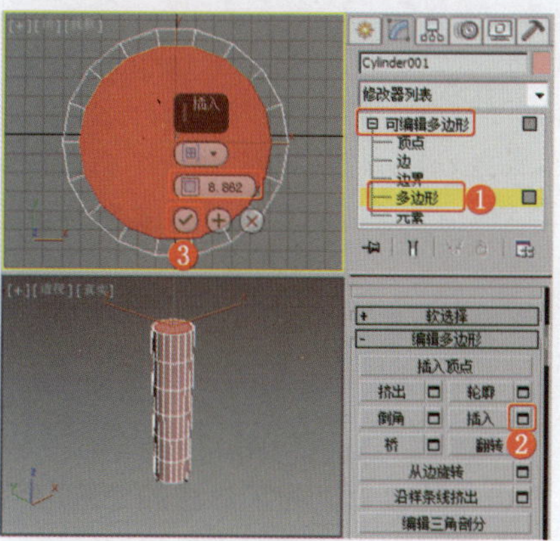

图3-3 设置多边形的"插入"参数

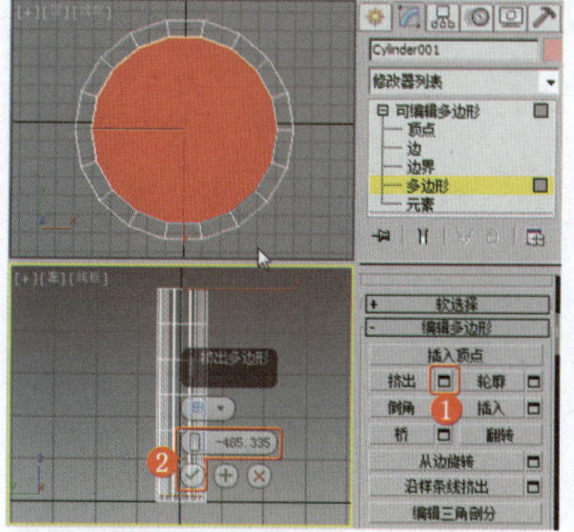

图3-4 设置多边形的"挤出"参数

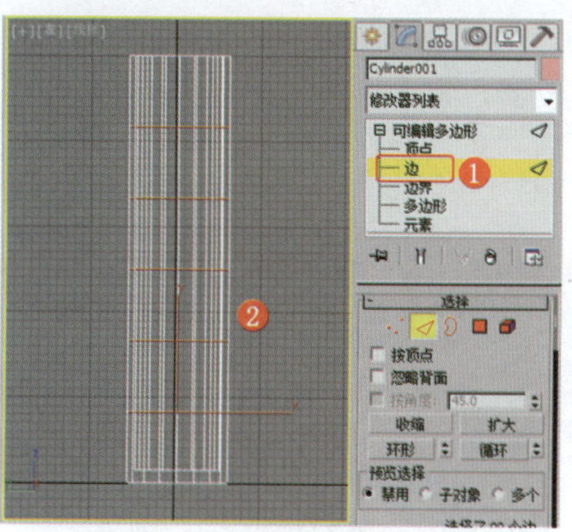

图3-5 选择边

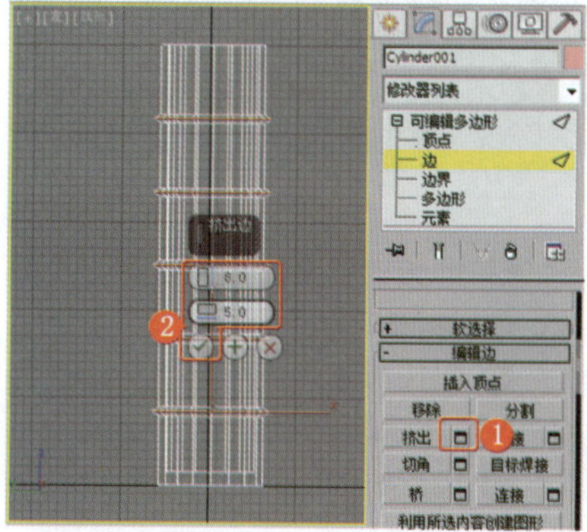

图3-6 设置边的"挤出"参数

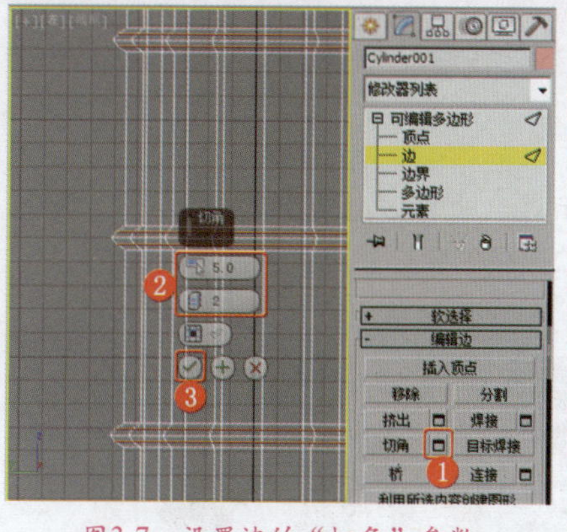

图3-7 设置边的"切角"参数

❼ 在场景中选择花瓶口和花瓶底端的边，设置边的"切角"参数，效果如图3-8所示。

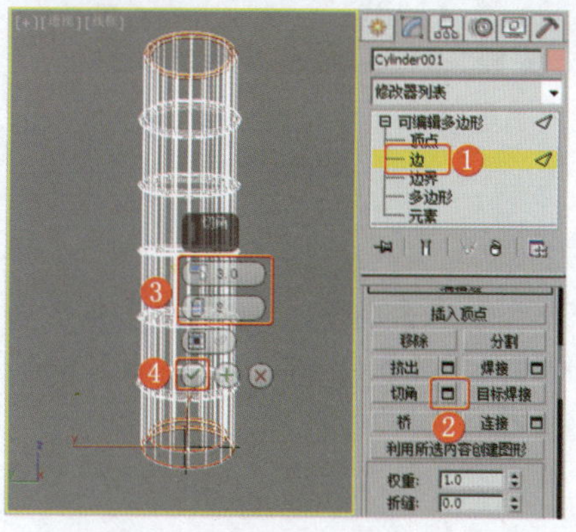

图3-8 设置边的"切角"参数

❽ 在"细分曲面"卷展栏中勾选"使用NURMS细分"复选框，设置模型的平滑效果，效果如图3-9所示。

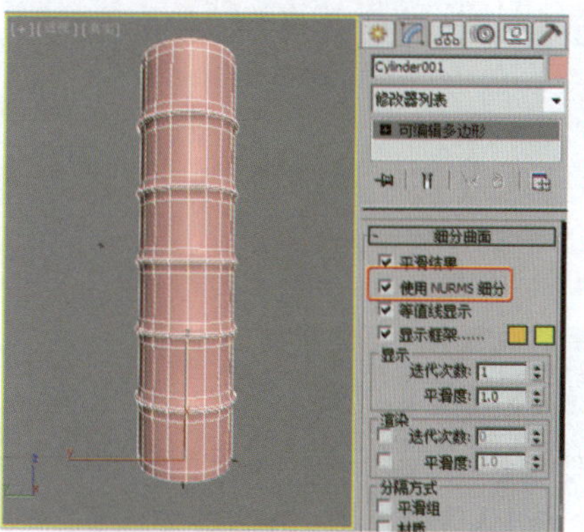

图3-9 设置模型的平滑效果

提 示

在"可编辑多边形"修改器中可以使用"使用NURMS细分"复选框来设置模型的平滑效果；但是当"可编辑多边形"修改器中的模型需要平滑时，必须使用"网格平滑"或"涡轮平滑"修改器。

❾ 在场景中复制出一个花瓶模型，为其施加"弯曲"和"挤压"修改器，设置合适的参数，得到变形的花瓶，效果如图3-10所示。

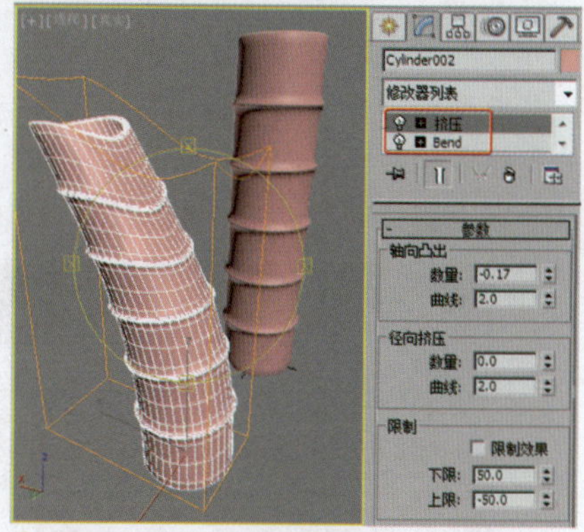

图3-10 复制并设置模型的变形

实例062 陈设品类——青花瓷瓶

实例效果剖析

青花瓷器是我国的艺术瑰宝之一，主要被摆放在案几及展示架中，作为中式家居风格的点缀。本例制作的是一款青花瓷瓶。

本例制作的青花瓷瓶，效果如图3-11所示。

图3-11 效果展示

实例技术要点

本例主要用到的功能及技术要点如下。

- 施加"车削"修改器：用于将编辑好的截面图形车削成三维模型。

场景文件路径	Scene\第3章\实例062 青花瓷瓶.max	
贴图文件路径	Map\	
视频路径	视频\cha03\实例062 青花瓷瓶.mp4	
难易程度	★	学习时间 6分56秒

实例063 陈设品类——壁画

实例效果剖析

壁画可以作为装饰物出现在家装空间中，也可以出现在工装空间中。壁画的风格多种多样，本例制作的是一款简欧风格的装饰壁画。

本例制作的壁画，效果如图3-12所示。

图3-12 效果展示

实例技术要点

本例主要用到的功能及技术要点如下。

- 施加“倒角剖面”修改器：创建矩形和截面图形，为矩形施加该修改器，拾取截面图形作为花纹，制作出画框效果。

场景文件路径	Scene\第3章\实例063 壁画.max		
贴图文件路径	Map\		
视频路径	视频\ cha03\实例063 壁画.mp4		
难易程度	★★	学习时间	6分39秒

实例064 陈设品类——星形烛盘

实例效果剖析

蜡烛可以用于照明，也可以作为点缀来制造浪漫气氛。本例制作的是一款星形烛盘和蜡烛效果。

本例制作的星形烛盘和蜡烛，效果如图3-13所示。

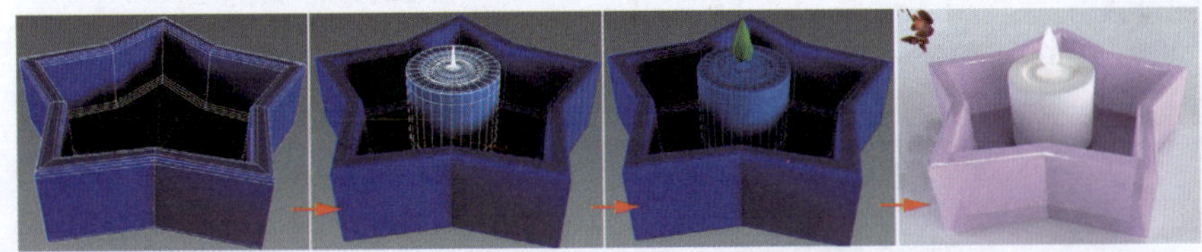

图3-13 效果展示

实例技术要点

本例主要用到的功能及技术要点如下。

- 施加“挤出”修改器：用于制作烛盘的基本模型。
- 施加“编辑多边形”修改器：用于设置模型的倒角、挤出和切角效果，制作烛盘和蜡烛。
- 施加“FFD”修改器：用于调整蜡烛火苗的效果。

实例制作步骤

场景文件路径	Scene\第3章\实例064 星形烛盘.max	
贴图文件路径	Map\	
视频路径	视频\ cha03\实例064 星形烛盘.mp4	
难易程度	★★★	学习时间 11分28秒

❶ 在“顶”视图中创建星形，设置合适的参数，为星形施加“挤出”修改器，设置合适的“数量”数值，效果如图3-14所示。

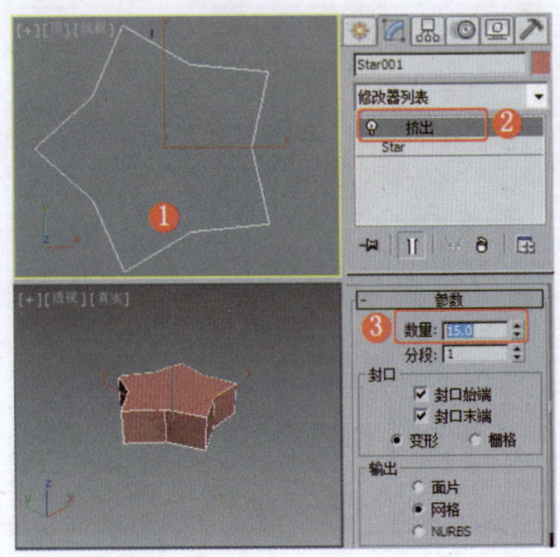

图3-14 创建星形并挤出厚度

❷ 为模型施加“编辑多边形”修改器，将选择集定义为“多边形”，设置多边形的“倒角”参数，效果如图3-15所示。

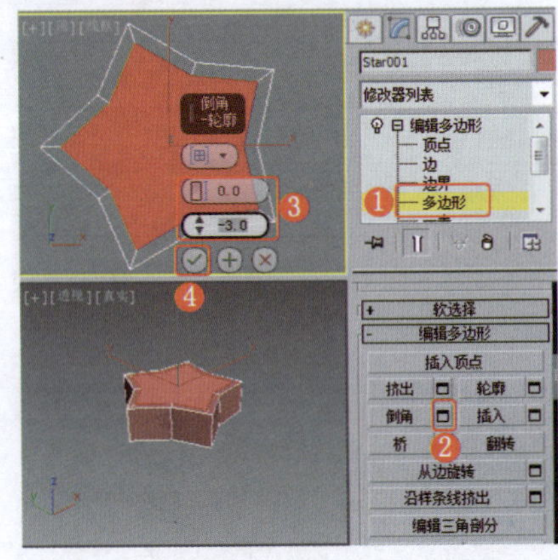

图3-15 设置多边形的“倒角”参数

❸ 继续设置多边形的“挤出”参数，效果如图3-16所示。

❹ 将选择集定义为“边”，选择如图3-17所示的边。

❺ 设置边的“切角”参数，效果如图3-18所示。

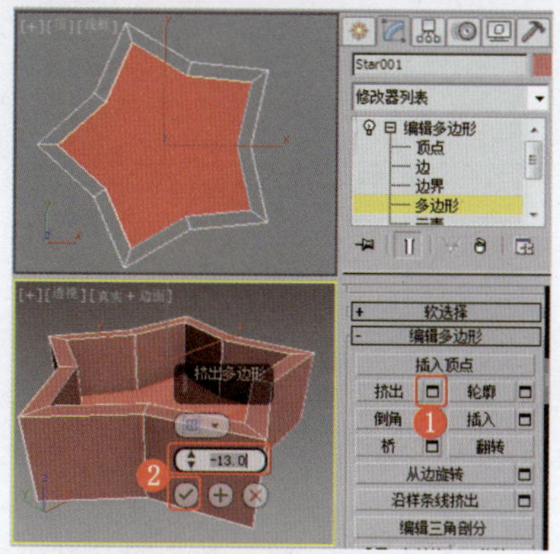
图3-16 设置多边形的“挤出”参数

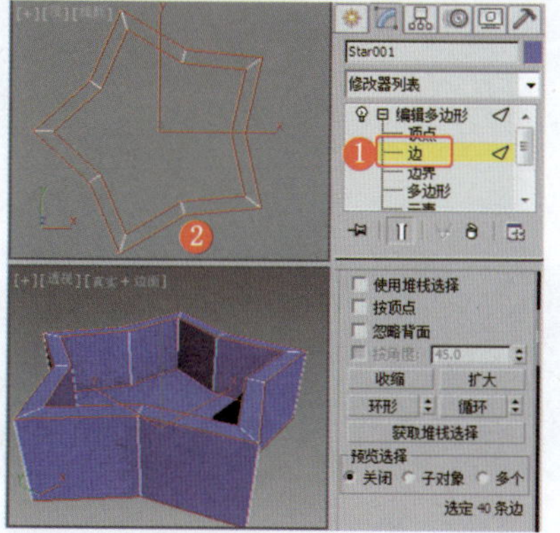
图3-17 选择边

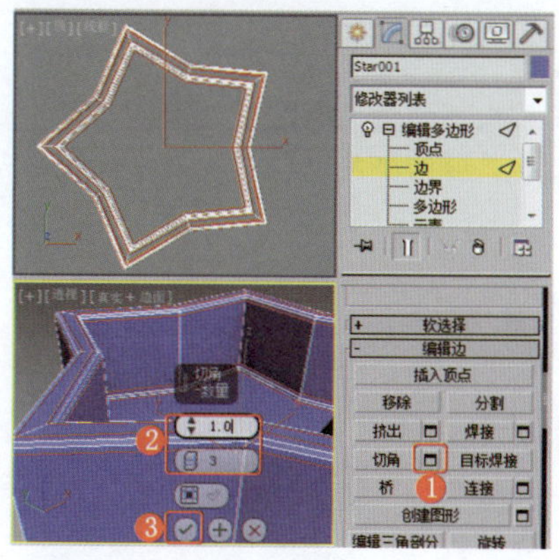
图3-18 设置边的“切角”参数

❻ 创建圆柱体，将其作为蜡烛，效果如图3-19所示。

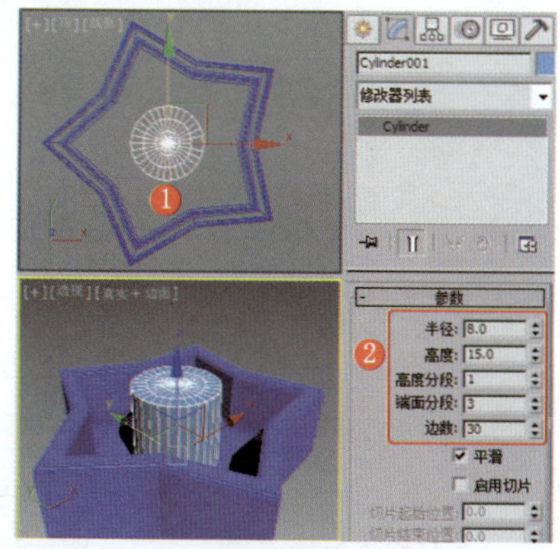
图3-19 创建圆柱体

❼ 为模型施加“编辑多边形”修改器，将选择集定义为“多边形”，选择如图3-20所示的多边形。

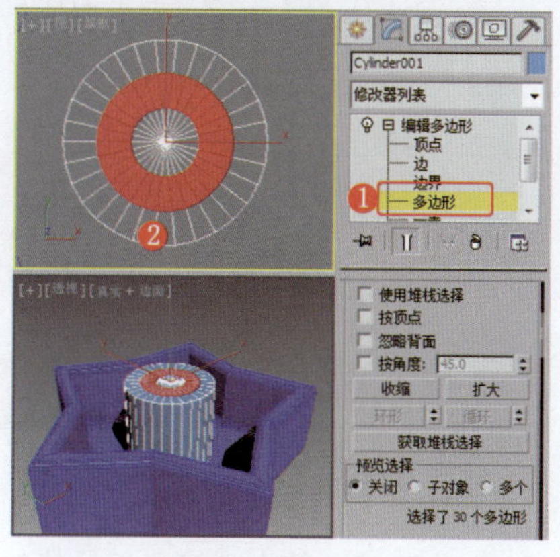
图3-20 选择多边形

❽ 设置多边形的“倒角”参数，效果如图3-21所示。

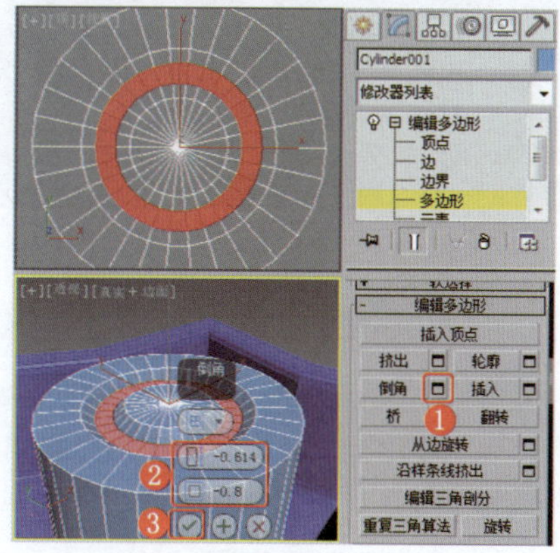
图3-21 设置多边形的“倒角”参数

❾ 在场景中设置如图3-22所示的多边形的“倒角”参数。

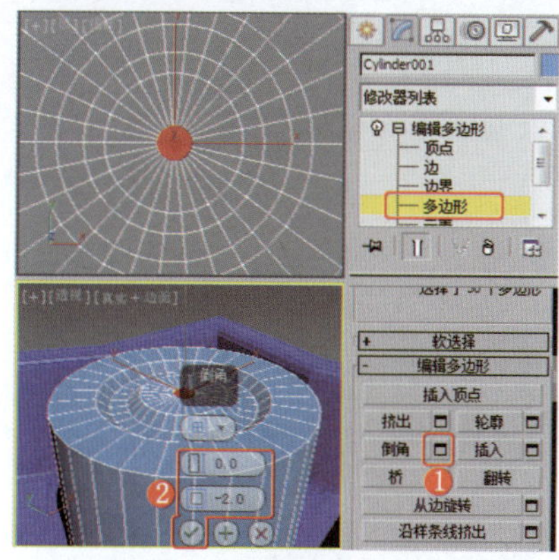
图3-22 设置多边形的“倒角”参数

❿ 继续设置多边形的“倒角”参数，效果如图3-23所示。

⓫ 继续设置多边形的“倒角”参数，效果如图3-24所示。

⓬ 将选择集定义为“边”，选择如图3-25所示的边。

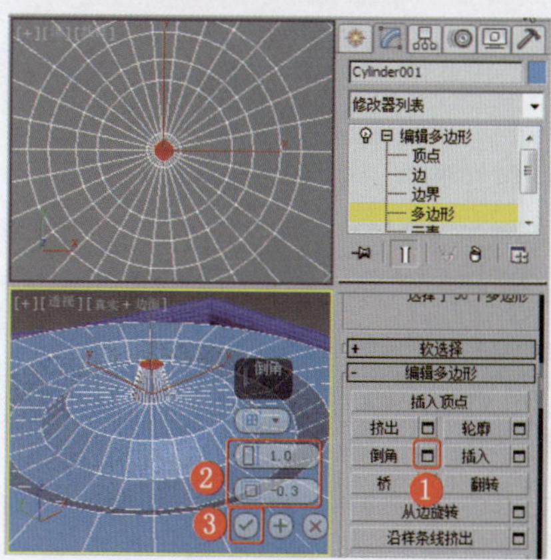
图3-23 设置多边形的“倒角”参数

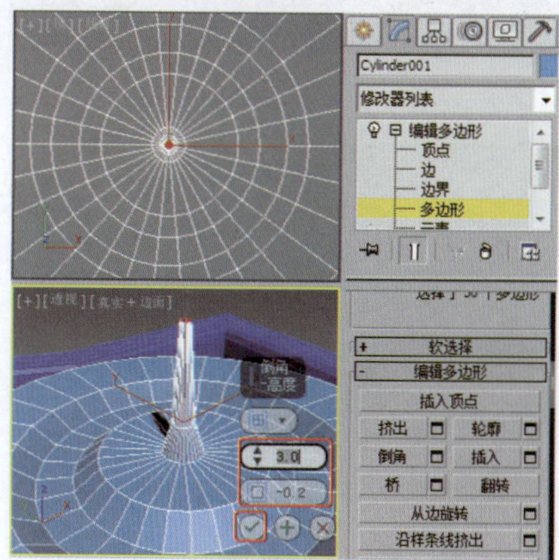
图3-24 设置多边形的“倒角”参数

图3-25 选择边

⓭ 设置边的“切角”参数，效果如图3-26所示。

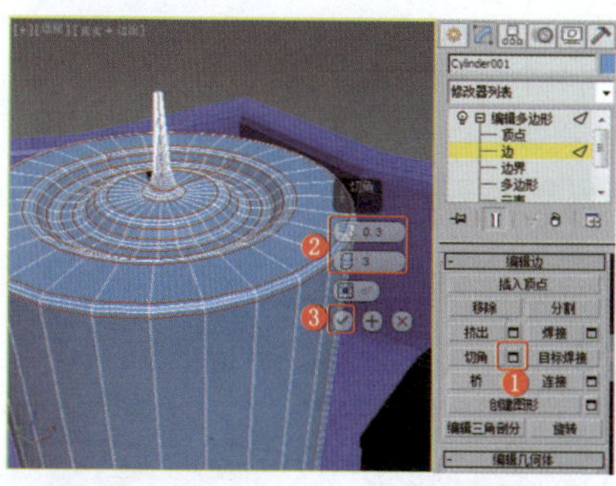
图3-26 设置边的“切角”参数

⓮ 关闭选择集，为模型施加“网格平滑”修改器，效果如图3-27所示。

⑮在场景中创建几何球体，设置合适的参数，为其施加“FFD 2×2×2”修改器，将选择集定义为“控制点”，调整控制点，效果如图3-28所示。

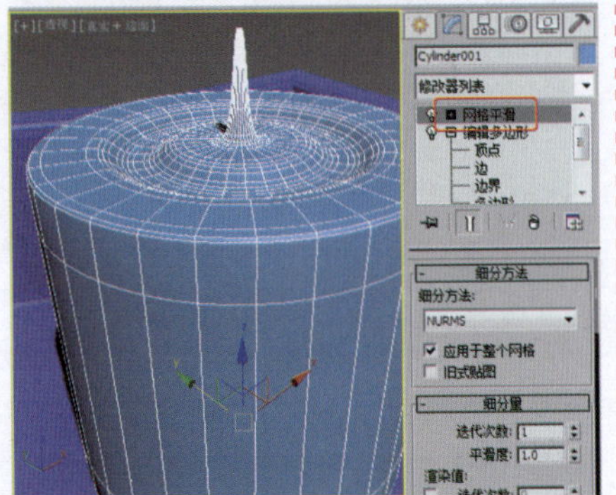

图3-27　设置模型的平滑效果

图3-28　调整模型的形状

实例065　陈设品类——CD展示架

实例效果剖析

CD展示架可以被放置在电视机或其他影音设备的附近，用于存放CD。本例制作的是一款风格简约的CD展示架。

本例制作的CD展示架，效果如图3-29所示。

图3-29　效果展示

实例技术要点

本例主要用到的功能及技术要点如下。

- 创建切角长方体：用于进行复制以制作CD展示架模型。

场景文件路径	Scene\第3章\实例065 CD展示架.max		
贴图文件路径	Map\		
视频路径	视频\ cha03\实例065 CD展示架.mp4		
难易程度	★	学习时间	8分19秒

实例066　陈设品类——铁艺相框

实例效果剖析

铁艺装饰一般出现在欧美风格的家居装修中。本例制作的是一款铁艺相框，以柔美流线造型为主，配有装饰文本。

本例制作的铁艺相框，效果如图3-30所示。

图3-30　效果展示

实例技术要点

本例主要用到的功能及技术要点如下。

- 转换为“可编辑多边形”：用于设置相框的插入和倒角效果。
- 施加“挤出”修改器：用于制作文本图形的厚度。

实例制作步骤

场景文件路径	Scene\第3章\实例066 铁艺相框.max		
贴图文件路径	Map\		
视频路径	视频\ cha03\实例066 铁艺相框.mp4		
难易程度	★★	学习时间	18分55秒

❶ 在“前”视图中创建切角长方体，设置合适的参数，效果如图3-31所示。

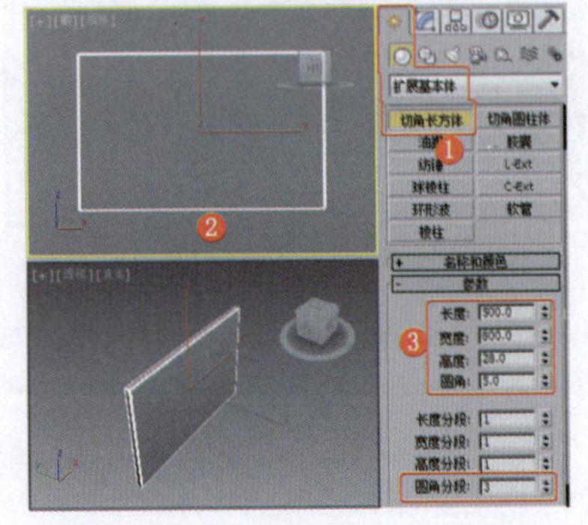

图3-31　创建切角长方体

❷ 将模型转换为“可编辑多边形”，将选择集定义为“多边形”，设置合适的“插入”参数，效果如图3-32所示。

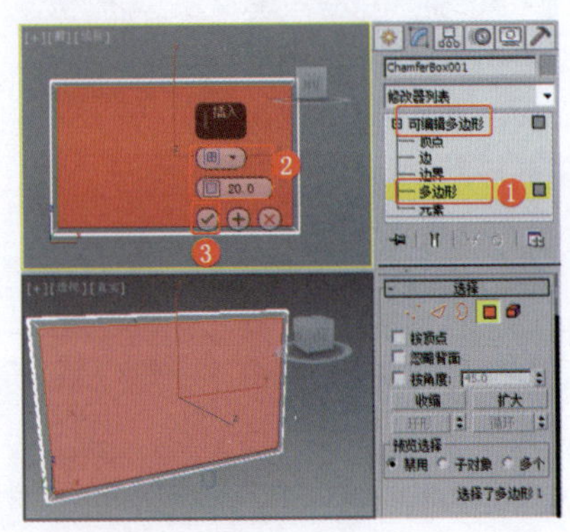

图3-32　设置多边形的“插入”参数

❸ 设置模型的“倒角”参数，效果如图3-33所示。

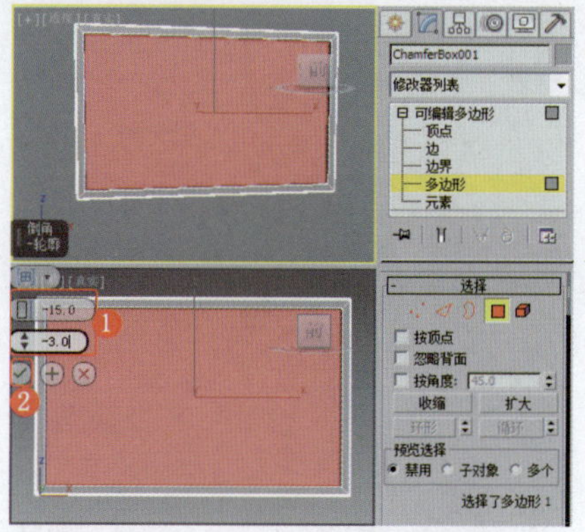

图3-33 设置多边形的“倒角”参数

❹ 在“前”视图中创建文本，设置合适的参数，效果如图3-34所示。

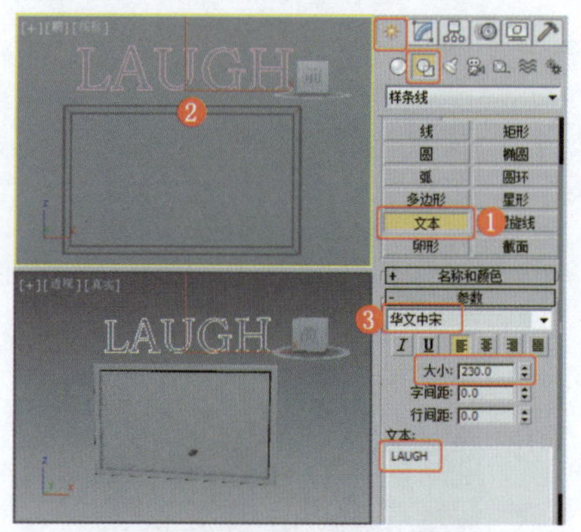

图3-34 创建文本

❺ 为文本施加“挤出”修改器，设置合适的参数，效果如图3-35所示。

图3-35 设置文本的厚度

❻ 创建可渲染的样条线，效果如图3-36所示。

❼ 复制并调整样条线，效果如图3-37所示。

❽ 调整如图3-38所示的样条线的形状。

❾ 完成模型的制作，效果如图3-39所示，为模型设置金属材质，创建一个合适的渲染环境，渲染输出。

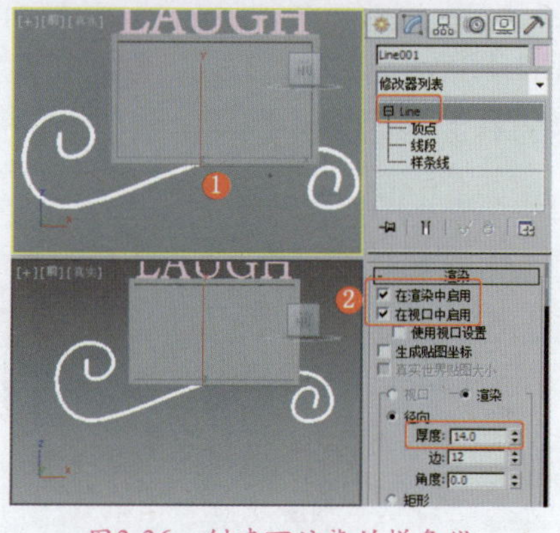

图3-36 创建可渲染的样条线

图3-37 复制并调整样条线

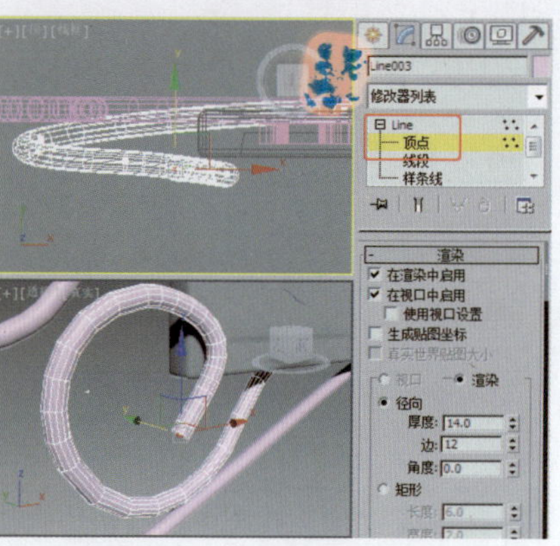

图3-38 调整样条线的形状

图3-39 完成制作

实例067 陈设品类——杯子架

实例效果剖析

本例制作的是一款杯子架，其中支架为不规则的铁艺造型，底座使用了常用的圆形，使杯子架可以简单地混搭各种居室风格。

本例制作的杯子架，效果如图3-40所示。

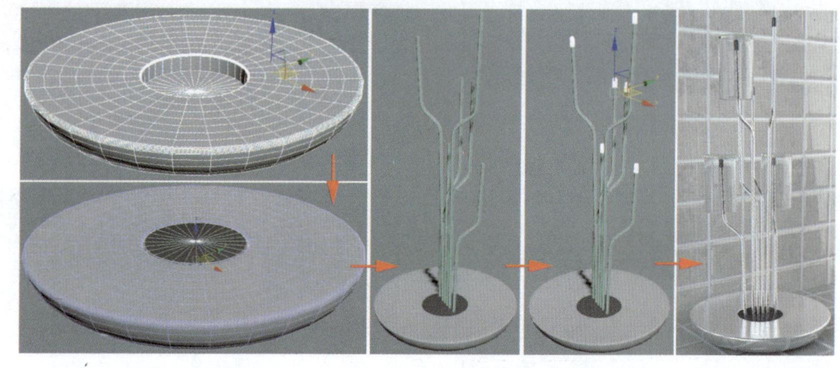

图3-40 效果展示

实例技术要点

本例主要用到的功能及技术要点如下。

- 施加“车削”修改器：用于制作杯子架底座模型和顶端支架帽。

实例制作步骤

场景文件路径	Scene\第3章\实例067 杯子架.max	
贴图文件路径	Map\	
视频路径	视频\cha03\实例067 杯子架.mp4	
难易程度	★	学习时间
		15分21秒

❶ 在“顶”视图中创建切角圆柱体，设置合适的参数，效果如图3-41所示。

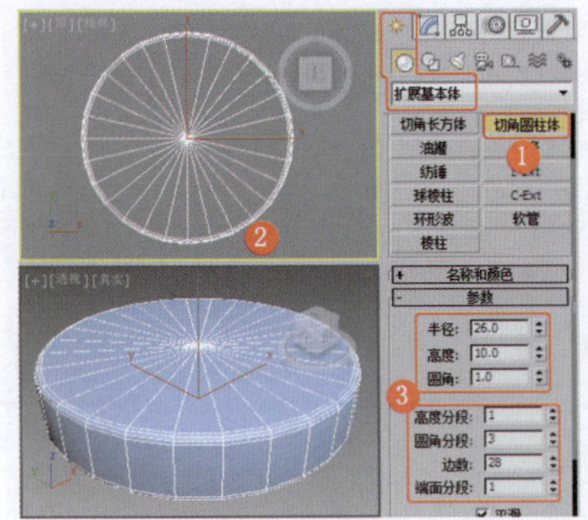

图3-41 创建切角圆柱体

❷ 在“前”视图中创建底座的截面图形，调整图形的形状，效果如图3-42所示。

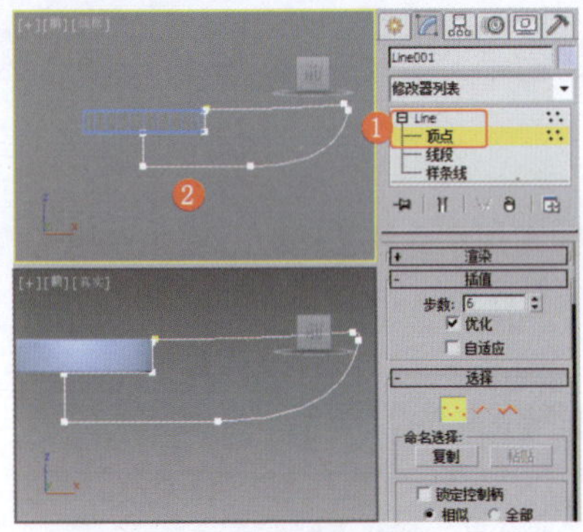

图3-42 创建并调整截面图形

❸ 为图形施加“车削”修改器，设置合适的参数，效果如图3-43所示。

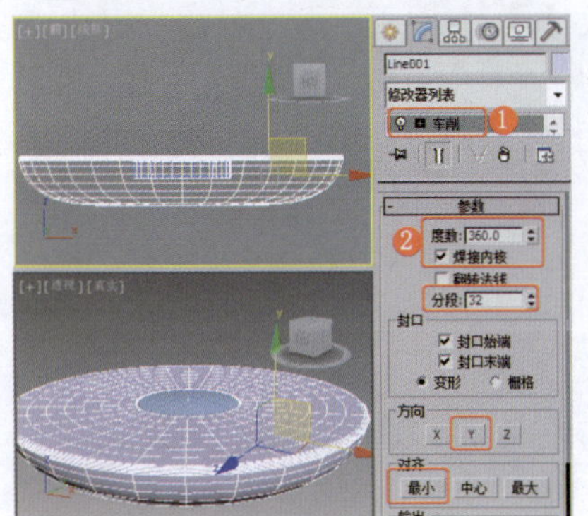

图3-43 为图形施加“车削”修改器

❹ 在“前”视图中创建可渲染的样条线，调整样条线的形状，效果如图3-44所示。

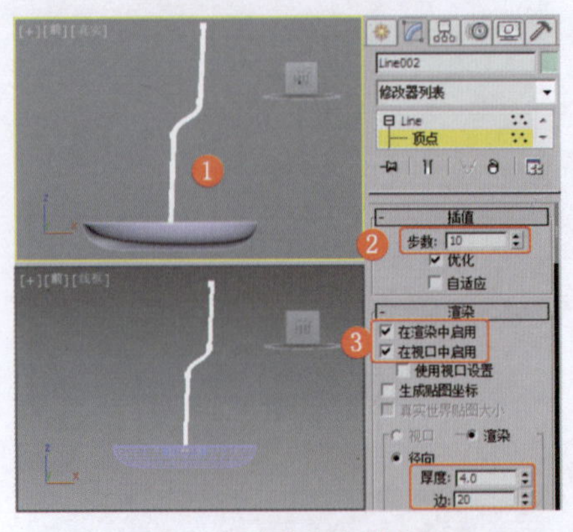

图3-44 创建支架样条线

❺ 复制并调整支架模型，效果如图3-45所示。

图3-45 复制并调整支架模型

❻ 在“左”视图中创建如图3-46所示的图形，并为图形施加“车削”修改器，制作出支架顶点的帽。

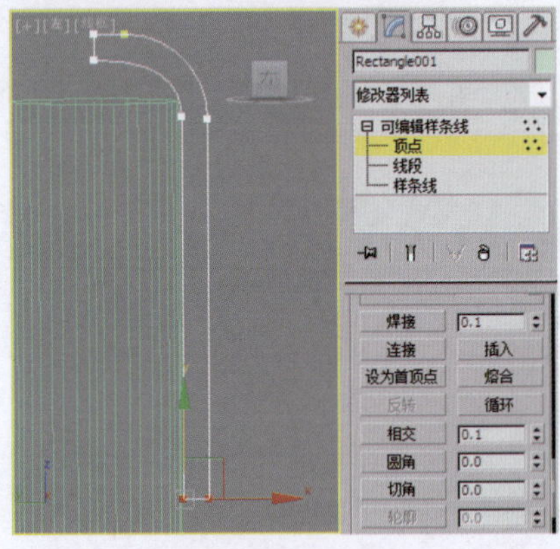

图3-46 创建图形

❼ 杯子架制作完成，效果如图3-47所示，为模型设置金属材质和黑色塑料材质，设置一个合适的渲染场景，渲染输出。

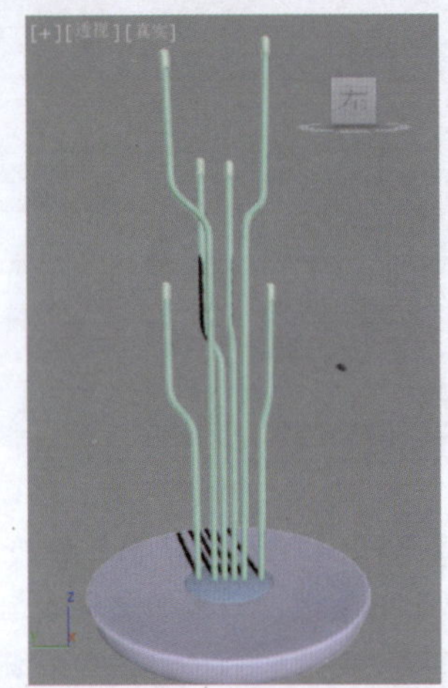

图3-47 完成制作

实例068 陈设品类——衣架

实例效果剖析

本例制作的是一款常用的挂钩衣架，效果如图3-48所示。

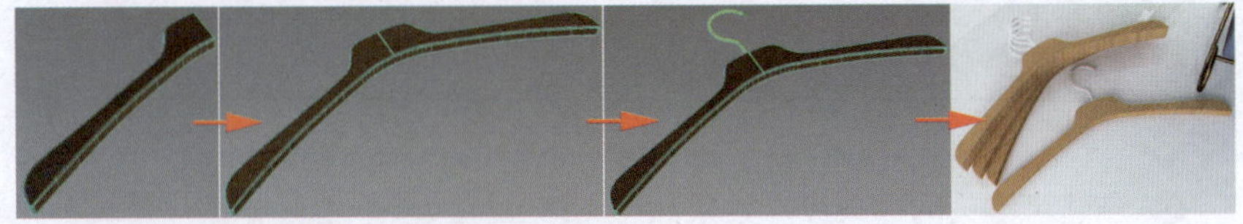

图3-48 效果展示

实例技术要点

本例主要用到的功能及技术要点如下。

- 施加“挤出”修改器：用于制作衣架的厚度。
- 施加“编辑多边形”修改器：用于设置衣架模型边的平滑效果。

场景文件路径	Scene\第3章\实例068 衣架.max		
贴图文件路径	Map\		
视频路径	视频\ cha03\实例068 衣架.mp4		
难易程度	★★	学习时间	8分10秒

实例069 陈设品类——钟表

实例效果剖析

本例制作的是一款四叶草造型的钟表，具有清新之感，可以被用于小清新风格的现代装修中。

本例制作的钟表，效果如图3-49所示。

图3-49 效果展示

实例技术要点

本例主要用到的功能及技术要点如下。

- 施加“倒角”修改器：用于制作图形的倒角效果。
- 施加“挤出”修改器：用于制作文本图形的厚度。
- 施加“编辑多边形”修改器：通过调整顶点的位置来调整模型的形状。
- 使用“间隔”工具：调整数字的位置和效果。

实例制作步骤

场景文件路径	Scene\第3章\实例069 钟表.max		
贴图文件路径	Map\		
视频路径	视频\ cha03\实例069 钟表.mp4		
难易程度	★★★	学习时间	26分11秒

❶ 在“前”视图中创建图形并调整图形的形状，效果如图3-50所示。

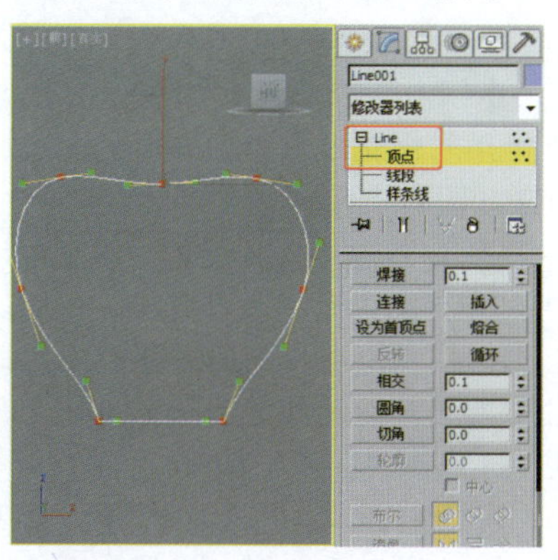

图3-50 创建并调整图形的形状

❷ 复制图形并调整图形的角度，效果如图3-51所示。

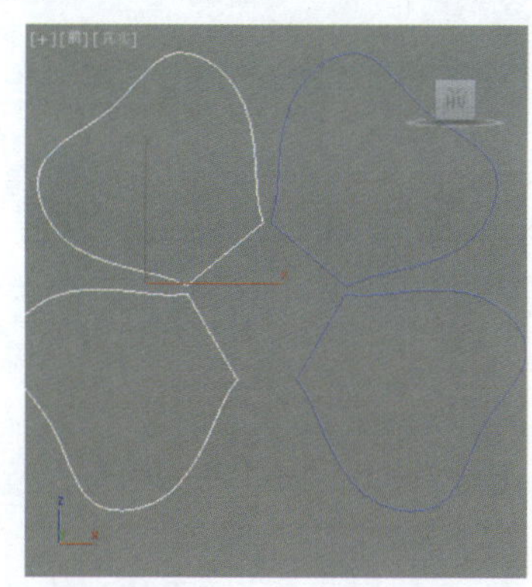

图3-51 复制并调整图形

❸ 在“前”视图中如图3-52所示的位置创建图形，并调整图形的形状。

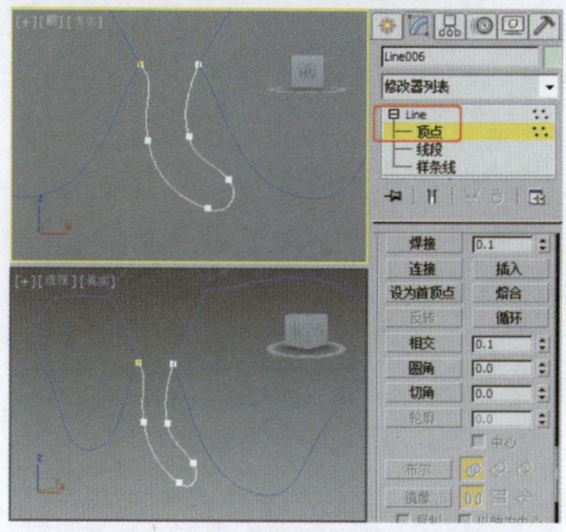

图3-52 调整图形的形状

❹ 在场景中附加图形，效果如图3-53所示。

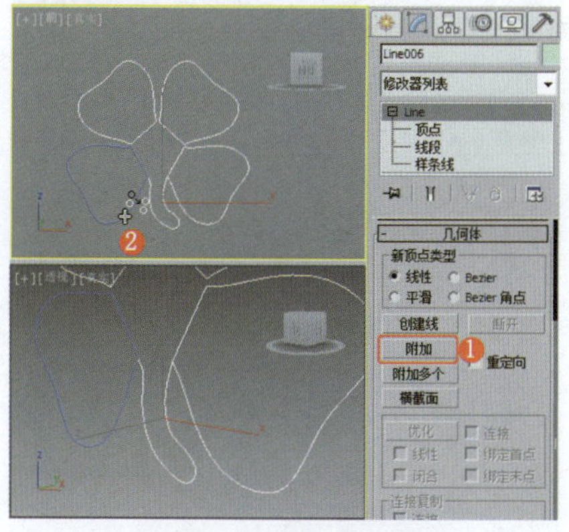

图3-53 附加图形

❺ 附加图形后，可以使用“修剪”工具调整图形的形状，也可以根据具体情况使用不同的工具和命令，效果如图3-54所示。

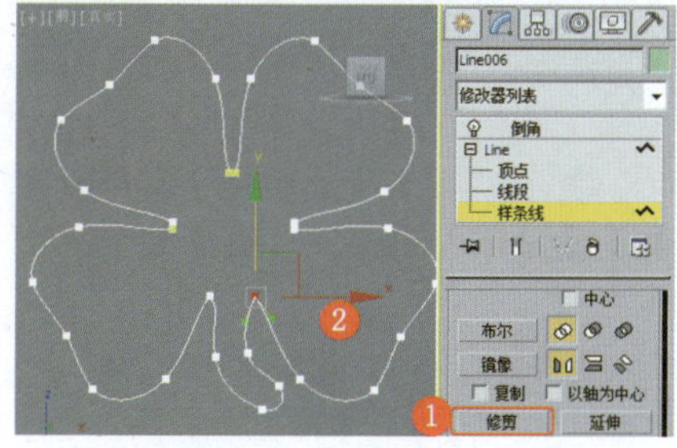

图3-54 调整图形的形状

❻ 按Ctrl+A组合键全选顶点，焊接和连接顶点，效果如图3-55所示。

❼ 为图形施加“倒角”修改器，设置合适的参数，效果如图3-56所示。

❽ 在场景中复制模型，修改模型，删除“倒角”修改器，为其设置挤出的“数量”数值，效果如图3-57所示。

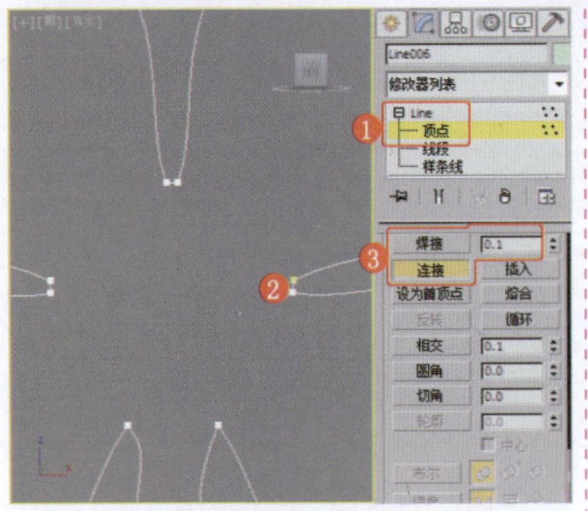
图3-55　焊接和连接顶点

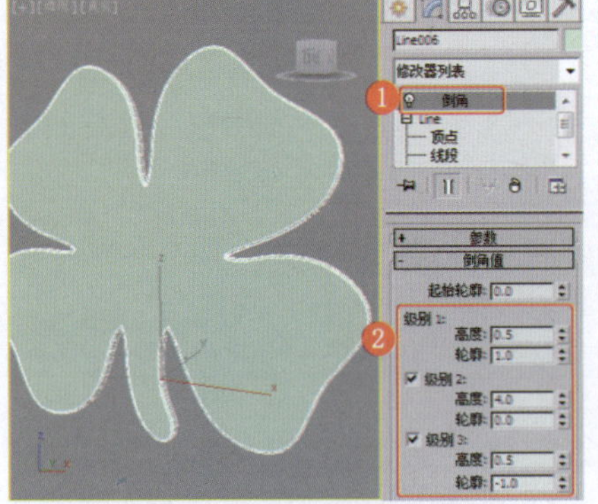
图3-56　施加“倒角”修改器

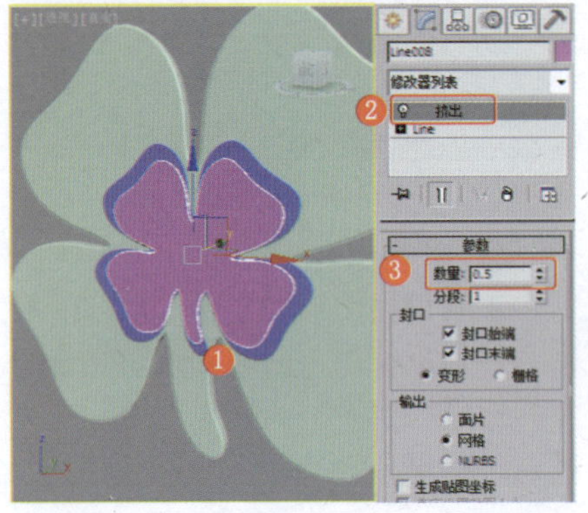
图3-57　复制并调整模型

❾ 在“前”视图中创建切角圆柱体，设置合适的参数，效果如图3-58所示。

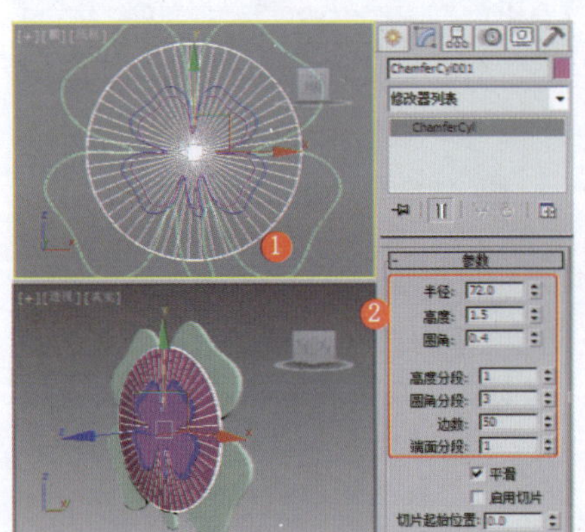
图3-58　创建切角圆柱体

❿ 在“顶”视图中创建图形，为其施加“挤出”修改器，设置合适的参数，效果如图3-59所示。

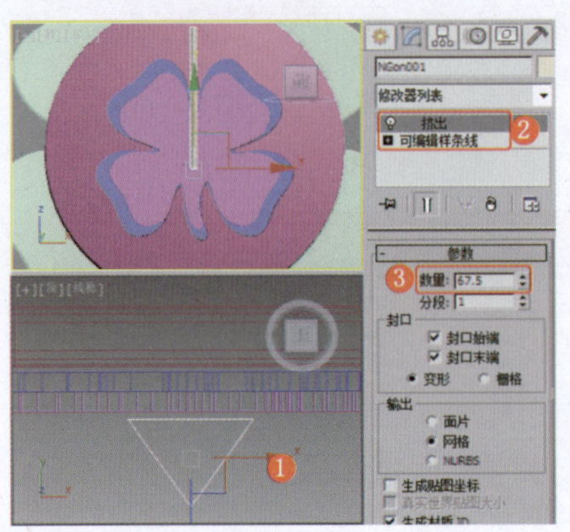
图3-59　施加“挤出”修改器

⓫ 为模型施加“编辑多边形”修改器，将选择集定义为“顶点”，在场景中调整模型的顶点，效果如图3-60所示。

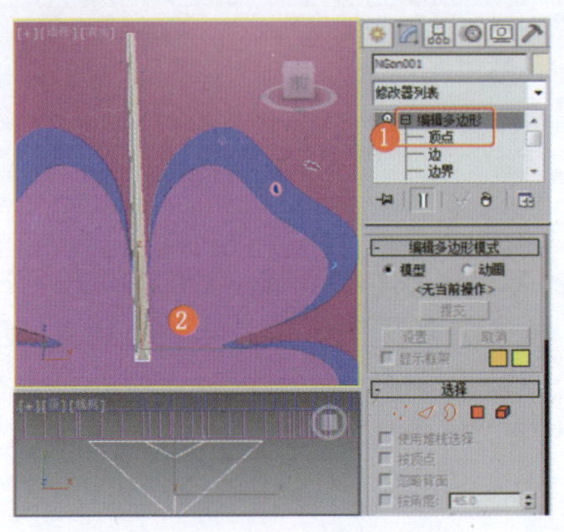
图3-60　调整模型的形状

⓬ 复制两个作为指针的模型，创建一个如图3-61所示的长方体，将其转换为“可编辑多边形”，将选择集定义为“边”，在场景中选择边。

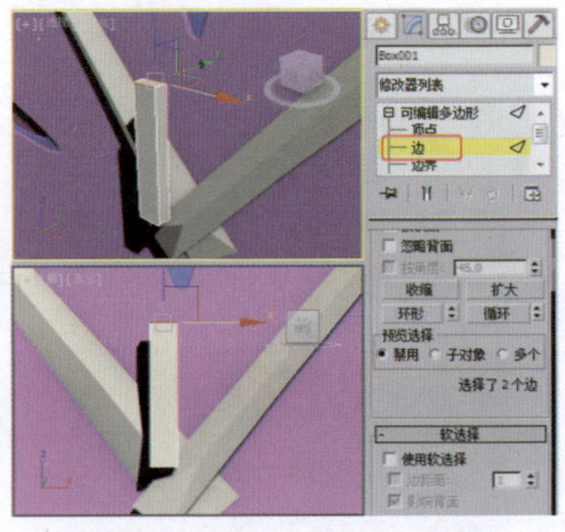
图3-61　创建长方体并选择边

⓭ 设置边的“连接”参数，效果如图3-62所示。

⓮ 连接边后，设置多边形的“挤出”参数，如图3-63所示，调整作为指针的模型的角度。

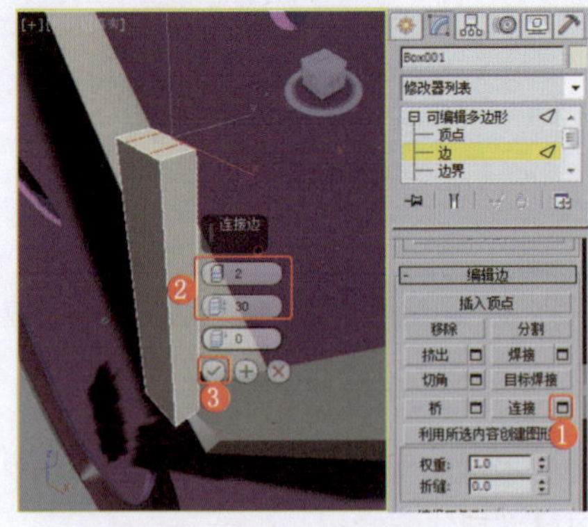
图3-62　设置边的“连接”参数

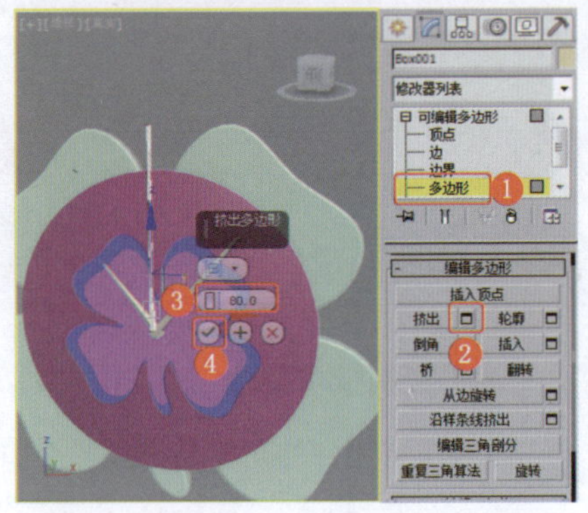
图3-63　挤出多边形

⓯ 创建切角圆柱体，设置合适的参数，效果如图3-64所示，对模型进行复制。

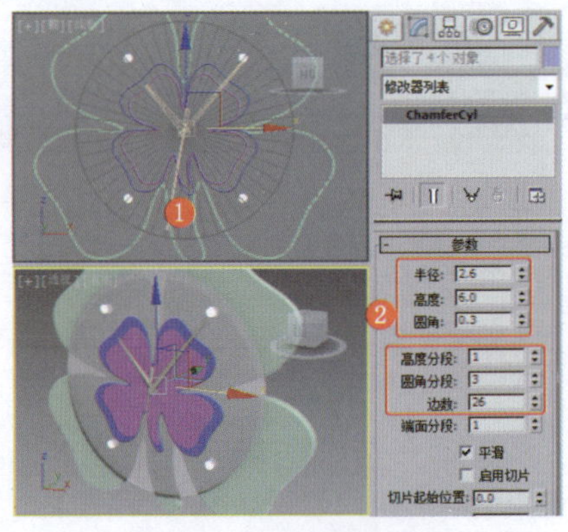
图3-64　创建切角圆柱体

⓰ 在“前”视图中创建合适大小的圆并创建文本，设置合适的参数，效果如图3-65所示。

⓱ 在场景中选择文本，在菜单栏中选择“工具”→“对齐”→“间隔工具”命令，在打开的对话框中拾取路径为圆，设置其他参数，如图3-66所示，单击“应用”按钮。

⓲ 修改文本的数字，并为文本施加“挤出”修改器，设置合适的参

数，效果如图3-67所示。

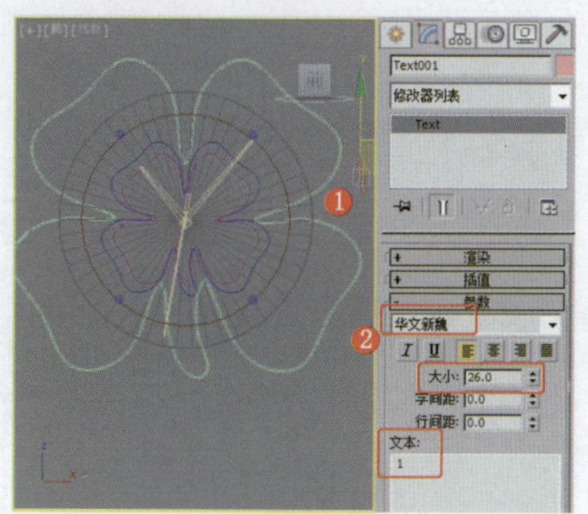

图3-65 创建圆和文本

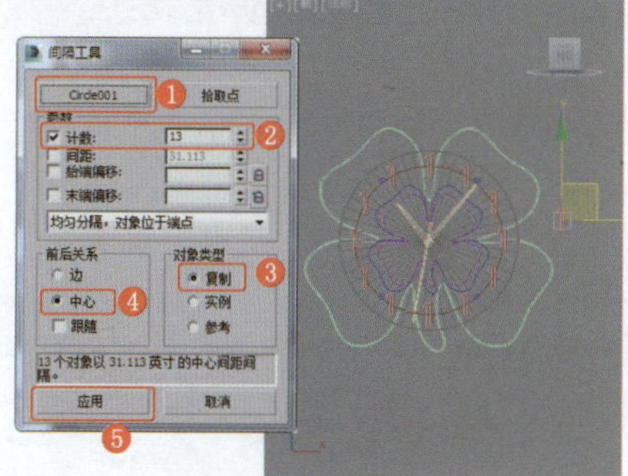

图3-66 间隔复制文本

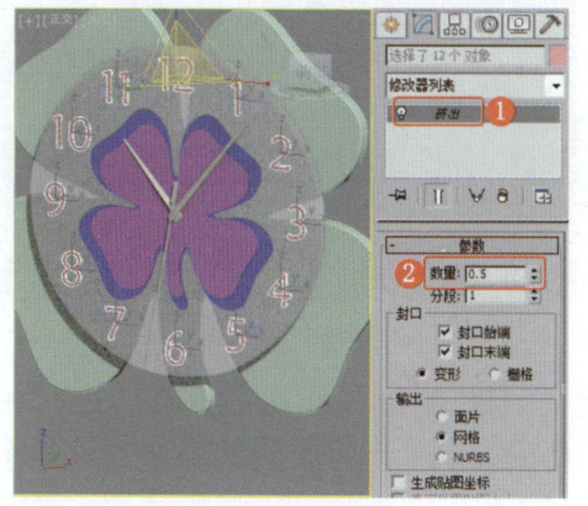

图3-67 挤出文本的厚度

⑲ 在场景中创建长方体，设置合适的参数，单击“仅影响轴”按钮，调整模型的轴，效果如图3-68所示。

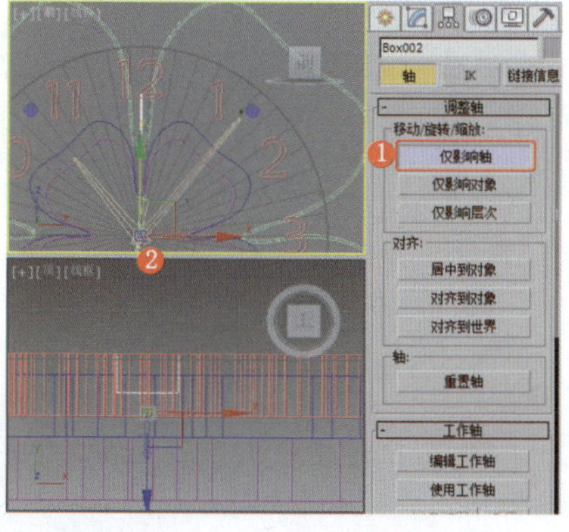

图3-68 设置指针的轴

⑳ 调整轴后关闭“仅影响轴”按钮，激活“角度捕捉切换”按钮，按住Shift键旋转模型，旋转至30°时松开鼠标左键，在打开的对话框中设置合适的复制参数，如图3-69所示，单击“确定”按钮。

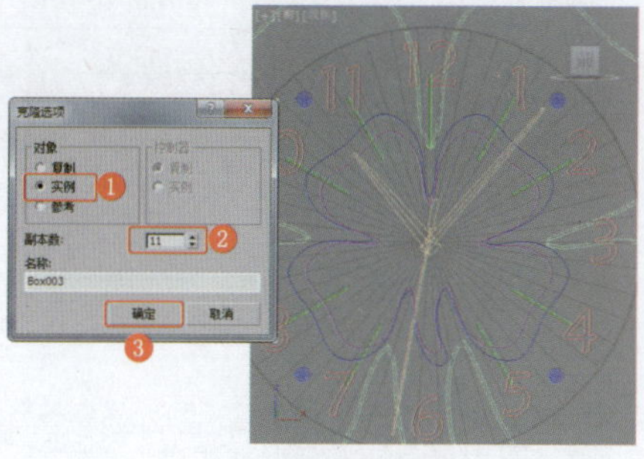

图3-69 复制模型

㉑ 继续复制长方体装饰块，完成钟表模型的制作，效果如图3-70所示。为模型设置喜欢的材质，为场景设置合适的渲染参数，进行渲染输出。

图3-70 完成制作

实例070 陈设品类——工艺品

实例效果剖析

本例介绍的是陶瓷鱼工艺品的制作，其中将尾鳍和鱼身设计为抽象的形状，以达到对空间进行装饰的目的，寓意成双成对。

本例制作的工艺品，效果如图3-71所示。

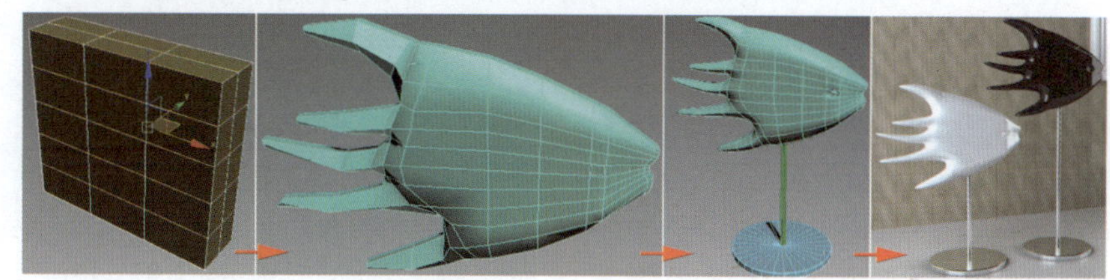

图3-71 效果展示

实例技术要点

本例主要用到的功能及技术要点如下。

- 转换为“可编辑多边形”：用于调整鱼的基本形状，挤出鱼鳍，结合连接边、倒角多边形等操作完成最终模型。
- 施加“涡轮平滑”修改器：用于平滑模型。
- 施加“对称”修改器：用于镜像另一侧的鱼模型。

实例制作步骤

场景文件路径	Scene\第3章\实例070 工艺品.max		
贴图文件路径	Map\		
视频路径	视频\ cha03\实例070 工艺品.mp4		
难易程度	★★★	学习时间	17分8秒

❶ 在“前”视图中创建长方体，设置合适的参数，效果如图3-72所示。

❷ 右击模型，将模型转换为“可编辑多边形”，将选择集定义为“多边形”，在“顶”视图中选择如图3-73所示的多边形，按Delete键删除。

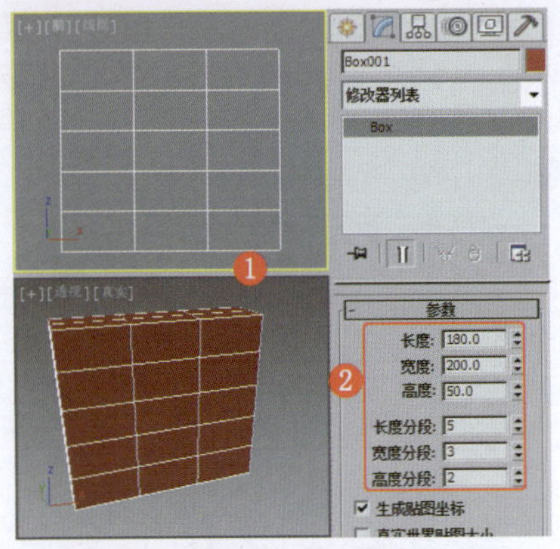

图3-72 创建长方体

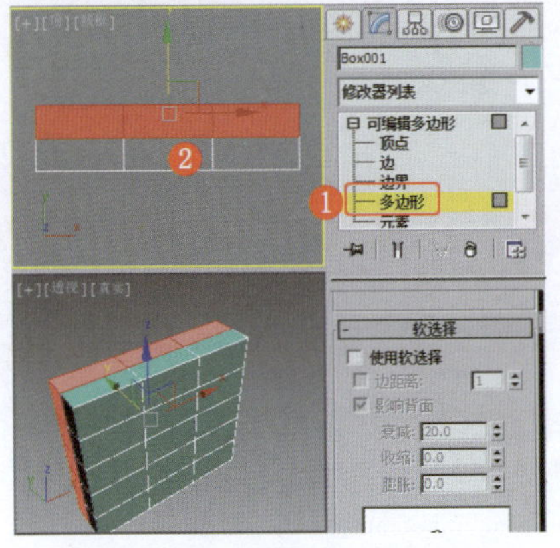

图3-73 选择多边形

❸ 将选择集定义为“顶点”，在“前”视图中选择最右侧一排顶点，使用“缩放”工具在“前”视图中沿y轴缩放顶点，效果如图3-74所示。

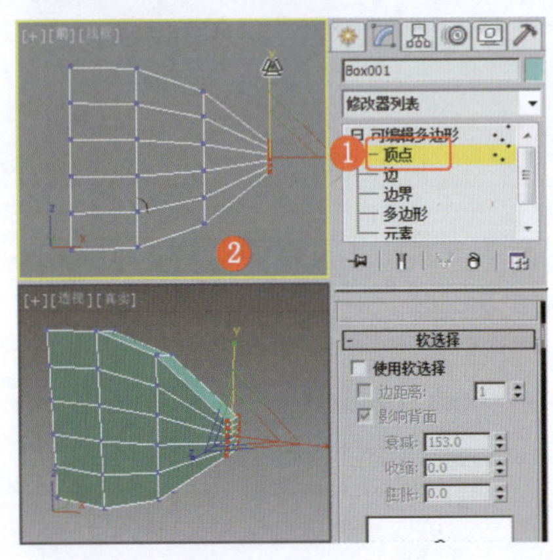

图3-74 缩放顶点

❹ 调整顶点的位置，调整出鱼嘴的形状，效果如图3-75所示。

❺ 将选择集定义为“多边形”，在“透视”视图中选择如图3-76所示的多边形，三次挤出多边形，将得到的模型作为尾鳍。

❻ 将选择集定义为“顶点”，在“前”视图中调整顶点，效果如图3-77所示。

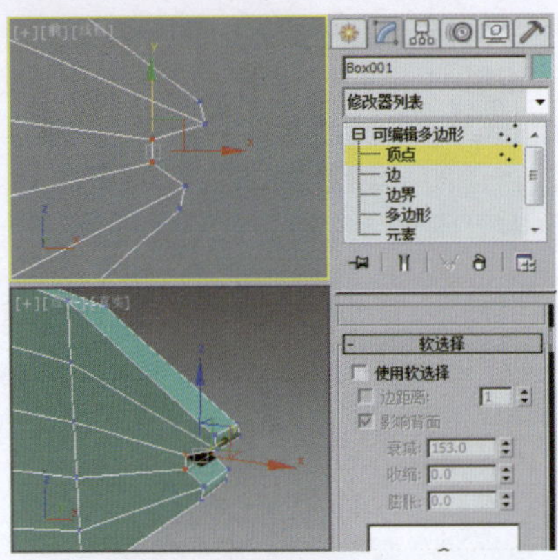

图3-75 调整顶点

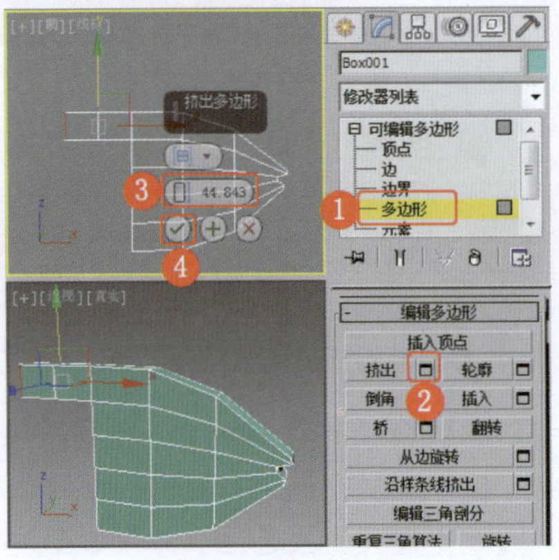

图3-76 挤出多边形

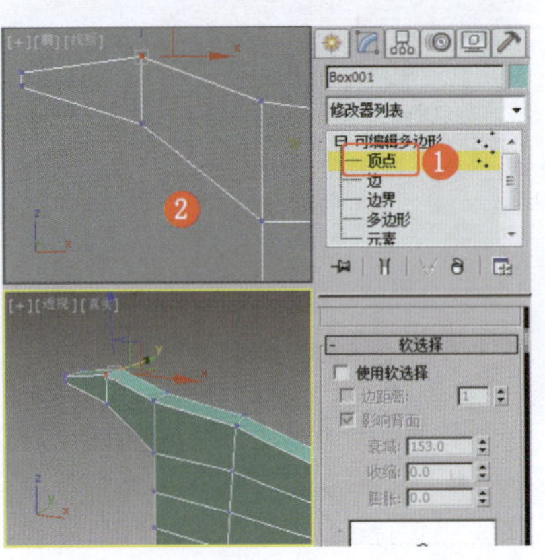

图3-77 调整顶点

❼ 使用同样的方法，制作另外四个尾鳍，调整效果如图3-78所示。

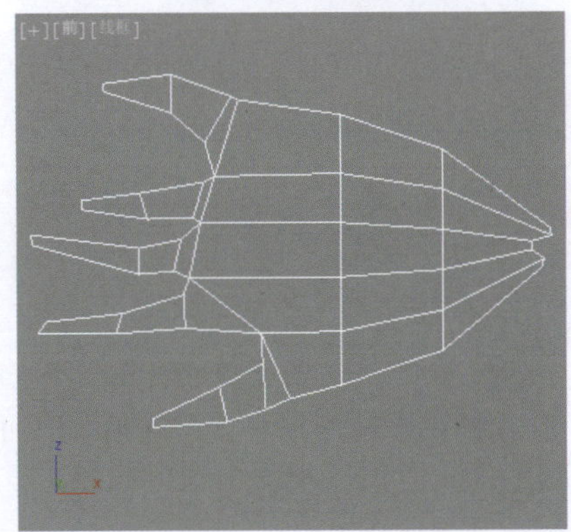

图3-78 调整出鱼鳍

❽ 将选择集定义为“多边形”，在“顶”视图中从左向右框选如图3-79所示的多边形，按Delete键删除。

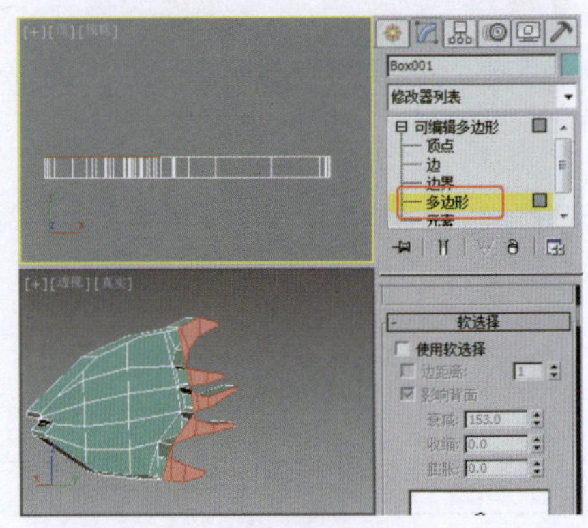

图3-79 选择多边形

❾ 将选择集定义为“边”，在“前”视图中选择最上排垂直的边，单击“连接”按钮连接边，效果如图3-80所示。

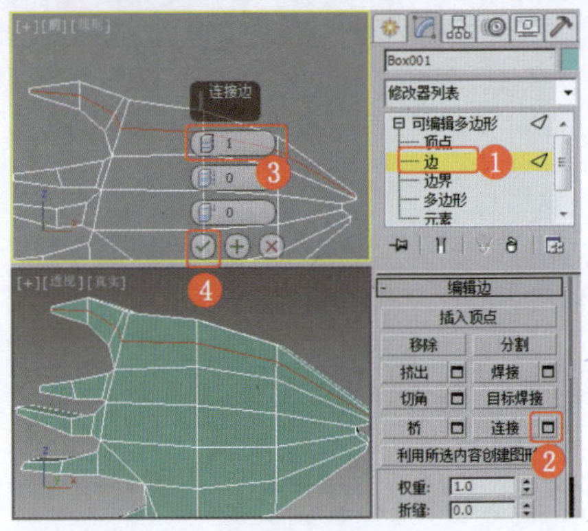

图3-80 连接边

❿ 连接其他四排垂直的边，并连接右数第三排平行的边，效果如图3-81所示。

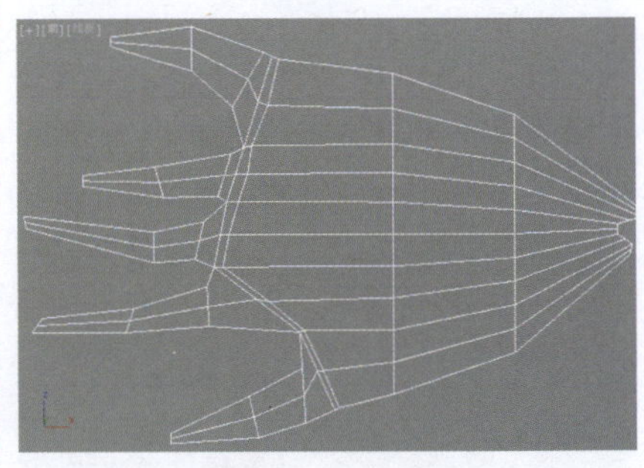

图3-81 连接边

⓫ 在场景中选择如图3-82所示的边，在“顶”视图中沿y轴向上调整边。

⓬ 分别连接鱼头与第二节鱼身平行的边，连接效果如图3-83所示。

⓭ 将选择集定义为“多边形”，选择多边形，将其作为鱼眼，右击模

型，挤出多边形，挤出效果如图3-84所示。

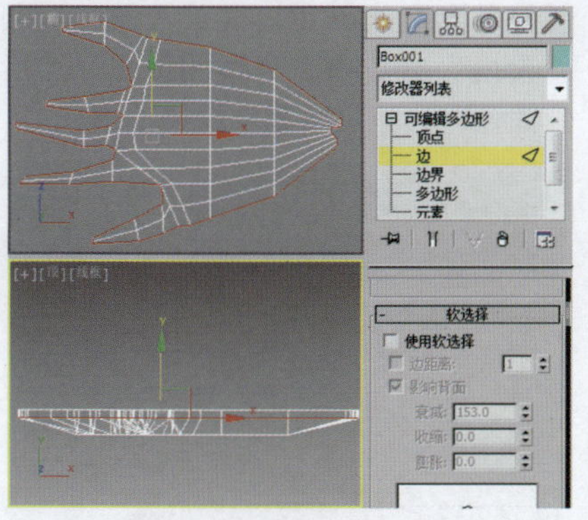
图3-82　调整边的位置

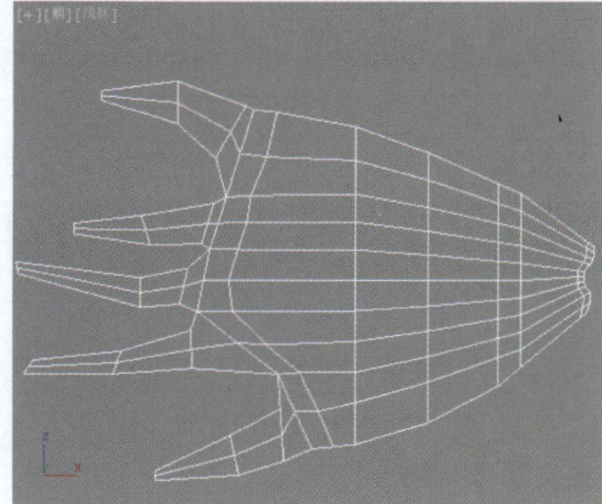
图3-83　连接边

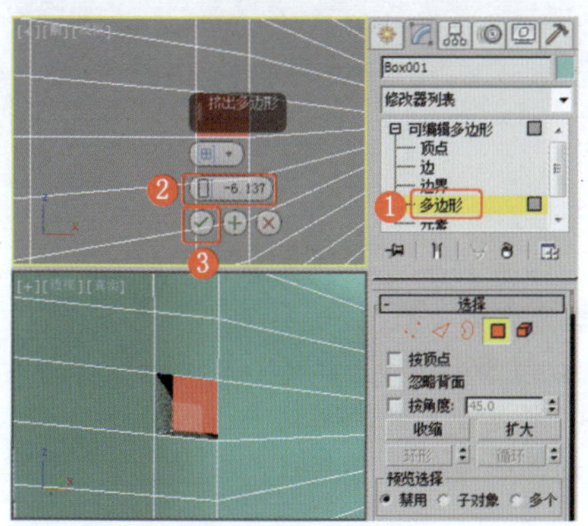
图3-84　挤出鱼眼

⑭ 设置合适的“倒角”参数，效果如图3-85所示。

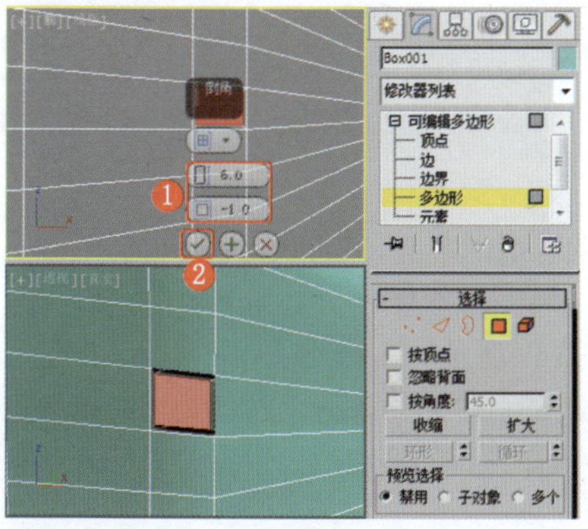
图3-85　倒角多边形

⑮ 关闭选择集，为模型施加“涡轮平滑”修改器，在“参数”卷展栏中设置“迭代次数”为2，如图3-86所示，可以施加“对称”修改器或使用“镜像”工具复制出另一侧的鱼模型。

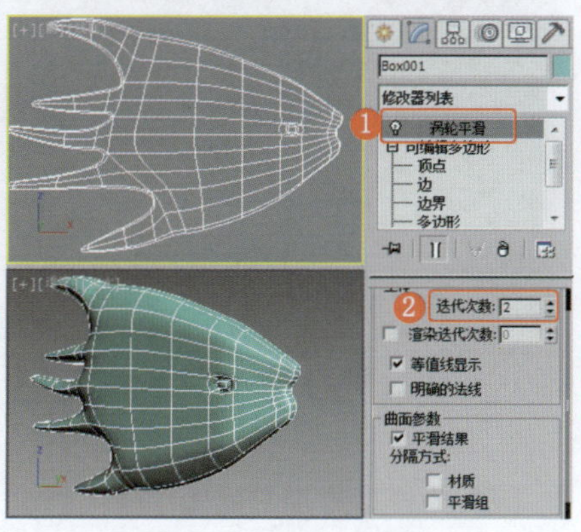
图3-86　设置模型的平滑效果

⑯ 创建圆柱体和切角圆柱体，将其作为支架，整体效果如图3-87所示。

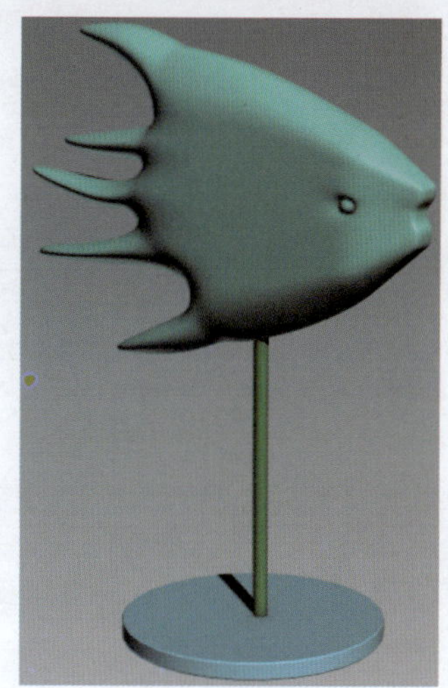
图3-87　创建支架

实例071　洗涤用品类——毛巾

实例效果剖析

本例制作的是一款普通的提花棉线毛巾，效果如图3-88所示。

图3-88　效果展示

实例技术要点

本例主要用到的功能及技术要点如下。

- 施加“弯曲”修改器：用于设置毛巾的弯曲效果。
- 施加“布料”修改器：用于模拟布料效果。
- 施加“壳”修改器：用于设置毛巾的厚度。
- 施加“涡轮平滑”修改器：用于设置毛巾的平滑效果。

实例制作步骤

场景文件路径	Scene\第3章\实例071 毛巾.max		
贴图文件路径	Map\		
视频路径	视频\ cha03\实例071 毛巾.mp4		
难易程度	★★★	学习时间	5分50秒

❶ 在“顶”视图中创建平面，设置合适的参数，效果如图3-89所示。

❷ 为平面施加“弯曲”修改器，设置合适的参数，效果如图3-90所示。

❸ 为模型施加“布料”修改器，设置合适的“自厚度”数值，效果如图3-91所示。

❹ 烘焙出布料，效果如图3-92所示。

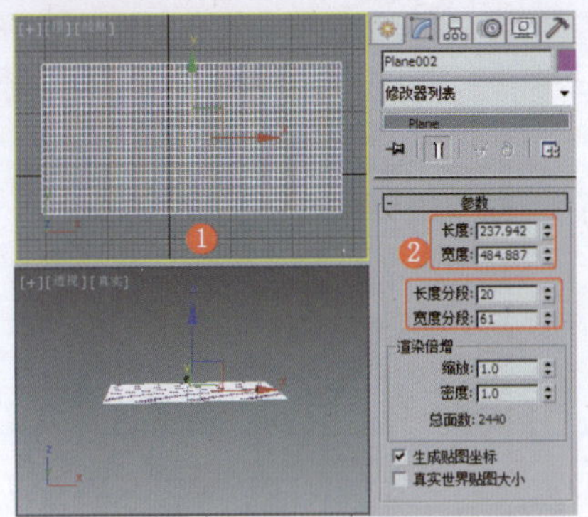

图3-89　创建平面

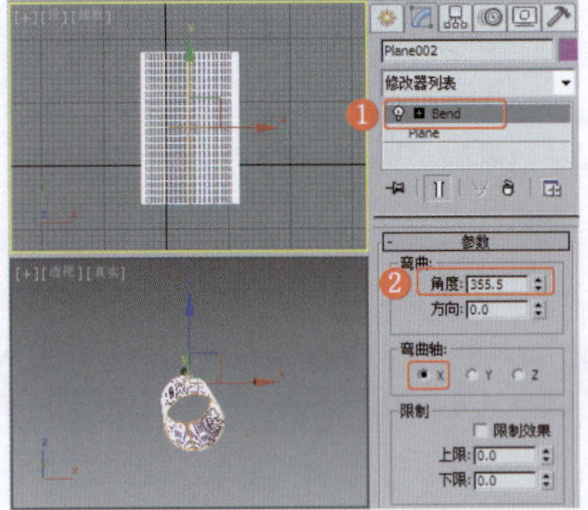

图3-90　施加“弯曲”修改器

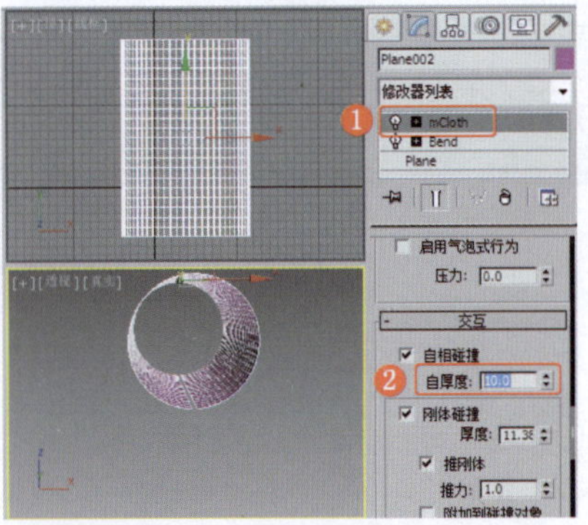

图3-91　施加“布料”修改器

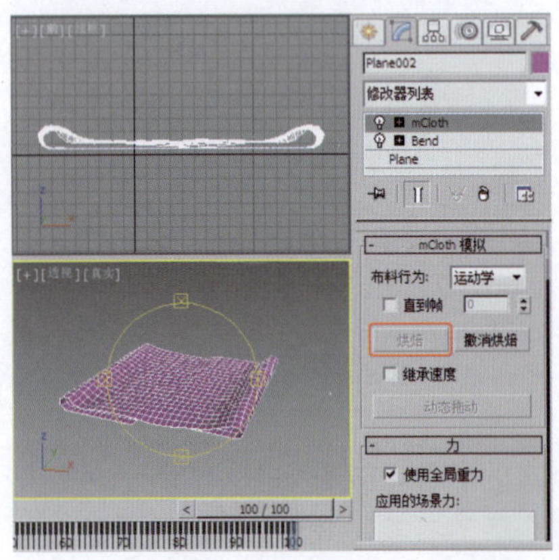

图3-92　模拟布料效果

提　示

这里需要注意的是，要将平面模型放置到水平栅格的上方。

❺ 拖动时间滑块可以看到模拟的布料效果，为其施加“壳”修改器，设置合适的厚度，效果如图3-93所示。

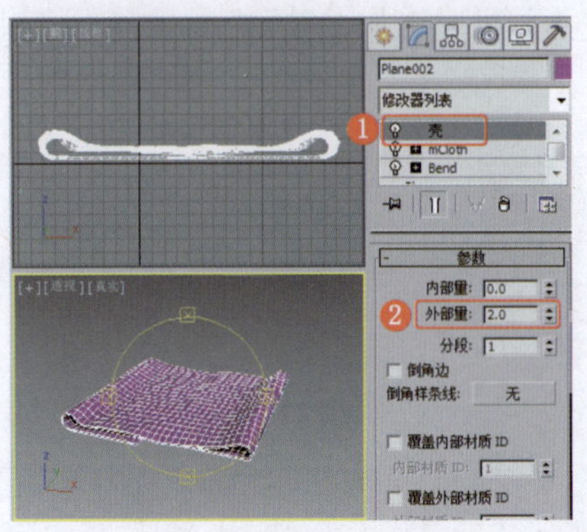

图3-93　施加“壳”修改器

❻ 为模型施加“涡轮平滑”修改器，设置合适的参数，效果如图3-94所示。

❼ 为毛巾设置材质，指定“漫反射”参数的颜色，并为“凹凸”和“置换”参数指定合适的位图，然后设置合适的渲染场景，渲染输出。

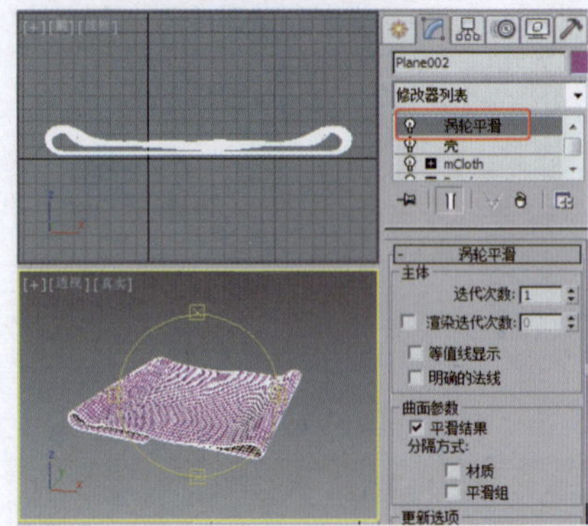

图3-94　平滑模型

实例072　洗涤用品类——香皂盒

实例效果剖析

本例制作的是一款简约、时尚的香皂盒，适用于任何风格的卫浴空间。本例制作的香皂盒及盒中的香皂，效果如图3-95所示。

图3-95　效果展示

实例技术要点

本例主要用到的功能及技术要点如下。

- 施加“FFD”修改器：用于调整香皂盒的大致形状。
- 转换为“可编辑多边形”：用于设置多边形的插入、挤出效果，使用软选择调整顶点，调整边的切角，完成香皂盒的制作。
- 施加“涡轮平滑”修改器：用于设置模型的平滑效果。

实例制作步骤

场景文件路径	Scene\第3章\实例072 香皂盒.max		
贴图文件路径	Map\		
视频路径	视频\ cha03\实例072 香皂盒.mp4		
难易程度	★★	学习时间	9分

❶ 在“顶”视图中创建圆柱体，设置合适的参数，效果如图3-96所示。

❷ 为模型施加“FFD 4×4×4”修改器，将选择集定义为“控制点”，在“顶”视图中调整模型的形状，效果如图3-97所示。

❸ 右击模型，在弹出的快捷菜单中选择“转换为”→“转换为可编辑多边形”命令，将选择集定义为“多边形”，选择顶部的多边形，设置其“插入”参数，效果如图3-98所示。

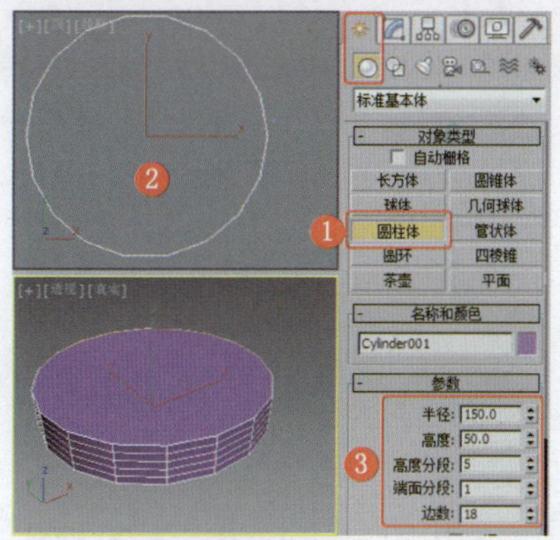

图3-96 创建圆柱体

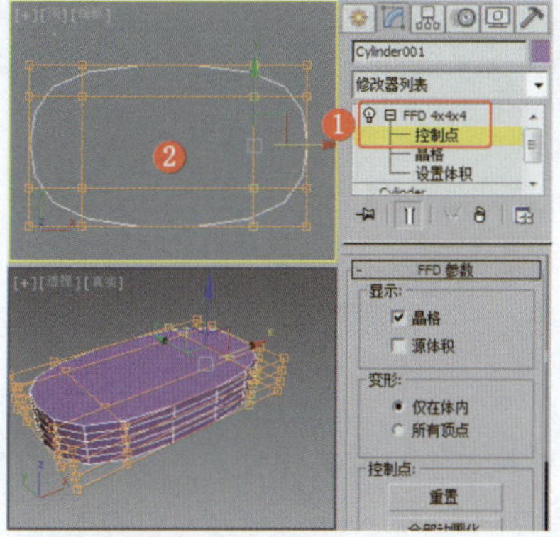

图3-97 调整模型的形状

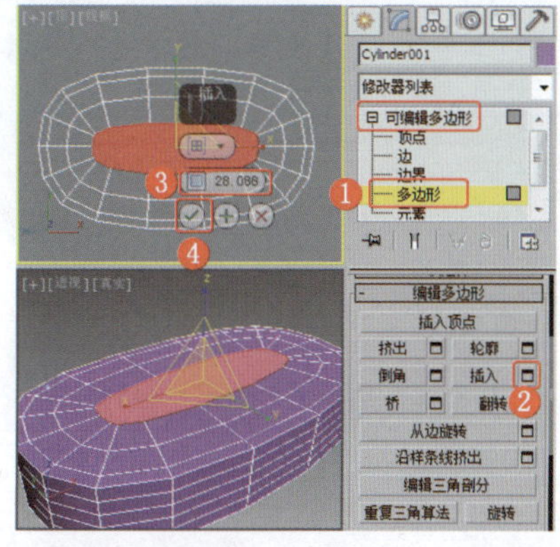

图3-98 设置多边形的“插入”参数

❹ 将选择集定义为“顶点”，勾选“使用软选择”复选框，在场景中调整顶点，效果如图3-99所示。

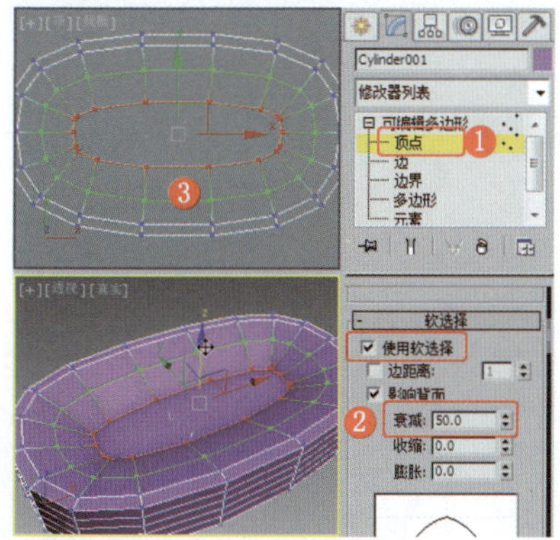

图3-99 调整模型的顶点

❺ 取消勾选“使用软选择”复选框，将选择集定义为“多边形”，设置多边形的“插入”参数，效果如图3-100所示。

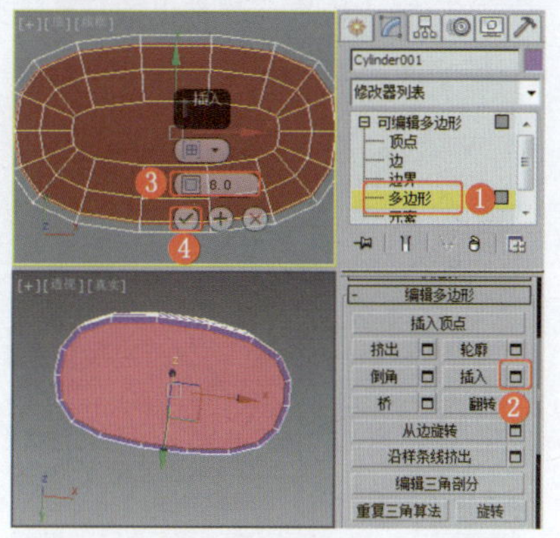

图3-100 设置多边形的“插入”参数

❻ 继续设置多边形的“挤出”参数，效果如图3-101所示。

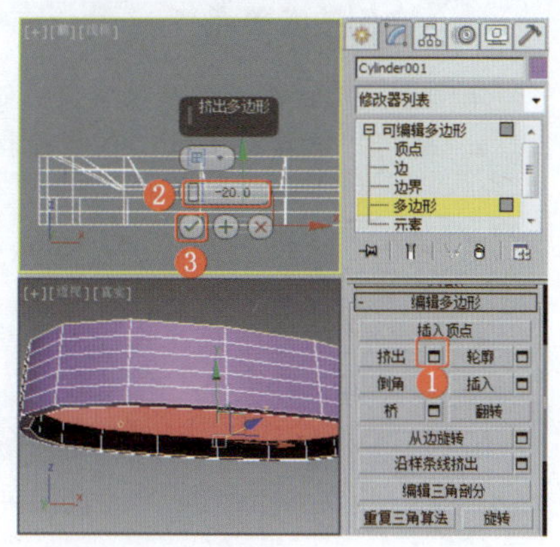

图3-101 设置多边形的“挤出”参数

❼ 将选择集定义为“顶点”，勾选“使用软选择”复选框，调整顶点，效果如图3-102所示。

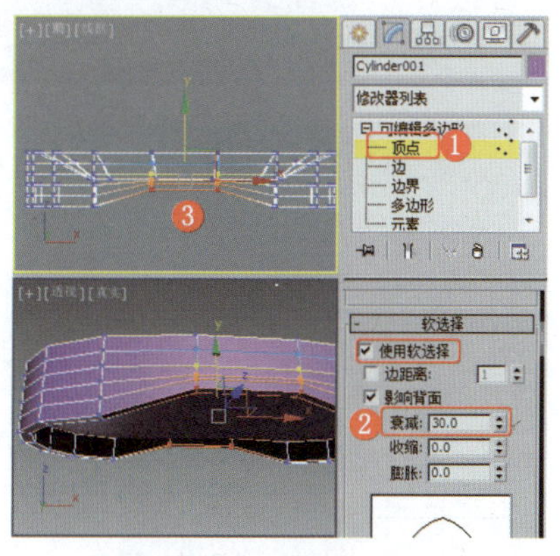

图3-102 调整顶点

❽ 取消勾选“使用软选择”复选框，继续设置边的“切角”参数，效果如图3-103所示。

❾ 缩放底部的多边形，效果如图3-104所示。

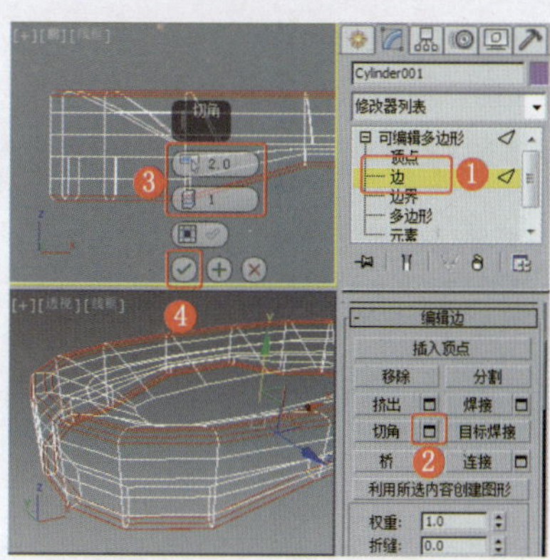

图3-103 设置边的“切角”参数

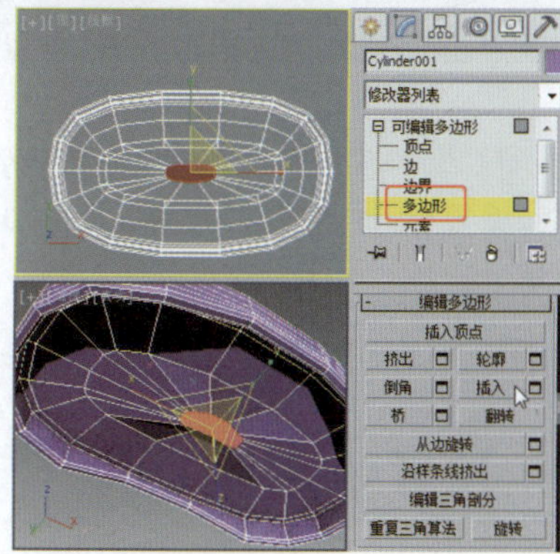

图3-104 缩放多边形

❿ 将选择集定义为“顶点”，在场景中选择如图3-105所示的顶点，单击“塌陷”按钮，塌陷顶点效果如图3-106所示。

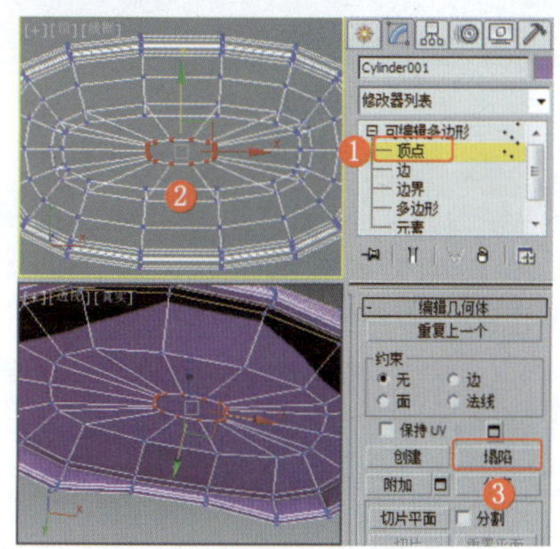

图3-105 选择顶点

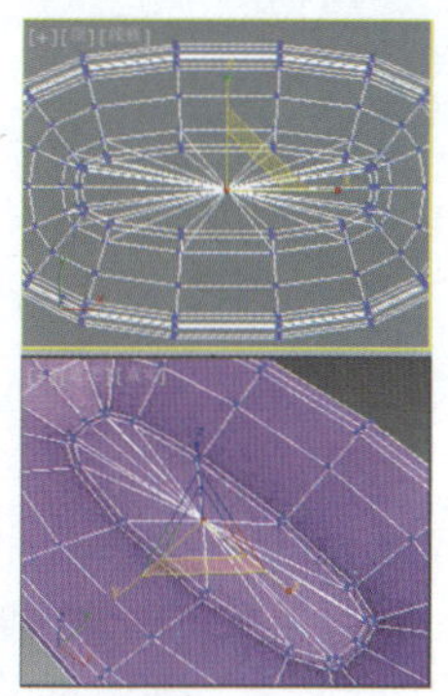

图3-106 塌陷顶点

⑪ 关闭选择集，为模型施加“涡轮平滑”修改器，效果如图3-107所示。

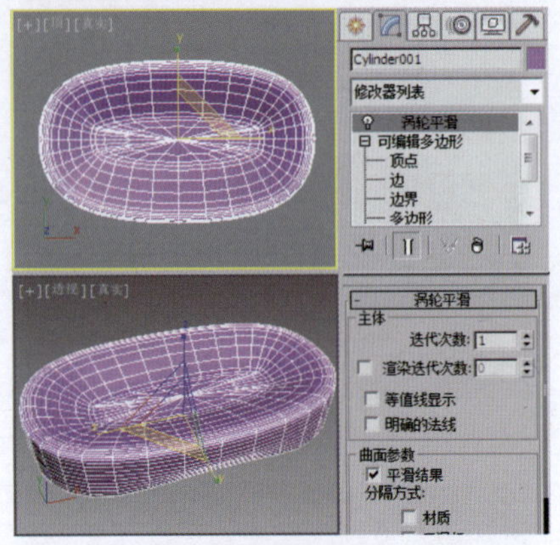

图3-107 平滑模型

⑫ 在“顶”视图中创建切角长方体，设置合适的参数，效果如图3-108所示。

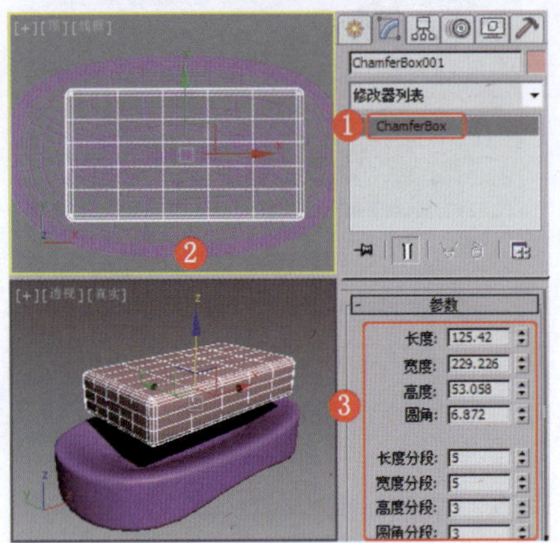

图3-108 创建切角长方体

⑬ 为切角长方体施加“FFD 4×4×4”修改器，将选择集定义为“控制点”，调整模型的形状，效果如图3-109所示。

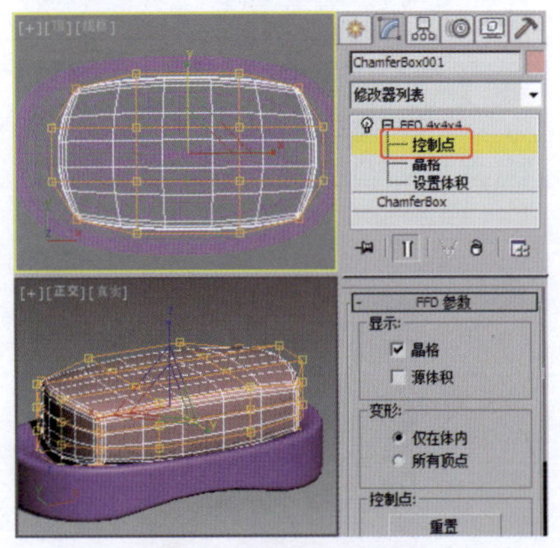

图3-109 调整模型的形状

⑭ 为香皂盒设置渲染场景，对其进行渲染输出。在渲染输出时可以增加模型的平滑程度，在此不再赘述。

实例073 洗涤用品类——牙膏

实例效果剖析

本例制作的是一款常见的牙膏，效果如图3-110所示。

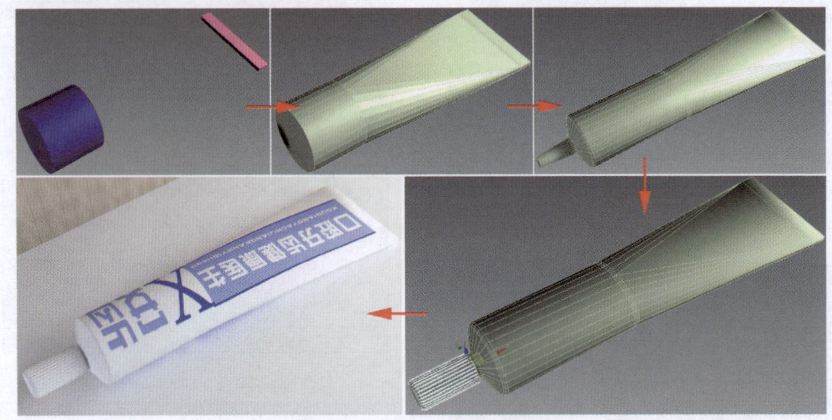

图3-110 效果展示

实例技术要点

本例主要用到的功能及技术要点如下。

- 使用“连接”工具：创建圆柱体和长方体，使其相对，并将相对的多边形删除，然后使用“连接”工具将两个模型连接到一起。
- 施加“编辑多边形”修改器：用于设置牙膏边缘的切角，对边缘进行复制。
- 施加“倒角”修改器：创建星形并为其施加该修改器，设置合适的参数，制作出牙膏盖的效果。

场景文件路径	Scene\第3章\实例073 牙膏.max		
贴图文件路径	Map\		
视频路径	视频\ cha03\实例073 牙膏.mp4		
难易程度	★★	学习时间	8分58秒

实例074 洗涤用品类——牙刷

实例效果剖析

本例制作的是一款时尚、简约的牙刷，效果如图3-111所示。

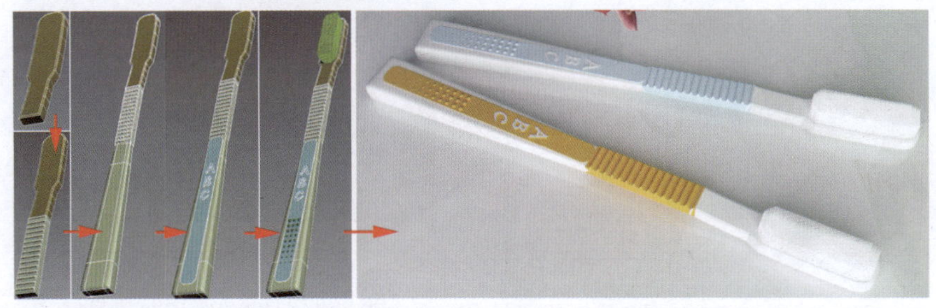

图3-111 效果展示

实例技术要点

本例主要用到的功能及技术要点如下。

- 施加“倒角”修改器：用于制作牙刷头。
- 施加“编辑多边形”修改器：用于调整模型的形状，制作刷头和刷把的凹凸连接效果。
- 施加“网格平滑”修改器：用于设置模型的平滑效果。

实例制作步骤

场景文件路径	Scene\第3章\实例074 牙刷.max	
贴图文件路径	Map\	
视频路径	视频\ cha03\实例074 牙刷.mp4	
难易程度	★★	学习时间
		21分8秒

❶ 在“前”视图中创建圆角矩形，设置合适的参数，效果如图3-112所示。

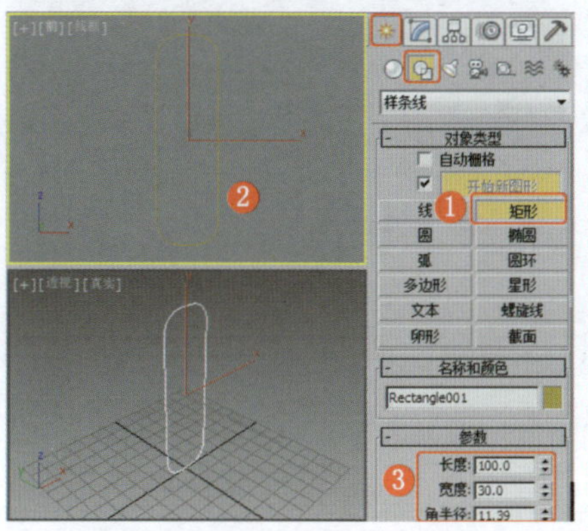

图3-112 创建圆角矩形

❷ 为圆角矩形施加“编辑样条线”修改器，调整其形状，效果如图3-113所示。

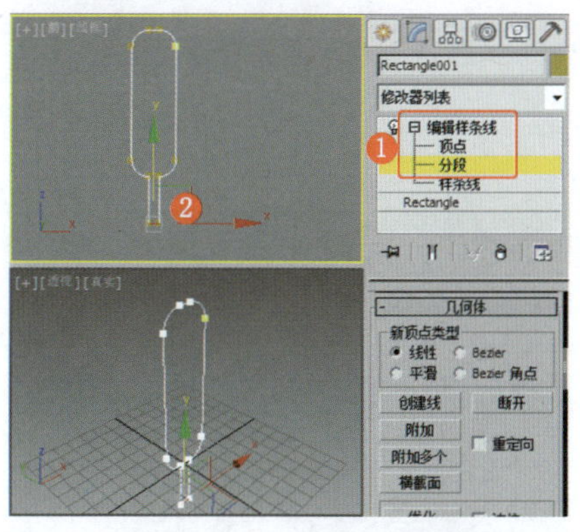

图3-113 调整圆角矩形的形状

❸ 设置分段的“拆分”数值，效果如图3-114所示。

❹ 为调整后的圆角矩形施加“倒角”修改器，设置合适的参数，效果如图3-115所示。

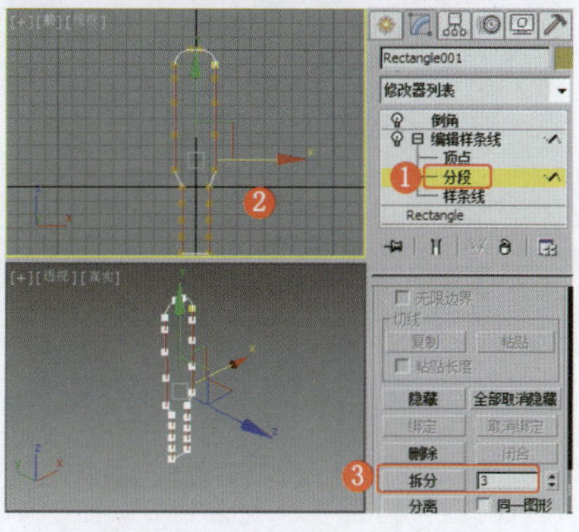

图3-114 设置“拆分”数值

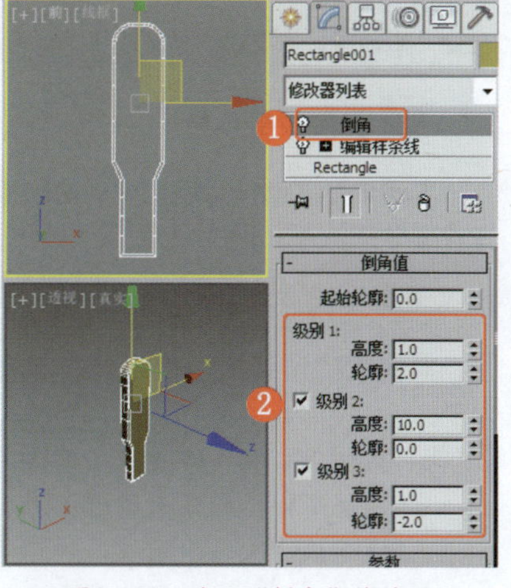

图3-115 施加“倒角”修改器

❺ 为模型施加“弯曲”修改器，设置合适的参数，效果如图3-116所示。

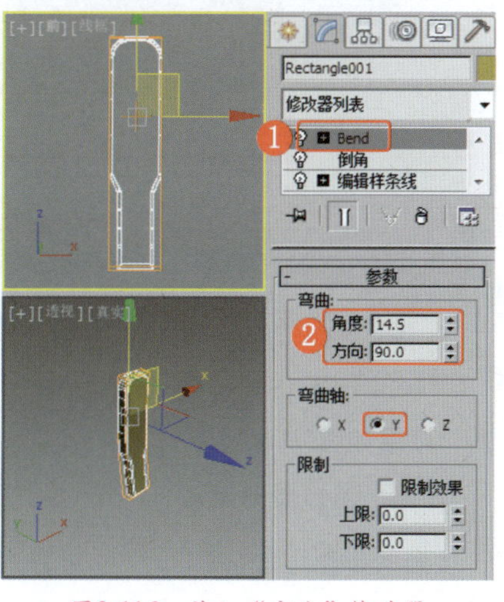

图3-116 施加“弯曲”修改器

❻ 在“前”视图中创建长方体，设置合适的参数，效果如图3-117所示。

❼ 为长方体施加“编辑多边形”修改器，选择多边形，效果如图3-118所示，设置其倒角效果。

❽ 在“前”视图中创建长方体，设置合适的参数，效果如图3-119所示。

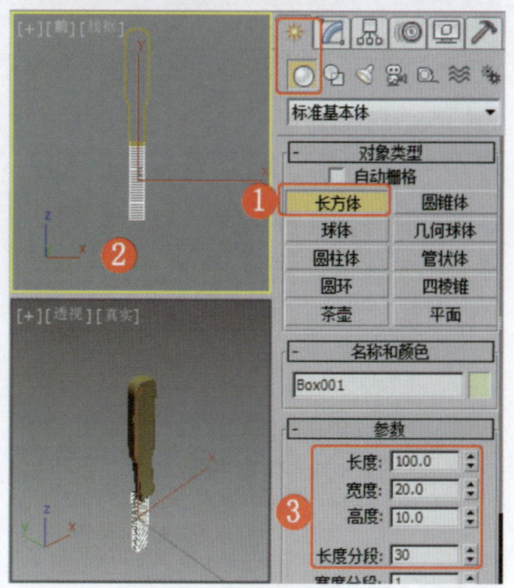

图3-117 创建长方体

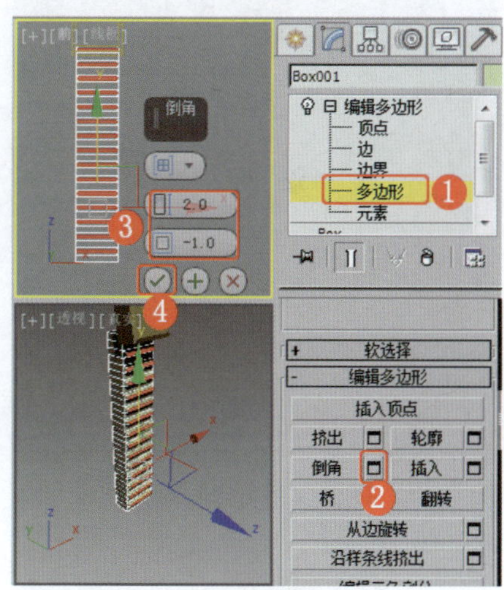

图3-118 设置倒角效果

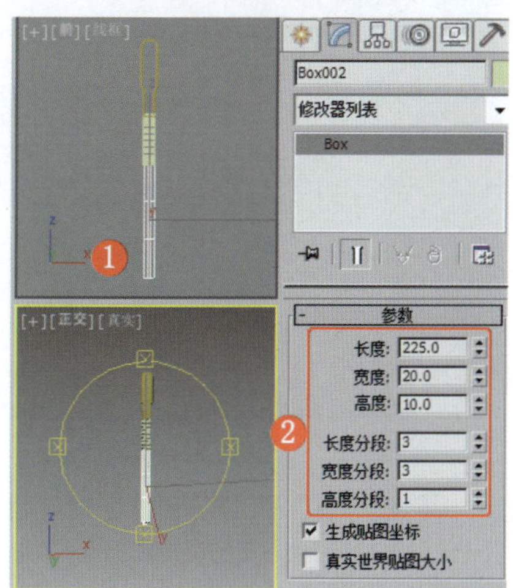

图3-119 创建长方体

❾ 为长方体施加“编辑多边形”修改器，将选择集定义为“顶点”，调整顶点，效果如图3-120所示。

❿ 关闭选择集，为模型施加“网

格平滑”修改器，效果如图3-121所示。

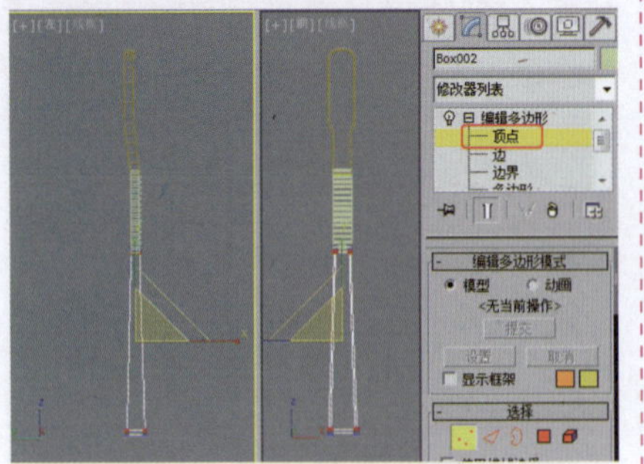

图3-120　调整模型的形状

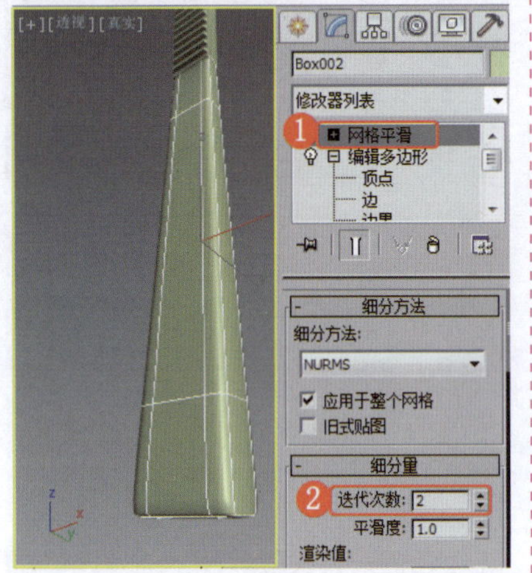

图3-121　设置模型的平滑效果

⑪ 在“前”视图中创建文本，为文本施加“挤出”修改器，设置合适的参数，调整文本的位置，效果如图3-122所示。

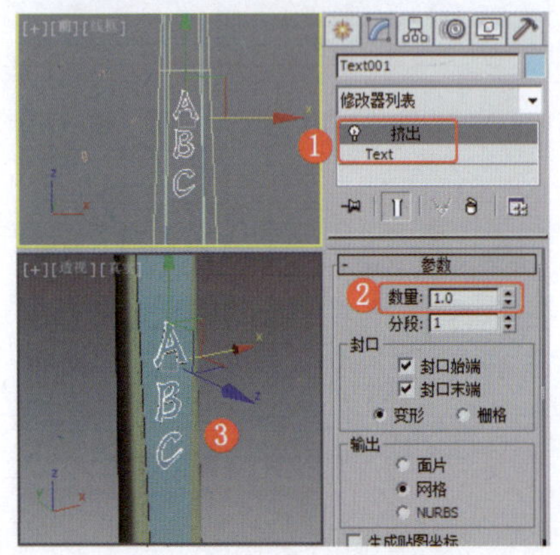

图3-122　创建并调整文本

⑫ 在“前”视图中创建半球，设置合适的参数，并对其进行复制，效果如图3-123所示。

⑬ 在场景中创建可渲染的样条线并对其进行复制，完成刷毛的制作，效果如图3-124所示。

⑭ 为模型设置合适的塑料材质，并设置渲染场景，渲染输出。

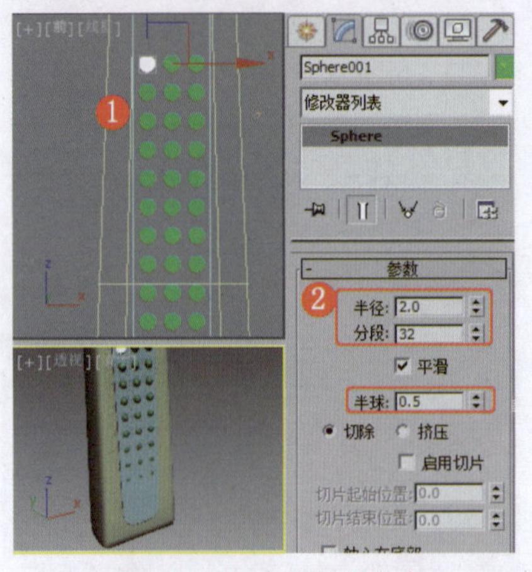

图3-123　创建并复制半球

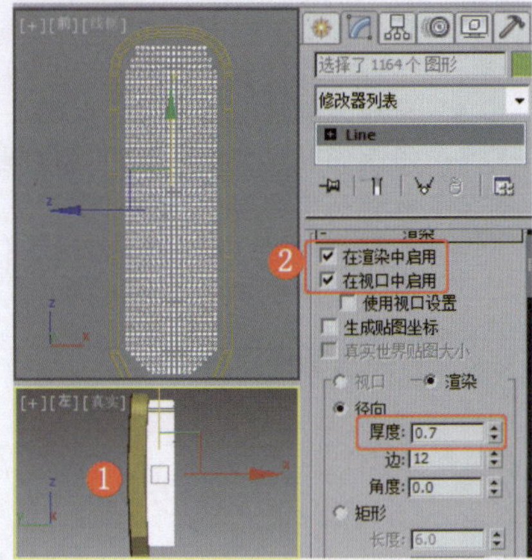

图3-124　创建刷毛

实例075　器皿类——高脚杯

实例效果剖析

本例制作的是一款较为常见的高脚玻璃杯，效果如图3-125所示。

图3-125　效果展示

实例技术要点

本例主要用到的功能及技术要点如下。

- 施加“车削”修改器：创建并调整高脚杯的截面图形，为其施加该修改器，完成高脚杯的制作。

场景文件路径	Scene\第3章\实例075 高脚杯		
贴图文件路径	Map\		
视频路径	视频\ cha03\实例075 高脚杯		
难易程度	★★	学习时间	6分15秒

实例076　器皿类——红酒瓶

实例效果剖析

本例制作的是一款常见的红酒瓶，效果如图3-126所示。

图3-126　效果展示

实例技术要点

本例主要用到的功能及技术要点如下。

- 施加“车削”修改器：用于制作酒瓶模型。
- 施加“弯曲”修改器：用于制作红酒标签的弯曲效果。

实例制作步骤

场景文件路径	Scene\第3章\实例076红酒瓶.max	
贴图文件路径	Map\	
视频路径	视频\cha03\实例076红酒瓶.mp4	
难易程度	★★	学习时间 10分29秒

❶ 在“前”视图中创建红酒瓶的截面图形，并对其进行调整，效果如图3-127所示。

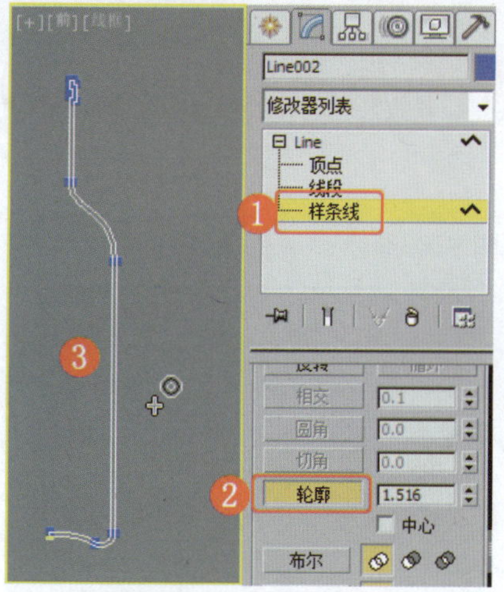

图3-127 创建截面图形

❷ 为红酒瓶截面图形施加“车削”修改器，设置合适的参数，效果如图3-128所示。

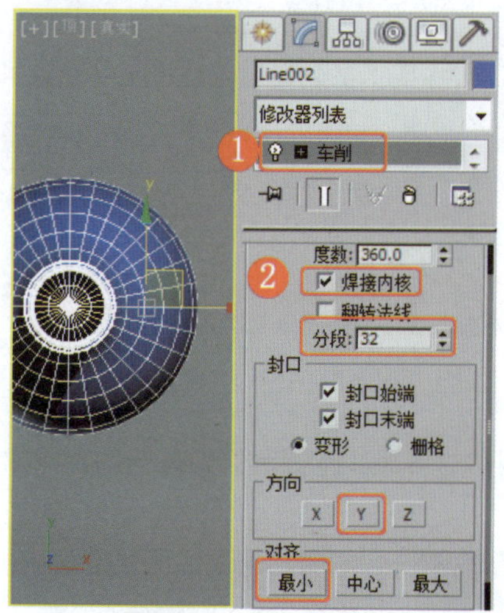

图3-128 车削酒瓶

❸ 在“顶”视图中创建圆柱体，设置合适的参数，将其作为酒瓶塞，效果如图3-129所示。

❹ 在场景中创建合适的平面，并为其施加“UVW贴图”和“弯曲”修改器，制作出标签，效果如图3-130所示。

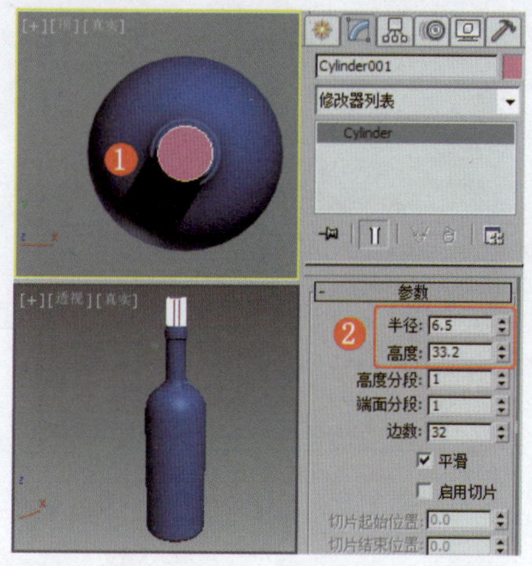

图3-129 创建圆柱体

图3-130 制作标签

❺ 为模型设置玻璃材质、碎木材质和标签材质，并设置合适的渲染场景，渲染输出。

实例077 器皿类——玻璃杯

实例效果剖析

本例制作的是一款常见的玻璃杯，效果如图3-131所示。

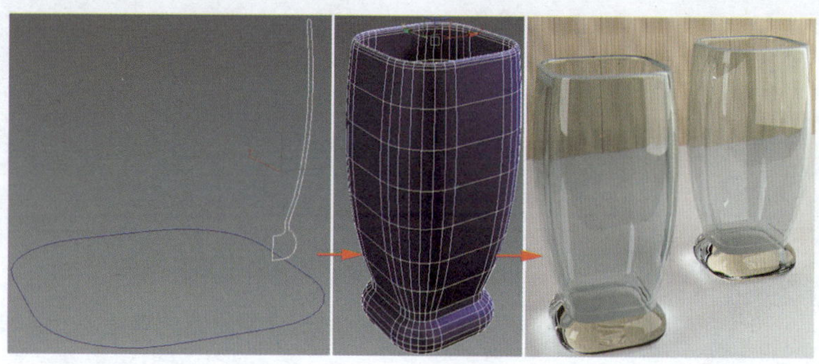

图3-131 效果展示

实例技术要点

本例主要用到的功能及技术要点如下。

- 施加“扫描”修改器：为圆角矩形施加该修改器，并拾取截面图形，制作杯子效果。
- 施加“补洞”修改器：选择需要补洞的多边形，对其进行补洞处理。

实例制作步骤

场景文件路径	Scene\第3章\实例077 玻璃杯.max		
贴图文件路径	Map\		
视频路径	视频\cha03\实例077 玻璃杯.mp4		
难易程度	★★★	学习时间	7分28秒

❶ 在“顶”视图中创建圆角矩形，设置合适的参数，效果如图3-132所示。

❷ 在“前”视图中创建杯子的截面图形，并对其进行调整，效果如图3-133所示。

❸ 在场景中选择圆角矩形，并为其施加“扫描”修改器，拾取创建的截面图形，设置合适的参数，效果如图3-134所示。

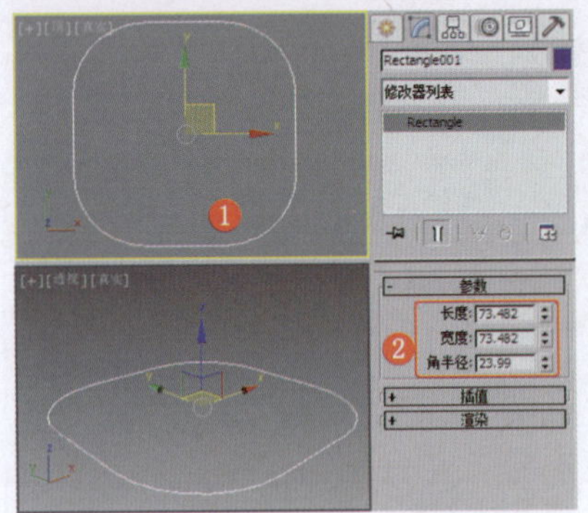
图3-132　创建圆角矩形

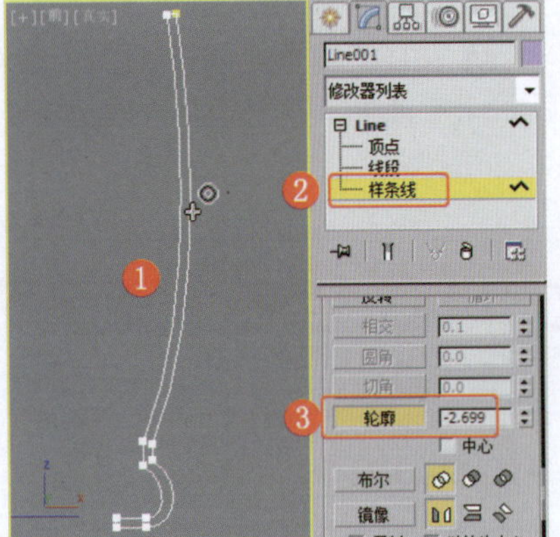
图3-133　创建截面图形

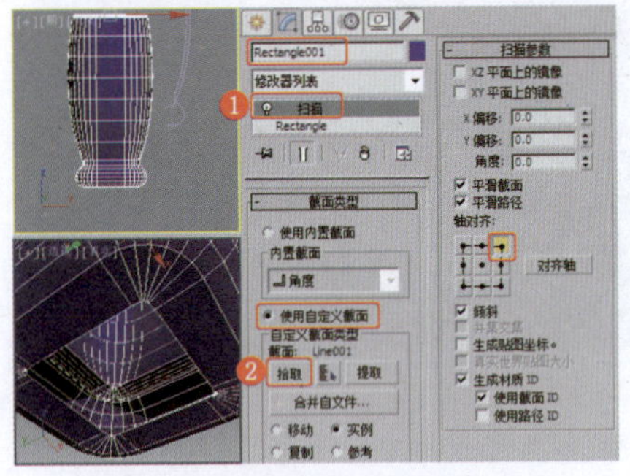
图3-134　施加“扫描”修改器

❹ 在场景中可以看到杯子的底部没有封口，如图3-135所示。

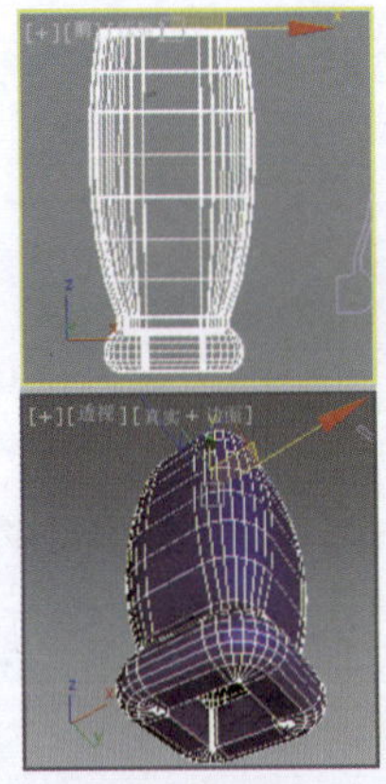
图3-135　扫描效果

❺ 为模型施加“编辑多边形”修改器，将选择集定义为“多边形”，在场景中选择底部需要封口的多边形，如图3-136所示。

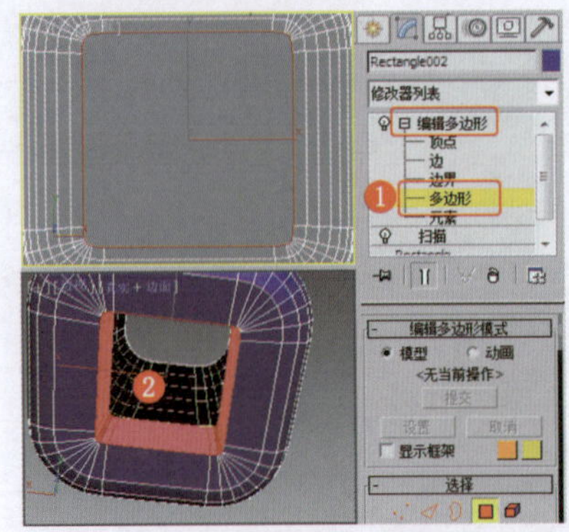
图3-136　选择多边形

❻ 为模型施加“补洞”修改器，效果如图3-137所示。

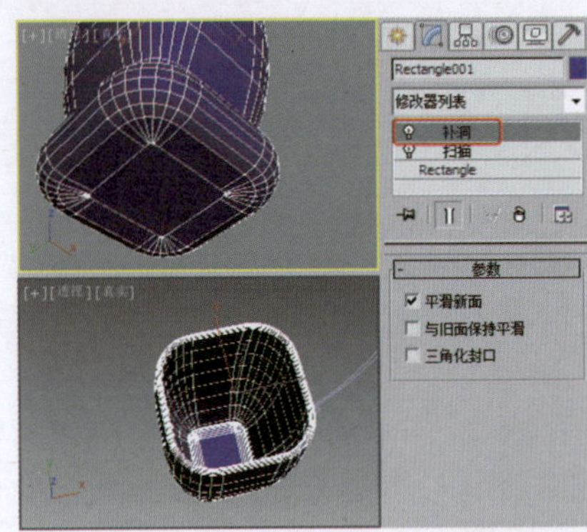
图3-137　为模型进行补洞处理

实例078　器皿类——盘子

实例效果剖析

本例制作的是一款浅底盘子，效果如图3-138所示。

图3-138　效果展示

实例技术要点

本例主要用到的功能及技术要点如下。

- 施加“车削”修改器：用于车削截面图形，制作盘子模型。

场景文件路径	Scene\第3章\实例078 盘子.max		
贴图文件路径	Map\		
视频路径	视频\cha03\实例078 盘子.mp4		
难易程度	★★	学习时间	4分24秒

实例079　器皿类——调料瓶

实例效果剖析

调料瓶是被放置在厨房中用于盛放调料的器皿。本例制作的是一款圆锥效果的玻璃调料瓶，效果如图3-139所示。

图3-139　效果展示

实例技术要点

本例主要用到的功能及技术要点如下。

- 施加“编辑多边形”修改器：用于删除多边形。
- 施加“壳”修改器：用于制作瓶子的厚度。
- 施加“锥化”修改器：用于制作瓶子的锥化效果。

实例制作步骤

场景文件路径	Scene\第3章\实例079 调料瓶.max		
贴图文件路径	Map\		
视频路径	视频\cha03\实例079 调料瓶.mp4		
难易程度	★★	学习时间	6分54秒

❶ 在“顶”视图中创建切角圆柱体，设置合适的参数，效果如图3-140所示。

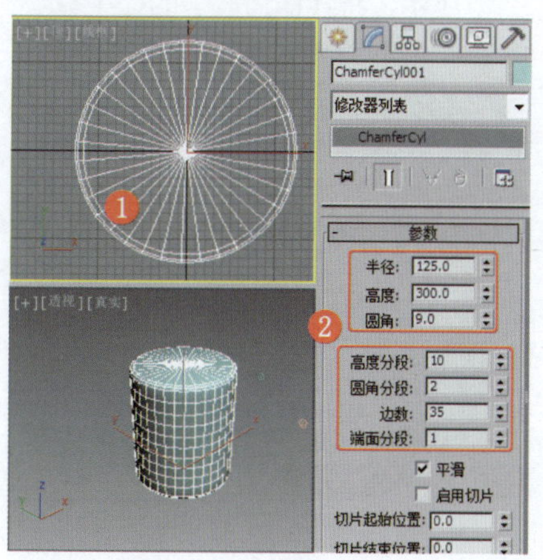

图3-140 创建切角圆柱体

❷ 为模型施加“编辑多边形”修改器，将选择集定义为“多边形”，选择顶部的多边形并将其删除，效果如图3-141所示。

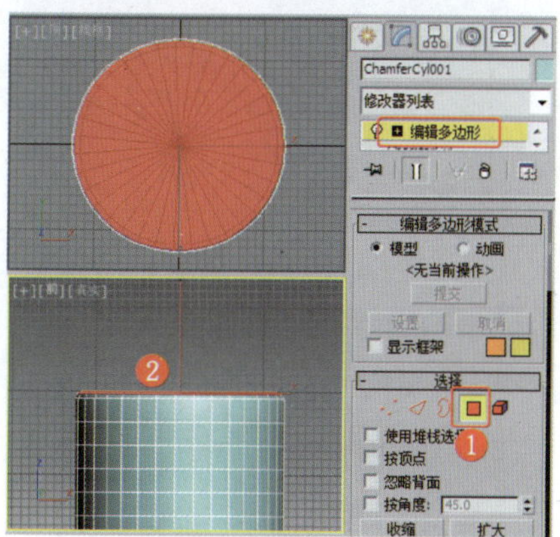

图3-141 选择并删除多边形

❸ 为模型施加“壳”修改器，设置合适的厚度，再为其施加“锥化”修改器，效果如图3-142所示。

❹ 创建切角圆柱体，设置合适的参数，将其作为瓶塞，效果如图3-143所示。

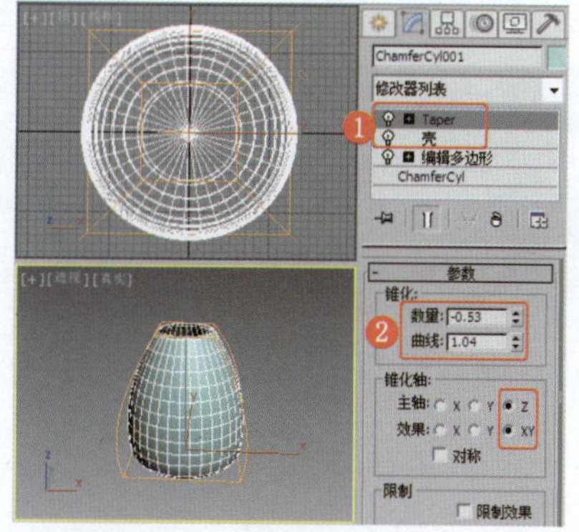

图3-142 为模型施加修改器

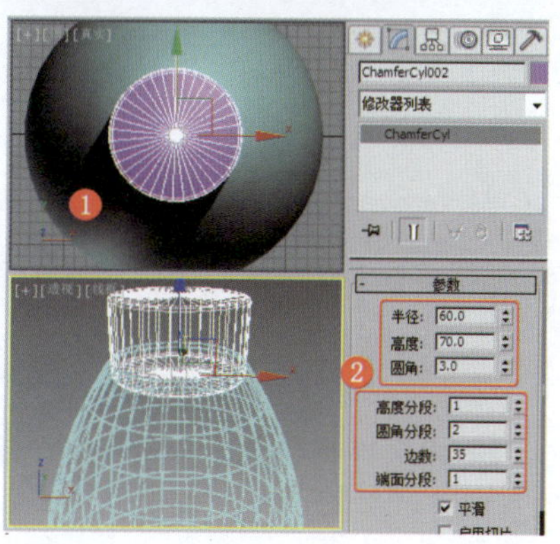

图3-143 创建瓶塞模型

❺ 对瓶身模型进行复制，右击“选择并均匀缩放”工具按钮，在打开的面板中设置缩放参数，如图3-144所示。

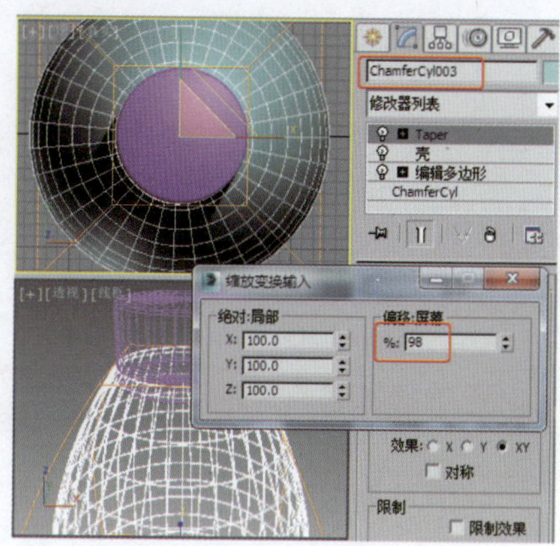

图3-144 复制并缩放模型

❻ 将复制出的模型的一部分顶点移除，制作出调料瓶的高度，效果如图3-145所示。

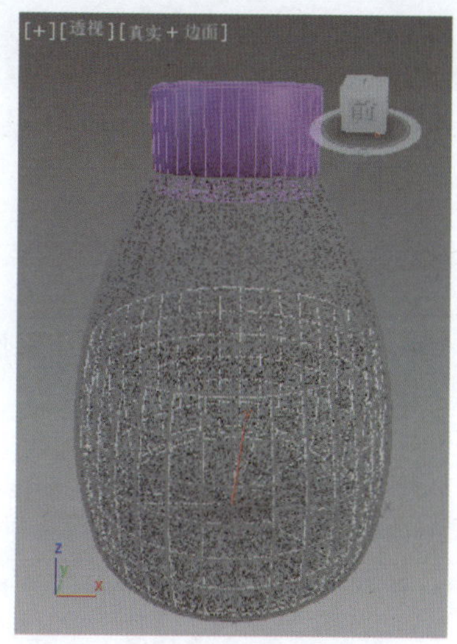

图3-145 调整模型的效果

❼ 为模型设置颗粒木材质、玻璃材质和调料贴图材质，设置合适的渲染场景，渲染输出。

实例080 器皿类——鱼缸

实例效果剖析

本例制作的是一款扁球体玻璃鱼缸，效果如图3-146所示。

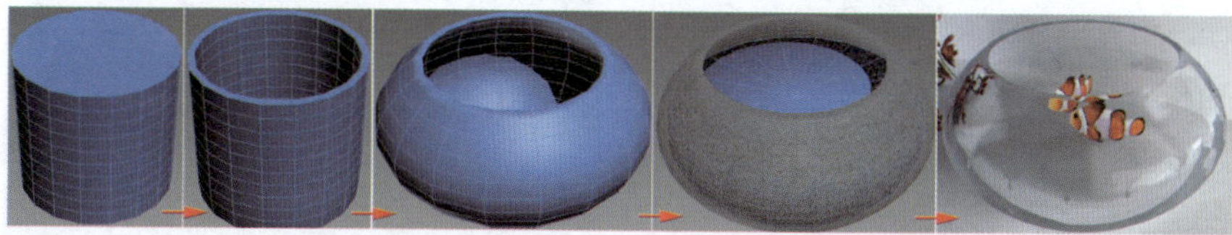

图3-146 效果展示

实例技术要点

本例主要用到的功能及技术要点如下。

- 施加“编辑多边形”修改器：用于删除多边形和设置边的切角。
- 施加“壳”修改器：用于制作鱼缸的厚度。
- 施加“锥化”改器：用于制作鱼缸的形状。

场景文件路径	Scene\第3章\实例080 鱼缸.max		
贴图文件路径	Map\		
视频路径	视频\ cha03\实例080 鱼缸.mp4		
难易程度	★★	学习时间	6分17秒

实例081 器皿类——竹篮

实例效果剖析

本例制作的是一款竹制提篮，效果如图3-147所示。

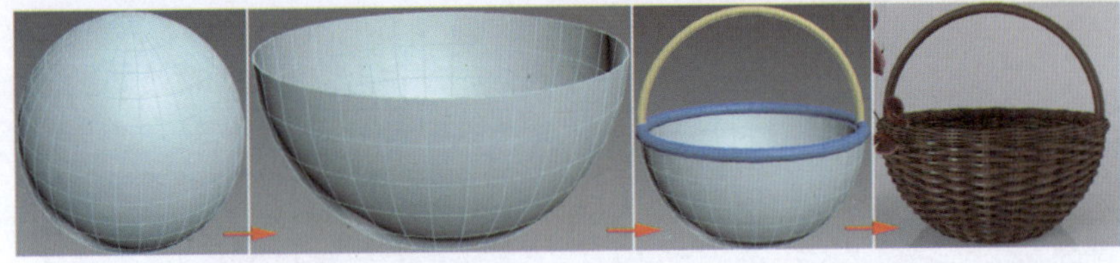

图3-147 效果展示

实例技术要点

本例主要用到的功能及技术要点如下。

- 施加“编辑多边形”修改器：用于删除多边形并调整竹篮底部的顶点。
- 施加“壳”修改器：用于制作竹篮的厚度。

实例制作步骤

场景文件路径	Scene\第3章\实例081 竹篮.max		
贴图文件路径	Map\		
视频路径	视频\ cha03\实例081 竹篮.mp4		
难易程度	★★	学习时间	7分16秒

❶ 在“顶”视图中创建球体，为球体施加“编辑多边形”修改器，将选择集定义“多边形”，选择如图3-148所示的多边形并将其删除。

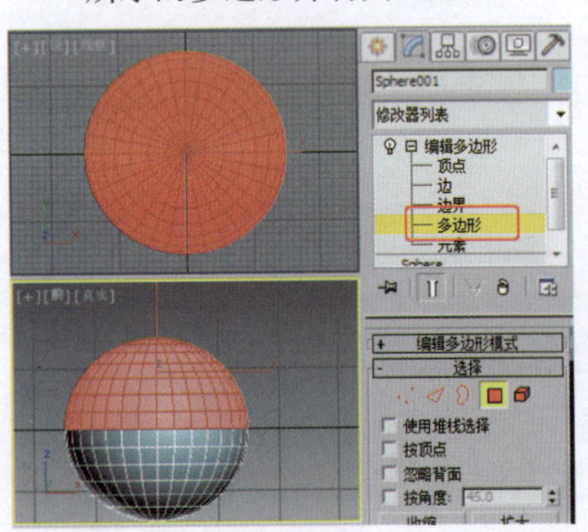

图3-148 创建球体并选择多边形

❷ 将选择集定义为“顶点”，缩放并调整底部的顶点，关闭选择集，为模型施加“壳”修改器，效果如图3-149所示。

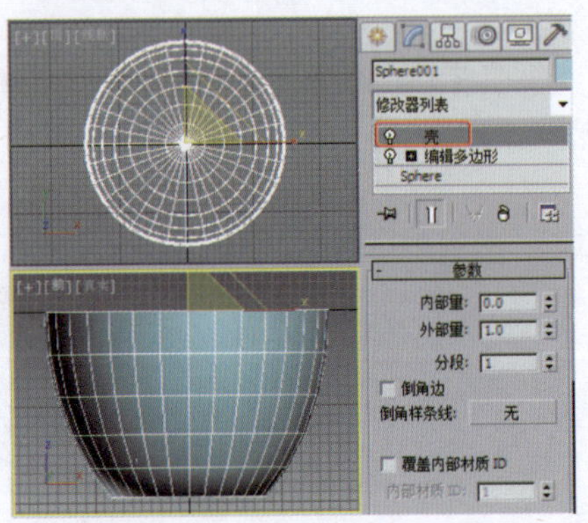

图3-149 调整模型并设置其厚度

❸ 在“顶”视图中创建圆环，设置合适的参数，将其作为篮子圈，效果如图3-150所示。

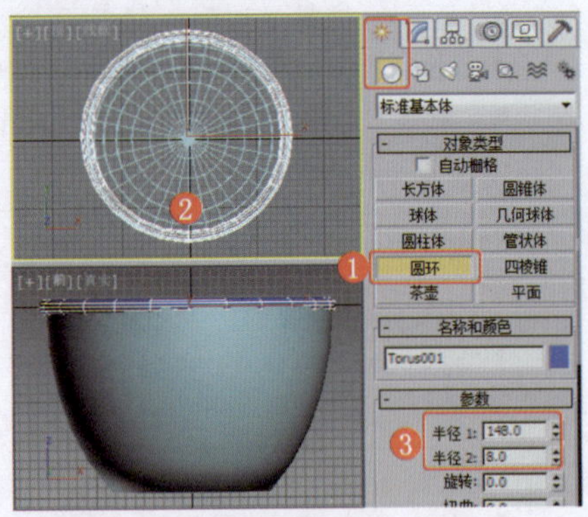

图3-150 创建圆环

❹ 创建可渲染的弧，效果如图3-151所示，将其作为篮子的提手。

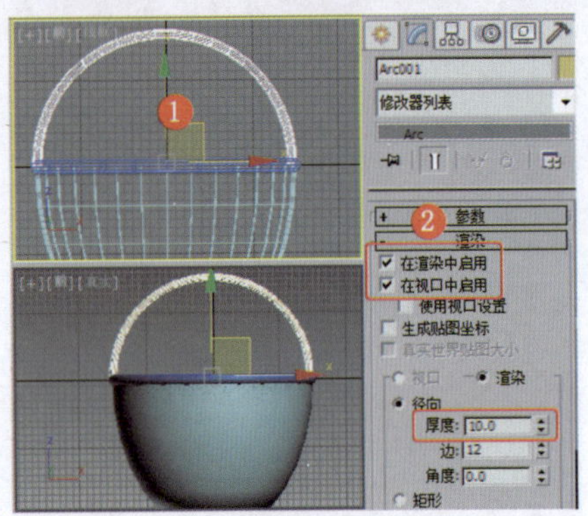

图3-151 创建篮子提手

❺ 制作竹编材质，将材质转换为VRayMtl材质，设置“反射”选项组参数，如图3-152所示。

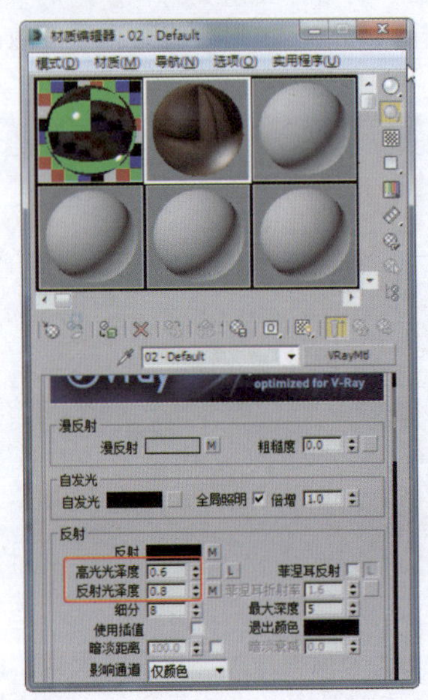

图3-152 设置“反射”选项组参数

❻ 在“贴图”卷展栏中指定相应的贴图，如图3-153所示。

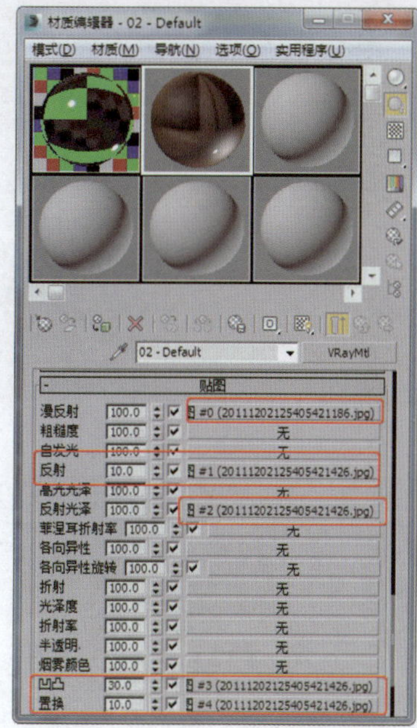

图3-153 指定贴图

❼ 进入“漫反射贴图”层级，设置“瓷砖”参数，设置所有的瓷砖贴图，如图3-154所示，将材质指定给场景中的模型，并为竹篮设置合适的“UVW贴图”参数。

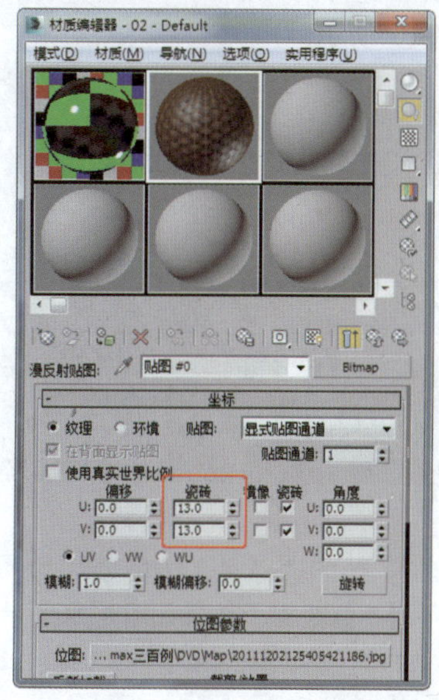

图3-154 设置“瓷砖”参数

❽ 为场景设置合适的渲染参数，渲染输出。

实例082 器皿类——咖啡杯

实例效果剖析

本例制作的是一款简单的陶瓷咖啡杯，造型简约。

本例制作的咖啡杯，效果如图3-155所示。

图3-155 效果展示

实例技术要点

本例主要用到的功能及技术要点如下。

- 施加“编辑多边形”修改器：用于调整模型的基本形状。
- 施加“壳”修改器：用于制作茶杯的厚度。

场景文件路径	Scene\第3章\实例082 咖啡杯.max		
贴图文件路径	Map\		
视频路径	视频\ cha03\实例082 咖啡杯.mp4		
难易程度	★★★	学习时间	8分47秒

实例083 器皿类——果盘

实例效果剖析

本例制作的是一款树叶形状的果盘，为其设置了透明的塑料材质，使其流露出时尚、现代的气息。

本例制作的果盘，效果如图3-156所示。

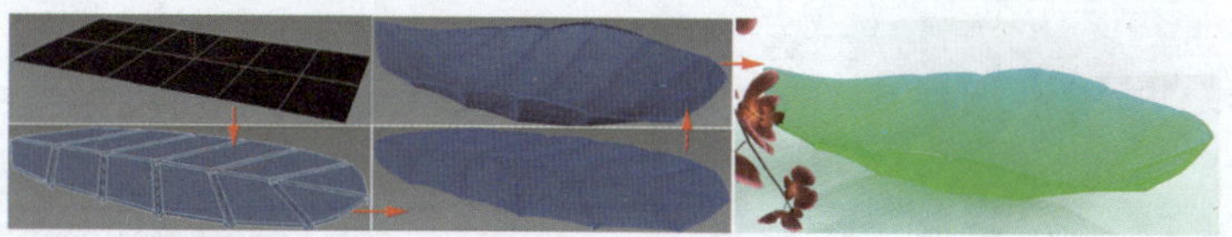

图3-156 效果展示

实例技术要点

本例主要用到的功能及技术要点如下。

- 施加“编辑多边形”修改器：用于调整叶子模型的基本形状。
- 施加“壳”修改器：用于制作果盘的厚度。
- 施加“FFD”修改器：用于制作模型的变形效果。

场景文件路径	Scene\第3章\实例083 果盘.max		
贴图文件路径	Map\		
视频路径	视频\ cha03\实例083 果盘.mp4		
难易程度	★★	学习时间	5分54秒

实例084 器皿类——烟灰缸

实例效果剖析

本例制作的是一款常见的陶瓷烟灰缸，效果如图3-157所示。

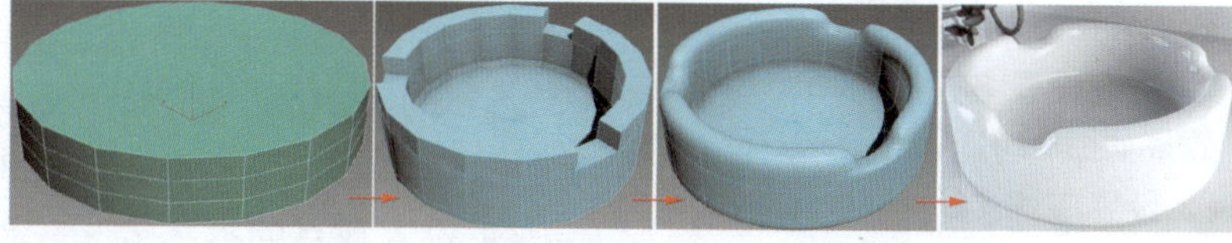

图3-157 效果展示

实例技术要点

本例主要用到的功能及技术要点如下。

- 转换为“可编辑多边形”：用于调整模型并设置多边形的插入、挤出和倒角等效果。
- 施加“涡轮平滑”修改器：用于设置模型的平滑效果。

实例制作步骤

场景文件路径	Scene\第3章\实例084 烟灰缸.max		
贴图文件路径	Map\		
视频路径	视频\ cha03\实例084 烟灰缸.mp4		
难易程度	★★	学习时间	6分29秒

❶ 在场景中创建圆柱体，设置合适的“高度分段”数值，将其转换为“可编辑多边形”，将选择集定义为“顶点”，在场景中调整顶点，效果如图3-158所示。

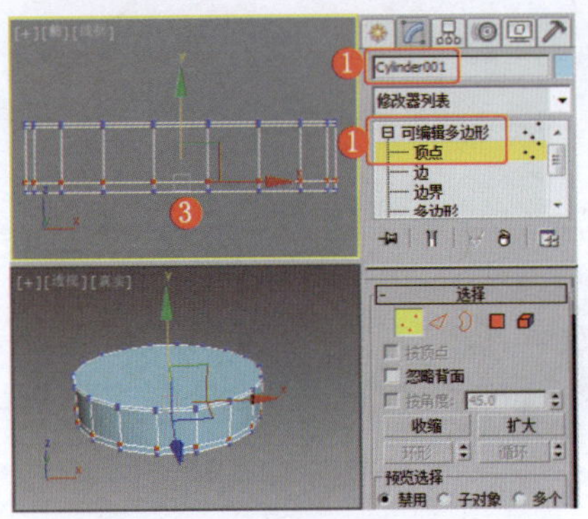

图3-158 创建并调整圆柱体

❷ 将选择集定义为“多边形”，选择顶部的多边形并设置其“插入”参数，效果如图3-159所示。

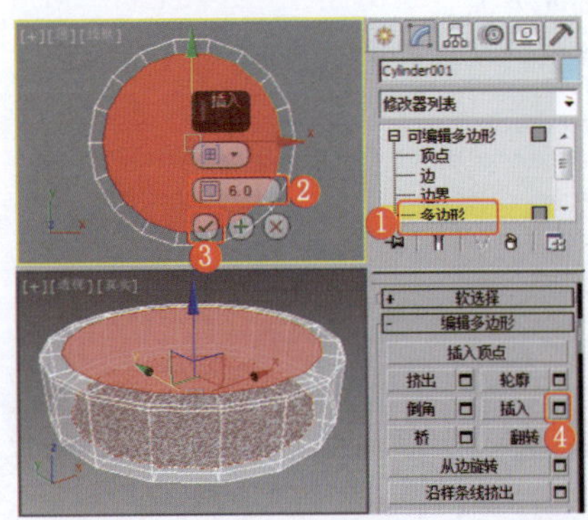

图3-159 设置多边形的“插入”参数

❸ 继续设置多边形的“挤出”参数，效果如图3-160所示。

❹ 继续设置多边形的“倒角”参数，效果如图3-161所示。

❺ 设置底部多边形的“插入”参数，效果如图3-162所示。

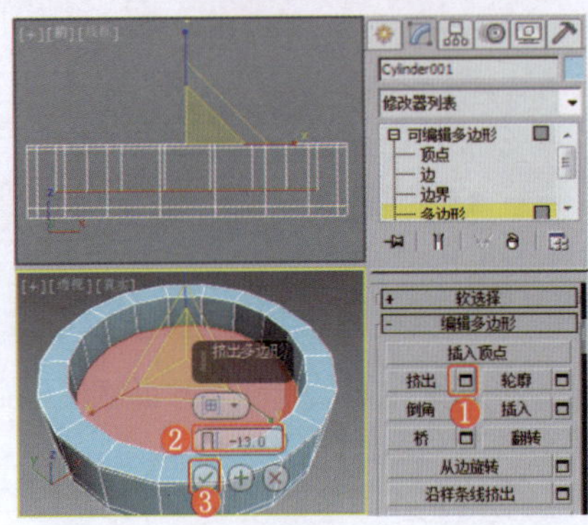

图3-160 设置多边形的“挤出”参数

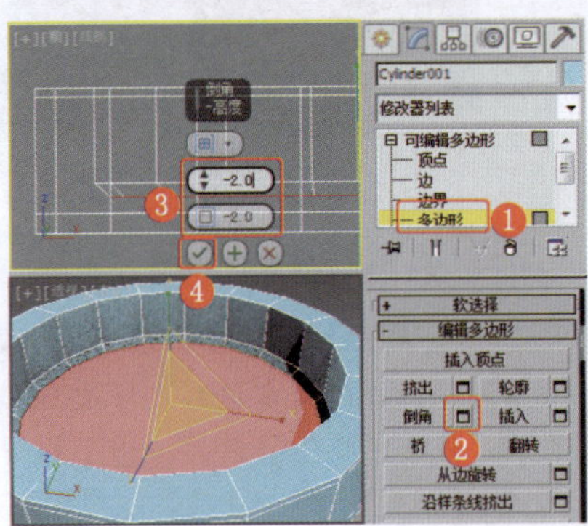

图3-161 设置多边形的“倒角”参数

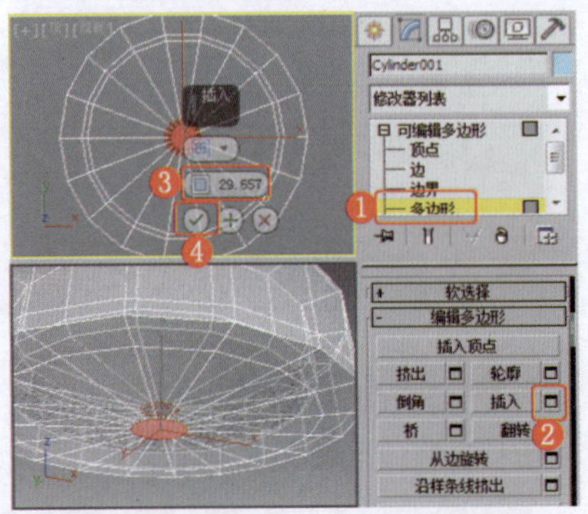

图3-162 设置多边形的“插入”参数

❻ 选择如图3-163所示的底部顶点。

❼ 设置顶点的塌陷效果，如图3-164所示。

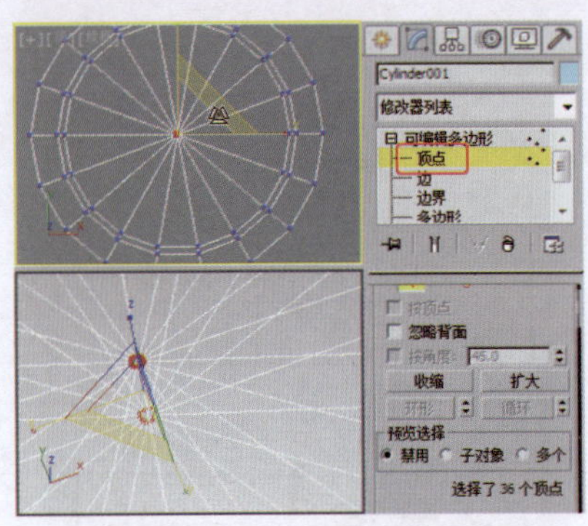

图3-163 选择底部的顶点

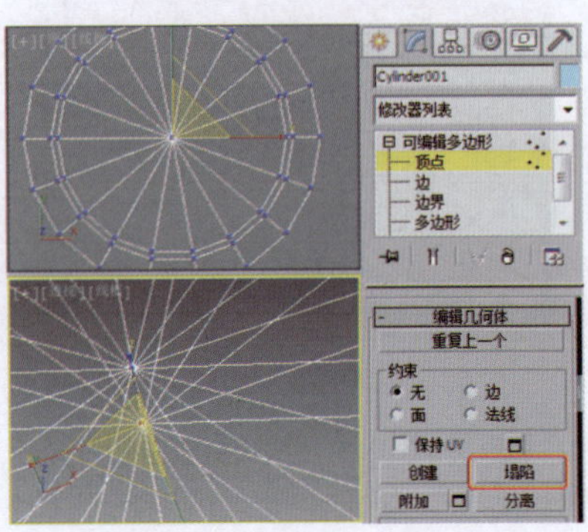

图3-164 塌陷顶点

❽ 在“顶”视图中选择多边形，设置多边形的“挤出”参数，效果如图3-165所示。

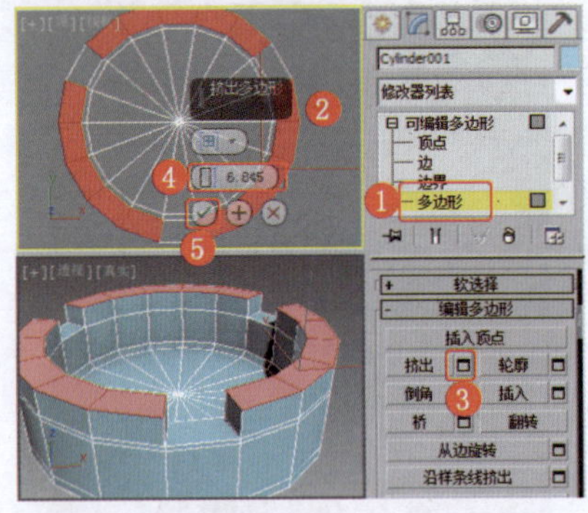

图3-165 挤出多边形

❾ 关闭选择集，为模型施加“涡轮平滑”修改器，效果如图3-166所示。

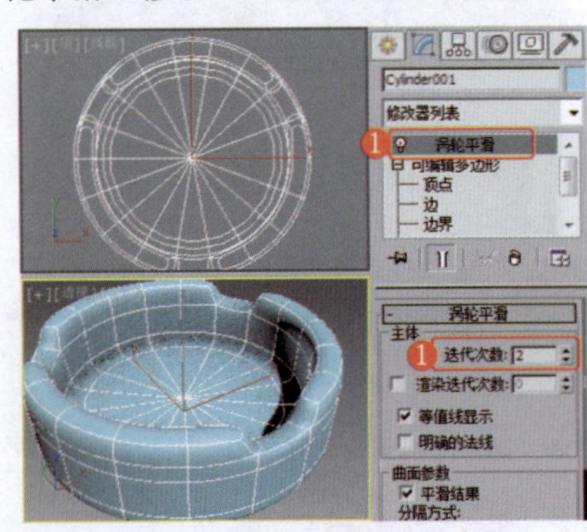

图3-166 设置模型的平滑效果

❿ 为烟灰缸设置陶瓷材质，并设置合适的渲染场景，渲染输出。

实例085 器皿类——木桶

实例效果剖析

本例制作的是一款用于存放葡萄酒的木桶，效果如图3-167所示。

图3-167 效果展示

实例技术要点

本例主要用到的功能及技术要点如下。

- 施加“弯曲”修改器：用于将制作的模型弯曲成桶状。
- 施加“FFD”修改器：用于调整木桶的变形效果。

场景文件路径	Scene\第3章\实例085 木桶.max		
贴图文件路径	Map\		
视频路径	视频\ cha03\实例085 木桶.mp4		
难易程度	★★	学习时间	9分6秒

实例086 办公文具类——地球仪

实例效果剖析

本例制作的是一款可以被放置在书桌上的地球仪，效果如图3-168所示。

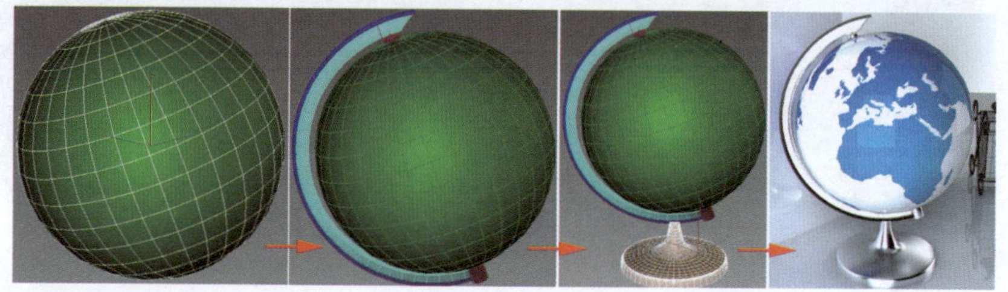

图3-168 效果展示

实例技术要点

本例主要用到的功能及技术要点如下。

- 施加“扫描”修改器：创建一个扫描图形和一个截面图形，制作地球仪的支架。
- 施加“FFD”修改器：用于调整支架的形状。
- 施加“车削”修改器：用于制作底座模型。

实例制作步骤

场景文件路径	Scene\第3章\实例086 地球仪.max		
贴图文件路径	Map\		
视频路径	视频\ cha03\实例086 地球仪.mp4		
难易程度	★★	学习时间	15分37秒

❶ 在“顶”视图中创建球体，设置合适的参数，效果如图3-169所示。

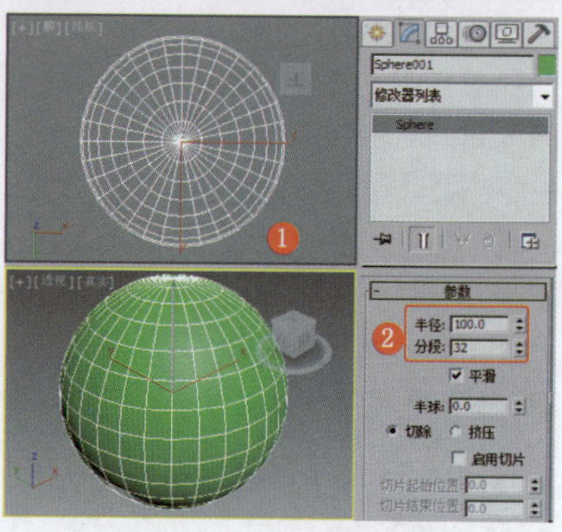

图3-169 创建球体

❷ 在“前”视图中创建圆，设置合适的参数，为其施加“编辑样条线”修改器，优化顶点，删除多余的分段，效果如图3-170所示。

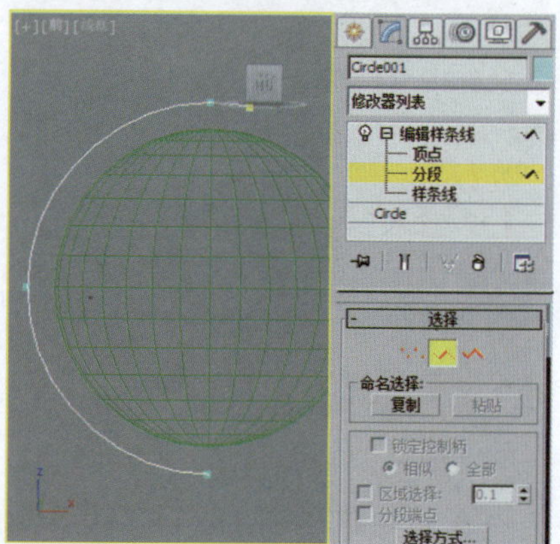

图3-170 创建并调整图形

❸ 在“左”视图中创建如图3-171所示的图形。

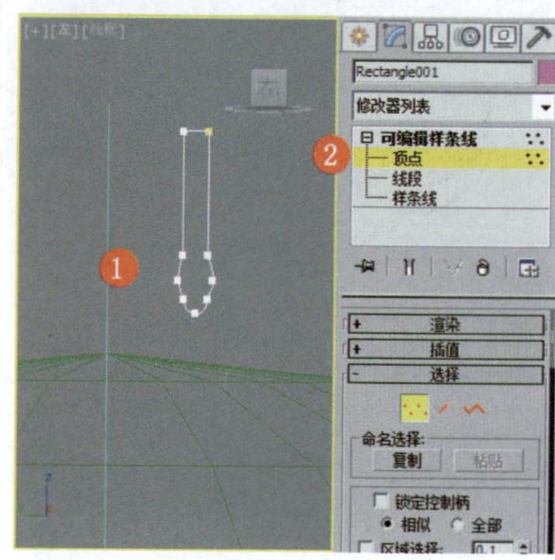

图3-171 创建图形

❹ 在场景中选择修改的圆，为其施加“扫描”修改器，在“截面类型”卷展栏中单击“拾取”按钮，在场景中拾取步骤3中创建的图形，扫描模型效果如图3-172所示。

❺ 为模型施加“编辑多边形”修改器，将选择集定义为“顶点”，并

为其施加“FFD 4×4×4”修改器，将选择集定义为“控制点”，调整模型的形状，效果如图3-173所示。

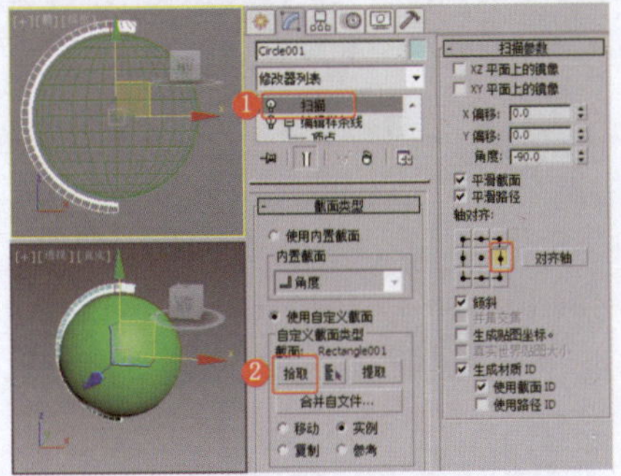

图3-172 扫描模型

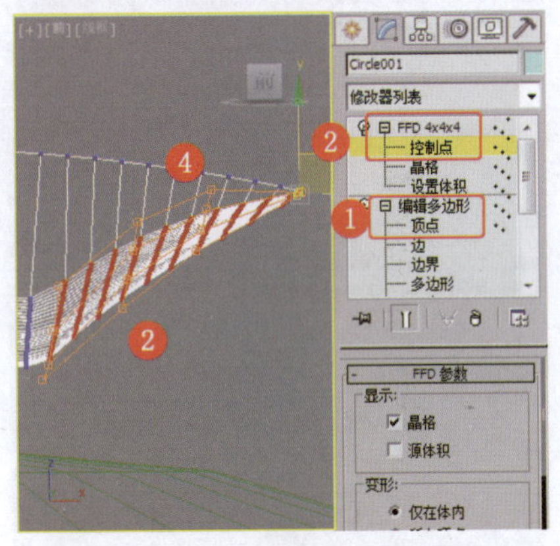

图3-173 调整模型的形状

❻ 将扫描的模型进行复制，删除多余的修改器，调整图形，将其转换为“可编辑样条线”，设置图形的可渲染参数，效果如图3-174所示。

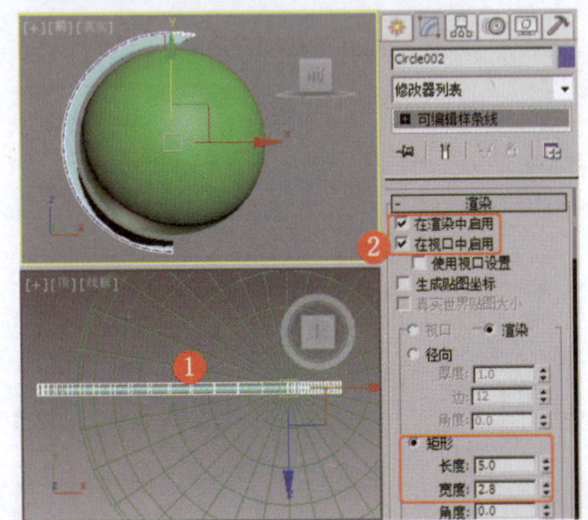

图3-174 复制图形并设置其可渲染参数

❼ 在“顶”视图中创建切角圆柱体，设置合适的参数，效果如图3-175所示。

❽ 在“顶”视图中创建球体，设置合适的参数并缩放模型，效果如图3-176所示。

❾ 在“前”视图中创建底座截面图形，调整图形的形状，效果如图3-177所示。

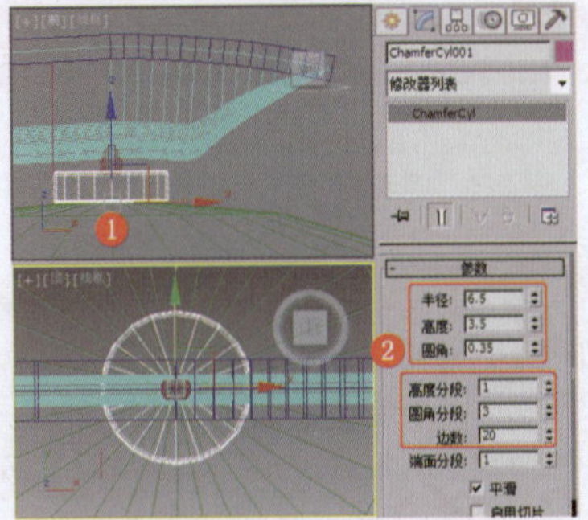

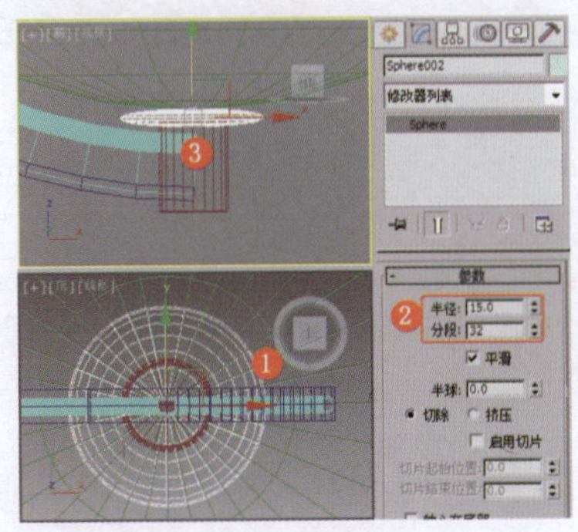

图3-175 创建切角圆柱体

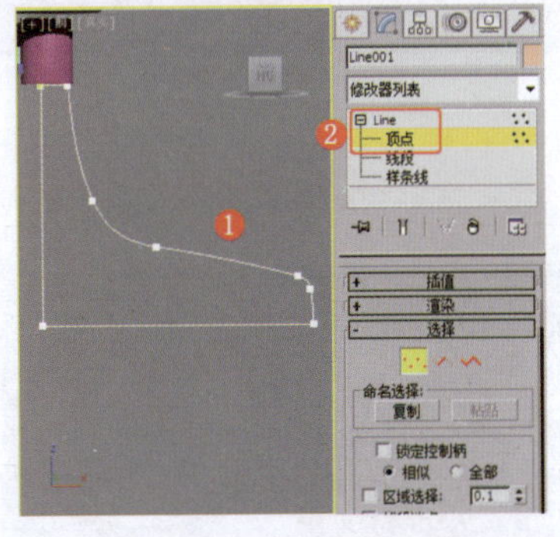

图3-176 创建并缩放球体

图3-177 创建底座截面图形

❿ 为图形施加“车削”修改器，设置合适的参数，效果如图3-178上图所示。

⓫ 模型制作完成，为模型设置合适的材质和场景，效果如图3-178下图所示，对模型进行渲染输出。

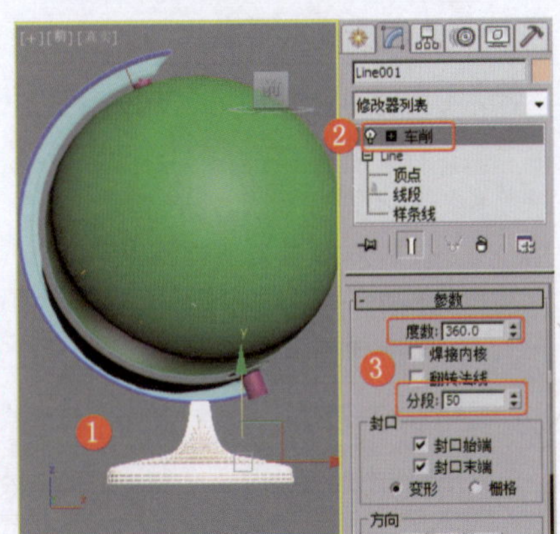

图3-178 制作效果

实例087 办公文具类——笔筒

实例效果剖析

本例制作的是一款简单的六角形笔筒，效果如图3-179所示。

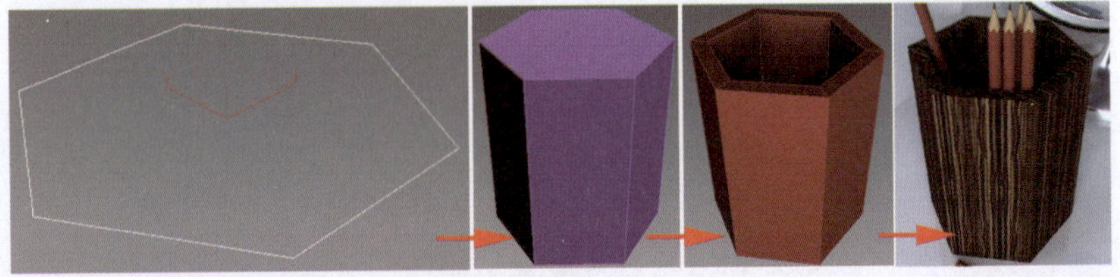

图3-179 效果展示

实例技术要点

本例主要用到的功能及技术要点如下。

- 施加“挤出”修改器：用于制作笔筒的厚度。
- 施加“编辑多边形”修改器：设置多边形的插入和挤出效果，制作笔筒。

场景文件路径	Scene\第3章\实例087 笔筒.max		
贴图文件路径	Map\		
视频路径	视频\ cha03\实例087 笔筒.mp4		
难易程度	★	学习时间	3分35秒

实例088 办公文具类——笔架

实例效果剖析

本例制作的是一款具有中国传统特色的山形笔架，效果如图3-180所示。

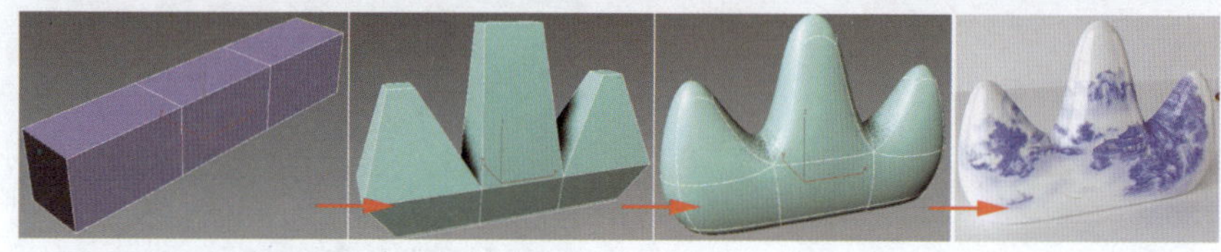

图3-180 效果展示

实例技术要点

本例主要用到的功能及技术要点如下。

- 转换为“可编辑多边形”：用于设置多边形的倒角和挤出等效果。
- 施加“涡轮平滑”修改器：用于设置模型的平滑效果。

实例制作步骤

场景文件路径	Scene\第3章\实例088 笔架.max		
贴图文件路径	Map\		
视频路径	视频\ cha03\实例088 笔架.mp4		
难易程度	★	学习时间	4分50秒

❶ 在“顶”视图中创建长方体，设置合适的参数，效果如图3-181所示。

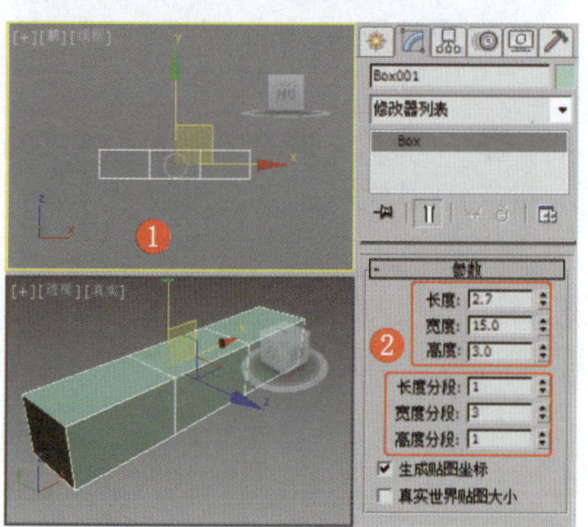

图3-181 创建长方体

❷ 将模型转换为“可编辑多边形”，将选择集定义为“多边形”，设置多边形的“倒角”和“挤出”参数，效果如图3-182所示。

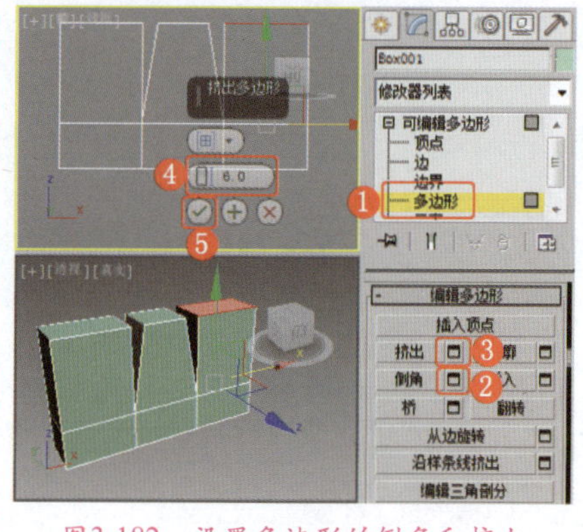

图3-182 设置多边形的倒角和挤出

❸ 将选择集定义为“顶点”，调整模型的形状，效果如图3-183所示。

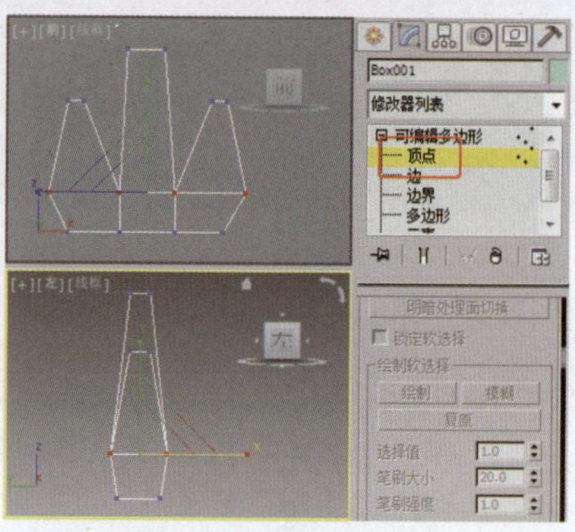

图3-183 调整模型的形状

❹ 设置模型边的“连接”参数，效果如图3-184所示。

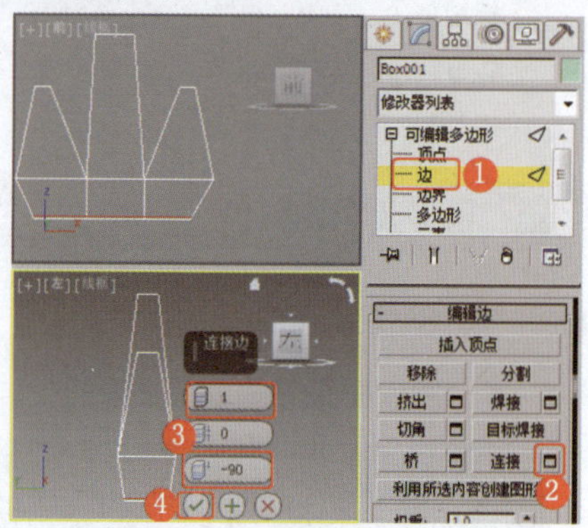

图3-184 连接边

❺ 关闭选择集，为模型施加“涡轮平滑”修改器，效果如图3-185所示。

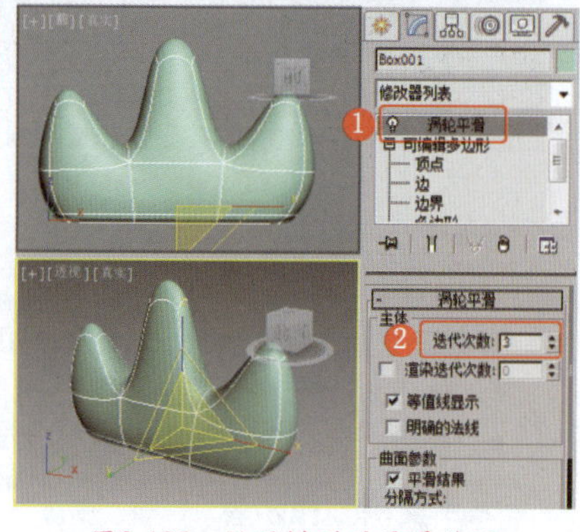

图3-185 设置模型的平滑效果

❻ 为模型设置合适的中式贴图，施加“UVW贴图”修改器，然后设置合适的渲染场景，渲染输出。

实例089 办公文具类——铅笔

实例效果剖析

本例制作的是一款常见的铅笔，效果如图3-186所示。

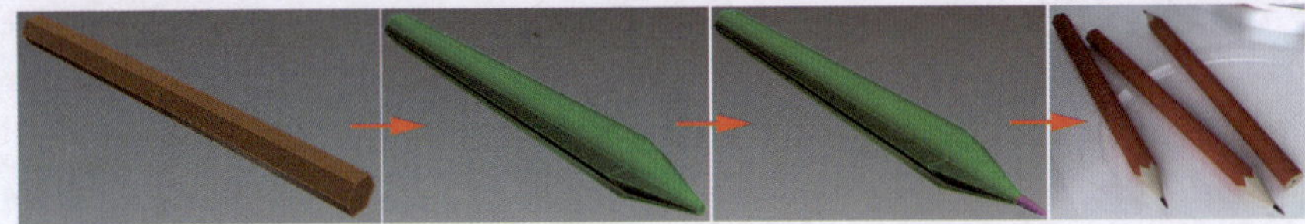

图3-186　效果展示

实例技术要点

本例主要用到的功能及技术要点如下。

- 施加“编辑多边形”修改器：设置边的连接并调整顶点，制作铅笔效果。
- 施加“车削”修改器：用于制作铅笔尖。

场景文件路径	Scene\第3章\实例089 铅笔.max		
贴图文件路径	Map\		
视频路径	视频\ cha03\实例089 铅笔.mp4		
难易程度	★	学习时间	8分42秒

实例090　办公文具类——公告牌

实例效果剖析

本例制作的是一款铁艺支架的公告牌，效果如图3-187所示。

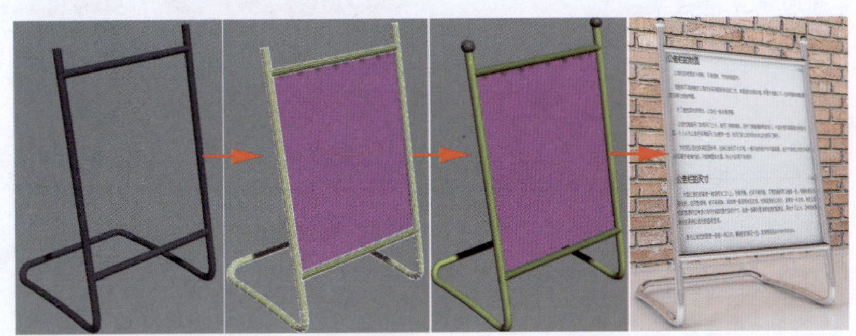

图3-187　效果展示

实例技术要点

本例主要用到的功能及技术要点如下。

- 转换为“可编辑样条线”：用于制作公告牌的铁艺支架。
- 使用“优化”工具：优化支架的顶点。

实例制作步骤

场景文件路径	Scene\第3章\实例090 公告牌.max		
贴图文件路径	Map\		
视频路径	视频\ cha03\实例090 公告牌.mp4		
难易程度	★★	学习时间	12分52秒

❶ 在“前”视图中创建圆角矩形，设置合适的参数，效果如图3-188所示。

❷ 将圆角矩形转换为“可编辑样条线”，将选择集定义为“线段”，选择如图3-189所示的线段，将其删除。

❸ 将选择集定义为“顶点”，使用“优化”工具优化顶点，效果如图3-190所示。

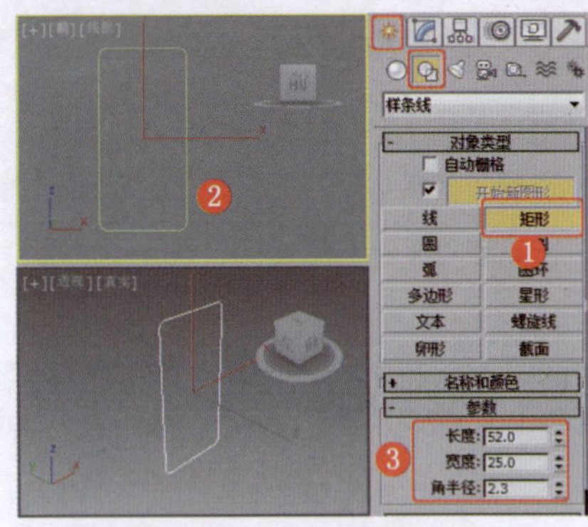

图3-188　创建圆角矩形

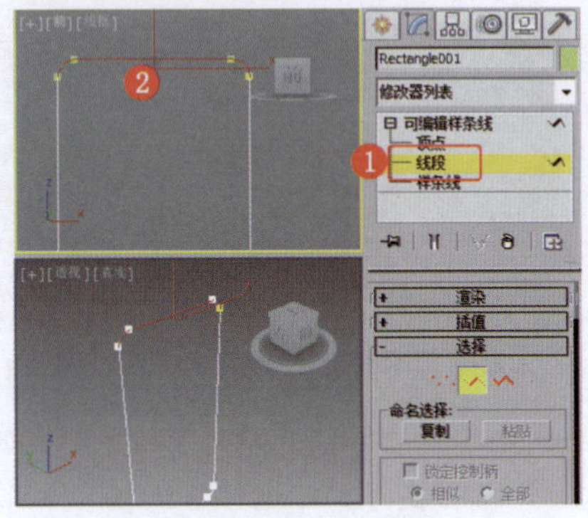

图3-189　选择线段

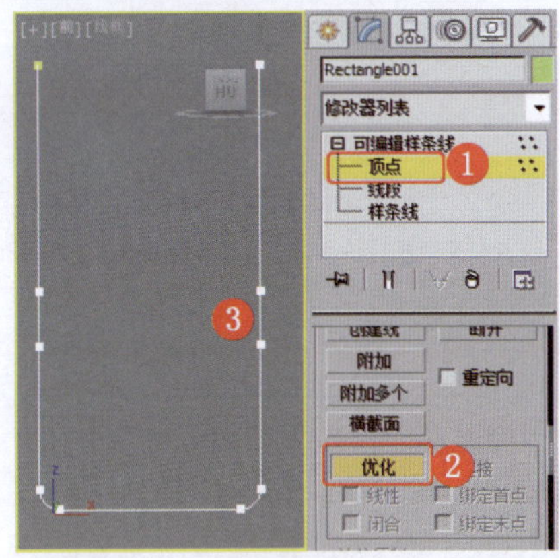

图3-190　优化顶点

❹ 在场景中调整图形的形状，效果如图3-191所示。

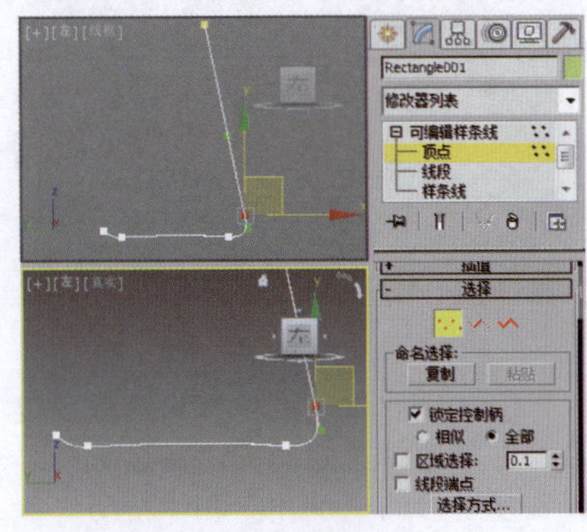

图3-191　调整图形的形状

❺ 继续创建线并设置其可渲染参数，效果如图3-192所示。

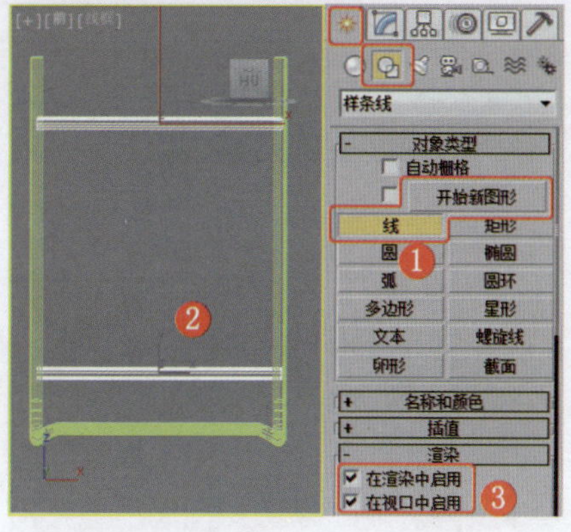
图3-192 设置图形的可渲染参数

❻ 创建长方体，设置合适的参数并调整其至合适的角度，效果如图3-193所示。

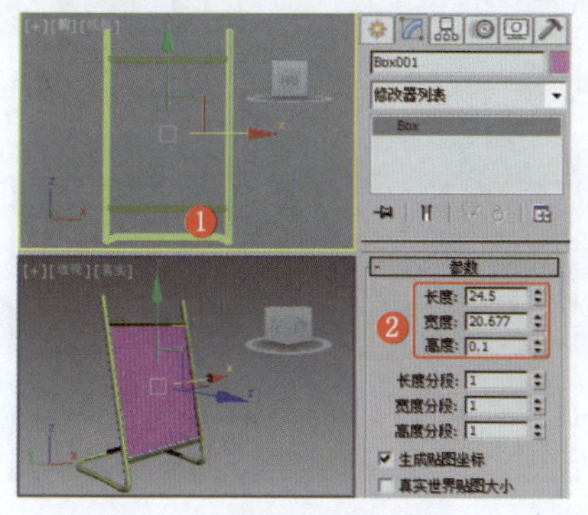
图3-193 创建并调整长方体

❼ 创建球体，设置合适的参数，效果如图3-194上图所示。

❽ 为模型设置材质，设置合适的渲染场景，渲染输出，效果如图3-194下图所示。

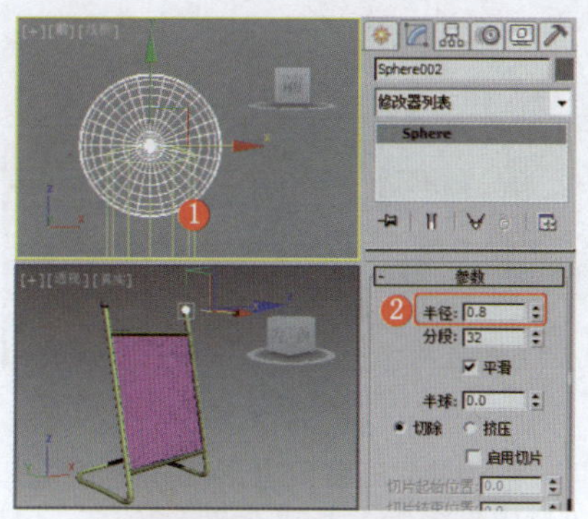

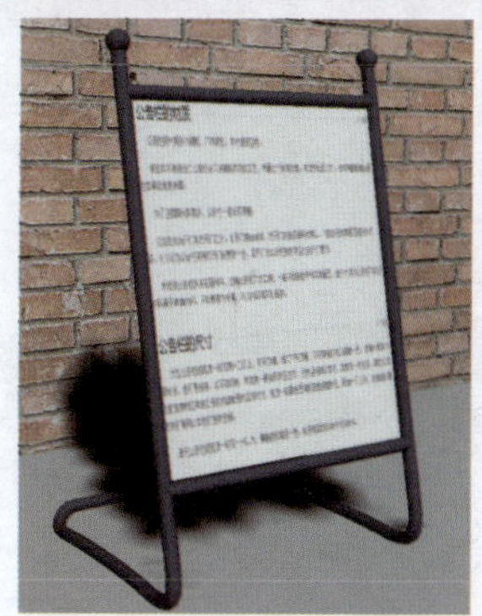
图3-194 完成制作

实例091 办公文具类——放大镜

实例效果剖析

本例制作的是一款常见的放大镜，效果如图3-195所示。

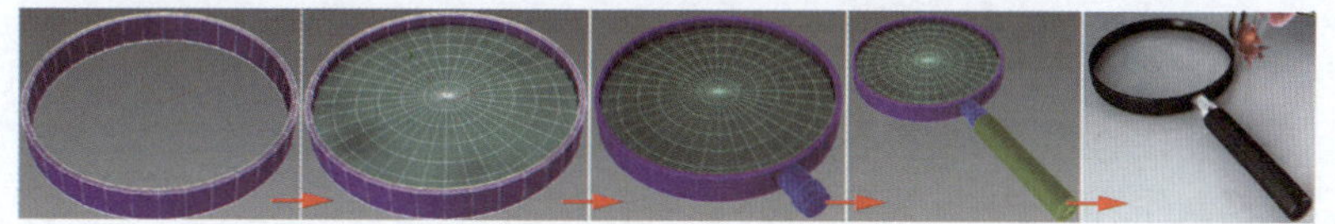
图3-195 效果展示

实例技术要点

本例主要用到的功能及技术要点如下。

- 施加“扫描”修改器：拾取截面图形，制作放大镜的边框。
- 转换为“可编辑多边形”：用于制作放大镜手柄和镜框之间的支架。
- 施加“车削”修改器：用于制作放大镜的手柄。

实例制作步骤

场景文件路径	Scene\第3章\实例091 放大镜.max		
贴图文件路径	Map\		
视频路径	视频\ cha03\实例091 放大镜.mp4		
难易程度	★★	学习时间	10分48秒

❶ 在“顶”视图中创建圆，设置合适的参数，效果如图3-196所示。

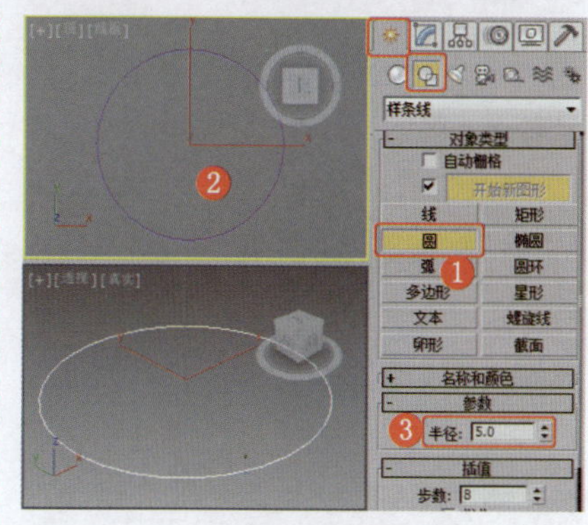
图3-196 创建圆

❷ 创建圆角矩形，为其施加“编辑样条线”修改器，调整顶点，使其避免相交，效果如图3-197所示。

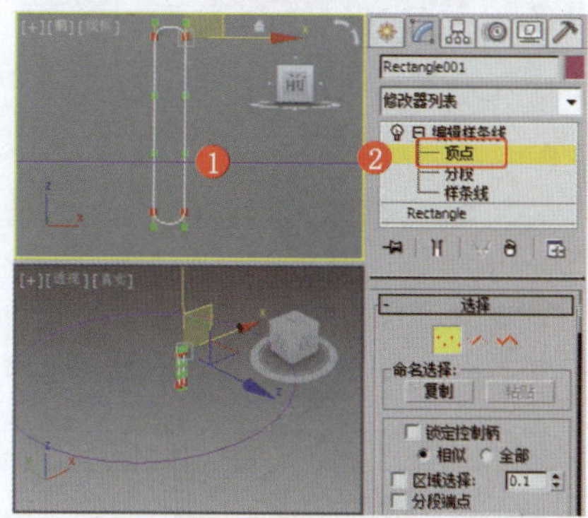
图3-197 创建并调整圆角矩形

❸ 在场景中选择圆，为其施加“扫描”修改器，单击“拾取”按钮，在场景中拾取调整过的圆角矩形，效果如图3-198所示。

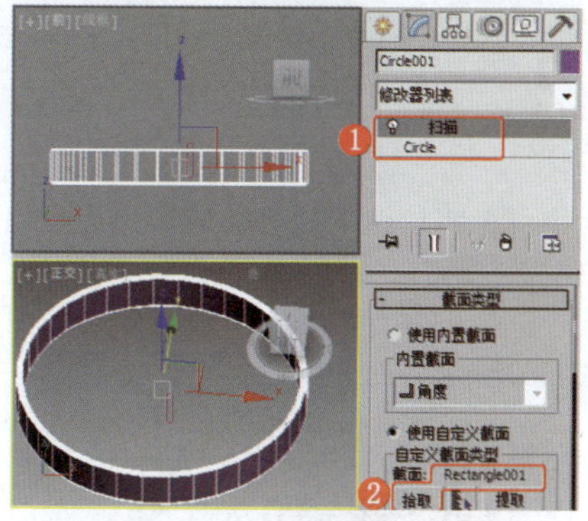
图3-198 施加“扫描”修改器

❹ 在“顶”视图中创建圆柱体，设置合适的参数，效果如图3-199所示。

❺ 在场景中为圆柱体施加“FFD 3×3×3”修改器，将选择集定义为“控制点”，在场景中调整控制点，效果如图3-200所示。

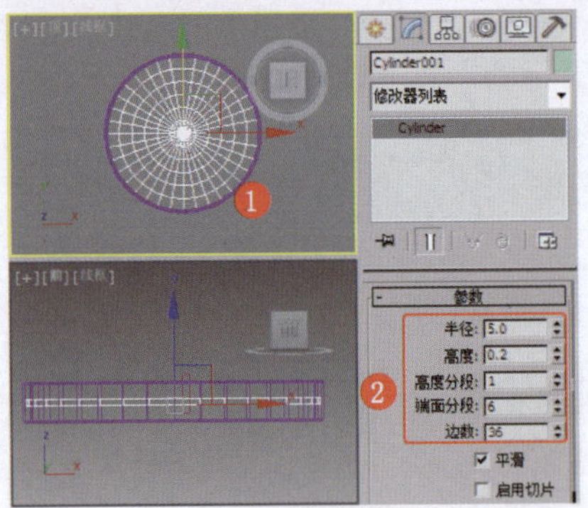
图3-199　创建圆柱体

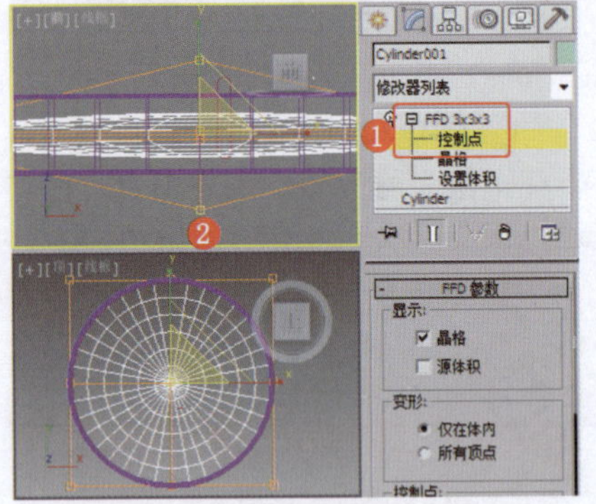
图3-200　调整圆柱体的形状

❻ 在场景中创建圆柱体，设置合适的参数，效果如图3-201所示。

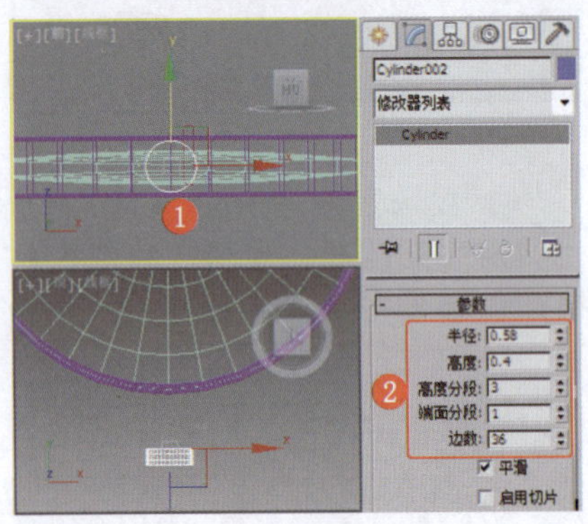
图3-201　创建圆柱体

❼ 将创建的圆柱体转换为“可编辑多边形”，在场景中调整顶点，设置多边形的“挤出”参数，效果如图3-202所示。

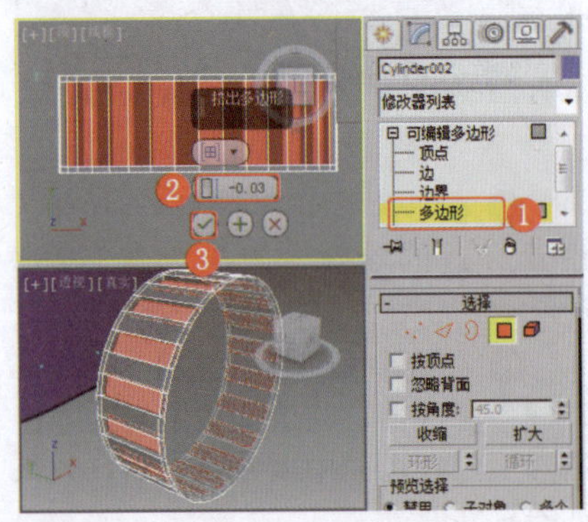
图3-202　设置多边形的“挤出”参数

❽ 在场景中设置多边形的“挤出”参数，效果如图3-203所示。

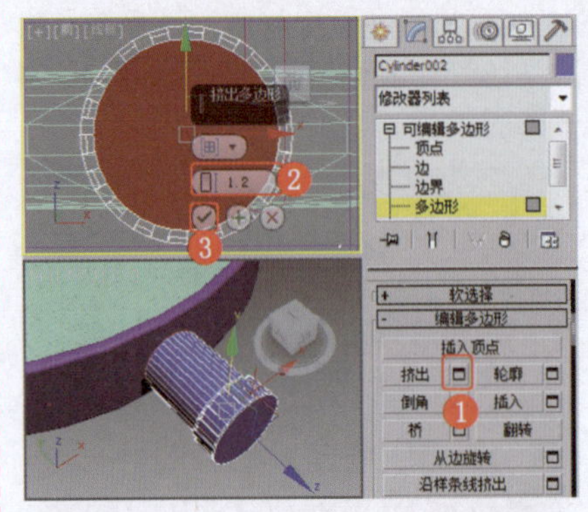
图3-203　挤出多边形

❾ 继续设置多边形的“倒角”和“挤出”参数，效果如图3-204所示。

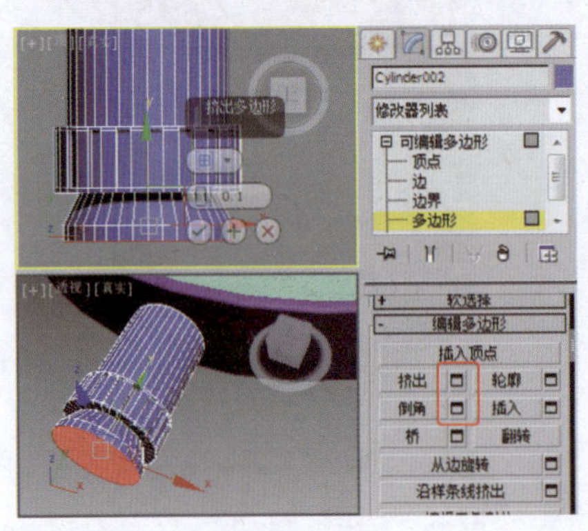
图3-204　继续设置“倒角”“挤出”参数

❿ 在“顶”视图中创建如图3-205所示的图形。

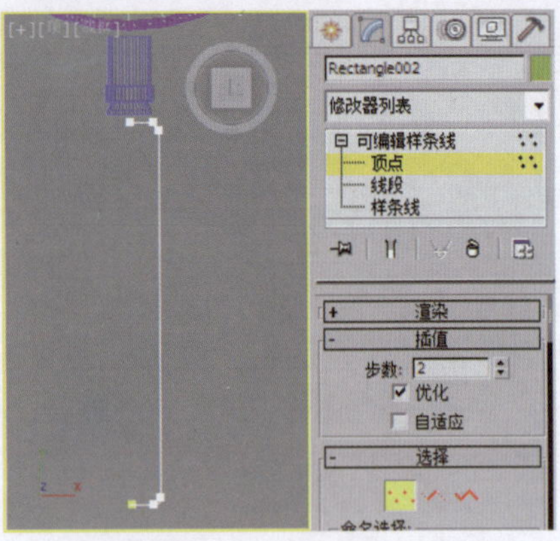
图3-205　创建图形

⓫ 为图形施加“车削”修改器，设置合适的参数，效果如图3-206所示。

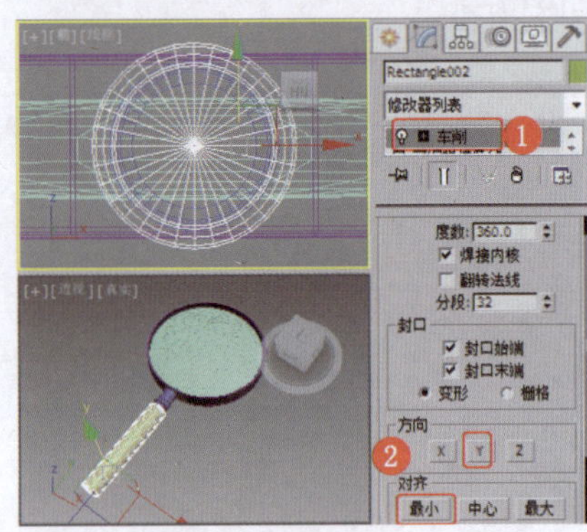
图3-206　车削图形

⓬ 放大镜制作完成，将完成的模型合并到合适的渲染场景中，设置渲染参数，渲染输出。

实例092　办公文具类——便签夹

实例效果剖析

本例制作的是一款铁艺心形便签夹，可以起到装饰书桌的作用。

本例制作的便签夹，效果如图3-207所示。

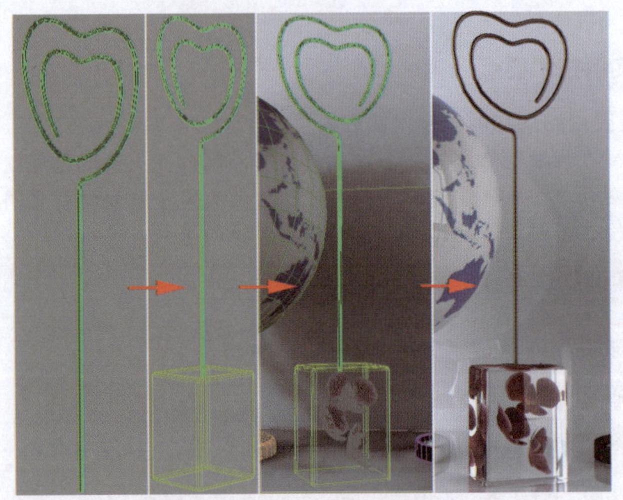
图3-207　效果展示

实例技术要点

本例主要用到的功能及技术要点如下。

- 创建并编辑样条线：用于调整便签夹的形状。

实例制作步骤

场景文件路径	Scene\第3章\实例092 便签夹.max		
贴图文件路径	Map\		
视频路径	视频\ cha03\实例092 便签夹.mp4		
难易程度	★★	学习时间	8分38秒

❶ 在“前”视图中创建图形，修改图形的形状，效果如图3-208所示。

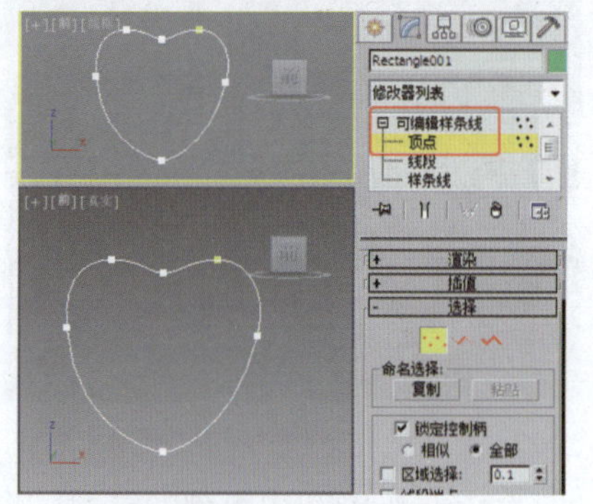

图3-208 创建并调整图形

❷ 设置图形的轮廓，效果如图3-209所示。

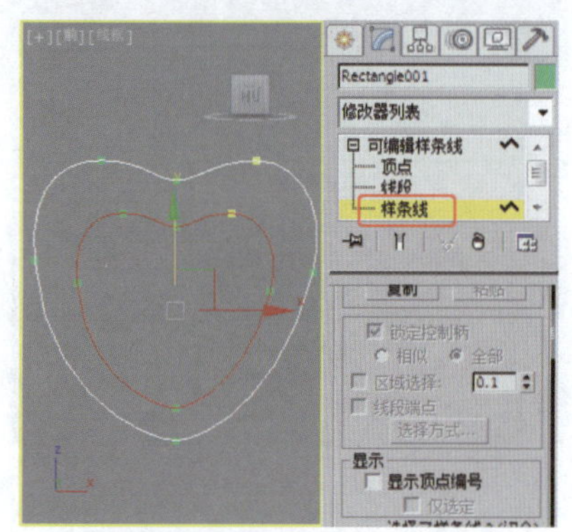

图3-209 设置图形的轮廓

❸ 使用“优化”工具优化顶点，然后删除线段，效果如图3-210所示。

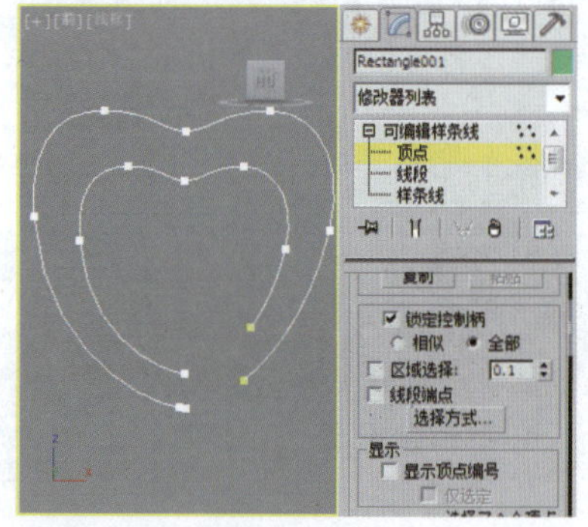

图3-210 删除线段

❹ 使用“连接”工具连接顶点，调整图形的形状，效果如图3-211所示。

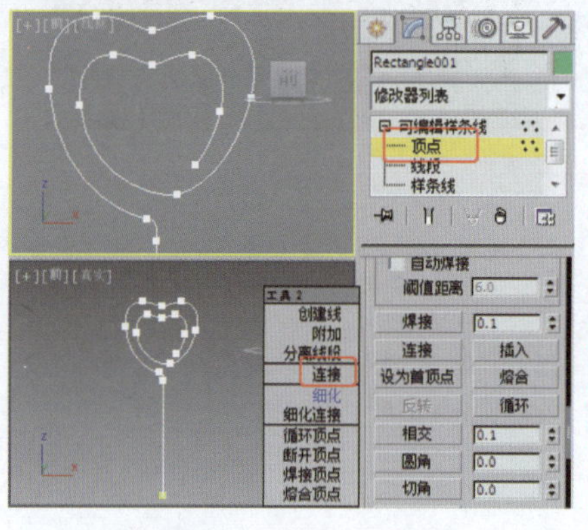

图3-211 调整图形的形状

❺ 设置图形的可渲染参数，效果如图3-212所示。

❻ 在“顶”视图中创建切角长方体，设置合适的参数，效果如图3-213所示。

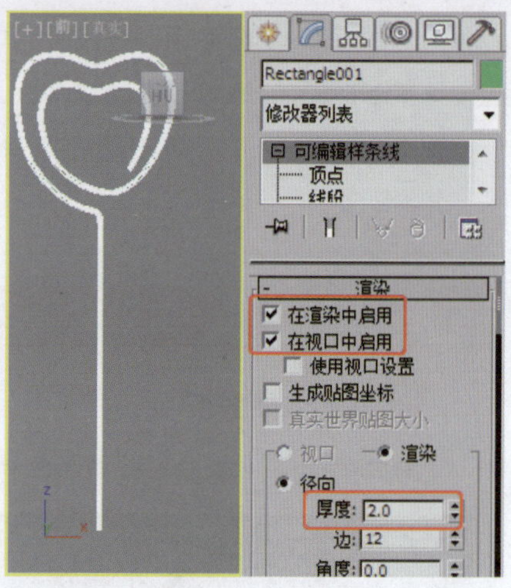

图3-212 设置图形的可渲染参数

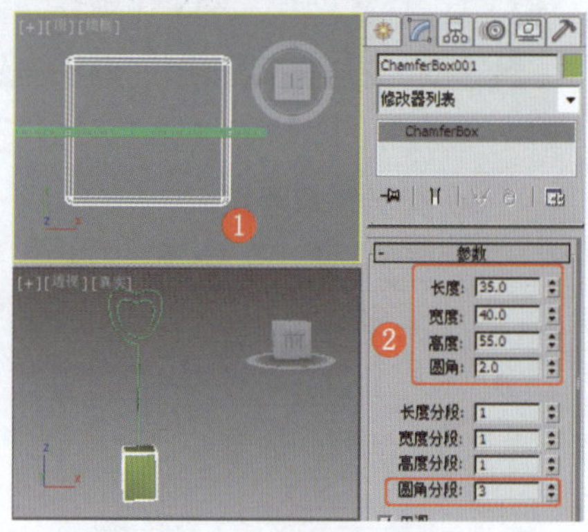

图3-213 创建切角长方体

❼ 便签夹制作完成，为其设置材质，将模型合并到合适的场景中，渲染输出。

实例093 办公文具类——圆珠笔

实例效果剖析

本例制作的是一款简单的按压式圆珠笔，效果如图3-214所示。

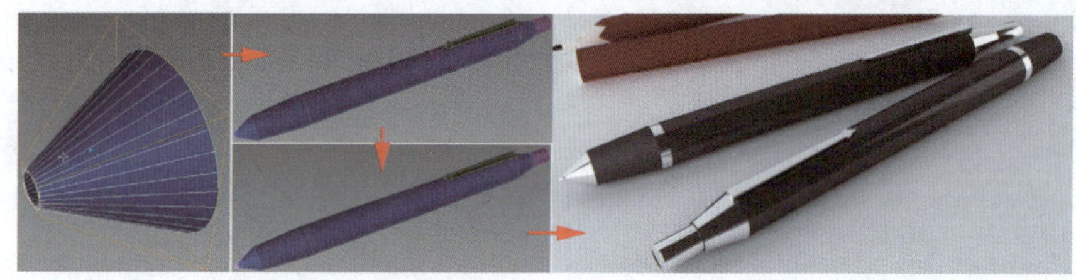

图3-214 效果展示

实例技术要点

本例主要用到的功能及技术要点如下。

- 施加“锥化”修改器：用于制作锥形效果。
- 施加“编辑多边形”修改器：用于调整模型的形状。

场景文件路径	Scene\第3章\实例093 圆珠笔.max		
贴图文件路径	Map\		
视频路径	视频\ cha03\实例093 圆珠笔.mp4		
难易程度	★★	学习时间	10分24秒

实例094 办公文具类——文件架

实例效果剖析

本例制作的是一款造型简单的文件架，效果如图3-215所示。

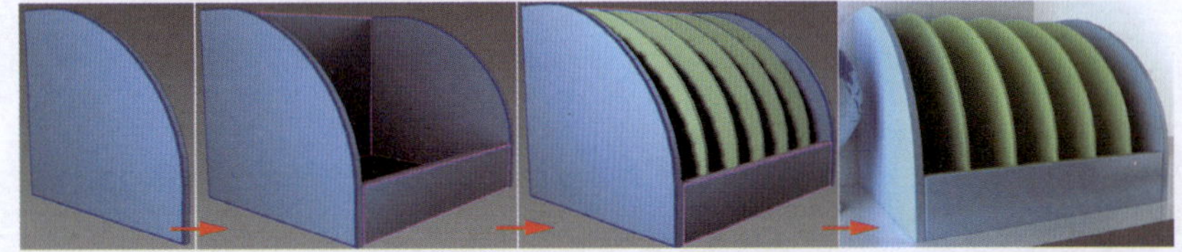

图3-215 效果展示

实例技术要点

本例主要用到的功能及技术要点如下。

- 施加“倒角剖面”修改器：用于制作文件架的侧面形状。
- 转换为“可编辑网格”：用于调整模型的形状。

实例制作步骤

场景文件路径	Scene\第3章\实例094 文件架.max		
贴图文件路径	Map\		
视频路径	视频\ cha03\实例094 文件架.mp4		
难易程度	★★	学习时间	9分4秒

❶ 在“左”视图中创建矩形，将其转换为“可编辑样条线”，将选择集定义为“顶点”，设置顶点的圆角效果，调整图形的形状，效果如图3-216所示。

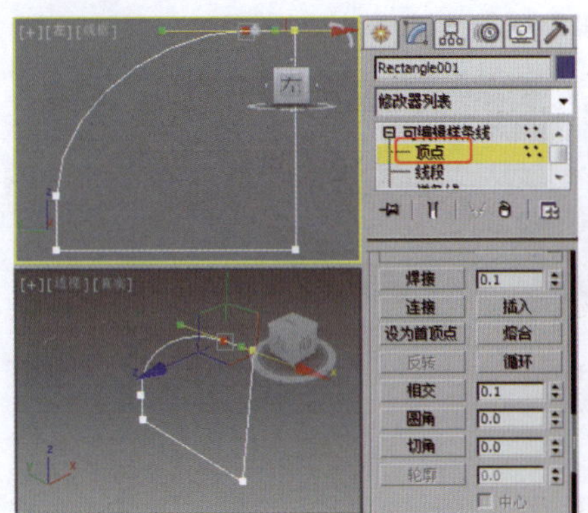

图3-216 调整图形

❷ 在“前”视图中创建如图3-217所示的截面图形。

❸ 在场景中为图形施加“倒角剖面”修改器，在“参数”卷展栏中单击“拾取剖面”按钮，在场景中拾取在“前”视图中绘制的截面图形，将选择集定义为“剖面Gizmo”，在场景中旋转Gizmo，效果如图3-218所示。

❹ 创建合适大小的切角长方体，将模型转换为“可编辑网格”，复制并调整模型，效果如图3-219所示。

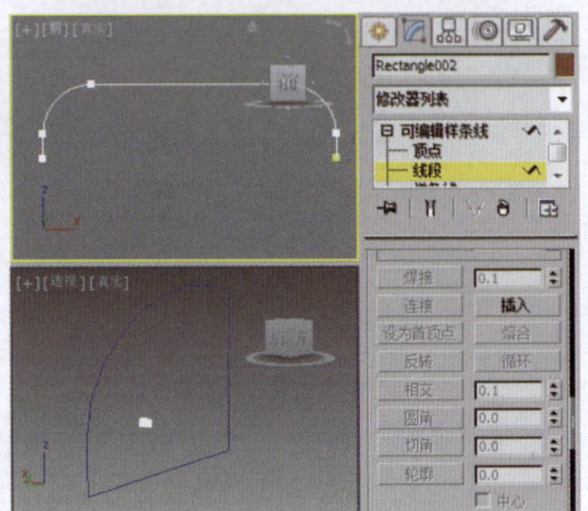

图3-217 创建截面图形

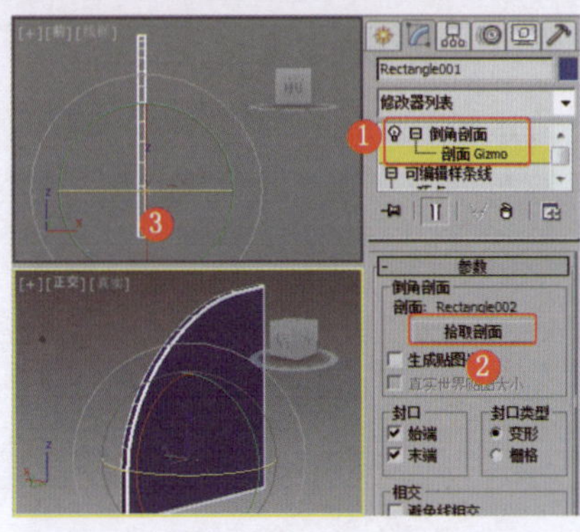

图3-218 创建倒角剖面模型

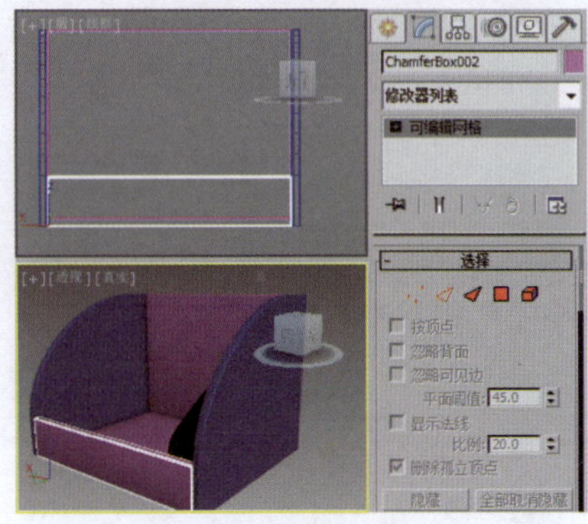

图3-219 创建并调整模型

❺ 复制步骤3中得到的模型，将其“倒角剖面”修改器删除，调整其形状，效果如图3-220所示。

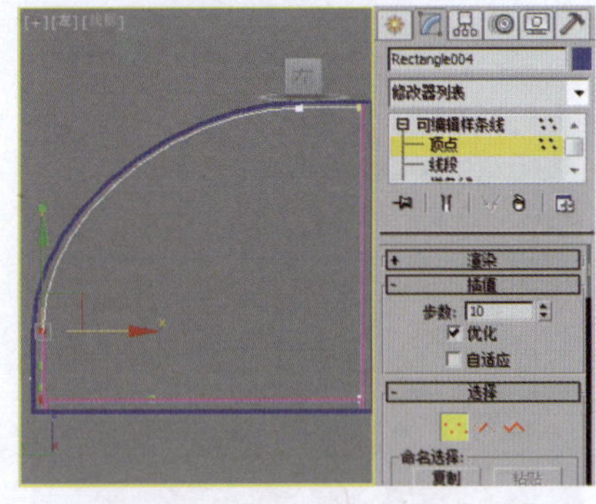

图3-220 复制并调整模型

❻ 施加“挤出”修改器，设置合适的参数，对模型进行复制，效果如图3-221所示。

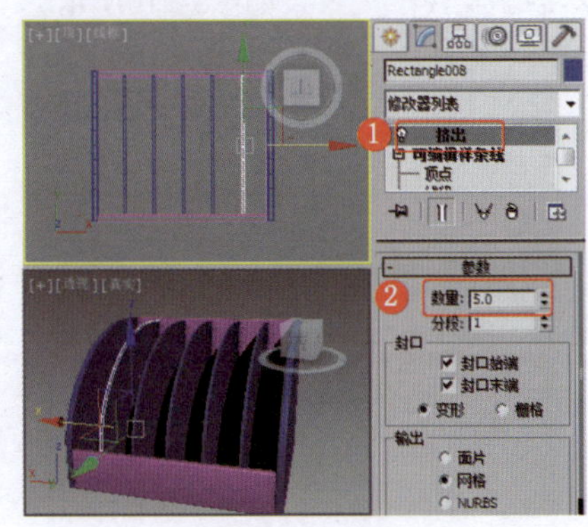

图3-221 挤出并复制模型

❼ 模型制作完成，为其设置材质，将模型合并到合适的场景中，渲染输出。

实例095 办公文具类——台历

实例效果剖析

本例制作的是一款比较常见的便签式台历，在查看日期的同时还可以随时记下重要的事项。

本例制作的台历，效果如图3-222所示。

图3-222 效果展示

实例技术要点

本例主要用到的功能及技术要点如下。

- 使用“塌陷”工具：制作基本图形，对其使用该工具，将其塌陷为模型。
- 使用“ProBoolean”工具：制作台历的穿孔。
- 施加“挤出”修改器：用于制作台历的厚度。

实例制作步骤

场景文件路径	Scene\第3章\实例095 台历.max		
贴图文件路径	Map\		
视频路径	视频\ cha03\实例095 台历.mp4		
难易程度	★★	学习时间	11分31秒

❶ 在“前”视图中创建样条线，效果如图3-223所示。

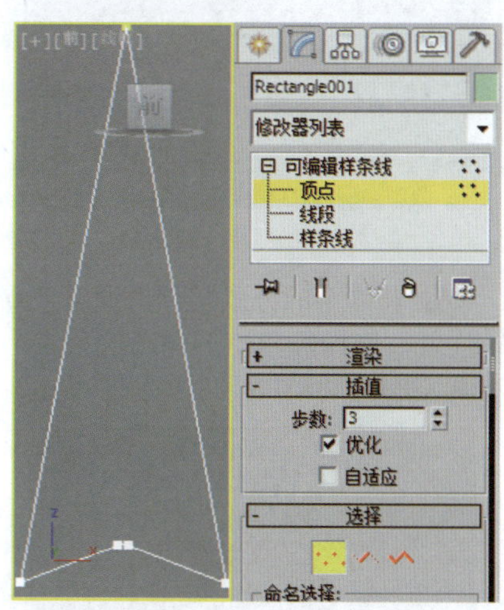

图3-223 创建图形

❷ 为图形设置轮廓，效果如图3-224所示。

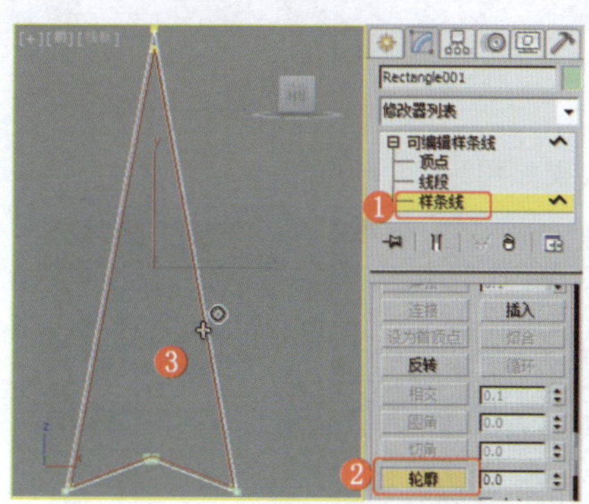

图3-224 设置图形的轮廓

❸ 为图形施加“挤出”修改器，设置合适的“数量”数值，效果如图3-225所示。

❹ 在“前”视图中创建线，挤出图形的厚度，施加“壳”修改器，效果如图3-226所示，将其作为台历页。

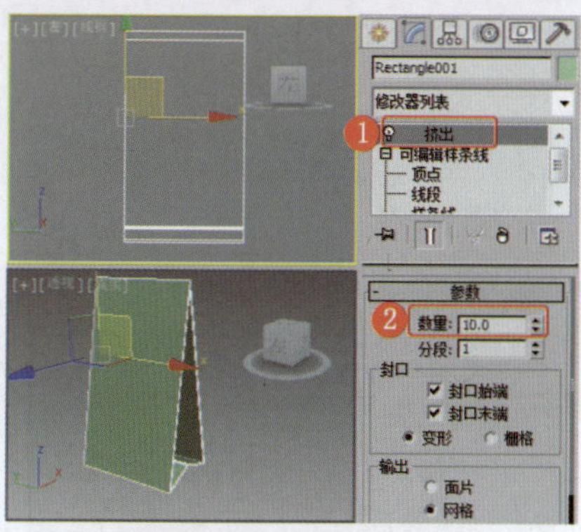

图3-225 挤出图形的厚度

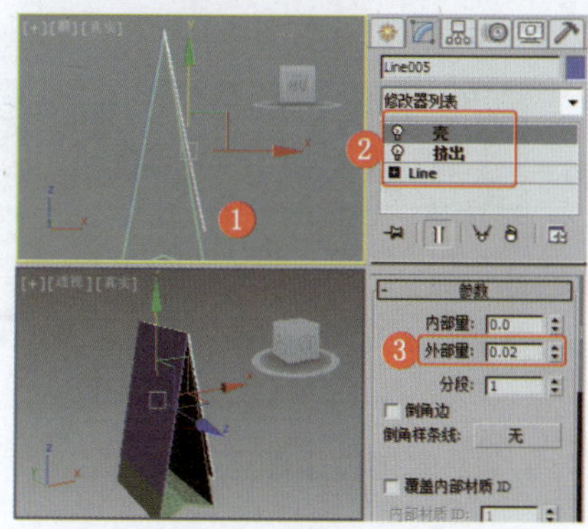

图3-226 创建台历页模型

❺ 在场景中创建可渲染的螺旋线，设置合适的参数，效果如图3-227所示。

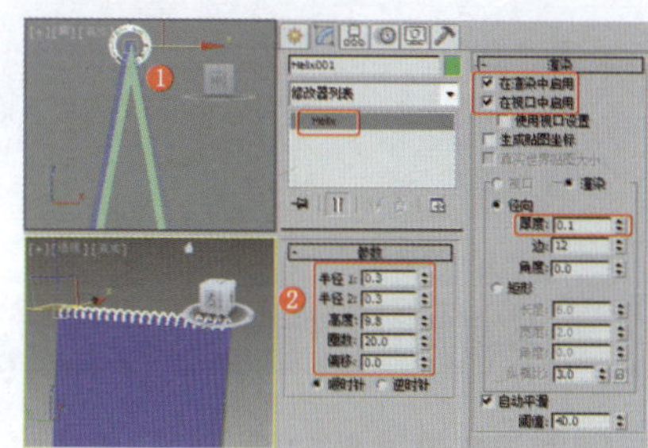

图3-227 创建可渲染的螺旋线

❻ 在螺旋线与台历页相交的位置创建圆柱体，设置合适的参数，使用“塌陷”工具将其塌陷，效果如图3-228所示。

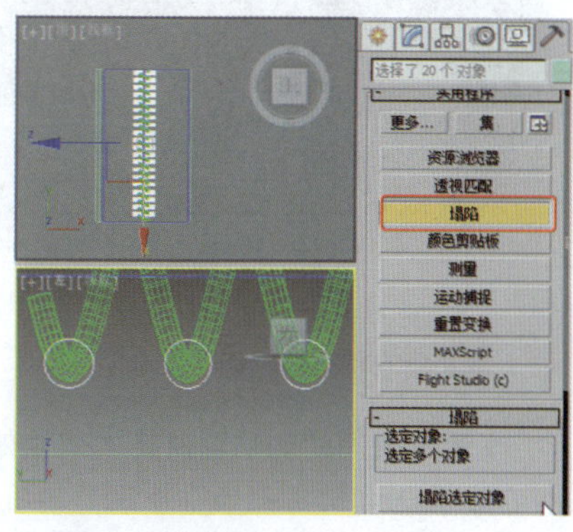

图3-228 塌陷圆柱体

❼ 使用“ProBoolean”工具对圆柱体进行布尔操作，效果如图3-229所示。

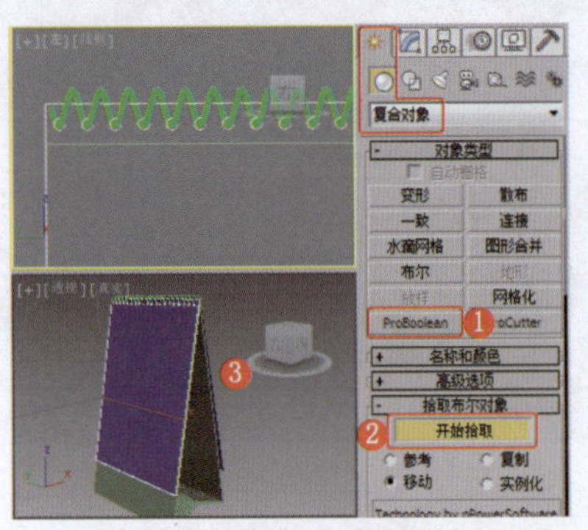

图3-229 布尔圆柱体

❽ 台历制作完成，为其设置材质，将其导入合适的场景，渲染输出。

实例096 其他陈设类——抱枕

实例效果剖析

本例制作的是一款家居中常见的方形抱枕。

本例制作的抱枕，效果如图3-230所示。

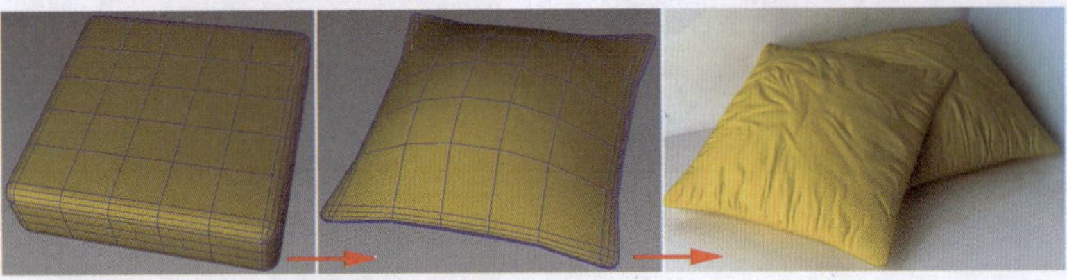

图3-230 效果展示

实例技术要点

本例主要用到的功能及技术要点如下。

- 施加“FFD”修改器：用于调整模型的基本形状。
- 施加“置换”修改器：用于制作抱枕的褶皱。

场景文件路径	Scene\第3章\实例096 抱枕.max		
贴图文件路径	Map\		
视频路径	视频\ cha03\实例096 抱枕.mp4		
难易程度	★★	学习时间	5分2秒

实例097 其他陈设类——垃圾桶

实例效果剖析

本例制作的是一款翻盖的垃圾桶，效果如图3-231所示。

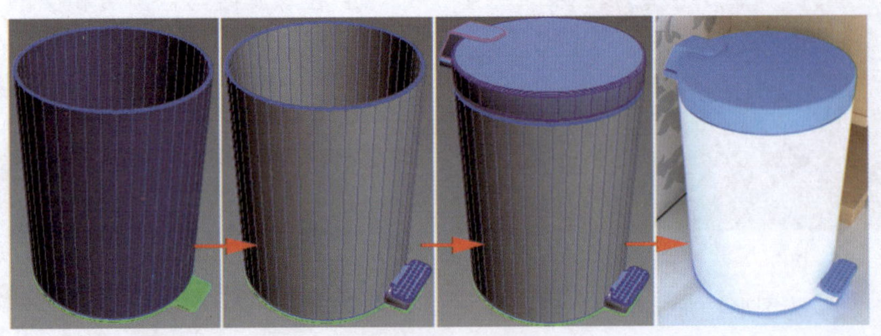

图3-231 效果展示

实例技术要点

本例主要用到的功能及技术要点如下。

- 施加“倒角剖面”修改器：用于制作垃圾桶的翻盖、桶身和踏板等。
- 施加“FFD”修改器：用于调整模型的形状。

实例制作步骤

场景文件路径	Scene\第3章\实例097 垃圾桶.max	
贴图文件路径	Map\	
视频路径	视频\ cha03\实例097 垃圾桶.mp4	
难易程度	★★	学习时间
		20分23秒

❶ 在“顶”视图中创建圆角矩形和圆，选择圆，将其转换为“可编辑样条线”，将图形附加到一起，效果如图3-232所示。

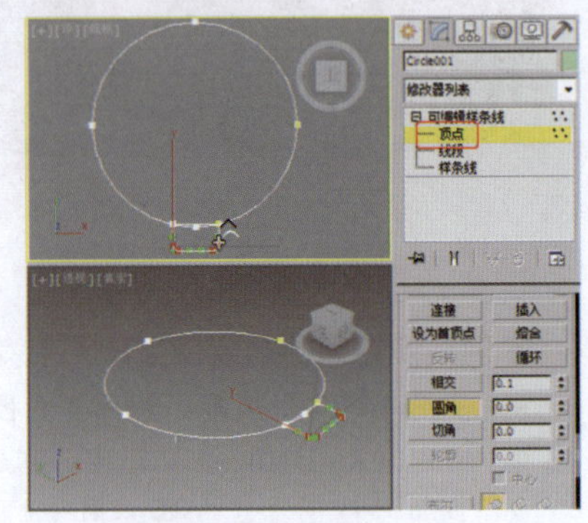

图3-232 创建并附加图形

❷ 将选择集定义为“顶点”，在“几何体”卷展栏中单击“优化”按钮，在场景中如图3-233所示的位置优化顶点。

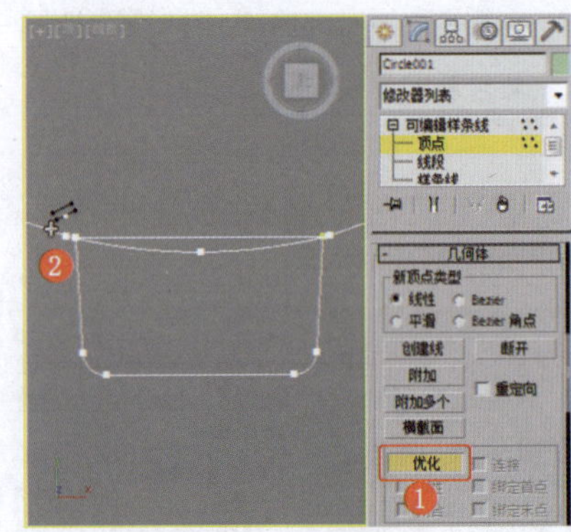

图3-233 优化顶点

❸ 将多余的分段删除，调整顶点的位置，选择圆角矩形和圆的顶点，对顶点进行焊接，效果如图3-234所示。

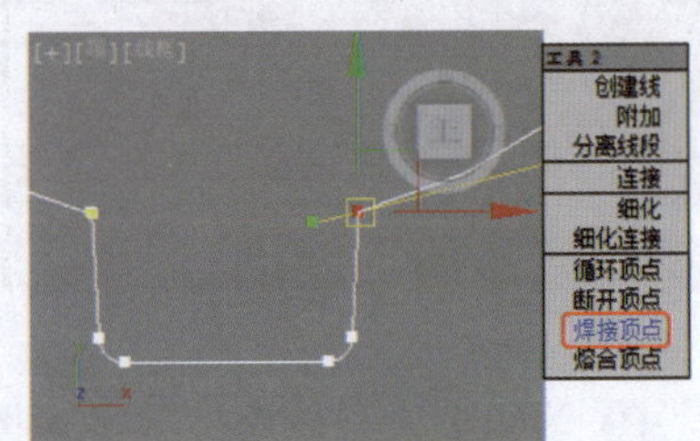

图3-234 焊接顶点

❹ 调整图形的形状，在“插值”卷展栏中设置“步数”为10，如图3-235所示。

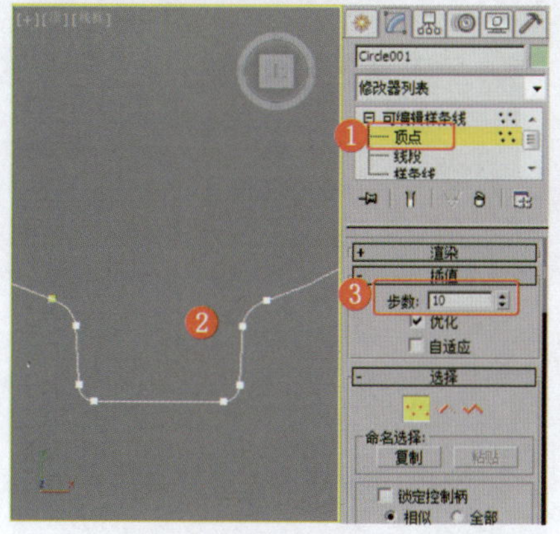

图3-235 调整参数

❺ 在“前”视图中创建截面图形，效果如图3-236所示。

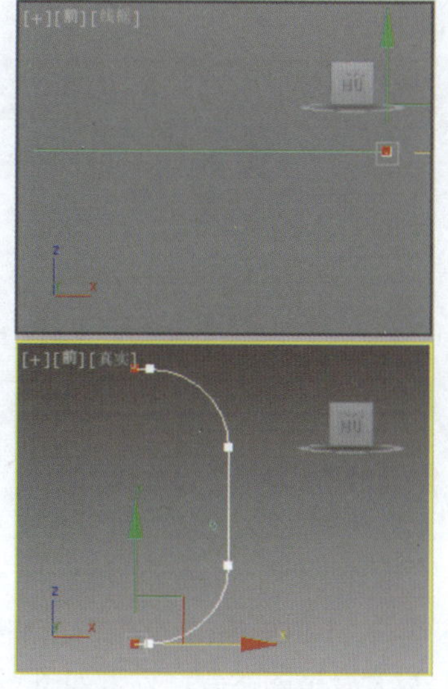

图3-236 创建截面图形

❻ 在场景中选择调整好的圆和圆角矩形，为其施加“倒角剖面”修改器，在“参数”卷展栏中单击“拾取剖面”按钮，在场景中拾取步骤5中绘制的截面图形，效果如图3-237所示。

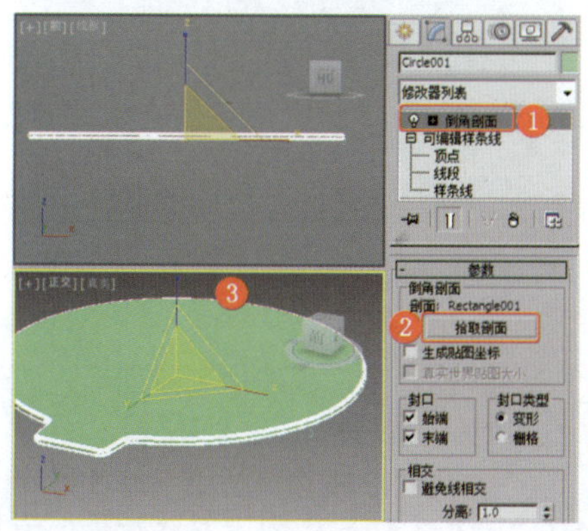

图3-237 创建倒角剖面模型

❼ 在“顶”视图中创建圆，效果如图3-238所示。

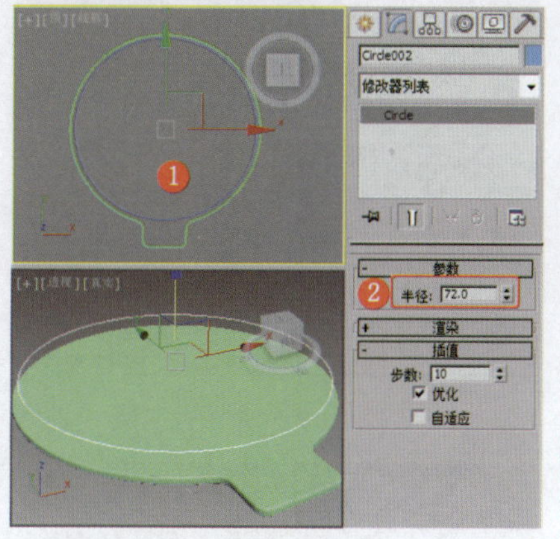

图3-238 创建圆

❽ 在“前”视图中创建圆角矩形，设置合适的参数，效果如图3-239所示。

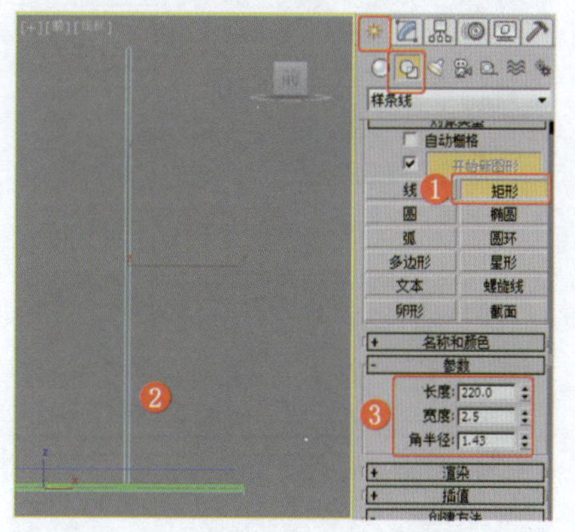

图3-239 创建圆角矩形

❾ 将图形转换为“可编辑样条线”，将选择集定义为“顶点”，在场景中调整图形的形状，效果如图3-240所示。

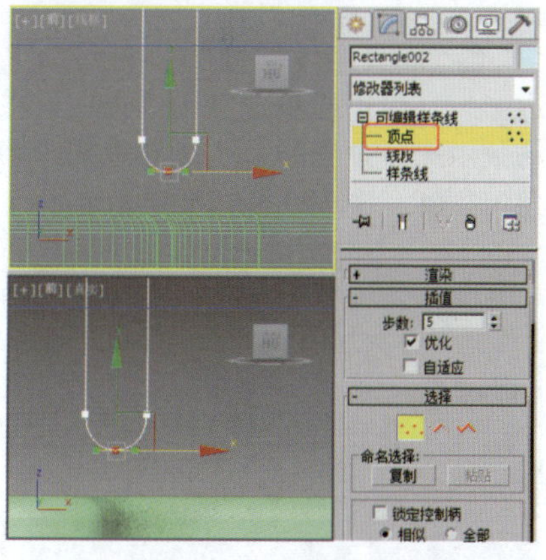

图3-240 调整图形的形状

❿ 在场景中选择圆，为其施加“倒角剖面”修改器，在“参数”卷展栏中单击“拾取剖面”按钮，在场景中拾取调整后的圆角矩形，效果如图3-241所示，将其作为桶身。

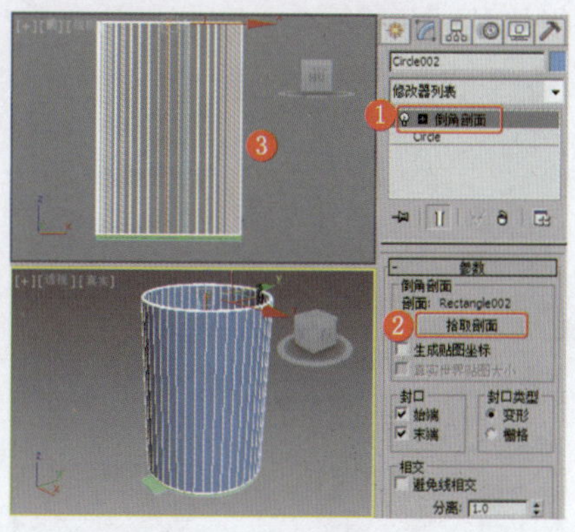

图3-241 创建桶身模型

⓫ 在“顶”视图中创建切角长方体，设置合适的参数，效果如图3-242所示。

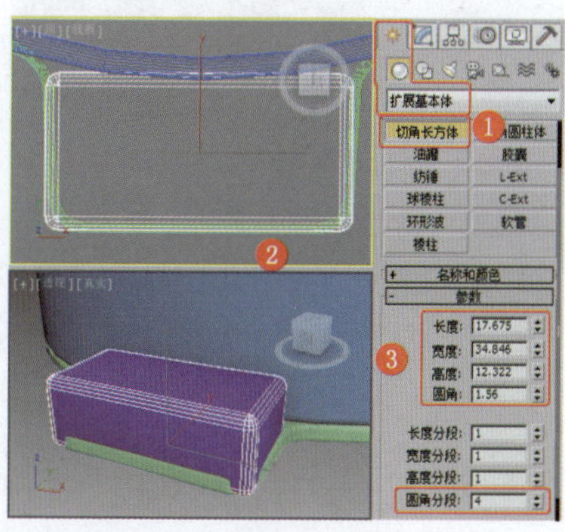

图3-242 创建切角长方体

⓬ 为模型施加“FFD 2×2×2”修改器，将选择集定义为“控制点”，在场景中调整模型的形状，效果如图3-243所示。

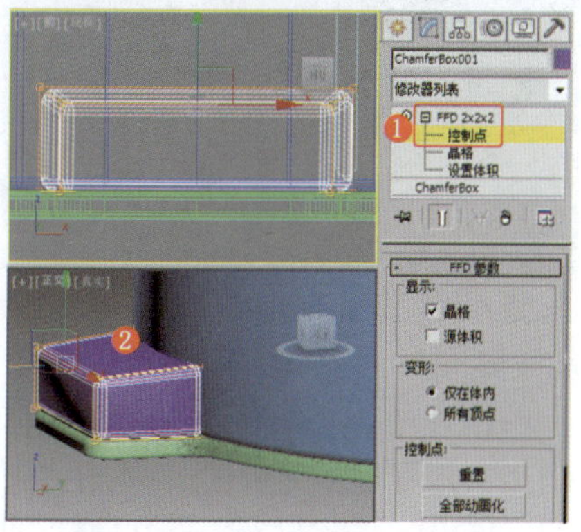

图3-243 调整切角长方体

⓭ 在“顶”视图中创建图形，效果如图3-244所示。

⓮ 为图形施加“倒角剖面”修改器，在“参数”卷展栏中单击“拾取剖面”按钮，在场景中拾取底座的截面图形，效果如图3-245所示。

⓯ 在“顶”视图中创建球体，设

置合适的参数，对模型进行复制，效果如图3-246所示。

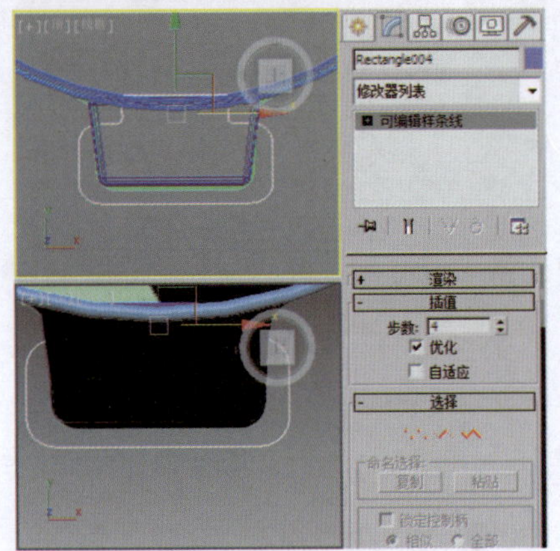
图3-244 创建图形

图3-245 施加"倒角剖面"修改器

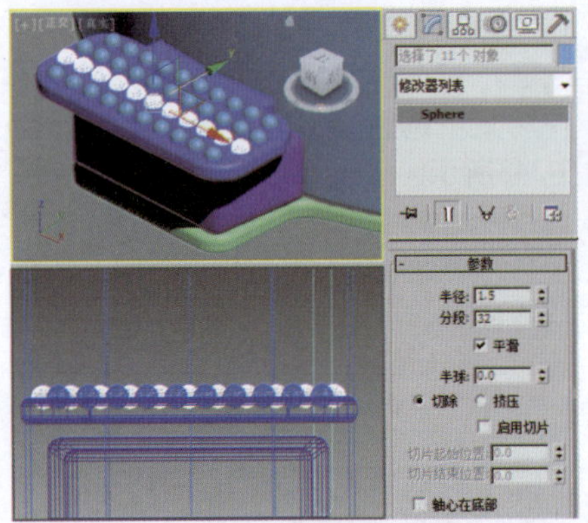
图3-246 创建并复制球体

⑯ 在场景中选择所有球体，切换到"实用程序"面板，单击"塌陷"按钮，将其塌陷为一体，效果如图3-247所示。

⑰ 在场景中选择图3-245中的踏板模型，使用"ProBoolean"工具，在"拾取布尔对象"卷展栏中单击"开始拾取"按钮，在场景中拾取球体，效果如图3-248所示。

⑱ 在"顶"视图中创建圆柱体，设置合适的参数，效果如图3-249所示。

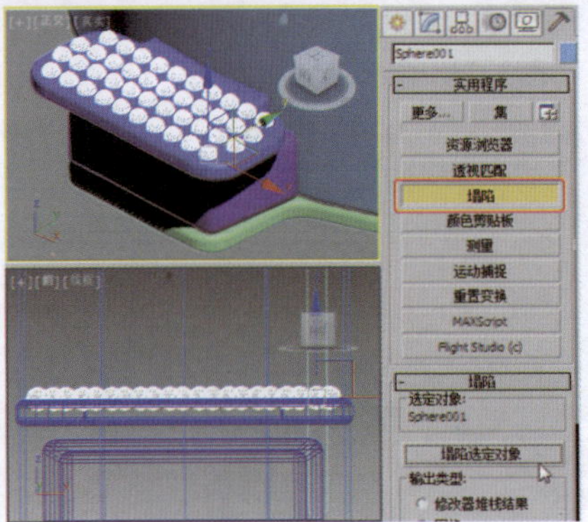
图3-247 塌陷球体为一体

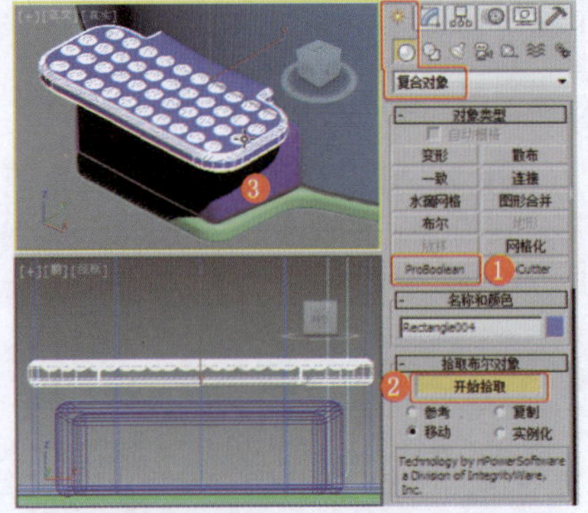
图3-248 进一步制作踏板模型

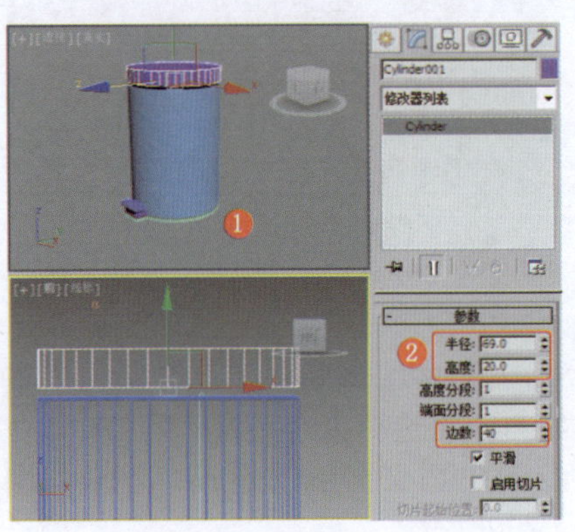
图3-249 创建圆柱体

⑲ 将圆柱体转换为"可编辑多边形"，将选择集定义为"边"，在场景中选择顶底的边，设置边的"切角"参数，效果如图3-250所示。

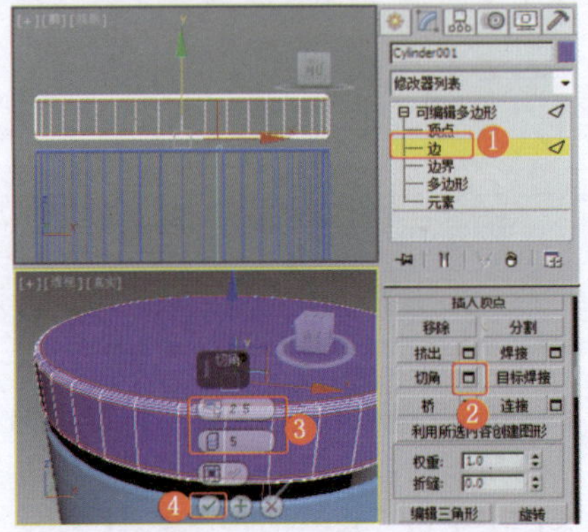
图3-250 设置模型边的切角

⑳ 关闭选择集，为模型施加"平滑"修改器，在"参数"卷展栏中勾选"自动平滑"复选框，效果如图3-251所示。

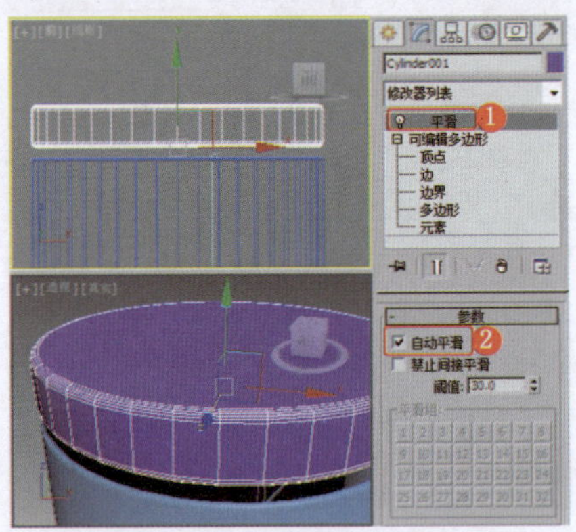
图3-251 设置模型的平滑效果

㉑ 在场景中创建如图3-252所示的圆，施加"挤出"修改器，或者直接创建圆柱体。

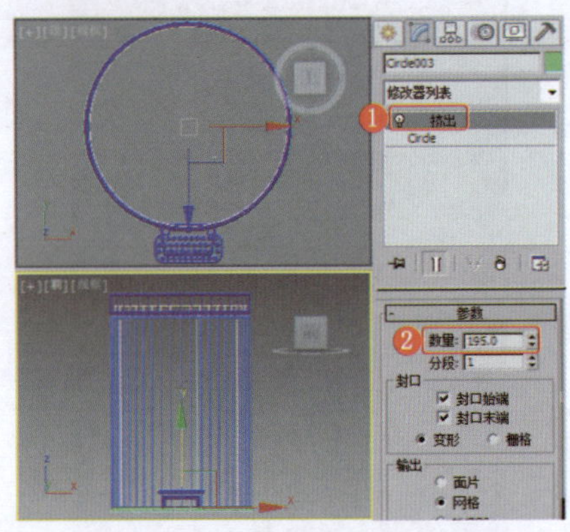
图3-252 创建圆柱体

㉒ 在"顶"视图中创建切角长方体，设置合适的参数，效果如图3-253所示。

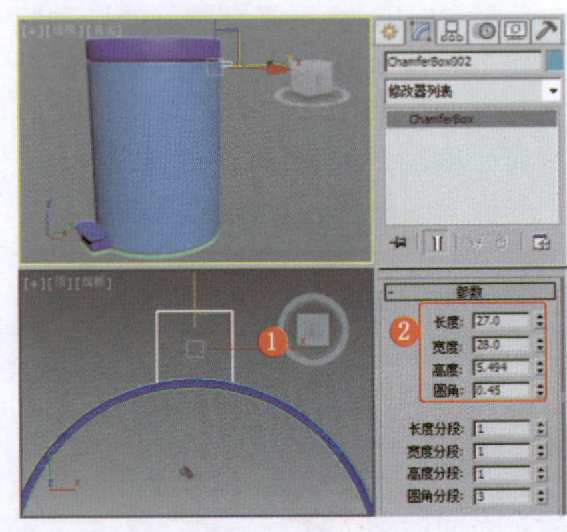
图3-253 创建切角长方体

㉓ 在"顶"视图中创建图形，调整其形状，效果如图3-254所示。

㉔ 为图形施加"挤出"修改器，在"参数"卷展栏中设置"数量"为

23.5，效果如图3-255所示。

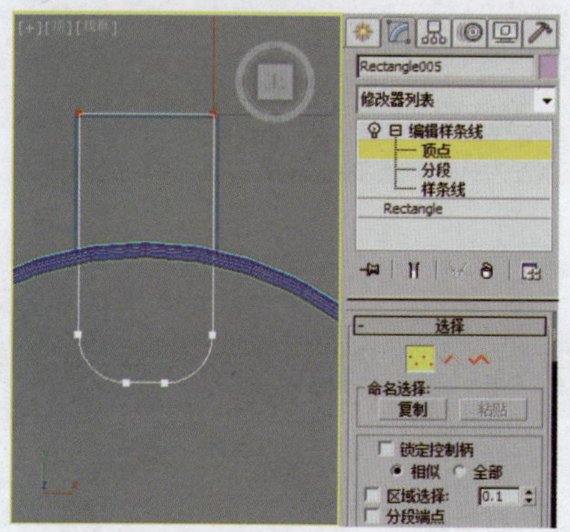

图3-254 创建并调整图形

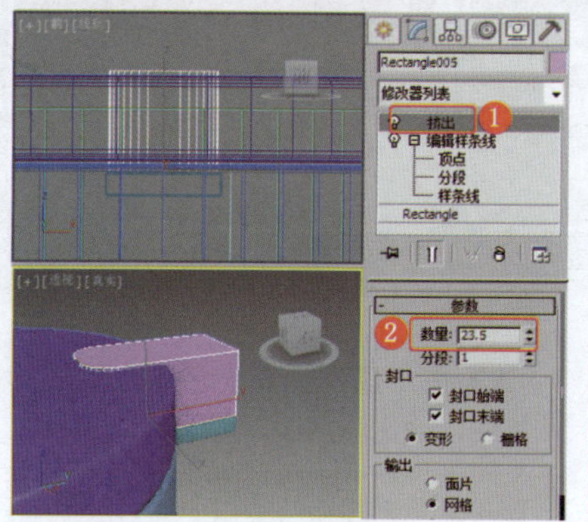

图3-255 施加“挤出”修改器

㉕ 为模型施加“编辑多边形”修改器，将选择集定义为“边”，在场景中设置边的“切角”参数，效果如图3-256所示。

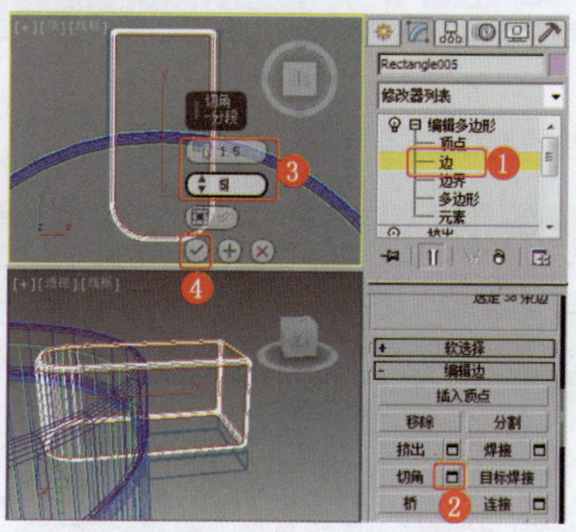

图3-256 设置模型边的“切角”参数

㉖ 将选择集定义为“顶点”，为其施加“FFD 2×2×2”修改器，将选择集定义为“控制点”，在场景中调整控制点，效果如图3-257所示。

㉗ 垃圾桶制作完成，效果如图3-258所示。

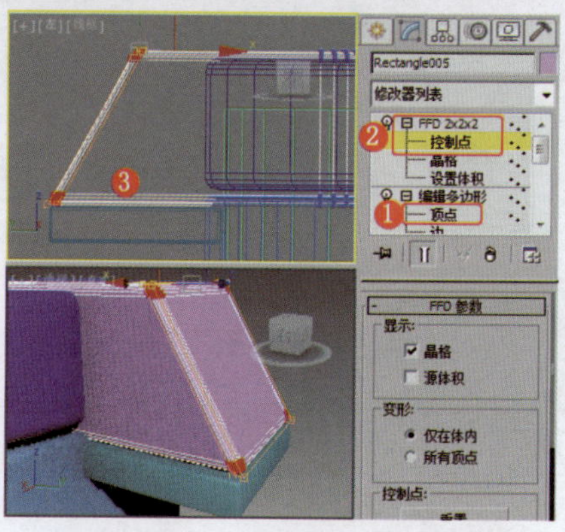

图3-257 调整模型的形状

图3-258 完成制作

第 4 章 厨卫器具

本章主要介绍厨卫空间中器具构件的制作。

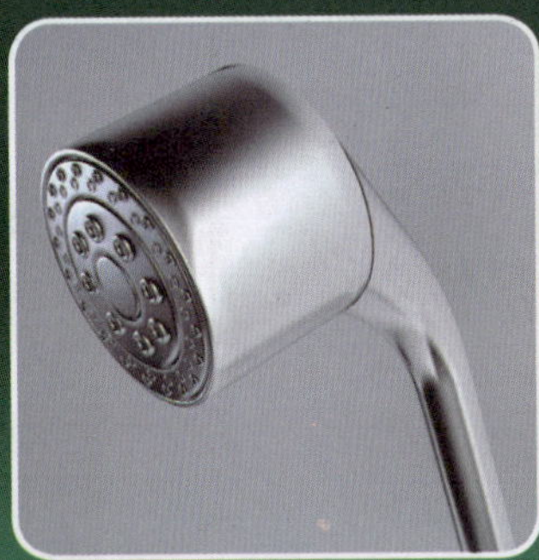

实例098 卫浴小件类——卷纸器

实例效果剖析

本例制作的是一款简单的卷纸器，效果如图4-1所示。

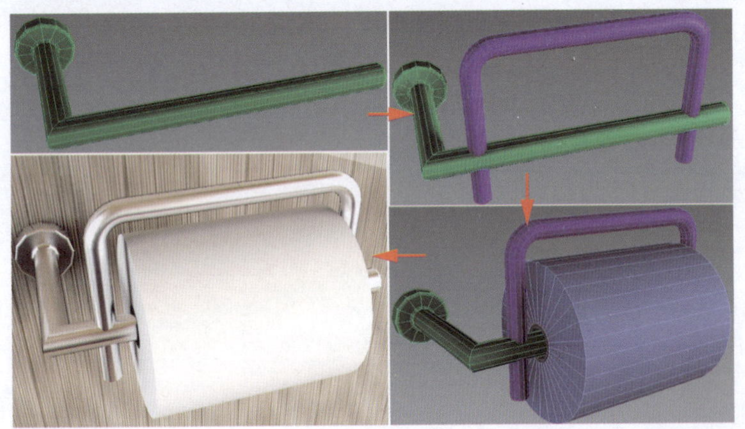

图4-1 效果展示

实例技术要点

本例主要用到的功能及技术要点如下。

● 施加"编辑多边形"修改器：用于设置多边形的挤出效果。

实例制作步骤

场景文件路径	Scene\第4章\实例098 卷纸器.max		
贴图文件路径	Map\		
视频路径	视频\ cha04\实例098 卷纸器.mp4		
难易程度	★	学习时间	8分34秒

❶ 在"顶"视图中创建可渲染的样条线，效果如图4-2所示。

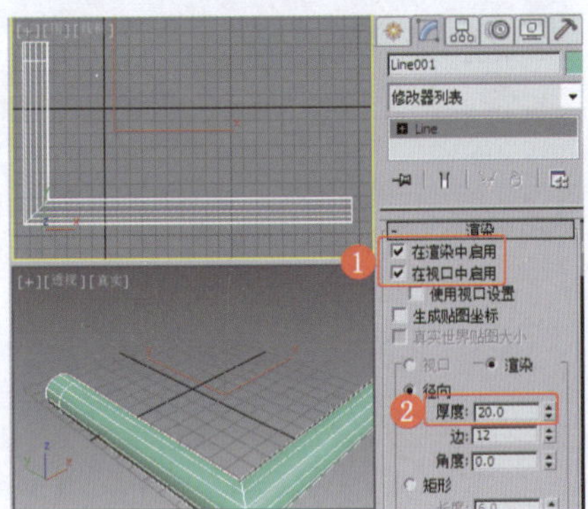

图4-2 创建可渲染的样条线

❷ 为可渲染的样条线施加"编辑多边形"修改器，将选择集定义为"多边形"，设置多边形的"挤出"参数，效果如图4-3所示。

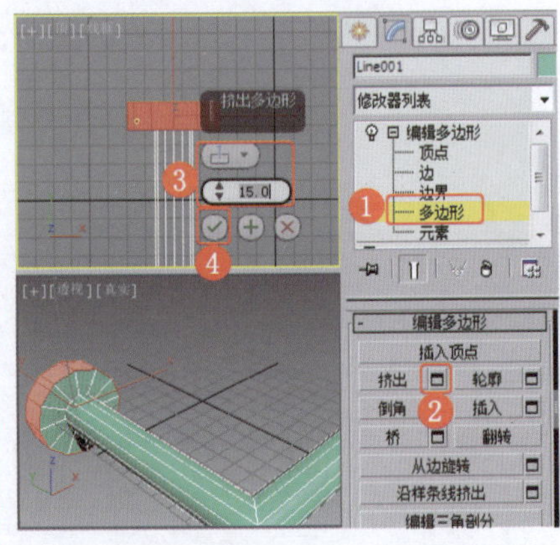

图4-3 设置多边形的"挤出"参数

❸ 将选择集定义为“边”，在场景中选择如图4-4所示的边，将边移除。

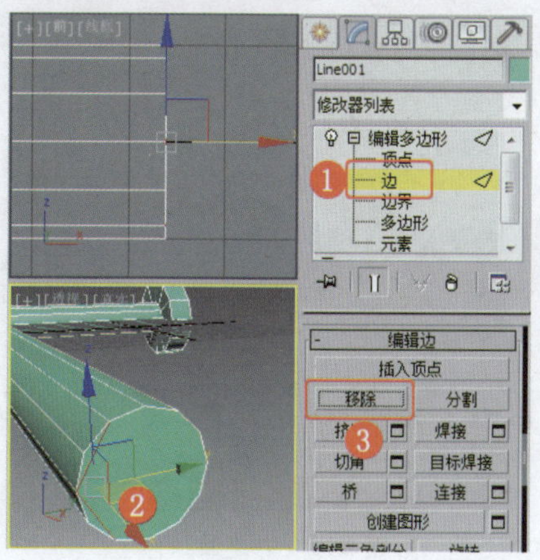

图4-4 移除边

❹ 设置如图4-5所示的边的“切角”参数。

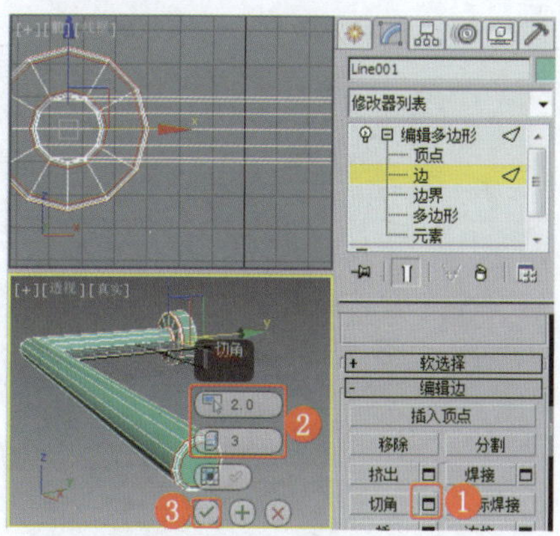

图4-5 设置边的“切角”参数

❺ 在“前”视图中创建可渲染的矩形，设置合适的参数，效果如图4-6所示。

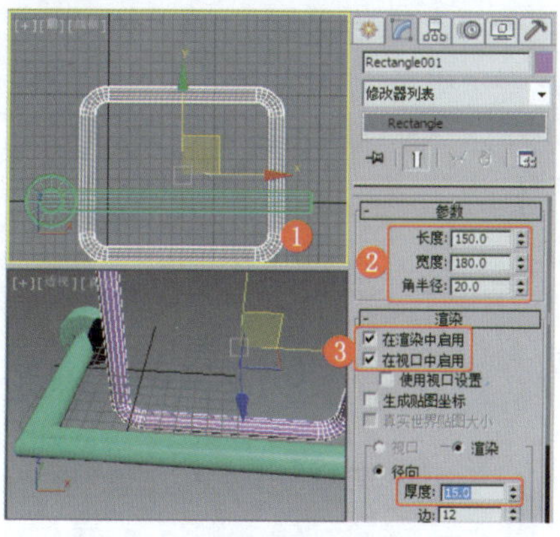

图4-6 创建可渲染的矩形

❻ 将选择集定义为“分段”，删除底端的分段，效果如图4-7所示。

❼ 在“左”视图中创建管状体，设置合适的参数，调整模型的位置，效果如图4-8所示。

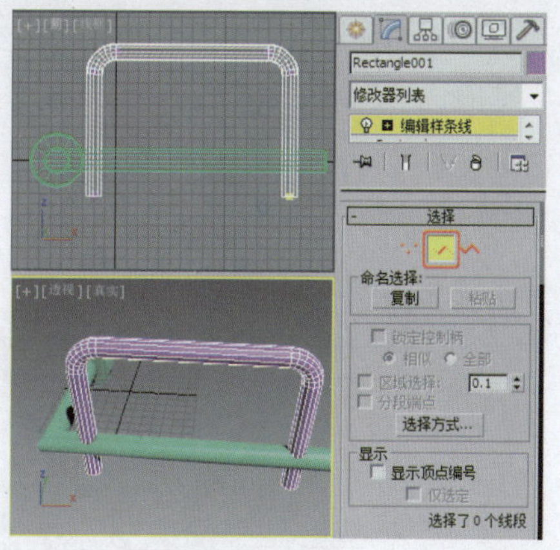

图4-7 删除分段

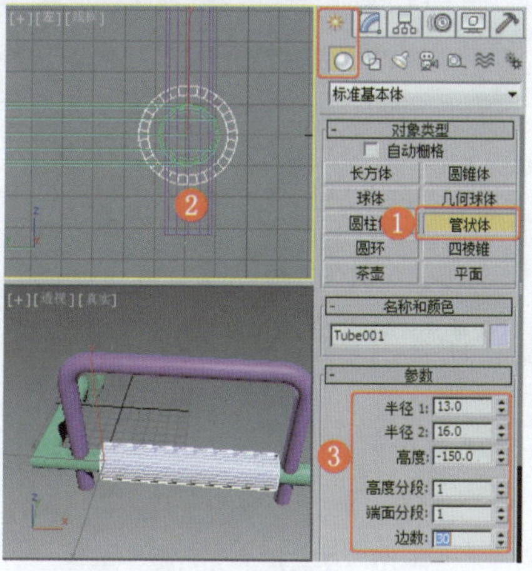

图4-8 创建管状体

❽ 复制管状体，设置合适的参数，效果如图4-9所示。

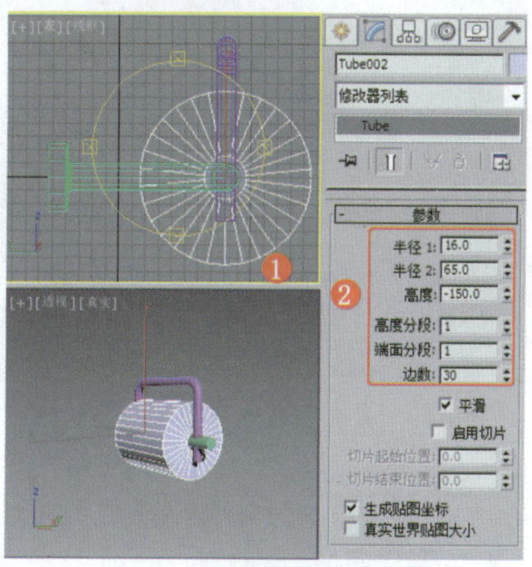

图4-9 复制管状体

实例099 卫浴小件类——水龙头

实例效果剖析

本例制作的是一款弯曲形状的亮光不锈钢水龙头。

本例制作的水龙头，效果如图4-10所示。

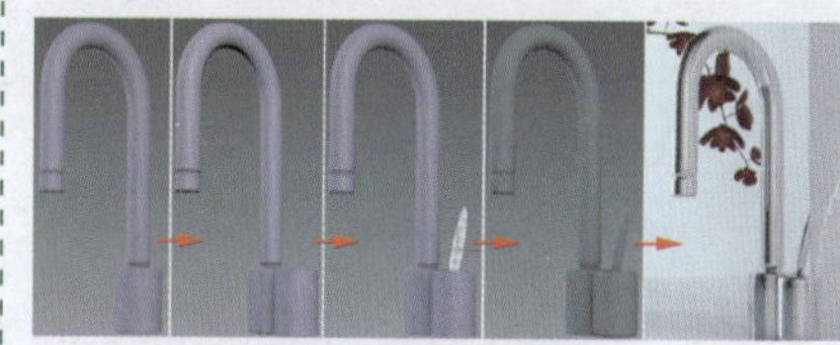

图4-10 效果展示

实例技术要点

本例主要用到的功能及技术要点如下。

- 施加“编辑多边形”修改器：移除多余的边，设置边的挤出和切角、多边形的挤出和插入效果。
- 使用“ProBoolean”工具：将模型进行合集处理。

实例制作步骤

场景文件路径	Scene\第4章\实例099 水龙头.max	
贴图文件路径	Map\	
视频路径	视频\cha04\实例099 水龙头.mp4	
难易程度	★★	学习时间 7分38秒

❶ 在“前”视图中创建可渲染的样条线，设置合适的参数，创建相应的顶点，效果如图4-11所示。

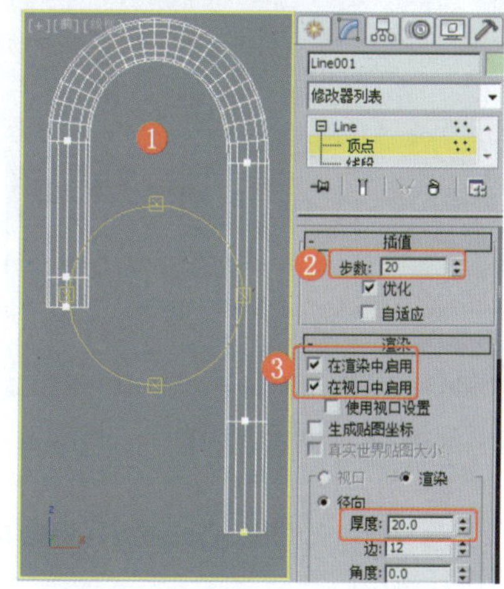

图4-11 创建可渲染的样条线

❷ 为可渲染的样条线施加“编辑多边形”修改器，将底端的边移除，效果如图4-12所示。

❸ 在场景中选择合适的边，设置其“挤出”参数，效果如图4-13所示。

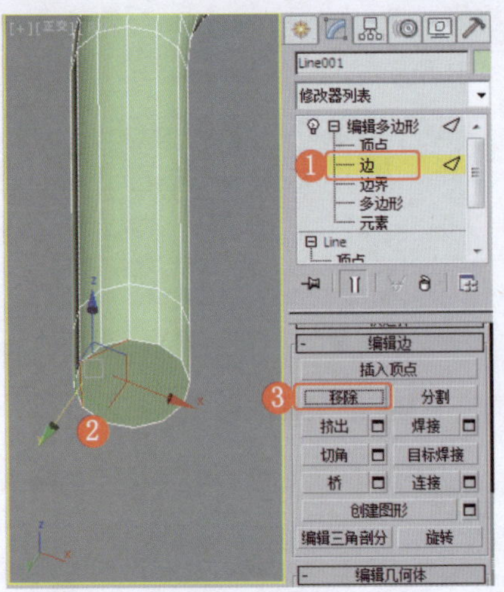

图4-12 移除多余的边

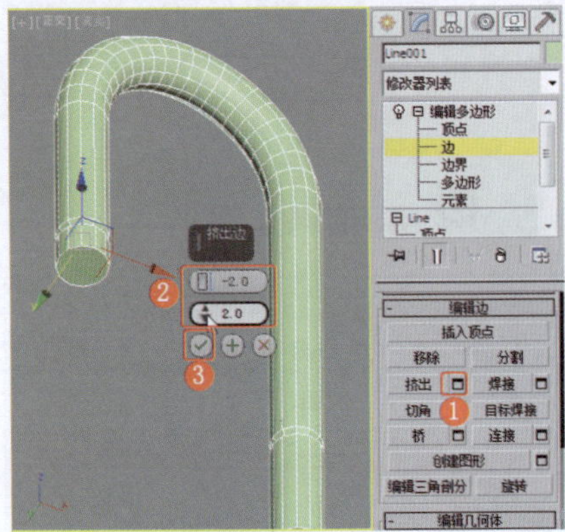

图4-13 设置边的"挤出"参数

❹ 继续设置边的"切角"参数，效果如图4-14所示。

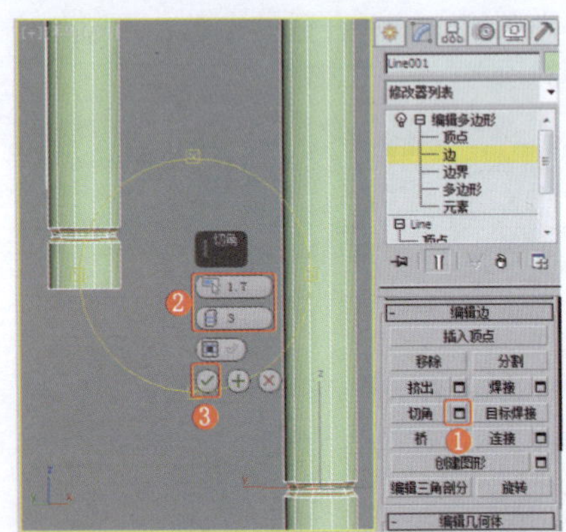

图4-14 设置边的"切角"参数

❺ 将选择集定义为"多边形"，设置多边形的"挤出"参数，效果如图4-15所示。

❻ 将选择集定义为"边"，设置如图4-16所示的边的"切角"参数。

❼ 在场景中继续设置多边形的"插入"参数，效果如图4-17所示。

❽ 继续设置多边形的"挤出"参数，如图4-18所示，按Delete键将选择的多边形删除。

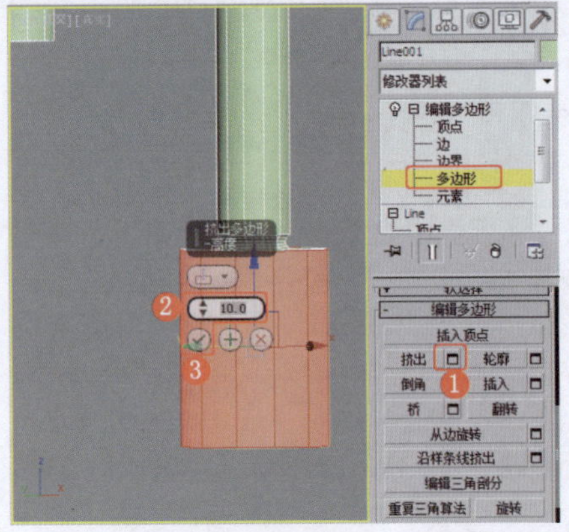

图4-15 设置多边形的"挤出"参数

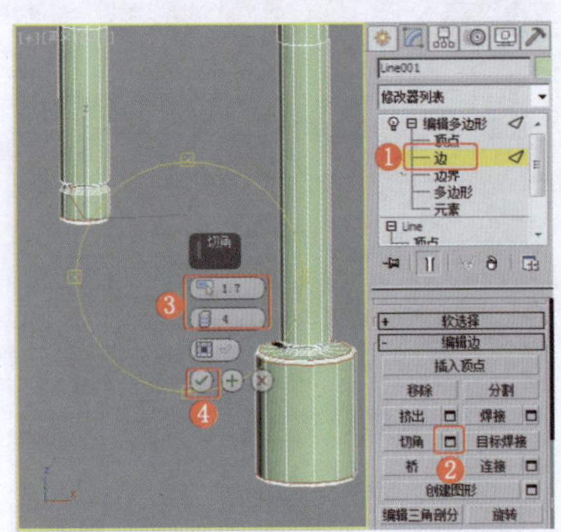

图4-16 设置边的"切角"参数

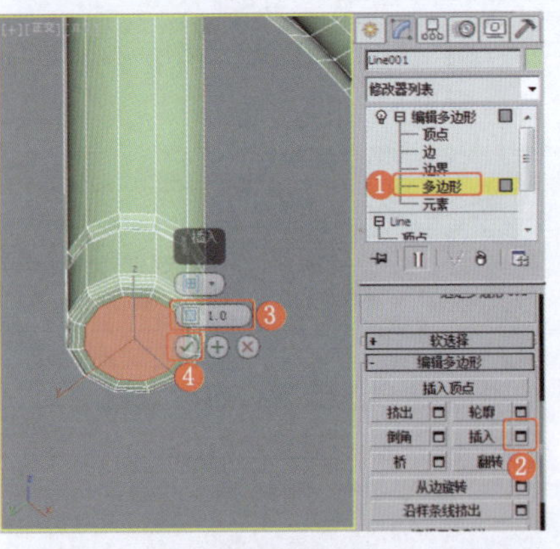

图4-17 设置多边形的"插入"参数

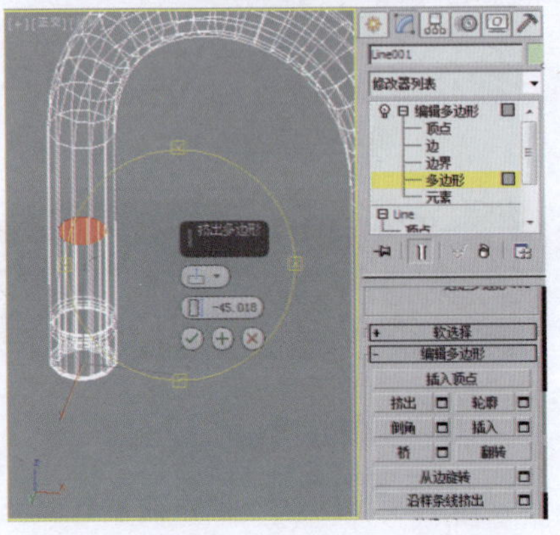

图4-18 挤出多边形

❾ 在场景中如图4-19所示的位置创建圆柱体。

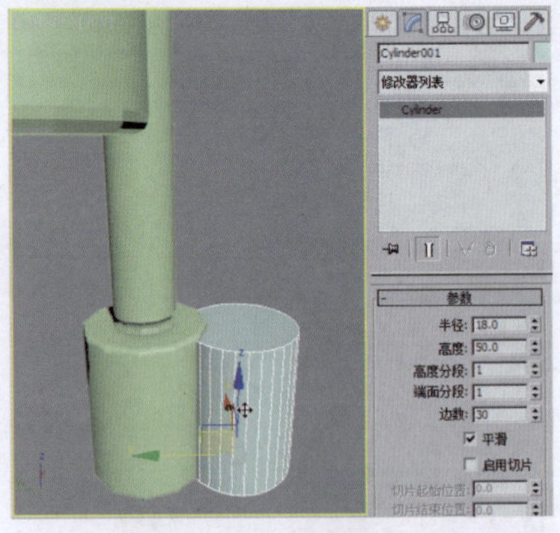

图4-19 创建圆柱体

❿ 在场景中选择可渲染的样条线，使用"ProBoolean"工具，单击"开始拾取"按钮，拾取圆柱体，创建模型的合集，效果如图4-20所示。

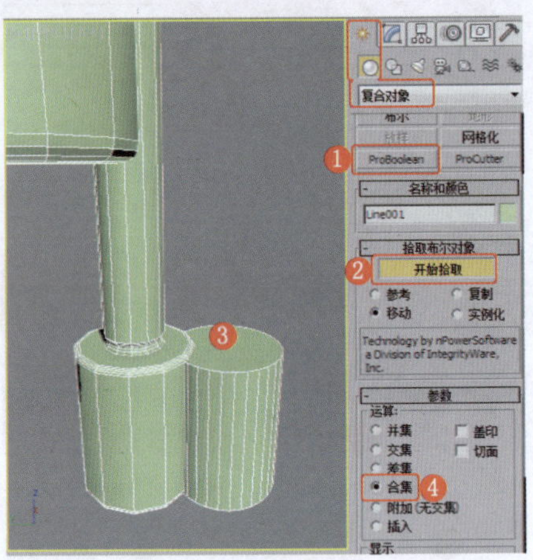

图4-20 创建模型的合集

⓫ 在场景中创建几何球体，缩放模型并调整模型的角度，效果如图4-21所示。

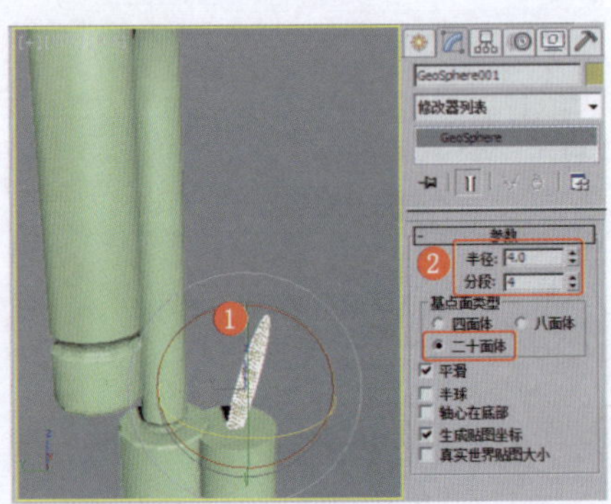

图4-21 创建并调整几何球体

⓬ 在场景中选择合集后的模型，切换到"修改"命令面板，使用"ProBoolean"工具，单击"开始拾取"按钮，在场景中拾取几何球体，

合集效果如图4-22所示。

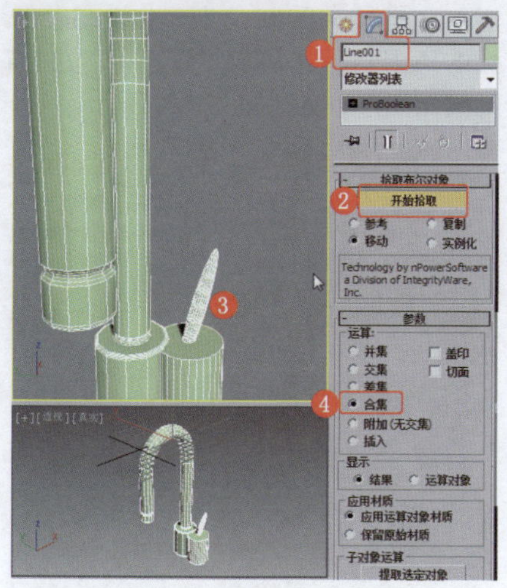

图4-22 创建模型的合集

⑬ 在“高级选项”卷展栏中勾选“设为四边形”复选框，效果如图4-23所示。

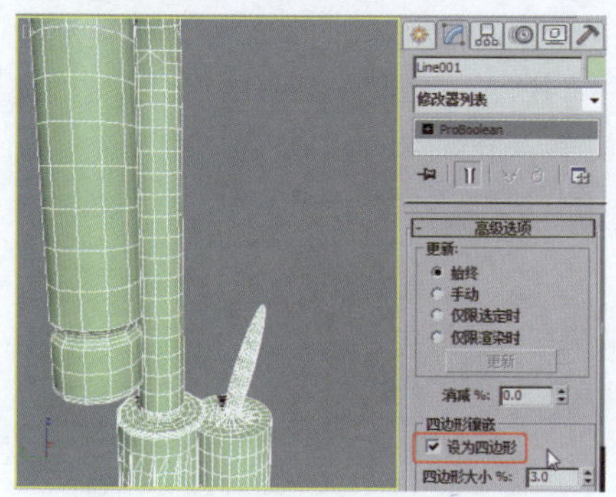

图4-23 将多边形设为四边形

⑭ 为模型施加“网格平滑”或“涡轮平滑”修改器，设置模型的平滑效果，效果如图4-24所示。

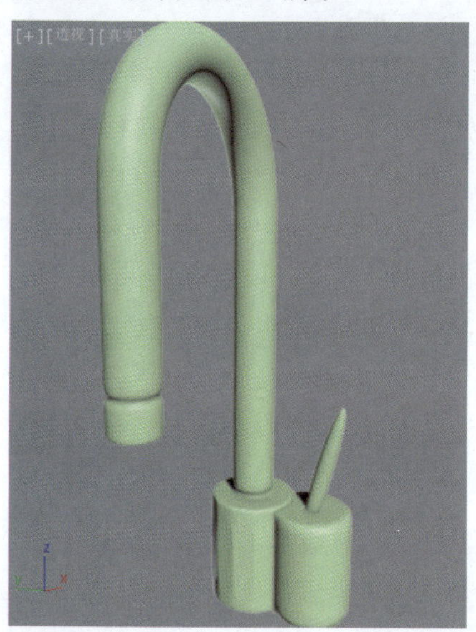

图4-24 平滑模型

实例100 卫浴小件类——毛巾架

实例效果剖析

本例制作的是一款常用的不锈钢金属管毛巾架，效果如图4-25所示。

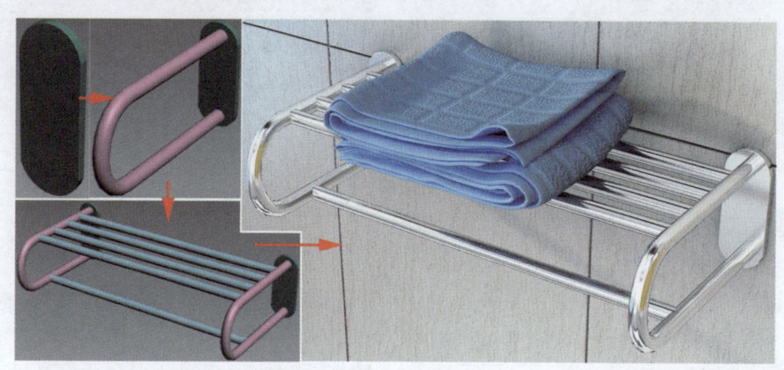

图4-25 效果展示

实例技术要点

本例主要用到的功能及技术要点如下。

- 施加“倒角”修改器：设置毛巾架底座的厚度。
- 转换为“可编辑样条线”：用于调整毛巾架的形状。

实例制作步骤

场景文件路径	Scene\第4章\实例100 毛巾架.max		
贴图文件路径	Map\		
视频路径	视频\ cha04\实例100 毛巾架.mp4		
难易程度	★★	学习时间	9分49秒

实例101 卫浴小件类——储物架

实例效果剖析

本例制作的是一款金属储物架，采用简单的欧式铁艺花纹，以达到装饰的效果。

本例制作的储物架，效果如图4-26所示。

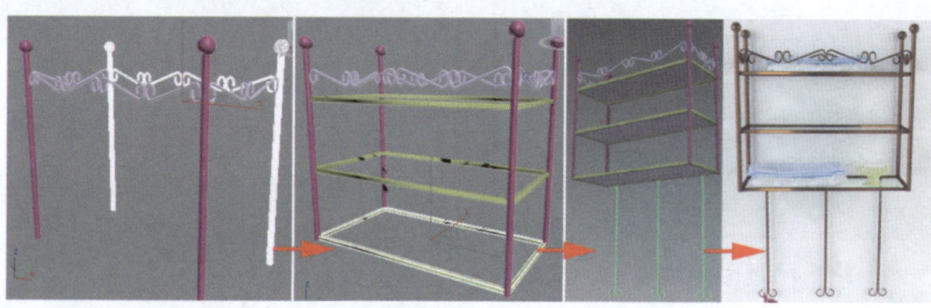

图4-26 效果展示

实例技术要点

本例主要用到的功能及技术要点如下。

- 施加“车削”修改器：创建截面图形，制作出储物架的框架模型。
- 施加“编辑样条线”修改器：用于调整图形的形状。
- 施加“扫描”修改器：指定截面图形，制作储物架的立体效果。该修改器与“放样”修改器类似，不同的是，该修改器有内置截面。

实例制作步骤

场景文件路径	Scene\第4章\实例101 储物架.max	
贴图文件路径	Map\	
视频路径	视频\cha04\实例101 储物架.mp4	
难度程度	★★★	学习时间
		15分47秒

❶ 在“前”视图中创建线，调整其形状，设置合适的“步数”数值，效果如图4-27所示。

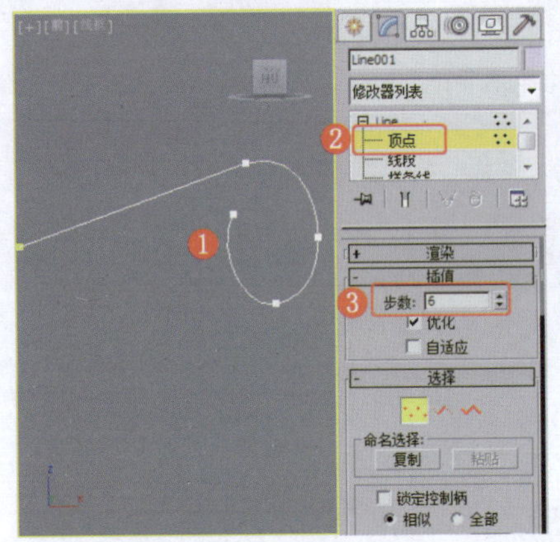

图4-27 创建线

❷ 将选择集定义为“样条线”，设置样条线的“镜像”参数，效果如图4-28所示。

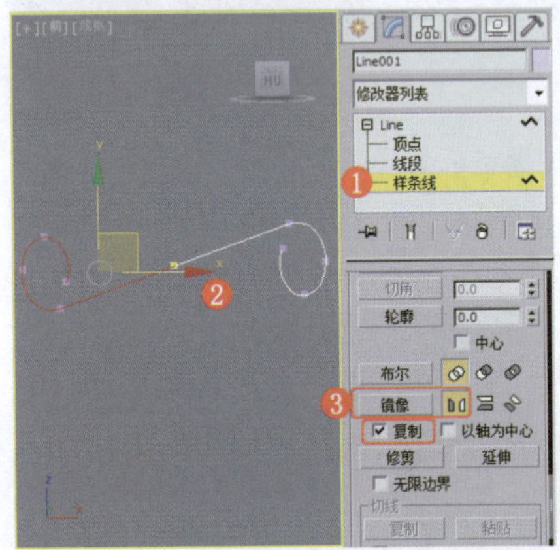

图4-28 对线进行镜像复制

❸ 调整图形的顶点，焊接顶点，并设置图形的可渲染参数，效果如图4-29所示。

❹ 创建线并调整出如图4-30所示的截面图形。

❺ 为截面图形施加“车削”修改器，设置合适的参数，效果如图4-31所示。

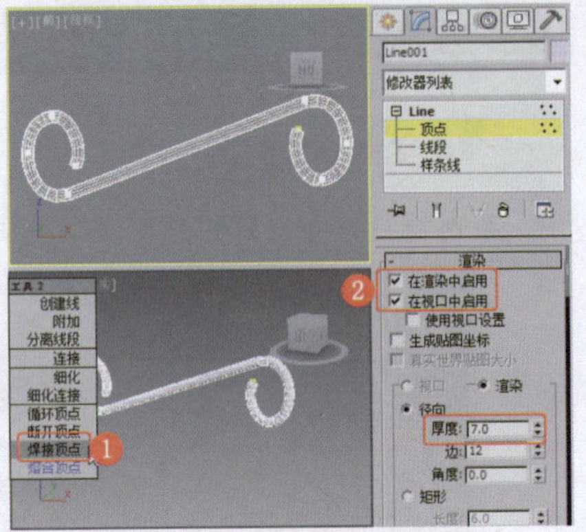

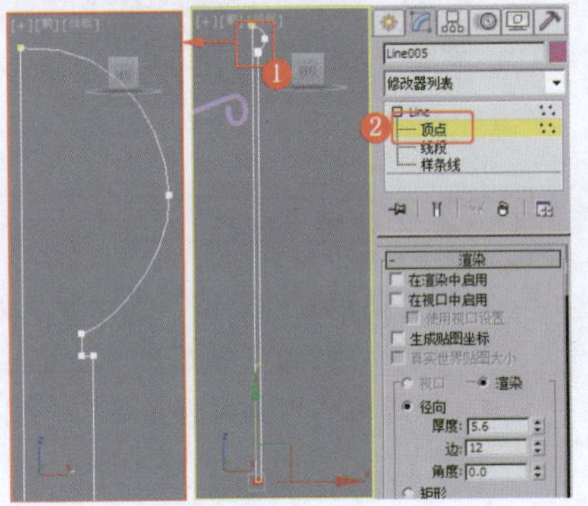

图4-29 设置图形的可渲染参数

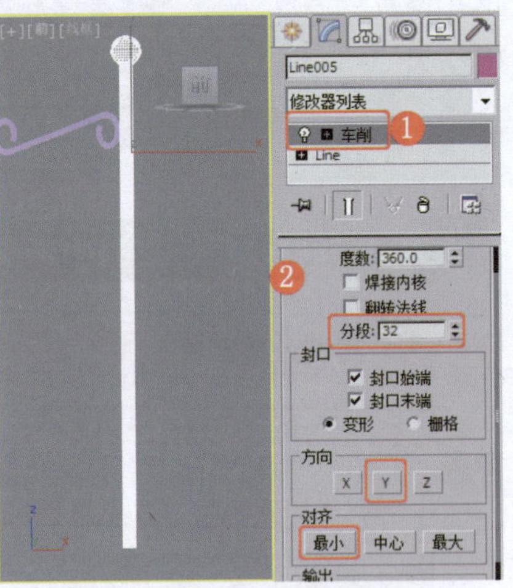

图4-30 创建并调整图形

图4-31 车削图形

❻ 复制模型，效果如图4-32所示。

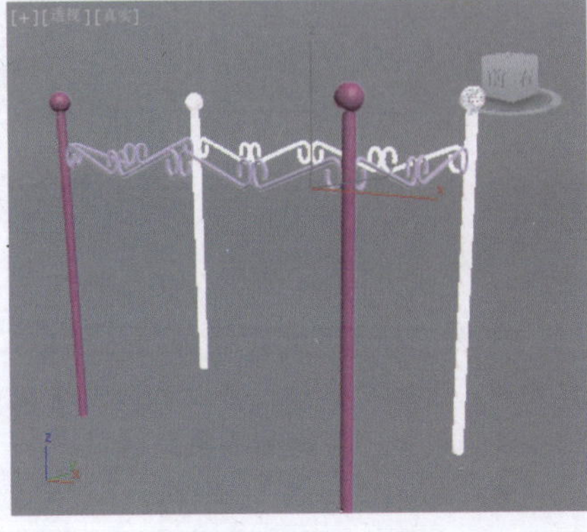

图4-32 复制模型

❼ 在“顶”视图中创建两个圆角矩形，将较大的圆角矩形作为储物隔板的边，将较小的圆角矩形作为扫描的截面图形，效果如图4-33所示。

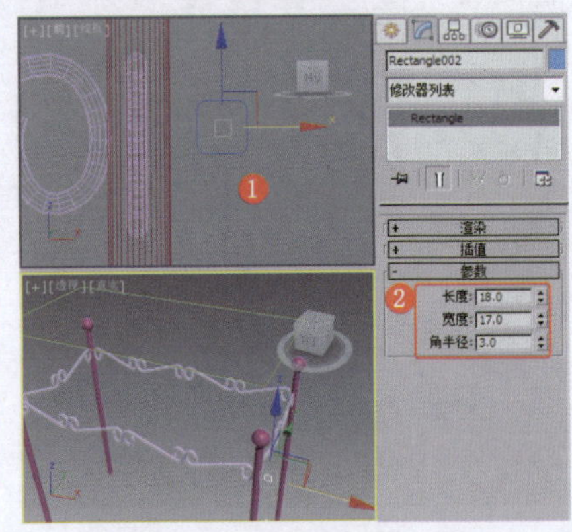

图4-33 创建两个圆角矩形

❽ 在场景中为较大的圆角矩形施加“编辑样条线”修改器，再为其施加“扫描”修改器，设置合适的参数，拾取较小的圆角矩形，效果如图4-34所示，将其作为隔断边。

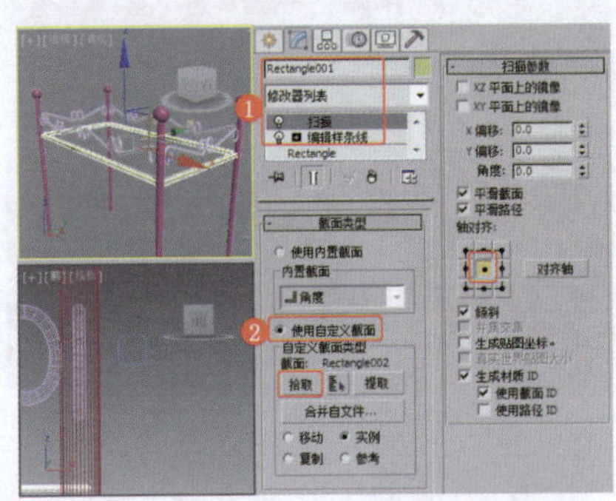

图4-34 扫描模型

❾ 对隔断边模型进行复制，效果如图4-35所示。

图4-35 复制隔断边模型

❿ 在“前”视图中创建可渲染的样条线，将其作为挂钩，效果如图4-36所示。

⓫ 创建平面，将其作为隔板，对

其进行复制，效果如图4-37所示。

⑫ 模型制作完成，为模型指定金属材质和玻璃材质，设置合适的渲染场景，在此不再赘述。

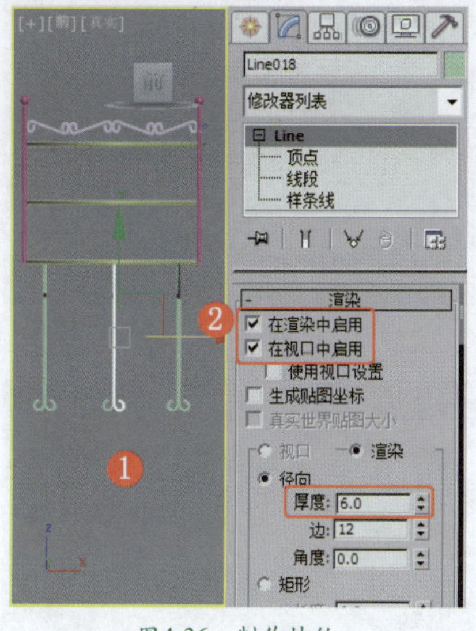

图4-36 制作挂钩

图4-37 制作隔板

实例102 卫浴器具类——淋浴盆

实例效果剖析

本例制作的是一款扇形的淋浴盆，它由盆底和盆沿组成，具有占用面积小、防滑、易排水等优点。

本例制作的淋浴盆，效果如图4-38所示。

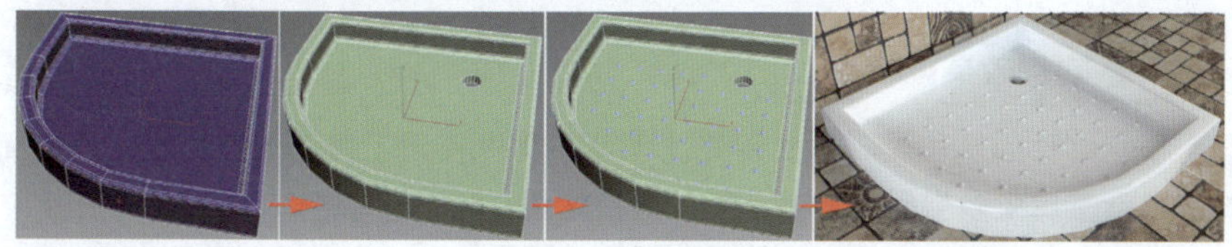

图4-38 效果展示

实例技术要点

本例主要用到的功能及技术要点如下。

- 施加“编辑样条线”修改器：用于调整矩形的圆角效果。
- 施加“编辑多边形”修改器：用于设置多边形的插入、挤出和边的切角效果。
- 使用“ProBoolean”工具：制作出水孔。

实例制作步骤

场景文件路径	Scene\第4章\实例102 淋浴盆.max		
贴图文件路径	Map\		
视频路径	视频\ cha04\实例102 淋浴盆.mp4		
难易程度	★★	学习时间	7分44秒

❶ 在“顶”视图中创建矩形，设置合适的参数，效果如图4-39所示。

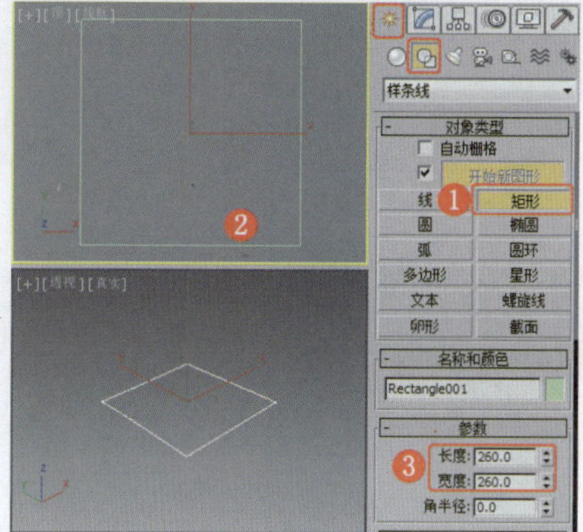

图4-39 创建矩形

❷ 为矩形施加“编辑样条线”修改器，使用“圆角”工具，设置图形的圆角，效果如图4-40所示。

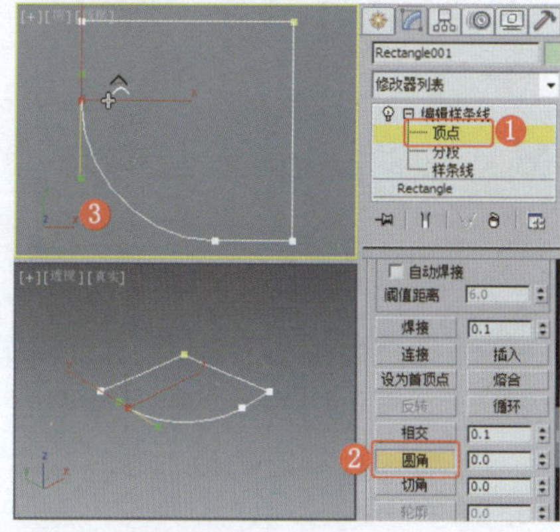

图4-40 设置图形的圆角

❸ 为图形施加“挤出”修改器，设置合适的“数量”数值，效果如图4-41所示。

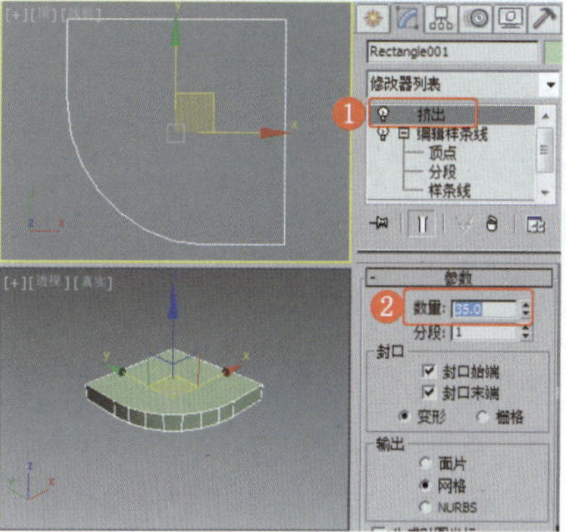

图4-41 施加“挤出”修改器

❹ 为模型施加“编辑多边形”修改器，将选择集定义为“多边形”，设置多边形的“插入”参数，效果如图4-42所示。

❺ 继续设置多边形的“挤出”参数，效果如图4-43所示。

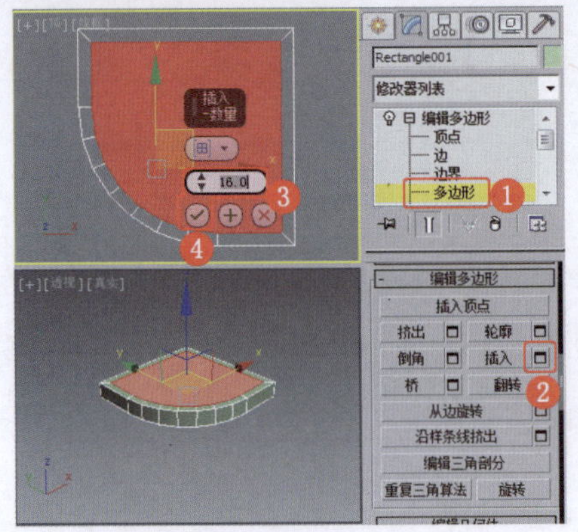

图4-42　设置多边形的"插入"参数

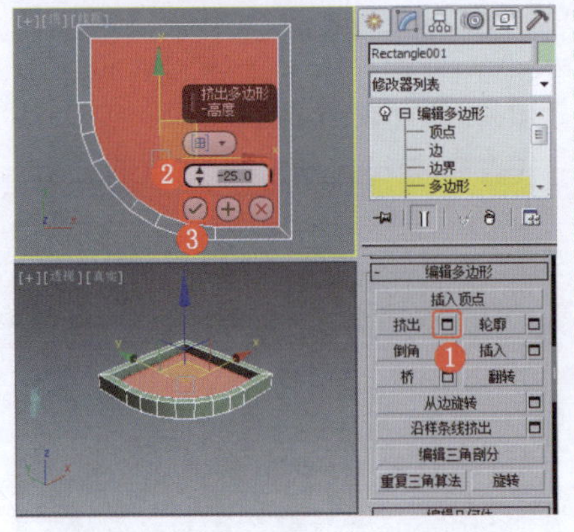

图4-43　设置多边形的"挤出"参数

❻ 将选择集定义为"边"，设置边的"切角"参数，效果如图4-44所示。

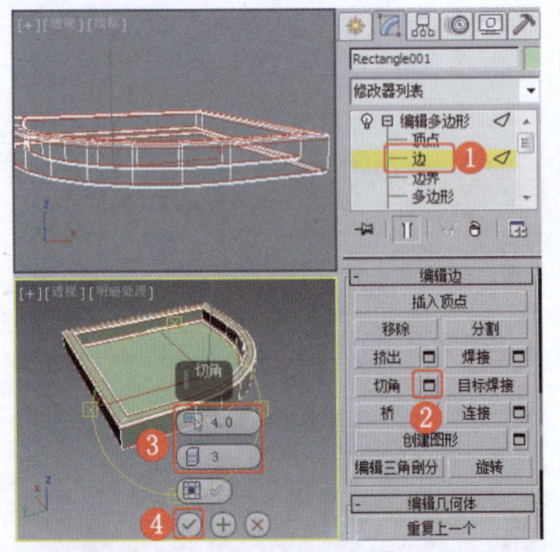

图4-44　设置边的"切角"参数

❼ 在"顶"视图中创建圆柱体，设置合适的参数，调整其到合适的位置，效果如图4-45所示。

❽ 在场景中选择调整后的模型，使用"ProBoolean"工具，拾取圆柱体，效果如图4-46所示，制作出水孔。

❾ 在场景中创建几何球体，设置合适的半球参数，效果如图4-47所示。

❿ 对半球进行复制，效果如图4-48所示。

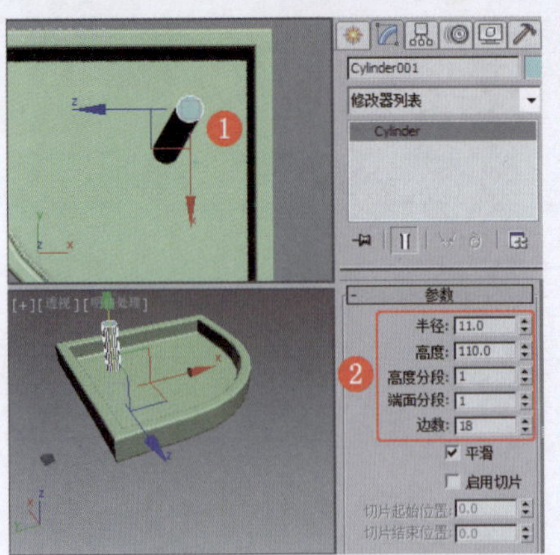

图4-45　创建并调整圆柱体

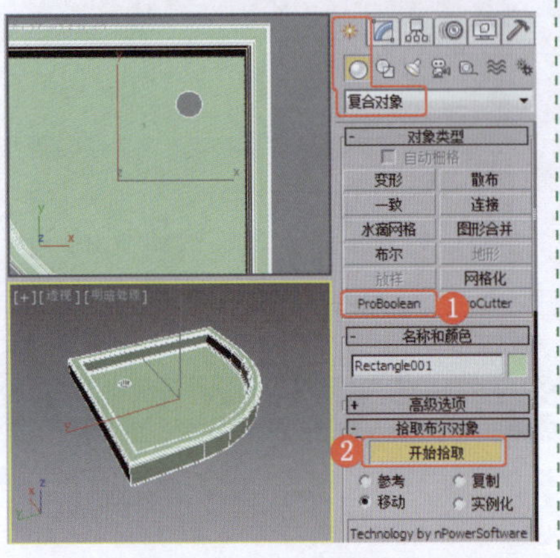

图4-46　制作出水孔

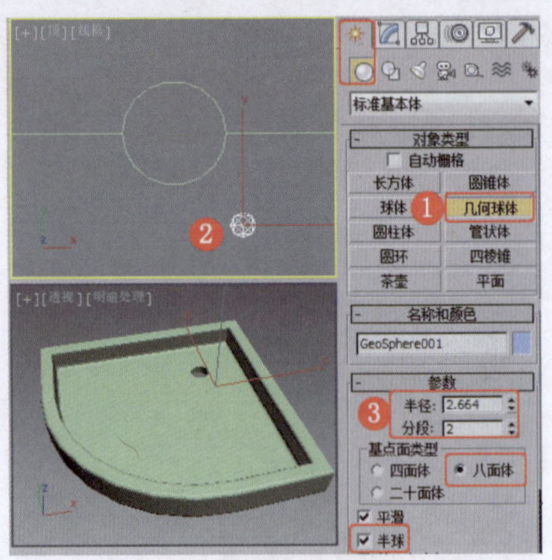

图4-47　创建半球

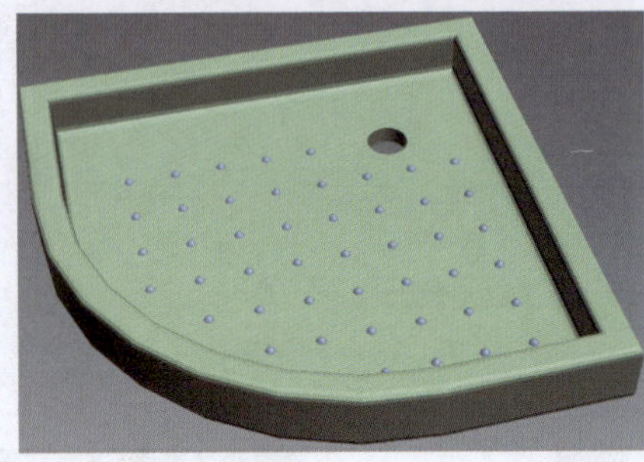

图4-48　复制半球

⓫ 模型制作完成，为模型设置白色陶瓷材质，并设置合适的渲染场景，在此不再赘述。

实例103　卫浴器具类——陶瓷洗手台

实例效果剖析

本例制作的是一款一体式陶瓷洗手台，其中使用了白色陶瓷材质，风格简约，在不占用太多空间的基础上可以方便使用。

本例制作的陶瓷洗手台，效果如图4-49所示。

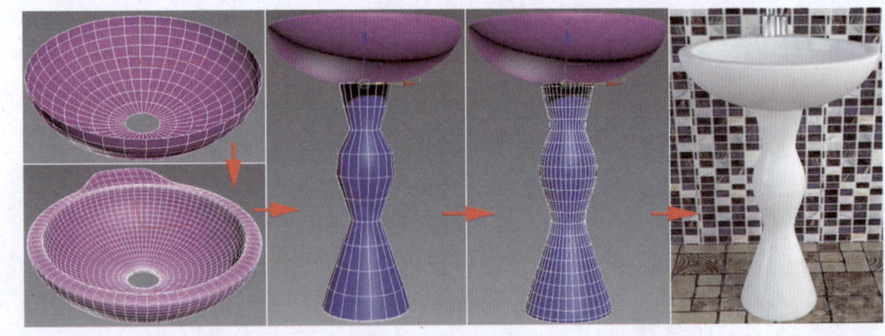

图4-49　效果展示

实例技术要点

本例主要用到的功能及技术要点如下。

- 施加"编辑多边形"修改器：删除多边形，调整顶点，设置边的切角，以制作洗手盆和支架的基本形状。
- 施加"壳"修改器：用于制作洗手盆的厚度。
- 施加"涡轮平滑"修改器：用于制作模型的平滑效果。

场景文件路径	Scene\第4章\实例103 陶瓷洗手台.max		
贴图文件路径	Map\		
视频路径	视频\ cha04\实例103 陶瓷洗手台.mp4		
难易程度	★★	学习时间	7分46秒

实例104 卫浴器具类——大理石洗手台

实例效果剖析

本例制作的是一款大理石洗手台，采用凹陷的半球体，并配合管状边缘，使效果更圆滑、美观。

本例制作的大理石洗手台，效果如图4-50所示。

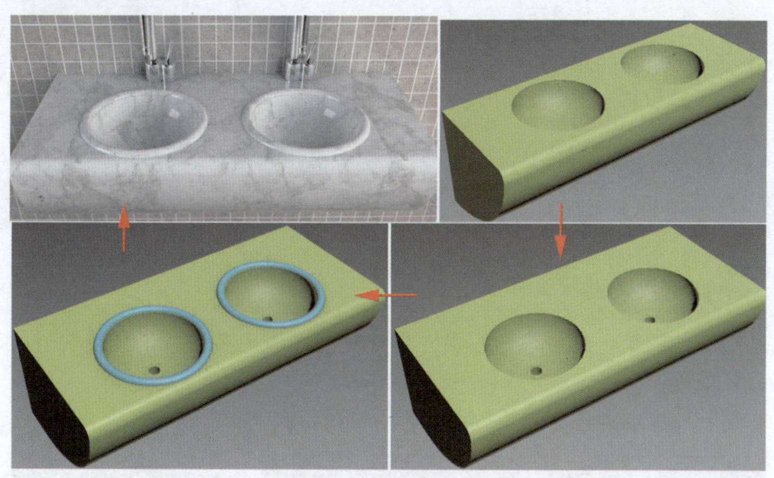

图4-50 效果展示

实例技术要点

本例主要用到的功能及技术要点如下。

- 施加“编辑样条线”修改器：用于调整图形的形状。
- 施加“挤出”修改器：用于制作洗手台的基本模型。
- 使用“ProBoolean”工具：制作洗手台的台盆。
- 施加“编辑多边形”修改器：用于设置多边形的挤出效果，以制作出水口。

实例制作步骤

场景文件路径	Scene\第4章\实例104 大理石洗手台.max		
贴图文件路径	Map\		
视频路径	视频\ cha04\实例104 大理石洗手台.mp4		
难易程度	★★	学习时间	7分11秒

❶ 在“左”视图中创建矩形，设置合适的参数，效果如图4-51所示。

❷ 为矩形施加“编辑样条线”修改器，设置图形的圆角，效果如图4-52所示。

❸ 为图形施加“挤出”修改器，设置合适的参数，效果如图4-53所示。

❹ 在场景中如图4-54所示的位置创建球体，设置合适的参数，缩放模型并对模型进行复制，将其作为布尔对象。

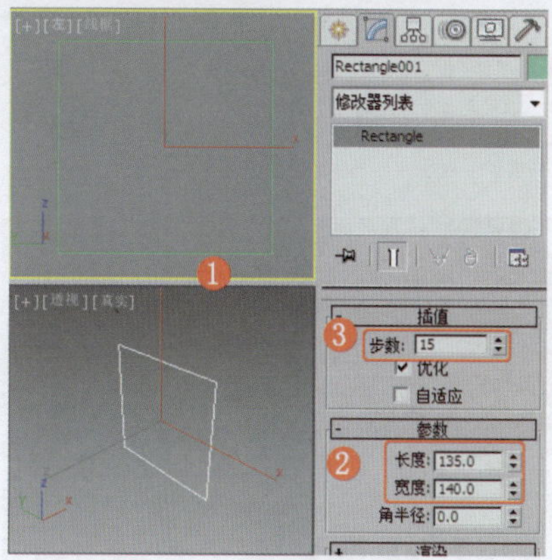

图4-51 创建矩形

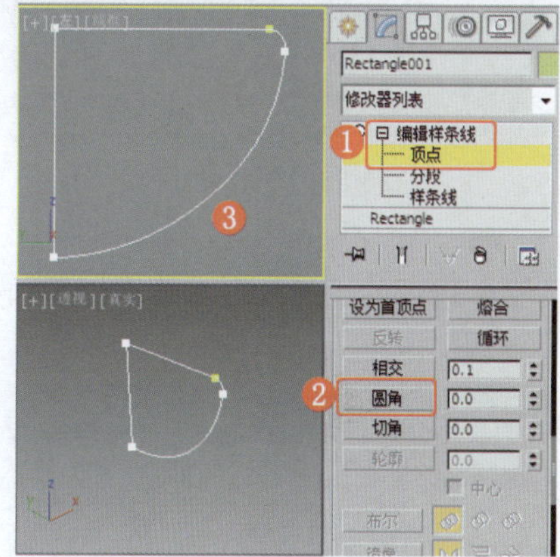

图4-52 调整图形的形状

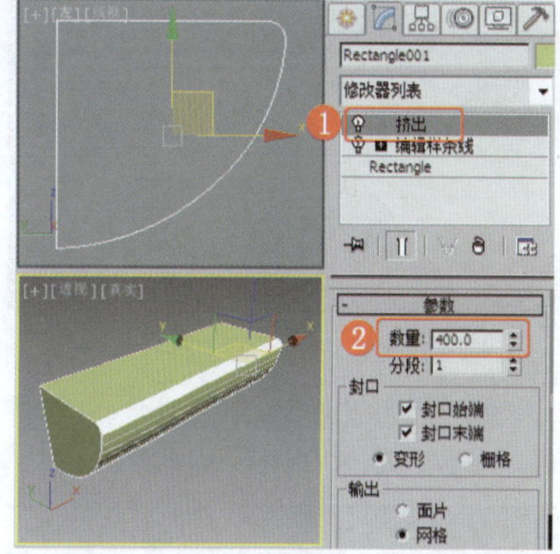

图4-53 施加“挤出”修改器

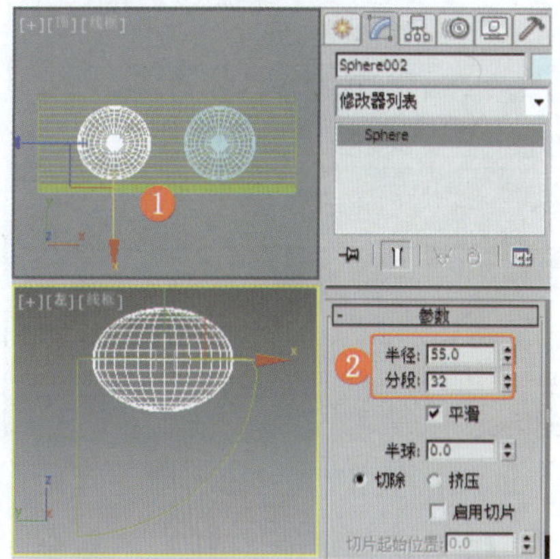

图4-54 创建球体

❺ 在场景中选择挤出厚度的模型，使用“ProBoolean”工具，拾取作为布尔对象的球体，效果如图4-55所示。

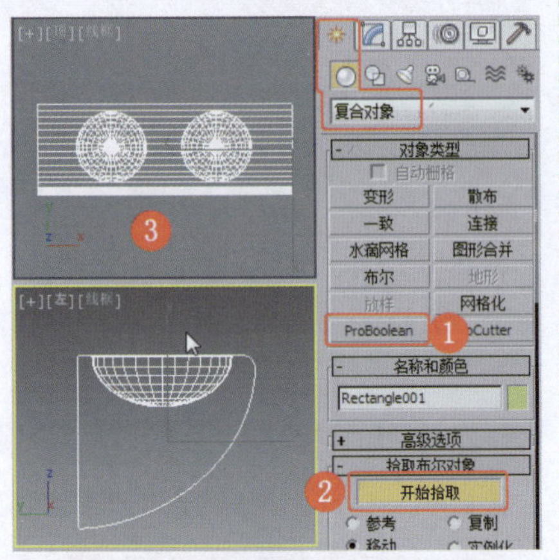

图4-55 布尔模型

❻ 将选择集定义为“多边形”，设置多边形的“插入”参数，效果如图4-56所示。

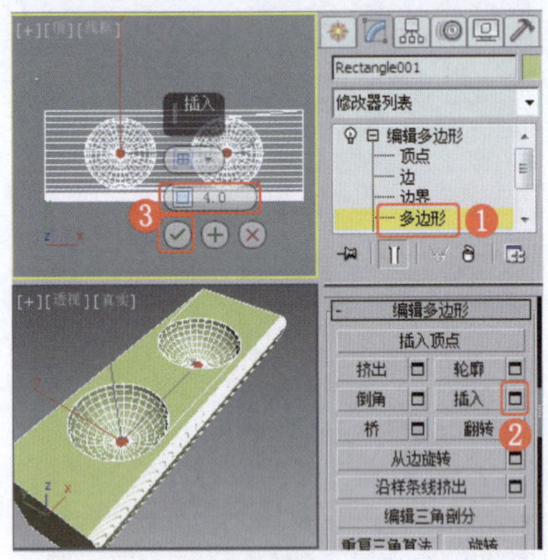

图4-56 设置多边形的“插入”参数

❼ 在场景中设置多边形的“挤出”参数，效果如图4-57所示。

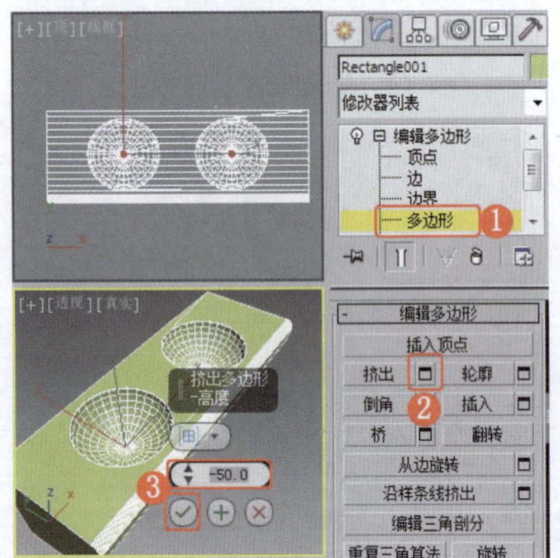

图4-57 设置多边形的“挤出”参数

❽ 在场景中创建圆环，设置合适的参数，为其施加“编辑多边形”修改器，删除底部的多边形，效果如图4-58所示，对模型进行复制。

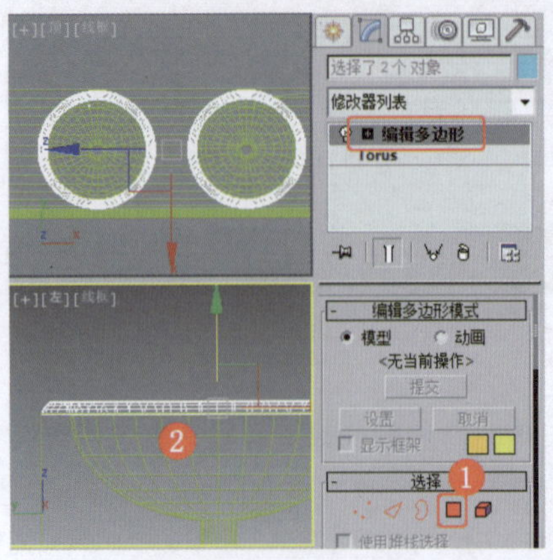

图4-58 创建圆环

❾ 在场景中为台面模型施加“编辑多边形”修改器，将选择集定义为“顶点”，在场景中调整顶点，效果如图4-59所示。

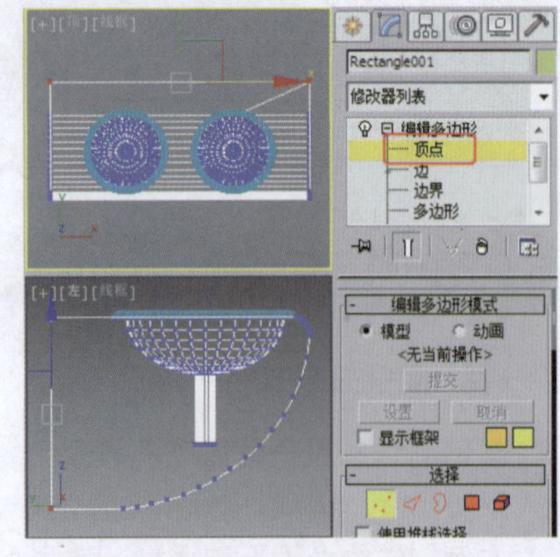

图4-59 调整顶点

❿ 模型制作完成，为模型设置大理石材质，并设置合适的渲染场景，在此不再赘述。

实例105 卫浴器具类——创意洗手台

实例效果剖析

本例制作的是一款创意洗手台，整体使用了锥形造型，搭配砖块材质，使效果更有个性。

本例制作的创意洗手台，效果如图4-60所示。

图4-60 效果展示

实例技术要点

本例主要用到的功能及技术要点如下。

- 施加“锥化”修改器：用于制作洗手台的基本模型。
- 施加“编辑多边形”修改器：用于设置多边形的插入、倒角和挤出，以及边的切角效果。

实例制作步骤

场景文件路径	Scene\第4章\实例105 创意洗手台.max		
贴图文件路径	Map\		
视频路径	视频\cha04\实例105 创意洗手台.mp4		
难易程度	★★	学习时间	4分31秒

❶ 在“顶”视图中创建切角长方体，设置合适的参数，效果如图4-61所示。

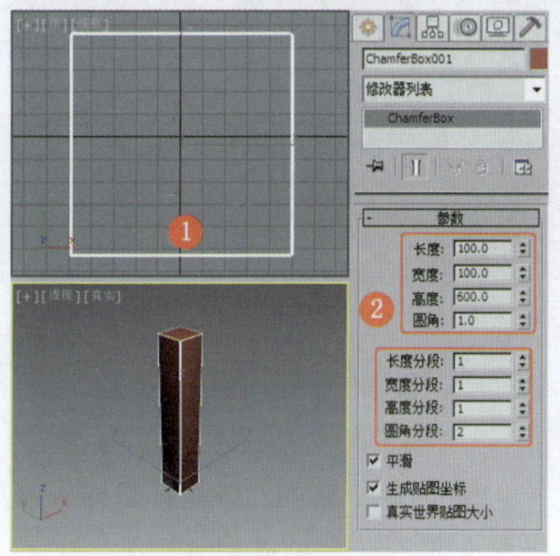

图4-61 创建切角长方体

❷ 为模型施加“锥化”修改器，设置合适的参数，效果如图4-62所示。

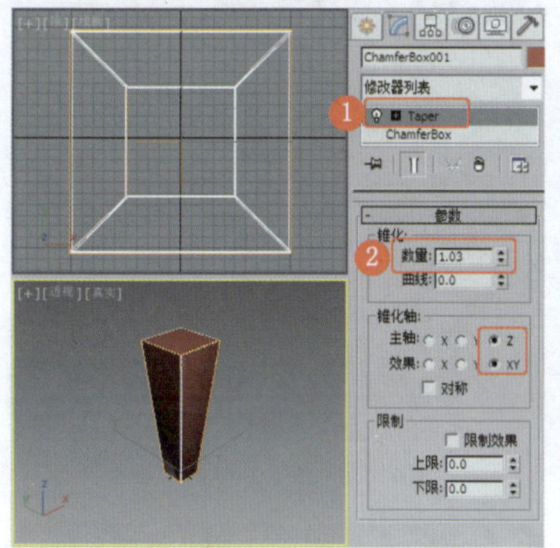

图4-62 施加“锥化”修改器

❸ 为模型施加“编辑多边形”修改器，将选择集定义为“多边形”，设置多边形的“插入”参数，效果如图4-63所示。

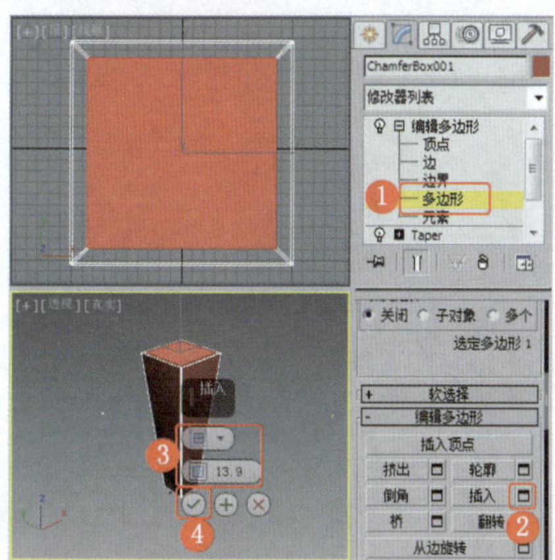

图4-63 设置多边形的“插入”参数

❹ 继续设置多边形的“倒角”参数，效果如图4-64所示。

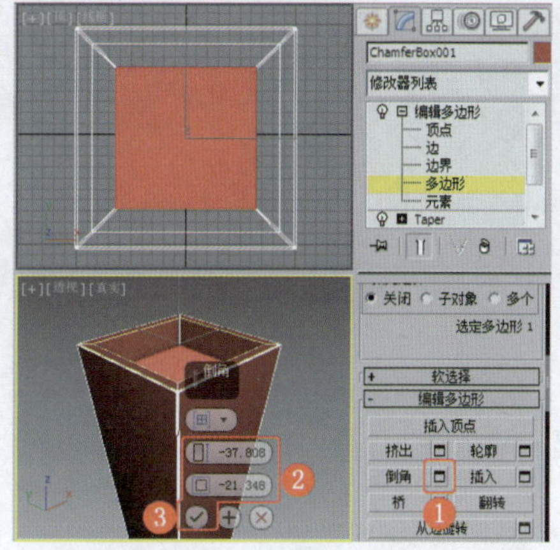

图4-64 设置多边形的“倒角”参数

❺ 将选择集定义为“边”，在场景中选择内侧没有切角效果的边，设置其“切角”参数，效果如图4-65所示。

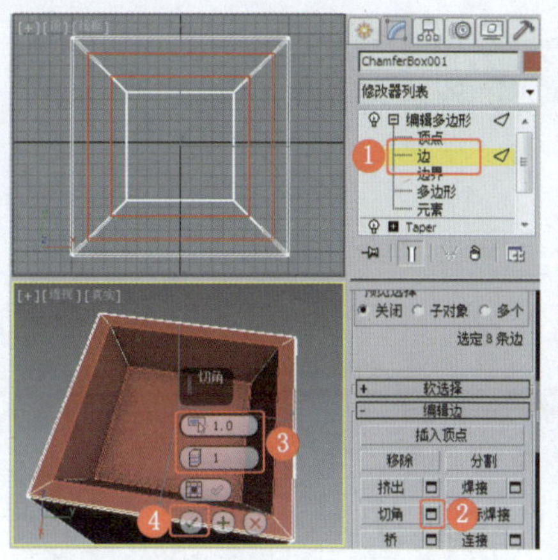

图4-65 设置边的“切角”参数

❻ 将选择集定义为“多边形”，选择底部的多边形，设置其“插入”参数，效果如图4-66所示。

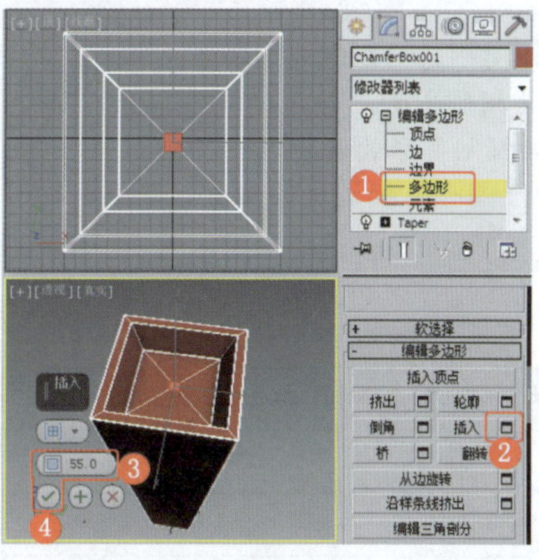

图4-66 设置多边形的“插入”参数

❼ 设置多边形的“挤出”参数，效果如图4-67所示，将其作为出水口。

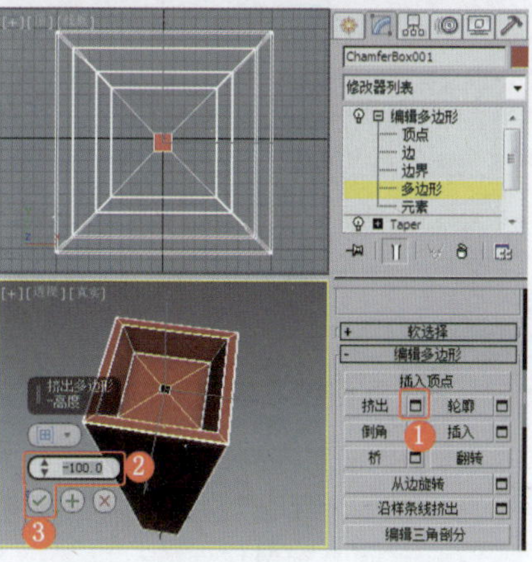

图4-67 设置多边形的“挤出”参数

❽ 设置砖块材质，为“漫反射”“凹凸”和“置换”参数指定相应的贴图，设置合适的数量，效果如图4-68所示。

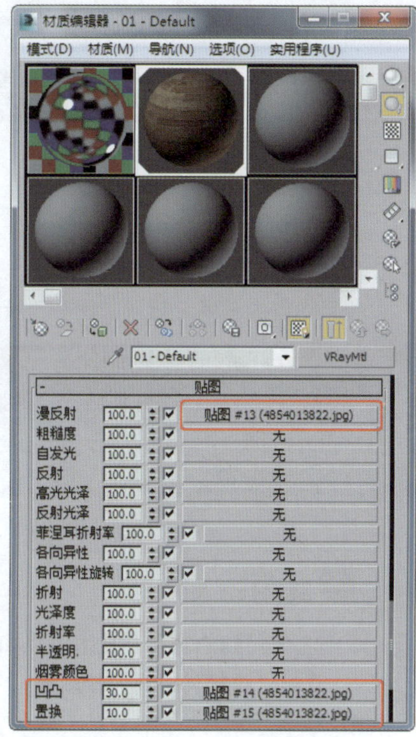

图4-68 设置砖块材质

❾ 模型制作完成，为模型设置合适的渲染场景，在此不再赘述。

实例106 卫浴器具类——玻璃洗手盆

实例效果剖析

本例制作的是一款绿色玻璃材质的洗手盆，造型简约、时尚。

本例制作的玻璃洗手盆，效果如图4-69所示。

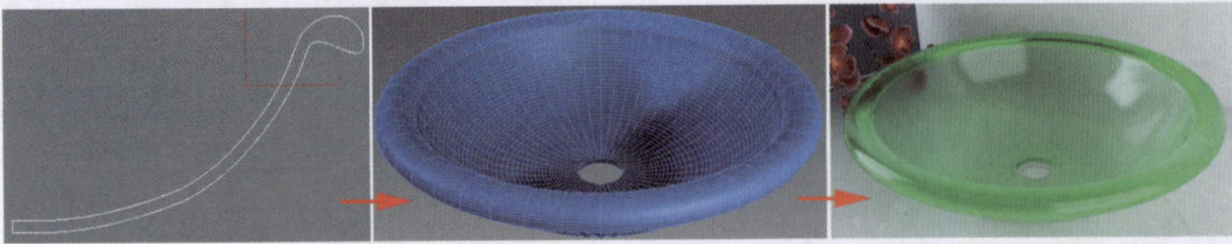

图4-69 效果展示

实例技术要点

本例主要用到的功能及技术要点如下。

- 施加"车削"修改器：创建合适的截面图形，为其施加该修改器，通过调整轴制作出水孔。

场景文件路径	Scene\第4章\实例106 玻璃洗手盆.max		
贴图文件路径	Map\		
视频路径	视频\ cha04\实例106 玻璃洗手盆.mp4		
难易程度	★	学习时间	5分13秒

实例107 卫浴器具类——马桶

实例效果剖析

本例制作的是一款造型简单的抽水马桶，它摆脱了传统抽水马桶的大水箱，可以搭配任何时尚的装修设计。

本例制作的马桶，效果如图4-70所示。

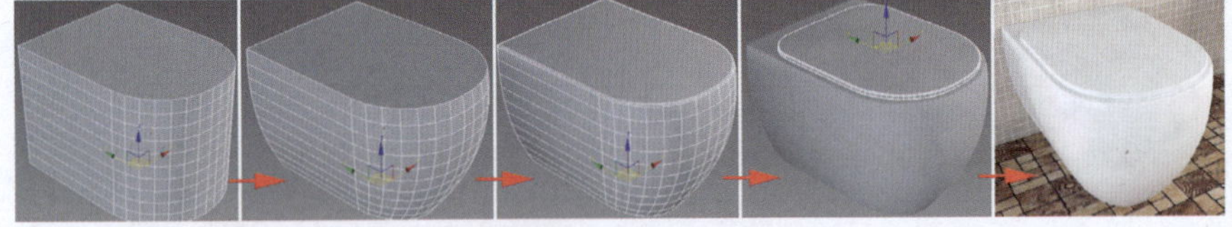

图4-70 效果展示

实例技术要点

本例主要用到的功能及技术要点如下。

- 施加"编辑样条线"修改器：用于对创建的矩形进行调整。
- 施加"挤出"修改器：用于制作马桶的高度。
- 施加"FFD"修改器：用于调整马桶的变形效果。
- 施加"编辑多边形"修改器：用于制作马桶边缘的切角，并为多边形设置统一的平滑组。

实例制作步骤

场景文件路径	Scene\第4章\实例107 马桶.max		
贴图文件路径	Map\		
视频路径	视频\ cha04\实例107 马桶.mp4		
难易程度	★★★	学习时间	7分52秒

❶ 在"顶"视图中创建矩形，设置合适的参数，效果如图4-71所示。

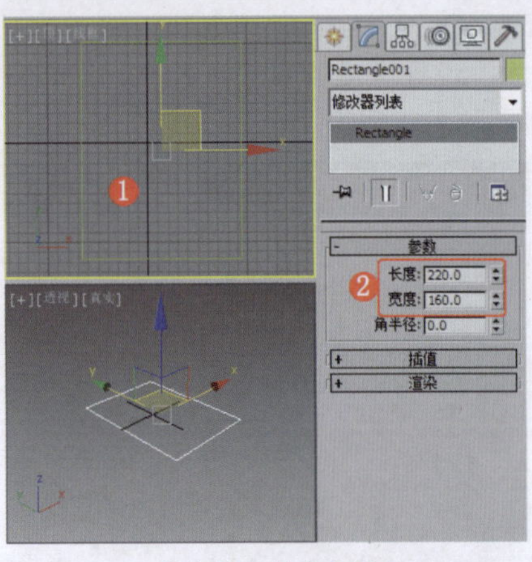

图4-71 创建矩形

❷ 为矩形施加"编辑样条线"修改器，将选择集定义为"顶点"，调整图形的形状，效果如图4-72所示。

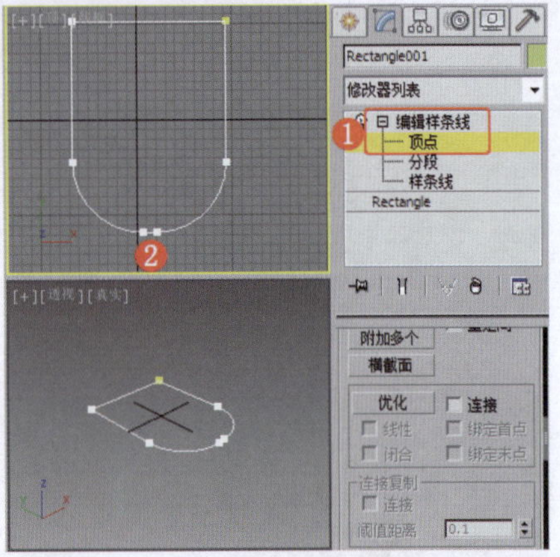

图4-72 调整图形的形状

提 示

这里可以使用"圆角"参数调整图形。

❸ 为图形施加"挤出"修改器，设置合适的参数，效果如图4-73所示。

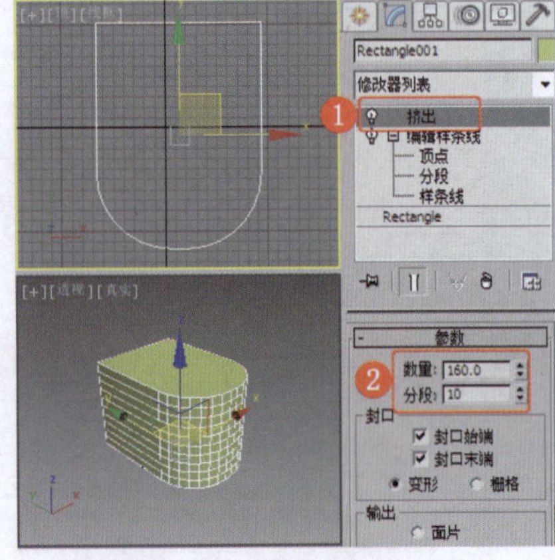

图4-73 施加"挤出"修改器

❹ 为模型施加"FFD（长方体）"修改器，确定"设置点数"为

2×2×4，效果如图4-74所示。

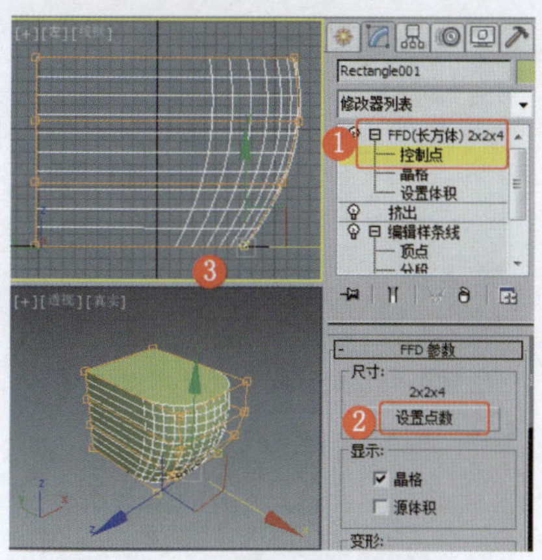

图4-74 调整模型的形状

❺ 为模型施加“编辑多边形”修改器，将选择集定义为“边”，设置边的“切角”参数，效果如图4-75所示。

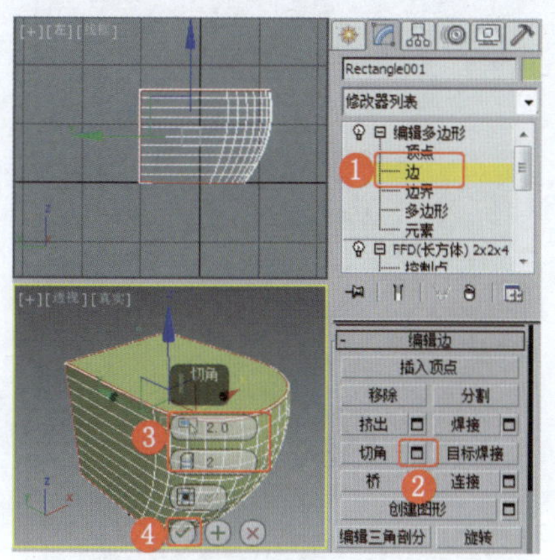

图4-75 设置边的“切角”参数

❻ 将选择集定义为“多边形”，全选多边形，在“多边形：平滑组”选项组中指定统一的平滑组，效果如图4-76所示。

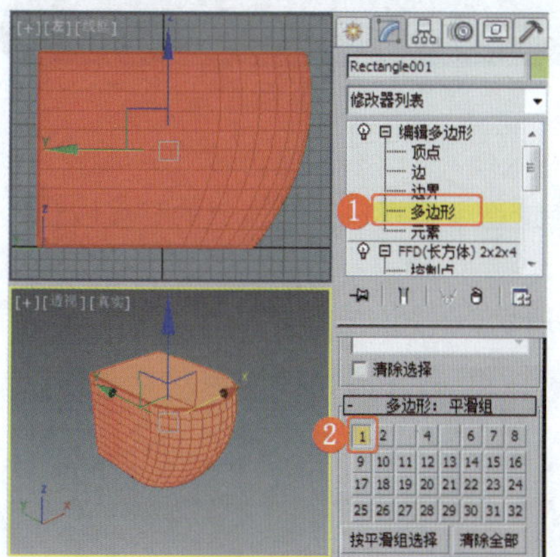

图4-76 设置多边形的平滑组

❼ 在“顶”视图中创建矩形，设置合适的参数，效果如图4-77所示。

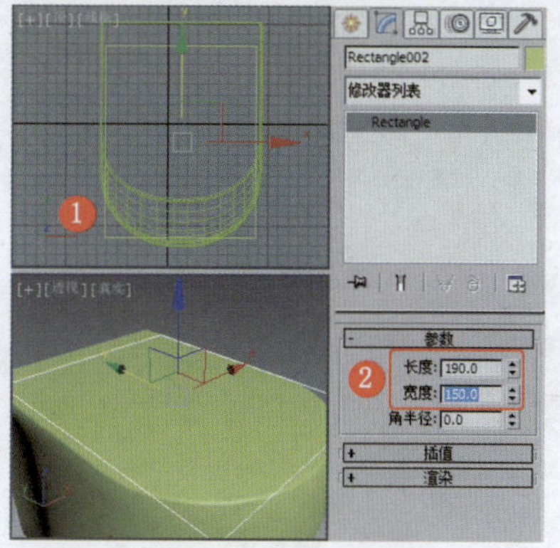

图4-77 创建矩形

❽ 为矩形施加“编辑样条线”修改器，调整图形的形状，并为图形施加“挤出”修改器，设置合适的参数，效果如图4-78所示。

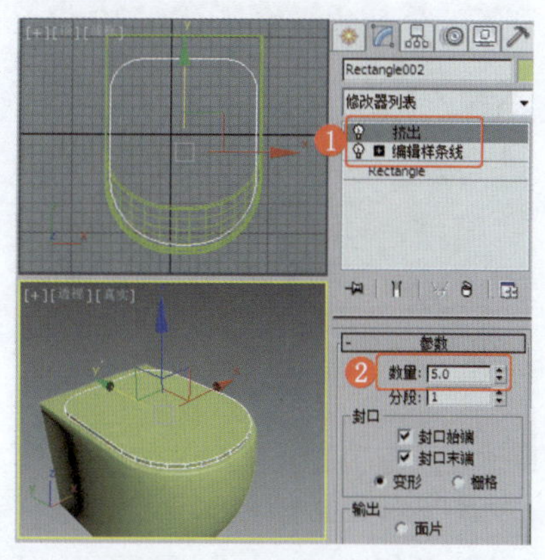

图4-78 施加“挤出”修改器

❾ 为模型施加“编辑多边形”修改器，将选择集定义为“边”，设置边的“切角”参数，效果如图4-79所示。

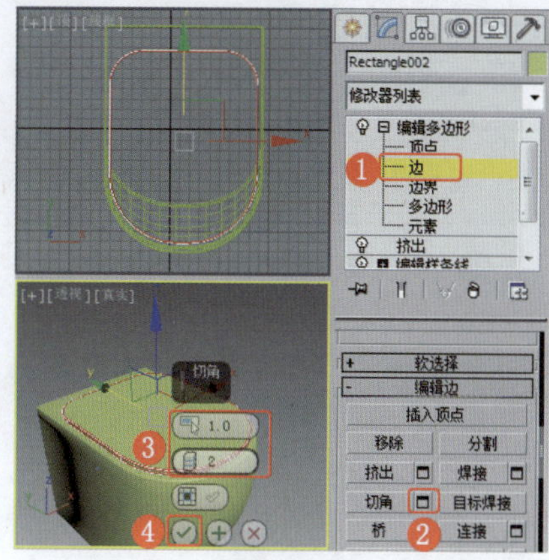

图4-79 设置边“切角”参数

❿ 继续调整如图4-80所示的模型的形状。

⓫ 为模型设置白色陶瓷材质，并设置合适的渲染场景，渲染输出。

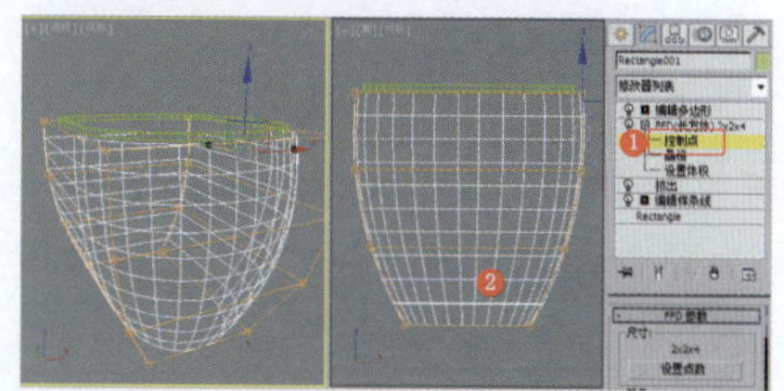

图4-80 调整模型的形状

实例108 卫浴器具类——心形浴缸

实例效果剖析

本例制作的是一款浪漫的陶瓷心形浴缸，在造型设计上摆脱了传统的长方体，达到了美观的装饰效果。

本例制作的心形浴缸，效果如图4-81所示。

图4-81 效果展示

实例技术要点

本例主要用到的功能及技术要点如下。

- 施加“挤出”修改器：用于制作浴缸的基本模型。
- 施加“编辑多边形”修改器：用于设置多边形的插入、挤出，以及边的切角。
- 施加“网格平滑”修改器：用于制作模型的平滑效果。

实例制作步骤

场景文件路径	Scene\第4章\实例108心形浴缸.max	
贴图文件路径	Map\	
视频路径	视频\cha04\实例108心形浴缸.mp4	
难易程度	★★	学习时间
		9分25秒

❶ 在“顶”视图中创建心形，效果如图4-82所示。

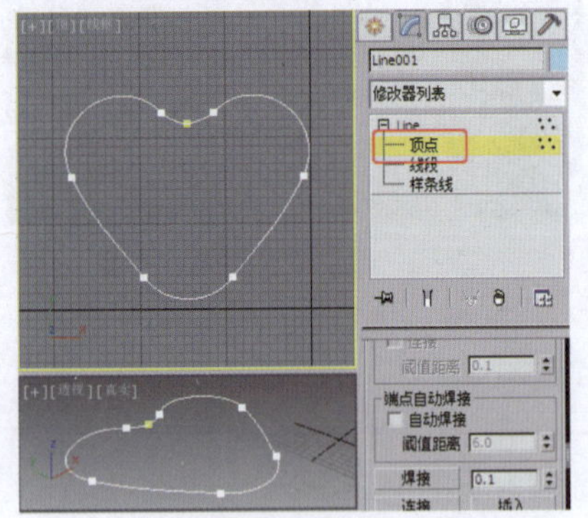

图4-82　创建心形

❷ 为图形施加“挤出”修改器，设置模型的厚度，效果如图4-83所示。

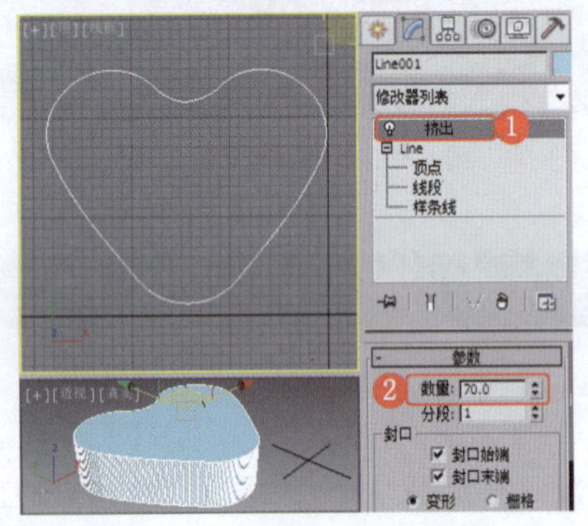

图4-83　施加“挤出”修改器

❸ 为心形模型施加“编辑多边形”修改器，将选择集定义为“多边形”，设置多边形的“插入”参数，效果如图4-84所示。

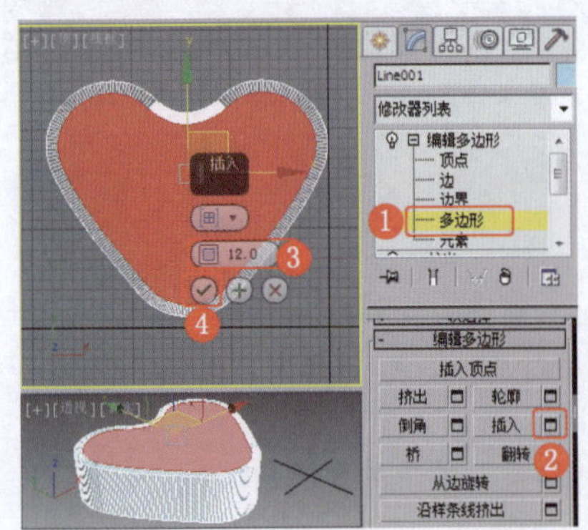

图4-84　设置多边形的“插入”参数

❹ 设置多边形的“挤出”参数，效果如图4-85所示。

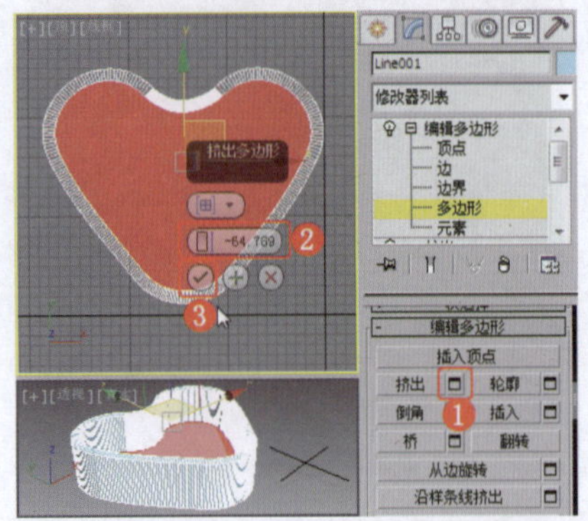

图4-85　设置多边形的“挤出”参数

❺ 将选择集定义为“边”，设置边的“切角”参数，效果如图4-86所示。

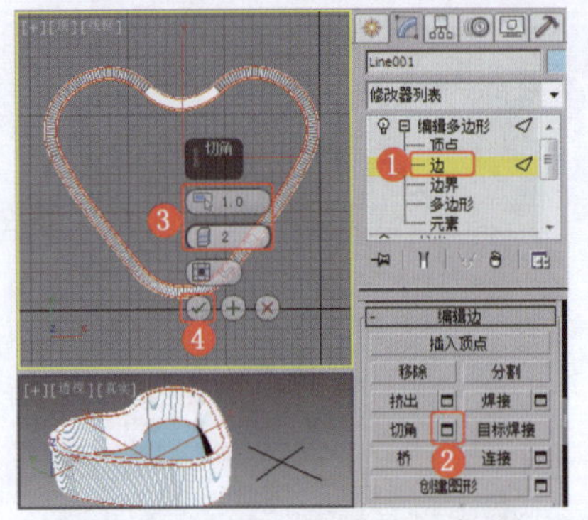

图4-86　设置边的“切角”参数

❻ 关闭选择集，为模型施加“网格平滑”修改器，效果如图4-87所示。

❼ 复制心形模型，删除多余的修改器，对心形模型进行修改，为其施加“挤出”修改器并设置合适的参数，效果如图4-88所示。

❽ 设置模型边的切角，效果如图4-89所示。

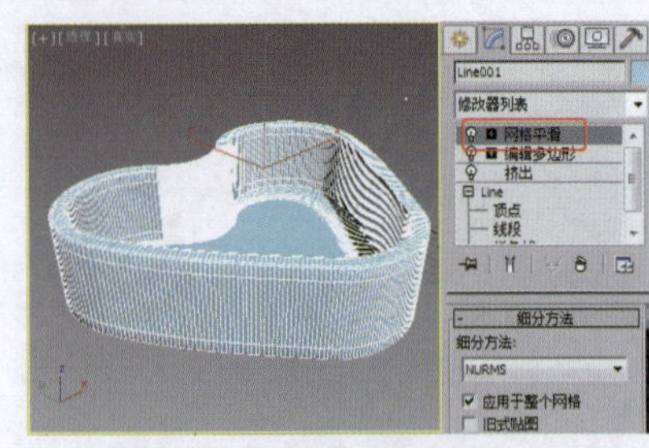

图4-87　设置模型的平滑效果

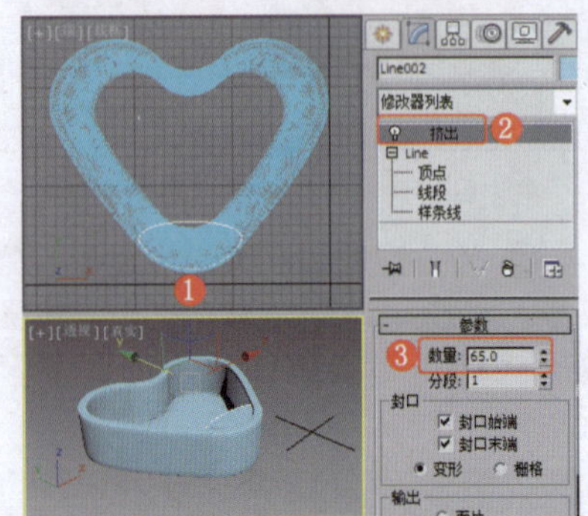

图4-88　复制并调整图形

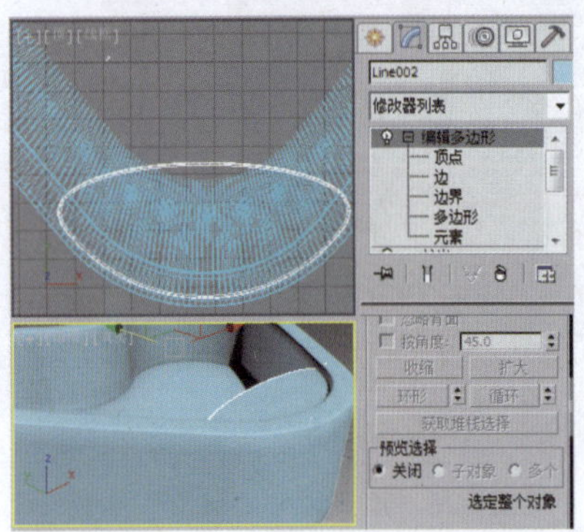

图4-89　设置模型边的切角

❾ 为模型指定白色陶瓷材质，并设置合适的渲染场景，渲染输出。

实例109　卫浴器具类——陶瓷浴缸

实例效果剖析

本例制作的是一款船形陶瓷浴缸，在造型上重视底部和顶部的弧度设计，使人们可以放松地躺下，享受美好时光。

本例制作的陶瓷浴缸，效果如图4-90所示。

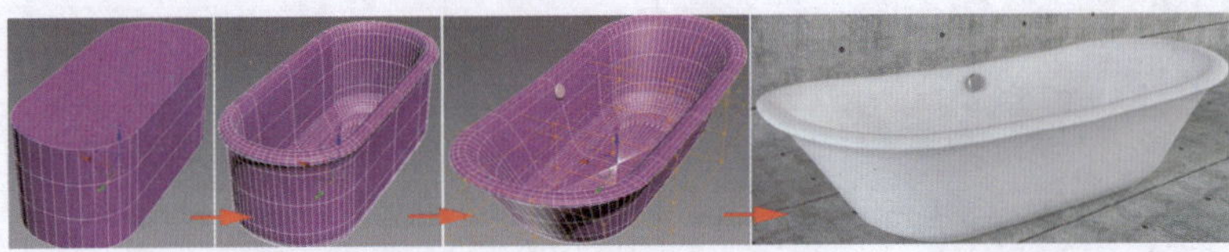

图4-90　效果展示

实例技术要点

本例主要用到的功能及技术要点如下。

- 施加“挤出”“编辑多边形”“锥化”等修改器：用于调整模型效果。

实例制作步骤

场景文件路径	Scene\第4章\实例109 陶瓷浴缸.max	
贴图文件路径	Map\	
视频路径	视频\ cha04\实例109 陶瓷浴缸.mp4	
难易程度	★★	学习时间
		10分7秒

❶ 在“顶”视图中创建圆角矩形，设置合适的参数，效果如图4-91所示。

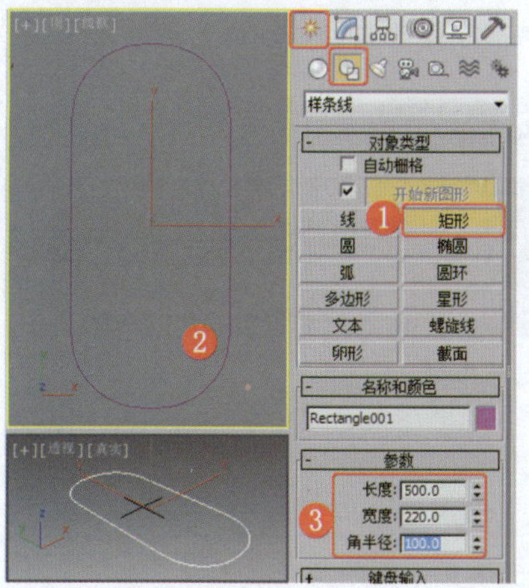

图4-91 创建圆角矩形

❷ 为圆角矩形施加“挤出”修改器，设置合适的厚度，效果如图4-92所示。

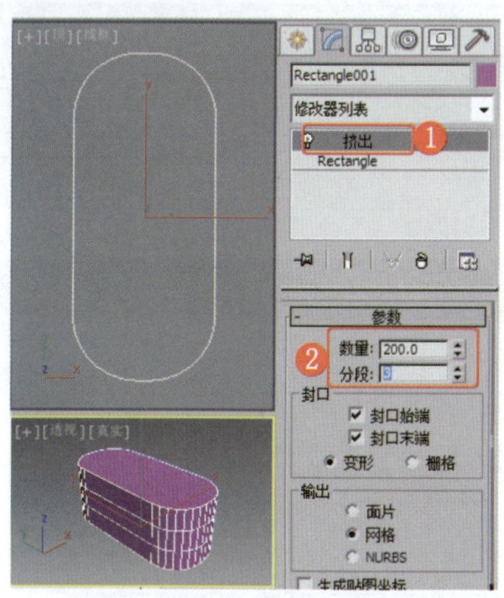

图4-92 施加“挤出”修改器

❸ 为模型施加“编辑多边形”修改器，将选择集定义为“顶点”，调整顶点的位置并缩放顶点；将选择集定义为“边”，选择如图4-93所示的边。

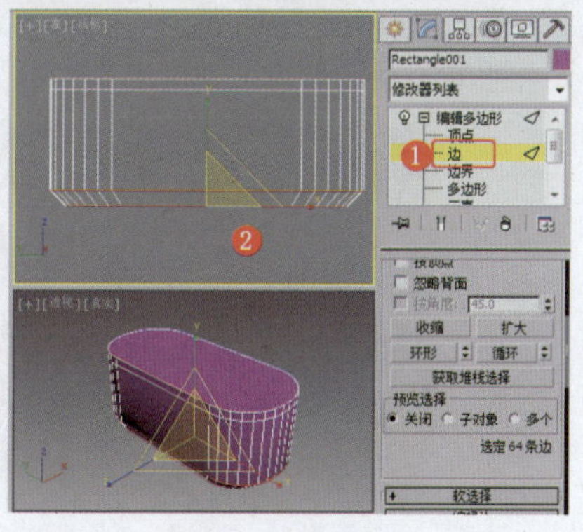

图4-93 选择边

❹ 设置模型边的“切角”参数，效果如图4-94所示。

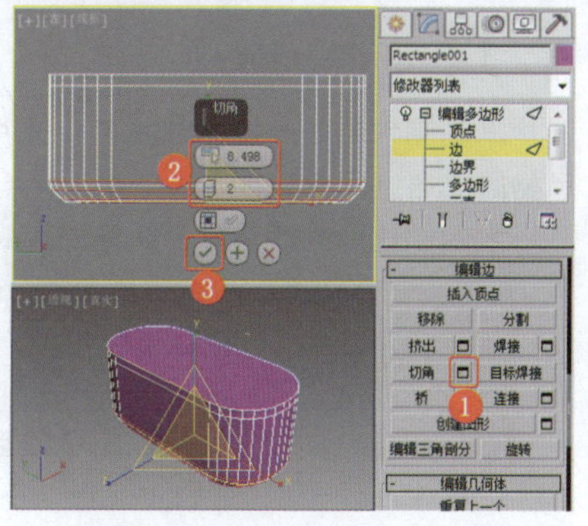

图4-94 设置边的“切角”参数

❺ 将选择集定义为“多边形”，设置多边形的“倒角”参数，效果如图4-95所示。

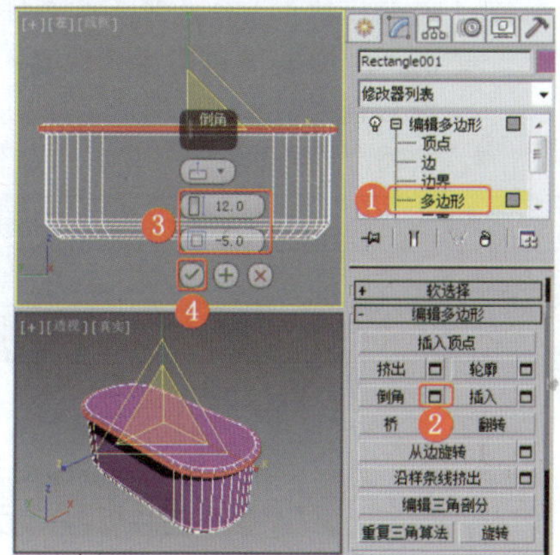

图4-95 设置多边形的“倒角”参数

❻ 设置如图4-96所示的多边形的“插入”参数。

❼ 继续设置多边形的“挤出”参数，效果如图4-97所示。

❽ 设置多边形的“倒角”参数，效果如图4-98所示。

❾ 设置浴缸内侧挤出和倒角部分底部边的“切角”参数，效果如图4-99所示。

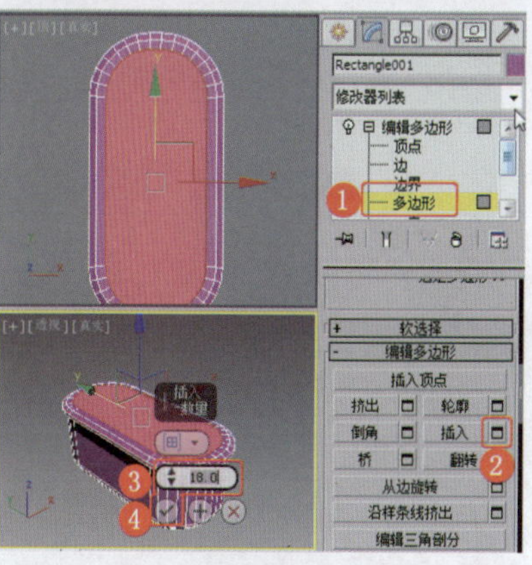

图4-96 设置多边形的“插入”参数

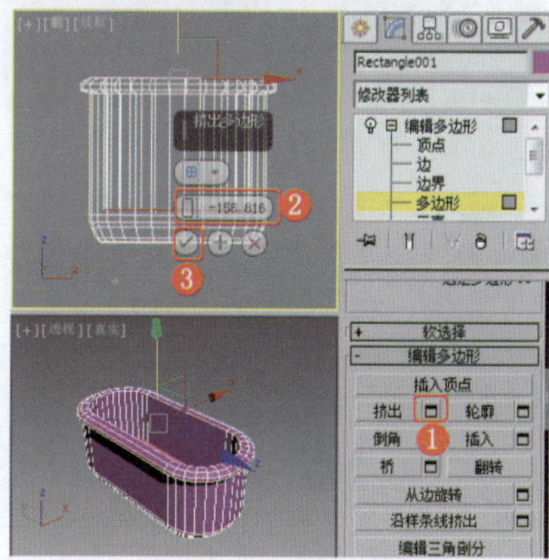

图4-97 挤出多边形

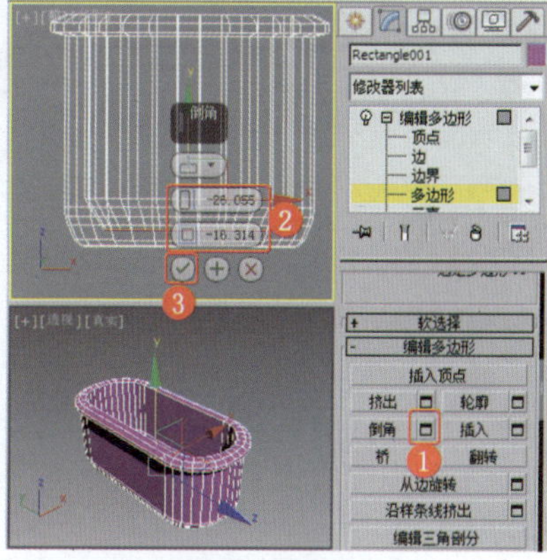

图4-98 倒角多边形

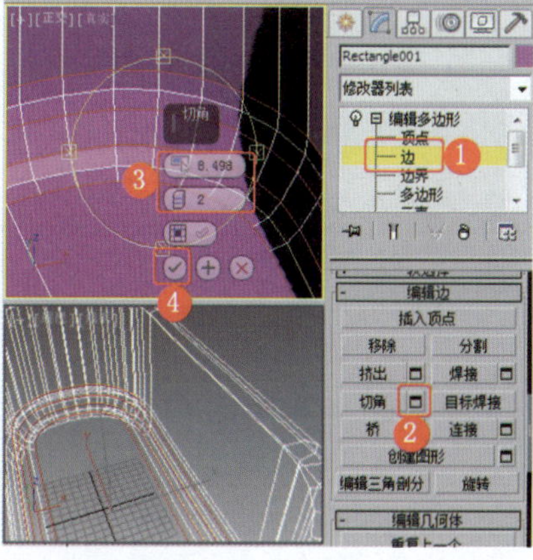

图4-99 设置边的切角

⑩ 关闭选择集，为模型施加“锥化”修改器，设置合适的参数，效果如图4-100所示。

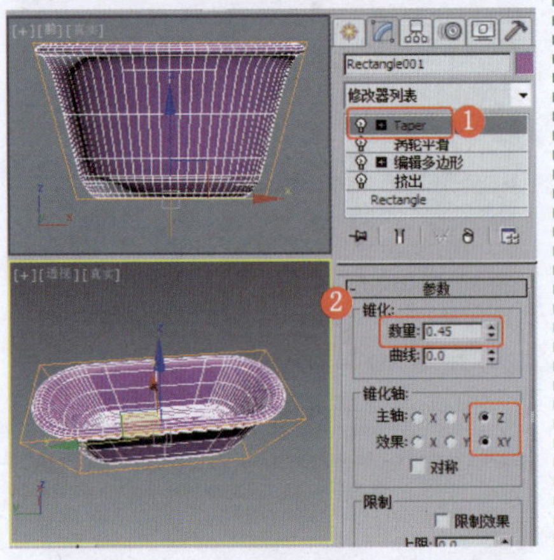

图4-100 施加“锥化”修改器

⑪ 在“左”视图中创建切角圆柱体，设置合适的参数，调整模型的位置和角度，效果如图4-101所示。

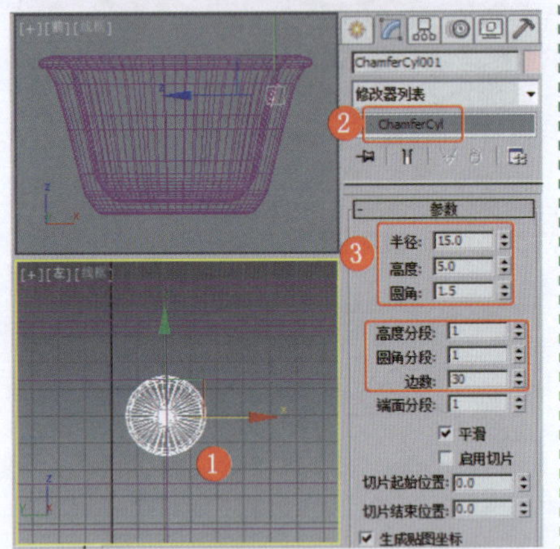

图4-101 创建并调整切角圆柱体

⑫ 为模型施加“FFD 4×4×4”修改器，将选择集定义为“控制点”，在“左”视图中调整模型的形状，效果如图4-102所示。

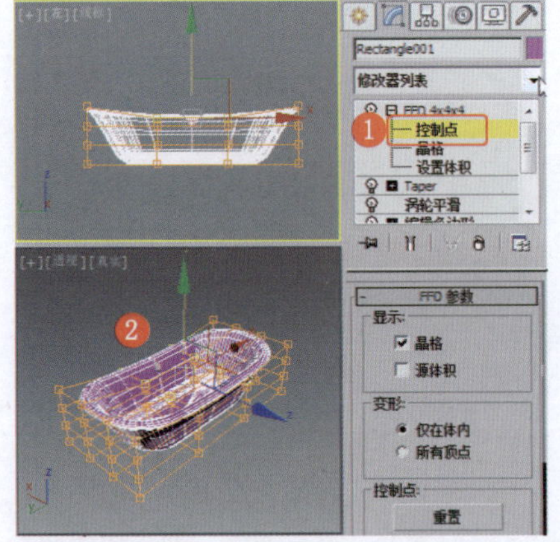

图4-102 调整模型的形状

⑬ 浴缸制作完成，效果如图4-103所示，为其设置陶瓷和金属材质，并设置合适的渲染场景，渲染输出。

图4-103 完成制作

实例110 卫浴器具类——木质浴盆

实例效果剖析

本例制作的是一款木质浴盆，采用原木纹理的材质，较适合被放置在中式风格的家居空间中。

本例制作的木质浴盆，效果如图4-104所示。

图4-104 效果展示

实例技术要点

本例主要用到的功能及技术要点如下。

- 施加“编辑样条线”修改器：用于设置分段的拆分效果。
- 施加“挤出”修改器：用于制作浴盆的基本模型。
- 施加“编辑多边形”修改器：设置多边形的插入、挤出及边的切角，然后调整顶点。
- 使用“ProBoolean”工具：制作模型的孔洞。

场景文件路径	Scene\第4章\实例110 木质浴盆.max		
贴图文件路径	Map\		
视频路径	视频\ cha04\实例110 木质浴盆.mp4		
难易程度	★★	学习时间	9分28秒

实例111 卫浴器具类——洗脚桶

实例效果剖析

本例制作的是一款木质洗脚桶，根据人们的使用习惯，进行了相应的造型设计。

本例制作的洗脚桶，效果如图4-105所示。

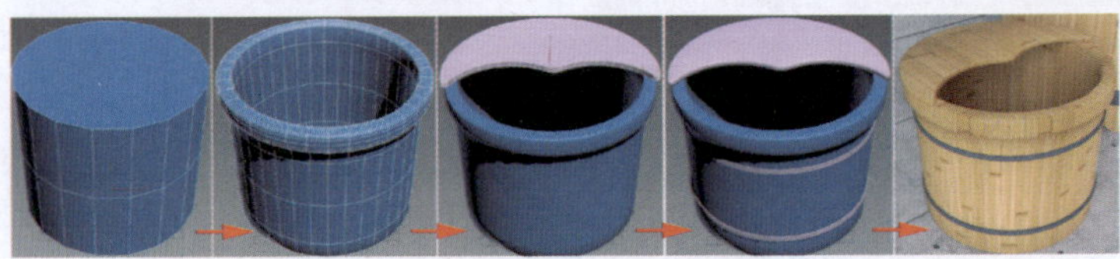

图4-105 效果展示

实例技术要点

本例主要用到的功能及技术要点如下。

- 施加“编辑多边形”修改器：调整多边形的插入、挤出及边的切角，制作木桶模型。
- 施加“编辑样条线”修改器：用于调整桶口的效果。

实例制作步骤

场景文件路径	Scene\第4章\实例111 洗脚桶.max		
贴图文件路径	Map\		
视频路径	视频\ cha04\实例111 洗脚桶.mp4		
难易程度	★★	学习时间	8分35秒

❶ 在“顶”视图中创建圆柱体，设置合适的参数，效果如图4-106所示。

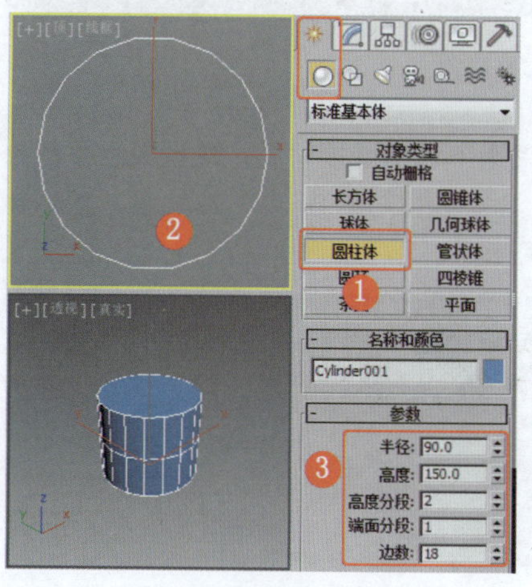

图4-106 创建圆柱体

❷ 为圆柱体施加“编辑多边形”修改器，将选择集定义为“多边形”，设置多边形的“插入”参数，效果如图4-107所示。

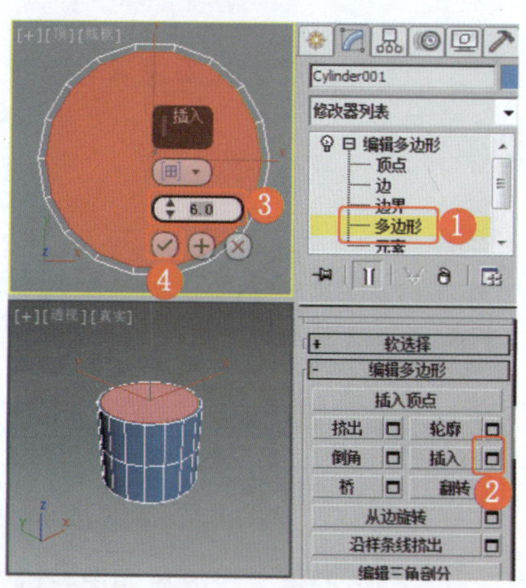

图4-107 设置多边形的“插入”参数

❸ 继续设置多边形的“挤出”参数，效果如图4-108所示。

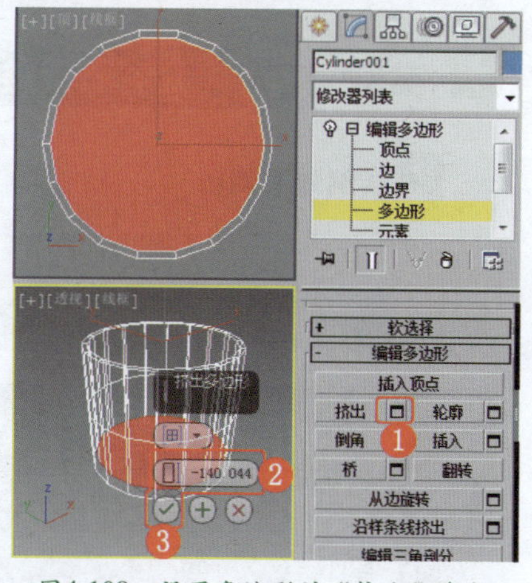

图4-108 设置多边形的“挤出”参数

❹ 将选择集定义为“顶点”，在场景中调整中间分段顶点的位置，将选择集定义为“多边形”，选择多边形并设置其“挤出”参数，效果如图4-109所示。

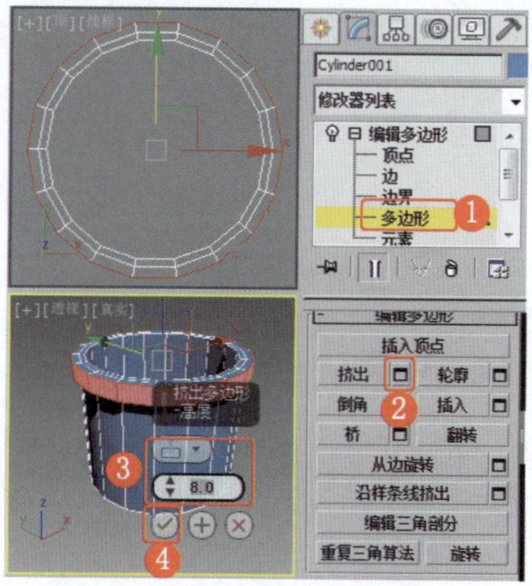

图4-109 设置多边形的“挤出”参数

❺ 将选择集定义为“边”，选择木桶的一圈边，设置其“切角”参数，效果如图4-110所示。

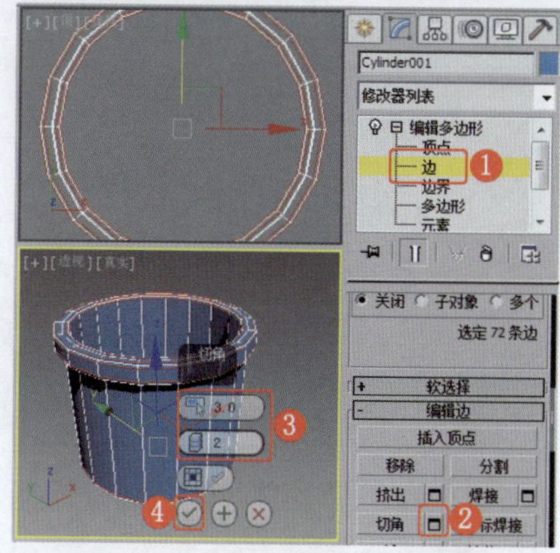

图4-110 设置边的“切角”参数

❻ 在“顶”视图中创建圆，设置合适的参数，效果如图4-111所示。

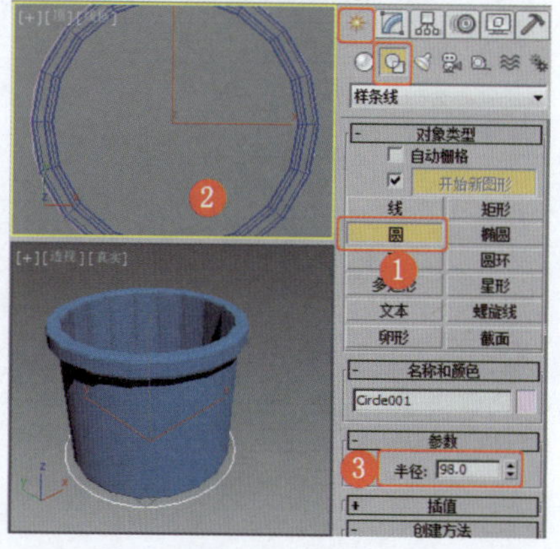

图4-111 创建圆

❼ 继续创建两个相同参数的圆，调整三个圆的位置，效果如图4-112所示。

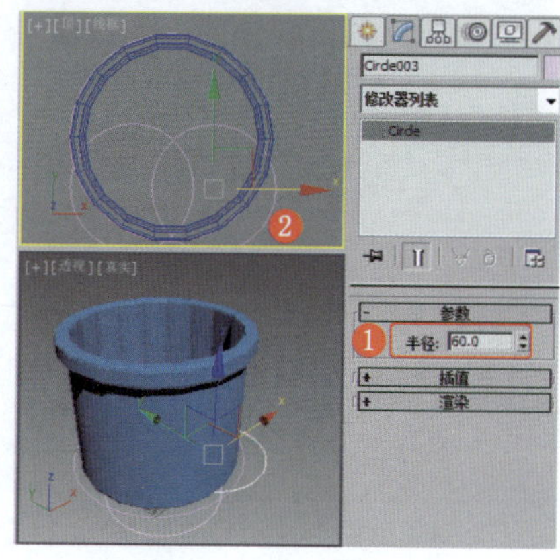

图4-112 创建并调整圆

❽ 为其中一个圆施加“编辑样条线”修改器，使用“附加”工具将三个圆附加到一起，效果如图4-113所示。

❾ 将选择集定义为“样条线”，选择较大的圆，使用“布尔”工具依次布尔另外两个较小的圆，效果如图

4-114所示。

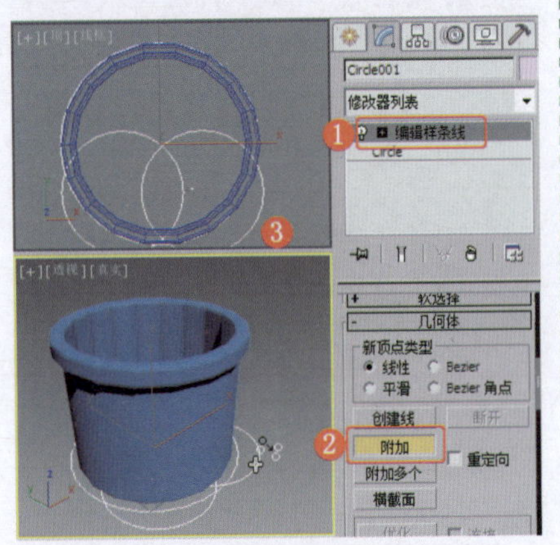
图4-113　将三个圆附加到一起

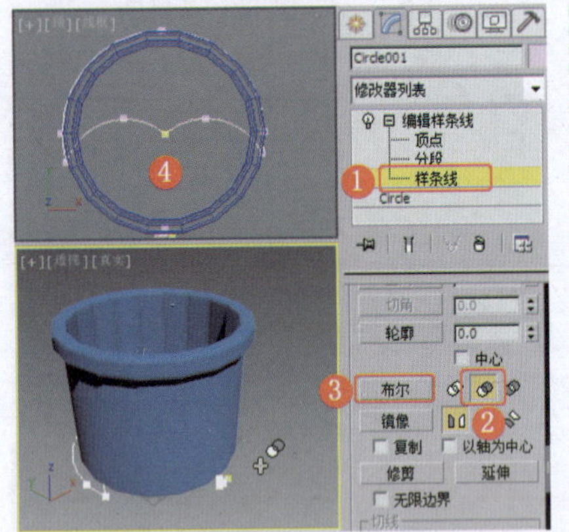
图4-114　布尔出需要的图形

⑩ 将多余的线删除，将选择集定义为“顶点”，设置顶点的圆角，效果如图4-115所示。

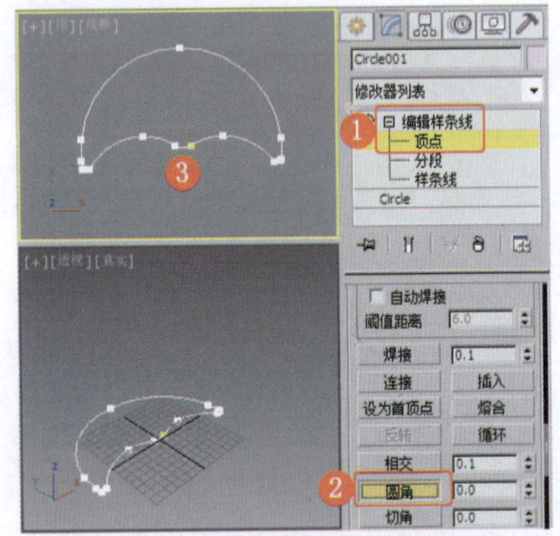
图4-115　设置顶点的圆角

⑪ 为调整后的图形施加“挤出”修改器，设置合适的参数；为其施加“编辑多边形”修改器，将选择集定义为“边”，设置边的“切角”参数，效果如图4-116所示。

⑫ 创建管状体，设置合适的参数，对管状体进行复制，完成洗脚桶的制作，效果如图4-117所示。

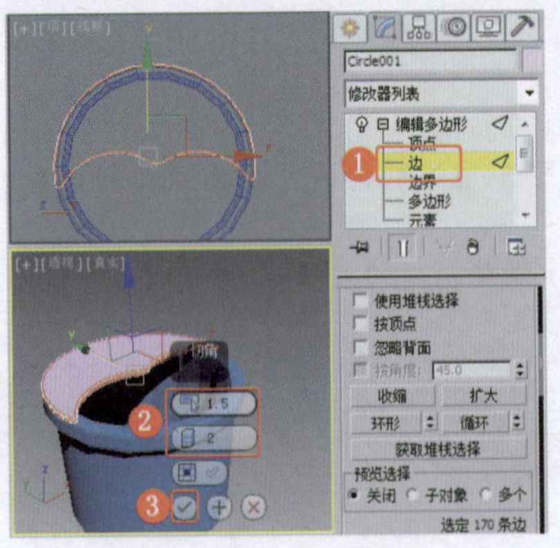
图4-116　设置边的切角

⑬ 为洗脚桶设置木纹材质，并为固定桶圈设置黑色金属材质，为场景设置合适的渲染参数，渲染输出。

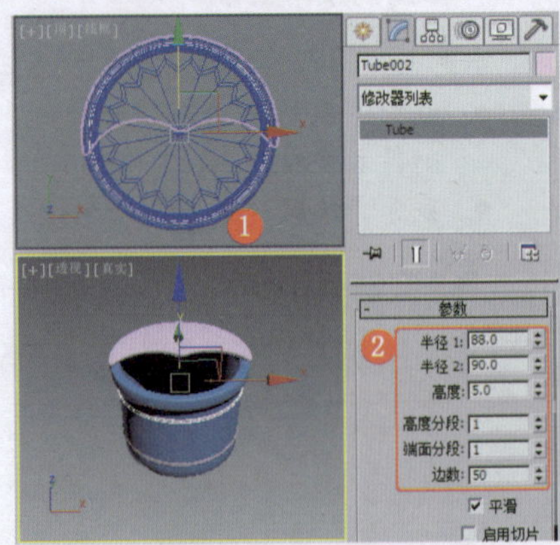
图4-117　创建管状体

实例112　卫浴器具类——花洒头

实例效果剖析

本例制作的是一款手提式花洒头，采用不锈钢金属材质，造型较为平滑，可以体现出与水流的融合效果。

本例制作的花洒头，效果如图4-118所示。

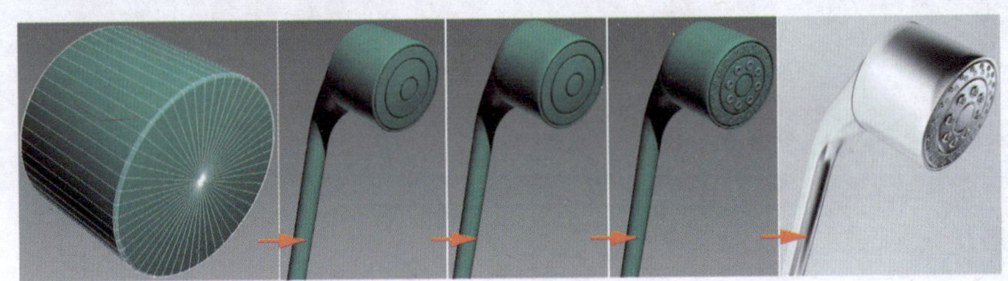
图4-118　效果展示

实例技术要点

本例主要用到的功能及技术要点如下。

- 施加“编辑多边形”修改器：用于设置多边形的插入和挤出，以制作花洒头模型。
- 施加“网格平滑”或“涡轮平滑”修改器：用于设置模型的平滑效果。
- 使用“阵列”工具：制作花洒头的喷口。

实例制作步骤

场景文件路径	Scene\第4章\实例112 花洒头.max		
贴图文件路径	Map\		
视频路径	视频\ cha04\实例112 花洒头.mp4		
难易程度	★★	学习时间	12分3秒

① 在“前”视图中创建切角圆柱体，设置合适的参数，效果如图4-119所示。

② 为模型施加“编辑多边形”修改器，设置多边形的“插入”参数，效果如图4-120所示。

❸ 继续设置多边形的“挤出”参数，效果如图4-121所示。

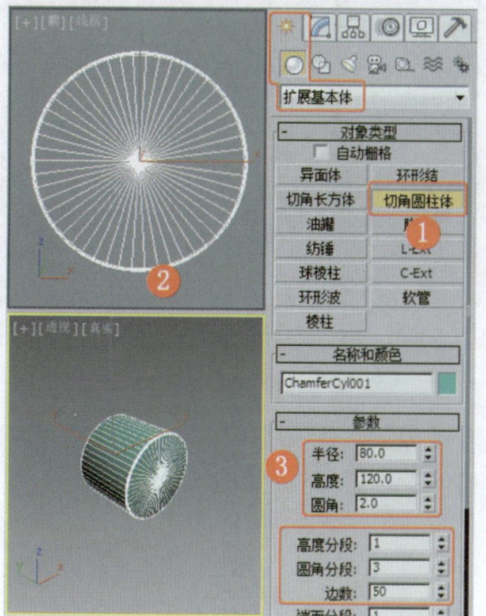

图4-119 创建切角圆柱体

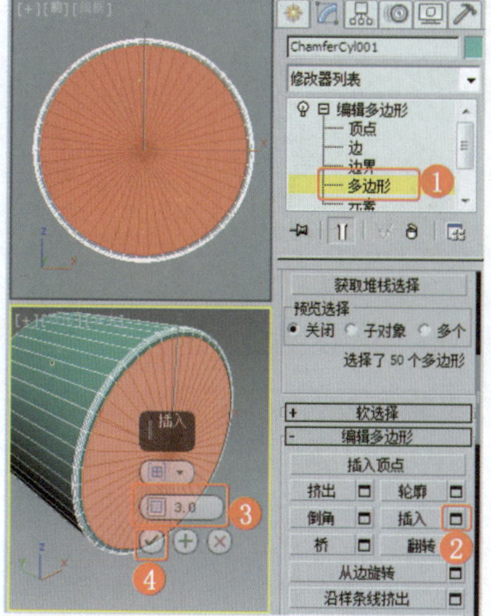

图4-120 设置多边形的“插入”参数

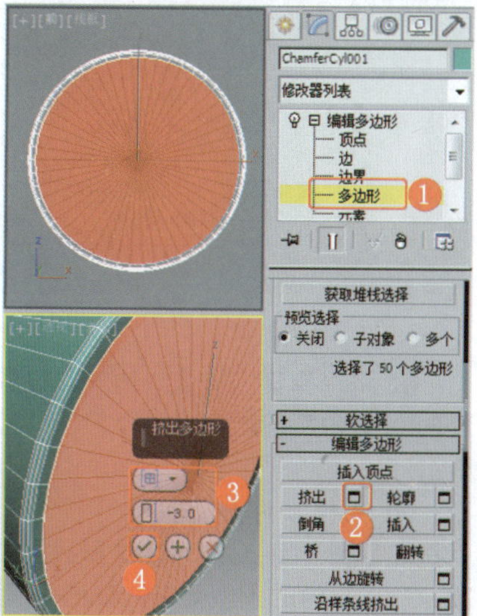

图4-121 设置多边形的“挤出”参数

❹ 设置多边形的“插入”参数，效果如图4-122所示。

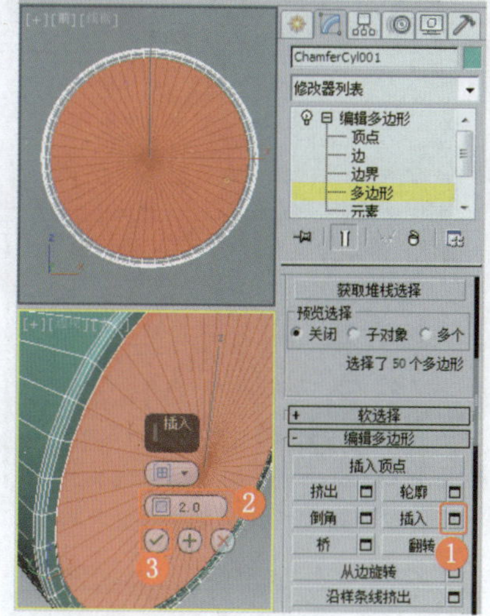

图4-122 设置多边形的“插入”参数

❺ 设置多边形的“挤出”参数，效果如图4-123所示。

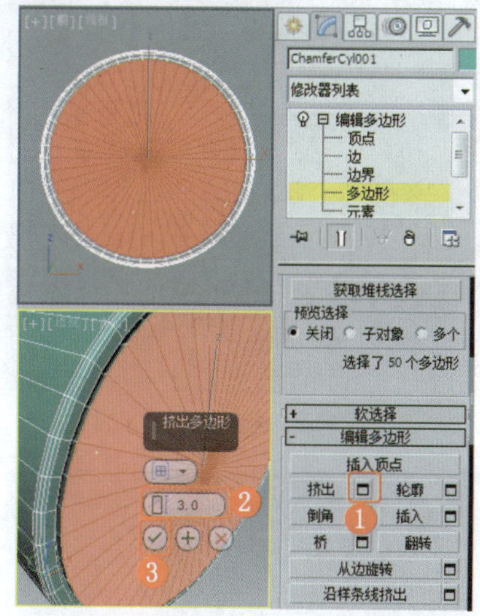

图4-123 设置多边形的“挤出”参数

❻ 设置多边形的“插入”参数，效果如图4-124所示。

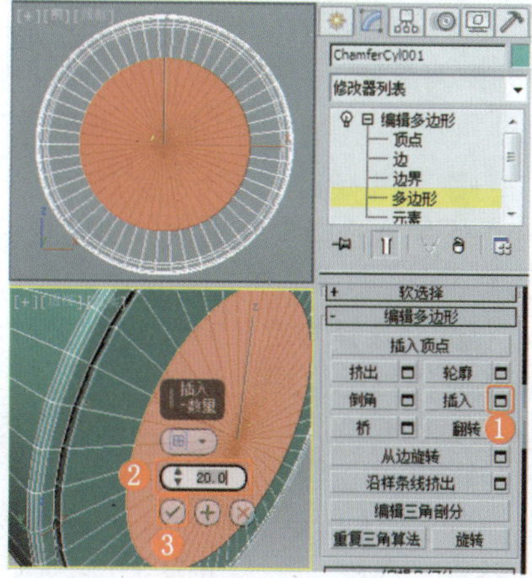

图4-124 设置多边形的“插入”参数

❼ 设置多边形的“挤出”参数，效果如图4-125所示。

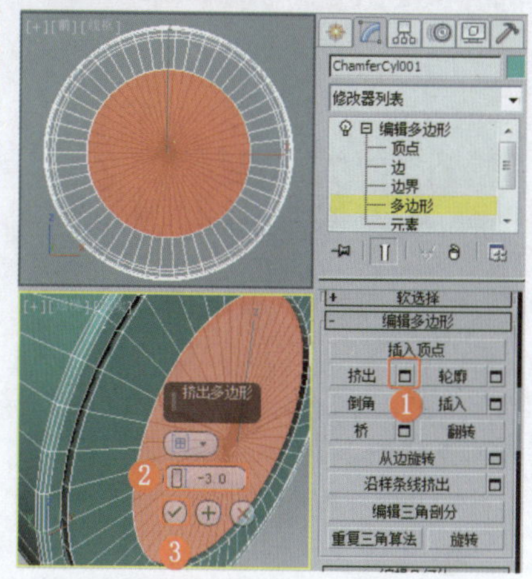

图4-125 设置多边形的“挤出”参数

❽ 设置多边形的“插入”参数，效果如图4-126所示。

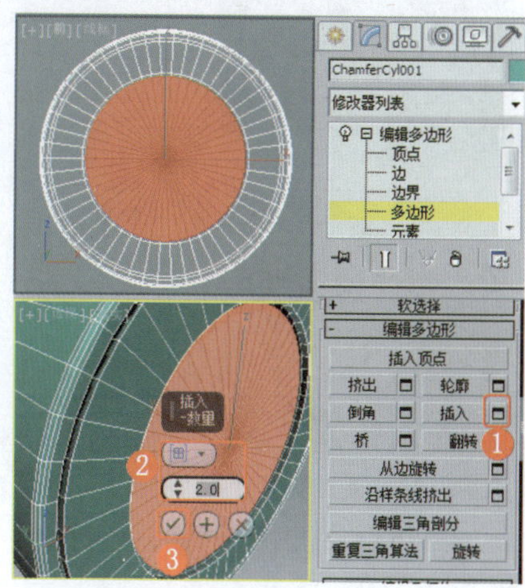

图4-126 设置多边形的“插入”参数

❾ 设置多边形的“挤出”参数，效果如图4-127所示。

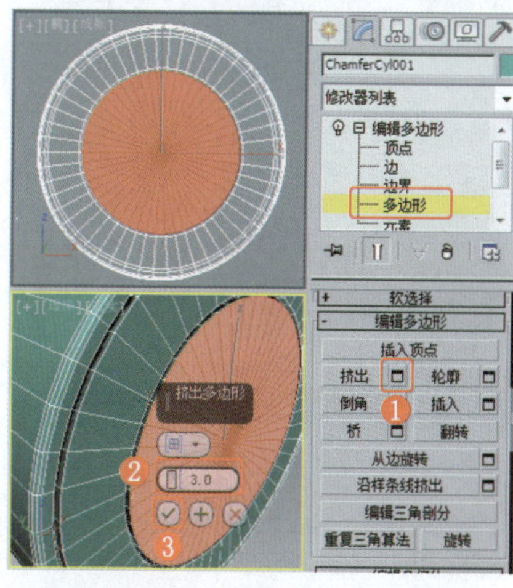

图4-127 设置多边形的“挤出”参数

❿ 继续设置多边形的“插入”参数，效果如图4-128所示。

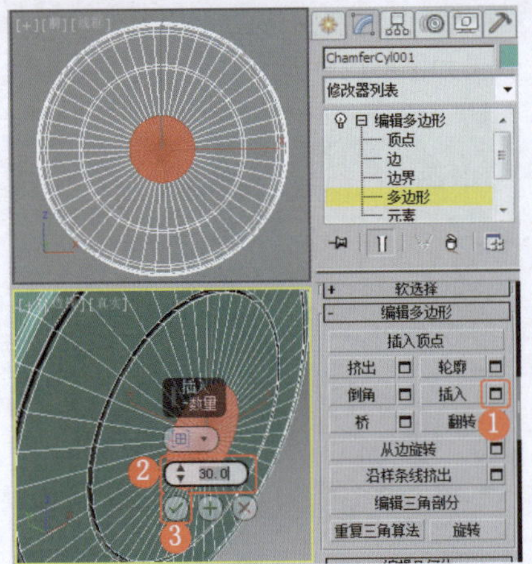
图4-128　设置多边形的“插入”参数

⑪ 设置多边形的“挤出”参数，效果如图4-129所示。

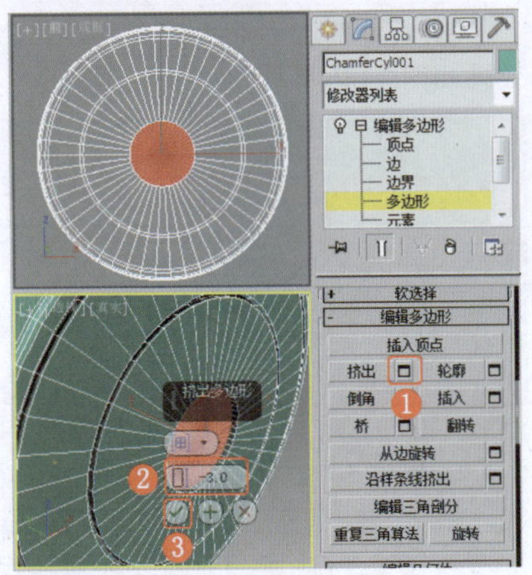
图4-129　设置多边形的“挤出”参数

⑫ 设置多边形的“插入”参数，效果如图4-130所示。

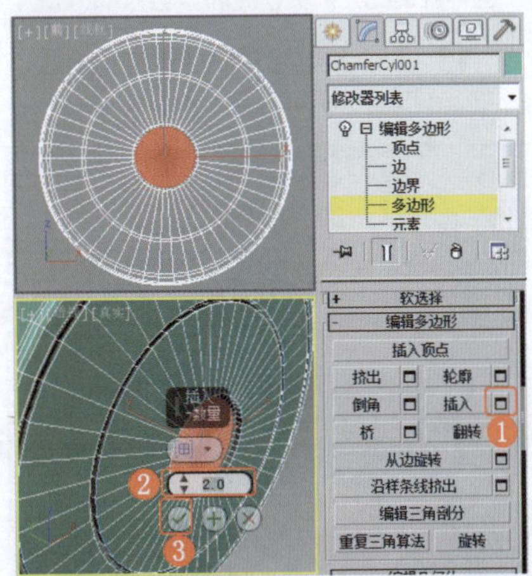
图4-130　设置多边形的“插入”参数

⑬ 设置多边形的“挤出”参数，效果如图4-131所示。

⑭ 将选择集定义为“边”，选择如图4-132所示的边。

⑮ 设置边的“切角”参数，效果如图4-133所示。

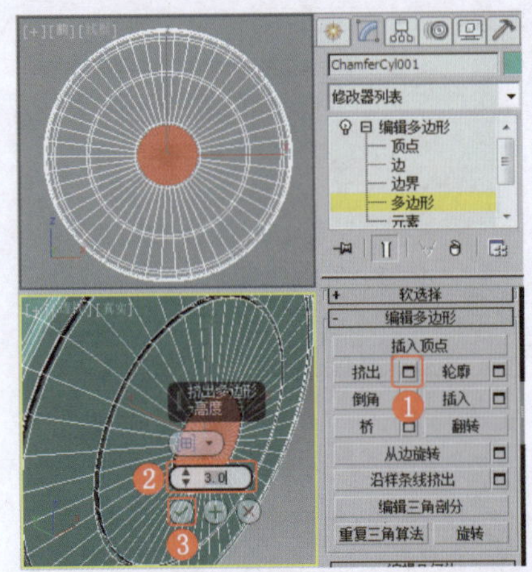
图4-131　设置多边形的“挤出”参数

图4-132　选择边

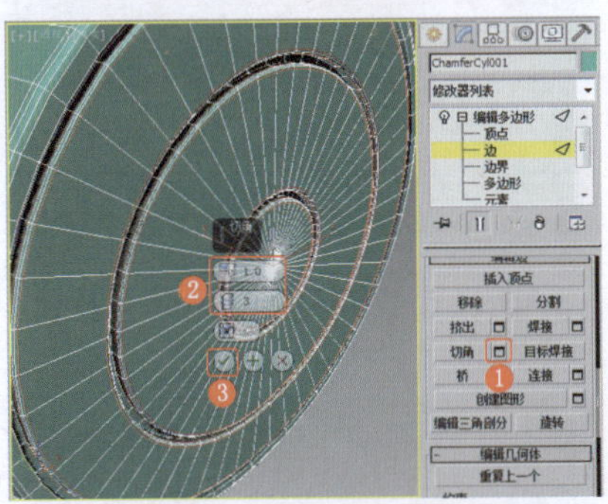
图4-133　设置边的“切角”参数

⑯ 将选择集定义为“顶点”，勾选“使用软选择”复选框，在场景中调整顶点，效果如图4-134所示。

⑰ 将选择集定义为“多边形”，在场景中选择模型背面的多边形，设置多边形的“倒角”参数，效果如图4-135所示。

⑱ 在场景中继续设置多边形的“挤出”参数，效果如图4-136所示。

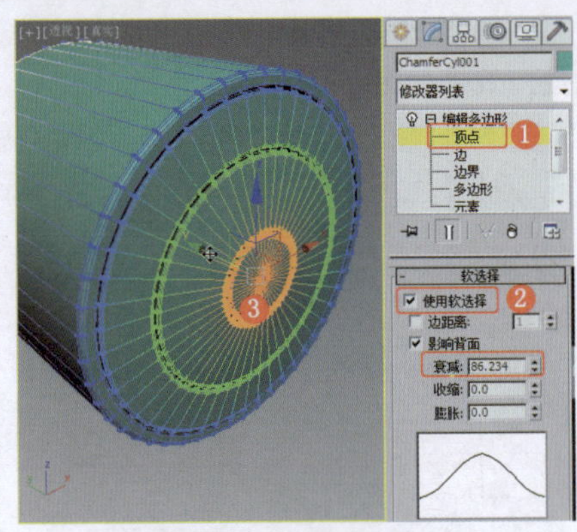
图4-134　调整顶点

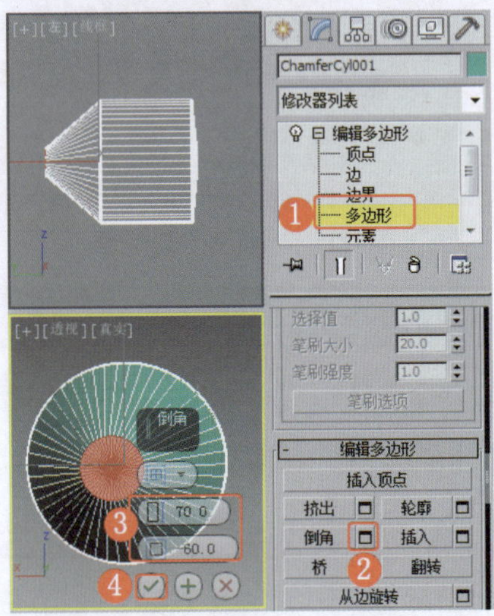
图4-135　设置多边形的“倒角”参数

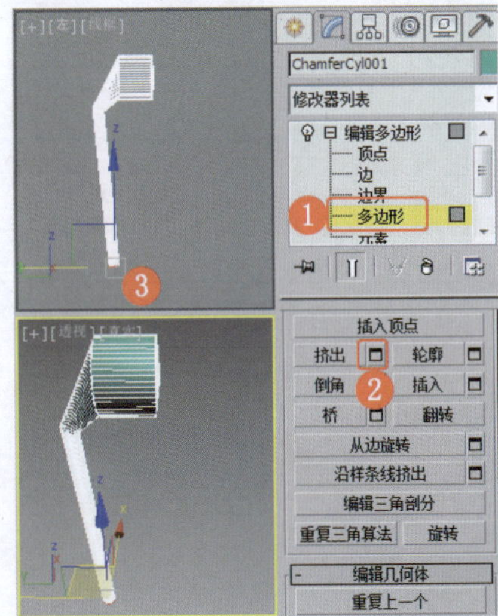
图4-136　设置多边形的“挤出”参数

⑲ 将选择集定义为“边”，设置边的“切角”参数，效果如图4-137所示。

⑳ 为模型施加“网格平滑”或“涡轮平滑”修改器，设置合适的参数，制作平滑的模型效果，如图4-138所示。

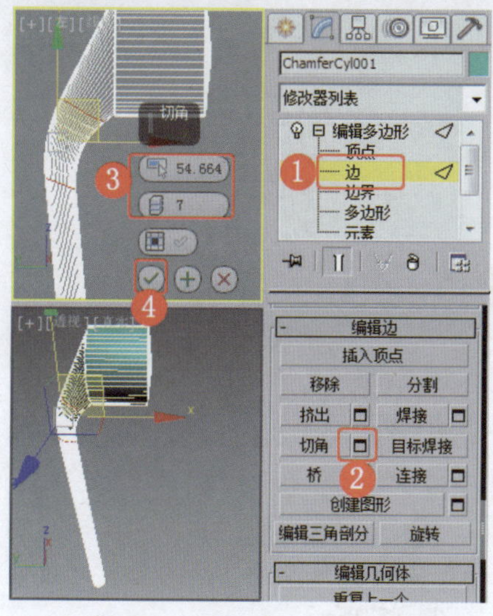

图4-137 设置边的“切角”参数

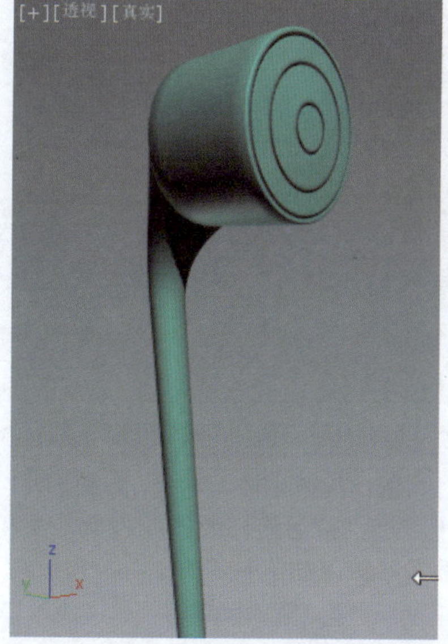
图4-138 平滑模型

㉑ 在“前”视图中创建圆环，设置合适的参数，效果如图4-139所示。

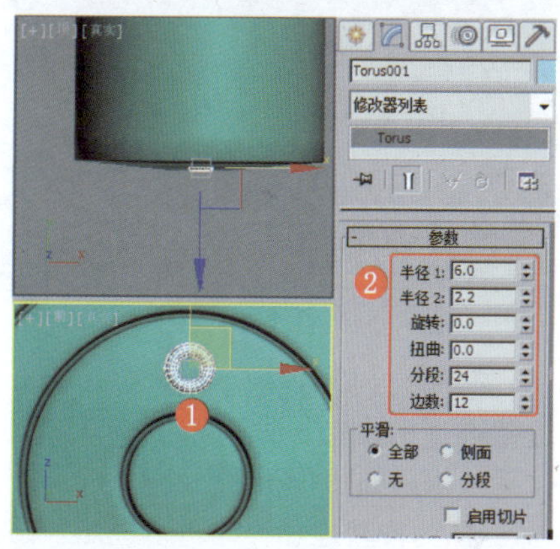

图4-139 创建圆环

㉒ 调整模型的位置和模型轴的位置，将轴心调整到花洒头的中间位置，效果如图4-140所示。

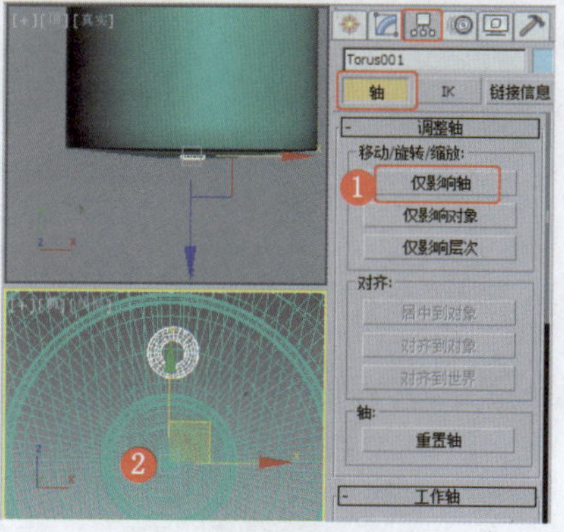

图4-140 调整模型

㉓ 激活“前”视图，在菜单栏中选择“工具”→“阵列”命令，在打开的对话框中设置合适的参数，如图4-141所示，单击“确定”按钮。

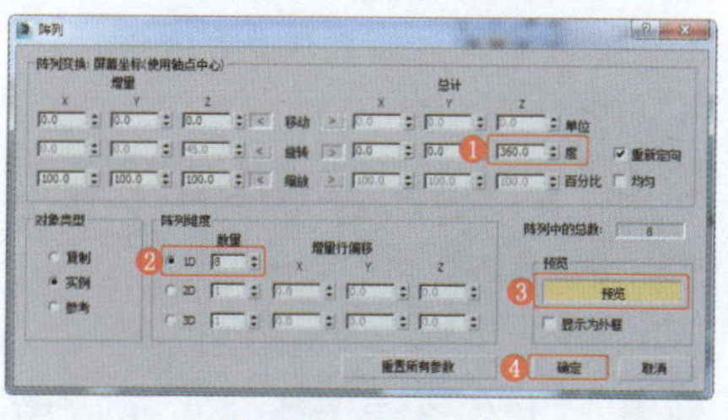
图4-141 设置参数

㉔ 在场景中复制并修改圆环模型，将模型编组，调整其轴心的位置，效果如图4-142所示。

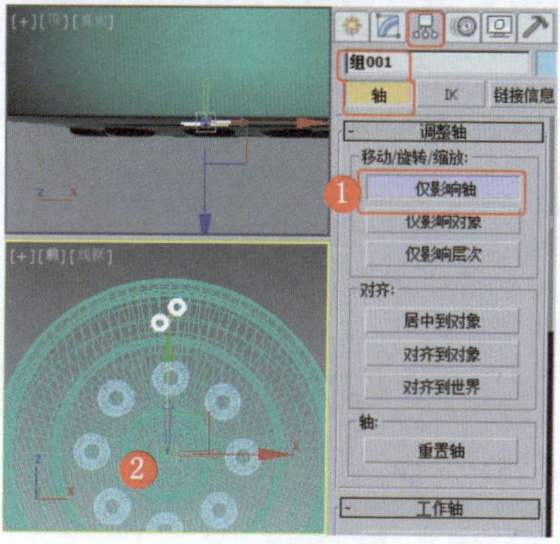

图4-142 调整模型

㉕ 在菜单栏中选择“工具”→“阵列”命令，在打开的对话框中设置合适的参数，如图4-143所示，单击“确定”按钮。

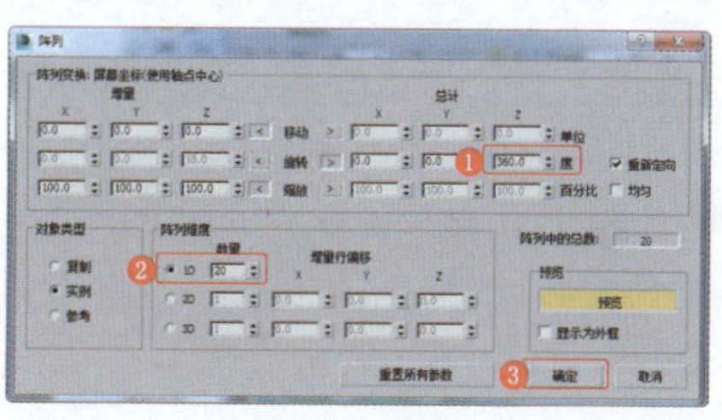
图4-143 设置参数

㉖ 花洒头制作完成，效果如图4-144所示，为其设置金属材质。

图4-144 制作完成

㉗ 为花洒头设置合适的场景，渲染输出。

实例113 厨房器具类——煤气灶

实例效果剖析

本例制作的是一款简单的煤气灶，效果如图4-145所示。

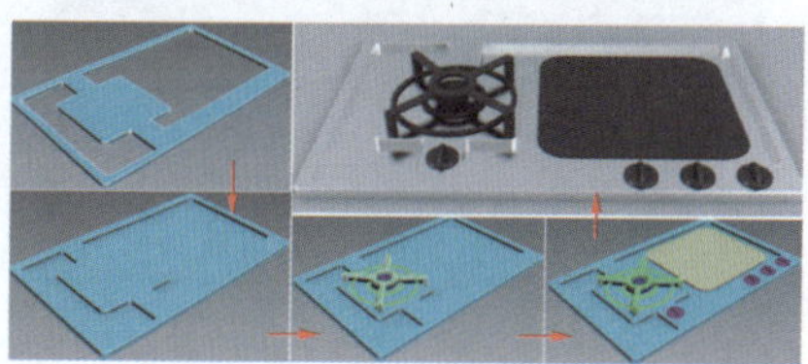
图4-145 效果展示

实例技术要点

本例主要用到的功能及技术要点如下。

- 施加“倒角”修改器：用于调整煤气灶底部模型的厚度。
- 施加“编辑多边形”修改器：用于设置模型边的切角、模型的挤出等。

实例制作步骤

场景文件路径	Scene\第4章\实例113 煤气灶.max	
贴图文件路径	Map\	
视频路径	视频\ cha04\实例113 煤气灶.mp4	
难易程度	★★	学习时间 18分35秒

❶ 在“顶”视图中创建圆角矩形，设置合适的参数，效果如图4-146所示。

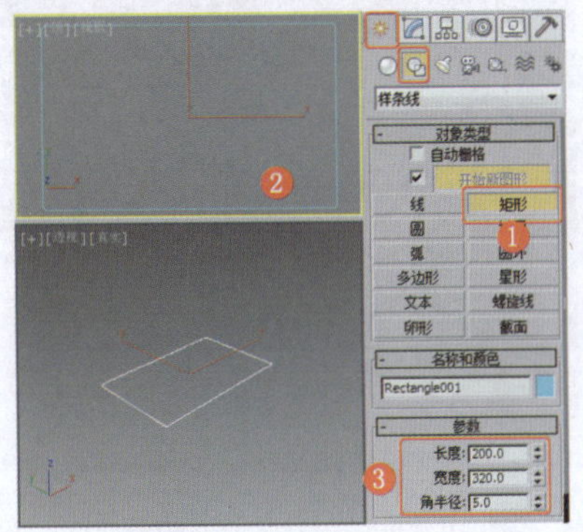

图4-146　创建圆角矩形

❷ 继续创建圆角矩形，设置合适的参数，效果如图4-147所示。

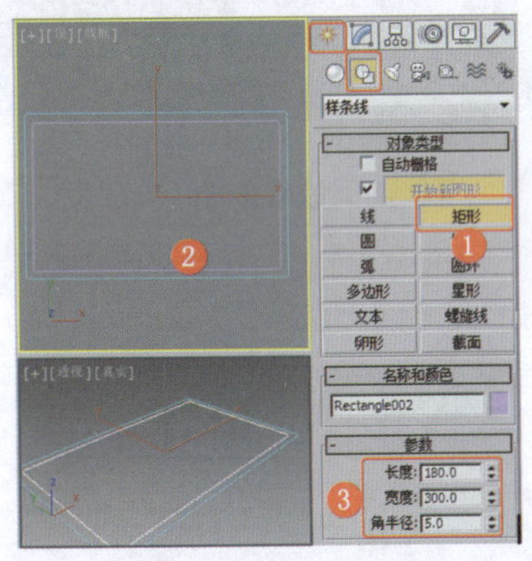

图4-147　创建第二个圆角矩形

❸ 在场景中复制圆角矩形，调整其参数，效果如图4-148所示。

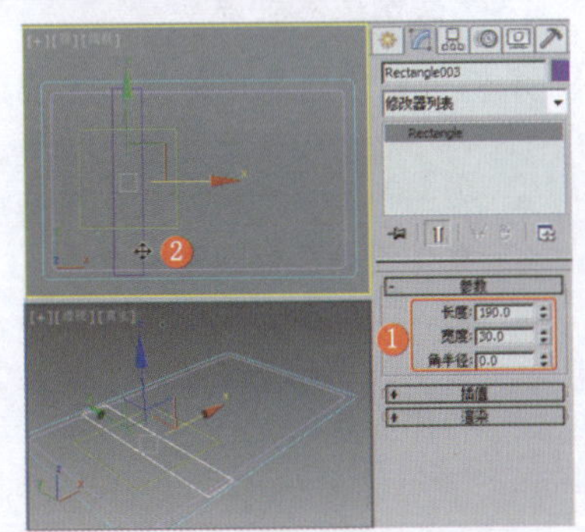

图4-148　复制并调整圆角矩形

❹ 修改如图4-149所示的参数。

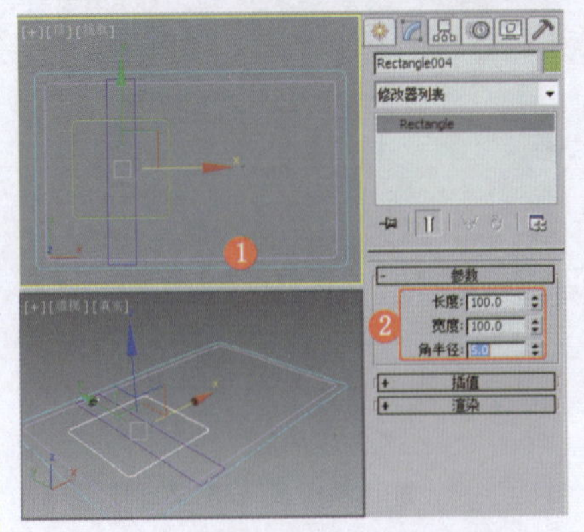

图4-149　修改参数

❺ 为其中一个圆角矩形施加“编辑样条线”修改器，附加所有圆角矩形，将选择集定义为“样条线”，使用“修剪”工具修剪图形的形状，效果如图4-150所示。

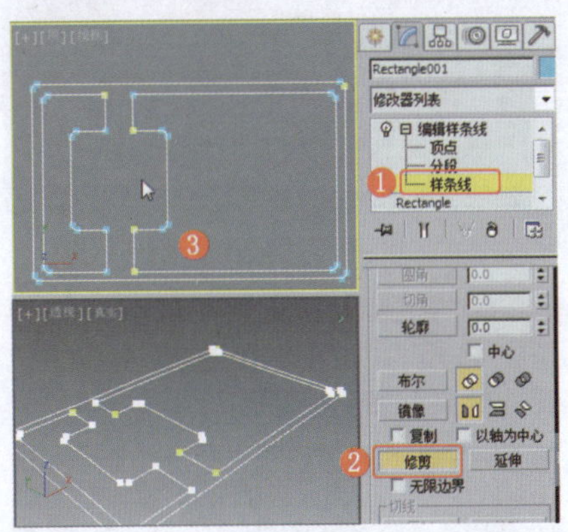

图4-150　修剪图形的形状

❻ 将选择集定义为“顶点”，按Ctrl+A组合键全选顶点，单击“焊接”按钮焊接顶点，效果如图4-151所示。

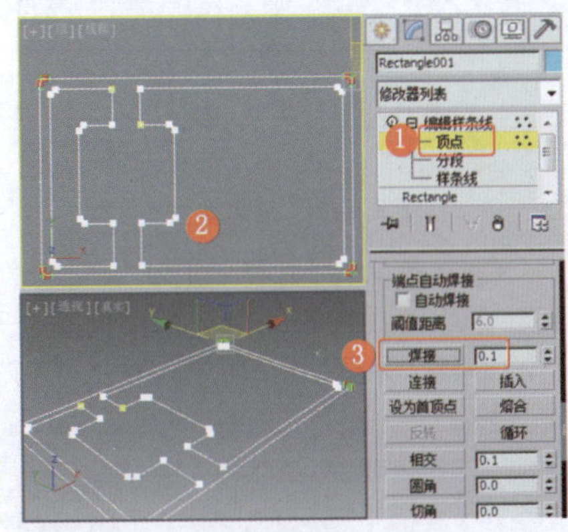

图4-151　焊接顶点

❼ 将选择集定义为“顶点”，设置如图4-152所示的顶点的“圆角”参数。

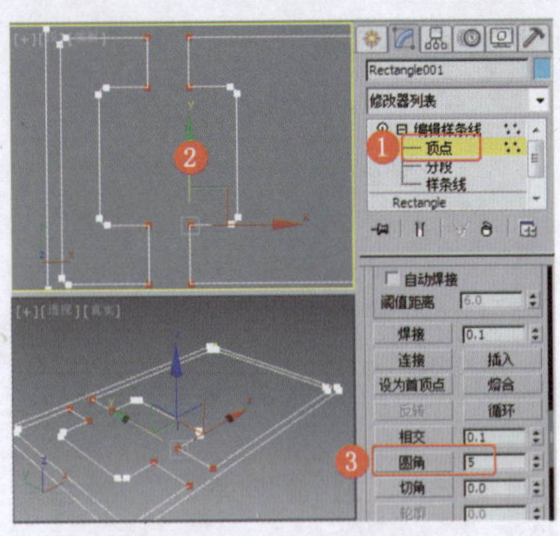

图4-152　设置顶点的“圆角”参数

❽ 关闭选择集，为图形施加“倒角”修改器，设置合适的参数，效果如图4-153所示。

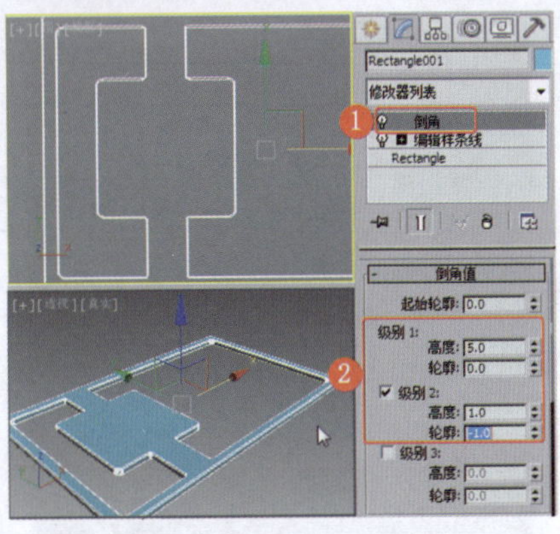

图4-153　施加“倒角”修改器

❾ 创建如图4-146所示的图形，为其施加“挤出”修改器，设置合适的参数，效果如图4-154所示。

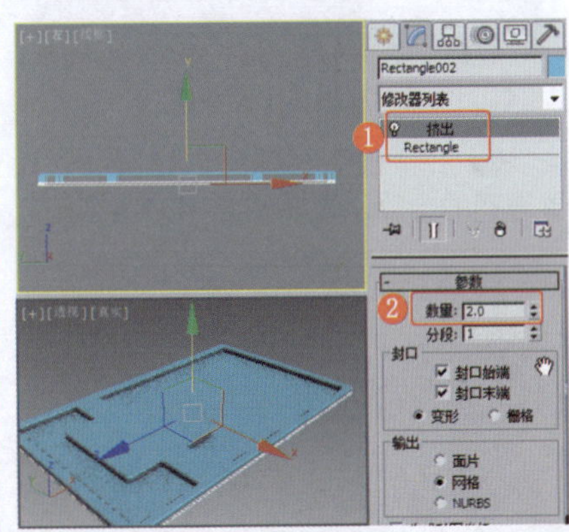

图4-154　创建并挤出图形

❿ 在“顶”视图中创建管状体，设置合适的参数，调整模型至合适的位置，效果如图4-155所示。

⓫ 为模型施加“编辑多边形”修改器，将选择集定义为“边”，设置管状体上端边的“切角”参数，效果如图4-156所示。

⓬ 在“顶”视图中创建管状体，

设置合适的参数，调整模型至合适的位置，效果如图4-157所示。

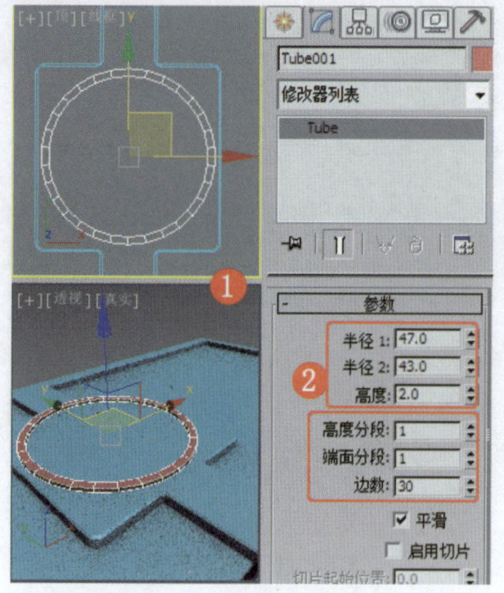

图4-155 创建管状体

图4-156 设置管状体边的“切角”参数

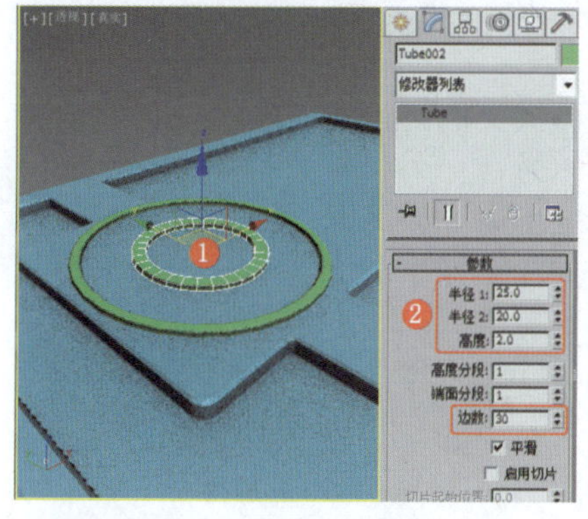

图4-157 创建并调整管状体

⑬ 为管状体施加“编辑多边形”修改器，将选择集定义为“边”，在场景中设置管状体顶部的“切角”参数，效果如图4-158所示。

⑭ 在“顶”视图中如图4-159所示的位置创建圆柱体，设置合适的参数。

⑮ 为圆柱体施加“编辑多边形”修改器，将选择集定义为“边”，设置顶部边的“切角”参数，效果如图4-160所示。

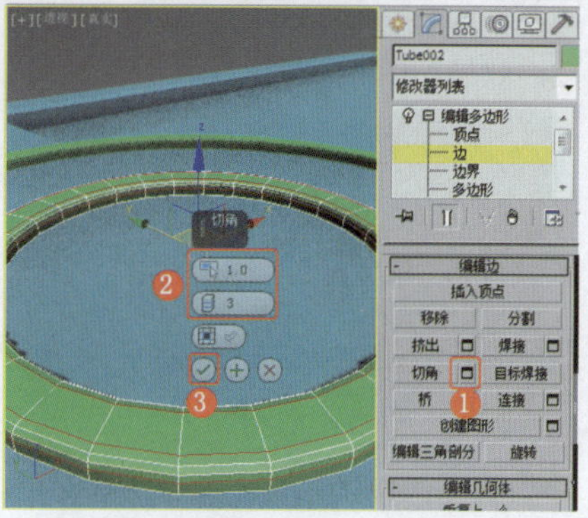

图4-158 设置管状体的“切角”参数

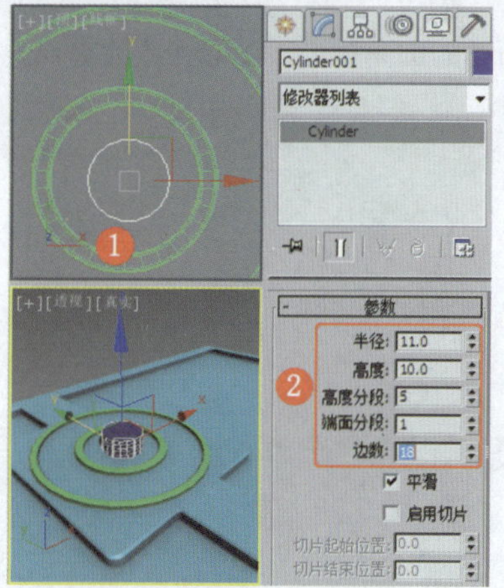

图4-159 创建圆柱体

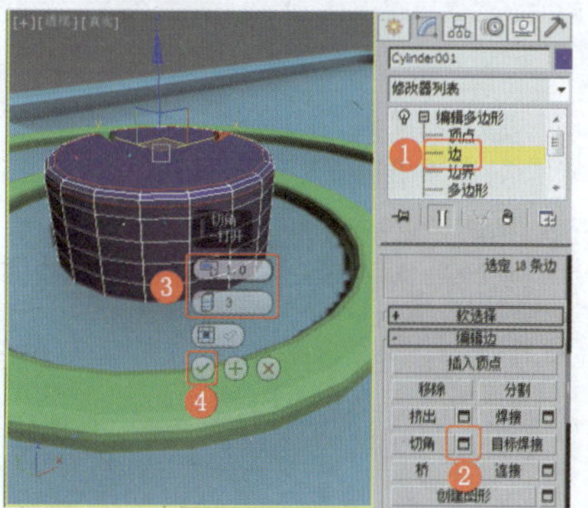

图4-160 设置顶部边的“切角”参数

⑯ 在场景中选择模型侧面垂直的边，设置边的“挤出”参数，效果如图4-161所示。

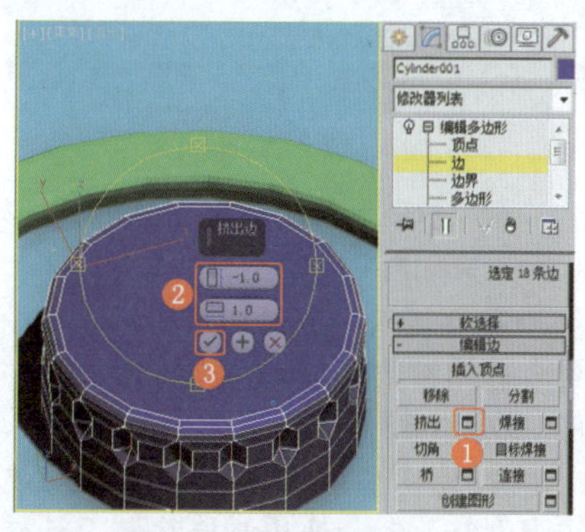

图4-161 挤出模型

⑰ 继续在如图4-162所示的位置创建管状体，调整其至合适的位置。

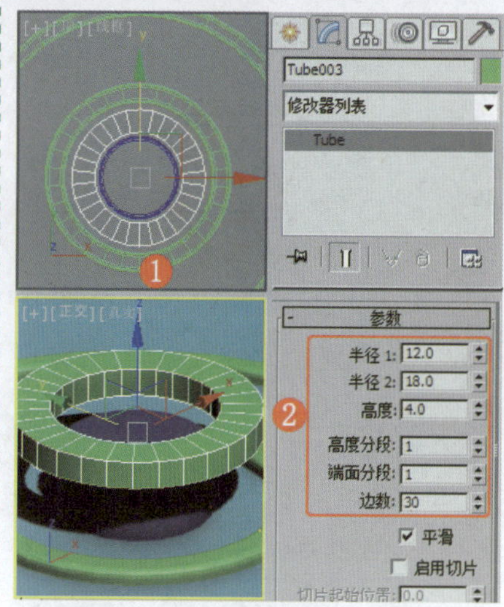

图4-162 创建并调整管状体

⑱ 为管状体施加“编辑多边形”修改器，将选择集定义为“边”，设置边的“切角”参数，效果如图4-163所示。

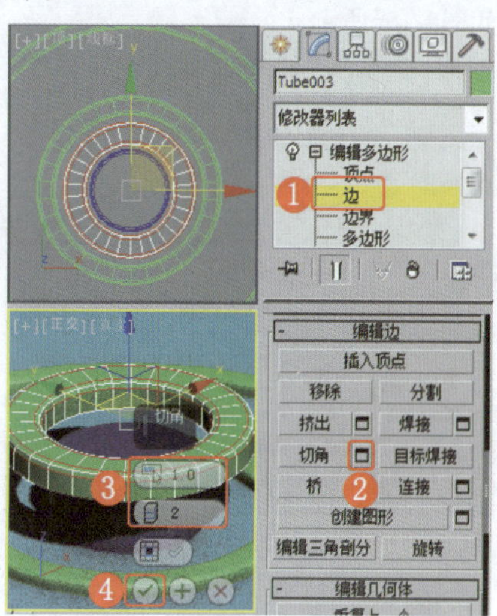

图4-163 设置边的“切角”参数

⑲ 将选择集定义为“多边形”，在场景中选择如图4-164所示的多边形。

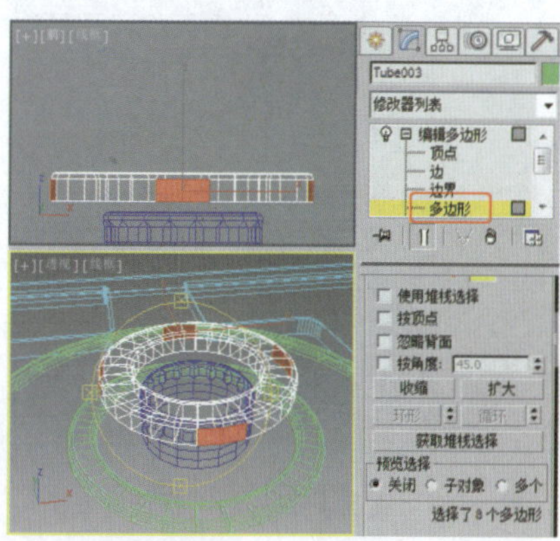

图4-164 选择多边形

⑳ 设置多边形的"挤出"参数，效果如图4-165所示。

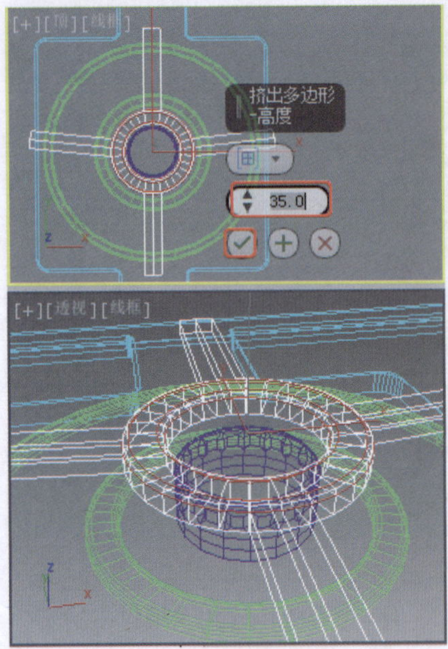

图4-165　挤出模型

㉑ 继续设置"挤出"参数，效果如图4-166所示。

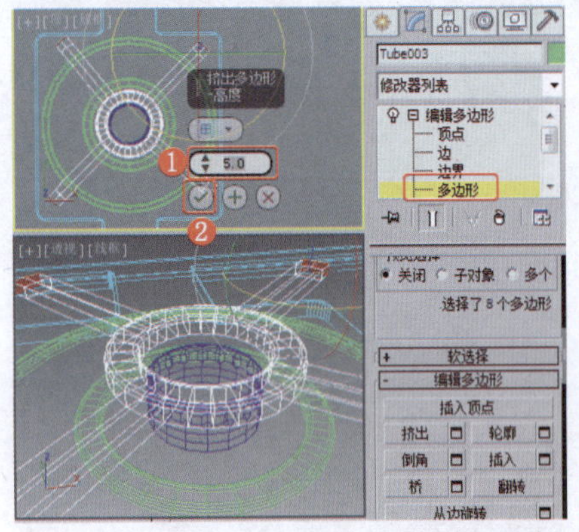

图4-166　挤出模型

㉒ 选择挤出的模型的底部多边形，继续设置其"挤出"参数，效果如图4-167所示。

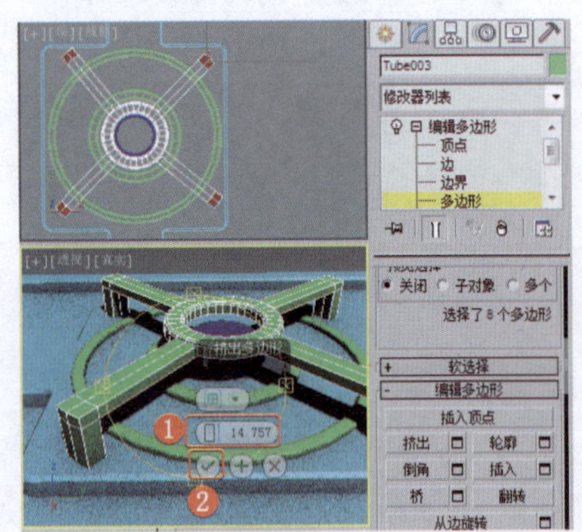

图4-167　设置多边形的"挤出"参数

㉓ 将选择集定义为"边"，在场景中选择边，设置边的"切角"参数，效果如图4-168所示。

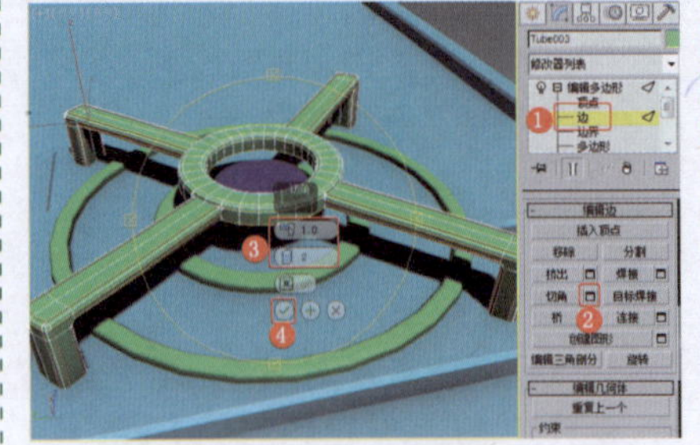

图4-168　设置边的"切角"参数

㉔ 在"顶"视图中创建如图4-169所示的圆角矩形，设置合适的参数。

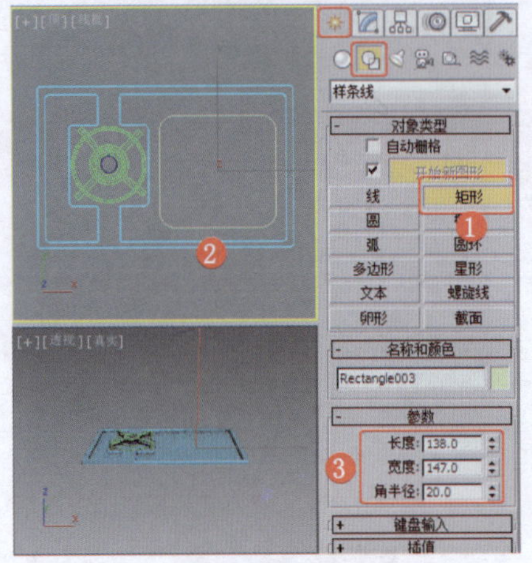

图4-169　创建圆角矩形

㉕ 设置圆角矩形的"挤出"参数，效果如图4-170所示。

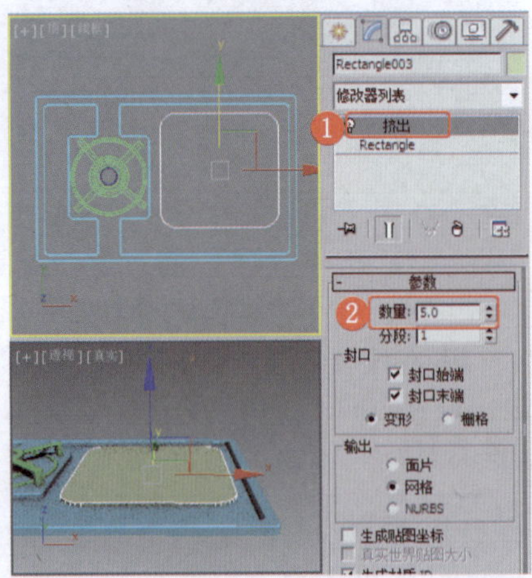

图4-170　挤出模型

㉖ 在场景中调整底部边框的形状，效果如图4-171所示。

㉗ 在场景中创建切角圆柱体，设置合适的参数，复制并旋转切角圆柱体，效果如图4-172所示。

㉘ 为切角圆柱体施加"编辑多边形"修改器，使用"移除"工具移除底部一半的顶点，效果如图4-173所示。

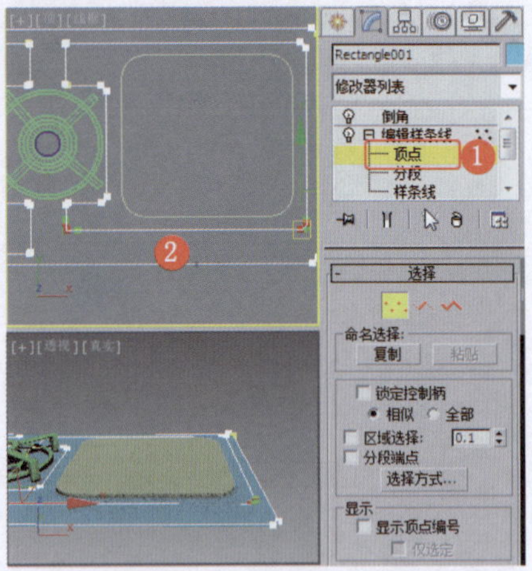

图4-171　调整形状

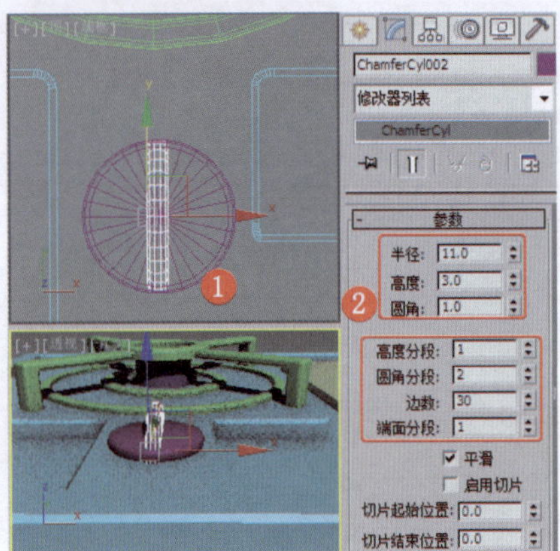

图4-172　创建切角圆柱体并进行调整

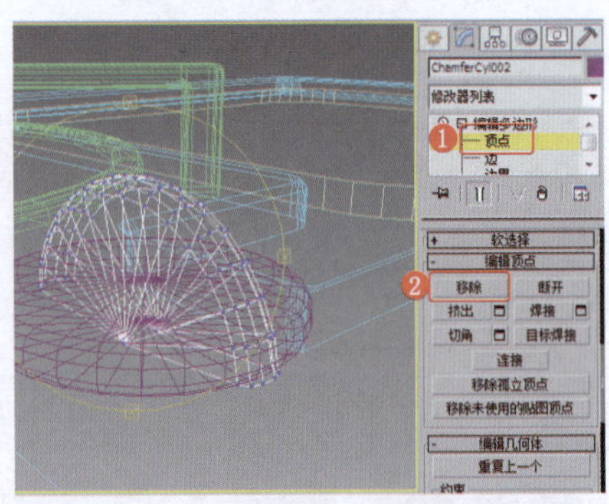

图4-173　移除顶点

㉙ 复制模型，煤气灶制作完成，效果如图4-174所示。

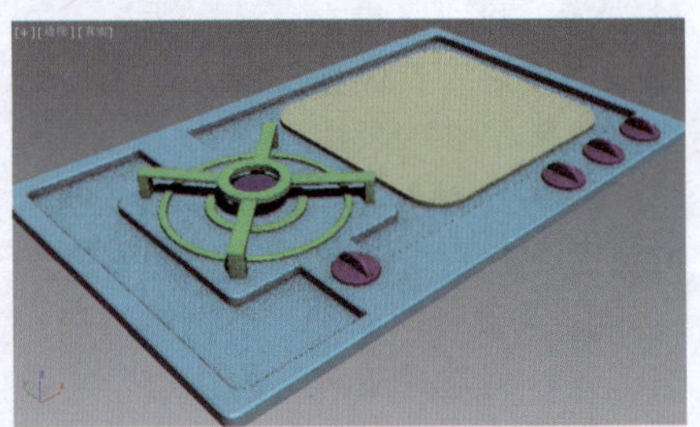

图4-174　完成制作

实例114 厨房器具类——抽油烟机

实例效果剖析

本例制作的是一款抽油烟机，在设计上体现了健康节能、净化厨房环境的理念。

本例制作的抽油烟机，效果如图4-175所示。

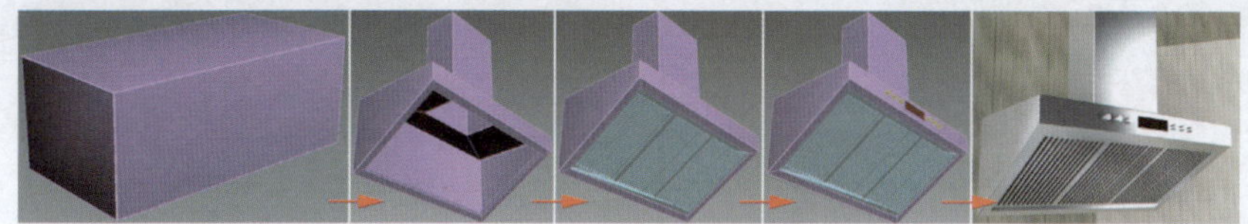

图4-175 效果展示

实例技术要点

本例主要用到的功能及技术要点如下。

- 施加“编辑多边形”修改器：用于制作抽油烟机的基本形状。
- 施加“编辑样条线”修改器：用于创建并附加图形，调整图形的形状。
- 施加“挤出”修改器：用于制作图形的厚度。

场景文件路径	Scene\第4章\实例114 抽油烟机.max		
贴图文件路径	Map\		
视频路径	视频\ cha04\实例114 抽油烟机.mp4		
难易程度	★★	学习时间	11分24秒

实例115 厨房器具类——橱柜

实例效果剖析

本例制作的是一款传统橱柜，造型简单、大方。

本例制作的橱柜，效果如图4-176所示。

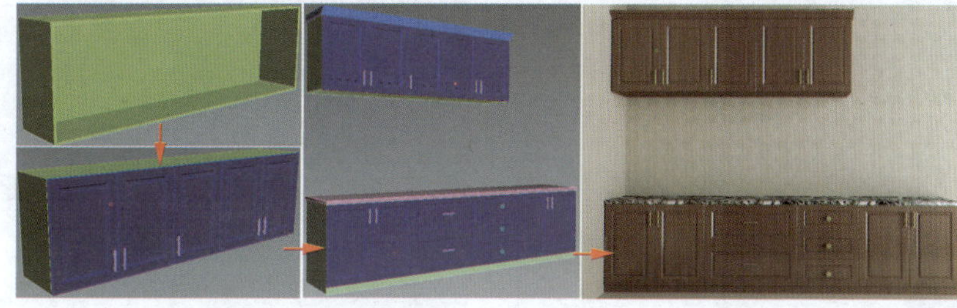

图4-176 效果展示

实例技术要点

本例主要用到的功能及技术要点如下。

- 转换为“可编辑多边形”：用于制作橱柜的基本形状。
- 施加“挤出”“车削”修改器：用于细化橱柜的造型。

实例制作步骤

场景文件路径	Scene\第4章\实例115 橱柜.max		
贴图文件路径	Map\		
视频路径	视频\ cha04\实例115 橱柜.mp4		
难易程度	★★	学习时间	19分10秒

❶ 在“前”视图中创建长方体，设置合适的参数，效果如图4-177所示。

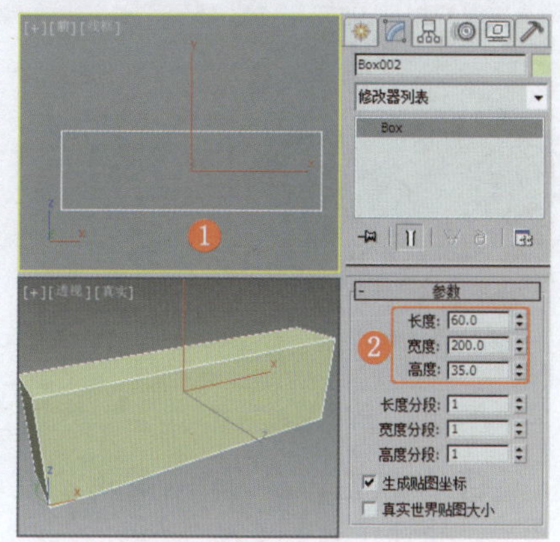

图4-177 创建长方体

❷ 将模型转换为“可编辑多边形”，将选择集定义为“多边形”，在场景中选择如图4-178所示的多边形，设置多边形的“插入”参数。

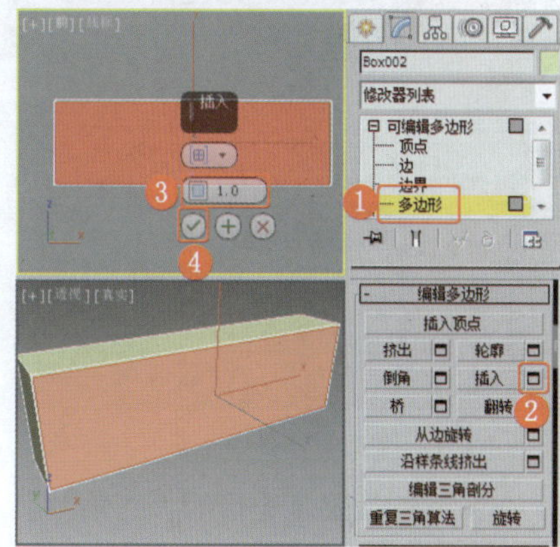

图4-178 设置多边形的“插入”参数

❸ 设置多边形的“挤出”参数，效果如图4-179所示。

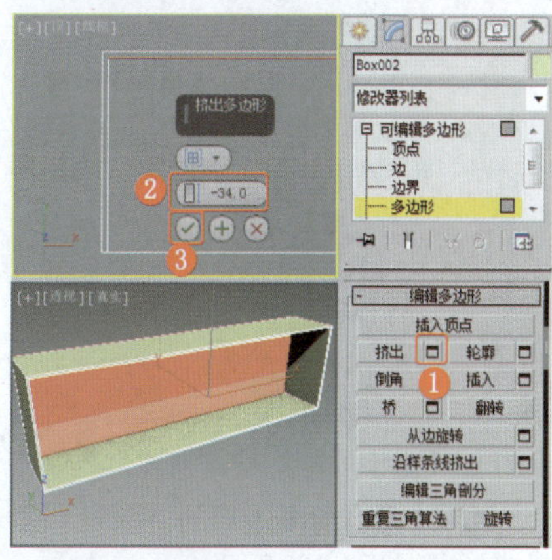

图4-179 设置多边形的“挤出”参数

❹ 在“前”视图中创建切角长方体，设置合适的参数，效果如图4-180所示。

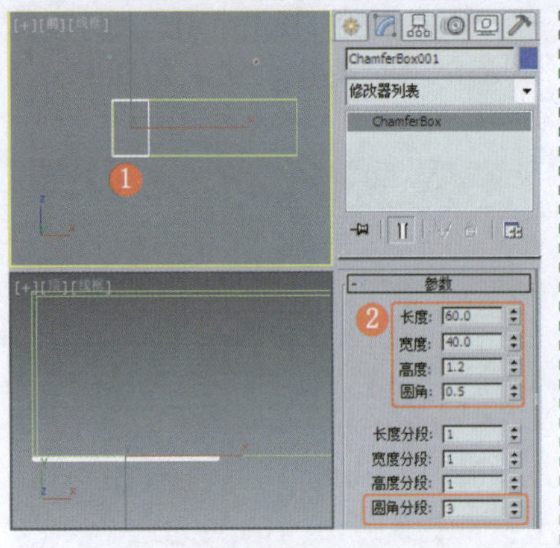

图4-180　创建切角长方体

❺ 将模型转换为“可编辑多边形”，将选择集定义为“多边形”，在场景中设置如图4-181所示的多边形的“插入”参数。

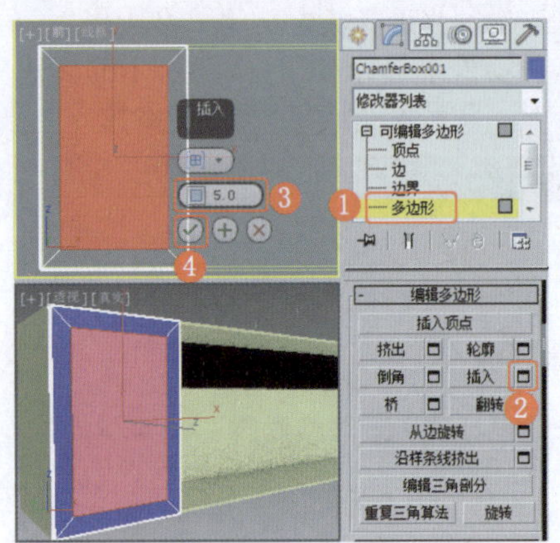

图4-181　设置多边形的“插入”参数

❻ 继续设置多边形的“倒角”参数，效果如图4-182所示。

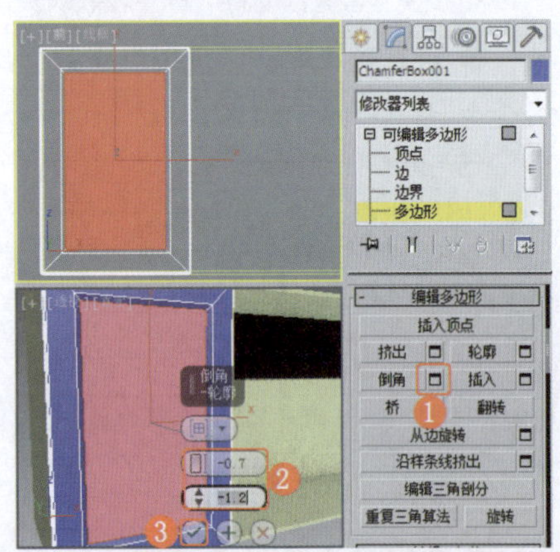

图4-182　设置多边形的“倒角”参数

❼ 设置当前多边形的“插入”参数，效果如图4-183所示。

❽ 设置多边形的“倒角”参数，效果如图4-184所示。

❾ 在场景中创建圆柱体，设置合适的参数，组合模型，将其作为把手，效果如图4-185所示。

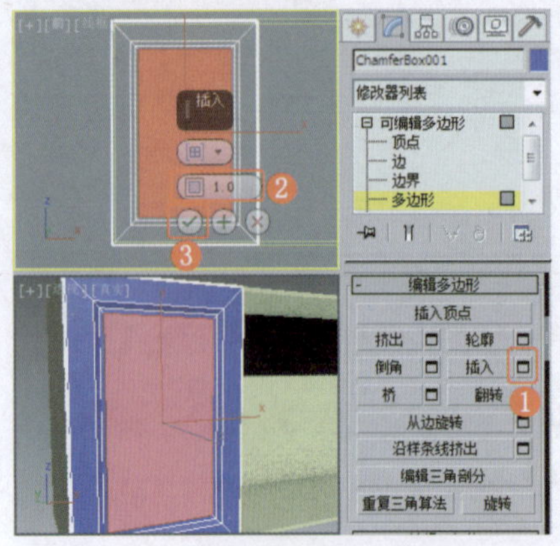

图4-183　设置多边形的“插入”参数

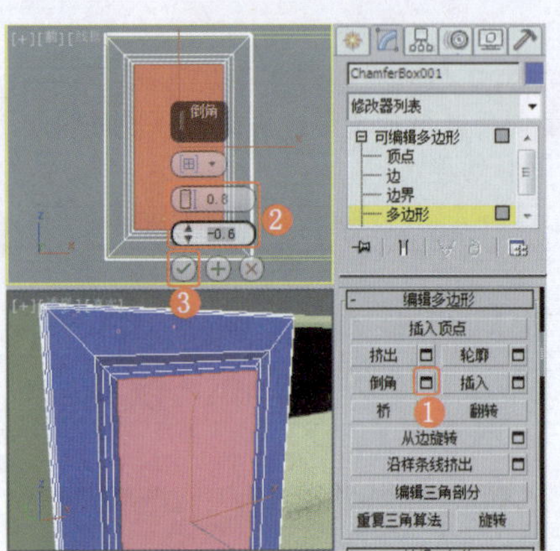

图4-184　设置多边形的“倒角”参数

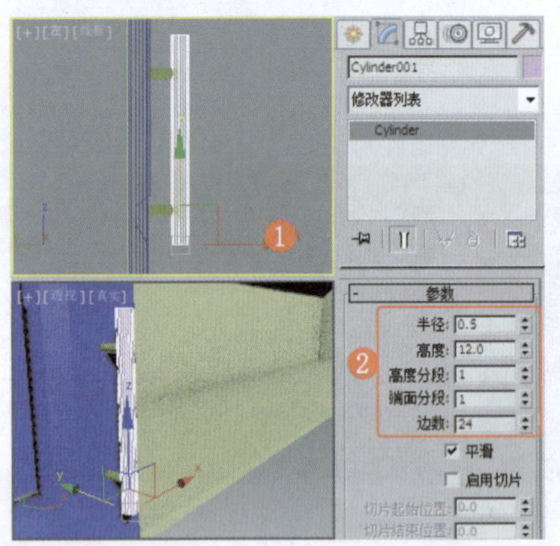

图4-185　组合把手模型

❿ 复制模型，效果如图4-186所示。

⓫ 在“左”视图中创建顶部的截面图形，效果如图4-187所示。

⓬ 为图形施加“挤出”修改器，设置合适的参数，效果如图4-188所示。

⓭ 在场景中对柜门模型进行复制，调整其顶点，改变模型的形状，效果如图4-189所示。

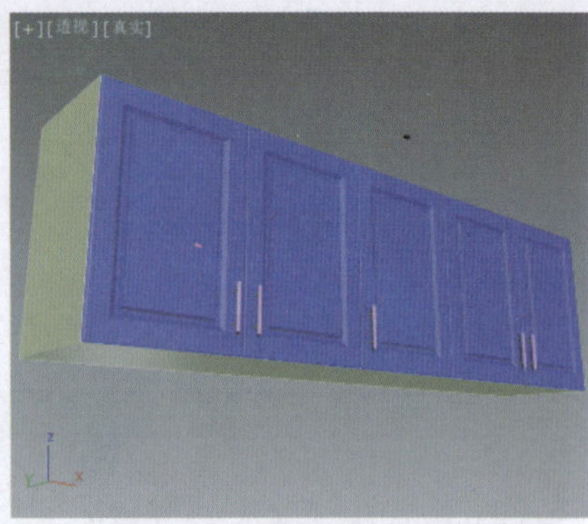

图4-186　复制模型

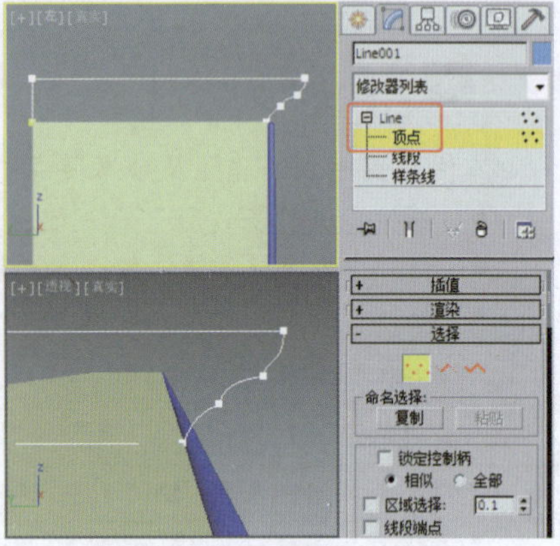

图4-187　创建截面图形

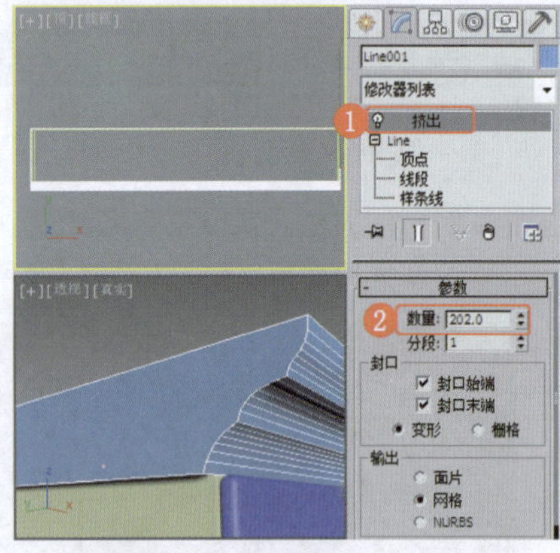

图4-188　设置橱柜顶部的厚度

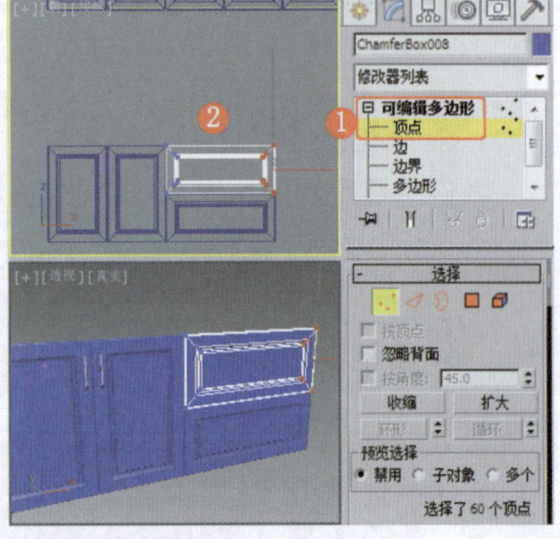

图4-189　调整顶点

⓮ 对模型中间的顶点进行等比

例缩放，调整模型的形状，效果如图4-190所示。

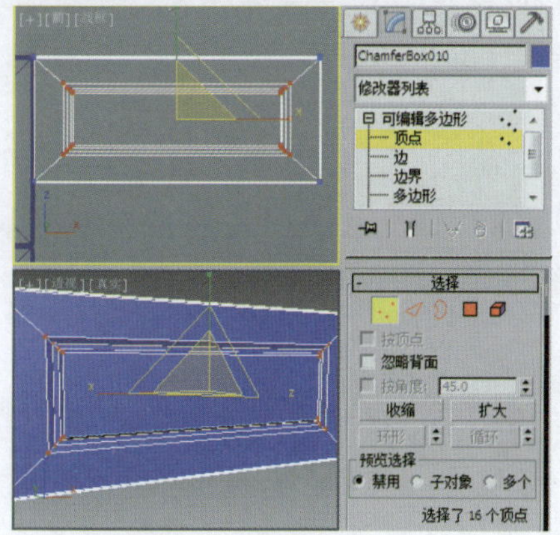

图4-190 等比例缩放顶点

⑮ 在“顶”视图中创建图形并调整图形的形状，效果如图4-191所示。

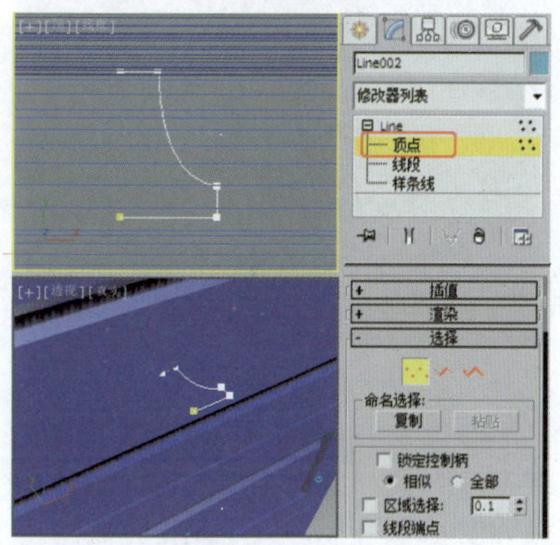

图1-191 创建并调整图形

⑯ 为图形施加“车削”修改器，设置合适的参数，效果如图4-192所示。

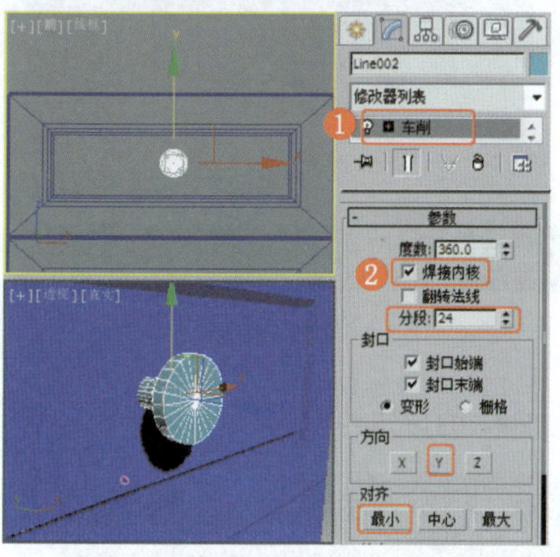

图4-192 施加“车削”修改器

⑰ 复制橱柜柜体模型，调整模型的形状，效果如图4-193所示。

⑱ 复制模型，在“顶”视图中创建切角长方体，设置合适的参数，效果如图4-194所示，橱柜制作完成。

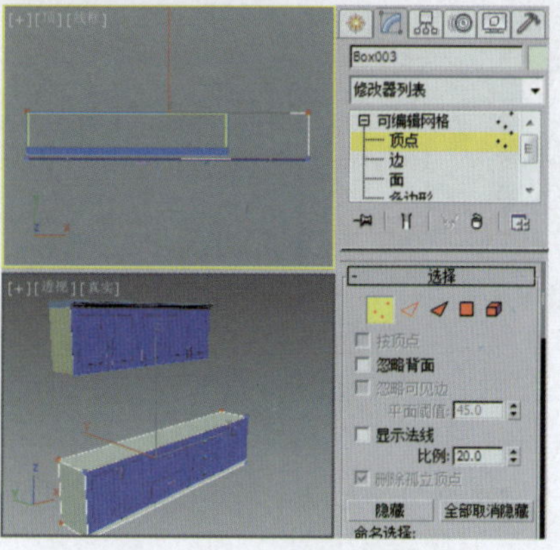

图4-193 复制并调整模型

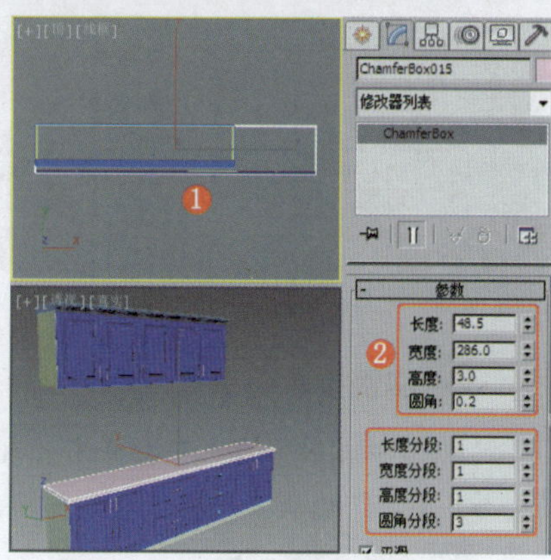

图4-194 创建切角长方体

实例116 厨房器具类——刀

实例效果剖析

本例制作的是一款厨房中的刀具，效果如图4-195所示。

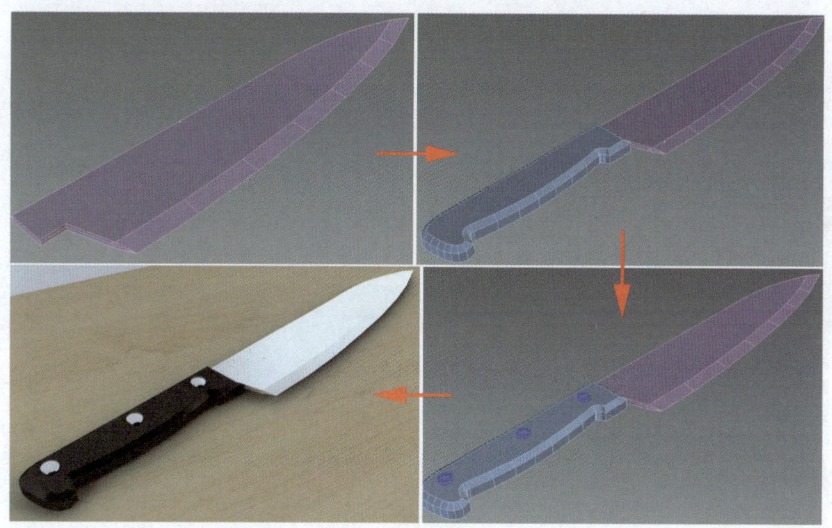

图4-195 效果展示

实例技术要点

本例主要用到的功能及技术要点如下。

- 创建样条线：用于制作刀刃和刀把的轮廓。
- 施加“编辑多边形”修改器：用于调整模型的形状。

场景文件路径	Scene\第4章\实例116 刀.max		
贴图文件路径	Map\		
视频路径	视频\cha04\实例116 刀.mp4		
难易程度	★★	学习时间	11分16秒

实例117 厨房器具类——叉子

实例效果剖析

本例制作的是一款造型简单的不锈钢叉子，效果如图4-196所示。

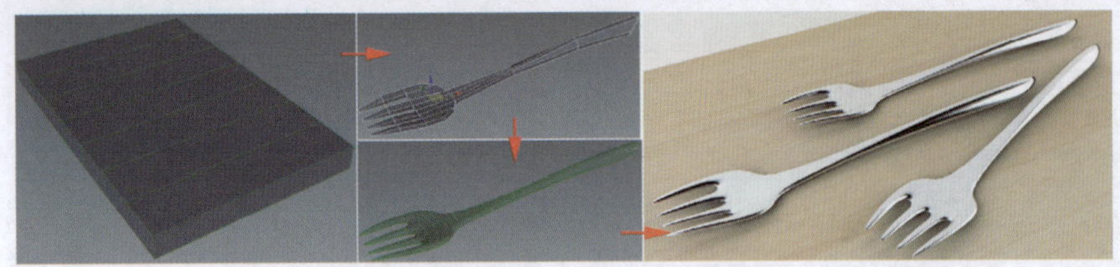
图4-196 效果展示

实例技术要点

本例主要用到的功能及技术要点如下。

- 施加"编辑多边形"修改器：用于调整模型的形状。

实例制作步骤

场景文件路径	Scene\第4章\实例117 叉子.max		
贴图文件路径	Map\		
视频路径	视频\ cha04\实例117 叉子.mp4		
难易程度	★★	学习时间	8分20秒

❶ 在"顶"视图中创建长方体，设置合适的分段参数，效果如图4-197所示。

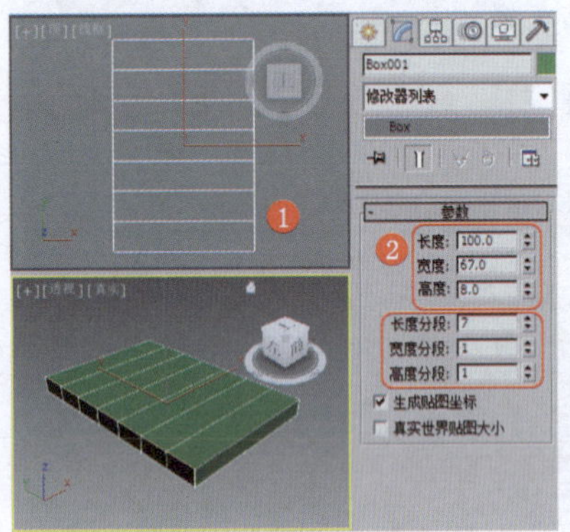
图4-197 创建长方体

❷ 为模型施加"编辑多边形"修改器，将选择集定义为"多边形"，在场景中选择多边形，设置多边形的"挤出"参数，效果如图4-198所示。

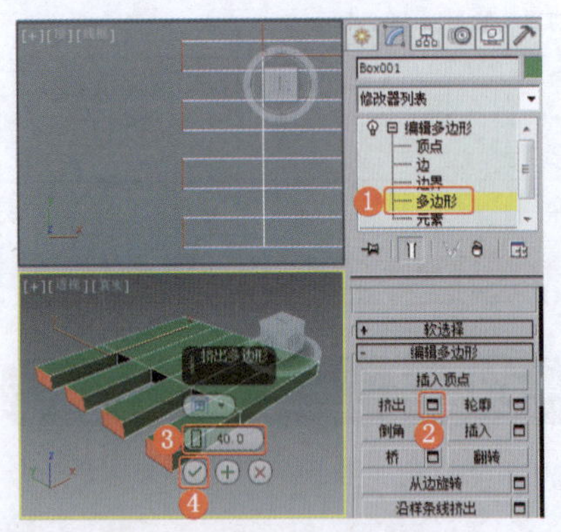
图4-198 挤出多边形

❸ 设置多边形的"挤出"和"倒角"参数，效果如图4-199所示。

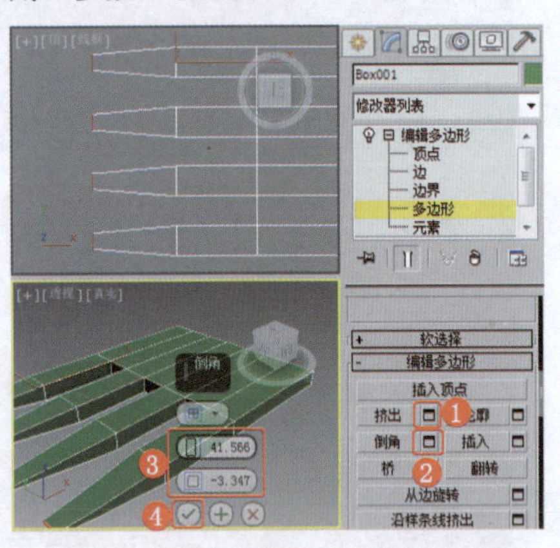
图4-199 设置"挤出""倒角"参数

❹ 继续设置多边形的"挤出"参数，将其作为叉柄，效果如图4-200所示。

❺ 将选择集定义为"顶点"，勾选"使用软选择"复选框，调整顶点，效果如图4-201所示。

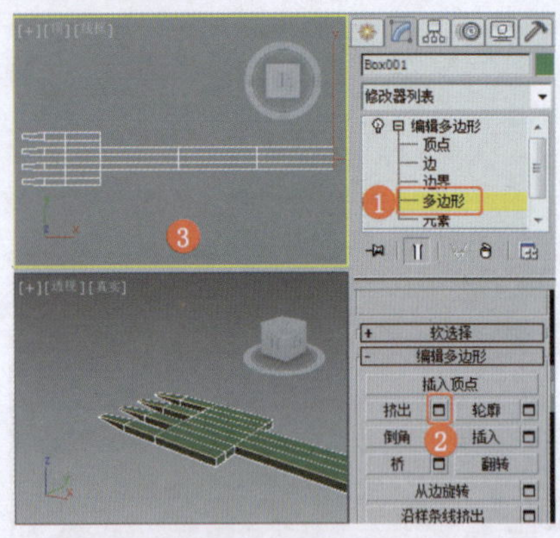
图4-200 设置多边形的"挤出"参数

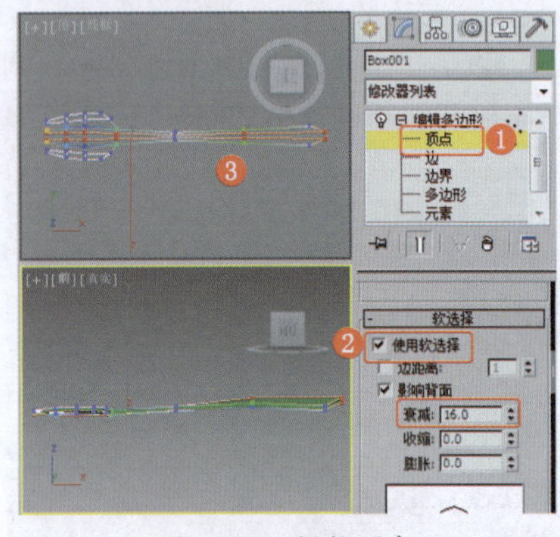
图4-201 调整顶点

❻ 关闭选择集，为模型施加"涡轮平滑"或"网格平滑"修改器，效果如图4-202所示，叉子制作完成。

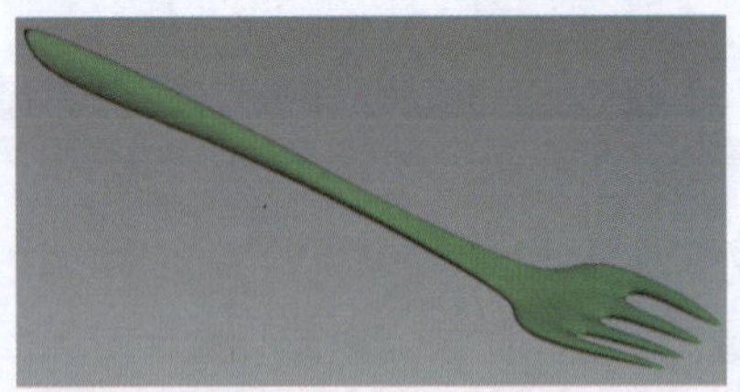
图4-202 完成制作

实例118 厨房器具类——菜板

实例效果剖析

本例制作的是一款木质菜板，效果如图4-203所示。

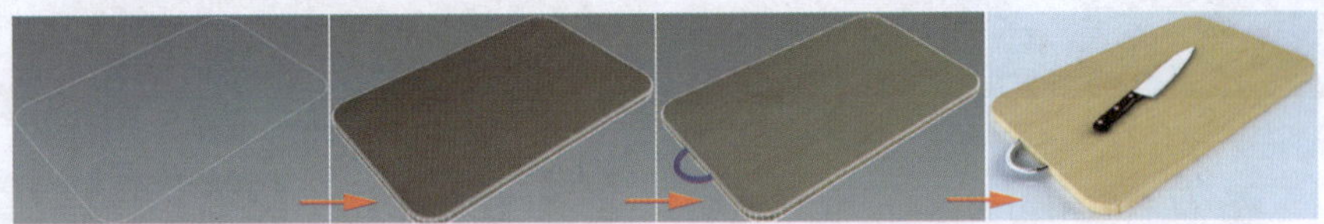
图4-203 效果展示

实例技术要点

本例主要用到的功能及技术要点如下。

● 施加“编辑多边形”修改器：用于设置矩形的挤出和边的切角。

场景文件路径	Scene\第4章\实例118 菜板.max		
贴图文件路径	Map\		
视频路径	视频\ cha04\实例118 菜板.mp4		
难易程度	★★	学习时间	5分2秒

实例119 厨房器具类——平底锅

实例效果剖析

本例制作的是一款常见的平底锅，效果如图4-204所示。

图4-204 效果展示

实例技术要点

本例主要用到的功能及技术要点如下。

- 施加“车削”修改器：用于制作平底锅的基本形状。
- 施加“编辑多边形”修改器：用于调整模型的形状。
- 施加“FFD”修改器：用于调整锅把的形状。
- 使用“布尔”工具：制作锅把的孔。

实例制作步骤

场景文件路径	Scene\第4章\实例119 平底锅.max		
贴图文件路径	Map\		
视频路径	视频\ cha04\实例119 平底锅.mp4		
难易程度	★★★	学习时间	13分36秒

❶ 在“前”视图中创建图形并调整图形的形状，效果如图4-205所示。

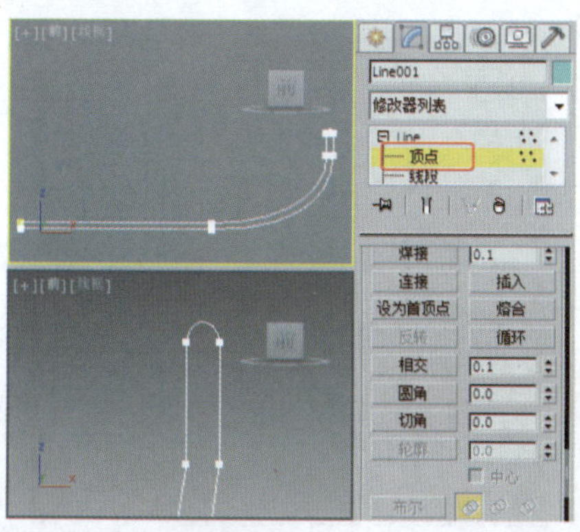

图4-205 创建图形并调整图形的形状

❷ 为图形施加“车削”修改器，设置合适的参数，效果如图4-206所示。

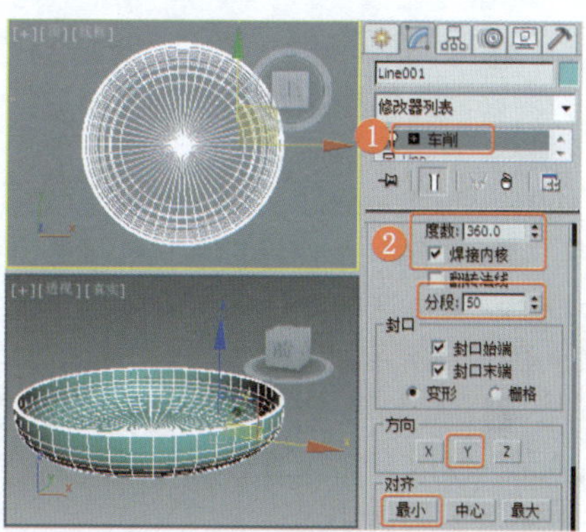

图4-206 施加“车削”修改器

❸ 在“左”视图中创建切角圆柱体，设置合适的参数，对模型进行缩放，效果如图4-207所示。

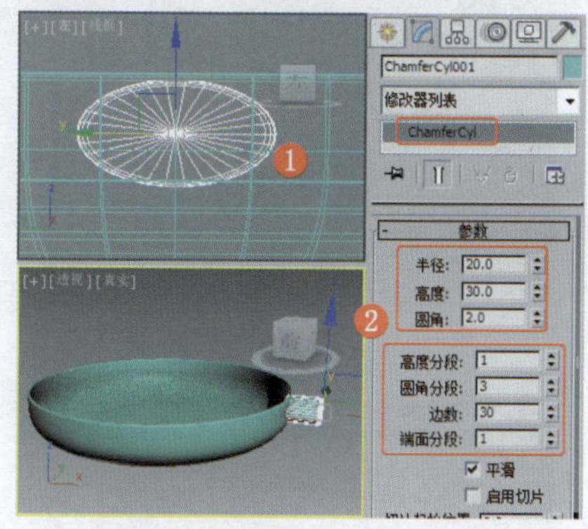

图4-207 创建切角圆柱体

❹ 为模型施加“FFD 3×3×3”修改器，将选择集定义为“控制点”，在场景中调整模型的形状，效果如图4-208所示。

图4-208 调整模型的形状

❺ 在场景中对切角圆柱体进行复制，修改其参数，效果如图4-209所示。

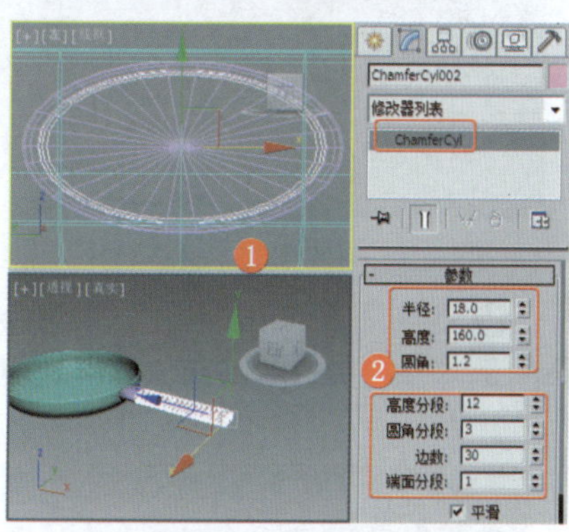

图4-209 复制并调整切角圆柱体

❻ 为模型施加“编辑多边形”修改器，将选择集定义为“顶点”，勾选“使用软选择”复选框，调整模型的形状，效果如图4-210所示。

❼ 为模型施加“FFD 4×4×4”修改器，将选择集定义为“控制点”，调整模型的形状，效果如图4-211所示。

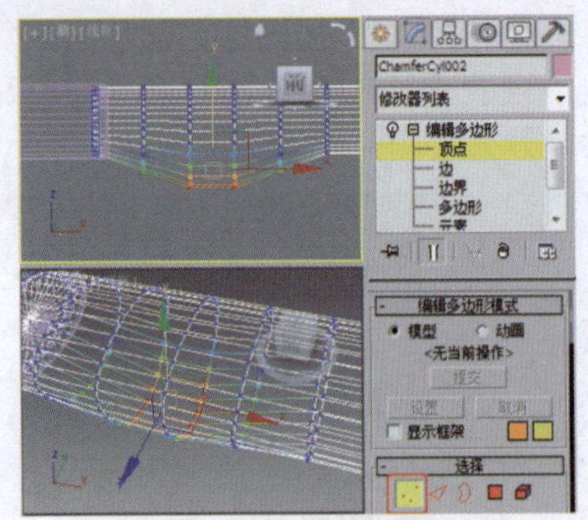
图4-210　调整模型的形状

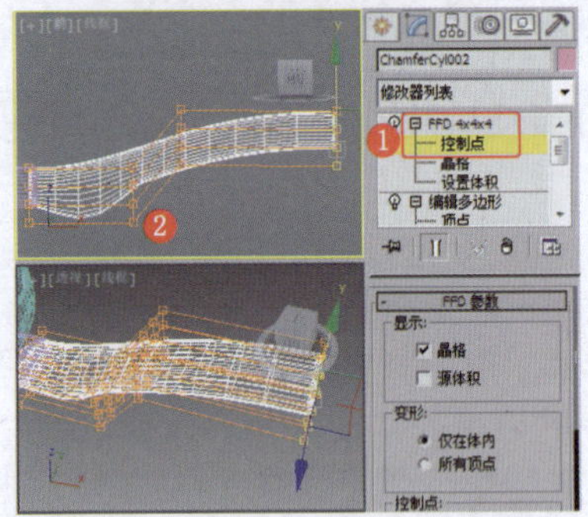
图4-211　调整模型的形状

⑧ 将模型转换为“可编辑网格”，将选择集定义为“顶点”，选择锅把模型末端的顶点，为其施加“FFD 2×2×2”修改器，将选择集定义为“控制点”，在场景中调整顶点，效果如图4-212所示。

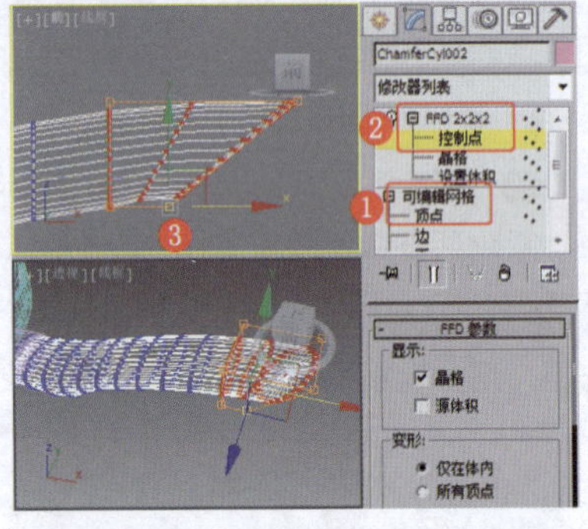
图4-212　调整锅把末端的形状

⑨ 在场景中创建圆柱体，设置合适的参数并调整模型的角度，效果如图4-213所示。

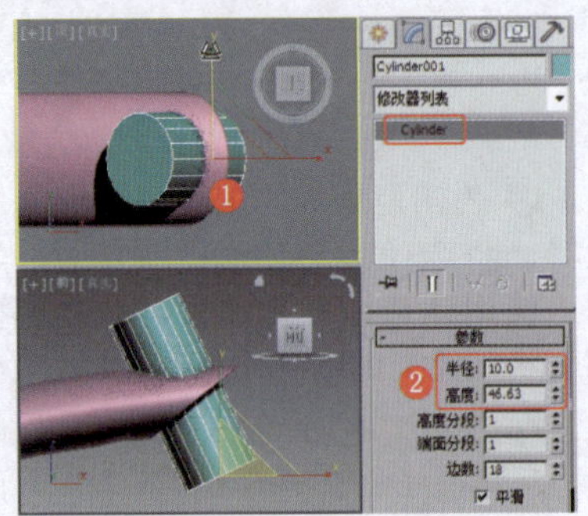
图4-213　创建并调整圆柱体

⑩ 使用“布尔”工具布尔出锅把的孔，效果如图4-214所示。

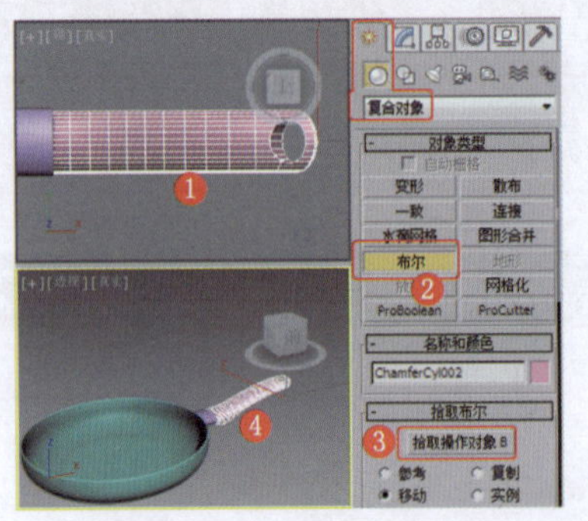
图4-214　布尔出锅把的孔

⑪ 平底锅制作完成，效果如图4-215所示。

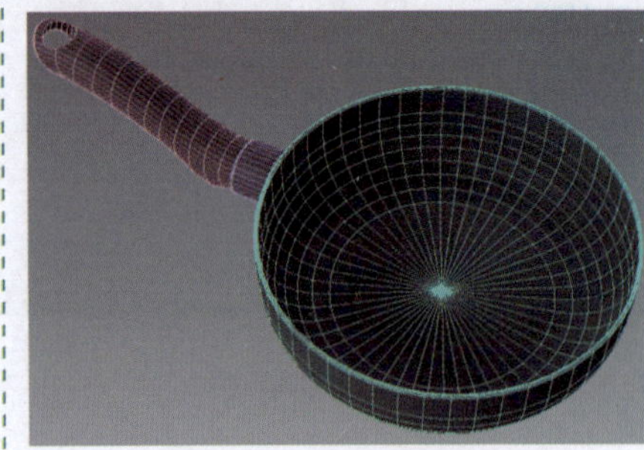
图4-215　完成制作

实例120　厨房器具类——淋水盆

实例效果剖析

本例制作的是一款简单的塑料淋水盆，效果如图4-216所示。

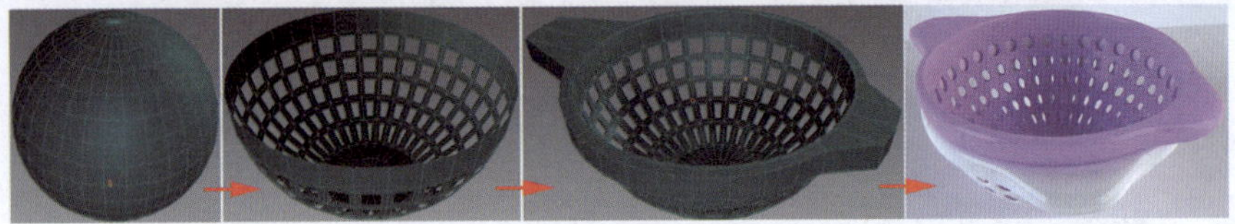
图4-216　效果展示

实例技术要点

本例主要用到的功能及技术要点如下。

- 施加“编辑多边形”修改器：用于多边形的插入和删除操作，并用于调整模型的形状。
- 施加“壳”修改器：用于设置淋水盆的厚度。
- 施加“涡轮平滑”修改器：用于设置模型的平滑效果。

实例制作步骤

场景文件路径	Scene\第4章\实例120 淋水盆.max		
贴图文件路径	Map\		
视频路径	视频\ cha04\实例120 淋水盆.mp4		
难易程度	★★	学习时间	6分19秒

❶ 在场景中创建球体，设置合适的参数，为模型施加“编辑多边形”修改器，删除半球并调整顶点，效果如图4-217所示。

❷ 在场景中选择调整后的模型，并设置多边形的“插入”参数，效果如图4-218所示。

❸ 删除多边形，为模型施加“壳”修改器，设置合适的参数，效果如图4-219所示。

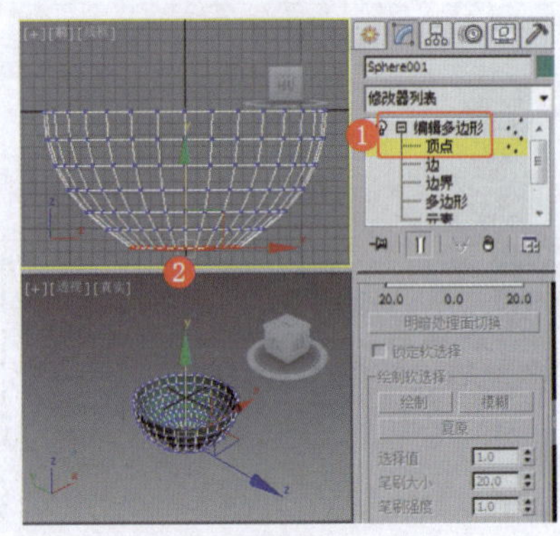
图4-217　调整模型的形状

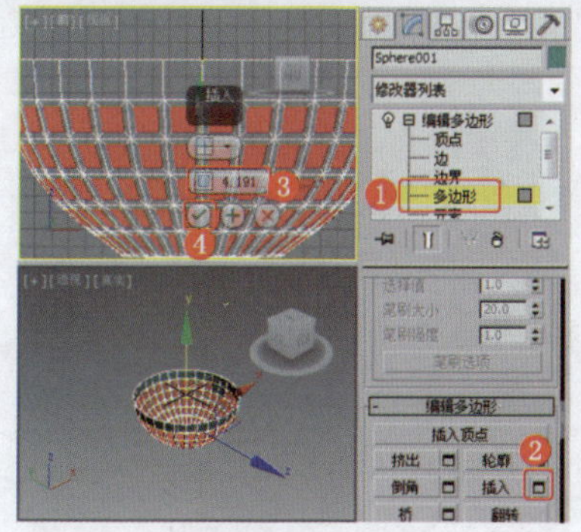

图4-218 设置多边形的"插入"参数

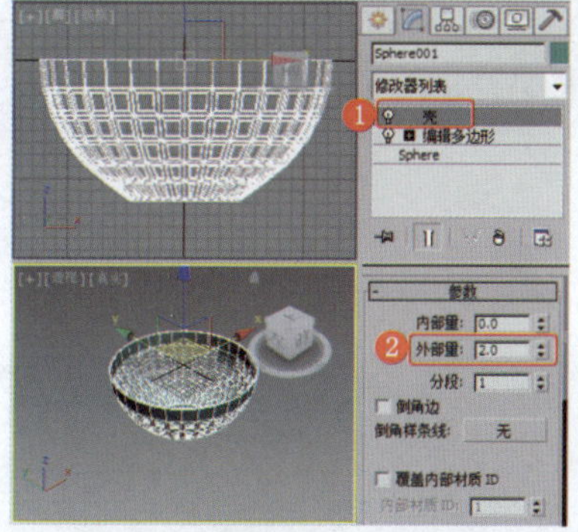

图4-219 施加"壳"修改器

❹ 为模型施加第二个"编辑多边形"修改器，将选择集定义为"多边形"，在场景中设置如图4-220所示的多边形的"挤出"参数。

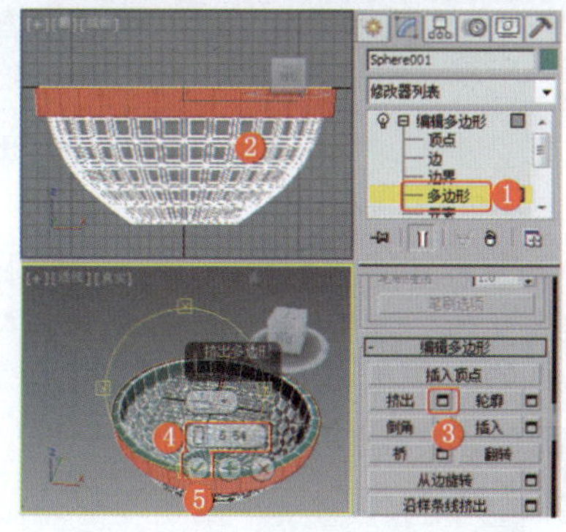

图4-220 设置多边形的"挤出"参数

❺ 将选择集定义为"顶点"，在场景中调整模型的形状，效果如图4-221所示。

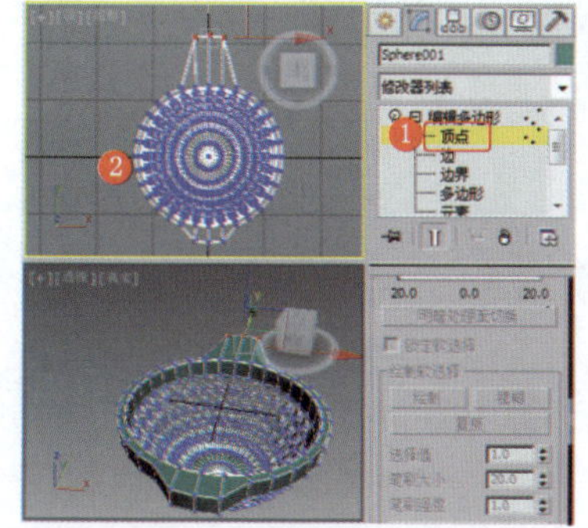

图4-221 调整模型的形状

❻ 关闭选择集，为模型施加"涡轮平滑"修改器，效果如图4-222所示，完成制作。

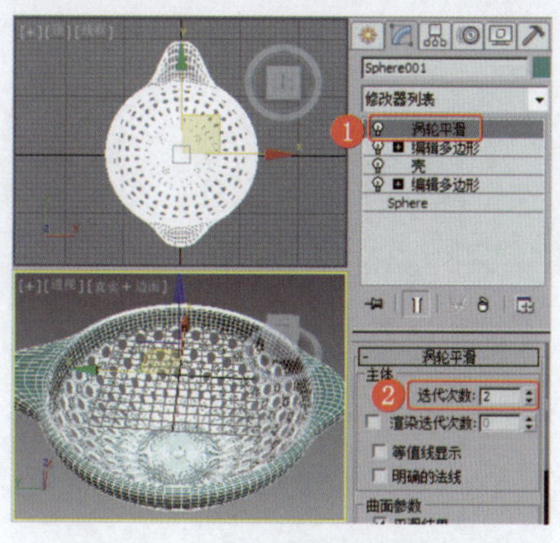

图4-222 设置模型的平滑效果

实例121 厨房器具类——水壶

实例效果剖析

本例制作的是一款常见的烧水壶，效果如图4-223所示。

图4-223 效果展示

实例技术要点

本例主要用到的功能及技术要点如下。

- 施加"编辑多边形"修改器：用于制作水壶的基本模型。
- 施加"涡轮平滑"或"网格平滑"修改器：用于设置模型的平滑效果。

实例制作步骤

<table>
<tr><td>场景文件路径</td><td colspan="2">Scene\第4章\实例121 水壶.max</td></tr>
<tr><td>贴图文件路径</td><td colspan="2">Map\</td></tr>
<tr><td>视频路径</td><td colspan="2">视频\ cha04\实例121 水壶.mp4</td></tr>
<tr><td rowspan="2">难易程度</td><td rowspan="2">★★</td><td>学习时间</td></tr>
<tr><td>19分9秒</td></tr>
</table>

❶ 在场景中创建球体，设置合适的参数，效果如图4-224所示。

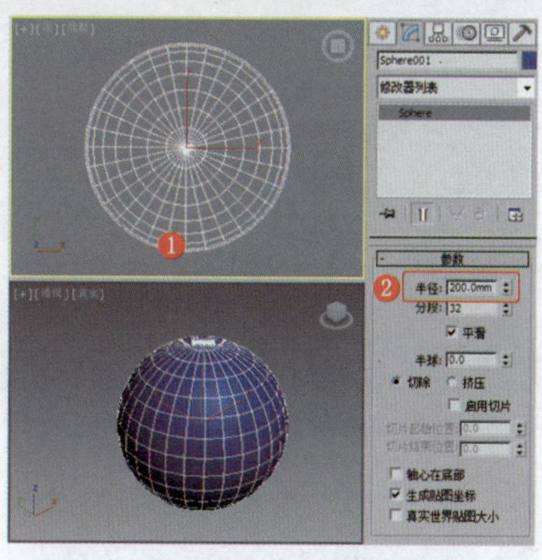

图4-224 创建球体

❷ 为模型施加"编辑多边形"修改器，将选择集定义为"顶点"，选择底部的顶点并塌陷该顶点，效果如图4-225所示。

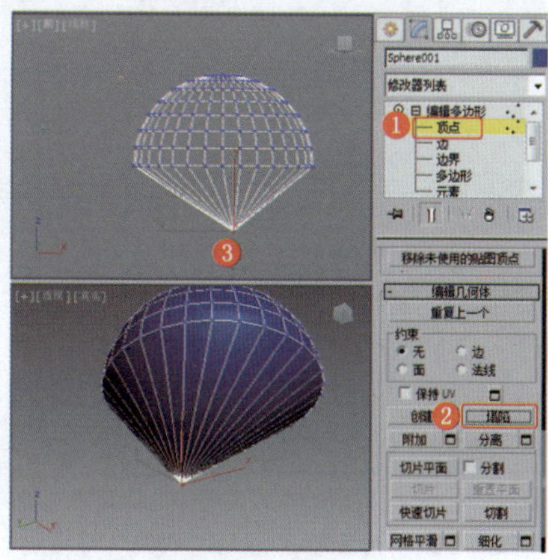

图4-225 塌陷顶点

❸ 在场景中调整顶点的位置，效果如图4-226所示。

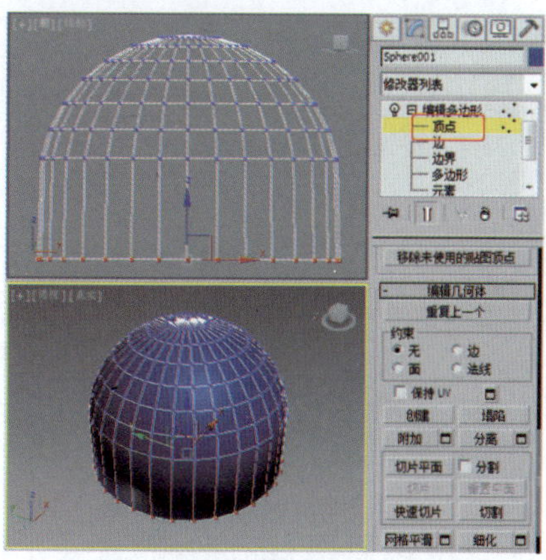

图4-226 调整顶点的位置

❹ 将选择集定义为"边"，在场景中选择模型底部垂直的边，设置边的"连接"参数，效果如图4-227所示。

❺ 在场景中调整连接边的顶点的位置，将选择集定义为"多边形"，

设置多边形的“倒角”参数，效果如图4-228所示。

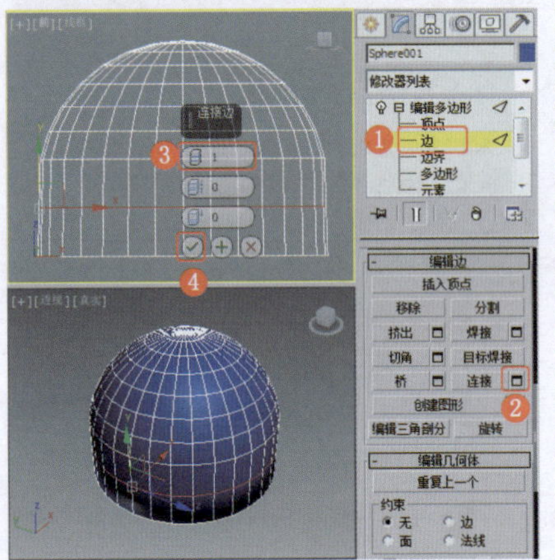
图4-227 连接边

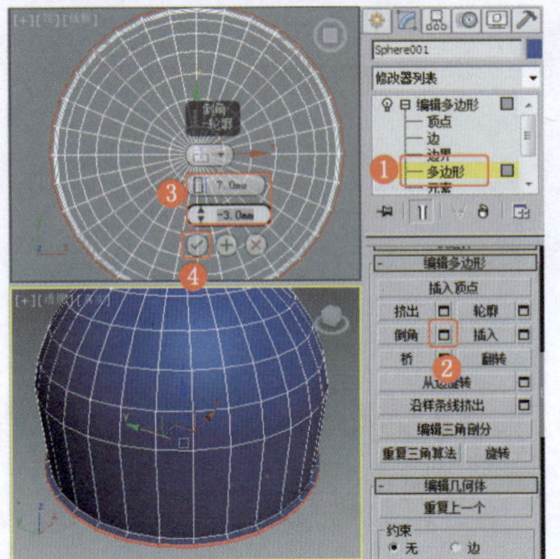
图4-228 设置多边形的“倒角”参数

❻ 在场景中选择模型顶部的多边形，设置多边形的分离效果，如图4-229所示。

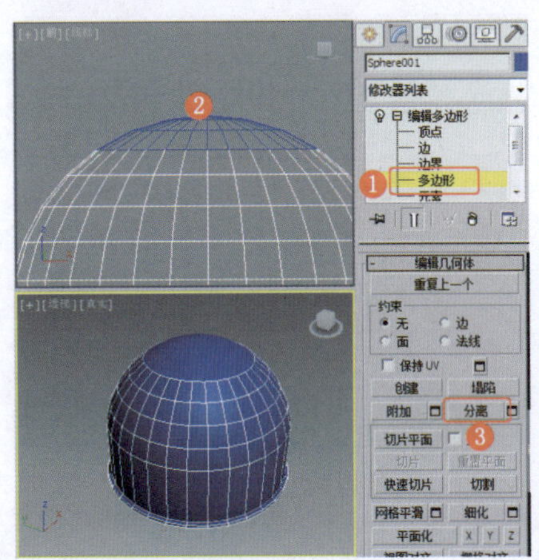
图4-229 分离多边形

❼ 在“顶”视图中创建圆柱体，设置合适的参数，将其作为壶嘴，效果如图4-230所示。

❽ 为圆柱体施加“编辑多边形”修改器，在场景中调整模型的顶点，然后将选择集定义为“多边形”，在场景中选择模型底部的多边形，设置其“倒角”参数，效果如图4-231所示。

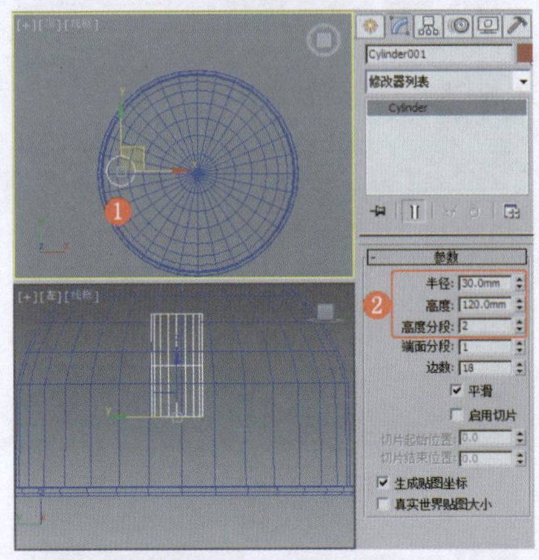
图4-230 创建圆柱体

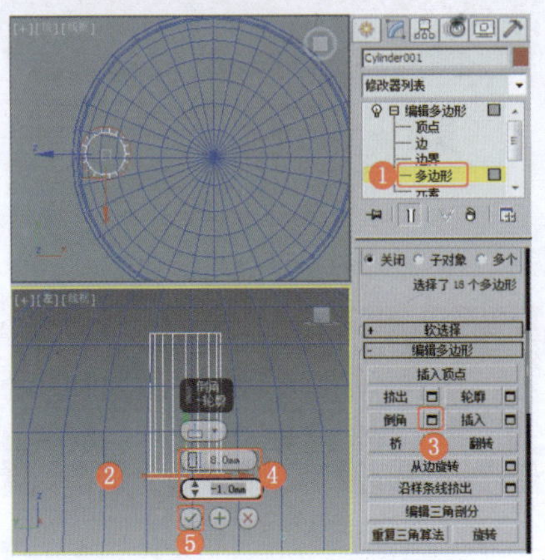
图4-231 设置多边形的“倒角”参数

❾ 将选择集定义为“边”，在场景中选择模型顶部外侧的一圈边，设置边的“切角”参数，效果如图4-232所示。

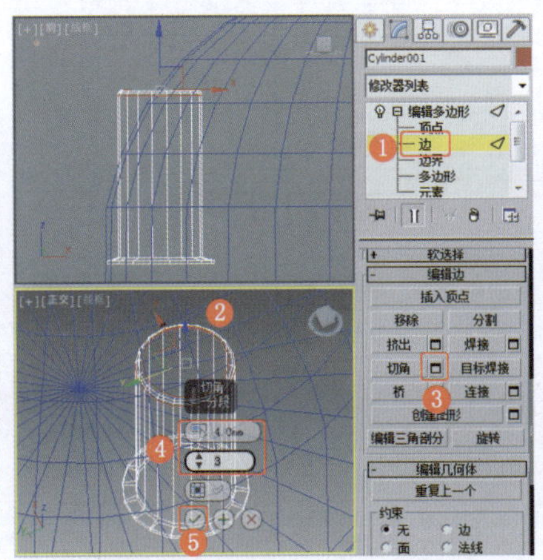
图4-232 设置边的“切角”参数

❿ 将选择集定义为“多边形”，在场景中选择模型顶部的多边形，设置其“挤出”参数，效果如图4-233所示。

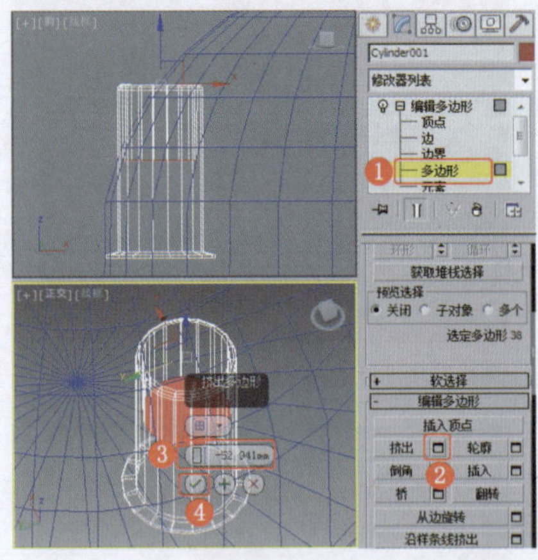
图4-233 设置多边形的“挤出”参数

⓫ 关闭选择集，在场景中旋转模型的角度，效果如图4-234所示。

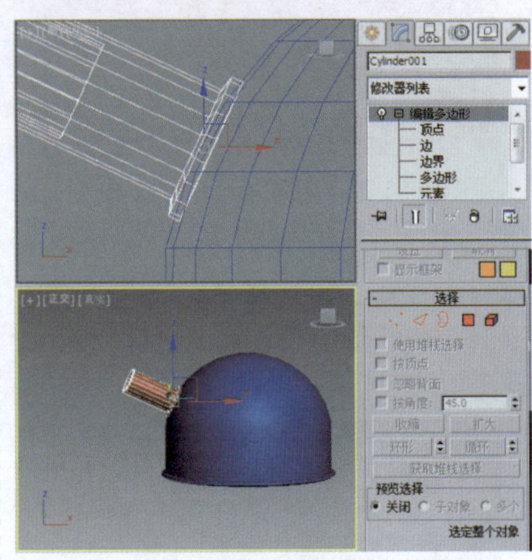
图4-234 旋转模型

⓬ 在场景中选择水壶壶体，将选择集定义为“边”，在场景中选择模型顶部的一圈边，效果如图4-235所示。

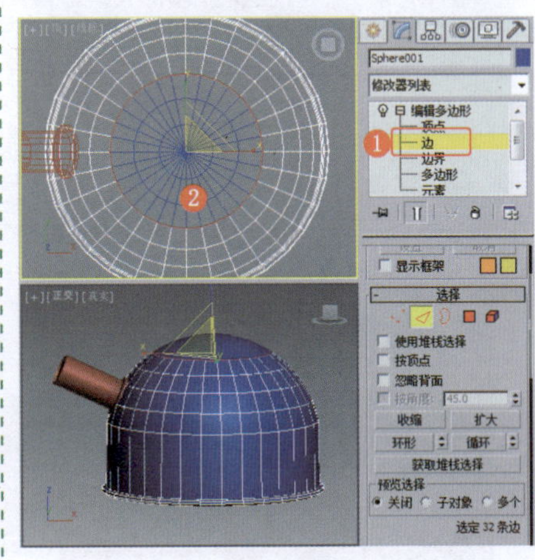
图4-235 选择边

⓭ 按住Shift键，在“顶”视图中向内侧缩放复制模型的边，效果如图4-236所示。

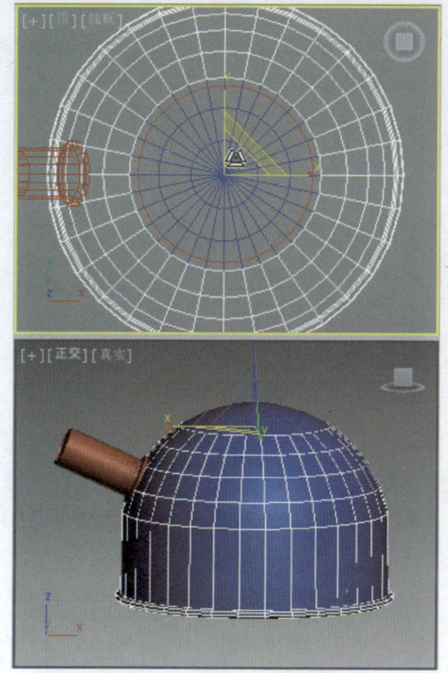

图4-236 缩放复制边

⑭ 在场景中选择模型顶部外侧的一圈边，设置其“切角”参数，效果如图4-237所示。

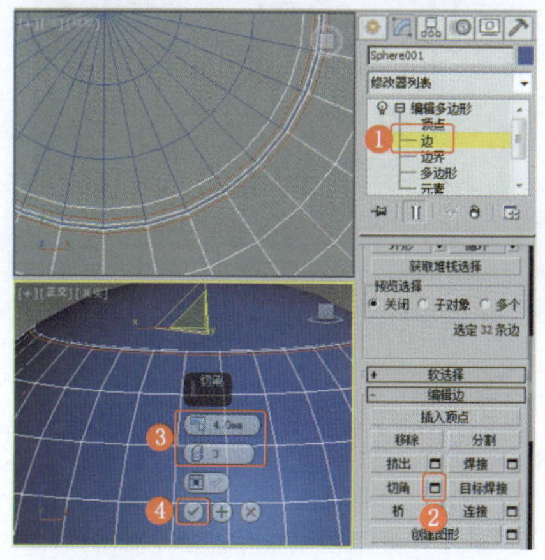

图4-237 设置边的“切角”参数

⑮ 使用同样的方法，向内侧缩放复制水壶盖底部的边，效果如图4-238所示。

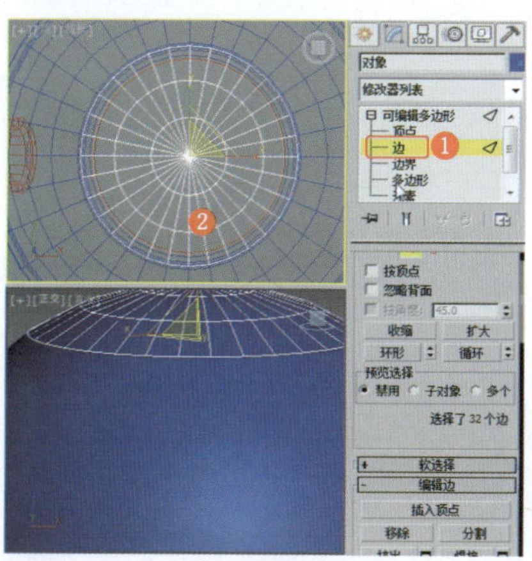

图4-238 缩放复制边

⑯ 选择模型底部外侧的边，设置边的“切角”参数，效果如图4-239所示。

图4-239 设置边的“切角”参数

⑰ 在场景中复制水壶嘴模型，删除其中的修改器，修改圆柱体的参数，效果如图4-240所示。

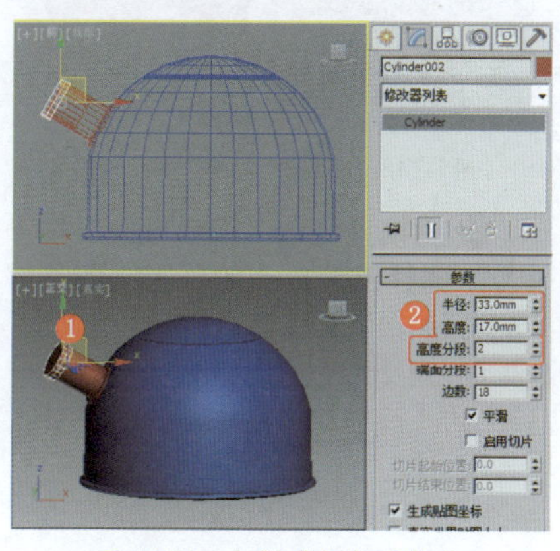

图4-240 复制并调整圆柱体

⑱ 为模型施加“锥化”修改器，设置合适的参数，效果如图4-241所示。

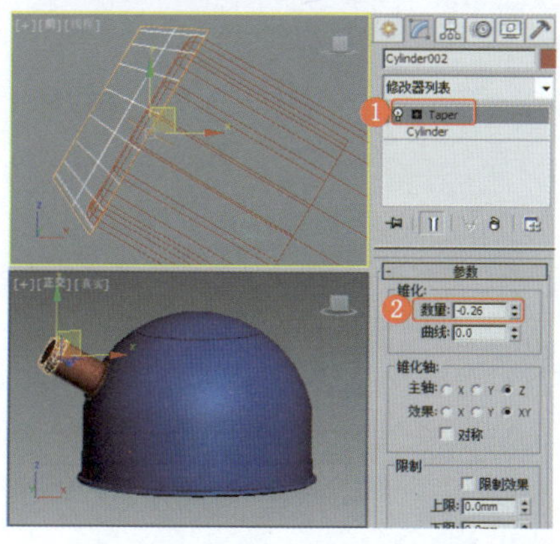

图4-241 施加“锥化”修改器

⑲ 为圆柱体施加“编辑多边形”修改器，将选择集定义为“边”，设置模型顶底两圈边的“切角”参数，效果如图4-242所示。

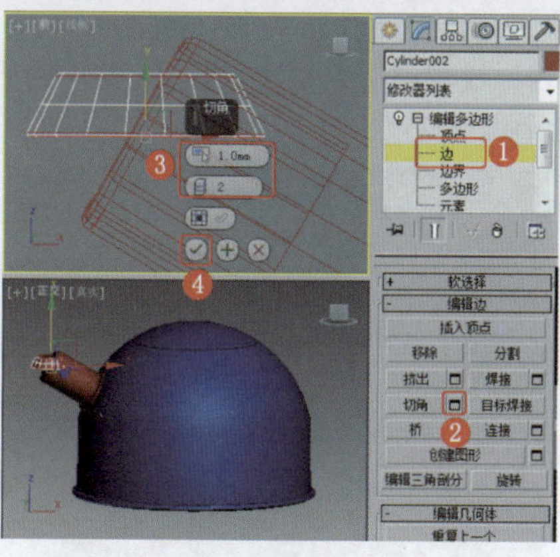

图4-242 设置边的“切角”参数

⑳ 将选择集定义为“多边形”，在场景中选择多边形，设置其“倒角”参数，效果如图4-243所示。

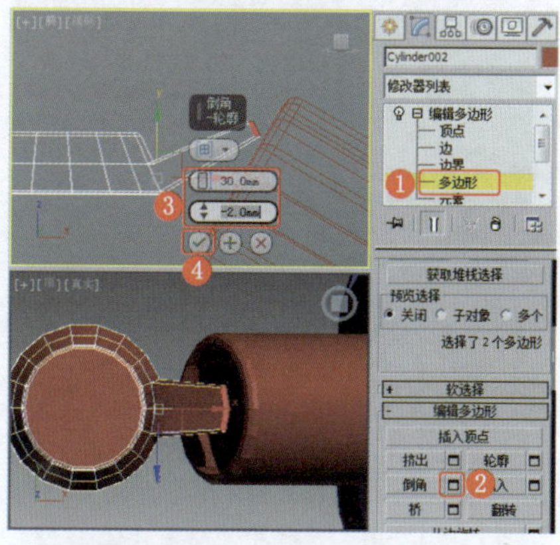

图4-243 设置多边形的“倒角”参数

㉑ 为模型施加“涡轮平滑”或“网格平滑”修改器，设置合适的参数，效果如图4-244所示。

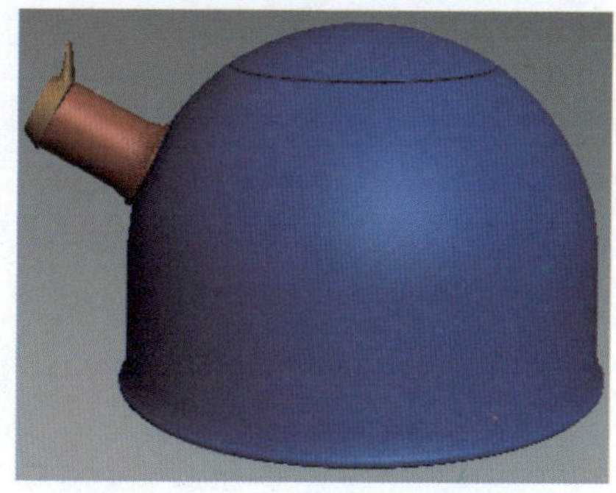

图4-244 设置模型的平滑效果

㉒ 在“顶”视图中创建切角圆柱体，在“参数”卷展栏中设置合适的参数，效果如图4-245所示。

㉓ 在“顶”视图中创建圆柱体，设置合适的参数，调整模型至合适的位置，效果如图4-246所示。

㉔ 在“左”视图中创建圆柱体，设置合适的参数，效果如图4-247所示。

㉕ 为圆柱体施加“弯曲”修改器，设置合适的参数，效果如图4-248所示。

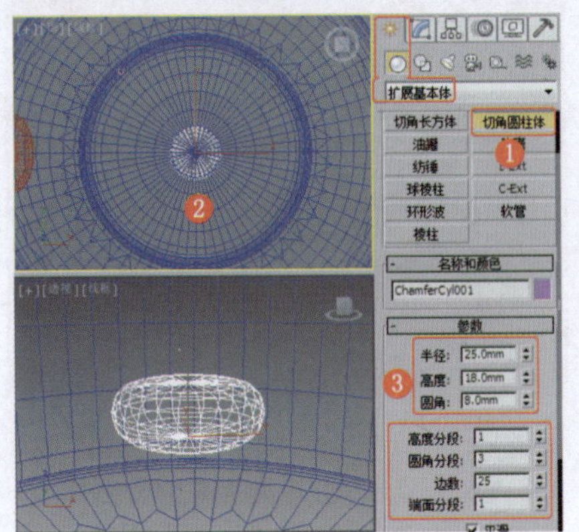
图4-245 创建切角圆柱体

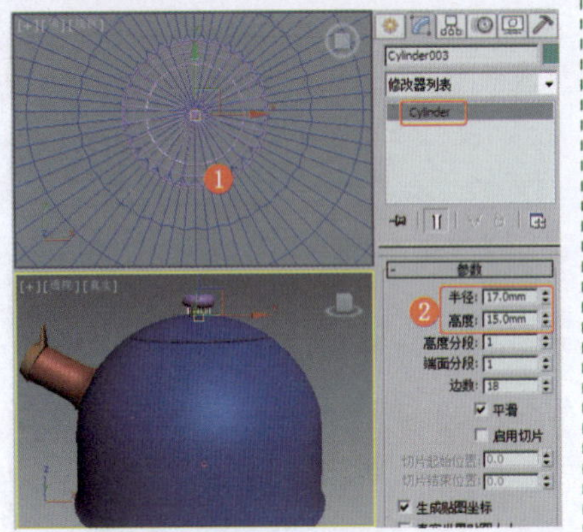
图4-246 创建并调整圆柱体

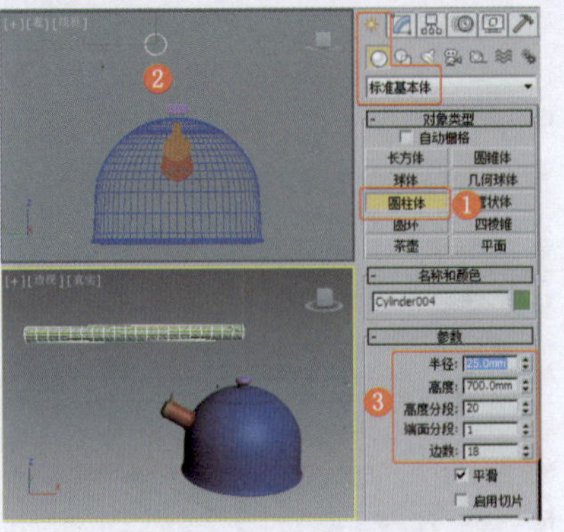
图4-247 创建圆柱体

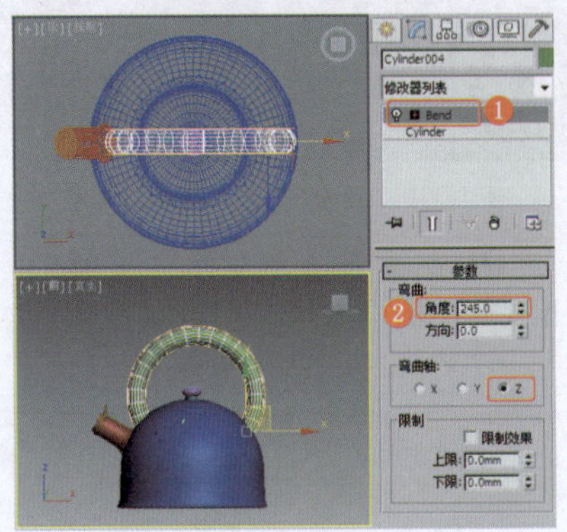
图4-248 施加“弯曲”修改器

㉖ 为模型施加“编辑多边形”修改器，调整模型顶点的位置以调整模型的形状，并设置其“挤出”参数，效果如图4-249所示。

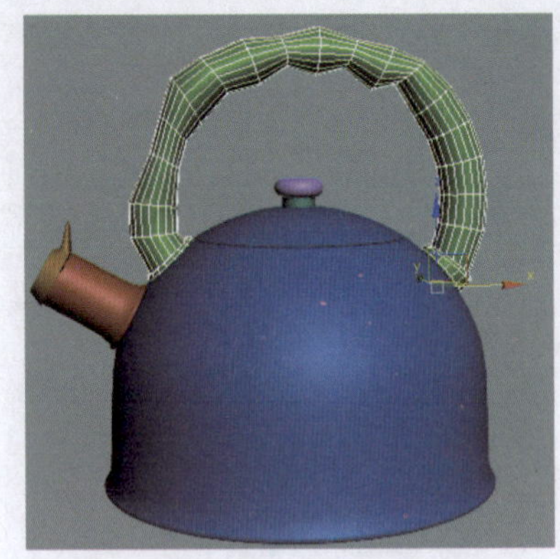
图4-249 调整模型

㉗ 为模型施加“网格平滑”或“涡轮平滑”修改器，效果如图4-250所示，水壶制作完成。

图4-250 制作模型的平滑效果

第5章 器材设备

本章主要介绍器材设备的制作，包括电子产品、家用电器及体育器械等。

实例122 电器设备类——电视机

实例效果剖析

本例制作的是一款壁挂式液晶电视机，效果如图5-1所示。

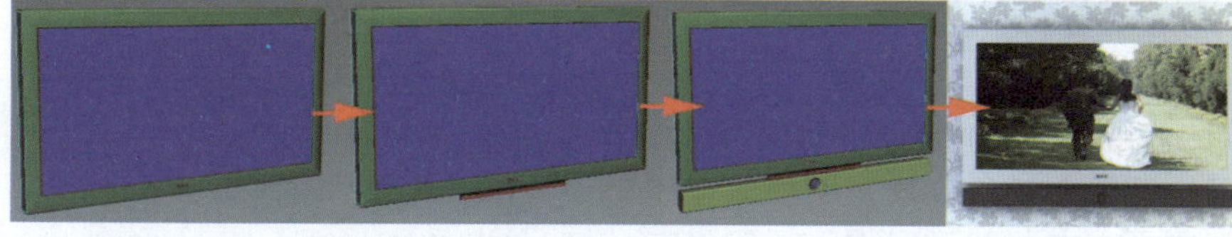

图5-1 效果展示

实例技术要点

本例主要用到的功能及技术要点如下。

- 施加“编辑多边形”修改器：用于调整电视机的大致形状。
- 使用“ProBoolean”工具：制作电视机的按钮槽。

实例制作步骤

场景文件路径	Scene\第5章\实例122 电视机.max		
贴图文件路径	Map\		
视频路径	视频\ cha05\实例122 电视机.mp4		
难易程度	★★	学习时间	13分2秒

❶ 在“左”视图中创建可渲染的圆角矩形，设置合适的参数，效果如图5-2所示。

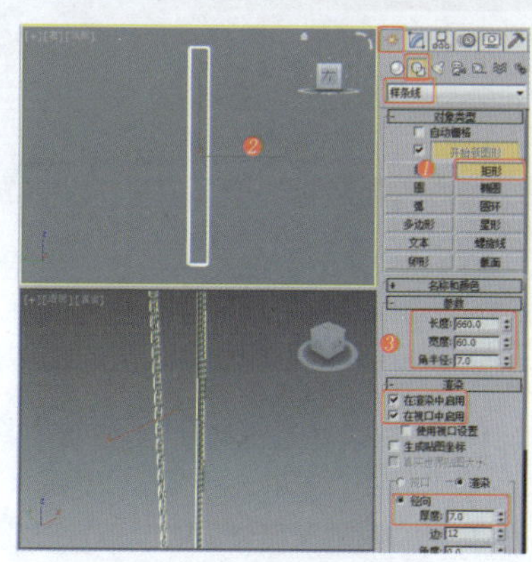

图5-2 创建可渲染的圆角矩形

❷ 为图形施加“编辑多边形”修改器，将选择集定义为“顶点”，在“顶”视图中对其顶底部的顶点进行缩放，效果如图5-3所示。

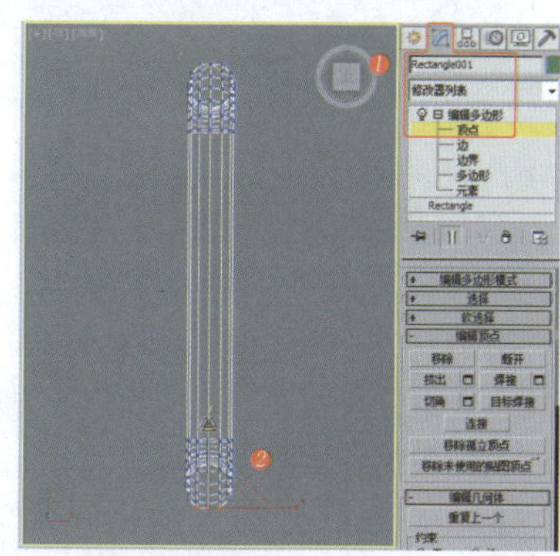

图5-3 调整形状

❸ 继续调整图形顶点至合适的位置，效果如图5-4所示。

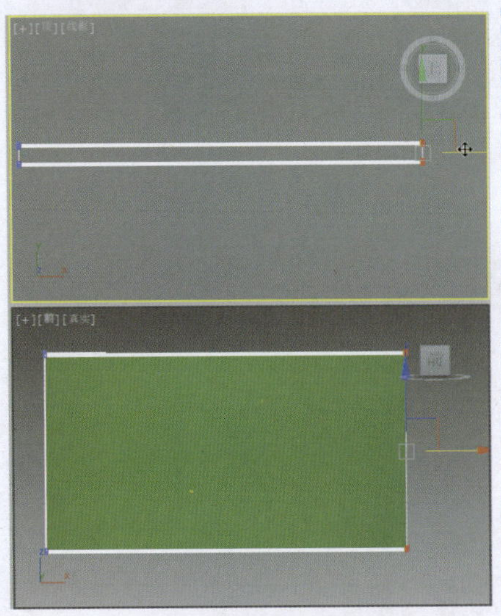

图5-4 调整顶点的位置

❹ 将选择集定义为“多边形”，在“前”视图中选择多边形，设置其“轮廓”参数，效果如图5-5所示。

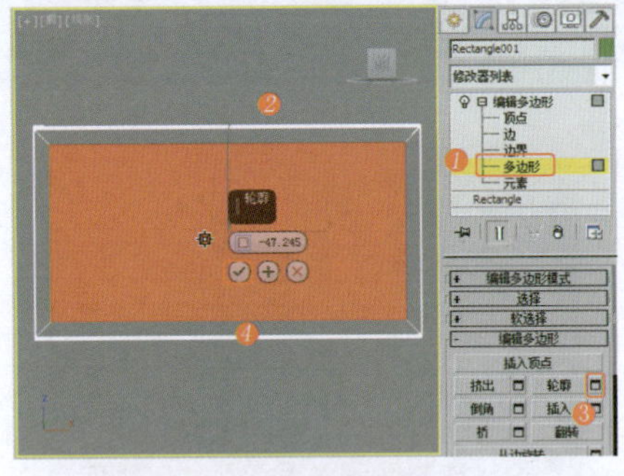

图5-5 设置多边形的“轮廓”参数

❺ 继续设置多边形的“倒角”参数，效果如图5-6所示，关闭选择集。

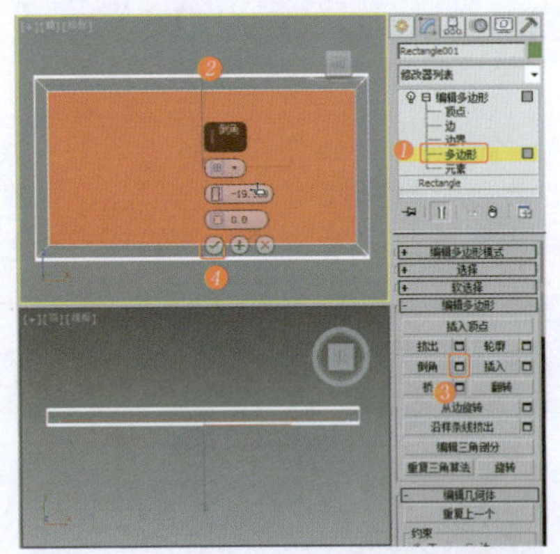

图5-6 设置多边形的“倒角”参数

❻ 在“前”视图中创建长方体，将其作为电视机屏幕，效果如图5-7所示，调整其至合适的位置。

❼ 在“左”视图中创建圆角矩形，将其作为电视机屏幕的侧面，设置合适的参数，效果如图5-8所示。

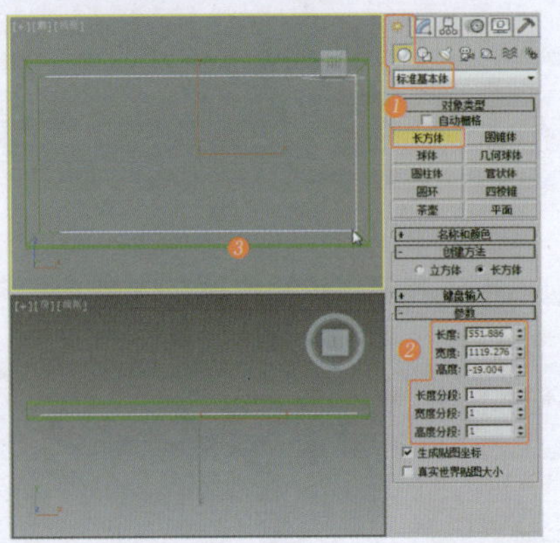

图5-7 创建长方体

提 示

在创建作为电视机屏幕的长方体时，可以打开“捕捉”工具，以创建符合内侧屏幕区域大小的模型。

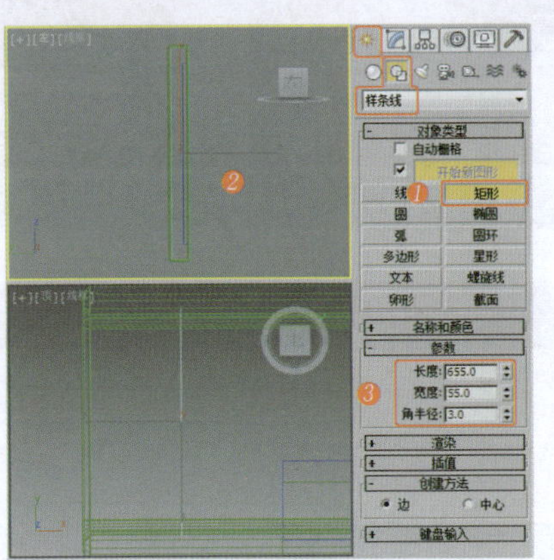

图5-8 创建圆角矩形

❽ 为圆角矩形施加“挤出”修改器，设置合适的参数，调整其至模型侧面，并将其“实例”复制到电视机屏幕模型的另一侧，效果如图5-9所示。

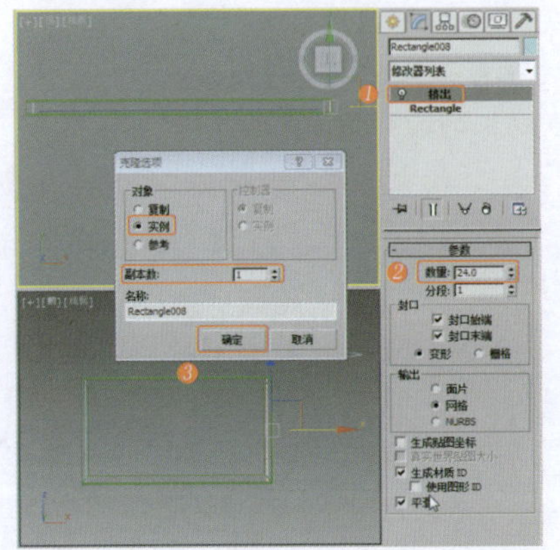

图5-9 施加“挤出”修改器并进行复制

❾ 在“前”视图中创建文本，将其作为电视机品牌标志，在“参数”卷展栏中设置合适的参数，效果如图5-10所示。

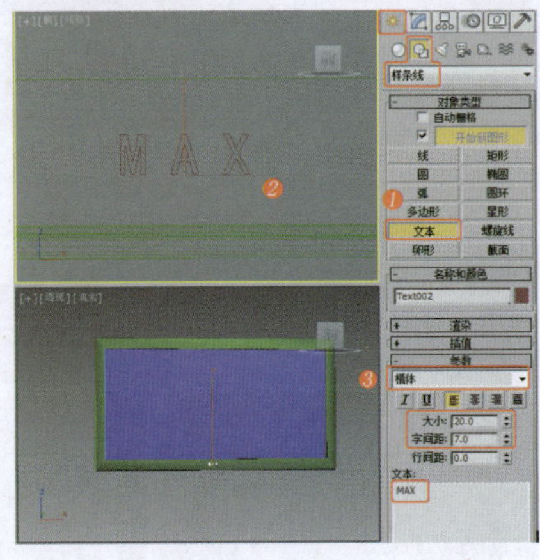

图5-10 创建文本

❿ 为文本施加“挤出”修改器，设置合适的“数量”数值，调整文本至合适的位置，效果如图5-11所示。

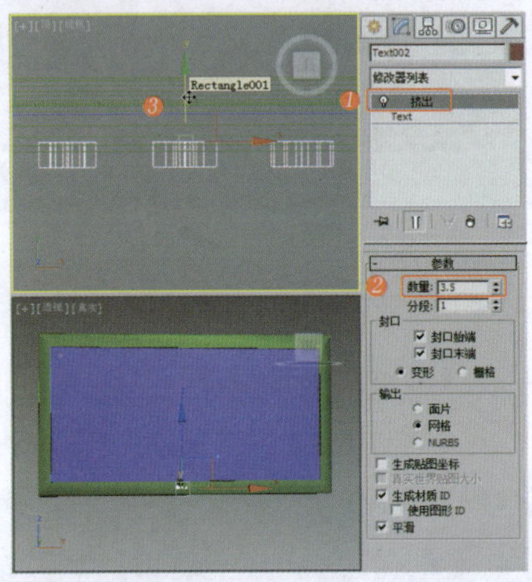

图5-11 施加“挤出”修改器并调整位置

⓫ 在“顶”视图中创建圆角矩形，将其作为电视机支架，设置合适的参数，效果如图5-12所示。

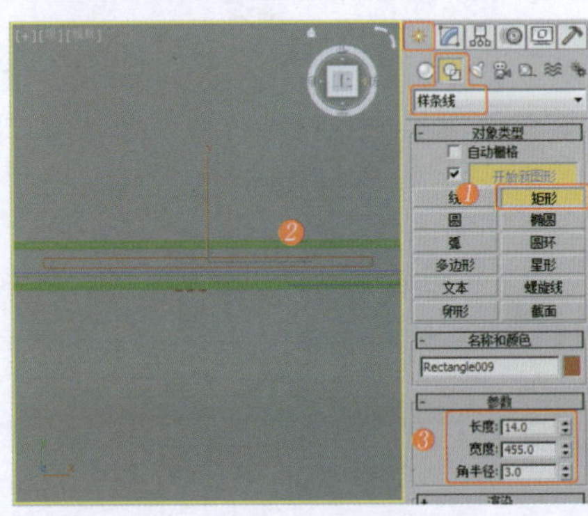

图5-12 创建圆角矩形

⓬ 为圆角矩形施加“挤出”修改器，设置合适的“数量”数值，调整模型至合适的位置，效果如图5-13所示。

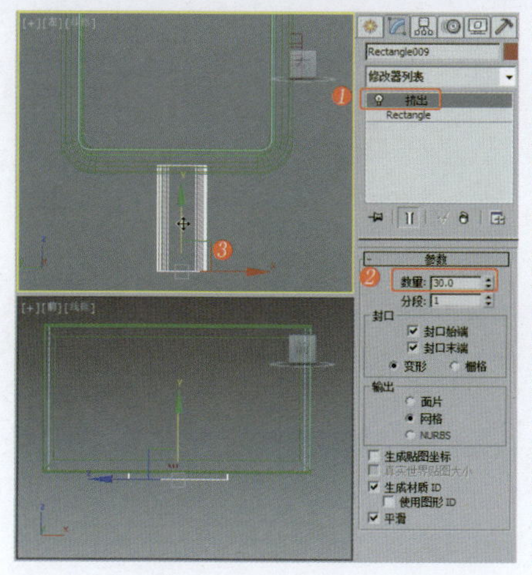
图5-13　施加“挤出”修改器

⑬在“左”视图中创建圆角矩形，将其作为电视机底座，设置合适的参数，效果如图5-14所示。

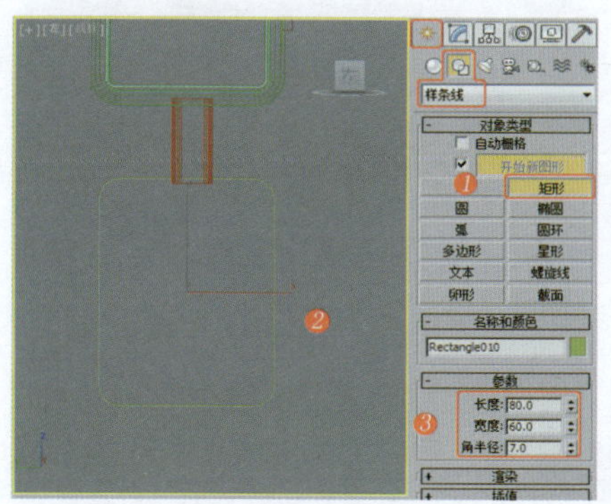
图5-14　创建圆角矩形

⑭为圆角矩形施加“挤出”修改器，设置合适的“数量”数值，调整模型至合适的位置，效果如图5-15所示。

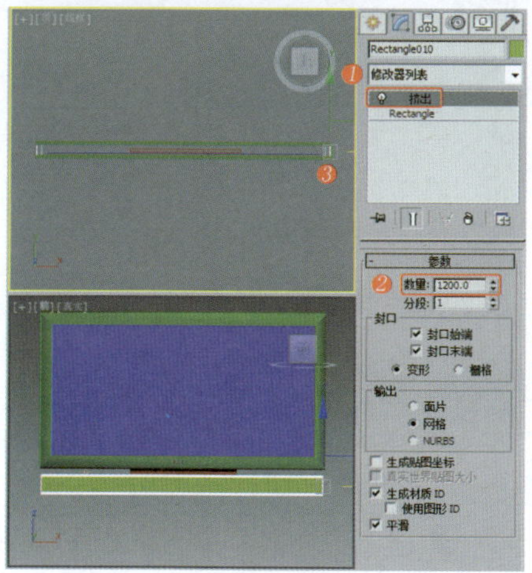
图5-15　施加“挤出”修改器

⑮在“前”视图中创建圆柱体，将其作为布尔对象，设置合适的参数，调整布尔对象至合适的位置，效果如图5-16所示。

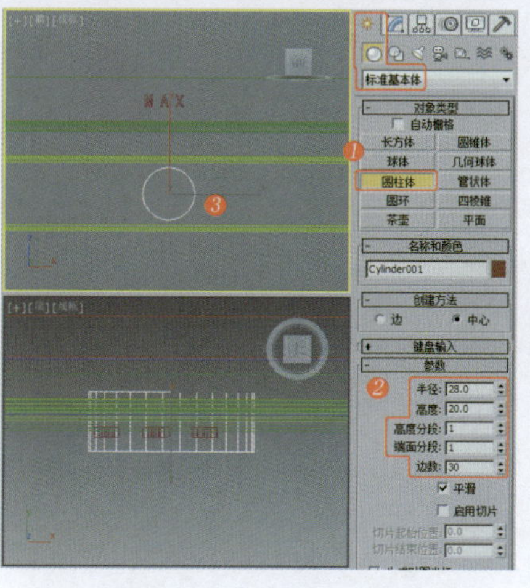
图5-16　创建并调整圆柱体

⑯在场景中选择电视机底座模型，使用“ProBoolean”工具，在“拾取布尔对象”卷展栏中单击“开始拾取”按钮，在场景中拾取圆柱体，效果如图5-17所示。

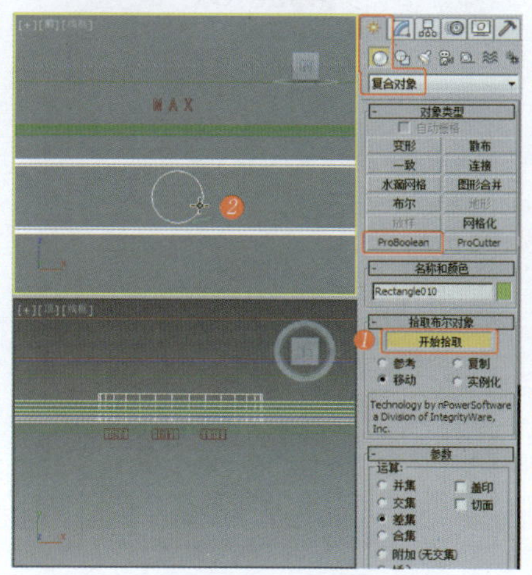
图5-17　布尔模型

⑰为电视机底座模型施加“编辑多边形”修改器，将选择集定义为“顶点”，在场景中对顶点进行缩放，效果如图5-18所示，关闭选择集。

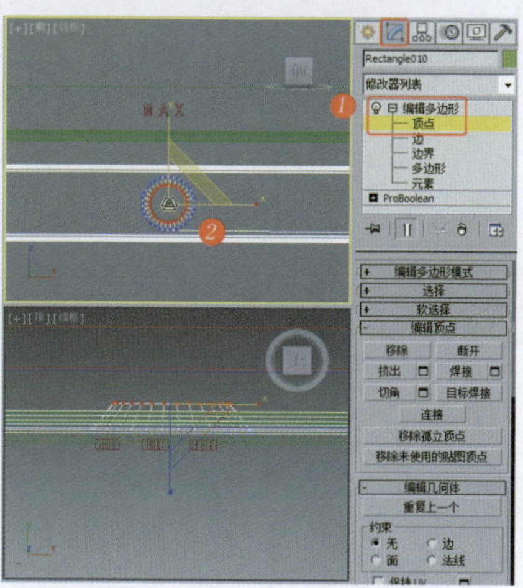
图5-18　调整模型的顶点

⑱在“前”视图中创建切角圆柱体，将其作为开关按钮，设置合适的参数，调整其至合适的位置，效果如图5-19所示。

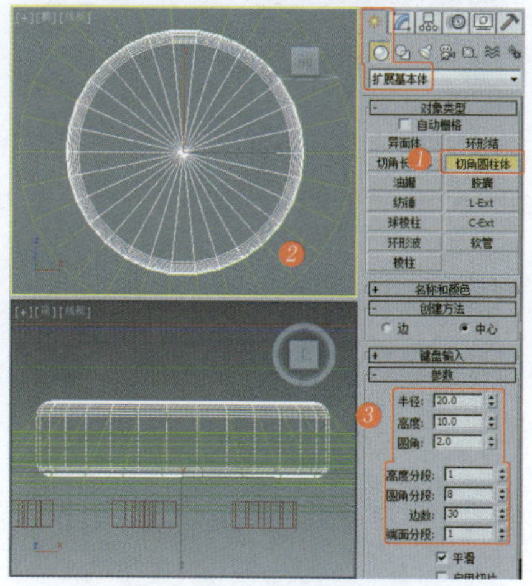
图5-19　创建切角圆柱体

⑲模型制作完成，设置合适的渲染场景，渲染输出。

实例123　电器设备类——电话座机

实例效果剖析

本例制作的是一款比较大众化的电话座机，效果如图5-20所示。

图5-20　效果展示

实例技术要点

本例主要用到的功能及技术要点如下。

- 施加“编辑多边形”修改器：用于调整顶点、设置倒角等操作。

- 施加“弯曲”修改器：创建螺旋线并为其施加该修改器，以制作电话线效果。

实例制作步骤

场景文件路径	Scene\第5章\实例123 电话座机.max		
贴图文件路径	Map\		
视频路径	视频\ cha05\实例123 电话座机.mp4		
难易程度	★★★	学习时间	32分31秒

❶在“顶”视图中创建长方体“Box001”，设置合适的参数，效果如图5-21所示。

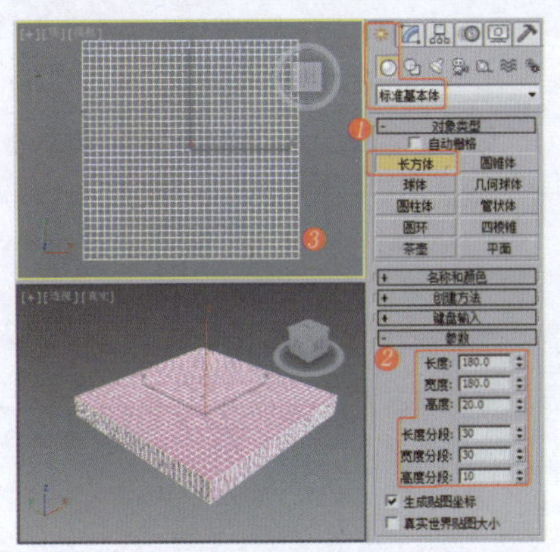

图5-21 创建长方体

❷选择创建的长方体“Box001”，为其施加“编辑多边形”修改器，定义选择集为“顶点”，在“顶”视图中对顶点进行调整，效果如图5-22所示。

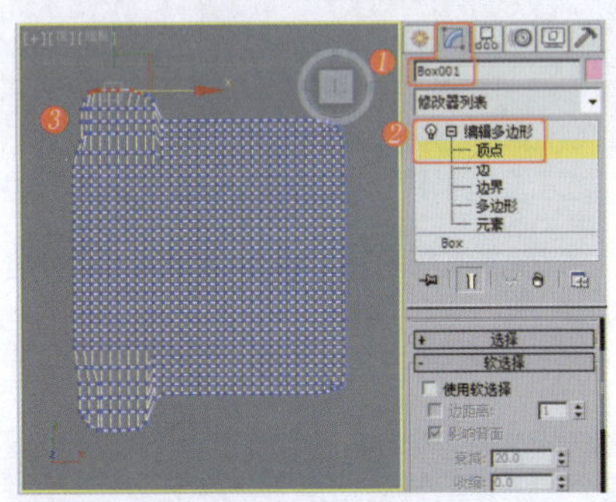

图5-22 调整模型的顶点

❸继续在顶点的位置进行调整，效果如图5-23所示。

提 示

在调整顶点时适当地使用“缩放”工具，可以一次缩放出模型的高度，结合使用“移动”工具，可以避免顶点和边重合。

❹将选择集定义为“多边形”，在“顶”视图中选择多边形，设置其“倒角”参数，效果如图5-24所示。

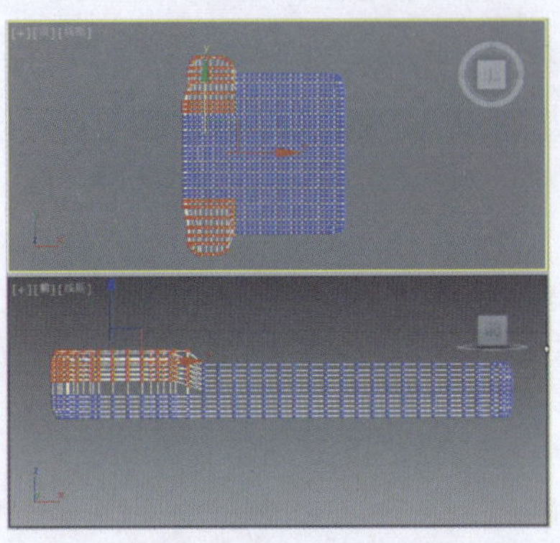

图5-23 继续调整顶点

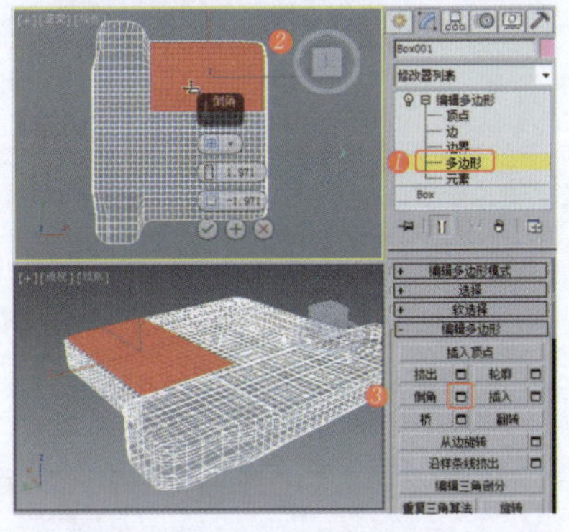

图5-24 设置多边形的“倒角”参数

❺将选择集定义为“顶点”，在场景中选择顶点并调整顶点的位置，效果如图5-25所示。

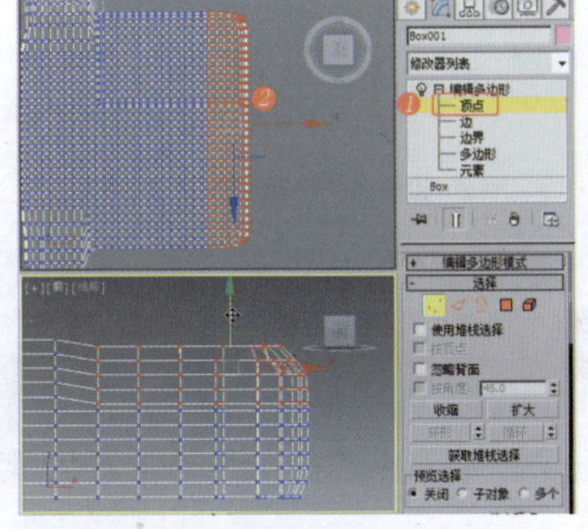

图5-25 调整模型的顶点

❻将选择集定义为“多边形”，选择多边形，设置其“倒角”参数，效果如图5-26所示，关闭选择集。

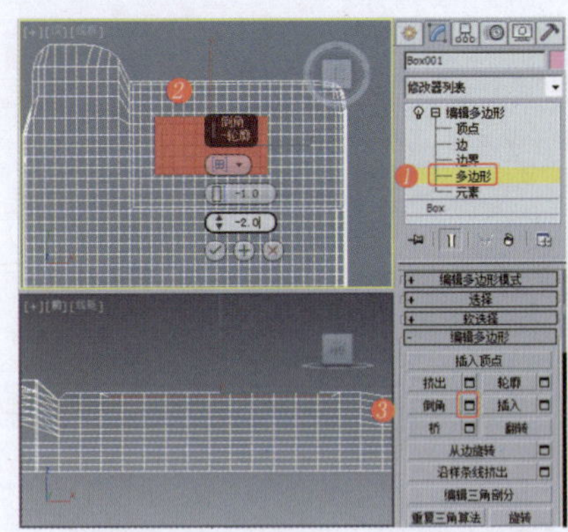

图5-26 设置多边形的“倒角”参数

❼在“顶”视图中创建长方体，将其作为座机屏幕，设置合适的参数，效果如图5-27所示。

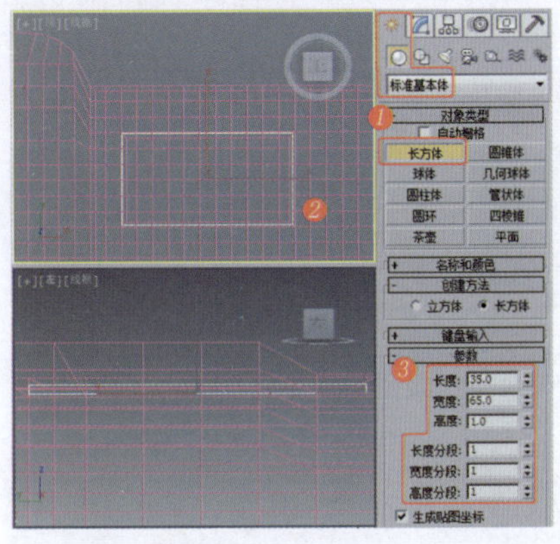

图5-27 创建长方体

❽选择模型“Box001”，将选择集定义为“顶点”，在“顶”视图中选择顶点并调整顶点的位置，效果如图5-28所示。

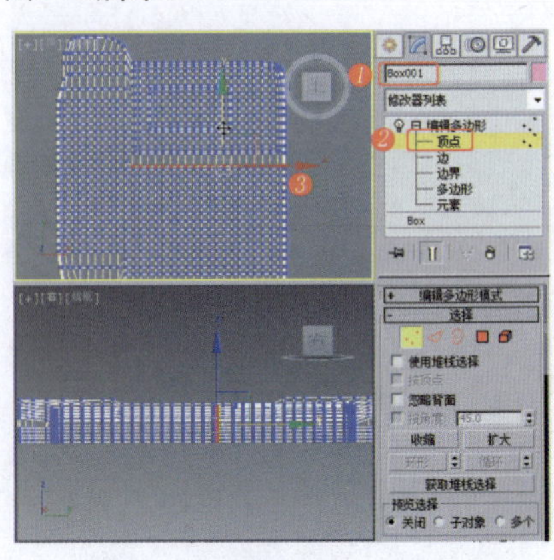

图5-28 调整模型的顶点

❾将选择集定义为“多边形”，选择多边形，设置其“倒角”参数，效果如图5-29所示，关闭选择集。

❿在“顶”视图中创建切角长方体，将其作为按钮，设置合适的参数，将其调整至合适的位置，效果如图5-30所示。

⑪ 对作为按钮的切角长方体进行复制并调整其至合适的大小和位置，效果如图5-31所示。

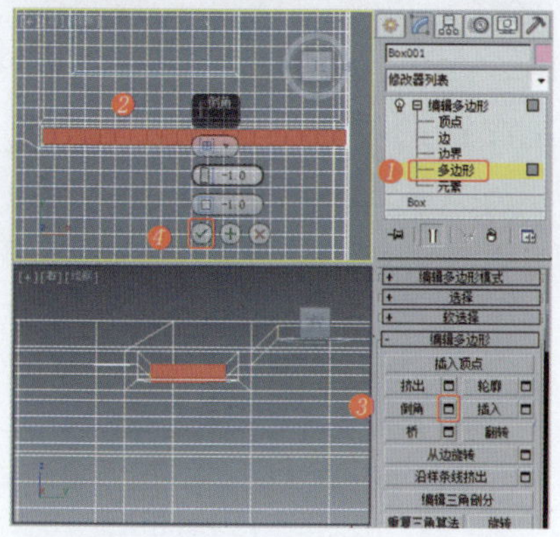
图5-29 设置多边形的“倒角”参数

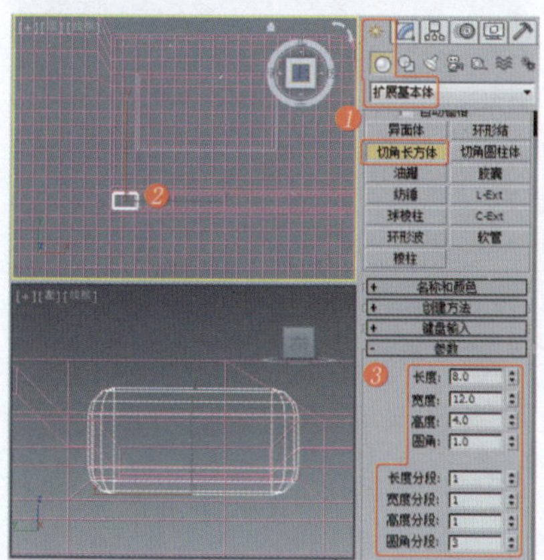
图5-30 创建并调整切角长方体

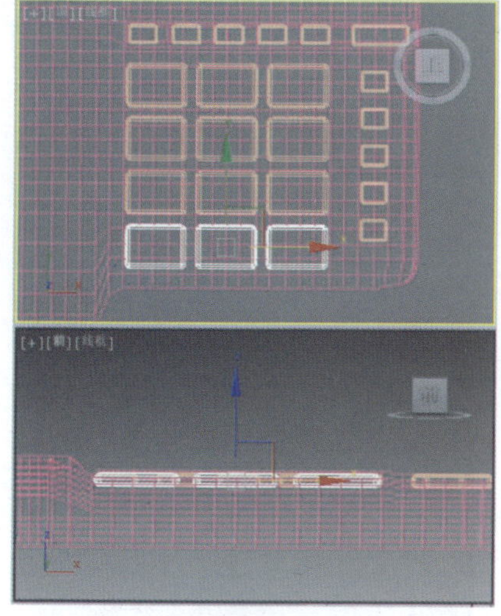
图5-31 复制模型并进行调整

⑫ 继续复制按钮模型，设置合适的参数，调整其至合适的位置，效果如图5-32所示。

⑬ 为最后复制出的按钮模型施加“编辑多边形”修改器，定义选择集为“顶点”，在“顶”视图中对顶点进行调整，效果如图5-33所示，关闭选择集。

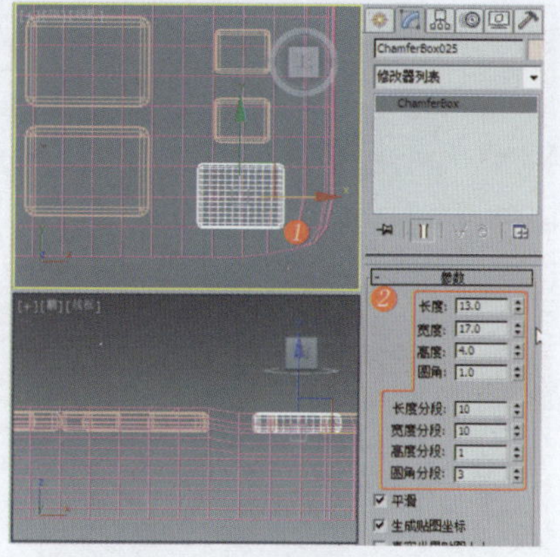
图5-32 复制并调整模型

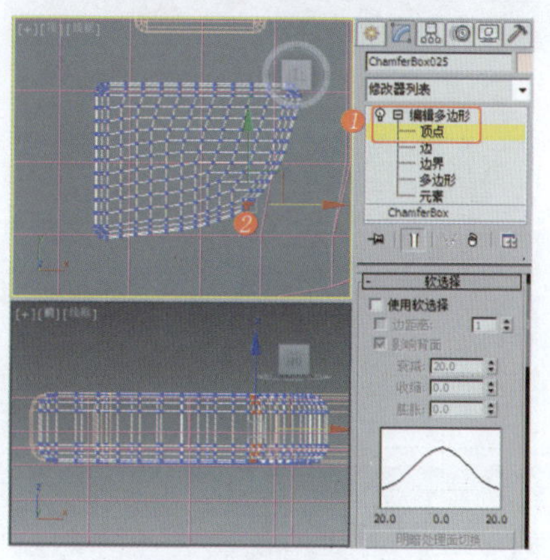
图5-33 调整模型的顶点

⑭ 在“顶”视图中创建文本，将其作为座机功能标志，设置合适的参数，效果如图5-34所示。

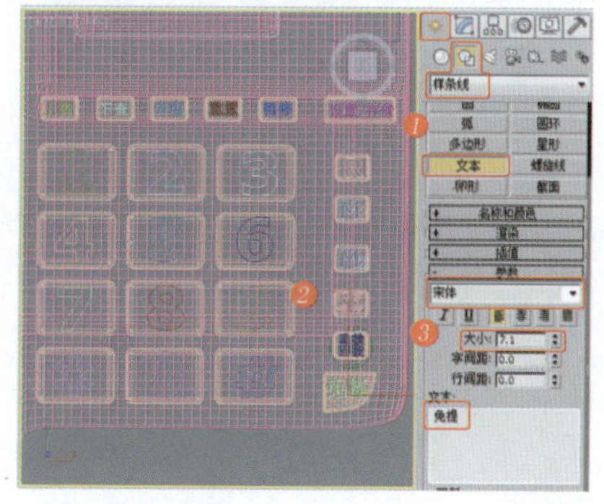
图5-34 创建文本

⑮ 将所有文本编组，为其施加“挤出”修改器，设置合适的“数量”数值，调整文本至合适的位置，效果如图5-35所示。

⑯ 选择模型“Box001”，将选择集定义为“顶点”，在“顶”视图中选择顶点并调整顶点的位置，效果如图5-36所示。

⑰ 将选择集定义为“多边形”，选择多边形，设置其“倒角”参数，效果如图5-37所示，关闭选择集。

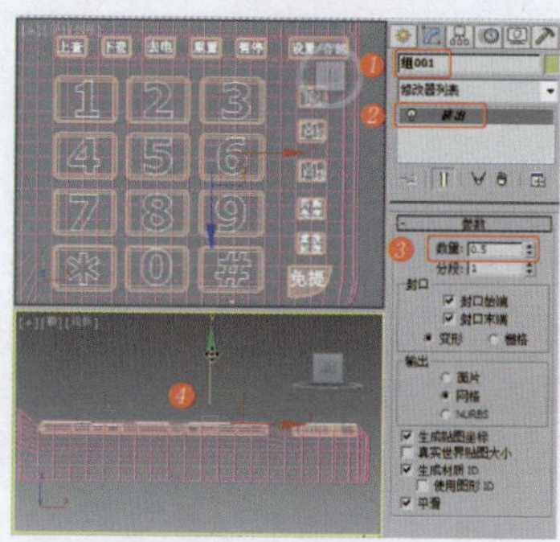
图5-35 为文本施加“挤出”修改器

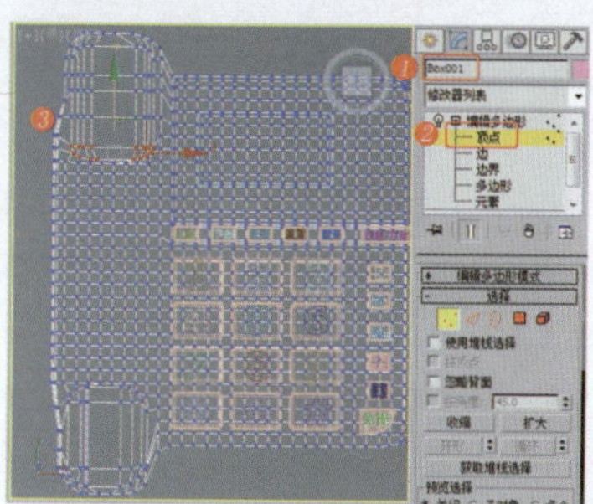
图5-36 调整模型的顶点

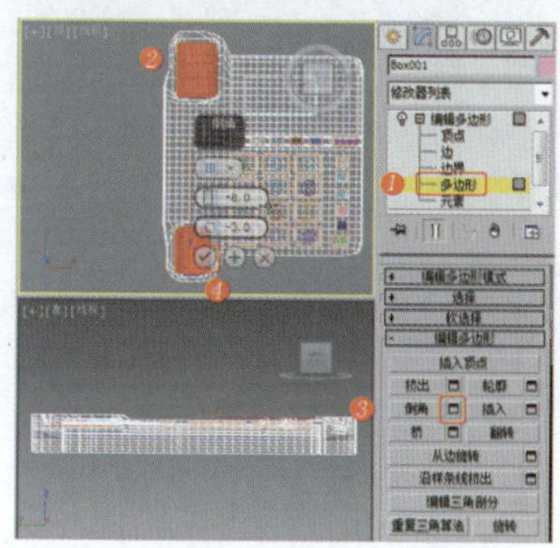
图5-37 设置多边形的“倒角”参数

⑱ 选择模型“Box001”，将选择集定义为“顶点”，在“顶”视图中选择顶点并调整顶点的位置，使模型更加平滑，效果如图5-38所示。

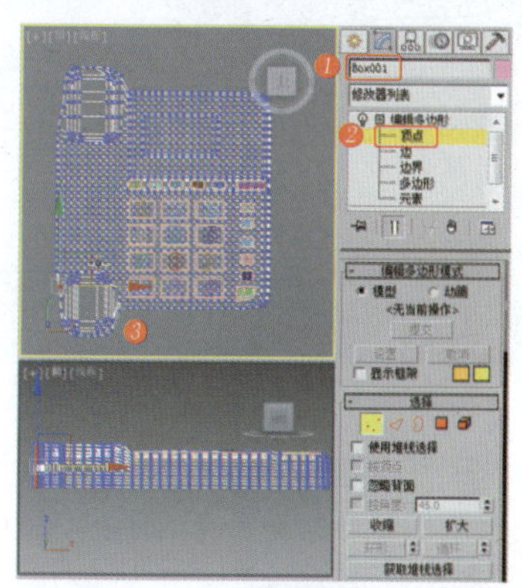
图5-38 调整模型的顶点

⑲ 在“顶”视图中创建切角长方体，将其作为座机话筒的开关，设置合适的参数并调整模型至合适的位置，效果如图5-39所示。

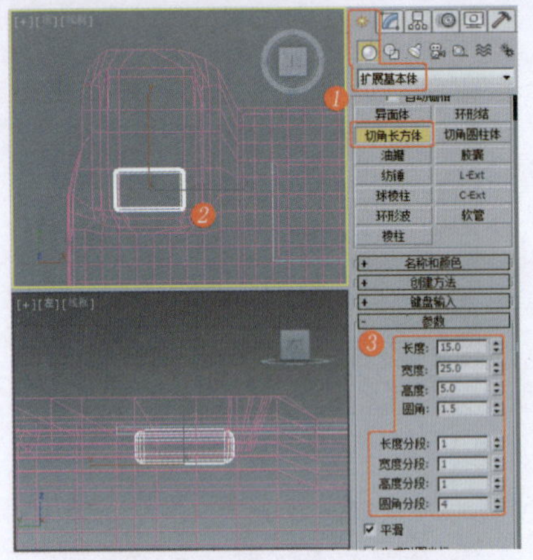
图5-39　创建并调整切角长方体

⑳ 在“顶”视图中创建可闭合的线，将其作为指示灯，效果如图5-40所示。

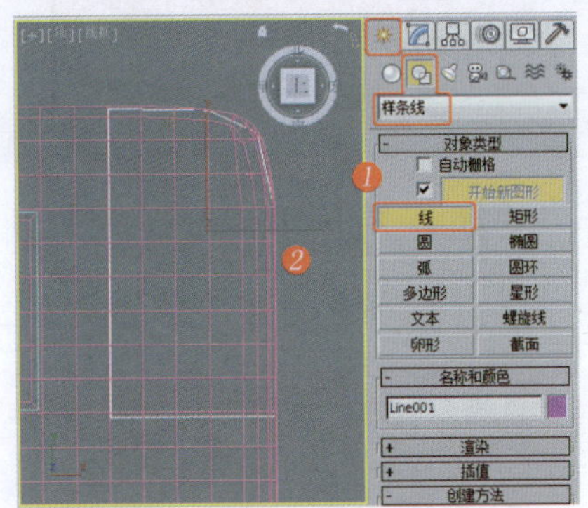
图5-40　创建图形

㉑ 将选择集定义为“顶点”，在“顶”视图中调整图形的形状，效果如图5-41所示。

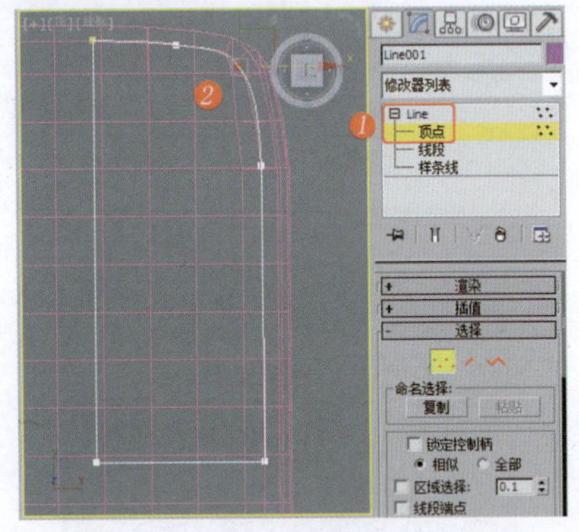
图5-41　调整图形的形状

㉒ 为调整好的图形施加“挤出”修改器，在“参数”卷展栏中设置合适的参数，调整模型至合适的位置，效果如图5-42所示。

㉓ 选择模型“Box001”，将选择集定义为“多边形”，在“底”视图中选择底部多边形，设置其“倒角”参数，效果如图5-43所示。

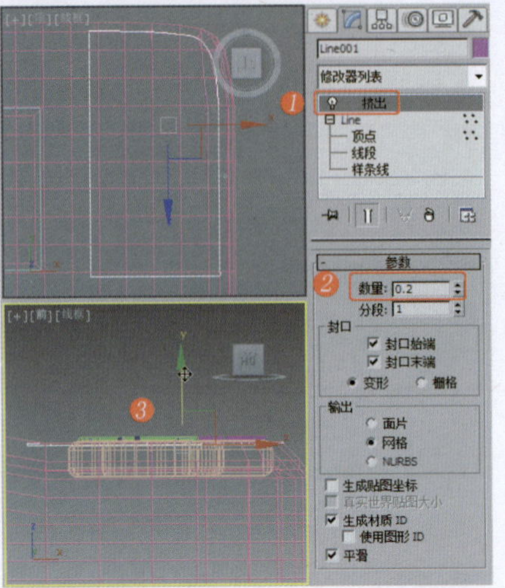
图5-42　施加“挤出”修改器并调整位置

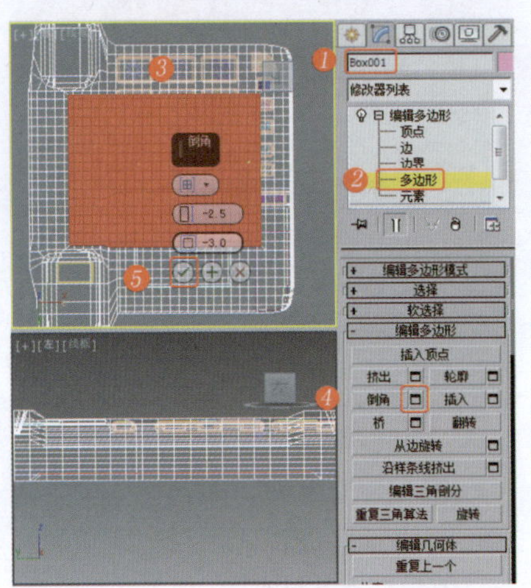
图5-43　设置多边形的“倒角”参数

㉔ 为模型施加“涡轮平滑”修改器，设置合适的参数，效果如图5-44所示。

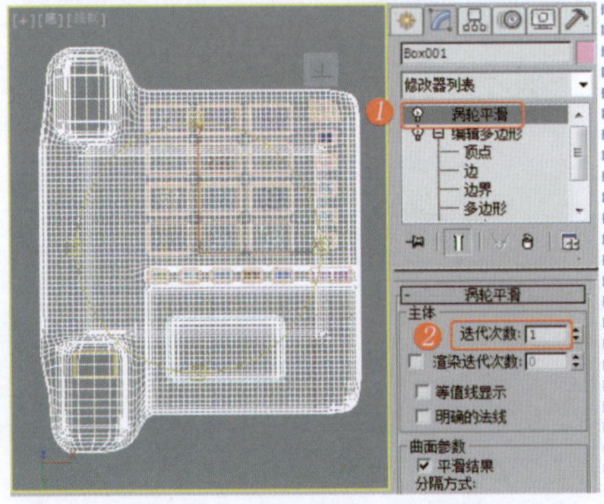
图5-44　施加“涡轮平滑”修改器

㉕ 在“顶”视图中创建切角圆柱体，将其作为座机底部防滑垫，设置合适的参数，效果如图5-45所示。

㉖ 对作为座机底部防滑垫的切角圆柱体进行复制，并调整其至合适的位置，效果如图5-46所示。

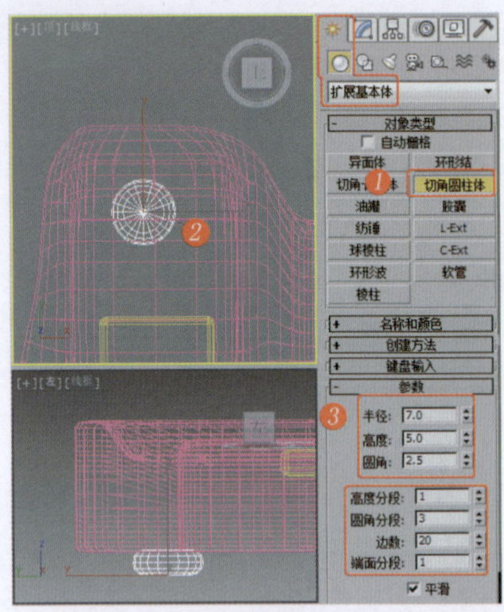
图5-45　创建切角圆柱体

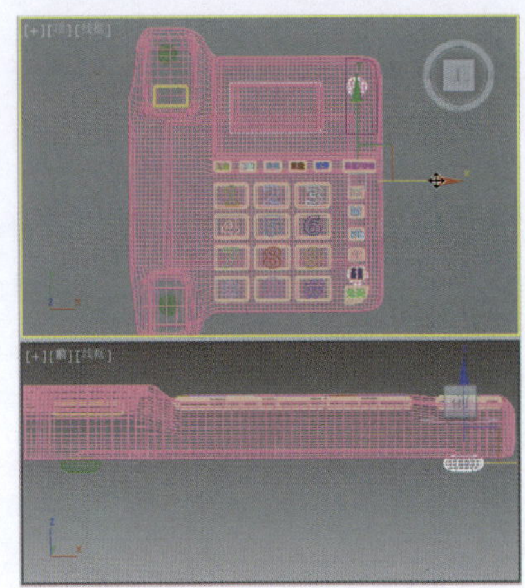
图5-46　复制并调整模型

㉗ 在“顶”视图中创建长方体，设置合适的参数，效果如图5-47所示。

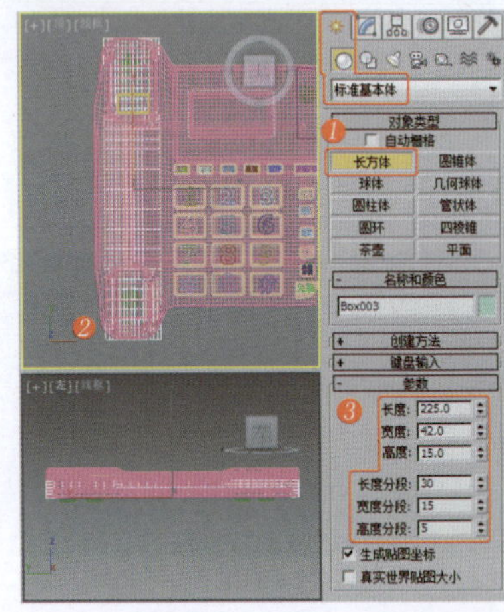
图5-47　创建长方体

㉘ 选择模型，为其施加“编辑多边形”修改器，定义选择集为“顶点”，在“顶”视图中对顶点进行调整，效果如图5-48所示。

㉙ 将选择集定义为“多边形”，在“底”视图中选择多边形，设置其

“倒角”参数，效果如图5-49所示，关闭选择集。

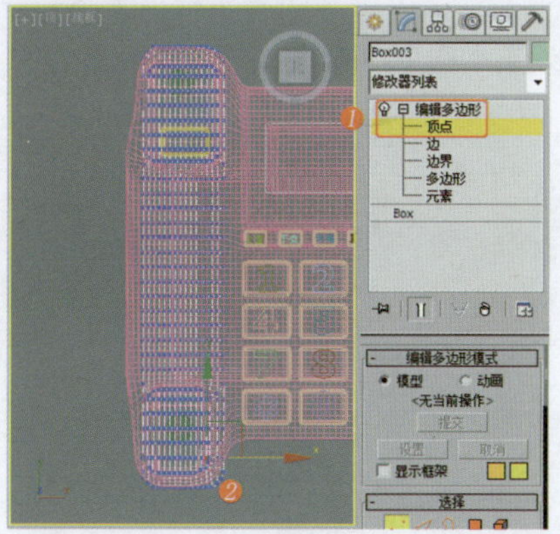
图5-48 调整模型的顶点

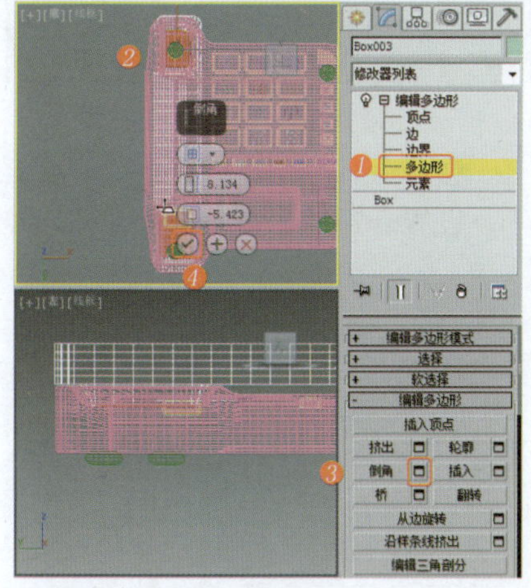
图5-49 设置多边形的“倒角”参数

㉚ 为设置倒角后的模型施加“FFD（长方体）4×4×4”修改器，将选择集定义为“控制点”，在“左”视图中对控制点的位置进行调整，效果如图5-50所示，关闭选择集。

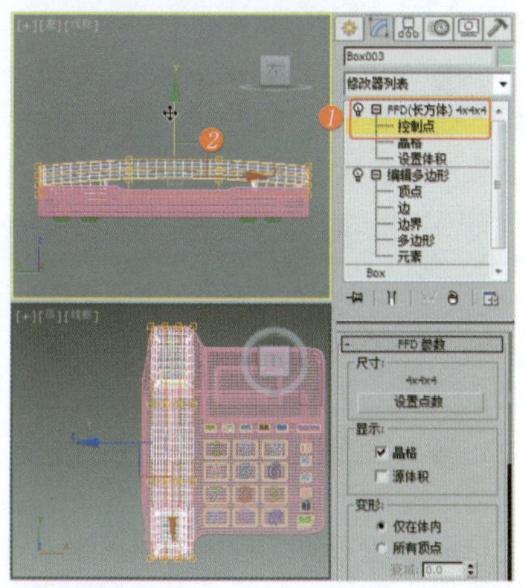
图5-50 调整模型的形状

㉛ 继续为模型施加“涡轮平滑”修改器，设置合适的参数，效果如图5-51所示。

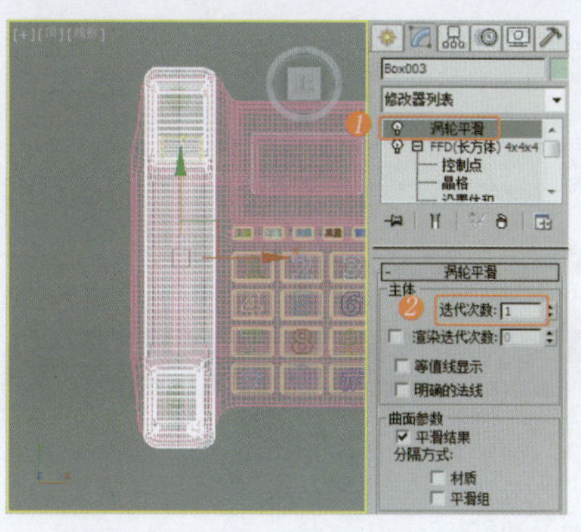
图5-51 施加“涡轮平滑”修改器

㉜ 在“顶”视图中创建可渲染的螺旋线，设置合适的参数，效果如图5-52所示。

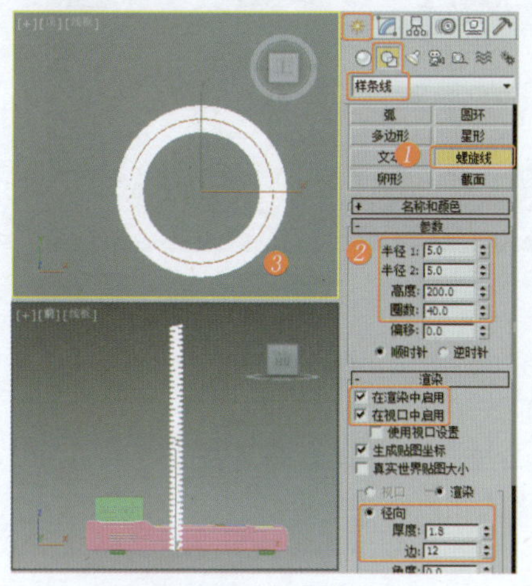
图5-52 创建螺旋线

㉝ 为螺旋线施加“弯曲”修改器，设置合适的参数，效果如图5-53所示。

㉞ 调整弯曲后的螺旋线的角度和位置，在“左”视图中创建可渲染的线，调整其至合适的角度和位置，效果如图5-54所示。

㉟ 模型制作完成，设置合适的场景，渲染输出。

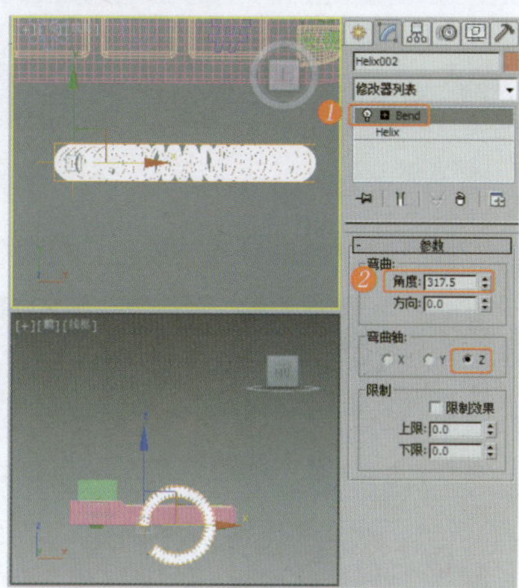
图5-53 施加“弯曲”修改器

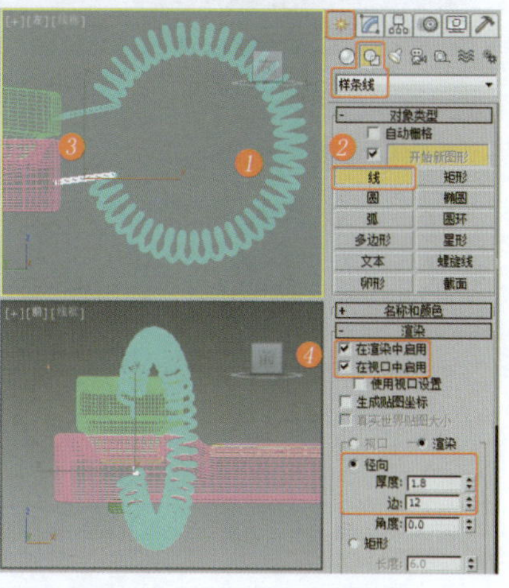
图5-54 创建并调整样条线

实例124 电器设备类——手机

实例效果剖析

本例制作的是一款大屏的智能手机，效果如图5-55所示。

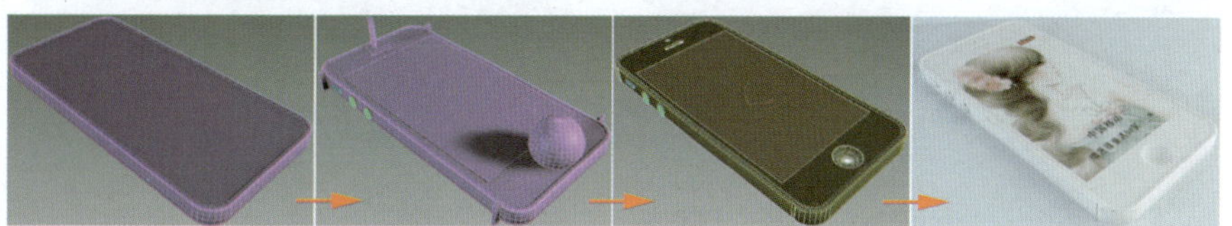
图5-55 效果展示

实例技术要点

本例主要用到的功能及技术要点如下。

- 施加“编辑多边形”修改器：用于制作模型的大致形状。
- 使用“ProBoolean”工具：制作手机的各种孔和洞。

场景文件路径	Scene\第5章\实例124 手机.max		
贴图文件路径	Map\		
视频路径	视频\ cha05\实例124 手机.mp4		
难易程度	★★★	学习时间	11分18秒

实例125 电器设备类——微波炉

实例效果剖析

本例制作的是一款微波炉，效果如图5-56所示。

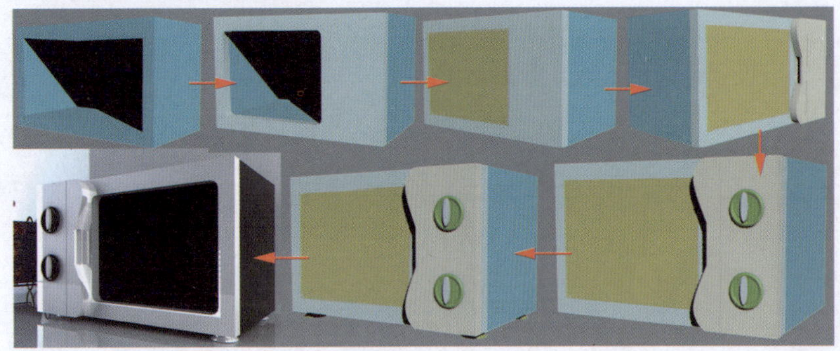

图5-56 效果展示

实例技术要点

本例主要用到的功能及技术要点如下。

- 施加“编辑多边形”修改器：用于调整出模型的大致效果。
- 使用“ProBoolean”工具：制作微波炉的内部结构。

实例制作步骤

场景文件路径	Scene\第5章\实例125 微波炉.max		
贴图文件路径	Map\		
视频路径	视频\ cha05\实例125 微波炉.mp4		
难易程度	★★★	学习时间	15分5秒

❶在“顶”视图中创建长方体，设置合适的参数，效果如图5-57所示。

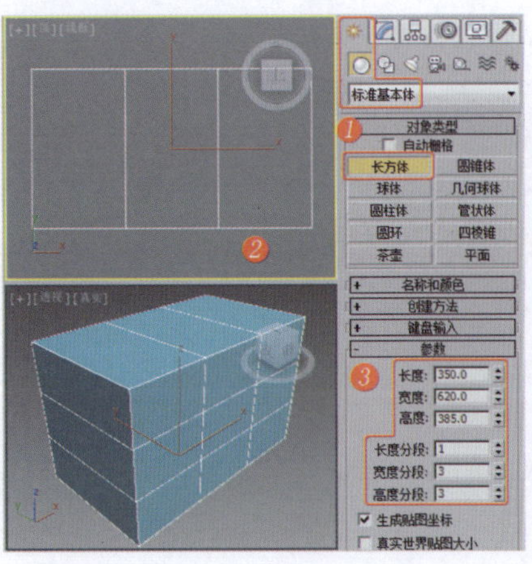

图5-57 创建长方体

❷选择模型，为其施加“编辑多边形”修改器，定义选择集为“顶点”，在“前”视图中对顶点进行调整，效果如图5-58所示。

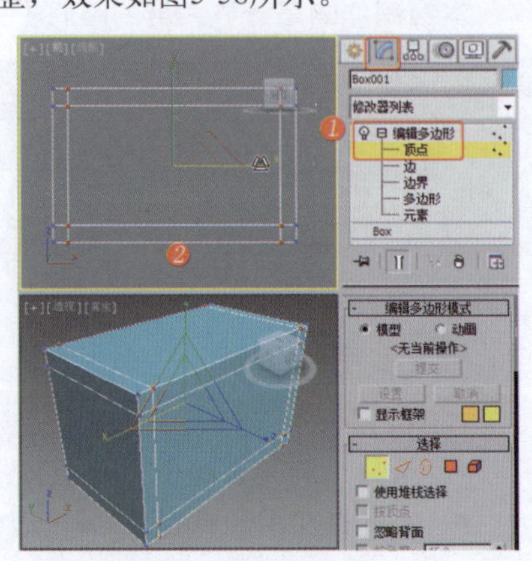

图5-58 调整模型的顶点

❸将选择集定义为“多边形”，在“前”视图中选择多边形，为选择的多边形设置合适的“挤出”参数，效果如图5-59所示。

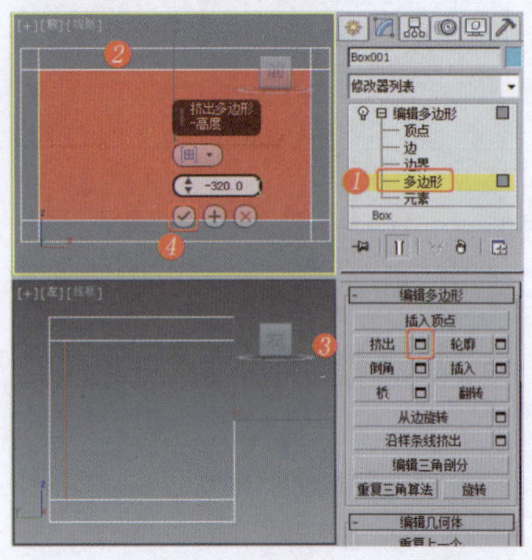

图5-59 设置多边形的“挤出”参数

❹在“前”视图中创建长方体，设置合适的参数，效果如图5-60所示。

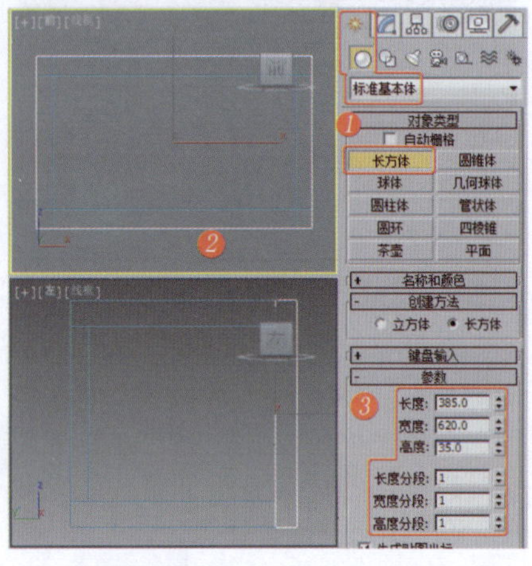

图5-60 创建长方体

❺在“前”视图中创建切角长方体，将其作为布尔对象，设置合适的参数，效果如图5-61所示。

> **提 示**
>
> 调整作为布尔对象的切角长方体，使其和与其相布尔的模型有相交的地方，这样才能得到布尔效果。

❻在场景中选择上一步创建的模型，使用“ProBoolean”工具，在“拾取布尔对象”卷展栏中单击“开始拾取”按钮，在场景中拾取布尔对象，效果如图5-62所示。

❼在“前”视图中创建可闭合的线“Line001”，效果如图5-63所示。

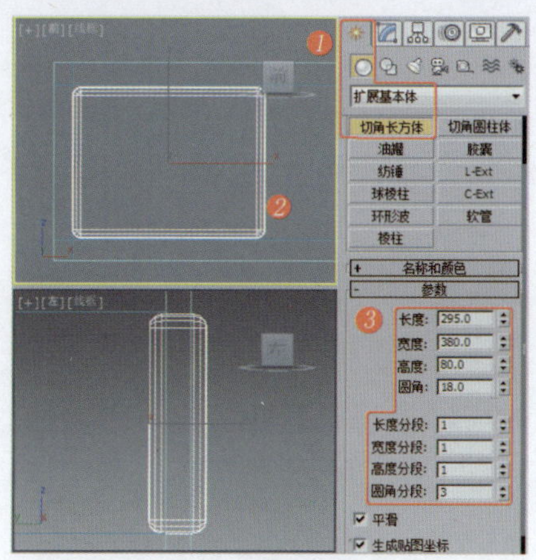
图5-61 创建切角长方体

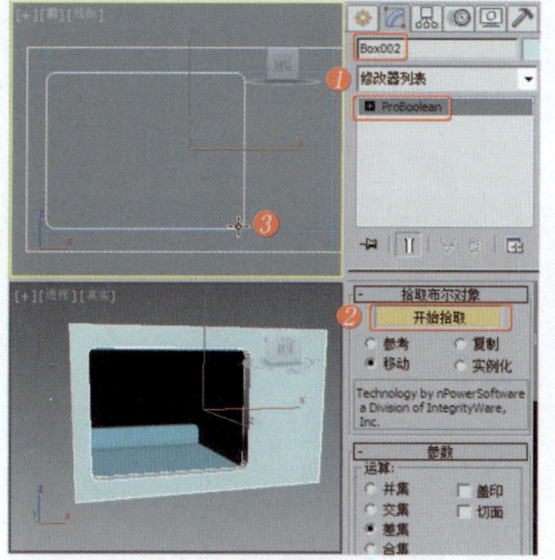
图5-62 布尔模型

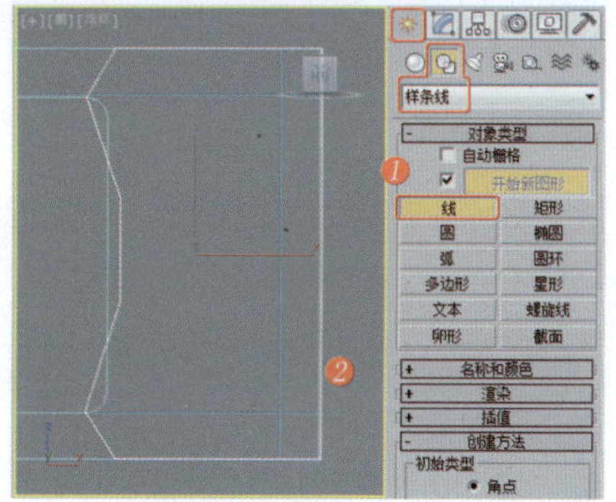
图5-63 创建图形

❽ 将选择集定义为“顶点”，在“前”视图中调整顶点，效果如图5-64所示，关闭选择集。

提 示

选择需要调整的顶点，右击，在弹出的菜单中选择“平滑”命令，然后再次右击，将该顶点转换为“Bezier角点”，然后通过调整顶点调整图形的形状。

❾ 为图形施加“挤出”修改器，设置合适的参数，效果如图5-65所示。

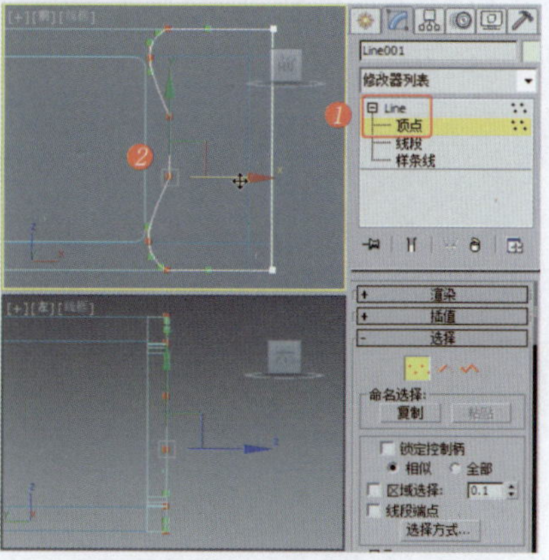
图5-64 调整图形的形状

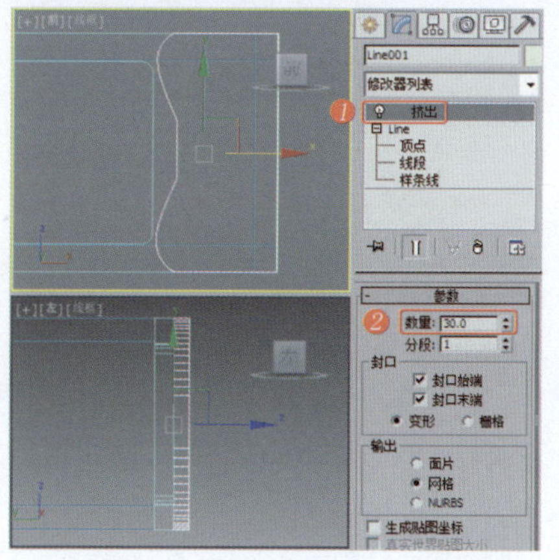
图5-65 为图形施加“挤出”修改器

❿ 在“前”视图中创建切角长方体，将其作为布尔对象，设置合适的参数，效果如图5-66所示。

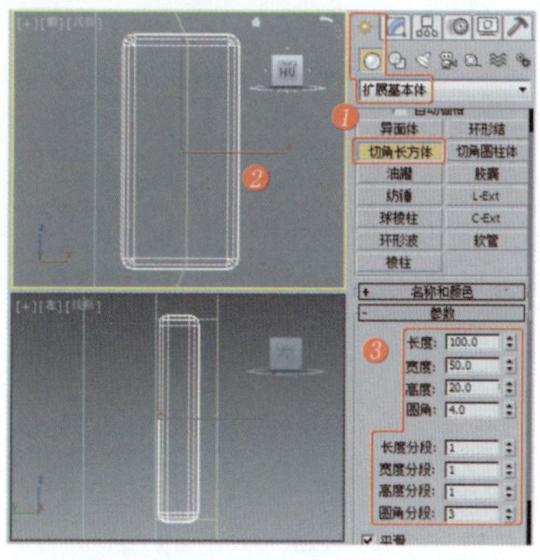
图5-66 创建切角长方体

⓫ 继续在“前”视图中创建长方体，将其作为布尔对象，设置合适的参数，效果如图5-67所示。

⓬ 为作为布尔对象的长方体施加“编辑多边形”修改器，在“编辑几何体”卷展栏中选择“附加”工具，将另一个作为布尔对象的切角长方体附加到一起，效果如图5-68所示。

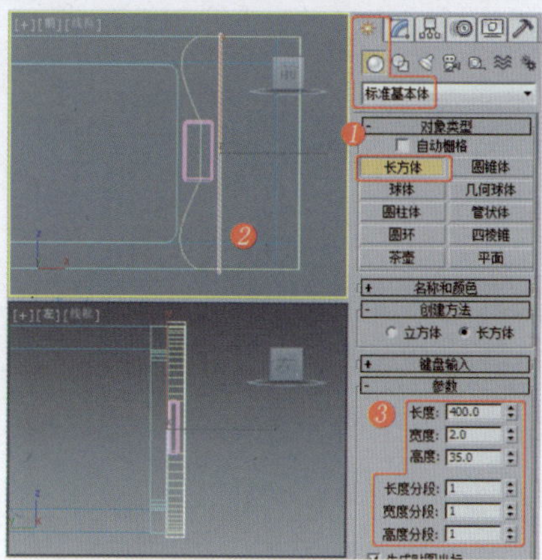
图5-67 创建长方体

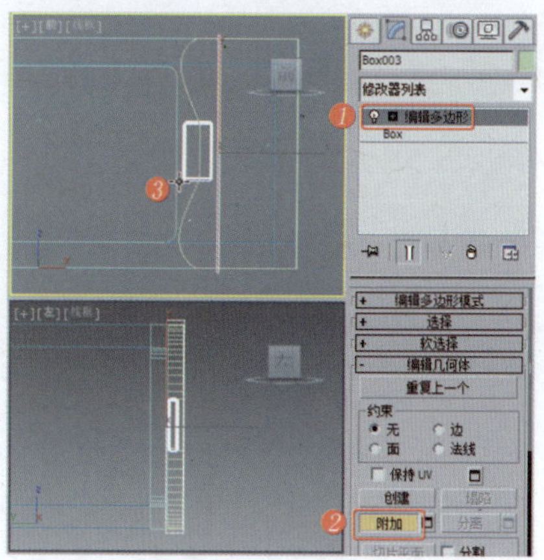
图5-68 附加模型

⓭ 在场景中选择“Line001”模型，使用“ProBoolean”工具，在“拾取布尔对象”卷展栏中单击“开始拾取”按钮，在场景中拾取附加在一起的布尔模型，效果如图5-69所示。

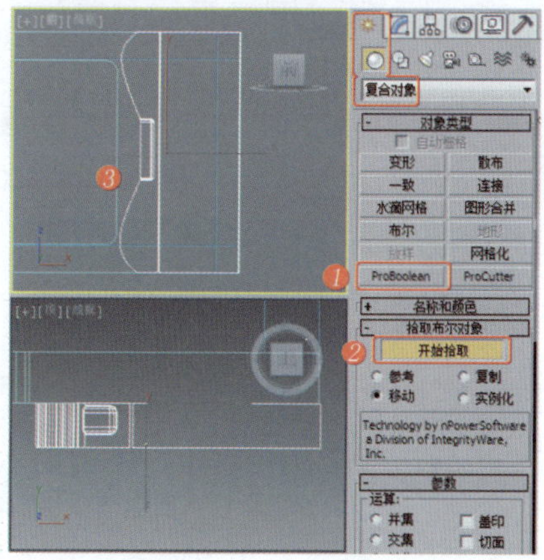
图5-69 布尔模型

⓮ 在“前”视图中创建长方体，将其作为玻璃，设置合适的参数，效果如图5-70所示。

⓯ 在“前”视图中创建切角圆柱体，将其作为旋钮的底部，设置合适的参数，效果如图5-71所示。

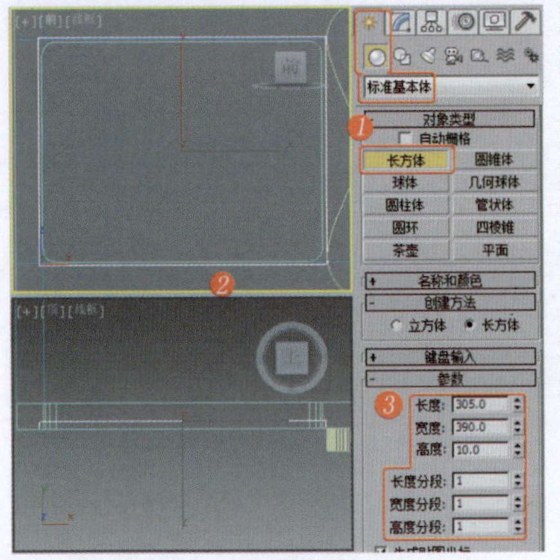
图5-70　创建长方体

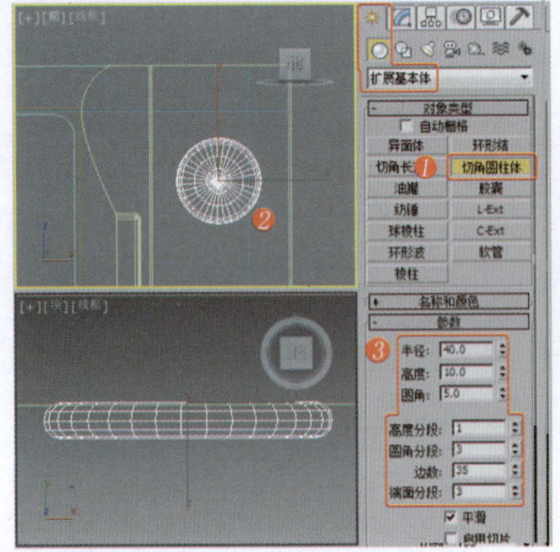
图5-71　创建切角长方体

⑯为作为旋钮底部的模型施加“编辑多边形”修改器，定义选择集为“多边形”，在“前”视图中选择多边形，为选择的多边形设置合适的“倒角”参数，效果如图5-72所示，关闭选择集。

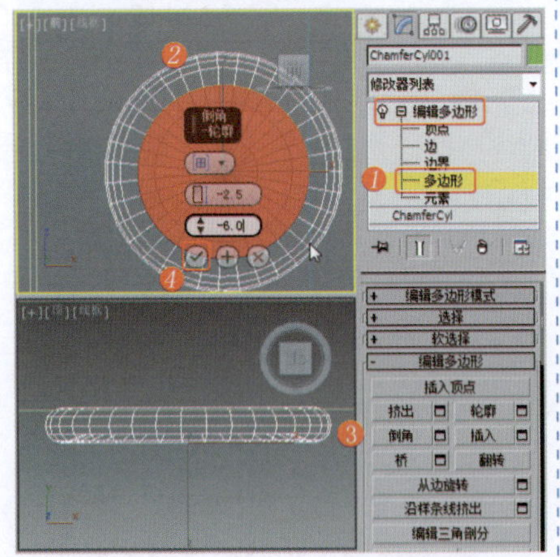
图5-72　设置多边形的“倒角”参数

⑰在“前”视图中创建椭圆，将其作为旋钮的顶部，设置合适的参数，效果如图5-73所示。

⑱为作为旋钮顶部的图形施加“挤出”修改器，设置合适的参数，如图5-74所示。

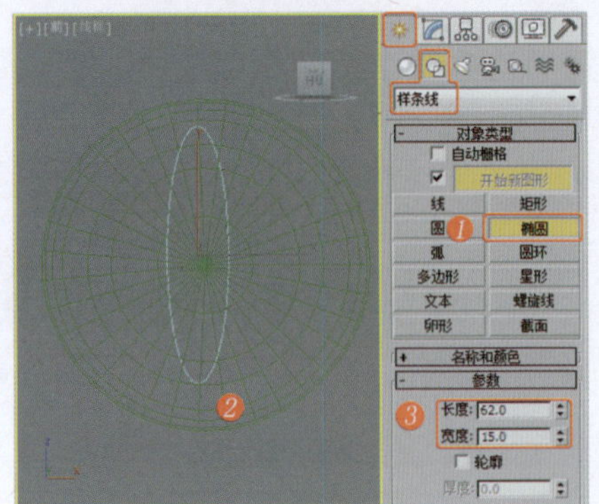
图5-73　创建椭圆

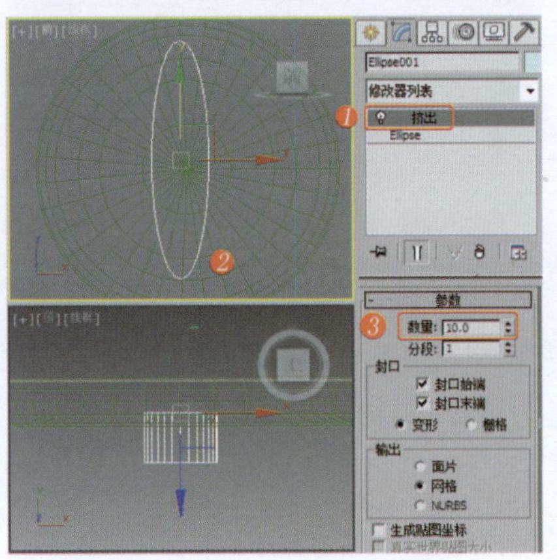
图5-74　施加“挤出”修改器

⑲对旋钮模型进行“实例”复制，并调整其至合适的位置，如图5-75所示。

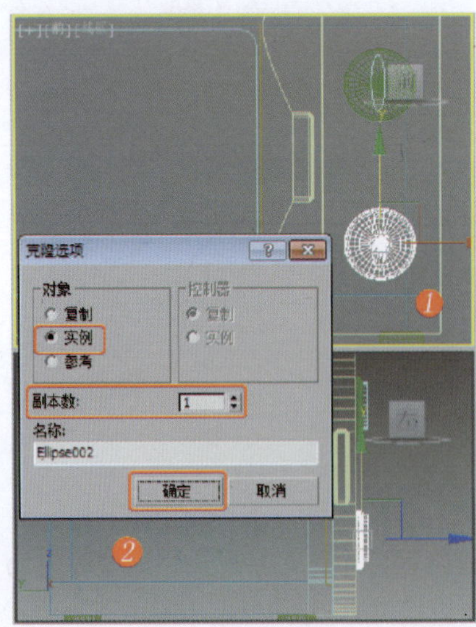
图5-75　复制模型

⑳在“顶”视图中创建切角圆柱体，将其作为支架，设置合适的参数，如图5-76所示。

㉑为作为支架的模型施加“编辑多边形”修改器，定义选择集为“顶点”，在场景中选择顶点并对其进行缩放，如图5-77所示，关闭选择集。

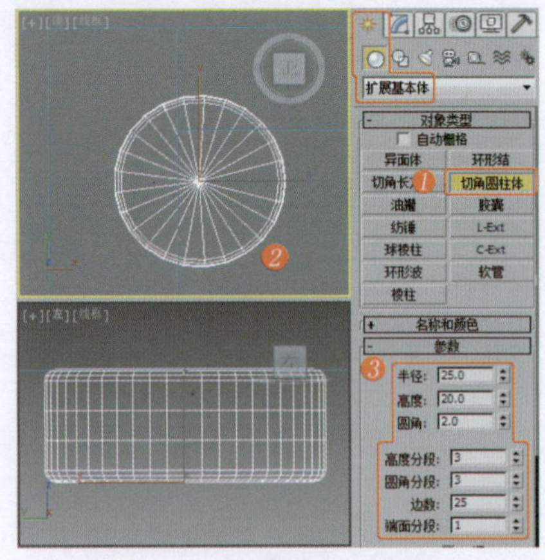
图5-76　创建切角圆柱体

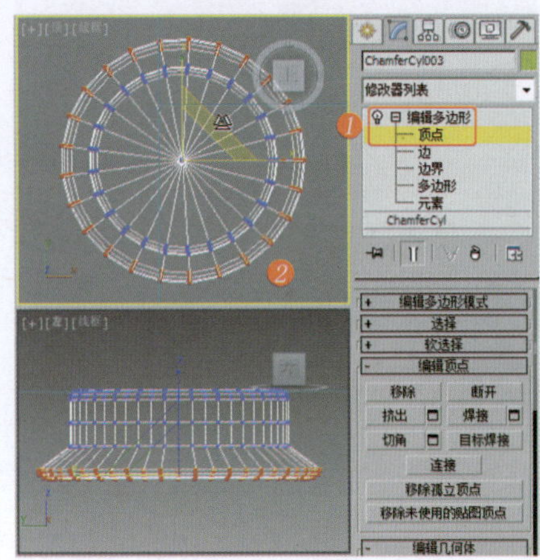
图5-77　调整模型的顶点

㉒对支架模型进行“实例”复制，如图5-78所示，调整其至合适的位置。

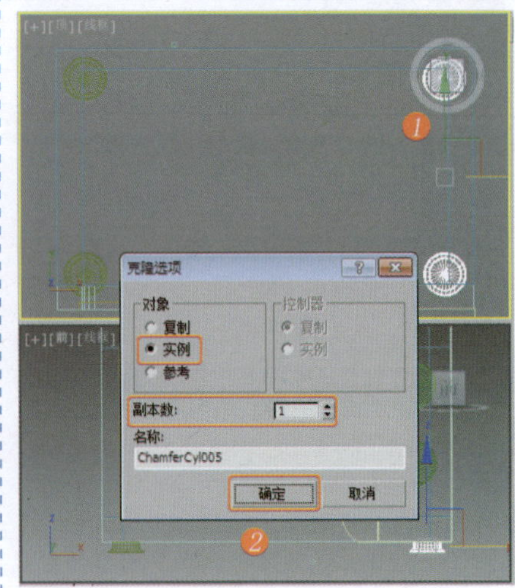
图5-78　复制模型

㉓模型制作完成，设置合适的场景，渲染输出。

实例126 电器设备类——冰箱

实例效果剖析

本例制作的是一款家中常用的三门单体冰箱，效果如图5-79所示。

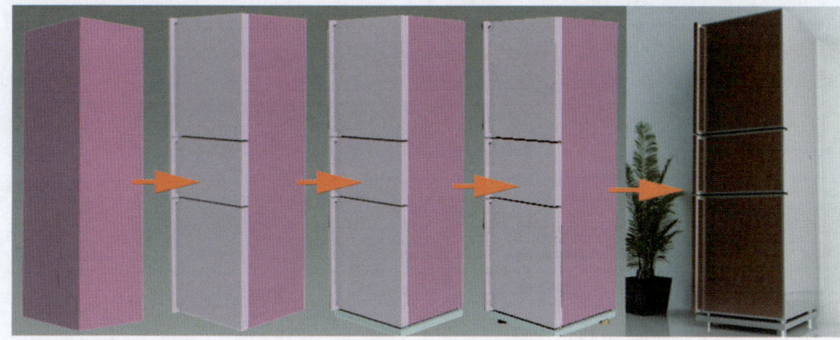

图5-79 效果展示

实例技术要点

本例主要用到的功能及技术要点如下。

- 施加“编辑多边形”修改器：制作冰箱门的基本效果。
- 施加“挤出”修改器：用于制作冰箱门把手的弧线形状。

实例制作步骤

场景文件路径	Scene\第5章\实例126 冰箱		
贴图文件路径	Map\		
视频路径	视频\ cha05\实例126 冰箱		
难易程度	★★	学习时间	10分25秒

❶在“顶”视图中创建长方体，将其作为冰箱的箱体，设置合适的参数，效果如图5-80所示。

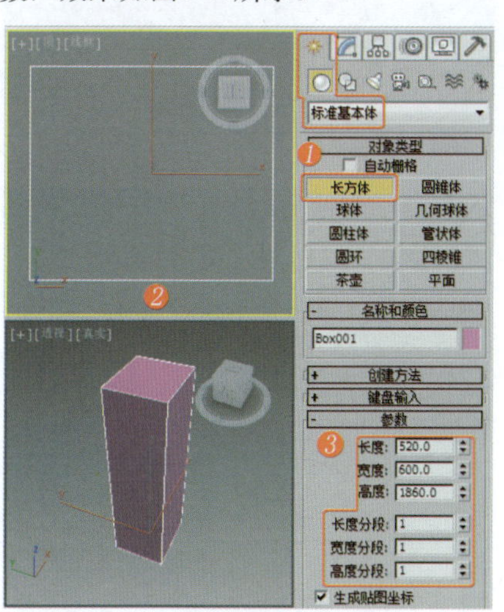

图5-80 创建长方体

❷在“前”视图中创建矩形“Rectangle001”，将其作为冰箱门的截面，设置合适的参数，效果如图5-81所示。

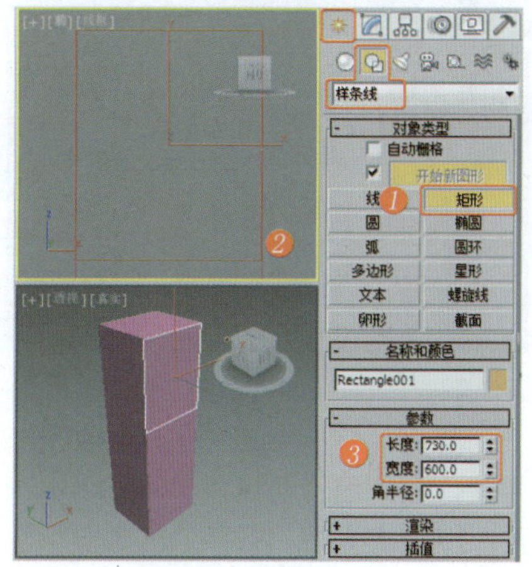

图5-81 创建矩形

❸为冰箱门截面施加“挤出”修改器，设置合适的参数，效果如图5-82所示。

❹为冰箱门模型施加“编辑多边形”修改器，将选择集定义为“多边形”，在“前”视图中选择多边形，为选择的多边形设置合适的“插入”参数，效果如图5-83所示。

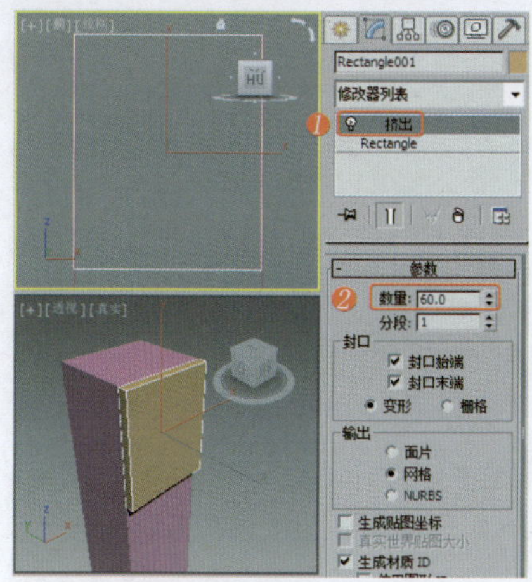

图5-82 施加“挤出”修改器

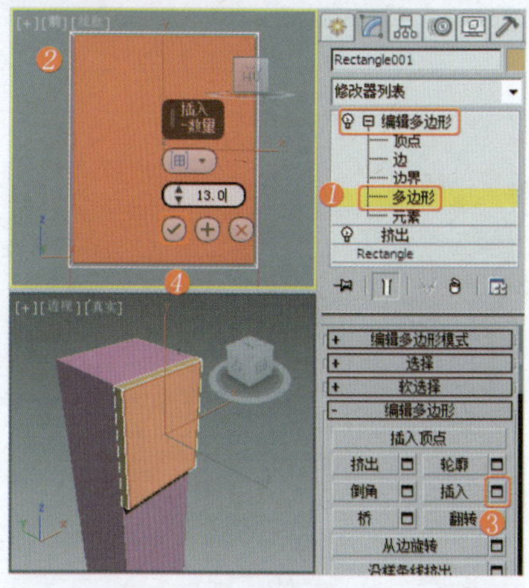

图5-83 设置多边形的“插入”参数

❺继续为选择的多边形设置合适的“挤出”参数，如图5-84所示。

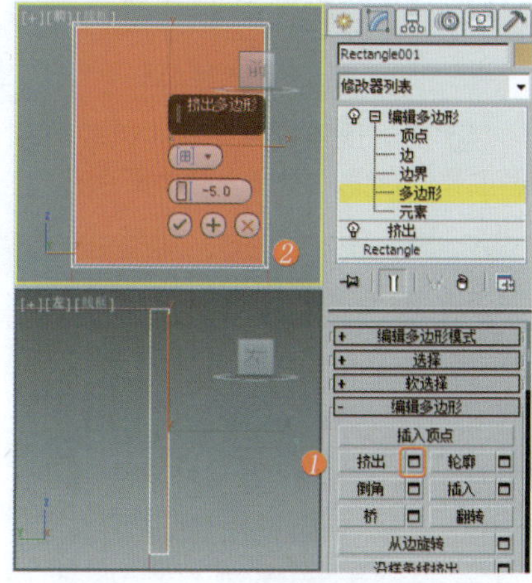

图5-84 设置多边形的“挤出”参数

❻在“前”视图中创建长方体，将其作为冰箱门的红漆部分，设置合适的参数，效果如图5-85所示。

❼在“左”视图中创建可渲染的线，将其作为把手，设置合适的参数，并调整线至合适的位置，效果如图5-86所示。

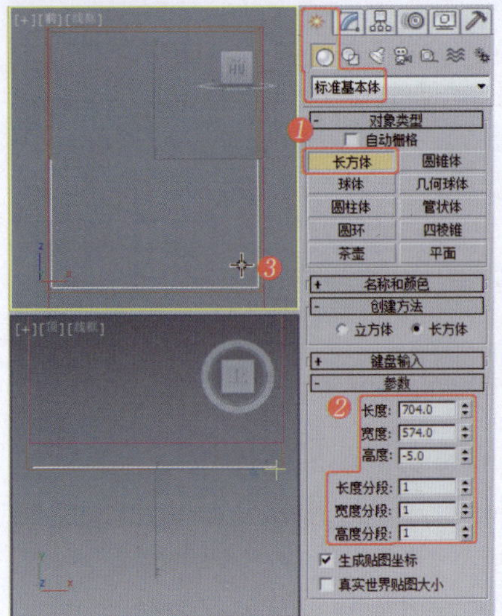

图5-85　创建长方体

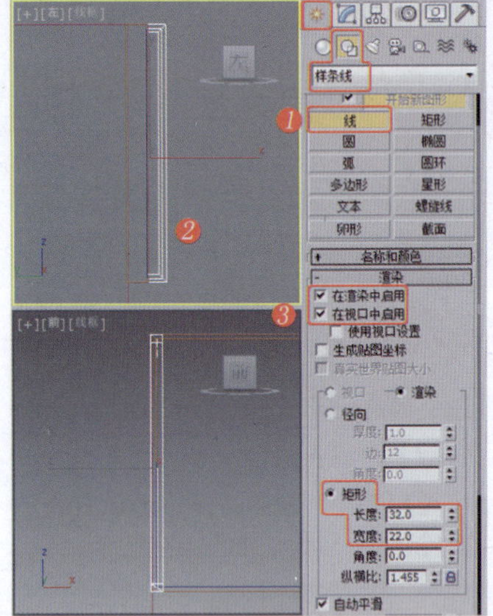

图5-86　创建并调整可渲染的线

❽ 在“顶”视图中把手的位置创建可闭合的线，效果如图5-87所示。

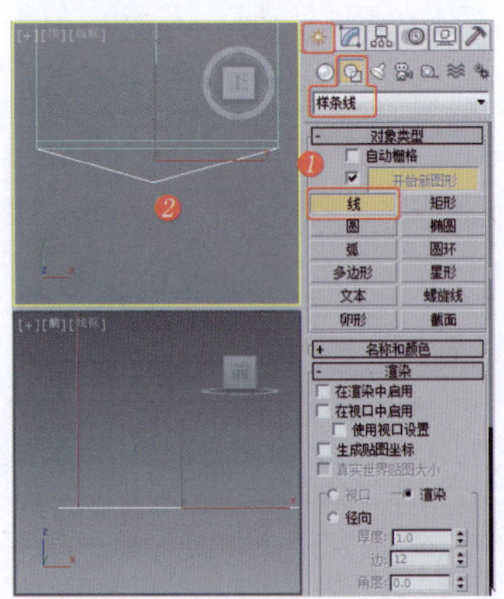

图5-87　创建图形

❾ 将选择集定义为“顶点”，在“前”视图中调整顶点，效果如图5-88所示，关闭选择集。

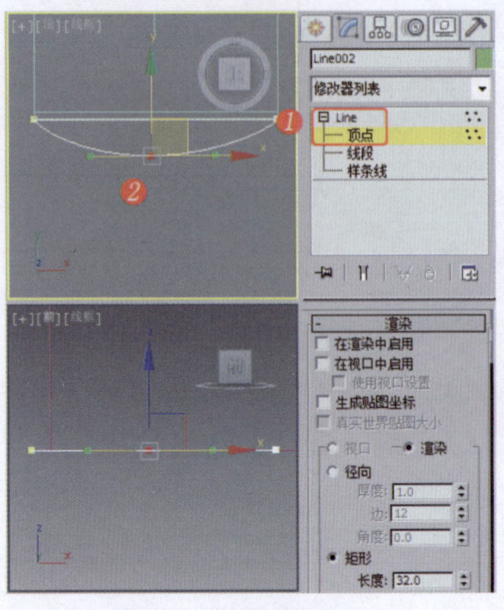

图5-88　调整图形的形状

❿ 为调整后的图形施加“挤出”修改器，设置合适的参数，并调整模型至合适的位置，将其作为把手的平滑部分，效果如图5-89所示。

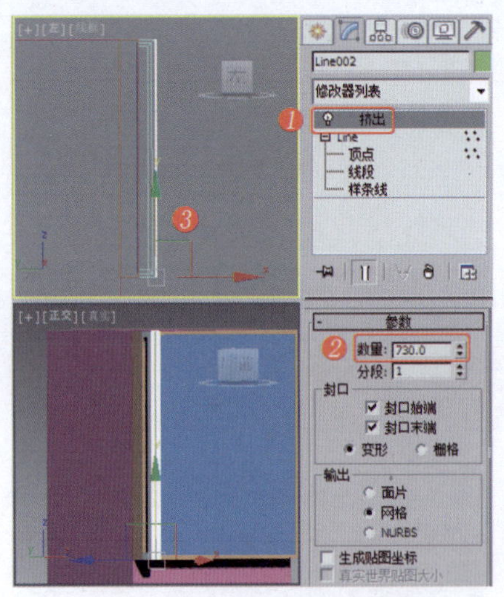

图5-89　施加“挤出”修改器并调整位置

⓫ 在场景中选择“Rectangle001”模型，在“编辑几何体”卷展栏中选择“附加”工具，将需要附加的模型附加到一起，效果如图5-90所示。

⓬ 对附加到一起的模型进行复制，并调整模型至合适的位置，效果如图5-91所示。

⓭ 继续对附加到一起的模型进行复制，将选择集定义为“顶点”，在“前”视图中调整顶点的位置，效果如图5-92所示。

⓮ 在场景中选择附加在一起的模型，将选择集定义为“多边形”，在场景中选择多边形，在“多边形：材质ID”卷展栏中设置ID为1，效果如图5-93所示。

⓯ 在场景中继续选择多边形，在“多边形：材质ID”卷展栏中设置ID为2，效果如图5-94所示。

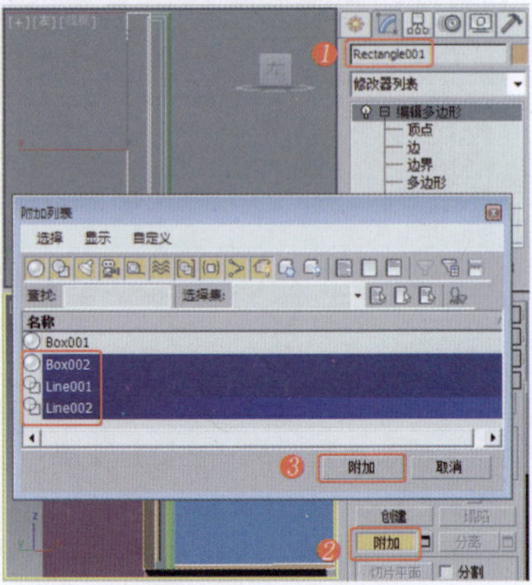

图5-90　附加模型

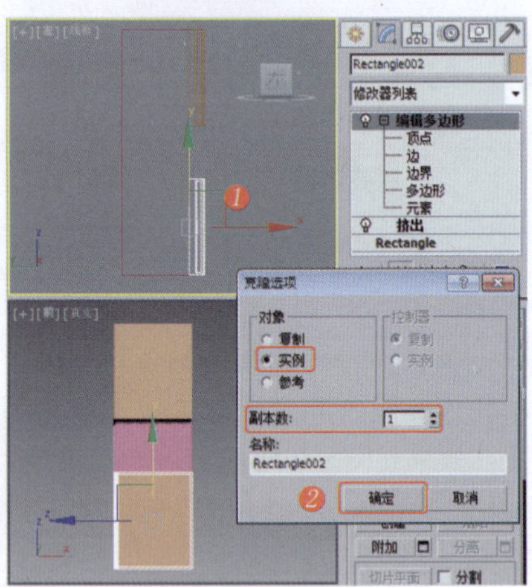

图5-91　复制并调整模型

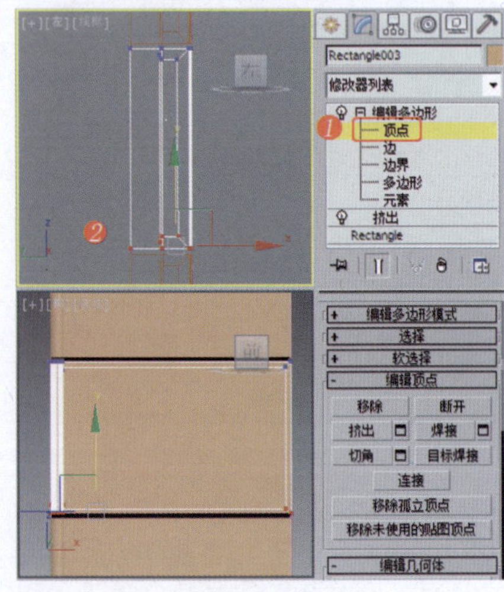

图5-92　调整模型的顶点

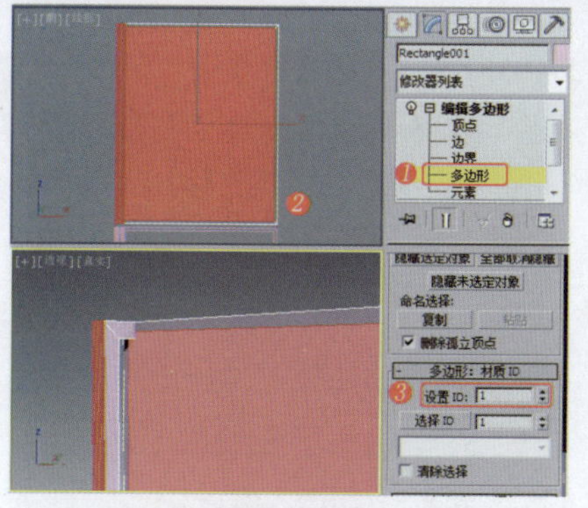
图5-93 设置多边形的材质ID

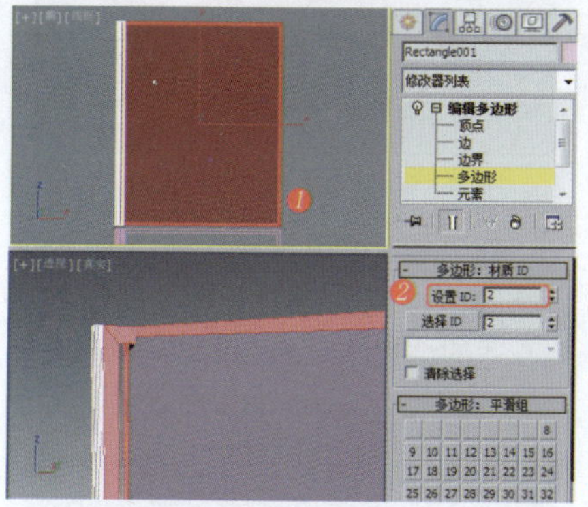
图5-94 设置多边形的材质ID

提 示

设置材质ID是便于为模型设置“多维/子对象”材质。

⑯ 在“顶”视图中创建长方体，设置合适的参数并调整模型至合适的位置，效果如图5-95所示。

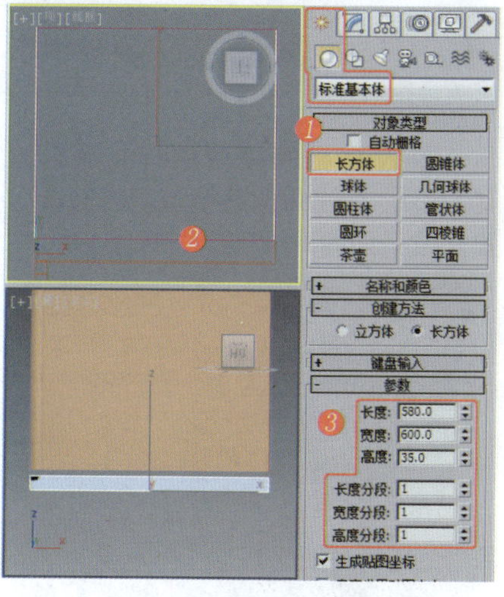
图5-95 创建长方体

⑰ 在“顶”视图中创建圆柱体，设置合适的参数，效果如图5-96所示。

⑱ 对圆柱体进行复制，效果如图5-97所示，调整模型至合适的位置，将其作为冰箱腿。

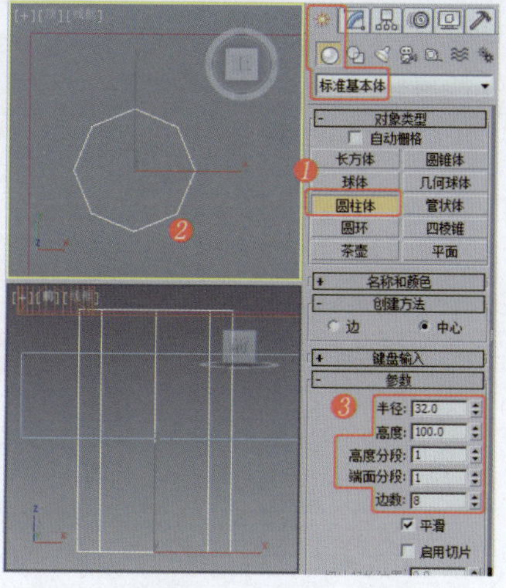
图5-96 创建圆柱体

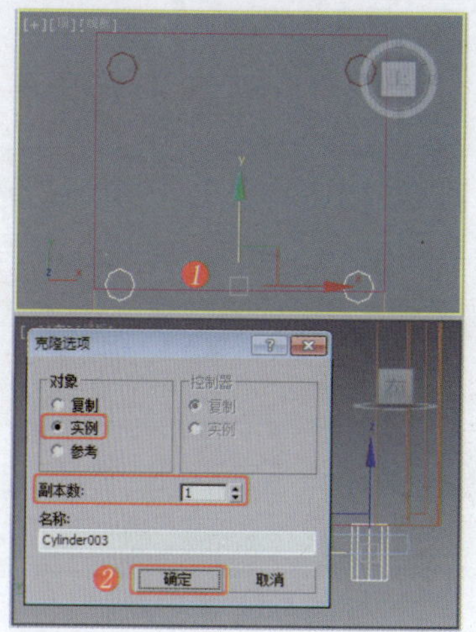
图5-97 复制模型

实例127 电器设备类——洗衣机

实例效果剖析

本例制作的是一款小型的滚筒洗衣机，效果如图5-98所示。

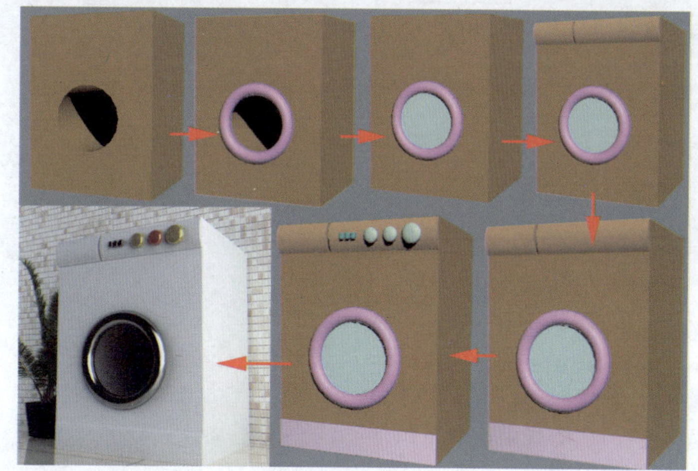
图5-98 效果展示

实例技术要点

本例主要用到的功能及技术要点如下。

- 创建并编辑样条线：用于调整滚筒的形状。

实例制作步骤

场景文件路径	Scene\第5章\实例127 洗衣机.max		
贴图文件路径	Map\		
视频路径	视频\cha05\实例127 洗衣机.mp4		
难易程度	★★	学习时间	13分23秒

❶ 在“顶”视图中创建长方体“Box001”，设置合适的参数，效果如图5-99所示。

❷ 在“前”视图中创建圆柱体，将其作为布尔对象，设置合适的参数，效果如图5-100所示。

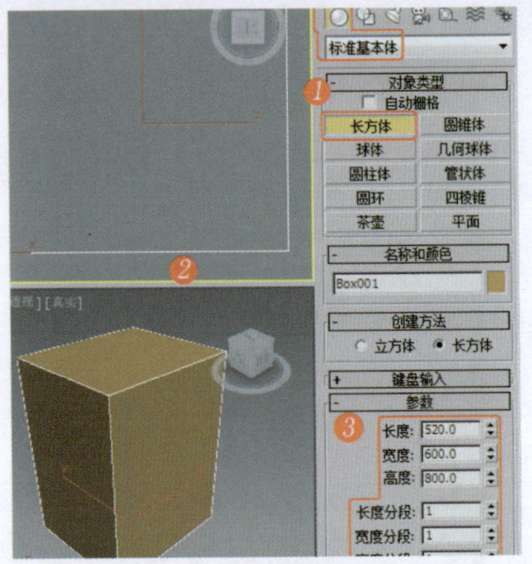
图5-99 创建长方体

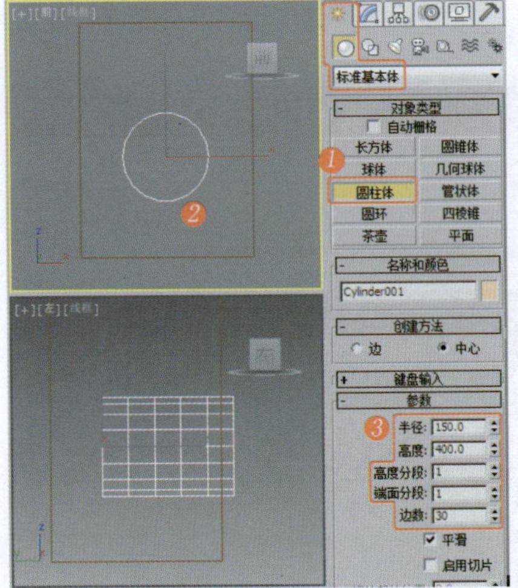
图5-100 创建圆柱体

❸在场景中选择“Box001”模型，使用“ProBoolean”工具，在“拾取布尔对象”卷展栏中单击“开始拾取”按钮，在场景中拾取布尔对象，效果如图5-101所示。

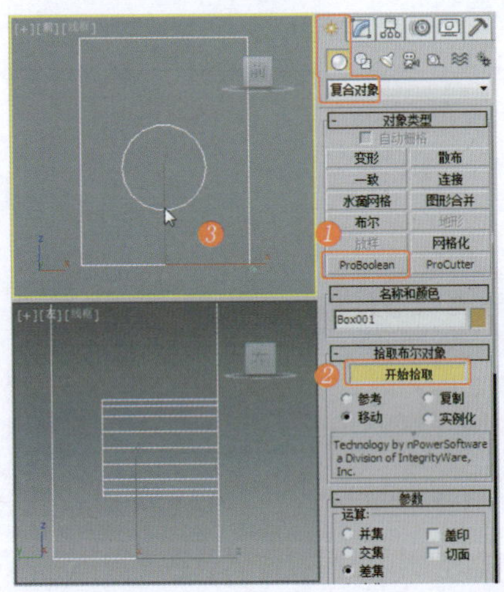
图5-101 布尔模型

❹在“前”视图中创建圆环，设置合适的参数，效果如图5-102所示。

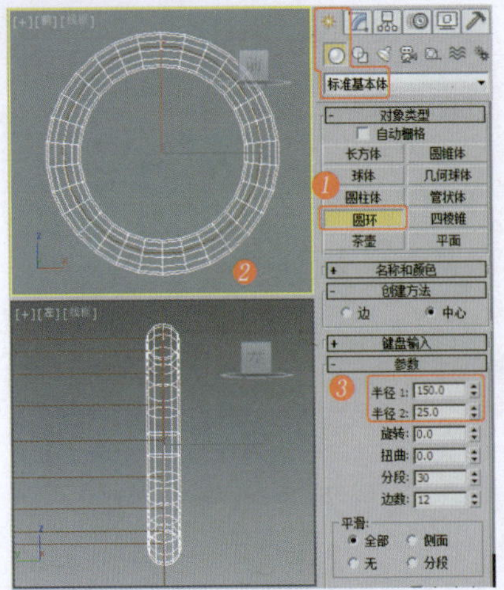
图5-102 创建圆环

❺在“前”视图中创建圆柱体，设置合适的参数，如图5-103所示。

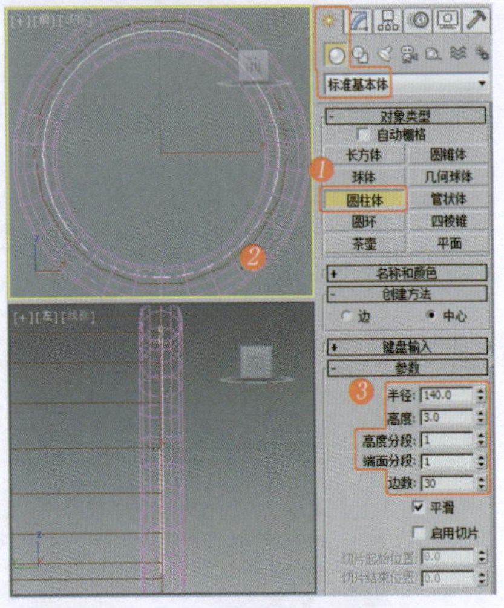
图5-103 创建圆柱体

❻在“左”视图中创建可闭合的线，将其作为顶部按钮槽，设置合适的参数，效果如图5-104所示。

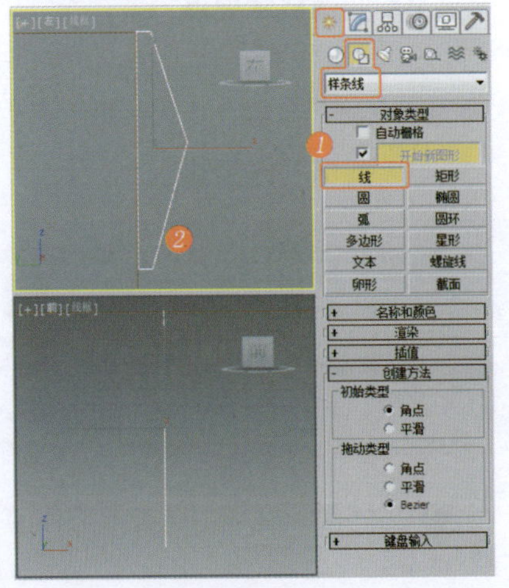
图5-104 创建图形

❼将选择集定义为“顶点”，在“左”视图中调整顶点，效果如图5-105所示，关闭选择集。

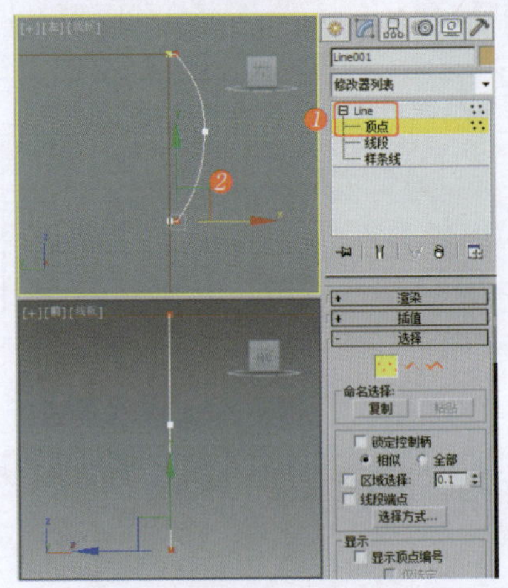
图5-105 调整图形的形状

❽为调整后的图形施加“挤出”修改器，设置合适的参数并调整模型至合适的位置，效果如图5-106所示。

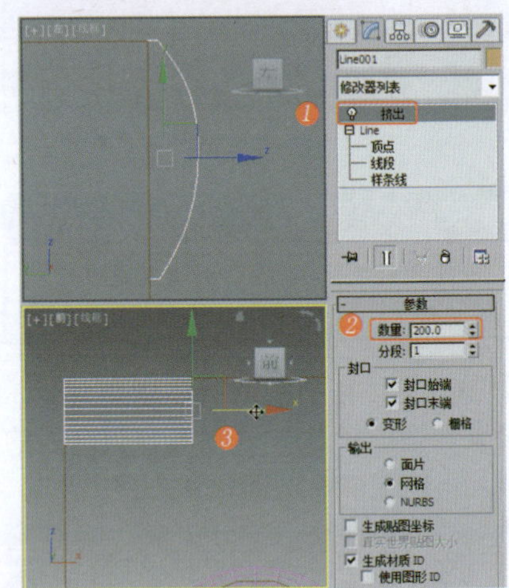
图5-106 施加“挤出”修改器

❾对挤出的模型进行复制，设置合适的参数并调整模型至合适的位置，效果如图5-107所示。

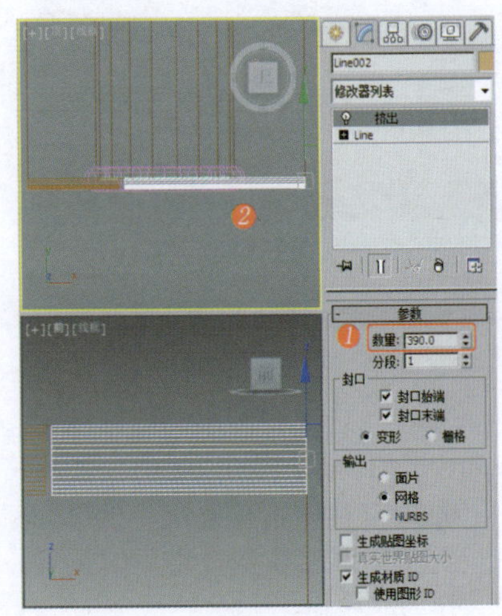
图5-107 复制并调整模型

⑩ 在“前”视图中创建切角长方体，将其作为按钮，设置合适的参数，效果如图5-108所示。

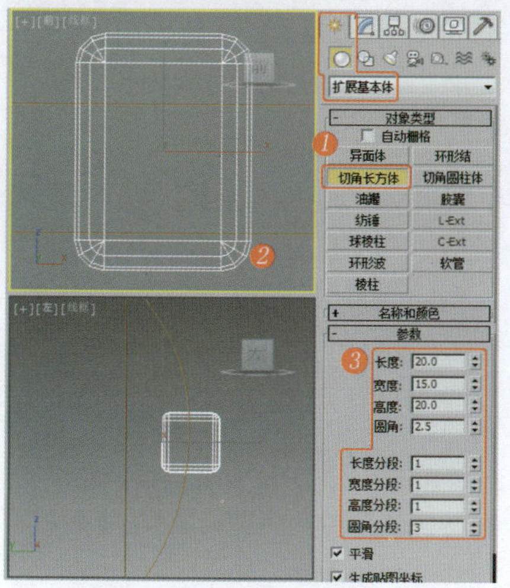

图5-108 创建切角长方体

⑪ 对作为按钮的切角长方体进行复制，并调整模型至合适的位置，效果如图5-109所示。

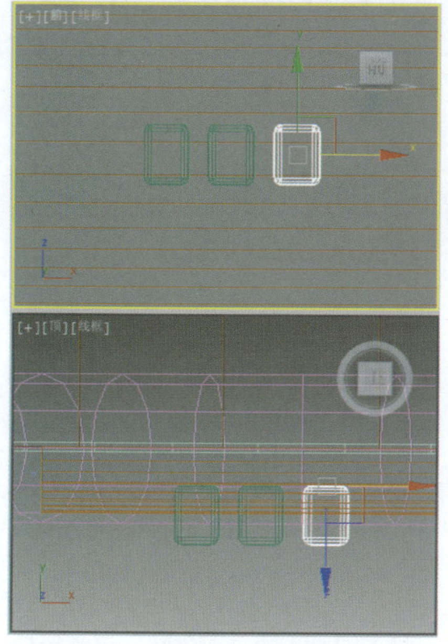

图5-109 复制并调整模型

⑫ 在“前”视图中创建切角圆柱体，将其作为按钮，设置合适的参数，效果如图5-110所示。

⑬ 为作为按钮的切角圆柱体施加“编辑多边形”修改器，将选择集定义为“顶点”，在场景中调整并缩放顶点，效果如图5-111所示，关闭选择集。

⑭ 对调整后的按钮模型进行复制，调整其至合适的位置并调整其大小，效果如图5-112所示。

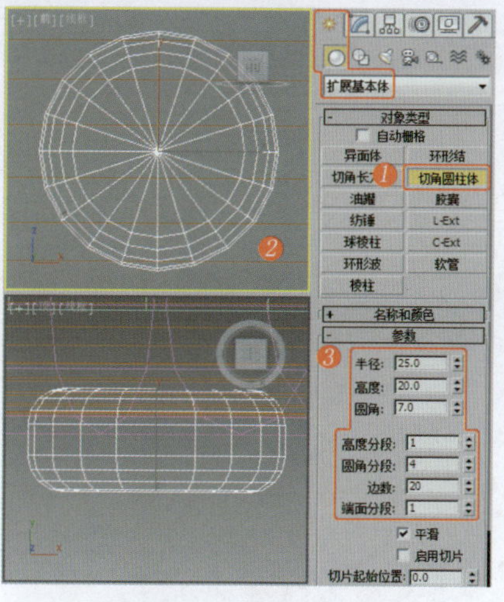

图5-110 创建切角圆柱体

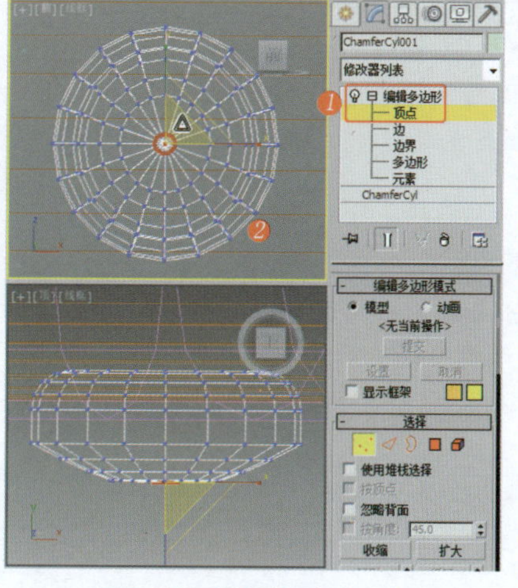

图5-111 调整模型的顶点

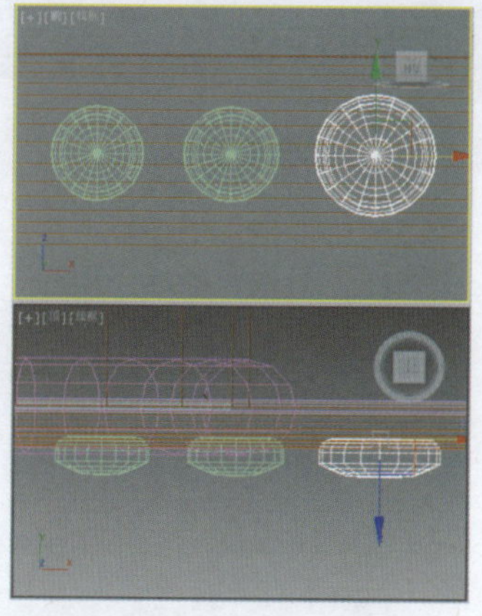

图5-112 复制并调整模型

⑮ 在“前”视图中创建切角长方体，设置合适的参数，效果如图5-113所示，模型制作完成。

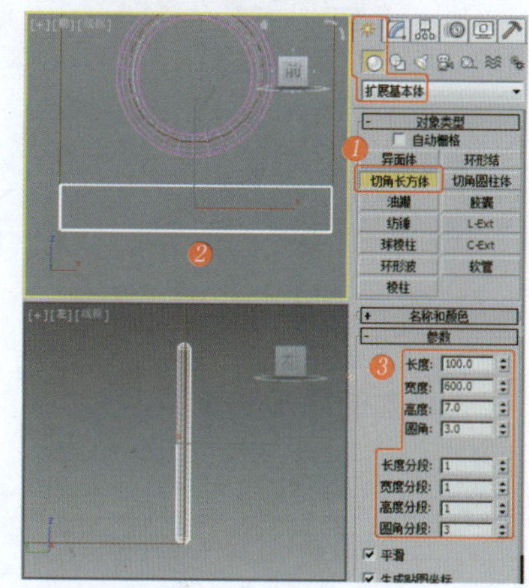

图5-113 创建切角长方体

实例128 电器设备类——吊扇

实例效果剖析

本例制作的是一款五叶吊扇，效果如图5-114所示。

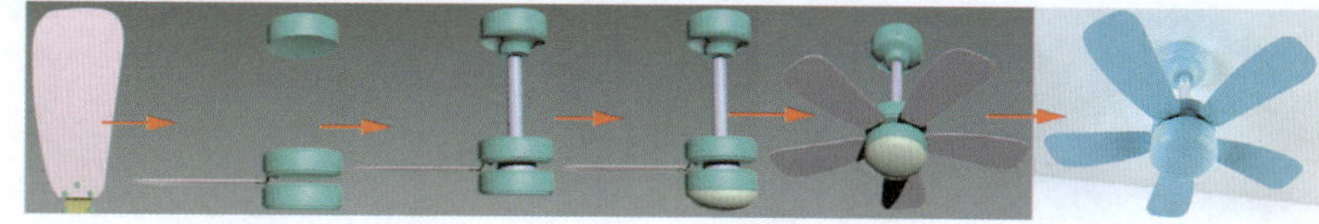

图5-114 效果展示

实例技术要点

本例主要用到的功能及技术要点如下。

- 施加“挤出”修改器：用于制作扇叶的厚度。
- 施加“编辑多边形”修改器：用于调整模型的形状。
- 使用“阵列”工具：阵列出吊扇的扇叶。

场景文件路径	Scene\第5章\实例128 吊扇.max		
贴图文件路径	Map\		
视频路径	视频\cha05\实例128 吊扇.mp4		
难易程度	★★	学习时间	16分49秒

实例129 电器设备类——音箱

实例效果剖析

本例制作的是一款木质音箱，主要被用于与电脑搭配。

本例制作的音箱，效果如图5-115所示。

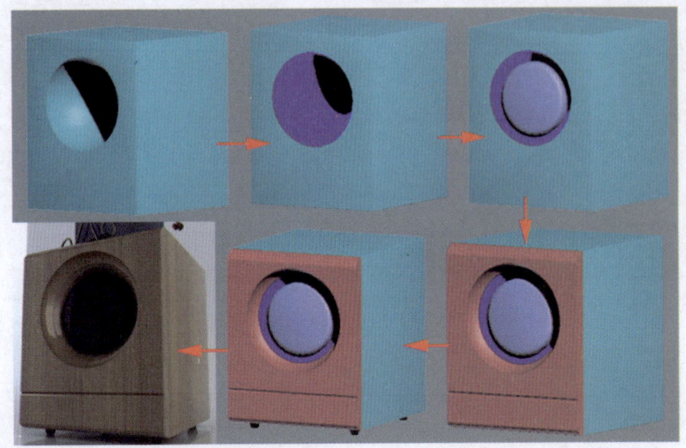

图5-115 效果展示

实例技术要点

本例主要用到的功能及技术要点如下。

- 使用“ProBoolean”工具：布尔出音箱的出声孔。
- 施加“编辑多边形”修改器：用于调整模型的形状。

实例制作步骤

场景文件路径	Scene\第5章\实例129 音箱.max		
贴图文件路径	Map\		
视频路径	视频\ cha05\实例129 音箱.mp4		
难易程度	★★★	学习时间	11分26秒

❶在“顶”视图中创建切角长方体“ChamferBox001”，设置合适的参数，效果如图5-116所示。

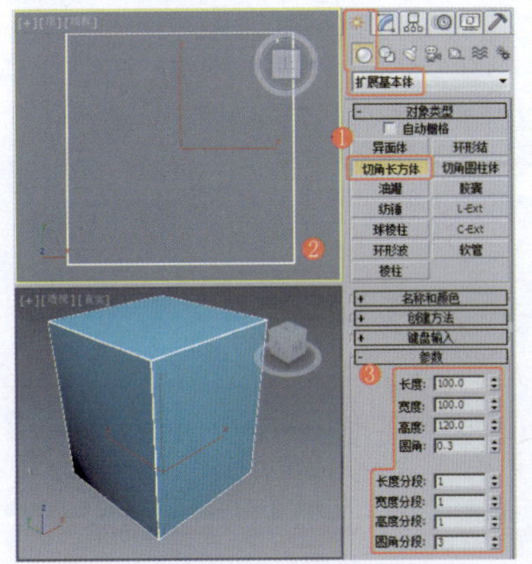

图5-116 创建切角长方体

❷在“前”视图中创建球体，将其作为布尔对象，设置合适的参数，效果如图5-117所示。

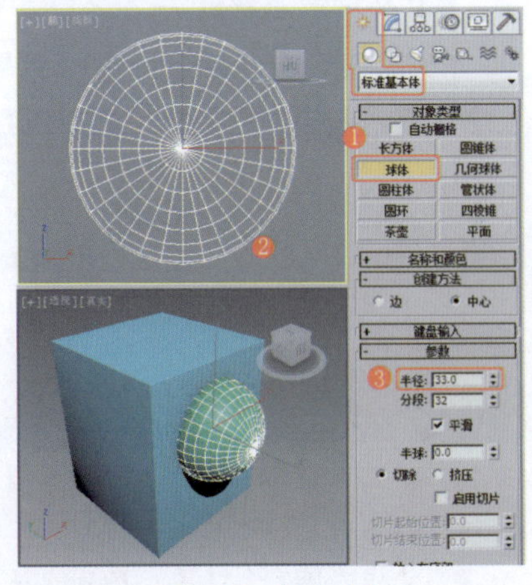

图5-117 创建球体

❸在场景中选择“ChamferBox001”模型，使用“ProBoolean”工具，在“拾取布尔对象”卷展栏中单击“开始拾取”按钮，在场景中拾取布尔对象，效果如图5-118所示。

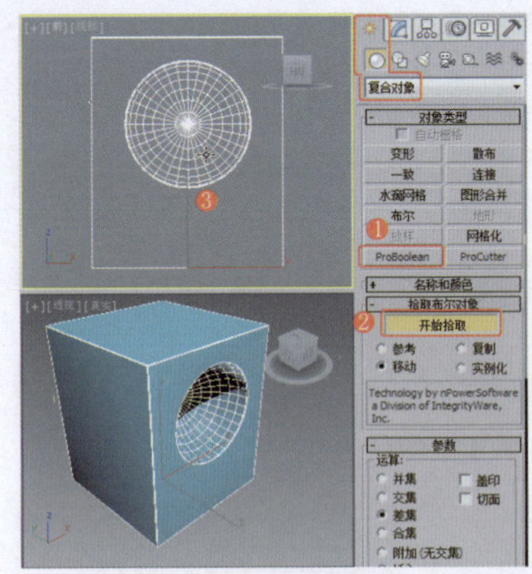

图5-118 布尔模型

❹在“前”视图中创建圆环，设置合适的参数，效果如图5-119所示。

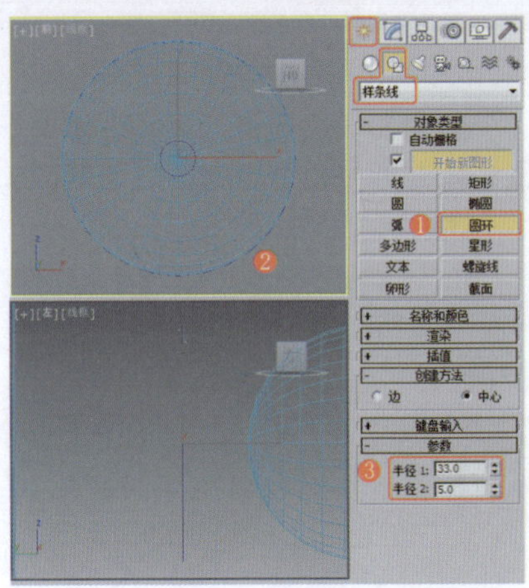

图5-119 创建圆环

❺为圆环施加“挤出”修改器，设置合适的参数并调整模型至合适的位置，效果如图5-120所示。

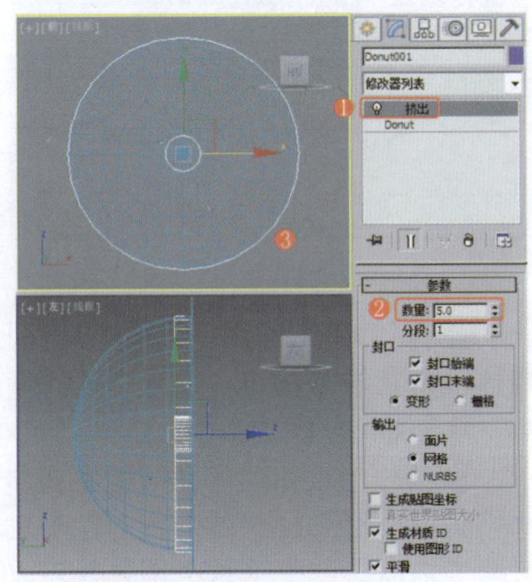

图5-120 施加“挤出”修改器

❻继续为模型施加“编辑多边形”修改器，将选择集定义为“顶点”，在场景中调整顶点，效果如图5-121所示，关闭选择集。

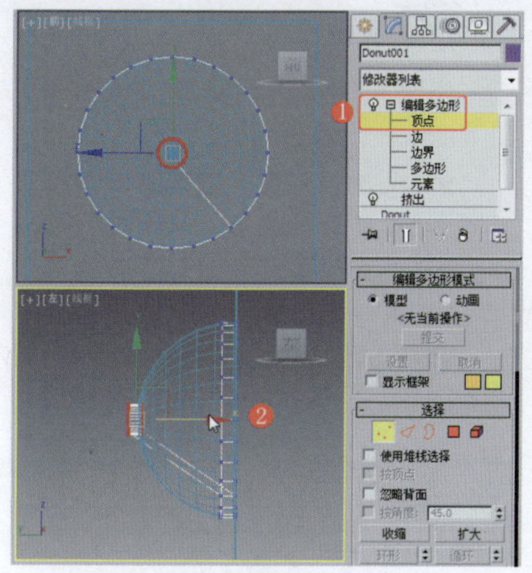

图5-121 调整模型的顶点

❼在“前”视图中创建切角圆柱体，设置合适的参数，效果如图5-122所示。

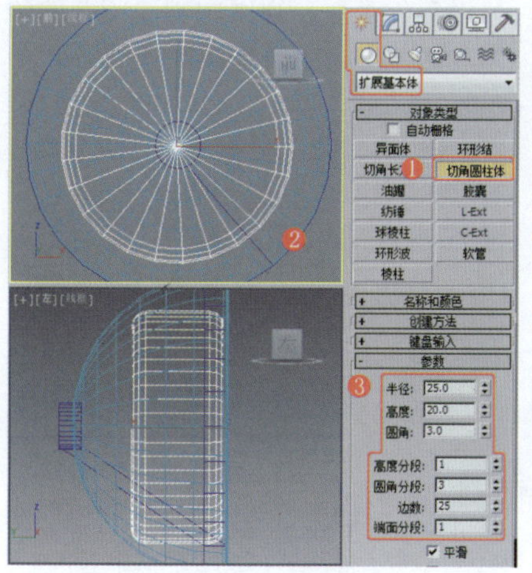

图5-122 创建圆柱体

❽在“左”视图中创建可闭合的样条线“Line001”，效果如图5-123所示。

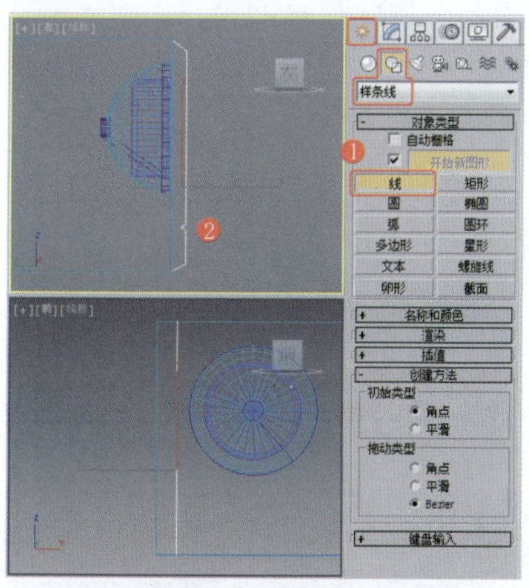

图5-123 创建图形

❾将选择集定义为“顶点”，在场景中调整顶点，效果如图5-124所示。

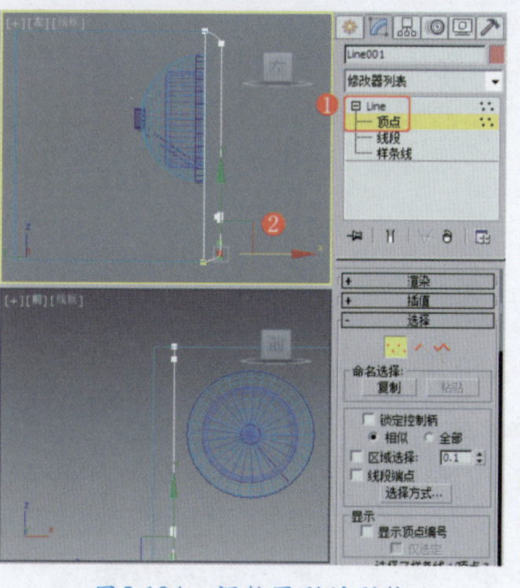

图5-124 调整图形的形状

❿为调整好的图形施加“挤出”修改器，设置合适的参数并调整模型至合适的位置，效果如图5-125所示。

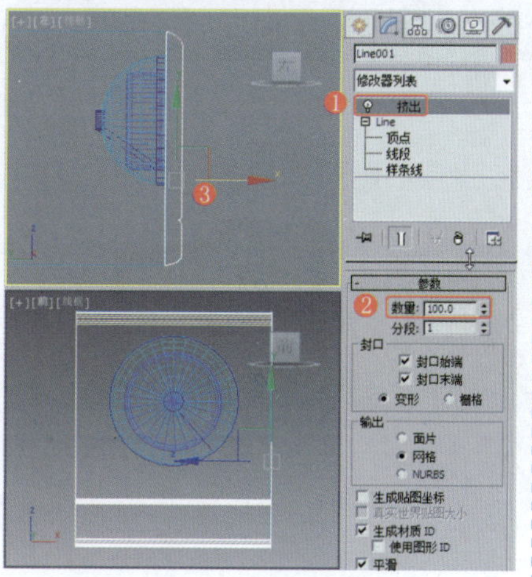

图5-125 施加“挤出”修改器

⓫在“前”视图中创建圆环，将其作为布尔对象，设置合适的参数，效果如图5-126所示。

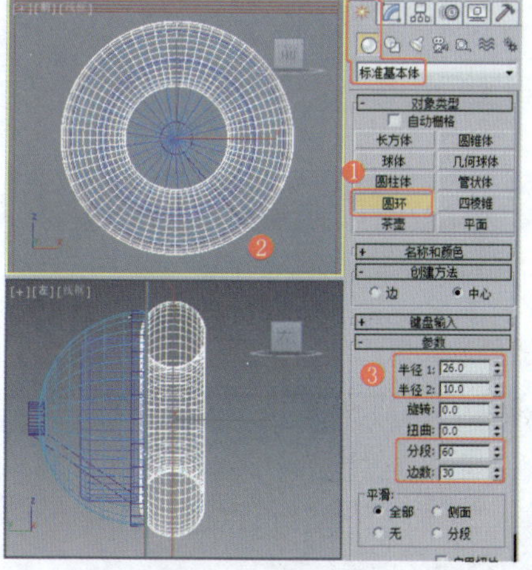

图5-126 创建圆环

⓬在“前”视图中创建圆柱体，将其作为布尔对象，设置合适的参数，效果如图5-127所示。

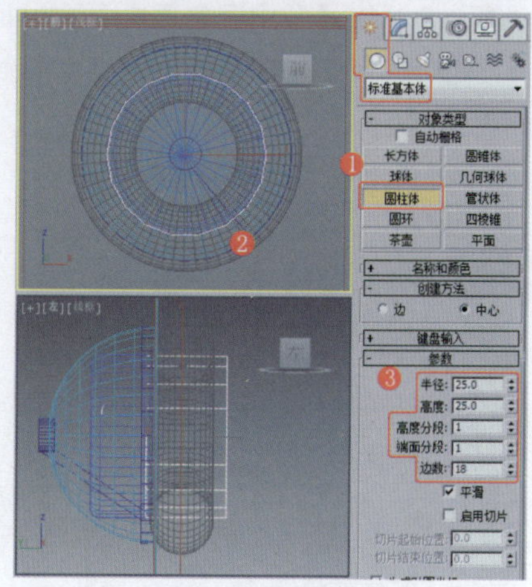

图5-127 创建圆柱体

⓭在场景中选择“Line001”模型，选择“ProBoolean”工具，在“拾取布尔对象”卷展栏中单击“开始拾取”按钮，在场景中分别拾取布尔对象，效果如图5-128所示。

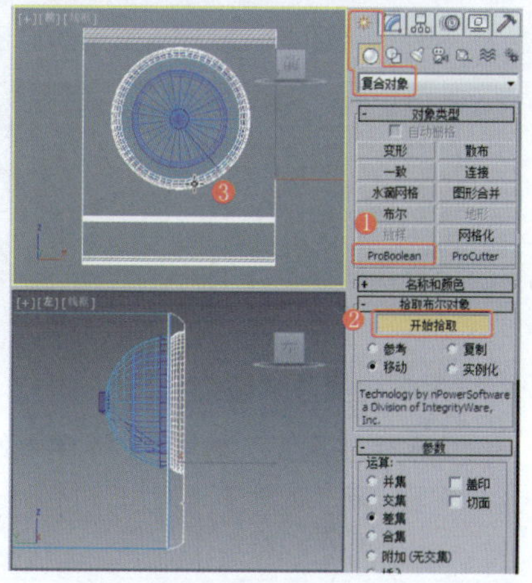

图5-128 布尔模型

⓮在“顶”视图中创建切角圆柱体，将其作为支架，设置合适的参数，效果如图5-129所示。

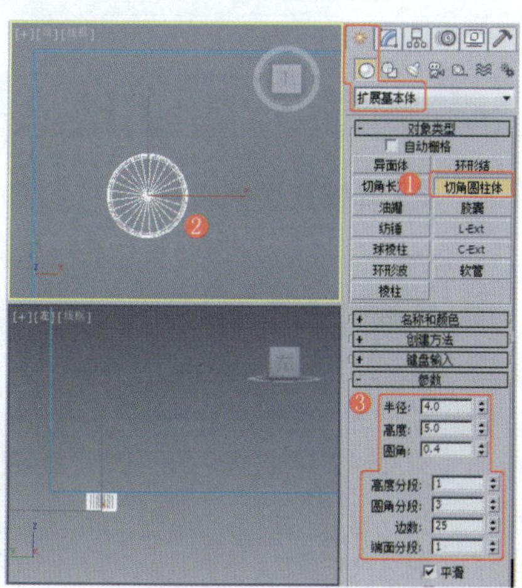

图5-129 创建切角圆柱体

⑮ 为作为支架的切角圆柱体施加“编辑多边形”修改器，将选择集定义为“顶点”，在场景中调整顶点，效果如图5-130所示，关闭选择集。

⑯ 对调整后的支架模型进行复制，并调整其至合适的位置，效果如图5-131所示。

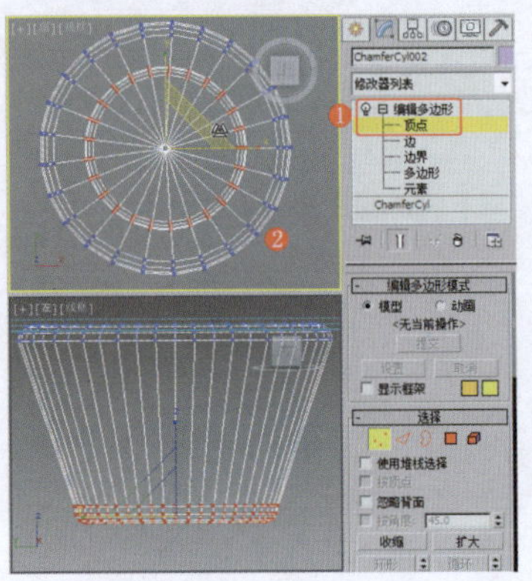

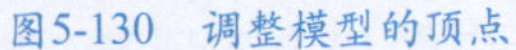

图5-130 调整模型的顶点

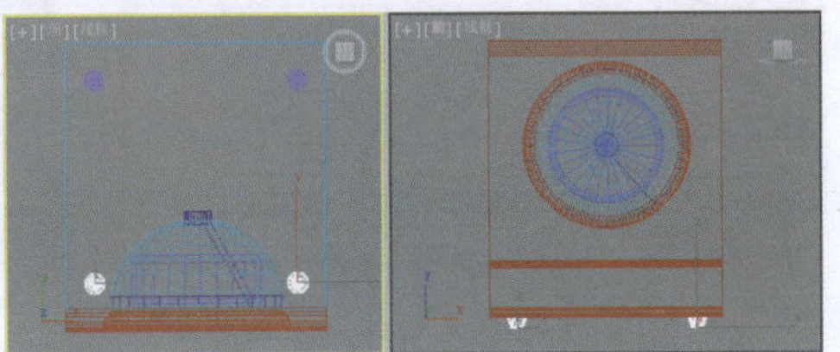

图5-131 复制并调整模型

实例130 电器设备类——显示器

实例效果剖析

本例制作的是一款较为常用的显示器，效果如图5-132所示。

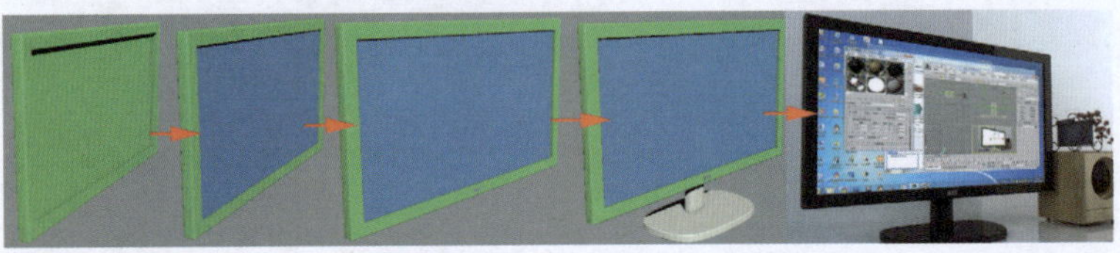

图5-132 效果展示

实例技术要点

本例主要用到的功能及技术要点如下。

- 施加“编辑多边形”修改器：挤出多边形并调整顶点，以完成显示器效果的制作。

场景文件路径	Scene\第5章\实例130 显示器.max		
贴图文件路径	Map\		
视频路径	视频\ cha05\实例130 显示器.mp4		
难易程度	★★	学习时间	12分8秒

实例131 电器设备类——键盘

实例效果剖析

本例制作的是一款较为经典的黑色键盘，效果如图5-133所示。

图5-133 效果展示

实例技术要点

本例主要用到的功能及技术要点如下。

- 施加“挤出”修改器：用于设置键盘的厚度。
- 施加“编辑多边形”修改器：用于制作按键效果。

实例制作步骤

场景文件路径	Scene\第5章\实例131 键盘.max	
贴图文件路径	Map\	
视频路径	视频\ cha05\实例131 键盘.mp4	
难易程度	★★	学习时间
		32分18秒

❶ 在“左”视图中创建闭合的线“Line001”，效果如图5-134所示。

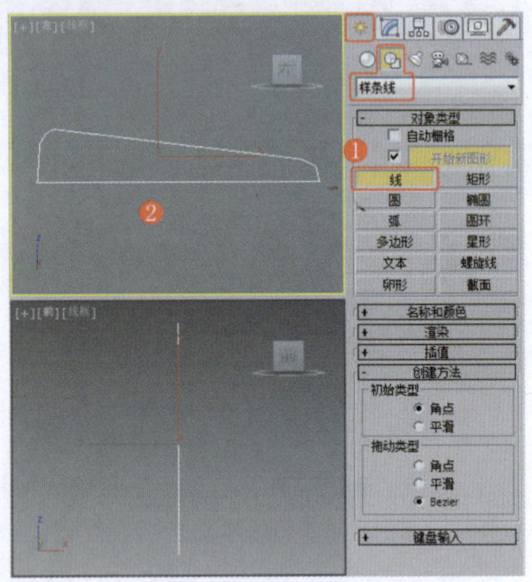

图5-134 创建图形

❷ 将选择集定义为“顶点”，在场景中调整顶点的位置，效果如图5-135所示。

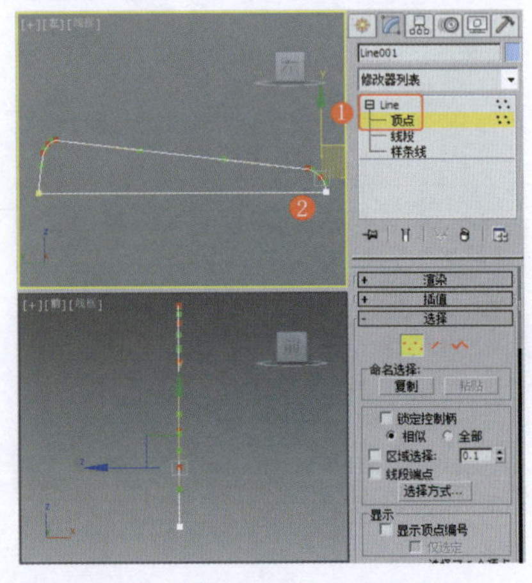

图5-135 调整顶点的位置

❸ 为调整好的图形施加“挤出”

修改器，设置合适的参数，效果如图5-136所示。

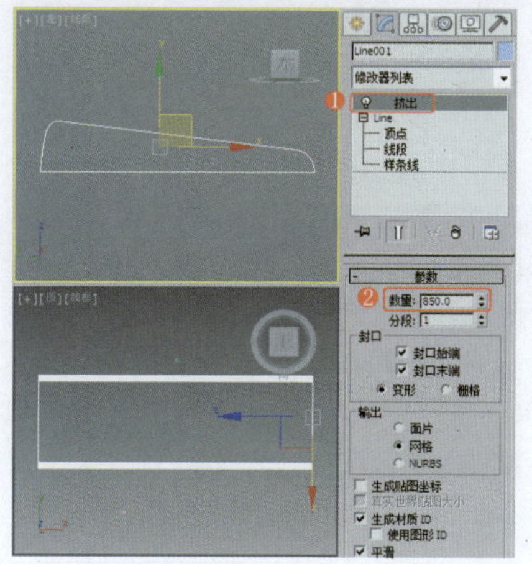

图5-136 施加“挤出”修改器

❹ 在“顶”视图中创建切角长方体，将其作为布尔对象，设置合适的参数，效果如图5-137所示。

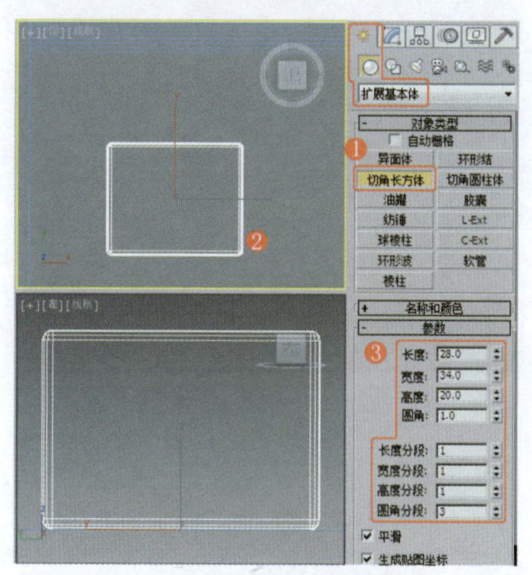

图5-137 创建切角长方体

❺ 对作为布尔对象的切角长方体进行复制，并调整其至合适的角度和位置，效果如图5-138所示。

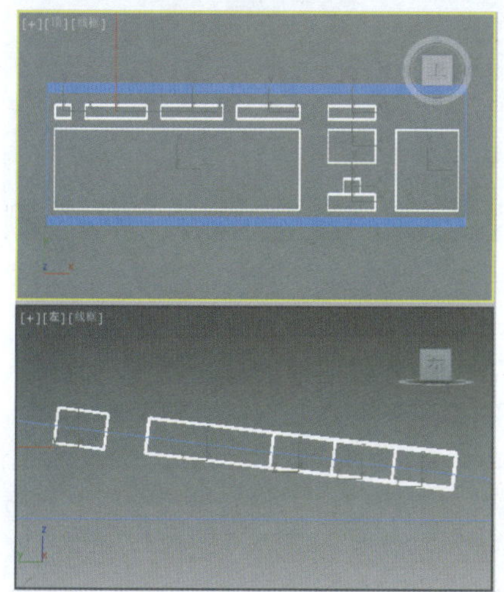

图5-138 复制并调整模型

❻ 在场景中选择“Line001”模型，选择“ProBoolean”工具，在“拾取布尔对象”卷展栏中单击“开始拾取”按钮，在场景中分别拾取布尔对象，效果如图5-139所示。

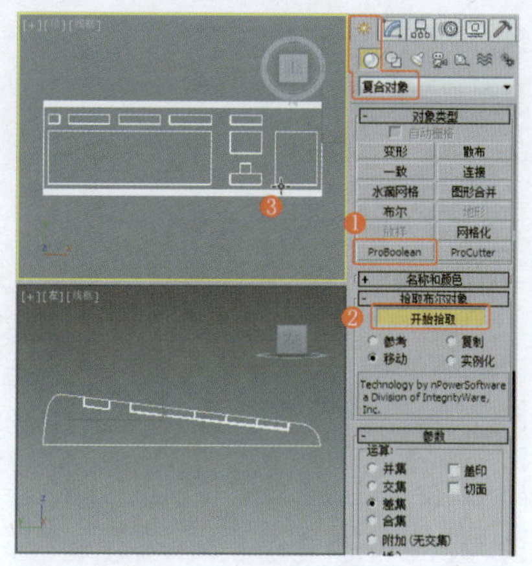

图5-139 布尔模型

❼ 在“顶”视图中创建矩形，将其作为按键，设置合适的参数，效果如图5-140所示。

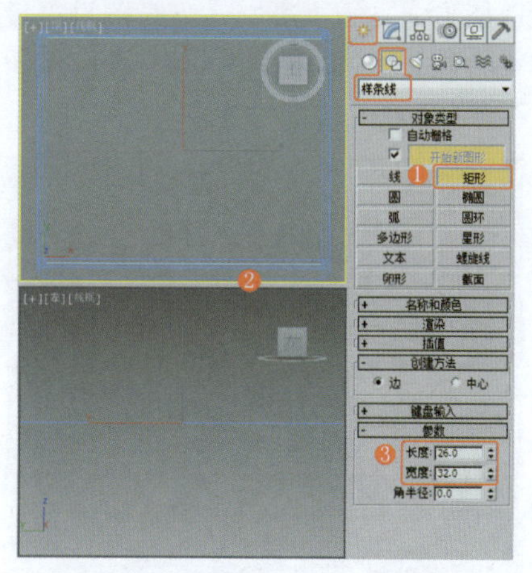

图5-140 创建矩形

❽ 为作为按键的矩形施加“倒角”修改器，设置合适的参数，效果如图5-141所示。

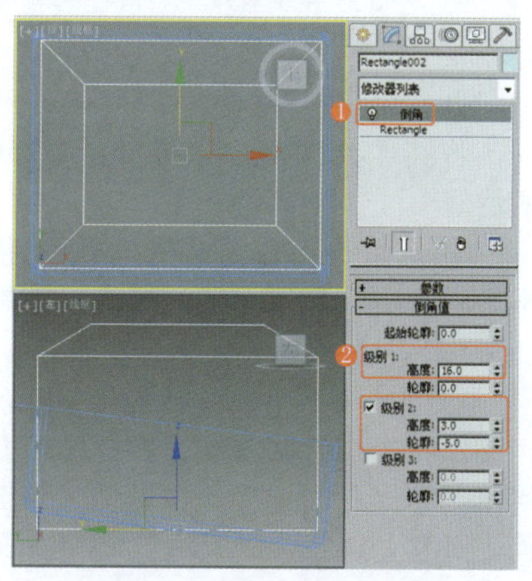

图5-141 施加“倒角”修改器

❾ 继续为倒角后的按键模型施加“编辑多边形”修改器，将选择集定义为“顶点”，在“编辑几何体”卷展栏中选择“快速切片”工具，对模型进行快速切片，效果如图5-142所示。

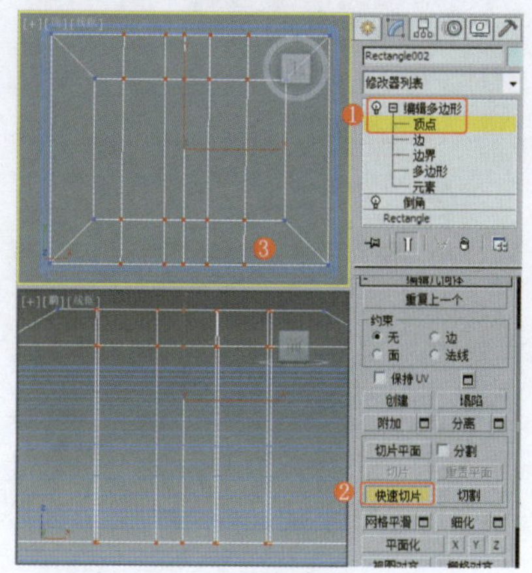

图5-142 对模型进行快速切片

❿ 调整快速切片后模型顶点的位置，效果如图5-143所示。

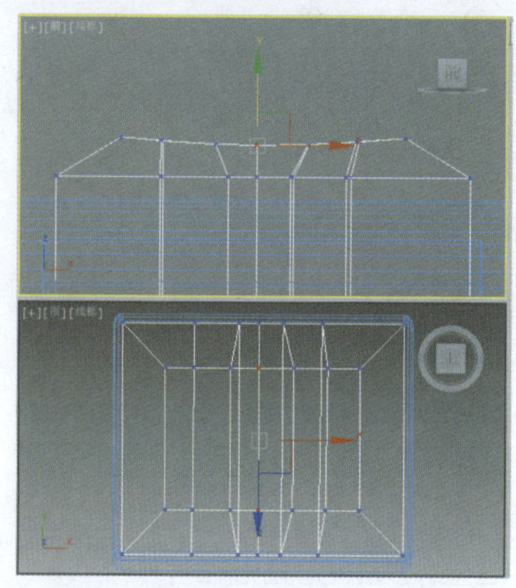

图5-143 调整模型顶点的位置

⓫ 将选择集定义为“边”，为选择的边设置合适的“切角”参数，效果如图5-144所示。

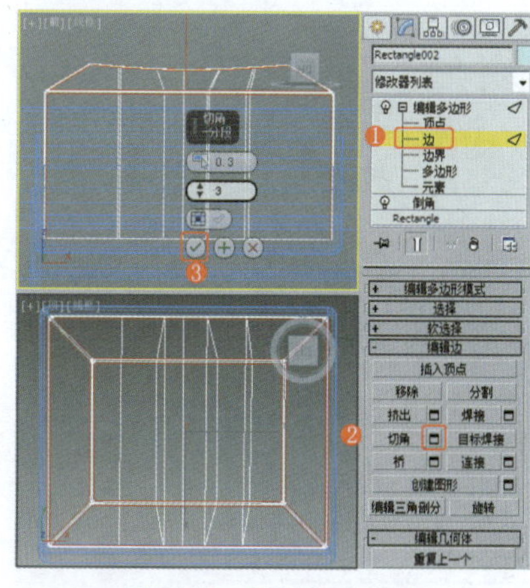

图5-144 设置边的切角

⑫ 对调整后的按键模型进行复制，并调整其至合适的大小、角度和位置，效果如图5-145所示。

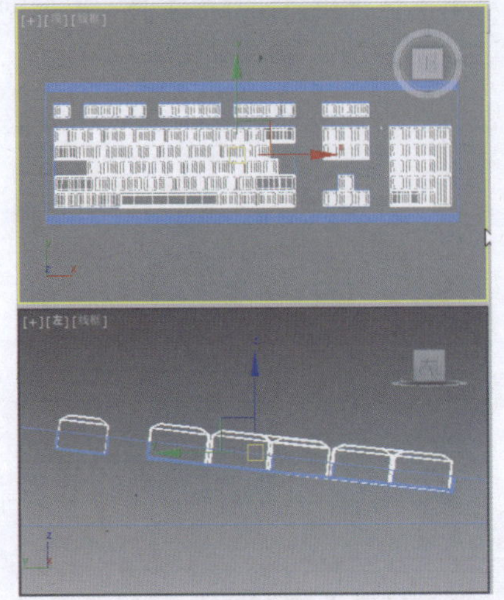

图5-145　复制并调整模型

⑬ 在“顶”视图中创建闭合的线，将其作为按键，效果如图5-146所示。

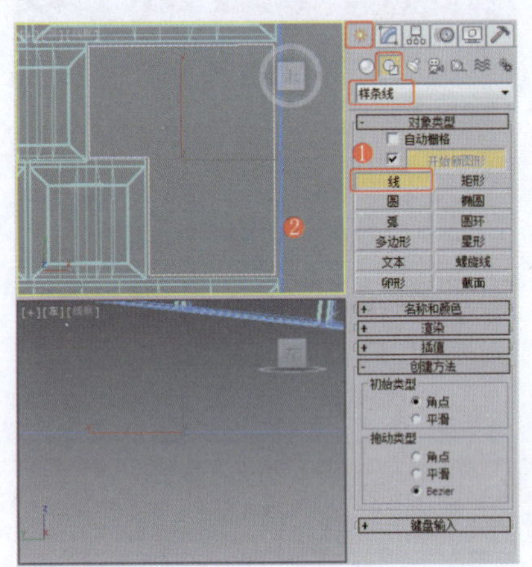

图5-146　创建图形

⑭ 为作为按键的图形施加“倒角”修改器，设置合适的参数，效果如图5-147所示。

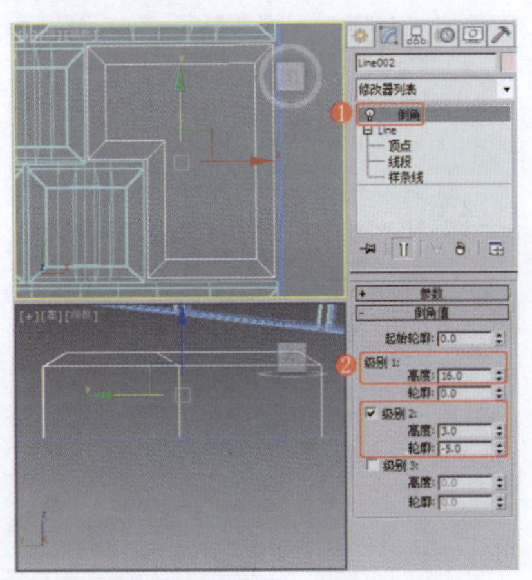

图5-147　施加“倒角”修改器

⑮ 继续为倒角后的按键模型施加“编辑多边形”修改器，将选择集定义为“边”，为选择的边设置合适的“切角”参数，效果如图5-148所示。

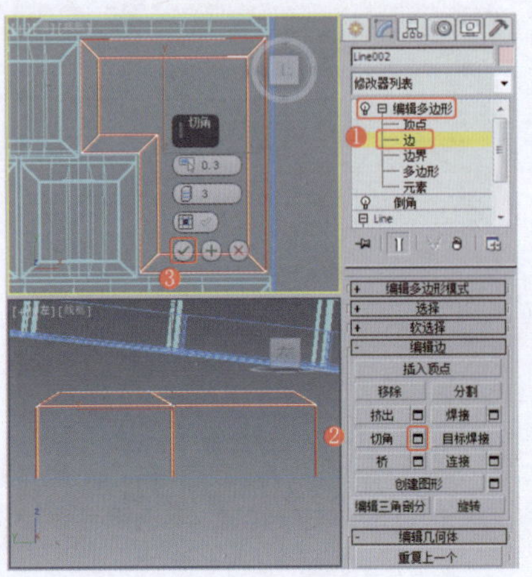

图5-148　设置边的“切角”参数

⑯ 对切角后的按键模型进行调整，将其调整至合适的角度和位置，将选择集定义为“边”，为选择的边设置合适的“切角”参数，效果如图5-149所示。

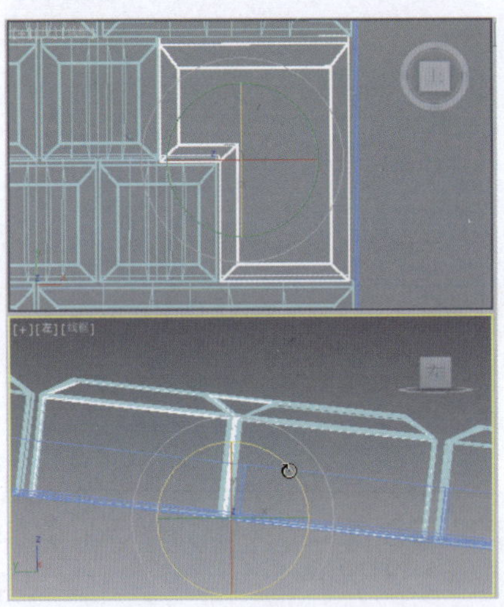

图5-149　设置边的切角

⑰ 在“顶”视图中创建闭合的线，将其作为按键，效果如图5-150所示。

⑱ 为作为按键的图形施加“挤出”修改器，设置合适的参数，效果如图5-151所示。

⑲ 继续为挤出后的按键模型施加“编辑多边形”修改器，在“编辑几何体”卷展栏中选择“快速切片”工具，对模型进行快速切片，效果如图5-152所示。

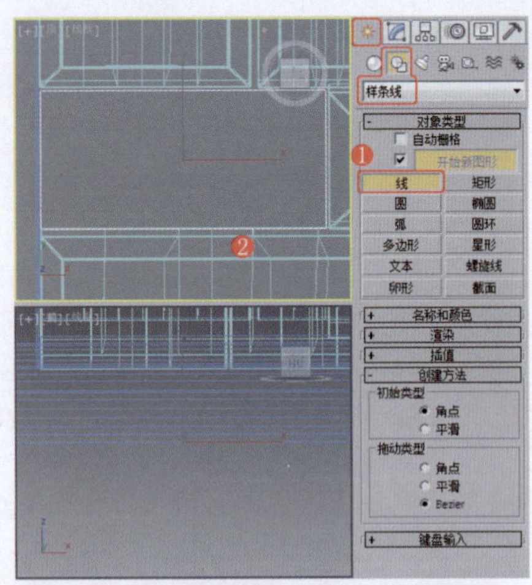

图5-150　创建图形

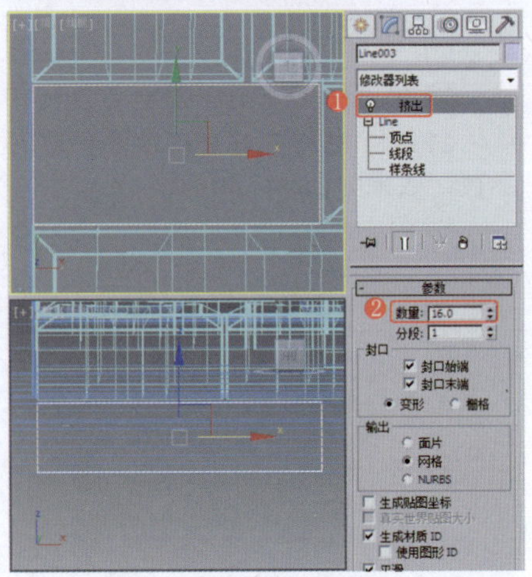

图5-151　施加“挤出”修改器

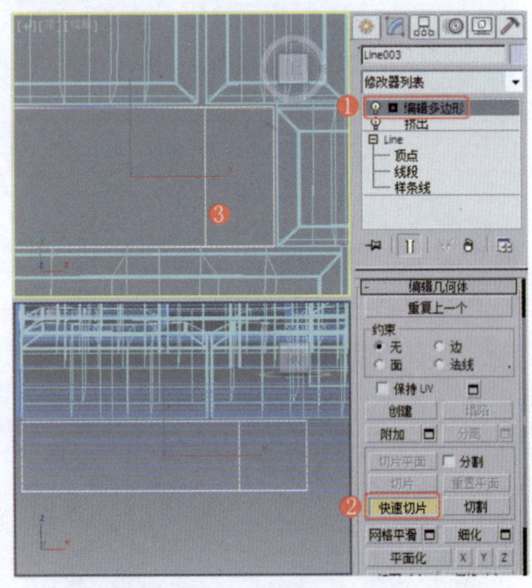

图5-152　为模型快速切片

⑳ 将选择集定义为“多边形”，在“顶”视图中选择多边形，为选择的多边形设置合适的“倒角”参数，效果如图5-153所示。

㉑ 将选择集定义为“边”，为选择的边设置合适的“切角”参数，效果如图5-154所示。

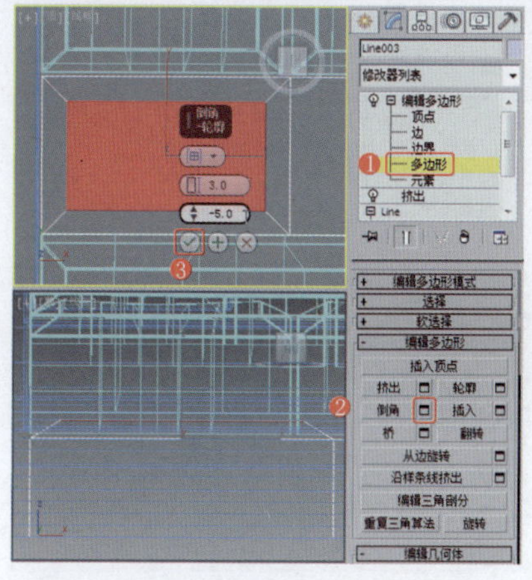

图5-153　设置多边形的“倒角”参数

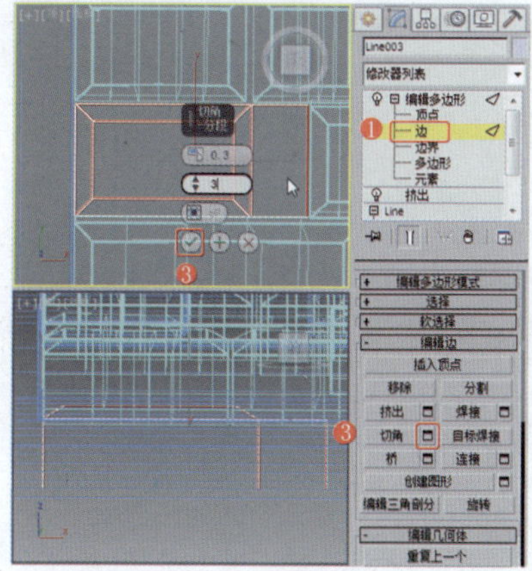

图5-154　设置边的“切角”参数

㉒对按键模型继续进行调整，调整其至合适的角度和位置，效果如图5-155所示。

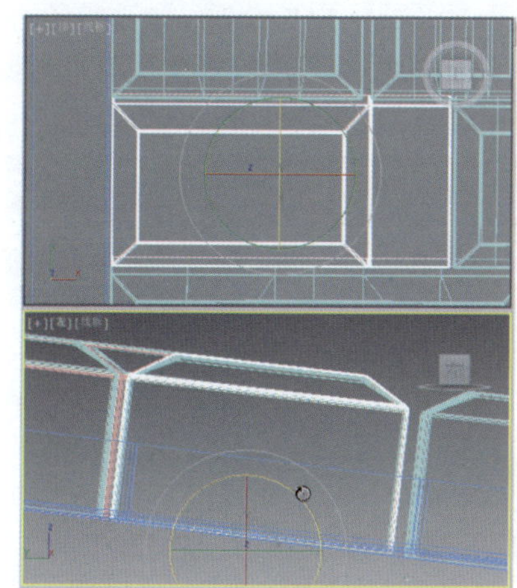

图5-155　调整模型的角度和位置

㉓在“顶”视图中创建闭合的线，效果如图5-156所示。

㉔将选择集定义为“顶点”，对顶点进行调整，效果如图5-157所示。

㉕为调整后的图形施加“倒角”修改器，设置合适的参数，效果如图5-158所示。

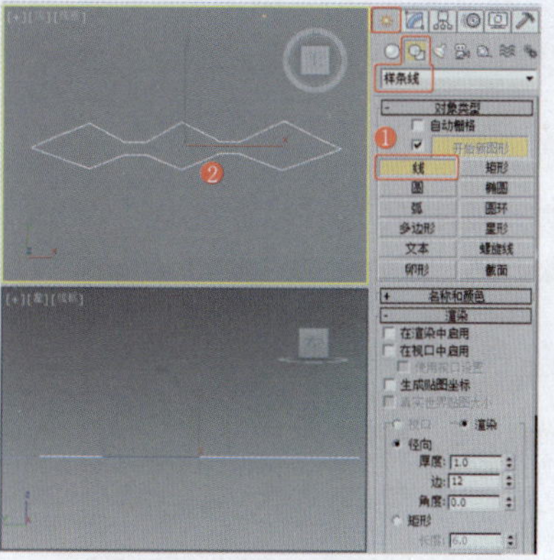

图5-156　创建图形

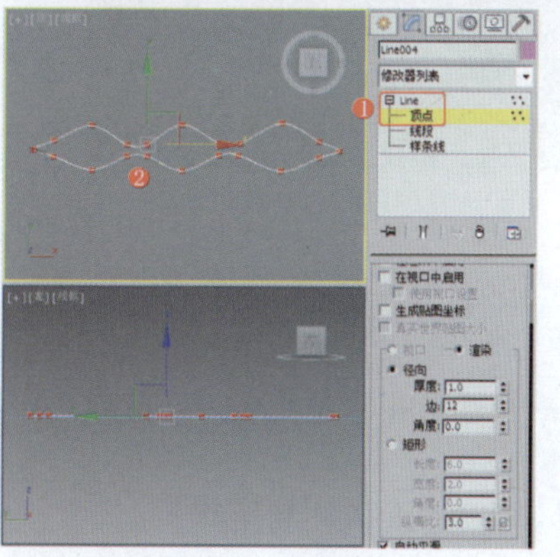

图5-157　调整图形

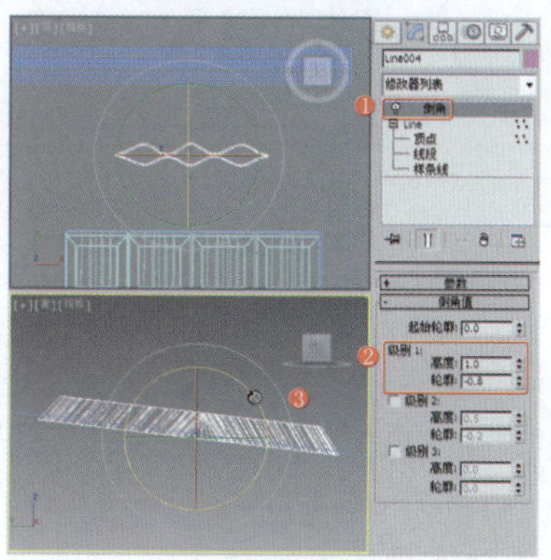

图5-158　施加“倒角”修改器

㉖在“顶”视图中创建球体，将其作为指示灯，设置合适的参数，效果如图5-159所示。

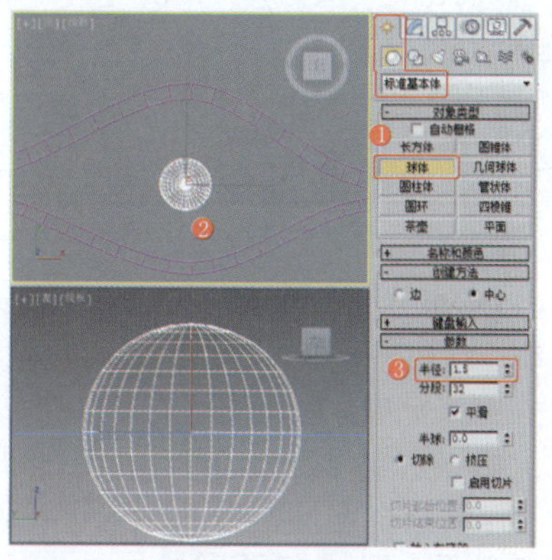

图5-159　创建球体

㉗对作为指示灯的球体进行复制，并调整其至合适的位置，效果如图5-160所示。

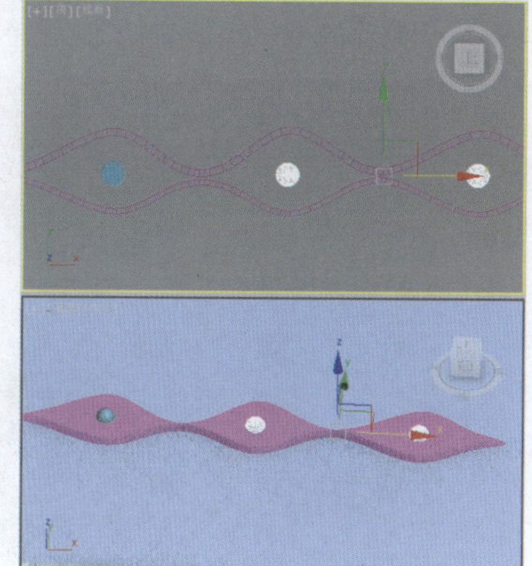

图5-160　复制并调整模型

㉘在“顶”视图中创建圆柱体，将其作为底部防滑垫，设置合适的参数，效果如图5-161所示。

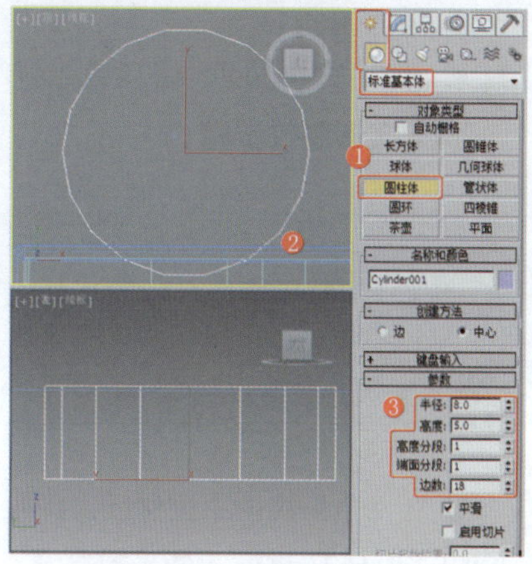

图5-161　创建圆柱体

㉙对作为底部防滑垫的模型进行复制，并调整其至合适的位置，效果如图5-162所示。

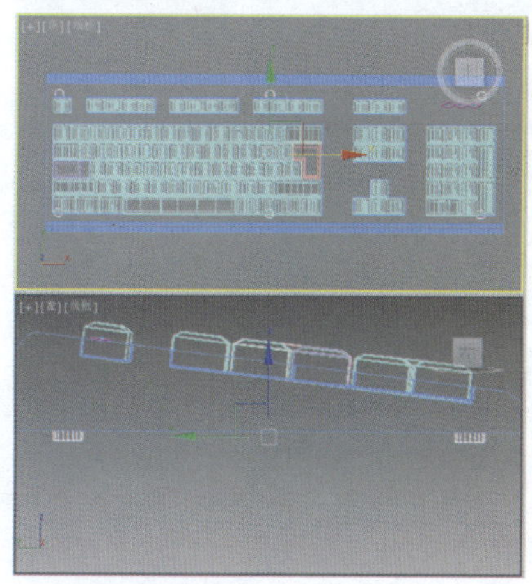

图5-162　复制并调整模型

实例132 电器设备类——鼠标

实例效果剖析

本例制作的是一款非常大众的黑色鼠标，效果如图5-163所示。

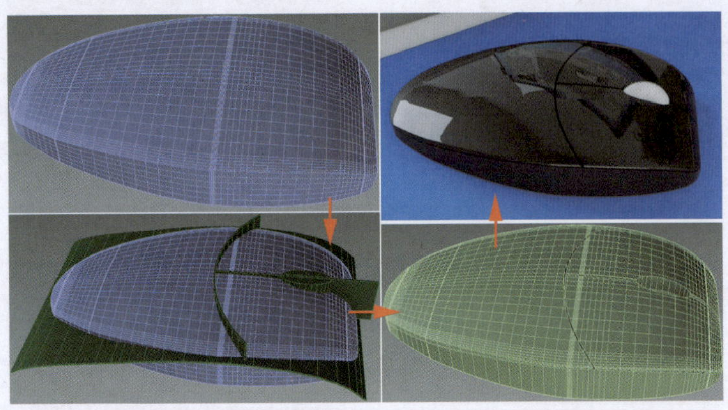

图5-163 效果展示

实例技术要点

本例主要用到的功能及技术要点如下。

- 使用“放样”工具：创建截面图形和路径并拟合变形，以制作鼠标的大致形状。
- 使用“ProBoolean”工具：制作鼠标的滚轴位置和纹理效果。

实例制作步骤

场景文件路径	Scene\第5章\实例132 鼠标.max		
贴图文件路径	Map\		
视频路径	视频\ cha05\实例132 鼠标.mp4		
难易程度	★★	学习时间	17分13秒

❶ 在“顶”视图中创建线，将其作为路径，效果如图5-164所示。

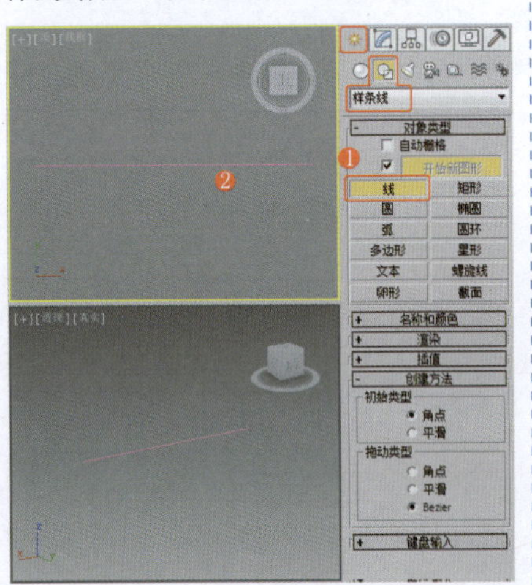

图5-164 创建图形

❷ 在“前”视图中创建闭合的线，将其作为截面图形，对顶点进行调整，效果如图5-165所示。

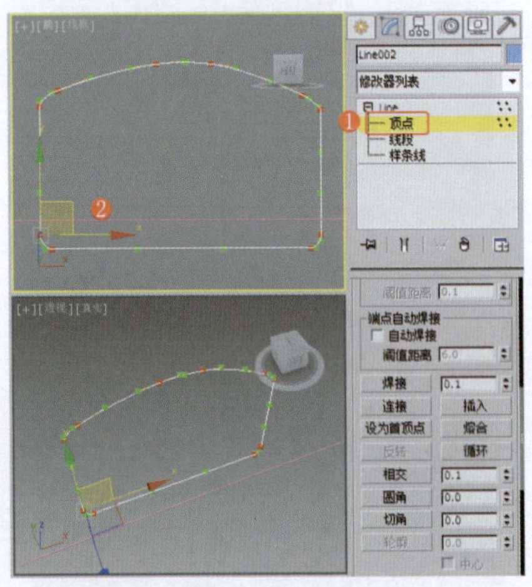

图5-165 创建并调整图形

❸ 在“顶”视图中创建线，将其作为x轴拟合图形，对其顶点进行调整，效果如图5-166所示。

❹ 在“左”视图中创建线，将其作为y轴拟合图形，对其顶点进行调整，效果如图5-167所示。

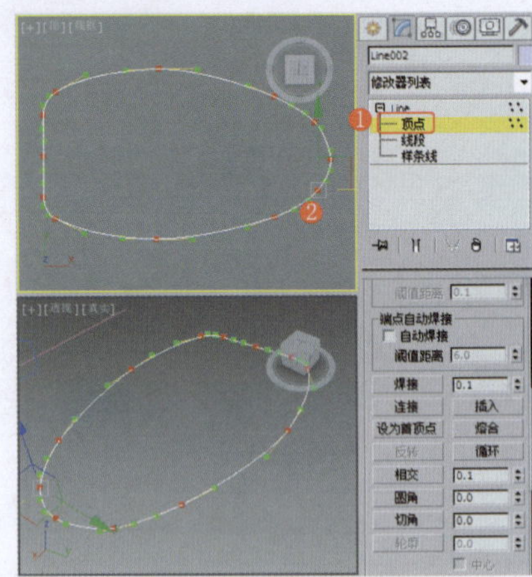

图5-166 创建并调整图形

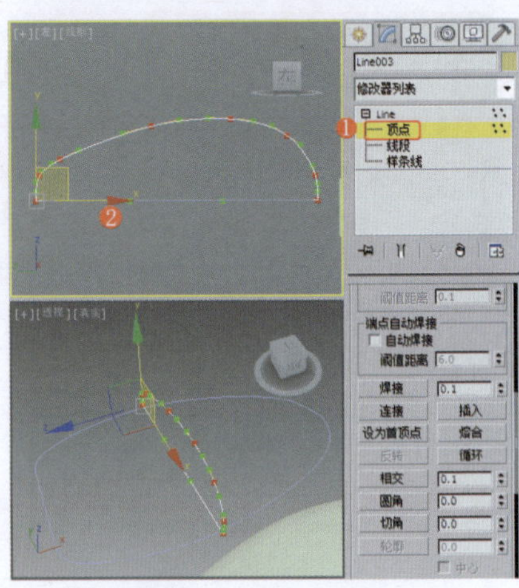

图5-167 创建并调整图形

❺ 在场景中选择路径，选择“放样”工具，在“创建方法”卷展栏中单击“获取图形”按钮，在场景中分别获取截面图形，效果如图5-168所示，得到“Loft001”模型。

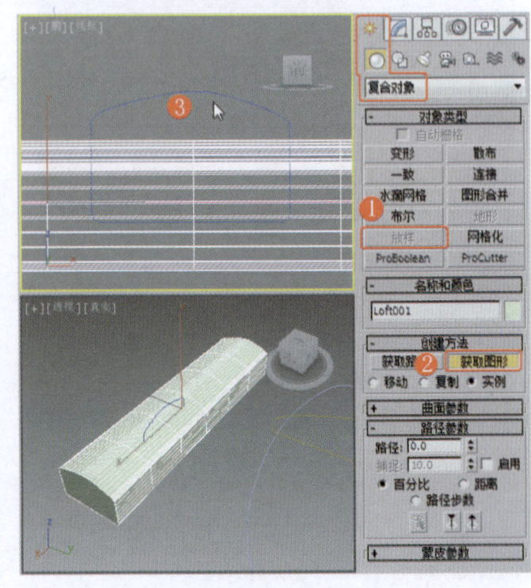

图5-168 放样模型

❻ 切换到“修改”命令面板，在“变形”卷展栏中单击“拟合”按钮，在打开的面板中依次单击“均衡”按钮、“显示X轴”按钮和

"获取图形"按钮，在场景中选择x轴拟合图形，效果如图5-169所示。

提 示

使用拟合变形，可以通过两条拟合曲线来定义对象的顶部和侧剖面。如果希望通过绘制放样对象的剖面来生成放样对象，可以使用拟合变形。

注意：拟合变形的实质是缩放图形的边界。当横截面图形沿路径移动时，缩放x轴可以拟合x轴拟合图形的边界，缩放y轴可以拟合y轴拟合图形的边界。

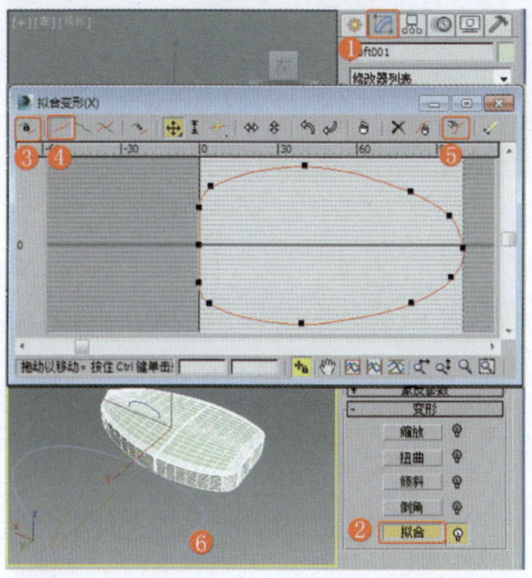

图5-169 拟合变形

❼ 在"拟合变形"面板中单击"显示Y轴"按钮和"获取图形"按钮，在场景中选择y轴拟合图形，然后单击"水平镜像"按钮，效果如图5-170所示。

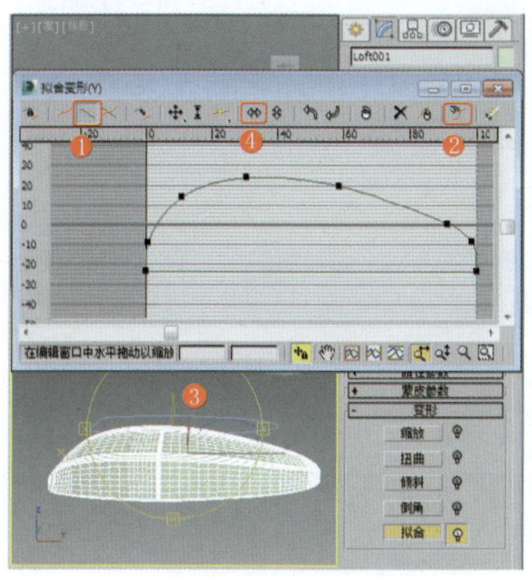

图5-170 拟合变形

❽ 在"顶"视图中创建弧，将其作为布尔对象，设置合适的参数，效果如图5-171所示。

❾ 为作为布尔对象的弧施加"编辑样条线"修改器，将选择集定义为"样条线"，在"几何体"卷展栏中选择"轮廓"工具，为弧设置合适的轮廓，效果如图5-172所示。

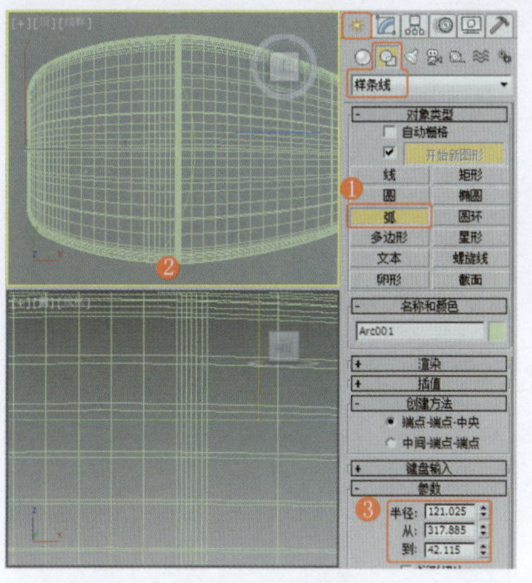

图5-171 创建弧

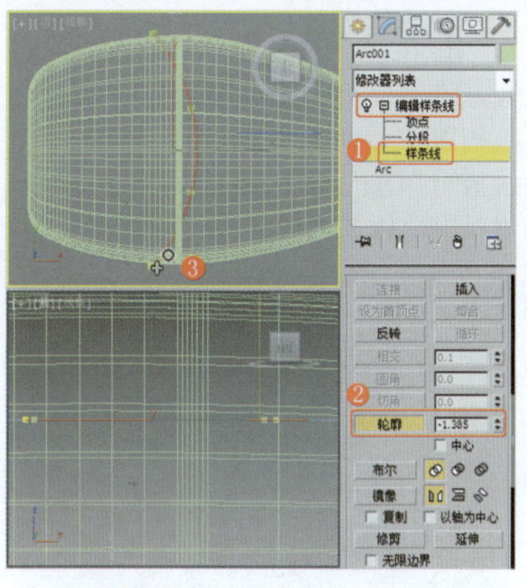

图5-172 设置样条线的轮廓

❿ 继续为弧施加"挤出"修改器，设置合适的参数，效果如图5-173所示。

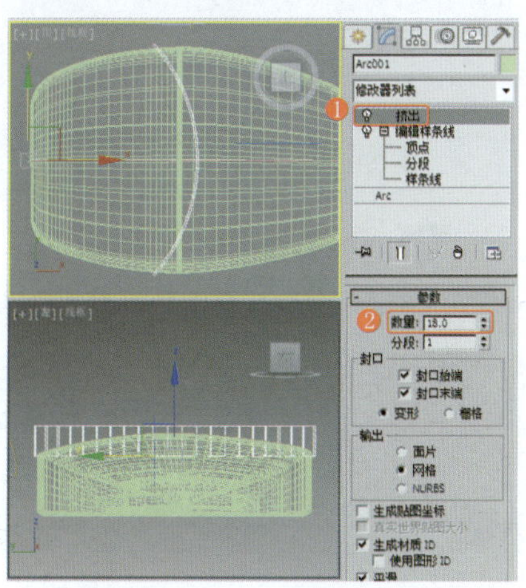

图5-173 施加"挤出"修改器

⓫ 在"前"视图中创建线，将其作为布尔对象，将选择集定义为"顶点"，调整图形的形状，效果如图5-174所示。

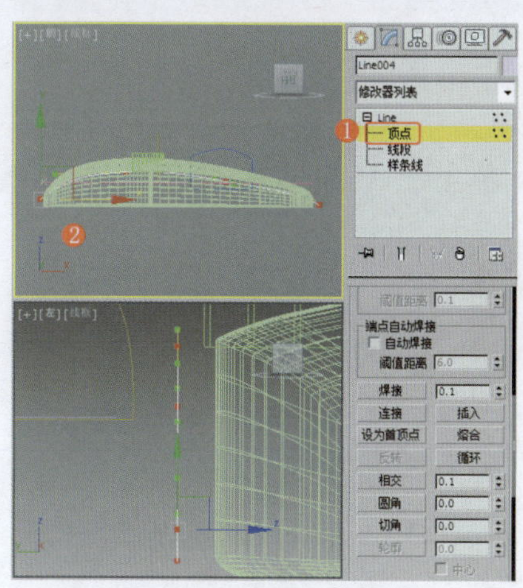

图5-174 创建并调整线

⓬ 将选择集定义为"样条线"，在"几何体"卷展栏中选择"轮廓"工具，为图形设置合适的轮廓，效果如图5-175所示。

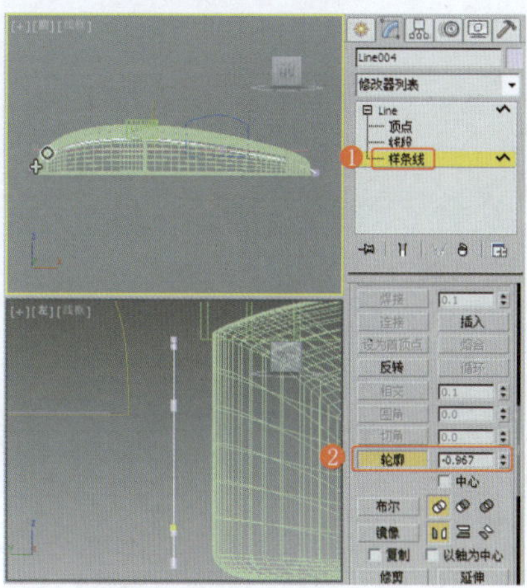

图5-175 设置样条线的轮廓

⓭ 为图形施加"挤出"修改器，设置合适的参数，效果如图5-176所示。

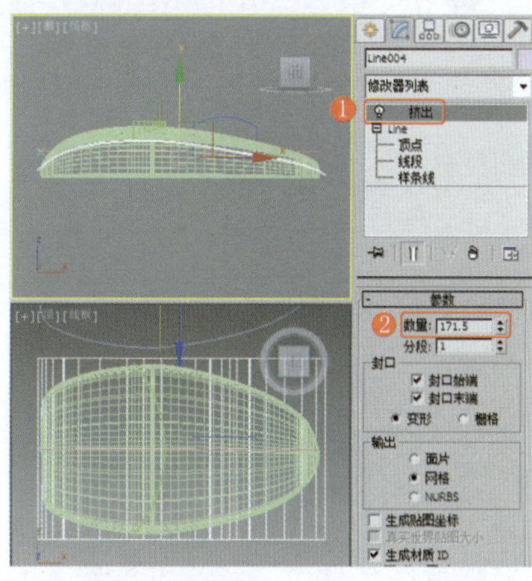

图5-176 施加"挤出"修改器

⓮ 在"顶"视图中创建线，将其作为布尔对象，将选择集定义为"样条线"，在"几何体"卷展栏中选择

“轮廓”工具，为图形设置合适的轮廓，效果如图5-177所示。

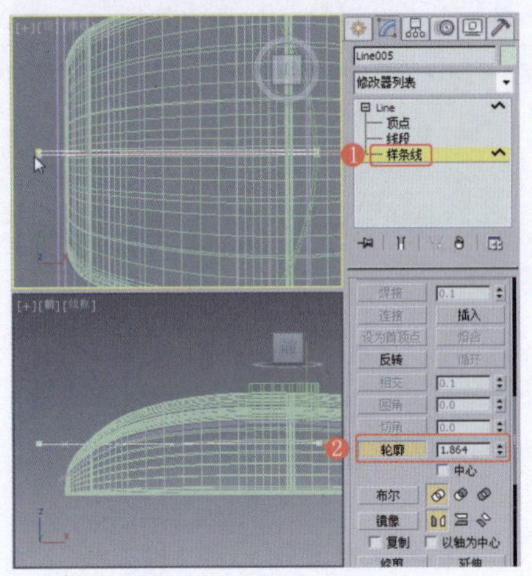

图5-177 设置样条线的轮廓

⑮ 为图形施加“挤出”修改器，设置合适的参数，并调整图形至合适的位置，效果如图5-178所示。

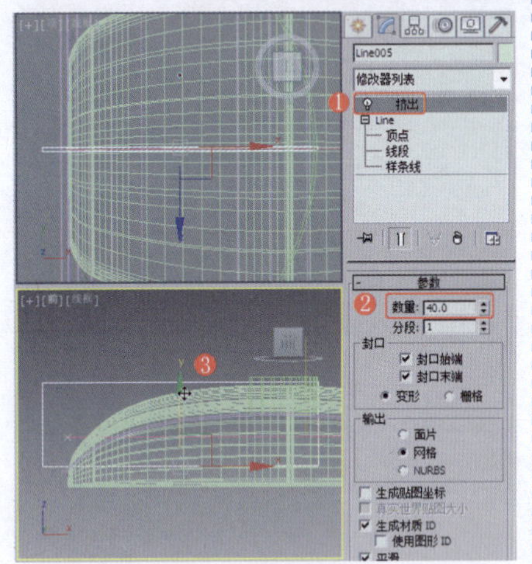

图5-178 施加“挤出”修改器

⑯ 在“顶”视图中创建椭圆，将其作为布尔对象，设置合适的参数，效果如图5-179所示。

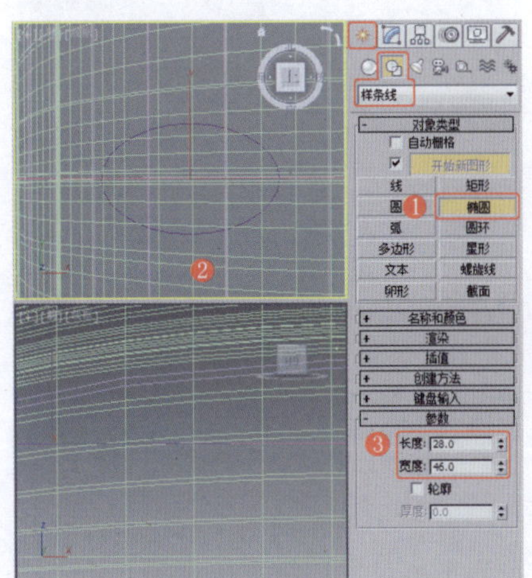

图5-179 创建椭圆

⑰ 为椭圆施加“挤出”修改器，设置合适的参数，并调整椭圆至合适的位置，效果如图5-180所示。

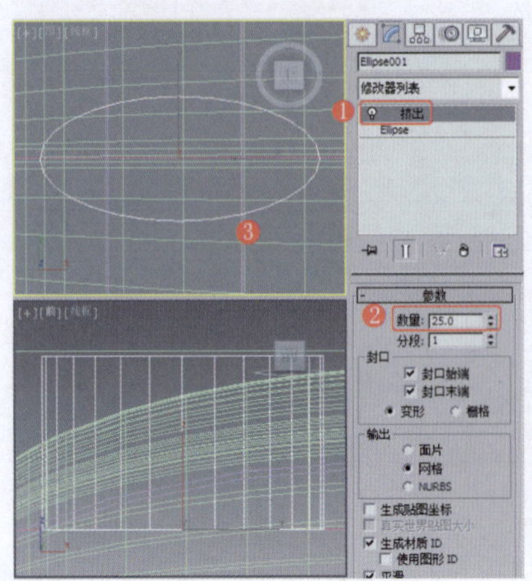

图5-180 施加“挤出”修改器

⑱ 在场景中选择“Loft001”模型，选择“ProBoolean”工具，在“拾取布尔对象”卷展栏中单击“开始拾取”按钮，在场景中分别拾取布尔对象，效果如图5-181所示。

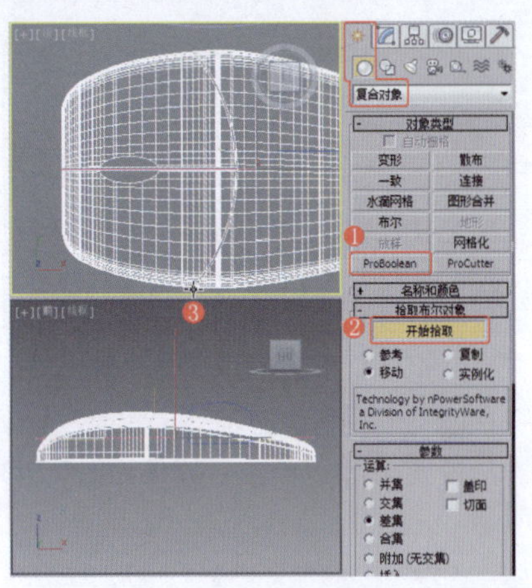

图5-181 布尔模型

⑲ 在“前”视图中创建圆环，设置合适的参数，效果如图5-182所示。

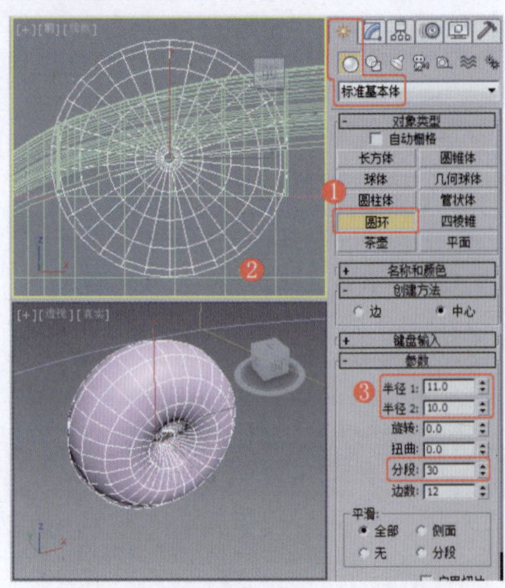

图5-182 创建圆环

⑳ 在“顶”视图中对模型进行缩放，并调整其至合适的位置，效果如图5-183所示。

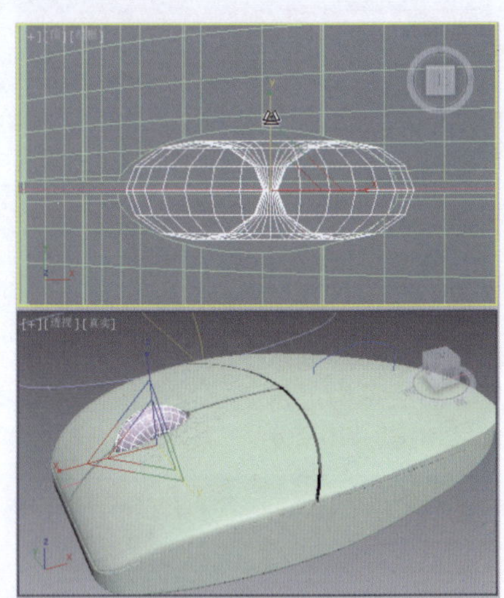

图5-183 缩放模型

实例133 电器设备类——耳麦

实例效果剖析

本例制作的是一款无线的蓝牙耳麦，效果如图5-184所示。

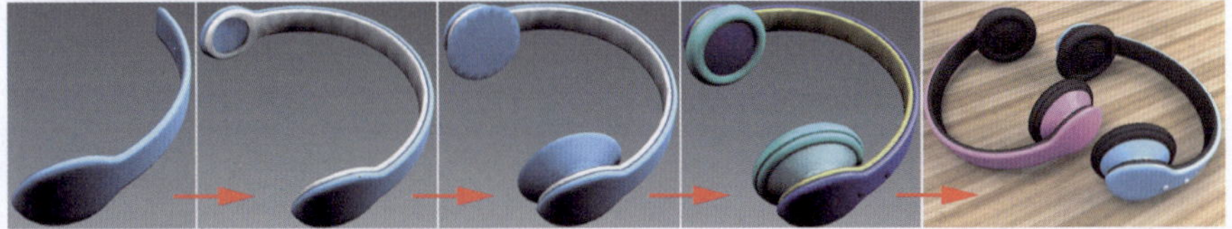

图5-184 效果展示

实例技术要点

本例主要用到的功能及技术要点如下。

- 施加“编辑多边形”修改器：用于调整模型的形状。

● 施加“涡轮平滑”修改器：用于设置模型的平滑效果。
● 施加“弯曲”修改器：用于设置模型的弯曲效果。
● 施加“FFD”修改器：用于设置模型的变形效果。

场景文件路径	Scene\第5章\实例133 耳麦.max		
贴图文件路径	Map\		
视频路径	视频\ cha05\实例133 耳麦.mp4		
难易程度	★★★	学习时间	18分1秒

实例134 电器设备类——电脑主机

实例效果剖析

本例制作的是一款较为简洁、大方的电脑主机，效果如图5-185所示。

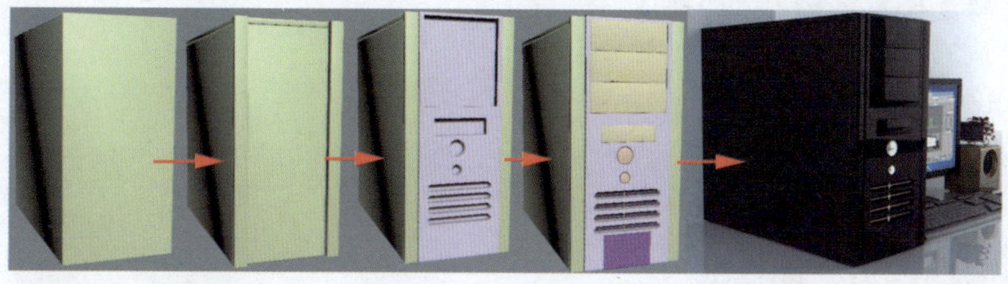

图5-185 效果展示

实例技术要点

本例主要用到的功能及技术要点如下。

● 使用“ProBoolean”工具：制作模型的按钮槽。
● 施加“挤出”修改器：用于制作辅助零件。

实例制作步骤

场景文件路径	Scene\第5章\实例134 电脑主机.max		
贴图文件路径	Map\		
视频路径	视频\ cha05\实例134 电脑主机.mp4		
难易程度	★★★	学习时间	17分53秒

❶ 在“顶”视图中创建切角长方体，设置合适的参数，效果如图5-186所示。

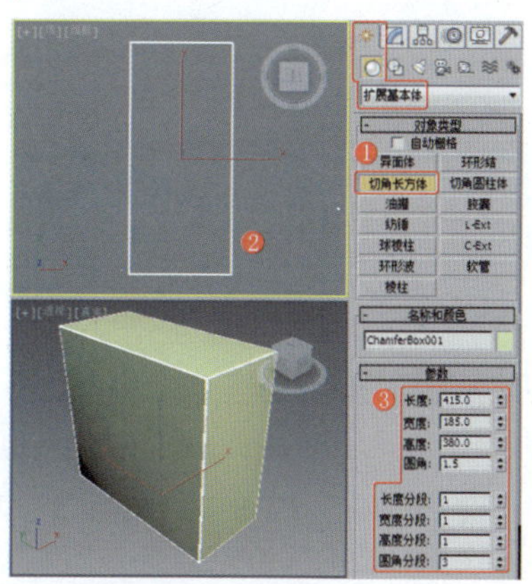

图5-186 创建切角长方体

❷ 在“前”视图中对切角长方体进行复制，并调整其至合适的位置，效果如图5-187所示。

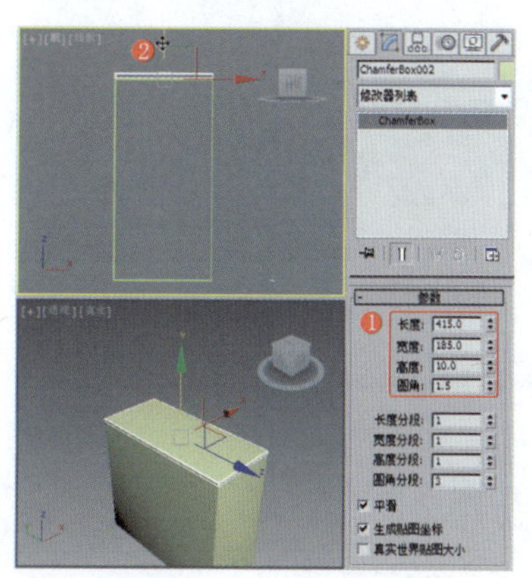

图5-187 复制并调整模型

❸ 继续在“前”视图中对切角长方体进行复制，并调整其至合适的位置，效果如图5-188所示。

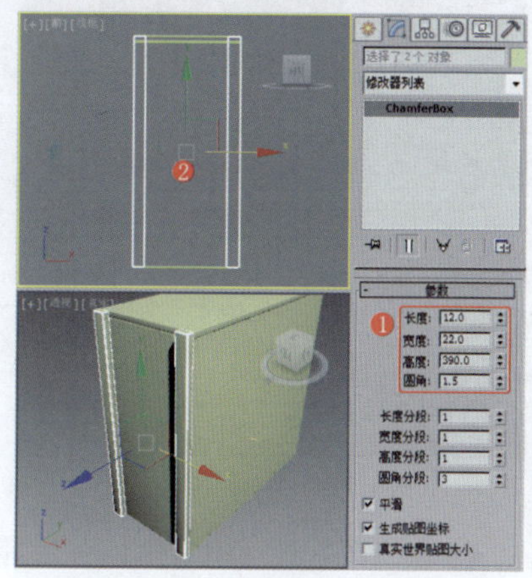

图5-188 复制并调整模型

❹ 在“左”视图中创建可闭合的线，并对其顶点进行调整，效果如图5-189所示。

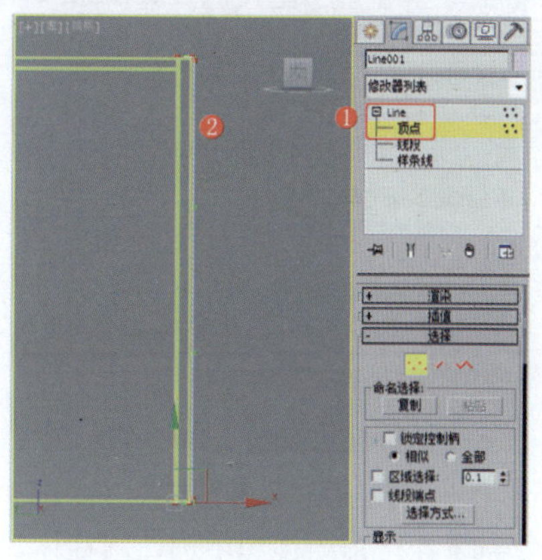

图5-189 创建并调整线

❺ 为调整后的图形施加“挤出”修改器，设置合适的参数，效果如图5-190所示。

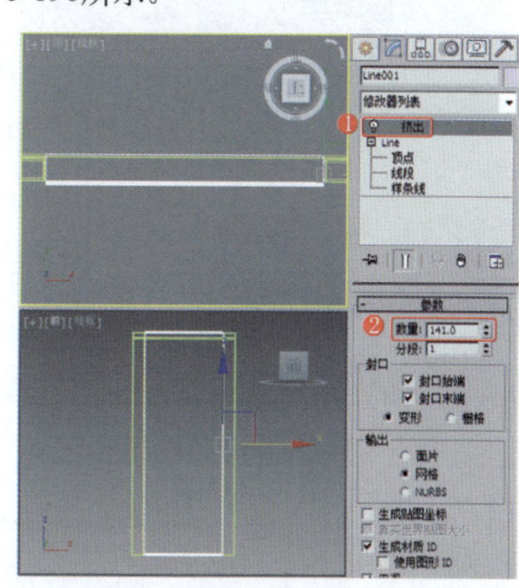

图5-190 施加“挤出”修改器

❻ 在“前”视图中创建长方体，将其作为布尔对象，设置合适的参

数，效果如图5-191所示。

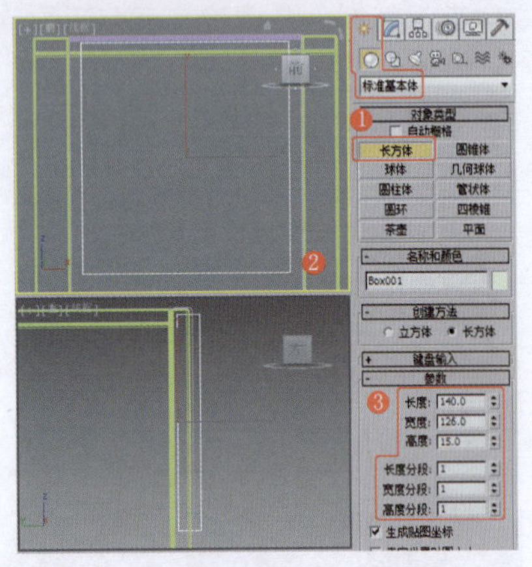

图5-191 创建长方体

⑦ 在“前”视图中对作为布尔对象的长方体进行复制，并调整其至合适的位置，效果如图5-192所示。

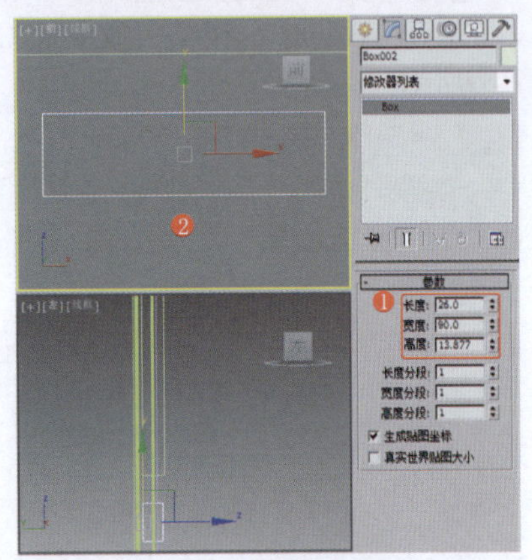

图5-192 复制并调整

⑧ 在“前”视图中创建圆柱体，将其作为布尔对象，设置合适的参数，效果如图5-193所示。

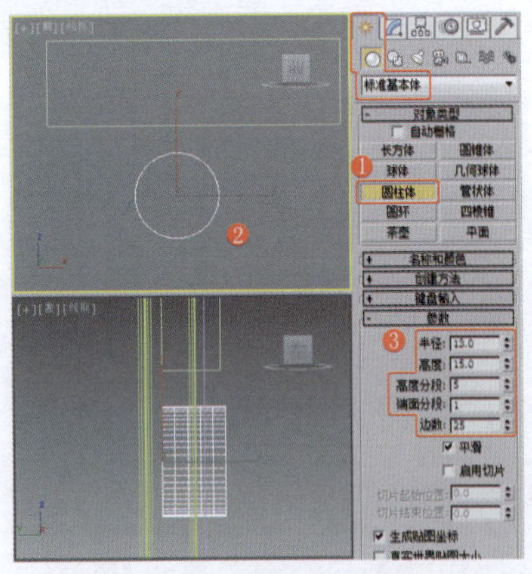

图5-193 创建圆柱体

⑨ 对作为布尔对象的圆柱体施加“编辑多边形”修改器，将选择集定义为“顶点”，在场景中对圆柱体的顶点进行缩放并调整，效果如图5-194所示。

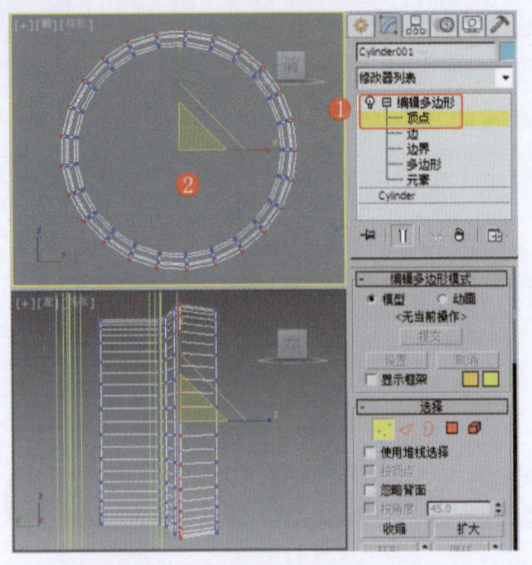

图5-194 调整模型的顶点

⑩ 对调整后的布尔对象进行复制，将选择集定义为“圆柱体”，设置合适的参数，并调整布尔对象至合适的位置，效果如图5-195所示。

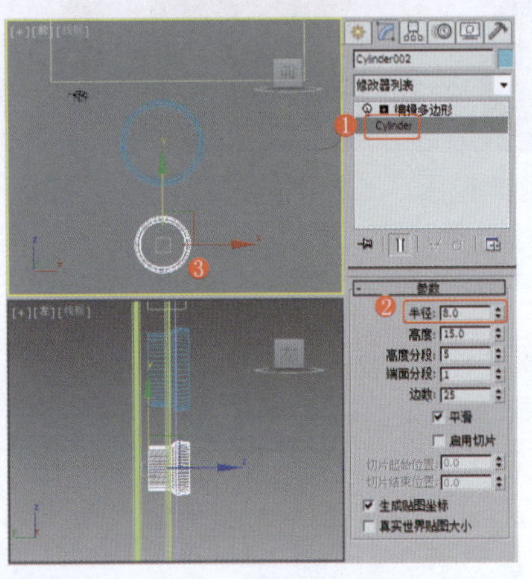

图5-195 复制并调整

⑪ 在“前”视图中创建可闭合的线，将其作为布尔对象，并对线的顶点进行调整，效果如图5-196所示。

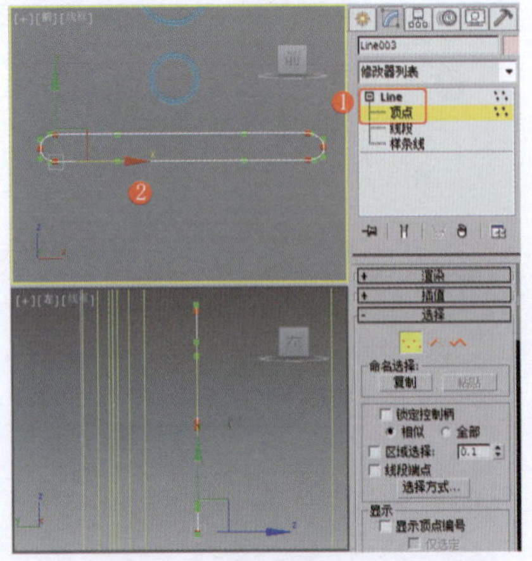

图5-196 创建并调整图形

⑫ 为调整后的布尔对象施加“挤出”修改器，设置合适的参数，效果如图5-197所示。

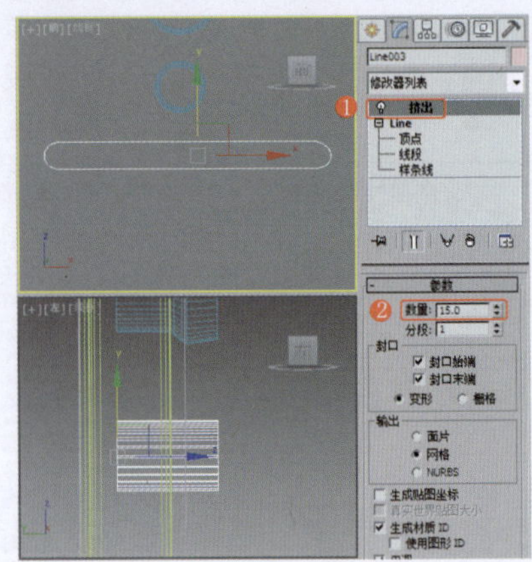

图5-197 施加“挤出”修改器

⑬ 对挤出后的布尔对象进行复制，并调整其至合适的位置，效果如图5-198所示。

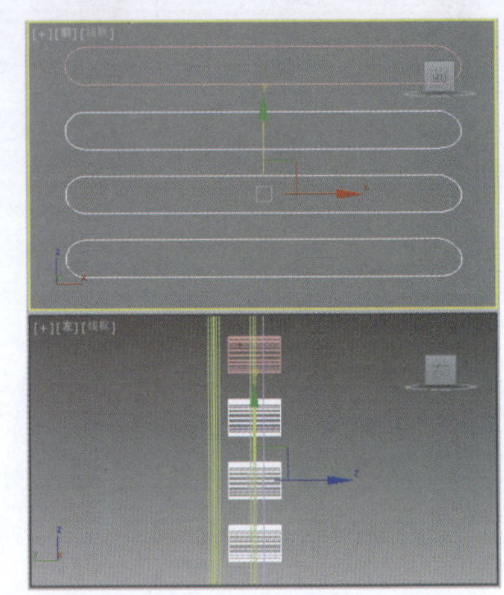

图5-198 复制并调整

⑭ 在场景中选择作为机箱正面挤出的模型，使用“ProBoolean”工具，在“拾取布尔对象”卷展栏中单击“开始拾取”按钮，在场景中分别拾取布尔对象，效果如图5-199所示。

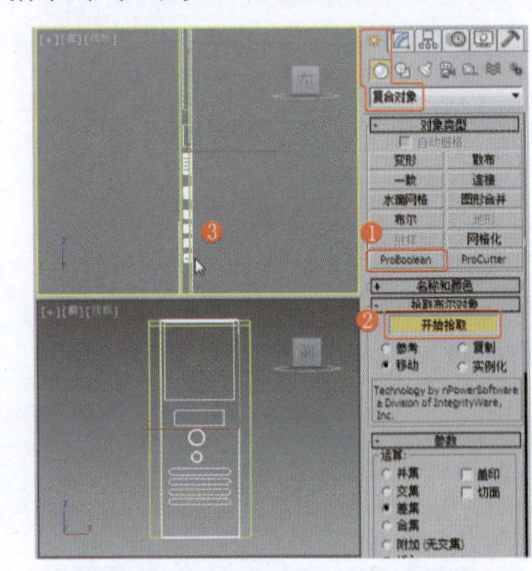

图5-199 布尔模型

⑮ 在“前”视图中创建切角长方体，设置合适的参数，效果如图5-200所示。

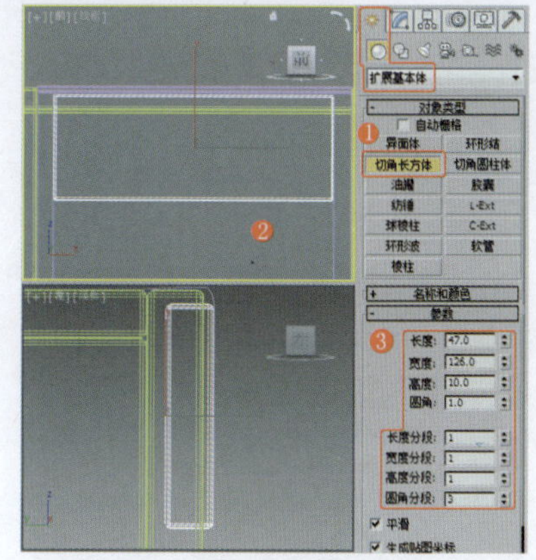

图5-200 创建切角长方体

⑯ 对切角长方体进行复制，并调整其至合适的位置，效果如图5-201所示。

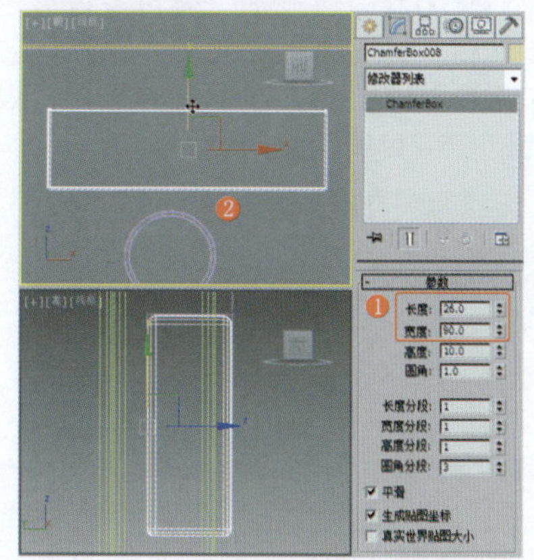

图5-201 复制并调整

⑰ 在“前”视图中创建切角圆柱体，设置合适的参数，效果如图5-202所示。

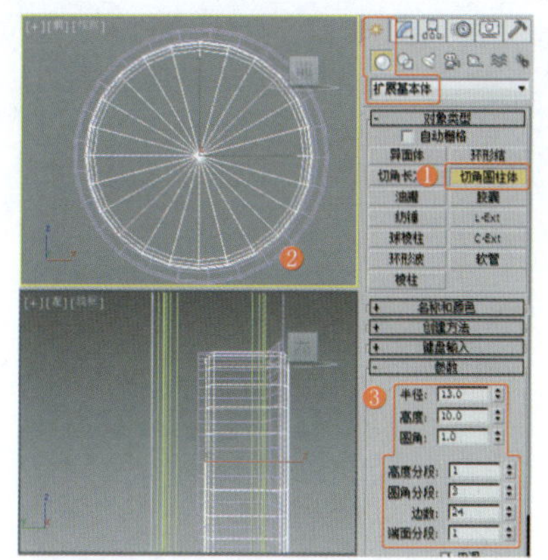

图5-202 创建切角圆柱体

⑱ 对切角圆柱体进行复制，并调整其参数和位置，效果如图5-203所示。

⑲ 在“左”视图中创建圆柱体，设置合适的参数，效果如图5-204所示。

⑳ 在“顶”视图中创建圆柱体，设置合适的参数，效果如图5-205所示。

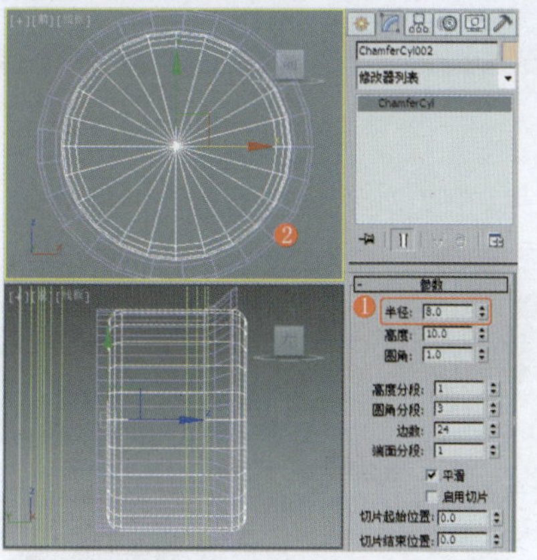

图5-203 复制并调整

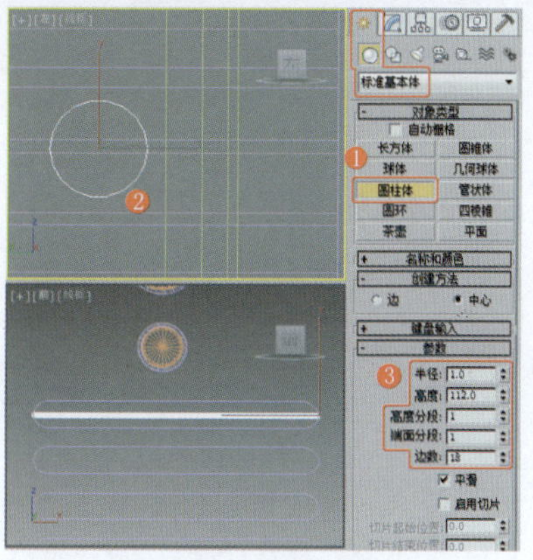

图5-204 创建圆柱体

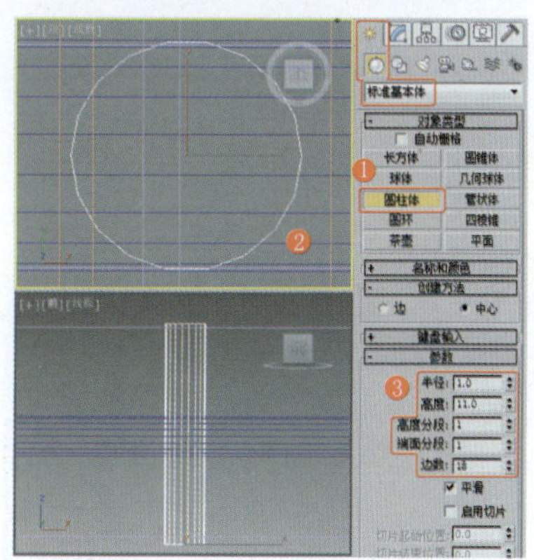

图5-205 创建圆柱体

㉑ 在场景中选择两个圆柱体，对其进行复制，调整其至合适的位置，效果如图5-206所示。

㉒ 在“左”视图中创建可闭合的线，对其顶点进行调整，效果如图5-207所示。

㉓ 将选择集定义为“样条线”，在“几何体”卷展栏中选择“轮廓”工具，为图形设置合适的轮廓，效果如图5-208所示。

㉔ 为图形施加“挤出”修改器，设置合适的参数，并调整模型至合适的位置，效果如图5-209所示。

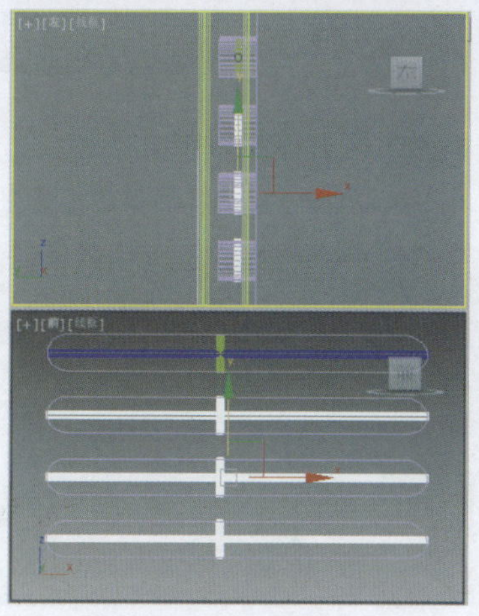

图5-206 复制并调整

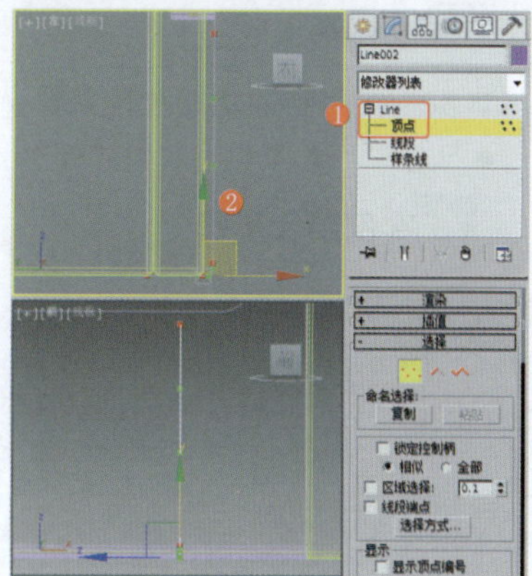

图5-207 创建并调整图形

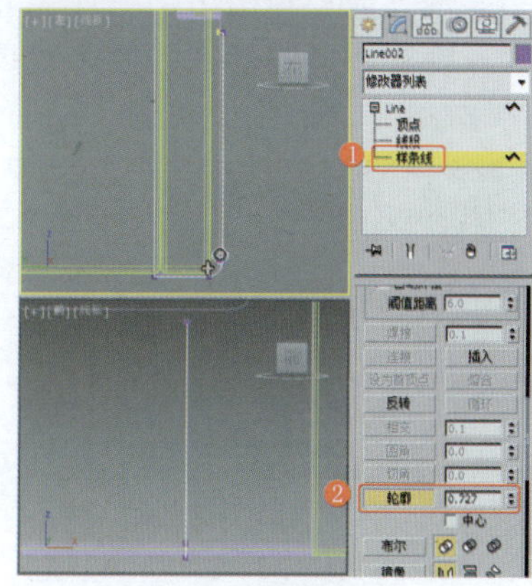

图5-208 设置样条线的轮廓

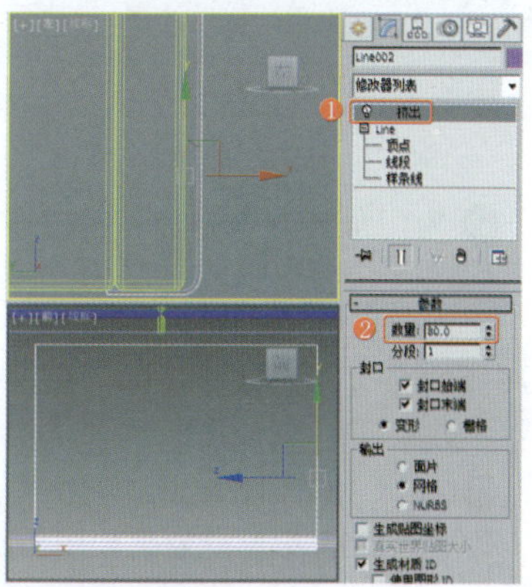

图5-209 挤出并调整模型

实例135 电器设备类——点歌机

实例效果剖析

本例制作的是一款简单的点歌机，效果如图5-210所示。

图5-210 效果展示

实例技术要点

本例主要用到的功能及技术要点如下。

- 施加“编辑多边形”修改器：用于制作屏幕的凹槽。

实例制作步骤

场景文件路径	Scene\第5章\实例135 点歌机.max		
贴图文件路径	Map\		
视频路径	视频\ cha05\实例135 点歌机.mp4		
难易程度	★★★	学习时间	6分40秒

❶ 在“前”视图中创建切角长方体，设置合适的参数，效果如图5-211所示。

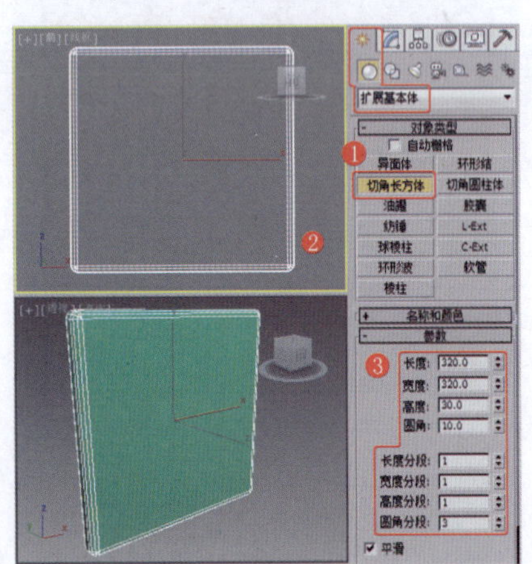

图5-211 创建切角长方体

❷ 为切角长方体施加“编辑多边形”修改器，将选择集定义为“多边形”，在“前”视图中选择多边形，为选择的多边形设置合适的“倒角”参数，效果如图5-212所示。

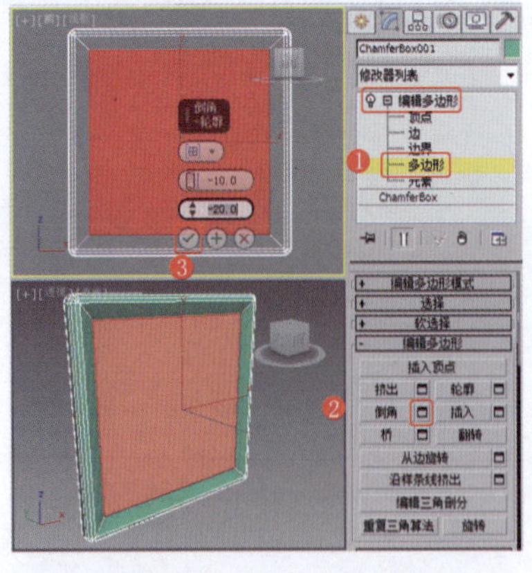

图5-212 倒角多边形

❸ 在“前”视图中创建长方体，设置合适的参数，效果如图5-213所示。

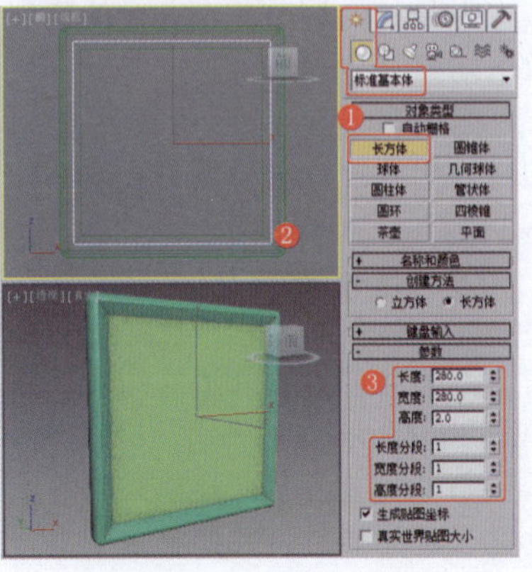

图5-213 创建长方体

❹ 在“左”视图中创建长方体，设置合适的参数，效果如图5-214所示。

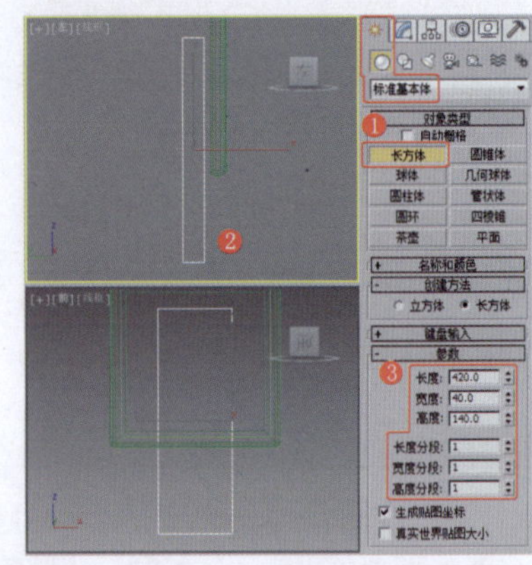

图5-214 创建长方体

❺ 为长方体施加“编辑多边形”修改器，将选择集定义为“顶点”，在场景中调整长方体顶点的位置，效果如图5-215所示。

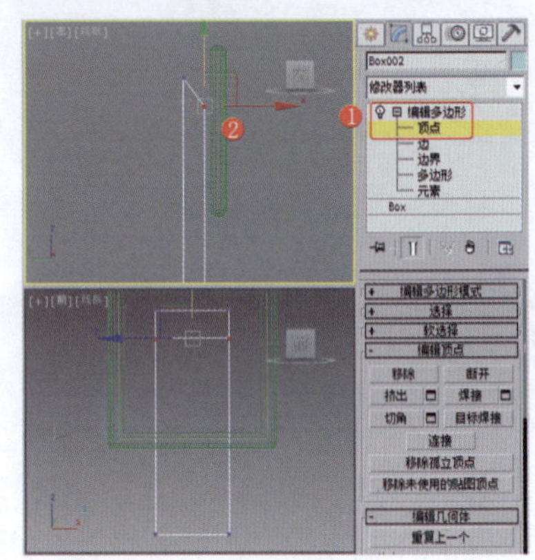

图5-215 调整顶点

❻ 调整模型至合适的角度和位置，效果如图5-216所示。

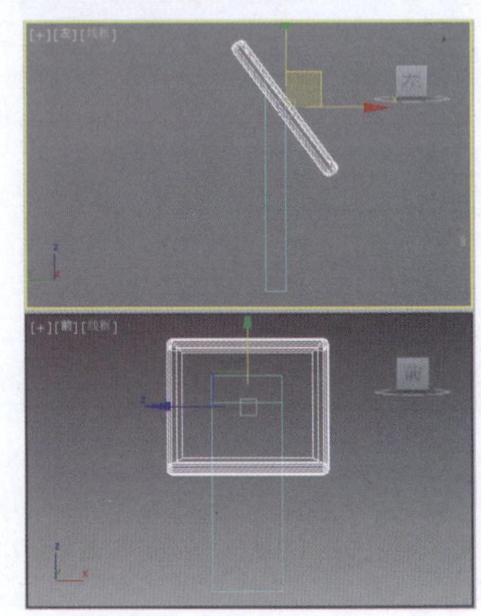

图5-216 调整模型的角度和位置

❼ 在“顶”视图中创建切角长方体，设置合适的参数，效果如图5-217所示。

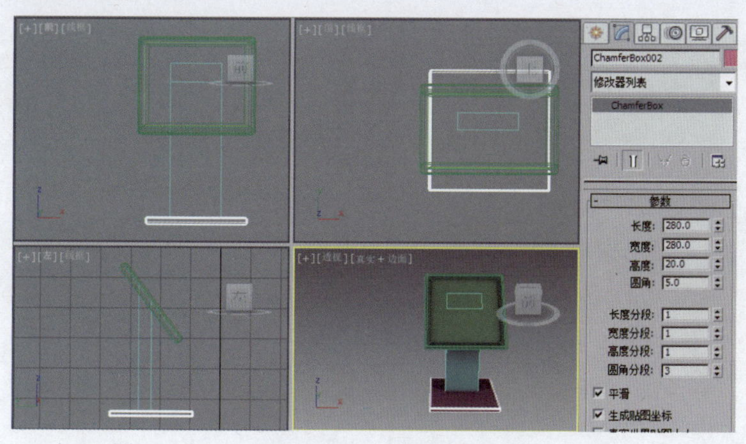

图5-217 创建切角长方体

实例136 电器设备类——MP3

实例效果剖析

本例制作的是一款土豪金材质的MP3，效果如图5-218所示。

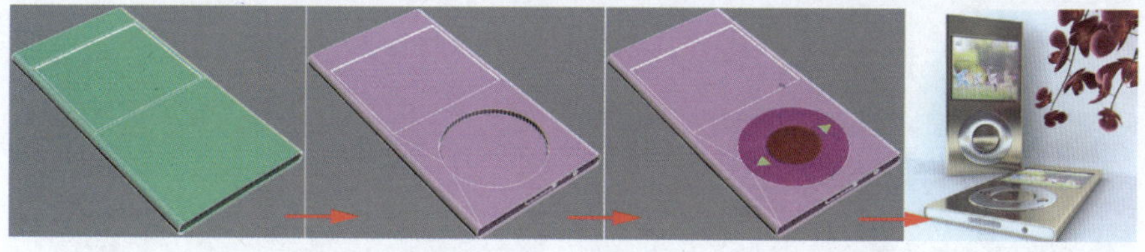

图5-218 效果展示

实例技术要点

本例主要用到的功能及技术要点如下。

- 施加“编辑多边形”修改器：用于设置MP3屏幕的凹槽。
- 使用“ProBoolean”工具：布尔出充电孔和耳机孔。

场景文件路径	Scene\第5章\实例136 MP3.max		
贴图文件路径	Map\		
视频路径	视频\ cha05\实例136 MP3.mp4		
难易程度	★★★	学习时间	13分43秒

实例137 电器设备类——笔记本电脑

实例效果剖析

本例制作的是一款简单的笔记本电脑，效果如图5-219所示。

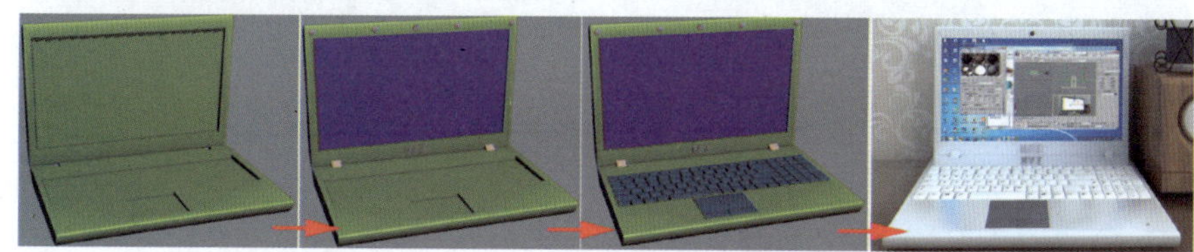

图5-219 效果展示

实例技术要点

本例主要用到的功能及技术要点如下。

- 施加“编辑多边形”修改器：用于设置笔记本电脑屏幕的凹槽。

实例制作步骤

场景文件路径	Scene\第5章\实例137 笔记本电脑.max	
贴图文件路径	Map\	
视频路径	视频\ cha05\实例137 笔记本电脑.mp4	
难易程度	★★★	学习时间 28分23秒

❶ 在“左”视图中创建可闭合的线，并对线的顶点进行调整，效果如图5-220所示。

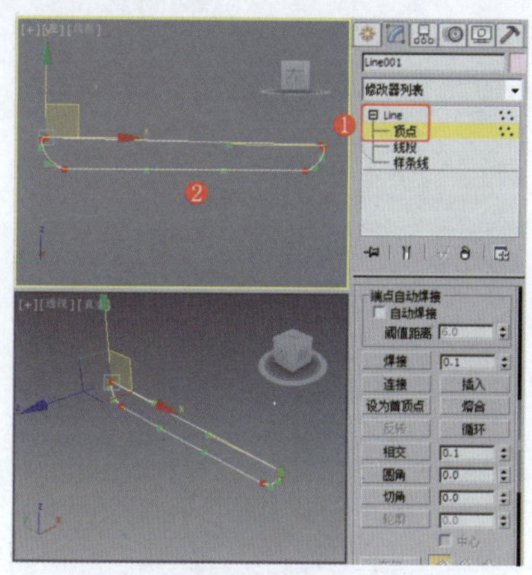

图5-220 创建并调整图形

❷ 为调整后的图形施加“挤出”修改器，设置合适的参数，效果如图5-221所示。

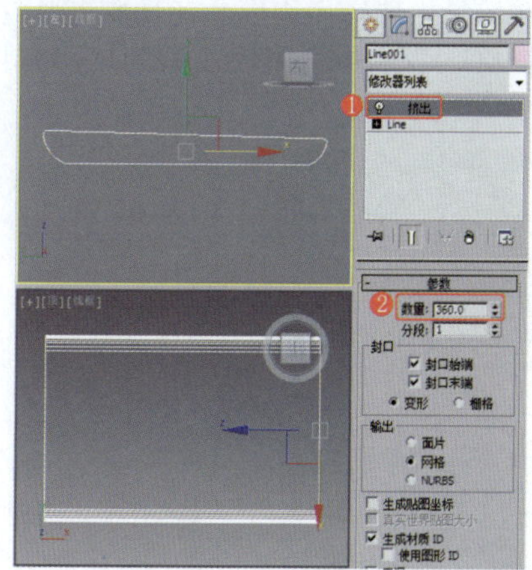

图5-221 施加“挤出”修改器

❸ 在“左”视图中创建可渲染的线，对其顶点进行调整，设置合适的参数，效果如图5-222所示。

❹ 为该图形施加“编辑多边形”修改器，在“编辑几何体”卷展栏中选择“附加”工具，将场景中的另外一个模型附加在一起，效果如图5-223所示。

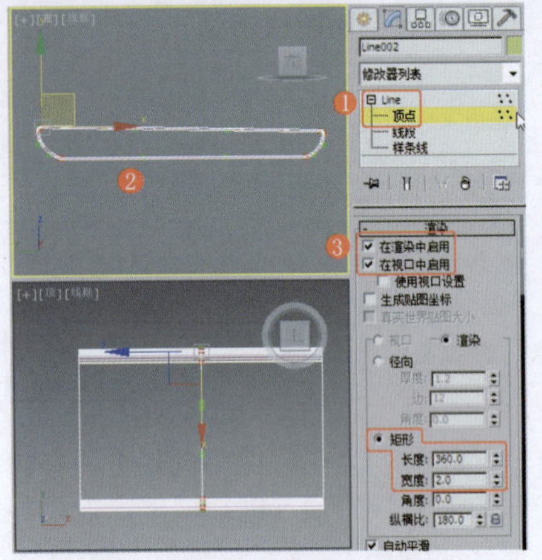

图5-222　创建并调整图形

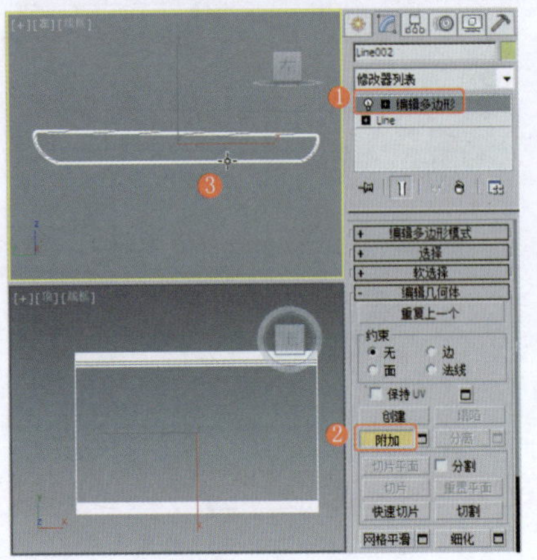

图5-223　附加模型

❺ 在场景中选择附加在一起的模型，将选择集定义为“多边形”，在场景中选择多边形，在“多边形：材质ID”卷展栏中设置ID为1，如图5-224所示。

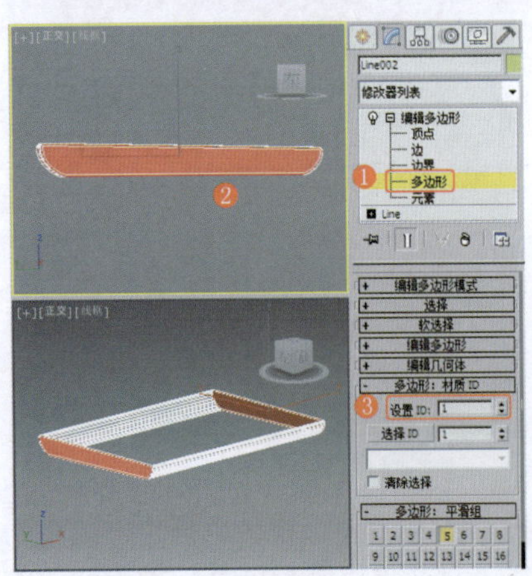

图5-224　设置多边形材质ID

❻ 继续在场景中选择多边形，在“多边形：材质ID”卷展栏中设置ID为2，关闭选择集，如图5-225所示。

❼ 对模型进行复制并调整其至合适的角度和位置，效果如图5-226所示。

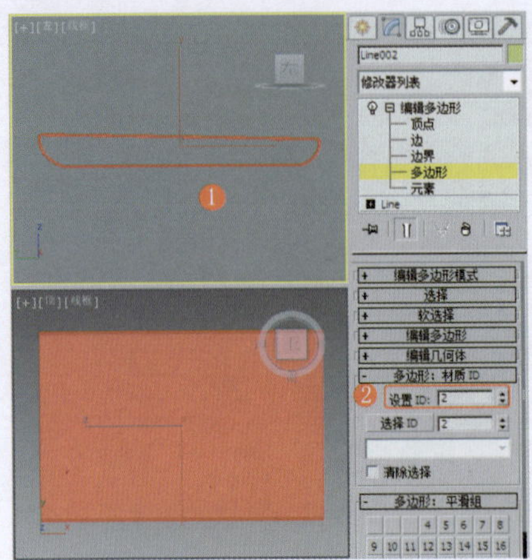

图5-225　设置多边形材质ID

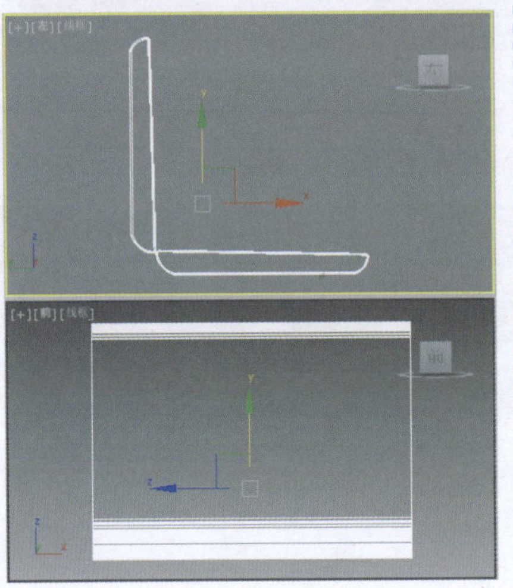

图5-226　复制并调整

❽ 在“前”视图中创建长方体，将其作为布尔对象，设置合适的参数，效果如图5-227所示。

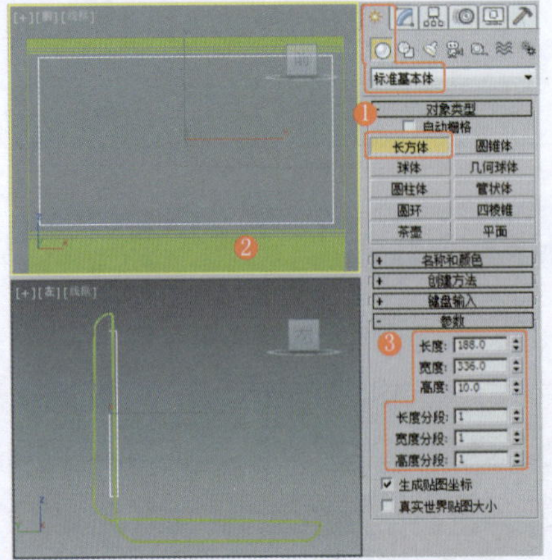

图5-227　创建长方体

❾ 在场景中选择作为屏幕基本形状的模型，选择“ProBoolean”工具，在“拾取布尔对象”卷展栏中单击“开始拾取”按钮，在场景中拾取布尔对象，效果如图5-228所示。

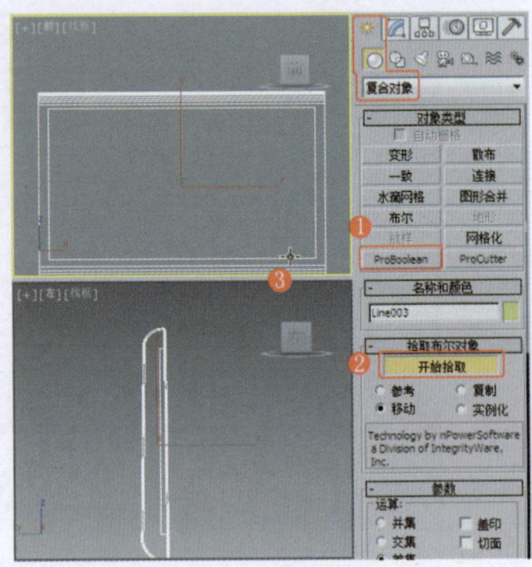

图5-228　布尔模型

❿ 在“前”视图中创建长方体，将其作为屏幕，设置合适的参数，效果如图5-229所示。

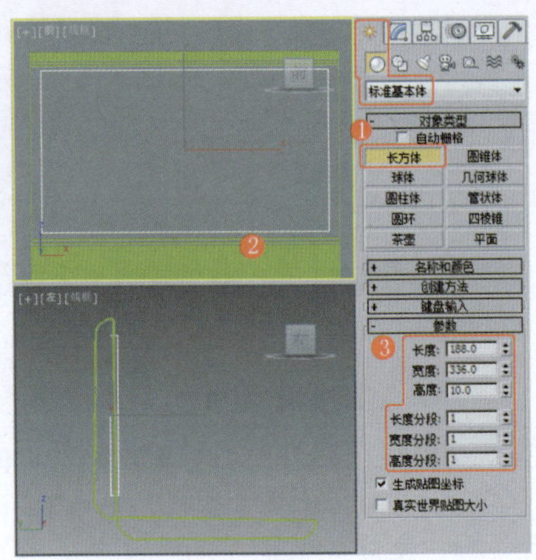

图5-229　创建长方体

⓫ 在“前”视图中创建切角圆柱体，设置合适的参数，效果如图5-230所示。

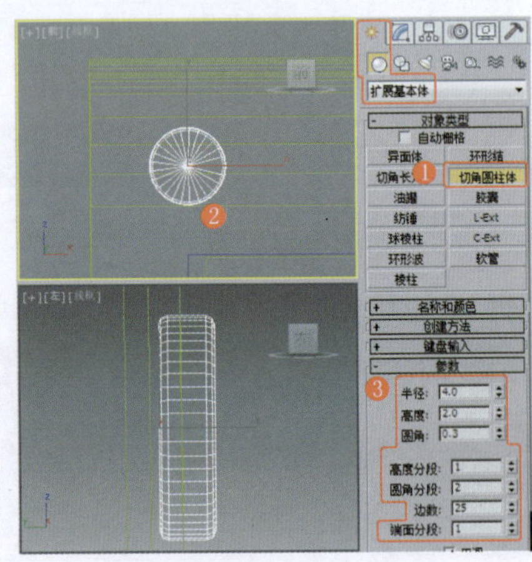

图5-230　创建切角圆柱体

⓬ 对切角圆柱体进行复制，并调整其至合适的位置，效果如图5-231所示。

⑬ 在“前”视图中创建管状体，设置合适的参数，效果如图5-232所示。

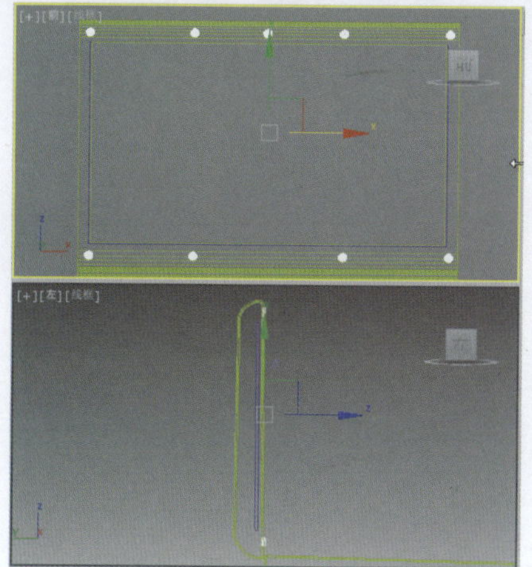

图5-231 复制并调整

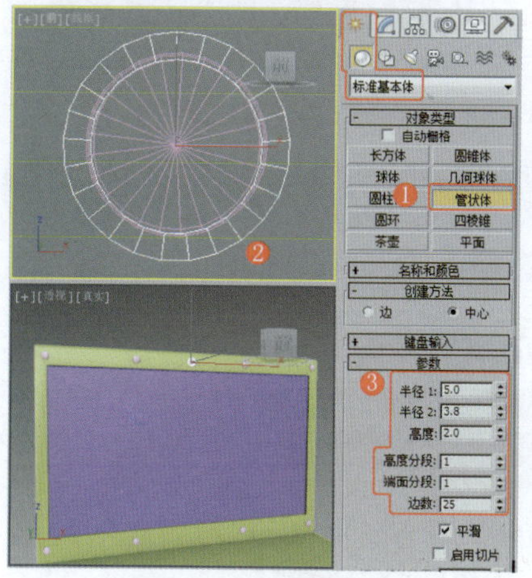

图5-232 创建管状体

⑭ 在“前”视图中创建文本，设置合适的参数，效果如图5-233所示。

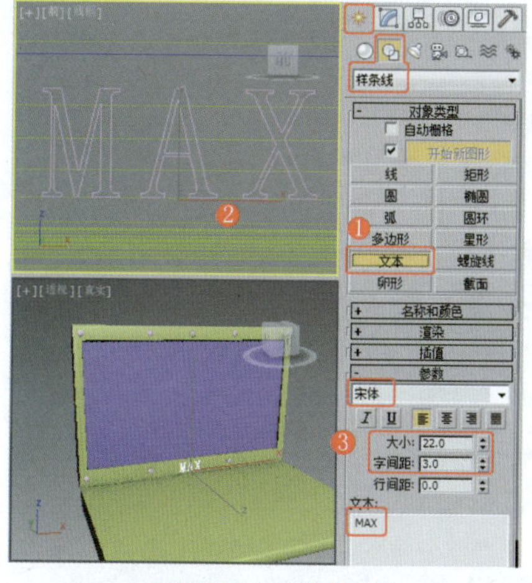

图5-233 创建文本

⑮ 为文本施加“挤出”修改器，设置合适的参数并调整模型至合适的位置，效果如图5-234所示。

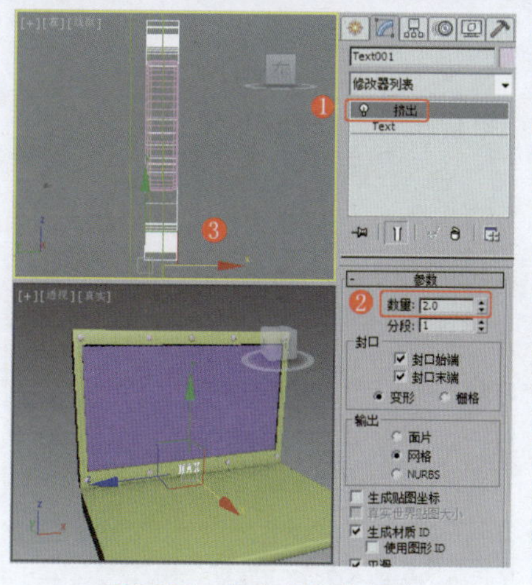

图5-234 挤出并调整模型

⑯ 在“顶”视图中创建长方体，将其作为布尔对象，设置合适的参数，效果如图5-235所示。

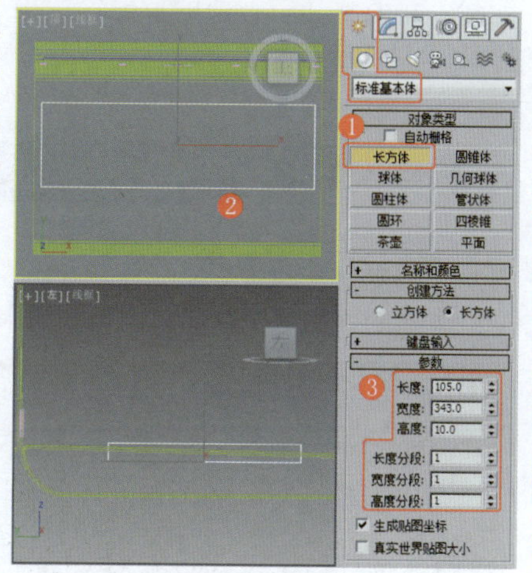

图5-235 创建长方体

⑰ 在“左”视图中创建长方体，将其作为布尔对象，设置合适的参数，效果如图5-236所示。

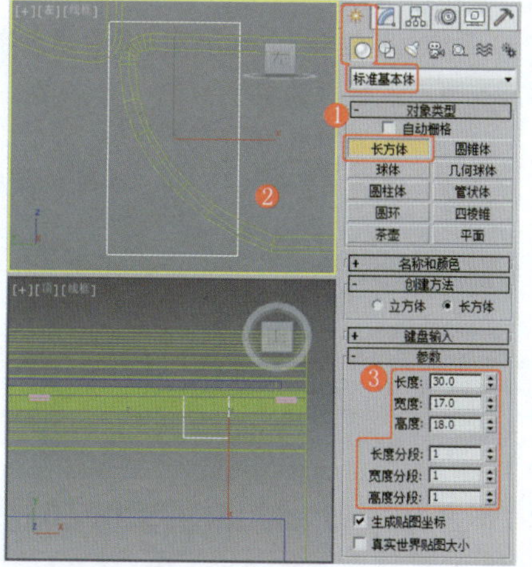

图5-236 创建长方体

⑱ 对长方体进行复制，并调整其至合适的位置，效果如图5-237所示。

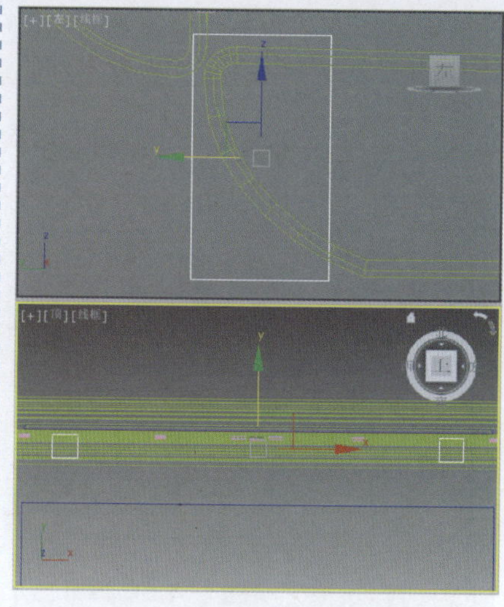

图5-237 复制并调整

⑲ 在“顶”视图中创建长方体，将其作为布尔对象，设置合适的参数，效果如图5-238所示。

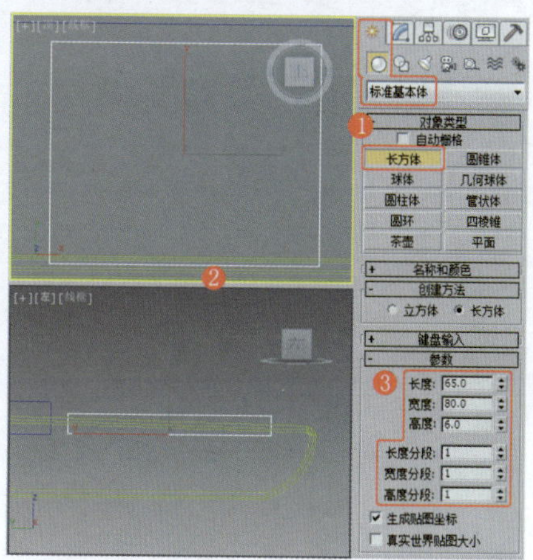

图5-238 创建长方体

⑳ 在场景中选择作为键盘基本形状的模型，选择“ProBoolean”工具，在“拾取布尔对象”卷展栏中单击“开始拾取”按钮，在场景中依次拾取布尔对象，效果如图5-239所示。

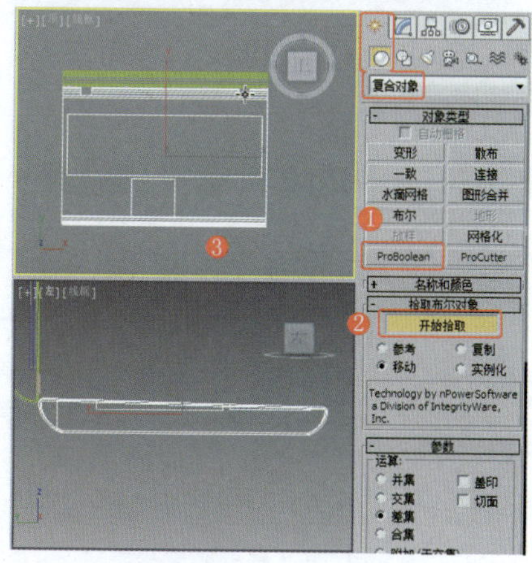

图5-239 布尔模型

㉑在“左”视图中创建可渲染的线，并对其顶点进行调整，效果如图5-240所示。

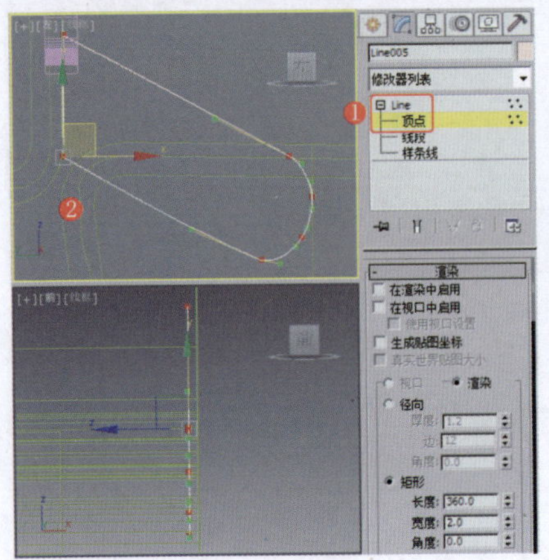

图5-240 创建并调整图形

㉒为调整后的图形施加“挤出”修改器，设置合适的参数，效果如图5-241所示。

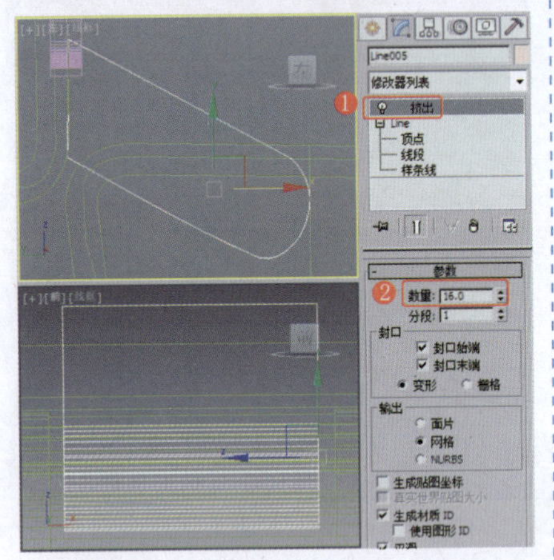

图5-241 施加“挤出”修改器

㉓对挤出后的模型进行复制，并调整其至合适的位置，效果如图5-242所示。

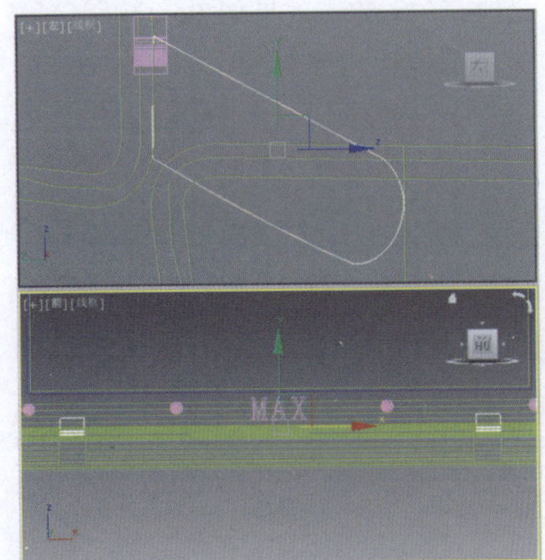

图5-242 复制并调整模型

㉔在“顶”视图中创建切角长方体，将其作为按键，设置合适的参数，效果如图5-243所示。

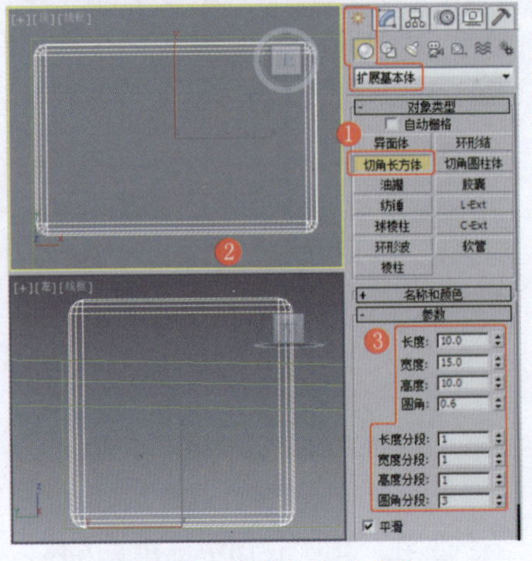

图5-243 创建切角长方体

㉕对作为按键的切角长方体进行复制，并调整其至合适的位置，效果如图5-244所示。

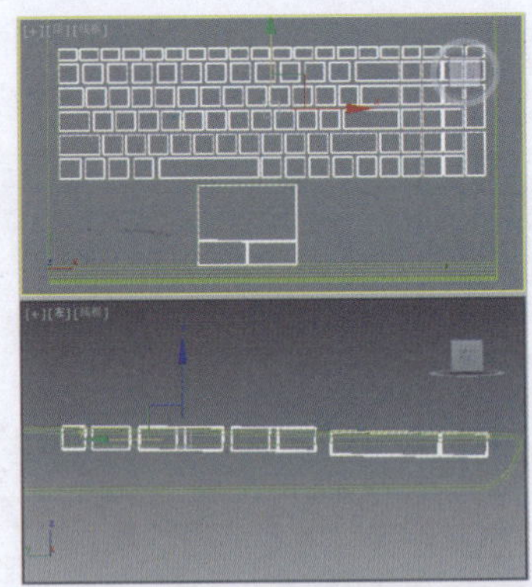

图5-244 复制并调整

实例138 电器设备类——饮水机

实例效果剖析

本例制作的是一款比较小巧的饮水机，效果如图5-245所示。

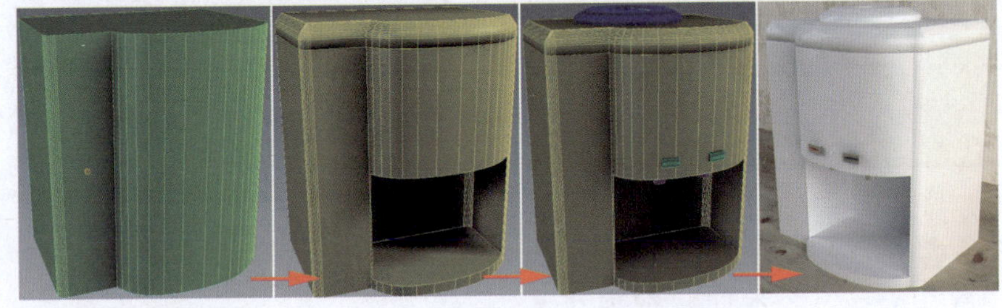

图5-245 效果展示

实例技术要点

本例主要用到的功能及技术要点如下。

- 施加“编辑多边形”修改器：用于调整模型的形状，设置多边形的插入、挤出等。
- 使用“ProBoolean”工具：布尔出水槽。

场景文件路径	Scene\第5章\实例138 饮水机.max		
贴图文件路径	Map\		
视频路径	视频\ cha05\实例138 饮水机.mp4		
难易程度	★★	学习时间	16分18秒

实例139 体育器械类——台球桌

实例效果剖析

本例制作的是一款美式桌球桌。

本例制作的台球桌，效果如图5-246所示。

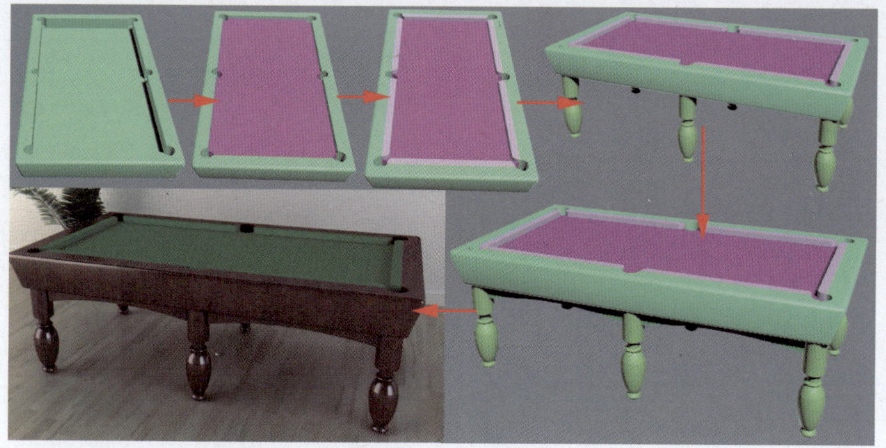

图5-246　效果展示

实例技术要点

本例主要用到的功能及技术要点如下。

- 施加“编辑多边形”修改器：用于调整模型的形状，设置多边形的插入、挤出等。
- 使用“ProBoolean”工具：制作出进球槽。
- 施加“车削”修改器：用于车削出桌腿模型。

实例制作步骤

场景文件路径	Scene\第5章\实例139 台球桌.max		
贴图文件路径	Map\		
视频路径	视频\ cha05\实例139 台球桌.mp4		
难易程度	★★	学习时间	20分15秒

❶ 在“顶”视图中创建切角长方体“ChamferBox001”，设置合适的参数，效果如图5-247所示。

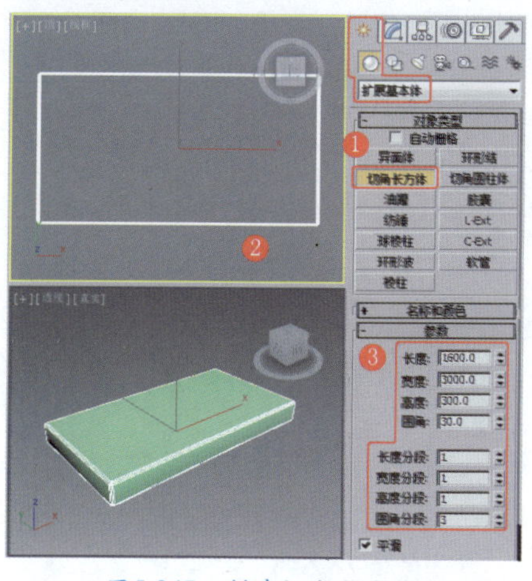

图5-247　创建切角长方体

❷ 为切角长方体施加“编辑多边形”修改器，将选择集定义为“顶点”，在场景中对切角长方体的顶点进行缩放，效果如图5-248所示。

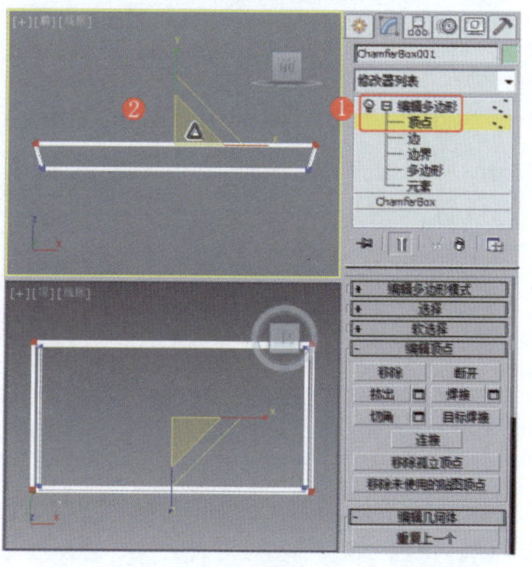

图5-248　调整模型的顶点

❸ 将选择集定义为“多边形”，在场景中选择多边形，为选择的多边形设置合适的“插入”参数，效果如图5-249所示。

❹ 继续设置合适的“挤出”参数，效果如图5-250所示。

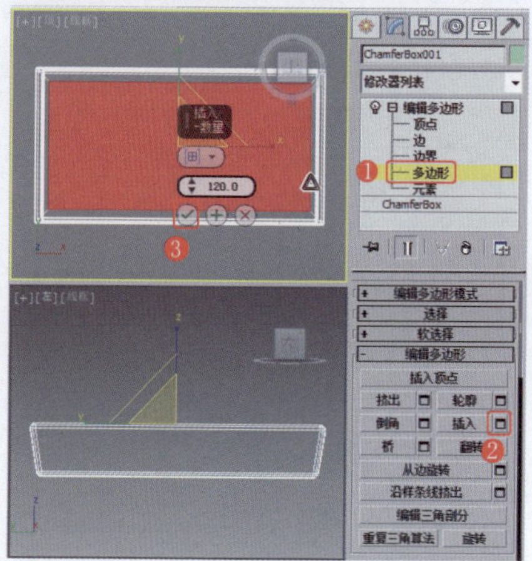

图5-249　设置多边形的“插入”参数

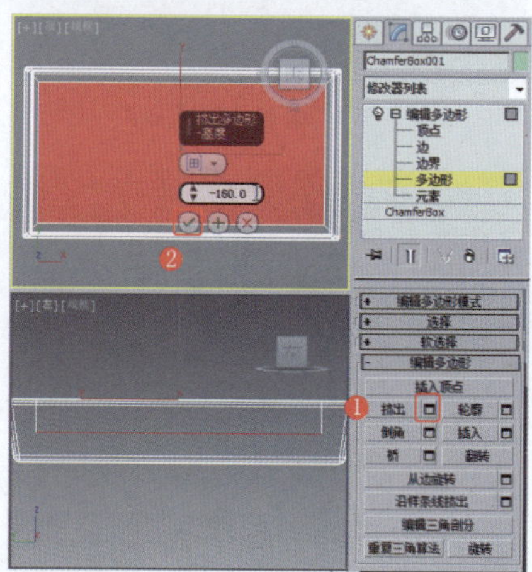

图5-250　设置多边形的“挤出”参数

❺ 在“顶”视图中创建圆柱体，将其作为布尔对象，设置合适的参数，效果如图5-251所示。

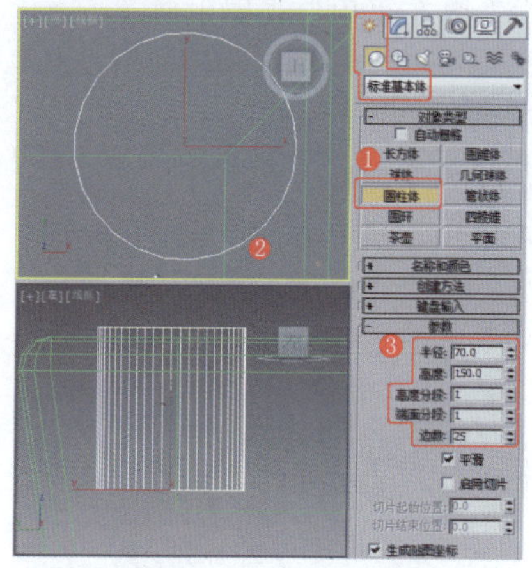

图5-251　创建圆柱体

❻ 对圆柱体进行复制，调整其至合适的位置，继续复制圆柱体并将其隐藏，效果如图5-252所示。

❼ 在场景中选择“ChamferBox001”模型，选择“ProBoolean”工具，在“拾取布尔对象”卷展栏中单击“开

始拾取”按钮，在场景中依次拾取布尔对象，效果如图5-253所示。

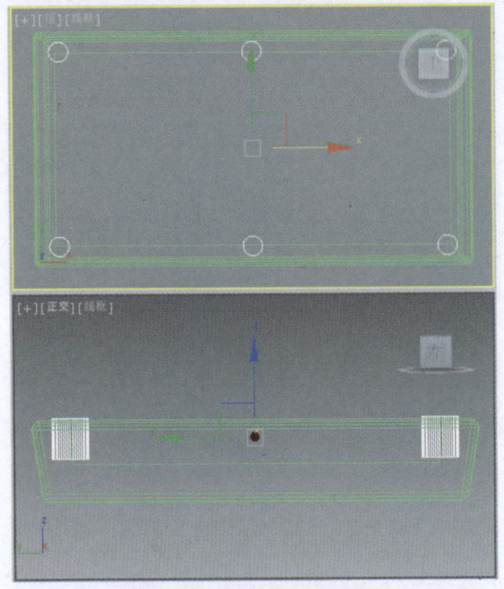

图5-252 复制并隐藏模型

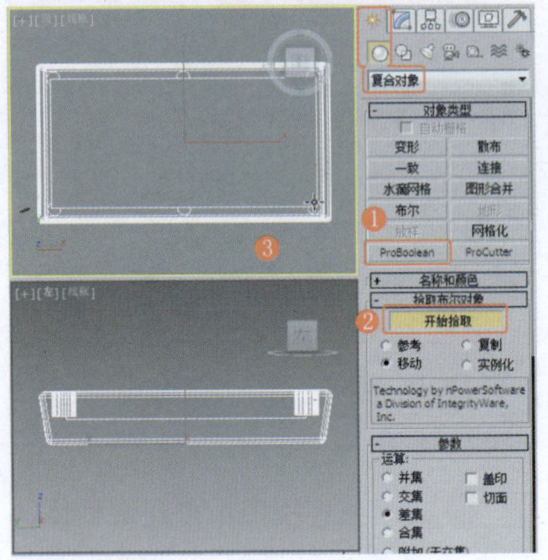

图5-253 布尔模型

❽ 在“顶”视图中创建长方体“Box001”，设置合适的参数，效果如图5-254所示。

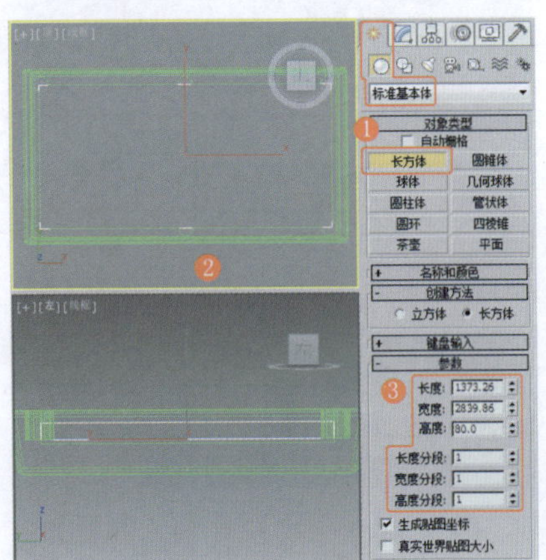

图5-254 创建长方体

❾ 将复制并隐藏的圆柱体全部取消隐藏，效果如图5-255所示。

❿ 在场景中选择“Box001”模型，选择“ProBoolean”工具，在“拾取布尔对象”卷展栏中单击“开始拾取”按钮，在场景中依次拾取布尔对象，效果如图5-256所示。

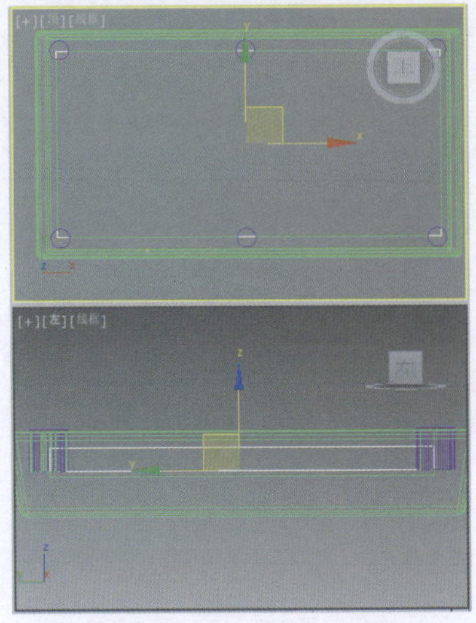

图5-255 显示隐藏的模型

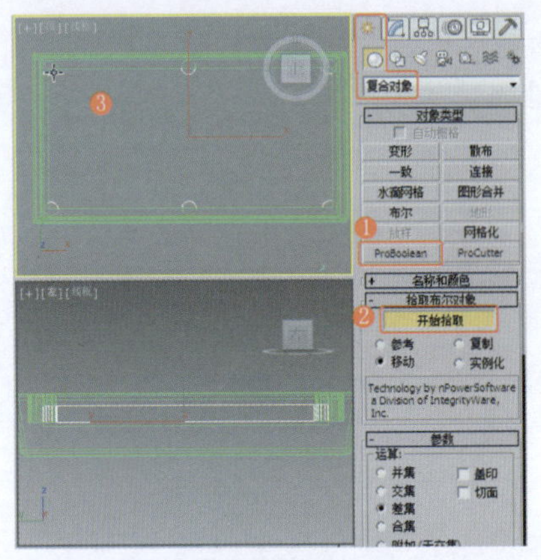

图5-256 布尔模型

⓫ 在“顶”视图中创建可闭合的线，对其进行复制并将其调整至合适的位置，效果如图5-257所示。

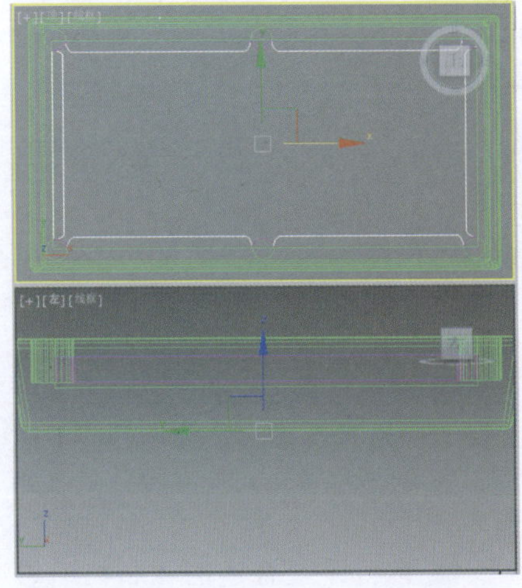

图5-257 创建、复制并调整图形

⓬ 对图形分别施加“挤出”修改器，设置合适的参数并调整模型至合适的位置，效果如图5-258所示。

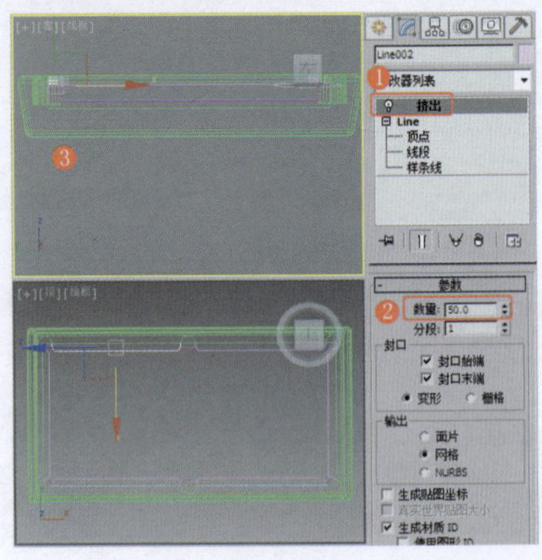

图5-258 施加“挤出”修改器

⓭ 在“左”视图中创建可闭合的线，并对其顶点进行调整，效果如图5-259所示。

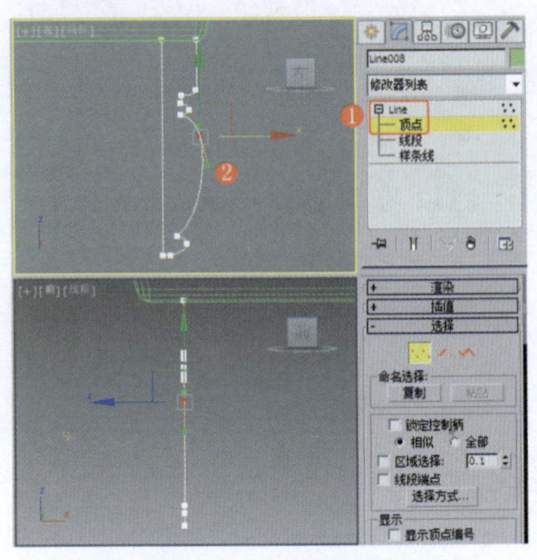

图5-259 创建并调整图形

⓮ 为调整后的图形施加“车削”修改器，设置合适的参数，并调整模型至合适的位置，效果如图5-260所示。

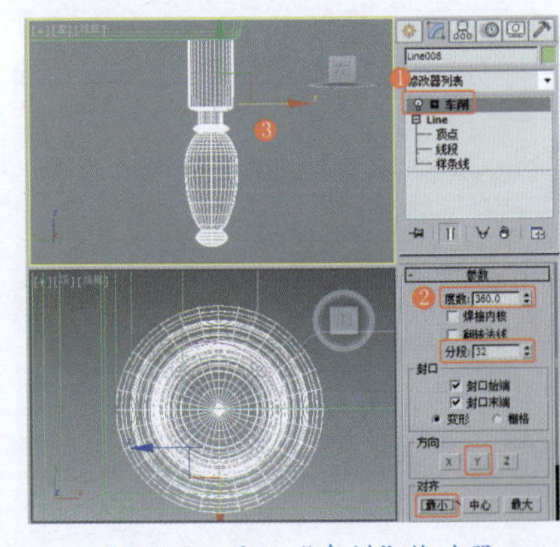

图5-260 施加“车削”修改器

⓯ 对车削出的模型进行复制并调整其至合适的位置，效果如图5-261所示。

⓰ 在“左”视图中创建可闭合的线，并对其顶点进行调整，效果如图5-262所示。

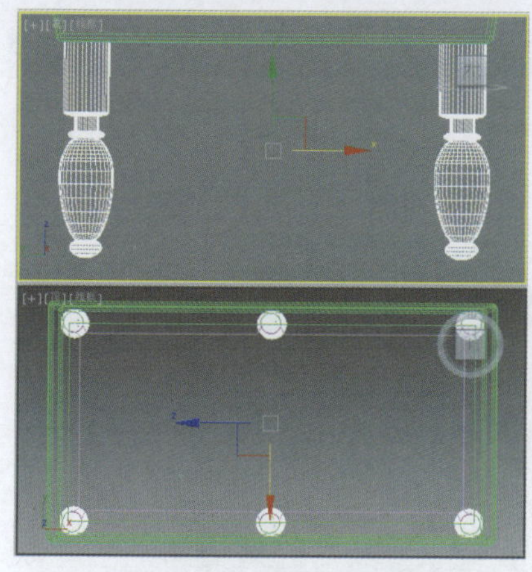

图5-261 复制并调整模型

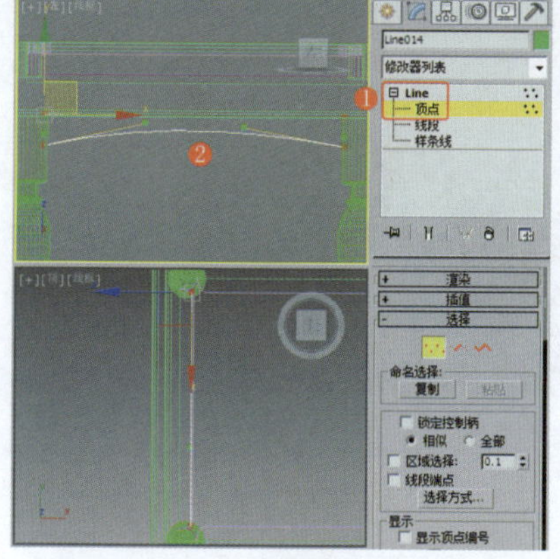

图5-262 创建并调整图形

⑰ 为调整后的图形施加“挤出”修改器，设置合适的参数，并调整模型至合适的位置，效果如图5-263所示。

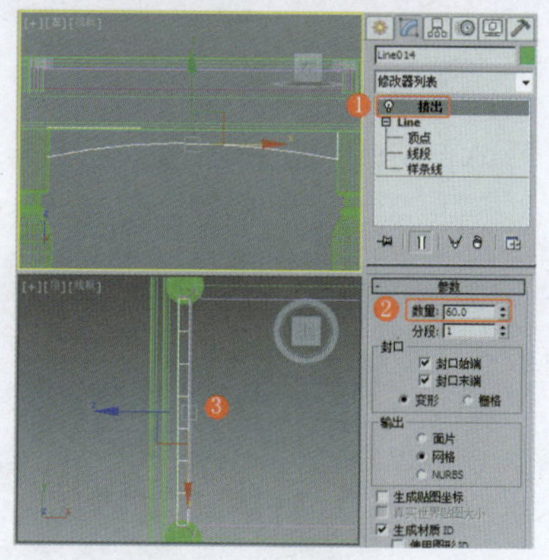

图5-263 施加“挤出”修改器

⑱ 对挤出的模型进行复制并调整其至合适的位置，效果如图5-264所示。

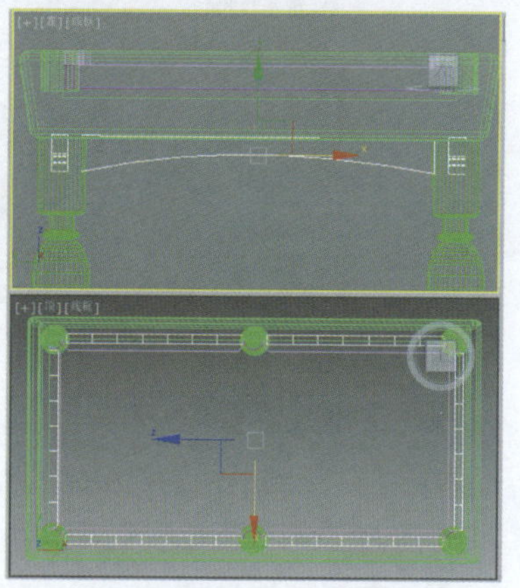

图5-264 复制并调整模型

实例140 体育器械类——足球

实例效果剖析

本例制作的是一款比较常见的足球，效果如图5-265所示。

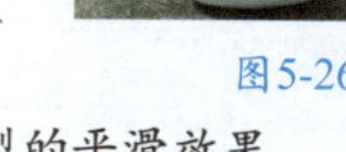

图5-265 效果展示

实例技术要点

本例主要用到的功能及技术要点如下。

- 施加“编辑网格”修改器：使用该修改器炸开多边形。
- 施加“球形化”修改器：为炸开的多边形设置球形化效果。
- 施加“编辑多边形”修改器：设置多边形的挤出效果。
- 施加“网格平滑”修改器：设置模型的平滑效果。

实例制作步骤

场景文件路径	Scene\第5章\实例140 足球.max		
贴图文件路径	Map\		
视频路径	视频\ cha05\实例140 足球.mp4		
难易程度	★★	学习时间	6分57秒

① 在“前”视图中创建异面体，设置合适的参数，效果如图5-266所示。

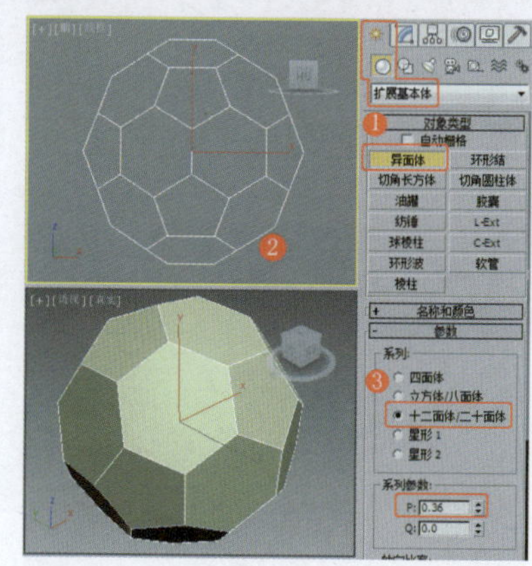

图5-266 创建异面体

② 为异面体施加“编辑网格”修改器，将选择集定义为“多边形”，在场景中全选多边形，在“编辑几何体”卷展栏中选择“炸开”工具，将选择的多边形炸开，效果如图5-267所示。

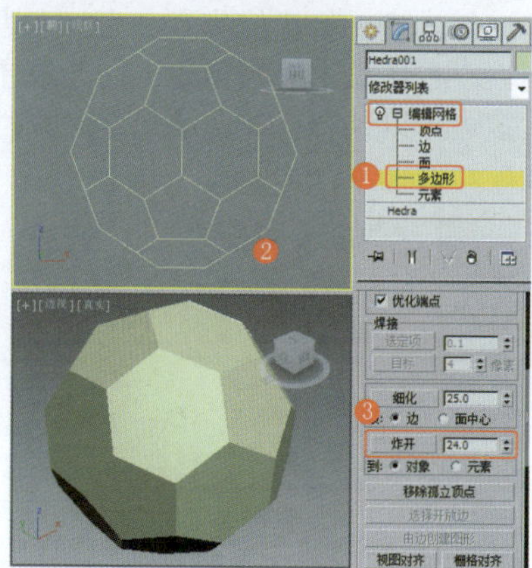

图5-267 设置多边形的“炸开”参数

③ 在场景中全选模型，为其施加“网格平滑”修改器，设置合适的参数，效果如图5-268所示。

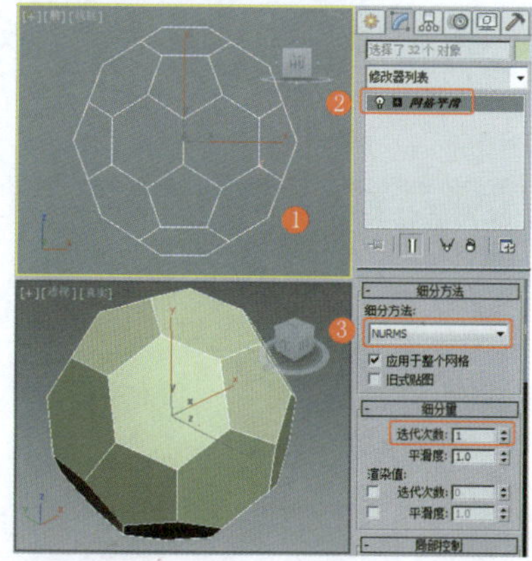

图5-268 施加“网格平滑”修改器

④ 继续为模型施加“球形化”修改器，效果如图5-269所示。

> **提 示**
>
> 利用“球形化”修改器，可以将对象扭曲为球形。此修改器只有一个参数（即“百分比”微调器），可以将对象尽可能地变形为球形。

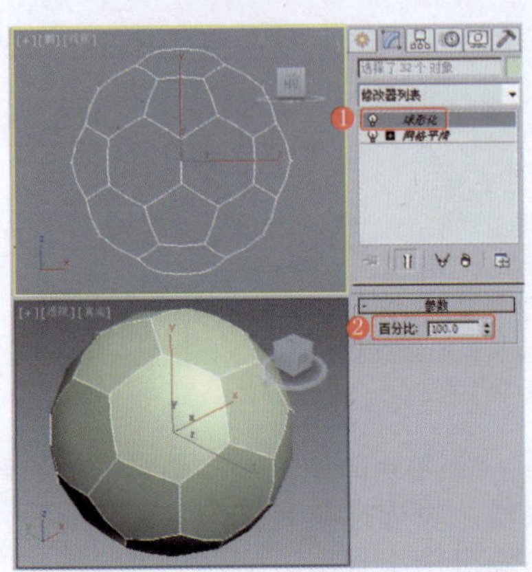

图5-269 施加“球形化”修改器

❺继续为模型施加“编辑多边形”修改器，将选择集定义为“多边形”，在场景中选择多边形，为选择的多边形设置合适的“挤出”参数，效果如图5-270所示。

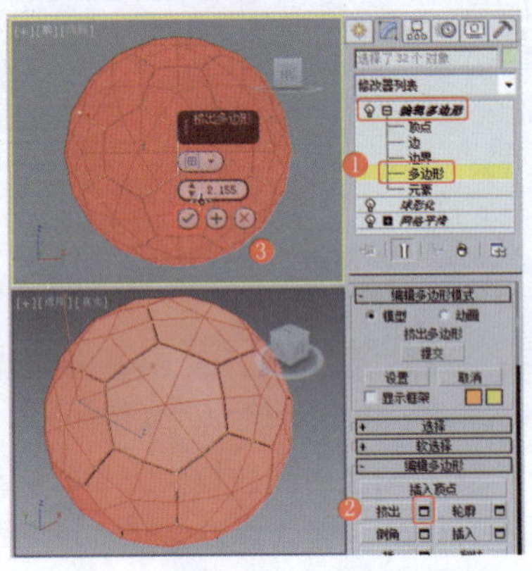

图5-270 设置多边形的“挤出”参数

❻为模型施加“网格平滑”修改器，设置合适的参数，效果如图5-271所示。

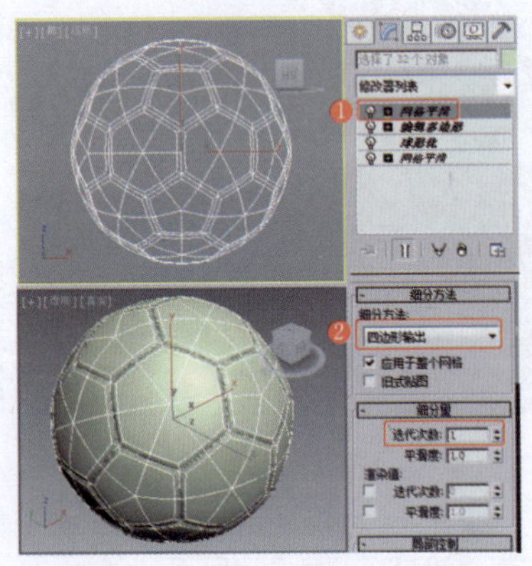

图5-271 施加“网格平滑”修改器

实例141 体育器械类——乒乓球台

实例效果剖析

本例制作的是一款时尚化的乒乓球台，效果如图5-272所示。

图5-272 效果展示

实例技术要点

本例主要用到的功能及技术要点如下。

- 施加“编辑多边形”修改器：用于制作乒乓球台的支架模型。

实例制作步骤

场景文件路径	Scene\第5章\实例141 乒乓球台.max		
贴图文件路径	Map\		
视频路径	视频\ cha05\实例141 乒乓球台.mp4		
难易程度	★★	学习时间	14分42秒

❶在“顶”视图中创建长方体，设置合适的参数，效果如图5-273所示。

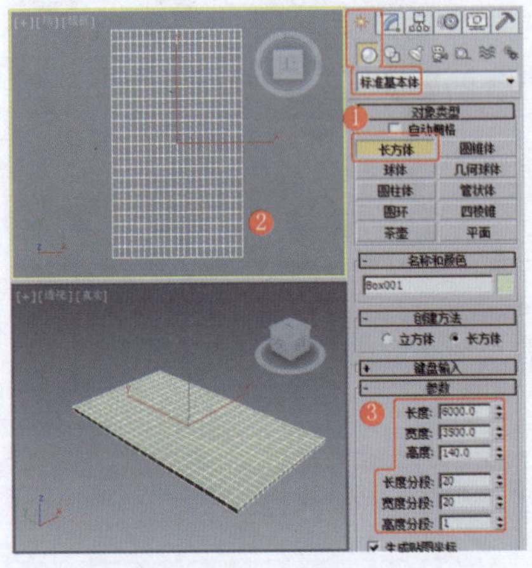

图5-273 创建长方体

❷为模型施加“编辑多边形”修改器，将选择集定义为“顶点”，在场景中调整模型顶点的位置，效果如图5-274所示。

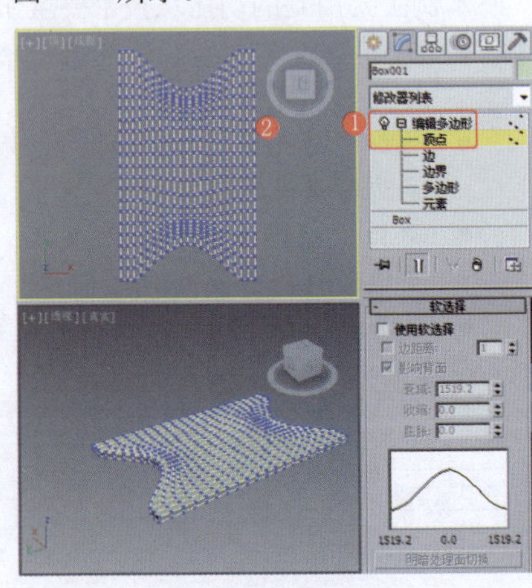

图5-274 调整模型的顶点

❸ 继续为模型施加“弯曲”修改器，设置合适的参数，效果如图5-275所示。

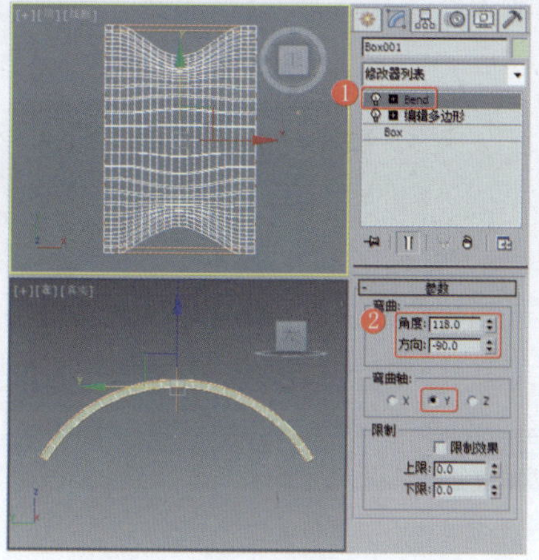

图5-275 施加“弯曲”修改器

❹ 在“顶”视图中创建圆柱体，将其作为球台腿部，设置合适的参数，效果如图5-276所示。

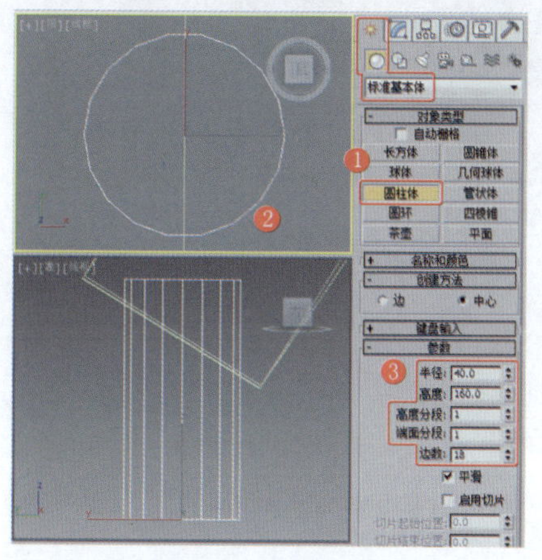

图5-276 创建圆柱体

❺ 在“顶”视图中创建切角圆柱体，将其作为球台腿部，设置合适的参数，效果如图5-277所示。

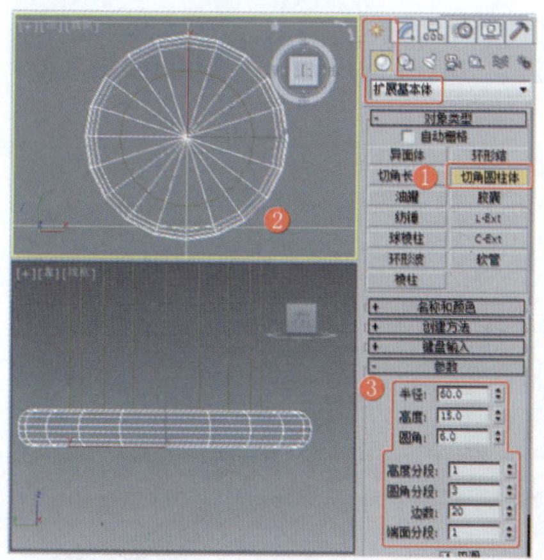

图5-277 创建切角圆柱体

❻ 在场景中选择作为球台腿部的两个模型，并对其进行复制，调整其至合适的位置，效果如图5-278所示。

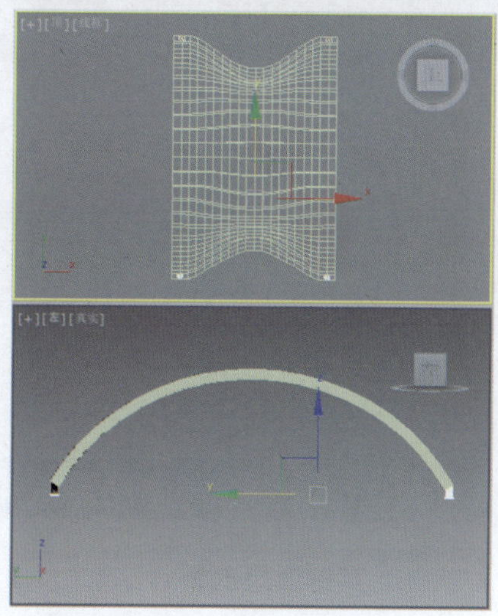

图5-278 复制并调整模型

❼ 在“左”视图中创建可闭合的线，并对其顶点进行调整，效果如图5-279所示。

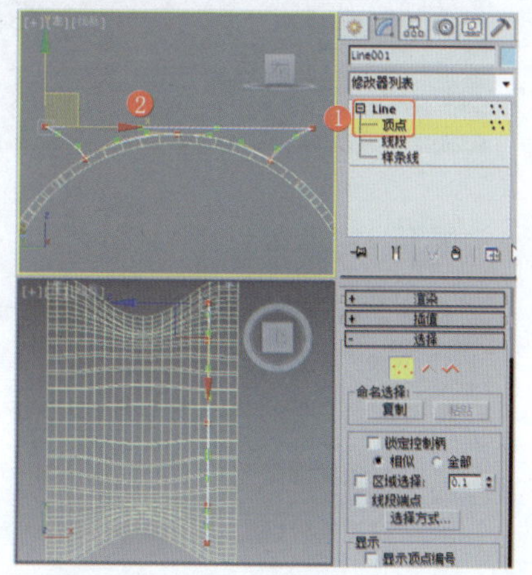

图5-279 创建图形

❽ 为调整后的图形施加“挤出”修改器，设置合适的参数，并调整模型至合适的位置，效果如图5-280所示。

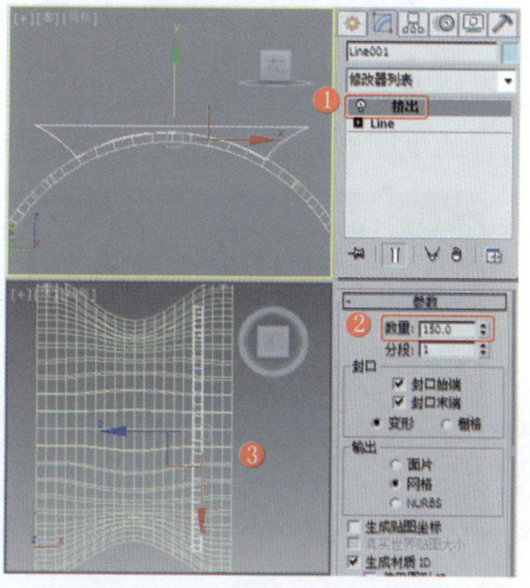

图5-280 施加“挤出”修改器

❾ 将挤出后的模型进行复制，并调整其至合适的位置，效果如图5-281所示。

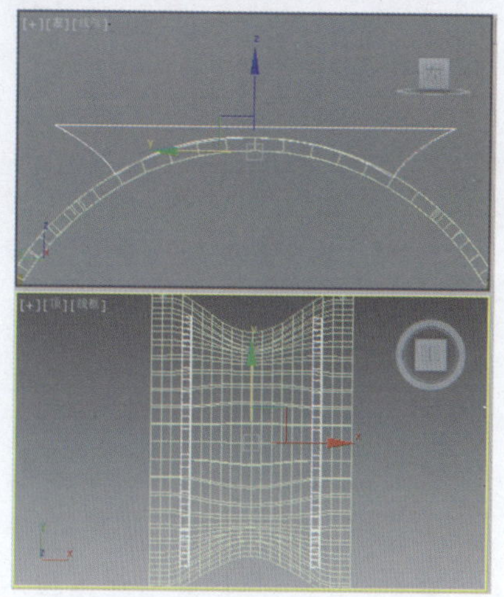

图5-281 复制并调整模型

❿ 在“前”视图中创建切角长方体，设置合适的参数，效果如图5-282所示。

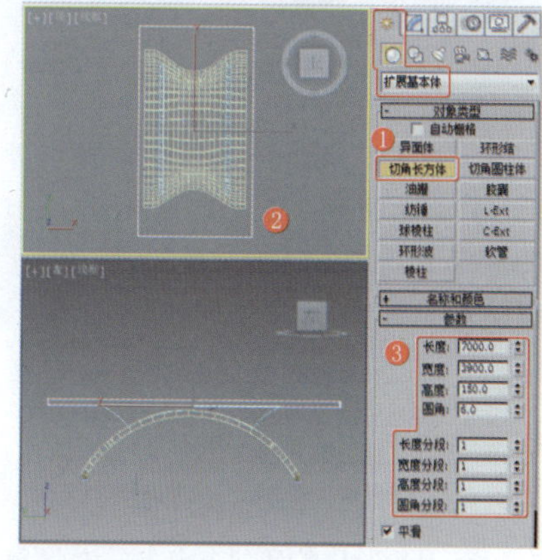

图5-282 创建切角长方体

⓫ 在“前”视图中创建矩形，设置合适的参数，效果如图5-283所示。

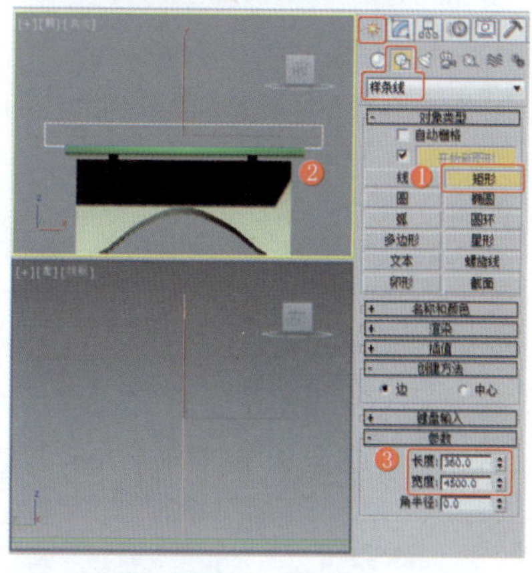

图5-283 创建矩形

⓬ 为矩形施加“编辑样条线”修改器，将选择集定义为“样条线”，

在“几何体”卷展栏中选择“轮廓”工具，设置合适的样条线轮廓，效果如图5-284所示。

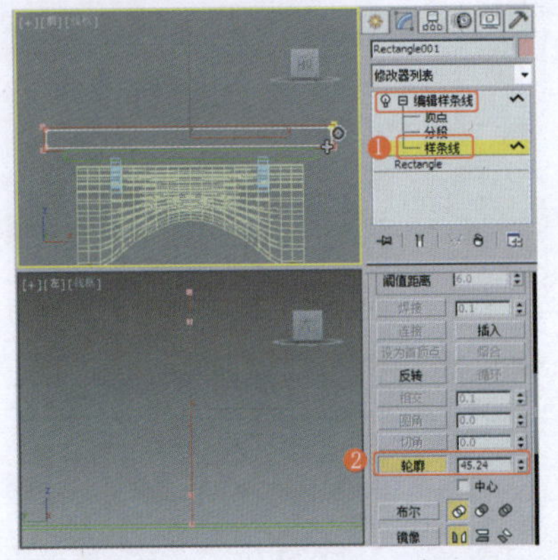

图5-284　设置样条线的轮廓

⑬ 在“前”视图中创建可渲染的线，设置合适的参数，效果如图5-285所示。

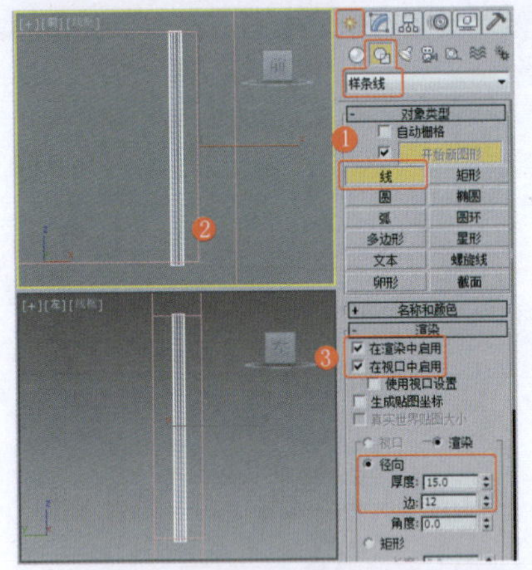

图5-285　创建可渲染的线

⑭ 对可渲染的线进行复制，并调整其至合适的位置，效果如图5-286所示。

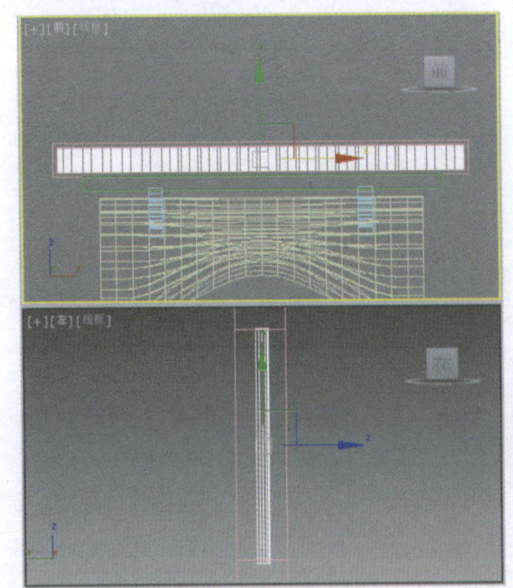

图5-286　复制并调整线

⑮ 在“前”视图中创建可渲染的线，设置合适的参数，效果如图5-287所示。

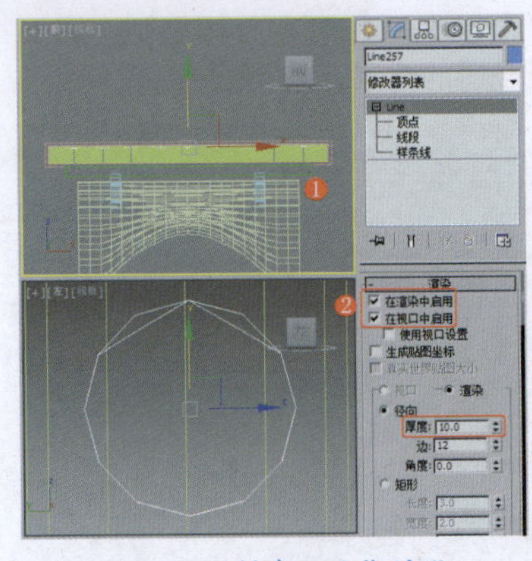

图5-287　创建可渲染的线

⑯ 对可渲染的样条线进行复制，并调整其至合适的位置，将其作为球网，效果如图5-288所示，乒乓球台制作完成。

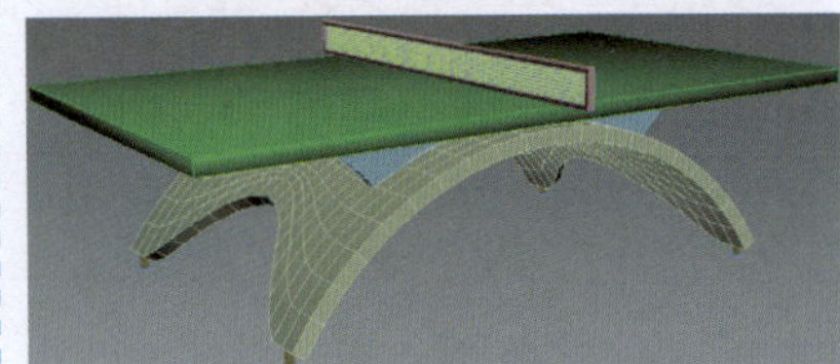

图5-288　复制并调整线

实例142　体育器械类——保龄球

实例效果剖析

本例制作的是保龄球，效果如图5-289所示。

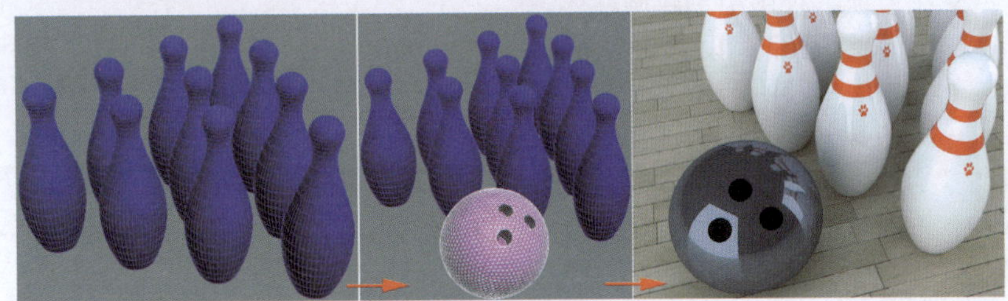

图5-289　效果展示

实例技术要点

本例主要用到的功能及技术要点如下。

- 施加“车削”修改器：用于车削出球瓶模型。
- 使用“布尔”工具：制作球体上的孔。

场景文件路径	Scene\第5章\实例142 保龄球.max		
贴图文件路径	Map\		
视频路径	视频\cha05\实例142 保龄球.mp4		
难易程度	★★	学习时间	10分28秒

实例143　体育器械类——羽毛球拍

实例效果剖析

本例制作的是一款比较简单的羽毛球拍，效果如图5-290所示。

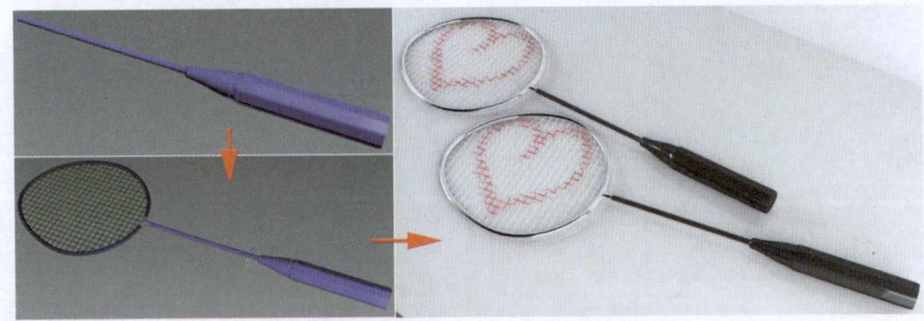

图5-290　效果展示

实例技术要点

本例主要用到的功能及技术要点如下。

- 使用"放样"工具：制作羽毛球拍的柄。
- 施加"编辑多边形"修改器：用于制作球拍柄与拍头的三通。

实例制作步骤

场景文件路径	Scene\第5章\实例143 羽毛球拍.max		
贴图文件路径	Map\		
视频路径	视频\ cha05\实例143 羽毛球拍.mp4		
难易程度	★★★	学习时间	12分42秒

❶ 在"左"视图中创建圆，将其作为放样截面图形1，设置合适的参数，效果如图5-291所示。

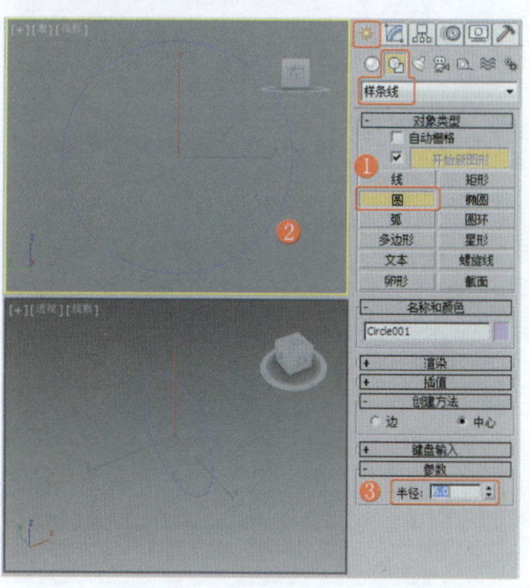

图5-291 创建放样截面图形1

❷ 继续在"左"视图中创建圆，将其作为放样截面图形2，设置合适的参数，效果如图5-292所示。

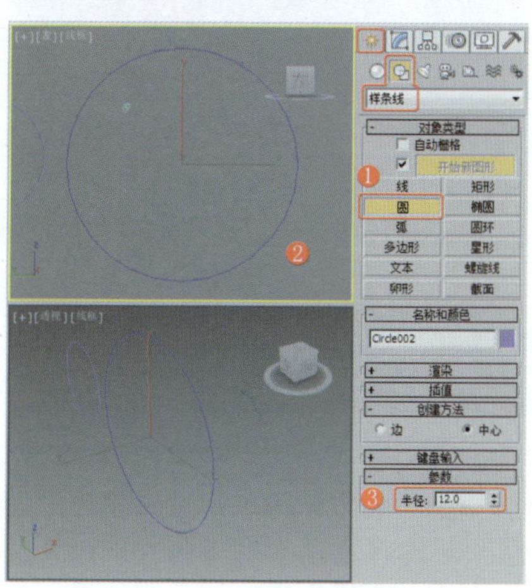

图5-292 创建放样截面图形2

❸ 继续在"左"视图中创建圆，将其作为放样截面图形3，设置合适的参数，效果如图5-293所示。

❹ 在"左"视图中创建多边形，将其作为放样截面图形4，设置合适的参数，效果如图5-294所示。

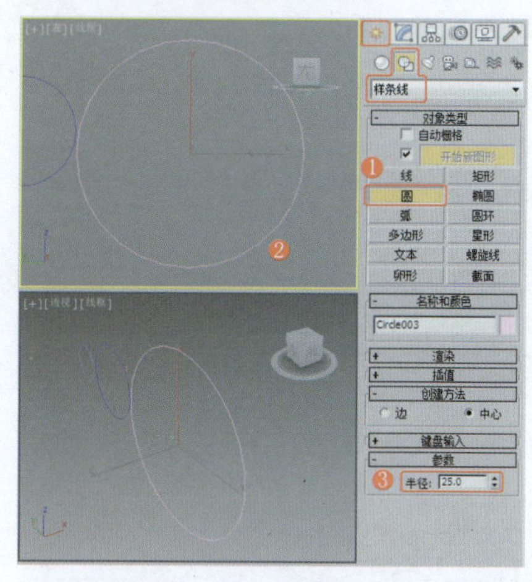

图5-293 创建放样截面图形3

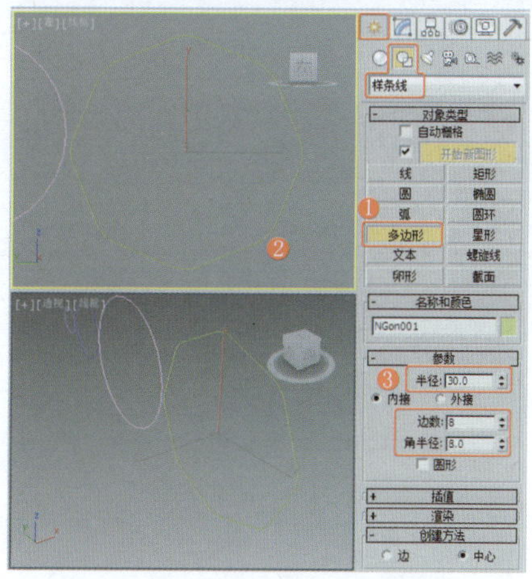

图5-294 创建放样截面图形4

❺ 在"前"视图中创建线，将其作为路径，效果如图5-295所示。

❻ 在场景中选择作为路径的线，选择"放样"工具，在"路径参数"卷展栏中设置合适的"路径"数值，在"创建方法"卷展栏中单击"获取图形"按钮，在场景中选择放样截面图形1，效果如图5-296所示。

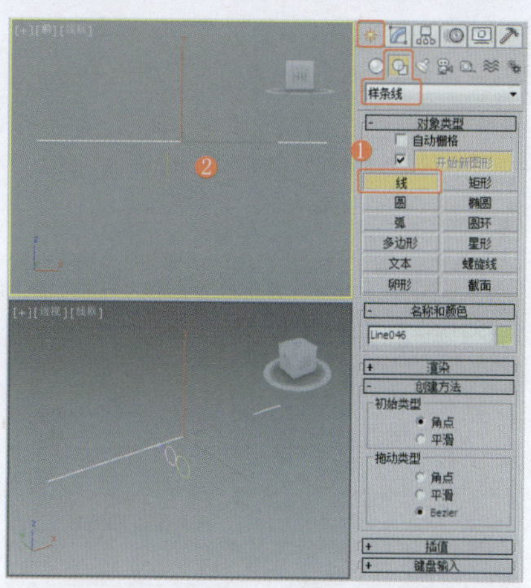

图5-295 创建线

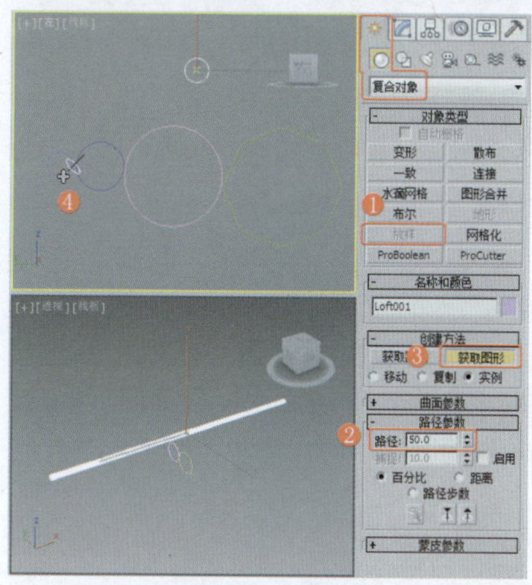

图5-296 放样模型

❼ 在"路径参数"卷展栏中设置合适的"路径"数值，在"创建方法"卷展栏中单击"获取图形"按钮，在场景中选择放样截面图形2，效果如图5-297所示。

> **提 示**
>
> 在创建多截面的放样模型时，需要更改路径参数，然后分别单击"获取图形"按钮，设置并拾取截面图形。

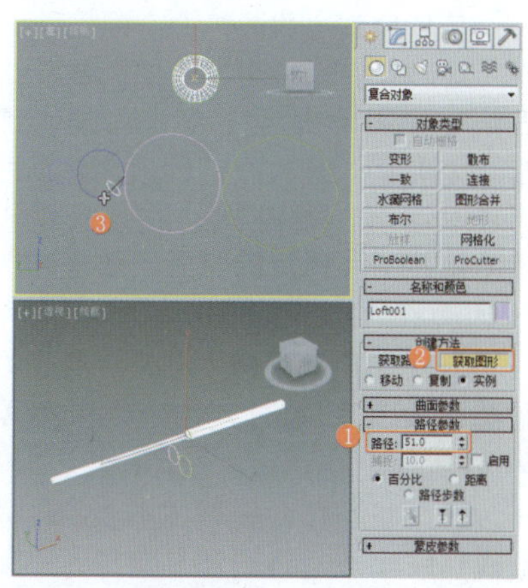

图5-297 放样模型

⑧ 在“路径参数”卷展栏中设置合适的“路径”数值，在“创建方法”卷展栏中单击“获取图形”按钮，在场景中选择放样截面图形3，效果如图5-298所示。

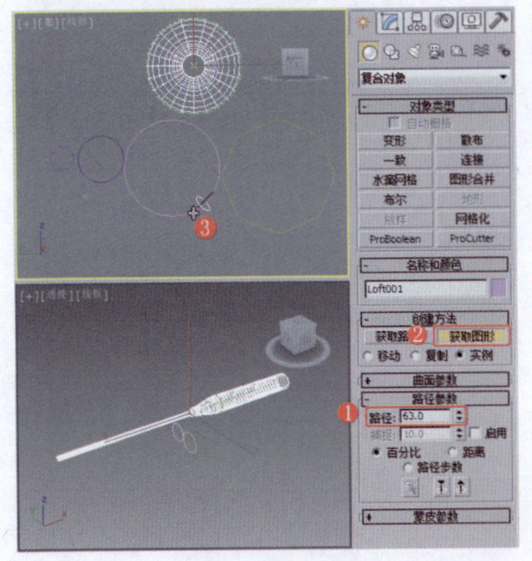
图5-298 放样模型

⑨ 在“路径参数”卷展栏中设置合适的“路径”数值，在“创建方法”卷展栏中单击“获取图形”按钮，在场景中选择放样截面图形4，效果如图5-299所示。

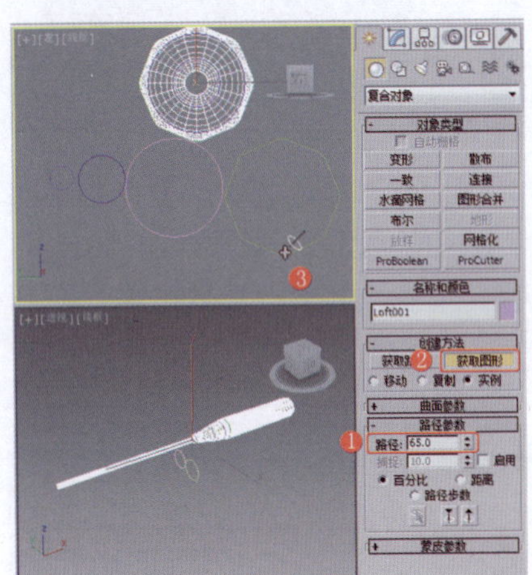
图5-299 放样模型

⑩ 切换到“修改”命令面板，在“变形”卷展栏中单击“缩放”按钮，在弹出的面板中单击“插入顶点”按钮，插入合适的顶点，单击“获取图形”按钮，在场景中选择顶点并调整顶点的位置，效果如图5-300所示。

⑪ 在“顶”视图中创建可渲染的椭圆，设置合适的参数，效果如图5-301所示。

⑫ 为可渲染的椭圆施加“编辑样条线”修改器，将选择集定义为“顶点”，在场景中调整椭圆顶点的位置，效果如图5-302所示。

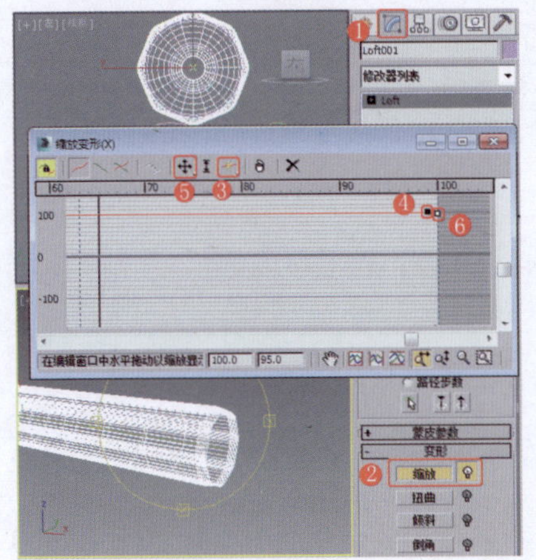
图5-300 调整模型

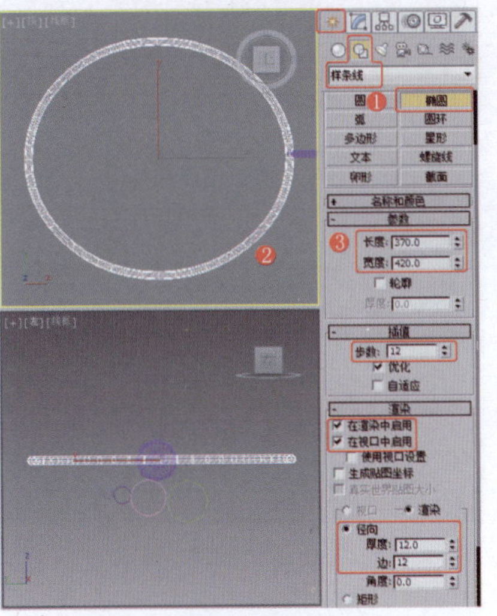
图5-301 创建椭圆

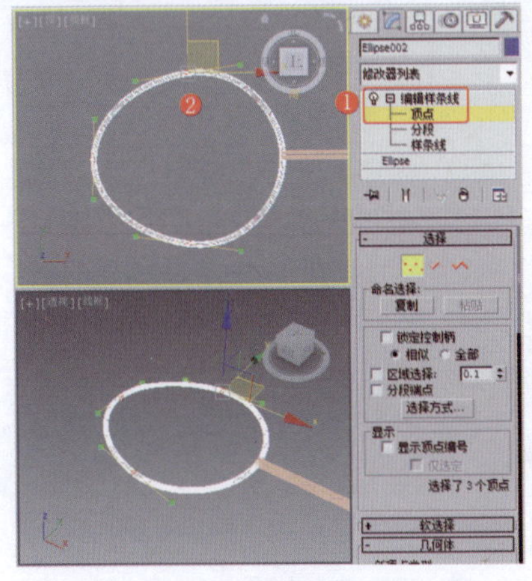
图5-302 调整顶点

⑬ 在“顶”视图中创建可渲染的线，设置合适的参数，效果如图5-303所示。

⑭ 对可渲染的线进行复制，并调整其至合适的位置，效果如图5-304所示。

⑮ 在“顶”视图中创建长方体，设置合适的参数，效果如图5-305所示。

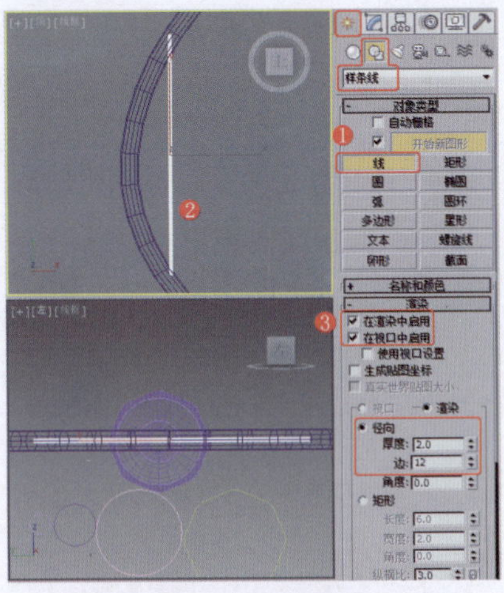
图5-303 创建线

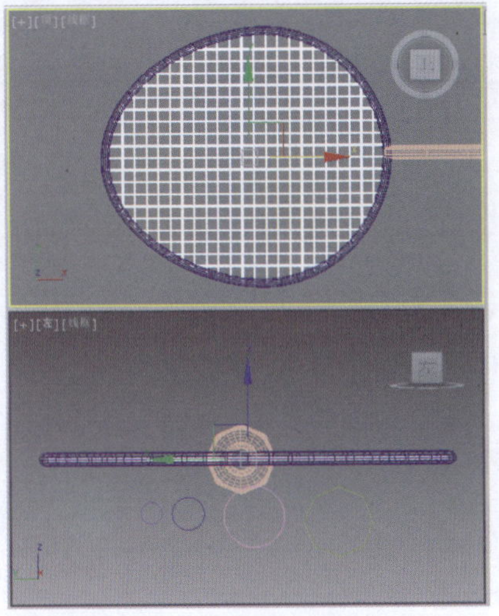
图5-304 复制并调整模型

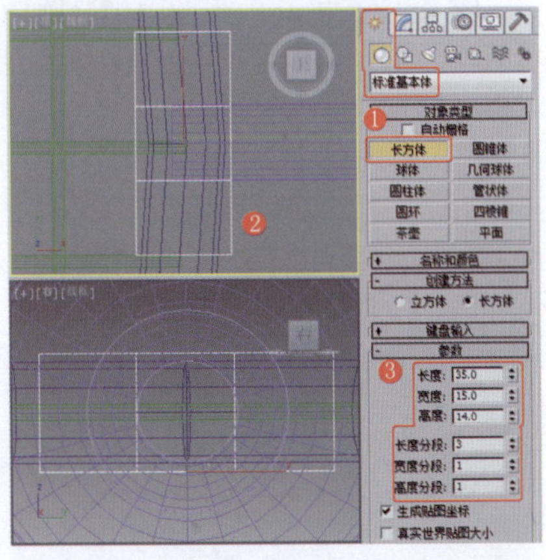
图5-305 创建长方体

⑯ 为长方体施加“编辑多边形”修改器，将选择集定义为“顶点”，在场景中调整长方体顶点的位置，效果如图5-306所示。

⑰ 将选择集定义为“多边形”，在场景中选择多边形，为多边形设置合适的“挤出”参数，效果如图5-307所示。

图5-306 调整顶点

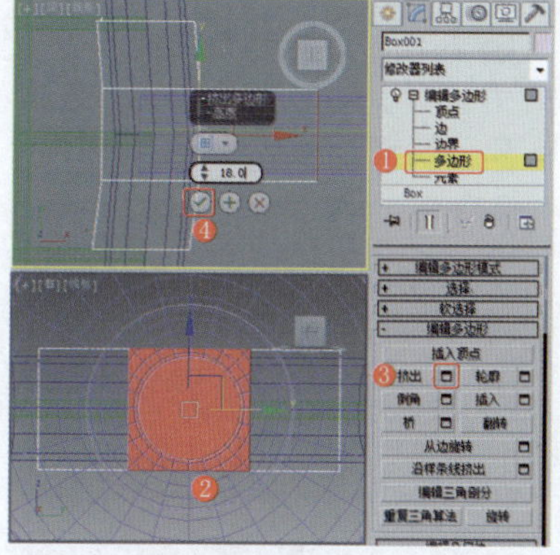
图5-307 设置多边形的“挤出”参数

⑱ 将选择集定义为“边”，在场景中选择边，为选择的边设置合适的“切角”参数，效果如图5-308所示。

⑲ 继续为模型施加“网格平滑”修改器，设置合适的参数，效果如图5-309所示，球拍制作完成。

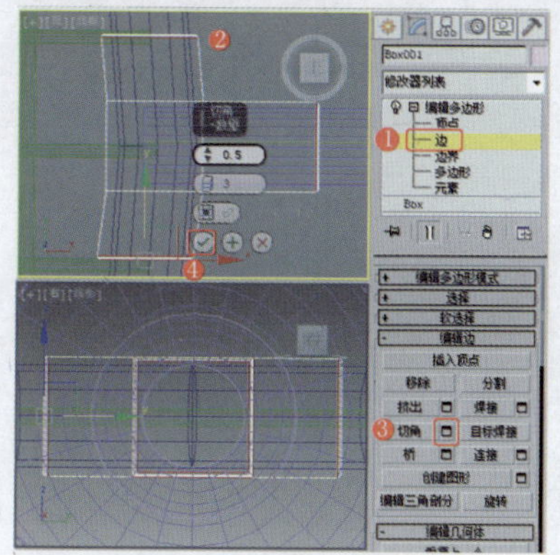
图5-308 设置边的“切角”参数

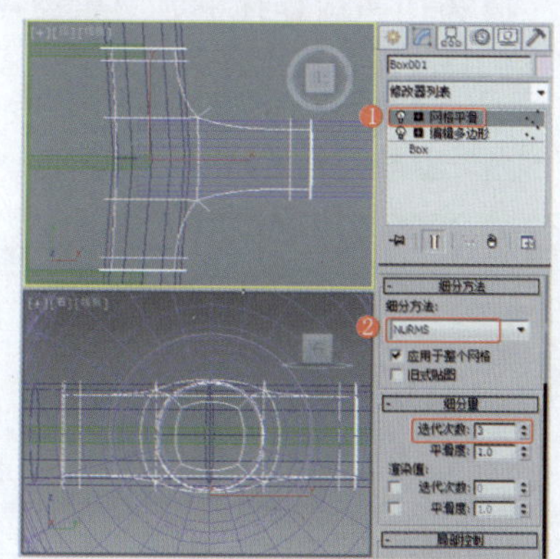

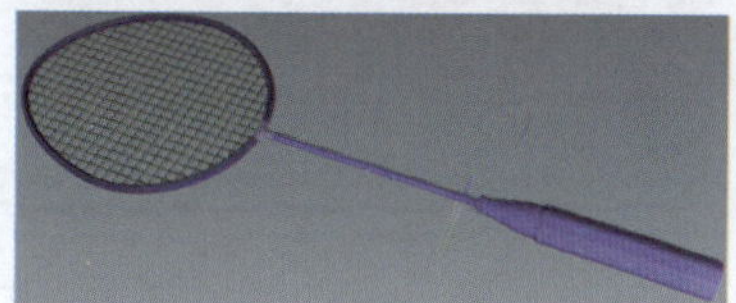
图5-309 完成制作

实例144 体育器械类——仰卧起坐板

实例效果剖析

本例制作的是一款水平倾斜的仰卧起坐板，效果如图5-310所示。

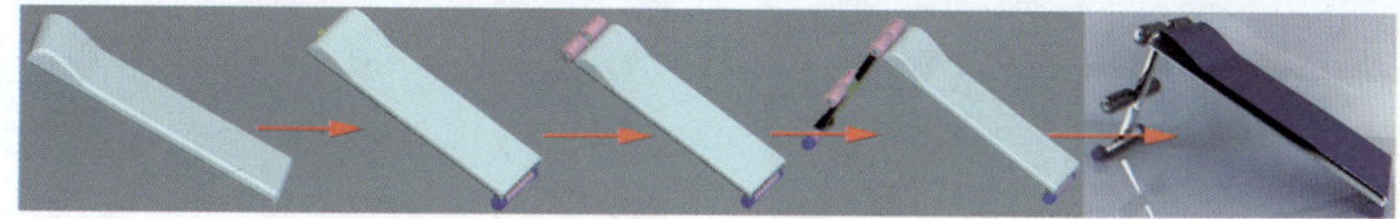
图5-310 效果展示

实例技术要点

本例主要用到的功能及技术要点如下。

- 施加“编辑多边形”修改器：用于制作仰卧起坐板轮子的模型。
- 施加“挤出”修改器：用于挤出仰卧起坐板的厚度。

实例制作步骤

场景文件路径	Scene\第5章\实例144 仰卧起坐板.max		
贴图文件路径	Map\		
视频路径	视频\ cha05\实例144 仰卧起坐板.mp4		
难易程度	★★	学习时间	14分11秒

❶ 在“顶”视图中创建切角长方体，设置合适的参数，效果如图5-311所示。

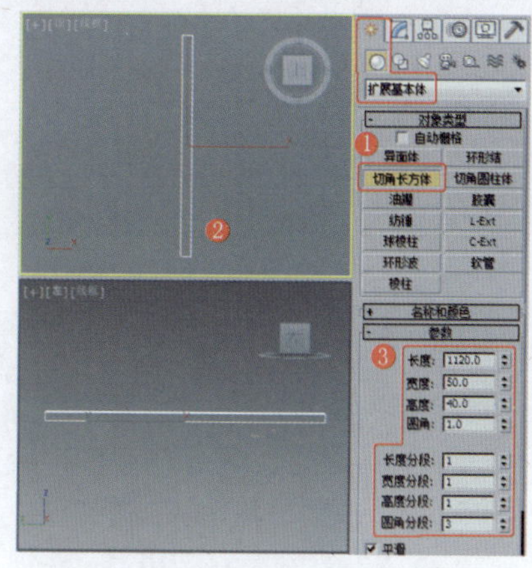
图5-311 创建切角长方体

❷ 在“左”视图中创建可闭合的线，对其顶点进行调整，效果如图5-312所示。

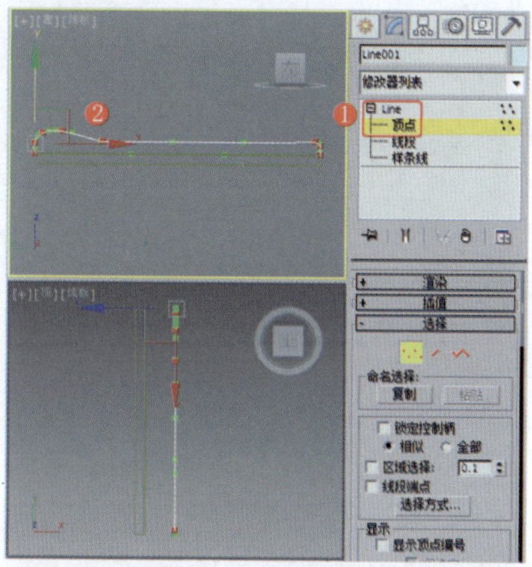
图5-312 创建并调整图形

❸ 将调整后的图形进行复制，并将复制出的图形进行隐藏，为场景中的图形施加“挤出”修改器，设置合适的参数，调整模型至合适的位置，效果如图5-313所示。

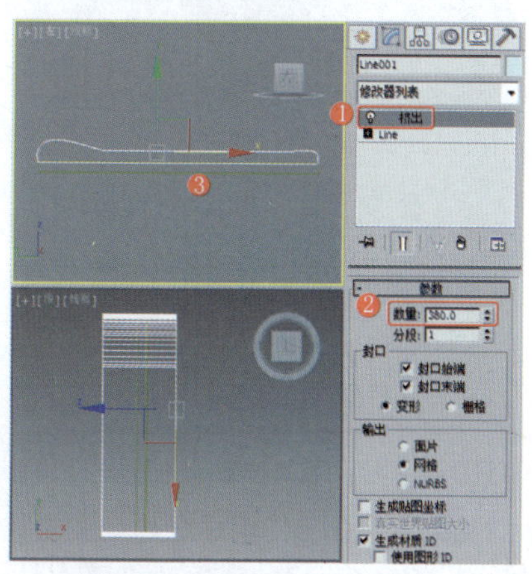
图5-313 施加“挤出”修改器

❹ 在场景中取消图形的隐藏，并为其施加“倒角”修改器，设置合适的参数，调整模型至合适的位置，效果如图5-314所示。

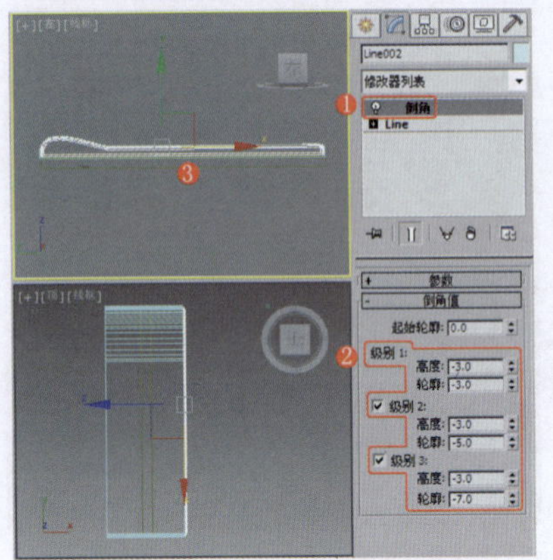

图5-314 施加“倒角”修改器

❺ 将倒角后的模型进行复制，并调整其至合适的位置，效果如图5-315所示。

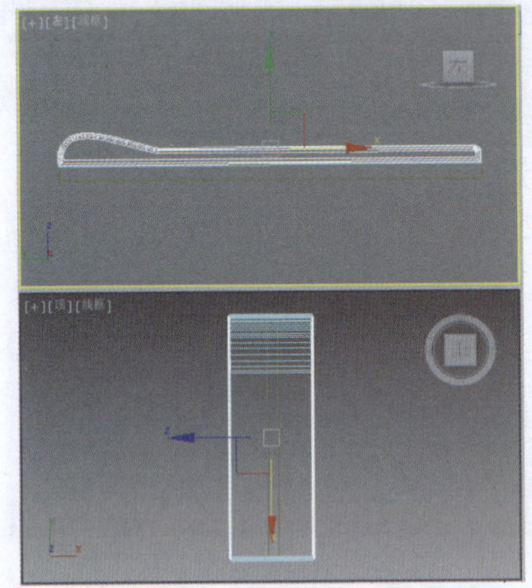

图5-315 复制并调整模型

❻ 在“左”视图中创建圆柱体，设置合适的参数，效果如图5-316所示。

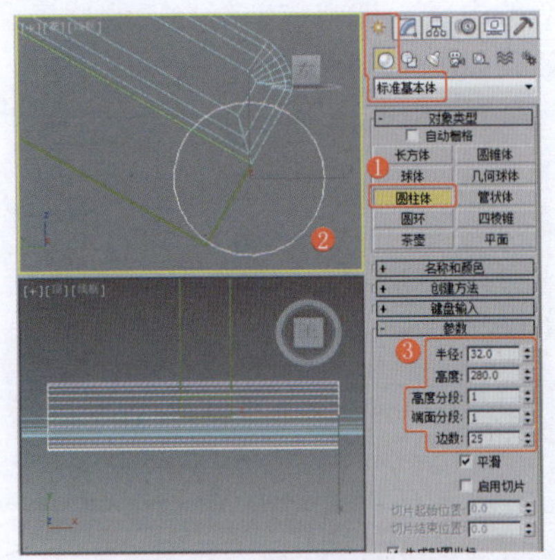

图5-316 创建圆柱体

❼ 在“左”视图中创建切角圆柱体，设置合适的参数，效果如图5-317所示。

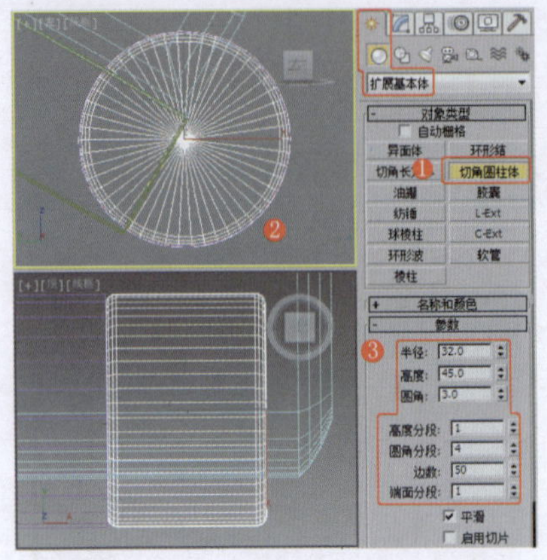

图5-317 创建切角圆柱体

❽ 为切角圆柱体施加“编辑多边形”修改器，将选择集定义为“多边形”，为选择的多边形设置合适的“倒角”参数，效果如图5-318所示。

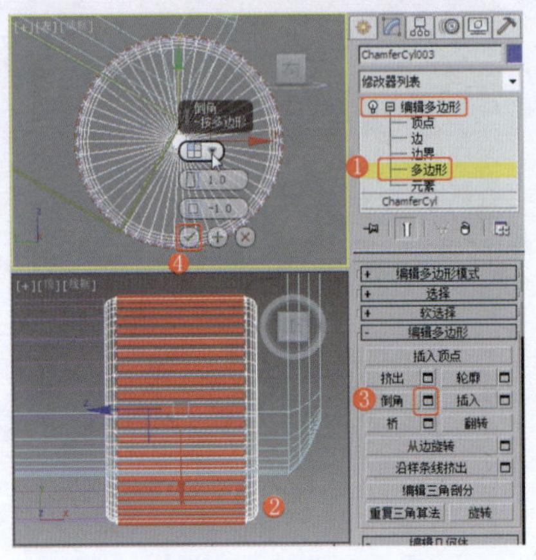

图5-318 设置多边形的“倒角”参数

❾ 在场景中将倒角后的模型进行复制，并调整其至合适的位置，效果如图5-319所示。

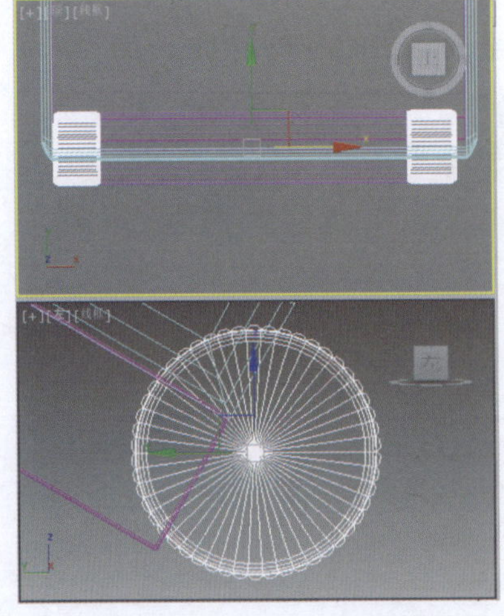

图5-319 复制并调整模型

❿ 在“左”视图中创建切角圆柱体，设置合适的参数，效果如图5-320所示。

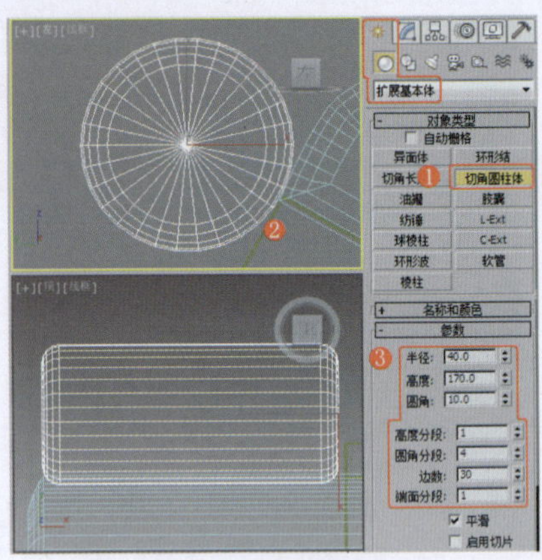

图5-320 创建切角圆柱体

⓫ 在场景中对切角圆柱体进行复制，并调整其至合适的位置，效果如图5-321所示。

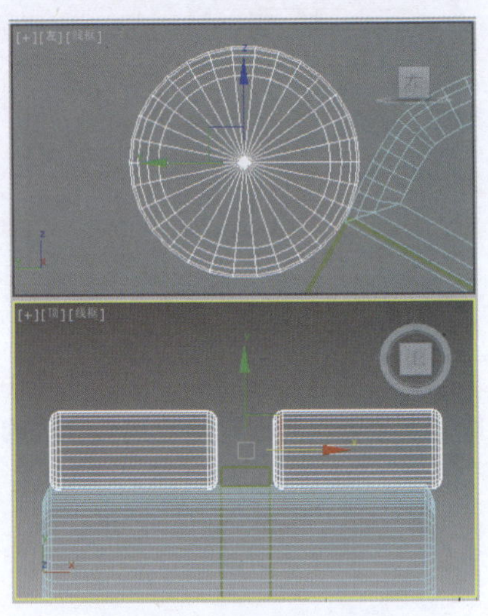

图5-321 复制并调整模型

⓬ 在“左”视图中创建切角圆柱体，设置合适的参数，效果如图5-322所示。

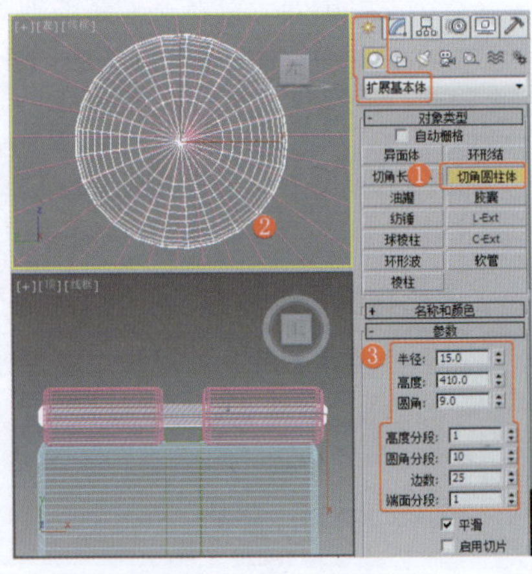

图5-322 创建切角圆柱体

⓭ 在场景中创建长方体，设置合适的参数并调整其至合适的角度和位置，效果如图5-323所示。

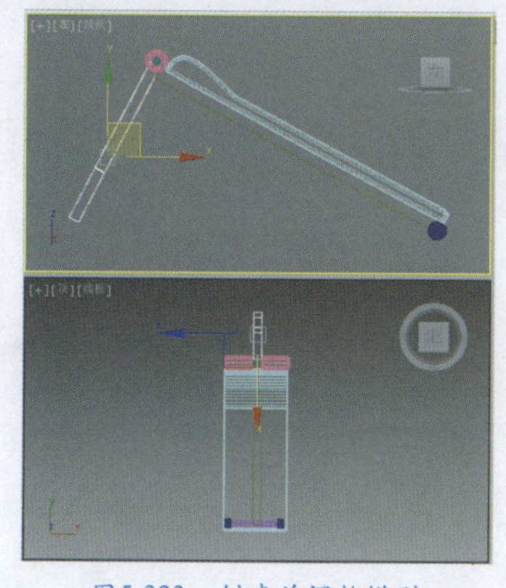
图5-323 创建并调整模型

⑭ 在场景中选择并复制模型，然后调整其至合适的位置，效果如图5-324所示。

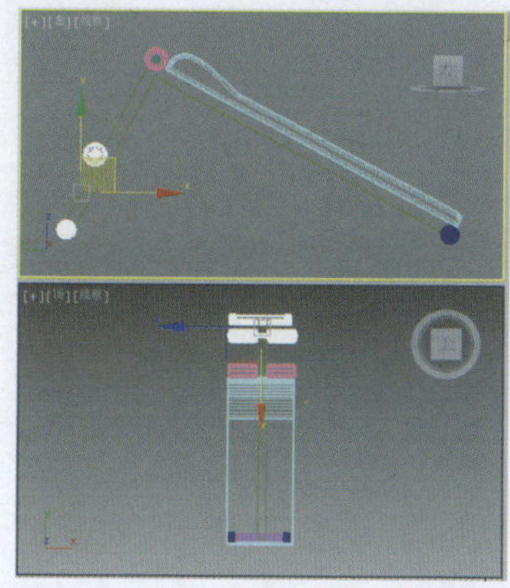
图5-324 复制并调整模型

实例145 体育器械类——哑铃

实例效果剖析

本例制作的是一款女士专用的小巧哑铃，效果如图5-325所示。

图5-325 效果展示

实例技术要点

本例主要用到的功能及技术要点如下。

- 施加“编辑多边形”修改器：用于调整并删除多边形。
- 使用“连接”工具：将两个删除多边形后的切角圆柱体进行连接。
- 施加“涡轮平滑”修改器：用于设置模型的平滑效果。

场景文件路径	Scene\第5章\实例145 哑铃.max		
贴图文件路径	Map\		
视频路径	视频\ cha05\实例145 哑铃.mp4		
难易程度	★★	学习时间	4分52秒

实例146 体育器械类——飞镖靶

实例效果剖析

本例制作的是一款电子式飞镖靶，效果如图5-326所示。

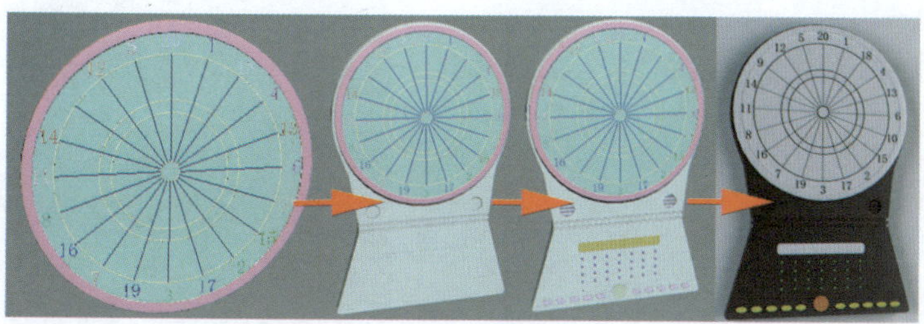
图5-326 效果展示

实例技术要点

本例主要用到的功能及技术要点如下。

- 施加“编辑多边形”修改器：制作飞镖靶的基本模型。

实例制作步骤

场景文件路径	Scene\第5章\实例146 飞镖靶.max	
贴图文件路径	Map\	
视频路径	视频\ cha05\实例146 飞镖靶.mp4	
难易程度	★★	学习时间
		22分35秒

❶ 在“前”视图中创建切角圆柱体，设置合适的参数，效果如图5-327所示。

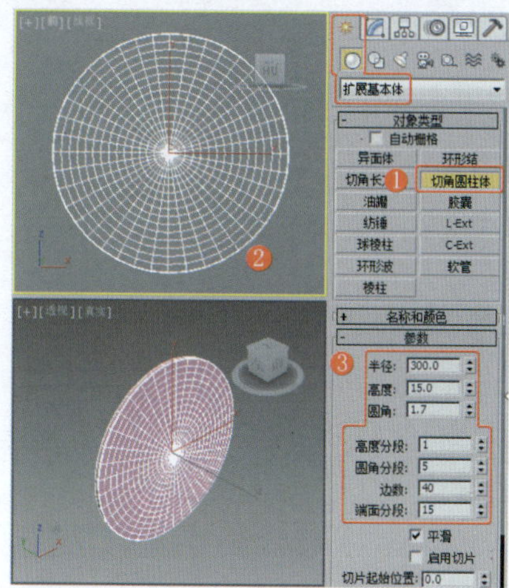
图5-327 创建切角圆柱体

❷ 为模型施加“编辑多边形”修改器，将选择集定义为“多边形”，在场景中选择多边形，设置合适的“挤出”参数，效果如图5-328所示。

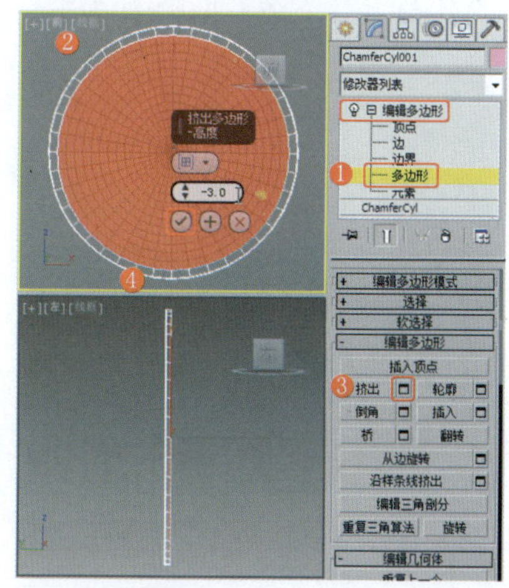
图5-328 设置多边形的“挤出”参数

❸ 在“前”视图中创建文本，将其作为飞镖靶上的数字，在“参数”卷展栏中设置合适的参数，效果如图5-329所示。

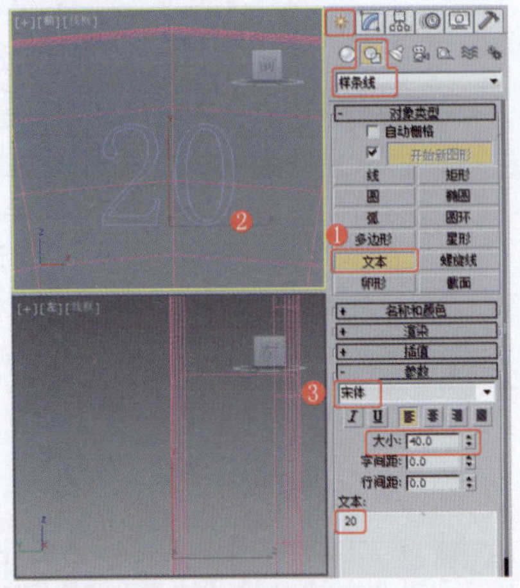

图5-329　创建文本

❹ 继续创建合适的文本，选择全部文本并将文本编组，得到“组001”，效果如图5-330所示。

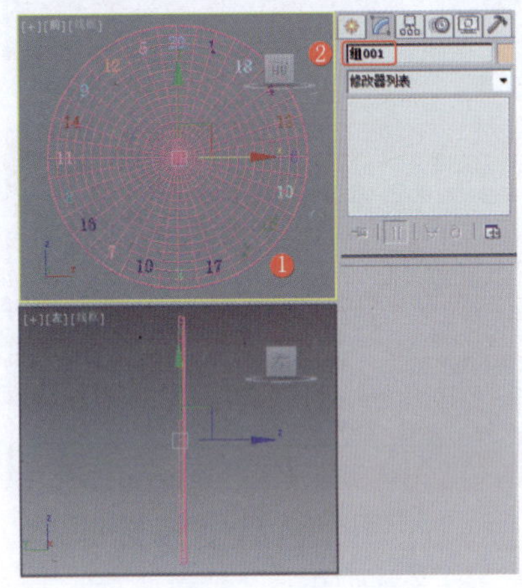

图5-330　复制并编组文本

❺ 为编组的文本施加“挤出”修改器，设置合适的“数量”数值，调整文本至合适的位置，效果如图5-331所示。

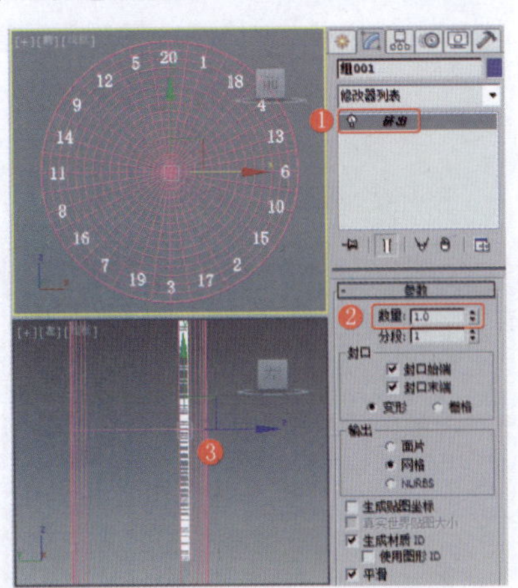

图5-331　施加“挤出”修改器

❻ 在“前”视图中创建圆柱体，设置合适的参数，效果如图5-332所示。

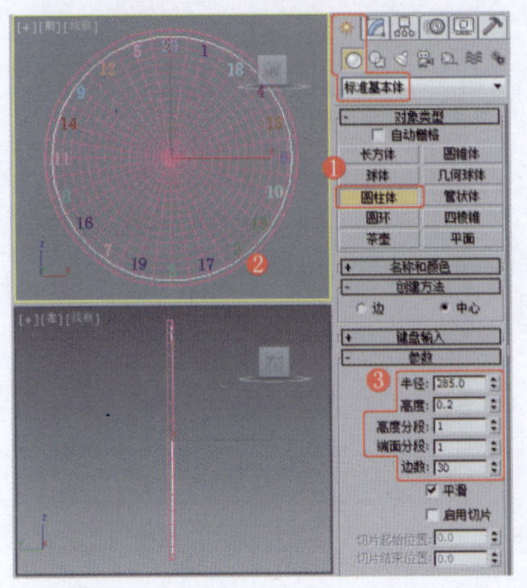

图5-332　创建圆柱体

❼ 在“前”视图中创建圆，设置合适的参数，效果如图5-333所示。

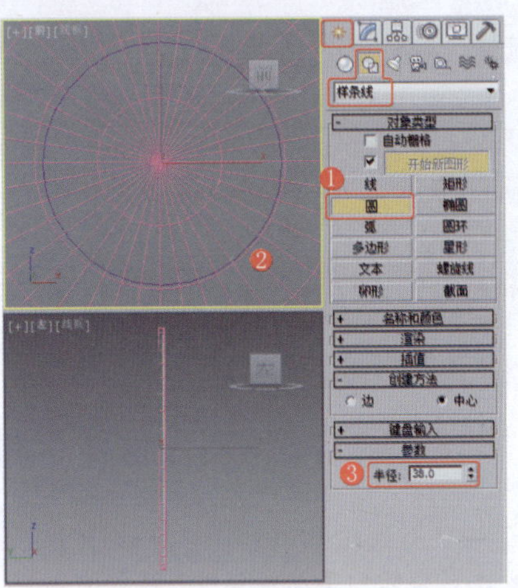

图5-333　创建圆

❽ 为圆施加“编辑样条线”修改器，将选择集定义为“样条线”，在“几何体”卷展栏中选择“轮廓”工具，为圆设置合适的轮廓，效果如图5-334所示。

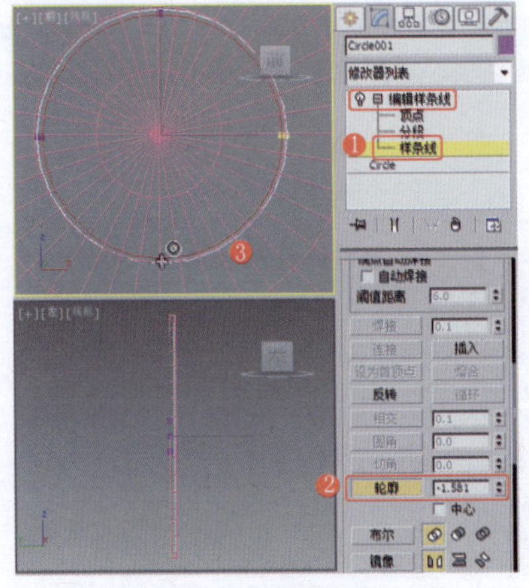

图5-334　设置圆的轮廓

❾ 为圆施加“挤出”修改器，设置合适的参数，效果如图5-335所示。

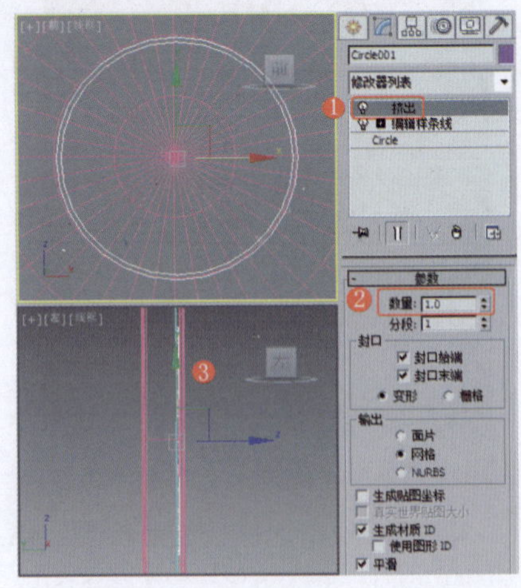

图5-335　施加“挤出”修改器

❿ 在“前”视图中创建可渲染的圆，设置合适的参数，效果如图5-336所示。

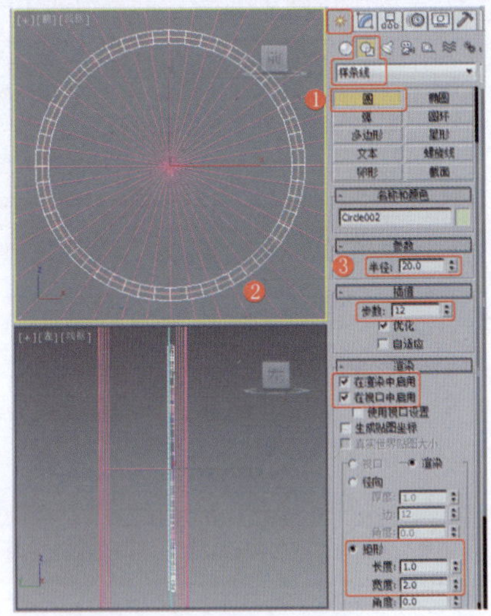

图5-336　创建可渲染的圆

⓫ 对可渲染的圆进行复制并调整其至合适的位置，效果如图5-337所示。

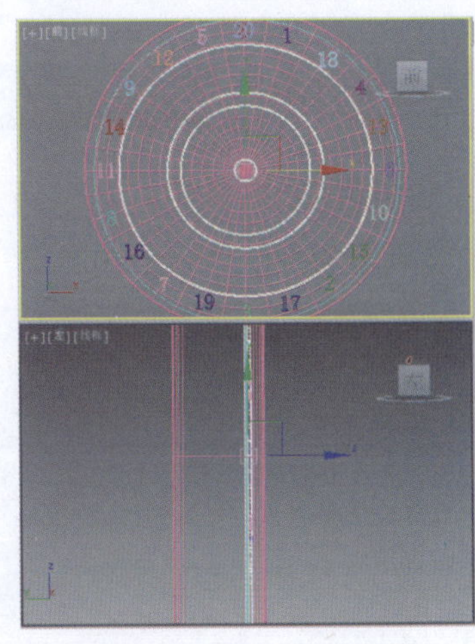

图5-337　复制并调整圆

⑫ 在“前”视图中创建可渲染的线，设置合适的参数，效果如图5-338所示。

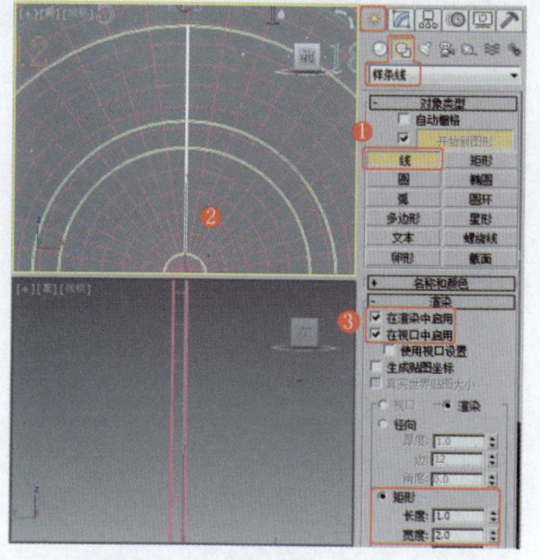

图5-338 创建可渲染的线

⑬ 在场景中选择“Line001”模型，调整模型的轴心，效果如图5-339所示。

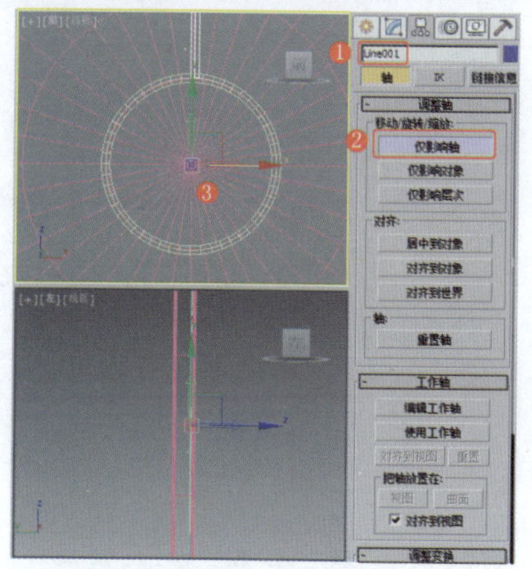

图5-339 调整模型轴心的位置

⑭ 关闭“仅影响轴”按钮，激活“前”视图，在菜单栏中选择“工具”→“阵列”命令，在打开的对话框中设置阵列参数，如图5-340所示，单击“确定”按钮。

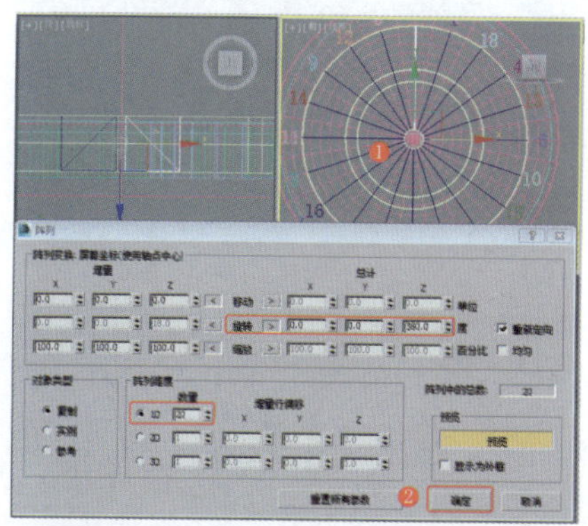

图5-340 阵列模型

⑮ 在“前”视图中创建线，得到“Line021”，对其顶点进行调整，效果如图5-341所示。

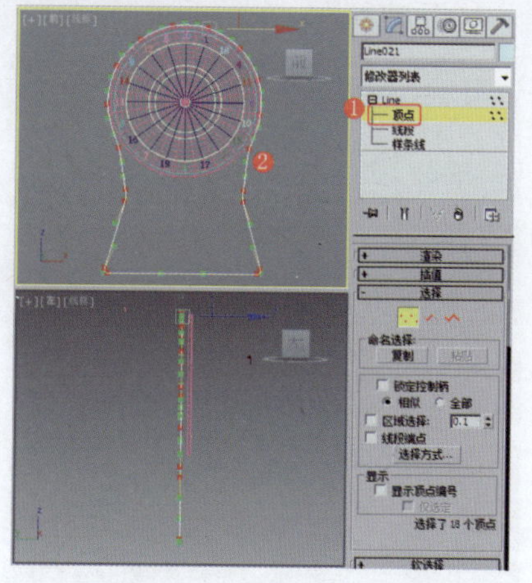

图5-341 创建并调整图形

⑯ 为图形施加“挤出”修改器，设置合适的参数，效果如图5-342所示。

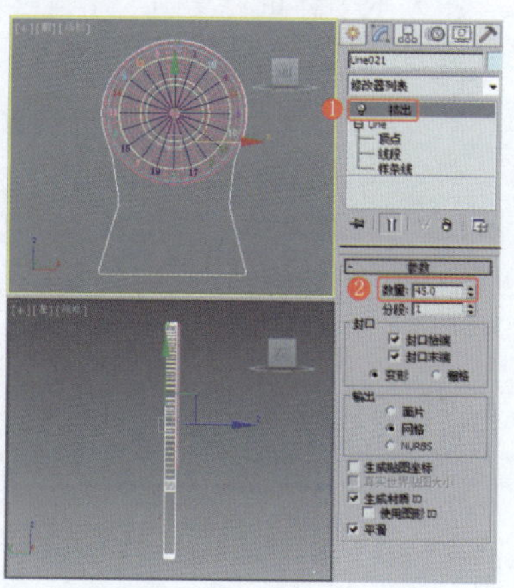

图5-342 施加“挤出”修改器

⑰ 在“前”视图中创建并复制圆柱体，将其作为布尔对象，设置合适的参数并调整模型至合适的位置，效果如图5-343所示。

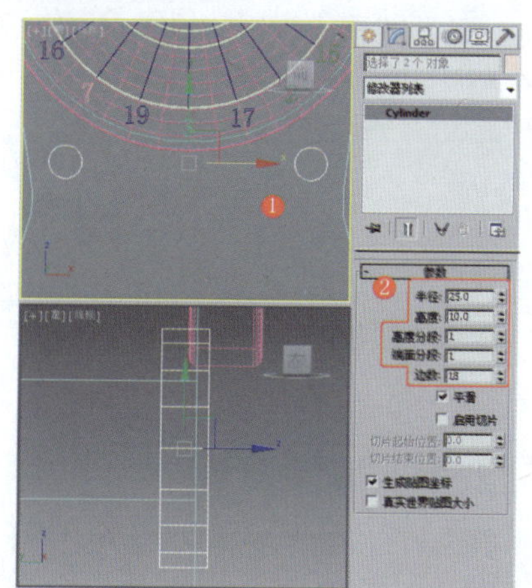

图5-343 创建、复制并调整圆柱体

⑱ 在“顶”视图中创建圆角矩形，将其作为布尔对象，设置合适的参数，效果如图5-344所示。

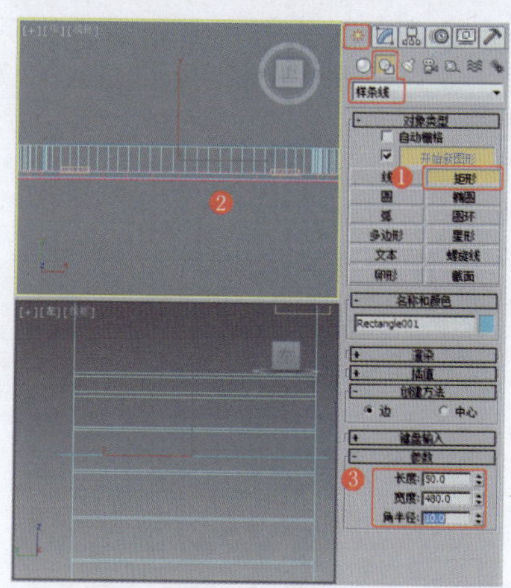

图5-344 创建圆角矩形

⑲ 为圆角矩形施加“编辑样条线”修改器，将选择集定义为“样条线”，在“几何体”卷展栏中选择“轮廓”工具，为圆角矩形设置合适的轮廓，效果如图5-345所示。

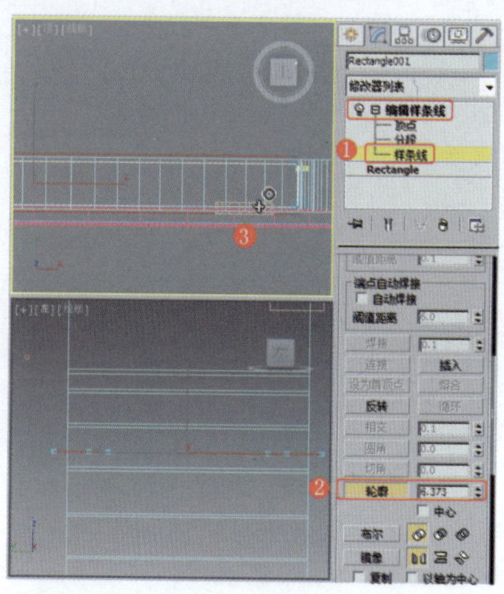

图5-345 设置样条线的轮廓

⑳ 为图形施加“挤出”修改器，设置合适的参数，对模型进行复制，然后将其调整至合适的位置，效果如图5-346所示。

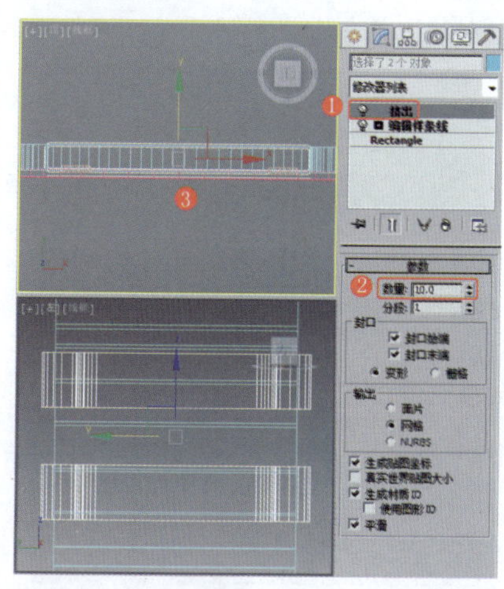

图5-346 施加“挤出”修改器并复制模型

㉑ 在“前”视图中创建圆角矩形，设置合适的参数，效果如图5-347所示。

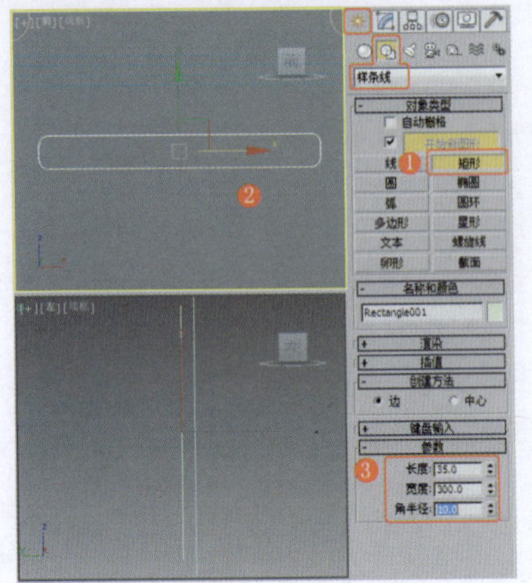

图5-347 创建圆角矩形

㉒ 为圆角矩形施加“挤出”修改器，设置合适的参数，效果如图5-348所示。

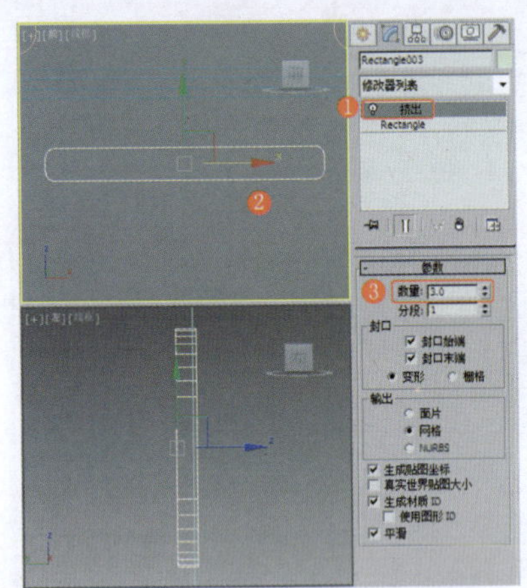

图5-348 施加“挤出”修改器

㉓ 在场景中选择“Line021”模型，使用“ProBoolean”工具，在“拾取布尔对象”卷展栏中单击“开始拾取”按钮，在场景中依次拾取布尔对象，效果如图5-349所示。

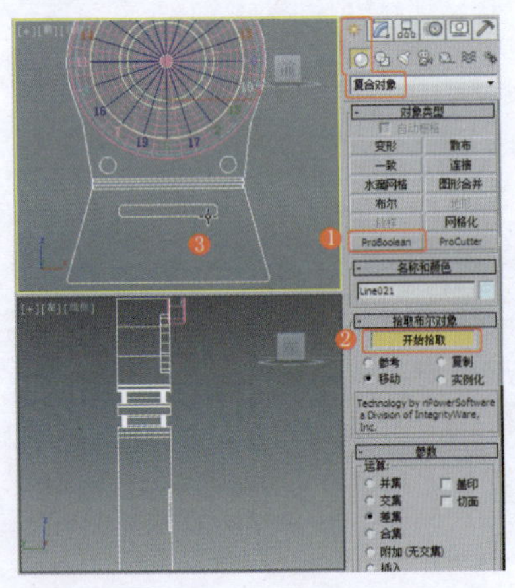

图5-349 布尔模型

㉔ 在“前”视图中创建长方体，设置合适的参数，效果如图5-350所示。

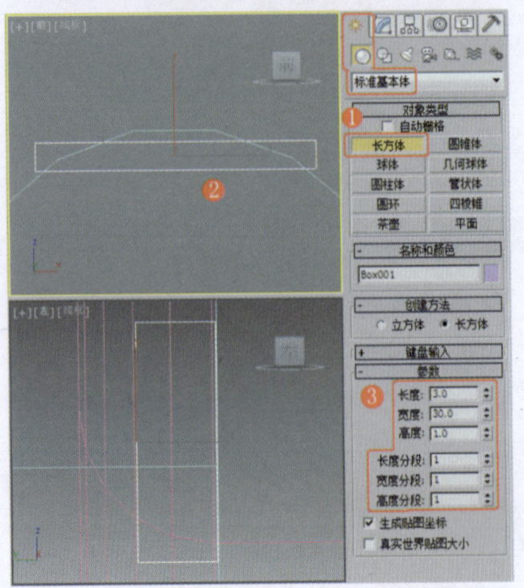

图5-350 创建长方体

㉕ 对长方体进行复制，并调整其至合适的位置，效果如图5-351所示。

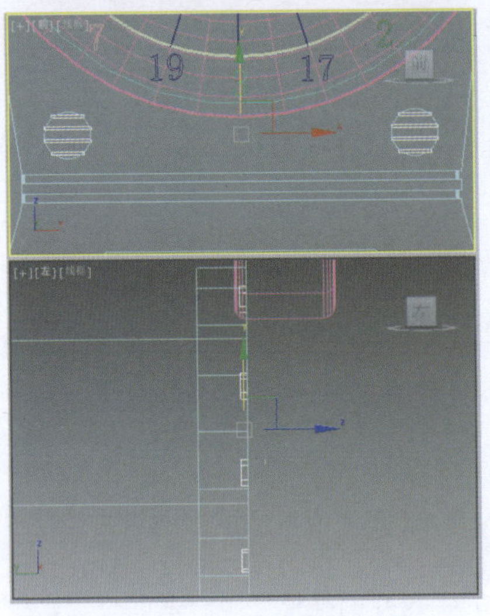

图5-351 复制并调整模型

㉖ 在“前”视图中创建长方体，设置合适的参数，效果如图5-352所示。

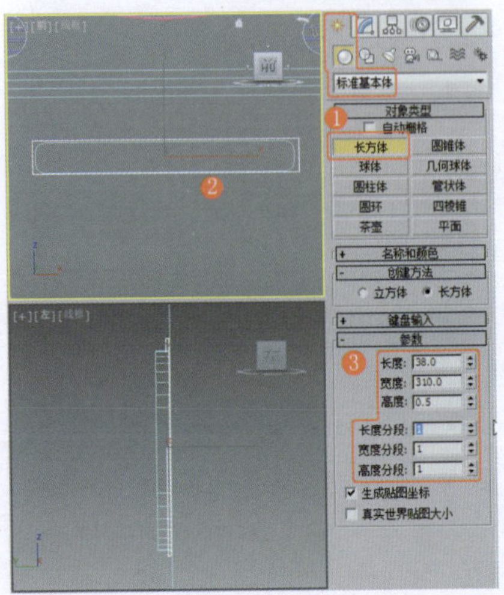

图5-352 创建长方体

㉗ 在“前”视图中创建球体，设置合适的参数，效果如图5-353所示。

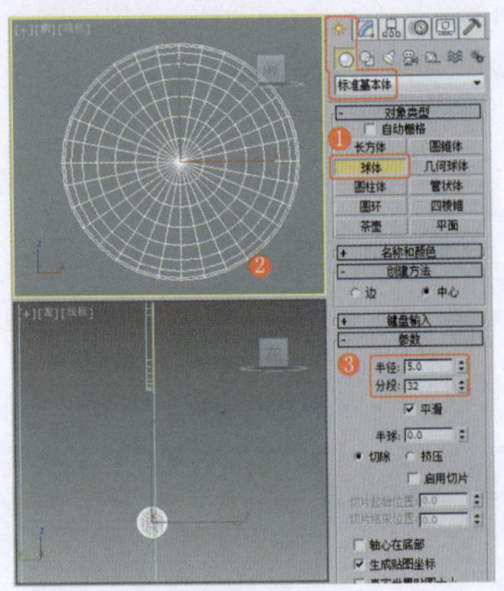

图5-353 创建球体

㉘ 对球体进行复制，并调整其至合适的位置，效果如图5-354所示。

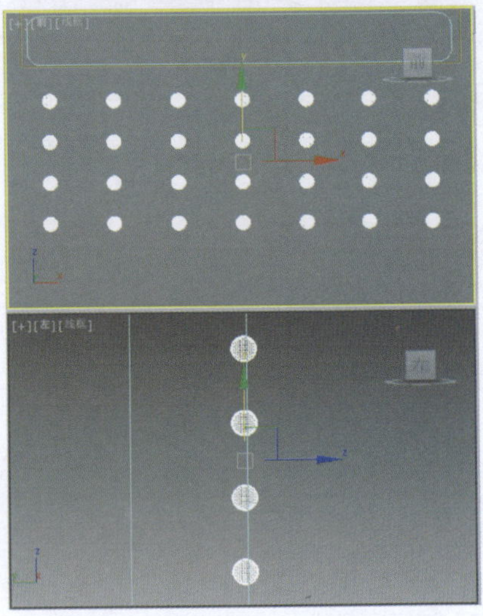

图5-354 复制并调整模型

㉙ 在“前”视图中创建椭圆，设置合适的参数，效果如图5-355所示。

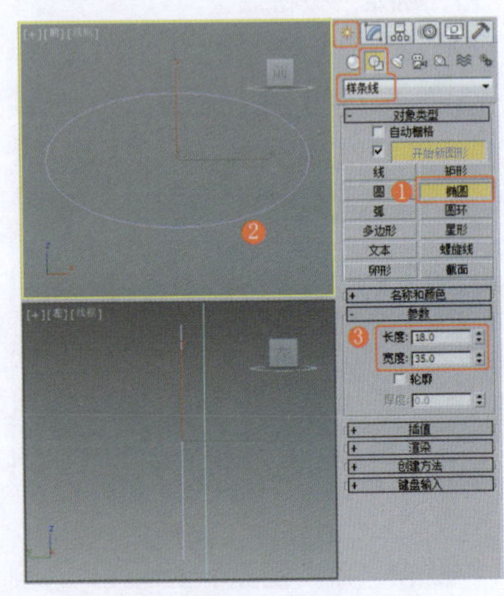

图5-355 创建椭圆

❸⓿ 为椭圆施加“挤出”修改器，设置合适的参数，对挤出的模型进行复制并调整其至合适的位置，效果如图5-356所示。

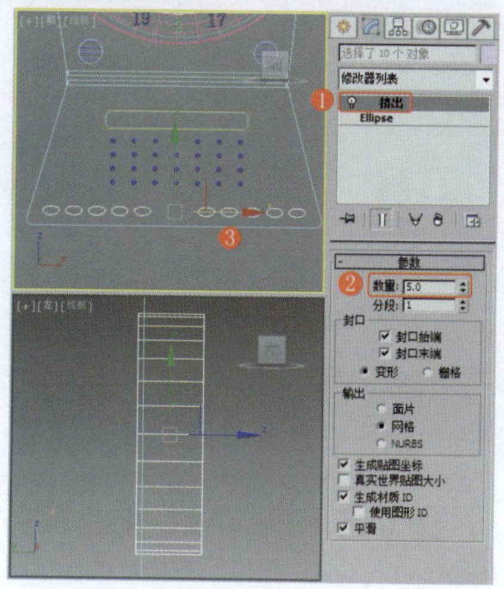

图5-356 挤出模型并进行复制、调整

❸❶ 在“前”视图中创建圆柱体，设置合适的参数，效果如图5-357所示，飞镖靶制作完成。

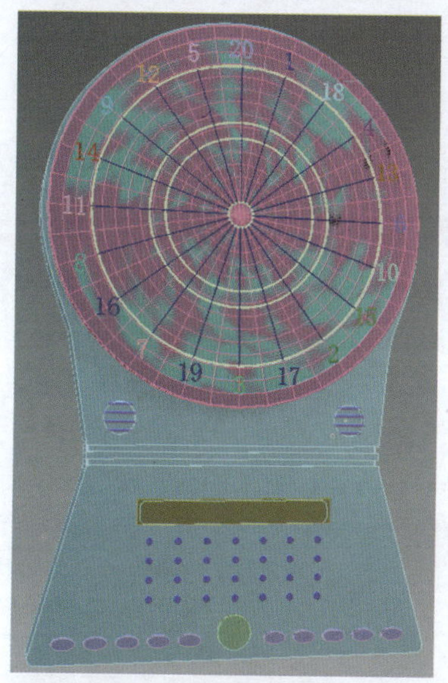

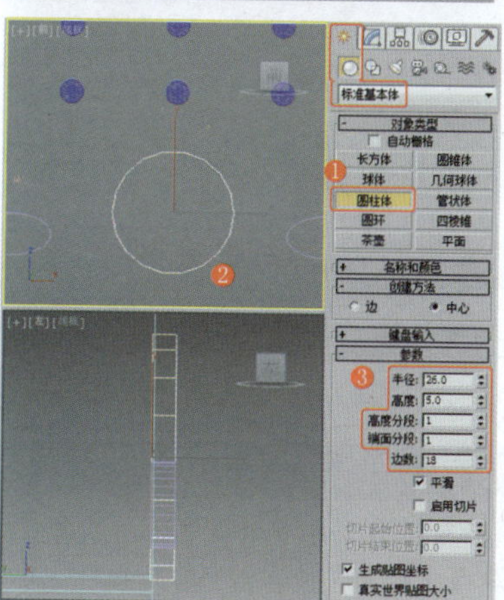

图5-357 完成制作

实例147 其他器械类——电子秤

实例效果剖析

本例制作的是一款家用的平面电子秤，效果如图5-358所示。

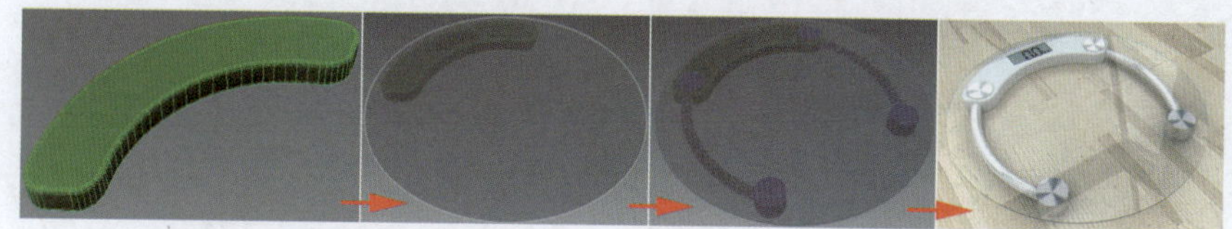

图5-358 效果展示

实例技术要点

本例主要用到的功能及技术要点如下。

- 使用“ProBoolean”工具：布尔出模型的凹槽效果。

实例制作步骤

场景文件路径	Scene\第5章\实例147 电子秤.max		
贴图文件路径	Map\		
视频路径	视频\cha05\实例147 电子秤.mp4		
难易程度	★★	学习时间	16分39秒

❶ 在“顶”视图中创建弧，设置合适的参数，效果如图5-359所示。

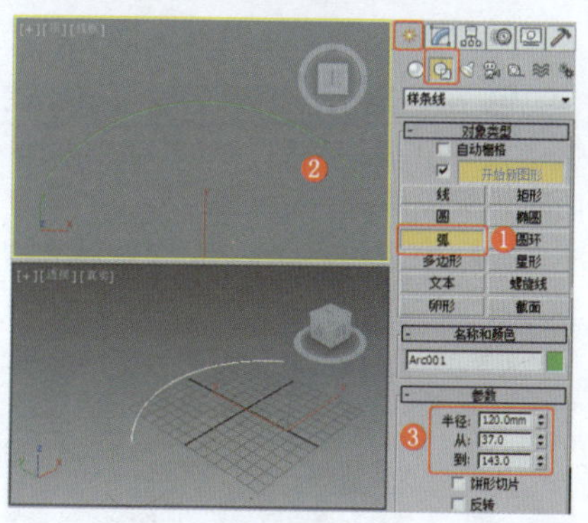

图5-359 创建弧

❷ 为弧施加“编辑样条线”修改器，将选择集定义为“样条线”，设置合适的“轮廓”参数，效果如图5-360所示。

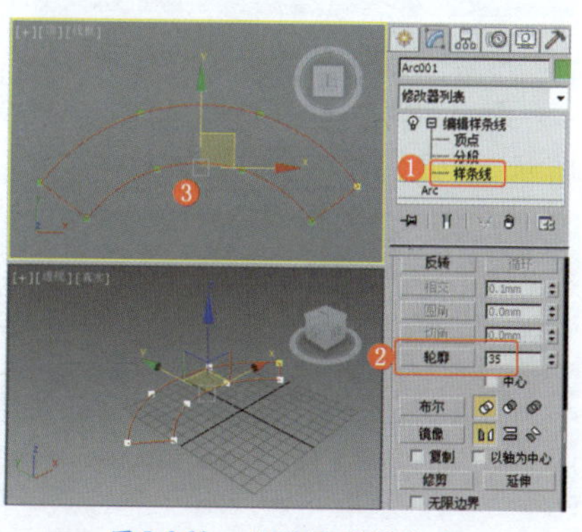

图5-360 设置图形的轮廓

❸ 将选择集定义为“顶点”，选择“圆角”工具，调整模型如图5-361所示的顶点的圆角效果。

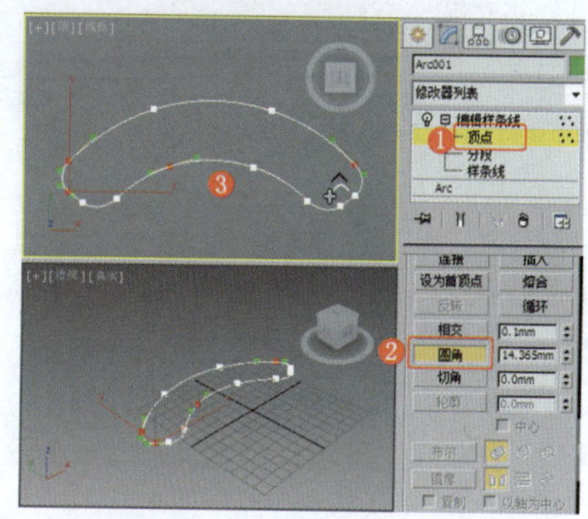

图5-361 设置圆角效果

❹ 为图形施加“挤出”修改器，设置挤出的“数量”数值，效果如图5-362所示。

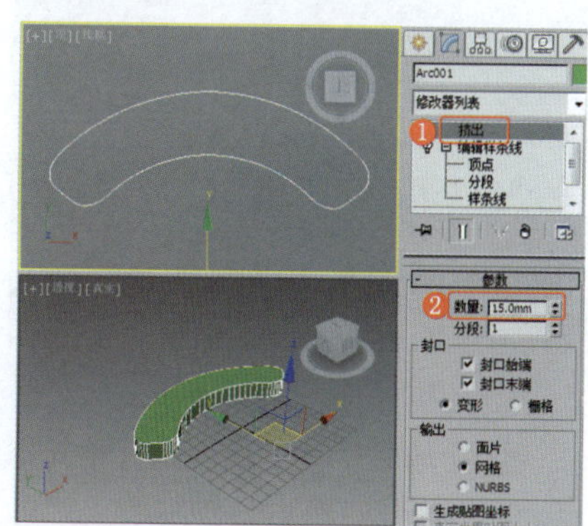

图5-362 施加“挤出”修改器

❺ 为模型施加“编辑多边形”修改器，将选择集定义为“边”，设置边的“切角”参数，效果如图5-363所示。

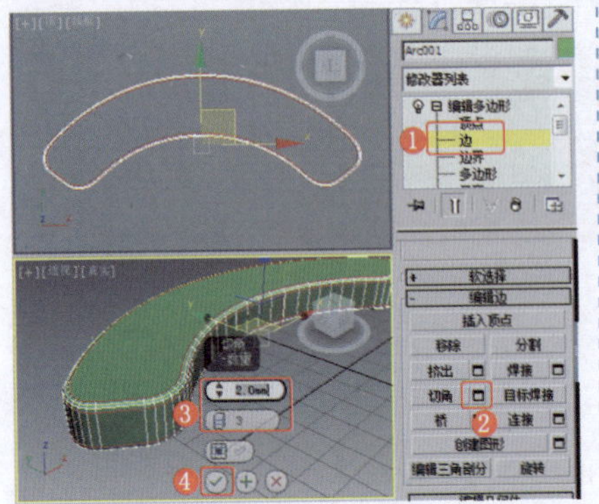
图5-363 设置边的“切角”参数

❻ 将选择集定义为“多边形”，在场景中选择多边形，为多边形设置一个共同的平滑组，这样可以使模型产生简单的平滑效果，如图5-364所示。

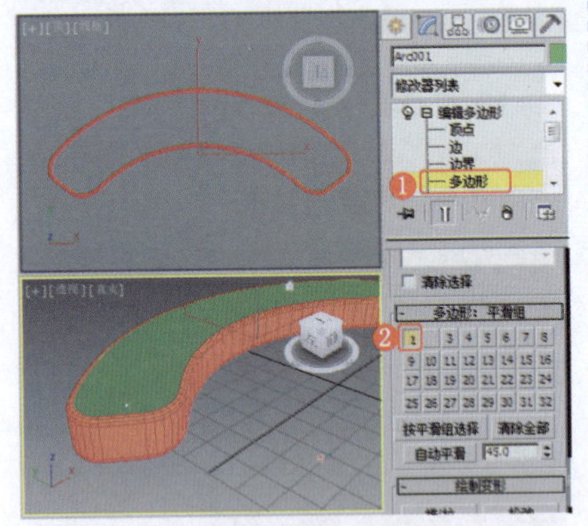
图5-364 设置平滑组

❼ 在“顶”视图中创建圆柱体，将其作为钢化玻璃面，效果如图5-365所示。

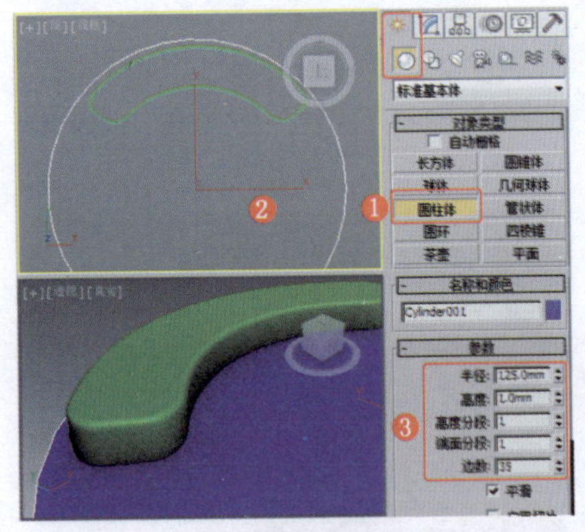
图5-365 创建圆柱体

❽ 在场景中复制圆柱体，将其作为支架，效果如图5-366所示。

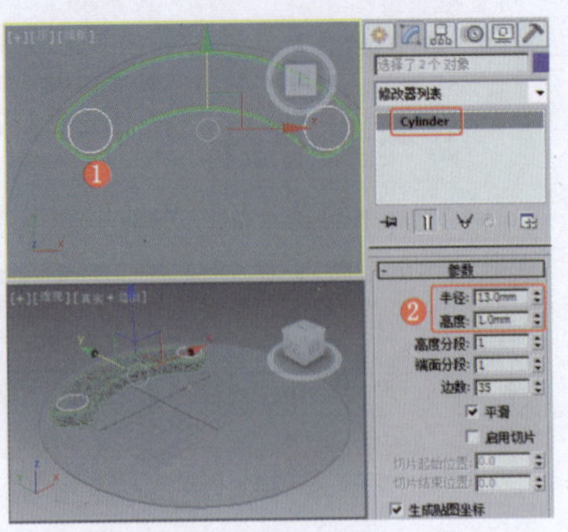
图5-366 复制圆柱体

❾ 继续复制圆柱体，将其作为另外两个支架，效果如图5-367所示。

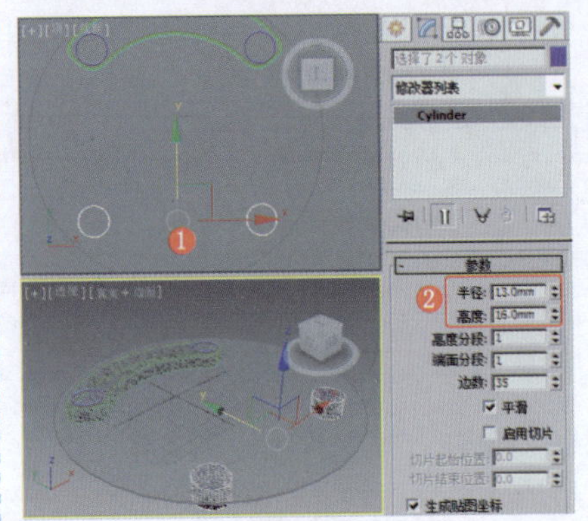
图5-367 复制圆柱体

❿ 在“顶”视图中创建可渲染的弧，设置合适的参数，效果如图5-368所示，调整弧至合适的位置。

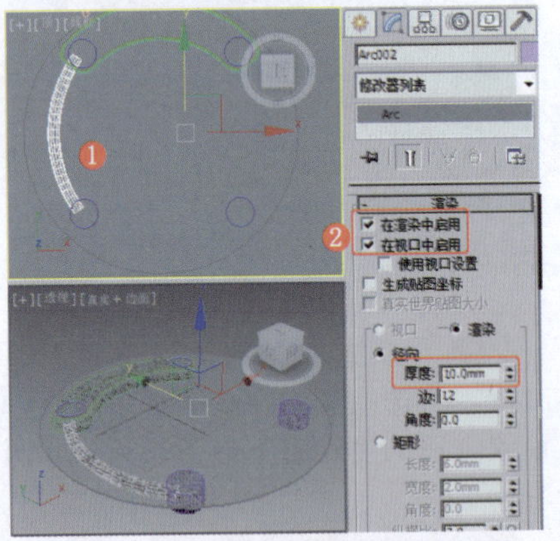
图5-368 创建可渲染的弧

⓫ 复制模型，效果如图5-369所示。

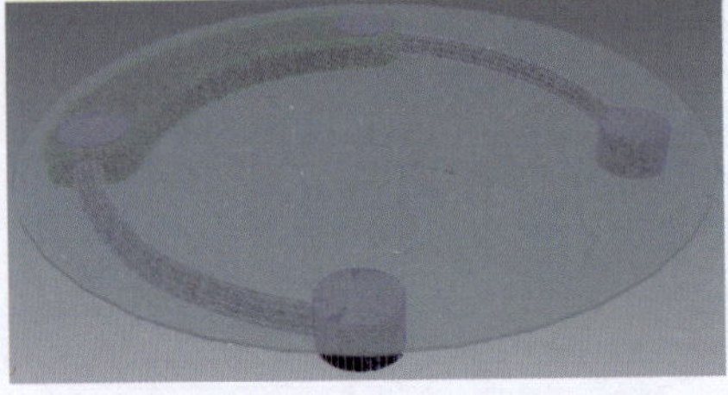
图5-369 复制模型

⓬ 在“顶”视图中创建长方体，设置合适的参数，将其作为电子秤凹槽的布尔对象，效果如图5-370所示。

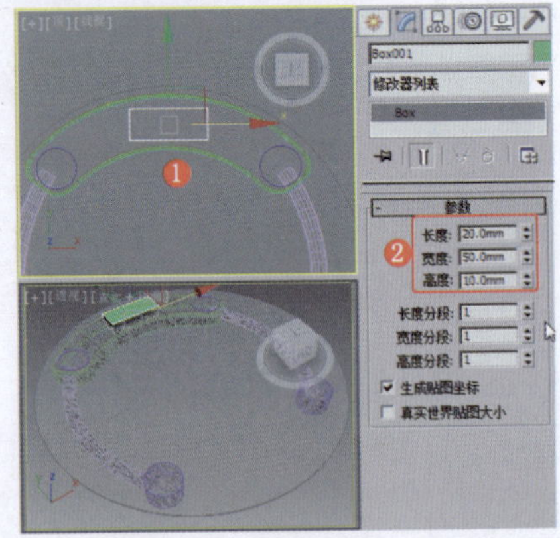
图5-370 创建长方体

⓭ 在场景中选择弧，使用“ProBoolean”工具，拾取长方体，制作出凹槽效果，如图5-371所示。

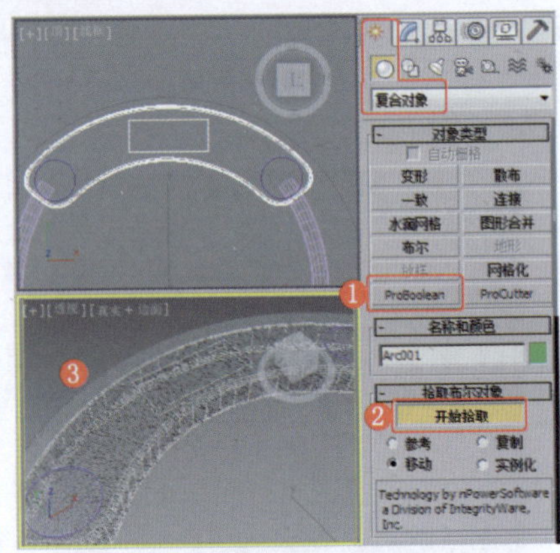
图5-371 布尔模型

⓮ 在场景中选择布尔出的模型，提取长方体，效果如图5-372所示。

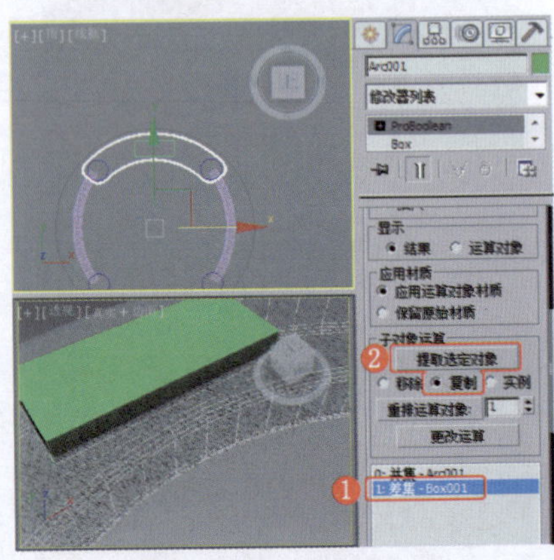
图5-372 提取模型

提 示

可以在创建布尔模型时，单击“拾取布尔对象”卷展栏中的“复制”单选按钮。

⑮ 修改提取出来的长方体，将其作为屏幕，效果如图5-373所示。

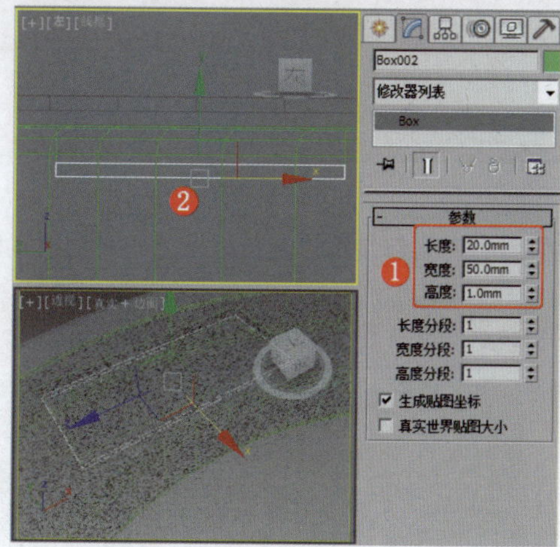

图5-373 修改模型的参数

实例148 其他器械类——木马

实例效果剖析

本例制作的是一款比较流行的带有毛发的木马，效果如图5-374所示。

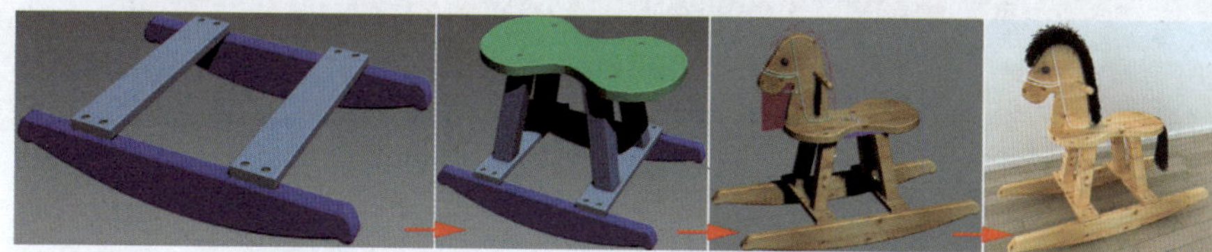

图5-374 效果展示

实例技术要点

本例主要用到的功能及技术要点如下。

- 使用“ProBoolean”工具：布尔出模型的凹槽和螺丝效果。
- 使用“VR毛皮”工具：制作毛发和马尾效果。

场景文件路径	Scene\第5章\实例148 木马.max		
贴图文件路径	Map\		
视频路径	视频\ cha05\实例148 木马.mp4		
难易程度	★★	学习时间	28分12秒

第6章 果蔬及其他

本章介绍果蔬及其他食物的制作，这些果蔬食物在效果图中主要起装饰作用，以产生一种生机勃勃的效果。

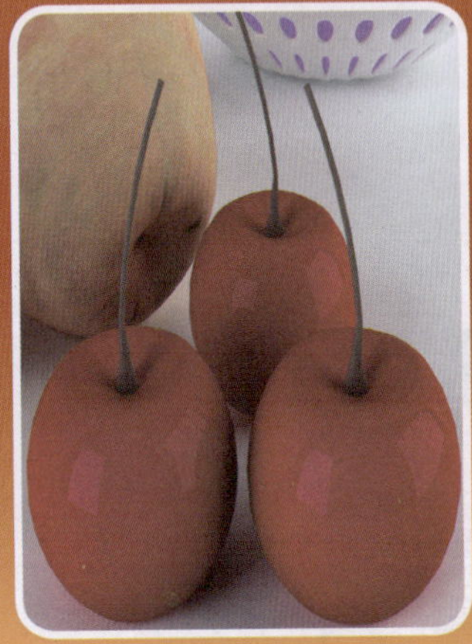

实例149 水果类——苹果

实例效果剖析

本例制作的是红富士苹果，效果如图6-1所示。

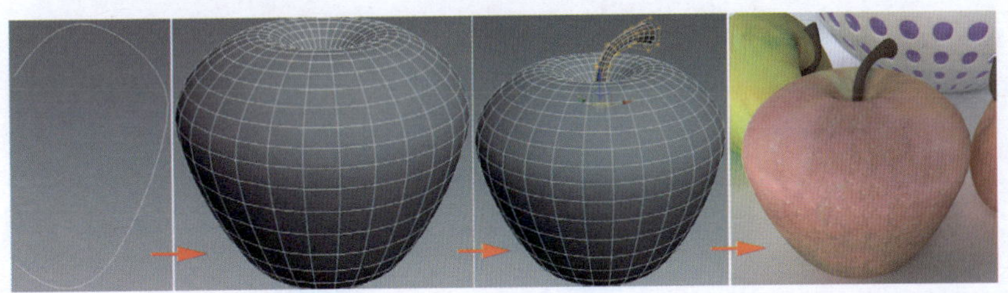

图6-1 效果展示

实例技术要点

本例主要用到的功能及技术要点如下。

- 施加“FFD”修改器：用于调整苹果柄的形状。
- 施加“车削”修改器：用于车削出模型的形状。
- 施加“UVW展开”修改器：通过展开贴图设置苹果的材质。

实例制作步骤

场景文件路径	Scene\第6章\实例149 苹果.max		
贴图文件路径	Map\		
视频路径	视频\cha06\实例149 苹果.mp4		
难易程度	★★	学习时间	15分43秒

❶ 在“前”视图中创建图形，并将其作为苹果的截面图形，效果如图6-2所示。

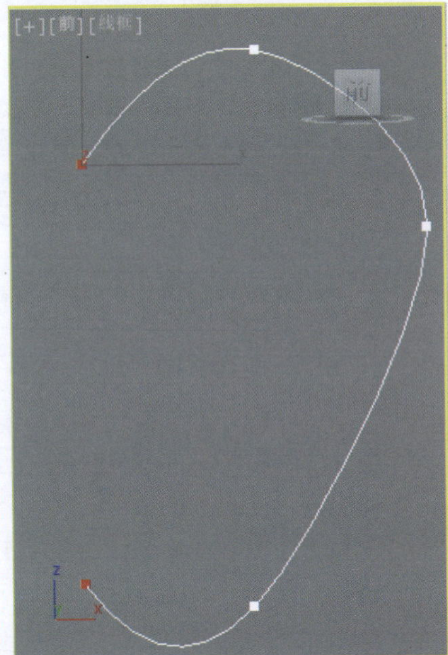

图6-2 创建截面图形

❷ 为图形施加“车削”修改器，设置合适的参数，效果如图6-3所示。

❸ 在“顶”视图中创建切角圆柱体，设置合适的参数，将其作为苹果柄，效果如图6-4所示。

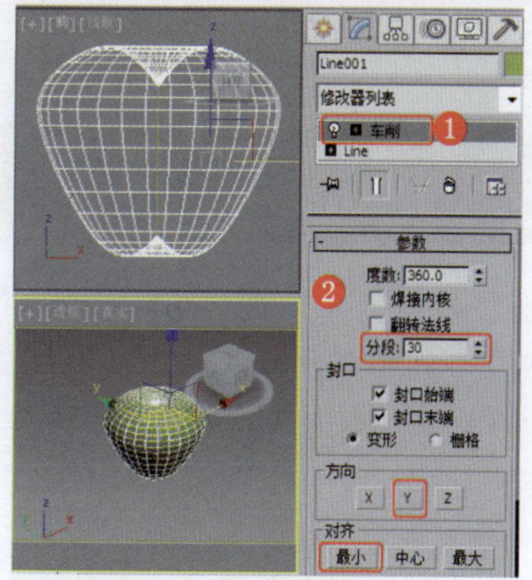
图6-3　车削出苹果的形状

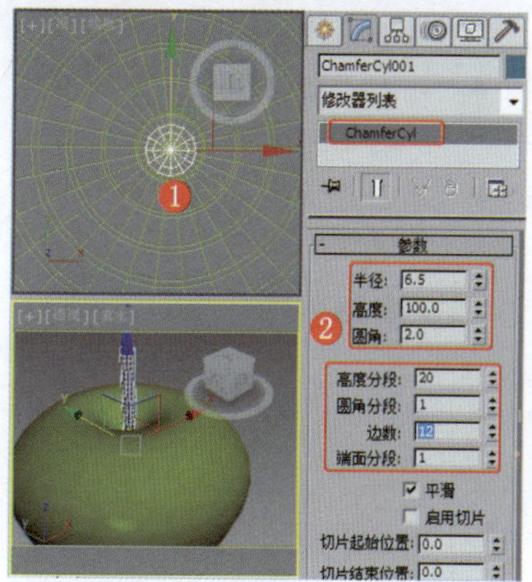
图6-4　创建苹果柄

❹为模型施加“FFD（圆柱体）”修改器，设置合适的点数，效果如图6-5所示。

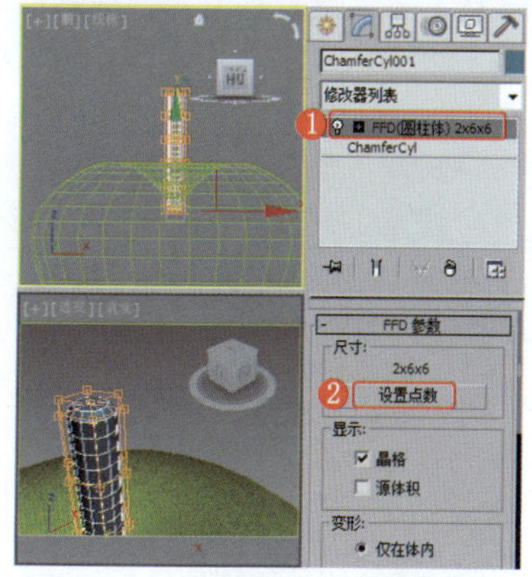
图6-5　设置点数

❺将选择集定义为“控制点”，在场景中选择并调整控制点，通过调整控制点来改变模型的形状，效果如图6-6所示。

❻打开材质编辑器，选择一个新的材质样本球，将材质转换为VRayMtl材质，在“基本参数”卷展栏中设置“反射”的颜色值（R、G、B分别为4、4、4），设置合适的参数，如图6-7所示。

图6-6　调整模型的形状

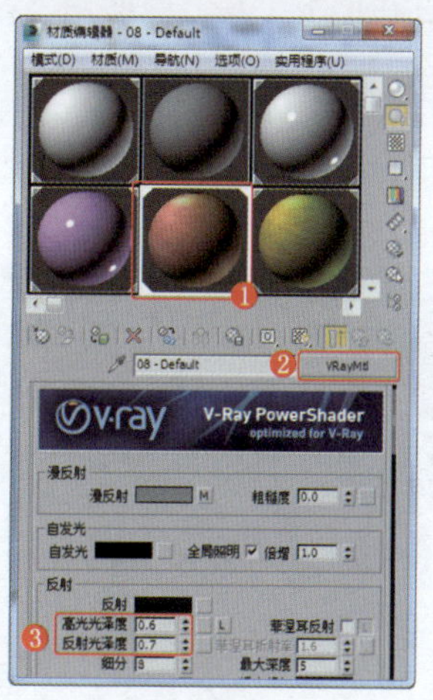
图6-7　设置苹果材质

❼在“贴图”卷展栏中为“漫反射”和“凹凸”分别指定贴图，如图6-8所示。

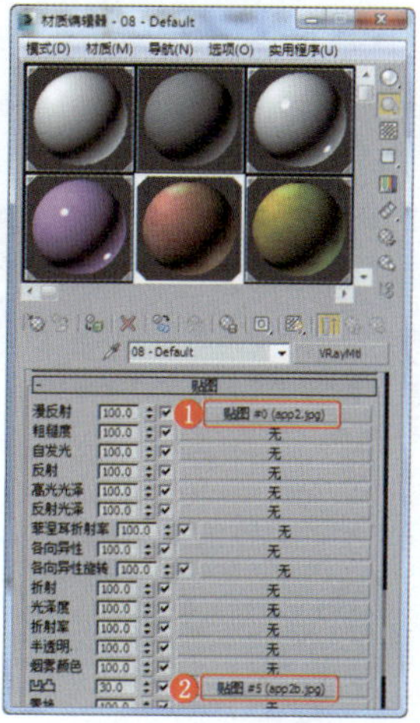
图6-8　设置苹果材质

❽为模型施加“UVW展开”修改器，将选择集定义为“多边形”，在场景中全选多边形，并设置“投影”卷展栏参数，效果如图6-9所示。

❾在“编辑UV”卷展栏中单击“打开UV编辑器”按钮，如图6-10所示。

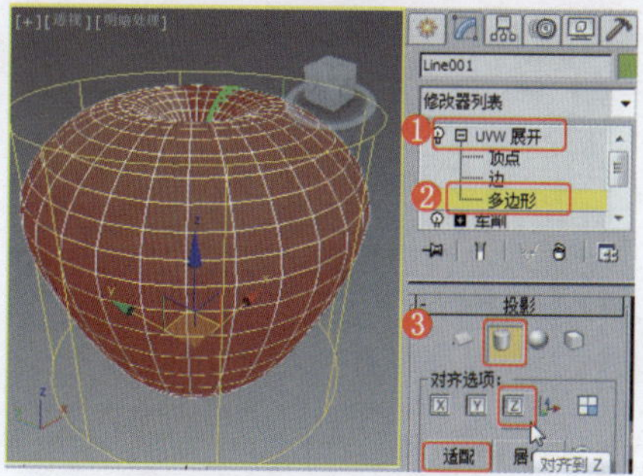
图6-9　施加“UVW展开”修改器

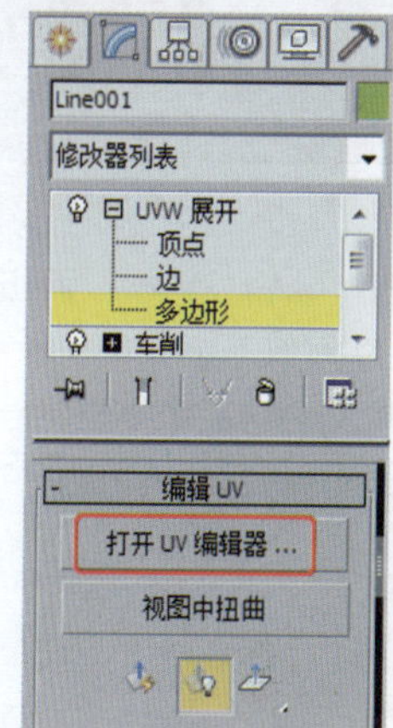
图6-10　“打开UV编辑器”按钮

提　示

“UVW展开”修改器用于将贴图（纹理）坐标指定给对象和子对象，并以手动方式或通过各种工具来编辑这些坐标；可以使用该修改器来展开和编辑对象上已有的UVW坐标；可以使用手动方式和多种工具任意组合来调整贴图，使其适合网格、面片、多边形、HSDS和NURBS模型。

❿弹出“编辑UVW”面板，将选择集定义为“顶点”，全选模型的顶点，选择“拾取纹理”命令，如图6-11所示。

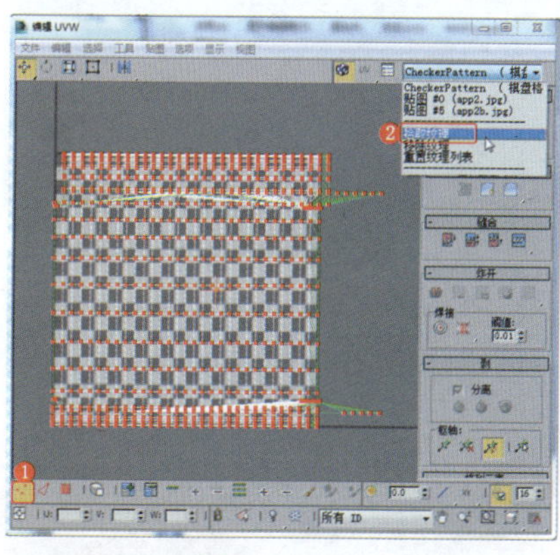
图6-11　选择“拾取纹理”命令

⓫在打开的对话框中选择苹果贴图文件“app2.jpg”，如图6-12所示。

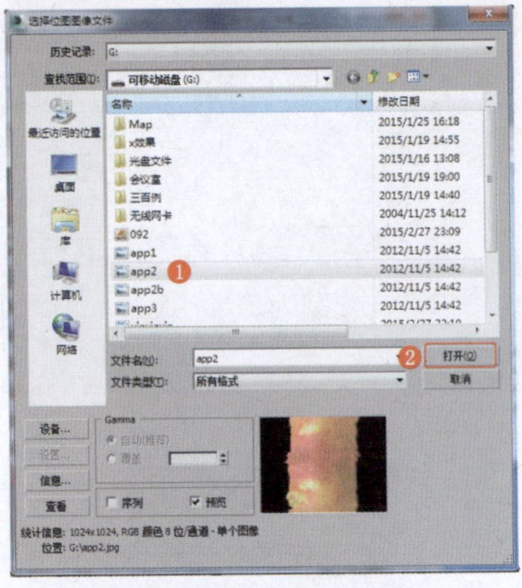
图6-12　选择苹果贴图文件

⑫ 在“编辑UVW”面板中旋转贴图的顶点，效果如图6-13所示。

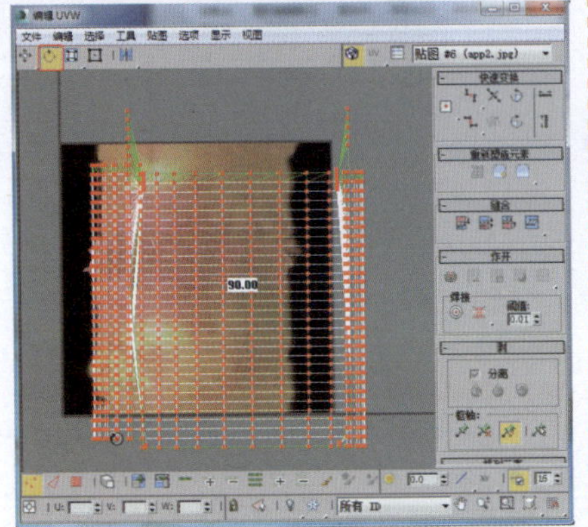
图6-13　旋转顶点

⑬ 在场景中选择如图6-14所示的顶点。

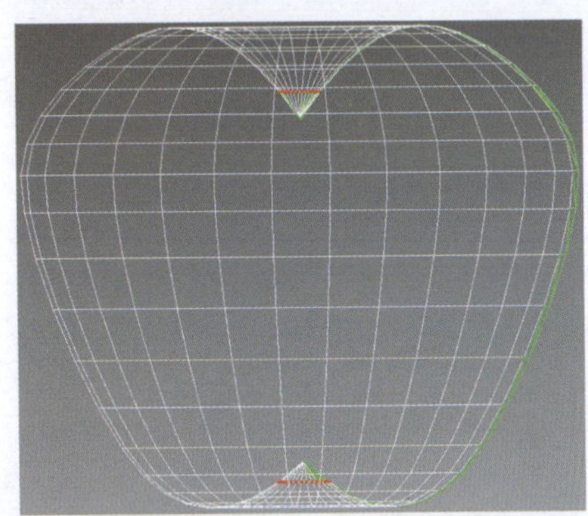
图6-14　选择顶点

⑭ 在“编辑UVW”面板中缩放并调整顶点，效果如图6-15所示。

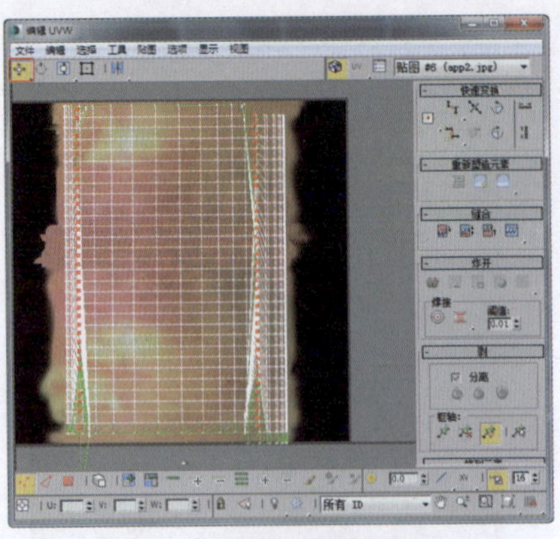
图6-15　缩放并调整顶点

⑮ 在面板工具栏中使用“移动”工具、“旋转”工具、“缩放”工具，以及隐藏的变换工具，调整展开的模型，使其与纹理贴图相匹配，效果如图6-16所示。

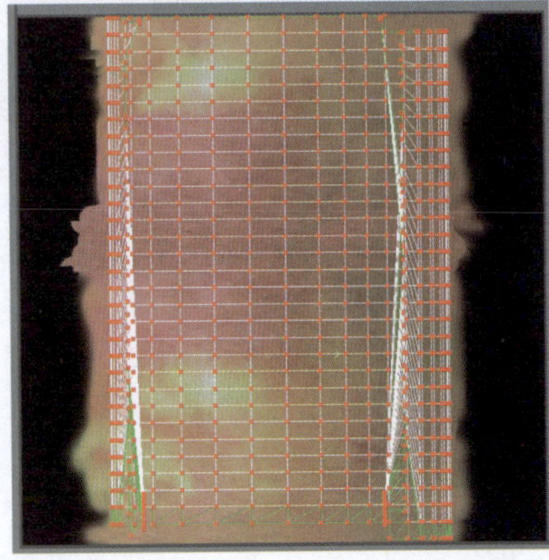
图6-16　调整顶点以符合贴图

⑯ 将苹果材质指定给苹果模型，并为其设置合适的场景，对其进行渲染，如图6-17所示。

图6-17　指定贴图

实例150　水果类——橙子

实例效果剖析

本例制作的是普通的橙子。

本例制作的橙子，效果如图6-18所示。

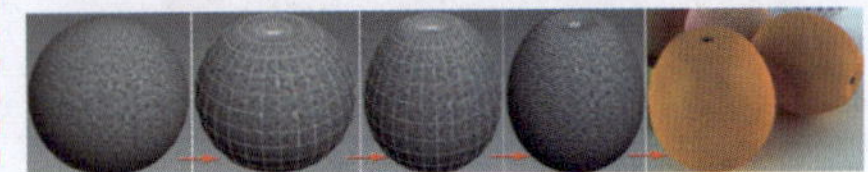
图6-18　效果展示

实例技术要点

本例主要用到的功能及技术要点如下。

- 施加“编辑多边形”修改器：使用软选择调整顶点和边的切角。
- 施加“拉伸”修改器：调整作为橙子模型的长圆体。
- 施加“锥化”修改器：设置模型的锥化效果。
- 施加“挤出”修改器：用于制作橙子的顶部效果。

实例制作步骤

场景文件路径	Scene\第6章\实例150 橙子.max		
贴图文件路径	Map\		
视频路径	视频\ cha06\实例150 橙子.mp4		
难易程度	★★	学习时间	7分9秒

① 在场景中创建球体，设置合适的参数，为球体施加“编辑多边形”修改器，将选择集定义为“顶点”，勾选“使用软选择”复选框，调整球体顶部的顶点，效果如图6-19所示。

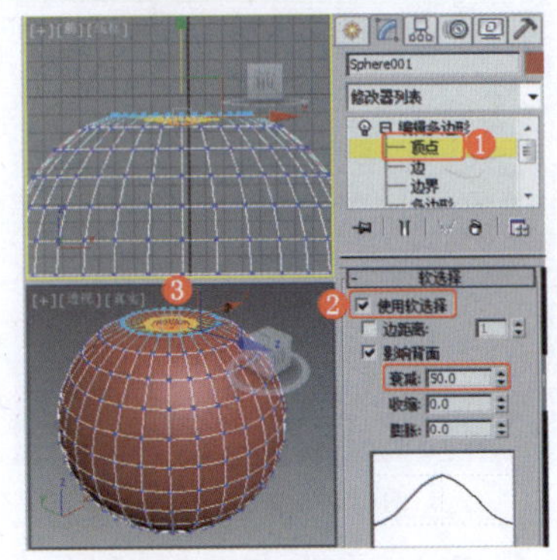
图6-19　调整球体

② 使用同样的方法调整球体底部的顶点，效果如图6-20所示。

③ 为模型施加“拉伸”修改器，设置合适的参数，效果如图6-21所示。

提　示

使用“拉伸”修改器可以将模型拉伸至一定的高度，并可以将其中间部分进行缩放。

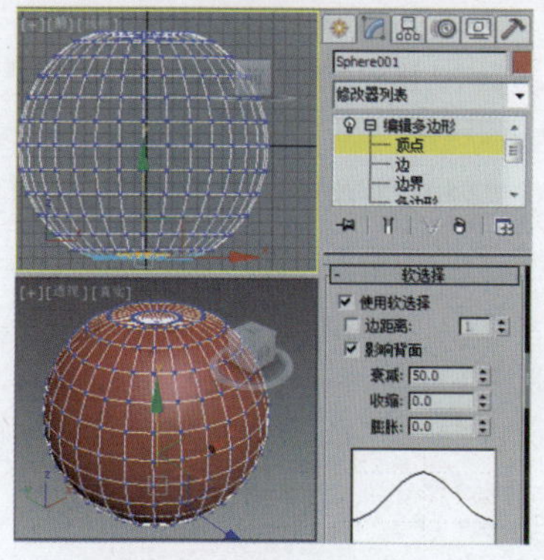
图6-20 调整底部的顶点

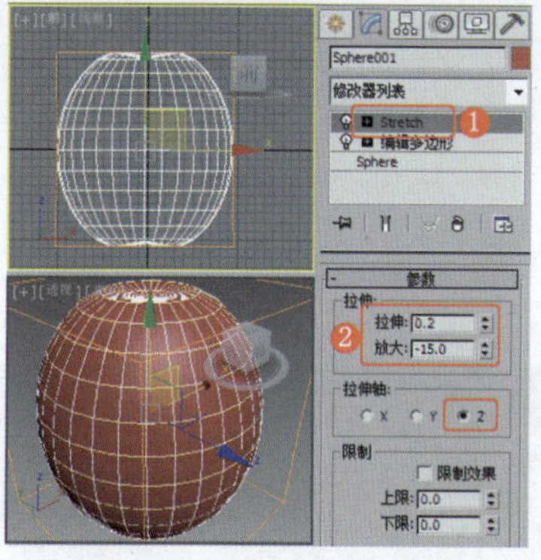
图6-21 拉伸模型的形状

❹ 为模型施加“锥化”修改器，设置合适的参数，效果如图6-22所示。

提 示

橙子的顶部比底部窄，在此为其设置了锥化效果。

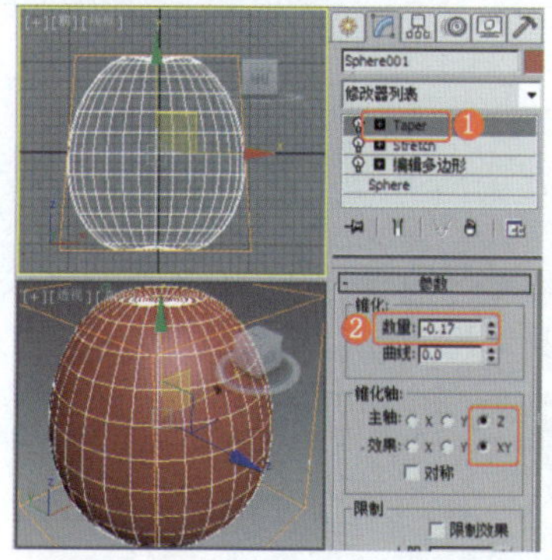
图6-22 施加“锥化”修改器

❺ 为模型施加“网格平滑”修改器，使用默认的参数，效果如图6-23所示。

❻ 在“顶”视图中创建星形，设置合适的参数，为其施加“挤出”修改器，设置合适的参数，效果如图6-24所示。

❼ 为模型施加“编辑多边形”修改器，将选择集定义为“顶点”，在场景中缩放模型的顶点，效果如图6-25所示。

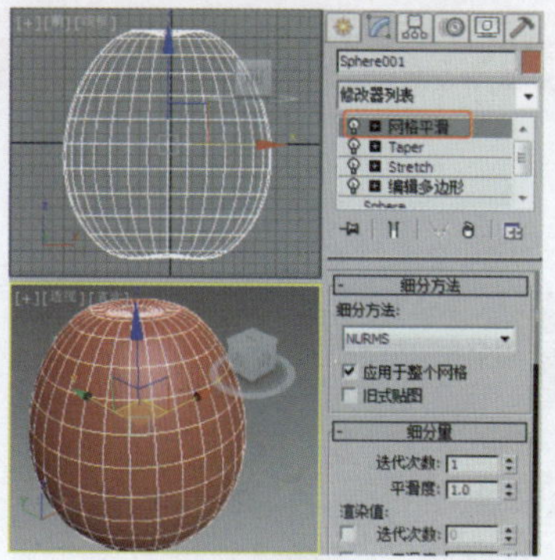
图6-23 施加“网格平滑”修改器

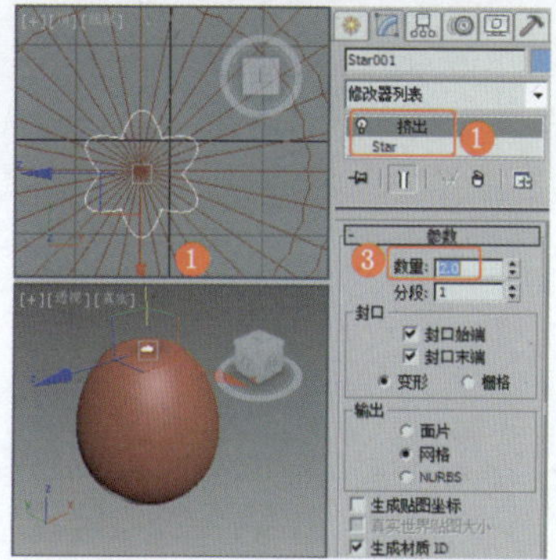
图6-24 创建星形并挤出

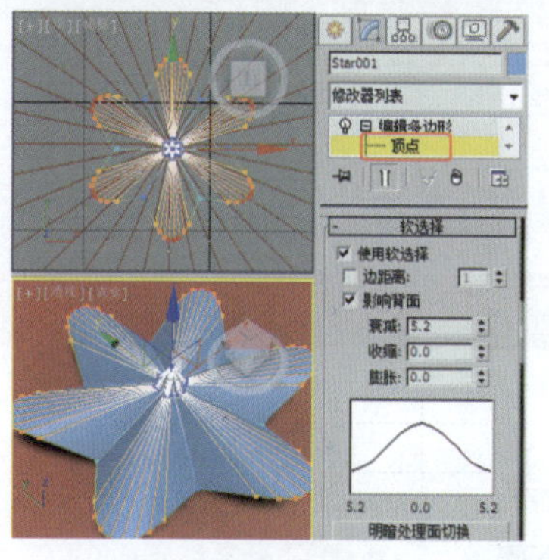
图6-25 缩放顶点

❽ 将选择集定义为“边”，设置边的“切角”参数，效果如图6-26所示。

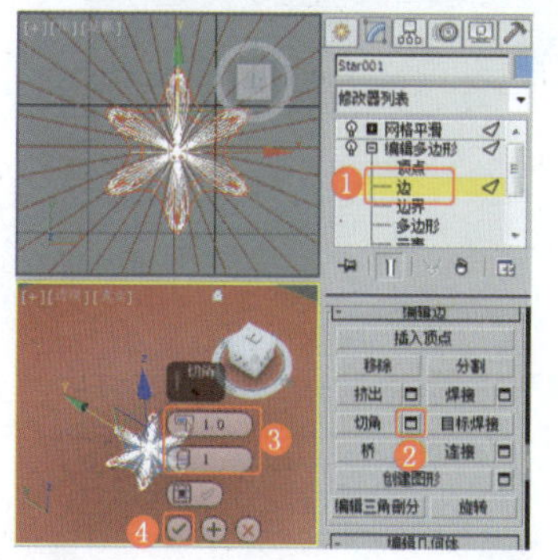
图6-26 设置边的“切角”参数

❾ 橙子模型制作完成，效果如图6-27所示。

❿ 打开材质编辑器，选择一个新的材质样本球，将材质转换为VRayMtl材质，在“基本参数”卷展栏中设置“漫反射”的颜色为橙色，设置“反射”的颜色值（R、G、B均为8），设置“反射光泽度”为0.7，如图6-28所示。

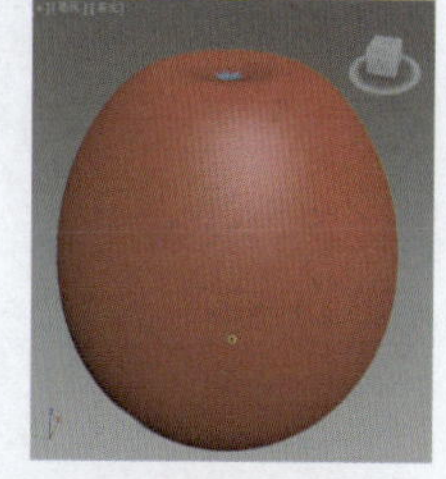
图6-27 橙子模型制作完成

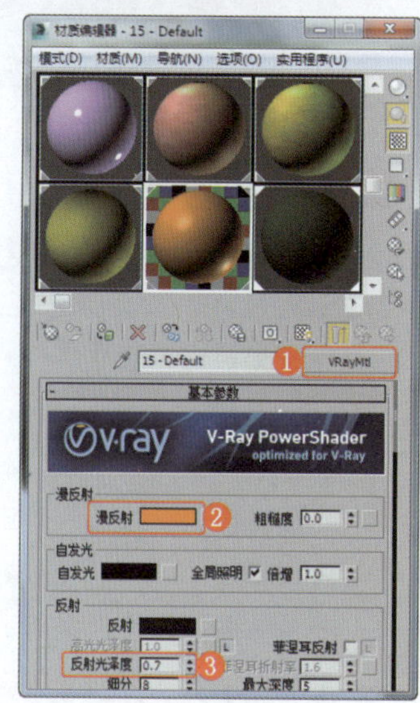

图6-28 设置橙子材质

⓫ 在“贴图”卷展栏中为“凹凸”指定“噪波”贴图，设置合适的参数，如图6-29所示，将材质指定给场景中的橙子模型并为其设置UVW贴图，然后为橙子柄设置简单的绿色材质。

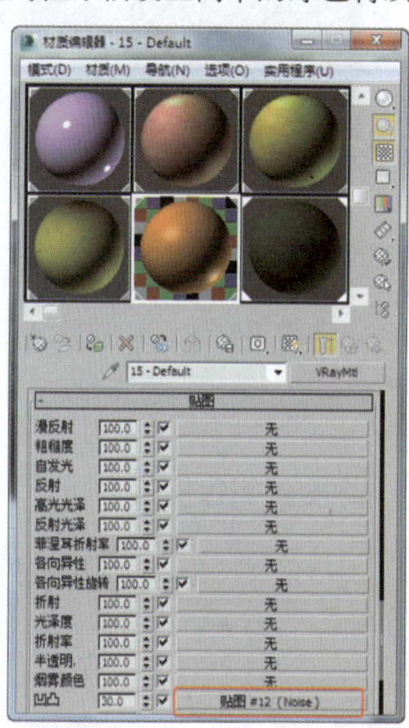
图6-29 设置橙子材质

实例151 水果类——香蕉

实例效果剖析

本例制作的是普通的香蕉，效果如图6-30所示。

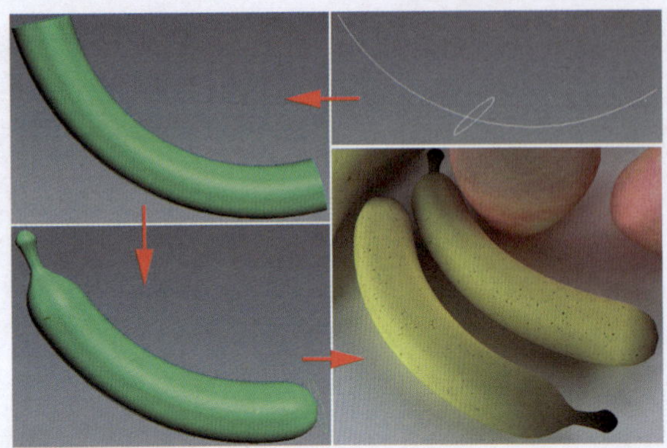

图6-30 效果展示

实例技术要点

本例主要用到的功能及技术要点如下。

- 使用“放样”工具：通过拾取放样路径和截面图形，制作香蕉模型，并结合倒角，制作香蕉的基本形状。

场景文件路径	Scene\第6章\实例151 香蕉.max		
贴图文件路径	Map\		
视频路径	视频\ cha06\实例151 香蕉.mp4		
难易程度	★★★	学习时间	11分3秒

实例152 水果类——哈密瓜

实例效果剖析

本例制作的是哈密瓜，效果如图6-31所示。

图6-31 效果展示

实例技术要点

本例主要用到的功能及技术要点如下。

- 施加“锥化”修改器：用于制作哈密瓜的基本形状。
- 施加“FFD”修改器：用于调整模型的形状。

实例制作步骤

场景文件路径	Scene\第6章\实例152 哈密瓜.max		
贴图文件路径	Map\		
视频路径	视频\ cha06\实例152 哈密瓜.mp4		
难易程度	★★★	学习时间	5分2秒

❶ 在场景中创建球体，设置合适的参数，并对模型进行缩放，效果如图6-32所示。

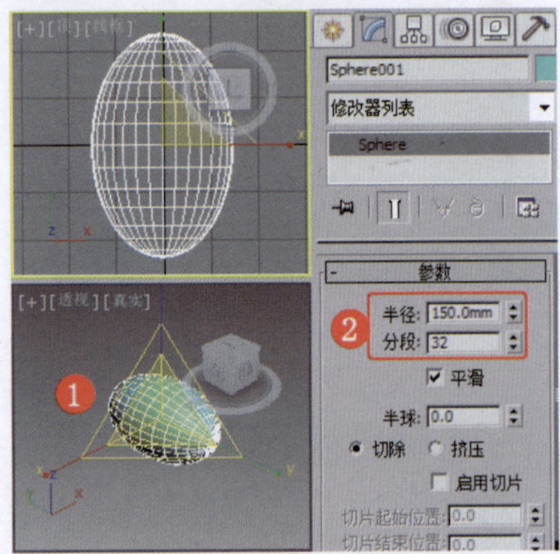

图6-32 创建并缩放模型

❷ 为模型施加“锥化”修改器，设置合适的参数，效果如图6-33所示。

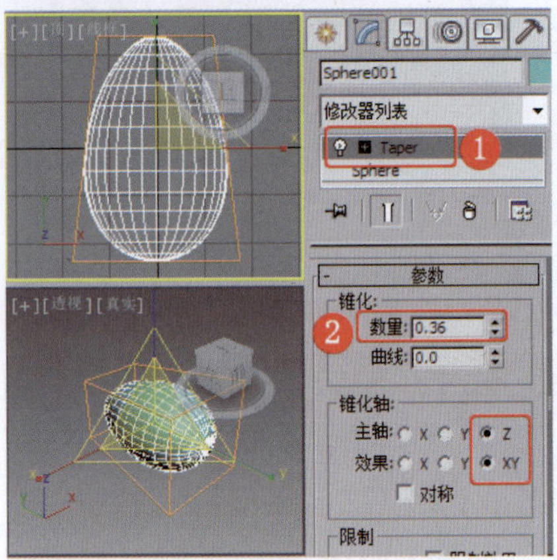

图6-33 施加“锥化”修改器

❸ 在场景中创建圆柱体，设置合适的参数，并为其施加“FFD 4×4×4”修改器，通过调整控制点改变模型的形状，效果如图6-34所示，将其作为哈密瓜柄。

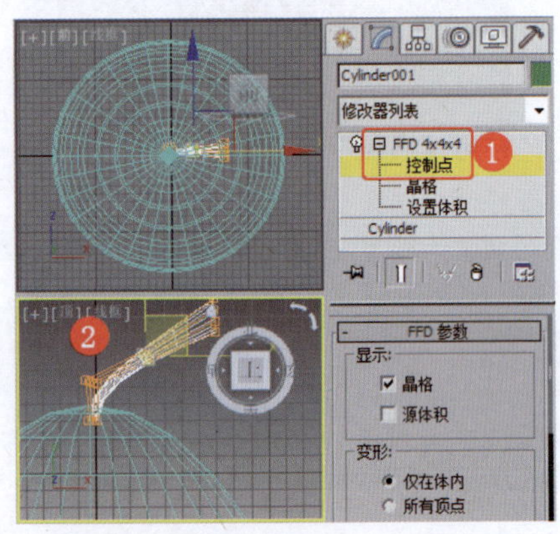

图6-34 改变哈密瓜柄的形状

❹ 为模型设置哈密瓜纹理材质，并设置合适的渲染场景。

实例153 水果类——樱桃

实例效果剖析

本例制作的是樱桃，效果如图6-35所示。

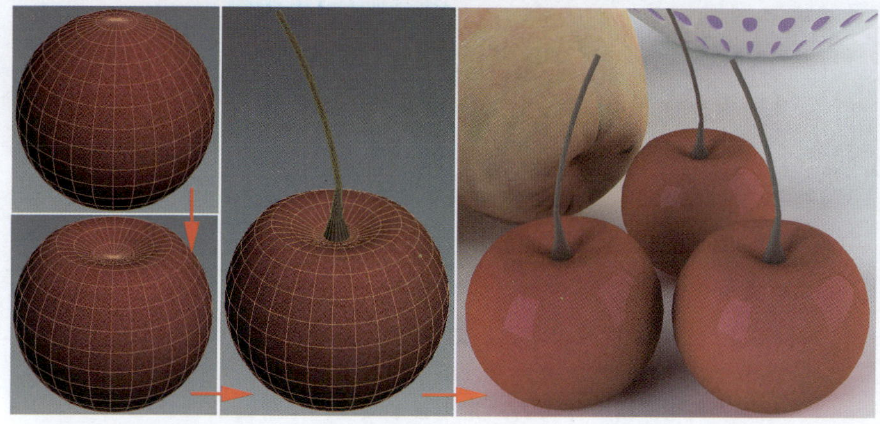

图6-35 效果展示

实例技术要点

本例主要用到的功能及技术要点如下。

- 施加“编辑多边形”修改器：用于调整模型的形状。
- 设置细胞贴图：用于制作樱桃的材质。

实例制作步骤

场景文件路径	Scene\第6章\实例153 樱桃.max		
贴图文件路径	Map\		
视频路径	视频\ cha06\实例153 樱桃.mp4		
难易程度	★★	学习时间	5分28秒

❶在场景中创建球体，将其作为樱桃，为其施加“编辑多边形”修改器，将选择集定义为“顶点”，使用软选择调整顶点，效果如图6-36所示。

❷在场景中创建圆柱体，将其作为樱桃柄，为其施加“编辑多边形”修改器，调整模型的顶点，效果如图6-37所示。

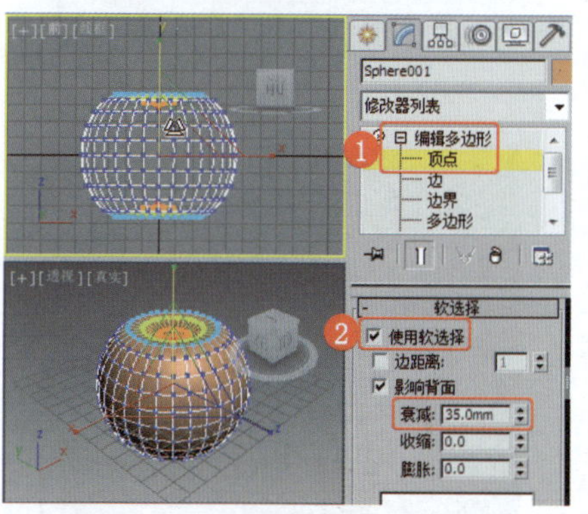

图6-36 创建并调整模型

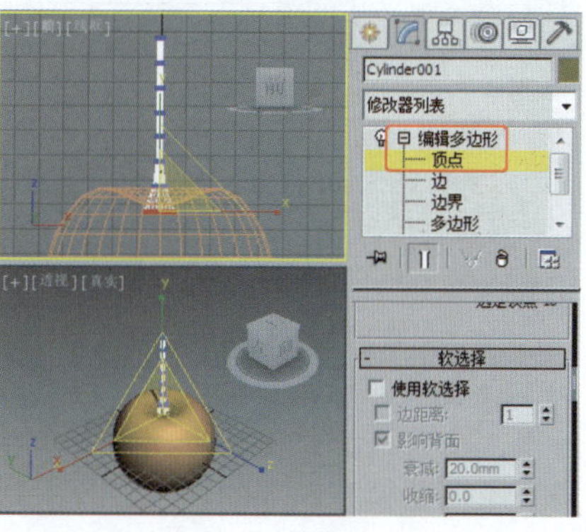

图6-37 创建并调整模型

❸关闭选择集，为模型施加“弯曲”修改器，设置合适的参数，效果如图6-38所示。

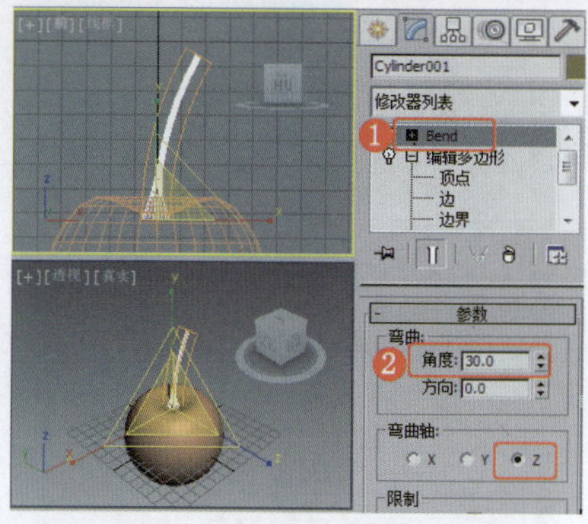

图6-38 施加“弯曲”修改器

❹打开材质编辑器，选择一个新的材质样本球，将材质转换为VRayMtl材质，在“贴图”卷展栏中为“漫反射”和“反射”分别指定“衰减”贴图，如图6-39所示。

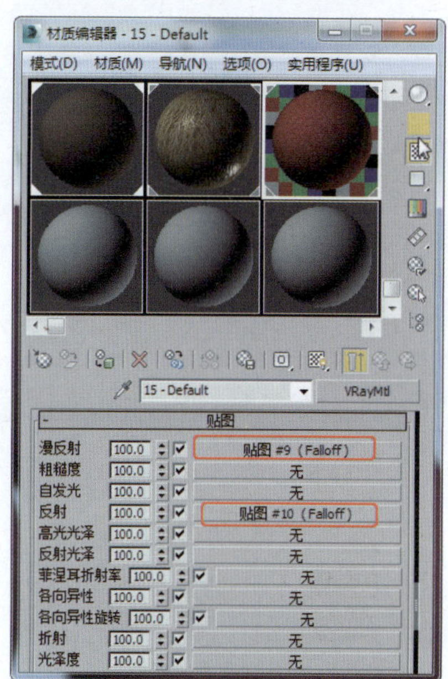

图6-39 指定“衰减”贴图

❺进入“漫反射贴图”层级，在“衰减参数”卷展栏中，为第一个贴图指定“细胞贴图”，设置第二个色块的颜色值（R、G、B分别为139、0、0），如图6-40所示。

❻设置细胞贴图参数，在“细胞参数”卷展栏中设置“细胞颜色”的颜色值（R、G、B分别为207、0、83），设置“分界颜色”的颜色值（R、G、B分别为139、0、0），设置“细胞特性”选项组参数，如图6-41所示。

❼进入“反射贴图”层级，设置第一个色块的颜色值（R、G、B分别为0、0、0），设置第二个色块的的颜色值（R、G、B分别为77、77、77），如图6-42所示。

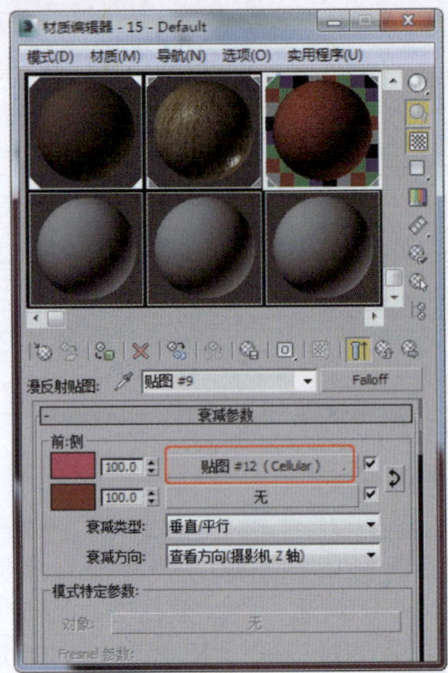
图6-40　指定“细胞贴图”并设置参数

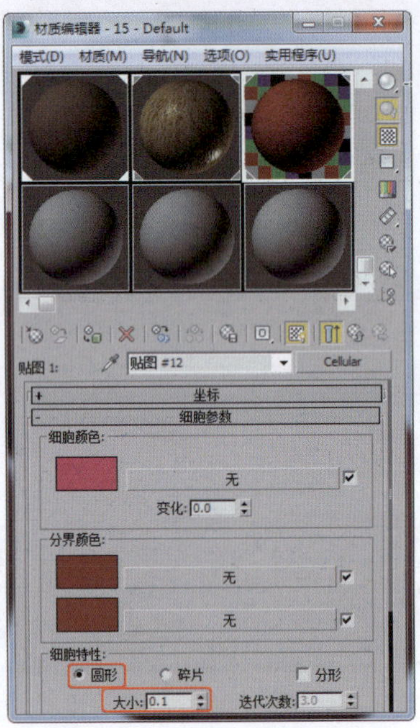
图6-41　设置“细胞参数”卷展栏参数

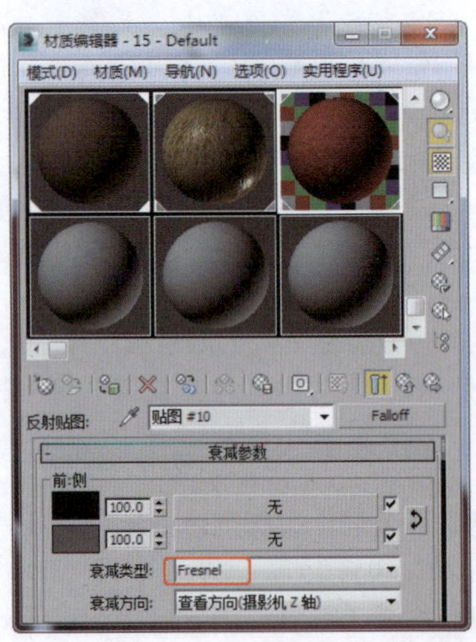
图6-42　设置“衰减参数”卷展栏参数

实例154　蔬菜类——西红柿

实例效果剖析

本例制作的是西红柿，效果如图6-43所示。

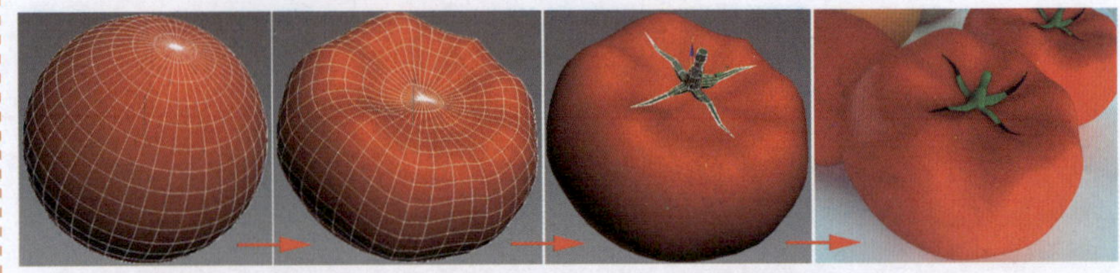
图6-43　效果展示

实例技术要点

本例主要用到的功能及技术要点如下。

- 施加“编辑多边形”修改器：用于调整并挤出西红柿的基本形状。
- 施加“网格平滑”修改器：用于设置模型的平滑效果。

实例制作步骤

场景文件路径	Scene\第6章\实例154 西红柿.max		
贴图文件路径	Map\		
视频路径	视频\cha06\实例154 西红柿.mp4		
难易程度	★★	学习时间	11分55秒

❶ 在场景中创建球体，设置合适的参数，效果如图6-44所示。

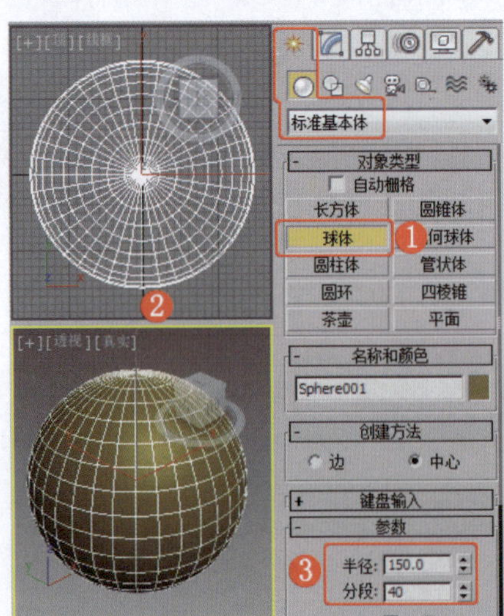
图6-44　创建球体

❷ 为球体施加“编辑多边形”修改器，将选择集定义为“顶点”，在场景中调整模型底部的顶点，效果如图6-45所示。

❸ 使用软选择调整模型顶部的顶点，效果如图6-46所示。

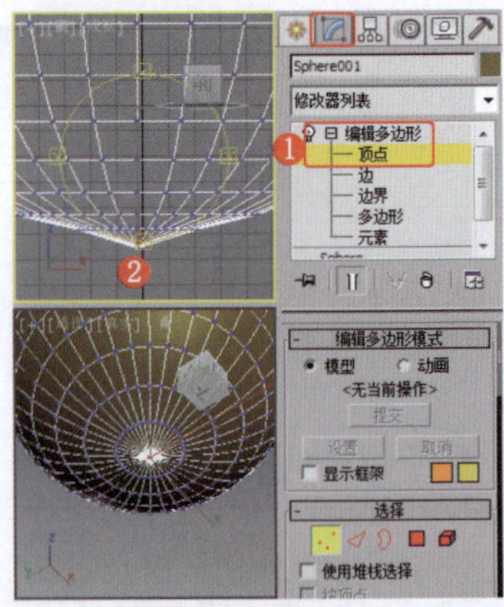
图6-45　调整模型底部的顶点

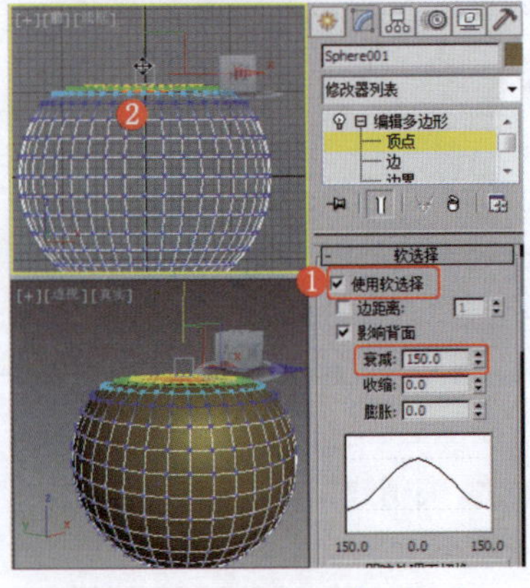
图6-46　调整模型顶部的顶点

❹ 继续调整模型，效果如图6-47所示。

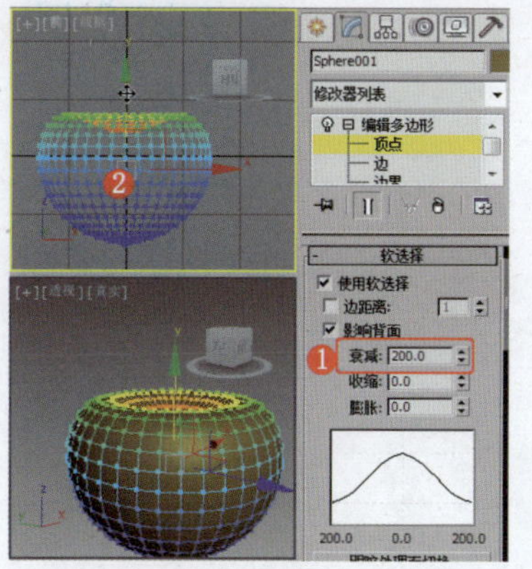

图6-47 调整模型

❺ 将选择集定义为“边”，在场景中选择边，效果如图6-48所示。

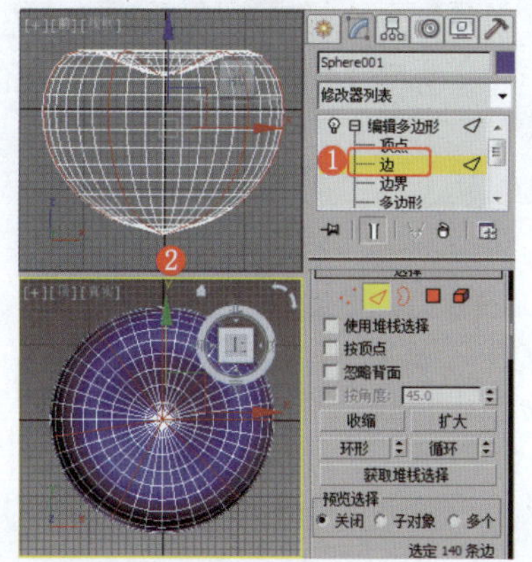

图6-48 选择边

❻ 按住Ctrl键，将选择集定义为“顶点”，将选择的边转换为顶点，如图6-49所示。

提 示

在操作中，只需按住Ctrl键，即可转换选择集。

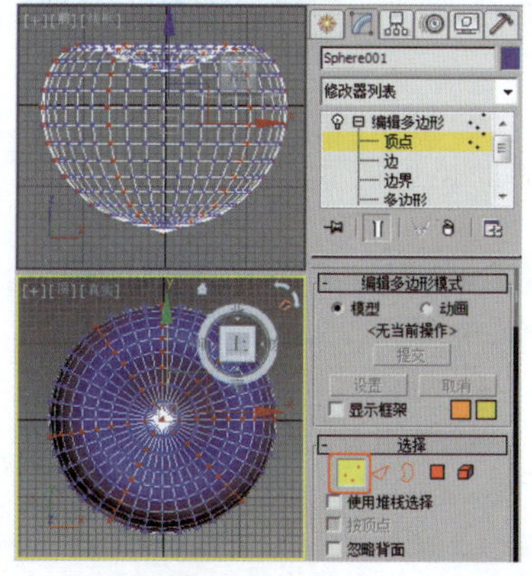

图6-49 选择顶点

❼ 按住Alt键减选顶点，效果如图6-50所示。

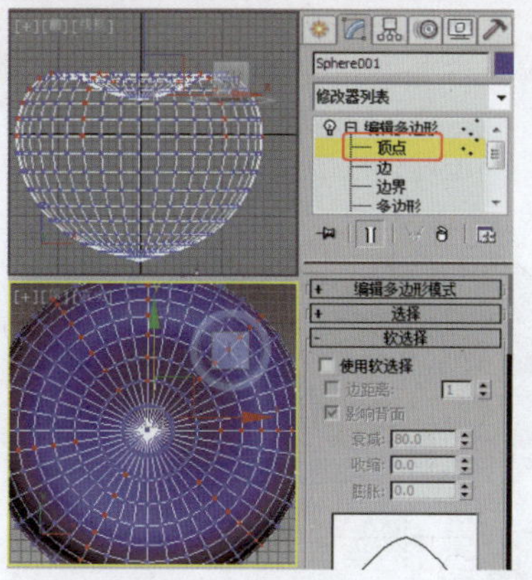

图6-50 减选顶点

❽ 使用软选择调整顶点，效果如图6-51所示。

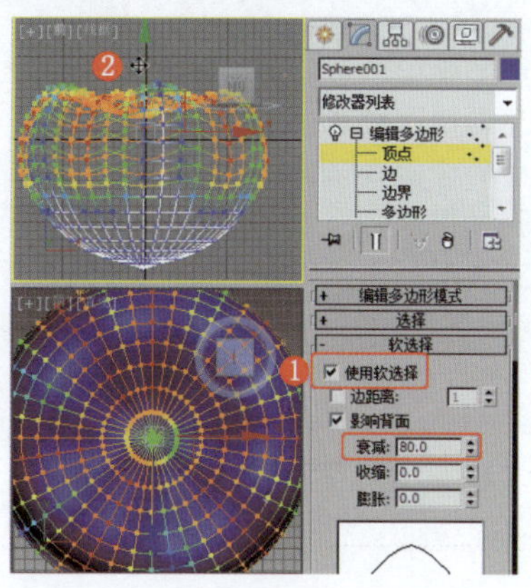

图6-51 调整顶点

❾ 在“顶”视图中创建圆柱体，将其作为西红柿柄，设置合适的参数，效果如图6-52所示。

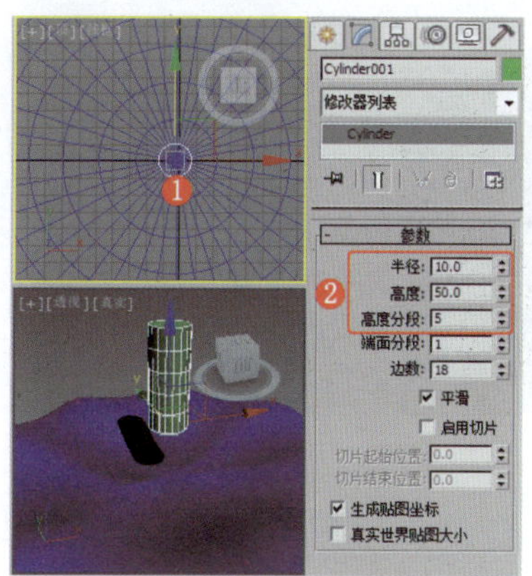

图6-52 创建圆柱体

❿ 为模型施加“编辑多边形”修改器，将选择集定义为“多边形”，在场景中选择如图6-53所示的多边形。

⓫ 设置多边形的挤出，效果如图6-54所示。

⓬ 将选择集定义为“顶点”，在场景中调整顶点，效果如图6-55所示。

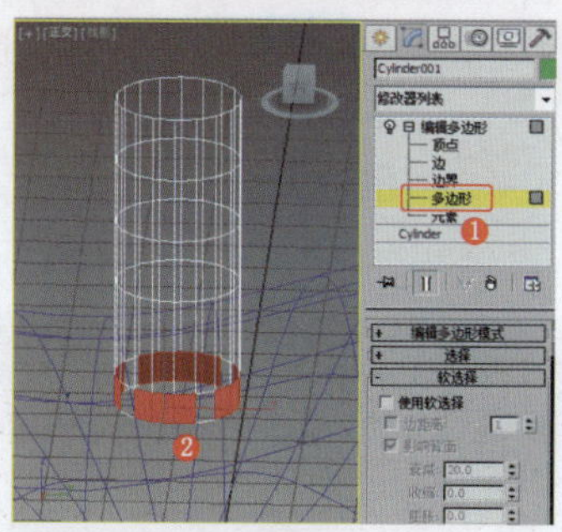

图6-53 选择多边形

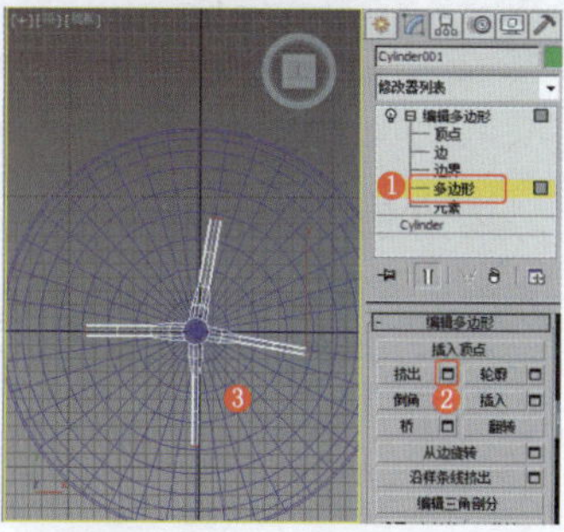

图6-54 挤出多边形

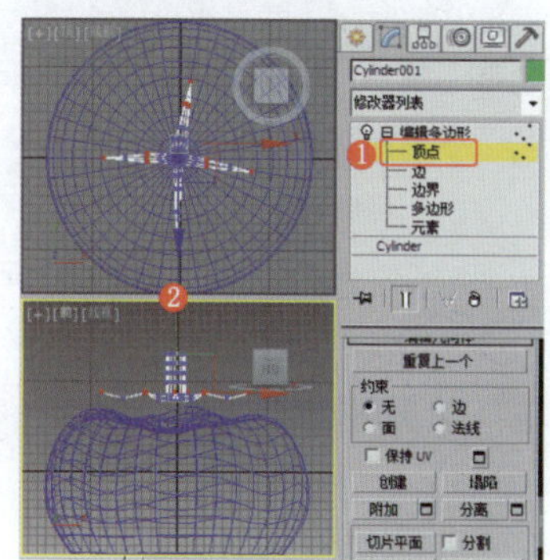

图6-55 调整顶点

⓭ 为模型施加“网格平滑”修改器，西红柿模型制作完成，效果如图6-56所示。

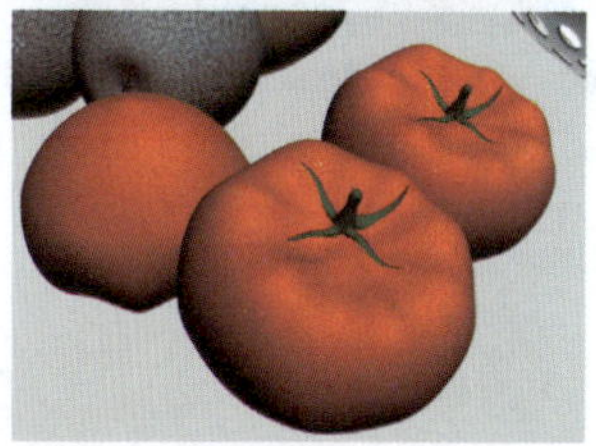

图6-56 西红柿模型效果

⓮ 可以参考樱桃材质的设置，设置西红柿的材质，在此不再赘述。

实例155 蔬菜类——辣椒

实例效果剖析

本例制作的是辣椒，效果如图6-57所示。

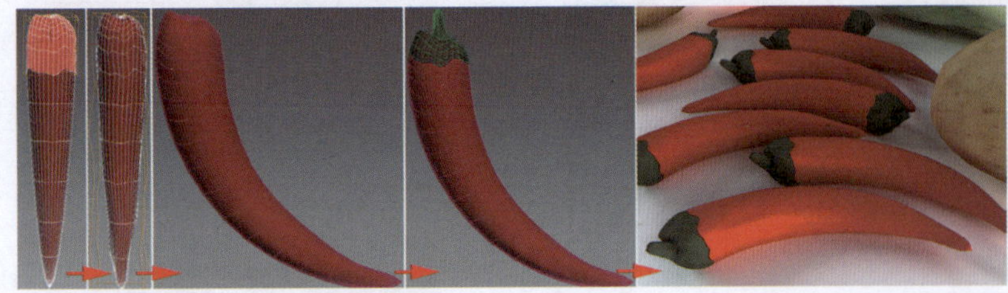

图6-57 效果展示

实例技术要点

本例主要用到的功能及技术要点如下。

- 施加“编辑多边形”修改器：用于调整模型的形状。
- 施加“噪波”修改器：用于设置模型的凹凸效果。
- 施加“弯曲”修改器：用于设置模型的弯曲效果。
- 施加“壳”修改器：用于设置辣椒柄的厚度。
- 施加“网格平滑”修改器：用于设置模型的平滑效果。

场景文件路径	Scene\第6章\实例155 辣椒.max		
贴图文件路径	Map\		
视频路径	视频\ cha06\实例155 辣椒.mp4		
难易程度	★★★	学习时间	6分4秒

实例156 蔬菜类——油菜

实例效果剖析

本例制作的是油菜，效果如图6-58所示。

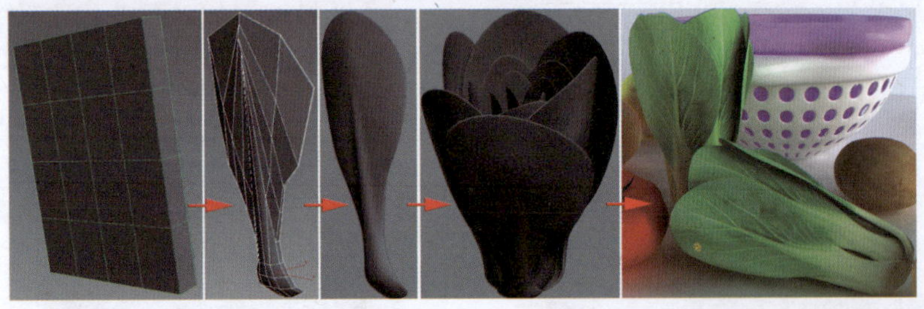

图6-58 效果展示

实例技术要点

本例主要用到的功能及技术要点如下。

- 施加“编辑多边形”修改器：用于调整油菜叶模型的形状。
- 施加“网格平滑”修改器：用于设置模型的平滑效果。

实例制作步骤

场景文件路径	Scene\第6章\实例156 油菜.max		
贴图文件路径	Map\		
视频路径	视频\ cha06\实例156 油菜.mp4		
难易程度	★★★	学习时间	11分58秒

❶ 在场景中创建长方体，设置合适的参数，效果如图6-59所示。

> **提 示**
>
> 在本例中将使用“编辑多边形”修改器，因此，在编辑多边形的模型时，创建合适的分段是非常重要的。

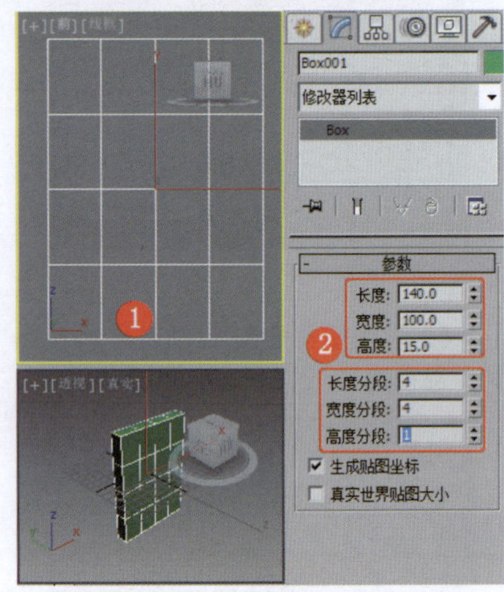

图6-59 创建长方体

❷ 为模型施加“编辑多边形”修改器，将选择集定义为“顶点”，在场景中调整模型的顶点，效果如图6-60所示。

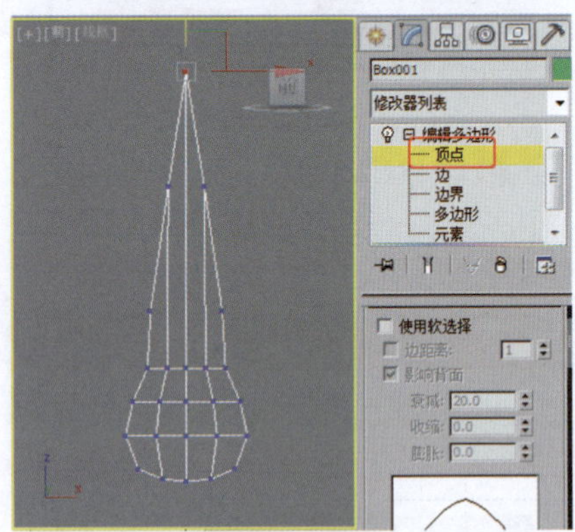

图6-60 调整顶点

❸ 继续调整模型侧面的顶点，效果如图6-61所示。

❹ 将选择集定义为“多边形”，设置多边形的“倒角”参数，效果如图6-62所示。

❺ 继续设置多边形的“挤出”参数，挤出较多的分段，效果如图6-63所示。

❻ 在场景中调整模型的顶点，制作油菜叶子的效果，如图6-64所示。

❼ 继续在模型侧面调整顶点，效果如图6-65所示。

❽ 为模型施加“网格平滑”修改器，设置合适的参数，效果如图6-66所示。

❾ 在场景中对油菜叶子模型进行复制，并对其进行缩放、旋转和移动等调整，效果如图6-67所示，设置渲染场景，并为模型设置合适的材质，进行渲染输出。

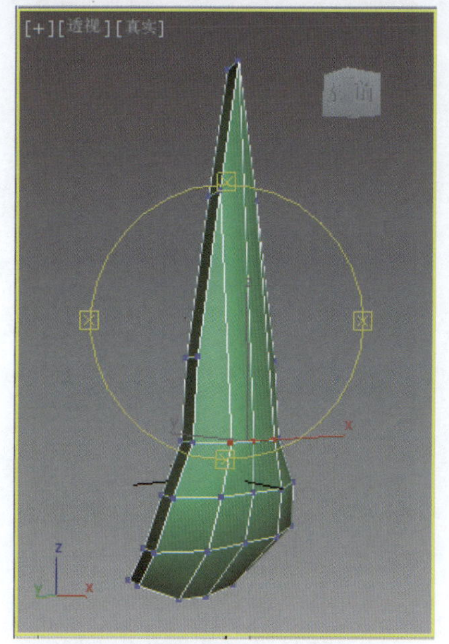
图6-61 调整模型侧面的顶点

图6-62 倒角多边形

图6-63 挤出多边形

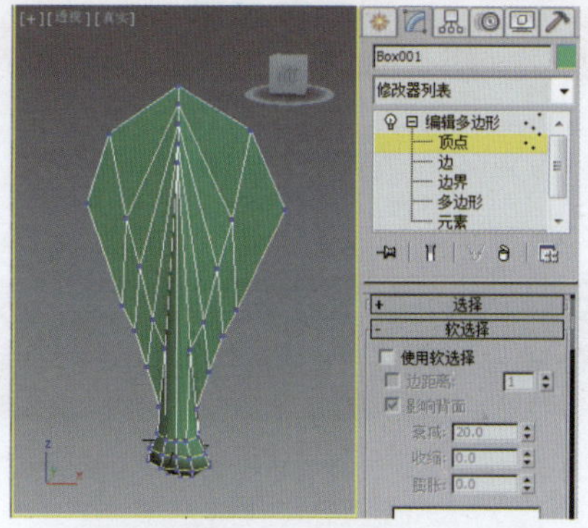
图6-64 调整顶点

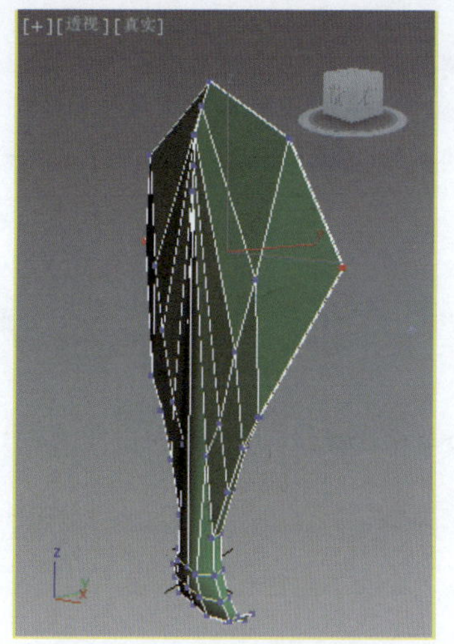
图6-65 调整模型侧面的顶点

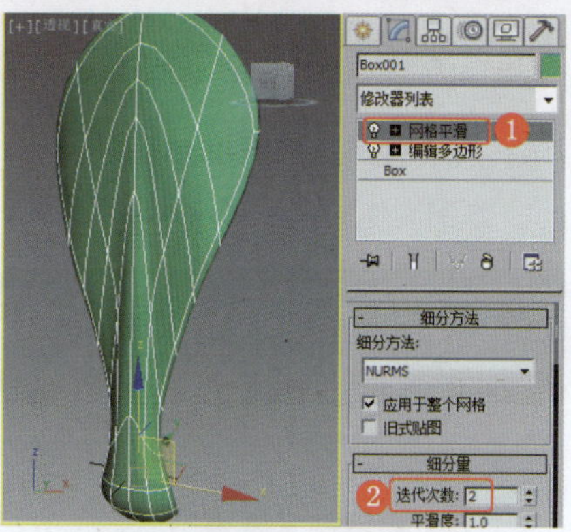
图6-66 平滑模型

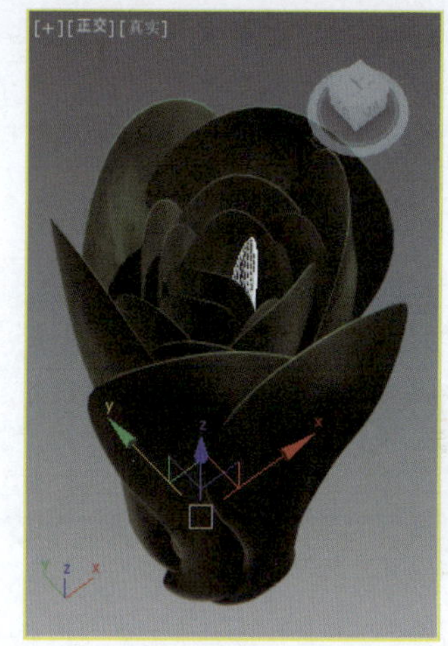
图6-67 复制并调整模型

实例157 蔬菜类——土豆

实例效果剖析

本例制作的是土豆，效果如图6-68所示。

图6-68 效果展示

实例技术要点

本例主要用到的功能及技术要点如下。

- 施加“噪波”修改器：用于设置模型的凹凸效果。

场景文件路径	Scene\第6章\实例157 土豆.max		
贴图文件路径	Map\		
视频路径	视频\ cha06\实例157 土豆.mp4		
难易程度	★★★	学习时间	2分52秒

实例158 食物类——香肠

实例效果剖析

本例制作的是香肠，效果如图6-69所示。

图6-69 效果展示

实例技术要点

本例主要用到的功能及技术要点如下。

- 施加“编辑多边形”修改器：用于调整模型的基本形状。
- 施加“扭曲”修改器：用于设置香肠两端的扭曲效果。
- 施加“噪波”修改器：用于进一步调整模型效果。

实例制作步骤

场景文件路径	Scene\第6章\实例158 香肠.max		
贴图文件路径	Map\		
视频路径	视频\cha06\实例158 香肠.mp4		
难易程度	★★	学习时间	8分26秒

❶ 在“前”视图中创建切角圆柱体，设置合适的参数，效果如图6-70所示。

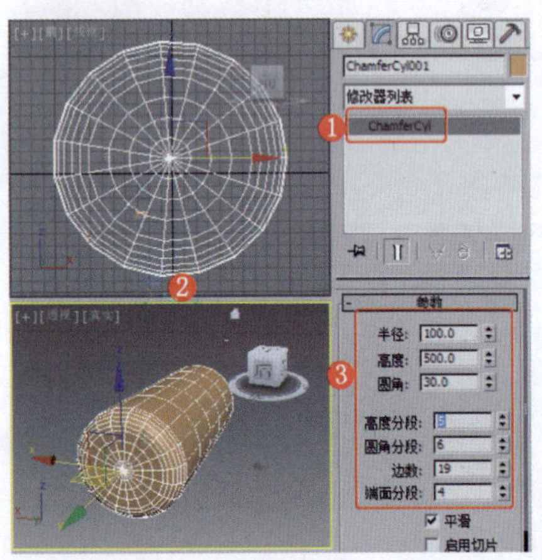

图6-70 创建切角圆柱体

❷ 为模型施加“编辑多边形”修改器，将选择集定义为“边”，在场景中选择如图6-71所示的边。

❸ 使用软选择设置合适的参数，在场景中调整边，效果如图6-72所示。

❹ 将选择集定义为“顶点”，在场景中使用软选择调整顶点，效果如图6-73所示。

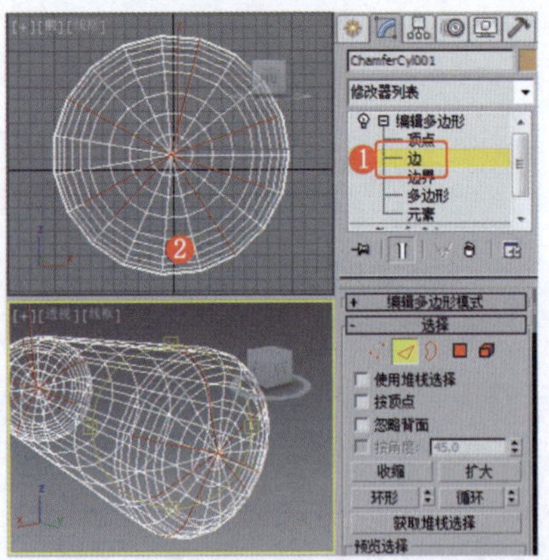

图6-71 选择边

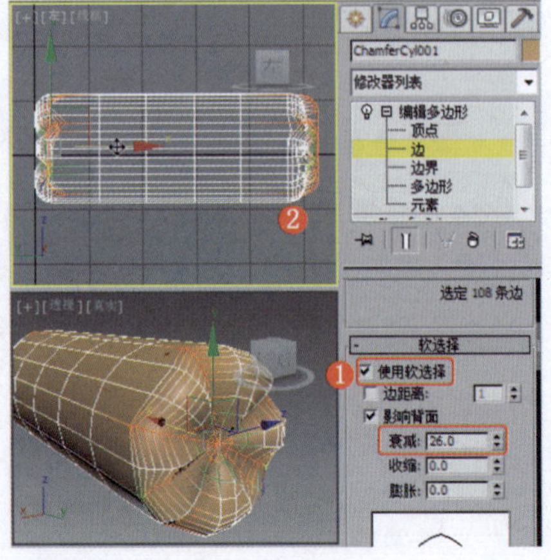

图6-72 调整边

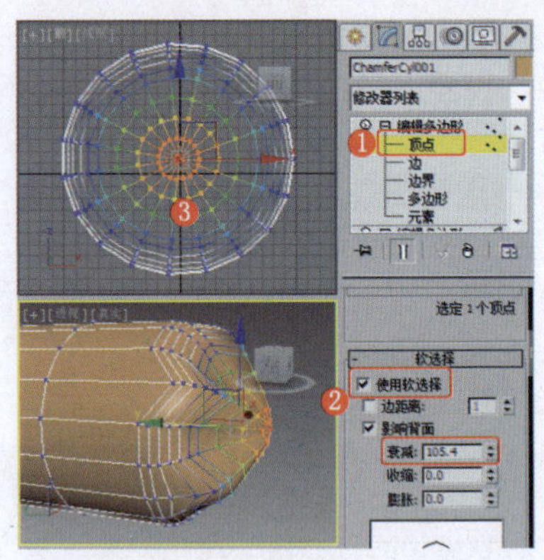

图6-73 调整顶点

❺ 调整出模型另一端的效果，如图6-74所示。

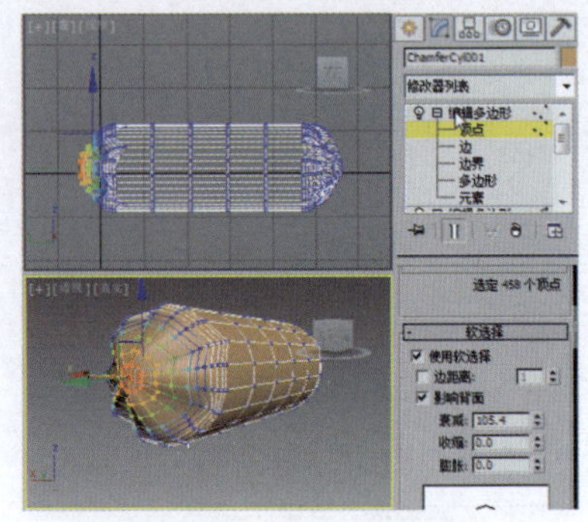

图6-74 调整模型另一端的效果

❻ 将选择集定义为“多边形”，在场景中选择如图6-75所示的多边形，并使用软选择，为其选择集施加“扭曲”修改器，设置合适的参数。

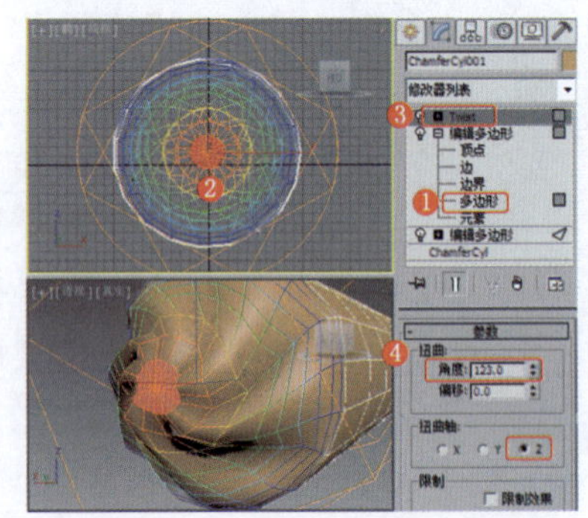

图6-75 施加“扭曲”修改器

❼ 为模型施加“编辑多边形”修改器，取消选择集，为其施加“噪波”修改器，设置合适的参数，效果如图6-76所示。

注 意

在为选择集施加修改器后，如果需要再为模型施加其他修改器，必须先为其施加“编辑多边形”或“网格平滑”修改器并将选择集取消后，再施加其他修改器，否则会影响到为选择集设置的效果。

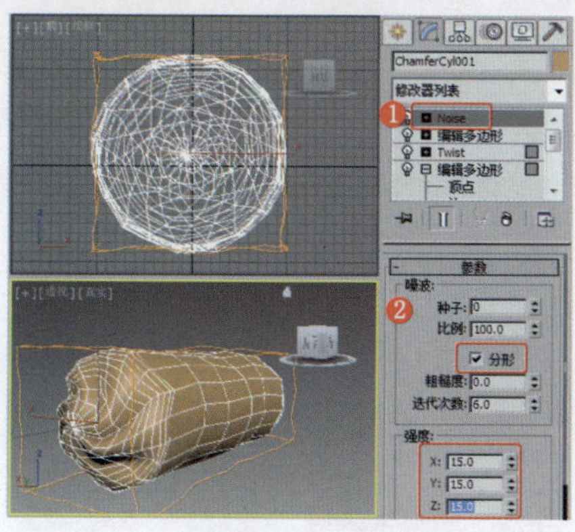

图6-76 施加“噪波”修改器

❽ 香肠模型制作完成，可以为其施加“网格平滑”修改器，使模型更加平滑，效果如图6-77所示。

❾ 为模型设置合适的渲染场景，可以创建一些圆柱体作为香肠的切片。

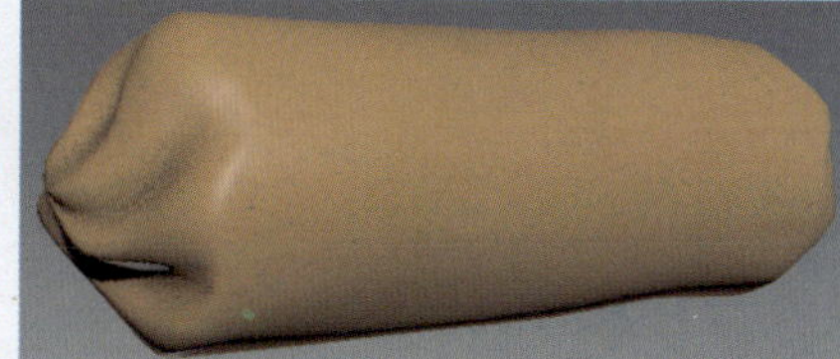

图6-77 完成的香肠模型效果

实例159 食物类——姜饼人

实例效果剖析

本例根据自己的喜好，制作一款姜饼人。

本例制作的姜饼人，效果如图6-78所示。

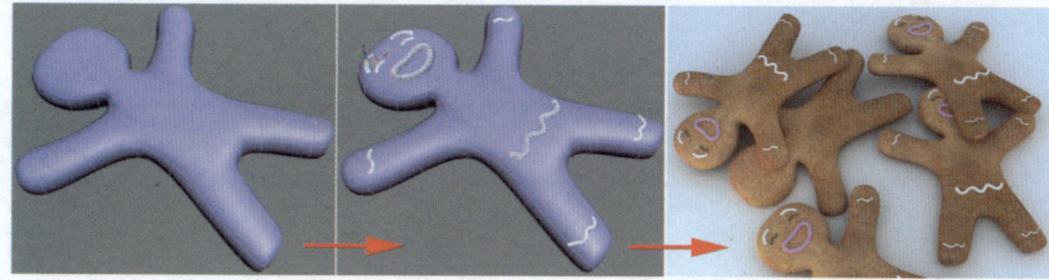

图6-78 效果展示

实例技术要点

本例主要用到的功能及技术要点如下。

- 施加“编辑多边形”修改器：用于调整人形模型，制作姜饼人一侧的效果。
- 施加“对称”修改器：用于对称制作姜饼人另一侧的效果。
- 施加“网格平滑”修改器：用于设置模型的平滑效果。

场景文件路径	Scene\第6章\实例159 姜饼人.max		
贴图文件路径	Map\		
视频路径	视频\ cha06\实例159 姜饼人.mp4		
难易程度	★★★	学习时间	28分53秒

实例160 食物类——面包

实例效果剖析

本例制作的是巧克力燕麦面包，效果如图6-79所示。

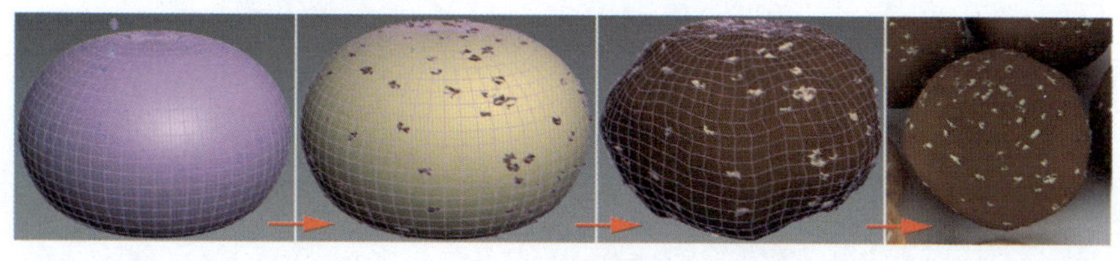

图6-79 效果展示

实例技术要点

本例主要用到的功能及技术要点如下。

- 施加“融化”修改器：用于设置模型的融化效果。
- 使用“散布”工具：制作燕麦撒落到面包上的效果。

实例制作步骤

场景文件路径	Scene\第6章\实例160 面包.max	
贴图文件路径	Map\	
视频路径	视频\ cha06\实例160 面包.mp4	
难易程度	★★★	学习时间
		6分30秒

❶ 在场景中创建球体，为模型施加“融化”修改器，设置合适的参数，效果如图6-80所示。

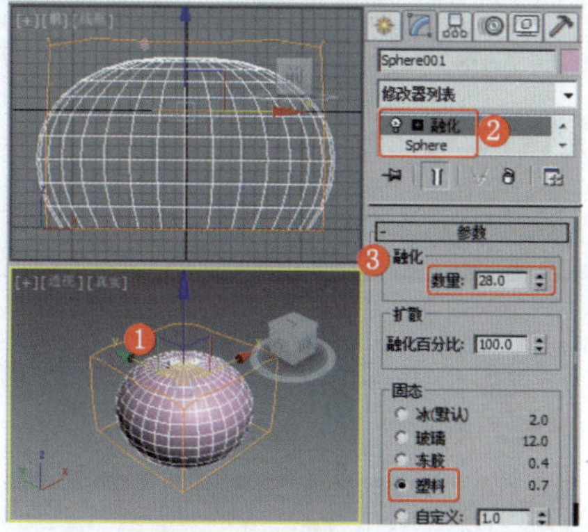

图6-80 施加“融化”修改器

❷ 为模型施加“涡轮平滑”修改器，设置合适的参数，效果如图6-81所示。

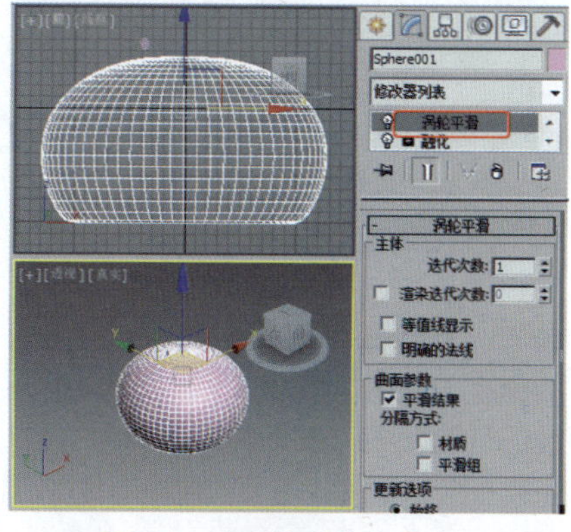

图6-81 设置模型的平滑效果

❸ 在“前”视图中创建平面，并为其施加“编辑多边形”修改器，调整平面至合适的形状，效果如图6-82所示。

❹ 在场景中选择调整过的平面，使用"散布"工具，在场景中拾取散布对象，将其作为融化的球体，效果如图6-83所示。

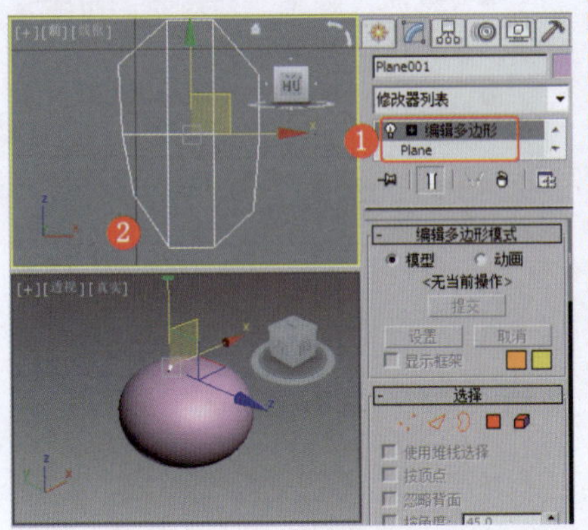

图6-82 创建并调整平面

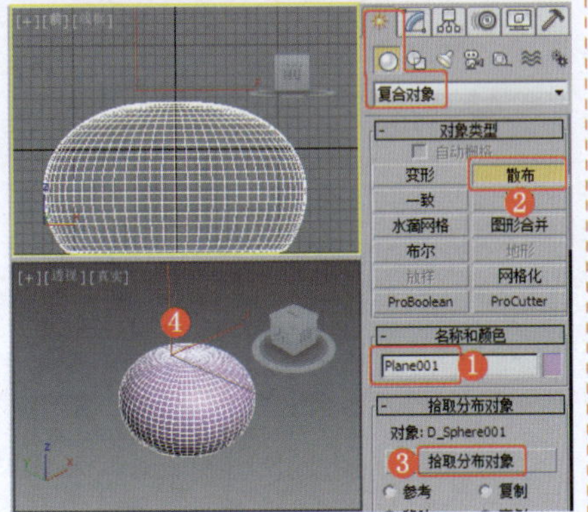

图6-83 设置模型的散布效果

❺ 设置合适的参数，模拟面包上撒落的燕麦效果，如图6-84所示。

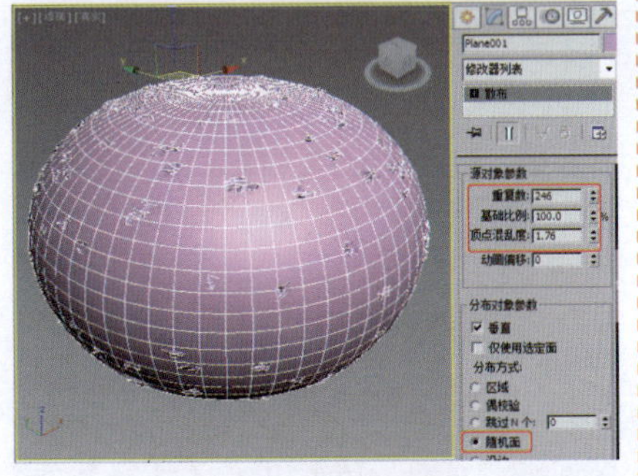

图6-84 设置参数

❻ 为散布后的模型施加"编辑多边形"修改器，将选择集定义为"元素"，并在场景中选择如图6-85所示的模型，设置其ID为1，按Ctrl+I组合键，反选元素，设置其ID为2。

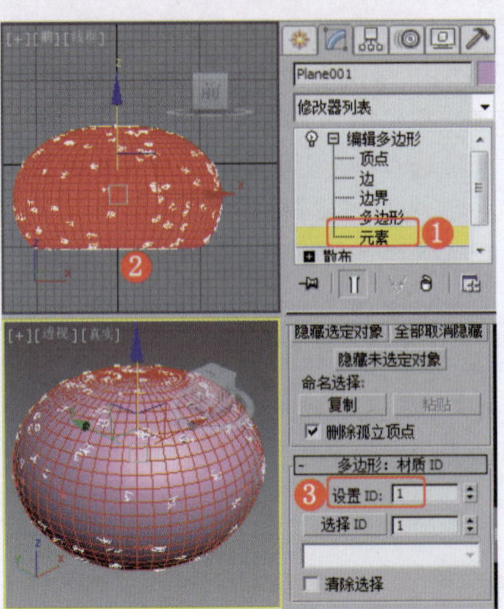

图6-85 设置ID

❼ 关闭选择集，为模型施加"噪波"修改器，面包制作完成，效果如图6-86所示。

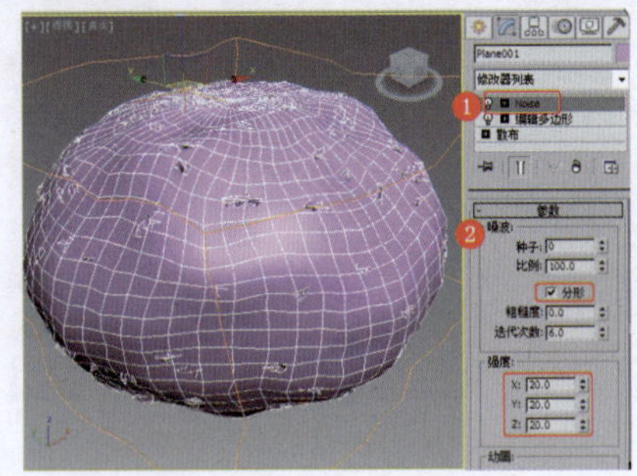

图6-86 施加"噪波"修改器

❽ 设置合适的渲染场景和材质，渲染输出。

实例161 食物类——饼干

实例效果剖析

本例制作的是一款牛奶饼干，效果如图6-87所示。

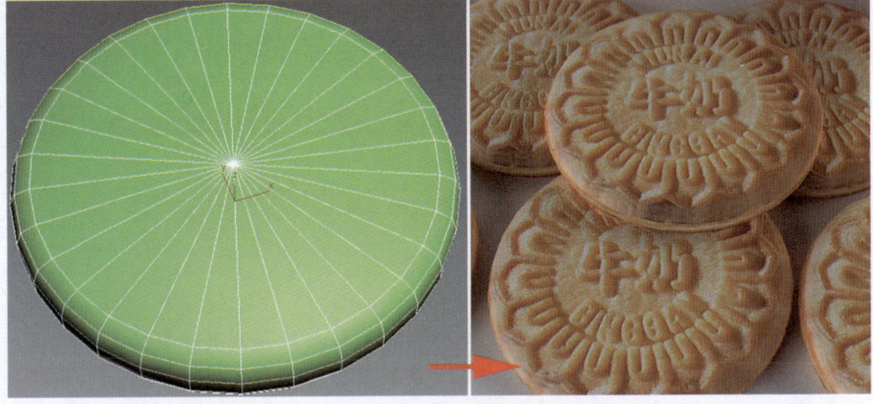

图6-87 效果展示

实例技术要点

本例主要用到的功能及技术要点如下。

- 设置置换贴图：通过一张黑白置换贴图，完成饼干的制作。

场景文件路径	Scene\第6章\实例161 饼干.max		
贴图文件路径	Map\		
视频路径	视频\ cha06\实例161 饼干.mp4		
难易程度	★	学习时间	2分36秒

第  章 植物盆栽

本章介绍各类植物的制作。

实例162 鲜花类——郁金香

实例效果剖析

本例制作的是一种比较常见的郁金香，效果如图7-1所示。

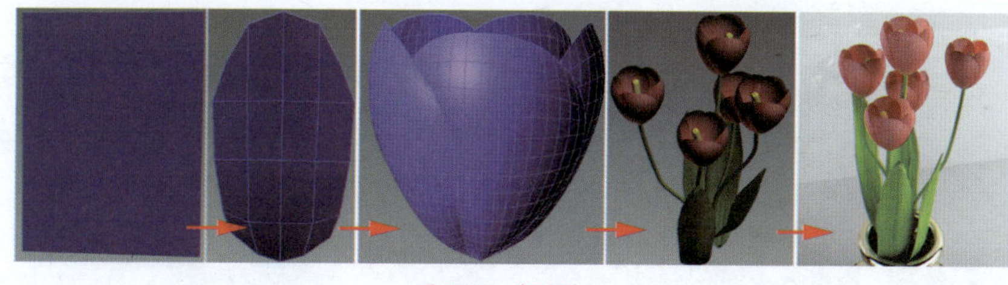

图7-1 效果展示

实例技术要点

本例主要用到的功能及技术要点如下。

- 施加“编辑多边形”修改器：通过调整顶点，制作花瓣的大致形状。
- 施加“涡轮平滑”修改器：用于设置模型的平滑效果。
- 施加“弯曲”修改器：用于制作花瓣的包裹效果。
- 施加“FFD”修改器：用于制作花朵效果。

实例制作步骤

场景文件路径	Scene\第7章\实例162 郁金香.max		
贴图文件路径	Map\		
视频路径	视频\ cha07\实例162 郁金香.mp4		
难易程度	★★	学习时间	19分24秒

❶ 在“前”视图中创建平面，按照自己的需要设置参数，效果如图7-2所示。

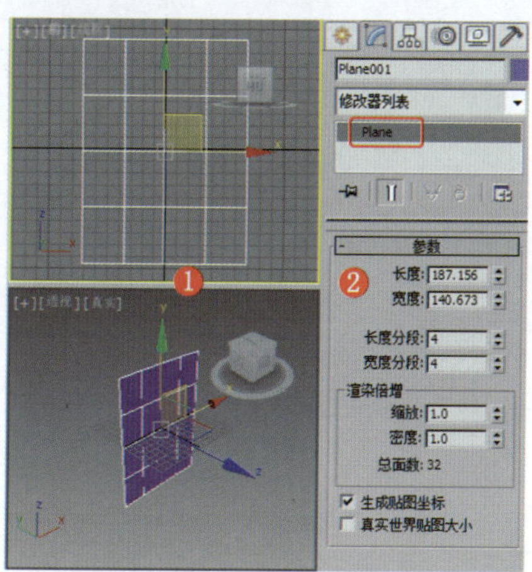

图7-2 创建平面

❷ 为平面施加“编辑多边形”修改器，将选择集定义为“顶点”，在场景中调整模型的顶点，效果如图7-3所示。

❸ 为模型施加“涡轮平滑”修改器，在“涡轮平滑”卷展栏中设置“迭代次数”为2，效果如图7-4所示。

❹ 在“前”视图中使用“移动”工具，按住Shift键，移动复制花瓣模型，效果如图7-5所示。

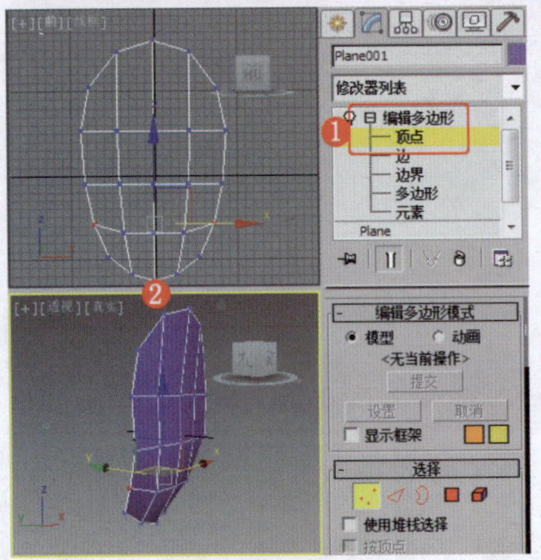

图7-3 调整模型的形状

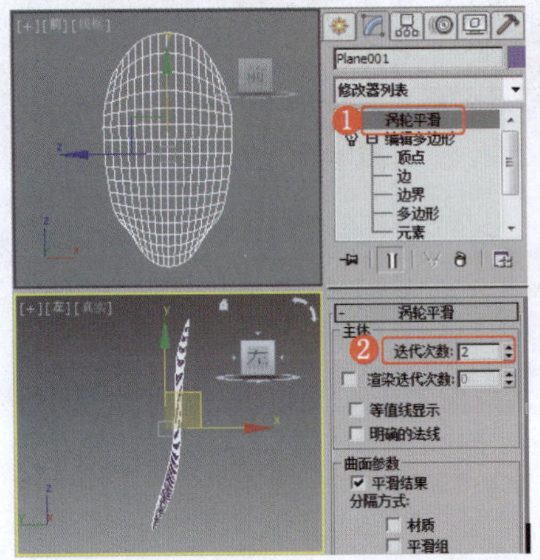

图7-4 设置模型的平滑效果

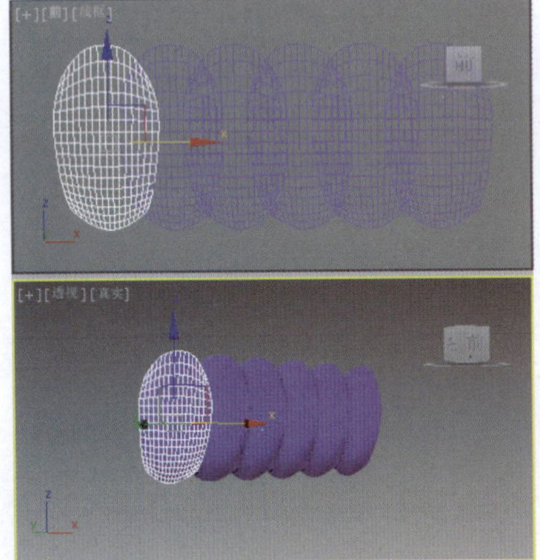

图7-5 复制花瓣

❺ 选择复制出的花瓣模型，为模型施加“弯曲”修改器，在“参数”卷展栏中设置“角度”“方向”和“弯曲轴”参数，效果如图7-6所示。

❻ 继续为模型施加“FFD 4×4×4”修改器，将选择集定义为“控制点”，在场景中缩放控制点，效果如图7-7所示。

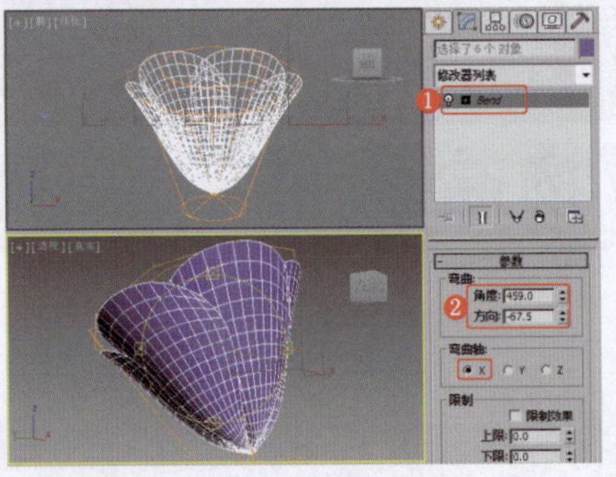

图7-6 设置模型的弯曲效果

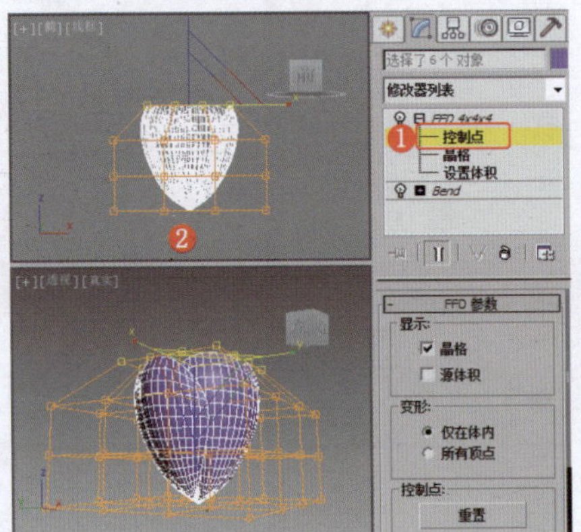

图7-7 设置模型的变形效果

❼ 在“顶”视图中创建切角圆柱体，在“参数”卷展栏中设置“半径”为16.0、“高度”为210.0、“圆角”为10.0、“高度分段”为9、“圆角分段”为3、“边数”为25，如图7-8所示。

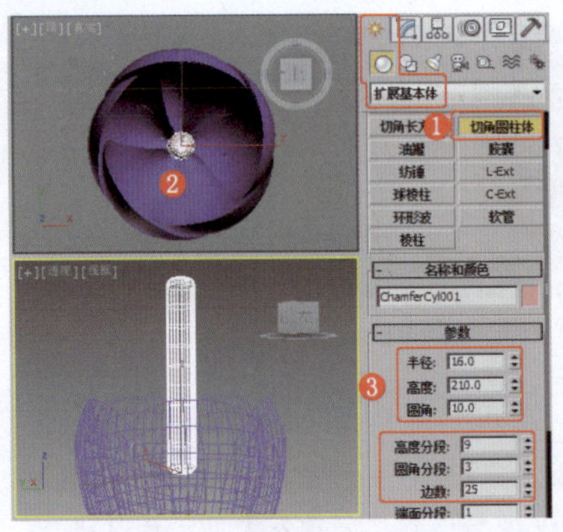

图7-8 创建切角圆柱体

❽ 为模型施加“编辑多边形”修改器，通过调整顶点调整模型的形状，将选择集定义为“边”，在场景中结合“循环”工具，选择如图7-9所示的边。

❾ 减选边，在“软选择”卷展栏中勾选“使用软选择”复选框，设置“衰减”为3.0，在场景中向上调整边，效果如图7-10所示。

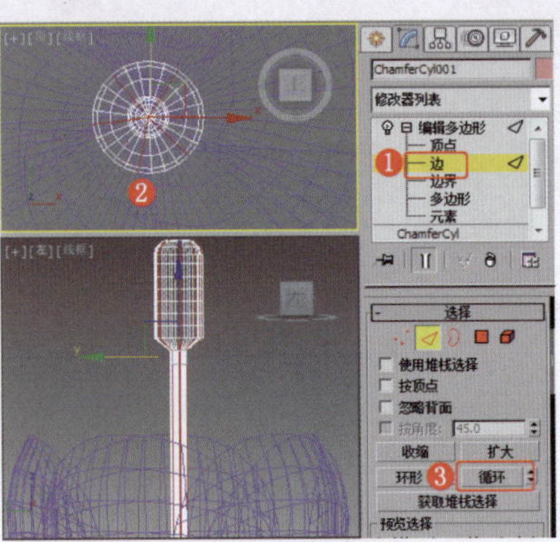

图7-9 调整模型的形状并选择边

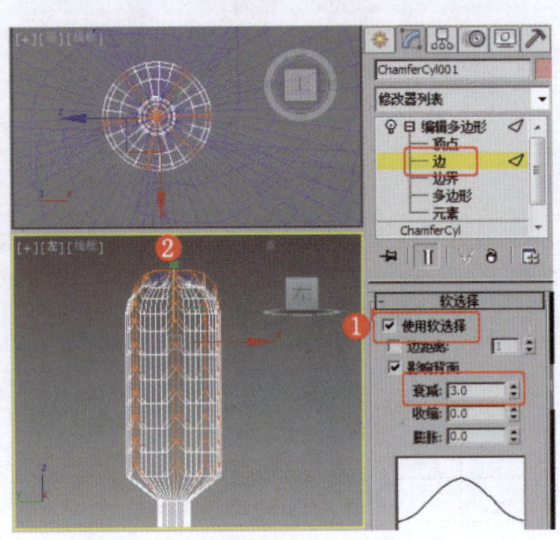

图7-10 调整边

❿ 关闭选择集，为模型施加“涡轮平滑”修改器，并为其施加“弯曲”修改器，在“参数”卷展栏中设置“角度”和“方向”参数，效果如图7-11所示。

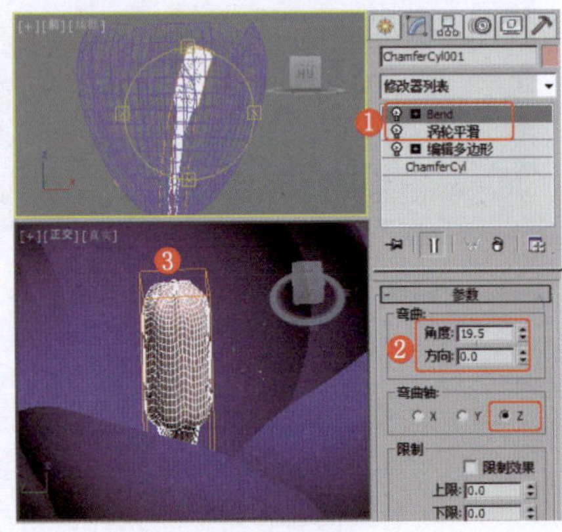

图7-11 调整模型效果

⓫ 在“前”视图中创建可渲染的线，在“渲染”卷展栏中勾选“在渲染中启用”和“在视口中启用”复选框，设置“厚度”为20.0，效果如图7-12所示，将其作为花茎。

⓬ 按照制作花瓣的操作步骤，调整叶子的形状，效果如图7-13所示。

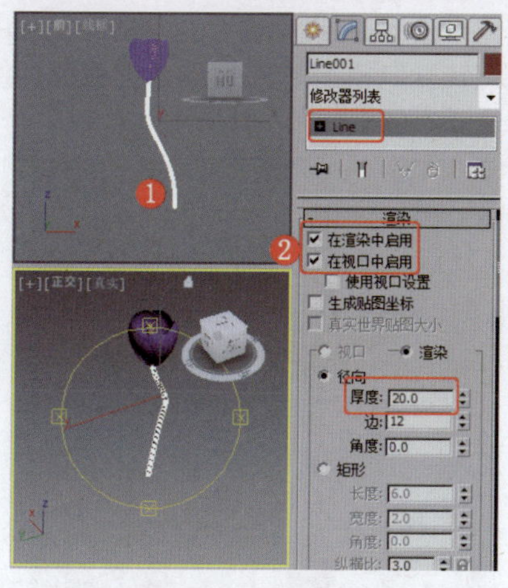
图7-12 创建花茎

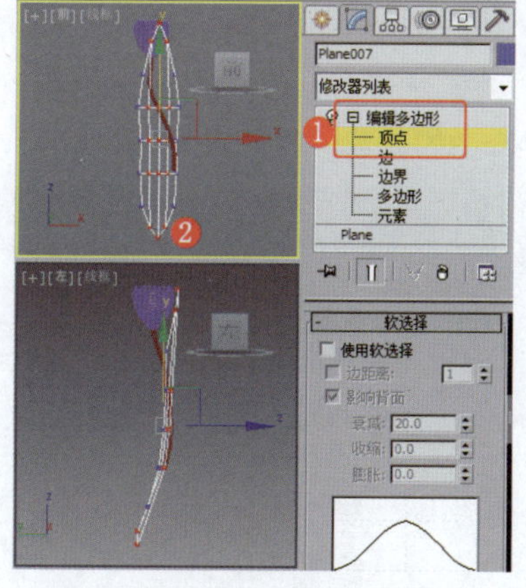
图7-13 调整叶子的形状

⑬ 关闭选择集，为叶子模型施加“壳”修改器，在“参数”卷展栏中设置“外部量”为1.0，效果如图7-14所示。

⑭ 为叶子模型施加“涡轮平滑”修改器，效果如图7-15所示。

⑮ 在场景中对模型进行复制，郁金香制作完成，效果如图7-16所示。

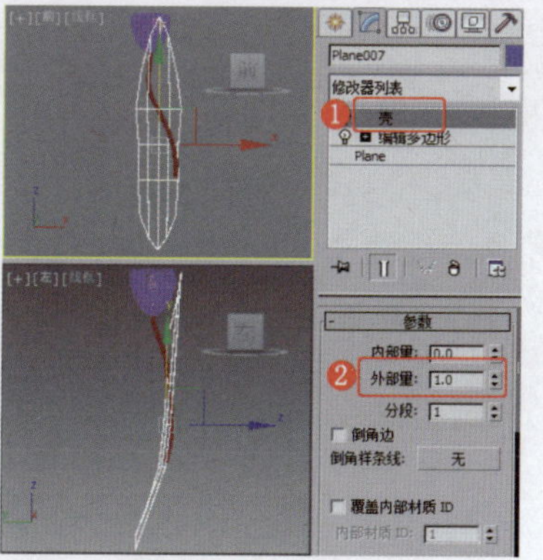
图7-14 设置模型的厚度

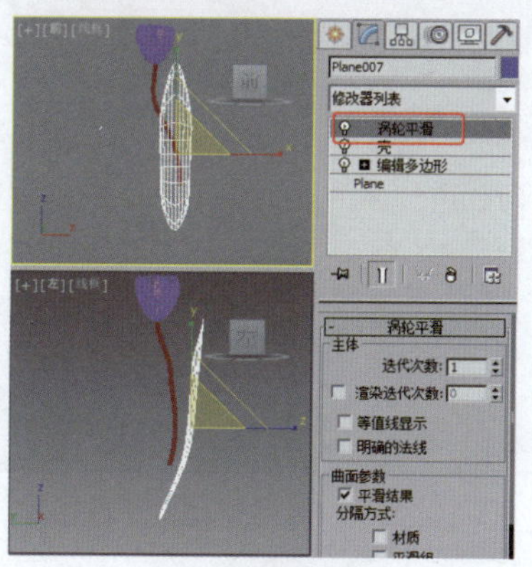
图7-15 设置模型的平滑效果

图7-16 完成制作

实例163 鲜花类——雏菊

实例效果剖析

本例制作的是一种白色的雏菊，效果如图7-17所示。

图7-17 效果展示

实例技术要点

本例主要用到的功能及技术要点如下。

- 施加“编辑多边形”修改器：用于调整模型的形状。
- 施加“涡轮平滑”修改器：用于设置模型的平滑效果。

实例制作步骤

场景文件路径	Scene\第7章\实例163 雏菊.max		
贴图文件路径	Map\		
视频路径	视频\cha07\实例163 雏菊.mp4		
难易程度	★★	学习时间	16分9秒

❶ 在“前”视图中创建平面，在“参数”卷展栏中设置“长度”“宽度”“长度分段”“宽度分段”参数，效果如图7-18所示。

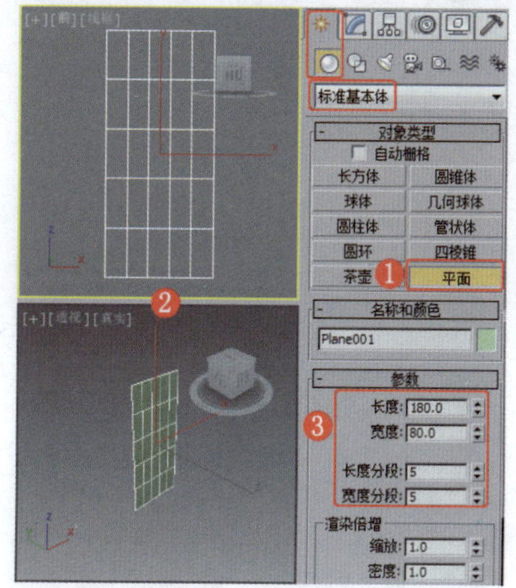
图7-18 创建平面

❷ 在场景中的平面处右击，在弹出的快捷菜单中选择“转换为”→“转换为可编辑多边形”命令，如图7-19所示。

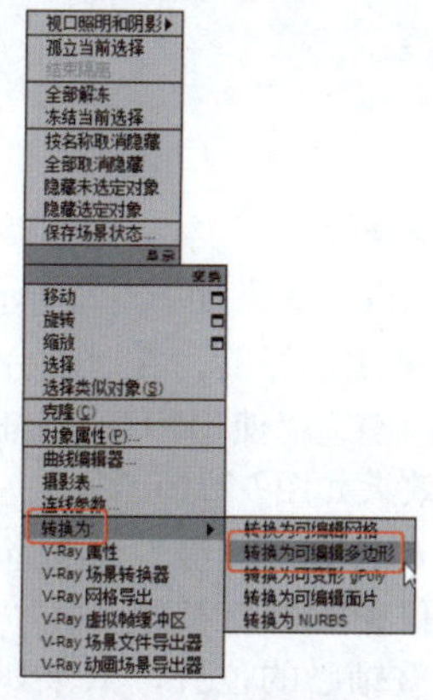
图7-19 选择“转换为可编辑多边形”命令

❸ 将选择集定义为“顶点”，在“前”视图中调整顶点，效果如图7-20所示。

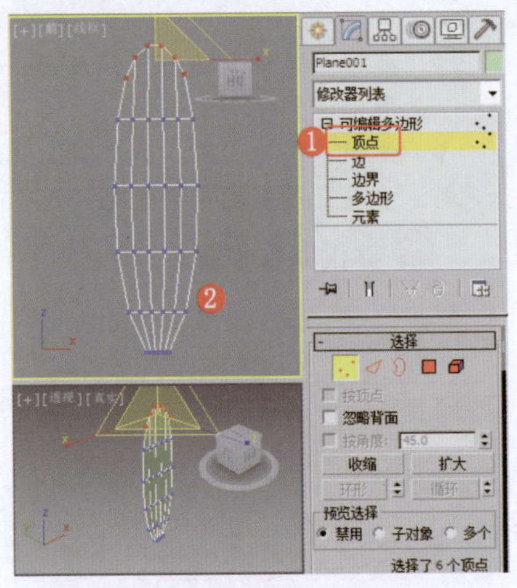

图7-20　调整模型的形状

❹ 在“前”视图中选择顶点，在“顶”视图中对其进行调整，制作花瓣的凸出纹理，效果如图7-21所示。

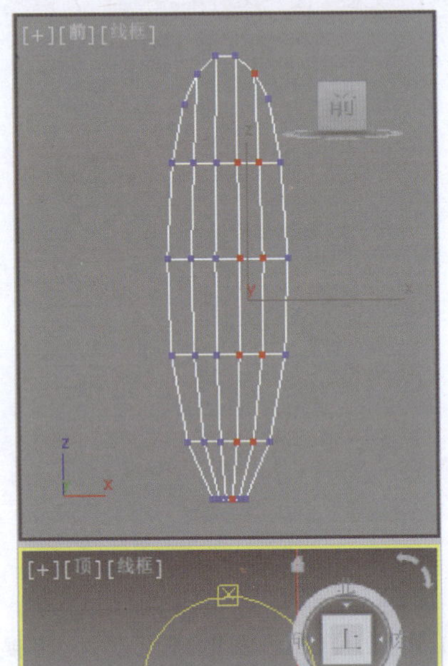

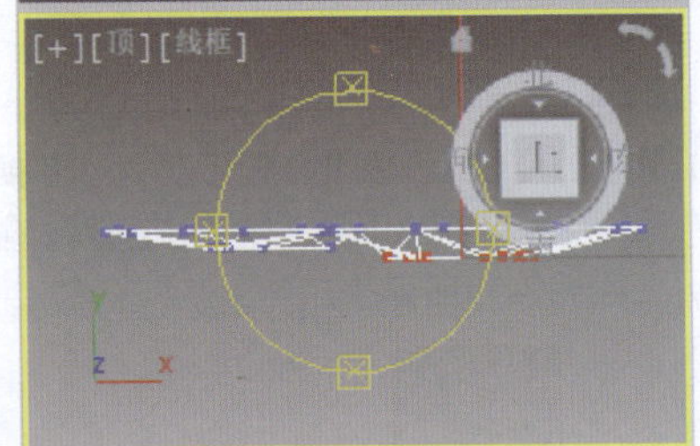

图7-21　调整顶点

❺ 继续在“左”视图中调整模型侧面的顶点，效果如图7-22所示。

❻ 关闭选择集，在“细分曲面”卷展栏中勾选“使用NURMS细分”复选框，效果如图7-23所示。

❼ 切换到“层级”命令面板，激活“仅影响轴”按钮，在“前”视图中调整轴心的位置，效果如图7-24所示。

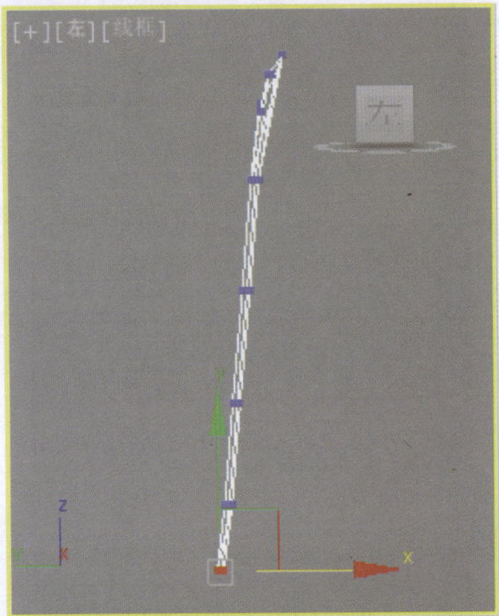

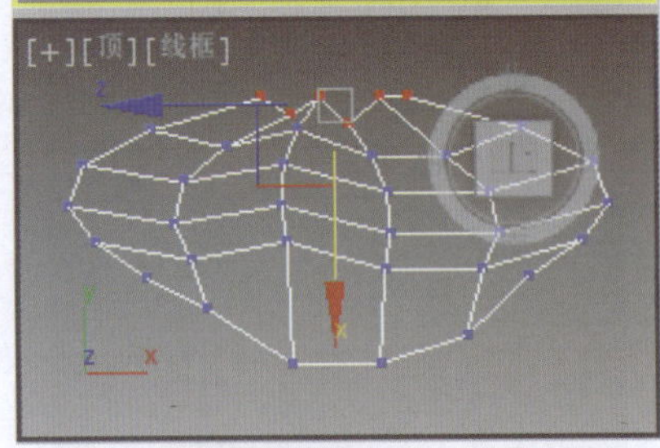

图7-22　调整模型侧面的顶点

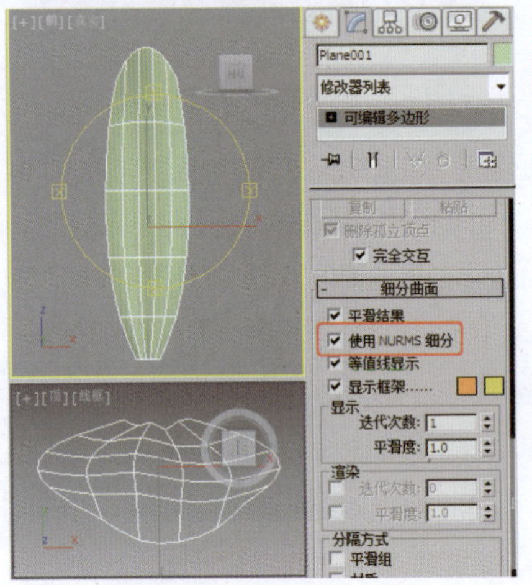

图7-23　设置模型的平滑效果

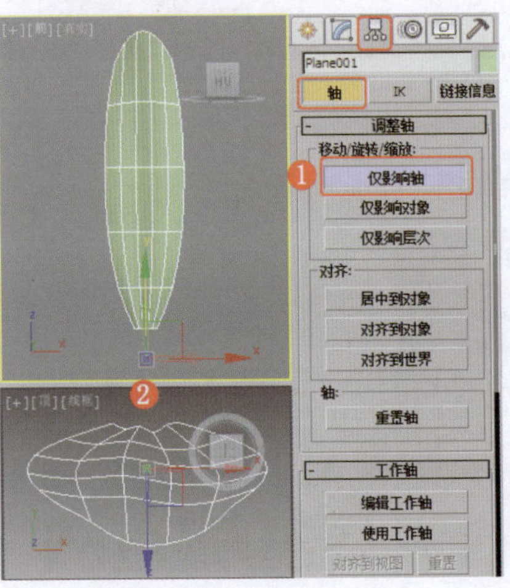

图7-24　调整轴心的位置

❽ 按住Shift键，在“前”视图中旋转复制模型，并缩放、调整模型的位置，效果如图7-25所示。

图7-25　复制并调整模型

❾ 在“前”视图中创建半球，设置合适的参数，效果如图7-26所示。

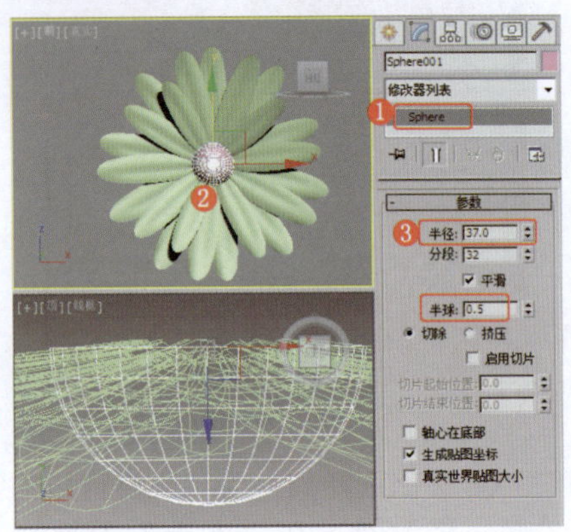

图7-26　创建半球

❿ 在“顶”视图中镜像复制半球，效果如图7-27所示，将其作为花茎的基本模型。

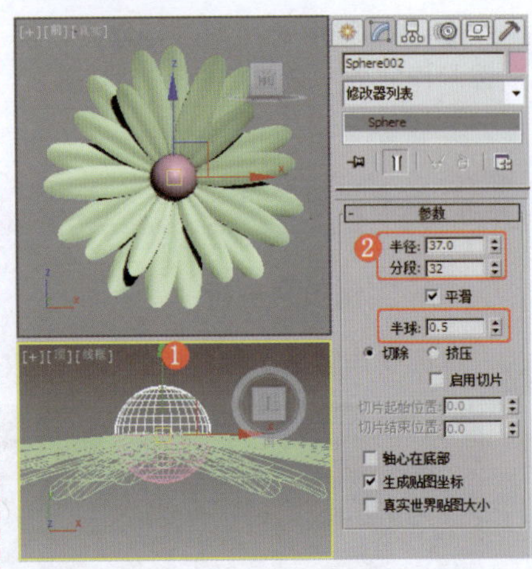

图7-27　镜像复制模型

⓫ 为花茎模型施加“编辑多边形”修改器，将选择集定义为“顶点”，在“前”视图中调整顶点，效果如图7-28所示。

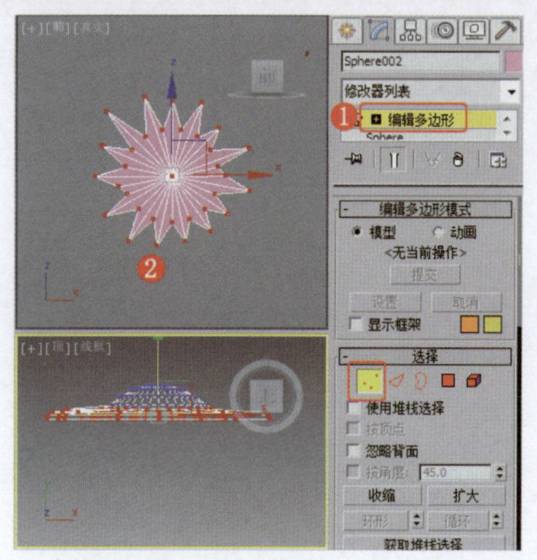

图7-28 调整模型的形状

⑫ 在“前”视图中选择如图7-29所示的多边形，为选择的多边形设置“挤出”参数。

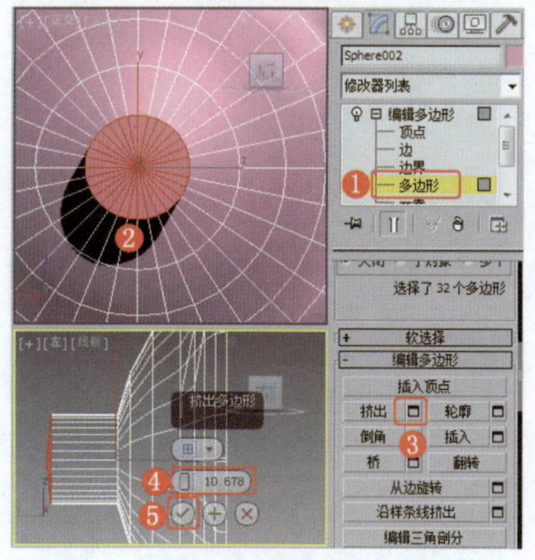

图7-29 挤出多边形

⑬ 使用同样的方法，设置多边形的多次挤出，效果如图7-30所示。

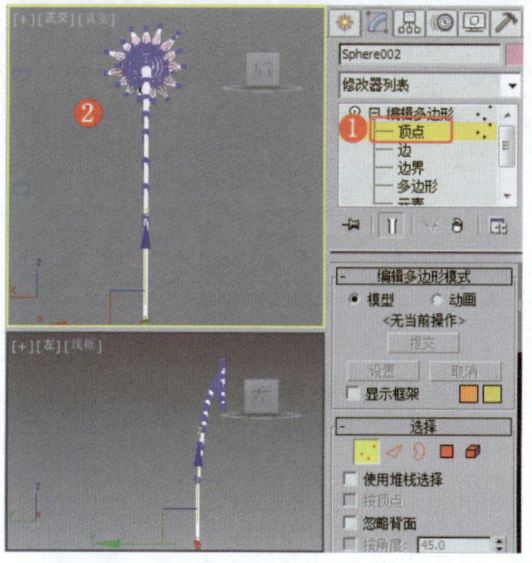

图7-30 调整模型的形状

⑭ 关闭选择集，为花茎模型施加“涡轮平滑”修改器，效果如图7-31所示。

⑮ 显示花朵模型，效果如图7-32所示，雏菊制作完成。

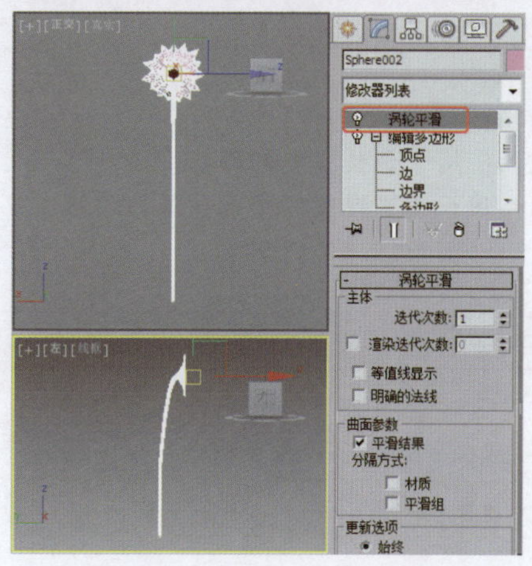

图7-31 设置模型的平滑效果

图7-32 完成的雏菊模型效果

实例164 鲜花类——向日葵

实例效果剖析

本例制作的是观赏型向日葵，效果如图7-33所示。

图7-33 效果展示

实例技术要点

本例主要用到的功能及技术要点如下。

- 施加“编辑多边形”修改器：用于调整花瓣和花托的形状。
- 施加“网格平滑”修改器：用于设置模型的平滑效果。

场景文件路径	Scene\第7章\实例164 向日葵.max		
贴图文件路径	Map\		
视频路径	视频\ cha07\实例164 向日葵.mp4		
难易程度	★★	学习时间	13分12秒

实例165 鲜花类——百合

实例效果剖析

本例制作的是一种常见的百合，效果如图7-34所示。

图7-34 效果展示

实例技术要点

本例主要用到的功能及技术要点如下。

- 施加“编辑多边形”修改器：用于调整模型的形状。
- 施加“网格平滑”修改器：用于设置模型的平滑效果。

实例制作步骤

场景文件路径	Scene\第7章\实例165 百合.max		
贴图文件路径	Map\		
视频路径	视频\ cha07\实例165 百合.mp4		
难易程度	★★★	学习时间	28分35秒

❶ 在“前”视图中创建平面，设置合适的参数，效果如图7-35所示。

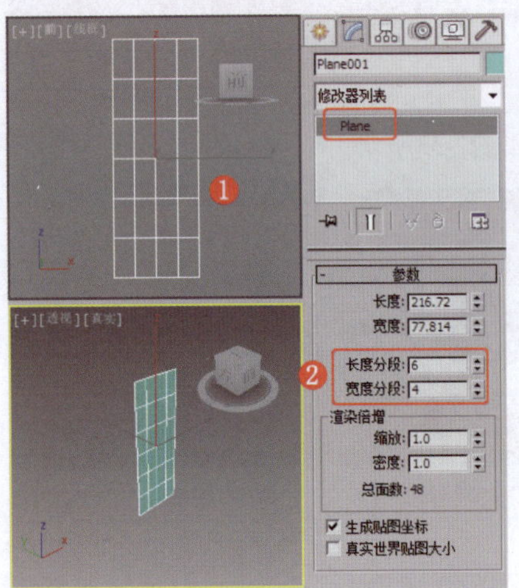

图7-35　创建平面

❷ 为平面施加“编辑多边形”修改器，将选择集定义为“顶点”，调整顶点，效果如图7-36所示。

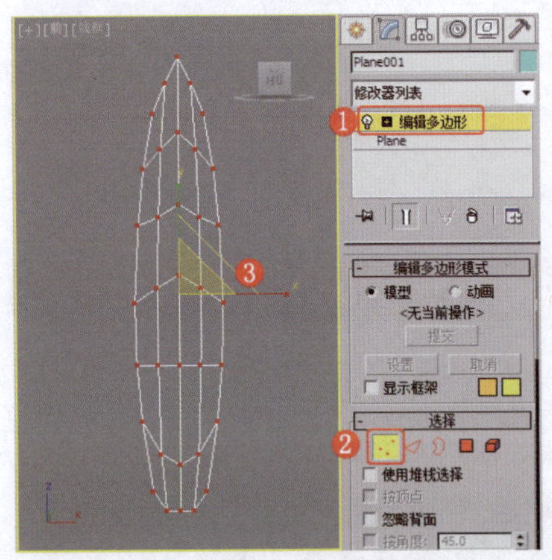

图7-36　调整模型的形状

❸ 为模型施加“网格平滑”修改器和“编辑多边形”修改器，将选择集定义为“顶点”，使用软选择，设置合适的参数，在“顶”视图中调整模型的形状，效果如图7-37所示。

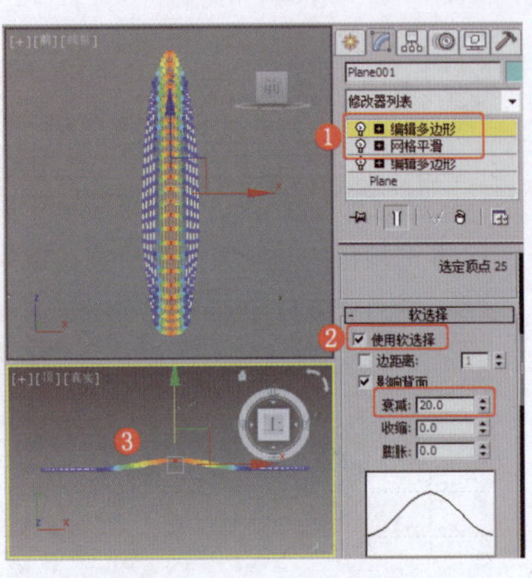

图7-37　调整模型的形状

❹ 继续调整软选择参数并调整顶点，效果如图7-38所示。

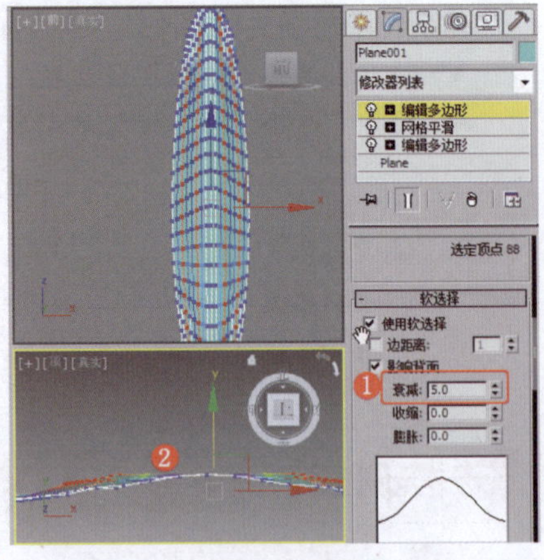

图7-38　调整顶点

❺ 为模型施加“网格平滑”修改器，并施加“编辑多边形”修改器，效果如图7-39所示。

❻ 将选择集定义为“顶点”，在场景中选择如图7-40所示的顶点。

❼ 确定模型的顶点处于被选择状态，为其施加“噪波”修改器，设置合适的参数，效果如图7-41所示。

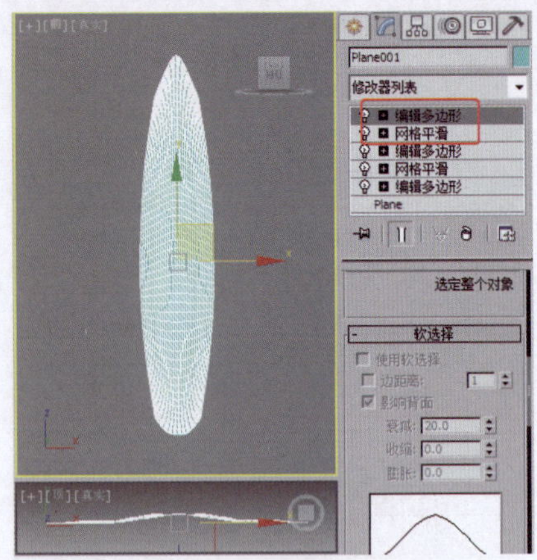

图7-39　施加修改器

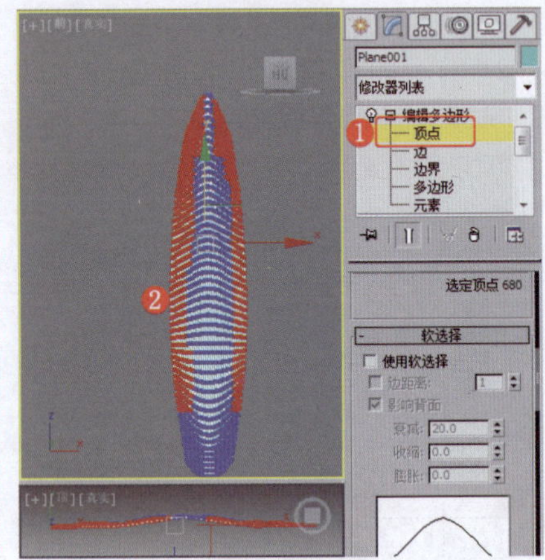

图7-40　选择顶点

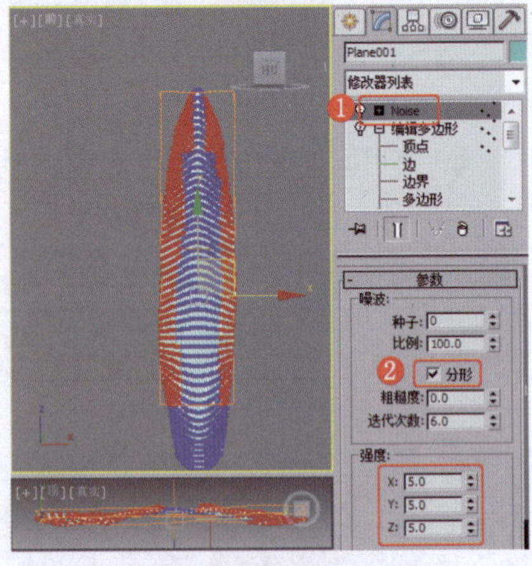

图7-41　施加“噪波”修改器

❽ 为模型施加“编辑多边形”修改器，确定选择集没有处于被选择状态，然后为模型施加“弯曲”修改器，设置合适的参数，效果如图7-42所示。

提　示

许多修改器都是为选择集施加的，因此，必须为模型重新施加“编辑多边形”或“网格平滑”修改器，再为其施加其他修改器，否则模型会出现错误。

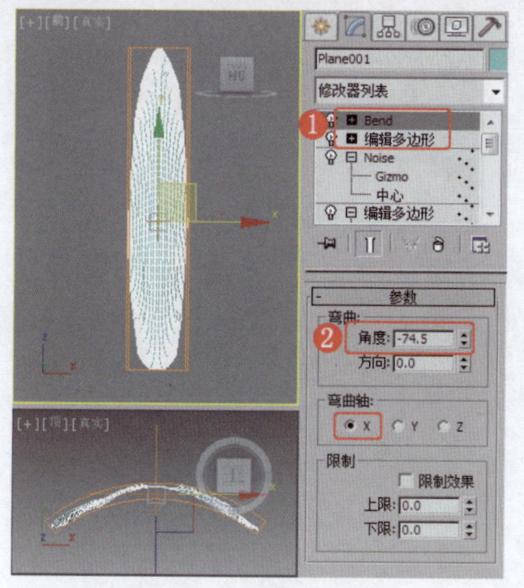
图7-42 施加修改器

❾ 为模型施加第二个“弯曲”修改器，设置合适的参数，效果如图7-43所示。

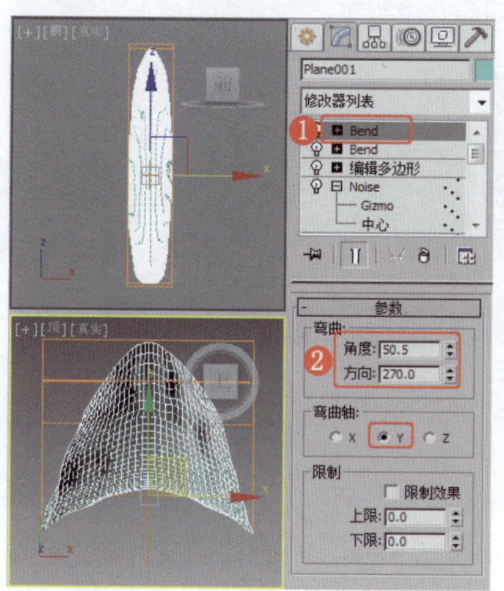
图7-43 施加“弯曲”修改器

❿ 在场景中旋转模型的角度，效果如图7-44所示。

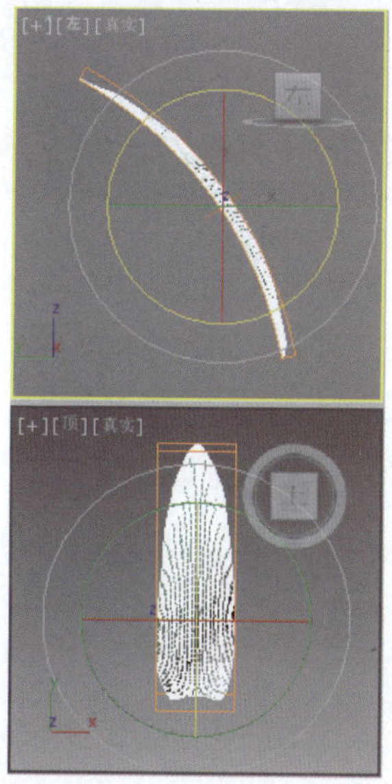
图7-44 旋转模型的角度

⓫ 切换到“层级”命令面板，激活“仅影响轴”按钮，在“前”视图中调整轴心的位置，效果如图7-45所示。

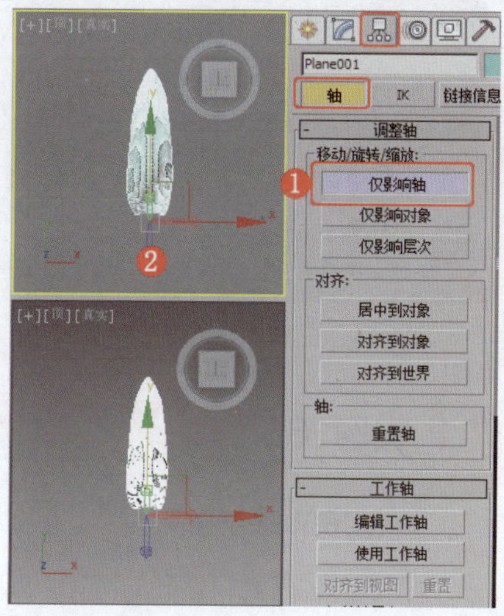
图7-45 调整轴心的位置

⓬ 在场景中旋转复制模型，并通过调整顶点调整模型至满意的位置，效果如图7-46所示。

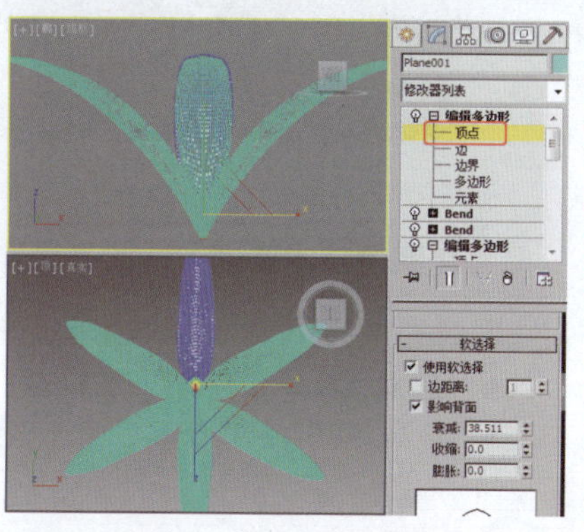
图7-46 复制并调整模型

⓭ 调整顶点以调整模型的效果，如图7-47所示。

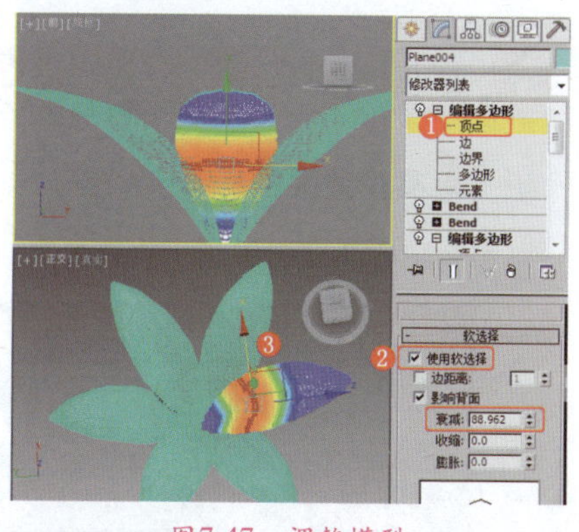
图7-47 调整模型

⓮ 在“前”视图中创建切角圆柱体，设置合适的参数，效果如图7-48所示。

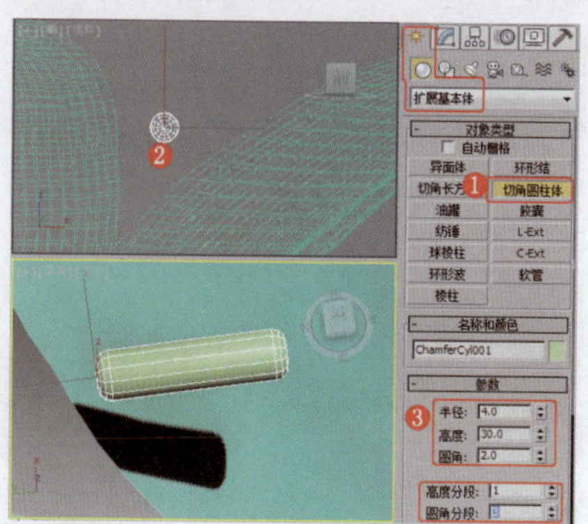
图7-48 创建切角圆柱体

⓯ 为模型施加“编辑多边形”修改器，将选择集定义为“边”，设置边的“挤出”参数，效果如图7-49所示。

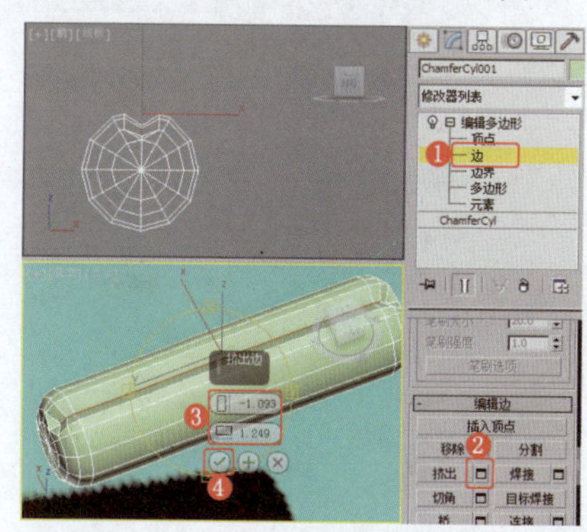
图7-49 设置边的“挤出”参数

⓰ 在“顶”视图中创建圆柱体，设置合适的参数，效果如图7-50所示。

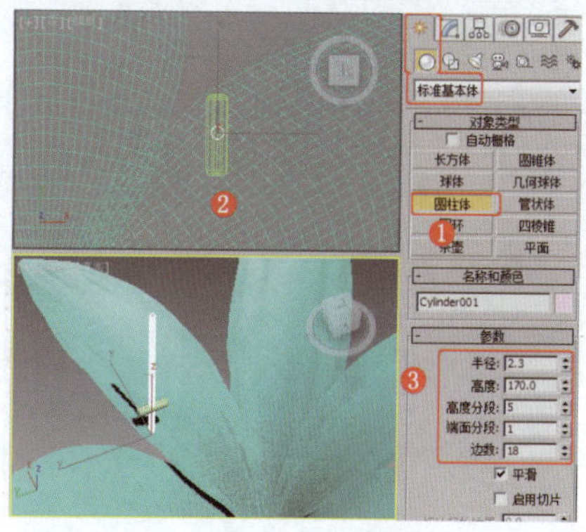
图7-50 创建圆柱体

⓱ 在场景中选择刚制作的两个模型，并为其施加“弯曲”修改器，设置合适的参数，效果如图7-51所示，将其作为花蕊。

⓲ 在场景中复制花蕊模型，在“顶”视图中创建切角圆柱体，设置合适的参数，效果如图7-52所示。

⓳ 为模型施加“编辑多边形”修改器，将选择集定义为“顶点”，在场景中调整模型的顶点，效果如图7-53所示。

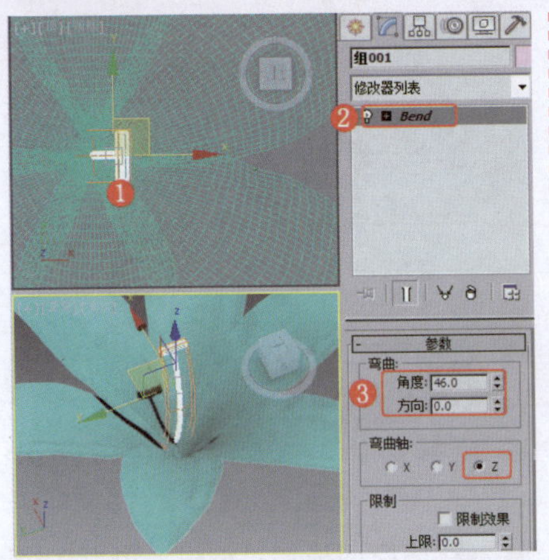
图7-51　施加“弯曲”修改器

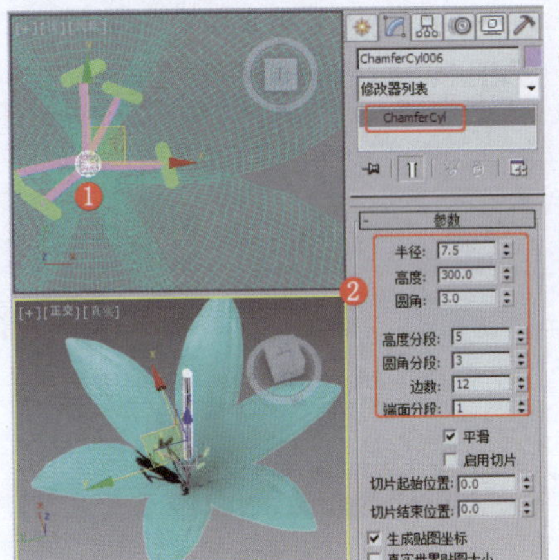
图7-52　创建切角圆柱体

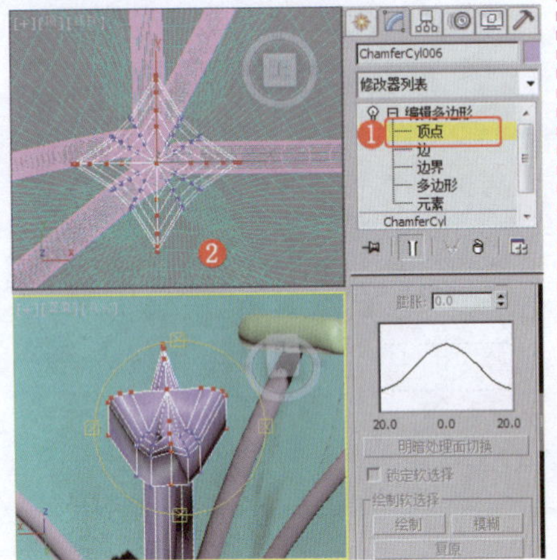
图7-53　调整顶点

⑳ 为模型施加“涡轮平滑”修改器，设置合适的参数，效果如图7-54所示。

㉑ 为花瓣模型施加合适的“壳”修改器和“网格平滑”修改器，花朵制作完成。

㉒ 使用同样的方法制作花茎和叶子，效果如图7-55所示，在此不再赘述。

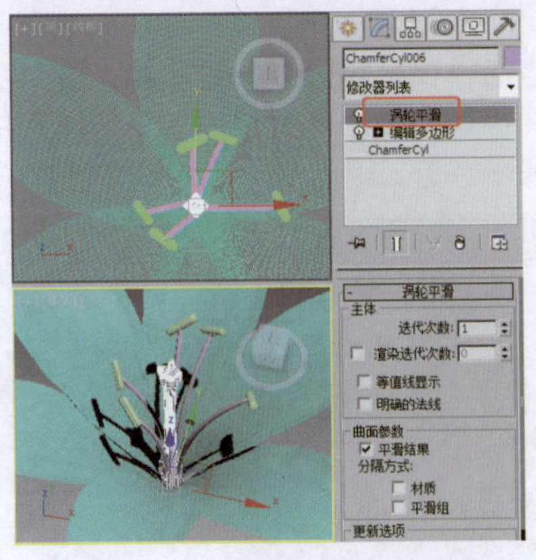
图7-54　设置模型的平滑效果

图7-55　完成的百合模型效果

实例166　鲜花类——荷花

实例效果剖析

本例制作的是夏日盛开的荷花，效果如图7-56所示。

图7-56　效果展示

实例技术要点

本例主要用到的功能及技术要点如下。

- 施加“编辑多边形”修改器：用于调整并删除多边形。
- 施加“FFD”修改器：用于调整花瓣的变形效果。

场景文件路径	Scene\第7章\实例166 荷花.max		
贴图文件路径	Map\		
视频路径	视频\cha07\实例166 荷花.mp4		
难易程度	★★	学习时间	13分57秒

实例167　鲜花类——蝴蝶兰

实例效果剖析

本例制作的是蝴蝶兰，效果如图7-57所示。

图7-57　效果展示

实例技术要点

本例主要用到的功能及技术要点如下。

- 转换为“可编辑多边形”：用于调整模型的形状。
- 施加“FFD”修改器：用于设置模型的变形效果。

实例制作步骤

场景文件路径	Scene\第7章\实例167 蝴蝶兰.max		
贴图文件路径	Map\		
视频路径	视频\ cha07\实例167 蝴蝶兰.mp4		
难易程度	★★★	学习时间	36分22秒

❶ 在“前”视图中创建长方体，设置合适的参数，效果如图7-58所示。

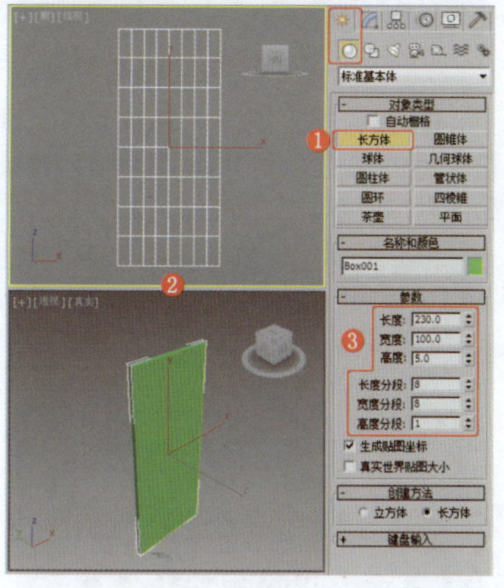

图7-58　创建长方体

❷ 将模型转换为“可编辑多边形”，将选择集定义为“顶点”，在场景中调整顶点的位置，效果如图7-59所示。

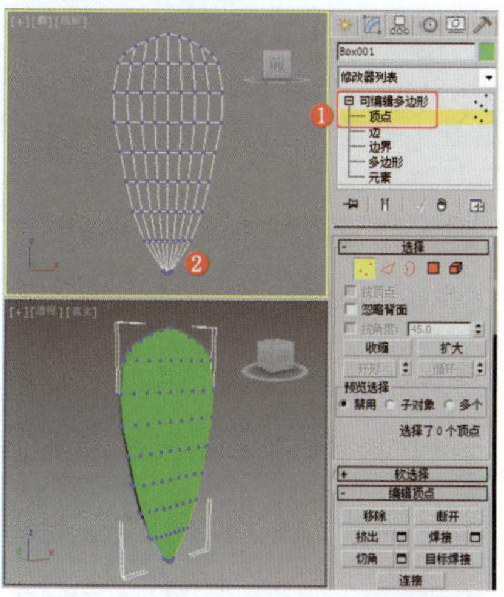

图7-59　调整顶点的位置

❸ 为模型施加“FFD（长方体）”修改器，在“FFD参数”卷展栏中单击“设置点数”按钮，在打开的对话框中设置点数的“长度”为8、“宽度”为5、“高度”为2，如图7-60所示，单击“确定”按钮。

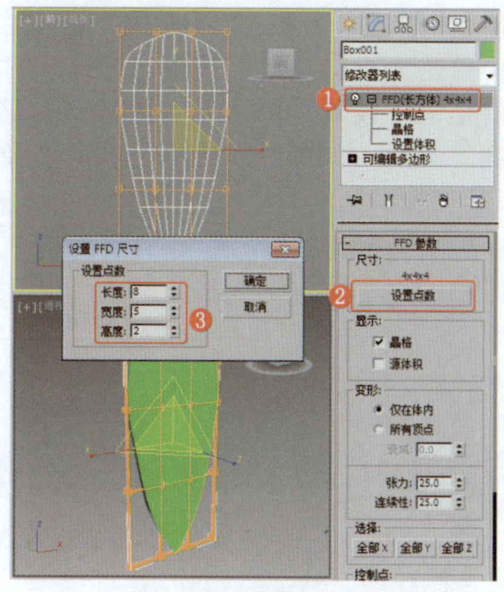

图7-60　设置点数

❹ 将选择集定义为“控制点”，在场景中调整控制点的位置，效果如图7-61所示。

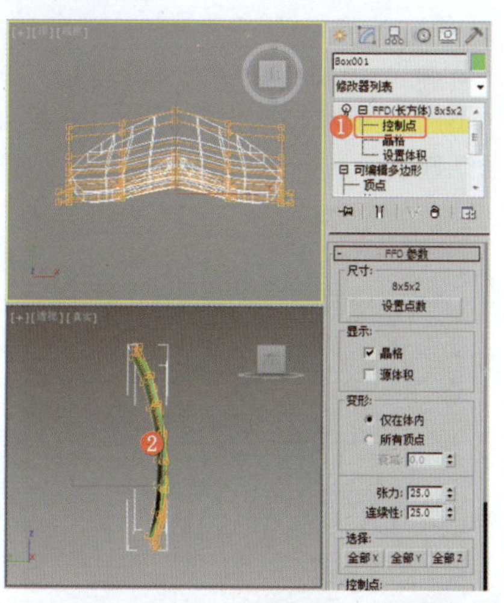

图7-61　调整控制点

❺ 旋转模型至合适的角度，效果如图7-62所示。

❻ 再次将模型转换为“可编辑多边形”，在“细分曲面”卷展栏中勾选“使用NURMS细分”复选框，效果如图7-63所示，将其作为叶子的基本模型。

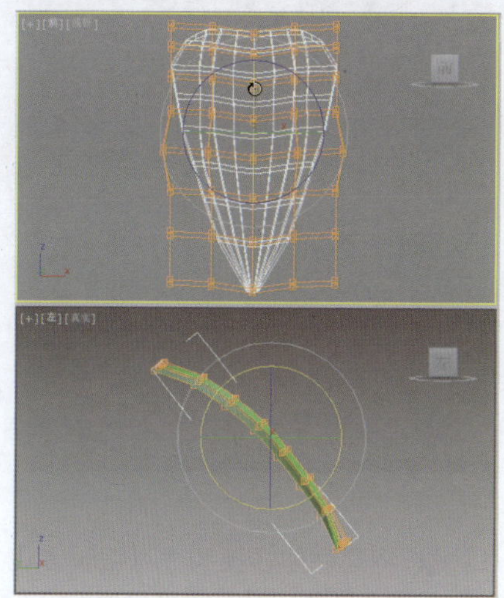

图7-62　旋转模型的角度

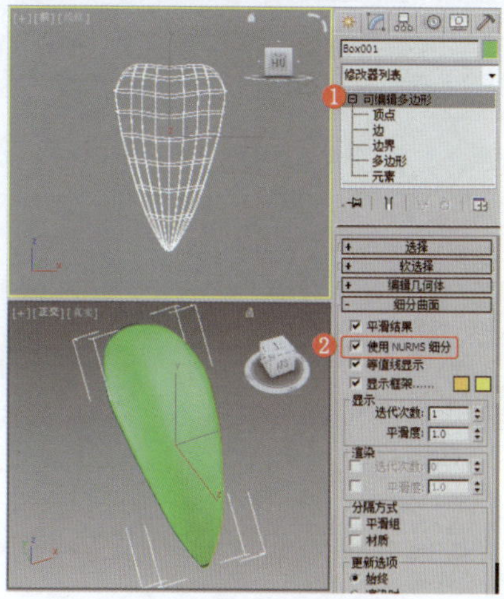

图7-63　设置模型的平滑效果

❼ 在场景中复制并调整叶子模型，效果如图7-64所示。

图7-64　复制叶子模型

❽ 在“顶”视图中创建圆柱体，

设置合适的参数，将其作为花枝，效果如图7-65所示。

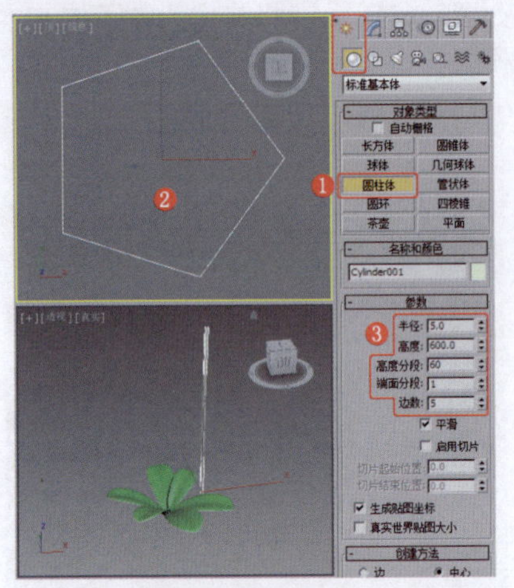

图7-65　创建圆柱体

⑨ 将圆柱体转换为“可编辑多边形”，将选择集定义为“多边形”，在场景中选择多边形，效果如图7-66所示。

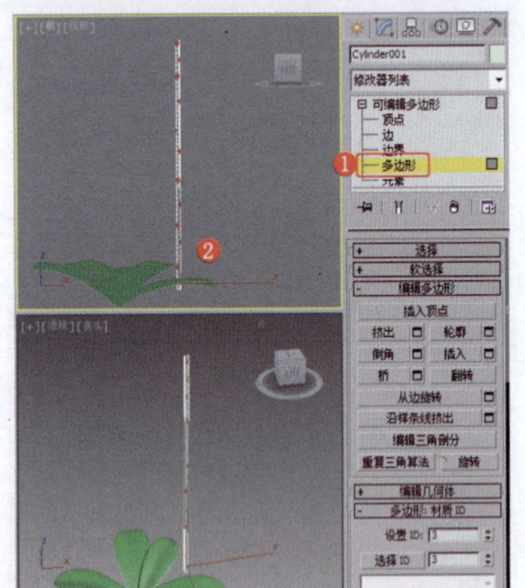

图7-66　选择多边形

⑩ 设置多边形的倒角轮廓，效果如图7-67所示。

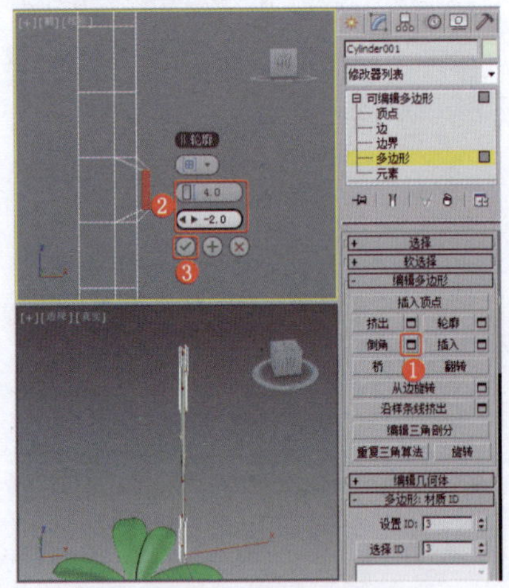

图7-67　设置多边形的倒角轮廓

⑪ 为模型施加“网格平滑”修改器，效果如图7-68所示。

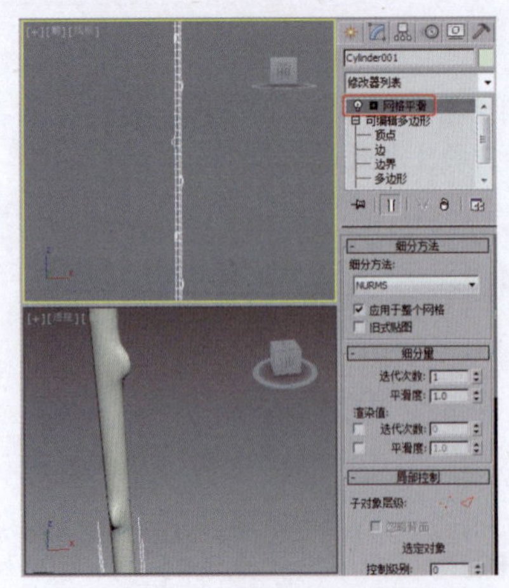

图7-68　设置模型的平滑效果

⑫ 继续为模型施加“FFD（圆柱体）”修改器，在“FFD参数”卷展栏中单击“设置点数”按钮，在打开的对话框中设置“侧面”“径向”“高度”参数，如图7-69所示，单击“确定”按钮。

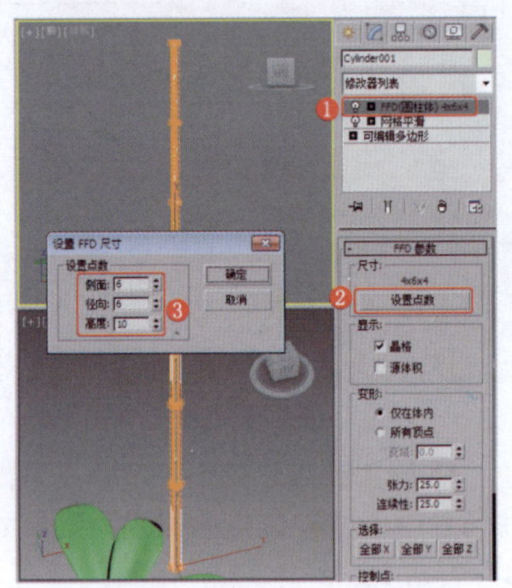

图7-69　设置点数

⑬ 将选择集定义为“控制点”，在场景中调整控制点的位置，效果如图7-70所示。

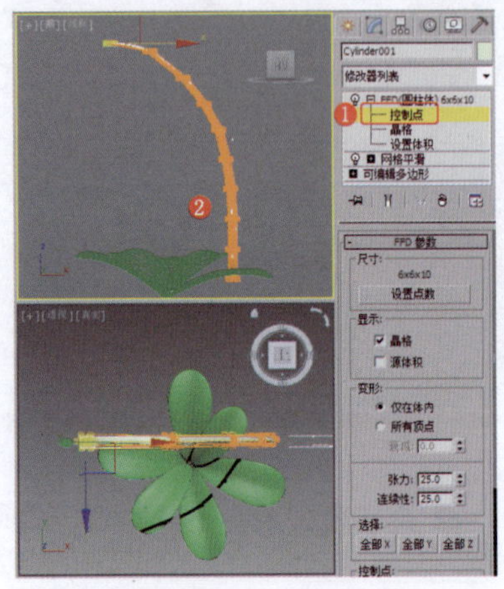

图7-70　调整模型的形状

⑭ 使用同样的方法制作其他花枝模型，并调整其至合适的大小、角度和位置，效果如图7-71所示。

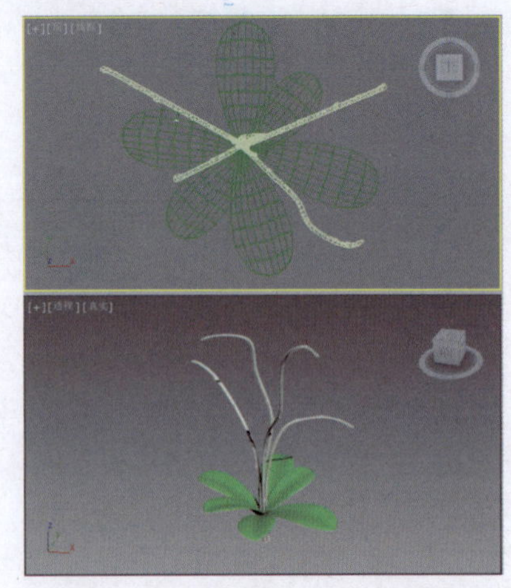

图7-71　复制并调整花枝模型

⑮ 在“顶”视图中创建平面，设置合适的参数，将其作为花瓣，效果如图7-72所示。

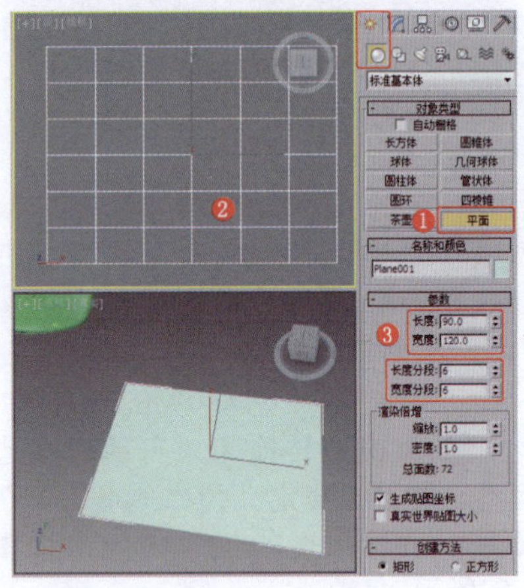

图7-72　创建平面

⑯ 将平面转换为“可编辑多边形”，将选择集定义为“顶点”，在场景中调整顶点的位置，效果如图7-73所示。

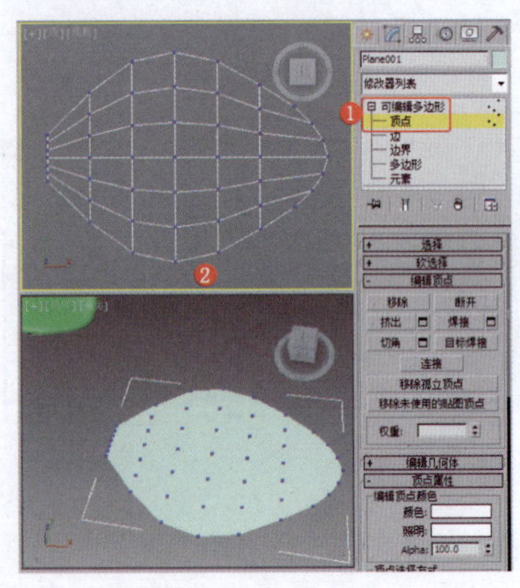

图7-73　调整模型的形状

⑰ 在“软选择”卷展栏中勾选“使用软选择”复选框，设置合适的“衰减”参数，在场景中调整顶点，效果如图7-74所示。

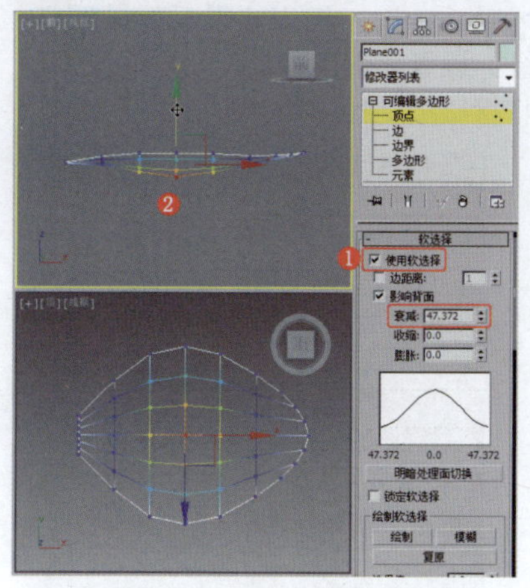

图7-74 继续调整模型的形状

⑱ 在“细分曲面”卷展栏中勾选“使用NURMS细分”复选框，设置“迭代次数”为2，效果如图7-75所示。

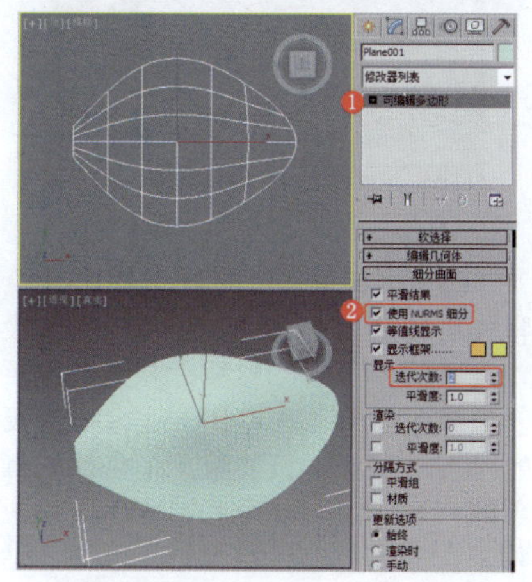

图7-75 设置模型的平滑效果

⑲ 在场景中复制并调整花瓣模型，效果如图7-76所示。

图7-76 复制并调整花瓣模型

⑳ 继续复制花瓣模型，调整模型至合适的大小、角度和位置，效果如图7-77所示。

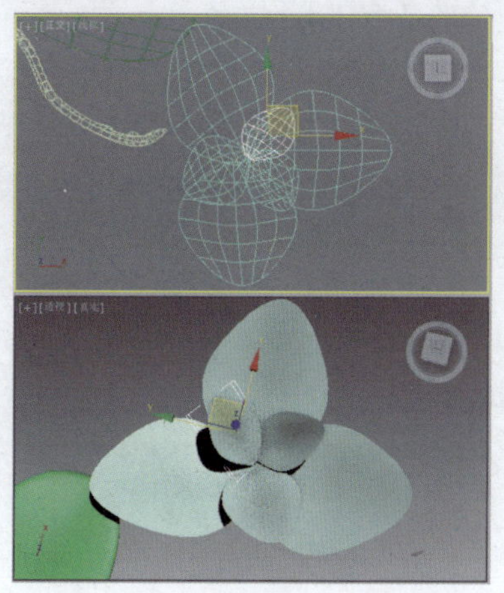

图7-77 复制并调整花瓣模型

㉑ 在“顶” 视图中创建圆柱体，在“参数”卷展栏中设置合适的参数，效果如图7-78所示。

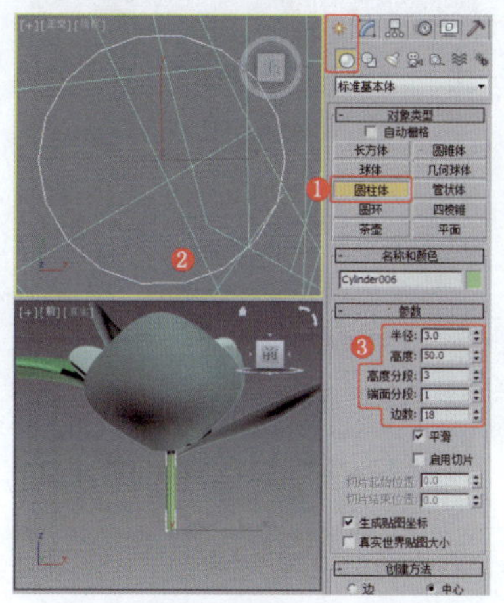

图7-78 创建圆柱体

㉒ 将模型转换为“可编辑多边形”，将选择集定义为“顶点”，在场景中缩放顶点并调整顶点至合适的位置，效果如图7-79所示。

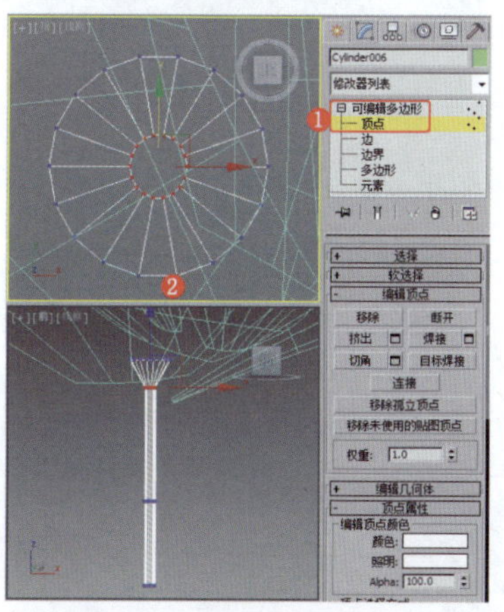

图7-79 调整模型的形状

㉓ 在“细分曲面”卷展栏中勾选“使用NURMS细分”复选框，并在场景中调整顶点的位置，效果如图7-80所示。

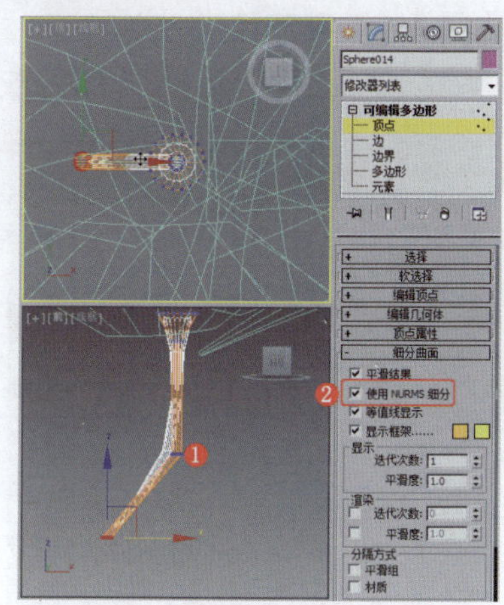

图7-80 继续调整模型的形状

㉔ 对制作出的模型进行复制，调整模型至合适的角度和位置，效果如图7-81所示。

图7-81 复制并调整花朵模型

㉕ 在“顶”视图中创建球体，在“参数”卷展栏中设置合适的参数，效果如图7-82所示。

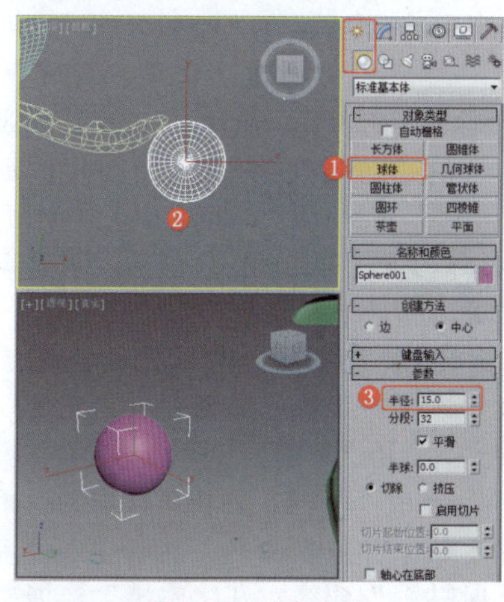

图7-82 创建球体

㉖ 将模型转换为“可编辑多边形”，将选择集定义为“顶点”，在场景中调整顶点的位置，在“细分曲面”卷展栏中勾选“使用NURMS细分”复选框，效果如图7-83所示。

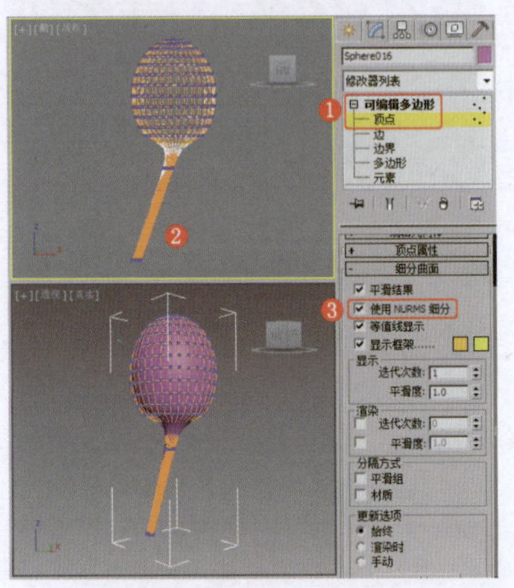

图7-83 调整模型的形状

㉗ 在场景中对球体进行复制并调整其至合适的位置，调整模型的比例，效果如图7-84所示，模型制作完成。

图7-84 复制并调整模型

㉘ 打开材质编辑器，选择一个新的材质样本球，将材质转换为VRayMtl材质，在“贴图”卷展栏中为“漫反射”指定“位图”贴图为“arch41_053_flower.jpg”；设置“凹凸”的“数量”为500.0，为其指定“位图”贴图为“arch41_053_flower_bump.jpg”，如图7-85所示，将材质指定给场景中大片的花瓣。

㉙ 进入漫反射和凹凸的贴图层级，设置“坐标”卷展栏中“角度”的“W”值为90.0，如图7-86所示。

㉚ 拖动复制花瓣材质到新的材质样本球上并重新命名，然后进入“漫反射贴图”层级，在“输出”卷展栏中勾选“启用颜色贴图”复选框，并单击“RGB”单选按钮，调整GB的曲线位置，如图7-87所示，将该材质指定给场景中较小的花瓣。

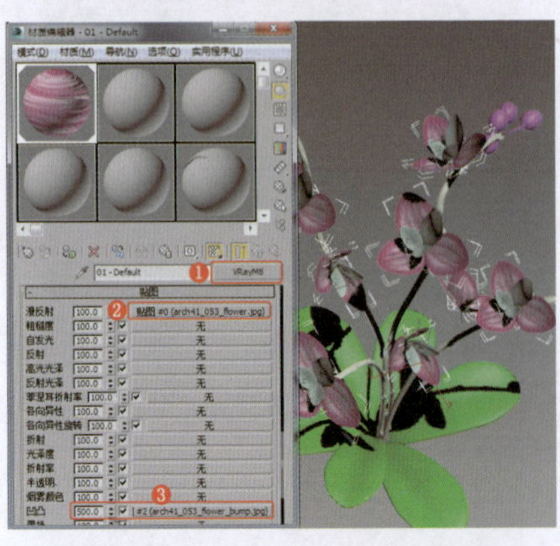

图7-85 指定贴图

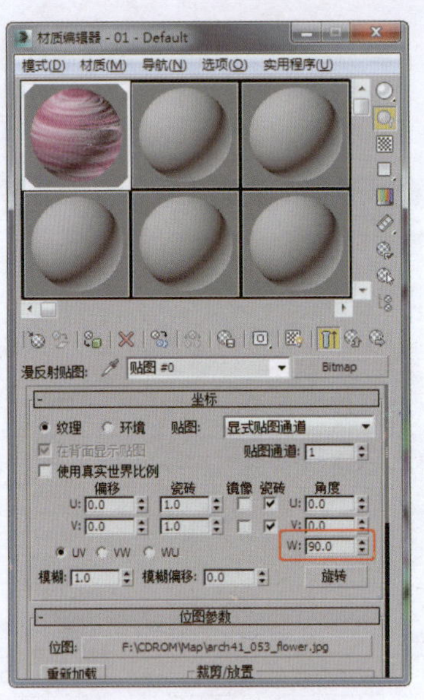

图7-86 设置UVW贴图

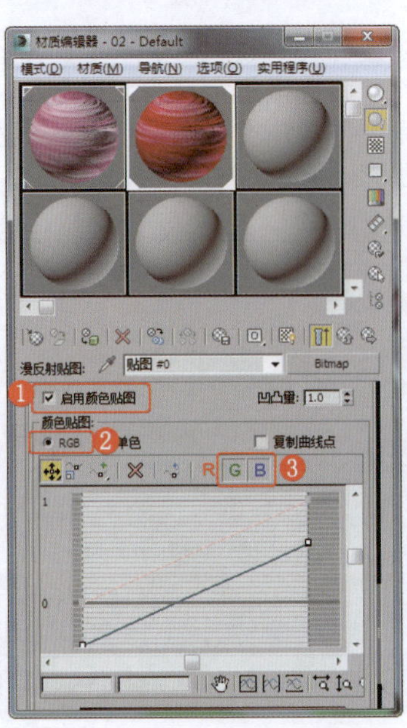

图7-87 设置贴图的输出参数

㉛ 选择一个新的材质样本球，将材质转换为VRayMtl材质，为其设置合适的“反射”参数，并为“漫反射”指定“位图”贴图为“arch41_053_bark.jpg”，进入“漫反射贴图”层级，设置其输出参数，如图7-88所示，将材质指定给场景中的花枝。

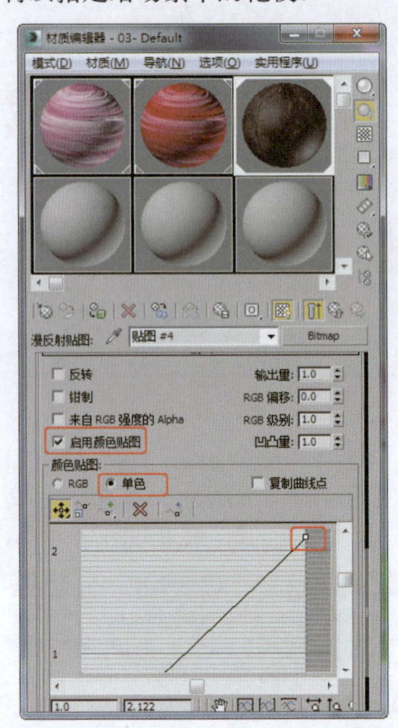

图7-88 设置花枝材质

㉜ 选择一个新的材质样本球，将材质转换为VRayMtl材质，为其设置合适的“反射”参数，并为“漫反射”指定“衰减”贴图，进入“漫反射贴图”层级，设置第二个色块的颜色值（R、G、B分别为196、113、40），为第一个色块指定“位图”贴图为“arch41_053_leaf.jpg”，如图7-89所示。

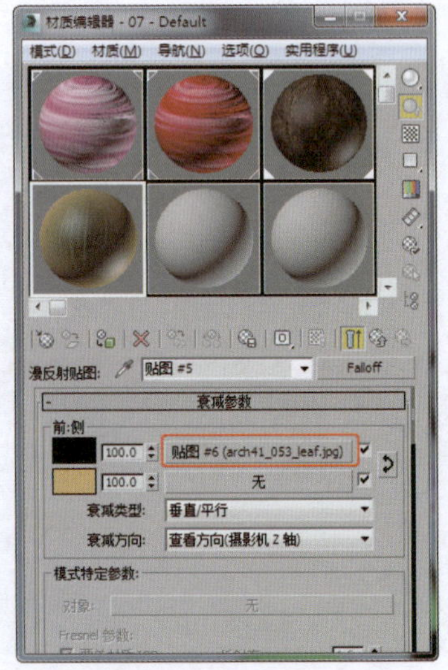

图7-89 设置花苞材质

㉝ 进入第一个色块的贴图层级，参考前面的输出参数设置颜色贴图，如图7-90所示。

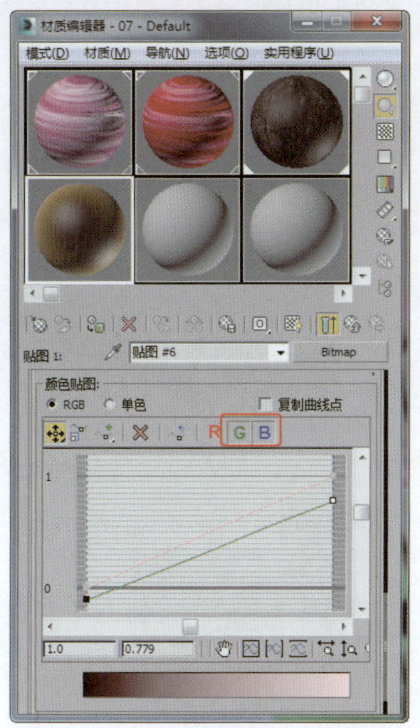

图7-90 设置花苞材质的输出参数

㉞ 选择一个新的材质样本球，将材质转换为VRayMtl材质，为其设置合适的“反射”参数，并为“漫反射”指定“位图”贴图为“arch41_053_leaf.jpg”，设置“凹凸”的“数量”为80.0，并为其指定“位图”贴图为“arch41_053_leaf.jpg”，如图7-91所示，将材质指定给场景中的叶子。

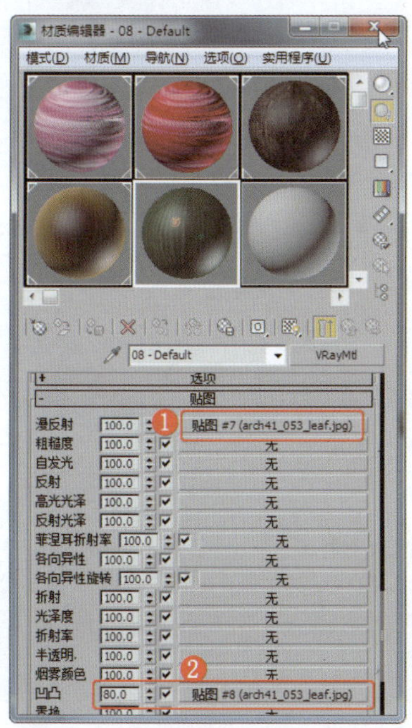

图7-91 设置叶子材质

㉟ 进入“凹凸贴图”层级，设置其输出的颜色贴图，如图7-92所示。

㊱ 将材质指定给模型，效果如图7-93所示，设置合适的渲染场景，对蝴蝶兰渲染输出。

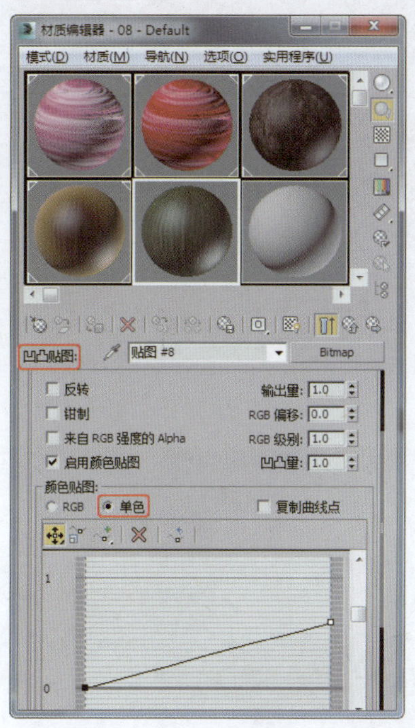

图7-92 设置叶子材质的输出参数

图7-93 指定材质后的效果

实例168 植物类——草地

实例效果剖析

本例制作的是草地，效果如图7-94所示。

图7-94 效果展示

实例技术要点

本例主要用到的功能及技术要点如下。

- 施加“编辑多边形”修改器：用于调整草叶的形状。
- 转换为VR代理：将模型转换为VR代理，通过VR代理复制草地。

实例制作步骤

场景文件路径	Scene\第7章\实例168 草地.max	
贴图文件路径	Map\	
视频路径	视频\ cha07\实例168 草地.mp4	
难易程度	★★★	学习时间 14分35秒

❶ 设置草地的参考贴图为"AM124_106_simple_grass_small_v1_color.jpg"，效果如图7-95所示，将贴图拖动到"前"视图中，设置其为视口背景。

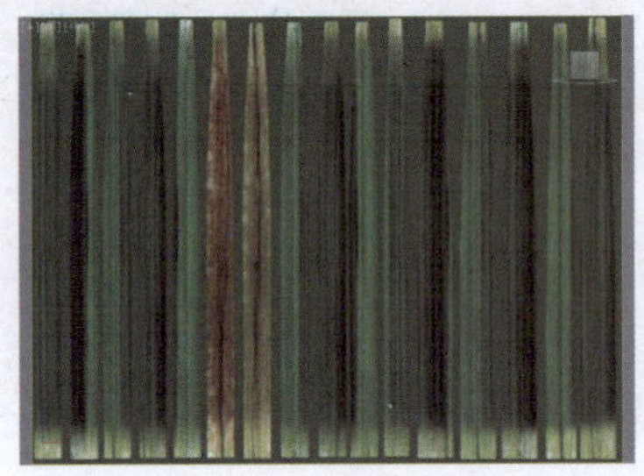

图7-95　草地贴图

❷ 在场景中根据草叶的形状绘制平面，为平面施加"编辑多边形"修改器，通过调整顶点调整草叶的形状，并以"元素"方式复制出其他草叶，效果如图7-96所示。

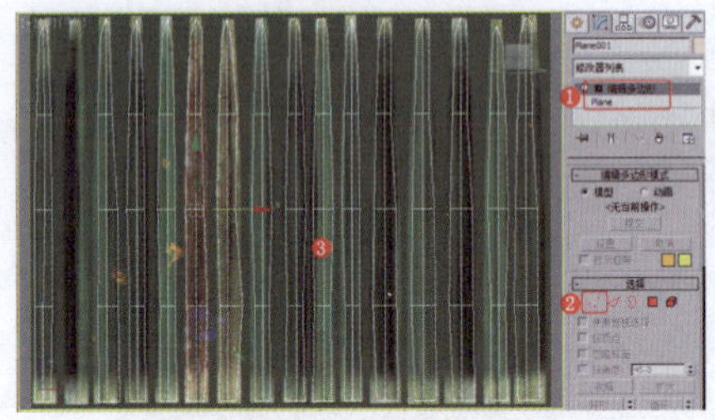

图7-96　制作并复制草叶

❸ 为模型设置草叶材质，并设置合适的UVW贴图，效果如图7-97所示。

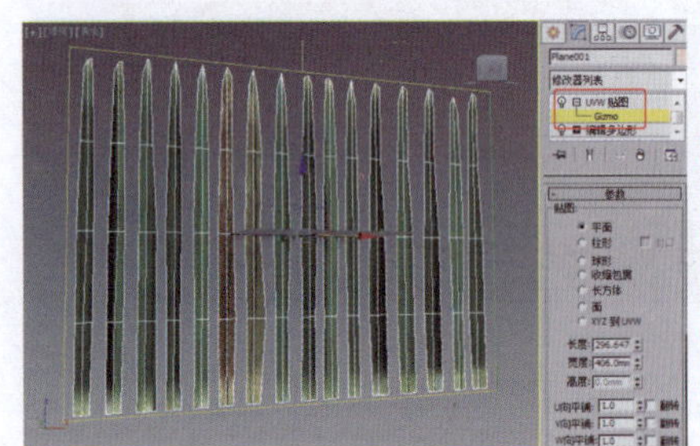

图7-97　设置贴图

❹ 为模型施加"噪波"修改器，设置合适的参数，效果如图7-98所示。

❺ 使用"元素"方式对草叶模型进行复制，效果如图7-99所示。

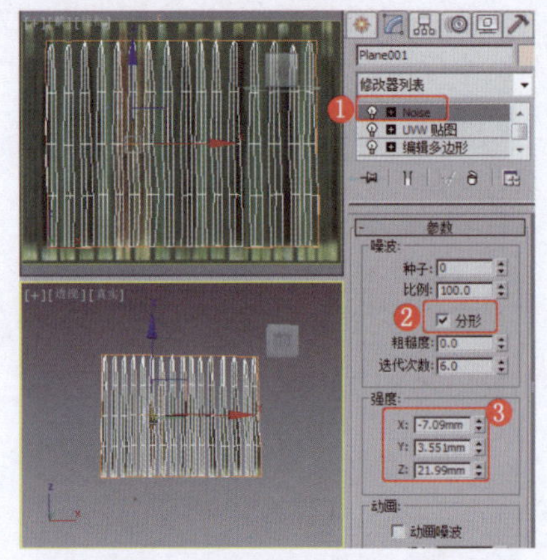

图7-98　施加"噪波"修改器

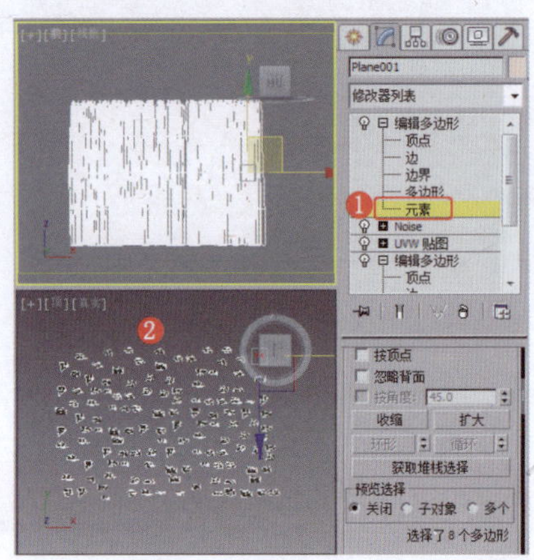

图7-99　复制模型

❻ 将选择集定义为"顶点"，在场景中使用"推/拉"工具调整模型效果，如图7-100所示。

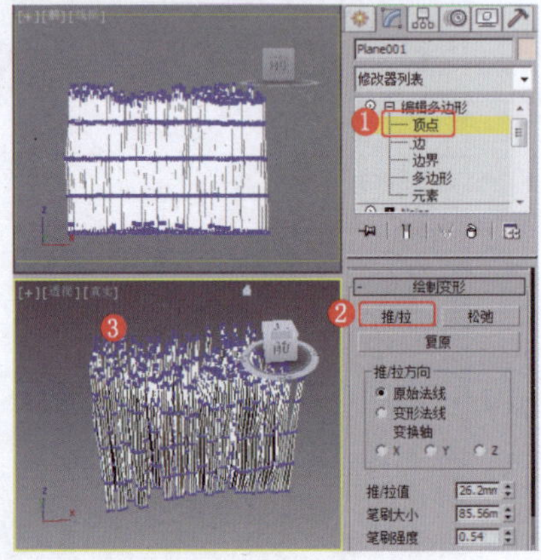

图7-100　调整模型的效果

❼ 在场景中选择调整后的模型，右击，在弹出的快捷菜单中选择"转换为"→"转换为可编辑网格"命令，如图7-101所示。

❽ 继续右击模型，在弹出的快捷菜单中选择"V-Ray网格导出"命令，如图7-102所示。

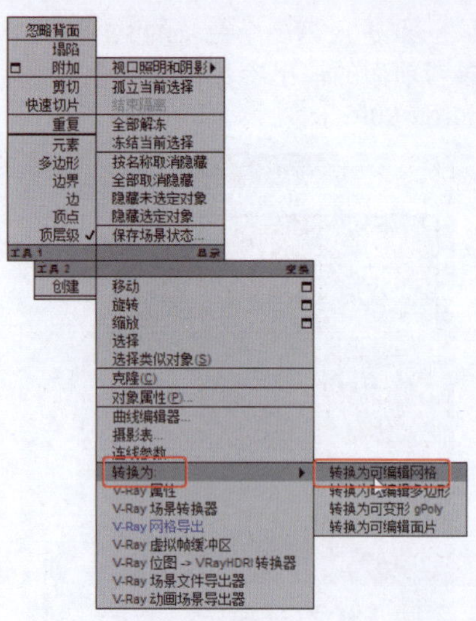

图7-101　选择"转换为可编辑网格"命令

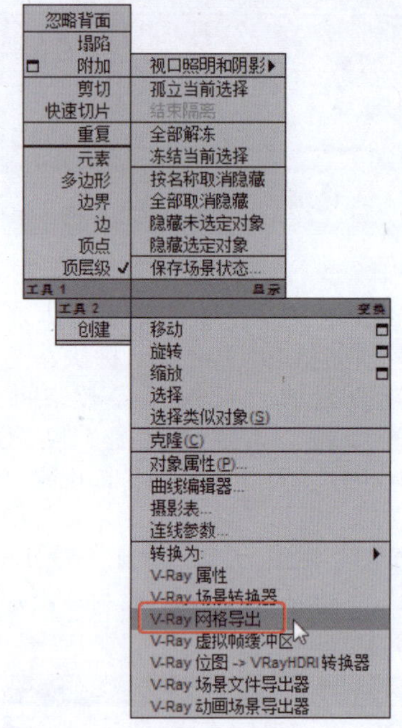

图7-102　选择"V-Ray网格导出"命令

❾ 在打开的对话框中导出网格，如图7-103所示，单击"确定"按钮。

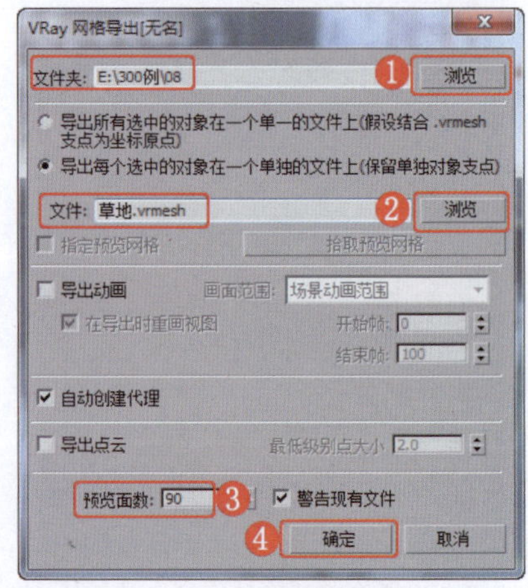

图7-103　设置导出参数

> **提 示**
>
> 导出网格后，场景中的模型即可成为VRay虚拟对象。

⑩ 在场景中可以对虚拟对象进行复制。在场景中创建平面，将其作为地面，导入植物装饰素材，设置合适的渲染场景，对草地进行渲染输出，效果如图7-104所示。

图7-104 制作效果

实例169 植物类——灌木

实例效果剖析

本例制作的是球型灌木丛，效果如图7-105所示。

图7-105 效果展示

实例技术要点

本例主要用到的功能及技术要点如下。

- 施加“编辑多边形”修改器：用于调整叶子的形状。
- 使用“散布”工具：使叶子散布在模型的内侧，以模拟灌木丛效果。

场景文件路径	Scene\第7章\实例169 灌木.max		
贴图文件路径	Map\		
视频路径	视频\ cha07\实例169 灌木.mp4		
难易程度	★★	学习时间	7分31秒

实例170 植物类——仙人球

实例效果剖析

本例制作的是盆栽仙人球，效果如图7-106所示。

图7-106 效果展示

实例技术要点

本例主要用到的功能及技术要点如下。

- 施加“编辑多边形”修改器：用于制作仙人球的纹理和刺。
- 施加“网格平滑”修改器：用于设置模型的平滑效果。

实例制作步骤

场景文件路径	Scene\第7章\实例170 仙人球.max	
贴图文件路径	Map\	
视频路径	视频\ cha07\实例170 仙人球.mp4	
难易程度	★★	学习时间
		6分54秒

❶ 在“顶”视图中创建球体，设置合适的参数，效果如图7-107所示。

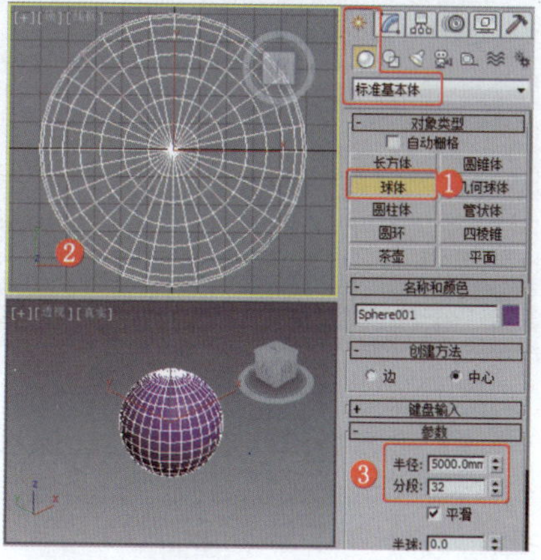

图7-107 创建球体

❷ 为球体施加“编辑多边形”修改器，将选择集定义为“边”，在场景中选择如图7-108所示的边。

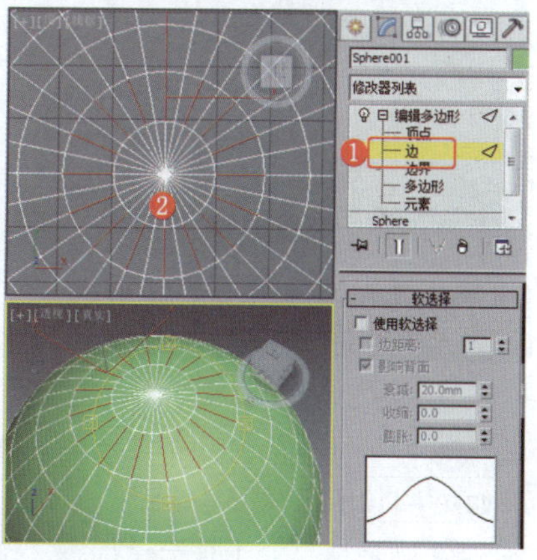

图7-108 选择边

❸ 在“选择”卷展栏中单击“循环”按钮，选择如图7-109所示的边。

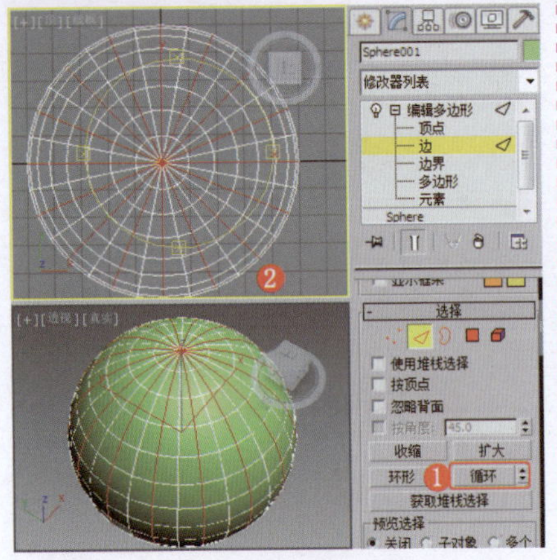
图7-109 选择循环边

❹ 设置边的“挤出”参数，效果如图7-110所示。

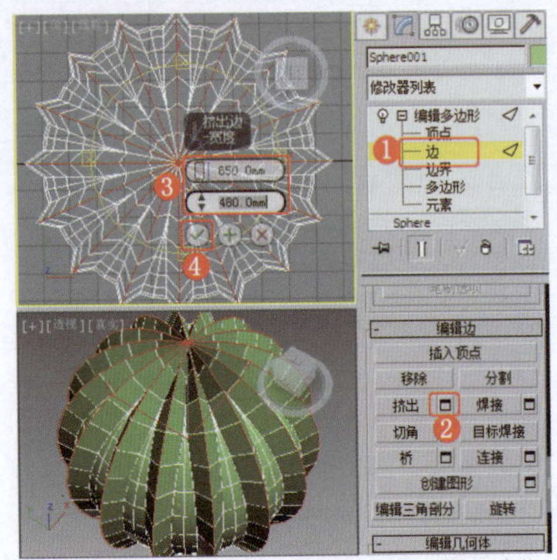
图7-110 设置边的“挤出”参数

❺ 确定挤出的边处于被选择状态，按住Ctrl键单击“顶点”选择集，选择如图7-111所示的顶点。

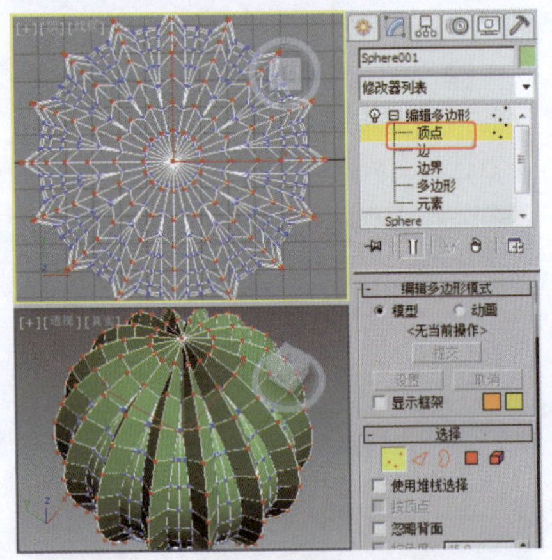
图7-111 选择顶点

❻ 设置顶点的“切角”参数，效果如图7-112所示。

❼ 确定顶点处于被选择状态，设置顶点的“挤出”参数，效果如图7-113所示。

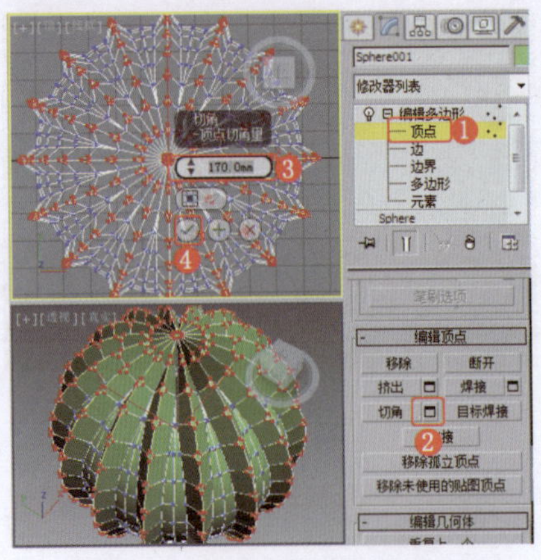
图7-112 设置顶点的“切角”参数

图7-113 设置顶点的“挤出”参数

❽ 将选择集定义为“多边形”，选择挤出的多边形，将其作为刺，效果如图7-114所示。

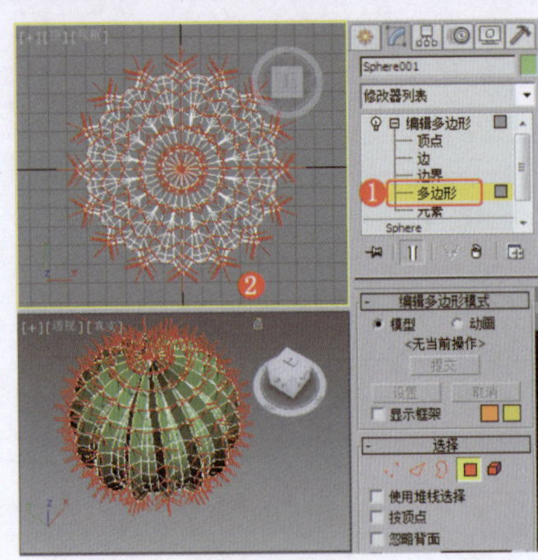
图7-114 选择刺

❾ 按Ctrl+I组合键反选多边形，或者将选择集定义为“元素”，将球体和刺分离，效果如图7-115所示。

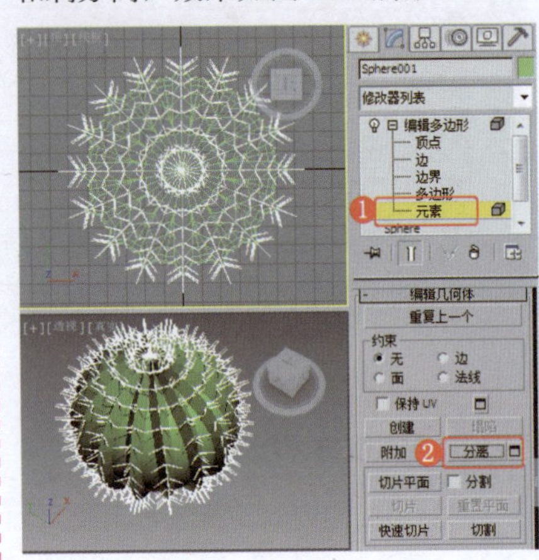
图7-115 分离模型

❿ 为球体模型施加“网格平滑”修改器，设置合适的参数，效果如图7-116所示。

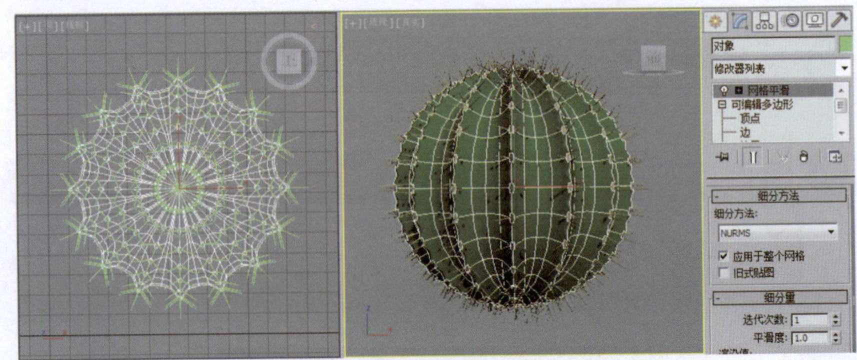
图7-116 设置模型的平滑效果

实例171 植物类——棕榈树

实例效果剖析

本例制作的是棕榈树，效果如图7-117所示。

图7-117　效果展示

实例技术要点

本例主要用到的功能及技术要点如下。

- 施加“编辑多边形”修改器：用于调整模型的形状。
- 施加“FFD”修改器：用于设置模型的变形效果。
- 施加“弯曲”修改器：用于设置模型的弯曲效果。

场景文件路径	Scene\第7章\实例171 棕榈树.max		
贴图文件路径	Map\		
视频路径	视频\ cha07\实例171 棕榈树.mp4		
难易程度	★★★	学习时间	29分58秒

实例172　植物类——镂空植物

实例效果剖析

本例制作的是镂空植物，效果如图7-118所示。

图7-118　效果展示

实例技术要点

本例主要用到的功能及技术要点如下。

- 使用不透明贴图：用于设置镂空植物效果。

实例制作步骤

场景文件路径	Scene\第7章\实例172 镂空植物.max		
贴图文件路径	Map\		
视频路径	视频\ cha07\实例172 镂空植物.mp4		
难易程度	★	学习时间	6分30秒

❶ 打开随书配套资源中的“实例170镂空植物.max”文件，可以看到场景中的花盆里已经创建了两个镂空植物的模拟平面，效果如图7-119所示。

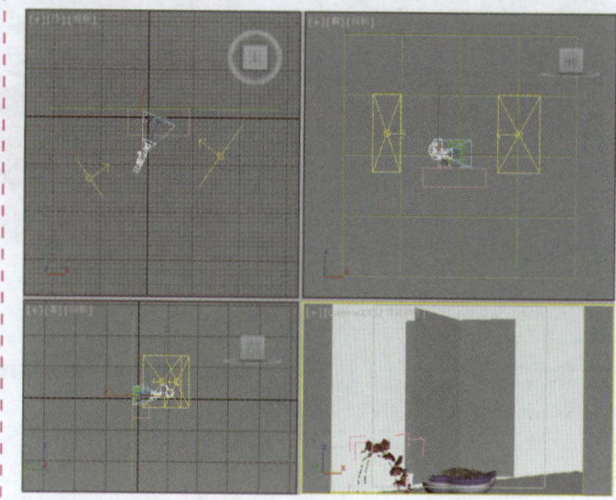

图7-119　打开场景文件

❷ 打开材质编辑器，选择一个新的材质样本球，在“贴图”卷展栏中为“漫反射颜色”指定“位图”贴图为“橘子植物.jpg”；为“不透明度”指定“位图”贴图为“橘子植物-t.jpg”，如图7-120所示，镂空材质出现反转的显像效果。

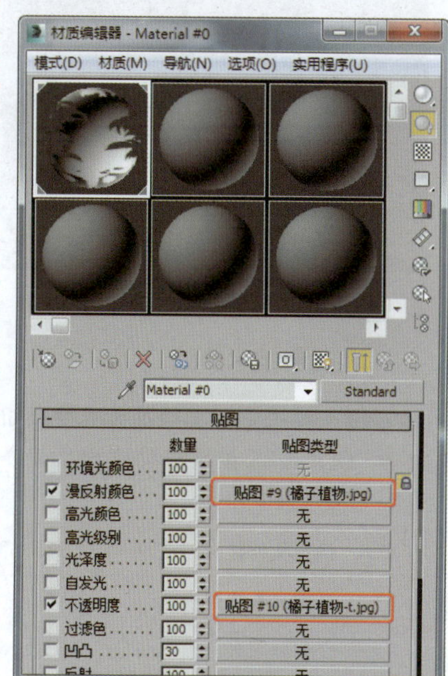

图7-120　设置贴图

❸ 查看遮罩贴图，即不透明度贴图，效果如图7-121所示。

❹ 在“输出”卷展栏中勾选“反转”复选框，如图7-122所示，将材质指定给场景中的平面。

图7-121 查看贴图

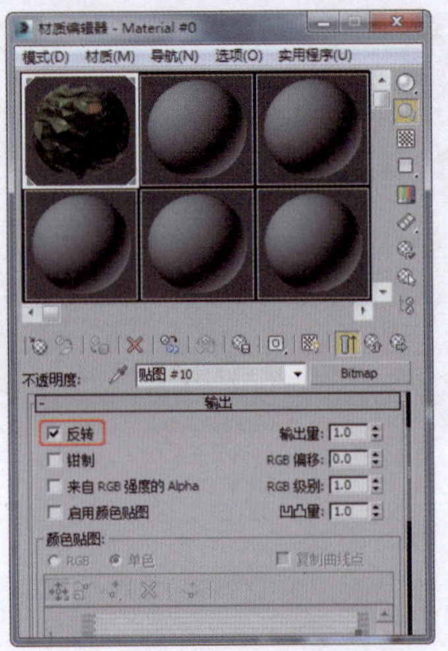

图7-122 设置贴图的反转效果

实例173 植物类——内置植物

实例效果剖析

在3ds Max中有很多内置植物的预设，可以直接调用，也可以输出为网格作为代理。本例中的内置植物，效果如图7-123所示。

图7-123 效果展示

实例技术要点

本例主要用到的功能及技术要点如下。

- 使用AEC扩展中的植物预设：选择需要的植物预设，在场景中进行创建并设置参数。

场景文件路径	Scene\第7章\实例173 内置植物.max		
贴图文件路径	Map\		
视频路径	视频\ cha07\实例173 内置植物.mp4		
难易程度	★★★	学习时间	6分26秒

第8章 户外小品

本章主要介绍户外小品的制作，其中包括建筑小品、园林小品及道路设施。

实例174 建筑小品类——围墙

实例效果剖析

本例介绍围墙的制作，效果如图8-1所示。

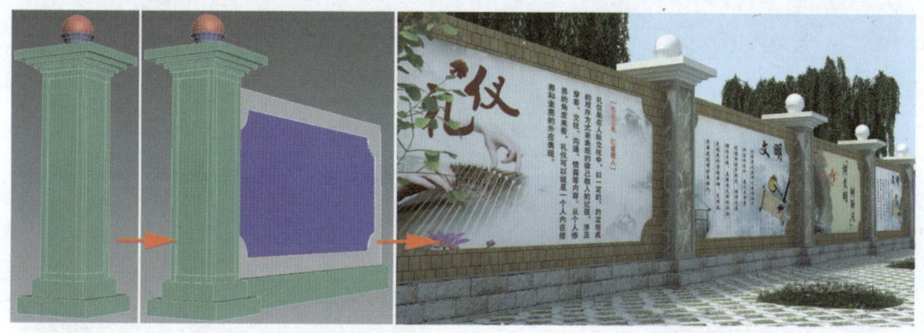
图8-1 效果展示

实例技术要点

本例主要用到的功能及技术要点如下。

- 施加“编辑多边形”修改器：用于制作墙体的凹凸效果。
- 施加“编辑样条线”修改器：用于设置样条线的轮廓和修剪效果，并调整图形的形状。
- 施加“挤出”修改器：用于制作围墙的边框效果。

实例制作步骤

场景文件路径	Scene\第8章\实例174 围墙.max		
贴图文件路径	Map\		
视频路径	视频\ cha08\实例174 围墙.mp4		
难易程度	★★	学习时间	20分15秒

❶ 在“顶”视图中创建长方体，设置合适的参数，效果如图8-2所示。

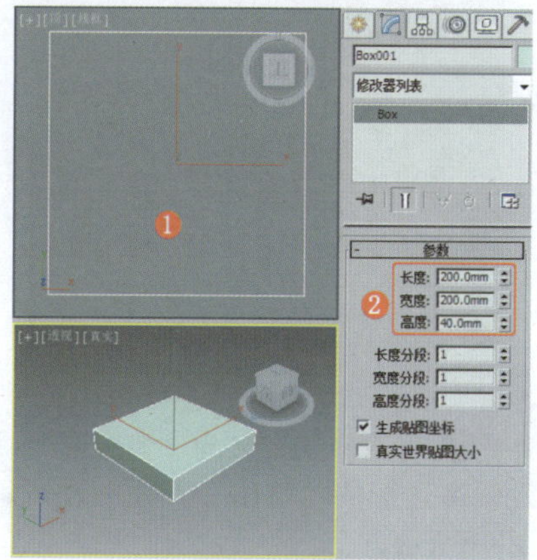
图8-2 创建长方体

❷ 复制长方体，修改长方体的参数并调整其位置，效果如图8-3所示。

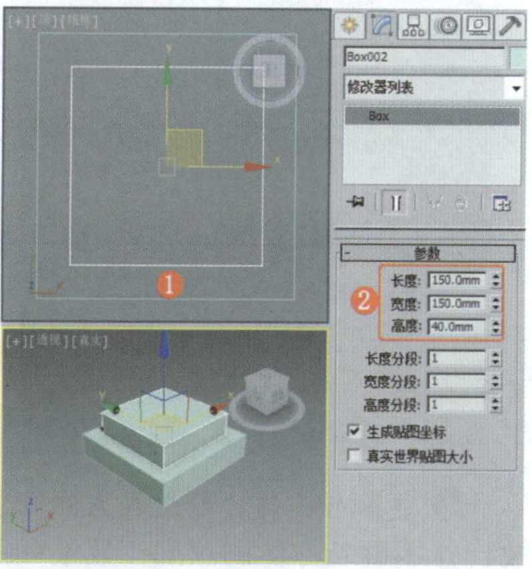
图8-3 复制并调整长方体

❸ 复制长方体，修改长方体的参数，并设置合适的分段数值，效果如图8-4所示。

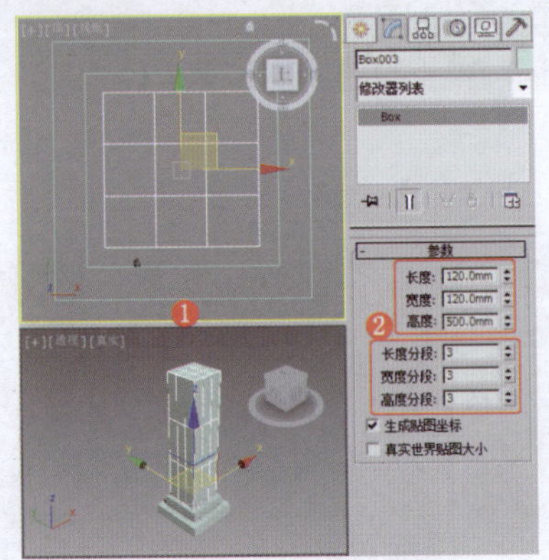

图8-4　复制并调整长方体

❹ 为模型施加“编辑多边形”修改器，将选择集定义为“顶点”，在场景中调整顶点，效果如图8-5所示。

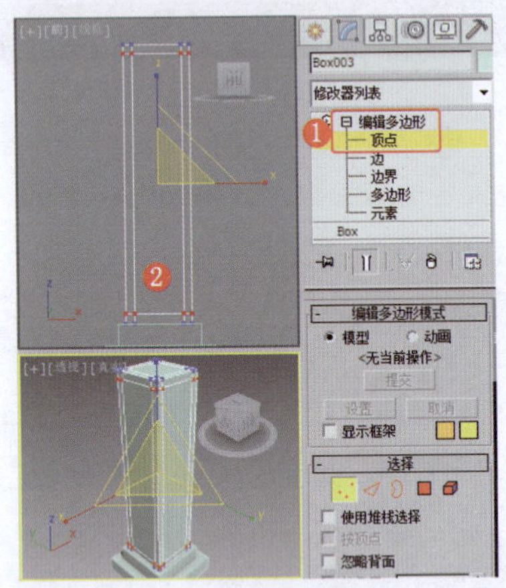

图8-5　调整模型的顶点

❺ 将选择集定义为“多边形”，设置多边形的“挤出”参数，效果如图8-6所示。

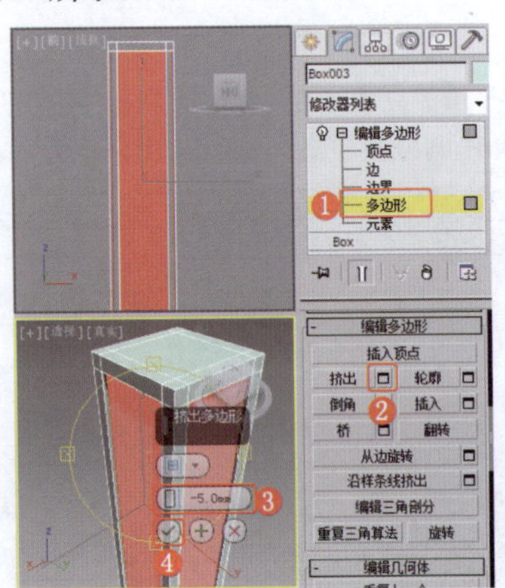

图8-6　设置多边形的“挤出”参数

❻ 复制长方体，修改长方体的参数，并调整长方体的顶部，效果如图8-7所示。

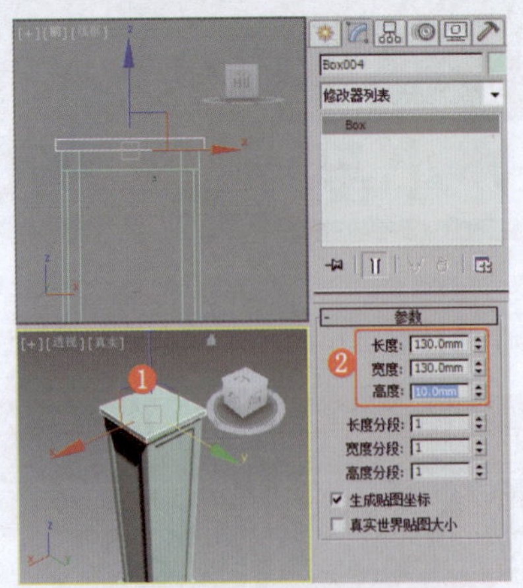

图8-7　复制并调整长方体

❼ 在场景中复制长方体，设置合适的参数，效果如图8-8所示。

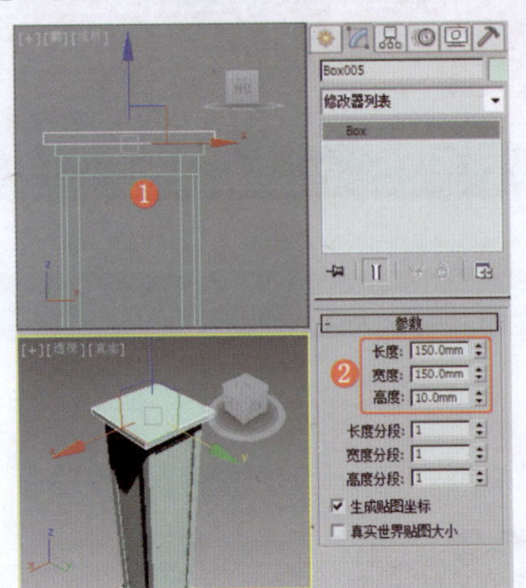

图8-8　复制并调整长方体

❽ 复制长方体至如图8-9所示的位置，修改长方体的参数。

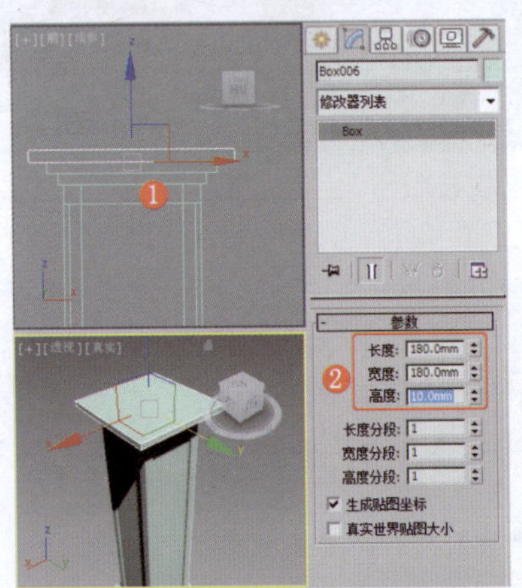

图8-9　复制并调整长方体

❾ 复制长方体到如图8-10所示的位置，修改长方体的参数。

❿ 在“顶”视图中创建圆柱体，设置合适的参数，效果如图8-11所示。

⓫ 为模型施加“锥化”修改器，设置合适的参数，效果如图8-12所示。

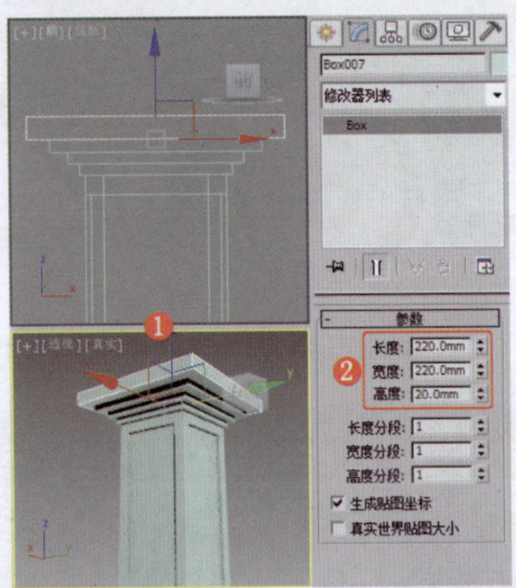

图8-10　复制并调整长方体

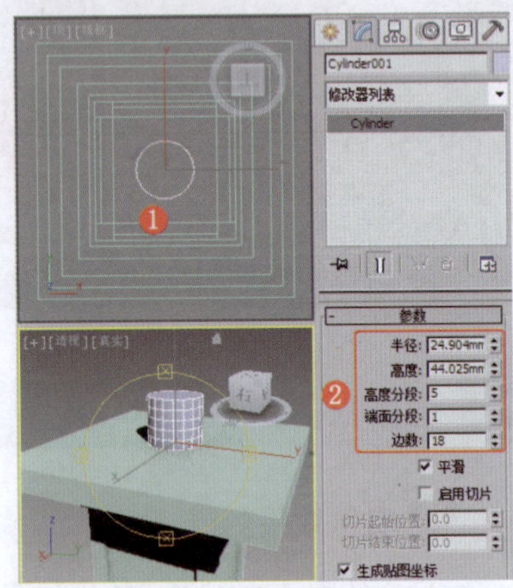

图8-11　创建圆柱体

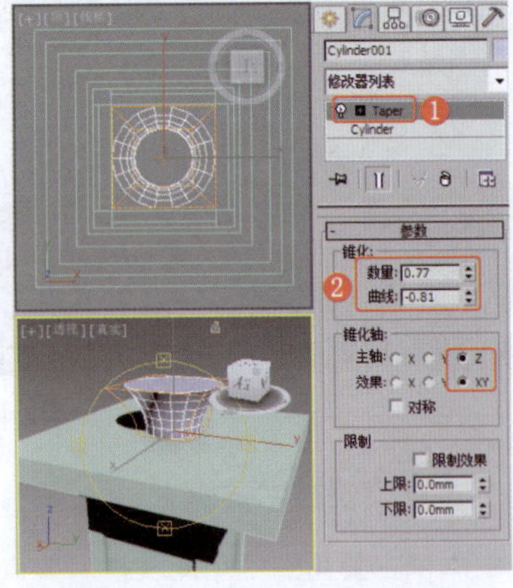

图8-12　施加“锥化”修改器

⓬ 在“顶”视图中创建球体，设置合适的参数，并调整其至合适的位置，将其作为灯，效果如图8-13所示。

⓭ 在场景中创建长方体，设置合适的参数，效果如图8-14所示。

⓮ 在“左”视图中创建矩形，设置合适的参数，效果如图8-15所示。

⓯ 为矩形施加“编辑样条线”修改器，将选择集定义为“样条线”，在场景中选择该矩形，并设置其“轮廓”参数，效果如图8-16所示。

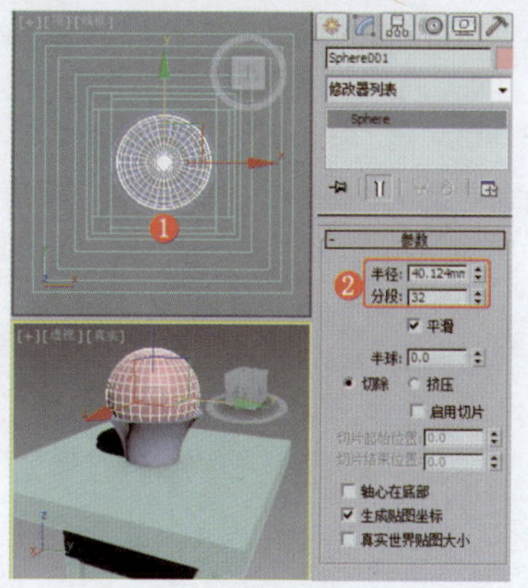
图8-13 创建并调整球体

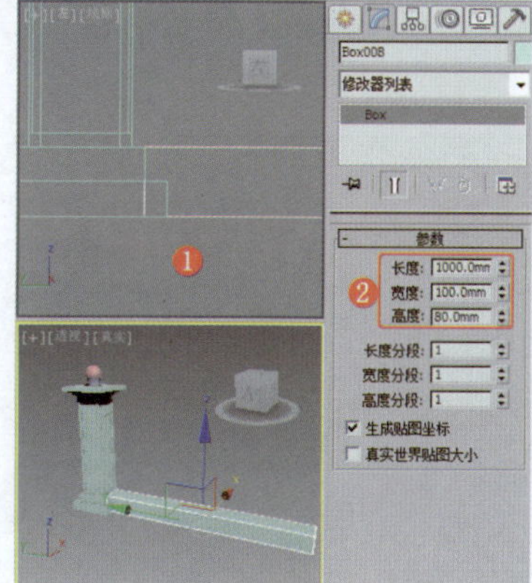
图8-14 创建长方体

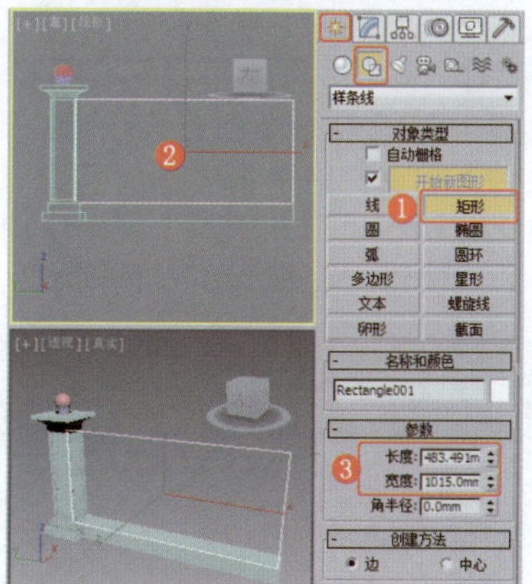
图8-15 创建矩形

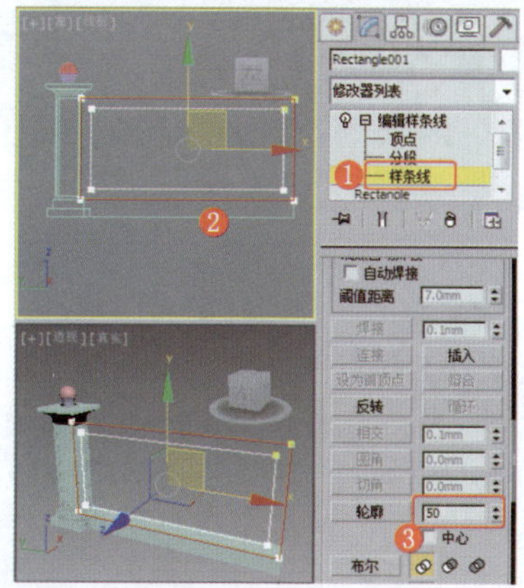
图8-16 设置矩形的“轮廓”参数

⑯ 在场景中如图8-17所示的位置创建圆，设置合适的参数。

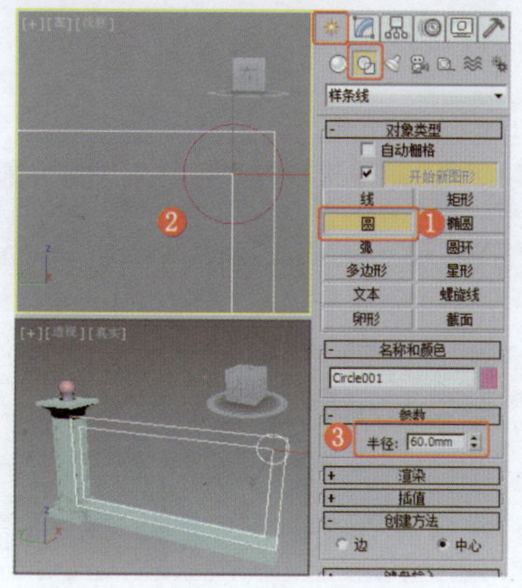
图8-17 创建圆

⑰ 对圆进行复制，选择矩形，使用“附加”工具在场景中对圆进行附加，效果如图8-18所示。

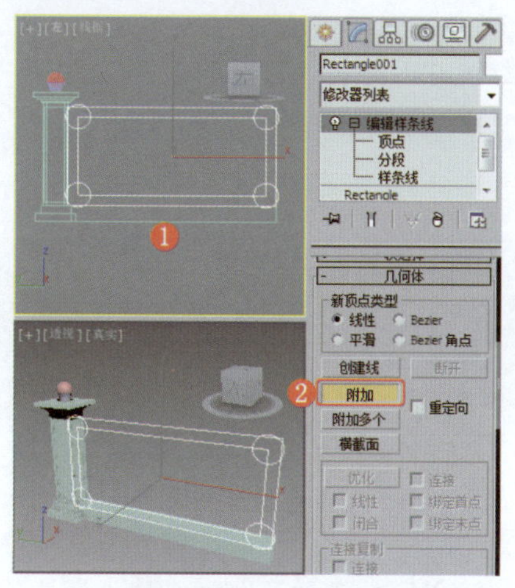
图8-18 复制并附加圆

⑱ 将选择集定义为“样条线”，使用“修剪”工具修剪图形至如图8-19所示的效果。

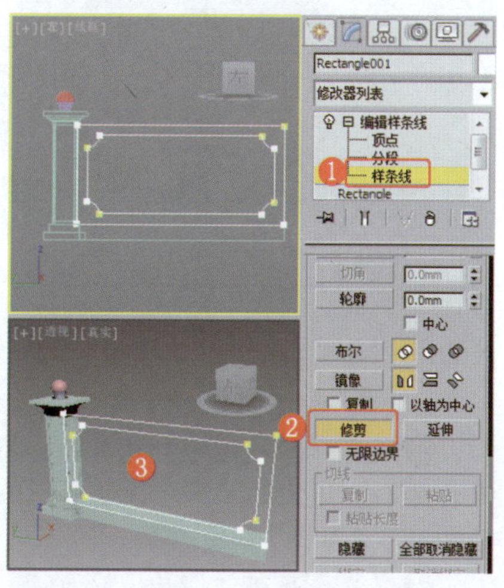
图8-19 修剪图形

⑲ 将选择集定义为“顶点”，按Ctrl+A组合键，全选顶点，使用“焊接”工具焊接顶点，效果如图8-20所示。

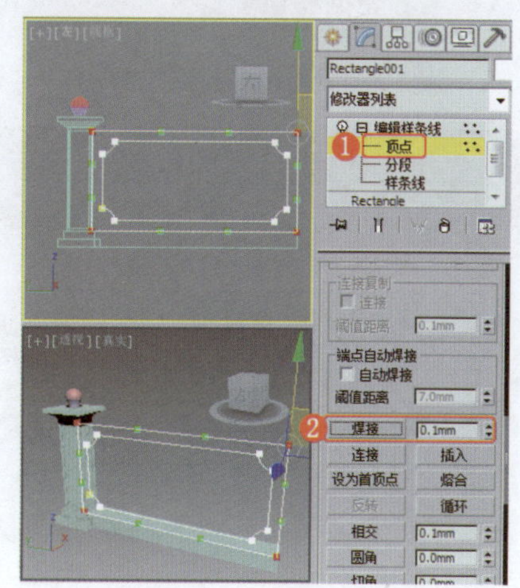
图8-20 焊接顶点

⑳ 为图形施加“挤出”修改器，设置合适的参数，效果如图8-21所示。

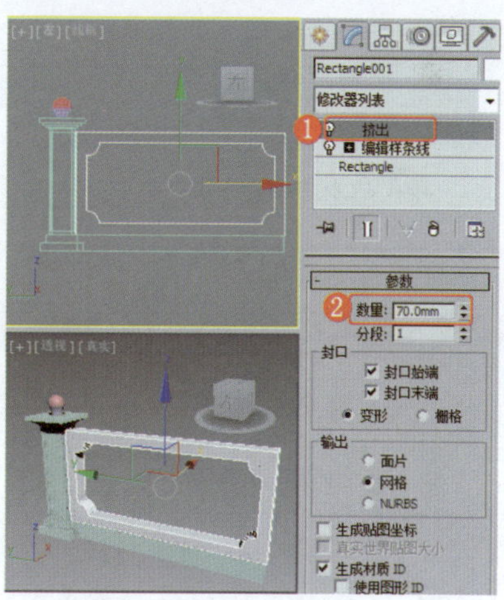
图8-21 施加“挤出”修改器

㉑ 在场景中创建长方体，设置合适的参数，并调整长方体至合适的位置，效果如图8-22所示，围墙制作完成。

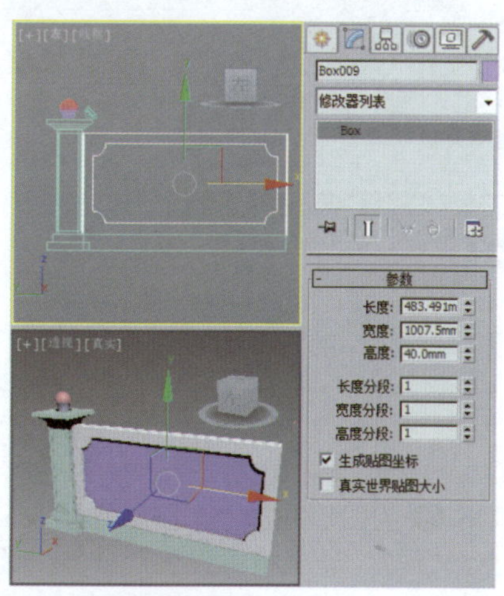
图8-22 创建并调整长方体

实例175 建筑小品类——石灯

实例效果剖析

本例制作的是石灯，效果如图8-23所示。

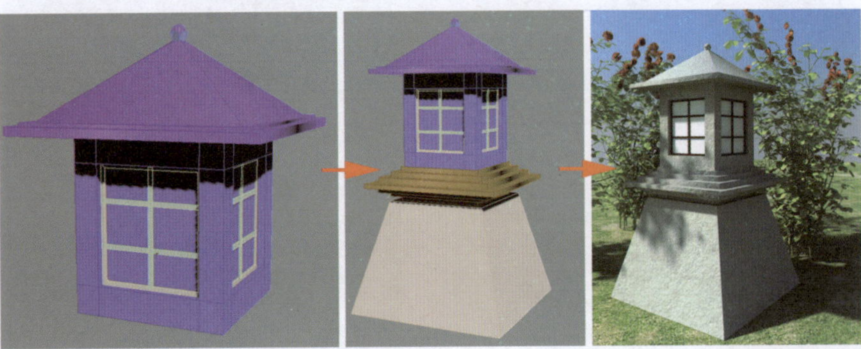

图8-23 效果展示

实例技术要点

本例主要用到的功能及技术要点如下。

- 施加“车削”修改器：用于制作石灯顶部和中间部分。
- 使用“阵列”工具：阵列复制石灯顶尖的装饰。
- 施加“编辑多边形”修改器：用于设置石灯模型的凹凸效果。

实例制作步骤

场景文件路径	Scene\第8章\实例175 石灯.max		
贴图文件路径	Map\		
视频路径	视频\ cha08\实例175 石灯.mp4		
难易程度	★★	学习时间	20分36秒

❶ 在“前”视图中创建如图8-24所示的封口图形，将其作为石灯顶部。

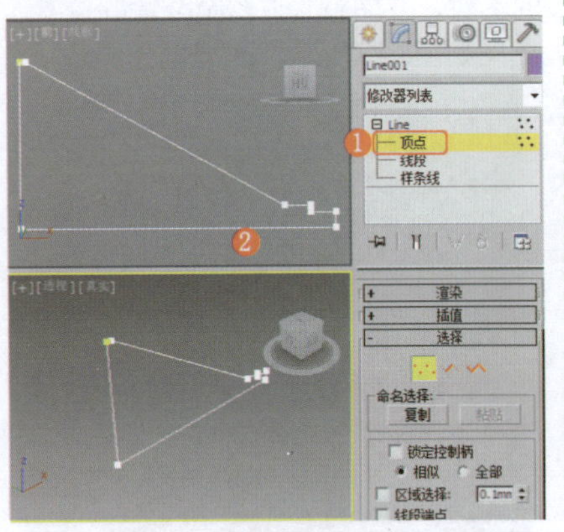

图8-24 创建图形

❷ 为图形施加“车削”修改器，在“参数”卷展栏中设置“度数”为360.0、“分段”为4，设置“方向”为“Y”、“对齐”为“最小”，效果如图8-25所示。

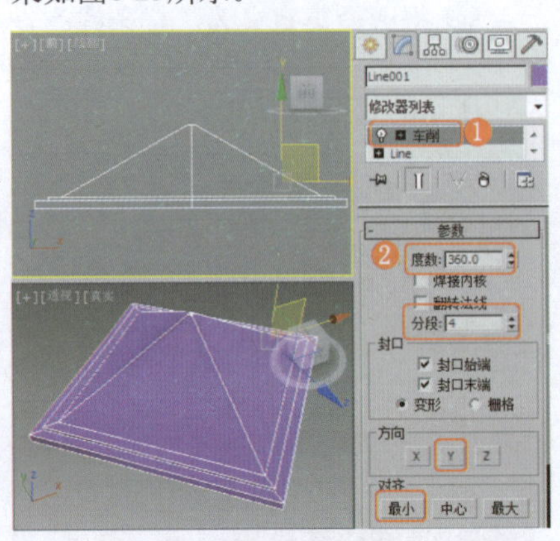

图8-25 车削顶部模型

❸ 在“前”视图中创建椭圆，将其作为石灯顶尖的装饰，设置合适的参数，效果如图8-26所示。

❹ 为图形施加“倒角”修改器，在“倒角值”卷展栏中设置“级别1”的“高度”为3.0mm、“轮廓”为-2.0mm，效果如图8-27所示。

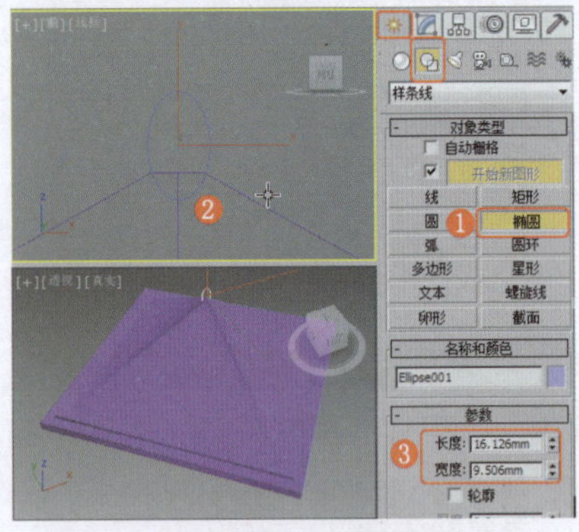

图8-26 创建椭圆

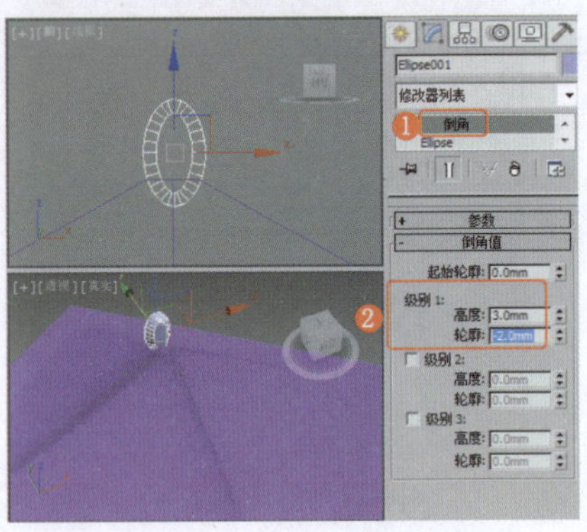

图8-27 倒角椭圆

❺ 调整模型的角度和位置，切换到“层级”命令面板，在“调整轴”卷展栏中单击“仅影响轴”按钮，分别在“顶”“前”视图中调整轴心的位置，效果如图8-28所示。

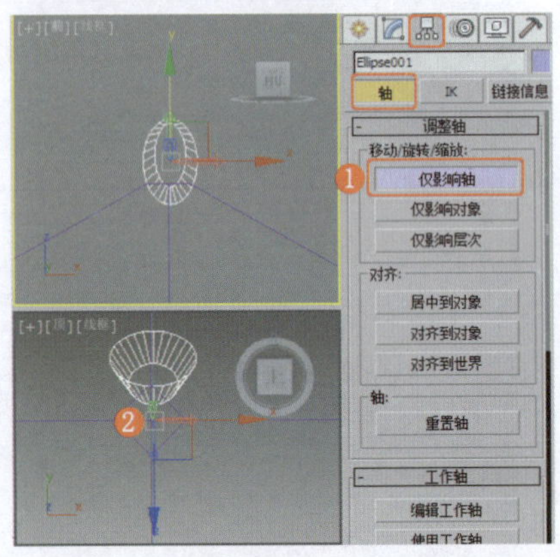

图8-28 调整模型的角度、位置和轴心

❻ 激活“顶”视图，在菜单栏中选择“工具”→“阵列”命令，在打开的“阵列”对话框中单击“旋转”右侧的按钮，设置以z轴为中心向右旋转360°，设置阵列的“数量”为5，单击“预览”按钮观察效果，如图8-29所示，单击“确定”按钮。

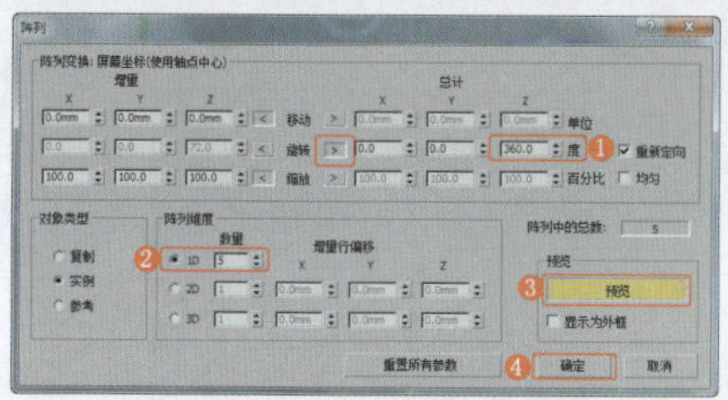
图8-29 阵列模型

⑦ 在“顶”视图中创建合适大小的球体，调整模型至合适的位置，效果如图8-30所示。

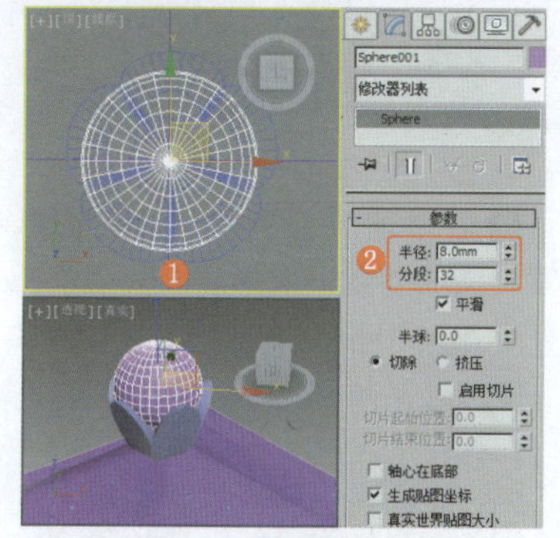
图8-30 创建并调整球体

⑧ 在“顶”视图中创建长方体，将其作为石灯的中间部分，设置合适的参数，效果如图8-31所示。

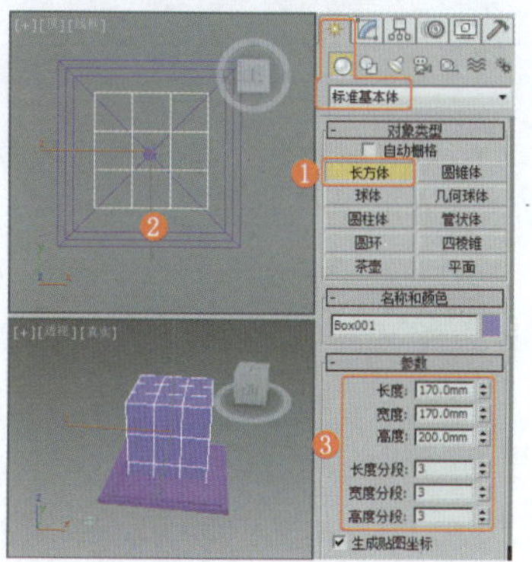
图8-31 创建长方体

⑨ 为模型施加“编辑多边形”修改器，将选择集定义为“顶点”，调整顶点的位置，效果如图8-32所示。

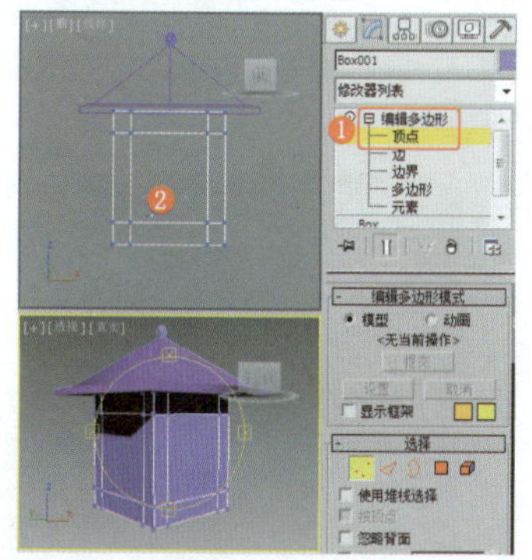
图8-32 调整顶点

⑩ 将选择集定义为“多边形”，选择如图8-33所示的四个多边形，设置多边形的“挤出”参数。

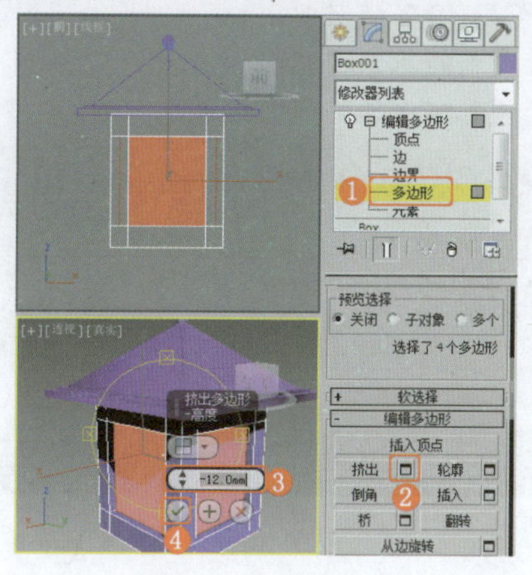
图8-33 挤出多边形

⑪ 在“前”视图中创建可渲染的线，将其作为装饰框，在“渲染”卷展栏中设置可渲染参数，效果如图8-34所示，将线复制给另外三个面。

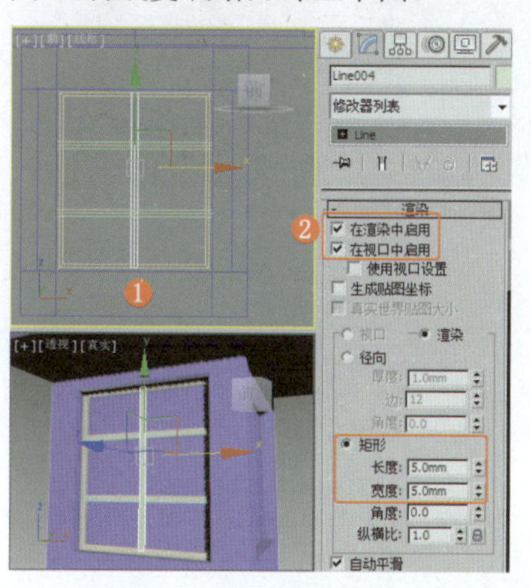
图8-34 创建可渲染的线

⑫ 在“前”视图中创建图形，为图形施加“车削”修改器，设置合适的参数，效果如图8-35所示。

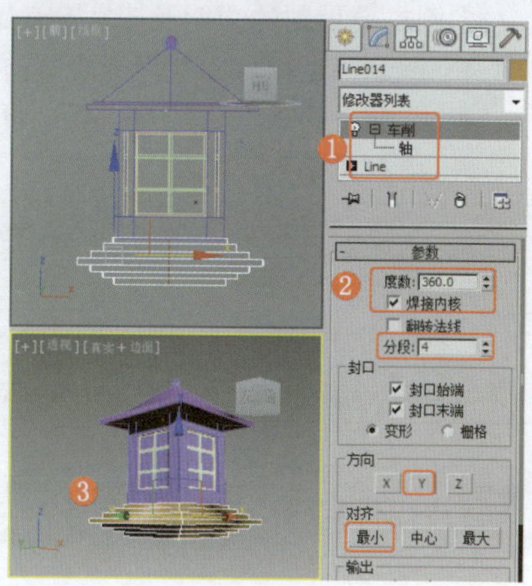
图8-35 车削模型

⑬ 在“顶”视图中创建合适大小的长方体，为其施加“锥化”修改器，设置合适的参数，效果如图8-36所示。

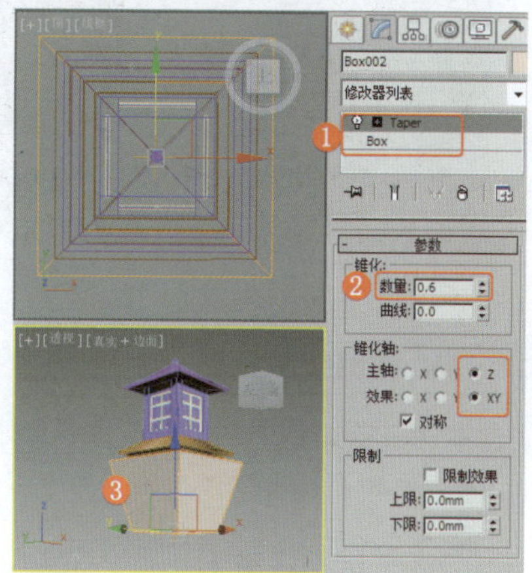
图8-36 锥化模型

⑭ 调整模型的角度和位置，完成制作。

实例176 建筑小品类——垃圾桶

实例效果剖析

本例制作的是比较常见的垃圾桶，效果如图8-37所示。

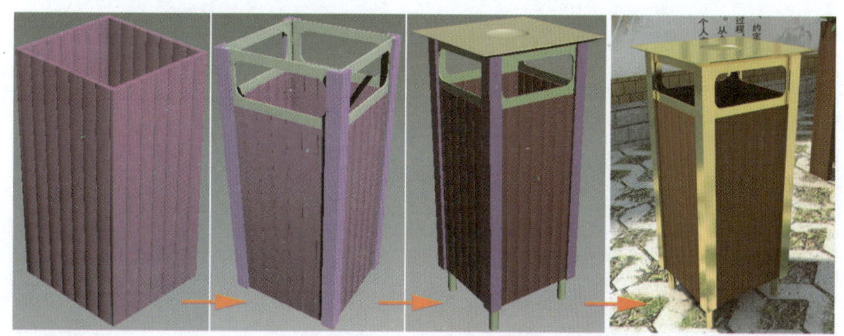
图8-37 效果展示

实例技术要点

本例主要用到的功能及技术要点如下。

- 施加“编辑样条线”修改器：用于调整图形的形状。
- 施加“挤出”修改器：用于制作垃圾桶的基本模型。
- 施加“编辑多边形”修改器：用于调整螺丝钉的模型效果。

场景文件路径	Scene\第8章\实例176 垃圾桶.max		
贴图文件路径	Map\		
视频路径	视频\ cha08\实例176 垃圾桶.mp4		
难易程度	★★★	学习时间	15分39秒

实例177 建筑小品类——花箱

实例效果剖析

本例制作的是木质花箱，效果如图8-38所示。

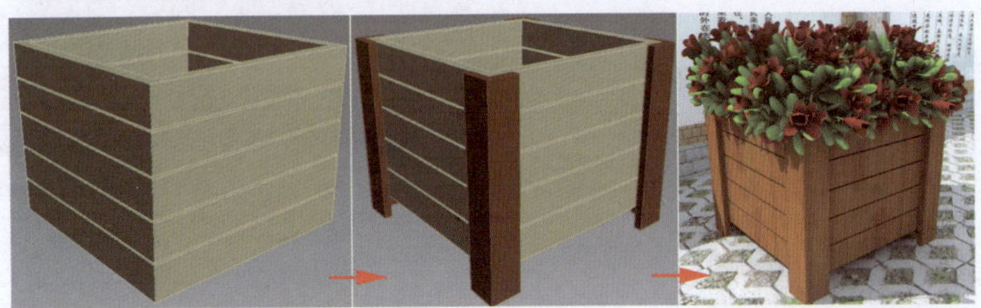

图8-38 效果展示

实例技术要点

本例主要用到的功能及技术要点如下。

- 施加“挤出”修改器：用于制作花箱的基本模型。

实例制作步骤

场景文件路径	Scene\第8章\实例177 花箱.max		
贴图文件路径	Map\		
视频路径	视频\ cha08\实例177 花箱.mp4		
难易程度	★	学习时间	6分27秒

❶ 在“顶”视图中创建墙矩形，设置合适的参数，效果如图8-39所示。

❷ 为墙矩形施加“挤出”修改器，设置合适的参数，效果如图8-40所示。

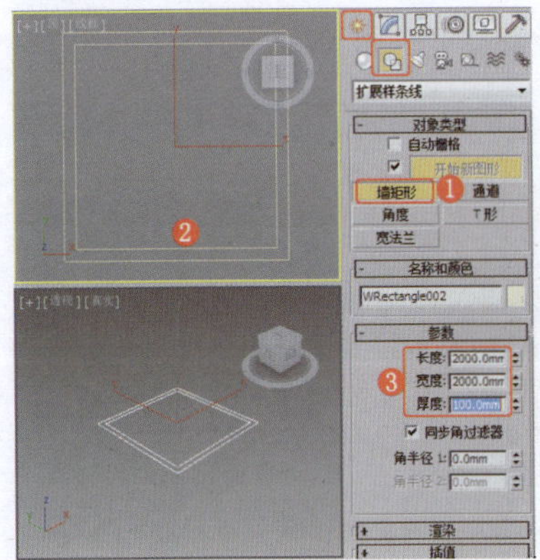

图8-39 创建墙矩形

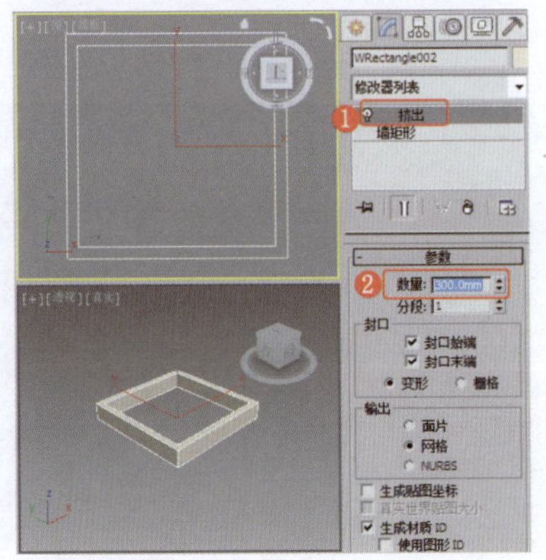

图8-40 施加“挤出”修改器

❸ 复制模型，效果如图8-41所示。

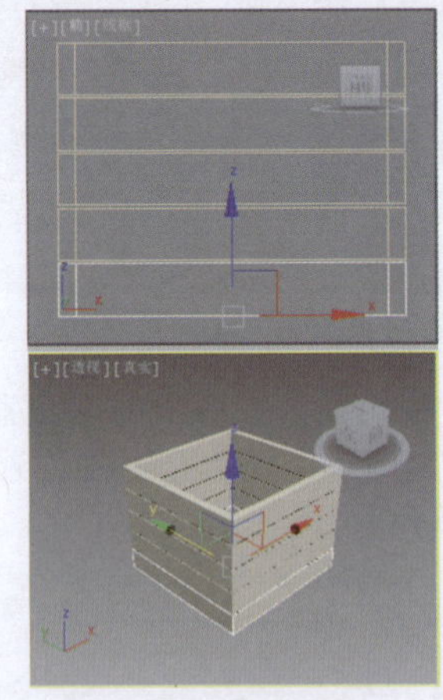

图8-41 复制模型

❹ 在“顶”视图中创建角度图形，设置合适的参数，效果如图8-42所示。

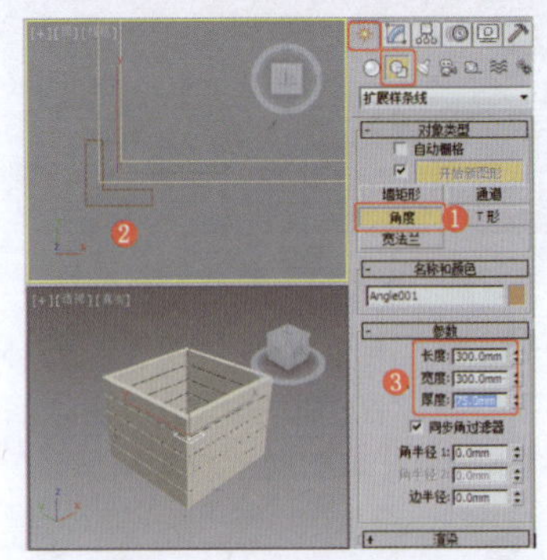

图8-42 创建角度图形

❺ 为图形施加“挤出”修改器，设置合适的参数，效果如图8-43所示。

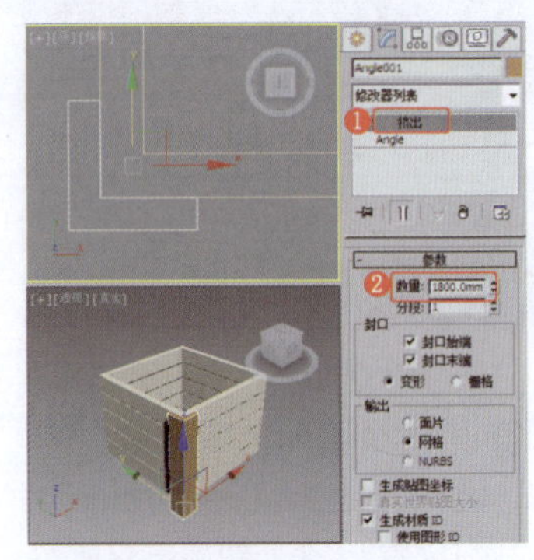

图8-43 施加“挤出”修改器

❻ 在场景中复制模型，效果如图8-44所示。

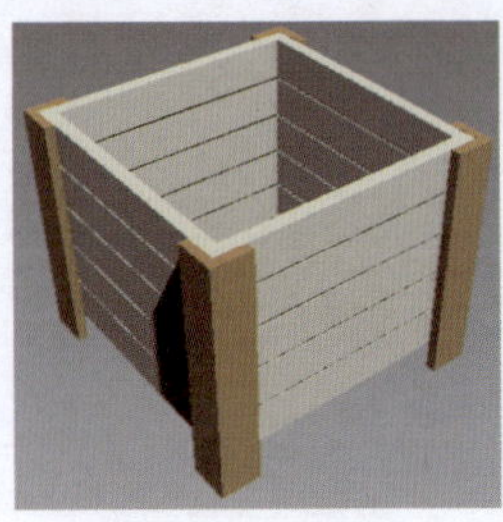

图8-44 复制模型

实例178 建筑小品类——荷花池

实例效果剖析

本例制作的是荷花池，效果如图8-45所示。

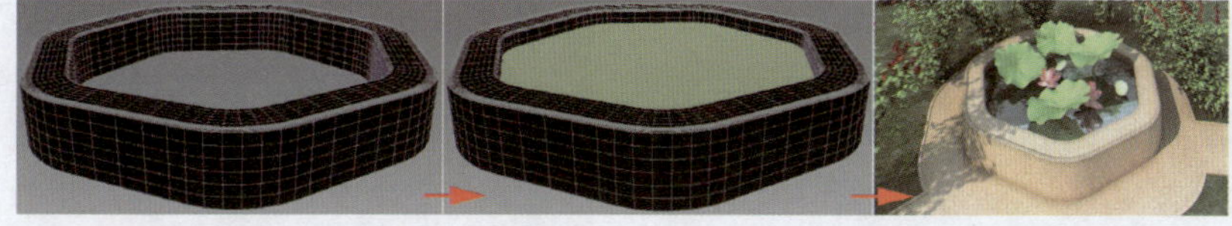

图8-45 效果展示

实例技术要点

本例主要用到的功能及技术要点如下。

- 施加“扫描”修改器：用于扫描出荷花池的外部轮廓。
- 施加“挤出”修改器：用于设置水面的厚度。

场景文件路径	Scene\第8章\实例178 荷花池.max		
贴图文件路径	Map\		
视频路径	视频\ cha08\ 实例178 荷花池.mp4		
难易程度	★	学习时间	8分51秒

实例179 建筑小品类——秋千

实例效果剖析

本例制作的是秋千，效果如图8-46所示。

图8-46 效果展示

实例技术要点

本例主要用到的功能及技术要点如下。

- 施加“编辑样条线”修改器：用于调整图形的形状。
- 施加“挤出”修改器：用于制作秋千的基本模型。
- 施加“编辑多边形”修改器：用于设置螺丝钉的模型效果。

实例制作步骤

场景文件路径	Scene\第8章\实例179 秋千.max		
贴图文件路径	Map\		
视频路径	视频\ cha08\实例179 秋千.mp4		
难易程度	★★★	学习时间	22分19秒

❶ 在“前”视图中创建长方体，设置合适的参数，效果如图8-47所示。

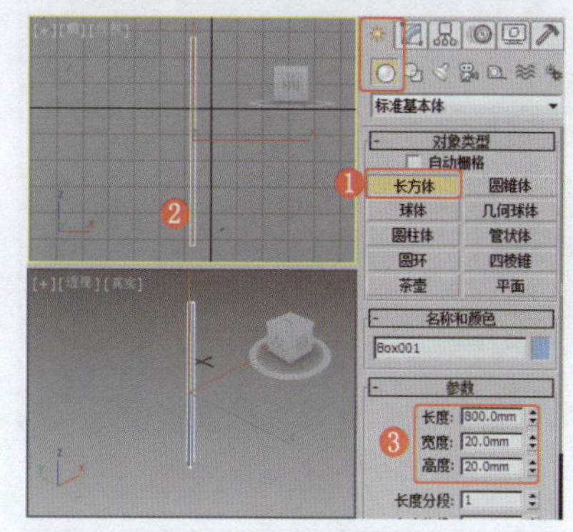

图8-47 创建长方体

❷ 旋转模型的角度，效果如图8-48所示。

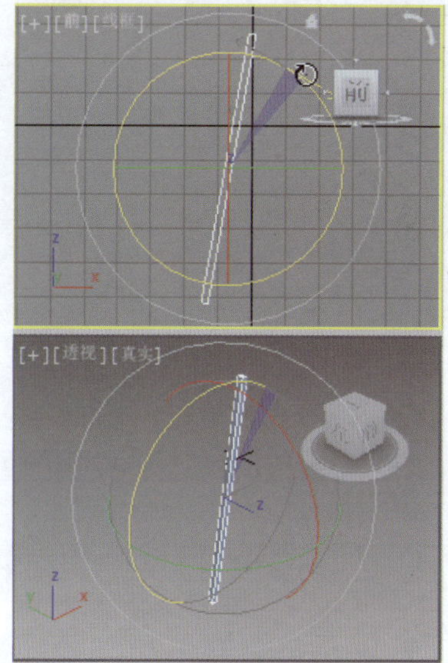

图8-48 旋转模型

❸ 镜像复制模型，如图8-49所示。

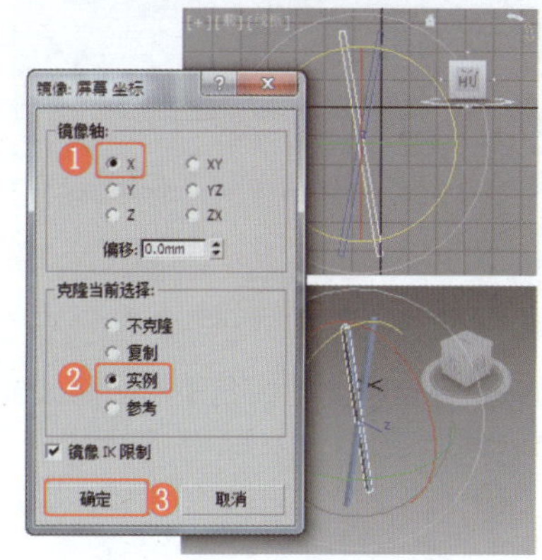

图8-49 复制模型

❹ 在“前”视图中创建长方体，设置合适的参数，效果如图8-50所示。

❺ 在“前”视图中创建圆角矩形，设置合适的参数，效果如图8-51所示。

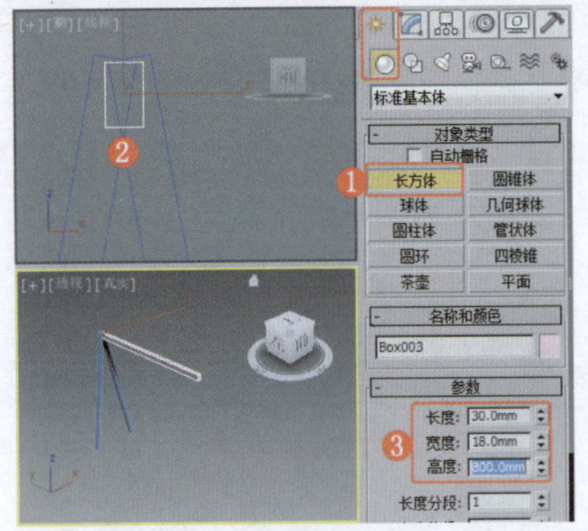
图8-50　创建长方体

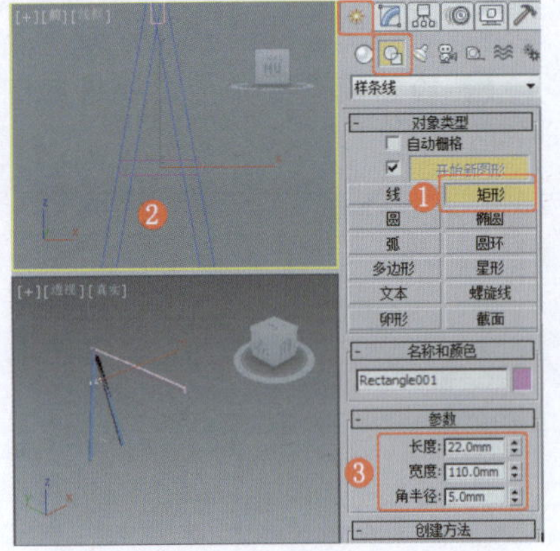
图8-51　创建圆角矩形

❻ 为圆角矩形施加“挤出”修改器，设置合适的参数，效果如图8-52所示。

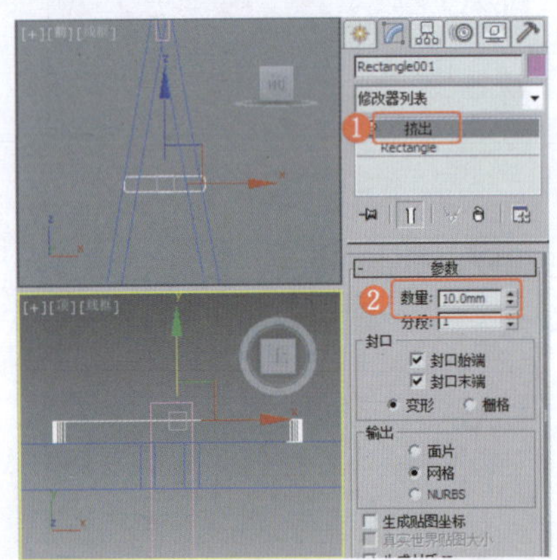
图8-52　施加“挤出”修改器

❼ 复制挤出的圆角矩形，修改圆角矩形的参数，效果如图8-53所示。

❽ 在“左”视图中创建弧，设置合适的参数，效果如图8-54所示。

❾ 为弧施加“编辑样条线”修改器，设置合适的“轮廓”参数，效果如图8-55所示。

❿ 选择“圆角”工具，设置模型的“圆角”参数，如图8-56所示，并为其设置合适的“挤出”参数。

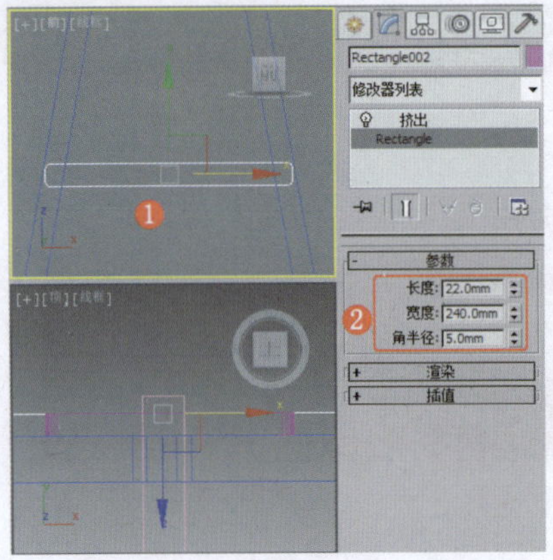
图8-53　复制圆角矩形并修改参数

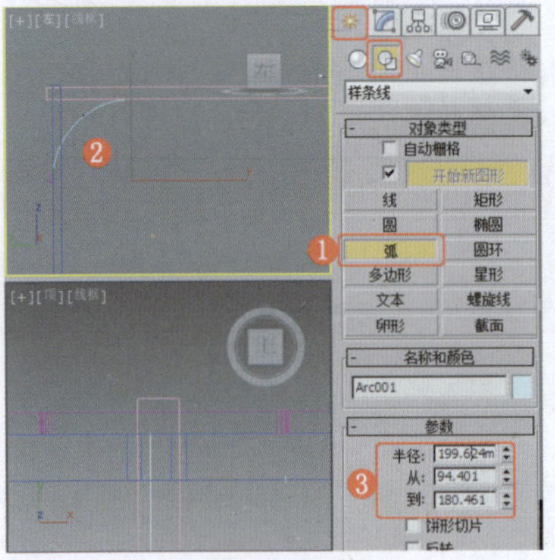
图8-54　创建弧

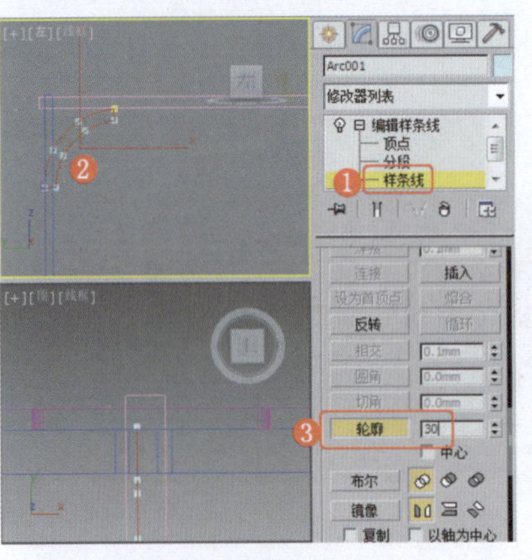
图8-55　设置弧的轮廓

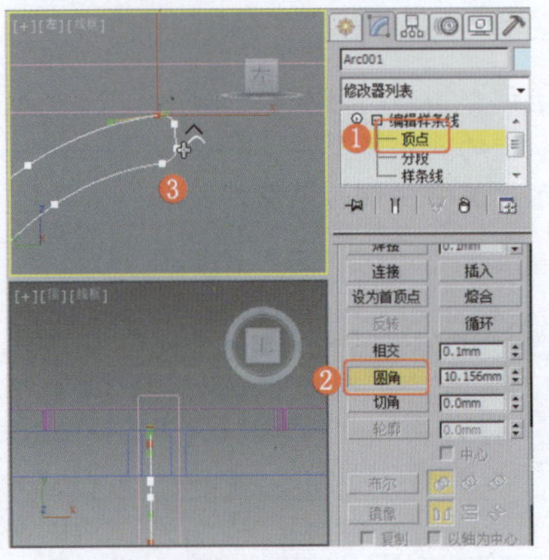
图8-56　设置图形的“圆角”参数

⓫ 在“前”视图中创建圆角矩形，设置合适的参数，效果如图8-57所示。

⓬ 为圆角矩形施加“挤出”修改器，设置合适的参数，效果如图8-58所示。

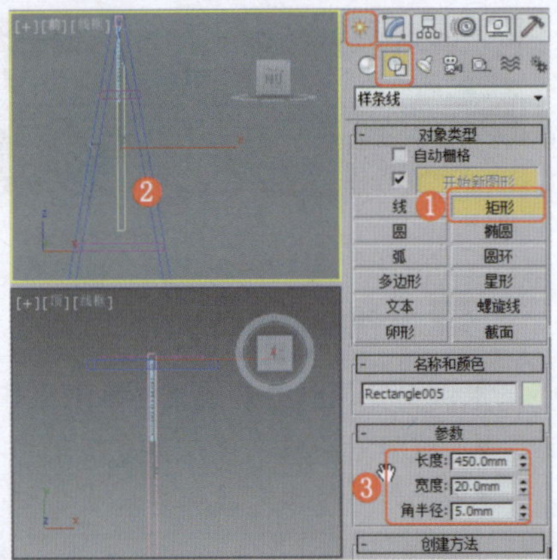
图8-57　创建圆角矩形

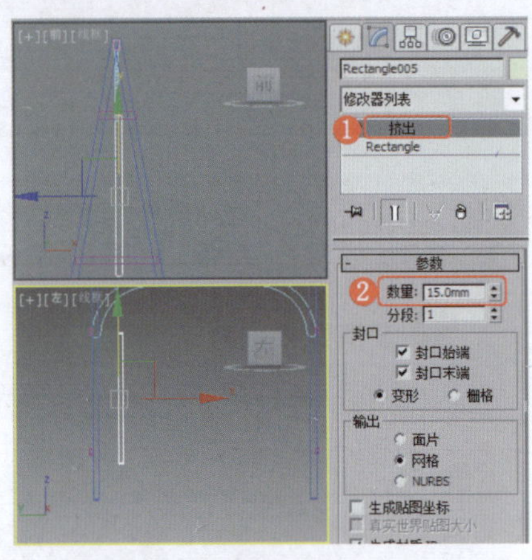
图8-58　施加“挤出”修改器

⓭ 在“前”视图中创建可渲染的圆，设置合适的参数，效果如图8-59所示。

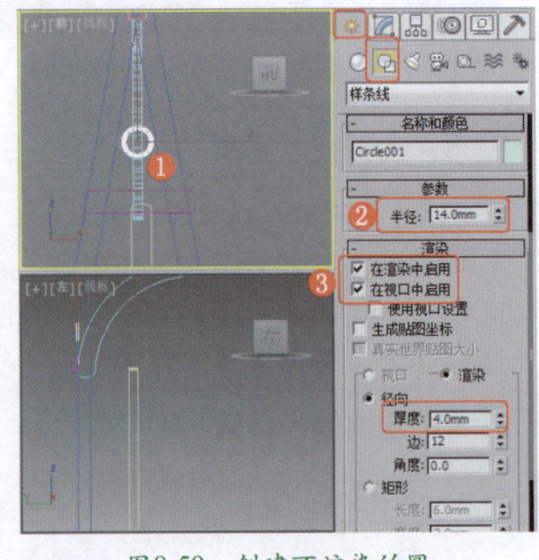
图8-59　创建可渲染的圆

⓮ 创建可渲染的矩形，设置合适的参数，复制并完成铁链效果，效果如图8-60所示。

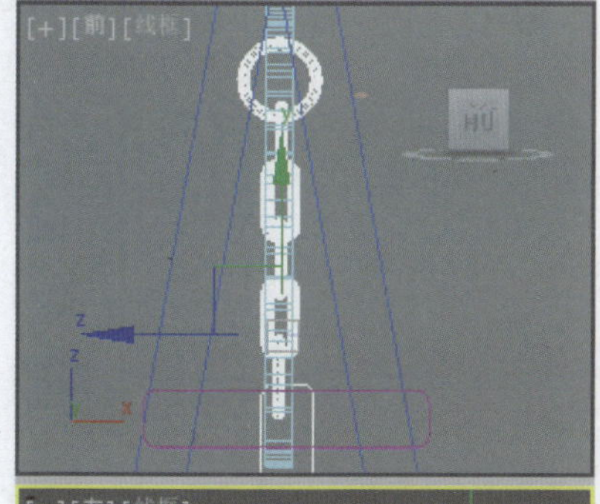
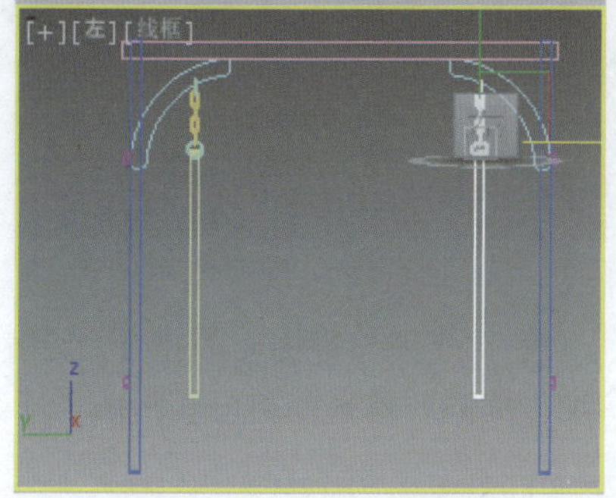
图8-60 复制并调整模型

⑮ 在“左”视图中创建长方体，设置合适的参数，效果如图8-61所示。

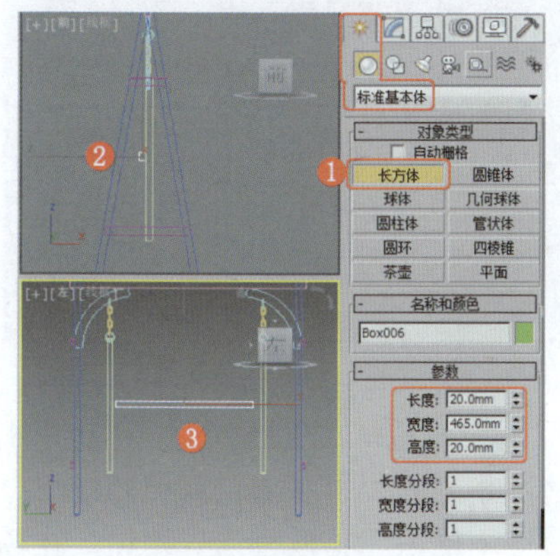
图8-61 创建长方体

⑯ 在“前”视图中创建图形，调整其形状，效果如图8-62所示。

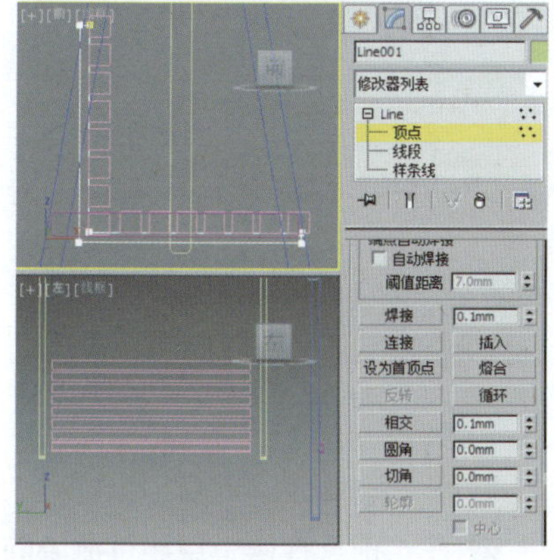
图8-62 创建图形

⑰ 为图形施加“挤出”修改器，设置合适的参数，并对模型进行复制，效果如图8-63所示。

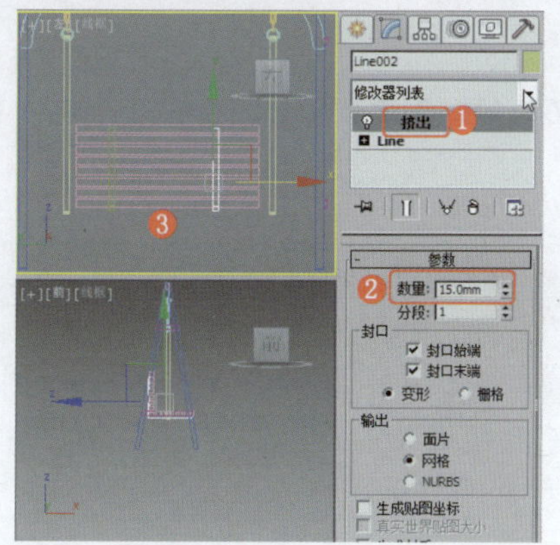
图8-63 施加“挤出”修改器并复制模型

⑱ 在“左”视图中创建长方体，设置合适的参数，效果如图8-64所示。

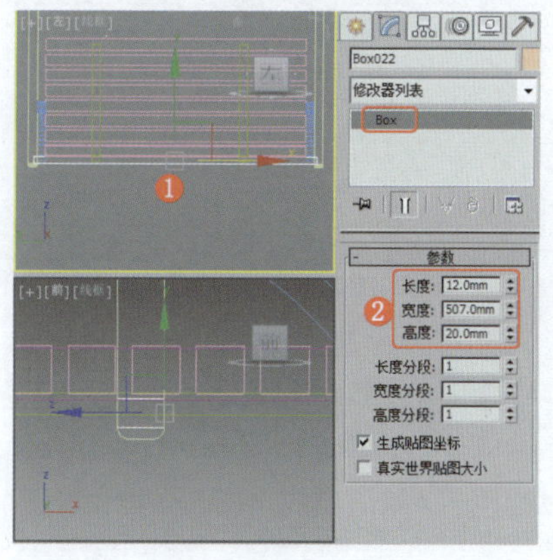
图8-64 创建长方体

⑲ 在“前”视图中创建半球，将其作为螺丝钉，设置合适的参数，效果如图8-65所示。

⑳ 为半球施加“编辑多边形”修改器，将选择集定义为“边”，在场景中选择中间的十字边，并设置其“挤出”参数，效果如图8-66所示。

㉑ 复制模型，并对其进行组合，效果如图8-67所示，秋千制作完成。

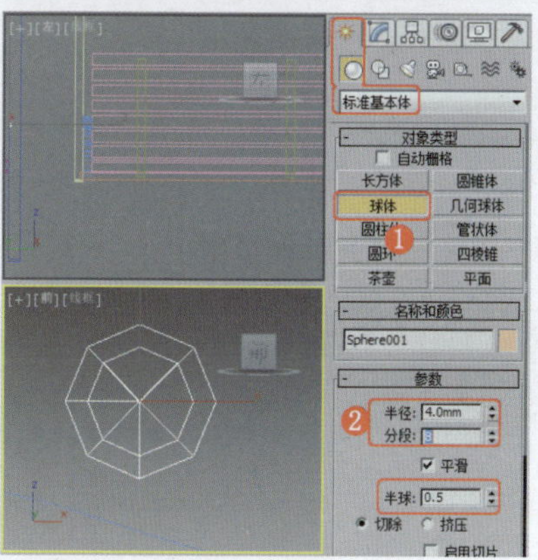
图8-65 创建半球

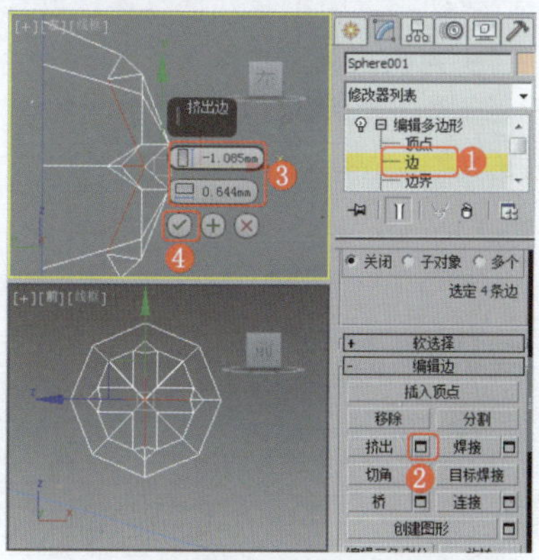
图8-66 设置边的“挤出”参数

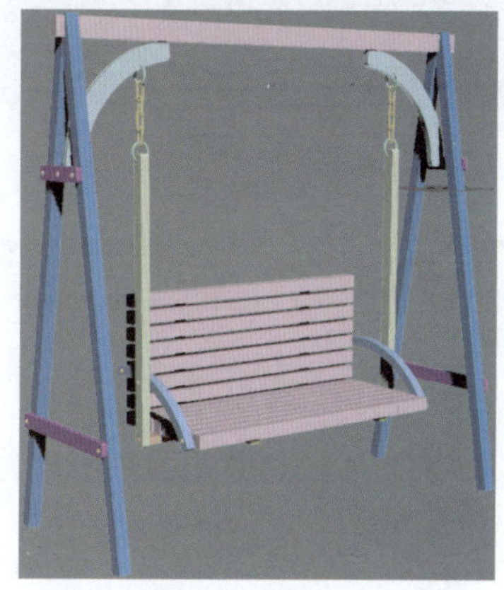
图8-67 制作完成

实例180 建筑小品类——石头

实例效果剖析

本例制作的是石头，效果如图8-68所示。

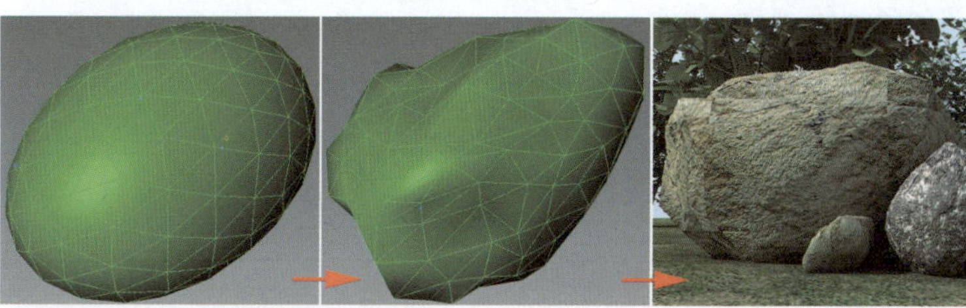
图8-68 效果展示

实例技术要点

本例主要用到的功能及技术要点如下。

- 施加“噪波”修改器：用于设置石头的凹凸效果。

实例制作步骤

场景文件路径	Scene\第8章\实例180 石头.max		
贴图文件路径	Map\		
视频路径	视频\ cha08\实例180 石头.mp4		
难易程度	★	学习时间	5分53秒

❶ 在场景中创建几何球体，设置合适的参数，效果如图8-69所示。

❷ 为模型施加“噪波”修改器，设置合适的参数，使用“缩放”工具对其进行缩放，效果如图8-70所示。

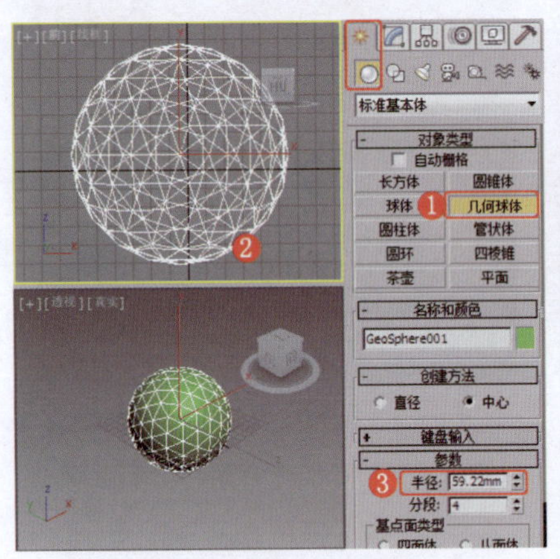

图8-69　创建几何球体

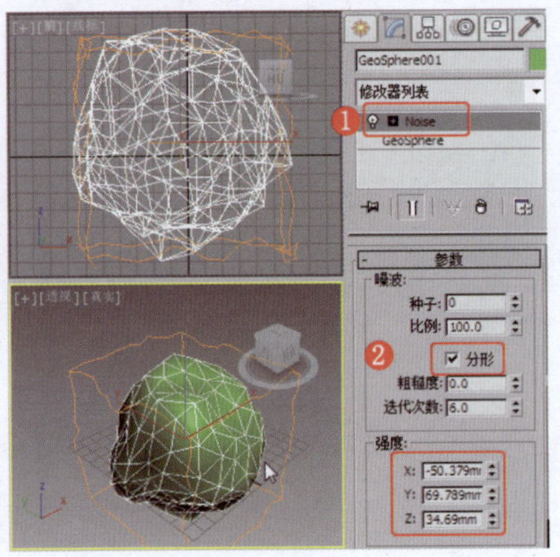

图8-70　施加“噪波”修改器

实例181　建筑小品类——花架

实例效果剖析

本例制作的是铁艺的户外花架，效果如图8-71所示。

图8-71　效果展示

实例技术要点

本例主要用到的功能及技术要点如下。

- 施加“倒角剖面”修改器：用于制作模型的顶面效果。
- 施加“扫描”修改器：用于制作支架模型。

实例制作步骤

场景文件路径	Scene\第8章\实例181 花架.max		
贴图文件路径	Map\		
视频路径	视频\ cha08\实例181 花架.mp4		
难易程度	★★★	学习时间	20分51秒

❶ 在“顶”视图中创建星形，设置合适的参数，效果如图8-72所示。

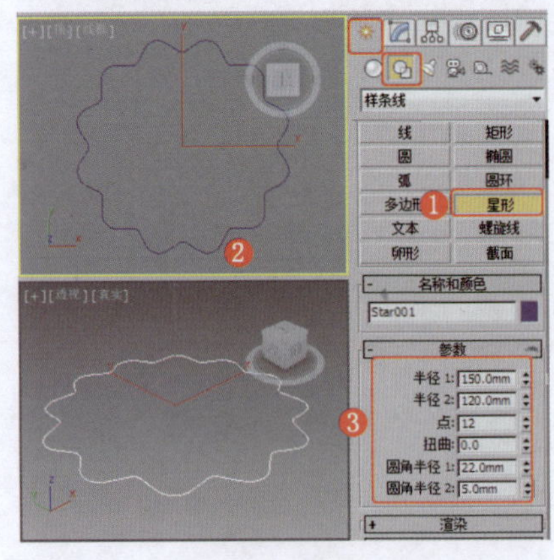

图8-72　创建星形

❷ 在“前”视图中创建弧，设置合适的参数，效果如图8-73所示。

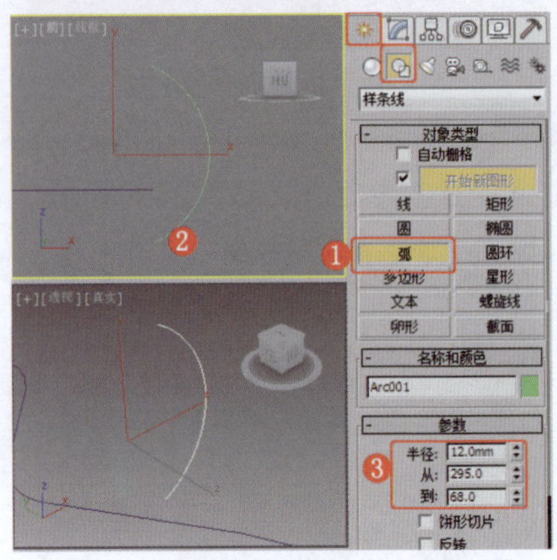

图8-73　创建弧

❸ 在场景中选择星形，为其施加“倒角剖面”修改器，在“参数”卷展栏中单击“拾取剖面”按钮，在场景中拾取弧，效果如图8-74所示。

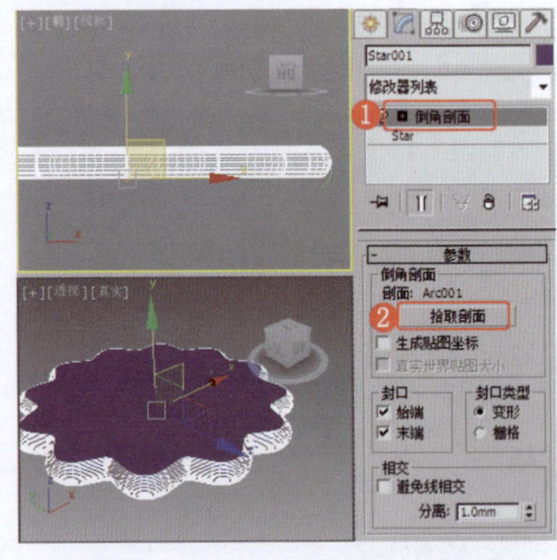

图8-74　施加“倒角剖面”修改器

❹ 在“前”视图中创建可渲染的线，调整图形的形状，效果如图8-75所示。

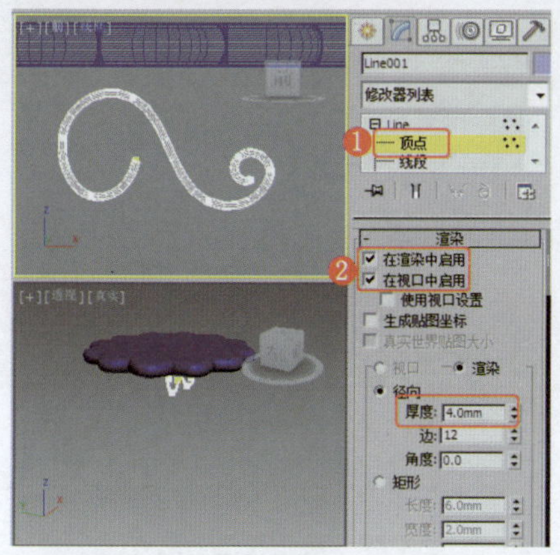
图8-75 创建并调整可渲染的线

❺ 复制可渲染的线，选择可渲染的线，为其施加“弯曲”修改器，设置合适的参数，效果如图8-76所示。

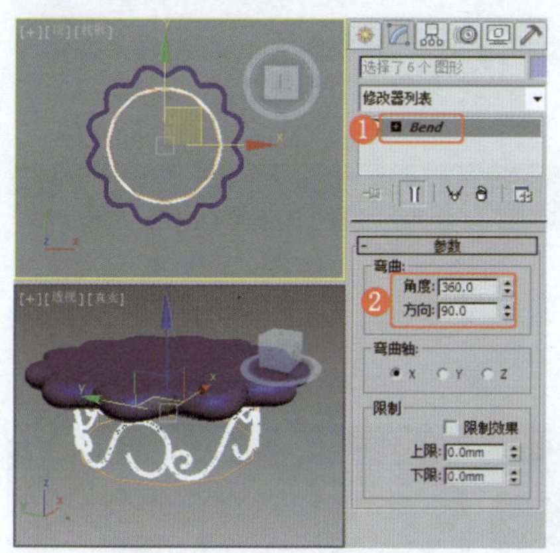
图8-76 施加“弯曲”修改器

❻ 在“前”视图中创建垂直的可渲染的线，效果如图8-77所示。

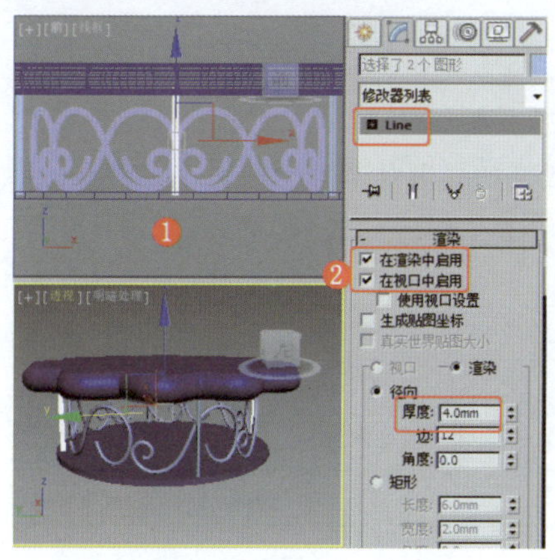
图8-77 创建可渲染的线

❼ 在“前”视图中创建线，调整图形的形状，效果如图8-78所示，将其作为支架。

❽ 在“顶”视图中创建圆角矩形，设置合适的参数，效果如图8-79所示。

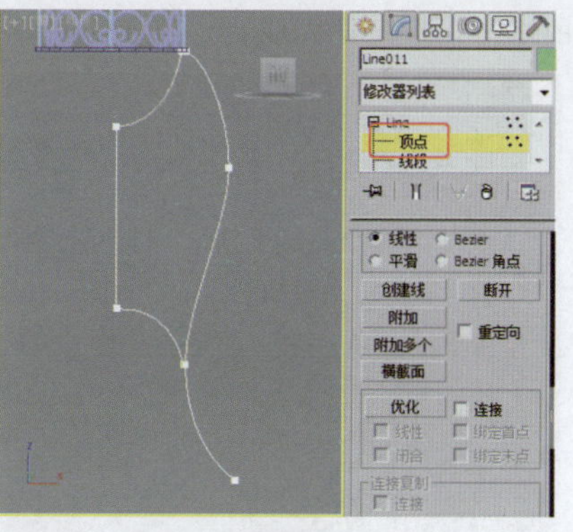
图8-78 创建线

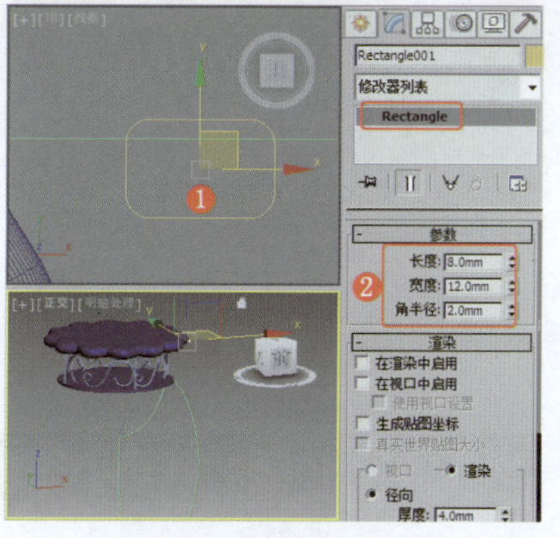
图8-79 创建圆角矩形

❾ 在场景中选择作为支架的图形，并为其施加“扫描”修改器，在“截面类型”卷展栏中单击“使用自定义截面”单选按钮，单击“拾取”按钮，在场景中拾取圆角矩形，效果如图8-80所示。

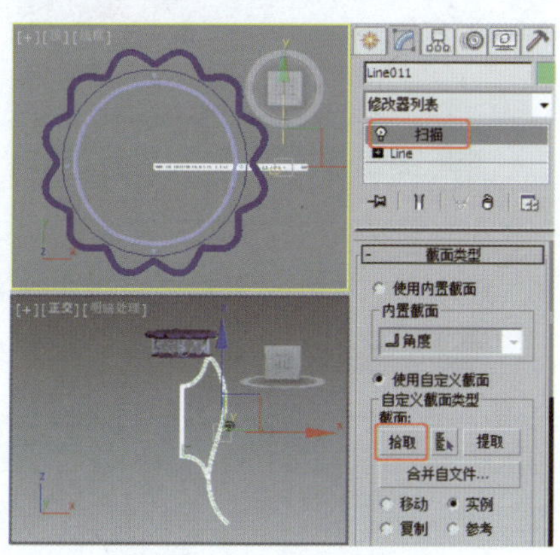
图8-80 扫描出支架效果

❿ 在“前”视图中创建星形，设置合适的参数，效果如图8-81所示。

⓫ 为星形施加“编辑样条线”修改器，将选择集定义为“顶点”，使用“切角”工具调整图形的切角，效果如图8-82所示。

⓬ 调整图形的形状，效果如图8-83所示。

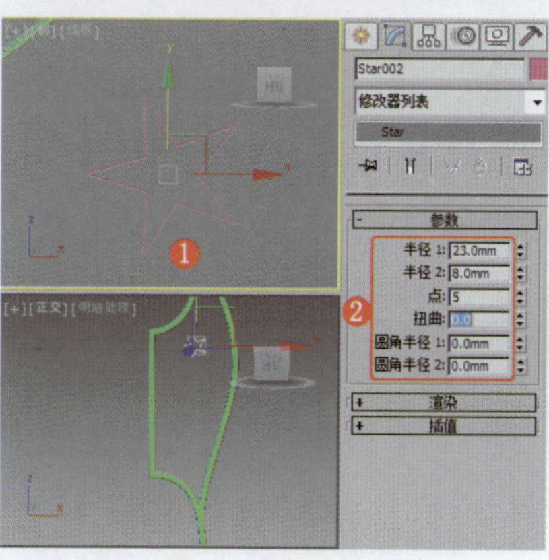
图8-81 创建星形

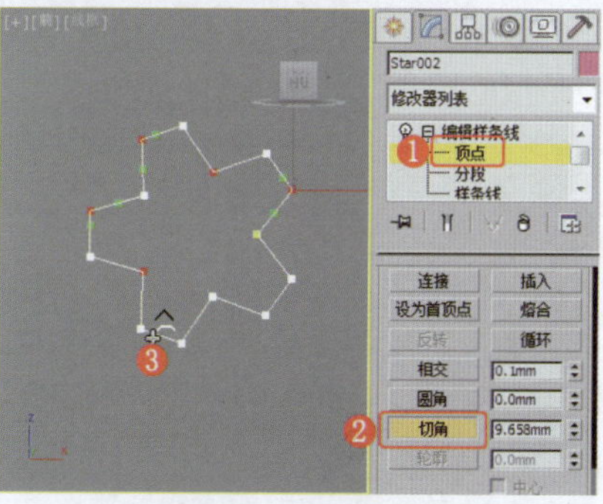
图8-82 设置图形的切角

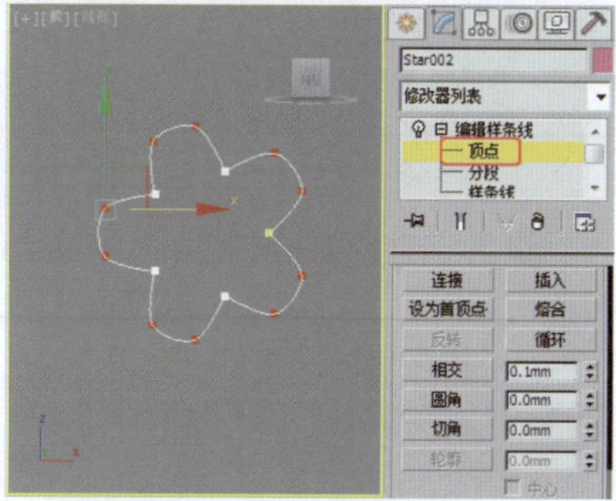
图8-83 调整图形的形状

⓭ 为图形施加“挤出”修改器，设置其厚度，效果如图8-84所示。

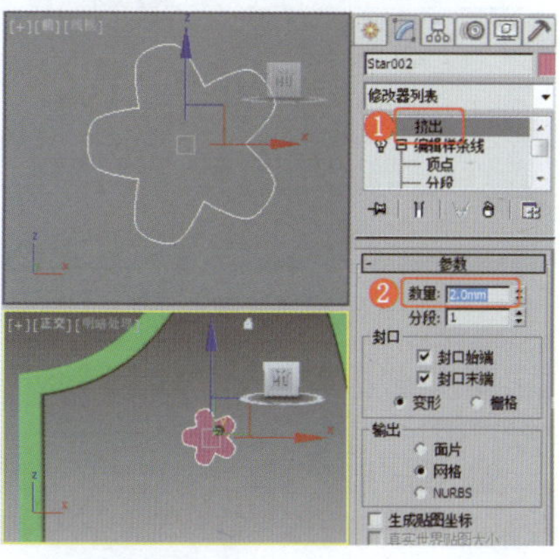
图8-84 施加“挤出”修改器

⓮ 创建星形，设置合适的参数，效果如图8-85所示。

图8-85 创建星形

⑮ 使用“圆角”工具在场景中调整星形的圆角，效果如图8-86所示。

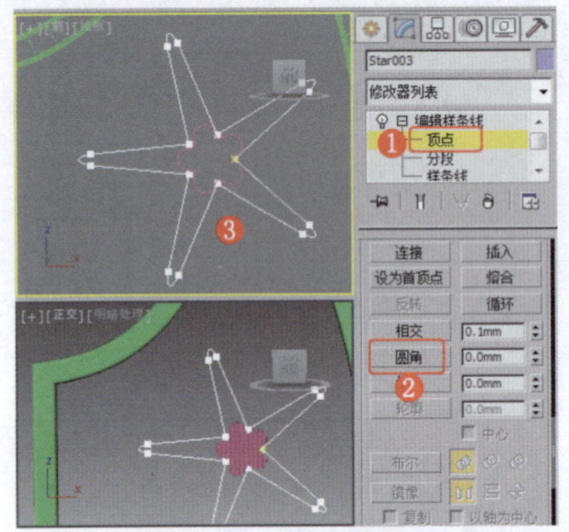

图8-86 调整星形的圆角

⑯ 为调整后的星形施加“可渲染样条线”修改器，设置合适的可渲染参数，效果如图8-87所示。

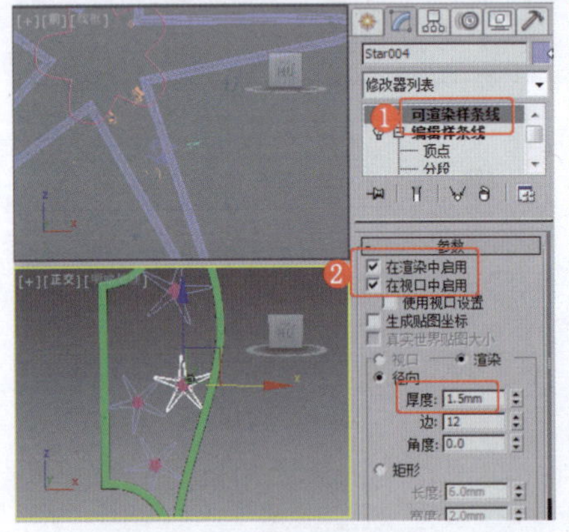

图8-87 设置可渲染参数

⑰ 复制并调整该模型，效果如图8-88所示。

⑱ 在场景中选择支架模型，为其施加“编辑多边形”修改器，调整其底部顶点，使其底部水平，效果如图8-89所示。

⑲ 阵列复制模型，效果如图8-90所示，花架制作完成。

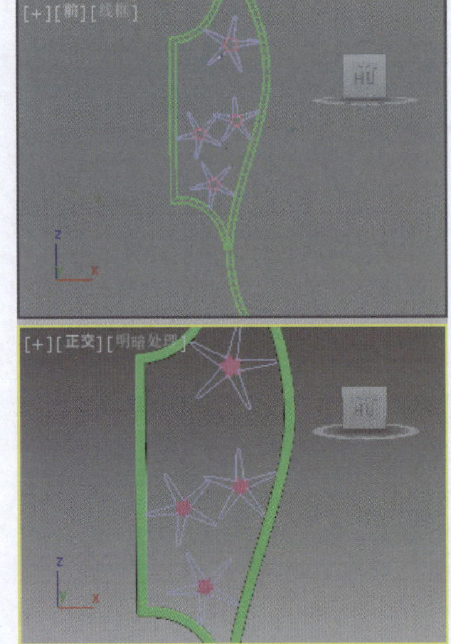

图8-88 复制并调整模型

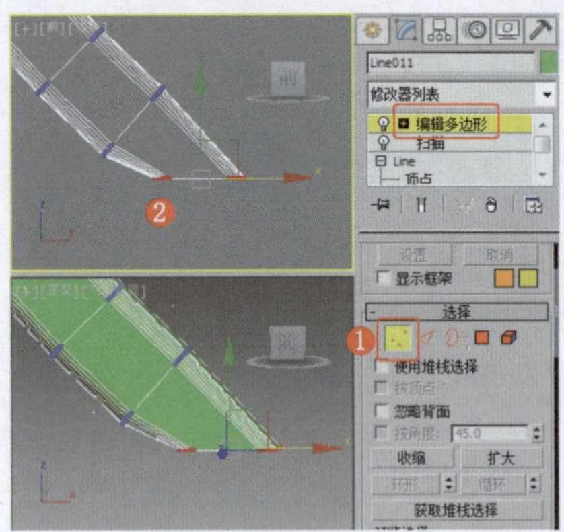

图8-89 调整模型的底部

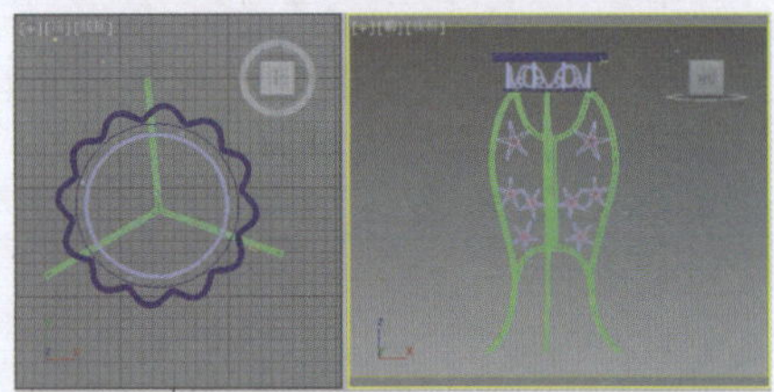

图8-90 阵列复制出花架

实例182 建筑小品类——石桌石凳

实例效果剖析

本例制作的是公园里常见的石桌石凳，效果如图8-91所示。

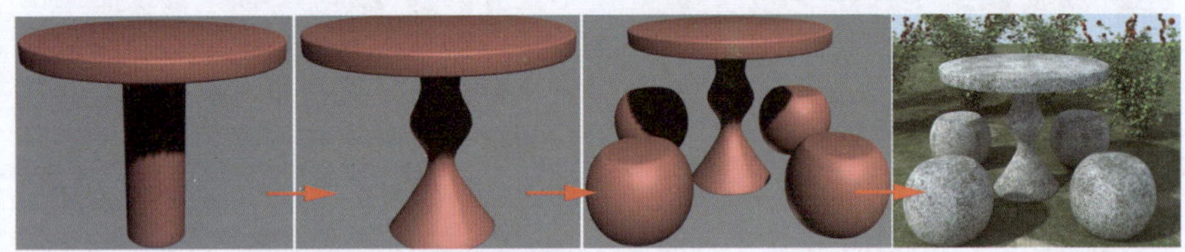

图8-91 效果展示

实例技术要点

本例主要用到的功能及技术要点如下。

- 施加“FFD”修改器：用于设置模型的变形效果。

实例制作步骤

场景文件路径	Scene\第8章\实例182 石桌石凳.max		
贴图文件路径	Map\		
视频路径	视频\cha08\实例182 石桌石凳.mp4		
难易程度	★★	学习时间	6分28秒

❶ 在“顶”视图中创建切角圆柱体，设置合适的参数，效果如图8-92所示。

❷ 复制模型，修改模型的参数，效果如图8-93所示。

❸ 为模型施加“FFD（圆柱体）”修改器，设置合适的点数，如图8-94所示。

❹ 将选择集定义为“控制点”，在场景中缩放控制点，效果如图8-95所示。

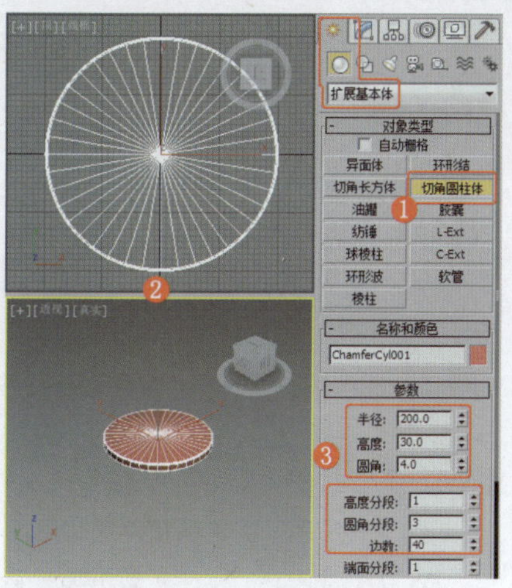
图8-92 创建切角圆柱体

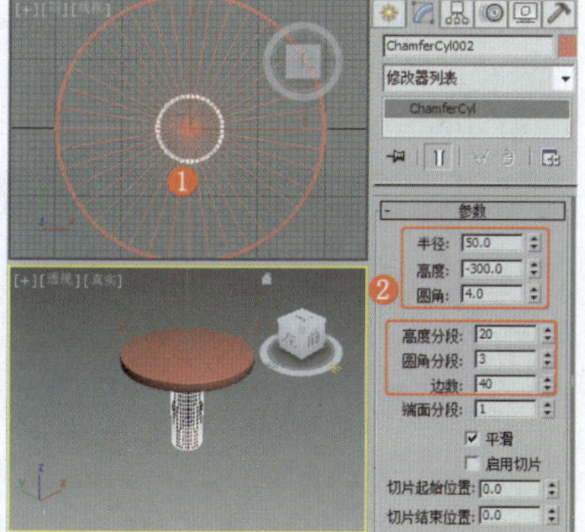
图8-93 复制并调整切角圆柱体

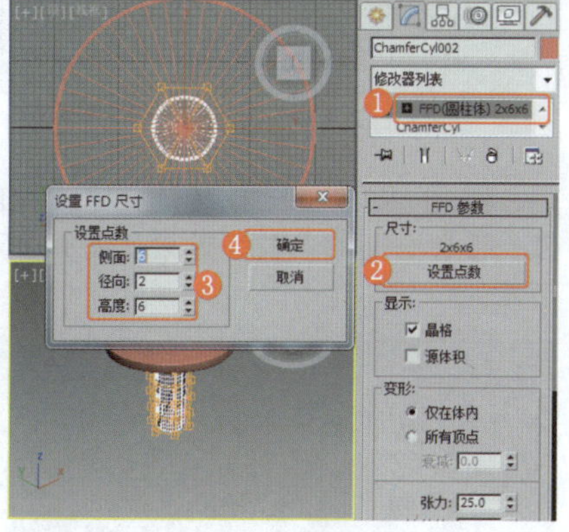
图8-94 设置点数

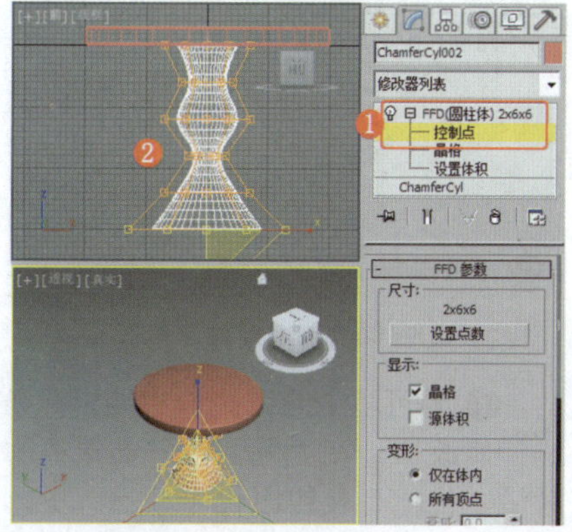
图8-95 调整控制点

❺ 创建或复制切角圆柱体，设置合适的参数，效果如图8-96所示。

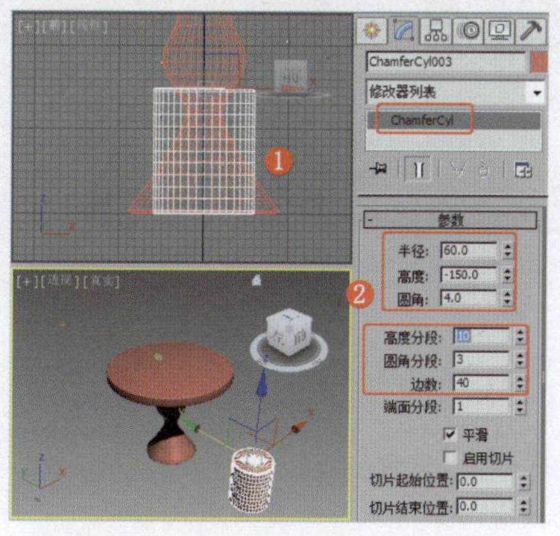
图8-96 创建或复制切角圆柱体

❻ 为模型施加“FFD 4×4×4”修改器，将选择集定义为“控制点”，在场景中调整控制点，效果如图8-97所示。

❼ 复制模型，效果如图8-98所示。

图8-97 调整控制点

图8-98 复制模型

实例183 建筑小品类——小型喷泉

实例效果剖析

本例制作的是小型喷泉，效果如图8-99所示。

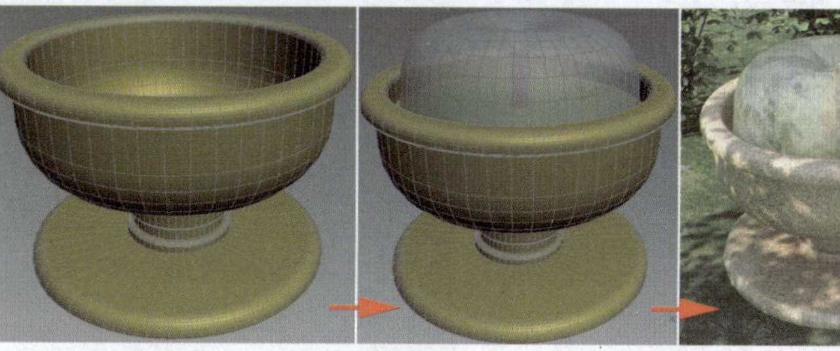
图8-99 效果展示

实例技术要点

本例主要用到的功能及技术要点如下。

- 施加“车削”修改器：用于车削出喷泉底座和水面。

场景文件路径	Scene\第8章\实例183 小型喷泉.max		
贴图文件路径	Map\		
视频路径	视频\ cha08\实例183 小型喷泉.mp4		
难易程度	★★	学习时间	11分52秒

实例184 建筑小品类——遮阳伞

实例效果剖析

本例制作的是公园里的遮阳伞。

本例制作的遮阳伞，效果如图8-100所示。

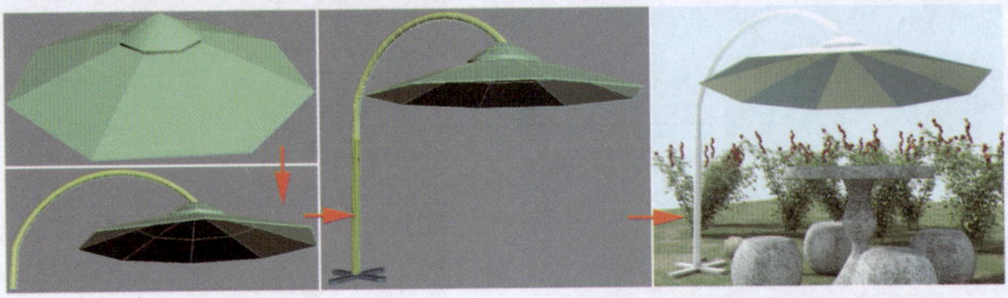

图8-100 效果展示

实例技术要点

本例主要用到的功能及技术要点如下。

- 施加“编辑多边形”修改器：用于调整模型的形状。
- 施加“平滑”修改器：用于调整模型的平滑或不平滑效果。
- 施加“挤出”修改器：用于制作遮阳伞的支架。

实例制作步骤

场景文件路径	Scene\第8章\实例184 遮阳伞.max		
贴图文件路径	Map\		
视频路径	视频\ cha08\实例184 遮阳伞.mp4		
难易程度	★★	学习时间	11分45秒

❶ 在“顶”视图中创建圆柱体，设置合适的参数，效果如图8-101所示。

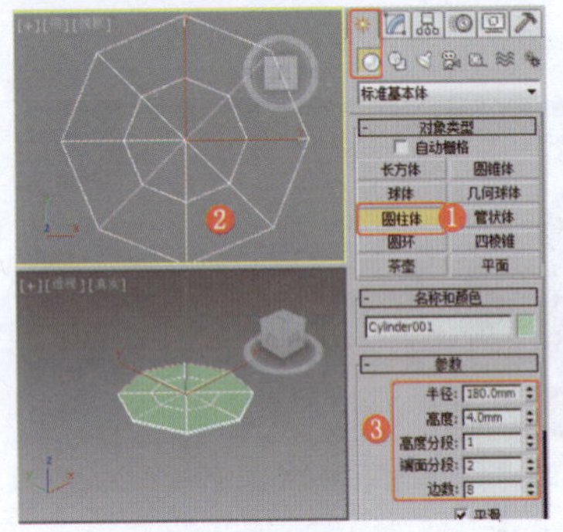

图8-101 创建圆柱体

❷ 为模型施加“编辑多边形”修改器，将选择集定义为“顶点”，勾选“使用软选择”复选框，设置合适的参数，并在场景中调整顶点，效果如图8-102所示。

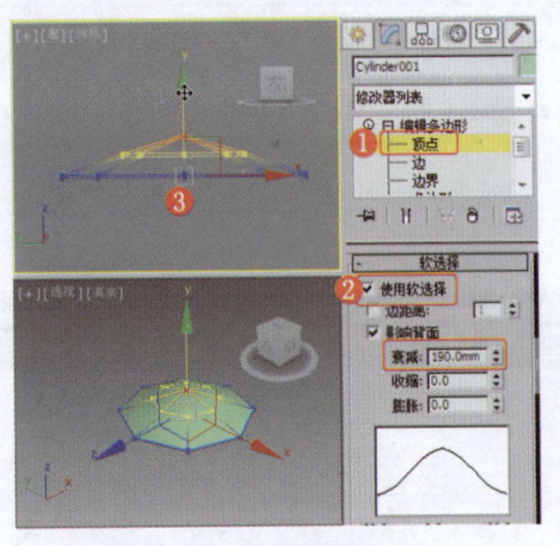

图8-102 调整模型的形状

❸ 为模型施加“平滑”修改器，取消“自动平滑”复选框的勾选状态，效果如图8-103所示。

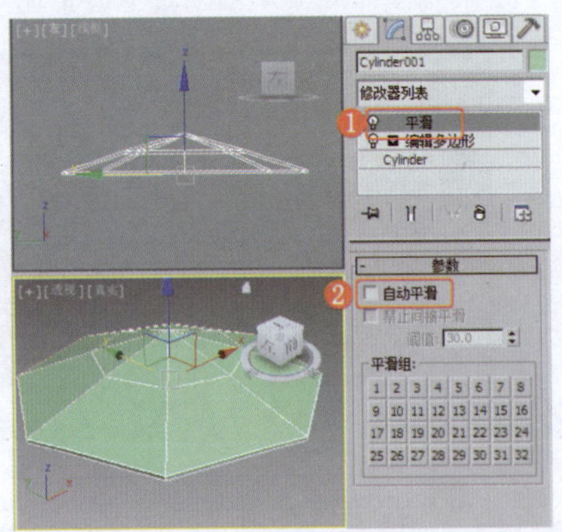

图8-103 取消勾选“自动平滑”复选框

提 示

利用“平滑”修改器可以基于模型相邻面的角提供自动平滑效果，并将新的平滑组应用到对象上。如果勾选“自动平滑”复选框，则可以通过其下方的“阈值”参数自动平滑对象。利用“自动平滑”功能可以基于模型面之间的角设置平滑组。如果法线之间的角度小于阈值的角度，则可以将任何两个相接表面设置为相同的平滑组。

❹ 创建圆柱体，设置合适的参数，效果如图8-104所示。

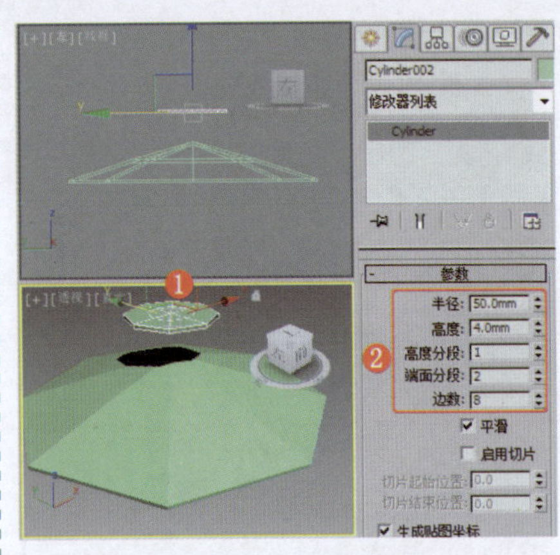

图8-104 创建圆柱体

❺ 为模型施加“编辑多边形”修改器，将选择集定义为“顶点”，勾选“使用软选择”复选框，设置合适的参数，并在场景中调整顶点，效果如图8-105所示。

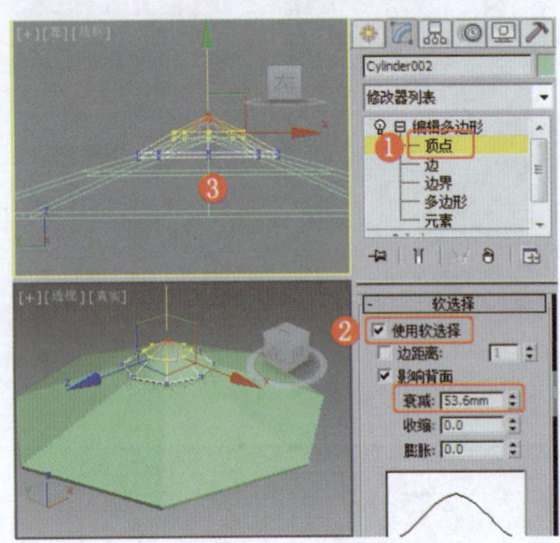

图8-105 调整模型的形状

❻ 在“左”视图中创建可渲染的弧，设置合适的参数，效果如图8-106所示。

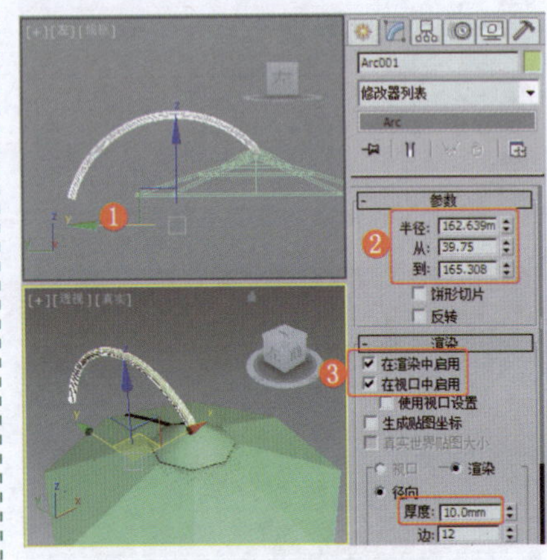

图8-106 创建可渲染的弧

❼ 为可渲染的弧施加“编辑样条线”修改器，在“几何体”卷展栏中激活“优化”按钮以优化顶点，关闭“优化”按钮，在场景中调整图形的

形状，效果如图8-107所示。

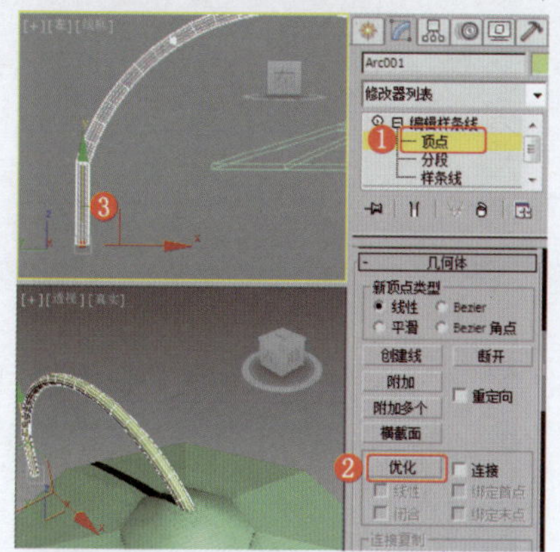

图8-107　调整图形的形状

❽ 在“顶”视图中创建圆柱体，设置合适的参数，效果如图8-108所示。

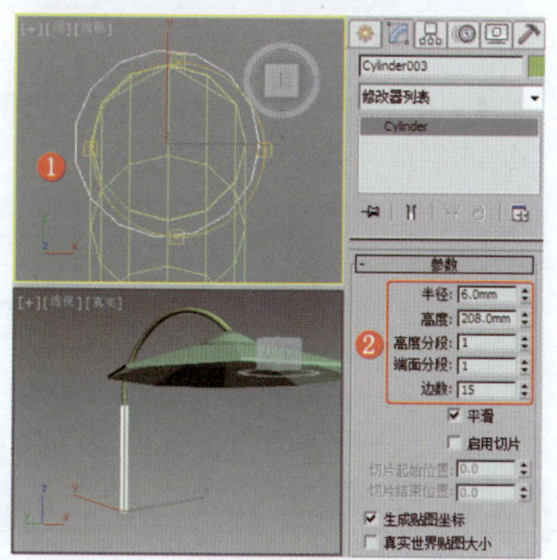

图8-108　创建圆柱体

❾ 在“顶”视图中创建圆角矩形，设置合适的参数，效果如图8-109所示。

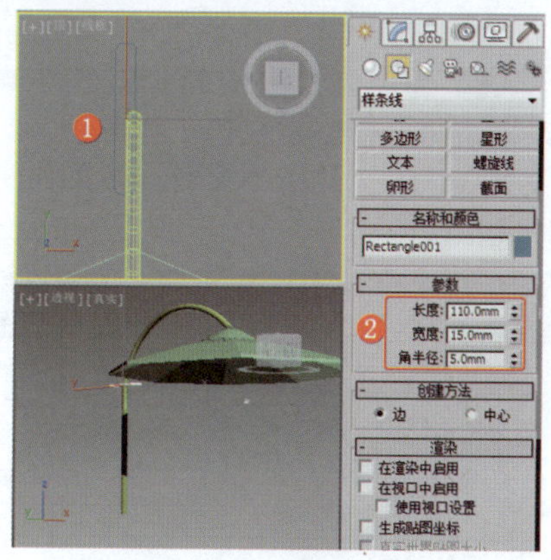

图8-109　创建圆角矩形

❿ 为圆角矩形施加“挤出”修改器，设置合适的参数，效果如图8-110所示。

⓫ 在场景中复制模型，效果如图8-111所示，遮阳伞制作完成，这里改变了遮阳伞的圆柱体高度。

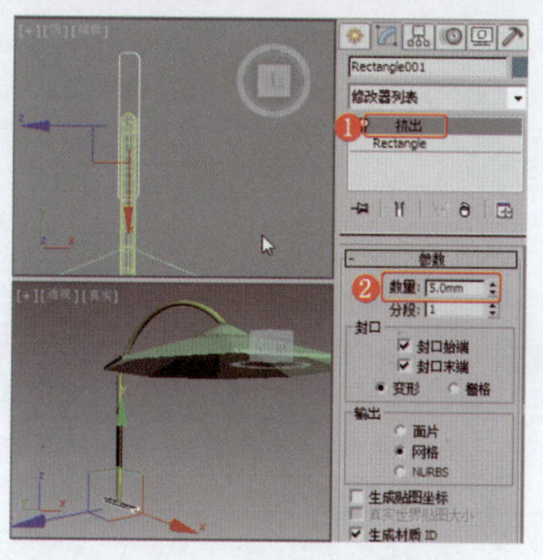

图8-110　施加“挤出”修改器

图8-111　完成的遮阳伞效果

实例185　建筑小品类——木桥

实例效果剖析

本例制作的是木桥，效果如图8-112所示。

图8-112　效果展示

实例技术要点

本例主要用到的功能及技术要点如下。

- 施加“FFD”修改器：用于调整模型的变形效果。
- 施加“挤出”修改器：用于制作木桥的基本模型。

场景文件路径	Scene\第8章\实例185 木桥.max		
贴图文件路径	Map\		
视频路径	视频\ cha08\实例185 木桥.mp4		
难易程度	★★	学习时间	9分43秒

实例186　建筑小品类——长椅

实例效果剖析

本例制作的是一种将简单的铁艺和漆木相结合的公园长椅，效果如图8-113所示。

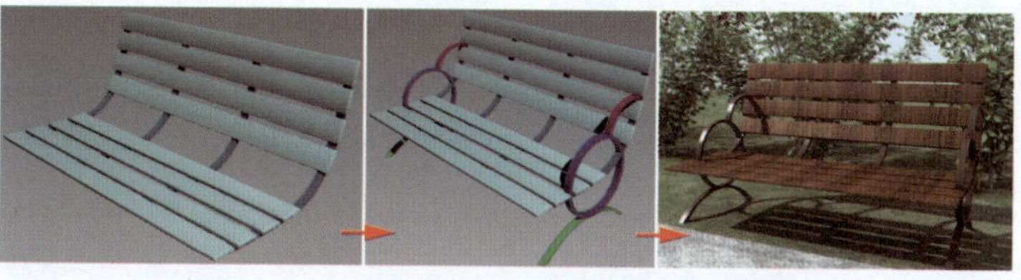

图8-113　效果展示

实例技术要点

本例主要用到的功能及技术要点如下。

- 施加“挤出”修改器：用于制作长椅的支架。

实例制作步骤

场景文件路径	Scene\第8章\实例186 长椅.max		
贴图文件路径	Map\		
视频路径	视频\cha08\实例186 长椅.mp4		
难易程度	★★	学习时间	16分25秒

❶ 在“左”视图中创建线，调整图形的形状，效果如图8-114所示。

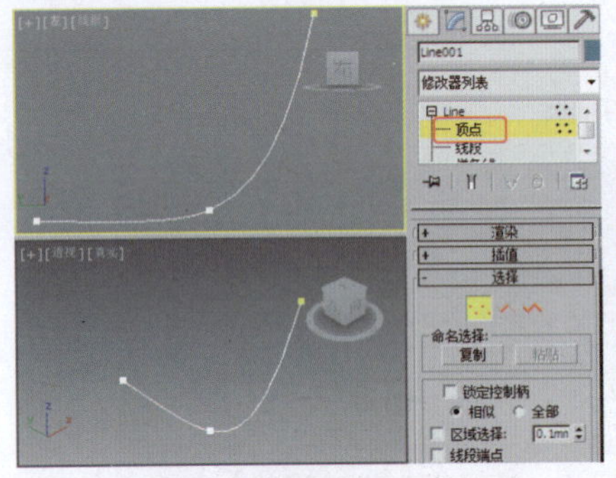

图8-114　创建并调整线

❷ 将选择集定义为“样条线”，在场景中选择线，为其设置“轮廓”参数，效果如图8-115所示，然后为其设置“挤出”参数。

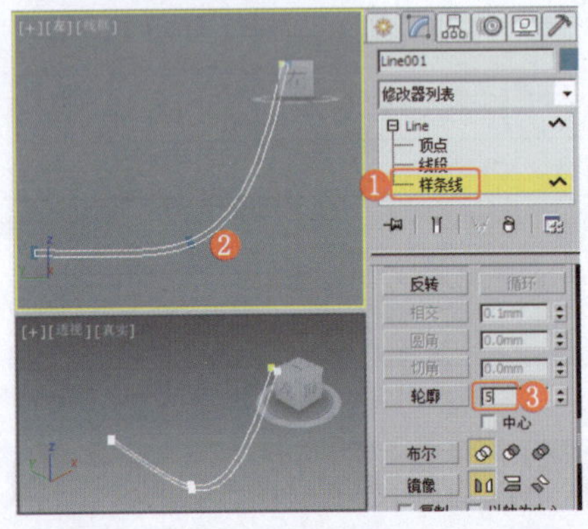

图8-115　设置样条线的“轮廓”参数

❸ 在“前”视图中创建切角长方体，设置合适的参数，效果如图8-116所示。

❹ 在场景中对切角长方体进行复制，效果如图8-117所示，将其作为支架。

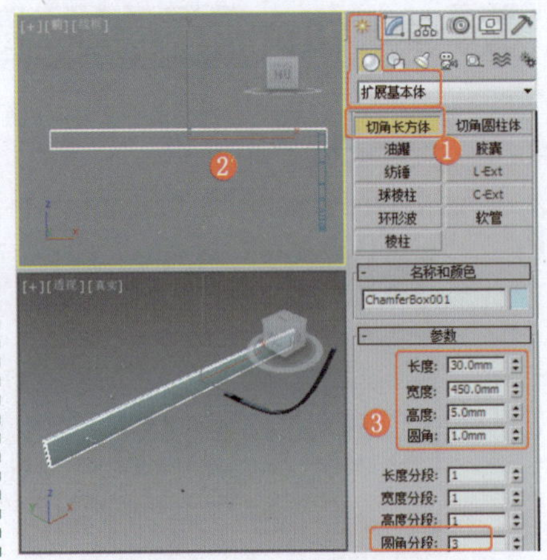

图8-116　创建切角长方体

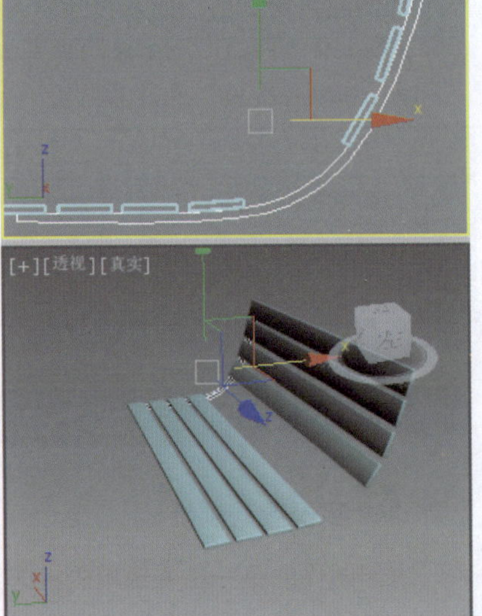

图8-117　复制模型

❺ 在场景中对支架进行复制，效果如图8-118所示。

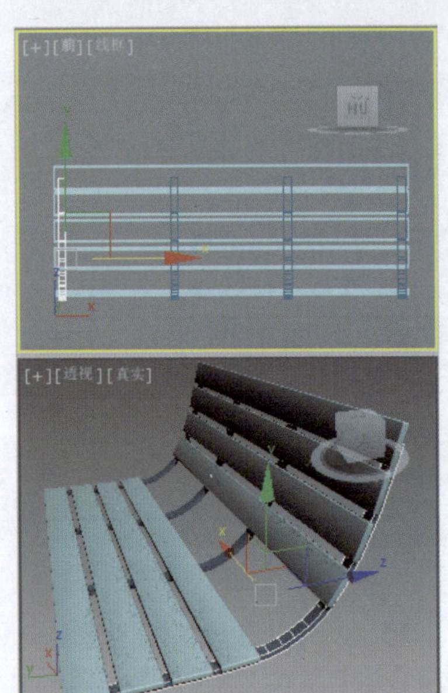

图8-118　复制模型

❻ 在“左”视图中创建圆，设置合适的参数，效果如图8-119所示。

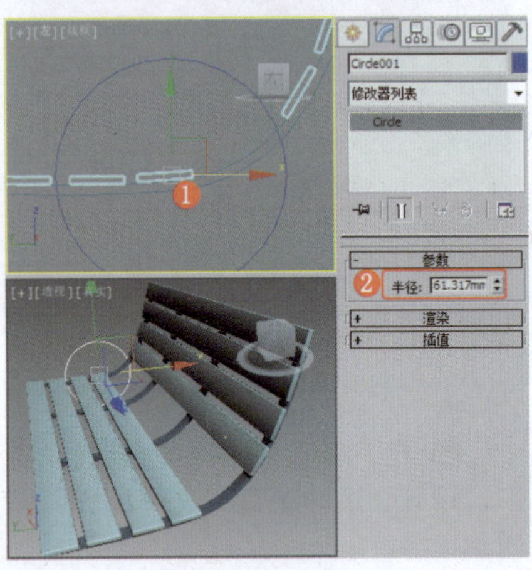

图8-119　创建圆

❼ 为圆施加“编辑样条线”修改器，将选择集定义为“样条线”，设置合适的“轮廓”参数，效果如图8-120所示。

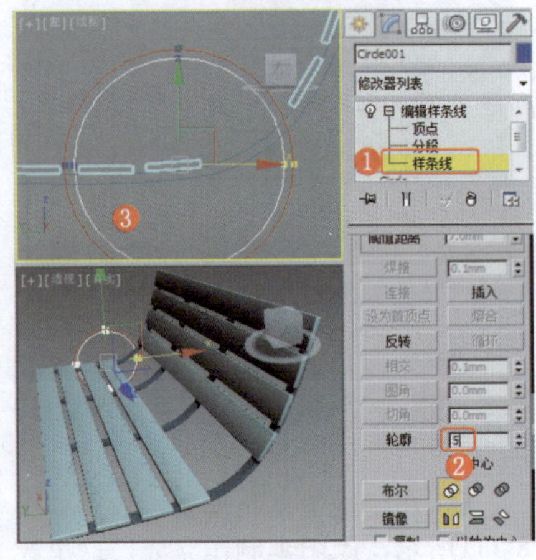

图8-120　设置圆的“轮廓”参数

❽ 为图形施加"挤出"修改器，设置合适的参数，效果如图8-121所示。

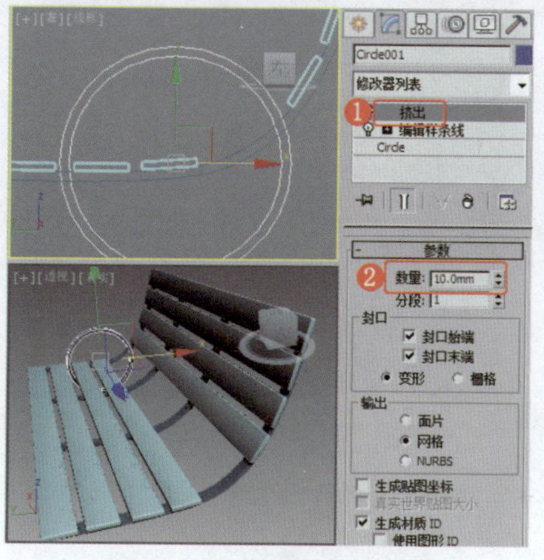
图8-121 施加"挤出"修改器

❾ 使用同样的方法创建图形，并为其施加"挤出"修改器，设置合适的参数，效果如图8-122所示，支架制作完成。

❿ 完成长椅模型的制作，效果如图8-123所示。

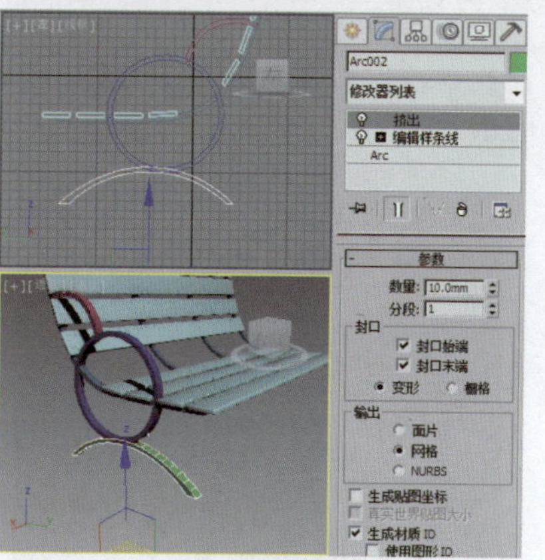
图8-122 支架制作完成

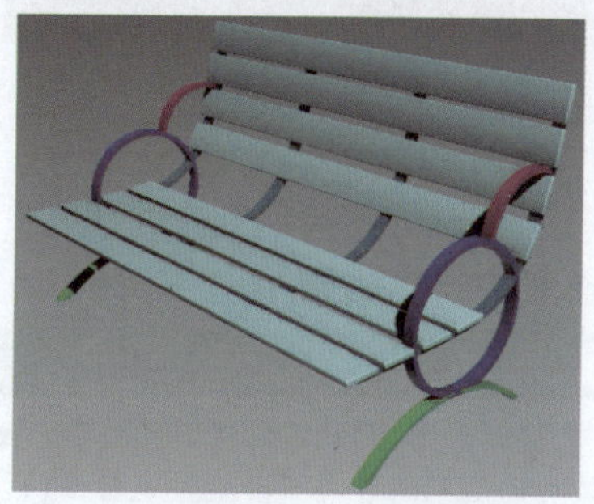
图8-123 长椅的完成效果

实例187 建筑小品类——大理石花坛

实例效果剖析

本例制作的是大理石花坛，效果如图8-124所示。

图8-124 效果展示

实例技术要点

本例主要用到的功能及技术要点如下。

- 转换为"可编辑多边形"：用于调整花坛的形状。

实例制作步骤

场景文件路径	Scene\第8章\实例187 大理石花坛.max		
贴图文件路径	Map\		
视频路径	视频\cha08\实例187 大理石花坛.mp4		
难易程度	★★	学习时间	8分24秒

❶ 在"顶"视图中创建球体，设置合适的参数，效果如图8-125所示。

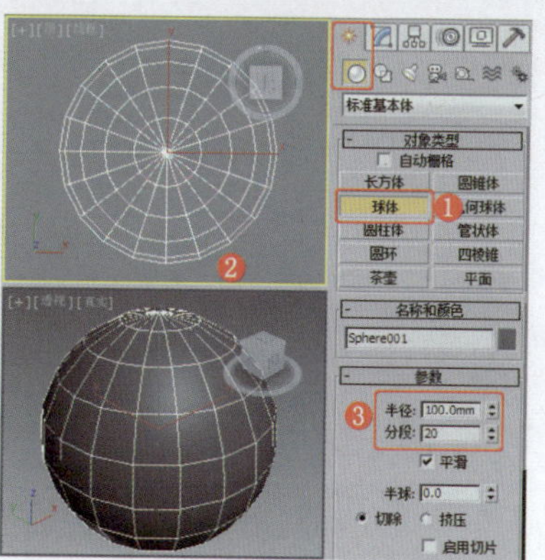
图8-125 创建球体

❷ 右击球体，在弹出的快捷菜单中选择"转换为"→"转换为可编辑多边形"命令，将选择集定义为"多边形"，删除顶部的多边形，效果如图8-126所示。

图8-126 删除多边形

❸ 将选择集定义为"边"，在场景中选择如图8-127所示的边。

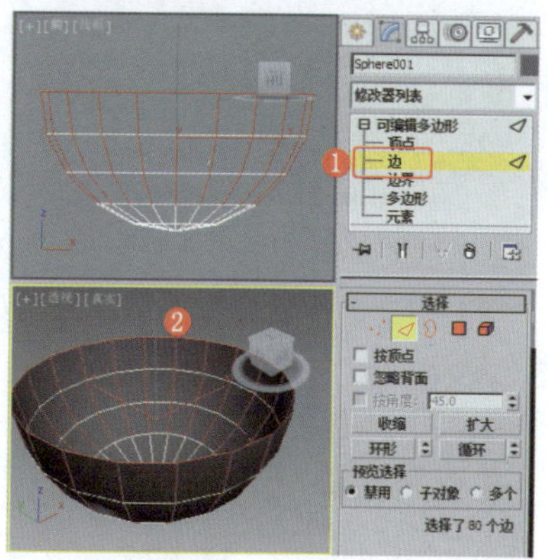
图8-127 选择边

❹ 设置边的"挤出"参数，效果如图8-128所示。

❺ 继续设置边的"切角"参数，效果如图8-129所示。

❻ 选择模型顶部的边，按住Shift键移动并复制边，效果如图8-130所示。

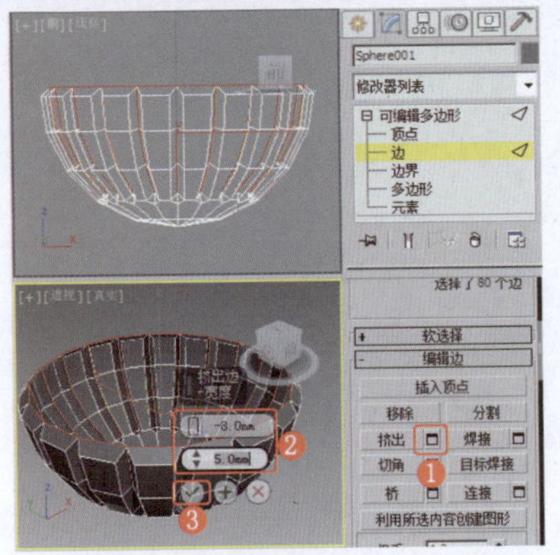
图8-128　设置边的"挤出"参数

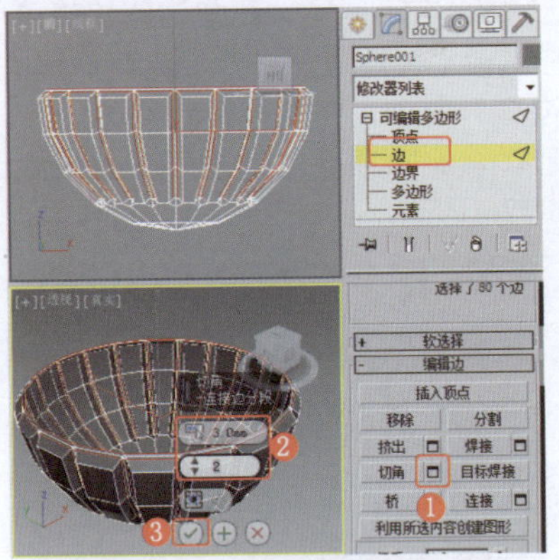
图8-129　设置边的"切角"参数

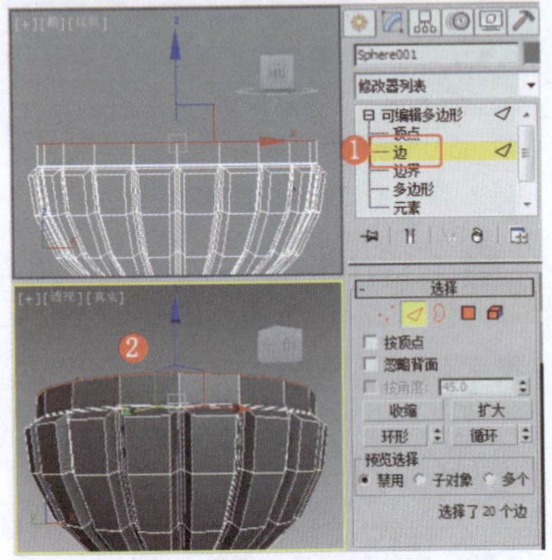
图8-130　移动并复制边

❼ 移动、缩放并复制边，效果如图8-131所示。

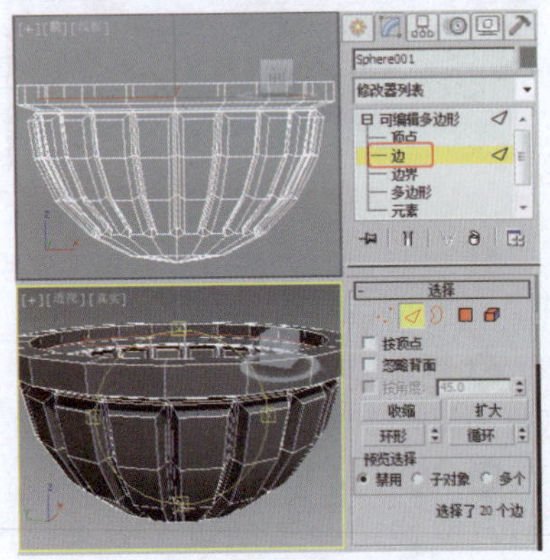
图8-131　移动、缩放并复制边

❽ 选择模型底部的多边形，设置其"挤出"参数，效果如图8-132所示。

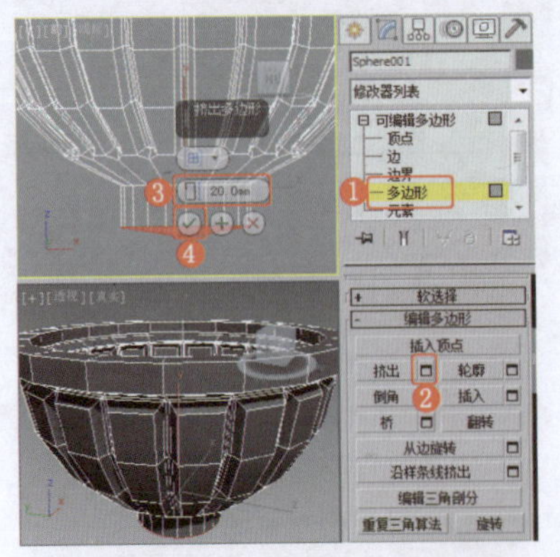
图8-132　设置多边形的"挤出"参数

❾ 使用复制模型顶部边的方法制作模型底部的支架，对其进行调整，效果如图8-133所示。

提　示

移动、缩放并复制模型的边后，如果对模型不满意，可以随时进行修改，如调整模型的顶点等。

❿ 在"细分曲面"卷展栏中勾选"使用NURMS细分"复选框，效果如图8-134所示。

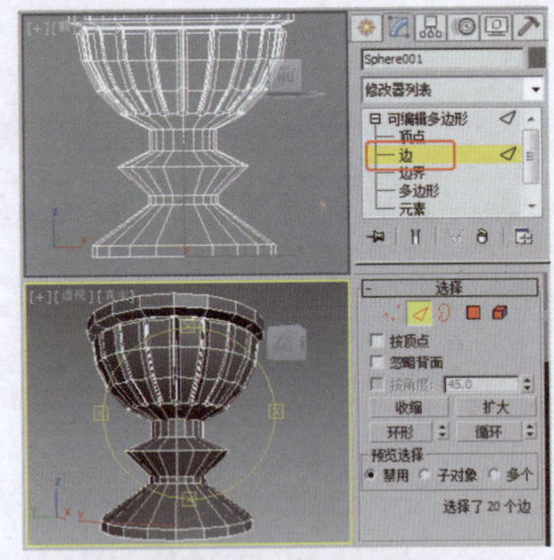
图8-133　制作底部的支架

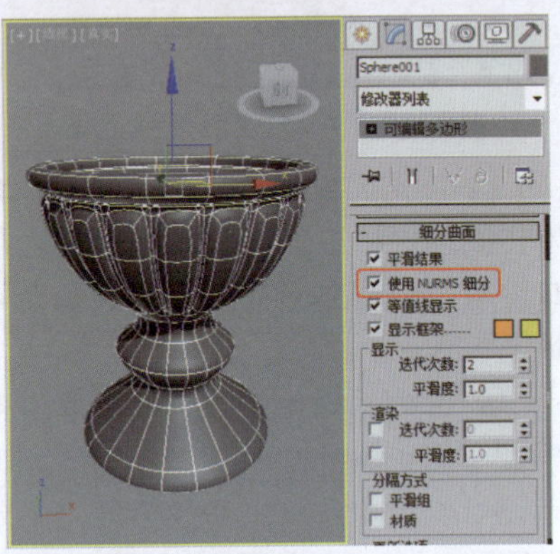
图8-134　设置模型的平滑效果

实例188　道路设施类——雪糕筒路锥

实例效果剖析

本例制作的是雪糕筒路锥，效果如图8-135所示。

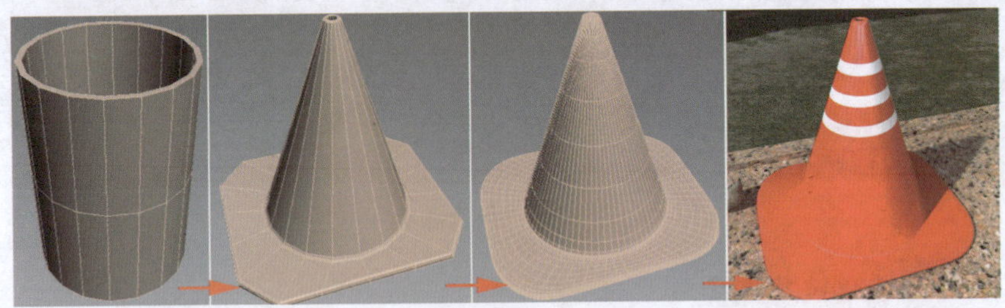
图8-135　效果展示

实例技术要点

本例主要用到的功能及技术要点如下。

- 施加"编辑多边形"修改器：用于调整模型的形状。
- 施加"网格平滑"修改器：用于设置模型的平滑效果。

场景文件路径	Scene\第8章\实例188 雪糕筒路锥.max		
贴图文件路径	Map\		
视频路径	视频\cha08\实例188 雪糕筒路锥.mp4		
难易程度	★★	学习时间	7分3秒

实例189 道路设施类——形象标志牌

实例效果剖析

形象标志牌是地理性道路装置，通常为地标性建筑或设施等的识别标志。本例制作的是广场设施的形象标志牌。

本例制作的形象标志牌，效果如图8-136所示。

图8-136 效果展示

实例技术要点

本例主要用到的功能及技术要点如下。

- 施加“挤出”修改器：用于制作标志牌的基本模型。

实例制作步骤

场景文件路径	Scene\第8章\实例189 形象标志牌.max		
贴图文件路径	Map\		
视频路径	视频\ cha08\实例189 形象标志牌.mp4		
难易程度	★★	学习时间	13分56秒

❶ 在“前”视图中创建矩形，设置合适的参数，效果如图8-137所示。

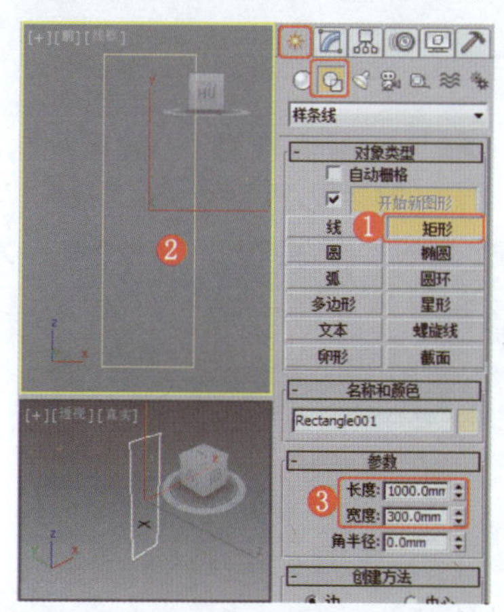
图8-137 创建矩形

❷ 为矩形施加“编辑样条线”修改器，将选择集定义为“顶点”，在场景中调整图形的形状，效果如图8-138所示。

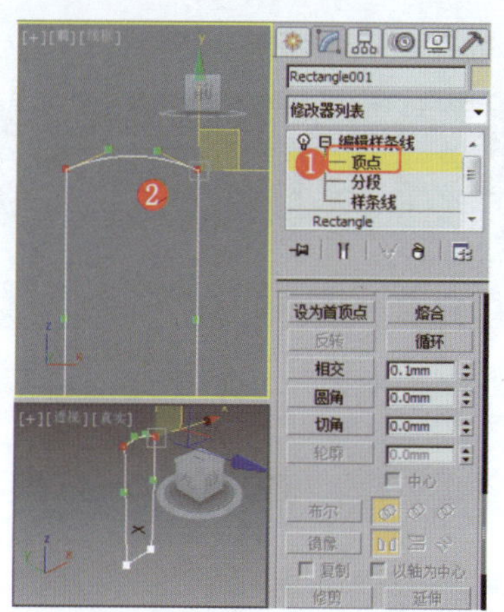
图8-138 调整图形的形状

❸ 为图形施加“挤出”修改器，设置合适的参数，效果如图8-139所示。

❹ 复制模型，调整其形状，效果如图8-140所示。

❺ 在场景中复制模型，效果如图8-141所示。

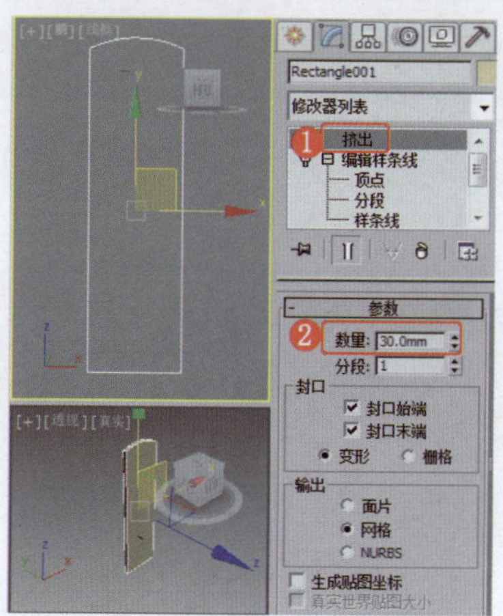
图8-139 施加“挤出”修改器

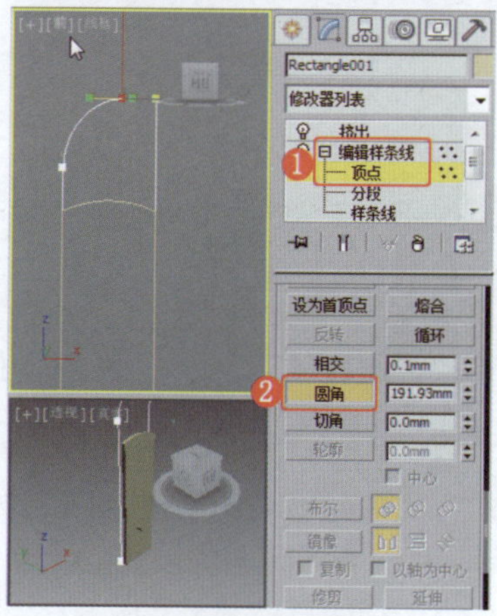
图8-140 复制并调整模型

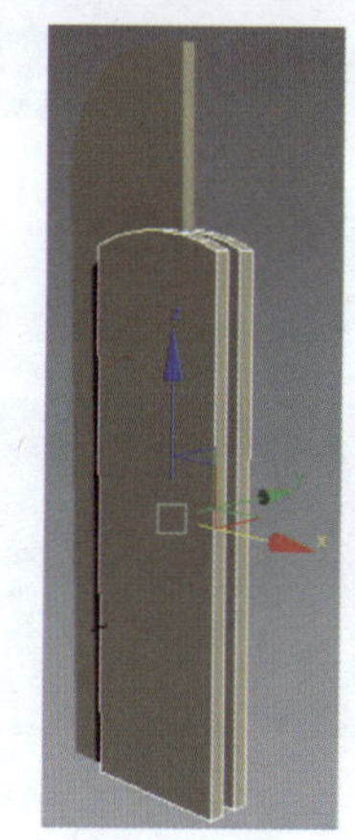
图8-141 复制模型

❻ 在场景中创建文本，设置合适的参数，效果如图8-142所示。

❼ 在场景中选择文本顶部的字母，为其施加“编辑样条线”修改器，将选择集定义为“样条线”，在场景中调整文本的形状，效果如图8-143所示。

❽ 使用“修剪”工具和“焊接”工具继续调整文本，效果如图8-144所示。

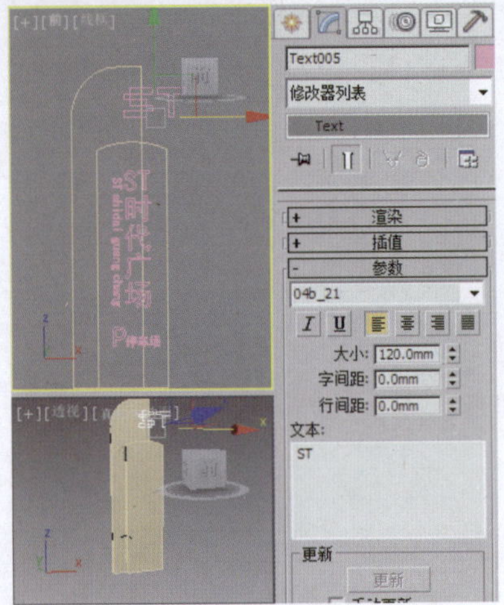

图8-142 创建文本

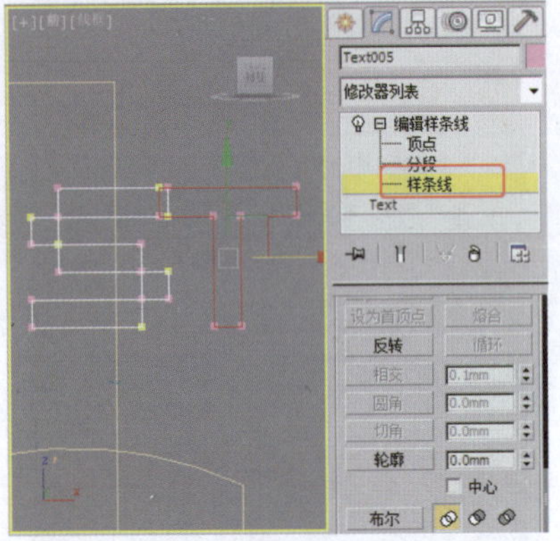

图8-143 调整文本

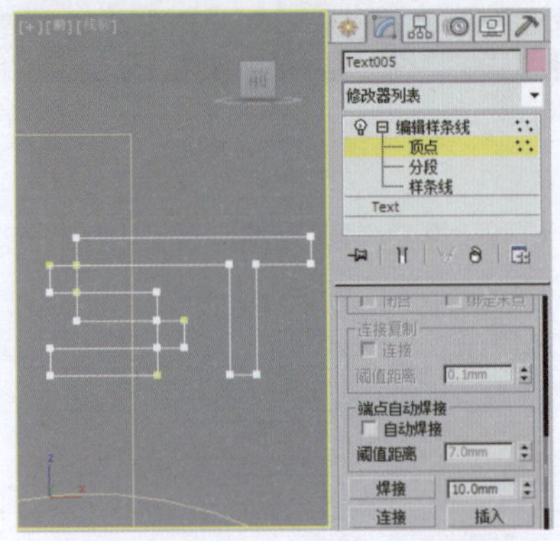

图8-144 调整文本

⑨ 为文本施加“挤出”修改器，设置合适的参数，效果如图8-145所示，形象标志牌制作完成。

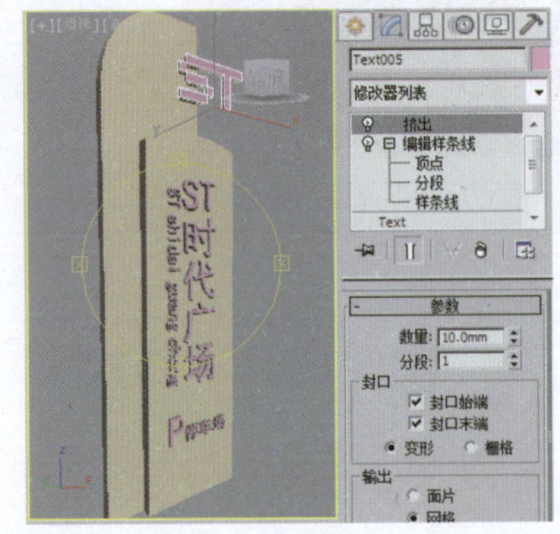

图8-145 完成制作

实例190 道路设施类——路障石柱

实例效果剖析

本例制作的是公园中常见的路障石柱，效果如图8-146所示。

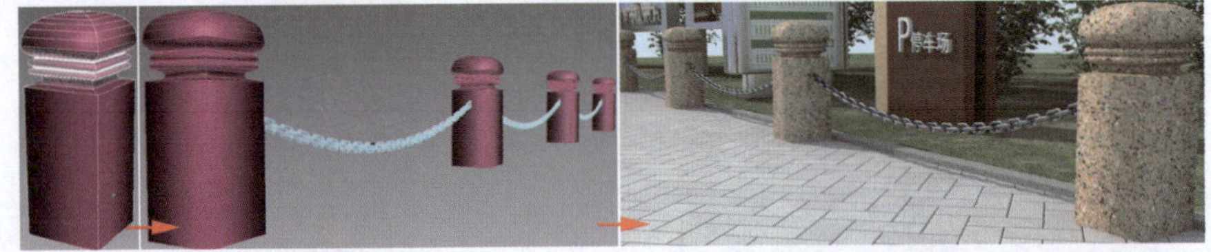

图8-146 效果展示

实例技术要点

本例主要用到的功能及技术要点如下。

- 施加“车削”修改器：用于车削出路障石柱的形状。
- 施加“FFD”修改器：用于调整铁链的变形效果。

场景文件路径	Scene\第8章\实例190 路障石柱.max		
贴图文件路径	Map\		
视频路径	视频\ cha08\实例190 路障石柱.mp4		
难易程度	★★	学习时间	15分59秒

实例191 道路设施类——路标

实例效果剖析

本例制作的是公园中常见的木质路标，效果如图8-147所示。

图8-147 效果展示

实例技术要点

本例主要用到的功能及技术要点如下。

- 施加“噪波”修改器：用于调整模型的不规则效果。
- 施加“挤出”修改器：用于制作路标的基本模型。

实例制作步骤

场景文件路径	Scene\第8章\实例191 路标.max	
贴图文件路径	Map\	
视频路径	视频\ cha08\实例191 路标.mp4	
难易程度	★★	学习时间
		14分56秒

❶ 在“顶”视图中创建圆柱体，设置合适的参数，效果如图8-148所示。

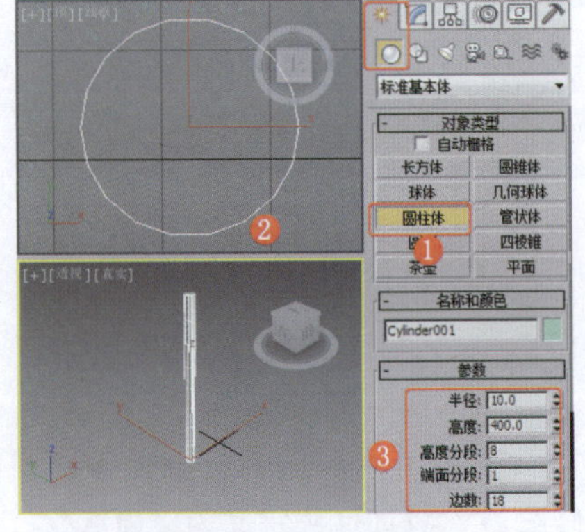

图8-148 创建圆柱体

❷ 在场景中复制并调整圆柱体，

效果如图8-149所示。

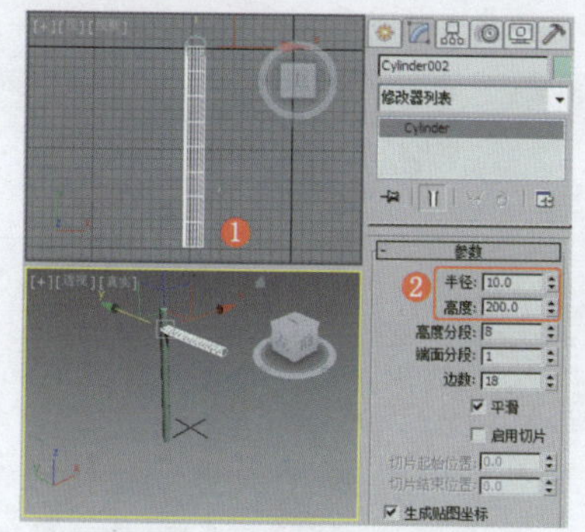
图8-149　复制并调整圆柱体

❸ 为模型施加“噪波”修改器，设置合适的参数，效果如图8-150所示。

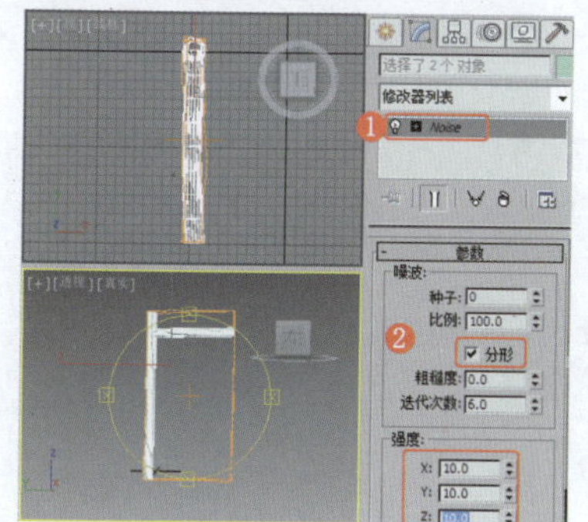
图8-150　施加“噪波”修改器

❹ 在“左”视图中创建圆角矩形，设置合适的参数，效果如图8-151所示。

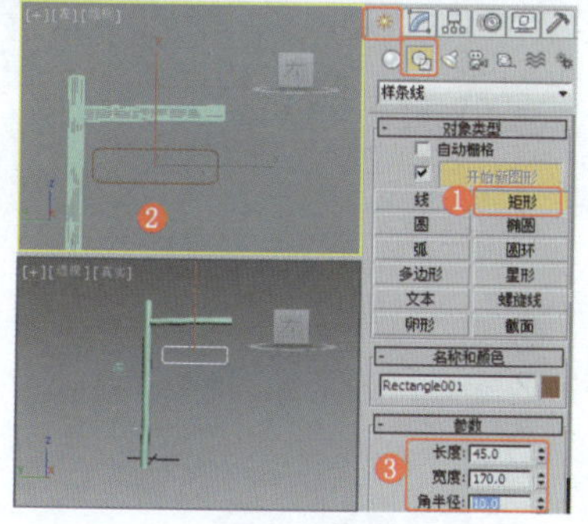
图8-151　创建圆角矩形

❺ 为图形施加“挤出”修改器，设置合适的参数，效果如图8-152所示。

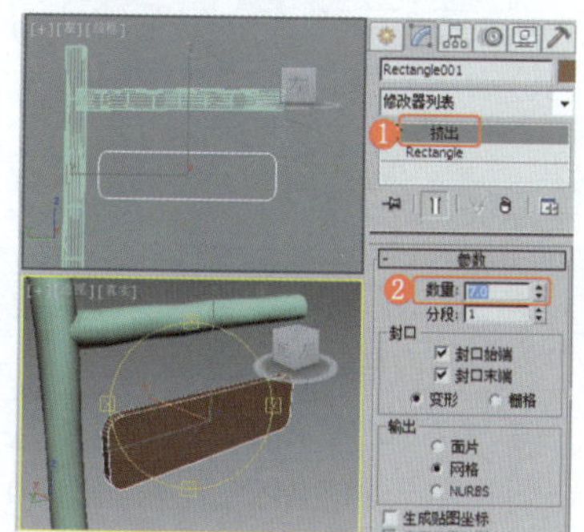
图8-152　施加“挤出”修改器

❻ 在场景中创建可渲染的圆，设置合适的参数，效果如图8-153所示。

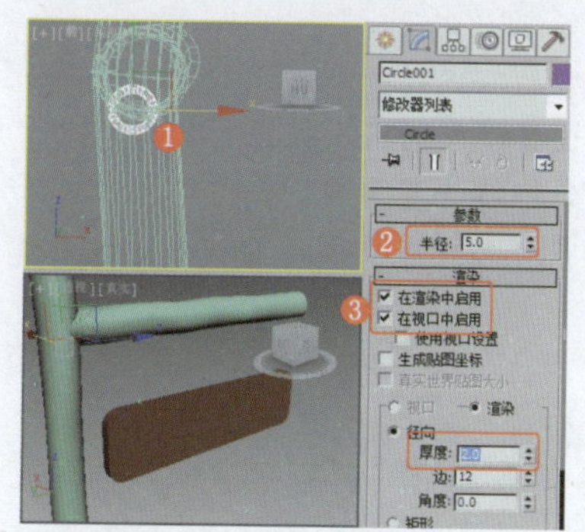
图8-153　创建可渲染的圆

❼ 路标模型制作完成，效果如图8-154所示。

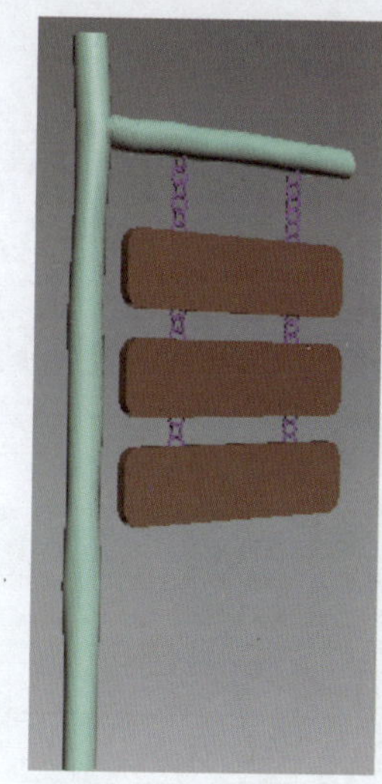
图8-154　完成的路标效果

实例192　道路设施类——警告牌

实例效果剖析

本例制作的是禁止停车的警告牌，效果如图8-155所示。

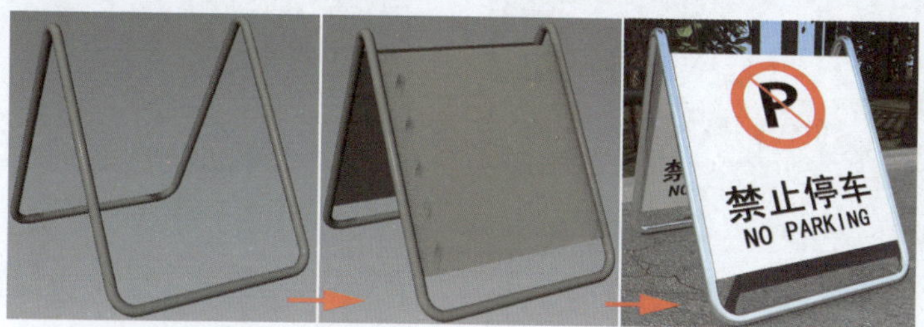

图8-155　效果展示

实例技术要点

本例主要用到的功能及技术要点如下。

- 施加“编辑样条线”修改器：用于调整图形的形状。

场景文件路径	Scene\第8章\实例192 警告牌.max		
贴图文件路径	Map\		
视频路径	视频\ cha08\实例192 警告牌.mp4		
难易程度	★	学习时间	8分13秒

实例193　道路设施类——广告牌

实例效果剖析

本例制作的是景区的广告牌，效果如图8-156所示。

图8-156　效果展示

实例技术要点

本例主要用到的功能及技术要点如下。

- 施加“倒角”修改器：用于调整模型的不规则效果。
- 施加“编辑多边形”修改器：用于设置模型的挤出效果。
- 施加“挤出”修改器：用于制作广告牌的细部结构。
- 施加“编辑样条线”修改器：用于调整图形的形状。

实例制作步骤

场景文件路径	Scene\第8章\实例193 广告牌.max		
贴图文件路径	Map\		
视频路径	视频\ cha08\实例193 广告牌.mp4		
难易程度	★★★	学习时间	13分50秒

❶ 在“前”视图中创建弧，设置合适的参数，效果如图8-157所示。

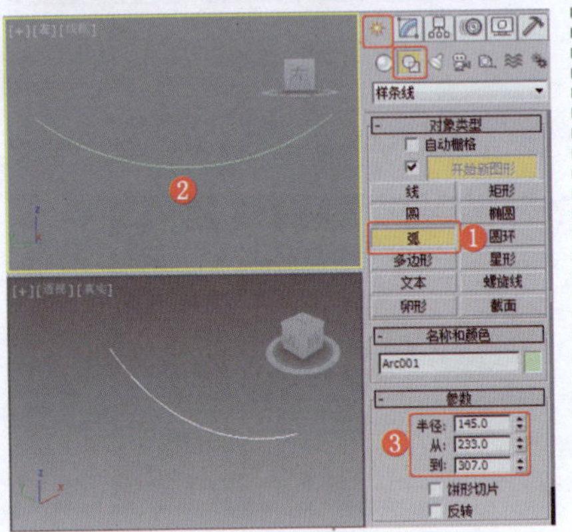

图8-157 创建弧

❷ 为弧施加“编辑样条线”修改器，将选择集定义为“样条线”，在场景中设置合适的“轮廓”参数，效果如图8-158所示。

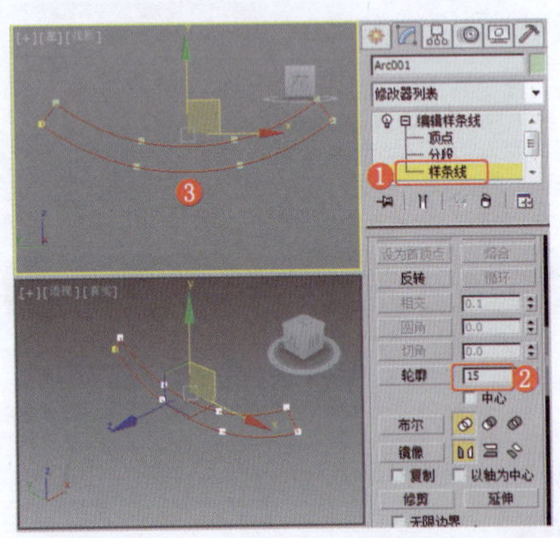

图8-158 设置弧的“轮廓”参数

❸ 将选择集定义为“顶点”，在场景中调整图形的形状，效果如图8-159所示。

❹ 为图形施加“倒角”修改器，设置合适的参数，效果如图8-160所示。

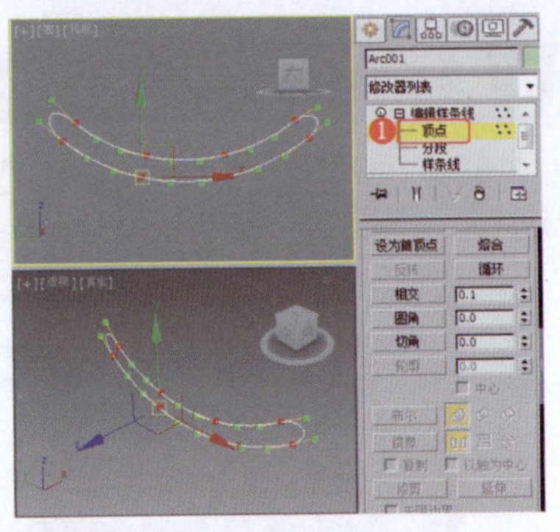

图8-159 调整图形的形状

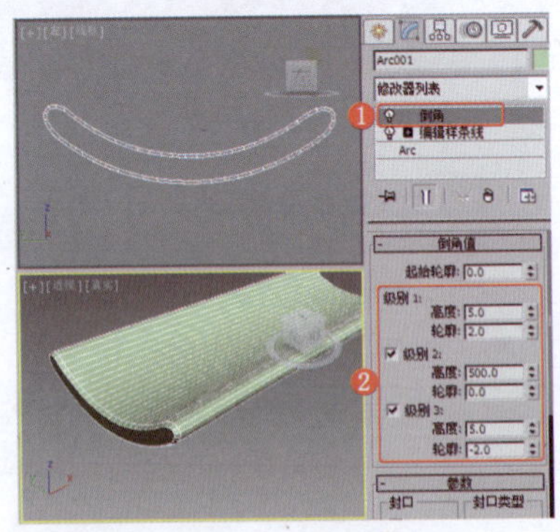

图8-160 施加“倒角”修改器

❺ 在“顶”视图中创建长方体，设置合适的参数，效果如图8-161所示。

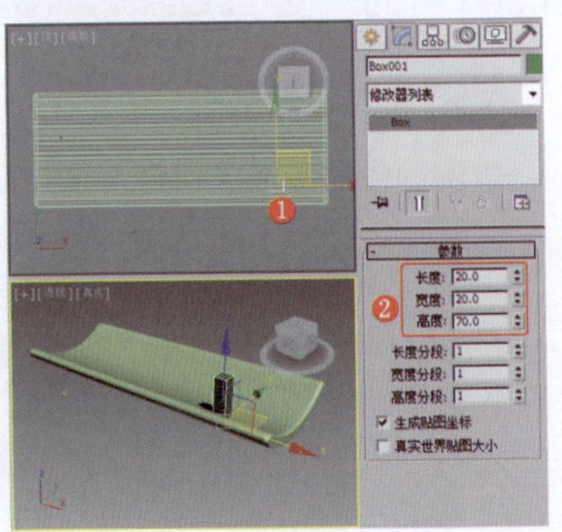

图8-161 创建长方体

❻ 在“左”视图中创建可渲染的线，效果如图8-162所示。

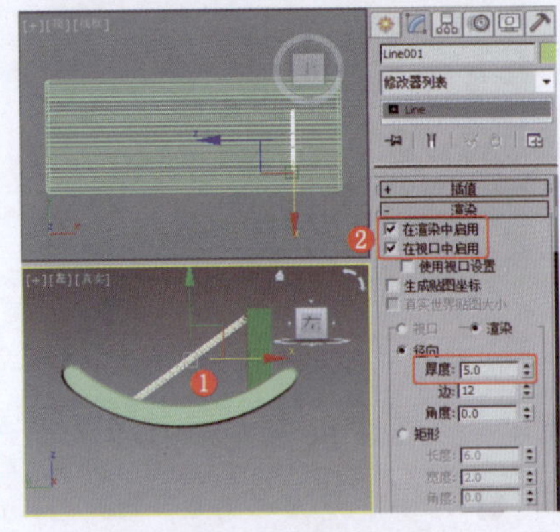

图8-162 创建可渲染的线

❼ 在场景中对模型进行复制，效果如图8-163所示。

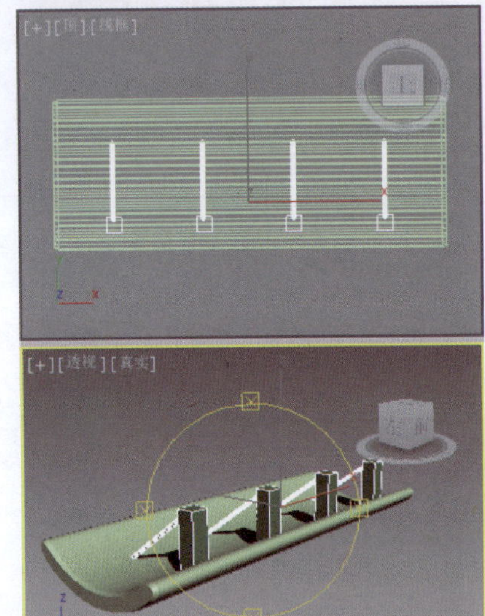

图8-163 复制模型

❽ 在“左”视图中创建弧，设置合适的参数，效果如图8-164所示。

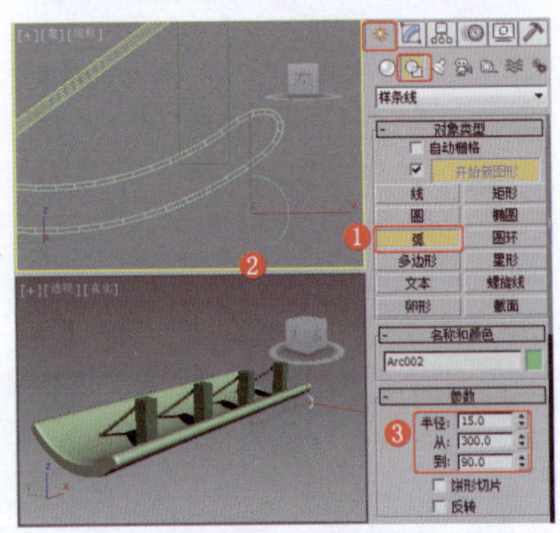

图8-164 创建弧

❾ 为弧施加“编辑样条线”修改器，调整图形的形状，效果如图8-165所示。

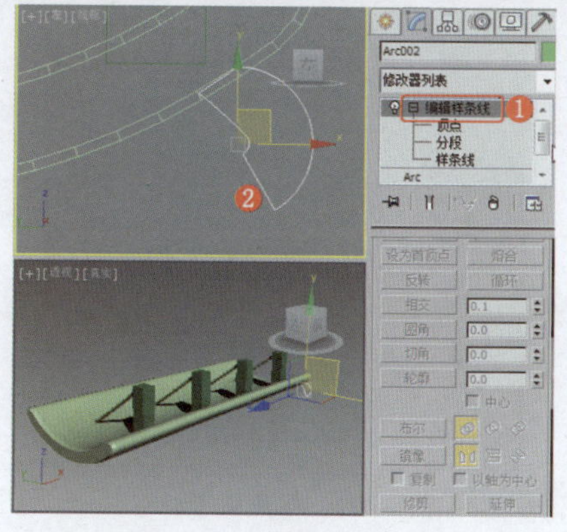
图8-165 调整图形的形状

⑩ 为图形施加“挤出”修改器，设置合适的参数，效果如图8-166所示。

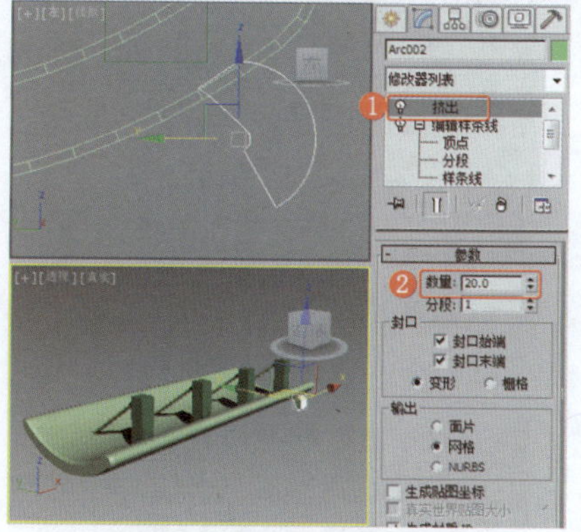
图8-166 施加“挤出”修改器

⑪ 为模型施加“编辑多边形”修改器，将选择集定义为“多边形”，在场景中选择作为灯口的多边形，设置其“插入”参数，效果如图8-167所示。

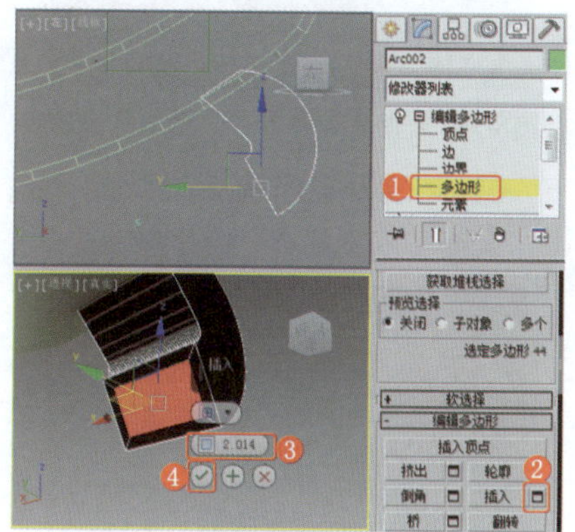
图8-167 设置多边形的“插入”参数

⑫ 设置多边形的“挤出”参数，效果如图8-168所示。

⑬ 设置模型的ID为1，效果如图8-169所示。

⑭ 按Ctrl+I组合键反选多边形，设置模型的ID为2，效果如图8-170所示。

⑮ 在场景中复制模型，效果如图8-171所示。

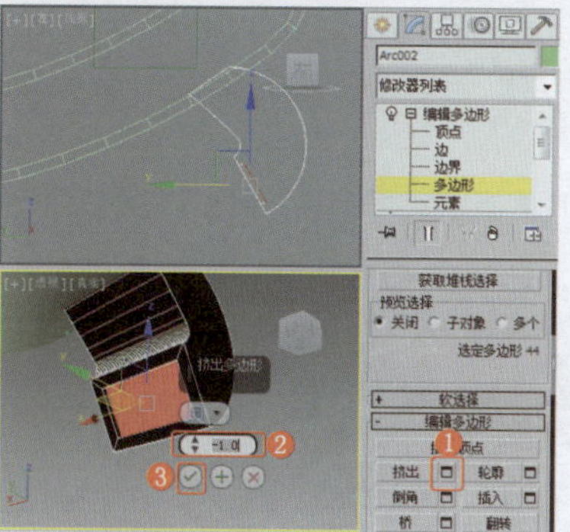
图8-168 设置“挤出”参数

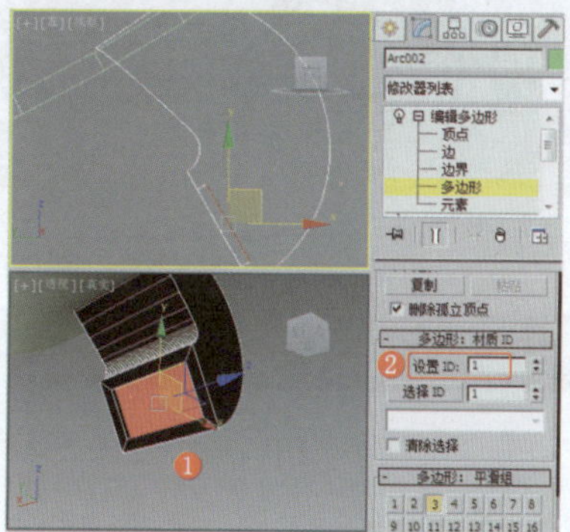
图8-169 设置ID为1

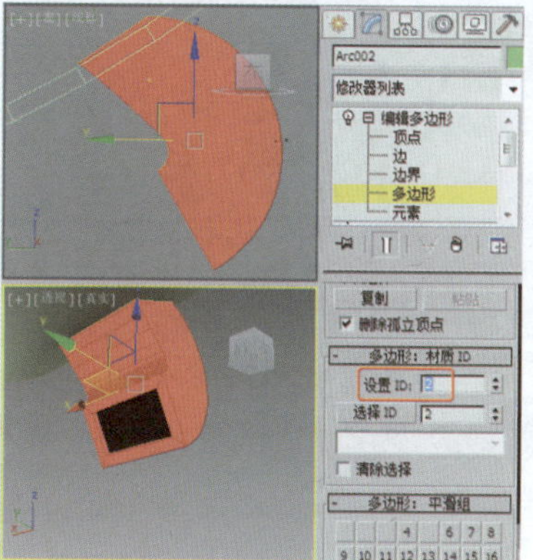
图8-170 设置ID为2

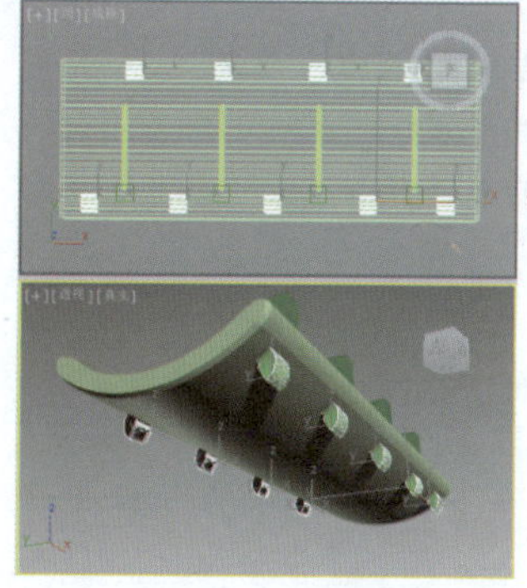
图8-171 复制模型

⑯ 在“顶”视图中创建圆角矩形，设置合适的参数，效果如图8-172所示。

⑰ 为圆角矩形施加“挤出”修改器，设置合适的参数，效果如图8-173所示。

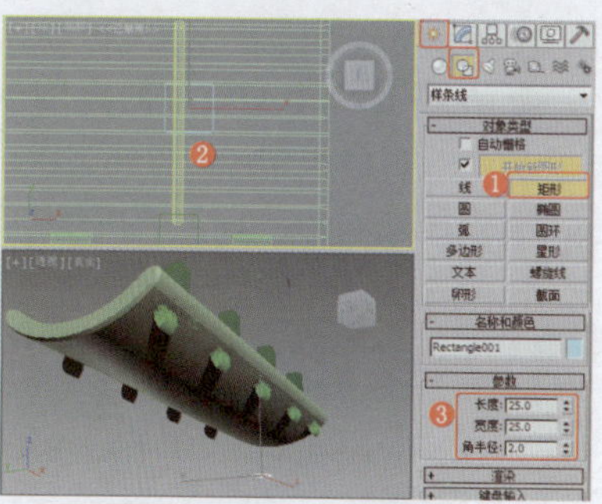
图8-172 创建圆角矩形

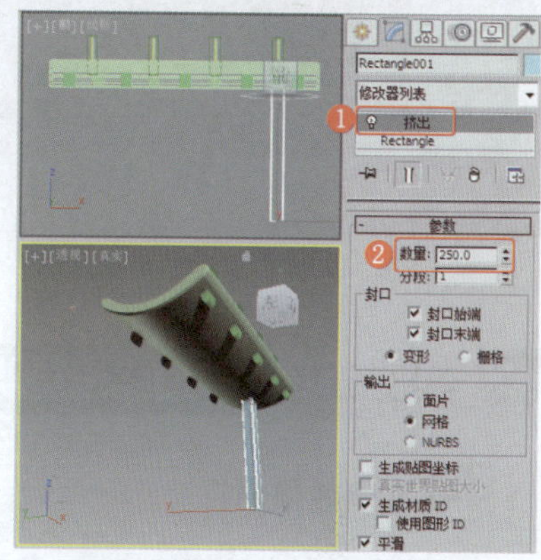
图8-173 施加“挤出”修改器

⑱ 复制模型，在“前”视图中创建矩形，设置合适的参数，效果如图8-174所示。

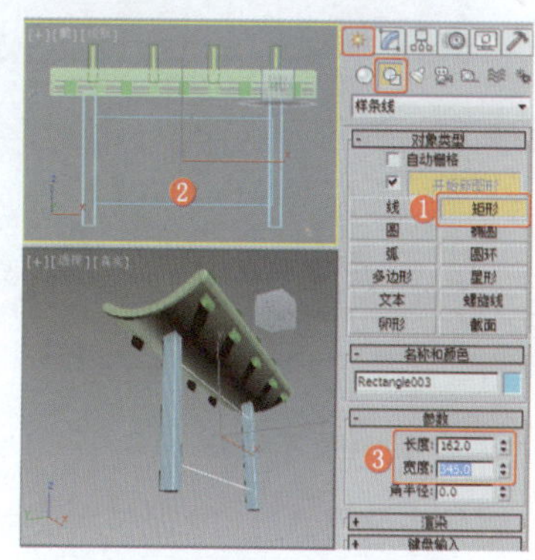
图8-174 复制模型并创建矩形

⑲ 为矩形施加“编辑样条线”修改器，将选择集定义为“样条线”，设置合适的“轮廓”参数，效果如图8-175所示。

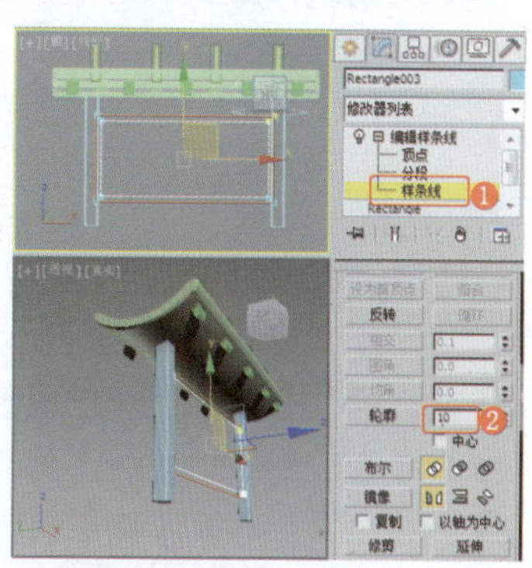
图8-175 设置“轮廓”参数

⑳ 为图形施加“挤出”修改器，设置合适的参数，效果如图8-176所示。

㉑ 在场景中支架模型的内侧创建长方体，设置合适的参数，效果如图8-177所示，组合模型，广告牌制作完成。

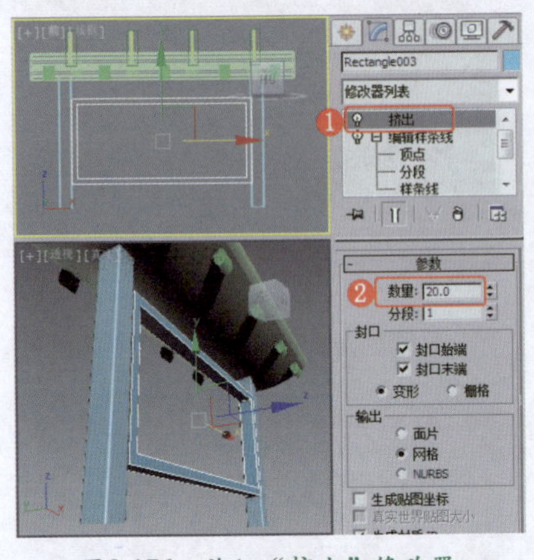
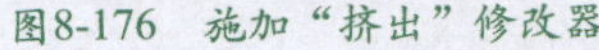

图8-176　施加“挤出”修改器

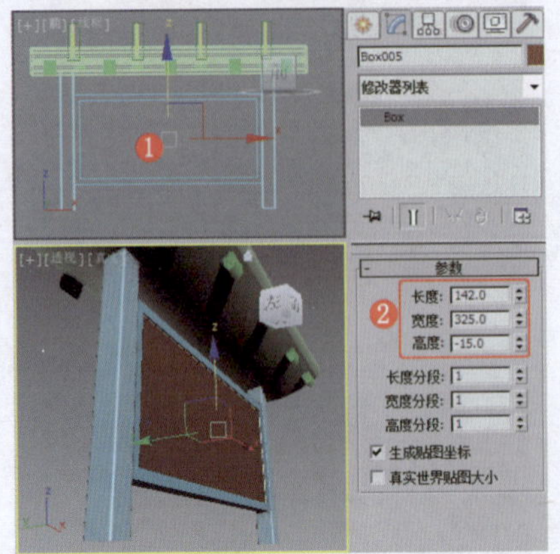

图8-177　创建长方体

实例194　道路设施类——站牌

实例效果剖析

本例制作的是公交车的站牌，效果如图8-178所示。

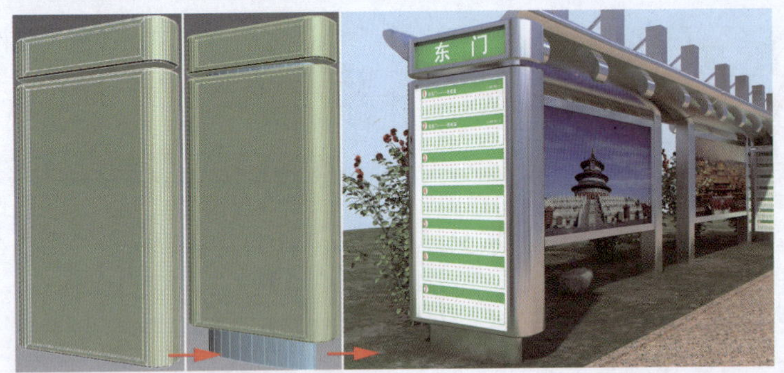

图8-178　效果展示

实例技术要点

本例主要用到的功能及技术要点如下。

- 施加“编辑多边形”修改器：用于调整站牌的凹凸效果。
- 施加“挤出”修改器：用于设置支架的厚度。
- 施加“倒角”修改器：用于制作站牌的基本模型。

实例制作步骤

场景文件路径	Scene\第8章\实例194 站牌.max		
贴图文件路径	Map\		
视频路径	视频\ cha08\实例194 站牌.mp4		
难易程度	★★	学习时间	6分38秒

❶ 在“顶”视图中创建圆角矩形，设置合适的参数，效果如图8-179所示。

❷ 为圆角矩形施加“倒角”修改器，设置合适的参数，效果如图8-180所示。

❸ 为模型施加“编辑多边形”修改器，将选择集定义为“多边形”，设置多边形的“插入”参数，效果如图8-181所示。

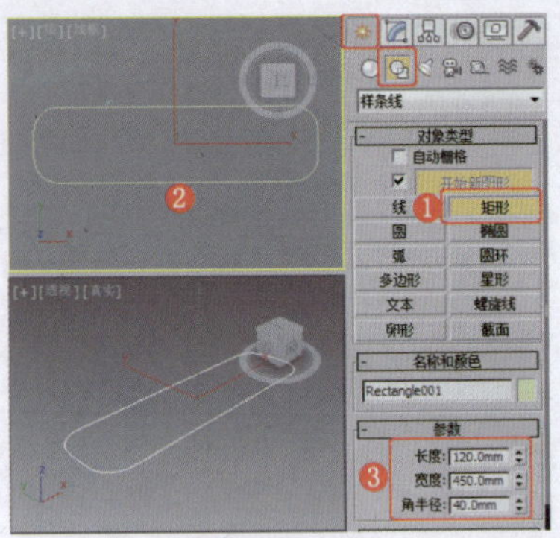

图8-179　创建圆角矩形

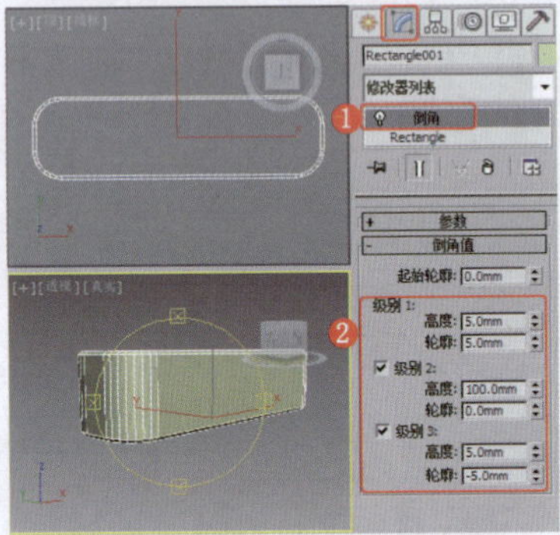

图8-180　施加“倒角”修改器

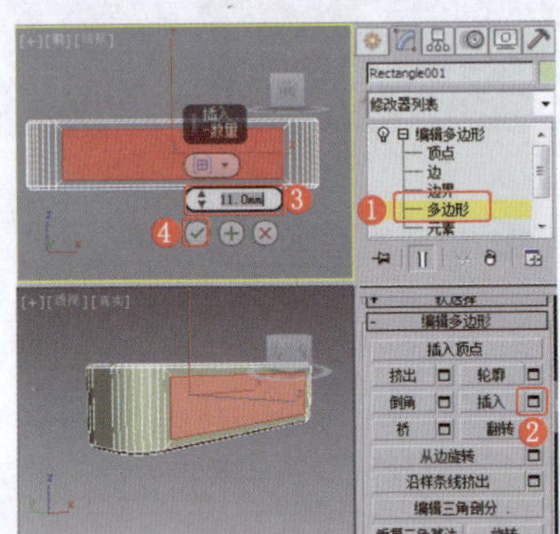

图8-181　设置多边形的“插入”参数

❹ 继续设置当前多边形的“挤出”参数，效果如图8-182所示。

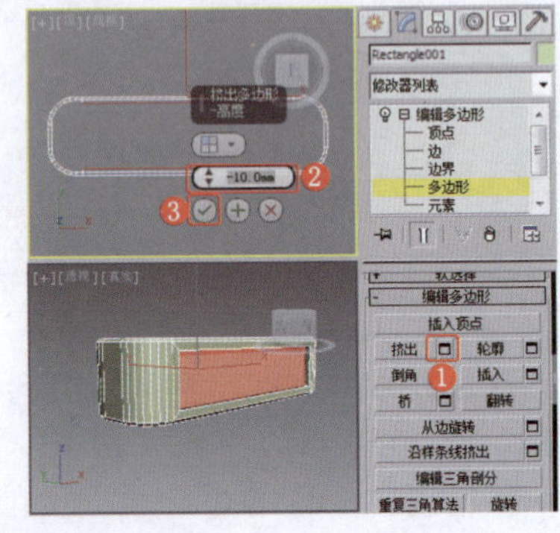

图8-182　设置多边形的“挤出”参数

❺ 复制模型，并通过调整顶点调整模型的形状，效果如图8-183所示。

❻ 在“顶”视图中创建椭圆，设置合适的参数，效果如图8-184所示。

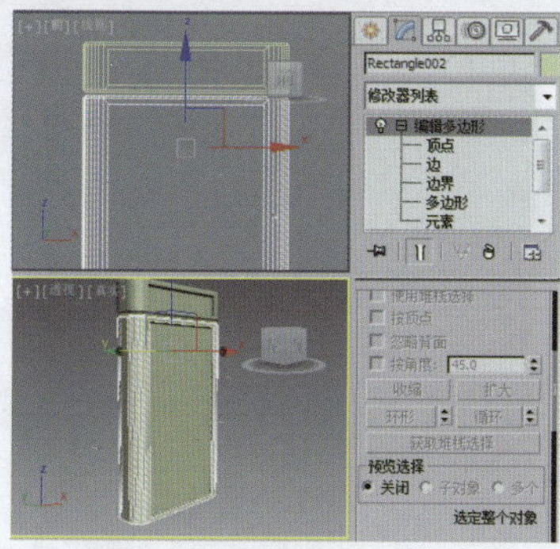
图8-183 调整模型的形状

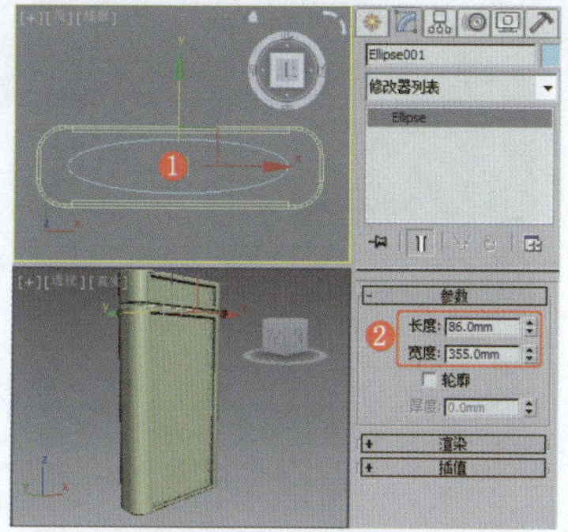
图8-184 创建椭圆

❼ 为椭圆施加“挤出”修改器，设置合适的参数，效果如图8-185所示。

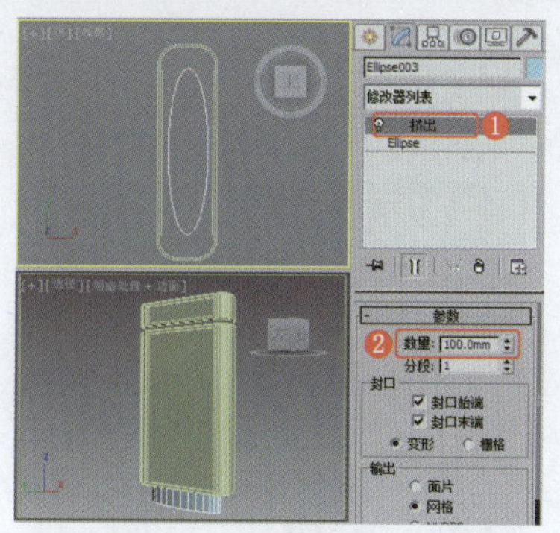
图8-185 施加“挤出”修改器

❽ 复制椭圆模型，效果如图8-186所示，站牌制作完成。

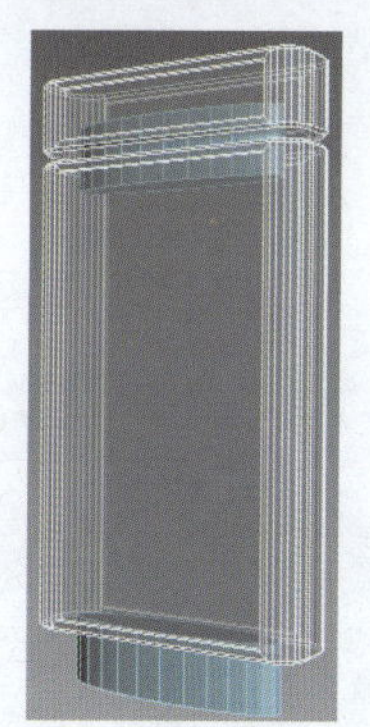
图8-186 完成的站牌效果

实例195 道路设施类——红绿灯

实例效果剖析

本例制作的是路口的红绿灯，效果如图8-187所示。

图8-187 效果展示

实例技术要点

本例主要用到的功能及技术要点如下。

- 施加“编辑多边形”修改器：用于调整模型的形状。

场景文件路径	Scene\第8章\实例195 红绿灯.max		
贴图文件路径	Map\		
视频路径	视频\ cha08\实例195 红绿灯.mp4		
难易程度	★★	学习时间	34分1秒

实例196 道路设施类——交通护栏

实例效果剖析

本例制作的是道路上的交通护栏，效果如图8-188所示。

图8-188 效果展示

实例技术要点

本例主要用到的功能及技术要点如下。

- 施加“编辑多边形”修改器：用于调整模型的形状。
- 施加“挤出”修改器：用于制作护栏的基本模型。

实例制作步骤

场景文件路径	Scene\第8章\实例196交通护栏.max	
贴图文件路径	Map\	
视频路径	视频\ cha08\实例196交通护栏.mp4	
难易程度	★★	学习时间
		12分18秒

❶ 在“顶”视图中创建长方体，设置合适的参数，效果如图8-189所示。

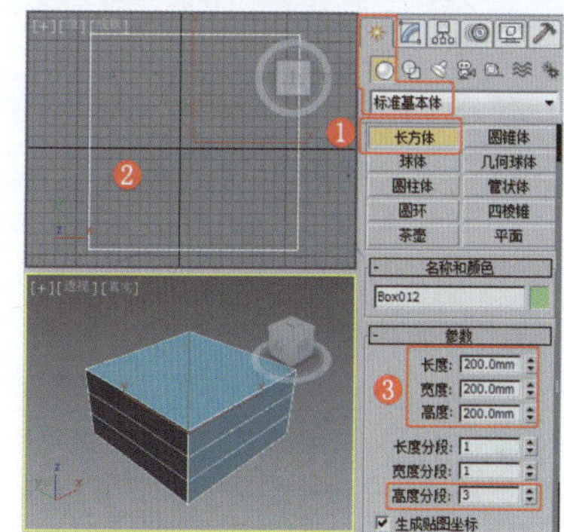
图8-189 创建长方体

❷ 为长方体施加“编辑多边形”修改器，将选择集定义为“顶点”，在场景中缩放顶点，效果如图8-190所示。

❸ 将选择集定义为“边”，在场景中选择边，设置边的切角效果，效果如图8-191所示。

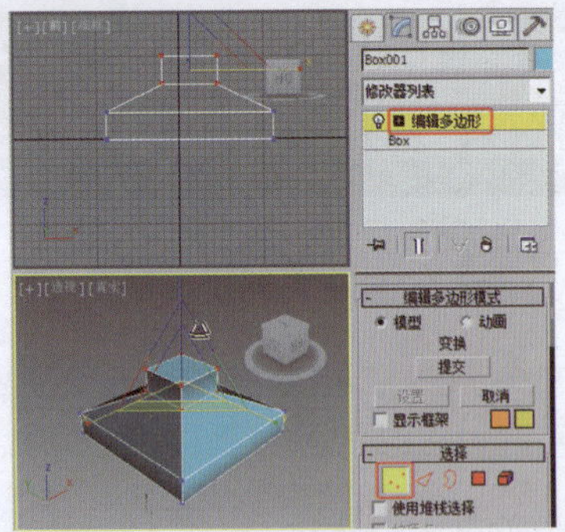
图8-190 调整顶点

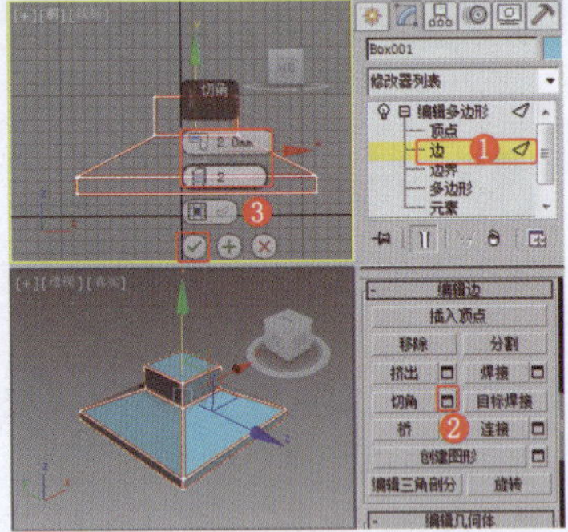
图8-191 设置边的“切角”参数

❹ 在“顶”视图中创建切角长方体，设置合适的参数，效果如图8-192所示。

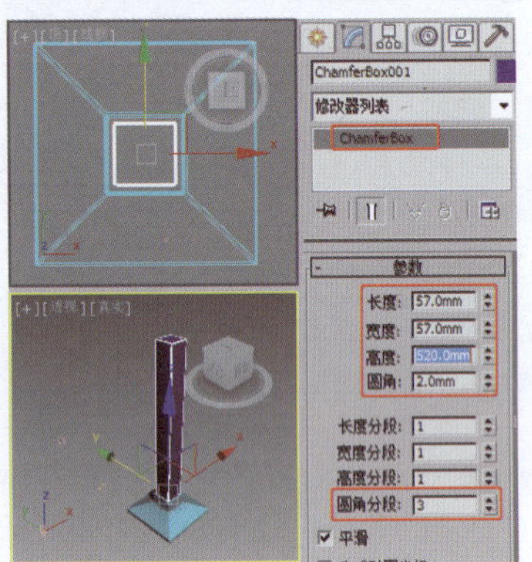
图8-192 创建切角长方体

❺ 为切角长方体施加“编辑多边形”修改器，将选择集定义为“多边形”，设置多边形的“挤出”参数，效果如图8-193所示。

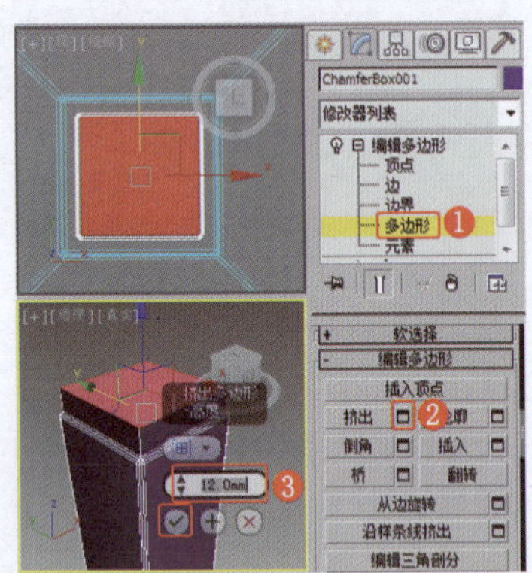
图8-193 设置多边形的“挤出”参数

❻ 继续设置模型的多段挤出效果，将选择集定义为“顶点”，在场景中调整顶点，效果如图8-194所示。

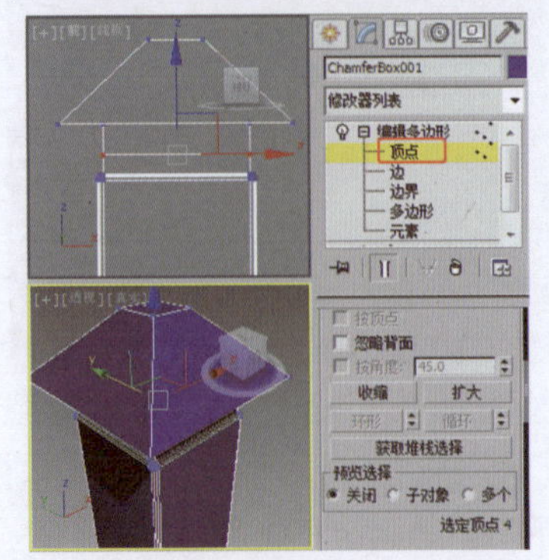
图8-194 调整顶点

❼ 设置多边形的“倒角”参数，效果如图8-195所示。

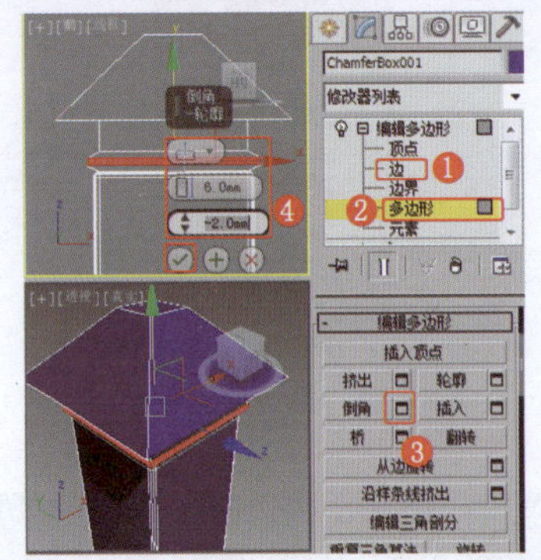
图8-195 设置多边形的“倒角”参数

❽ 将选择集定义为“边”，设置边的“切角”参数，效果如图8-196所示。

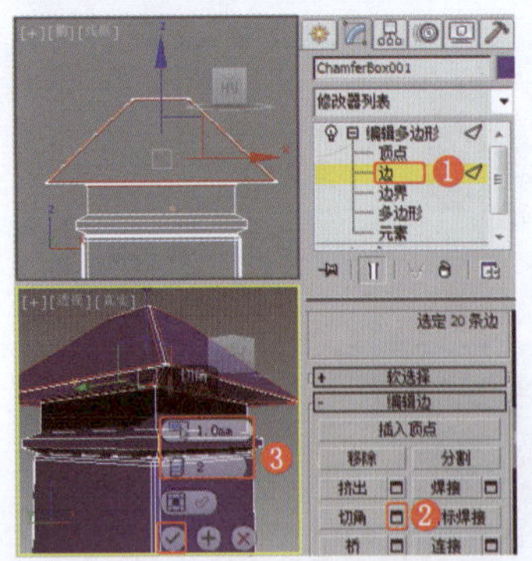
图8-196 设置边的“切角”参数

❾ 在“前”视图中创建圆角矩形，设置合适的参数，效果如图8-197所示。

❿ 为圆角矩形施加“挤出”修改器，设置合适的参数，效果如图8-198所示。

⓫ 继续在“顶”视图中创建圆角矩形，设置合适的参数，效果如图8-199所示。

⓬ 为圆角矩形施加“挤出”修改器，效果如图8-200所示。

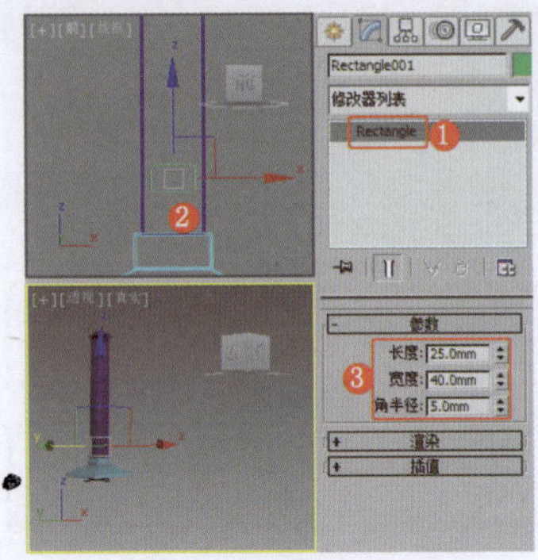
图8-197 创建圆角矩形

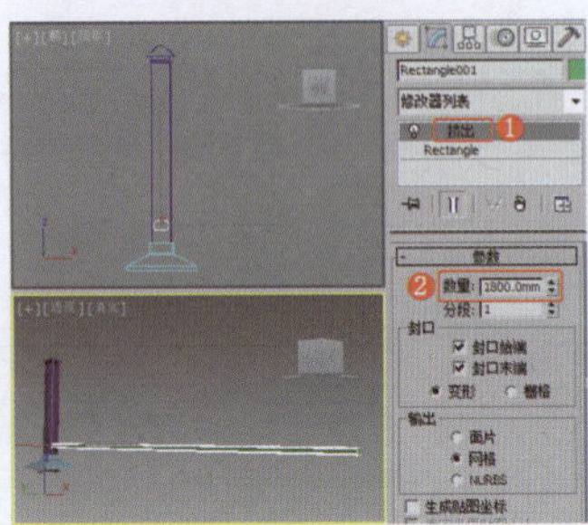
图8-198 施加“挤出”修改器

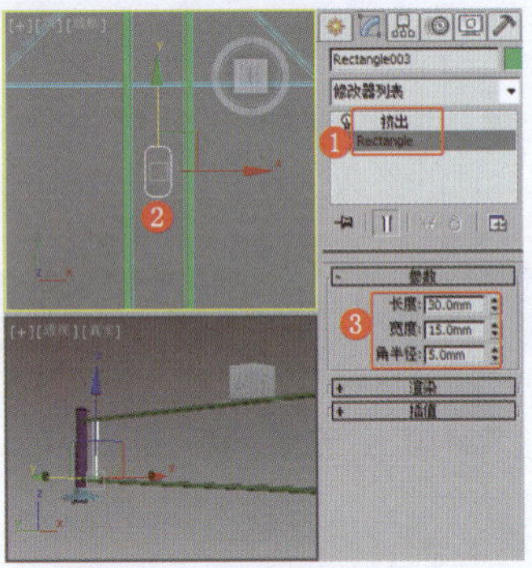
图8-199 创建圆角矩形

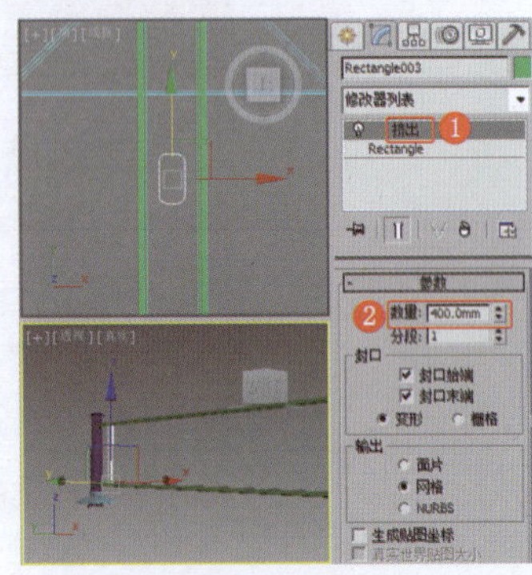
图8-200 施加“挤出”修改器

⓭ 对模型进行复制，效果如图8-201所示，交通护栏制作完成。

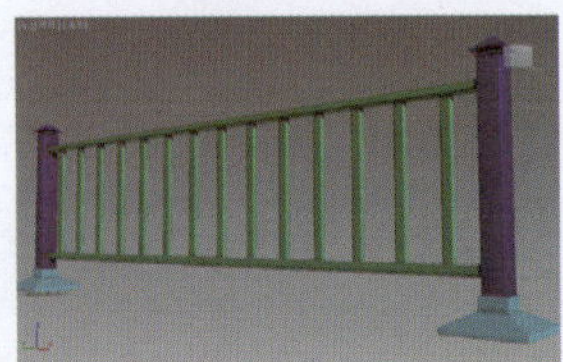
图8-201 完成的交通护栏效果

第9章 门窗、五金构件及其他

本章介绍门窗、五金构件及其他构件的制作。

实例197 门类——欧式双开拱门

实例效果剖析

本例制作的是一种欧式双开拱门，效果如图9-1所示。

图9-1 效果展示

实例技术要点

本例主要用到的功能及技术要点如下。

- 施加“扫描”修改器：用于制作门框的基本模型。
- 施加“编辑多边形”修改器：用于调整门框模型的横框，并制作门框的纹路。
- 施加“晶格”修改器：用于制作玻璃隔断效果。

实例制作步骤

场景文件路径	Scene\第9章\实例197 欧式双开拱门.max		
贴图文件路径	Map\		
视频路径	视频\ Cha09\实例197 欧式双开拱门.mp4		
难易程度	★★★	学习时间	29分14秒

❶ 在“前”视图中创建矩形，设置合适的参数，效果如图9-2所示。

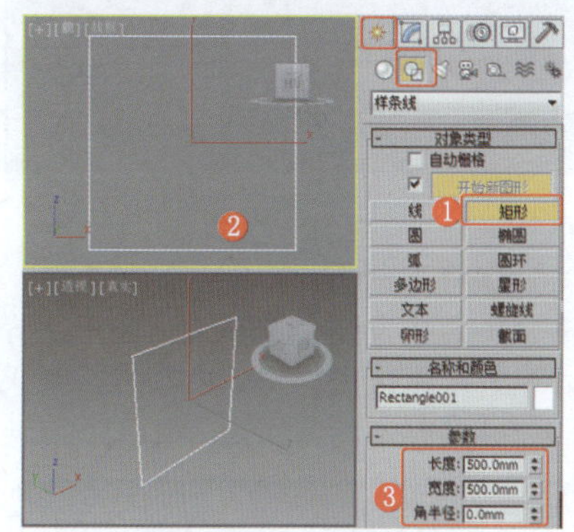

图9-2 创建矩形

❷ 通过捕捉矩形顶部的顶点创建弧，效果如图9-3所示。

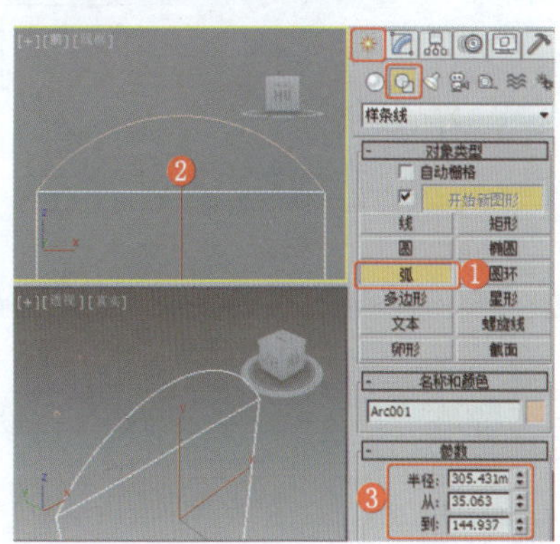

图9-3 创建弧

❸ 在场景中为矩形施加“编辑样条线”修改器，将选择集定义为“分段”，删除顶部的分段，效果如图9-4所示。

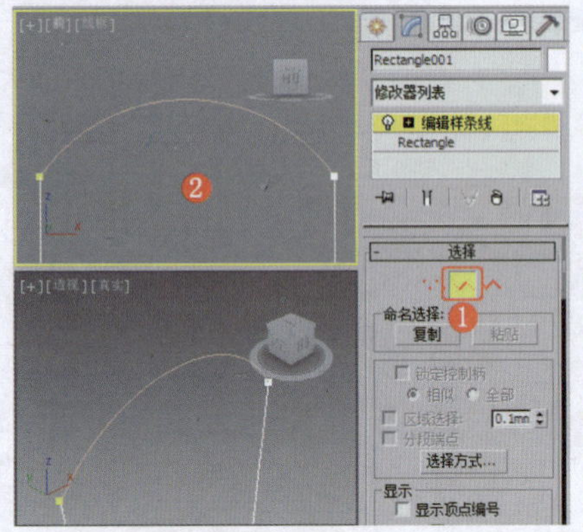

图9-4　删除分段

❹ 关闭选择集，使用“附加”工具附加弧，效果如图9-5所示。

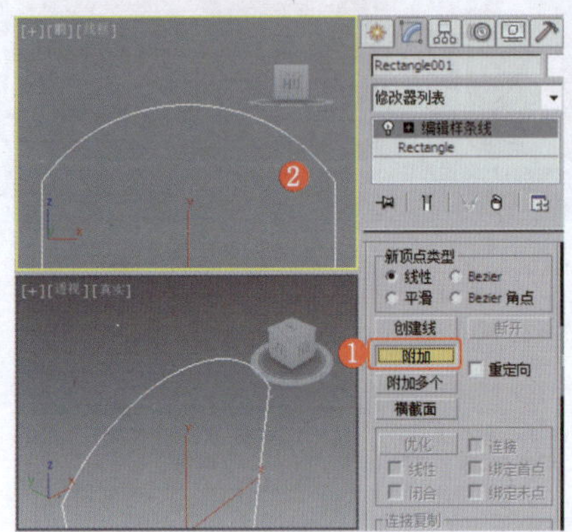

图9-5　附加图形

❺ 将选择集定义为“顶点”，按Ctrl+A组合键全选顶点，使用“焊接”工具焊接弧与矩形的顶点，效果如图9-6所示，将其作为门框图形。

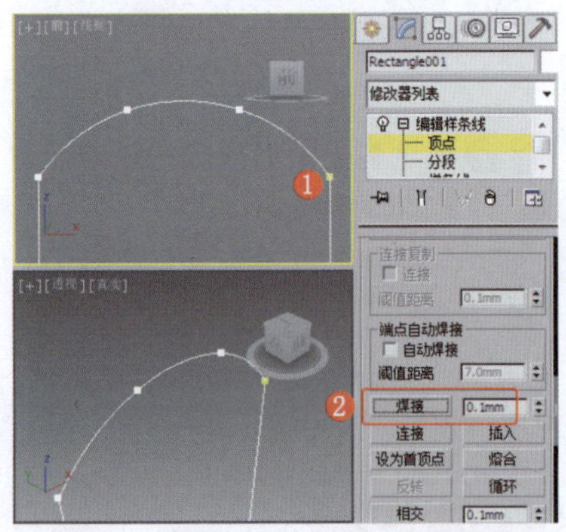

图9-6　焊接顶点

❻ 在“顶”视图中创建矩形，设置合适的参数，将其作为扫描截面，效果如图9-7所示。

❼ 为矩形截面施加“编辑样条线”修改器，将选择集定义为“分段”，选择分段并设置“拆分”为5，拆分矩形截面，效果如图9-8所示。

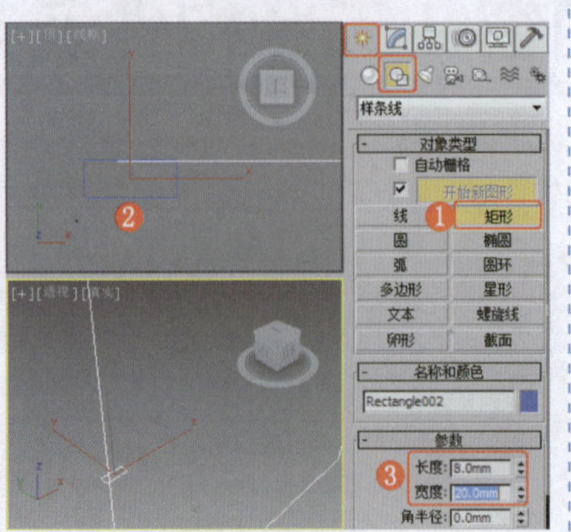

图9-7　创建矩形

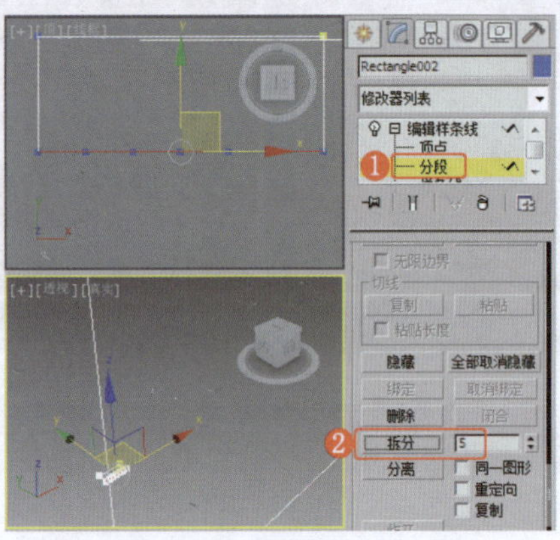

图9-8　设置“拆分”参数

❽ 将选择集定义为“顶点”，在场景中调整图形的形状，效果如图9-9所示。

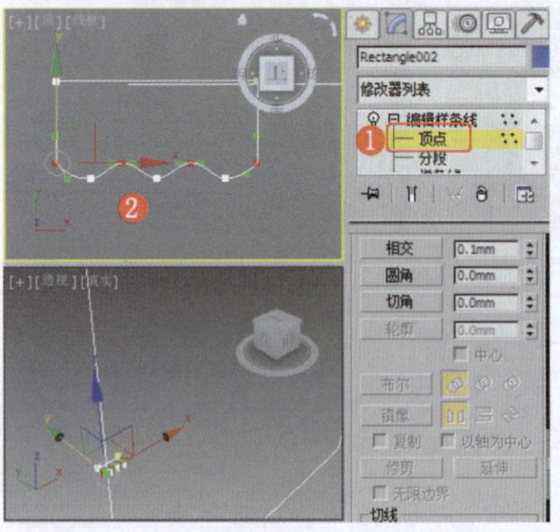

图9-9　调整截面图形

❾ 在场景中选择门框图形，为其施加“扫描”修改器，拾取截面图形，效果如图9-10所示。

❿ 为模型施加“编辑多边形”修改器，将选择集定义为“多边形”，在场景中将底部的多边形移动到如图9-11所示的位置。

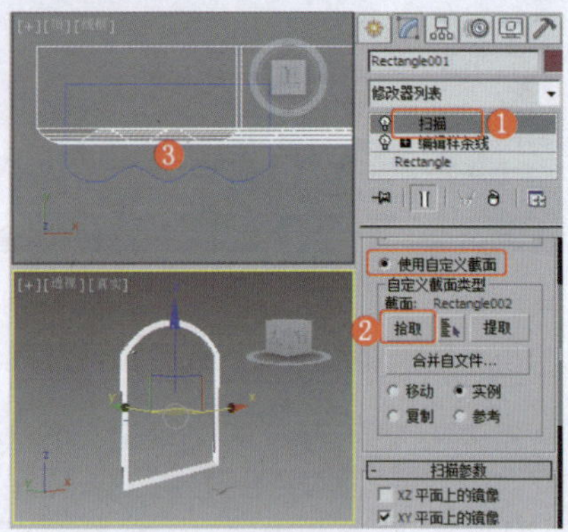

图9-10　施加“扫描”修改器

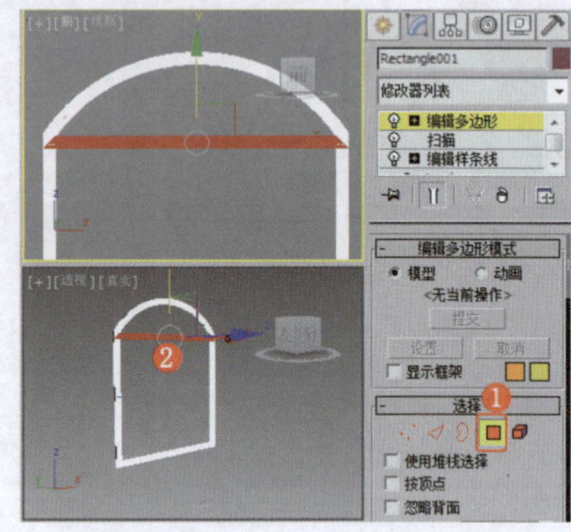

图9-11　调整多边形

⓫ 将选择集定义为“顶点”，在场景中调整顶点，效果如图9-12所示。

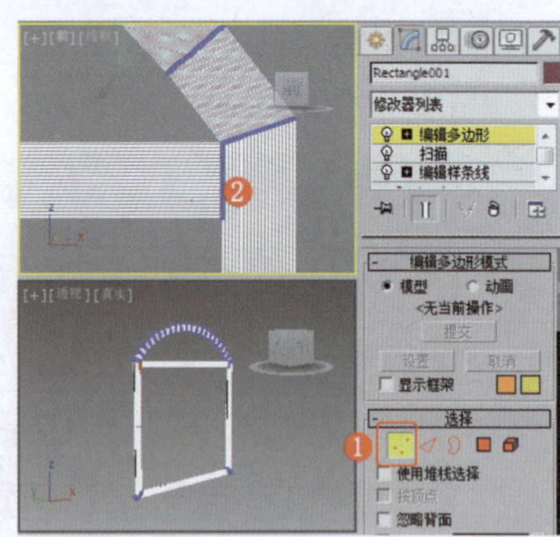

图9-12　调整模型的顶点

⓬ 调整门框，效果如图9-13所示。

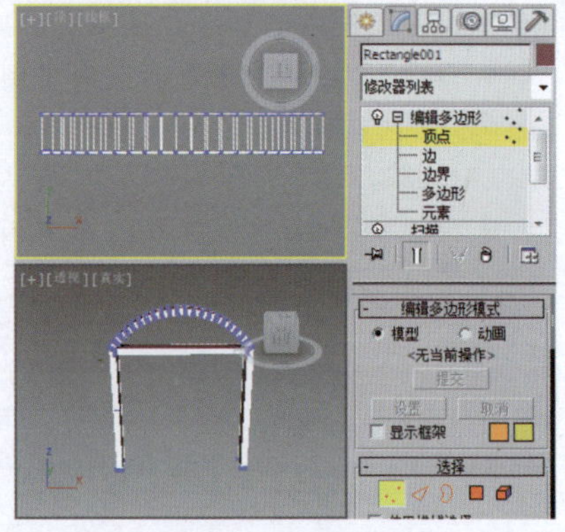

图9-13　调整门框效果

⑬ 使用“弧”工具创建两段弧，效果如图9-14所示。

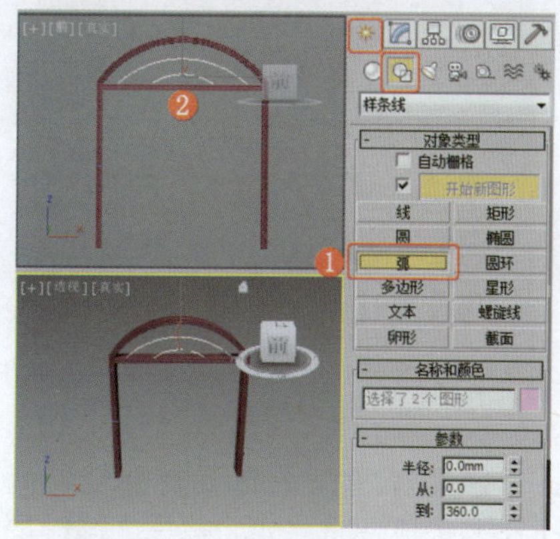

图9-14 创建弧

⑭ 为弧施加“编辑样条线”修改器，设置弧的“轮廓”参数，效果如图9-15所示，为弧施加“挤出”修改器，设置合适的厚度。

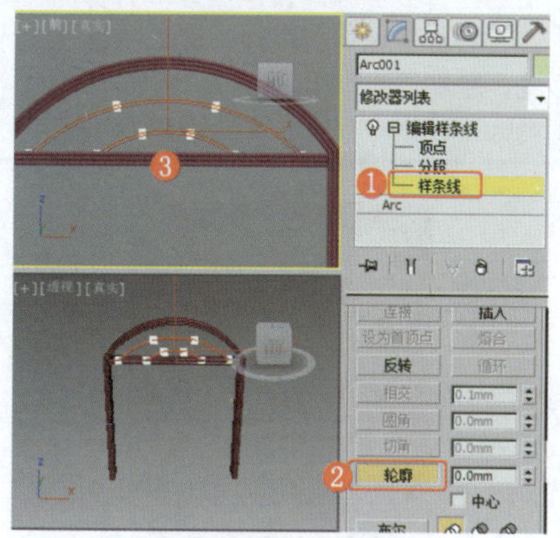

图9-15 施加修改器

⑮ 在“前”视图中创建长方体，设置合适的参数，效果如图9-16所示。

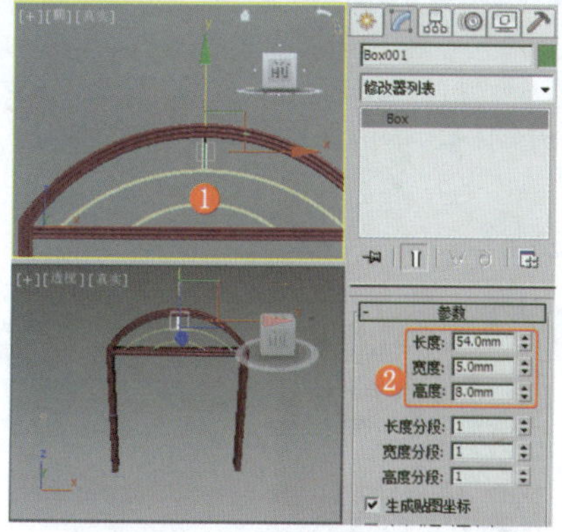

图9-16 创建长方体

⑯ 调整长方体的轴心，效果如图9-17所示。

⑰ 旋转复制长方体，为其施加“编辑多边形”修改器，将选择集定义为“顶点”，在场景中调整模型，效果如图9-18所示。

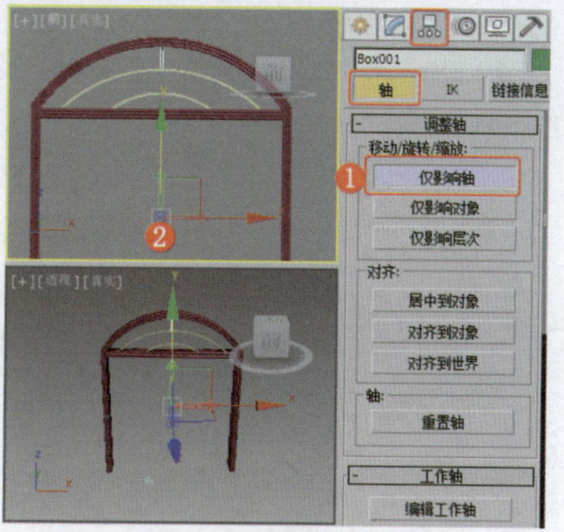

图9-17 调整轴心

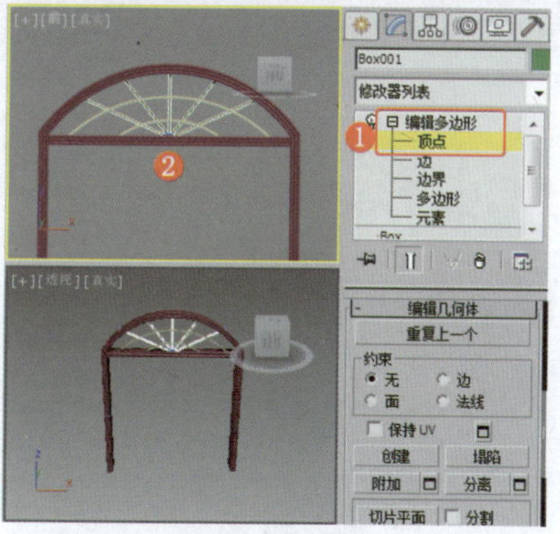

图9-18 调整模型

⑱ 在“前”视图中创建长方体，设置合适的参数，效果如图9-19所示。

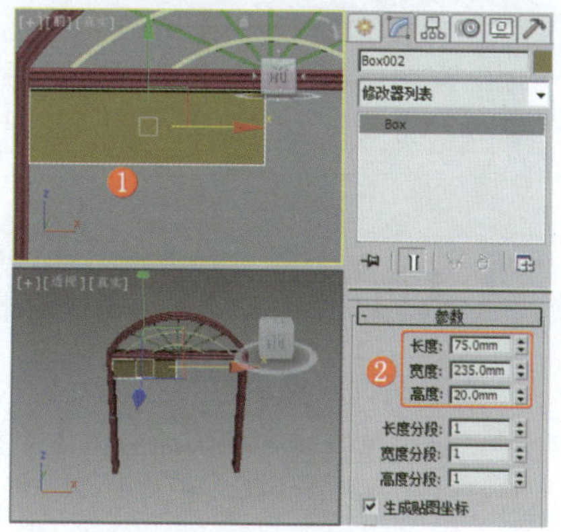

图9-19 创建长方体

⑲ 在“前”视图中创建可渲染的矩形，设置矩形的可渲染参数，效果如图9-20所示。

⑳ 继续创建两个可渲染的矩形，设置合适的参数，效果如图9-21所示。

㉑ 在场景中为模型施加“编辑多边形”修改器，将选择集定义为“多边形”，设置正面多边形的“插入”参数，效果如图9-22所示。

㉒ 设置插入的多边形的“倒角”参数，效果如图9-23所示。

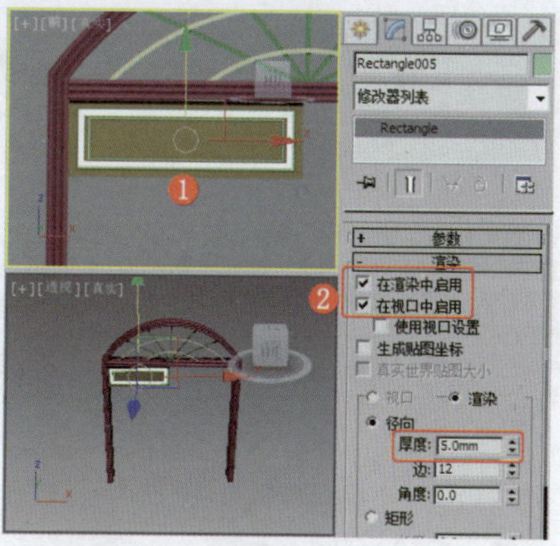

图9-20 创建可渲染的矩形

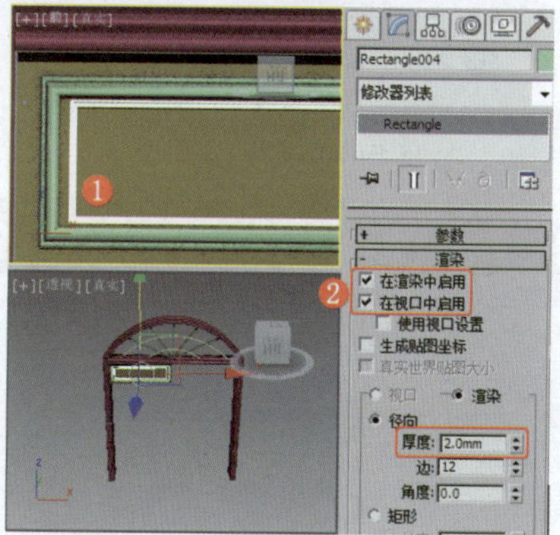

图9-21 创建可渲染的矩形

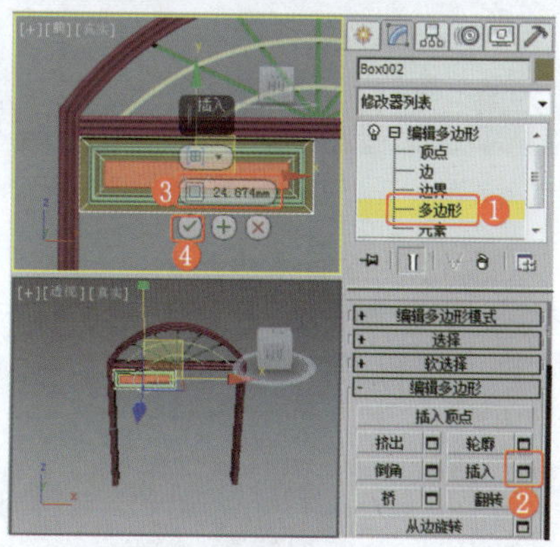

图9-22 设置多边形的“插入”参数

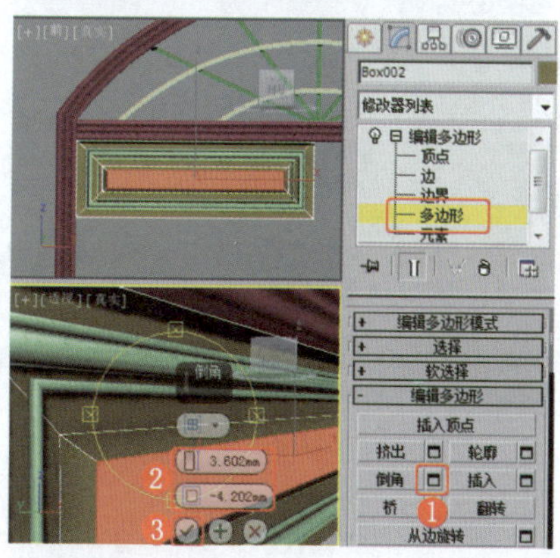

图9-23 设置多边形的“倒角”参数

㉓ 复制长方体到模型的下方，并通过调整顶点调整模型的大小，效果如图9-24所示。

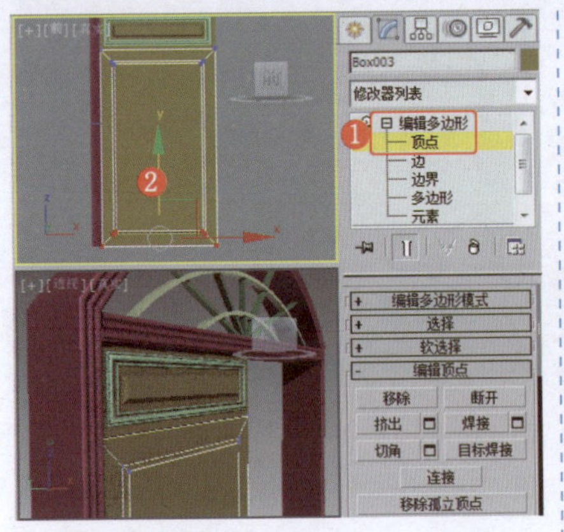

图9-24　调整模型

㉔ 将选择集定义为“多边形”，在场景中继续设置多边形的“插入”参数，效果如图9-25所示。

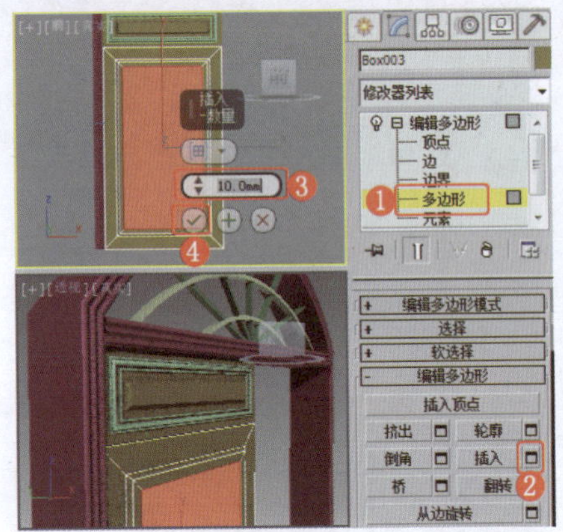

图9-25　设置多边形的“插入”参数

㉕ 设置背面多边形的“插入”参数，并调整前后两个多边形，单击“桥”按钮连接多边形，效果如图9-26所示。

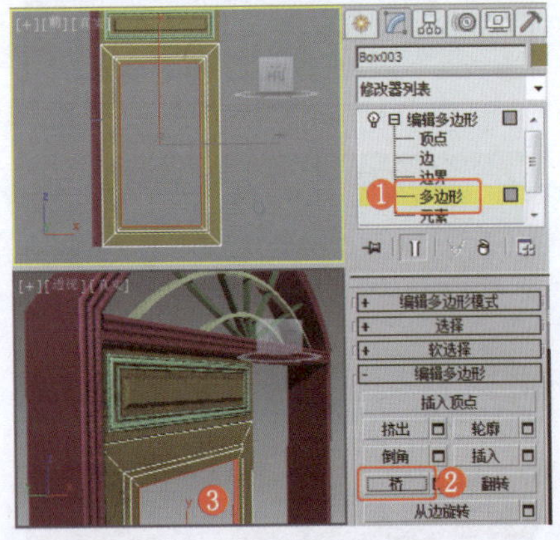

图9-26　设置多边形的桥

㉖ 在桥后的洞中创建平面，设置合适的参数，效果如图9-27所示，复制平面，设置合适的参数，将其作为玻璃。

㉗ 为设置分段的平面施加“晶格”修改器，设置合适的参数，效果如图9-28所示。

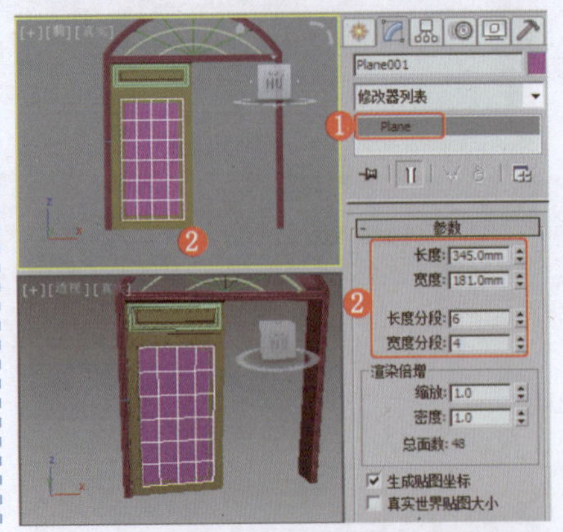

图9-27　创建平面

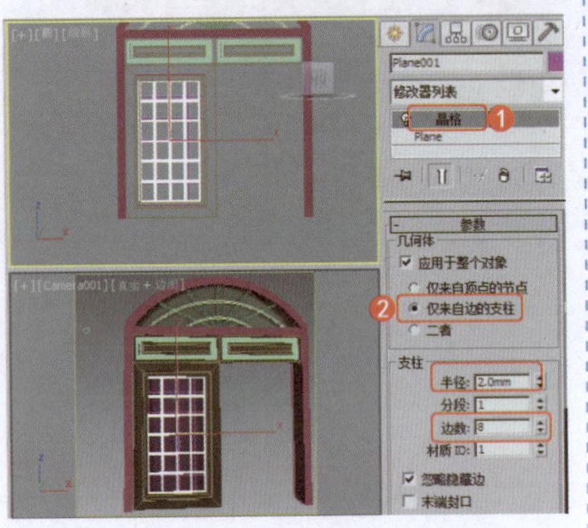

图9-28　施加“晶格”修改器

㉘ 对模型进行复制及调整，在“顶”视图中创建圆柱体，设置合适的参数，将其作为门把手，效果如图9-29所示。

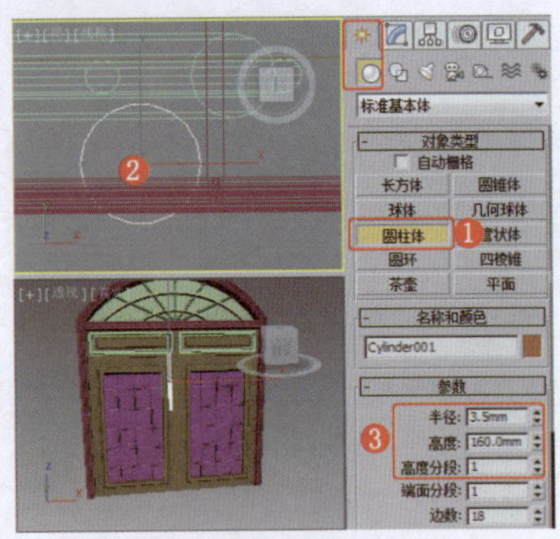

图9-29　创建圆柱体

㉙ 调整模型的位置，并复制两个小圆柱体，将其作为把手之间的部分，复制模型，效果如图9-30所示，门模型制作完成。

提　示

在制作两侧的门模型时，可以先将一侧的门模型进行编组，然后再“实例”复制出另一侧的门模型。如果门模型太宽，可以使用“FFD”修改器调整门模型的大小，使其充分填满门框模型。

图9-30　完成门模型的制作

实例198　门类——现代枢轴门

实例效果剖析

枢轴门是通过一个轴向向内或向外转开的门。本例使用默认的“枢轴门”工具创建枢轴门。

本例制作的现代枢轴门，效果如图9-31所示。

图9-31　效果展示

实例技术要点

本例主要用到的功能及技术要点如下。

- 使用"枢轴门"工具：用于创建枢轴门模型。

场景文件路径	Scene\第9章\实例198 现代枢轴门.max		
贴图文件路径	Map\		
视频路径	视频\ Cha09\实例198 现代枢轴门.mp4		
难易程度	★★	学习时间	8分29秒

实例199 门类——中式推拉门

实例效果剖析

最初的推拉门只是被用于卧室、更衣间或衣柜。随着制作技术的发展与装修手段的多样化，推拉门的用途逐渐丰富起来。除了常见的隔断门之外，推拉门被广泛应用于书柜、壁柜、客厅、展示厅等。本例制作的是一种中式推拉门。

本例制作的中式推拉门，效果如图9-32所示。

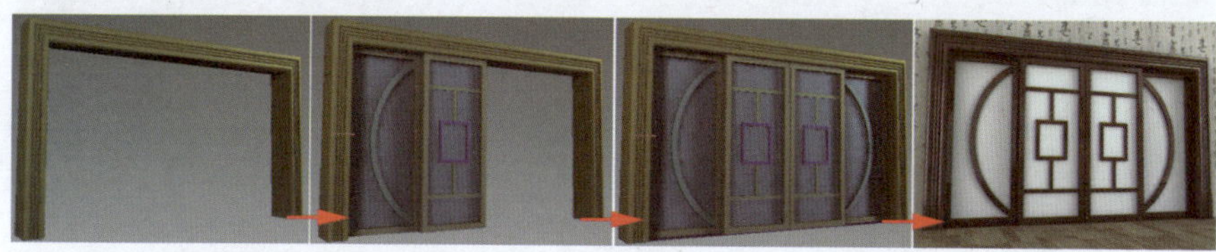

图9-32 效果展示

实例技术要点

本例主要用到的功能及技术要点如下。

- 施加"扫描"修改器：用于制作门框的基本模型。
- 施加"挤出"修改器：用于制作门框的细部结构。

实例制作步骤

场景文件路径	Scene\第9章\实例199 中式推拉门.max		
贴图文件路径	Map\		
视频路径	视频\ Cha09\实例199 中式推拉门.mp4		
难易程度	★★	学习时间	14分20秒

❶ 在"前"视图中创建矩形，设置合适的参数，效果如图9-33所示。

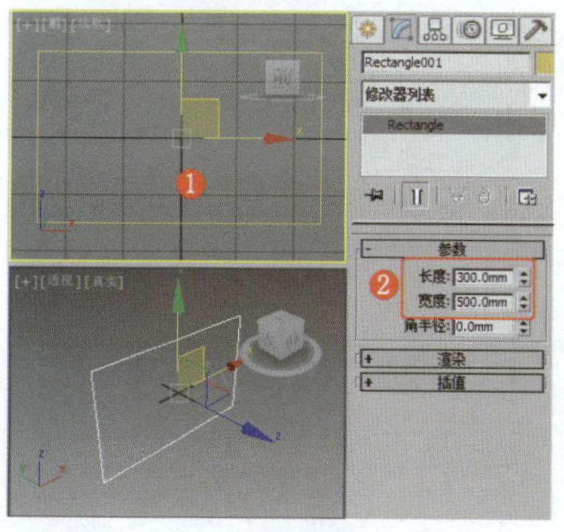

图9-33 创建矩形

❷ 为矩形施加"编辑样条线"修改器，将选择集定义为"分段"，删除底部的矩形分段，效果如图9-34所示。

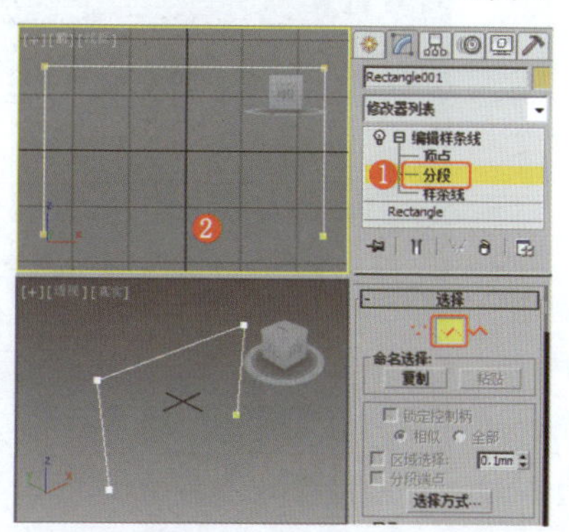

图9-34 删除分段

❸ 在"顶"视图中创建矩形，设置合适的参数，将其作为扫描的截面图形，效果如图9-35所示。

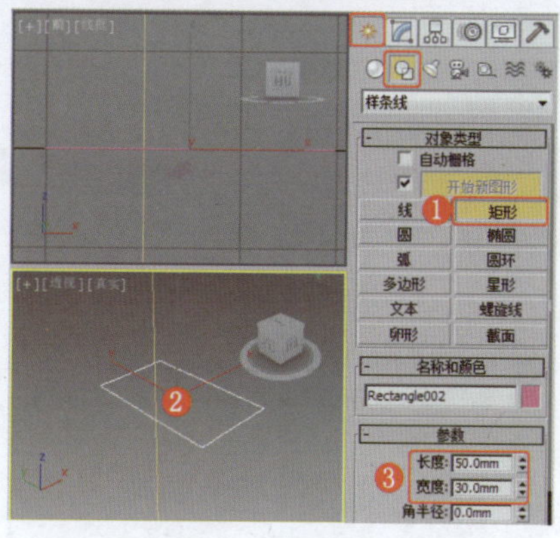

图9-35 创建截面图形

❹ 在场景中创建圆，对图形进行复制，将其作为截面图形的花纹，在场景中为作为截面图形的矩形施加"编辑样条线"修改器，使用"附加"工具附加圆，将附加的圆作为截面图形，效果如图9-36所示。

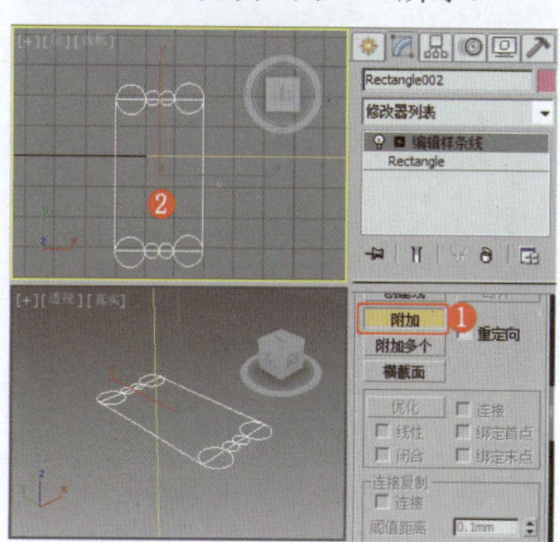

图9-36 创建并附加圆

❺ 使用"修剪"工具修剪图形，并将选择集定义为"顶点"，全选顶点，对顶点进行焊接，效果如图9-37所示。

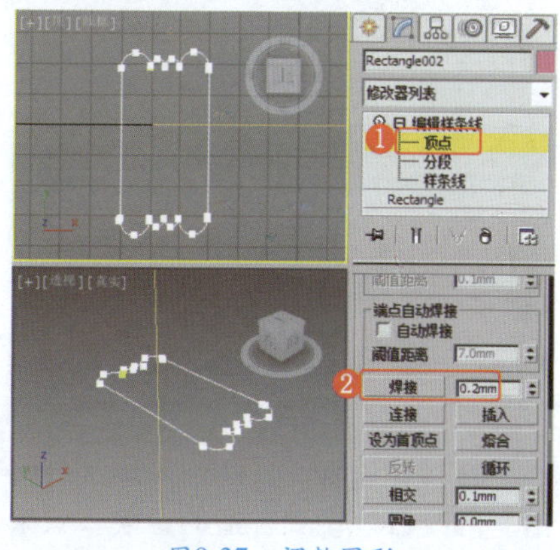

图9-37 调整图形

❻ 为调整后的门框矩形施加"扫

描”修改器，单击“使用自定义截面”单选按钮，单击“拾取”按钮，在场景中拾取截面图形，效果如图9-38所示。

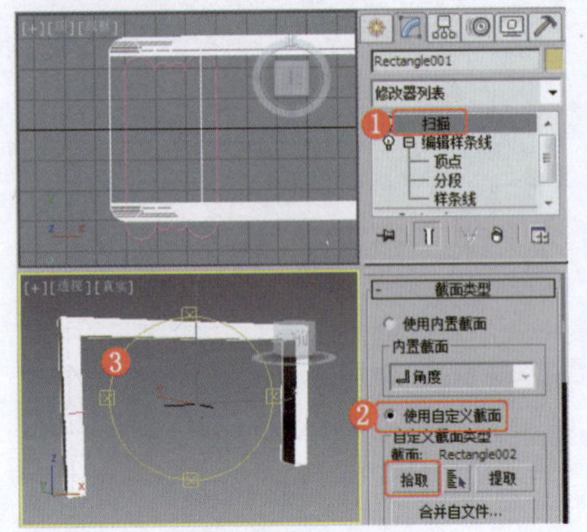

图9-38 扫描模型

❼ 在“前”视图中创建矩形，设置合适的参数，效果如图9-39所示。

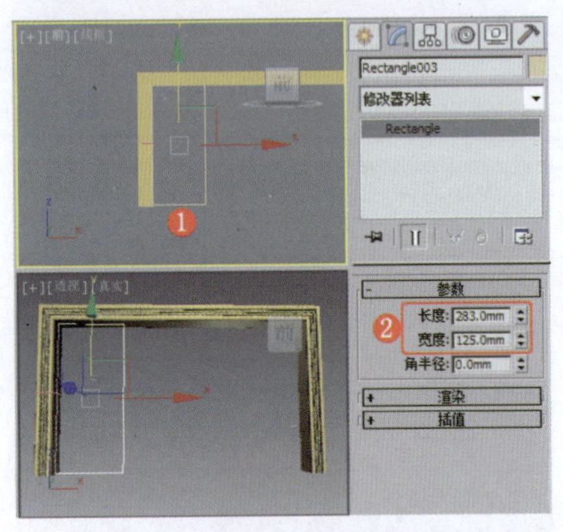

图9-39 创建矩形

❽ 为矩形施加“编辑样条线”修改器，将选择集定义为“样条线”，设置样条线的“轮廓”参数，效果如图9-40所示。

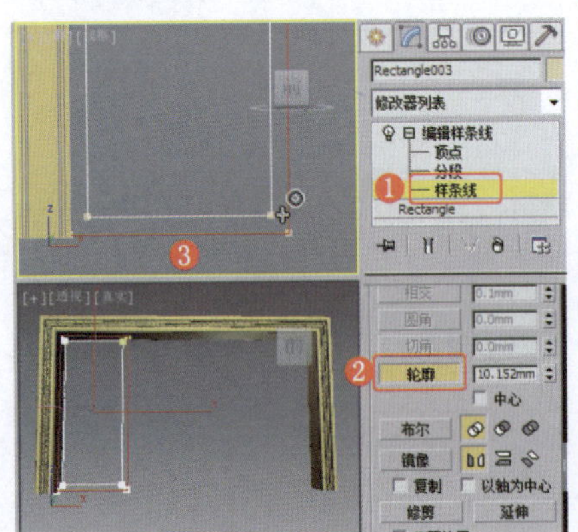

图9-40 设置图形的“轮廓”参数

❾ 关闭选择集，为图形施加“挤出”修改器，设置合适的参数，效果如图9-41所示。

❿ 在“前”视图中使用“顶点捕捉”，在门框内侧创建弧，效果如图9-42所示。

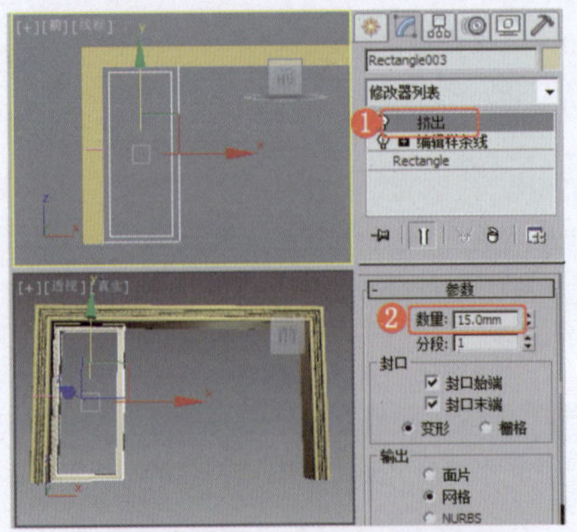

图9-41 施加“挤出”修改器

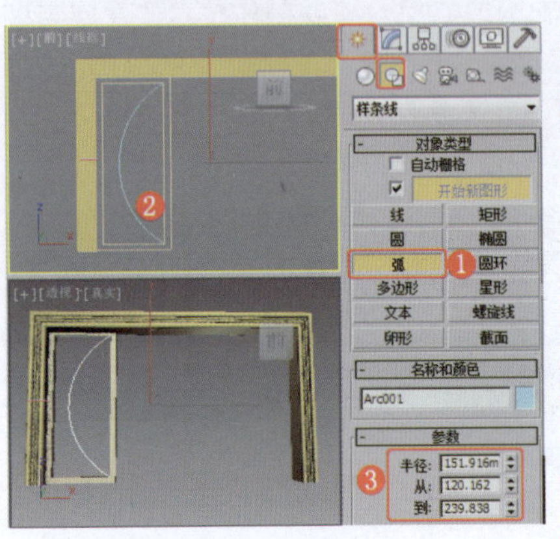

图9-42 创建弧

⓫ 使用同样的方法设置弧的轮廓和挤出，创建平面，将其作为玻璃，效果如图9-43所示。

⓬ 在场景中复制门框和玻璃，创建另一个门框中的花纹效果，效果如图9-44所示。

⓭ 在场景中对两个门框进行编组，“实例”复制出另外两扇门，并通过施加“FFD 2×2×2”修改器，调整门在门框中的效果，直到满意为止，效果如图9-45所示。

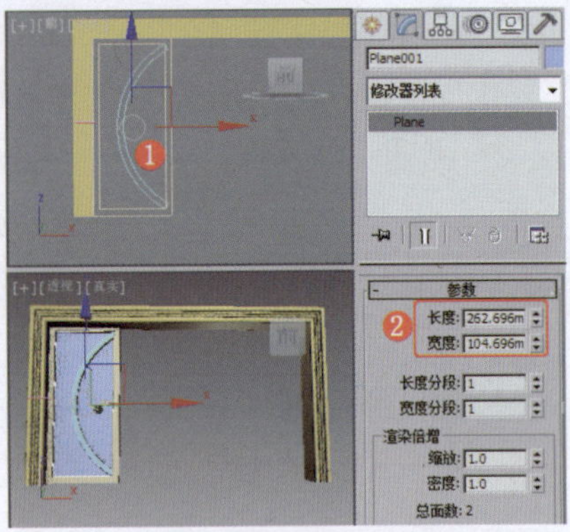

图9-43 创建平面

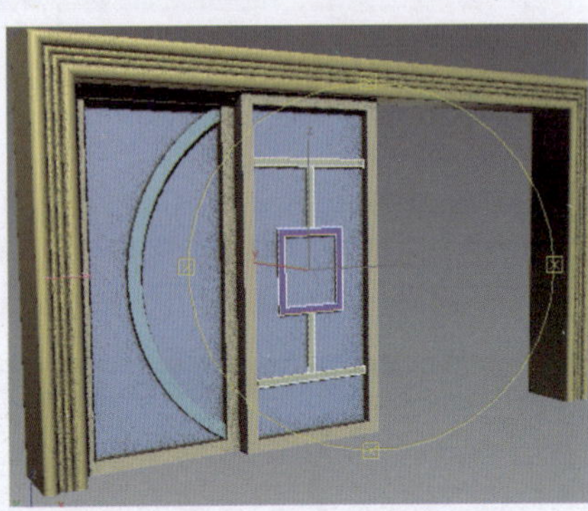

图9-44 创建另一个门框中的花纹效果

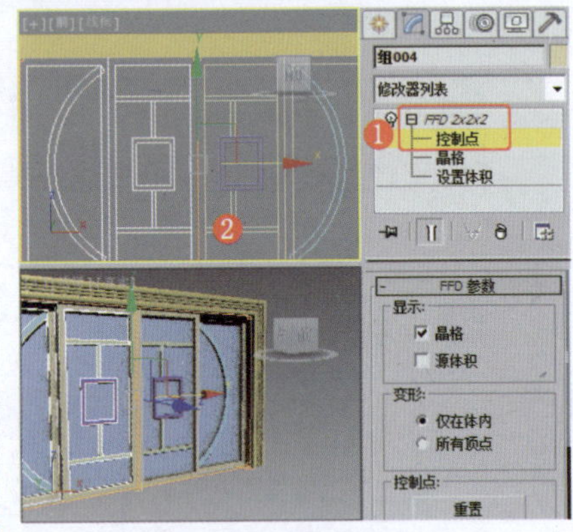

图9-45 复制并调整门

⓮ 在场景中推拉门的底端创建长方体，设置合适的参数，效果如图9-46所示，推拉门制作完成。

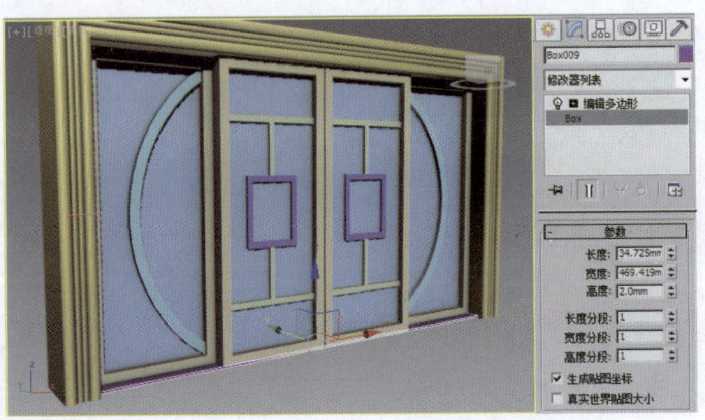

图9-46 创建长方体

实例200 门类——简约推拉门

实例效果剖析

推拉门可以作为隔断，也可以作为门，既保证了隐私又方便了通行。

本例制作的简约推拉门，效果如图9-47所示。

图9-47 效果展示

实例技术要点

本例主要用到的功能及技术要点如下。

- 使用“推拉门”工具：创建并调整推拉门模型。
- 施加“编辑多边形”修改器：用于调整完成推拉门效果。

实例制作步骤

场景文件路径	Scene\第9章\实例200 简约推拉门.max		
贴图文件路径	Map\		
视频路径	视频\ Cha09\实例200 简约推拉门.mp4		
难易程度	★★	学习时间	9分26秒

❶ 使用软件内置的“推拉门”工具在“顶”视图中创建推拉门模型，在“参数”卷展栏中设置合适的参数，效果如图9-48所示。

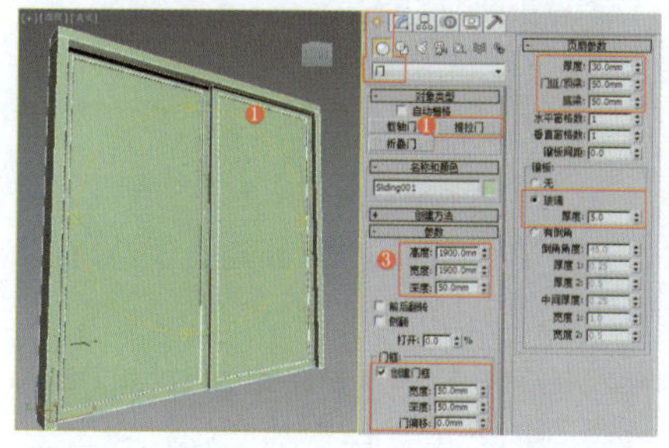

图9-48 创建推拉门

❷ 为推拉门模型施加“编辑多边形”修改器，将选择集定义为“元素”，在场景中选择门框模型，单击“隐藏未选定对象”按钮，如图9-49所示，隐藏没有选择的子物体层级。

❸ 将选择集定义为“顶点”，在场景中调整门框的形状，效果如图9-50所示。

❹ 显示全部对象，将选择集定义为“元素”，在场景中复制门元素，如图9-51所示。

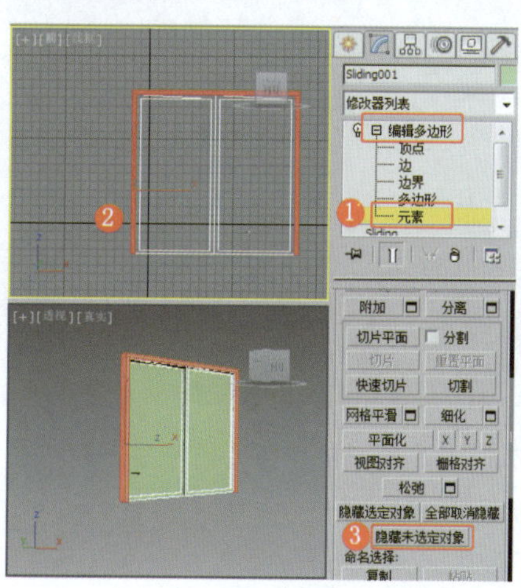

图9-49 选择门框并隐藏其他物体

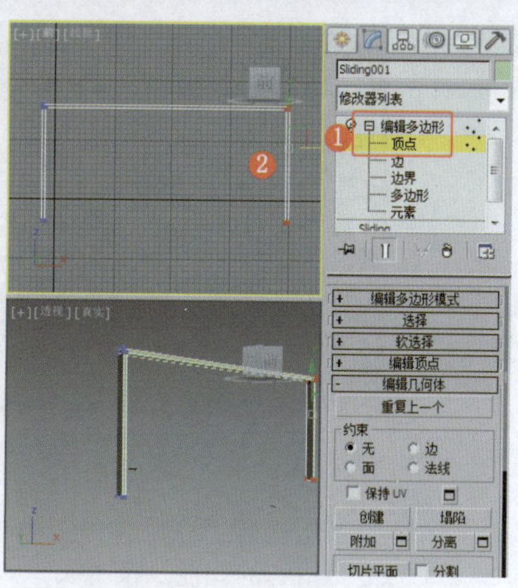

图9-50 调整门框的形状

图9-51 复制门元素

❺ 调整门元素至合适的效果，如图9-52所示，推拉门制作完成。

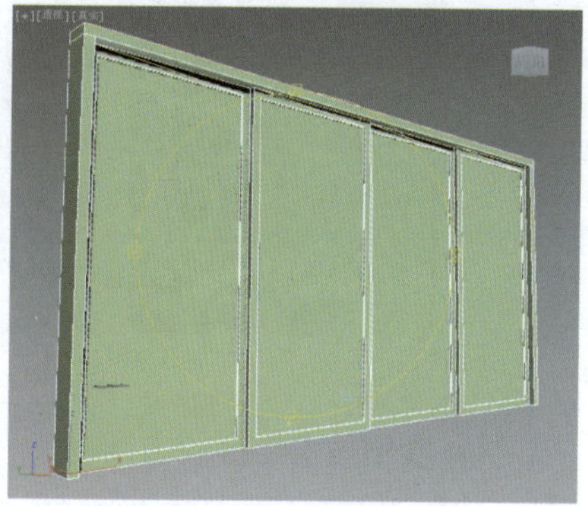

图9-52 完成的推拉门效果

实例201 门类——折叠门

实例效果剖析

折叠门可以被分为侧挂式折叠门和推拉式折叠门，多为多扇折叠，可被推移到侧边，占用空间较少。

本例制作的折叠门，效果如图9-53所示。

图9-53 效果展示

实例技术要点

本例主要用到的功能及技术要点如下。

- 使用“折叠门”工具：创建并调整折叠门模型。

场景文件路径	Scene\第9章\实例201 折叠门.max		
贴图文件路径	Map\		
视频路径	视频\Cha09\实例201 折叠门.mp4		
难易程度	★★	学习时间	5分17秒

实例202 隔断类——镂空隔断

实例效果剖析

隔断是指专门用于分隔室内空间的立面，应用灵活，包括隔墙、隔断、活动展板、活动屏风、移动隔断、移动屏风、移动隔音墙等。

本例制作的镂空隔断，效果如图9-54所示。

图9-54 效果展示

实例技术要点

本例主要用到的功能及技术要点如下。

- 施加“挤出”修改器：用于制作隔断的基本模型。
- 使用“不透明度”贴图：用于制作镂空效果。

实例制作步骤

场景文件路径	Scene\第9章\实例202 镂空隔断.max		
贴图文件路径	Map\		
视频路径	视频\ Cha09\ 实例202 镂空隔断.mp4		
难易程度	★★★	学习时间	4分49秒

❶在“前”视图中创建墙矩形，设置合适的参数，效果如图9-55所示。

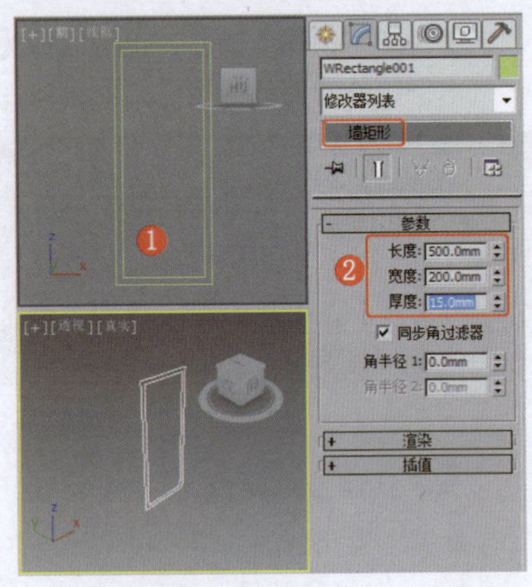

图9-55 创建墙矩形

❷为墙矩形施加“挤出”修改器，设置合适的参数，效果如图9-56所示。

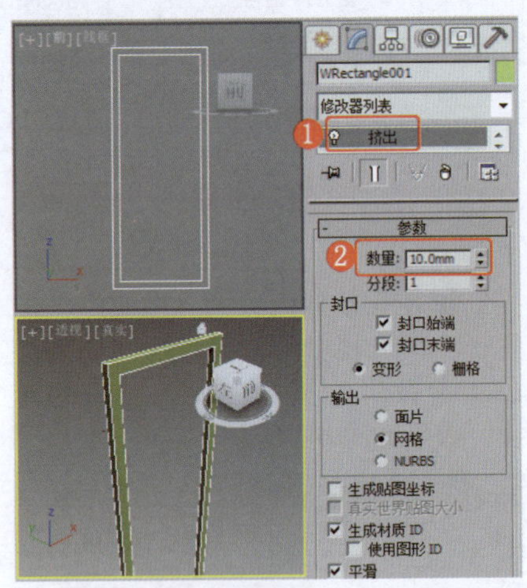

图9-56 施加“挤出”修改器

❸在墙矩形内侧创建合适大小的平面，效果如图9-57所示。

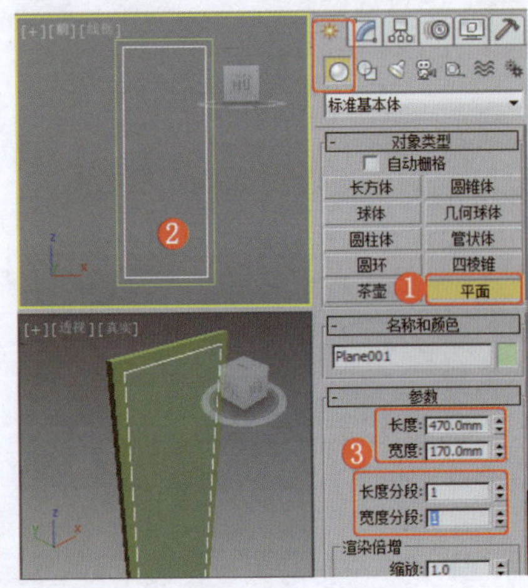

图9-57 创建平面

❹在场景中调整平面的位置，效果如图9-58所示。

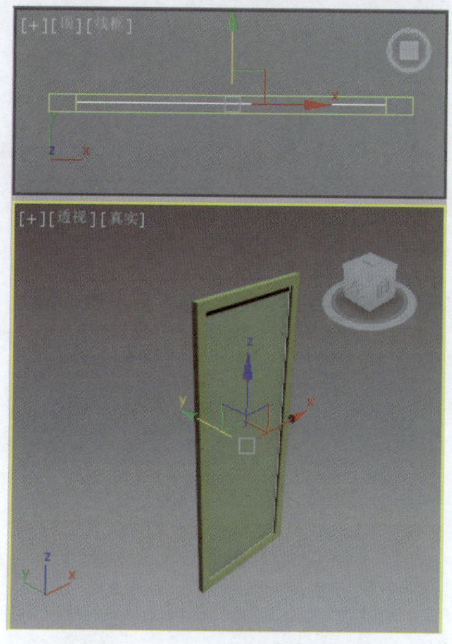

图9-58 调整平面的位置

❺打开材质编辑器，选择一个新的材质样本球，设置VRayMtl材质，通过为“不透明度”指定一幅黑白图像贴图制作出镂空效果，如图9-59所示。

提 示

可以根据情况选择一些自己喜欢的镂空黑白图像作为“不透明度”贴图，通过更换图像得到不同的镂空效果。

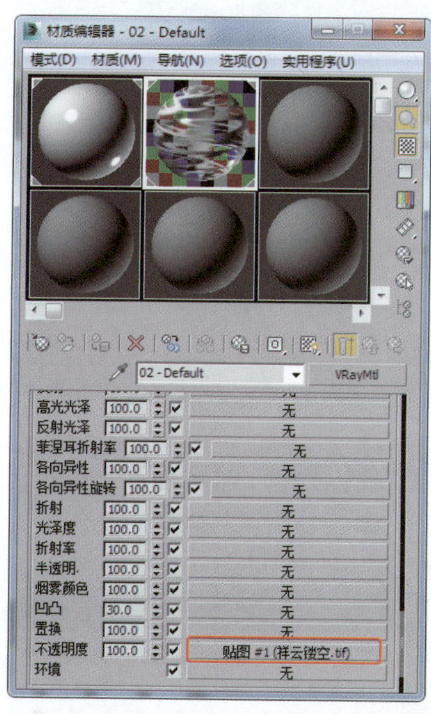

图9-59 设置不透明度效果

实例203 隔断类——时尚隔断

实例效果剖析

本例制作的是一种带有柜子的隔断，充满时尚元素，效果如图9-60所示。

图9-60 效果展示

实例技术要点

本例主要用到的功能及技术要点如下。

- 施加“挤出”修改器：用于制作隔断的基本模型。
- 施加“编辑多边形”修改器：用于设置把手的平滑效果。

场景文件路径	Scene\第9章\实例203 时尚隔断.max		
贴图文件路径	Map\		
视频路径	视频\ Cha09\实例203 时尚隔断.mp4		
难易程度	★★★	学习时间	15分22秒

实例204 隔断类——竹子隔断

实例效果剖析

本例制作的是一种简约的中式竹子隔断，比较个性化，适用于混搭空间及中式空间。

本例制作的竹子隔断，效果如图9-61所示。

图9-61 效果展示

实例技术要点

本例主要用到的功能及技术要点如下。

- 施加“编辑多边形”修改器：用于设置竹节效果。
- 施加“FFD”修改器：用于制作竹节的变形效果。
- 施加“涡轮平滑”修改器：用于设置模型的平滑效果。

实例制作步骤

场景文件路径	Scene\第9章\实例204 竹子隔断.max		
贴图文件路径	Map\		
视频路径	视频\ Cha09\实例204 竹子隔断.mp4		
难易程度	★	学习时间	7分27秒

❶ 在“顶”视图中创建矩形，设置合适的参数，效果如图9-62所示。

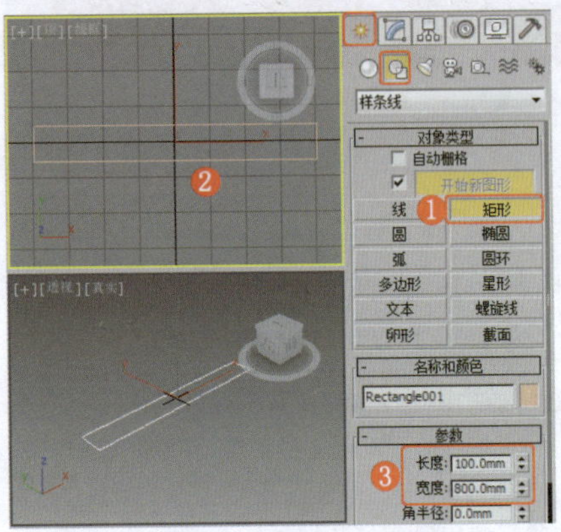

图9-62 创建矩形

❷ 为矩形施加“编辑样条线”修改器，将选择集定义为“顶点”，设置矩形的圆角，效果如图9-63所示。

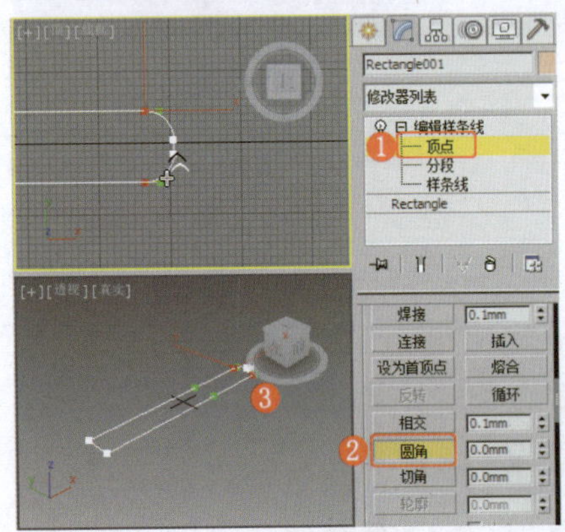

图9-63 设置矩形的圆角

❸ 在“顶”视图中创建圆柱体，设置合适的参数，效果如图9-64所示。

❹ 为圆柱体施加“编辑多边形”修改器，将选择集定义为“边”，在场景中选择如图9-65所示的边。

❺ 设置模型边的“挤出”参数，效果如图9-66所示。

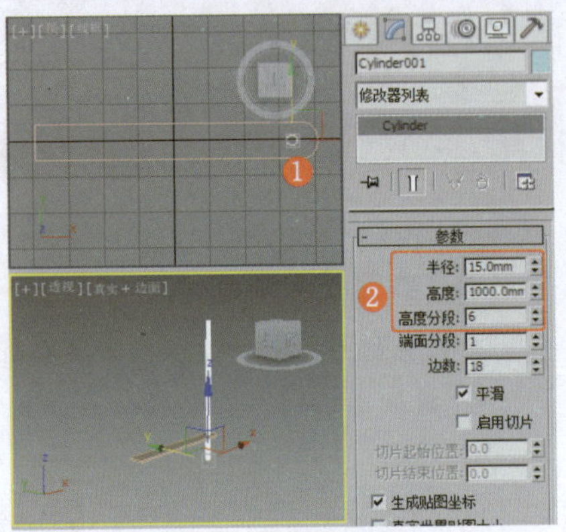

图9-64 创建圆柱体

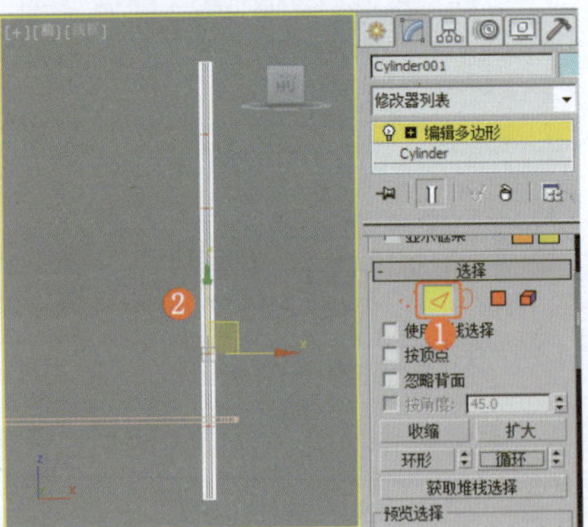

图9-65 选择边

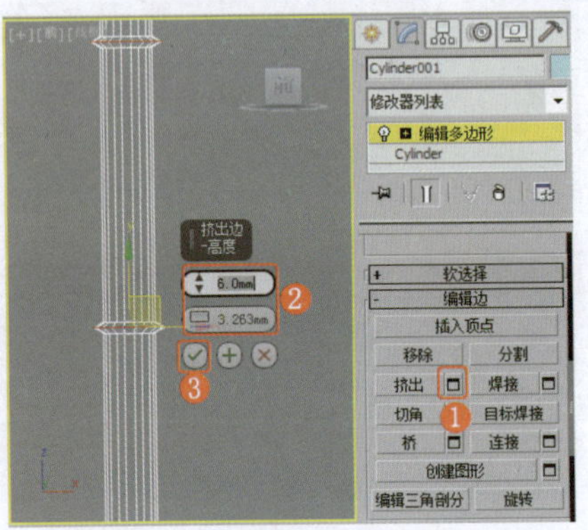

图9-66 设置边的“挤出”参数

❻ 继续设置模型边的“切角”参数，效果如图9-67所示。

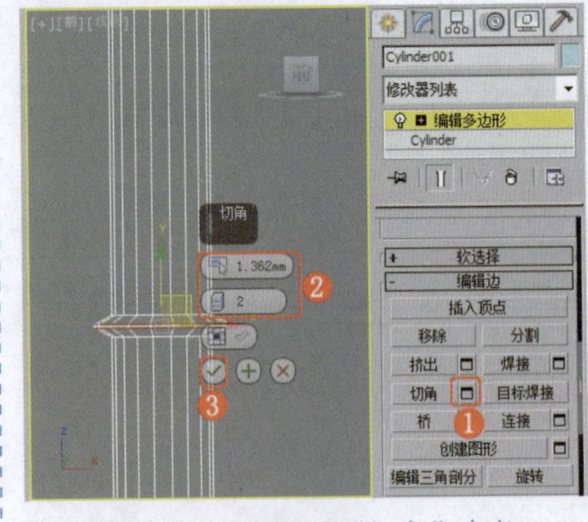

图9-67 设置边的“切角”参数

❼ 在场景中选择模型顶底的一圈边，设置边的“切角”参数，效果如图9-68所示。

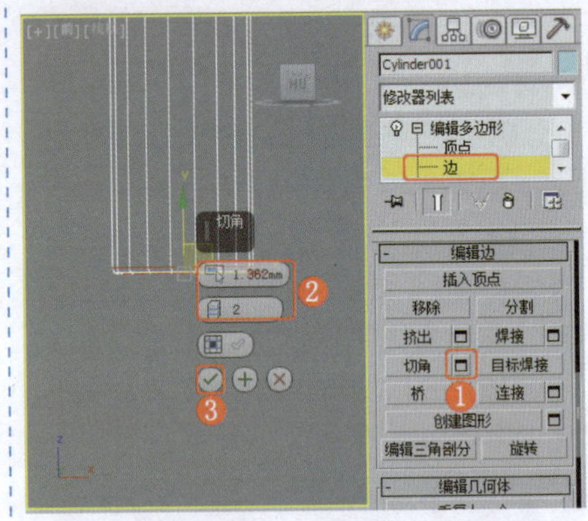

图9-68 设置边的“切角”参数

❽ 关闭选择集，为模型施加“涡轮平滑”修改器，效果如图9-69所示。

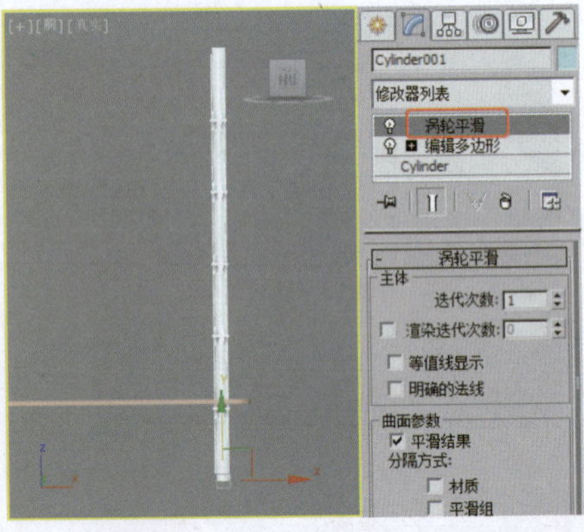

图9-69 设置模型的平滑效果

❾ 为模型施加“FFD 3×3×3”修改器，调整控制点，效果如图9-70所示。

❿ 复制并调整模型，效果如图9-71所示，隔断制作完成。

提 示

可以调整复制的竹子模型的控制点，以改变竹节的位置，使竹子效果不会太单一。

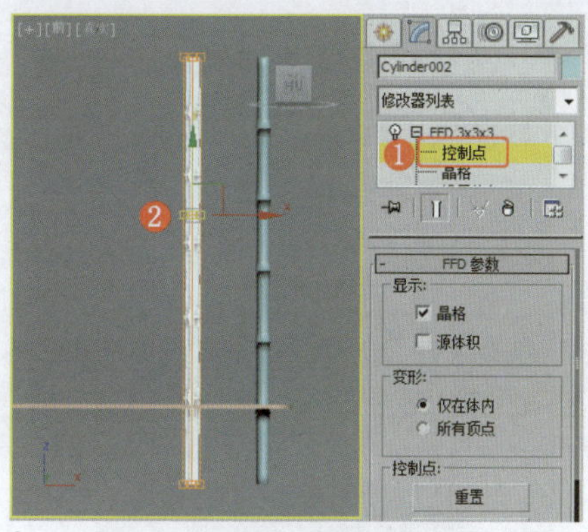
图9-70 调整控制点

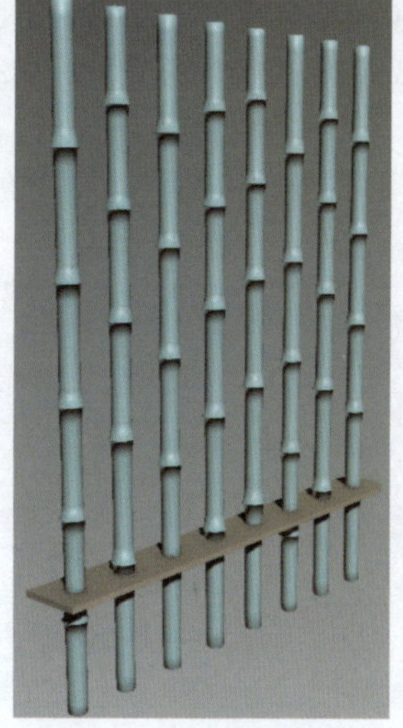
图9-71 复制并调整模型

实例205 隔断类——中式玄关

实例效果剖析

玄关属于隔断，专指住宅内外之间的过渡空间，是为了遮挡和分割区域而存在的一种构件。在家居装修中，人们往往比较重视客厅的装饰和布置而忽略玄关。其实，在家居的整体设计中，玄关是给人第一印象的地方，是反映居室主人性格、气质的脸面。

本例制作的中式玄关，效果如图9-72所示。

图9-72 效果展示

实例技术要点

本例主要用到的功能及技术要点如下。

- 施加“扫描”修改器：用于创建玄关的顶部结构。

场景文件路径	Scene\第9章\实例205 中式玄关.max		
贴图文件路径	Map\		
视频路径	视频\ Cha09\实例205 中式玄关.mp4		
难易程度	★★★	学习时间	17分31秒

实例206 门洞类——中式月亮门

实例效果剖析

月亮门是中国古典园林建筑中形状类似满月的一种门洞。本例制作的月亮门，效果如图9-73所示。

图9-73 效果展示

实例技术要点

本例主要用到的功能及技术要点如下。

- 施加“扫描”修改器：用于制作月亮门的门框模型。

实例制作步骤

场景文件路径	Scene\第9章\实例206 中式月亮门.max		
贴图文件路径	Map\		
视频路径	视频\ Cha09\实例206 中式月亮门.mp4		
难易程度	★★	学习时间	11分1秒

❶ 在“前”视图中创建矩形，设置合适的参数，效果如图9-74所示。

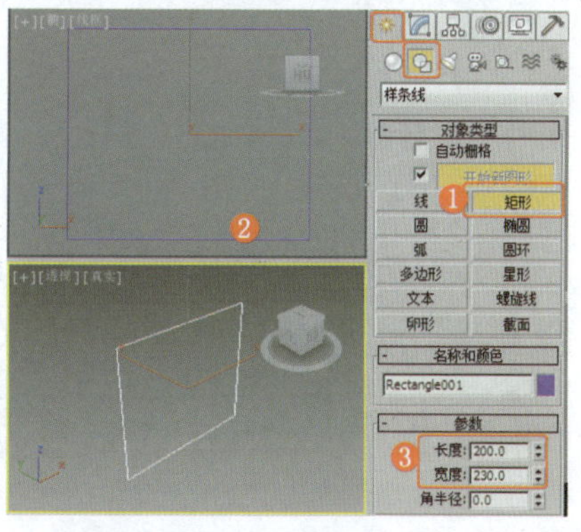
图9-74 创建矩形

❷ 在“前”视图中创建圆，设置合适的参数，效果如图9-75所示。

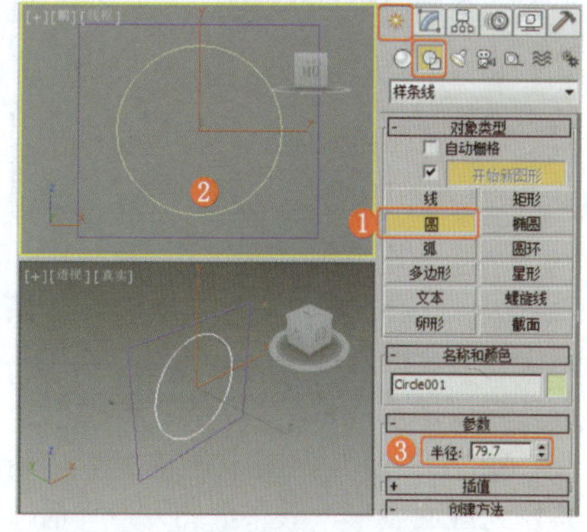
图9-75 创建圆

❸ 在“前”视图中圆的下方创建矩形，设置合适的参数，并在场景中调整各个图形的位置，效果如图9-76所示。

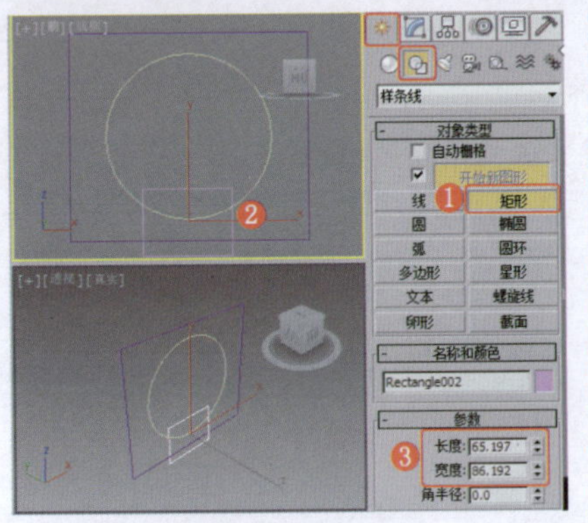
图9-76 创建矩形

④在场景中为矩形施加“编辑样条线”修改器，使用“附加”工具附加另外两个图形，效果如图9-77所示。

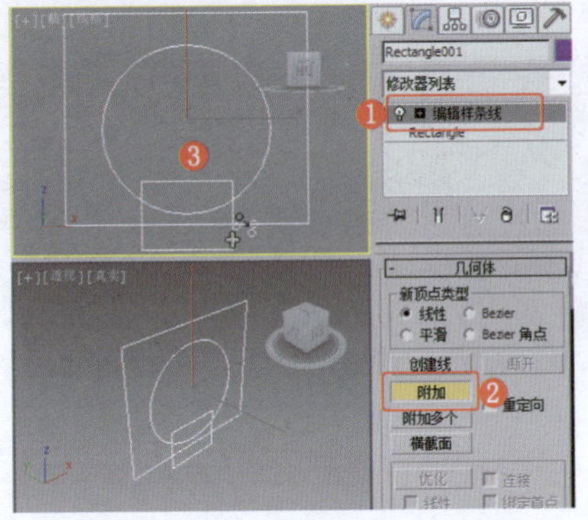
图9-77 附加图形

⑤将选择集定义为“样条线”，使用“修剪”工具在场景中修剪图形，效果如图9-78所示。

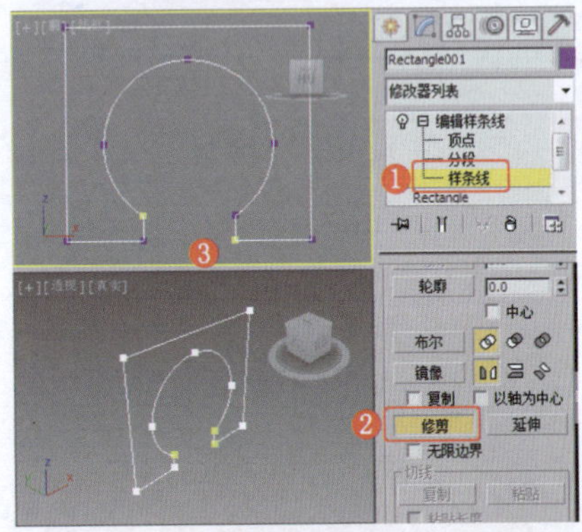
图9-78 修剪图形

⑥将选择集定义为“顶点”，按Ctrl+A组合键全选顶点，使用“焊接”工具焊接顶点，效果如图9-79所示。

⑦在“顶”视图中创建矩形，将其作为截面图形，效果如图9-80所示。

⑧创建圆并对其进行复制，为矩形施加“编辑样条线”修改器，使用“附加”工具附加图形，效果如图9-81所示。

⑨使用“修剪”工具修剪图形，然后焊接顶点，效果如图9-82所示。

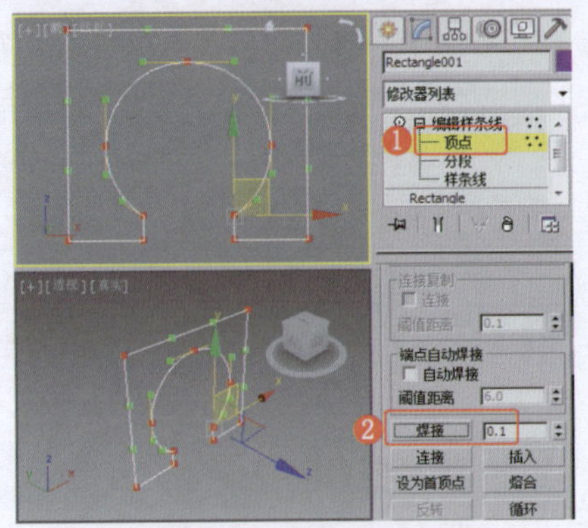
图9-79 焊接顶点

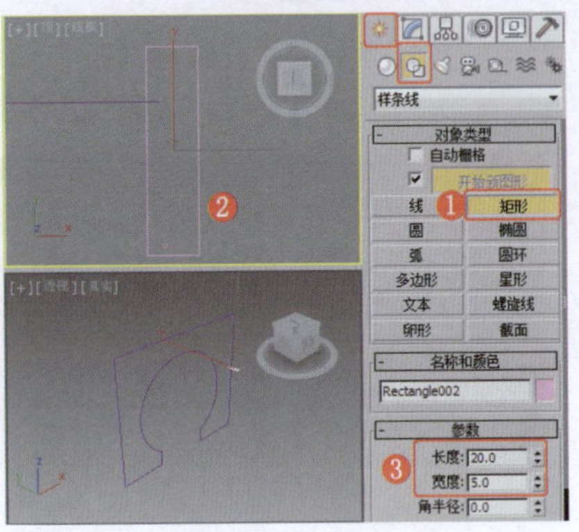
图9-80 创建矩形

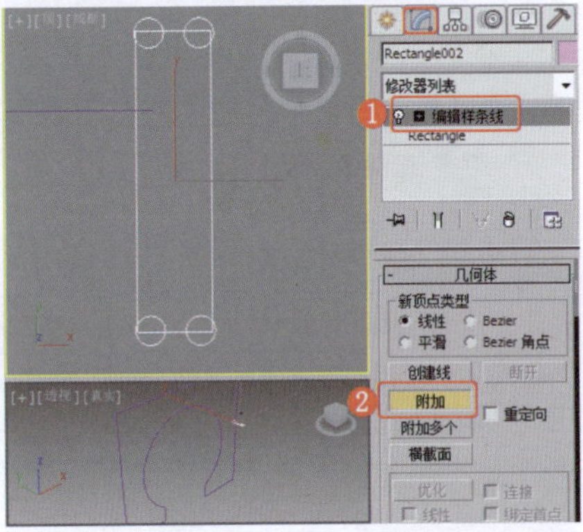
图9-81 附加图形

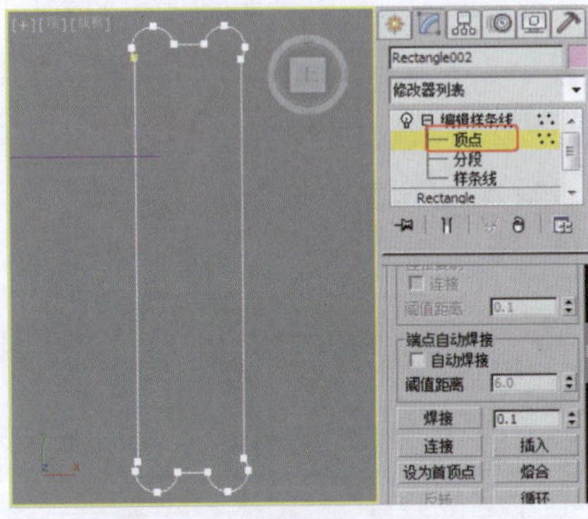
图9-82 调整图形的形状

⑩在场景中选择门框，为其施加“扫描”修改器，拾取调整好的截面图形，效果如图9-83所示。

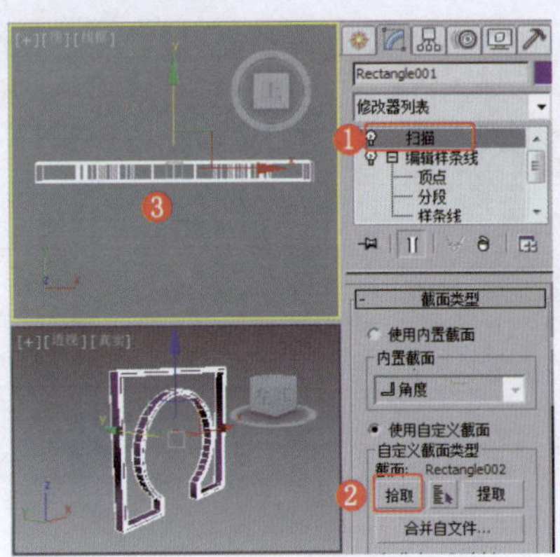
图9-83 施加“扫描”修改器

⑪如果对模型不满意，可以通过调整截面图形来调整门框，直到满意为止，效果如图9-84所示。

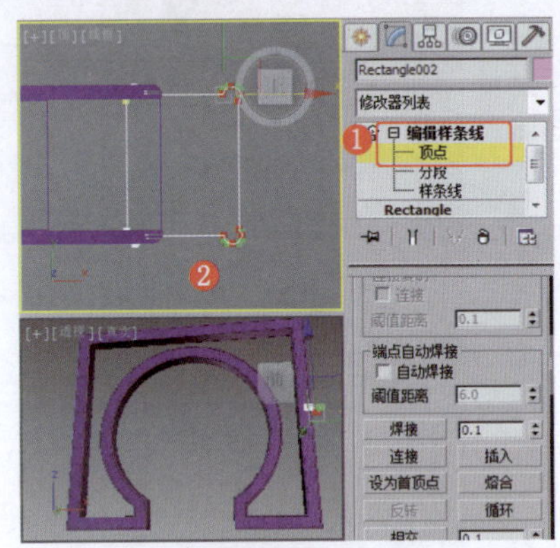
图9-84 调整模型

⑫调整边框的形状，效果如图9-85所示，门框制作完成。

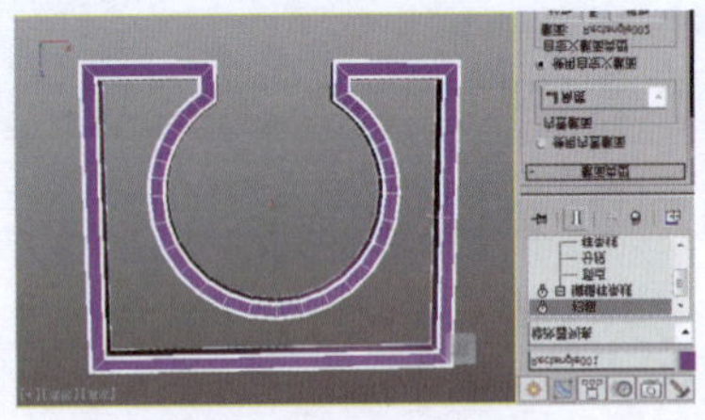
图9-85 调整出门框

⑬创建可渲染的样条线，设置合适的可渲染参数，如图9-86所示，花格效果制作完成。

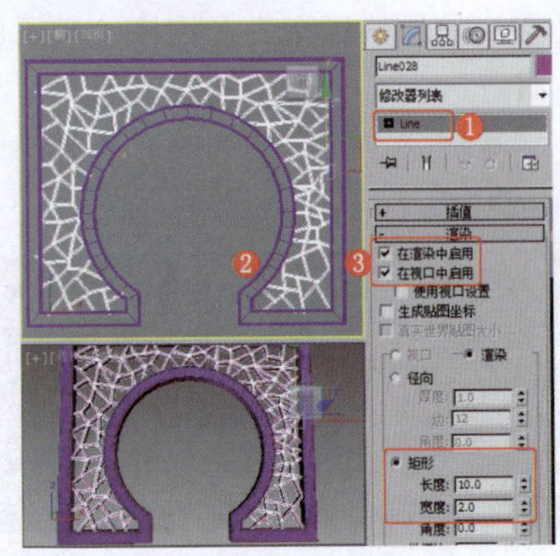
图9-86 制作花格效果

实例207 门洞类——中式方形门洞

实例效果剖析

门洞是空间与空间之间的过渡。本例制作的是一种中式方形门洞，该门洞在设计上考虑到了装饰和隔断空间的不同用途。

本例制作的中式方形门洞，效果如图9-87所示。

图9-87 效果展示

实例技术要点

本例主要用到的功能及技术要点如下。

- 施加“挤出”修改器：用于制作门洞的基本模型。
- 施加“壳”修改器：用于设置模型的壳效果。
- 施加“扫描”修改器：用于制作装饰边效果。

场景文件路径	Scene\第9章\实例207 中式方形门洞.max		
贴图文件路径	Map\		
视频路径	视频\ Cha09\实例207 中式方形门洞.mp4		
难易程度	★★	学习时间	24分40秒

实例208 门洞类——欧式门洞

实例效果剖析

本例制作的是一种欧式门洞，主要被放置在欧式装修的家居空间中。

本例制作的欧式门洞，效果如图9-88所示。

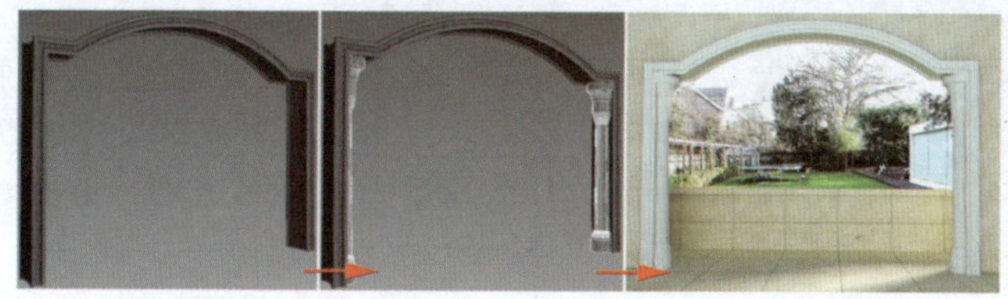

图9-88 效果展示

实例技术要点

本例主要用到的功能及技术要点如下。

- 施加“扫描”修改器：用于制作门洞的基本模型。
- 施加“车削”修改器：用于细化门洞的结构。
- 施加“编辑多边形”修改器：用于制作多边形的挤出效果。

实例制作步骤

场景文件路径	Scene\第9章\实例208 欧式门洞.max		
贴图文件路径	Map\		
视频路径	视频\ Cha09\实例208 欧式门洞.mp4		
难易程度	★★	学习时间	14分41秒

❶ 在“顶”视图中创建矩形，设置合适的参数，效果如图9-89所示。

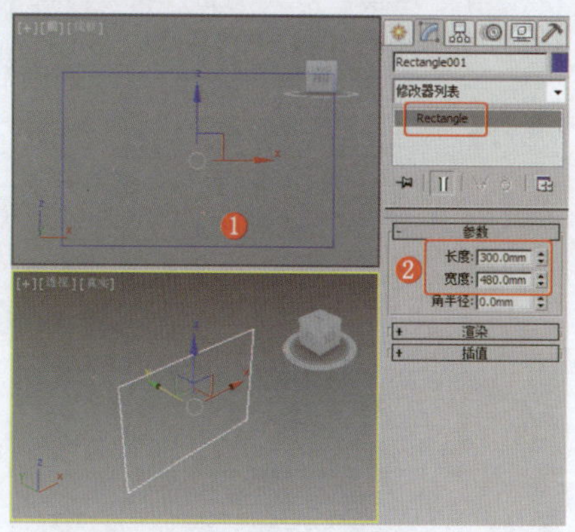

图9-89 创建矩形

❷ 在矩形的上方创建弧，设置合适的参数，效果如图9-90所示。

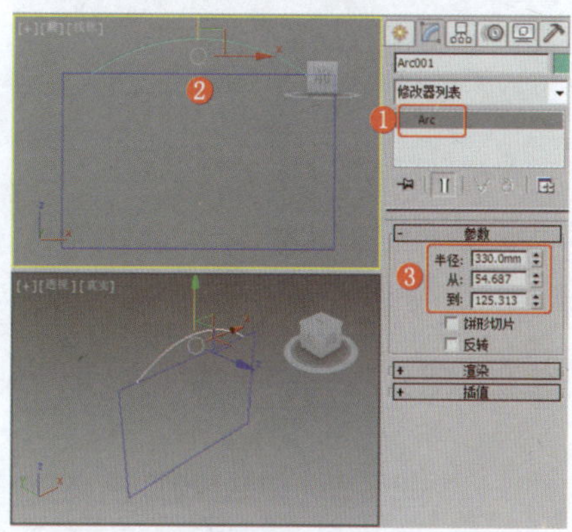

图9-90 创建弧

❸ 为矩形施加“编辑样条线”修改器，使用“附加”工具附加图形，效果如图9-91所示，复制场景中的弧。

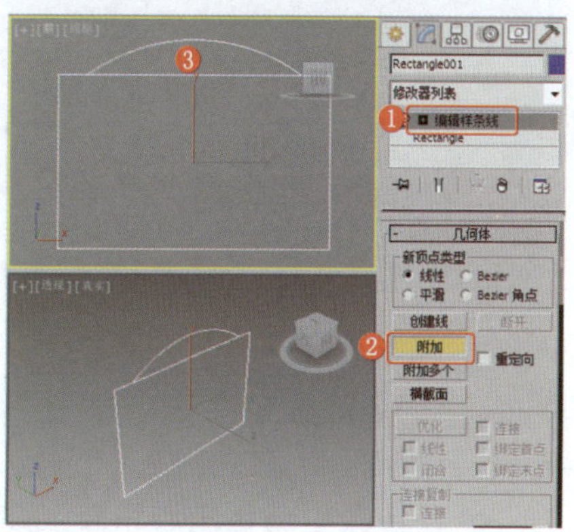

图9-91 附加图形

❹ 使用“优化”工具在弧与矩形的交叉位置优化矩形，效果如图9-92所示。

❺ 将选择集定义为“分段”，在场景中删除优化的分段，将选择集定义为“顶点”，焊接顶点，效果如图9-93所示。

提 示

将“焊接”参数设置为较大的数值，可以焊接一定距离的顶点，

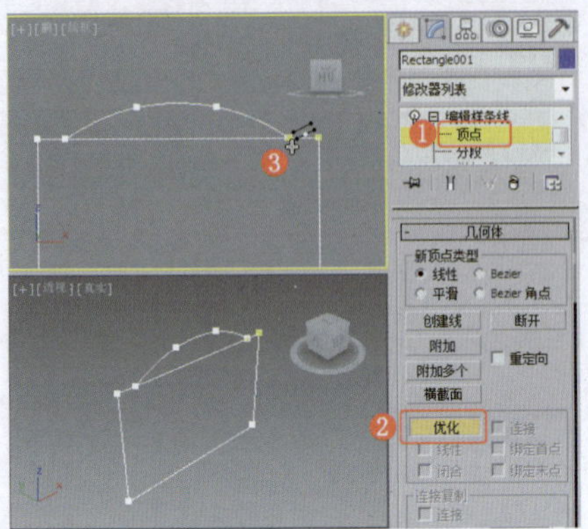
图9-92 优化矩形

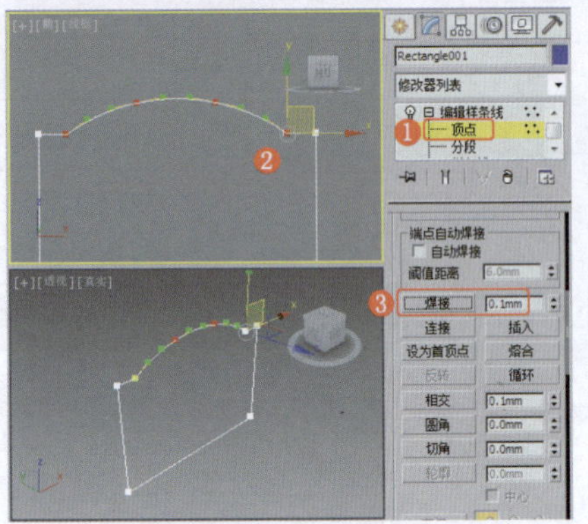
图9-93 焊接顶点

❻ 将选择集定义为“分段”，删除底部的分段，效果如图9-94所示。

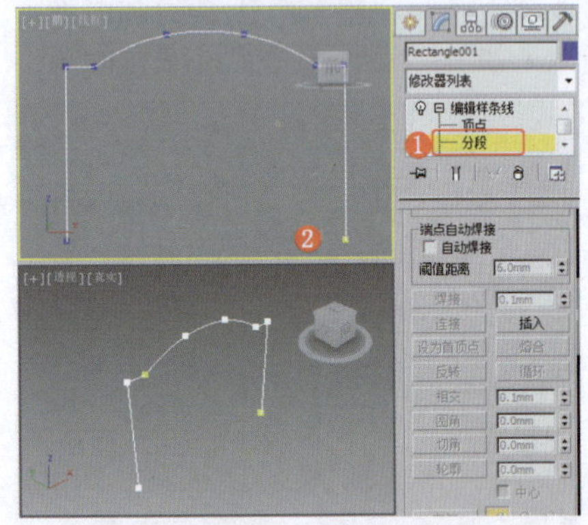
图9-94 删除分段

❼ 在场景中创建矩形和圆，并将图形附加在一起，效果如图9-95所示。

❽ 使用“修剪”工具修剪图形的形状，效果如图9-96所示。

❾ 将选择集定义为“顶点”，使用“焊接”工具焊接顶点，效果如图9-97所示。

❿ 在场景中选择门框图形，为图形施加“扫描”修改器，单击“使用自定义截面”单选按钮，单击“拾取”按钮，拾取截面图形，效果如图9-98所示。

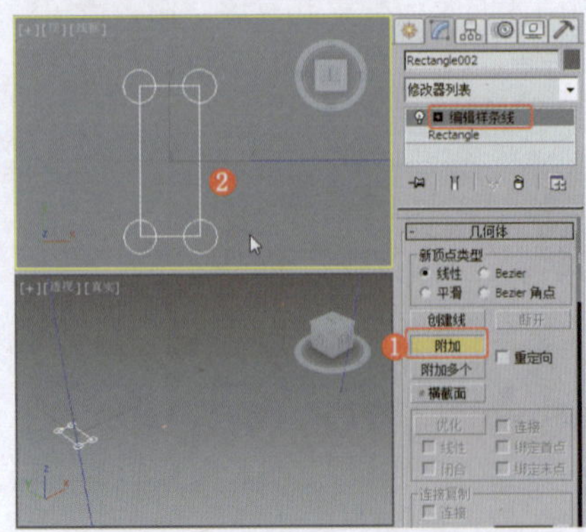
图9-95 附加图形

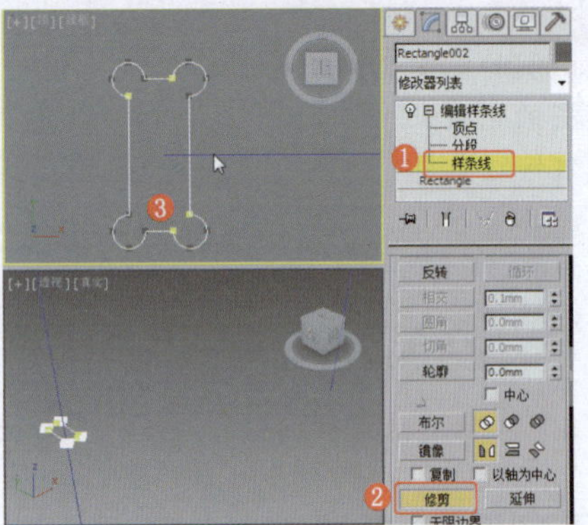
图9-96 修剪图形

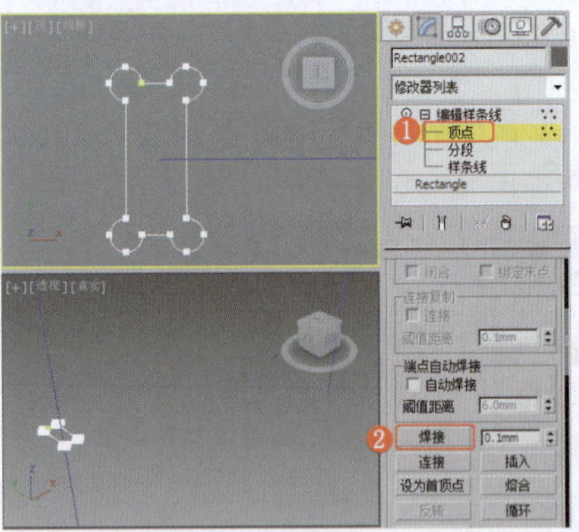
图9-97 焊接顶点

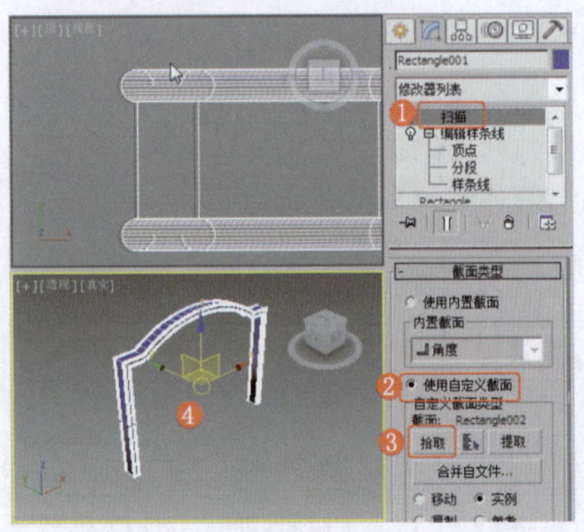
图9-98 施加“扫描”修改器

⓫ 在“前”视图中创建图形，效果如图9-99所示，将其作为截面图形。

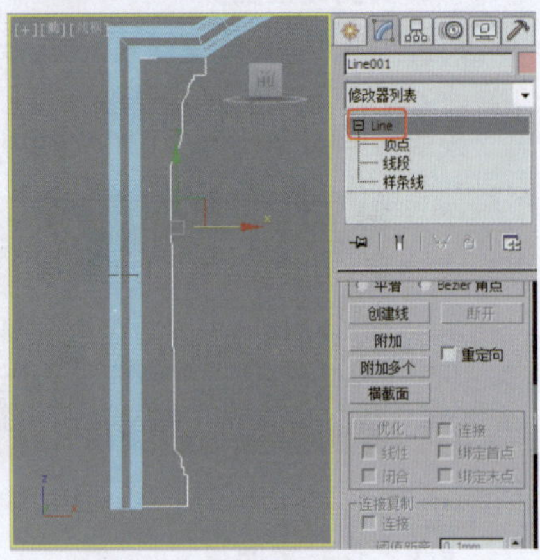
图9-99 创建截面图形

⓬ 为图形施加“车削”修改器，设置合适的参数，效果如图9-100所示。

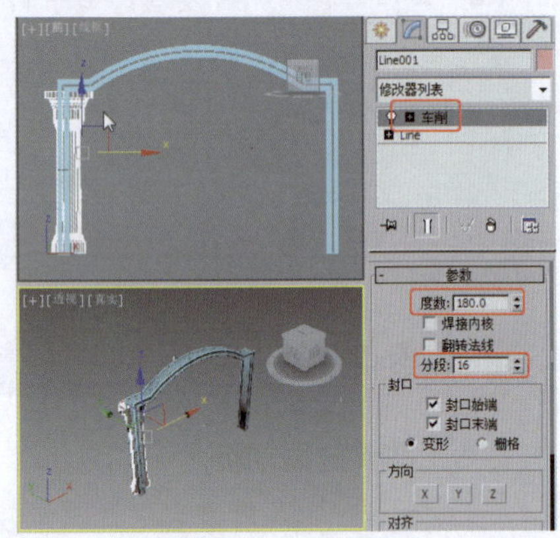
图9-100 车削模型

⓭ 在场景中调整模型的角度，为模型施加“编辑多边形”修改器，将选择集定义为“多边形”，在场景中选择多边形，效果如图9-101所示。

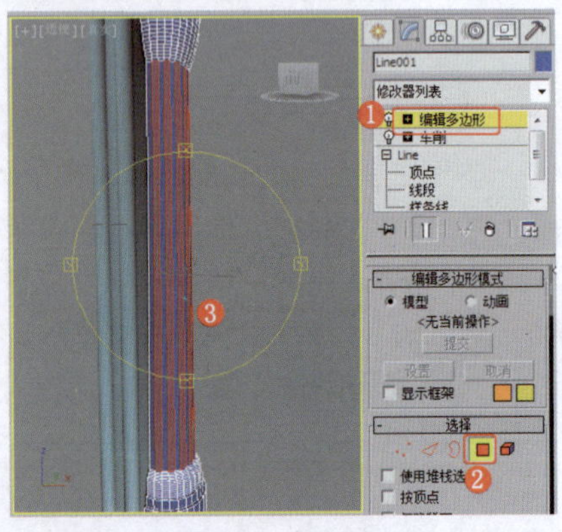
图9-101 选择多边形

⓮ 设置多边形的“挤出”参数，效果如图9-102所示。

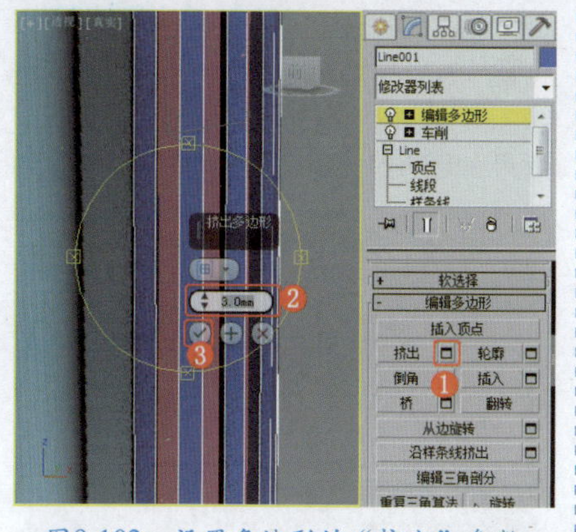
图9-102 设置多边形的"挤出"参数

⑮ 将完成的模型进行复制，效果如图9-103所示。

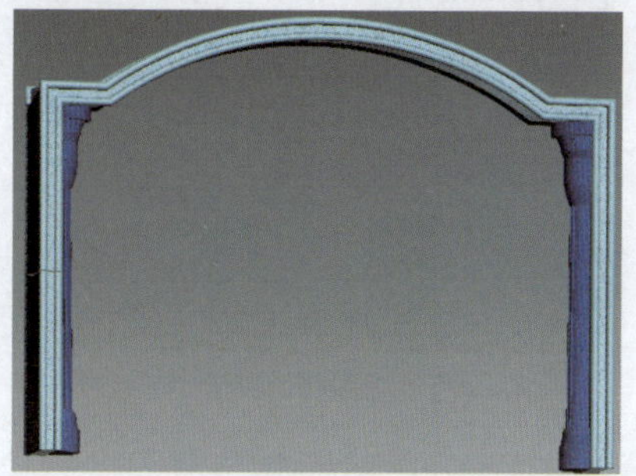
图9-103 完成模型的制作

实例209 窗类——六边窗

实例效果剖析

多边窗是中式建筑中常见的一种窗格效果。本例制作的中式六边窗，效果如图9-104所示。

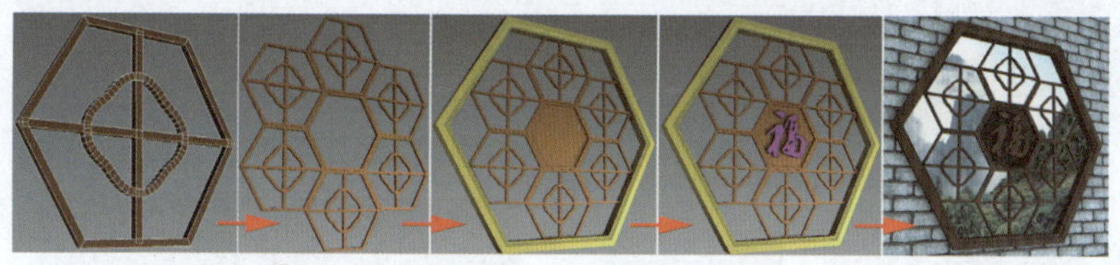
图9-104 效果展示

实例技术要点

本例主要用到的功能及技术要点如下。

- 施加"编辑样条线"修改器：用于调整图形的形状。
- 转换为"可渲染样条线"：用于设置图形的可渲染效果。
- 施加"扫描"修改器：用于制作边框模型。
- 施加"挤出"修改器：用于制作中间窗格的效果。
- 施加"倒角"修改器：用于设置文本的倒角效果。

实例制作步骤

场景文件路径	Scene\第9章\实例209 六边窗.max		
贴图文件路径	Map\		
视频路径	视频\ Cha09\实例209 六边窗.mp4		
难易程度	★★	学习时间	15分12秒

❶ 在"前"视图中创建多边形，设置合适的参数，效果如图9-105所示。

❷ 继续在多边形的内侧创建圆和线，效果如图9-106所示。

❸ 为圆施加"编辑样条线"修改器，将选择集定义为"顶点"，调整圆的形状，效果如图9-107所示。

❹ 为多边形施加"编辑样条线"修改器，将图形附加到一起，将其转换为"可渲染样条线"，设置合适的可渲染参数，效果如图9-108所示。

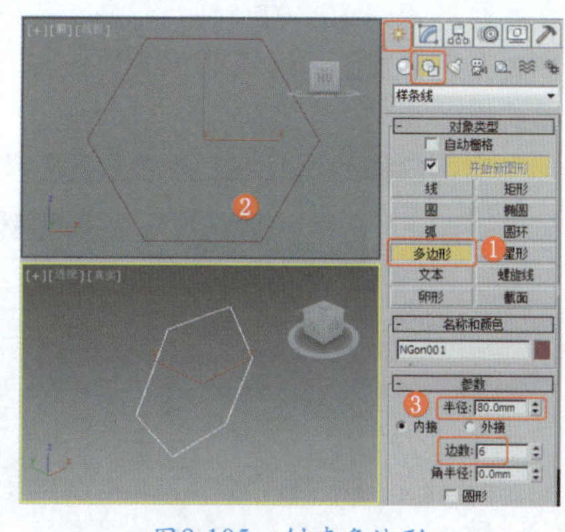
图9-105 创建多边形

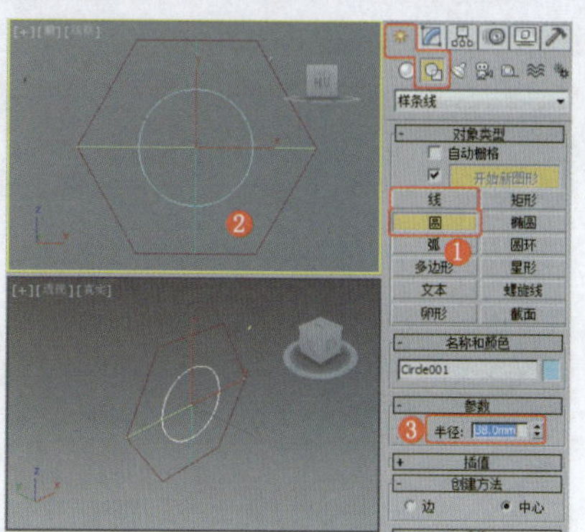
图9-106 创建图形

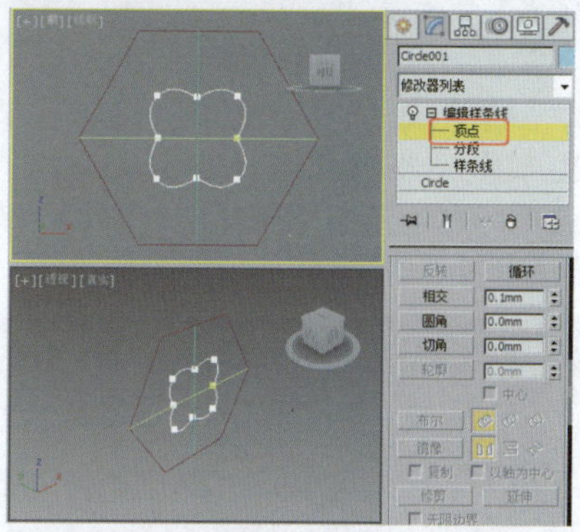
图9-107 调整圆

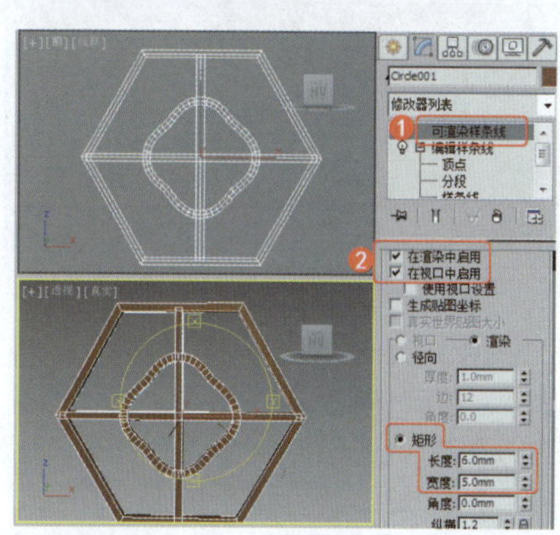
图9-108 设置图形的可渲染参数

❺ 对制作的窗花进行复制，并在其外侧创建多边形，设置合适的参数，效果如图9-109所示。

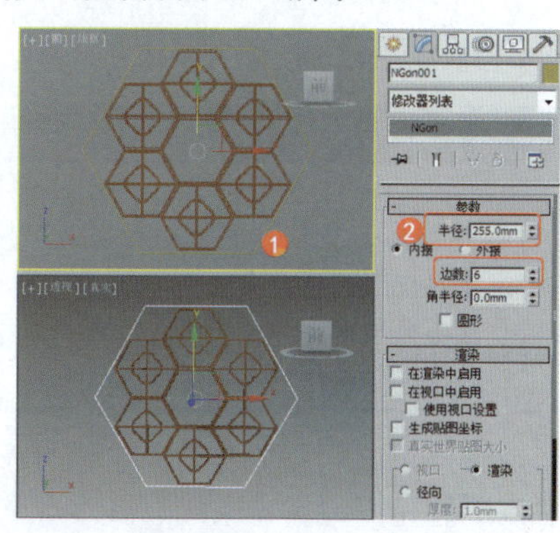
图9-109 创建多边形

❻ 在"顶"视图中创建矩形，设置合适的参数，将其作为扫描的截面

图形，效果如图9-110所示。

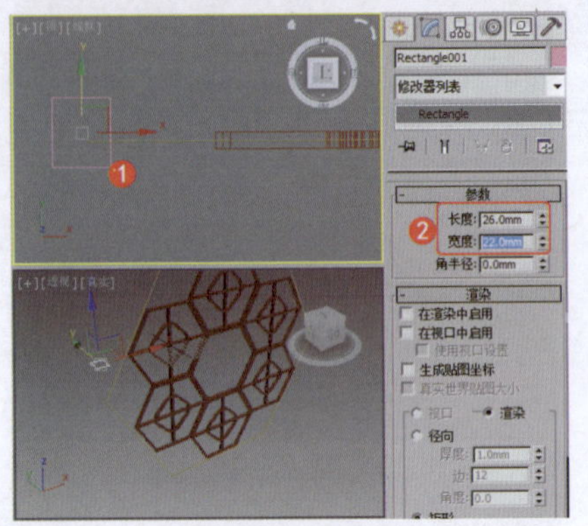

图9-110 创建矩形

❼ 为截面图形施加“编辑样条线”修改器，将选择集定义为“顶点”，在场景中调整图形的形状，效果如图9-111所示。

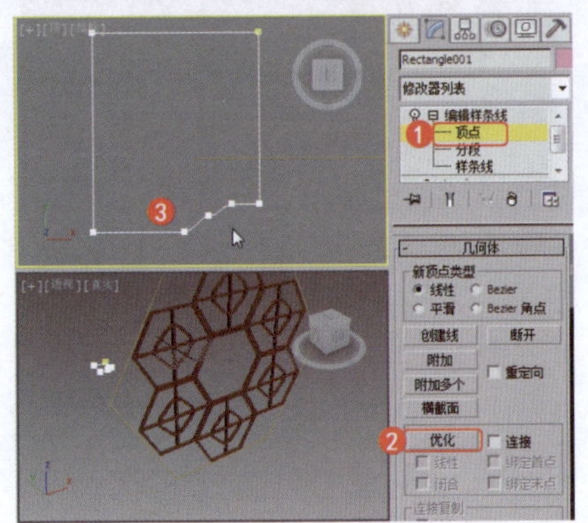

图9-111 调整图形的形状

❽ 在场景中选择多边形，为其施加“扫描”修改器，单击“使用自定义截面”单选按钮，单击“拾取”按钮，在场景中拾取调整的截面图形，设置合适的“扫描参数”卷展栏参数，效果如图9-112所示。

❾ 在场景中选择扫描出的模型，在修改器堆栈中选择“多边形”，并修改多边形的“半径”参数，效果如图9-113所示。

注 意

对于施加了修改器的模型，其使用到的修改器都会被放置在修改器堆栈中，可以随时调整其中的任何一项，不过尽量不要随便调整“FFD”修改器以下的其他修改器，以免发生错误。

❿ 在场景中复制花格，在修改器堆栈中选择“编辑样条线”修改器，将选择集定义为“分段”，删除内侧的花纹，并修改“可渲染样条线”的可渲染参数，效果如图9-114所示。

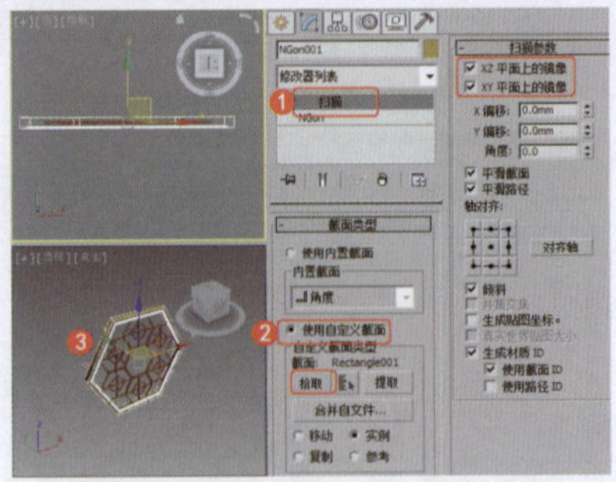

图9-112 施加“扫描”修改器

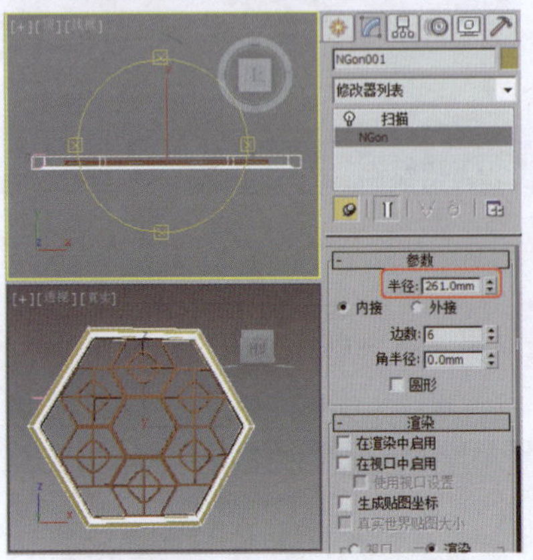

图9-113 修改参数

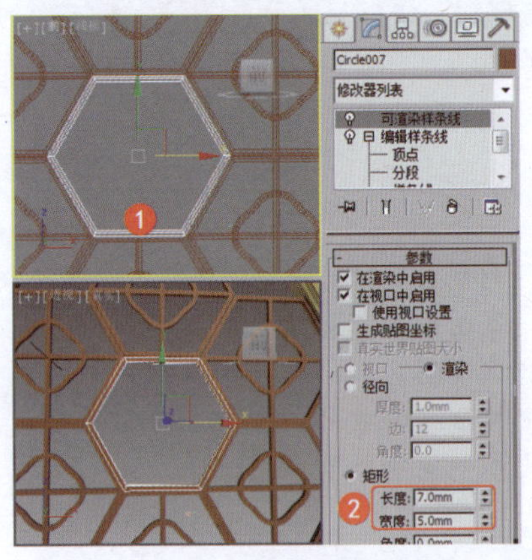

图9-114 调整可渲染参数

⓫ 对修改的多边形进行复制，删除修改器堆栈中的“可渲染样条线”，为图形施加“挤出”修改器，效果如图9-115所示。

图9-115 施加“挤出”修改器

⓬ 在“前”视图中窗框的中心位置创建文本“福”，设置合适的参数，为其施加“倒角”修改器并设置合适的参数，效果如图9-116所示，中式六边窗制作完成。

图9-116 创建文字

实例210 窗类——百叶窗

实例效果剖析

百叶窗是窗式的一种，起源于中国。在中国古代建筑中，窗格为直条的被称为“直棂窗”，窗格为横条的被称为“卧棂窗”。卧棂窗即百叶窗的一种原始式样。

本例制作的百叶窗，效果如图9-117所示。

图9-117 效果展示

实例技术要点

本例主要用到的功能及技术要点如下。

- 施加“编辑多边形”修改器：用于制作窗框效果。

场景文件路径	Scene\第9章\实例210 百叶窗.max		
贴图文件路径	Map\		
视频路径	视频\ Cha09\实例210 百叶窗.mp4		
难易程度	★★	学习时间	11分19秒

实例211 窗类——欧式窗

实例效果剖析

欧式窗主要表现为柔美的曲线和复古的花纹。本例制作的是一种相对较为简单的欧式窗，效果如图9-118所示。

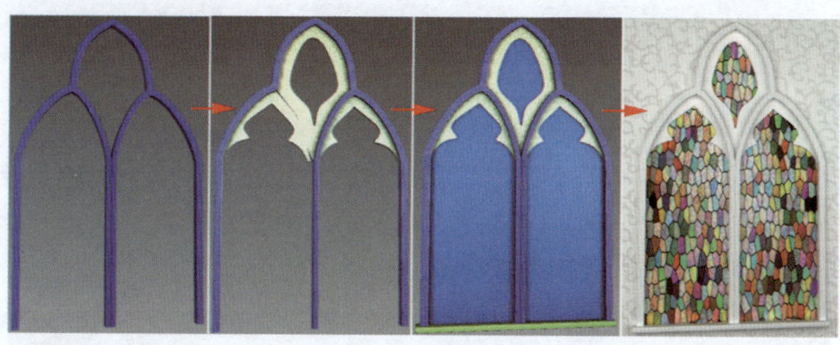

图9-118 效果展示

实例技术要点

本例主要用到的功能及技术要点如下。

- 施加“扫描”修改器：用于制作窗框的基本模型。
- 施加“挤出”修改器：用于制作欧式窗的细部结构。

实例制作步骤

场景文件路径	Scene\第9章\ 实例211 欧式窗.max		
贴图文件路径	Map\		
视频路径	视频\ Cha09\实例211 欧式窗.mp4		
难易程度	★★	学习时间	17分46秒

❶ 在“前”视图中绘制线，调整线的形状，将其作为窗框，效果如图9-119所示。

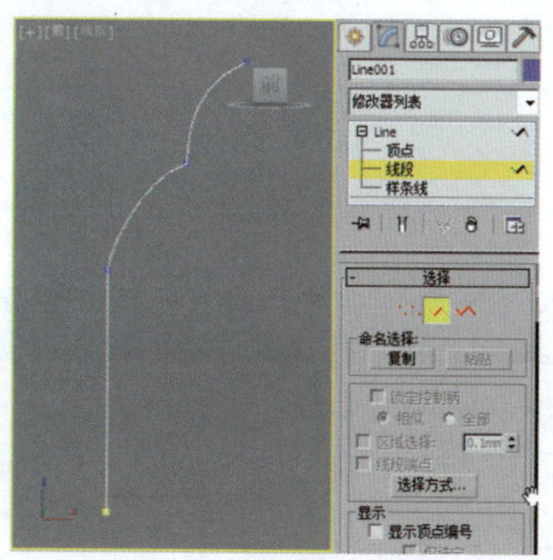

图9-119 创建窗框图形

❷ 在“顶”视图中创建矩形，设置合适的参数，效果如图9-120所示。

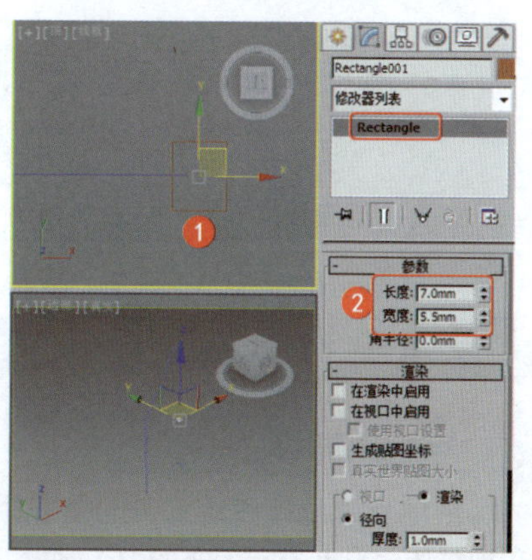

图9-120 创建矩形

❸ 为矩形施加“编辑样条线”修改器，将选择集定义为“分段”，使用“拆分”工具拆分矩形，然后将选择集定义为“顶点”，在场景中调整图形的形状，效果如图9-121所示。

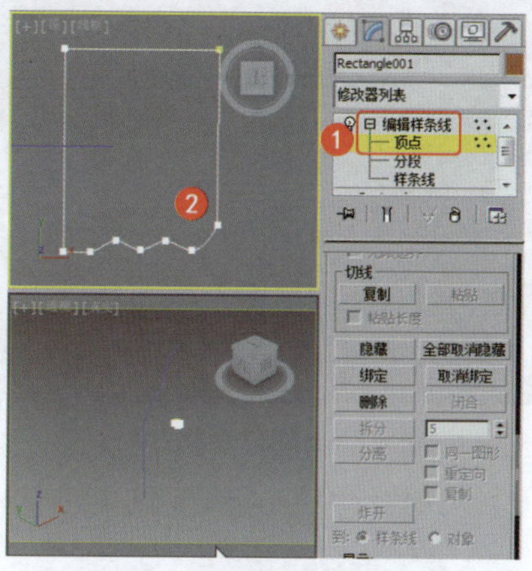

图9-121 调整图形的形状

❹ 在场景中选择窗框图形，为其施加“扫描”修改器，在场景中拾取调整后的矩形，设置合适的参数，效果如图9-122所示。

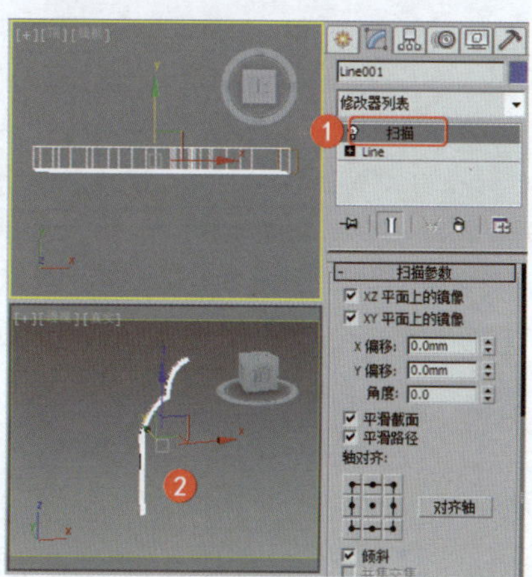

图9-122 施加“扫描”修改器

❺ 镜像“实例”复制模型，并为其施加“编辑多边形”修改器，将选择集定义为“顶点”，在场景中调整模型的顶点，效果如图9-123所示。

❻ 复制出多边形，将其作为内部窗框的隔断，并对其进行调整，效果如图9-124所示。

> **注 意**
>
> 在复制多边形时，首先将选择集定义为“多边形”，按住Shift键移动复制出多边形，然后选择复制出的多边形，使用“分离”工具将其分离出来。

❼ 在“前”视图中创建图形，调整图形的形状，并施加“挤出”修改

器，效果如图9-125所示。

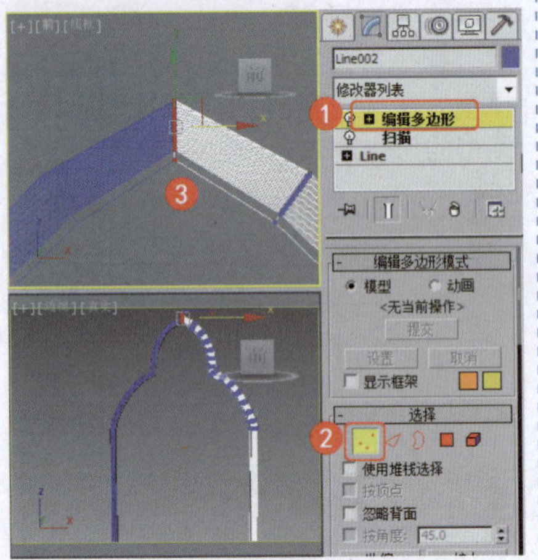

图9-123　调整模型的顶点

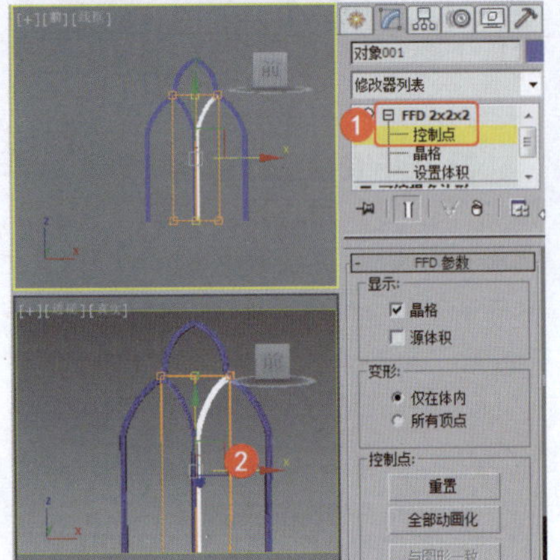

图9-124　复制并调整

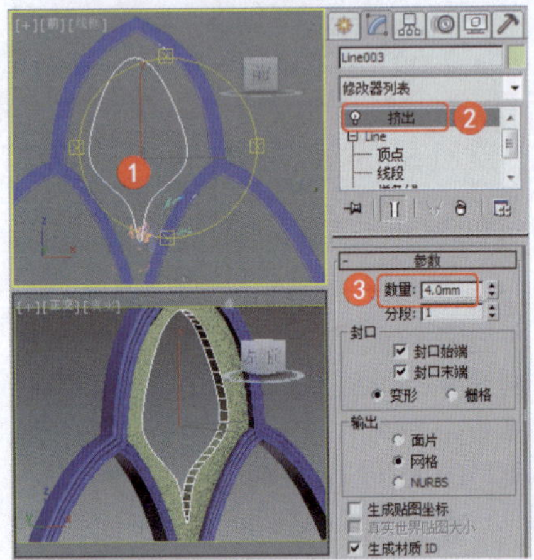

图9-125　施加“挤出”修改器

❽ 使用同样的方法，创建图形并施加“挤出”修改器，效果如图9-126所示。

❾ 在“前”视图中创建图形并施加“挤出”修改器，制作出玻璃效果，然后创建切角长方体，将其作为窗台，效果如图9-127所示，欧式窗制作完成。

图9-126　挤出模型

图9-127　制作窗台和玻璃

实例212　窗类——内置窗

实例效果剖析

在3ds Max中内置的“窗”工具有六种，可以在制作窗户时使用相应的工具创建模型，然后再对模型进行修改，得到想要的窗户效果。

本例制作的内置窗，效果如图9-128所示。

图9-128　效果展示

实例技术要点

本例主要用到的功能及技术要点如下。

- 使用“窗”工具：创建模型并设置合适的参数，即可得到想要的窗户效果。

场景文件路径	Scene\第9章\实例212 内置窗.max		
贴图文件路径	Map\		
视频路径	视频\ Cha09\实例212 内置窗.mp4		
难易程度	★★	学习时间	6分26秒

实例213　屏风类——中式屏风

实例效果剖析

屏风作为我国传统家具的重要组成部分由来已久，经过改善发展，成为现在种类繁多和花样丰富的家居构件。

本例制作的中式屏风，效果如图9-129所示。

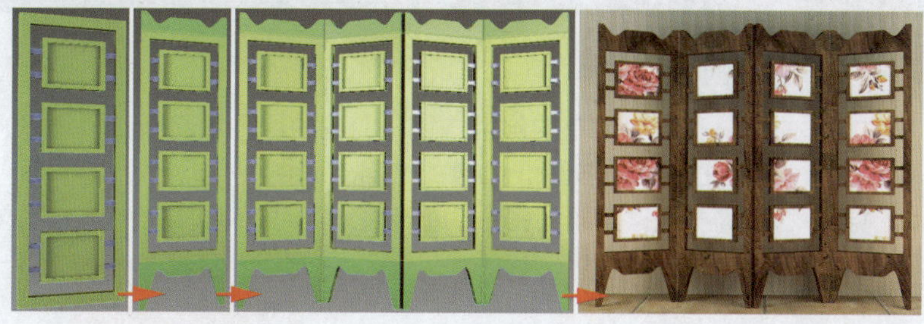

图9-129 效果展示

实例技术要点

本例主要用到的功能及技术要点如下。

- 施加“编辑多边形”修改器：用于制作画框的凹面。
- 施加“挤出”修改器：用于挤出装饰图形的厚度。

实例制作步骤

场景文件路径	Scene\第9章\实例213 中式屏风.max		
贴图文件路径	Map\		
视频路径	视频\Cha09\实例213 中式屏风.mp4		
难易程度	★★	学习时间	15分2秒

❶ 在“前”视图中创建可渲染的矩形，设置合适的参数，效果如图9-130所示。

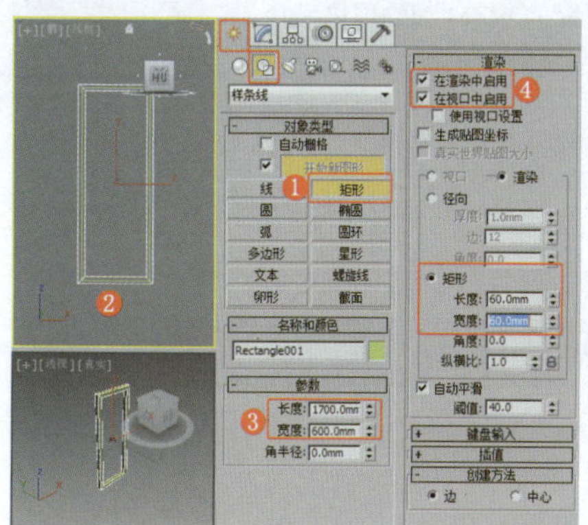

图9-130 创建可渲染的矩形

❷ 在“前”视图中矩形的内侧创建长方体，设置合适的参数，将其作为屏风中的画框，效果如图9-131所示。

❸ 为长方体施加“编辑多边形”修改器，将选择集定义为“顶点”，在场景中调整顶点，效果如图9-132所示。

❹ 将选择集定义为“多边形”，在场景中选择如图9-133所示的多边形，并设置其“挤出”参数。

❺ 创建可渲染的线，将其作为画框的支架，效果如图9-134所示。

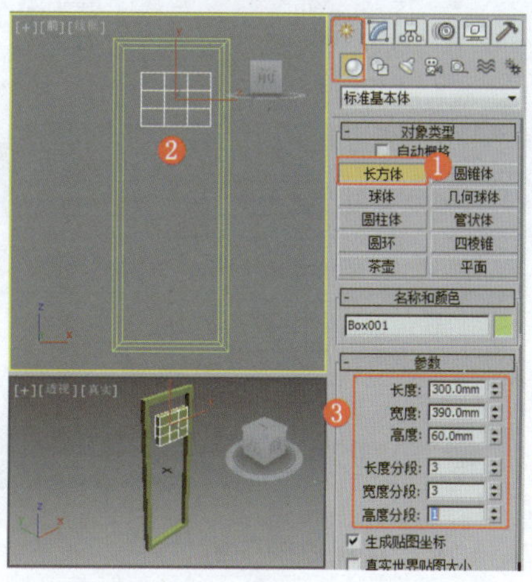

图9-131 创建长方体

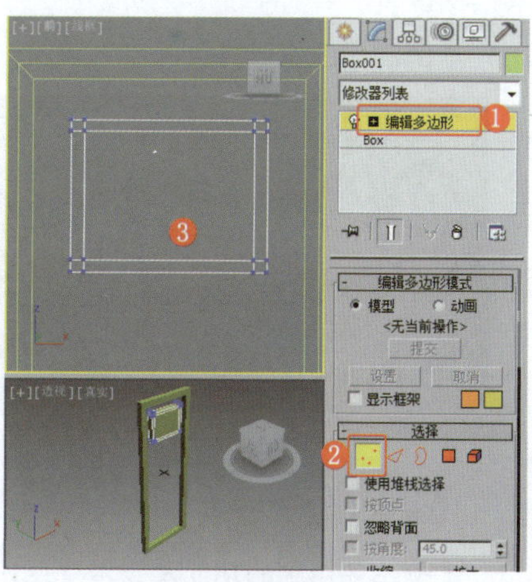

图9-132 调整模型的顶点

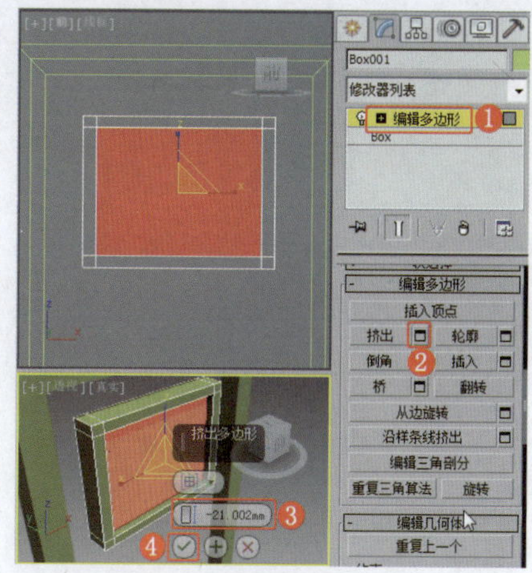

图9-133 设置多边形的“挤出”参数

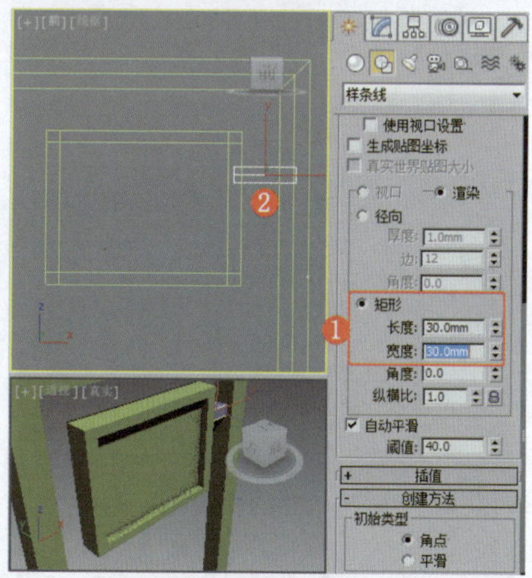

图9-134 创建可渲染的线

❻ 在场景中复制中间的画框和画框支架，效果如图9-135所示。

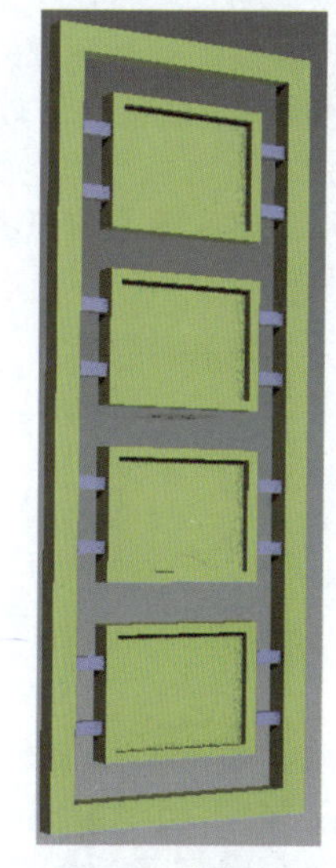

图9-135 复制模型

❼ 在模型的顶部创建矩形，设置合适的参数，取消其可渲染设置，为其施加“编辑样条线”修改器，设置“分段”的“拆分”参数，效果如图9-136所示。

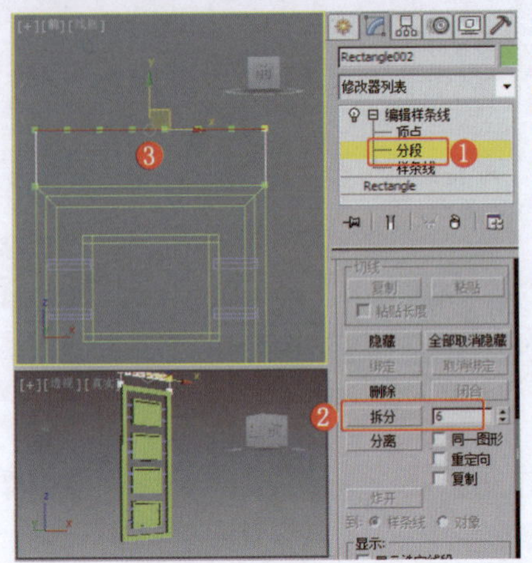
图9-136　拆分图形

❽ 调整拆分出的顶点，效果如图9-137所示。

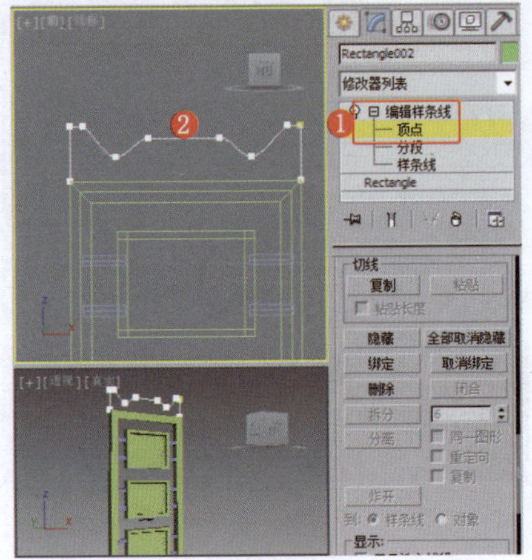
图9-137　调整图形的形状

❾ 为图形施加"挤出"修改器，设置合适的参数，复制顶部的装饰到底端，调整模型的形状，效果如图9-138所示，单扇屏风制作完成，对模型进行复制，完成整个屏风的制作，在此不再赘述。

图9-138　复制并制作底部模型

实例214　屏风类——简约屏风

实例效果剖析

本例制作的是一种较为简单的屏风。风格简约的屏风看起来比较舒服，没有太多的琐碎，适合被摆放在安静、雅致的家居空间中。

本例制作的简约屏风，效果如图9-139所示。

图9-139　效果展示

实例技术要点

本例主要用到的功能及技术要点如下。

- 使用"折叠门"工具：用于创建折叠门模型。
- 施加"编辑多边形"修改器：用于删除不需要的模型并设置模型的材质ID。

场景文件路径	Scene\第9章\实例214 简约屏风.max		
贴图文件路径	Map\		
视频路径	视频\ Cha09\实例214 简约屏风.mp4		
难易程度	★★	学习时间	6分58秒

实例215　屏风类——弧形屏风

实例效果剖析

本例制作的是一种田园风格的弧形屏风，其设计初衷是配合家居空间舒适、惬意的氛围。

本例制作的弧形屏风，效果如图9-140所示。

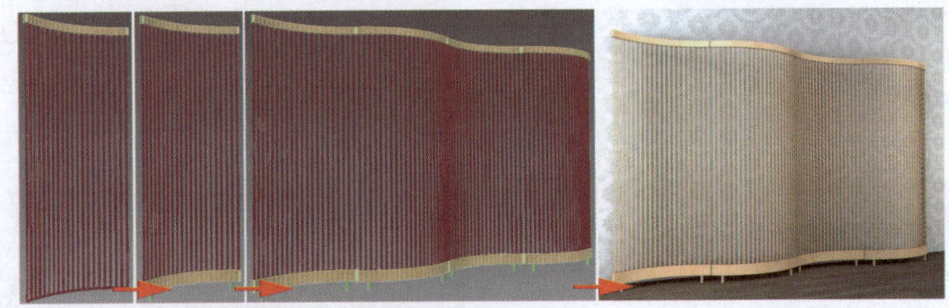
图9-140　效果展示

实例技术要点

本例主要用到的功能及技术要点如下。

- 施加"晶格"修改器：用于设置平面的晶格效果。

- 施加“挤出”修改器：用于制作屏风的顶部结构。
- 施加“编辑样条线”修改器：用于设置图形的轮廓和圆角效果。

实例制作步骤

场景文件路径	Scene\第9章\实例215 弧形屏风.max		
贴图文件路径	Map\		
视频路径	视频\ Cha09\实例215 弧形屏风.mp4		
难易程度	★★	学习时间	9分4秒

❶ 在“顶”视图中创建弧，设置合适的参数，效果如图9-141所示。

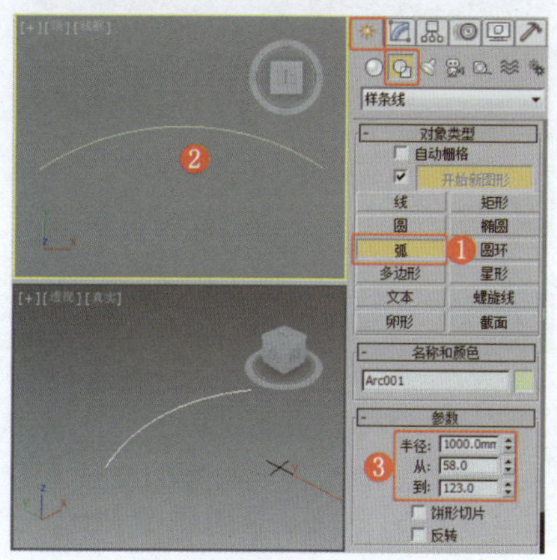

图9-141 创建弧

❷ 为弧施加“编辑样条线”修改器，使用“轮廓”工具在场景中调整样条线的轮廓，效果如图9-142所示。

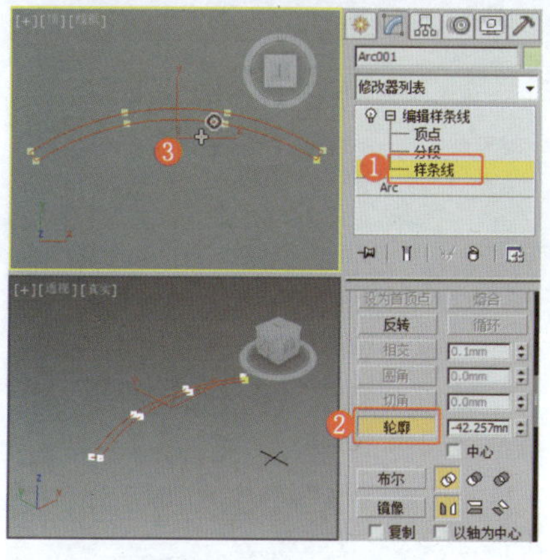

图9-142 调整弧的轮廓

❸ 将选择集定义为“顶点”，在场景中调整图形的圆角效果，效果如图9-143所示。

❹ 为图形施加“挤出”修改器，将其作为弧形屏风的顶部，效果如图9-144所示。

❺ 在“前”视图中创建平面，设置合适的参数，效果如图9-145所示。

❻为平面施加“弯曲”修改器，设置合适的参数，效果如图9-146所示。

❼ 为平面施加“晶格”修改器，设置合适的参数，效果如图9-147所示。

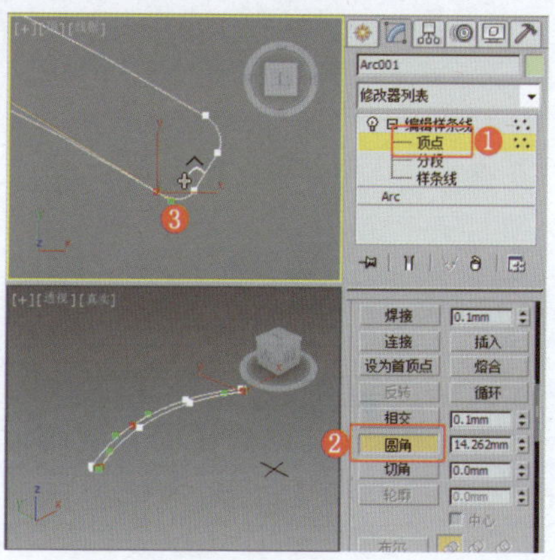

图9-143 调整圆角效果

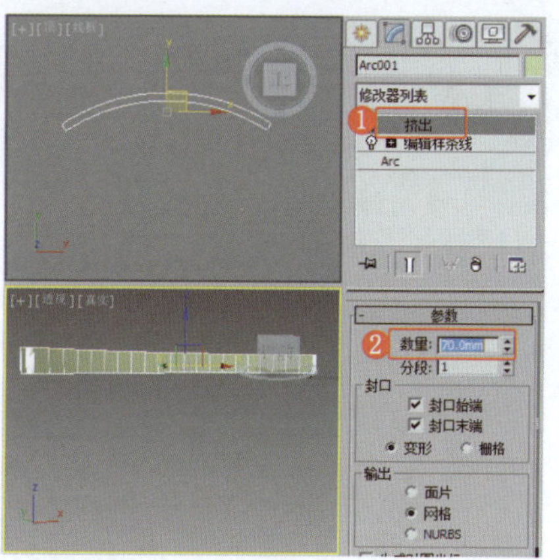

图9-144 创建顶部模型

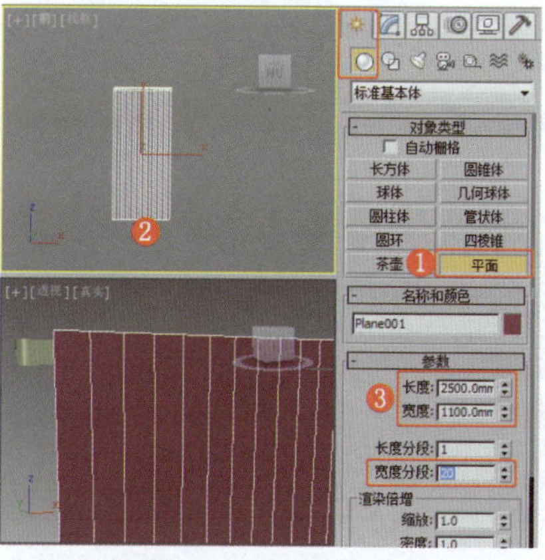

图9-145 创建平面

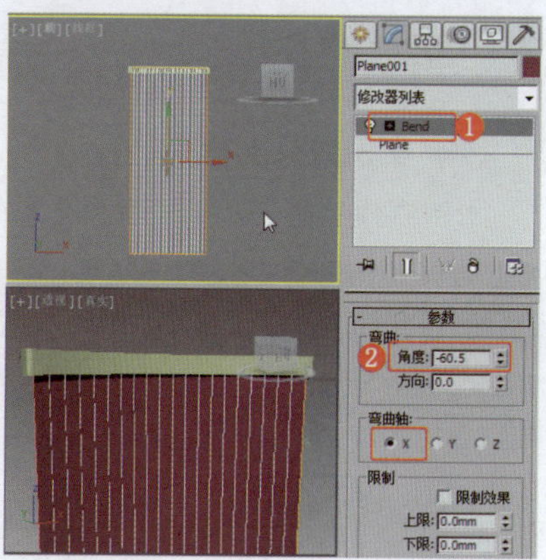

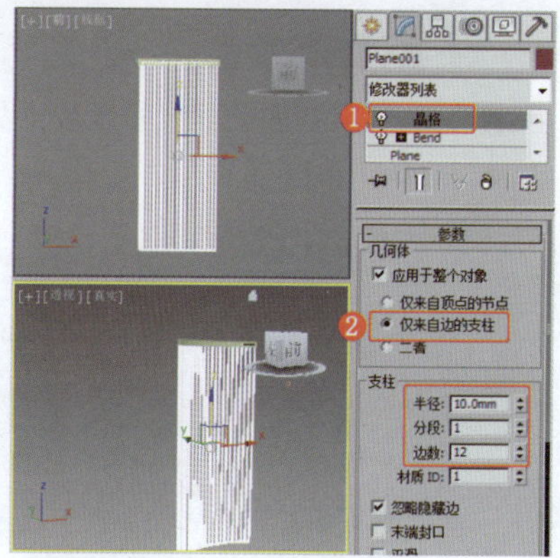

图9-146 施加“弯曲”修改器

图9-147 施加“晶格”修改器

❽ 在场景中复制顶部模型到底部，创建圆柱体，将其作为支架，效果如图9-148所示。

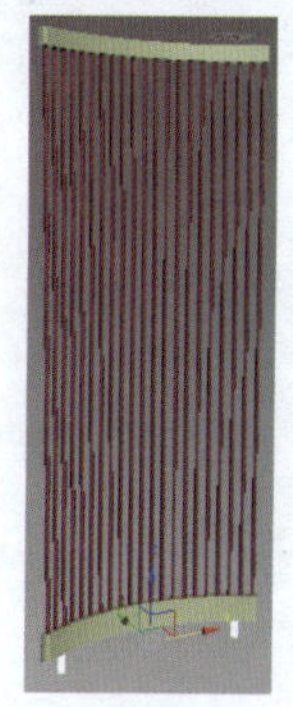

图9-148 创建支架模型

❾ 在场景中对模型进行复制，效果如图9-149所示，弧形屏风制作完成。

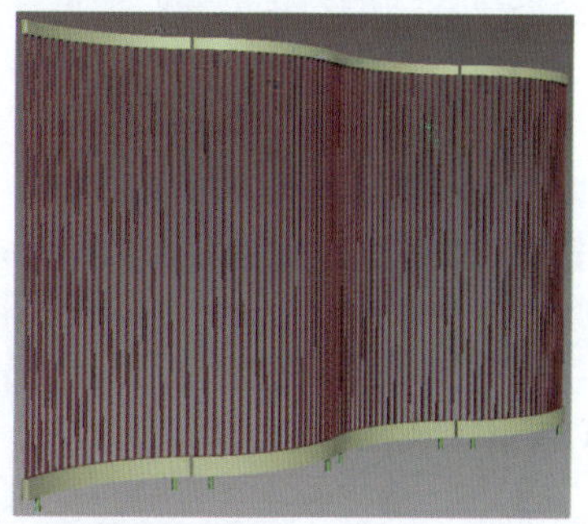

图9-149 完成的屏风效果

实例216 栏杆类——铁艺护栏

实例效果剖析

本例制作的是一种用于保护花木的铁艺护栏，效果如图9-150所示。

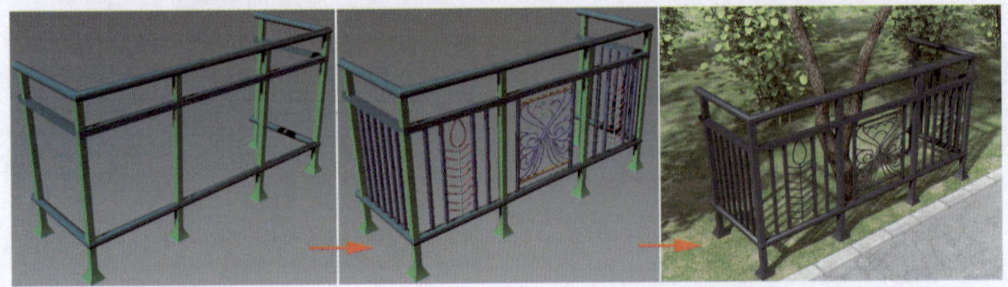

图9-150 效果展示

实例技术要点

本例主要用到的功能及技术要点如下。

- 施加"编辑多边形"修改器：用于缩放顶点，制作出栏杆支架。

实例制作步骤

场景文件路径	Scene\第9章\实例216 铁艺护栏.max		
贴图文件路径	Map\		
视频路径	视频\ Cha09\实例216 铁艺护栏.mp4		
难易程度	★★	学习时间	22分53秒

❶ 在"顶"视图中创建可渲染的线，设置合适的渲染参数，效果如图9-151所示。

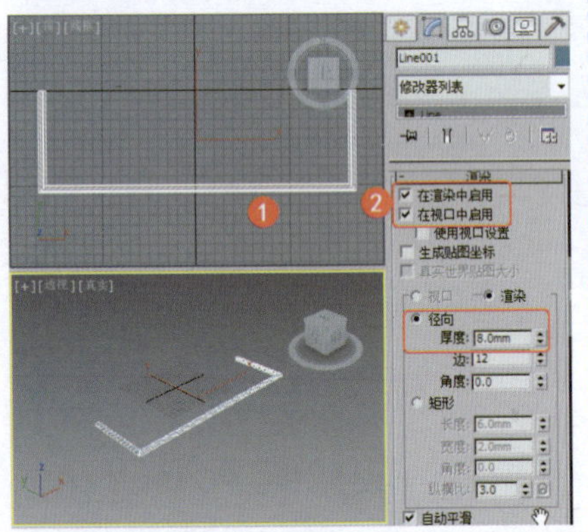

图9-151 创建可渲染的线

❷ 在"前"视图中创建可渲染的线，设置合适的渲染参数，效果如图9-152所示。

❸ 为模型施加"编辑多边形"修改器，将选择集定义为"顶点"，在场景中缩放模型底部的顶点，效果如图9-153所示，制作护栏支架的基本模型。

❹ 在场景中复制模型，效果如图9-154所示。

❺ 在"前"视图中继续创建可渲染的线，为其施加"FFD 2×2×2"修改器，调整出花纹效果，效果如图9-155所示。

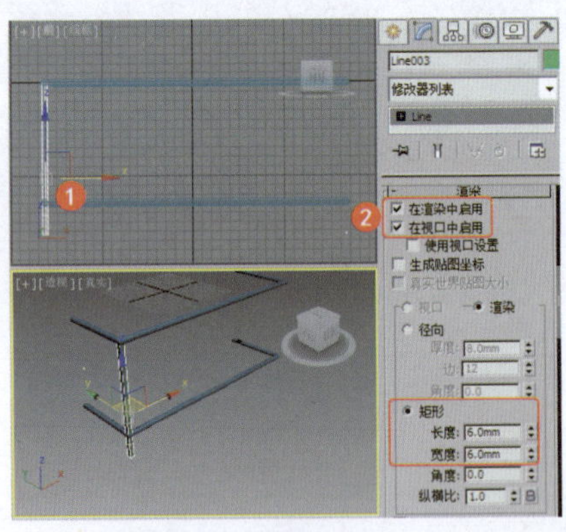

图9-152 创建可渲染的线

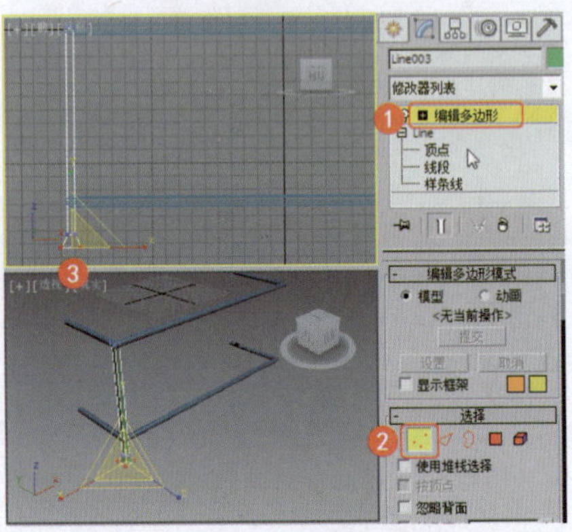

图9-153 缩放顶点

图9-154 复制模型

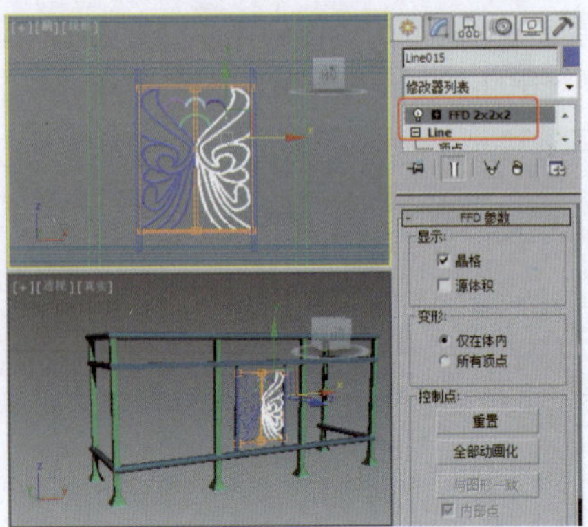

图9-155 创建花纹

❻ 在场景中创建如图9-156所示的可渲染的线，设置合适的可渲染参数。

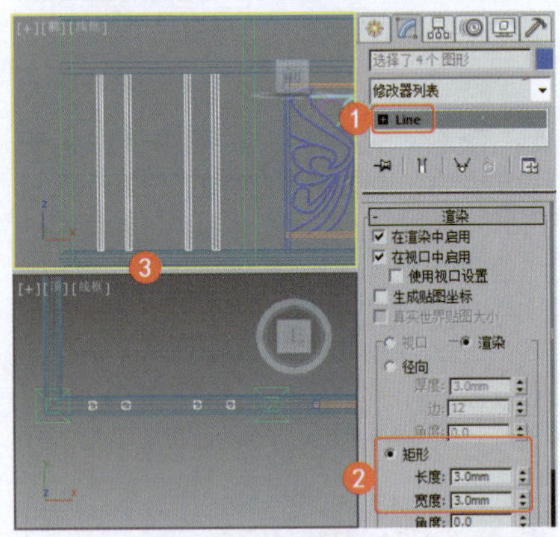

图9-156 创建可渲染的线

❼ 在"前"视图中创建可渲染的线，效果如图9-157所示。

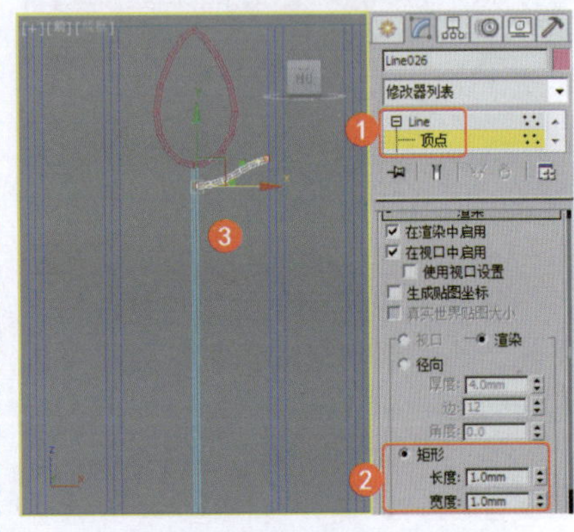

图9-157 创建可渲染的线

❽ 复制线，效果如图9-158所示。

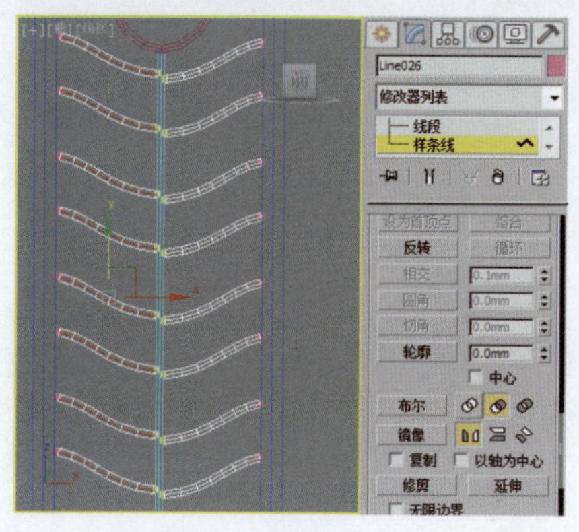

图9-158　复制线

❾ 复制线，效果如图9-159所示，铁艺护栏制作完成。

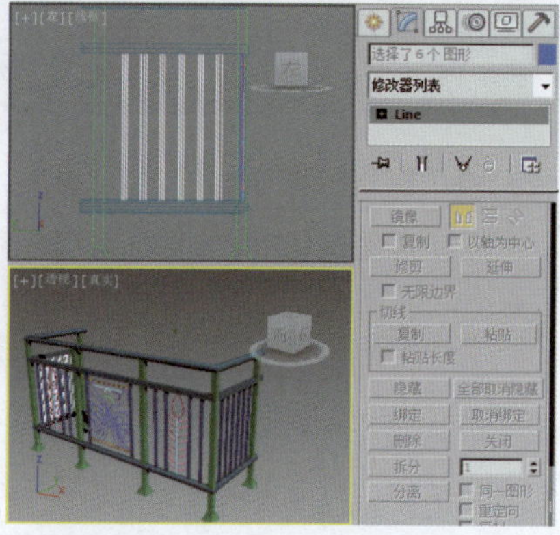

图9-159　完成的铁艺护栏效果

实例217　栏杆类——木质栏杆

实例效果剖析

木质栏杆在花圃和园林中主要被用于保护花草。

本例制作的木质栏杆，效果如图9-160所示。

图9-160　效果展示

实例技术要点

本例主要用到的功能及技术要点如下。

- 施加"挤出"修改器：用于制作木质栏杆的基本模型。

实例制作步骤

场景文件路径	Scene\第9章\实例217 木质栏杆.max		
贴图文件路径	Map\		
视频路径	视频\ Cha09\实例217 木质栏杆.mp4		
难易程度	★★	学习时间	4分35秒

❶ 在"前"视图中创建矩形，设置合适的参数，效果如图9-161所示。

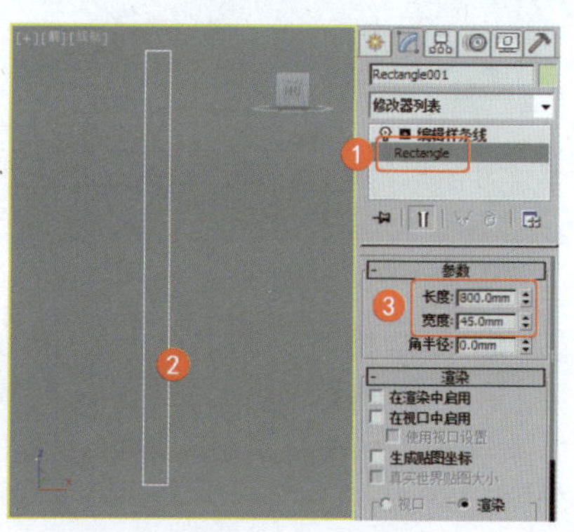

图9-161　创建矩形

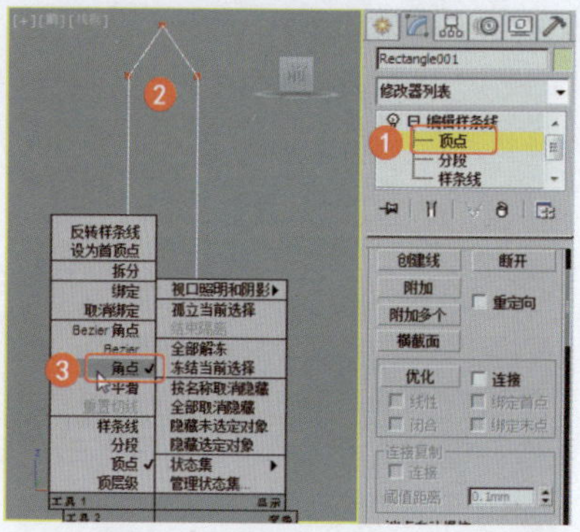

❷ 为矩形施加"编辑样条线"修改器，将选择集定义为"顶点"，将顶点定义为"角点"，在场景中调整图形的形状，效果如图9-162所示。

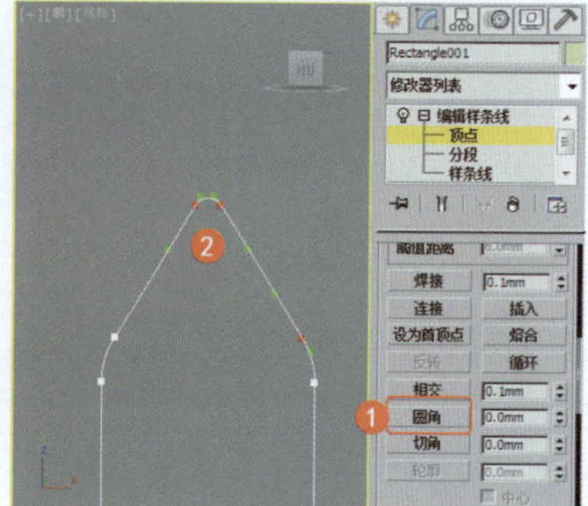

图9-162　调整矩形的形状

❸ 使用"圆角"工具调整图形顶部的圆角效果，如图9-163所示。

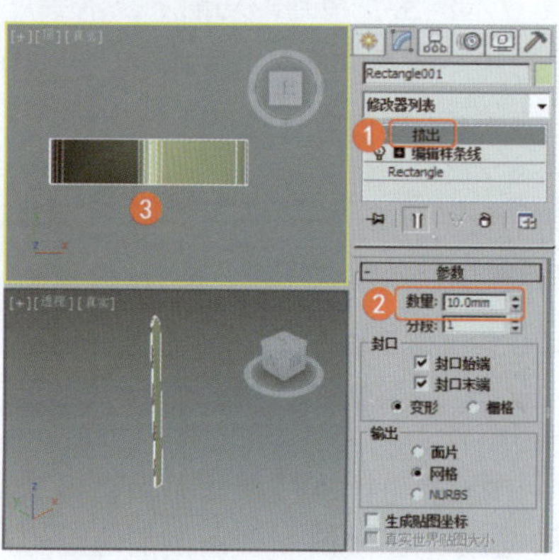

图9-163　调整圆角效果

❹ 为图形施加"挤出"修改器，设置合适的参数，效果如图9-164所示。

图9-164　施加"挤出"修改器

❺ 对模型进行复制，在"前"视图中创建矩形，效果如图9-165所示。

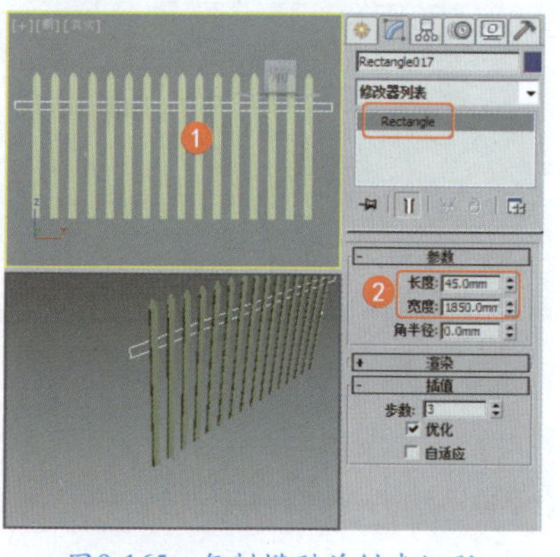

图9-165　复制模型并创建矩形

❻ 为矩形施加"挤出"修改器，设置合适的参数，在场景中对模型进

行复制，效果如图9-166所示。

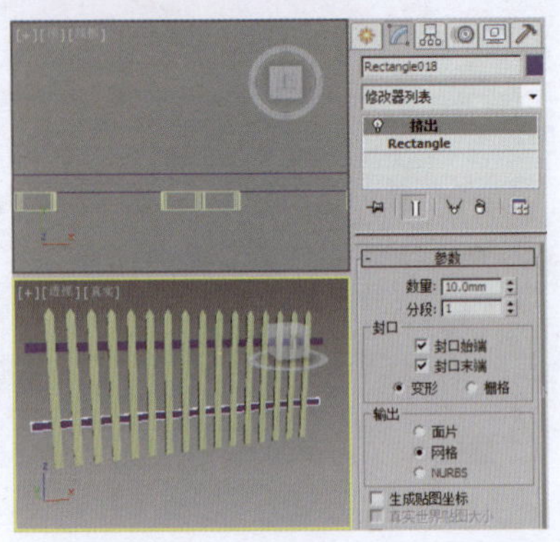

图9-166　施加“挤出”修改器

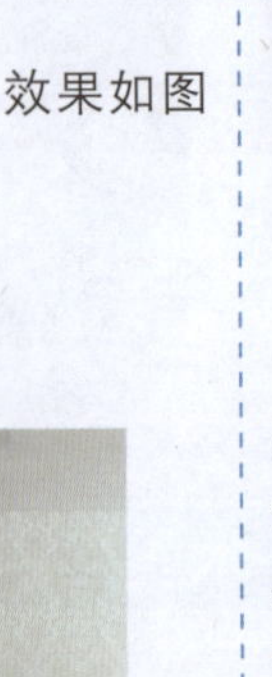

实例218

楼梯类——直线楼梯

实例效果剖析

楼梯是建筑物中作为楼层间垂直交通用的构件。

本例制作的直线楼梯，效果如图9-167所示。

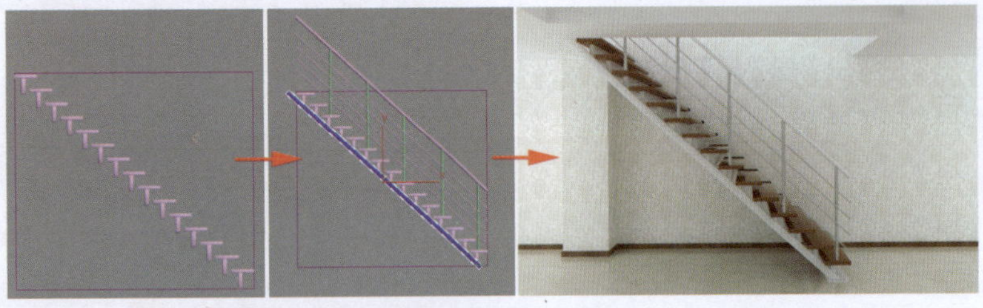

图9-167　效果展示

实例技术要点

本例主要用到的功能及技术要点如下。

- 施加“挤出”修改器：用于制作地面固定架模型。

实例制作步骤

场景文件路径	Scene\第9章\实例218 直线楼梯.max		
贴图文件路径	Map\		
视频路径	视频\ Cha09\实例218 直线楼梯.mp4		
难易程度	★★	学习时间	18分52秒

❶ 首先计算楼梯剖面的整体高度和宽度。在“前”视图中创建矩形，将其作为标尺，根据矩形创建两点直线，将其作为踏步路径，效果如图9-168所示。

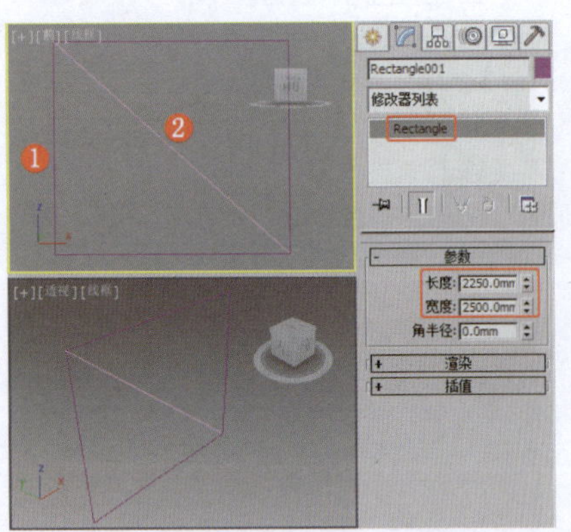

图9-168　创建矩形和线

❷ 在“顶”视图中创建切角长方体，将其作为踏步，在“参数”卷展栏中设置合适的参数，效果如图9-169所示。

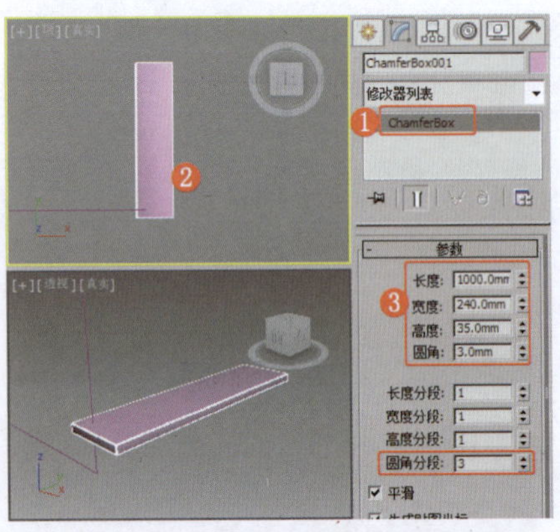

图9-169　创建切角长方体

❸ 复制模型，将其作为踏步横梁，在“前”视图中以z轴为中心将模型旋转90°，调整模型的参数，效果如图9-170所示。

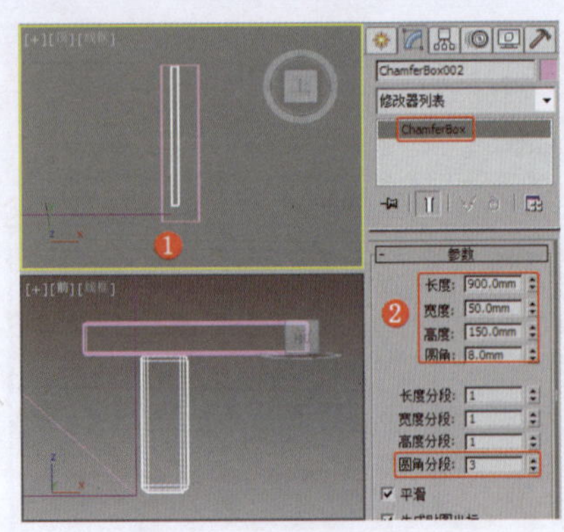

图9-170　复制并调整模型

❹ 选择踏步和踏步横梁模型，在菜单栏中选择“组”→“成组”命令，按Shift+I组合键打开“间隔工具”对话框，单击“拾取路径”按钮拾取线，在“参数”选项组中设置“计数”为15，在“前后关系”选项组中单击“边”单选按钮，在“对象类型”选项组中单击“实例”单选按钮，单击“应用”按钮，如图9-171所示，单击“关闭”按钮。

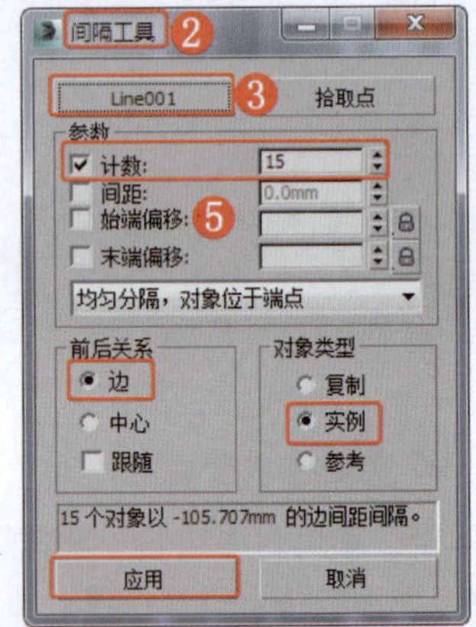

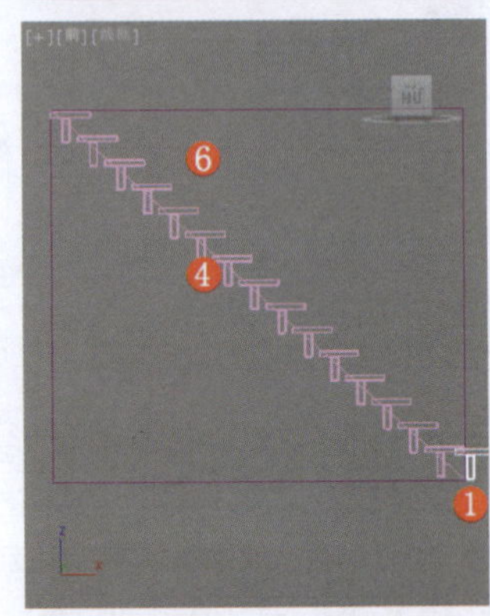

图9-171　沿路径复制模型

❺ 将原始的踏步和踏步横梁模型删除，按Ctrl+A组合键选择全部模型，在菜单栏中选择“组”→“解组”命令，在“前”视图中选择右下角的踏步横梁模型，为其施加“编辑网格”修改器，将选择集定义为“顶

点”，调整顶点的位置，效果如图9-172所示。

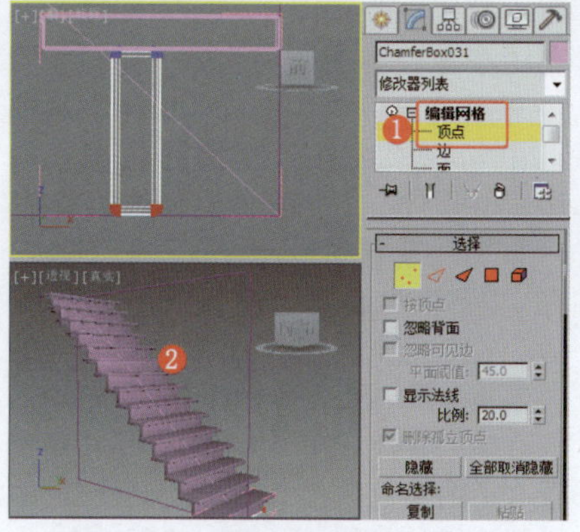

图9-172 调整踏步横梁的顶点

❻ 在“顶”视图中创建切角长方体，将其作为横梁支架，设置合适的参数，在“前”视图中根据踏步路径调整支架的角度，效果如图9-173所示。

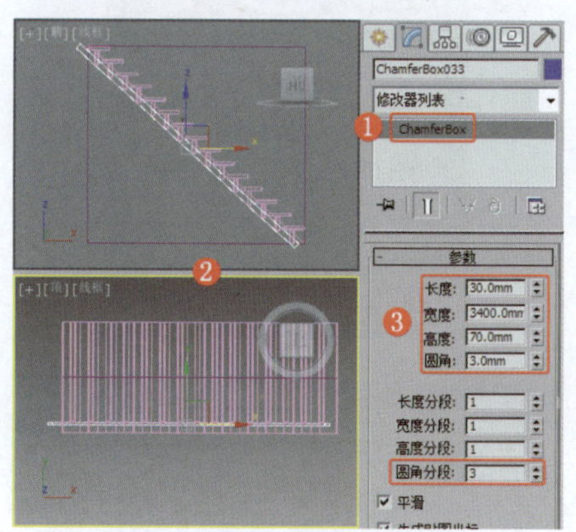

图9-173 创建切角长方体

❼ 选择作为踏步路径的线，将其作为护栏，在“渲染”卷展栏中设置可渲染参数，调整线的位置，使用移动复制法向上“实例”复制线，效果如图9-174所示。

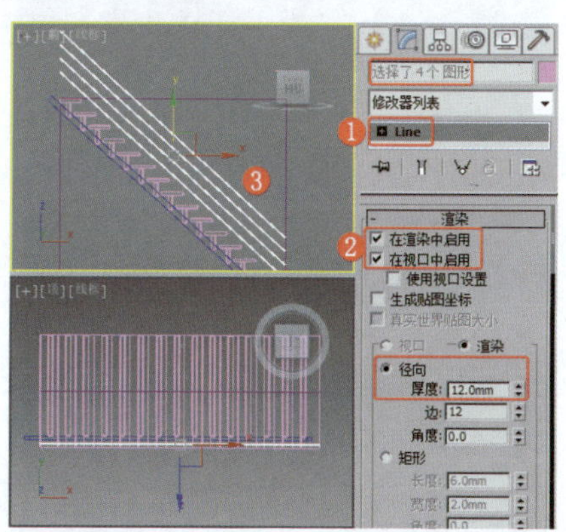

图9-174 调整可渲染的线

❽ 向上复制一个护栏模型，将其作为扶手，并修改其可渲染参数，效果如图9-175所示。

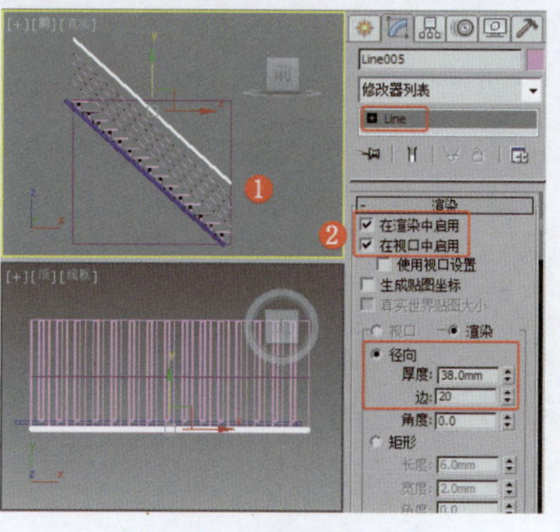

图9-175 复制护栏模型

❾ 在“顶”视图中创建圆柱体，将其作为栏杆立柱，设置合适的参数，使用移动复制法复制圆柱体，调整其至合适的位置，效果如图9-176所示。

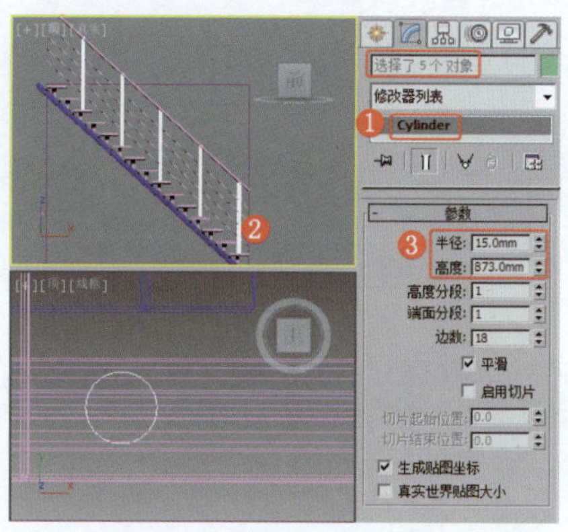

图9-176 创建圆柱体并进行复制、调整

❿ 调整护栏模型的位置，效果如图9-177所示。

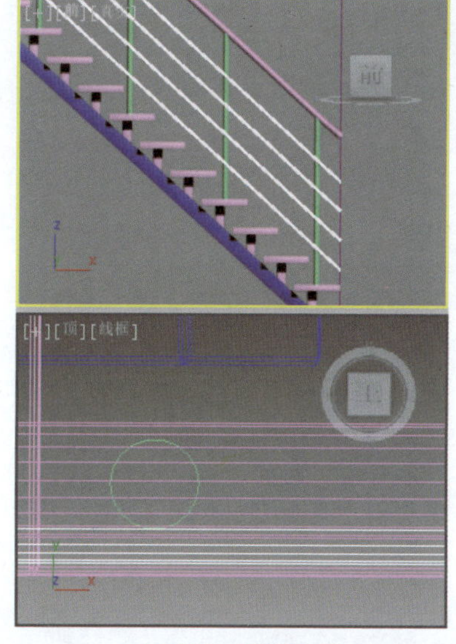

图9-177 调整位置

⓫ 在“顶”视图中创建圆角矩形，将其作为地面固定架，设置合适的参数，效果如图9-178所示。

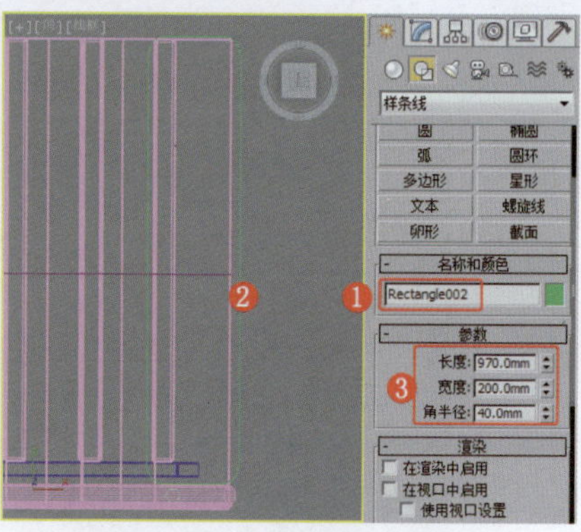

图9-178 创建圆角矩形

⓬ 为图形施加“挤出”修改器，设置合适的参数，调整模型至合适的位置，效果如图9-179所示。

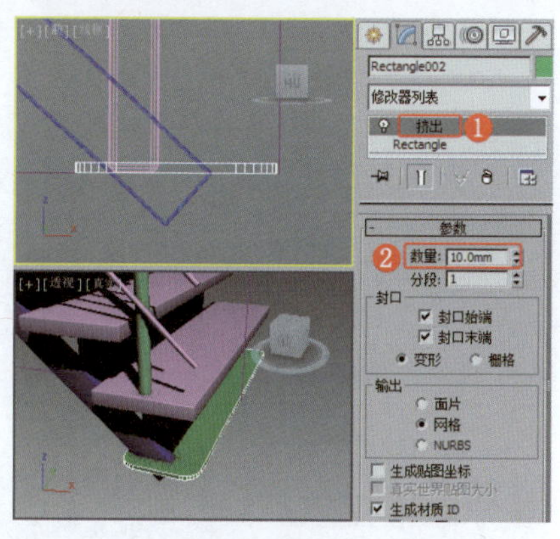

图9-179 施加“挤出”修改器

⓭ 在“顶”视图中创建六边圆柱体，将其作为固定螺丝，设置合适的参数，复制并调整六边圆柱体至合适的位置，效果如图9-180所示。

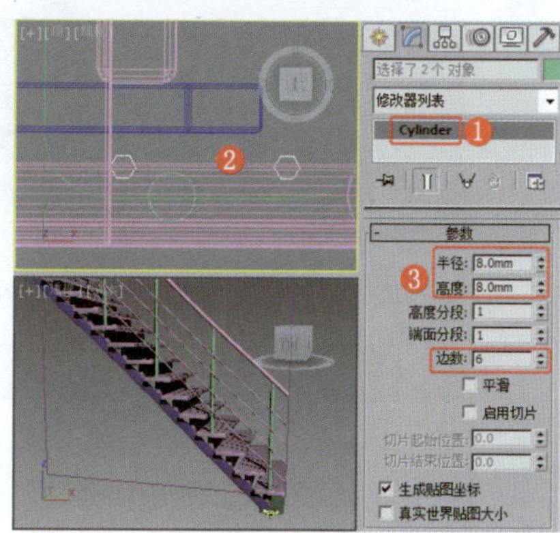

图9-180 创建、复制并调整六边圆柱体

实例219

楼梯类——L形楼梯

实例效果剖析

本例制作的是一种L形楼梯。L形

楼梯是由两个直线楼梯呈垂直夹角组合而成，并且中间带有一个平台。

本例制作的L形楼梯，效果如图9-181所示。

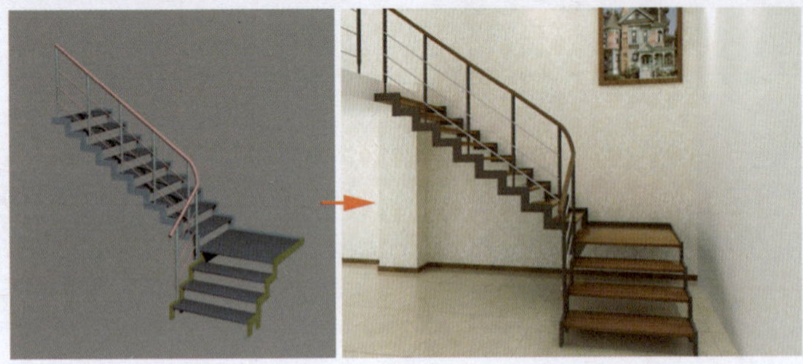

图9-181 效果展示

实例技术要点

本例主要用到的功能及技术要点如下。

- 施加“挤出”修改器：用于制作楼梯的基本模型。
- 施加“编辑网格”修改器：用于调整模型的大小。
- 施加“编辑多边形”修改器：用于调整模型的顶点。

场景文件路径	Scene\第9章\实例219 L形楼梯.max		
贴图文件路径	Map\		
视频路径	视频\ Cha09\实例219 L形楼梯.mp4		
难易程度	★★★	学习时间	28分10秒

实例220 楼梯类——螺旋楼梯

实例效果剖析

本例制作的是一种螺旋楼梯。螺旋楼梯通常是围绕一根单柱进行布置，由于其流线造型美观、典雅，节省空间，因此大受欢迎。

本例制作的螺旋楼梯，效果如图9-182所示。

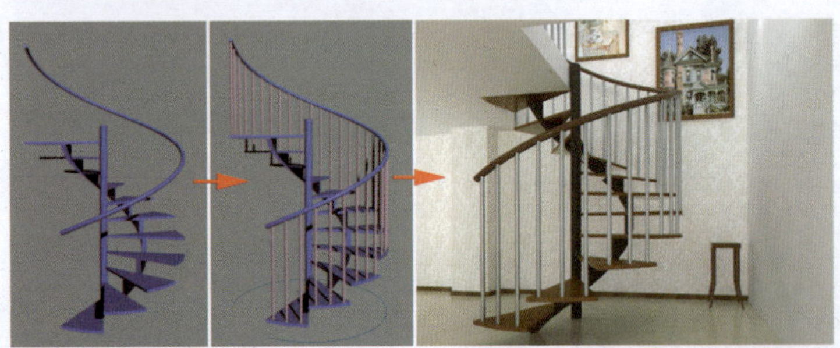

图9-182 效果展示

实例技术要点

本例主要用到的功能及技术要点如下。

- 施加“编辑多边形”修改器：用于调整模型的形状。

实例制作步骤

场景文件路径	Scene\第9章\实例220 螺旋楼梯.max		
贴图文件路径	Map\		
视频路径	视频\ Cha09\实例220 螺旋楼梯.mp4		
难易程度	★★	学习时间	20分

❶ 单击“创建”→“几何体”→“楼梯”→“螺旋楼梯”按钮，在“顶”视图中创建螺旋楼梯。在“参数”卷展栏中选择“类型”为“开放式”，在“生成几何体”选项组中勾选“中柱”复选框，在“扶手”中勾选“外表面”复选框，在“布局”选项组中设置合适的参数，在“梯级”选项组中设置合适的参数，在“台阶”选项组中设置合适的“厚度”参数；在“栏杆”卷展栏中设置合适的参数；在“中柱”卷展栏中设置合适的参数；在“支撑梁”卷展栏中设置合适的参数，如图9-183所示。

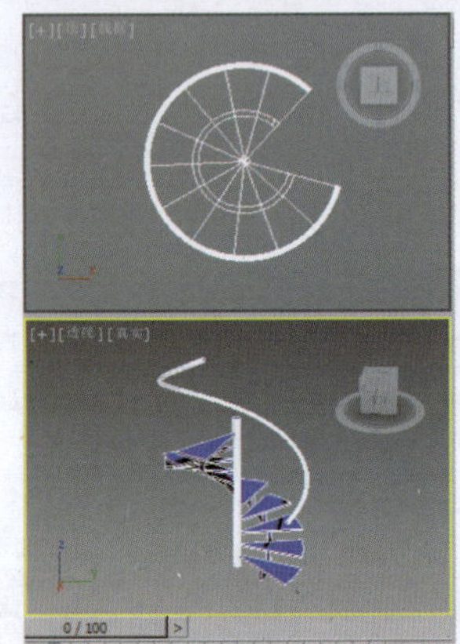

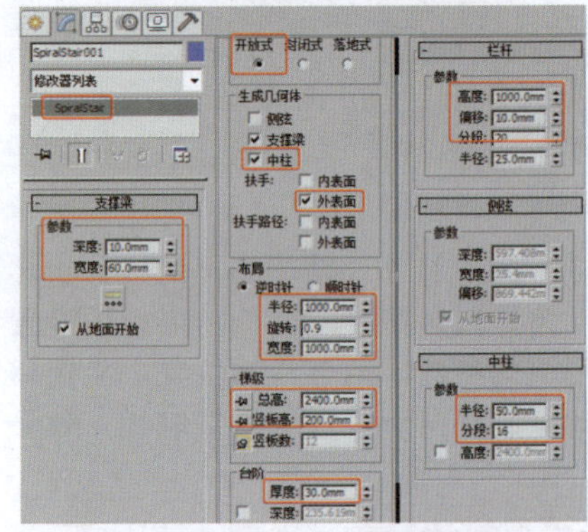

图9-183 创建螺旋楼梯

❷ 在“顶”视图中创建如图9-184所示的弧，将其作为栏杆支柱的路径。

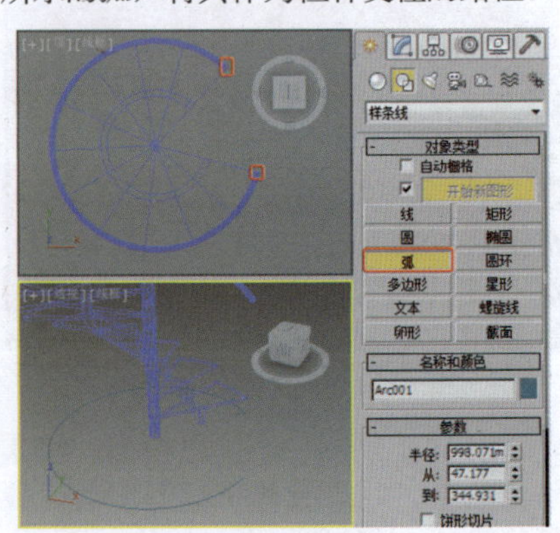

图9-184 创建弧

❸ 在“顶”视图中创建圆柱体，将其作为栏杆，设置合适的参数，效果如图9-185所示。

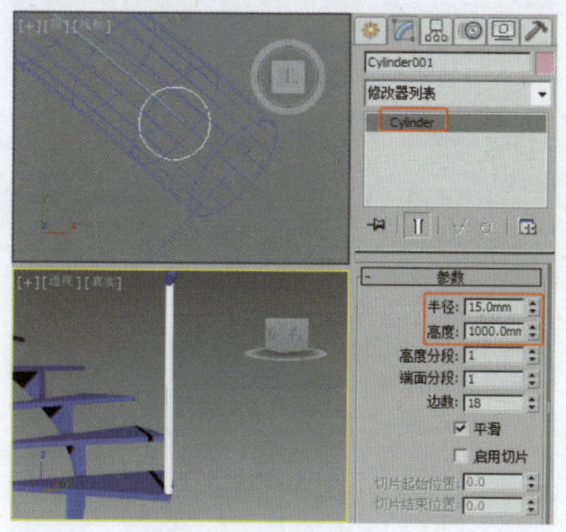

图9-185　创建圆柱体

❹ 选择圆柱体，按Shift+I组合键打开“间隔工具”对话框，单击“拾取路径”按钮，在视口中拾取弧，在“参数”选项组中设置“计数”和“始端偏移”参数，单击“应用”按钮，如图9-186所示，单击“关闭”按钮。

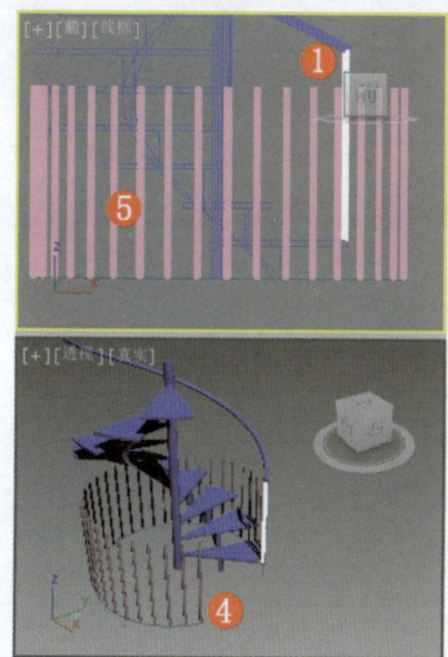

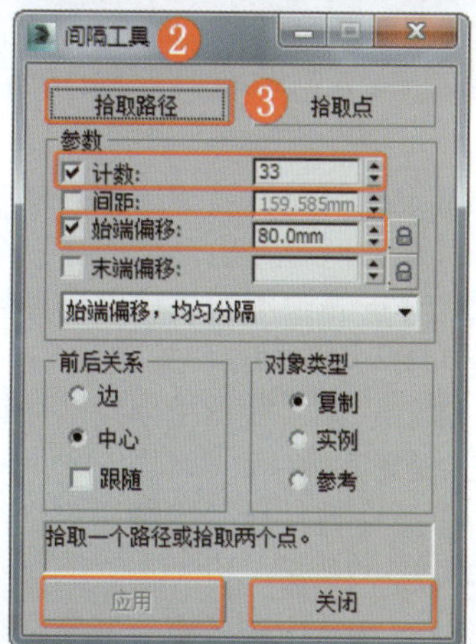

图9-186　“间隔工具”对话框

❺ 在“前”视图和“左”视图中调整模型的位置，效果如图9-187所示。

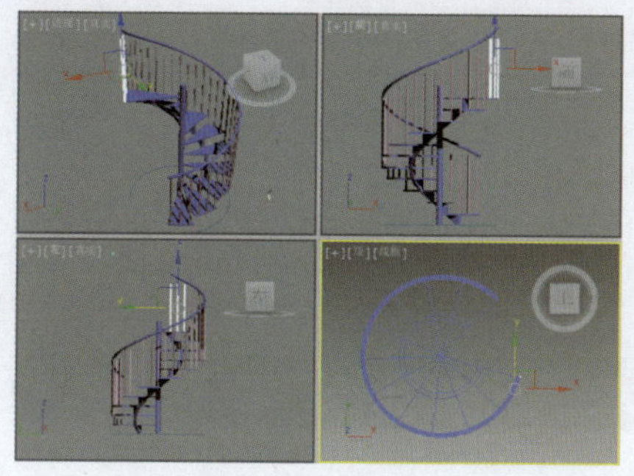

图9-187　调整模型的位置

❻ 将原始栏杆模型删除或隐藏，选择所有栏杆模型，为模型施加“编辑多边形”修改器，将选择集定义为“顶点”，在“前”视图和“左”视图中依次调整每根栏杆上边的顶点，效果如图9-188所示。

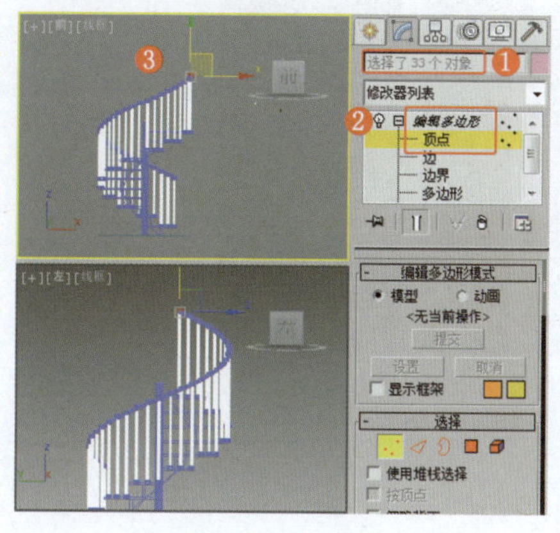

图9-188　调整点

❼ 选择螺旋楼梯模型，为模型施加“编辑多边形”修改器，将选择集定义为“元素”，选择作为扶手的元素，在“编辑几何体”卷展栏中单击“分离”右侧的按钮■，在打开的对话框中单击“确定”按钮，如图9-189所示。

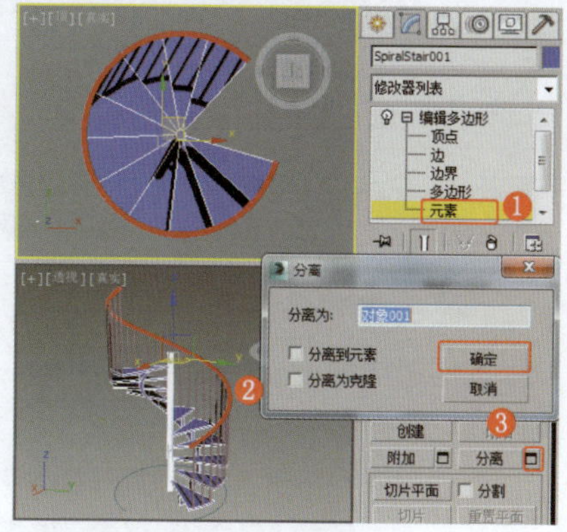

图9-189　分离扶手

❽ 选择螺旋楼梯模型，在“参数”卷展栏的“布局”选项组中调整“半径”参数，使模型与扶手、栏杆错开，效果如图9-190所示。

图9-190　调整楼梯的半径

实例221　拉手类——球形拉手

实例效果剖析

本例制作的是一种球形拉手。考虑到球形拉手的装饰效果和防滑功能，在此设计了螺旋纹理。

本例制作的球形拉手，效果如图9-191所示。

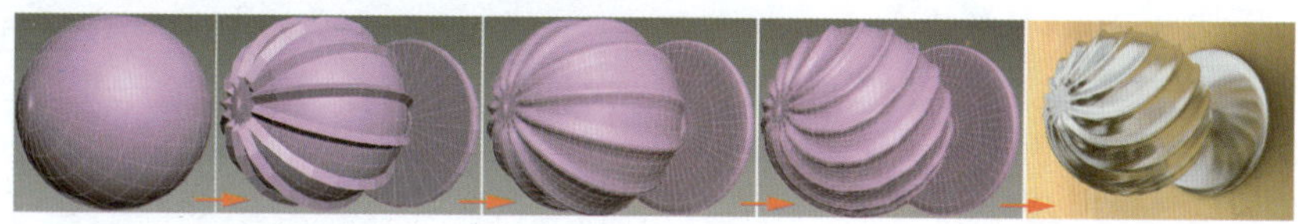

图9-191　效果展示

实例技术要点

本例主要用到的功能及技术要点如下。

- 施加“编辑多边形”修改器：用于调整模型的基本形状。
- 施加“涡轮平滑”修改器：用于设置模型的平滑效果，也可以使用“网格平滑”修改器。

● 施加“扭曲”修改器：用于设置模型的螺旋纹扭曲效果。

场景文件路径	Scene\第9章\实例221 球形拉手.max		
贴图文件路径	Map\		
视频路径	视频\Cha09\实例221 球形拉手.mp4		
难易程度	★★	学习时间	7分

实例222 拉手类——欧式双门拉手

实例效果剖析

本例制作的是一种欧式双门拉手。为了彰显欧式华丽，在此设计了与罗马柱相似的结构形状。

本例制作的欧式双门拉手，效果如图9-192所示。

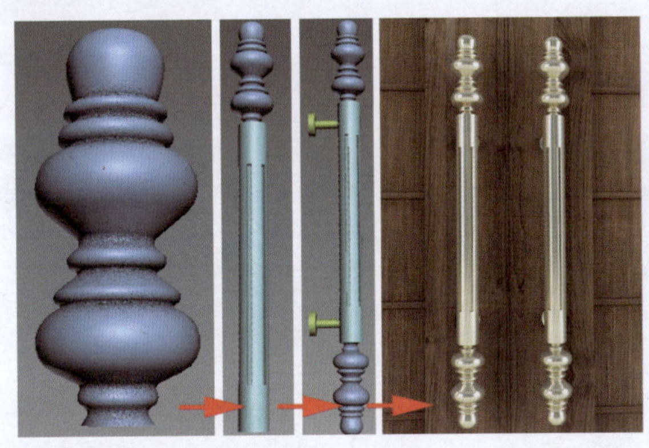

图9-192 效果展示

实例技术要点

本例主要用到的功能及技术要点如下。

● 施加“车削”修改器：用于车削出模型顶底的形状。

● 施加“编辑多边形”修改器：用于设置中间圆柱体的多边形挤出效果。

实例制作步骤

场景文件路径	Scene\第9章\实例222 欧式双门拉手.max		
贴图文件路径	Map\		
视频路径	视频\Cha09\实例222 欧式双门拉手.mp4		
难易程度	★★	学习时间	11分47秒

❶在“前”视图中创建线，并调整其形状，将其作为拉手的顶部图形，效果如图9-193所示。

❷为图形施加“车削”修改器，在“参数”卷展栏中设置合适的参数，效果如图9-194所示。

❸在“顶”视图中创建圆柱体，设置合适的参数，效果如图9-195所示。

❹为圆柱体施加“编辑多边形”修改器，将选择集定义为“顶点”，在场景中调整模型的顶点，效果如图9-196所示。

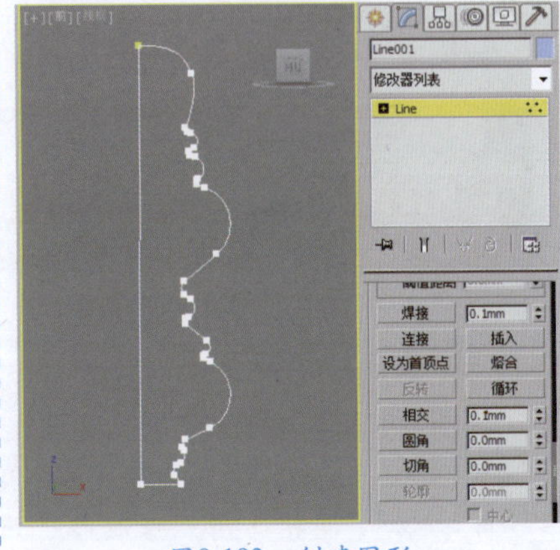

图9-193 创建图形

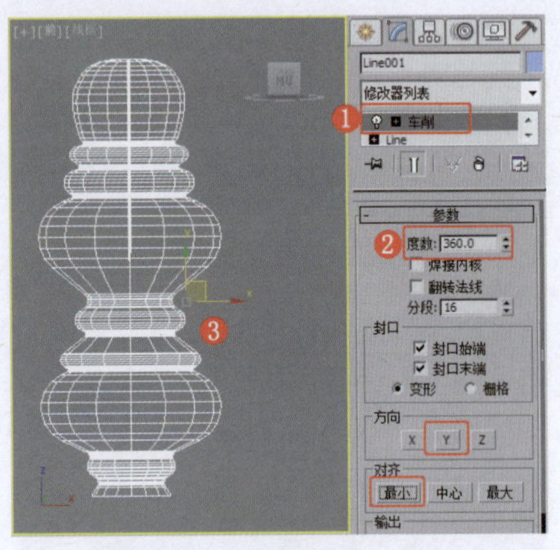

图9-194 施加“车削”修改器

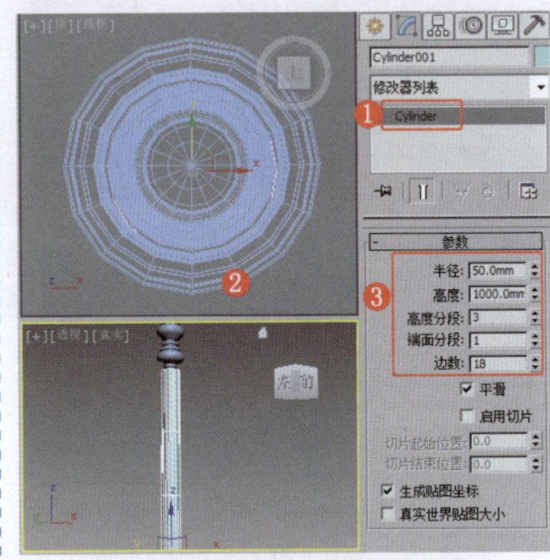

图9-195 创建圆柱体

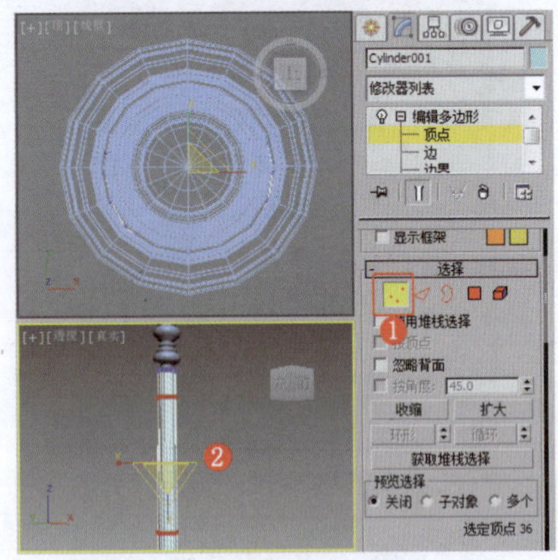

图9-196 调整顶点

❺将选择集定义为“多边形”，在场景中每两个多边形中选择一个，设置选择的多边形的“挤出”参数，效果如图9-197所示。

❻在“前”视图中创建圆柱体，设置合适的参数，效果如图9-198所示。

❼复制圆柱体并调整其形状，效果如图9-199所示。

❽在场景中对底座支架模型进行复制，并设置较大圆柱体一端的边的切角效果，效果如图9-200所示。

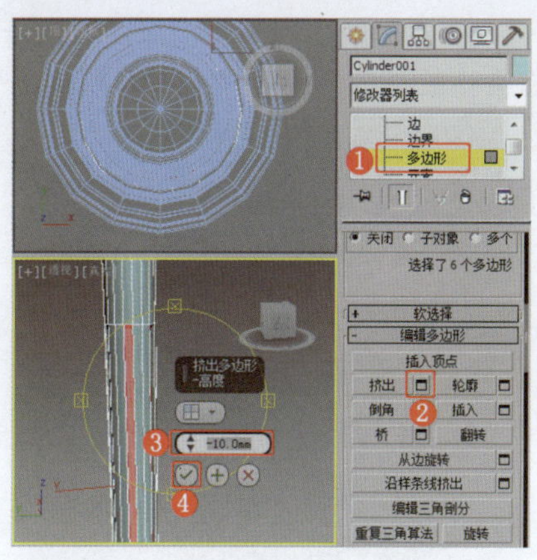
图9-197 设置多边形的“挤出”参数

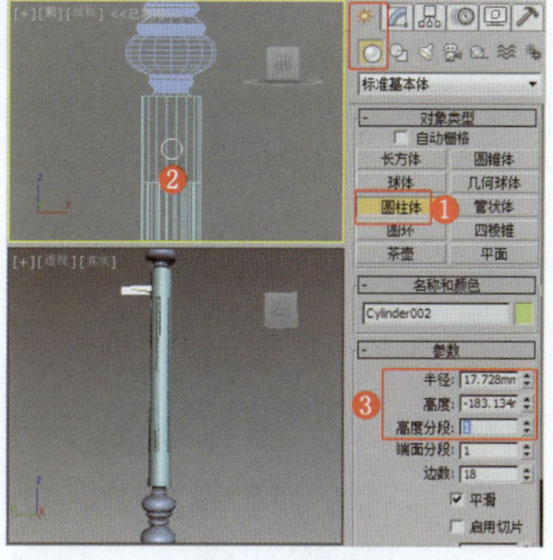
图9-198 创建圆柱体

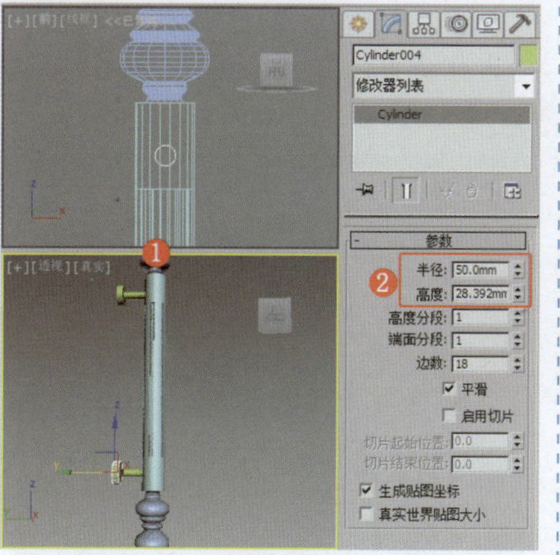
图9-199 复制并调整圆柱体

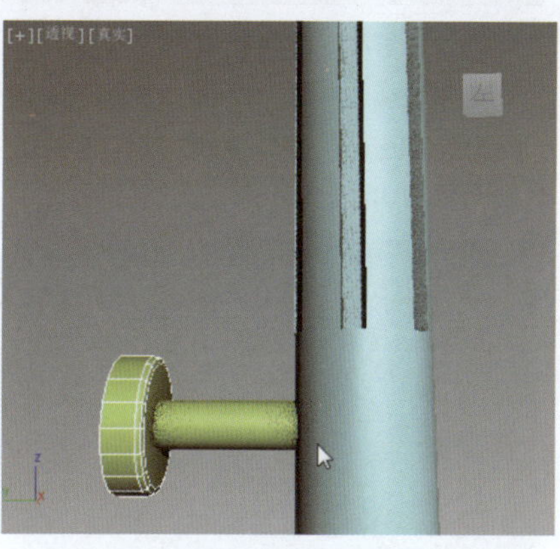
图9-200 调整模型的效果

实例223 拉手类——圆环拉手

实例效果剖析

本例制作的是一种圆环形状的拉手，效果如图9-201所示。

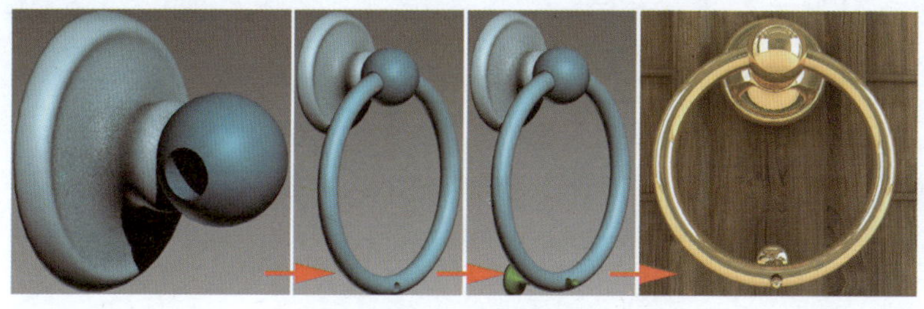
图9-201 效果展示

实例技术要点

本例主要用到的功能及技术要点如下。

- 使用“ProBoolean”工具：制作圆环拉手的位置。
- 施加“车削”修改器：用于制作拉手的底座。
- 施加“编辑多边形”修改器：用于调整球体的形状。

实例制作步骤

场景文件路径	Scene\第9章\实例223 圆环拉手.max		
贴图文件路径	Map\		
视频路径	视频\Cha09\实例223 圆环拉手.mp4		
难易程度	★★	学习时间	11分54秒

❶ 在“顶”视图中创建并调整图形的形状，效果如图9-202所示。

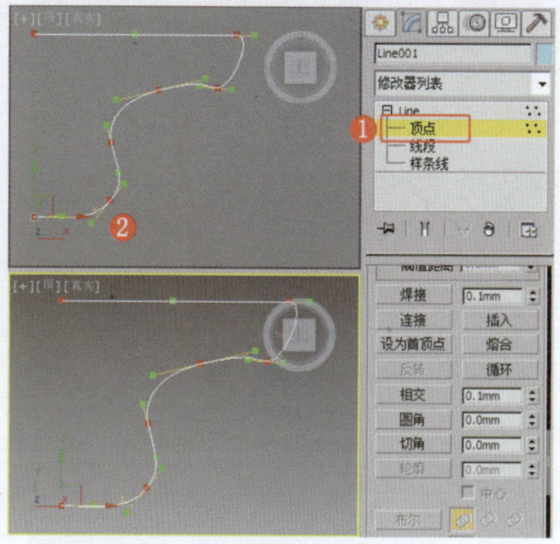
图9-202 创建并调整图形的形状

❷ 为图形施加“车削”修改器，设置合适的参数，效果如图9-203所示，将其作为底座。

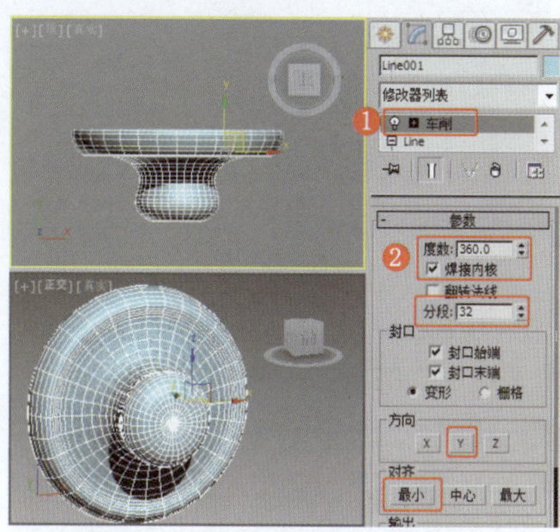
图9-203 车削出底座模型

❸ 在“左”视图中创建球体，设置合适的参数，效果如图9-204所示。

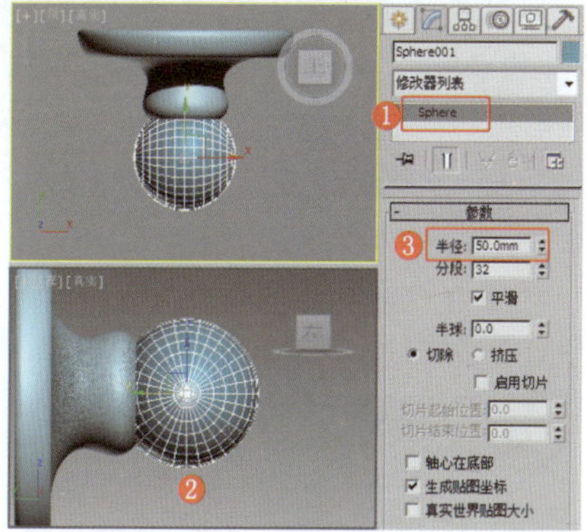
图9-204 创建球体

❹ 在“前”视图中创建可渲染的圆，设置合适的参数，效果如图9-205所示。

❺ 复制可渲染的圆，修改其可渲染参数，效果如图9-206所示，将可渲染的圆转换为“可编辑多边形”。

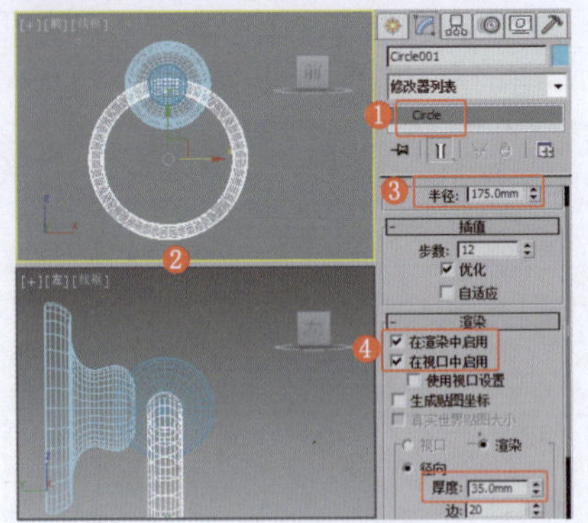
图9-205　创建可渲染的圆

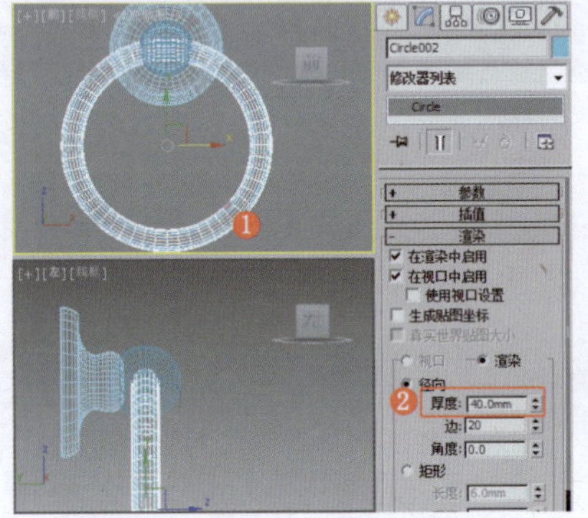
图9-206　复制并调整可渲染的圆

❻在场景中选择球体，使用“ProBoolean”工具，拾取转换为“可编辑多边形”的圆，效果如图9-207所示。

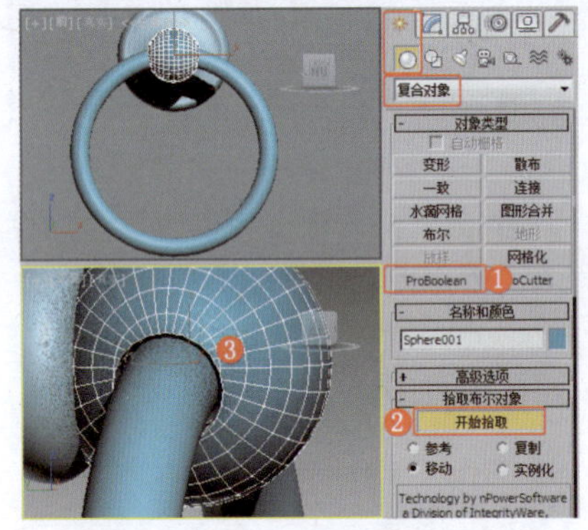
图9-207　布尔模型

❼在“前”视图中创建圆柱体，设置合适的参数，效果如图9-208所示。

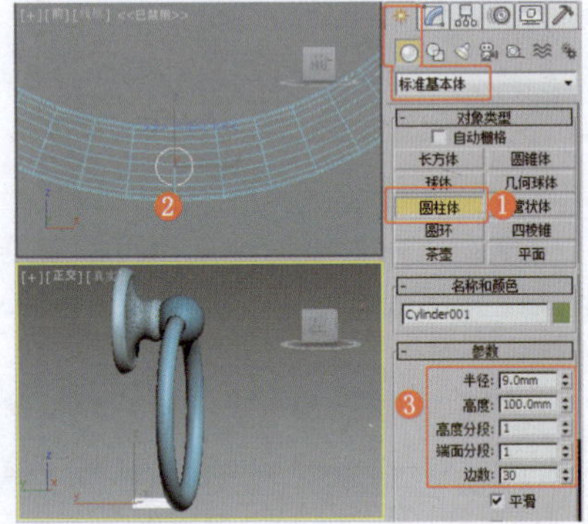
图9-208　创建圆柱体

❽在场景中调整圆柱体与圆，使其有交集，并为圆施加“编辑多边形”修改器，效果如图9-209所示。

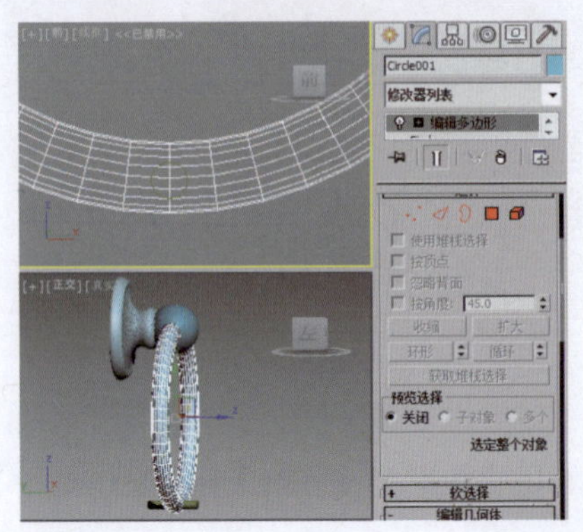
图9-209　施加“编辑多边形”修改器

❾在场景中选择圆，使用“ProBoolean”工具拾取圆柱体，效果如图9-210所示。

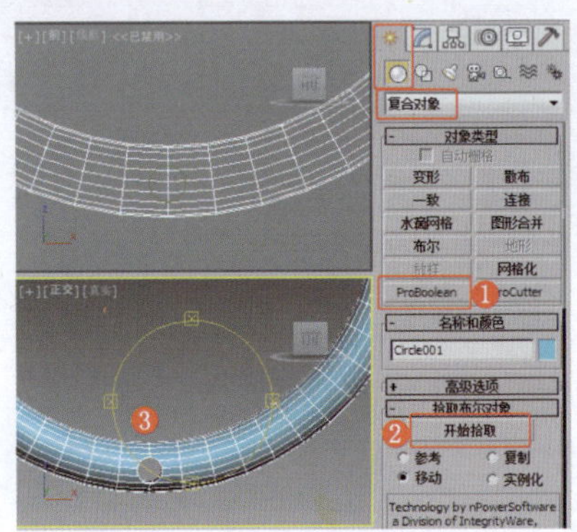
图9-210　布尔模型

❿在“前”视图中创建球体，设置合适的参数，效果如图9-211所示。

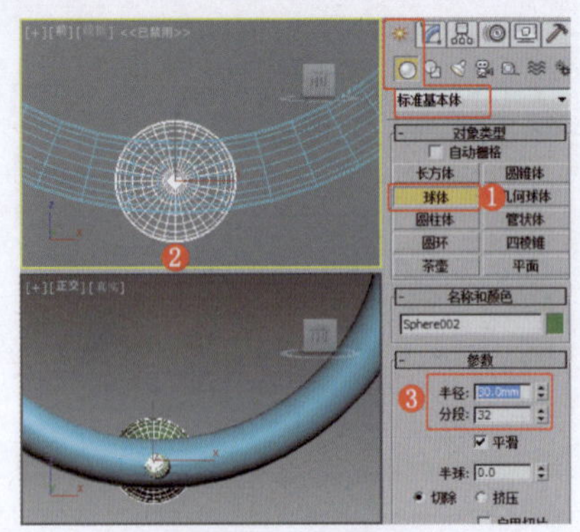
图9-211　创建球体

⓫为球体施加“编辑多边形”修改器，将选择集定义为“顶点”，在场景中缩放并调整模型的顶点，效果如图9-212所示。

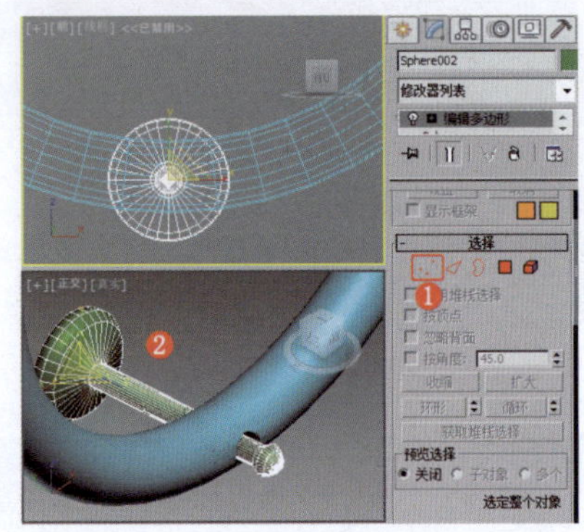
图9-212　调整模型的顶点

实例224　其他五金类——螺丝刀

实例效果剖析

本例制作的是一种较为常见的螺丝刀，效果如图9-213所示。

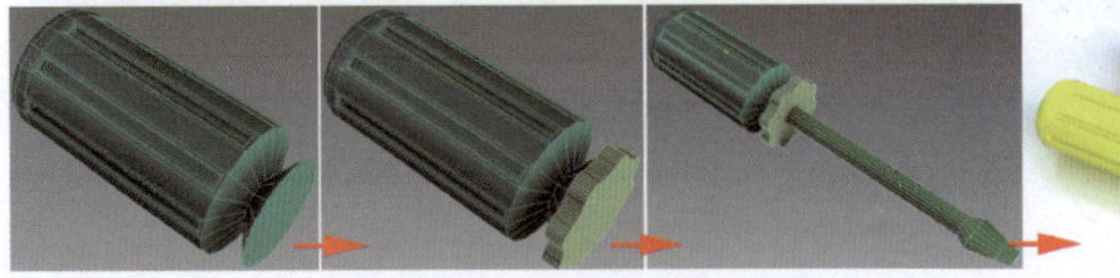
图9-213　效果展示

实例技术要点

本例主要用到的功能及技术要点如下。

- 施加“编辑多边形”修改器：用于调整螺丝刀的刀头和刀柄效果。
- 施加“挤出”修改器：用于设置螺丝刀顶部模型的厚度。

场景文件路径	Scene\第9章\实例224 螺丝刀.max		
贴图文件路径	Map\		
视频路径	视频\Cha09\实例224 螺丝刀.mp4		
难易程度	★★	学习时间	11分23秒

实例225 其他五金类——插座

实例效果剖析

本例制作的是一种三口和双口的插座，效果如图9-214所示。

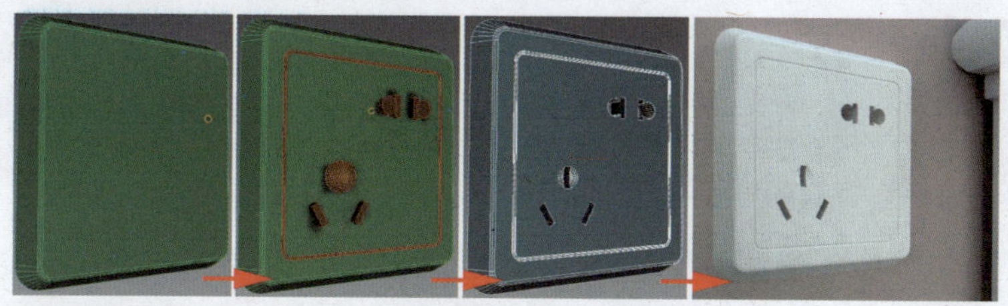

图9-214 效果展示

实例技术要点

本例主要用到的功能及技术要点如下。

- 施加“倒角”修改器：用于制作插座的基本模型。
- 使用“ProBoolean”工具：制作插座的槽。
- 施加“编辑多边形”修改器：用于设置模型边的切角。

实例制作步骤

场景文件路径	Scene\第9章\实例225 插座.max		
贴图文件路径	Map\		
视频路径	视频\Cha09\实例225 插座.mp4		
难易程度	★★	学习时间	6分55秒

❶在“前”视图中创建圆角矩形，设置合适的参数，效果如图9-215所示。

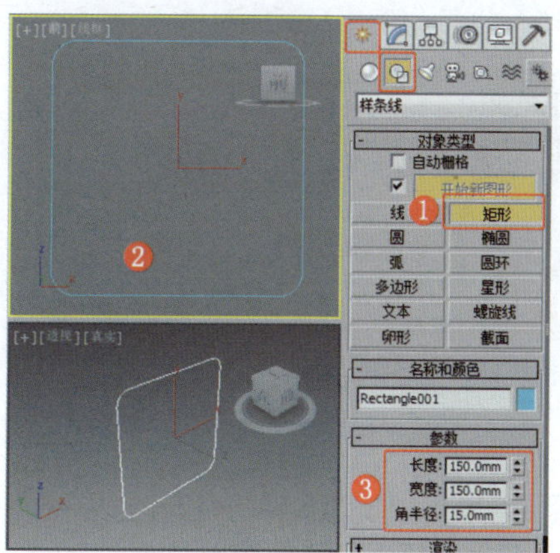

图9-215 创建圆角矩形

❷为圆角矩形施加“倒角”修改器，设置合适的参数，效果如图9-216所示。

❸为模型施加“编辑多边形”修改器，将选择集定义为“边”，选择模型的边，并设置其“切角”参数，效果如图9-217所示。

❹在“前”视图中创建可渲染的圆角矩形，设置合适的参数，效果如图9-218所示。

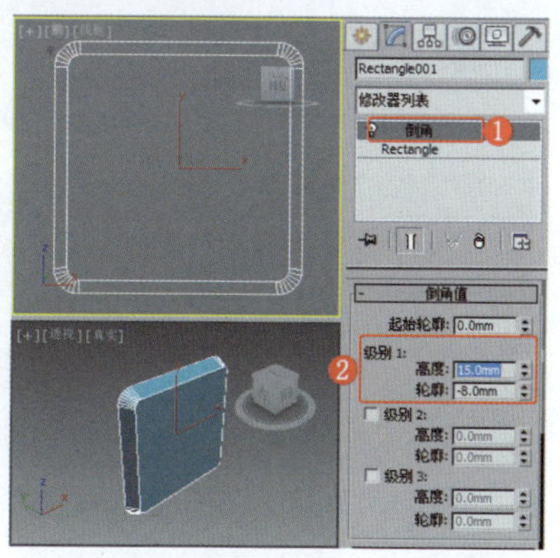

图9-216 施加“倒角”修改器

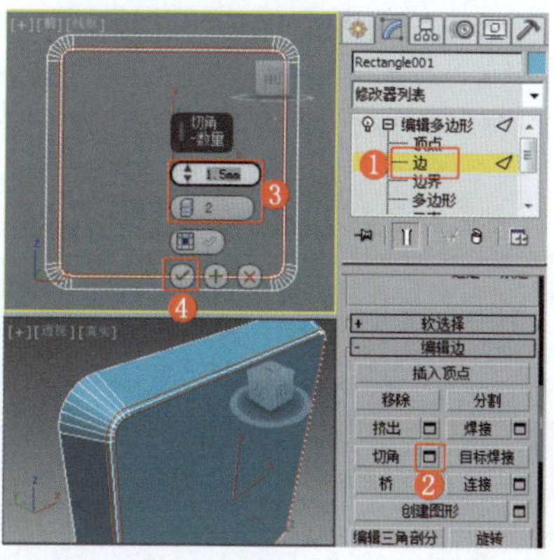

图9-217 设置边的“切角”参数

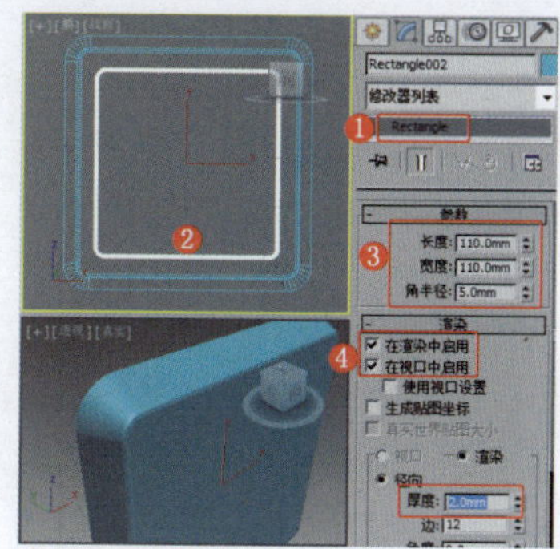

图9-218 创建可渲染的圆角矩形

❺为可渲染的圆角矩形施加“编辑多边形”修改器，效果如图9-219所示，将其转换为网格。

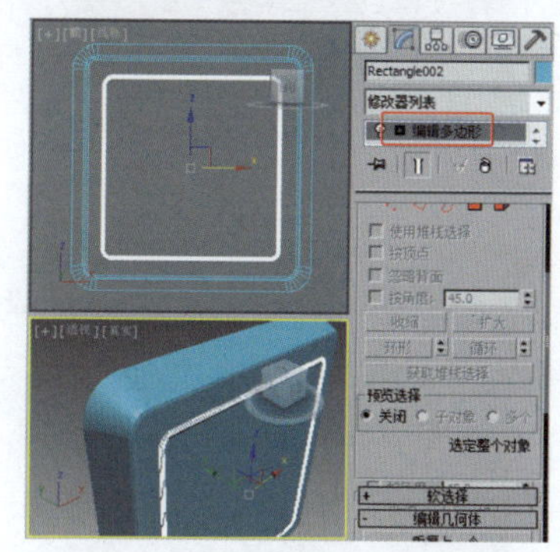

图9-219 施加“编辑多边形”修改器

❻在“前”视图中创建矩形，设置合适的参数，效果如图9-220所示。

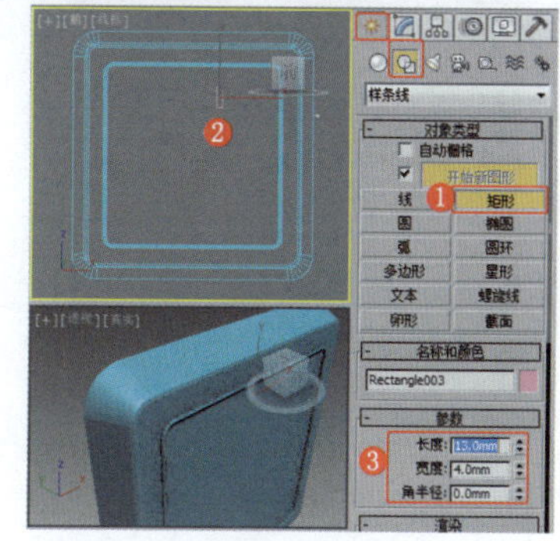

图9-220 创建矩形

❼在“前”视图中创建圆，设置合适的参数，效果如图9-221所示。

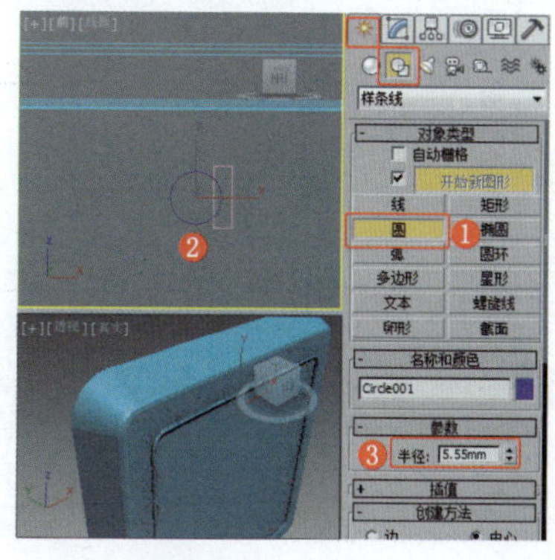

图9-221 创建圆

⑧ 复制图形，并为其施加“挤出”修改器，设置合适的参数，将其作为布尔对象，效果如图9-222所示。

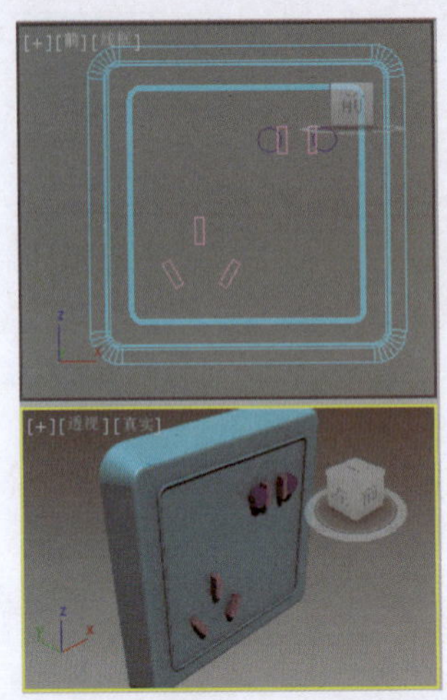

图9-222 施加“挤出”修改器

⑨ 在“前”视图中创建球体，设置合适的参数，并对其进行缩放，效果如图9-223所示。

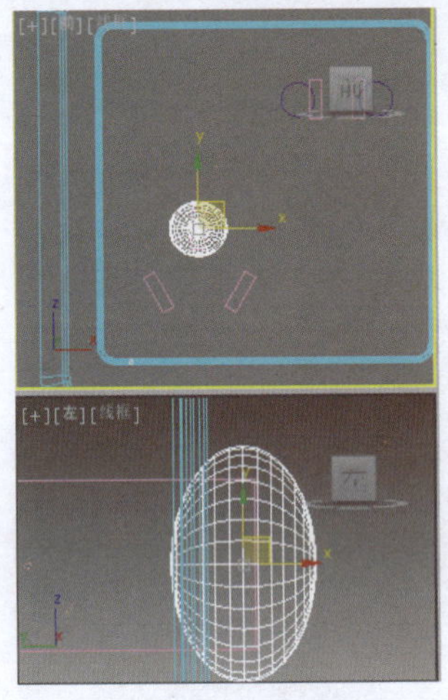

图9-223 创建球体

⑩ 选择“ProBoolean”工具，单击“开始拾取”按钮，在场景中拾取布尔对象，效果如图9-224所示。

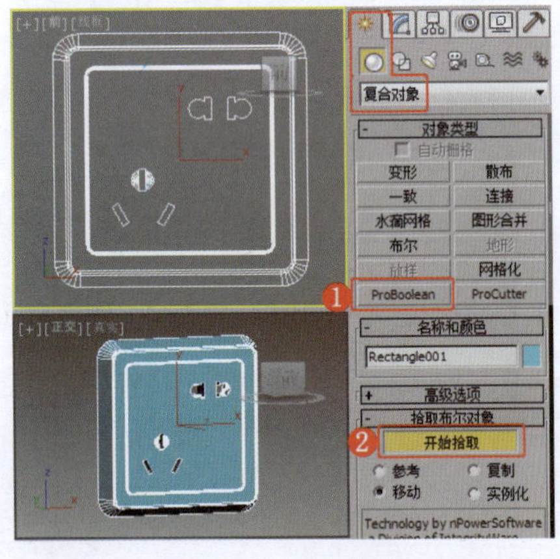

图9-224 布尔模型

实例226 其他五金类——开关

实例效果剖析

本例制作的是一种双开关，效果如图9-225所示。

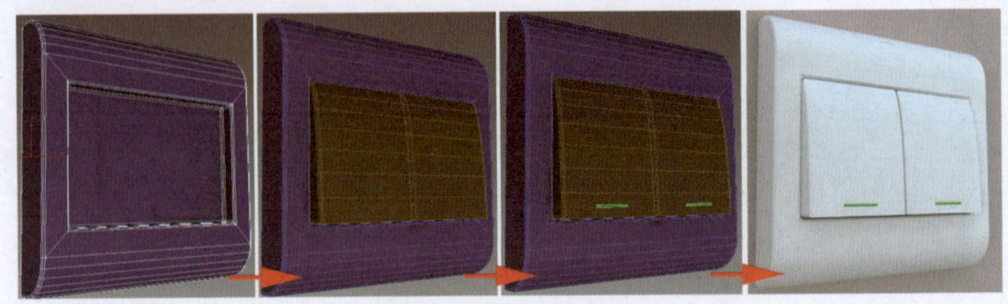

图9-225 效果展示

实例技术要点

本例主要用到的功能及技术要点如下。

- 施加“编辑样条线”修改器：用于调整图形的形状。
- 施加“编辑多边形”修改器：用于制作开关的底座模型。
- 施加“挤出”修改器：用于细化模型的结构。

场景文件路径	Scene\第9章\实例226 开关.max		
贴图文件路径	Map\		
视频路径	视频\Cha09\实例226 开关.mp4		
难易程度	★★	学习时间	8分23秒

实例227 其他五金类——门锁

实例效果剖析

本例制作的是一种室内门的简单门锁，效果如图9-226所示。

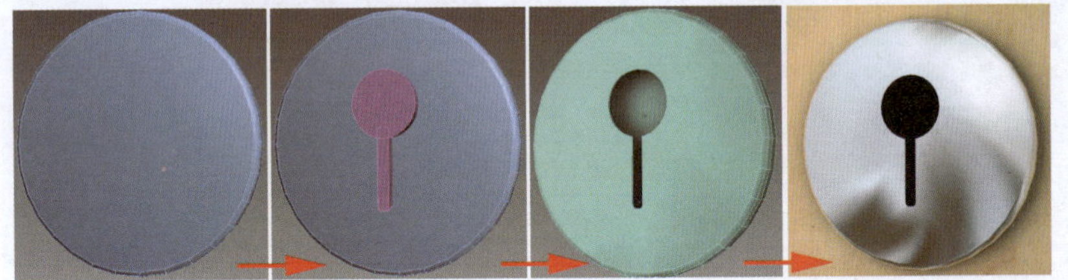

图9-226 效果展示

实例技术要点

本例主要用到的功能及技术要点如下。

- 施加“编辑多边形”修改器：用于调整出门锁的底座模型。
- 施加“挤出”修改器：用于制作锁孔。

实例制作步骤

场景文件路径	Scene\第9章\实例227 门锁.max		
贴图文件路径	Map\		
视频路径	视频\Cha09\实例227 门锁.mp4		
难易程度	★★	学习时间	5分5秒

① 在“顶”视图中创建圆柱体，设置合适的参数，效果如图9-227所示。

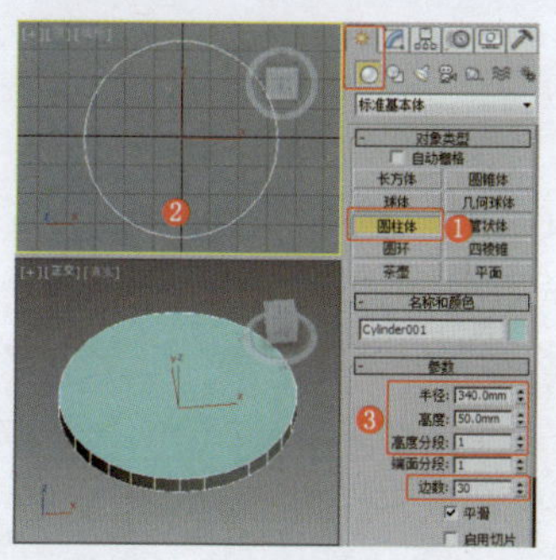
图9-227 创建圆柱体

❷为圆柱体施加“编辑多边形”修改器，将选择集定义为“边”，在场景中调整模型顶部一圈边的切角效果，效果如图9-228所示。

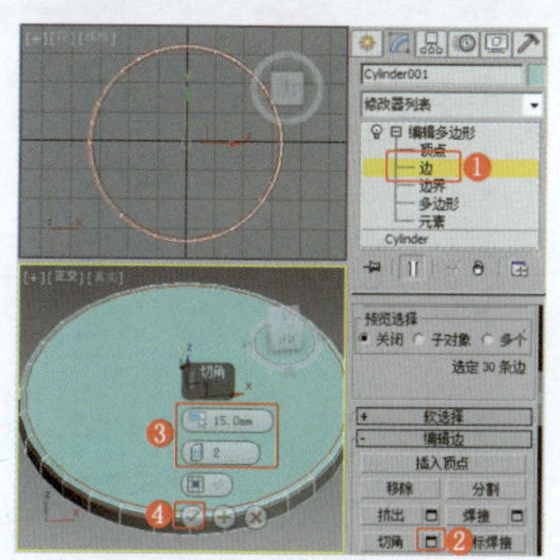
图9-228 设置边的“切角”参数

❸将选择集定义为“多边形”，在场景中选择如图9-229所示的多边形，为其设置统一的平滑组。

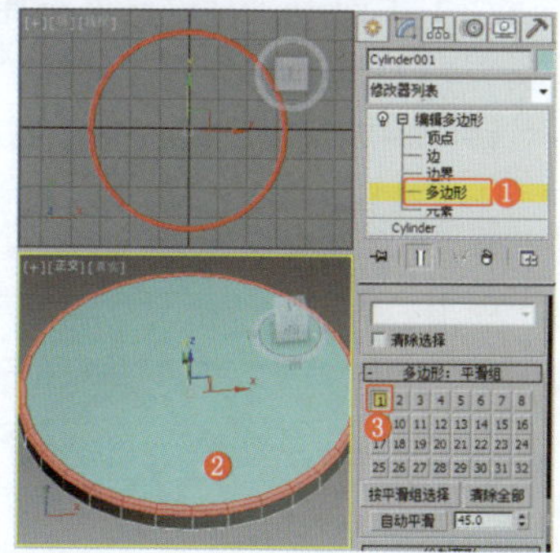
图9-229 设置多边形的平滑组

❹在“顶”视图中创建圆和圆角矩形，设置合适的参数，效果如图9-230所示。

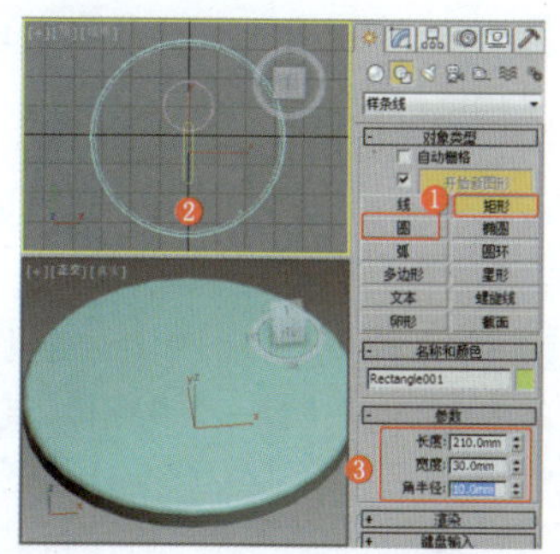
图9-230 创建圆和圆角矩形

❺为图形施加“挤出”修改器，设置合适的参数，效果如图9-231所示。

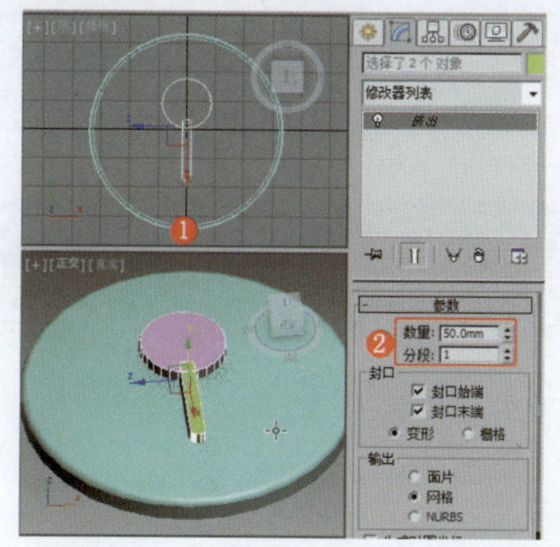
图9-231 施加“挤出”修改器

❻在场景中选择圆柱体，选择“ProBoolean”工具，单击“开始拾取”按钮，在场景中拾取挤出厚度的图形，效果如图9-232所示。

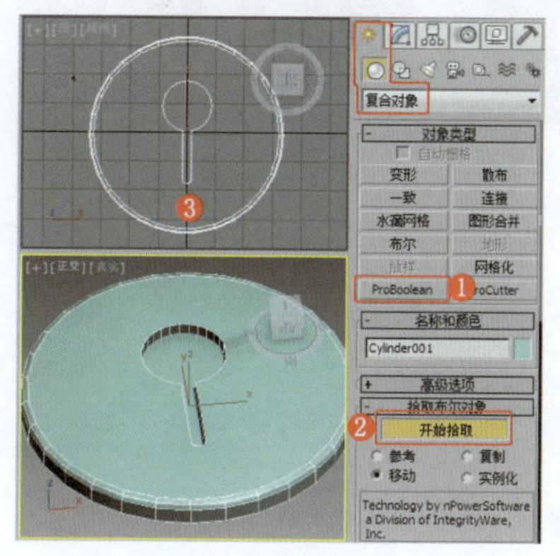
图9-232 布尔模型

❼为布尔模型施加“编辑多边形”修改器，将选择集定义为“多边形”，删除锁孔位置的多边形，效果如图9-233所示。

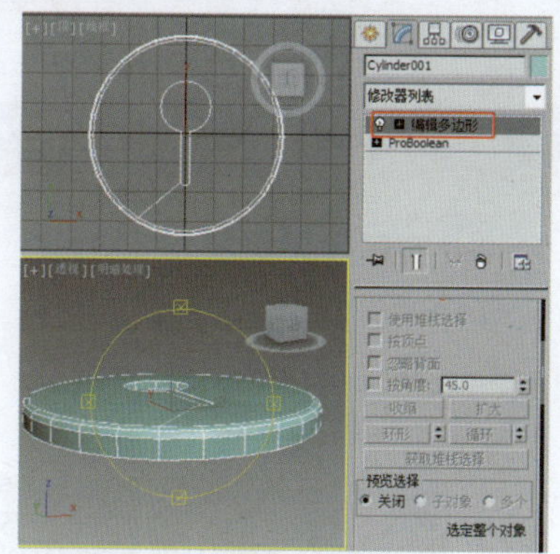
图9-233 删除多边形

❽为模型施加“壳”修改器，设置合适的参数，效果如图9-234所示。

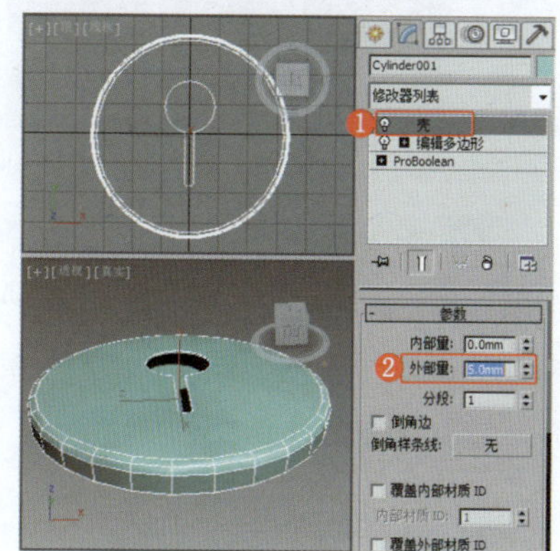
图9-234 施加“壳”修改器

实例228 其他构件类——壁炉

实例效果剖析

壁炉在国内多被用于欧式风格别墅的装饰，分为开放式和封闭式两种，后者的热效率较高。

本例制作的壁炉，效果如图9-235所示。

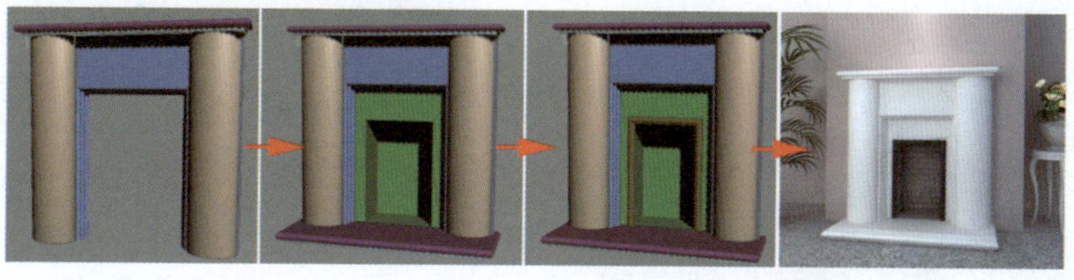
图9-235 效果展示

实例技术要点

本例主要用到的功能及技术要点如下。

- 施加“FFD”修改器：用于调整模型的形状。
- 施加“扫描”修改器：用于制作壁炉正面的墙体模型。
- 施加“编辑网格”修改器：用于调整模型的顶点。
- 施加“编辑多边形”修改器：用于调整模型的形状。

场景文件路径	Scene\第9章\实例228 壁炉.max		
贴图文件路径	Map\		
视频路径	视频\Cha09\实例228 壁炉.mp4		
难易程度	★★★	学习时间	20分6秒

实例229 其他构件类——罗马柱

实例效果剖析

罗马柱现多被应用于规模宏大、装饰华丽的家居空间，给人以古朴、华贵的感觉。

本例制作的罗马柱，效果如图9-236所示。

图9-236 效果展示

实例技术要点

本例主要用到的功能及技术要点如下。

- 施加“车削”修改器：用于制作罗马柱的底座。

实例制作步骤

场景文件路径	Scene\第9章\实例229 罗马柱.max		
贴图文件路径	Map\		
视频路径	视频\Cha09\实例229 罗马柱.mp4		
难易程度	★★	学习时间	11分21秒

❶ 在“顶”视图中创建圆柱体，将其作为罗马柱的主体，在“参数”卷展栏中设置合适的参数，效果如图9-237所示。

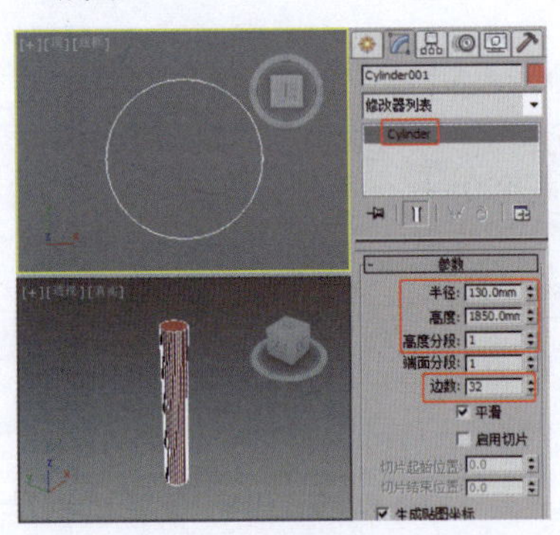

图9-237 创建圆柱体

❷ 在“顶”视图中创建胶囊，将其作为布尔对象，调整其至合适的位置，效果如图9-238所示。

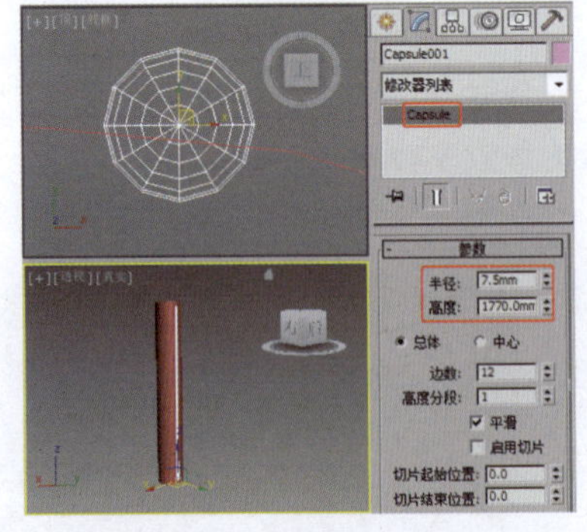

图9-238 创建胶囊

❸ 选择胶囊，激活“顶”视图，切换到“层次”命令面板，在“调整轴”卷展栏中单击“仅影响轴”按钮，在工具栏中单击“对齐”按钮，在“顶”视图中单击主体，打开“对齐当前选择”对话框，勾选“对齐位置（屏幕）”选项组中“X位置”“Y位置”“Z位置”复选框，单击“当前对象”选项组中的“轴点”单选按钮，单击“目标对象”选项组中的“轴点”单选按钮，如图9-239所示，单击“确定”按钮。

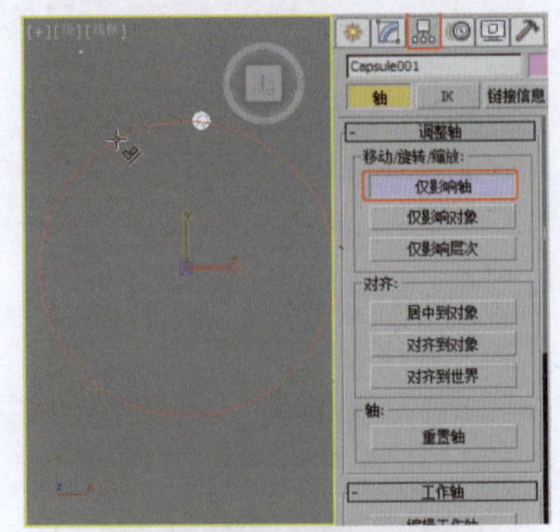

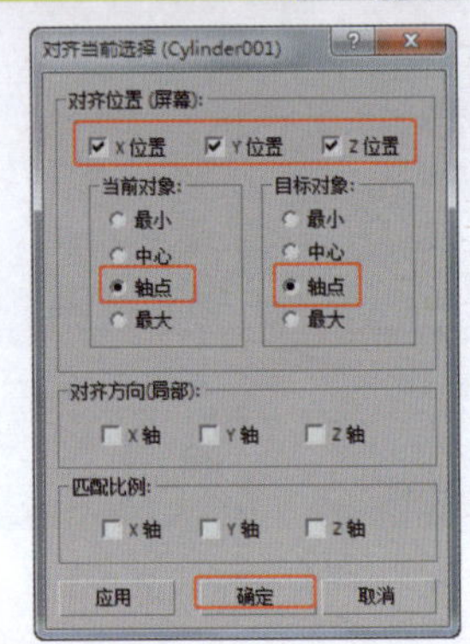

图9-239 对齐轴点

❹ 确定胶囊处于被选择状态且位于“顶”视图中，在菜单栏中选择“工具”→“阵列”命令，打开“阵列”对话框，设置以z轴为中心向右旋转360°阵列模型，设置“数量”为32，单击“预览”按钮查看效果，如图9-240所示，单击“确定”按钮。

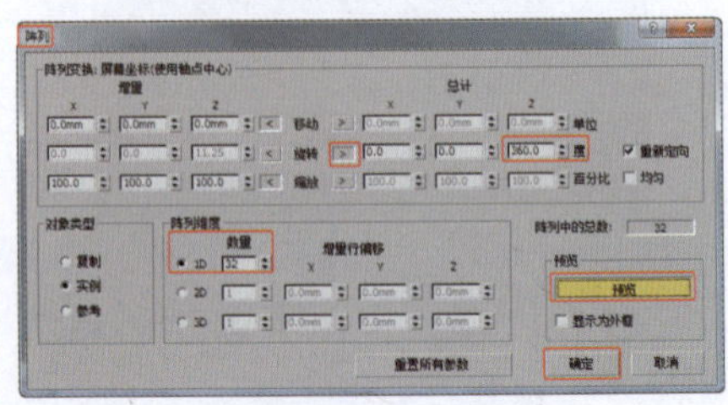

图9-240 阵列胶囊

❺ 选择阵列出的所有胶囊，切换到“实用程序”面板，单击“塌陷”按钮，在“塌陷”卷展栏中单击“塌陷选定对象”按钮，将所有胶囊塌陷为一个模型，效果如图9-241所示。

❻ 选择作为罗马柱主体的圆柱体，单击“创建”→“几何体”→“复合对象”→“ProBoolean”按钮，在“拾取布尔对象”卷展栏中单击“开始拾取”按钮，拾取塌陷后的

胶囊，效果如图9-242所示。

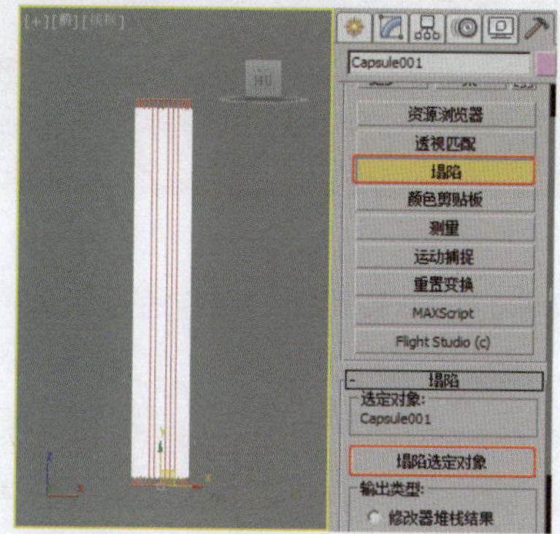
图9-241 塌陷模型

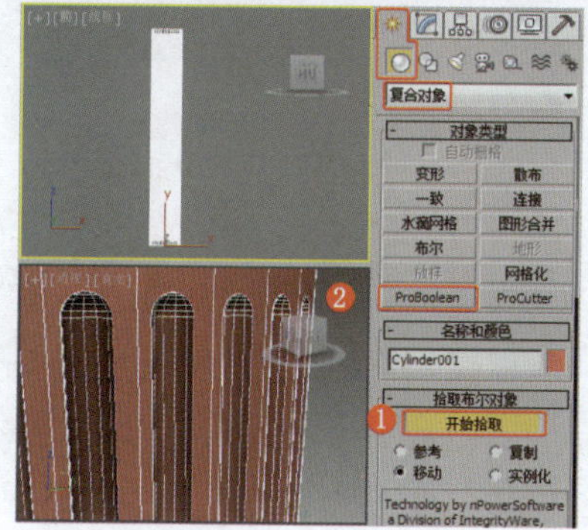
图9-242 布尔模型

❼ 在“前”视图中创建如图9-243所示的图形，将其作为柱顶。

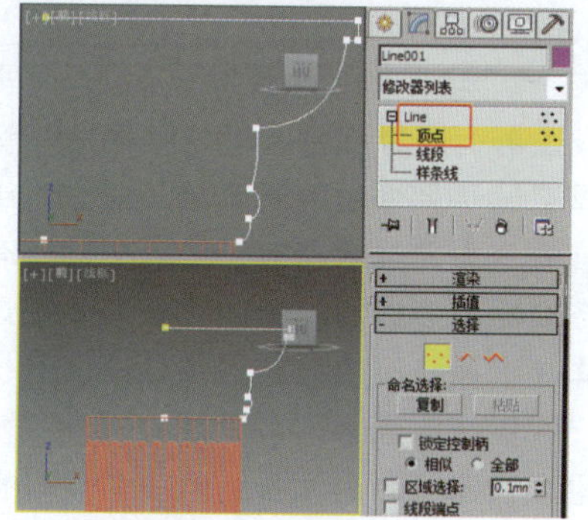
图9-243 创建图形

❽ 为图形施加“车削”修改器，在“参数”卷展栏中设置合适的参数，效果如图9-244所示。

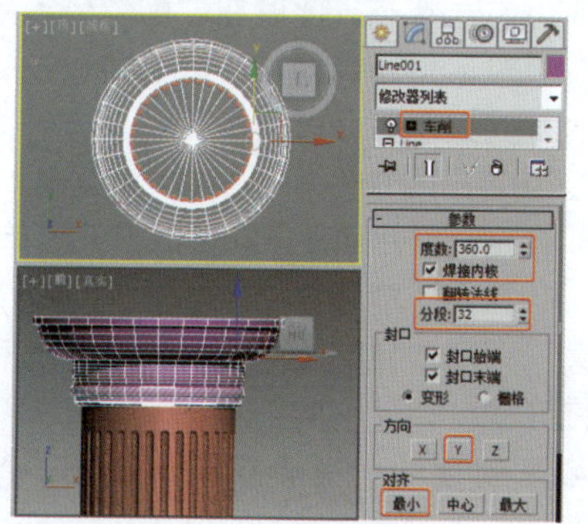
图9-244 车削模型

❾ 在“前”视图中创建如图9-245所示的图形，将其作为柱子底座。

❿ 为图形施加“车削”修改器，在“参数”卷展栏中设置合适的参数，效果如图9-246所示。

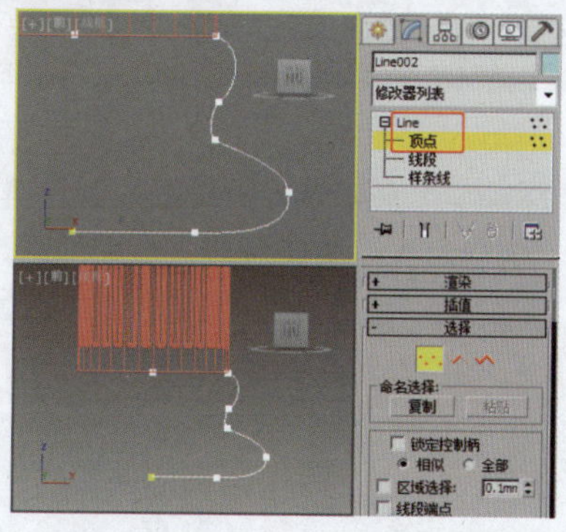
图9-245 创建图形

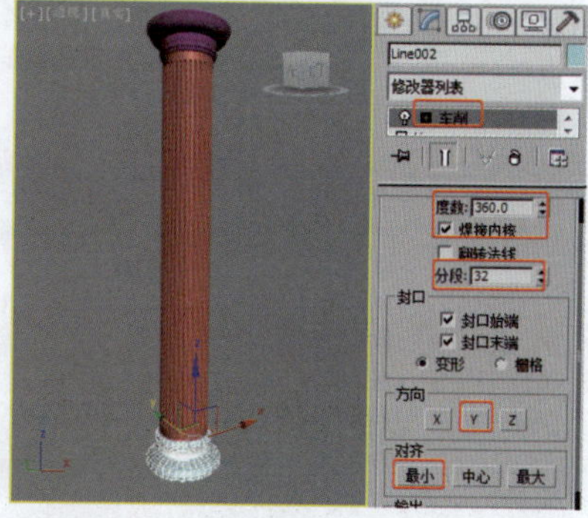
图9-246 车削模型

实例230 其他构件类——半圆柱

实例效果剖析

本例制作的是一种半圆柱形的装饰柱，效果如图9-247所示。

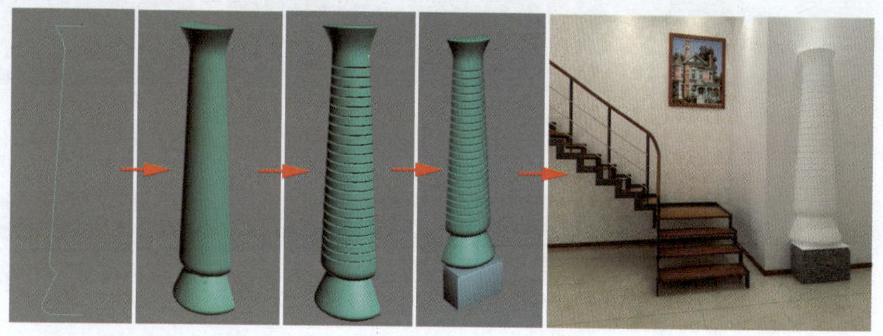
图9-247 效果展示

实例技术要点

本例主要用到的功能及技术要点如下。

- 施加“车削”修改器：用于制作半圆柱的基本模型。
- 施加“编辑多边形”修改器：用于调整模型的形状。
- 施加“补洞”修改器：用于将模型的空洞补上。
- 施加“FFD 2×2×2”修改器：用于调整模型的形状。

场景文件路径	Scene\第9章\实例230 半圆柱.max		
贴图文件路径	Map\		
视频路径	视频\Cha09\实例230 半圆柱.mp4		
难易程度	★★	学习时间	10分56秒

第10章 轻奢华欧式客厅

从本章开始讲解室内外建筑效果图的制作，主要包括效果图的制作流程和制作方法。效果图的制作流程大体分为创建模型、调整材质、创建摄影机、创建灯光、渲染场景、后期处理。

实例231 制图前的设置和学习

在制作效果图前，首先了解一下在效果图中将会用到的实用软件设置、软件应用技巧及室内渲染通道插件。

视频路径	视频\Cha10\实例231 制图前的设置和学习.mp4		
难易程度	★	学习时间	19分31秒

1. 系统单位设置

在菜单栏中选择“自定义”→“单位设置”命令，打开“单位设置”对话框，设置“公制”为“毫米”，单击“系统单位设置”按钮，在打开的“系统单位设置”对话框中设置单位为“毫米”，单击“确定”按钮，回到“单位设置”对话框，再次单击“确定”按钮，如图10-1所示。

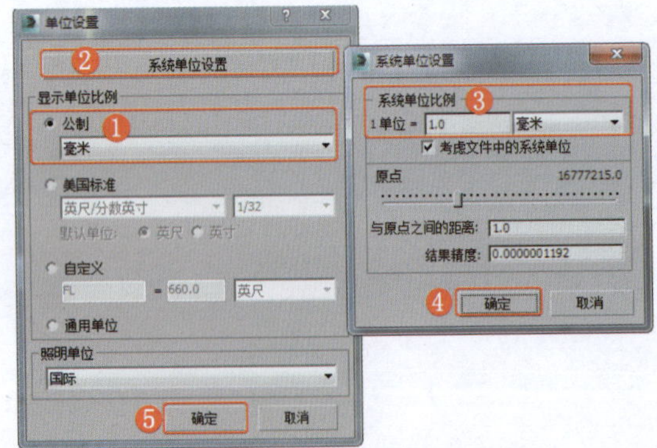

图10-1 单位设置

在进行室外效果图渲染时，也可将“公制”和“系统单位”设置为“厘米”。要注意“公制”和“系统单位”的统一性。

2. 配置修改器集和添加常用修改器按钮

切换到“修改”命令面板，右击修改器列表，在弹出的快捷菜单中选择“显示列表中的所有集”命令。当该命令为勾选状态时，列表中的所有修改器将会以同类集的方式显示，这样在查找修改器时会提高效率。选择“配置修改器集”命令后会打开“配置修改器集”对话框，从中可以设置修改器按钮的个数，将左侧列表中的修改器拖至右侧的按钮上，即可将选择的修改器替换当前按钮上的修改器。选择“显示按钮”命令后，该命令为勾选状态，此时在“配置修改器集”对话框中设置的修改器将以按钮的方式显示在修改器列表的下方。如图10-2所示。

3. 自定义常用修改器和更改四元菜单

在菜单栏中选择“自定义”→“自定义用户界面”命令，在打开的“自定义用户界面”对话框中可以创建一个完全自定义的用户界面，包括键盘、鼠标、工具栏、四元菜单、菜单和颜色。

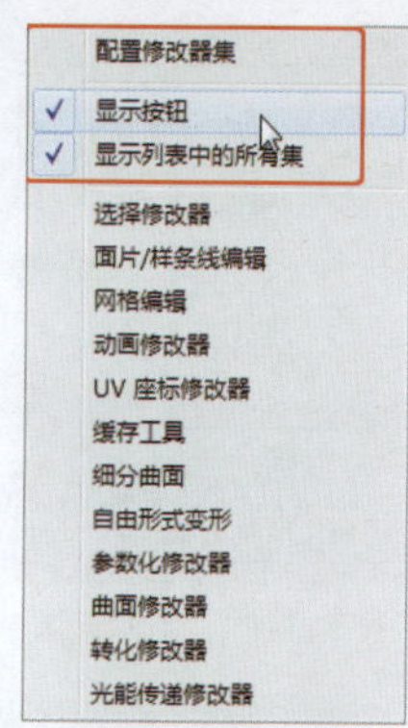

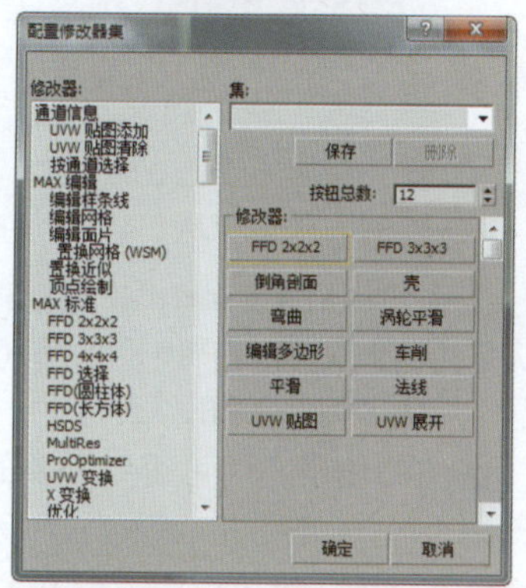

图10-2　实用操作

要设置修改器的快捷键，可以在“键盘”选项卡（如图10-3所示）的“操作”列表中任意选择一项，使用拼音输入法输入修改器的名称，如可输入汉字“挤出修改器”，则系统会自动找到需要的修改器，先按Caps Lock（大小写切换）键锁定大写，再在“热键”右侧输入想要设置的快捷键，单击“指定”按钮。

提　示

快捷键的设置基础为在标准触键姿势下以左手能快速覆盖的位置为宜。

使用快捷键前将“键盘快捷键覆盖切换”按钮改为（弹起状态）。

常用快捷键包括：“挤出修改器”为U键，“编辑网格修改器”为Y键，“显示变换Gizmo”为X键，“隐藏选定对象”为Alt+S组合键。如果需要用到“后”视图操作，则会将B键指定为“后”视图。

切换到“四元菜单”选项卡（如图10-4所示），在“操作”列表中分别找到“保存场景状态”和“恢复场景状态”，将其拖至右侧的四元菜单列表中，使用分隔符将其与其他功能操作分离开。“保存场景状态”和“恢复场景状态”是建筑建模中必用的操作。

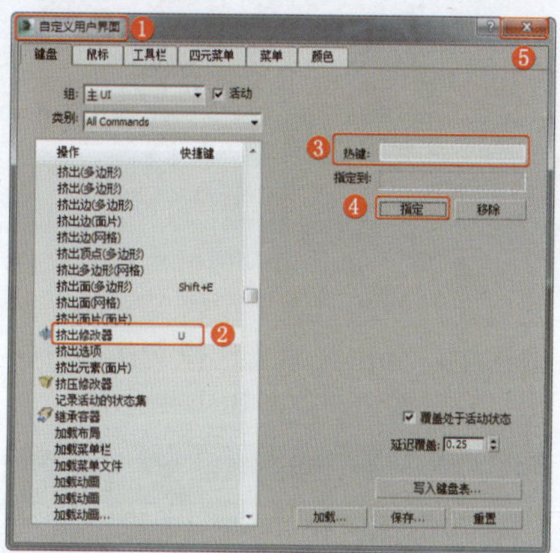

图10-3　设置快捷键

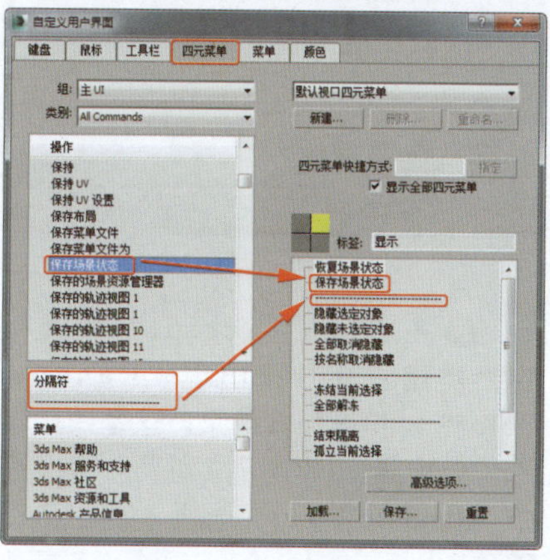

图10-4　设置四元菜单

4. 捕捉和轴约束

在室内外建模时一般使用“2.5维捕捉开关”，其特性是可以捕捉二维和三维，但同时只能应用到二维方向上。

右击“2.5维捕捉开关”按钮，打开“栅格和捕捉设置”面板，在“捕捉”选项卡中取消勾选“栅格点”复选框，勾选“顶点”“端点”“中点”复选框，如图10-5所示。

切换到“选项”选项卡，设置合适的“捕捉半径”及其他参数，勾选“捕捉到冻结对象”“启用轴约束”复选框，取消勾选“显示橡皮筋”复选框，如图10-6所示。

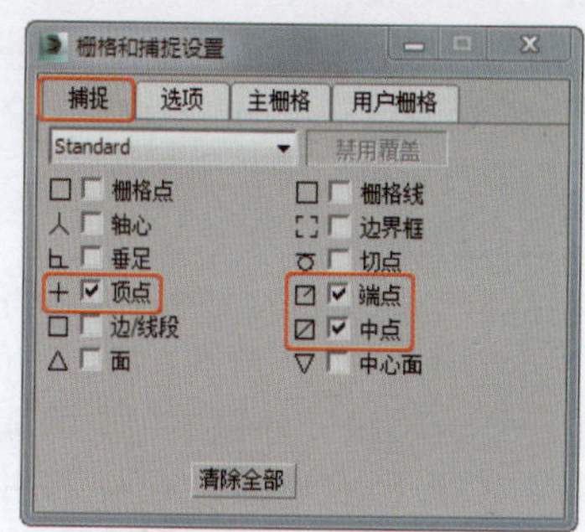

图10-5　捕捉设置

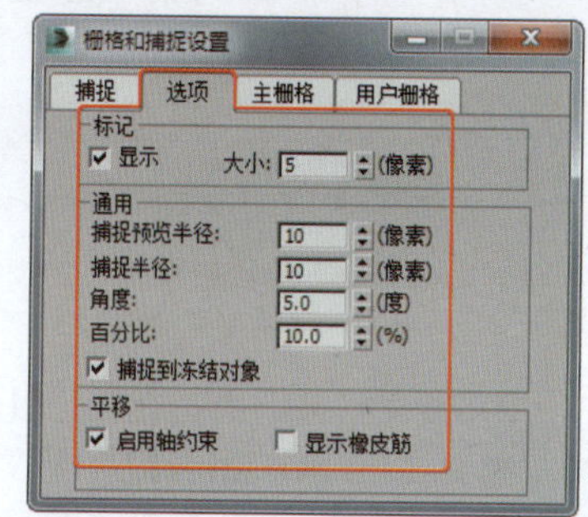

图10-6　轴约束及捕捉设置

5. 首选项设置

在菜单栏中选择“自定义”→“首选项”命令，在打开的“首选项设置”对话框中选择“常规”选项卡，勾选“按方向自动切换窗口/交叉”复选框，单击“右－>左＝>交叉”单选按钮，设置“微调器”选项组的“精度”为小数点后3位，设置“捕捉”为0.001，如图10-7所示。

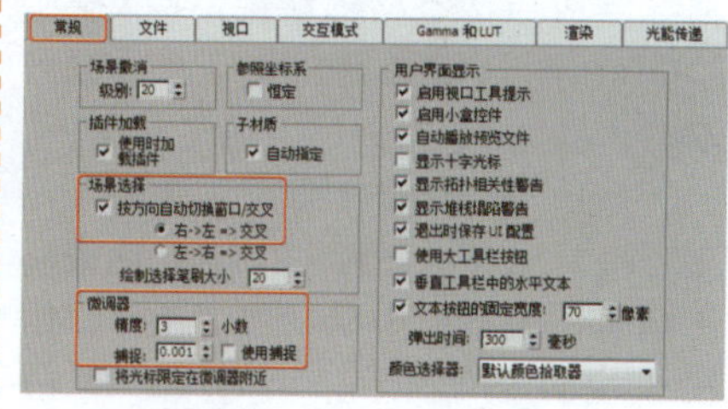

图10-7　“常规”选项卡

切换到“文件”选项卡，在“自动备份”选项组中设置“Autobak文件数”为5，“备份间隔（分钟）”为20.0，如图10-8所示。

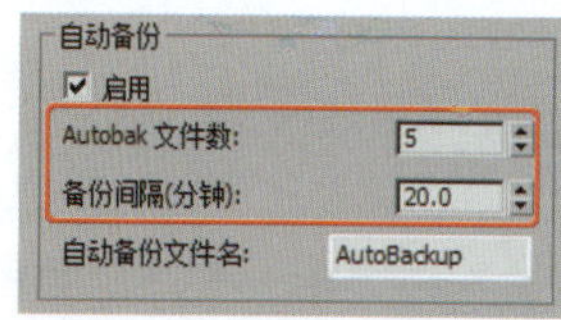

图10-8　“自动备份”选项组

在软件非正常关闭导致没有存储文件时可重置场景，单击“应用程序”按钮，选择“打开”命令，单击

“向上一级”按钮，进入“autobak”文件夹，从中找到“AutoBakup.max”文件，即可依据时间找回文件。

6. 其他应用技巧

（1）轴约束的快捷键：x轴为F5键，y轴为F6 键，z轴为F7键，xy、yz、zx轴为F8键。初期不适应的读者可以在工具栏右侧的空白处右击，在弹出的快捷菜单中选择“轴约束”选项，打开“轴约束”面板，如图10-9所示，然后将面板拖至工具栏右侧即可。

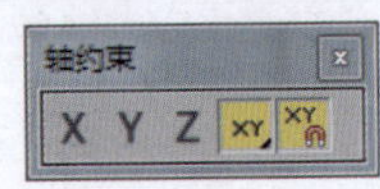

图10-9 “轴约束”面板

（2）孤立当前选择：在制作过程中经常需要使用Alt+Q组合键，即“孤立当前选择”，以便更直观地观察效果；如要退出孤立，可在坐标栏中单击“孤立当前选择切换”按钮。

（3）轴约束位移：先选择物体或子集，按W键激活“选择并移动”按钮，按S键激活“2.5维捕捉开关”按钮，按X键隐藏Gizmo，按空格键将当前选择锁定（在坐标栏中的锁头按钮会变为激活状态），按F5键至F8键选择轴向，可以通过点或边捕捉其他物体的边中点、边和点，捕捉完成后按空格键解锁，按X键显示Gizmo，S键捕捉开关可保留也可取消。

（4）绝对/偏移模式变换输入：当“绝对模式变换输入”按钮未被激活时，坐标栏中显示当前选择物体在3D空间中的坐标；当该按钮被激活时，显示为“偏移模式变换输入”按钮，可通过在轴向右侧输入数值进行精确位移、旋转和缩放，如图10-10所示。

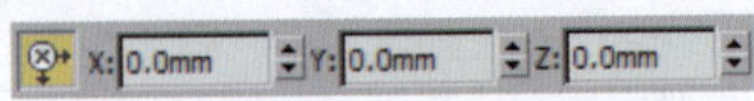

图10-10 偏移模式变换输入

7. 室内渲染通道插件“Random Color”

“Random Color”可以为场景中同材质的物体分配一种线框颜色，而且渲染出的通道图选区比较纯净，是制作室内通道图的较好选择，它的颜色分配是随机的，如果不满意当前分配还可重新分配颜色。

❶ 切换到“实用程序”面板，在“实用程序”卷展栏中单击“MAXScript”按钮，在弹出的“MAXScript”卷展栏中单击“运行脚本”按钮，如图10-11所示。

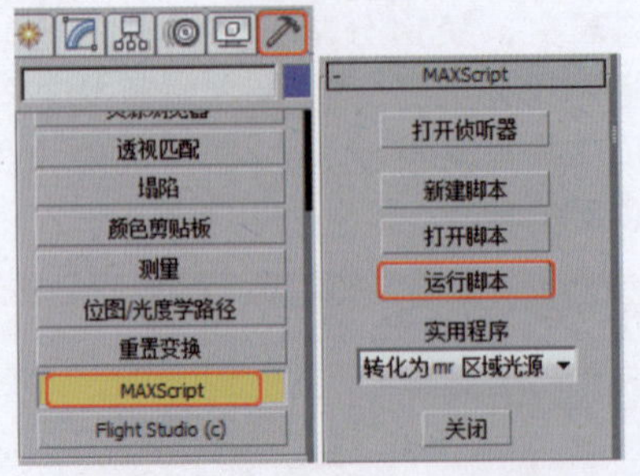

图10-11 “实用程序”面板

❷ 将“random color.mzp”文件复制到打开的“选择编辑器文件”对话框中，双击文件或选择文件后单击“打开”按钮，如图10-12所示。

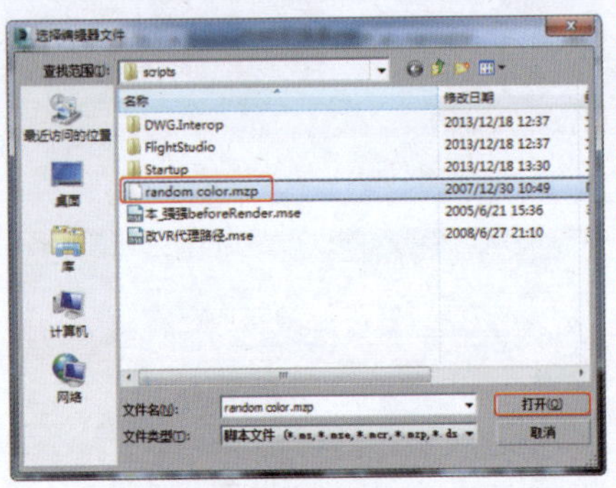

图10-12 选择插件文件

❸ 在“MAXScript”卷展栏的“实用程序”下出现“Random Color”，但无任何效果，这是该插件的一个缺陷，调出下拉列表，再次选择“Random Color”选项，如图10-13所示。

❹ 出现“Random Color”卷展栏，单击“Apply”按钮，如图10-14所示，即可将场景中的所有材质转换为线框颜色模式。

图10-13 再次选择

图10-14 转换模式

❺ 弹出“MAXScript”对话框，确认是否进行随机色转换，如图10-15所示，单击“是”按钮。

❻ 渲染场景，即可得到需要的通道图。

注 意

在转换材质之前，一定要存储好效果图和当前场景；在转换材质并渲染、保存通道图后，则一定不要保存场景。

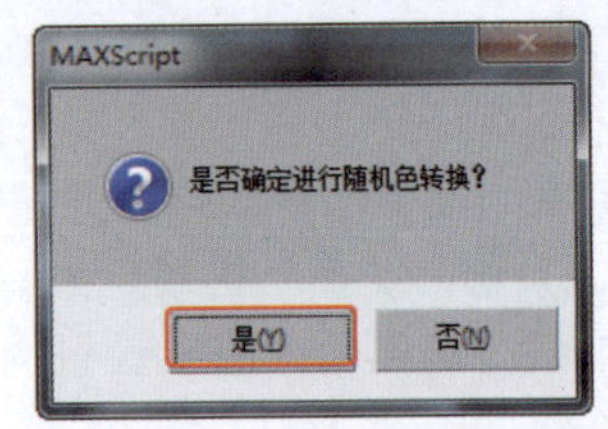

图10-15 确认转换

实例232 实例设计理念

本例制作的是轻奢华风格的欧式客厅。

实例效果剖析

欧式元素具有强烈而独特的文化色彩，过去一般被应用在别墅、会所和酒店等场所，彰显高贵、奢华、大气等格调。随着经济和文化的发展，如今在住宅、公寓中也时常会用到欧式元素，以追求浪漫、优雅的生活质感。客厅又被称为“起居室”，是主人与客人会面的地方，是家居的门面。客厅的陈设、用色等能反映出主人的性格、特点和眼光等。本例根据客户要求设计一款轻奢华风格的欧式客厅。

本例制作的欧式客厅，效果如图10-16所示。

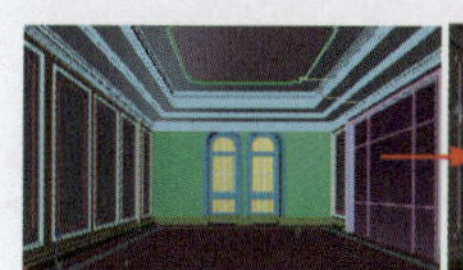

图10-16 效果展示

实例技术要点

本例主要用到的功能及技术要点如下。

- CAD识图及导图。
- 制作客厅的框架。
- 导入模型：导入客厅的家具、装饰模型。
- 设置材质：设置场景中框架的材质。
- 创建摄影机和灯光：调整合适的客厅观察角度，并创建灯光照亮客厅。
- 渲染输出：通过设置渲染参数，对场景进行渲染输出。
- 后期处理：通过使用Photoshop软件来调整客厅的最终效果，使其更加鲜亮、真实。

场景文件路径	Scene\第10章\轻奢华欧式客厅.max		
贴图文件路径	Map\		
视频路径	视频\Cha10\实例232 实例设计理念.mp4		
难易程度	★★★★	学习时间	45秒

实例233 CAD图纸的识别及导入导出

下面介绍如何将CAD图纸导入3ds Max中。

实例制作步骤

视频路径	视频\Cha10\实例233 CAD图纸的识别及导入导出.mp4		
难易程度	★★	学习时间	26分46秒

1. CAD的识图

❶ 打开AutoCAD软件，找到需要查看的CAD图纸，将“客厅图纸.dwg”文件拖动到软件中除视口区以外的空白区域，弹出“指定字体给样式”对话框，选择“gbcbig.shx”类型，即国标大字体，弹出几次选几次，如图10-17所示，单击“确定”按钮。

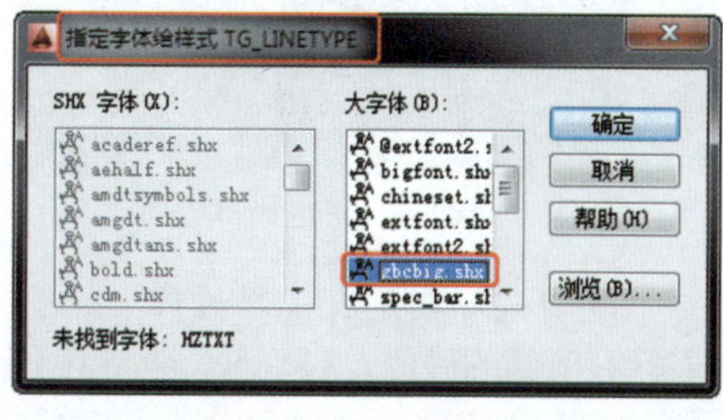

图10-17 设置字体

❷ 打开图纸后可以看到两张平面图和四张立面图，如图10-18所示。观察图纸可以发现，四张立面图的下方分别标示了A、B、C、D，两张平面图没有标示。左侧平面图标示有方格和标线，可以将其理解为地面平面图；右侧平面图标示有吊灯形状和筒灯分布，可以将其理解为顶部灯池平面图。观察好平面图后，需要通过平面图中较明显的区域去查找对应的室内空间。一般将平面图理解为上北下南、左西右东，在室内空间中看到的都是内立面，观察到在平面的下方有两个门窗标示，找到相对应的C图是由北向南观察的，可以将其理解为南立面；与其相对应的A图立面则是由南向北观察的，可以将其理解为北立面；在平面图的左侧可以看到有暗槽和暗藏灯，可以将其理解为电视背景墙；相对应的则是D图西立面的电视背景墙，则剩下的B图立面是东立面的沙发背景墙。

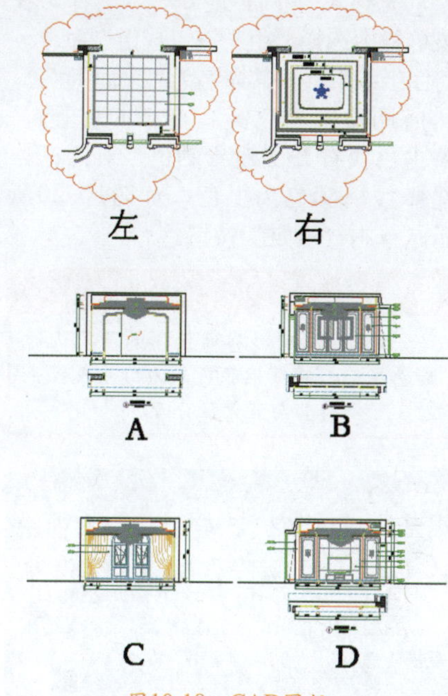

图10-18 CAD图纸

❸ 在识别CAD图纸后需要分别将六张图纸导出，以左侧平面图的导出流程为例：先选择左侧平面图，输入“X”并按空格键分解块，输入“W”并按空格键写块，在打开的“写块”对话框（如图10-19所示）中单击“拾取点”按钮，对话框自动隐藏，任意单击选择一点；返回“写块”对话框，单击“选择对象”按钮，对话框再次自动隐藏；框选需要导出的左侧平面图，按空格键完成对象选择；返回“写块”对话框，在“目标”选项组中指定输出路径和输出文件名，设置“插入单位”为“无单位”，单击“确定”按钮完成写块。

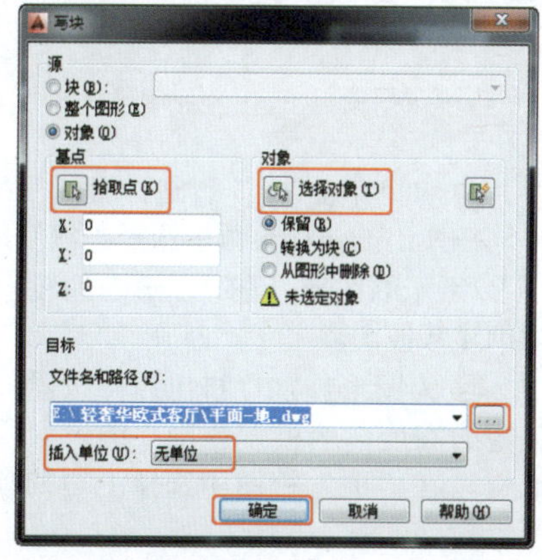

图10-19 “写块”对话框

2. 导入CAD图纸

❶ 打开3ds Max软件，单击“应

用程序”按钮，选择“导入”命令，先导入“平面-地.dwg”文件，在菜单栏中选择“组”→“成组”命令，将图纸编组，将其命名为“平面-地”，然后切换到“修改”命令面板，单击色块打开“对象颜色”对话框，选择线框颜色为黑色，如图10-20所示，单击“确定”按钮。

提 示

如果3ds Max界面使用的是默认的暗色界面，将线框颜色改为白色或较亮色，可以将其与背景区分开。

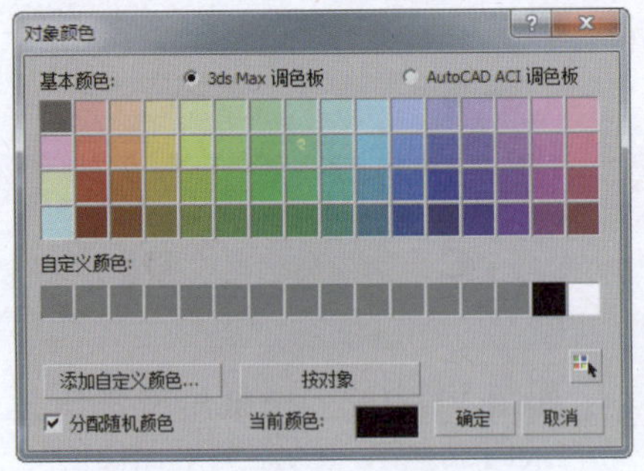

图10-20 更改线框颜色

❷ 按W键激活“选择并移动”按钮，在坐标栏中依次右击微调器按钮将坐标归零，观察其他视图，如果有不在一个平面的点，可以先打开组，使用轴约束和捕捉将点调整至同一平面。

❸ 导入“平面-顶.dwg”文件，将图纸编组并命名为“平面-顶”，修改线框的颜色，将坐标归零，调整图像的位置。

❹ 依次导入其他立面。方法是：首先在平面上将立面与平面对准位置，有些立面有导入问题有可能需要镜像操作，然后将其旋转90°立起，再将最低点对齐平面，在“顶”视图中将北立面放置于平面的上方，将南立面放置于平面的下方，将东立面放置于平面的右侧，将西立面放置于平面的左侧，如图10-21所示。

注 意

室内CAD立面标示的是内立面，室外CAD立面标示的是外立面。

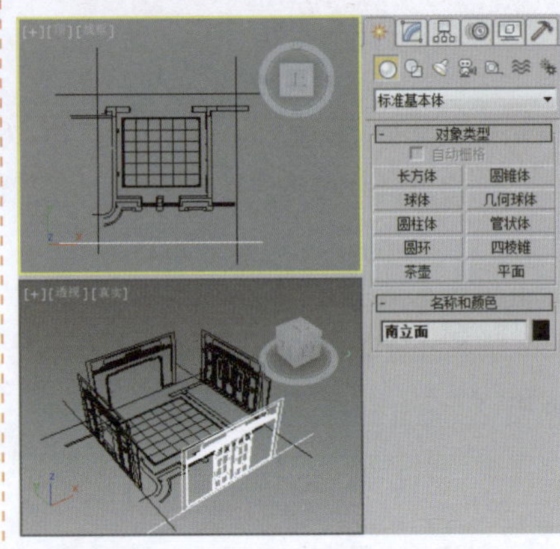

图10-21 导入CAD图纸并调整位置

中取消勾选“开始新图形”复选框，继续在“前”视图中根据图纸创建矩形，效果如图10-24所示。

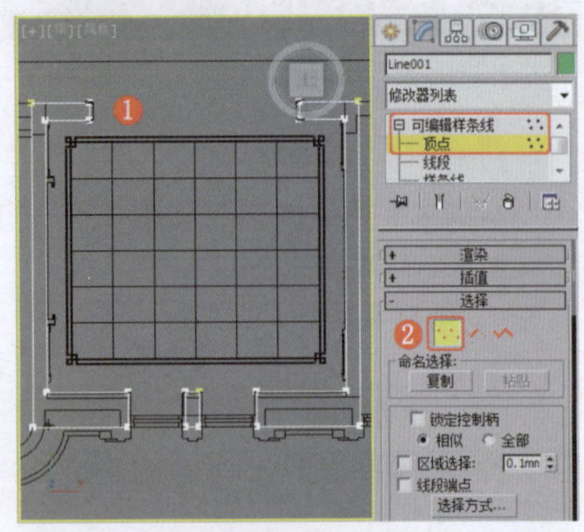

图10-22 创建墙体线

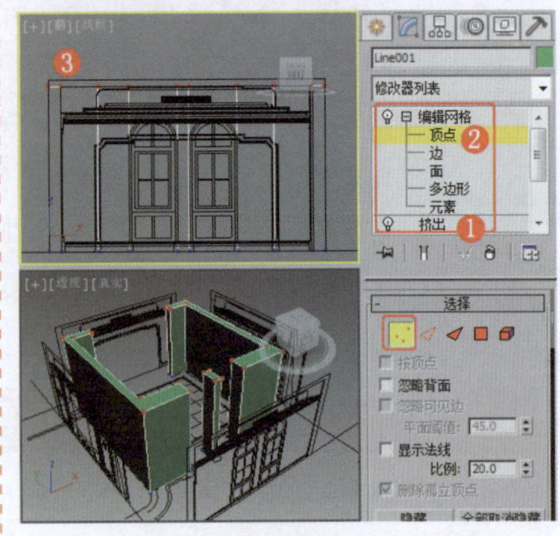

图10-23 调整模型

提 示

在CAD图纸中，平面图与立面图不可避免会出现一些偏差，一般通过平面看进退关系，通过立面确认位置。

实例234 建模

下面通过导入的图纸制作欧式客厅的基本框架模型。

实例制作步骤

视频路径	视频\Cha10\实例234 建模（上）.mp4，实例234 建模（下）.mp4		
难易程度	★★★★	学习时间	38分4秒，41分38秒

❶ 将“平面-顶”隐藏，激活“2.5维捕捉开关”按钮，按住Ctrl键右击，在弹出的快捷菜单中选择“线”命令，在“顶”视图中根据图纸创建如图10-22所示的图形，在“图形”面板中取消勾选“开始新图形”复选框，继续创建其他图形。

❷ 为图形施加“挤出”修改器，设置“数量”大约为2800mm，即标准住宅的高度，为模型施加“编辑网格”修改器，按1键将选择集定义为“顶点”，在“前”视图中选择上边的顶点，调整顶点的位置，效果如图10-23所示。

❸ 选择西立面和北立面，右击，在弹出的快捷菜单中选择“隐藏选定对象”命令，将两个立面隐藏；选择其他图纸，右击，在弹出的快捷菜单中选择“冻结当前选择”命令，将图纸冻结；根据图纸创建弧，在“图形”面板

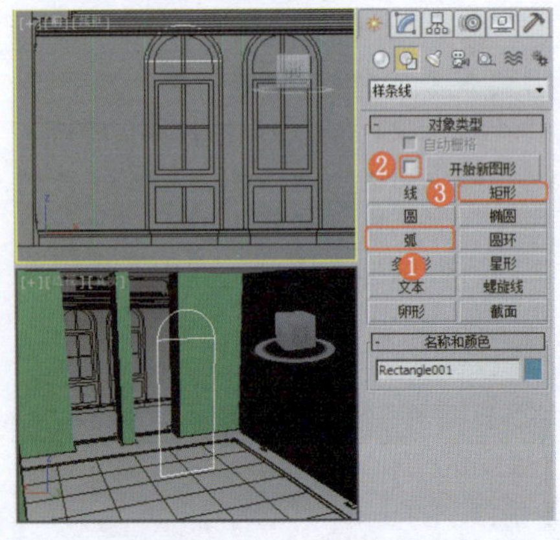

图10-24 创建图形

❹ 将选择集定义为“线段”，选择矩形顶部的线段，按Delete键将其删除；将选择集定义为“顶点”，微调顶点的位置，选择矩形与弧衔接处右侧的两个顶点，右击，在弹出的快捷

菜单中选择“熔合顶点”命令，再次右击，在弹出的快捷菜单中选择“焊接顶点”命令；使用同样方法，将矩形与弧衔接处左侧的两个顶点熔合焊接，效果如图10-25所示。

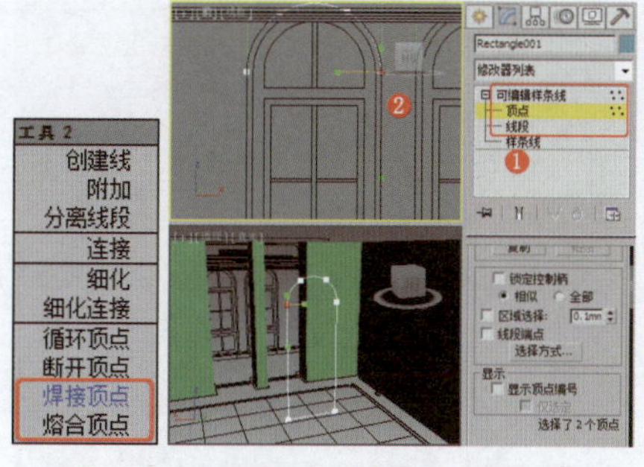

图10-25 删除线段并熔合焊接顶点

❺ 将选择集定义为“样条线”，选择样条线，在“几何体”卷展栏中调整“轮廓”右侧的微调器按钮向内设置轮廓，效果如图10-26所示。

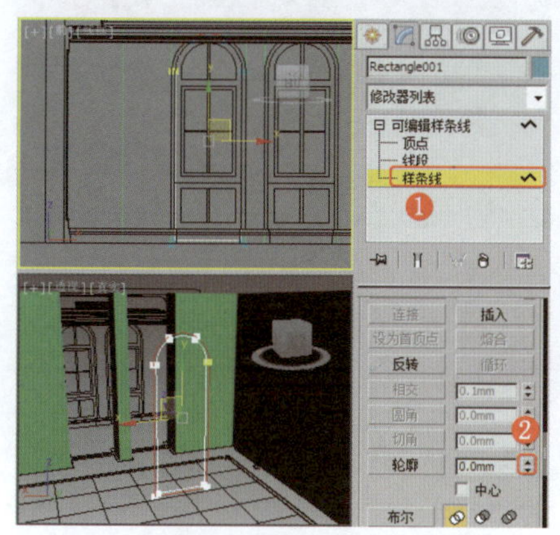

图10-26 调整样条线

❻ 按U键为图形施加“挤出”修改器，在“参数”卷展栏中设置“数量”为100.0mm，调整模型至合适的位置，效果如图10-27所示。

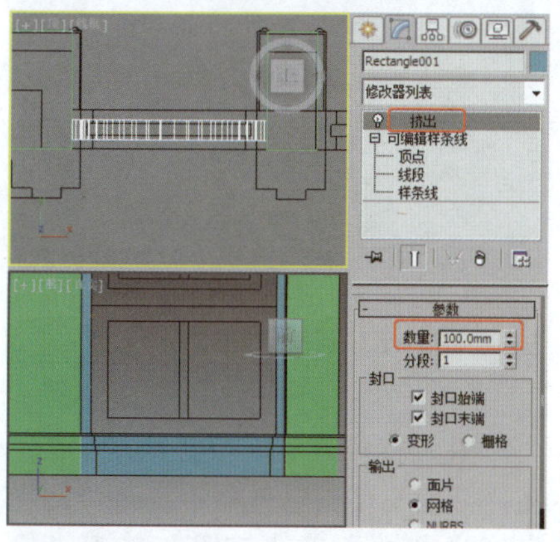

图10-27 施加“挤出”修改器

❼ 按Ctrl+V组合键复制一个模型，将其作为窗上墙；在修改器堆栈中将“挤出”修改器关闭，将选择集定义为“样条线”，将内侧样条线删除；将选择集定义为“顶点”，将底部两个顶点沿y轴向上位移；右击，在弹出的快捷菜单中选择“角点”命令，将点属性改为角点，调整衔接处两个顶点的Bezier杆，效果如图10-28所示。

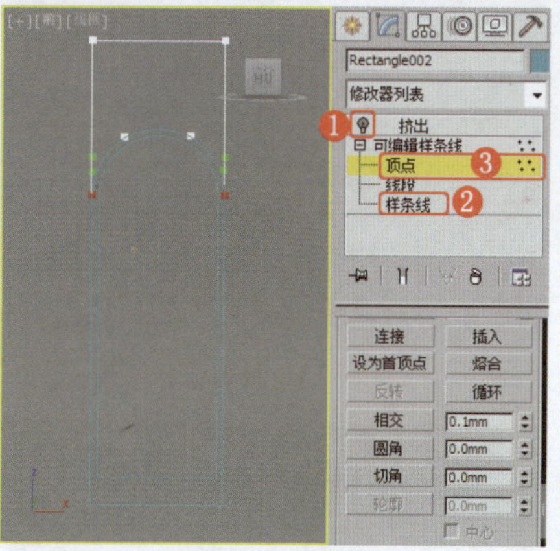

图10-28 复制并调整

❽ 关闭选择集并激活“挤出”修改器，为模型施加“编辑网格”修改器，将选择集定义为“顶点”，调整顶点的位置，将选择集定义为“元素”，使用移动复制法复制元素，如图10-29所示。

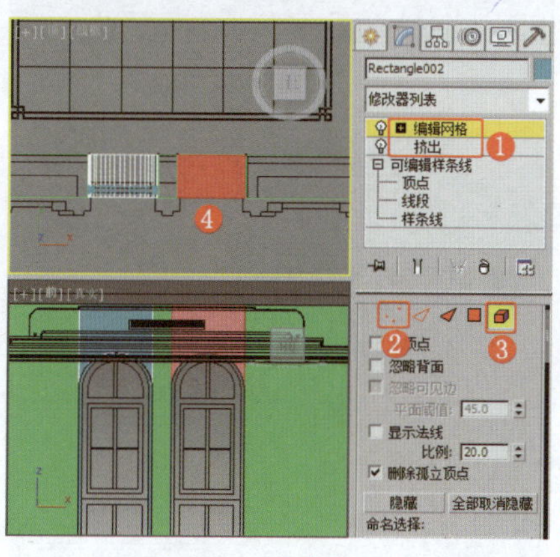

图10-29 制作窗上墙

❾ 再次复制一个门窗外框模型，将“挤出”修改器移除，将选择集定义为“顶点”，在“后”视图中调整底部两个顶点的位置；将选择集定义为“样条线”，选择样条线并向内调整轮廓，效果如图10-30所示。

❿ 为图形施加“挤出”修改器，为模型施加“编辑网格”修改器，按3键将选择集定义为“面”，在“前”视图中选择模型下边的面，使用移动复制法向上复制面，效果如图10-31所示。

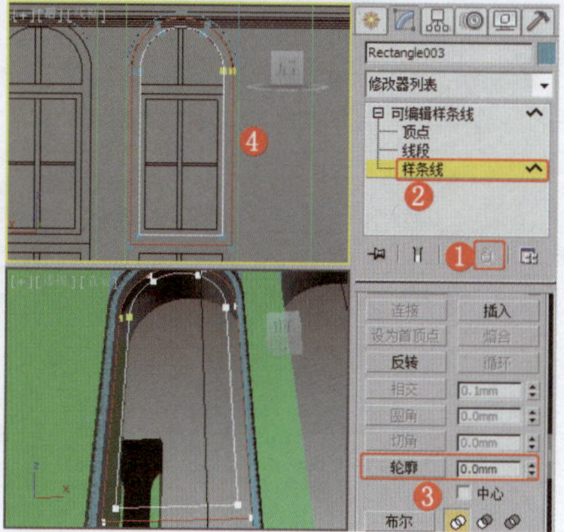

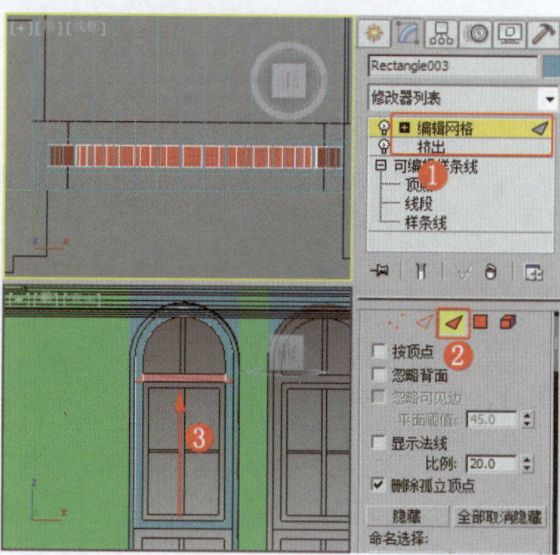

图10-30 调整轮廓

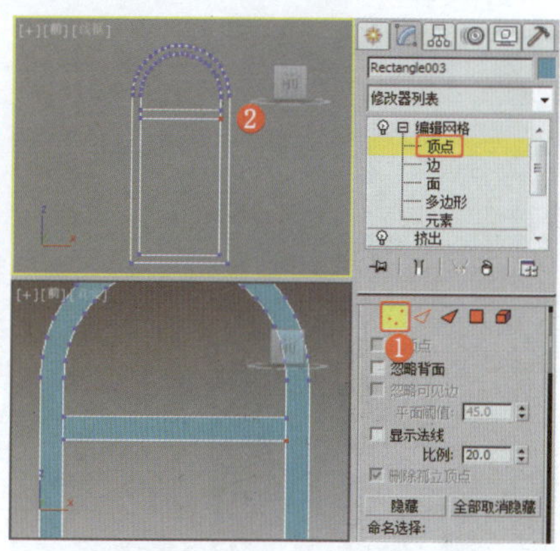

图10-31 施加修改器并复制面

⓫ 将选择集定义为“顶点”，调整顶点的位置，效果如图10-32所示。

图10-32 调整顶点

⓬ 为模型施加“编辑多边形”修改器，按2键将选择集定义为“边”，选择底部的两条边，单击“切角”右侧的按钮，在打开的面板中设置“边切角量”为5.0mm、“连接边分段”为3，效果如图10-33所示。

⓭ 根据图纸在“前”视图中利用矩形创建下面的门框，为图形施加

“挤出”和“编辑多边形”修改器，完成如图10-34所示的模型。

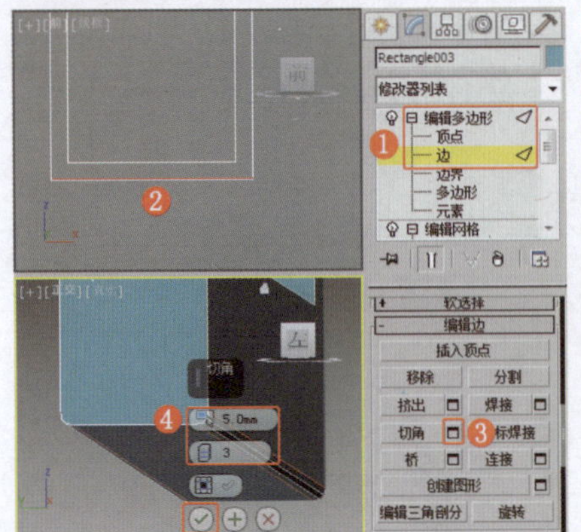

图10-33 设置边的“切角”参数

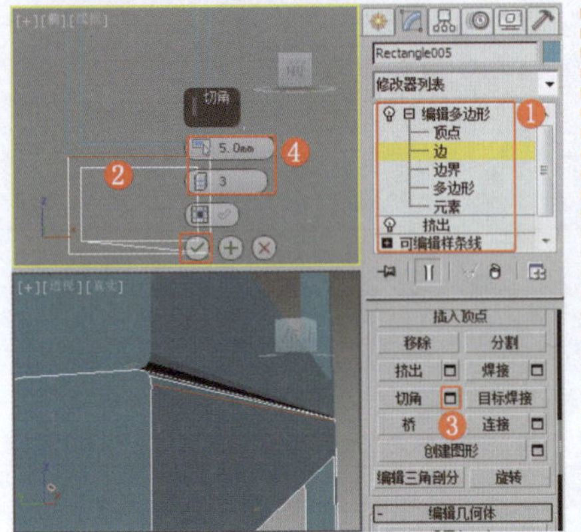

图10-34 创建下门框

⑭ 利用矩形创建如图10-35所示的门内框模型。

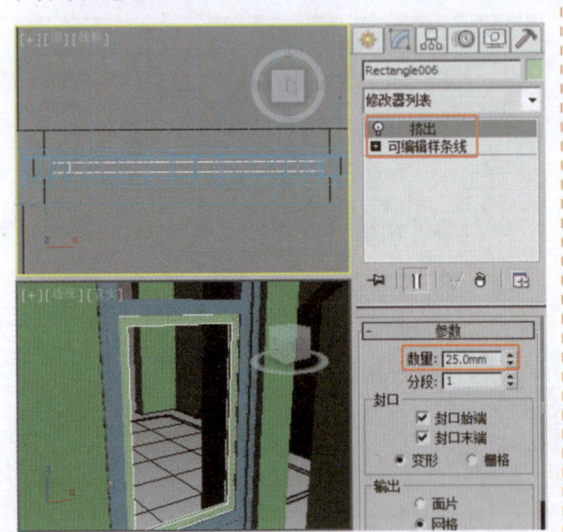

图10-35 创建门内框

⑮ 根据图纸在“后”视图中创建如图10-36所示的图形。

⑯ 为图形施加“挤出”修改器，设置合适的“数量”数值，将门窗模型复制给另一个门洞模型，效果如图10-37所示。

⑰ 根据图纸，在“后”视图中利用线创建墙裙的截面图形，选择靠墙一侧的其中一个顶点，右击，在弹出的快捷菜单中选择“设为首顶点”命令，在“插值”卷展栏中设置“步数”为4，如图10-38所示。

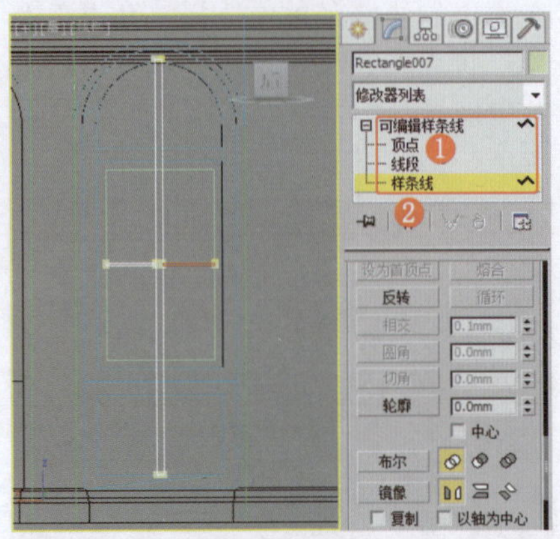

图10-36 创建图形

图10-37 挤出并复制模型

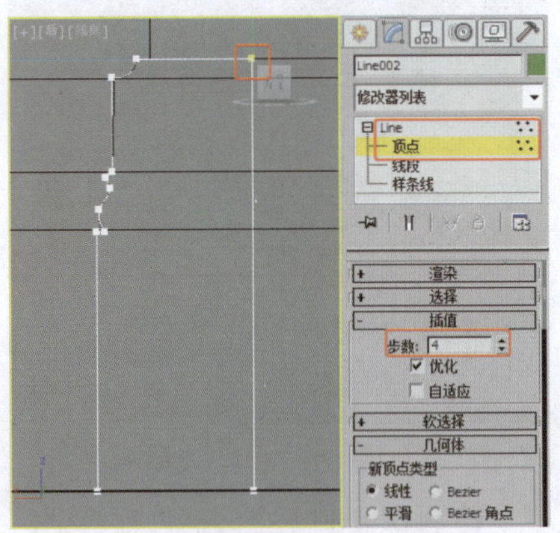

图10-38 创建墙裙截面图形

⑱ 在“顶”视图中根据墙内侧线创建如图10-39所示的线，将其作为墙裙路径。

⑲ 为线施加“扫描”修改器，在“截面类型”卷展栏中单击“使用自定义截面”单选按钮，单击“拾取”按钮，拾取截面图形；在“扫描参数”卷展栏中取消勾选“平滑路径”复选框，选择合适的轴对齐点，调整模型至合适的位置，效果如图10-40所示。

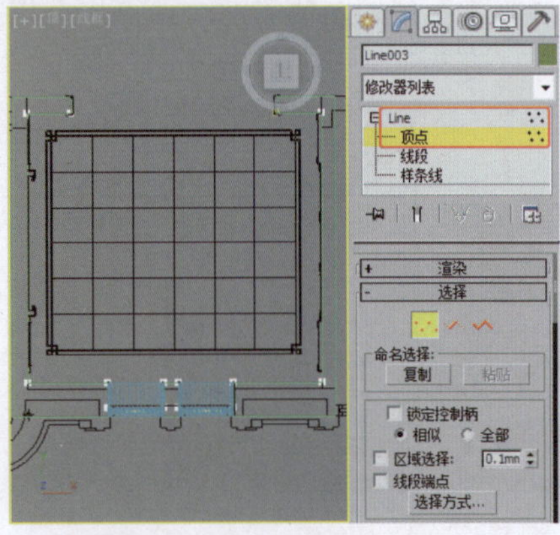

图10-39 创建墙裙路径

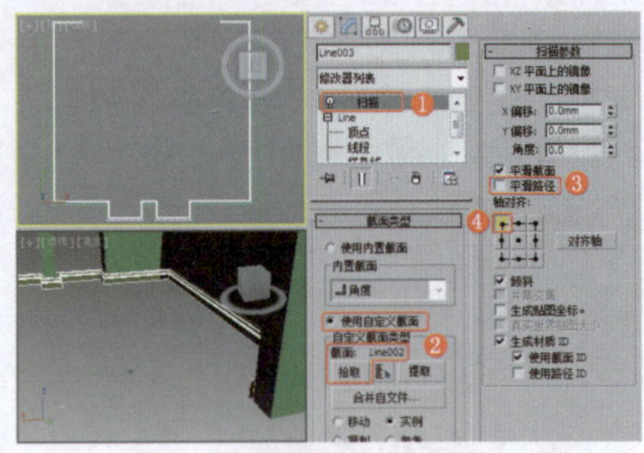

图10-40 创建地面图形

⑳ 在“顶”视图中创建如图10-41所示的图形，将其作为截面图形；复制一个外门框模型，将其作为路径，移除“挤出”修改器，将选择集定义为“样条线”，删除内侧样条线，将选择集定义为“线段”，将底部线段删除。

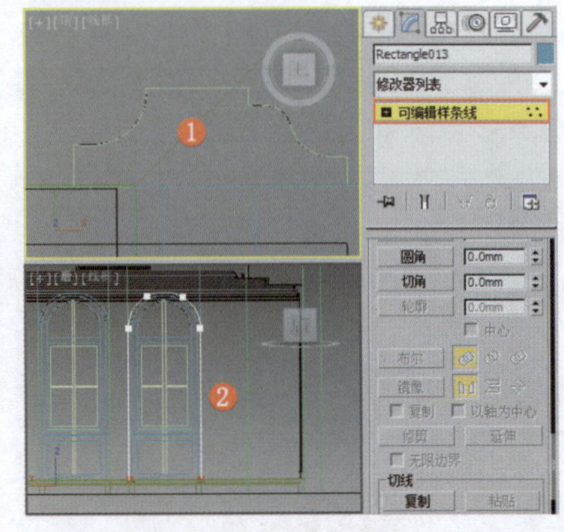

图10-41 创建并调整图形

㉑ 为路径施加“扫描”修改器，在“截面类型”卷展栏中单击“使用自定义截面”单选按钮，单击“拾取”按钮，拾取场景中制作的截面图形；在“扫描参数”卷展栏中勾选“XY平面上的镜像”复选框，在“轴

对齐”选项组中选择对齐轴的点，调整模型至合适的位置，效果如图10-42所示。

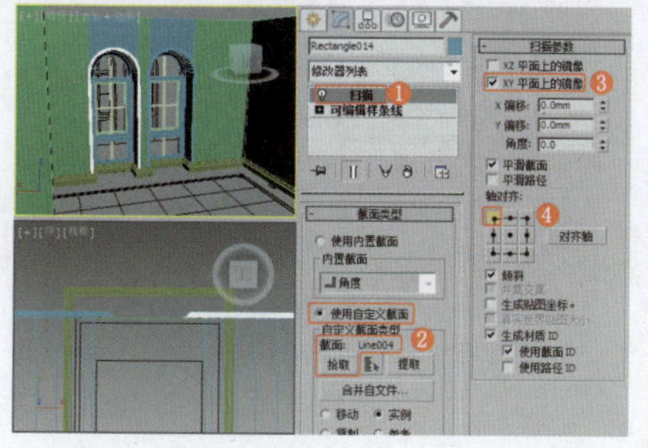

图10-42 扫描创建门框角线

㉒根据图纸在“左”视图中创建矩形，取消勾选“开始新图形”复选框，再创建一个矩形，施加“挤出”修改器和“编辑网格”修改器，将选择集定义为“顶点”，在“顶”视图中调整顶点的位置，效果如图10-43所示。

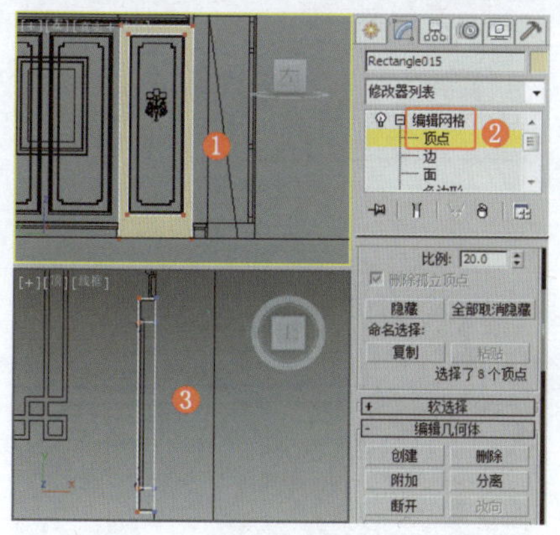

图10-43 创建沙发背景墙的装饰框

㉓根据图纸在“左”视图中创建矩形，将其作为墙体，为其施加“挤出”修改器和“编辑网格”修改器，将选择集定义为“顶点”，调整顶点的位置，效果如图10-44所示。

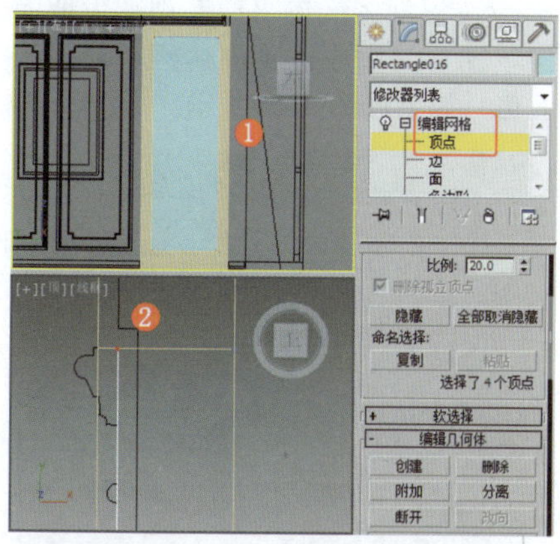

图10-44 创建墙体

㉔根据图纸在“顶”视图中创建如图10-45所示的图形，将其作为截面图形，设置“步数”为4；复制一个墙体图形，将其作为路径。

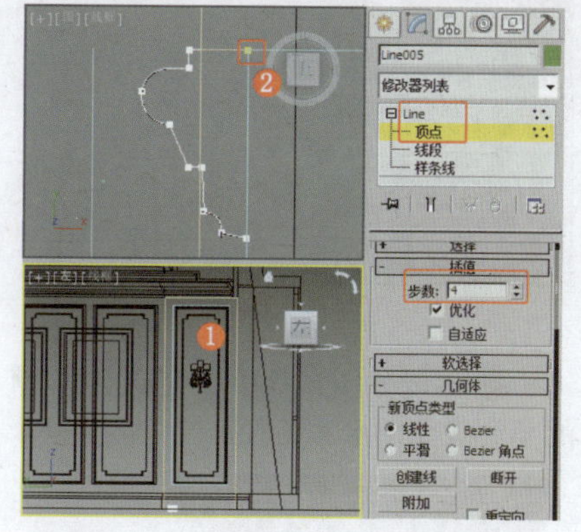

图10-45 创建沙发背景墙装饰框的内角线

㉕为路径施加“扫描”修改器，在“截面类型”卷展栏中单击“使用自定义截面”单选按钮，单击“拾取”按钮，拾取场景中制作的截面图形；在“扫描参数”卷展栏中设置“角度”为270.0，取消勾选“平滑路径”复选框，在“轴对齐”选项组中选择对齐轴的点，调整模型至合适的位置，效果如图10-46所示。

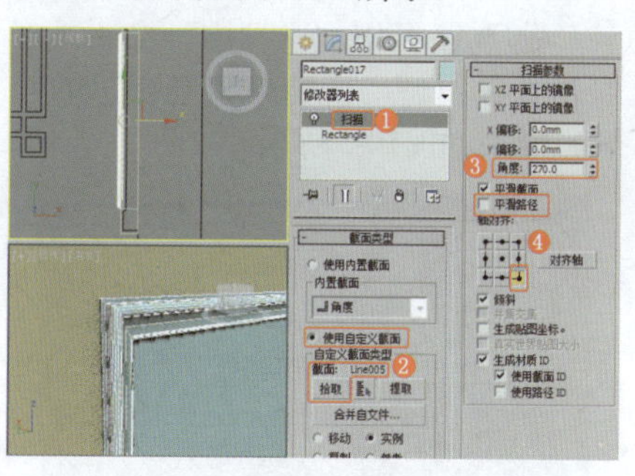

图10-46 扫描并调整模型

㉖根据图纸在“左”视图中利用线绘制如图10-47所示的图形，将选择集定义为“样条线”，设置轮廓并施加“挤出”修改器，设置“数量”为10.0mm，调整模型至合适的位置。

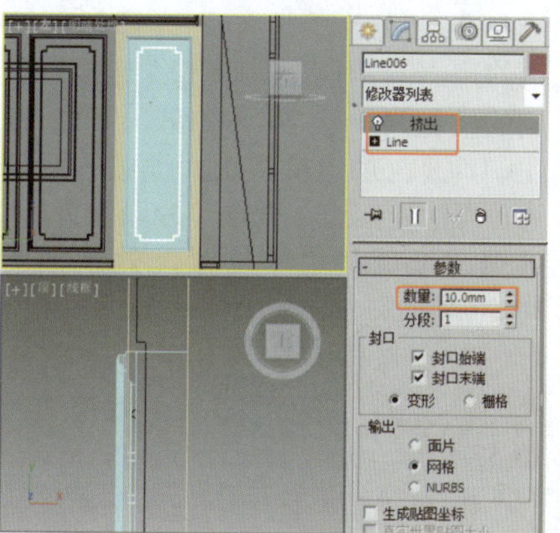

图10-47 创建并调整模型

㉗使用移动复制法复制模型并修改模型，效果如图10-48所示。

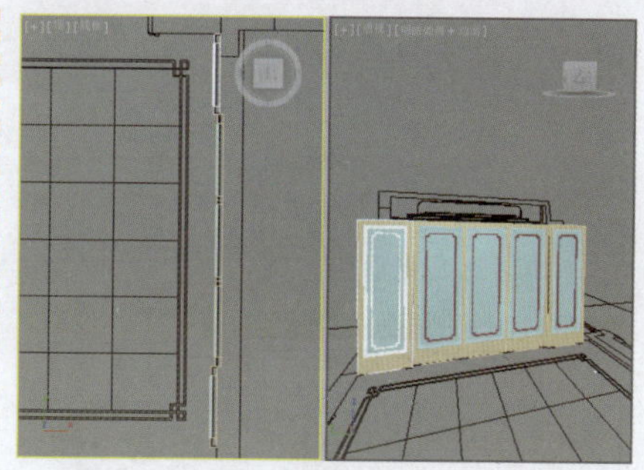

图10-48 复制并修改模型

㉘选择墙裙模型，将选择集定义为“顶点”，在“几何体”卷展栏中单击“优化”按钮，或右击，在弹出的快捷菜单中选择“细化”命令，在“顶”视图中添加四个顶点，调整顶点至合适的位置，效果如图10-49所示。

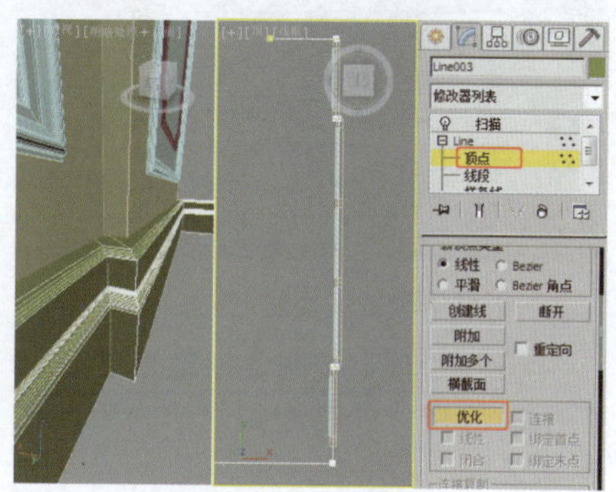

图10-49 修改墙裙

㉙右击视口空白处，选择“按名称取消隐藏”命令，选择北立面和西立面，单击“取消隐藏”按钮，将南立面、东立面隐藏，将东立面沙发背景墙的模型镜像复制到西立面，调整模型的角度。在“前”视图中创建如图10-50所示的图形，施加“挤出”修改器和“编辑网格”修改器，将选择集定义为“顶点”，在“顶”视图中调整顶点。

注 意

如果需要镜像多个模型，首先框选需要镜像的模型，在工具栏中激活“使用选择中心”按钮，再使用“镜像”按钮镜像模型。

㉚选择墙裙模型，将选择集定义为“顶点”，右击线，选择“细化”命令，添加顶点，单击“显示最终结果开/关切换”按钮显示最终结果，调整顶点的位置；将选择集定义为

"线段"，选择背景墙位置的线段并将其删除，效果如图10-51所示。

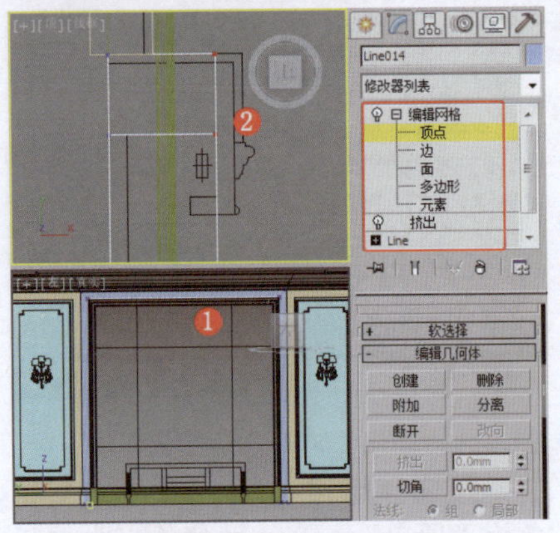

图10-50　镜像复制模型并创建灯槽外框

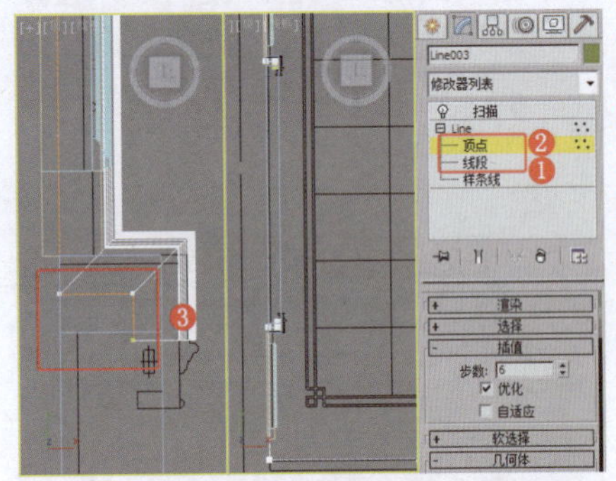

图10-51　修改墙裙

31 在"顶"视图中创建如图10-52所示的电视背景墙暗藏灯槽的截面图形和路径。

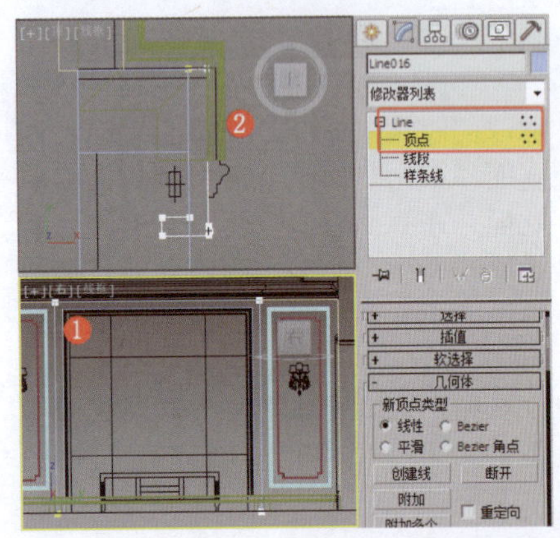

图10-52　创建灯槽截面图形和路径

32 为路径施加"扫描"修改器，在"截面类型"卷展栏中单击"使用自定义截面"单选按钮，单击"拾取"按钮，拾取截面图形；在"扫描参数"卷展栏中设置"角度"为90.0，取消勾选"平滑路径"复选框，选择合适的轴对齐点，调整模型至合适的位置，效果如图10-53所示。

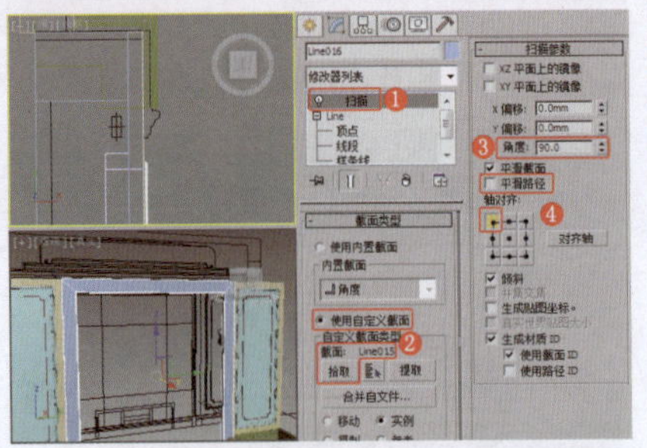

图10-53　制作灯槽

33 创建如图10-54所示的暗藏灯槽的角线截面图形和路径。

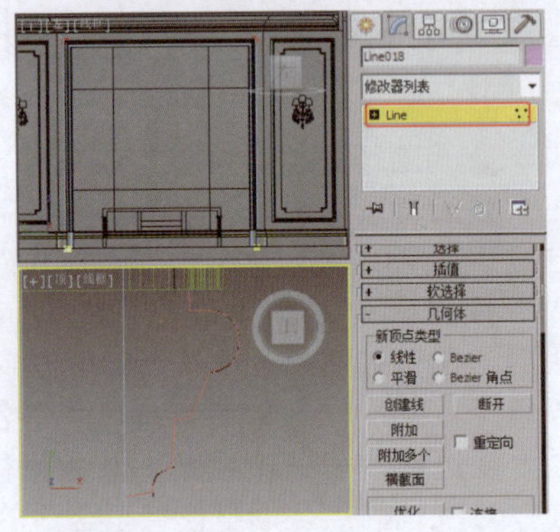

图10-54　创建角线截面图形和路径

34 为路径施加"扫描"修改器，制作角线模型，调整模型至合适的位置，效果如图10-55所示。

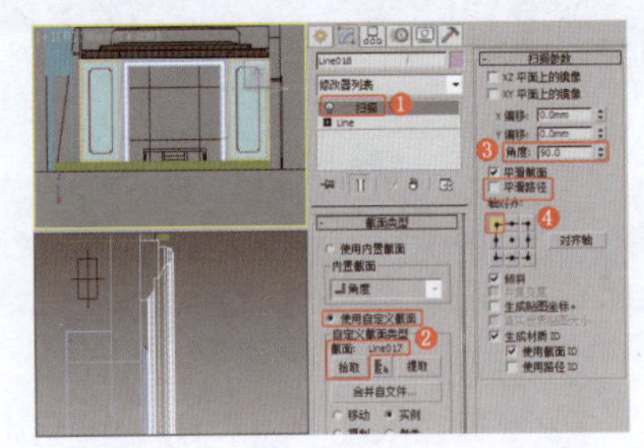

图10-55　制作灯槽角线

35 在"右"视图中创建矩形，施加"挤出"修改器，制作软包模型，将模型转换为"可编辑多边形"，将选择集定义为"边"，选择正面两边的边，右击模型，单击"连接"右侧的按钮▢，设置"分段"为2，按住Ctrl键，加选模型正面顶底的两条边，再次连接边，设置"分段"为2，根据图纸调整边的位置，效果如图10-56所示。

36 选择所有连接处的边，右击模型，设置"挤出"参数，效果如图10-57所示。

37 在"顶"视图中创建平面，将其作为地面，施加"编辑网格"修改器，调整模型，效果如图10-58所示。

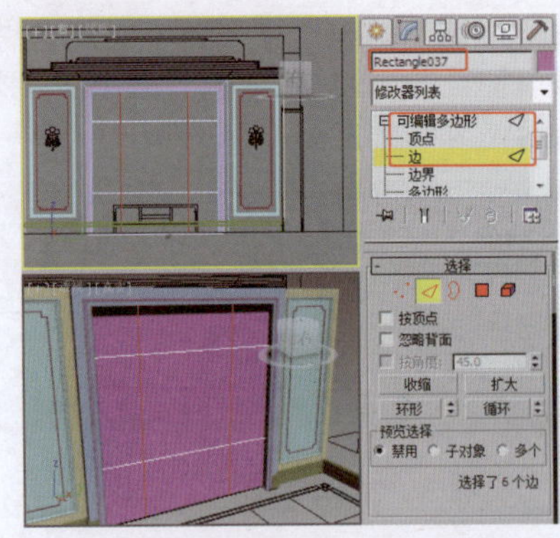

图10-56　创建软包并连接边

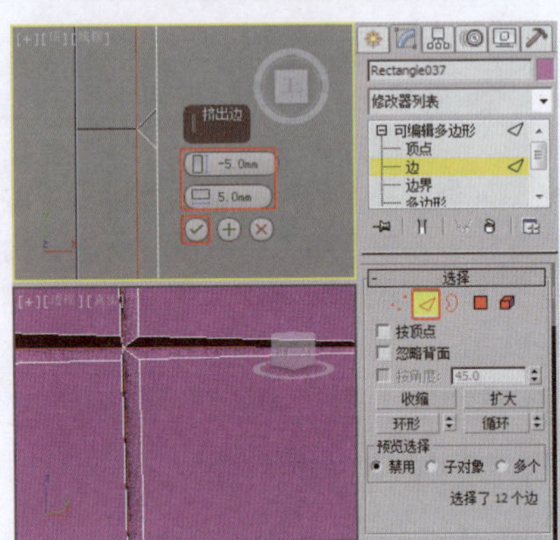

图10-57　挤出边

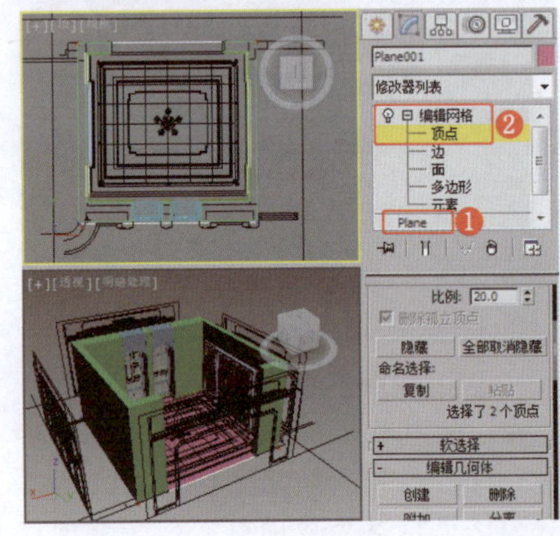

图10-58　创建地面

38 根据图纸在"顶"视图中地面拼花图形的内线位置创建两个封闭的图形，效果如图10-59所示。

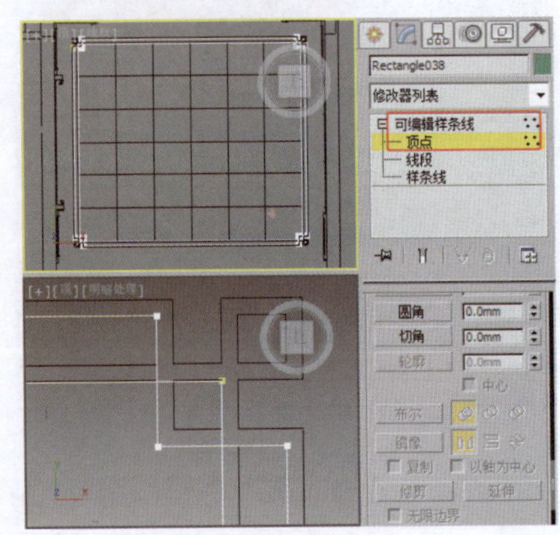

图10-59　创建地面拼花

39 将选择集定义为“样条线”，分别为两个样条线设置轮廓，效果如图10-60所示。

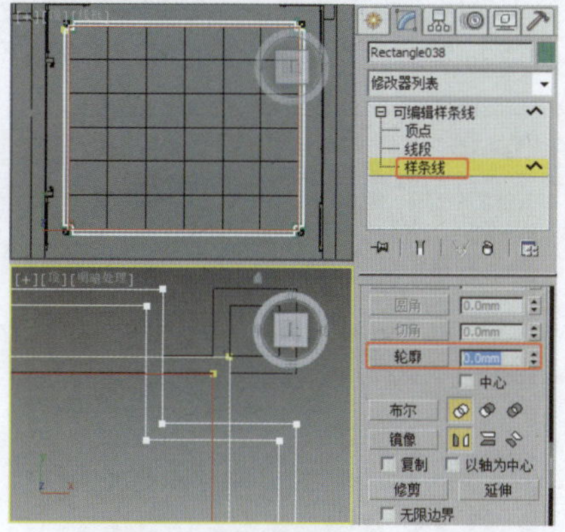

图10-60 设置轮廓

40 继续在“顶”视图中创建如图10-61所示的两个矩形，将选择集定义为“样条线”，选择图形，按住Shift键使用移动复制法复制样条线。

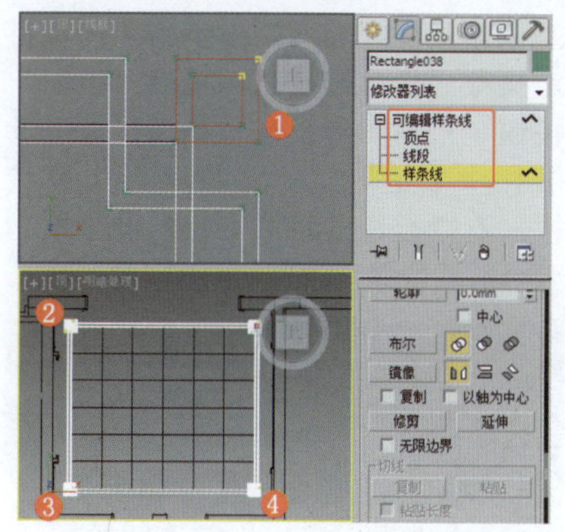

图10-61 复制样条线

41 确定两个地面拼花图形处于同一个平面，选择其中一个图形，右击，在弹出的快捷菜单中选择“附加”命令，附加另一个图形；将选择集定义为“样条线”，在“几何体”卷展栏中单击“修剪”按钮，依次修剪交叉的样条线，效果如图10-62所示。

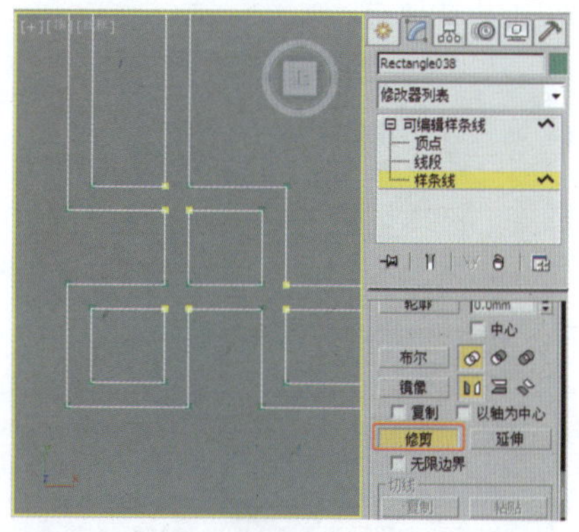

图10-62 修剪样条线

注 意

在修剪时有可能出现将整条线修剪掉的问题，可按照顺时针或逆时针顺序进行修剪。如果出错，可以按Ctrl+Z组合键将其恢复到未修剪状态，再从下一条边开始依次修剪。

42 使用同样方法将四个角的样条线修剪完成，将选择集定义为“顶点”，按Ctrl+A组合键全选顶点，在“几何体”卷展栏中设置“焊接”的数值，单击“焊接”按钮焊接顶点，效果如图10-63所示。

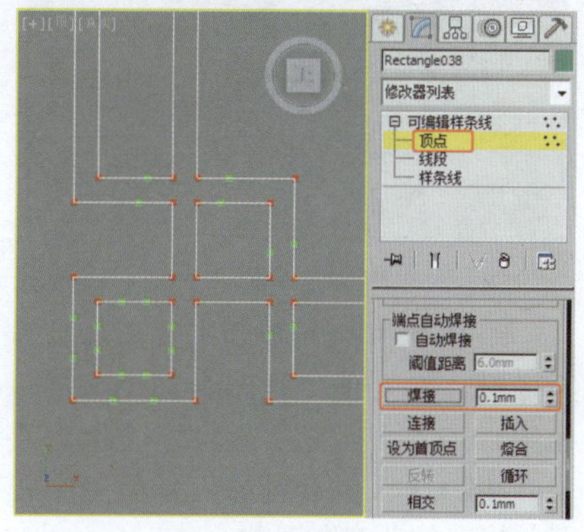

图10-63 焊接顶点

43 为图形施加“挤出”修改器，设置“数量”数值，效果如图10-64所示。

技 巧

由于点、线的交叉较多，在挤出模型时容易出错，此时可以选择“可编辑样条线”的“顶点”子集，尝试更换首顶点。首顶点的颜色与其他顶点不同，且每一个独立的样条线仅有一个首顶点。具体方法是，选择一个顶点，右击，在弹出的快捷菜单中选择“设为首顶点”命令。

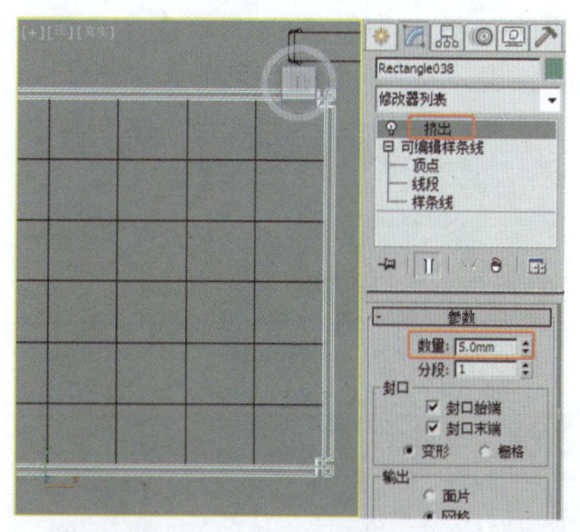

图10-64 挤出模型

44 在“前”视图中创建如图10-65所示的图形，将其作为顶部灯池的截面图形；在“顶”视图中创建矩形，将其作为路径。

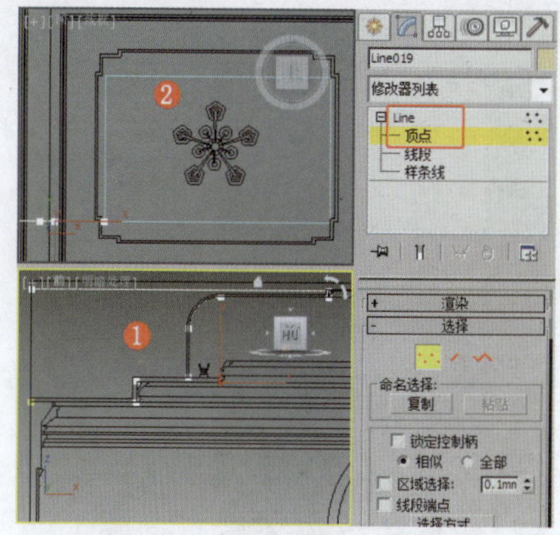

图10-65 创建灯池截面图形和路径

45 为路径施加“扫描”修改器，在“截面类型”卷展栏中单击“使用自定义截面”单选按钮，单击“拾取”按钮，拾取截面图形；在“扫描参数”卷展栏中勾选“XZ平面上的镜像”复选框，取消勾选“平滑路径”复选框，选择合适的轴对齐点，调整模型至合适的位置，效果如图10-66所示。

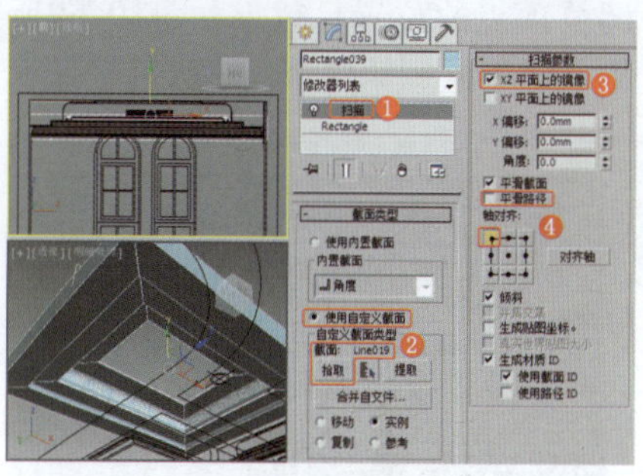

图10-66 扫描模型

46 显示最终结果，将“编辑样条线”修改器的选择集定义为“顶点”，在“左”视图和“前”视图中调整顶点的位置，效果如图10-67所示。

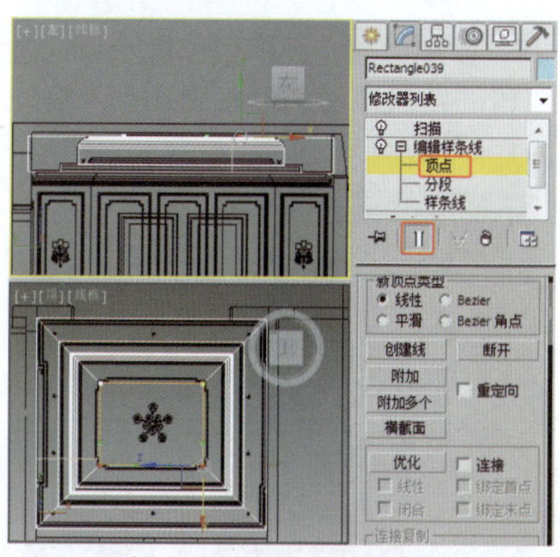

图10-67 调整顶点

47 在“顶”视图中创建矩形，将其作为封顶，为其施加“挤出”修改器，设置合适的“数量”数值，调整模型至合适的位置，效果如图10-68所示。

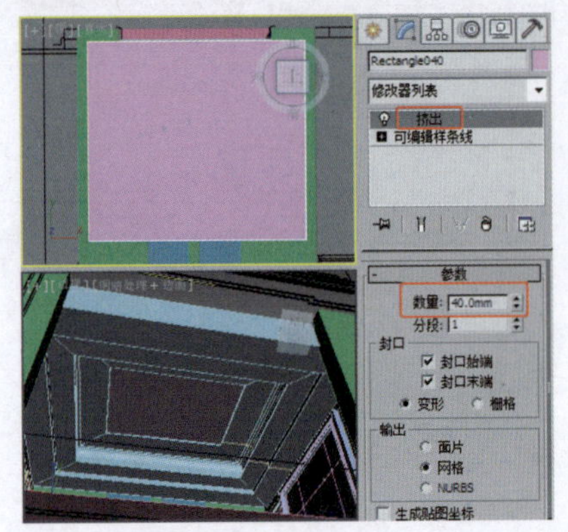

图10-68　创建封顶

48 在“前”视图中创建暗藏灯槽角线的截面图形，选择灯池模型，使用移动复制法向下复制一个模型，在“截面类型”卷展栏中单击“拾取”按钮，拾取灯槽角线的截面图形；将“编辑样条线”修改器的选择集定义为“顶点”，在“前”“左”视图中调整顶点的位置，效果如图10-69所示，向下复制该模型，再次调整样条线的顶点。

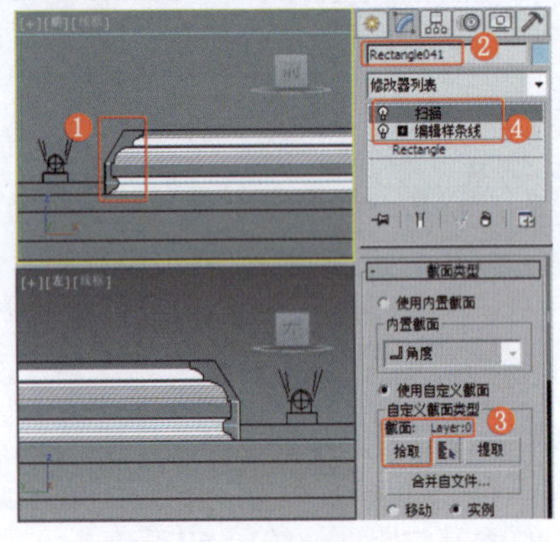

图10-69　创建暗藏灯槽角线

49 在“前”视图中创建墙与灯池衔接的角线截面图形，设置“步数”为3，效果如图10-70所示。

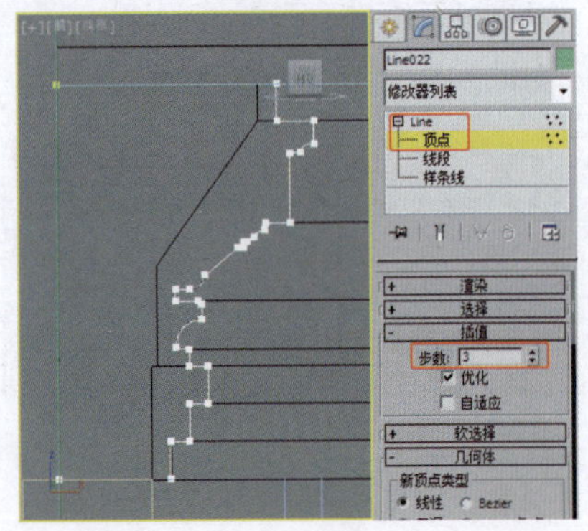

图10-70　创建灯池与墙衔接的角线截面图形

50 向下复制一个模型，在“截面类型”卷展栏中单击“拾取”按钮，拾取灯槽角线的截面图形；将“编辑样条线”修改器的选择集定义为“顶点”，根据灯池的位置在“前”“左”视图中调整顶点的位置，效果如图10-71所示。

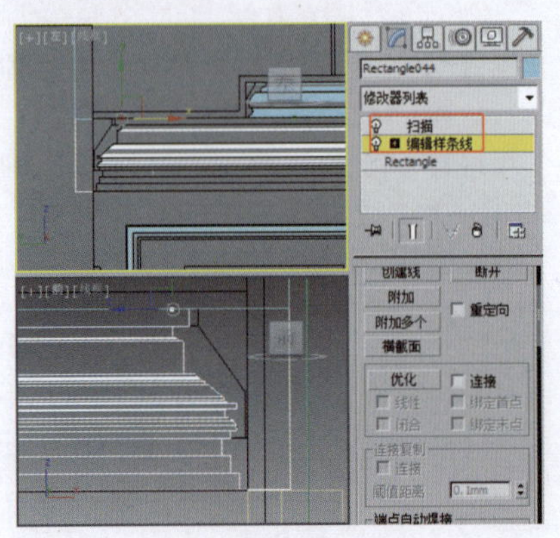

图10-71　创建角线

51 根据灯池与顶的衔接角线外框的位置，在“顶”视图中利用线创建如图10-72所示的图形，将其作为路径；按Ctrl+V组合键原处复制一个模型，将其作为布尔对象。

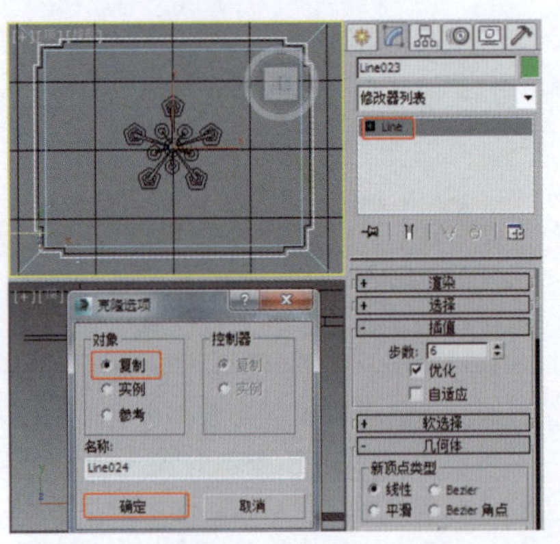

图10-72　创建角线路径并设置布尔对象

52 施加“挤出”修改器，设置合适的“数量”数值，调整模型至合适的位置，效果如图10-73所示。

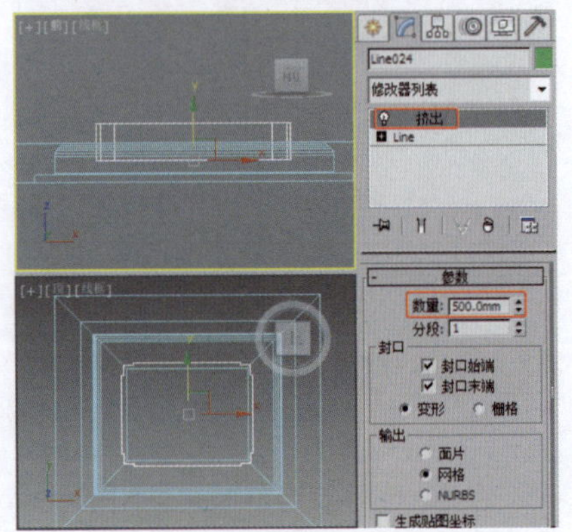

图10-73　挤出布尔对象

53 选择灯池模型，单击“创建”→“几何体”→“复合对象”→“ProBoolean”按钮，在“拾取布尔对象”卷展栏中单击“开始拾取”按钮，拾取布尔对象，效果如图10-74所示。

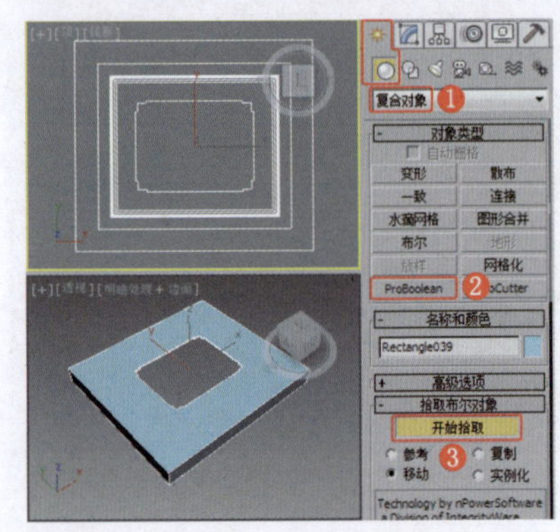

图10-74　布尔模型

54 在“前”视图中创建灯池与顶衔接角线的截面图形，选择之前创建的路径，为图形施加“扫描”修改器；在“截面类型”卷展栏中单击“使用自定义截面”单选按钮，单击“拾取”按钮，拾取图形；在“扫描参数”卷展栏中取消勾选“平滑路径”复选框，选择合适的轴对齐点，调整模型至合适的位置，效果如图10-75所示。

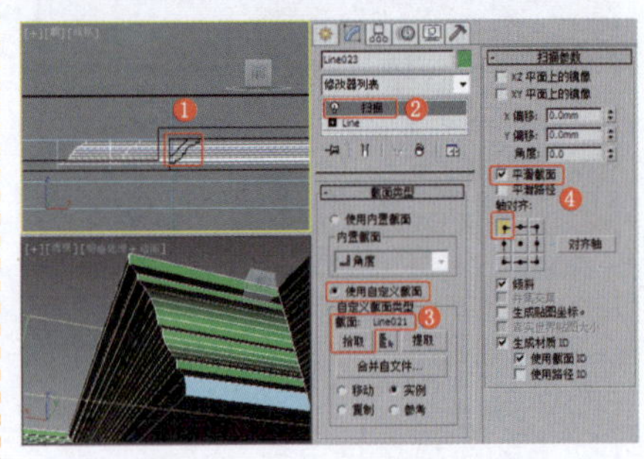

图10-75　扫描模型

55 在“后”视图中创建矩形，将其作为玻璃，为图形施加“挤出”修改器，设置“数量”为5.0mm，效果如图10-76所示。

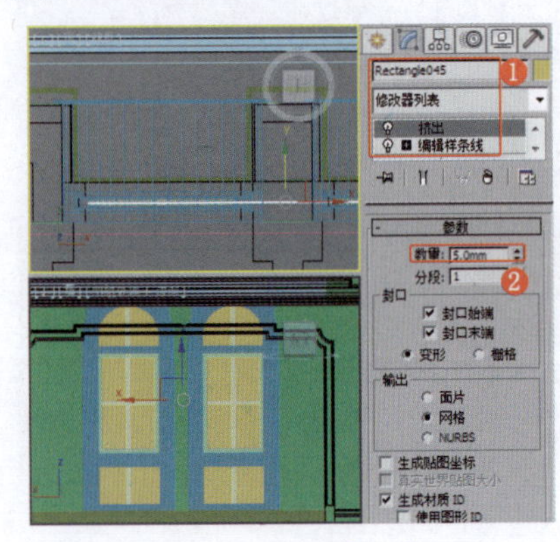

图10-76　创建玻璃

56 通过观察可以看到，北立面处是开口的，该处标示为走廊或空间的衔接处，为了更好地控制灯光，需要将其封口，选择墙框模型，将选择集定义为“顶点”，将点调整至另一侧，效果如图10-77所示。

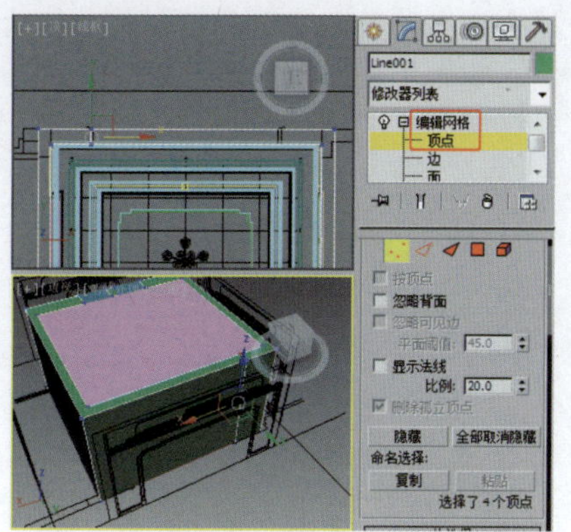
图10-77 调整模型

实例235 设置测试渲染参数

下面设置场景的测试渲染参数。

实例制作步骤

视频路径	视频\Cha10\实例235 设置测试渲染参数.mp4		
难易程度	★★	学习时间	3分26秒

1 按F10键或单击“渲染设置”按钮，打开“渲染设置”面板，在“公用”选项卡的“公用参数”卷展栏中设置合适的渲染测试尺寸，单击按钮将“图像纵横比”锁定，如图10-78所示。

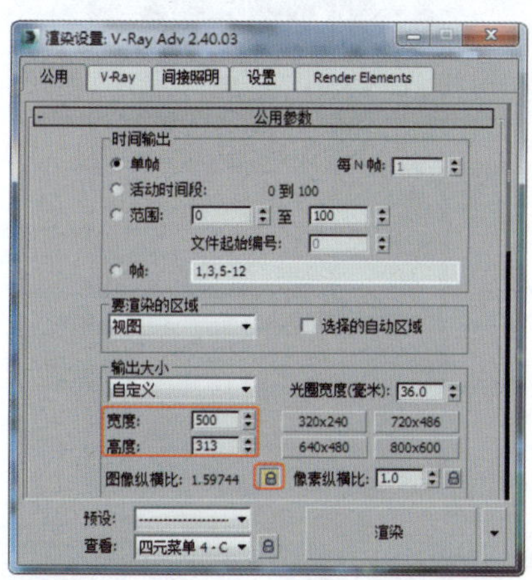
图10-78 设置参数

2 在“指定渲染器”卷展栏中单击“产品级”右侧的“选择渲染器”按钮...，在打开的对话框中选择“VRay Adv”渲染器，返回“渲染设置”面板，如图10-79所示。

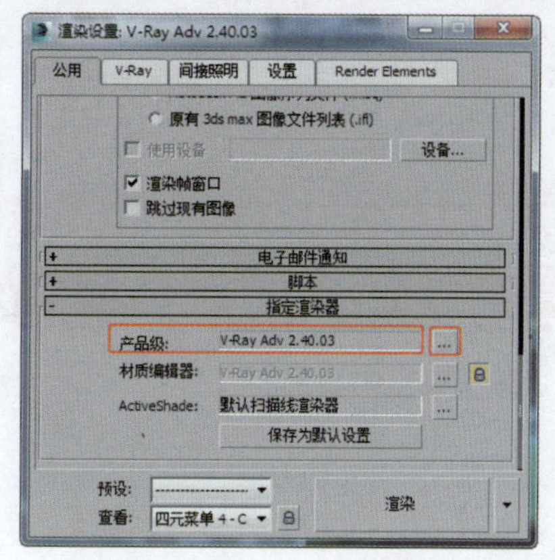
图10-79 设置参数

3 切换到“V-Ray”选项卡，在“V-Ray::全局开关”卷展栏中设置“二次光线偏移”为0.001；在“V-Ray::图像采样器（反锯齿）”卷展栏中设置“图像采样器”选项组的“类型”为“固定”，取消勾选“抗锯齿过滤器”选项组的“开”复选框，如图10-80所示。

图10-80 设置参数

4 切换到“间接照明”选项卡，在“V-Ray::间接照明（GI）”卷展栏中勾选“开”复选框，选择“二次反弹”选项组的“全局照明引擎”为“灯光缓存”；在“V-Ray::发光图”卷展栏中先设置“当前预置”为“非常低”，再将其设置为“自定义”，设置“最小比率”为-5、“最大比率”为-4，“半球细分”为20、“插值采样”为20，如图10-81所示。

> **注 意**
>
> 一般设置室内“二次反弹”的“全局照明引擎”为“灯光缓存”，室外“二次反弹”的“全局照明引擎”为“BF算法”。

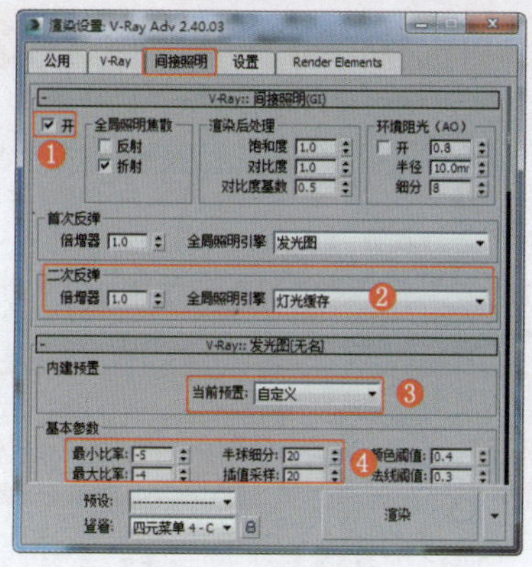
图10-81 设置参数

5 在“V-Ray::灯光缓存”卷展栏中设置“细分”为100，如图10-82所示。

> **注 意**
>
> “进程数”为电脑CPU的核线程数，低于8线程的可不用更改，高于8线程的根据CPU的核线程数进行更改。

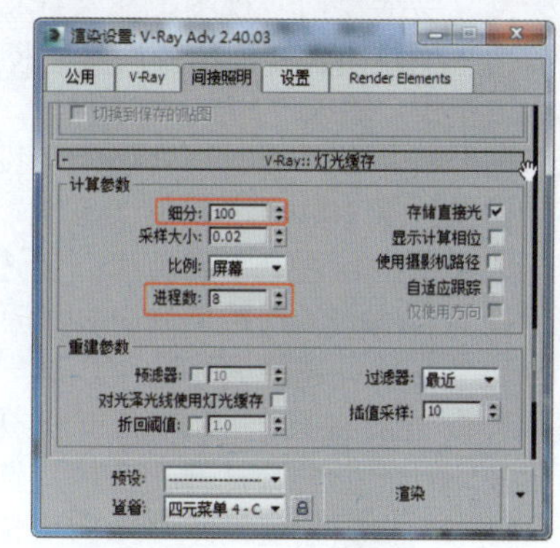
图10-82 设置参数

6 切换到“设置”选项卡，在“V-Ray::系统”卷展栏中设置“最大树形深度”为90、“动态内存限制”为8000MB、“默认几何体”为“动态”，设置“渲染区域分割”选项组的“区域排序”为“上->下”，在“VRay日志”选项组中取消勾选“显示窗口”复选框，如图10-83所示。

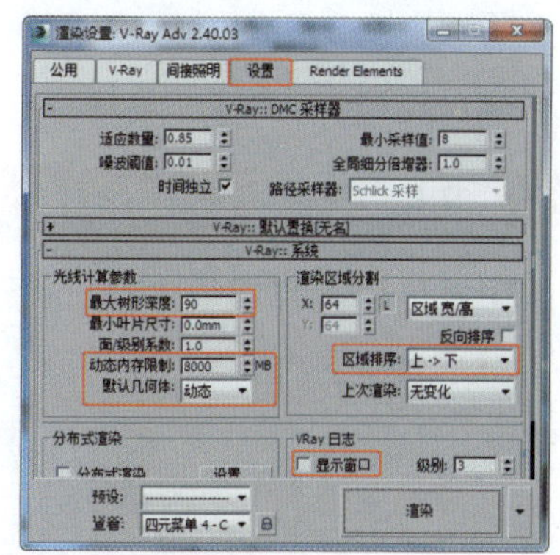
图10-83 设置参数

注 意

电脑的实际内存有多大，“动态内存限制”的数值就设置多大；在打开3ds Max时同时启用其他软件，默认状态下关闭其他软件后其占用的资源会被闲置，将“默认几何体”设置为“动态”后，系统会将闲置的资源分配给3ds Max；在选择渲染区域分割方式时，一般设置为从上向下渲染，也可以勾选“反向排序”复选框从下向上渲染；勾选“显示窗口”复选框后，在渲染场景时会弹出“VRay消息”窗口，该复选框可选可不选。

实例236 创建摄影机

通过创建摄影机，固定一个较好的角度来观察室内场景。

实例制作步骤

视频路径	视频\Cha10\实例236 创建摄影机.mp4		
难易程度	★★	学习时间	4分12秒

❶单击“创建”→“摄影机”→“目标”按钮，在“顶”视图中创建目标摄影机，选择摄影机和目标点，激活“前”视图，在坐标栏中单击“绝对模式变换输入”按钮激活该模式，输入“Y”，即1000mm抬高摄影机；在“参数”卷展栏中设置“镜头”为20.0mm，在“剪切平面”选项组中勾选“手动剪切”复选框，设置合适的“近距剪切”和“远距剪切”参数；选择其中一个视口，按C键将当前视图转换为摄影机视图，按Ctrl+F组合键打开安全框，选择目标点，根据角度需求略微向上位移，效果如图10-84所示。

注 意

家装室内摄影机的高度一般为800～1000mm，工装室内摄影机的高度一般为1000～1200mm。安全框为渲染区域。

❷调整摄影机后，摄影机在视口中多少会有些拉伸。选择摄影机机身，右击，在弹出的快捷菜单中选择“应用摄影机校正修改器”命令校正摄影机，效果如图10-85所示。

注 意

如果在应用了摄影机校正后又调整了摄影机，在“2点透视校正”卷展栏中单击“推测”按钮。

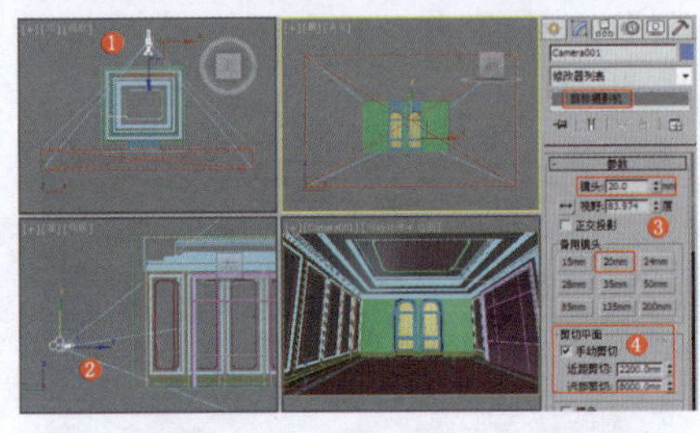

图10-84 创建目标摄影机

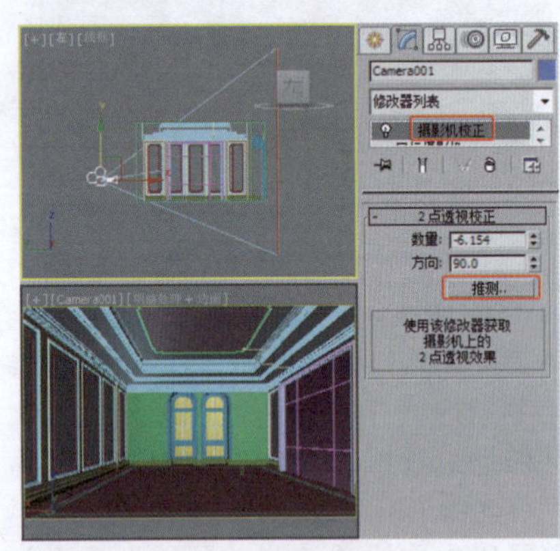

图10-85 校正摄影机

实例237 设置材质

下面介绍如何设置欧式客厅的场景材质。

实例制作步骤

视频路径	视频\Cha10\实例237 设置材质.mp4		
难易程度	★★★	学习时间	13分20秒

❶在场景中选择所有墙体及墙纸模型，按M键或单击“材质编辑器”按钮，打开材质编辑器，选择一个新的材质样本球，将其命名为“墙纸”；将材质转换为VRayMtl材质，设置“反射”颜色的“亮度”为10，解锁“高光光泽度”并设置其数值为0.6，设置“反射光泽度”为0.7，如图10-86所示。

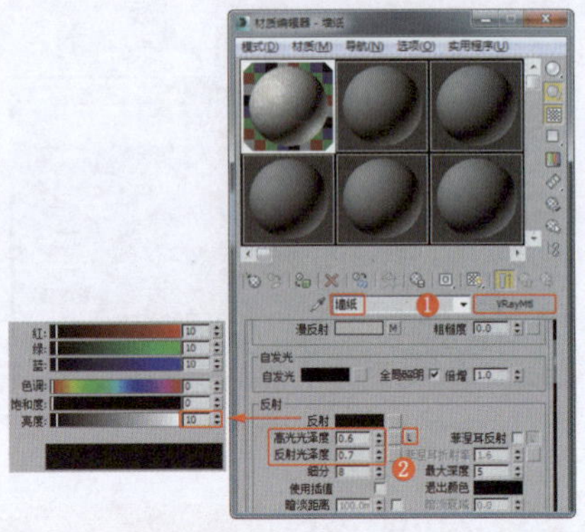

图10-86 设置墙纸材质

❷在“贴图”卷展栏中为“漫反射”指定“位图”贴图（随书配套资源中的“Map\bizhi.jpg”文件）；进入“漫反射贴图”层级，在“坐标”卷展栏中设置“模糊”为0.01，如图10-87所示。

提 示

在3ds Max中贴图的“模糊”参数控制其清晰度，默认设置“1”会将贴图进行模糊以达到快速渲染的效果。在室内效果图中基本都是近景，因此，使贴图清晰为好。

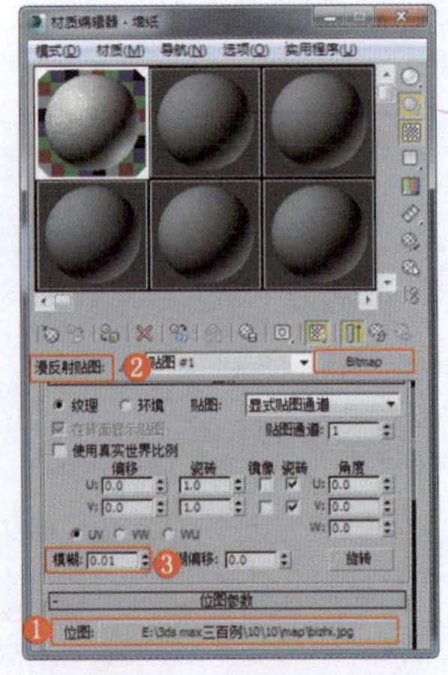

图10-87 设置墙纸贴图

❸单击“转到父对象”按钮返回主材质层级，将“漫反射”的贴图复制给“凹凸”通道，设置“凹凸”的数值为15.0，将材质指定给选定的

模型，如图10-88所示。

图10-88 设置墙纸材质

❹ 为模型施加"UVW贴图"修改器，在"参数"卷展栏中设置贴图类型为"长方体"，设置"长度""宽度""高度"均为800.0mm，如图10-89所示。

注 意

为当前模型指定材质并设置好UVW坐标后，应按Alt+S组合键将其隐藏，这样有利于观察和选择物体。

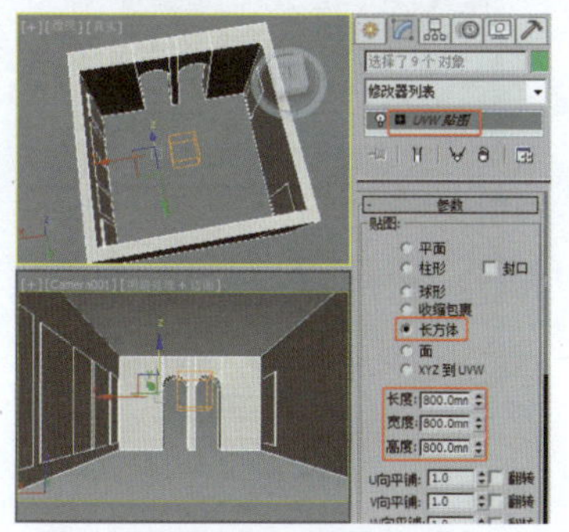

图10-89 设置UVW贴图

❺ 按M键打开材质编辑器，选择一个新的材质样本球，将其命名为"白漆饰线"，将材质转换为VRayMtl材质，设置"漫反射"颜色的"亮度"为245，在"反射"选项组中设置"反射光泽度"为0.85，如图10-90所示。

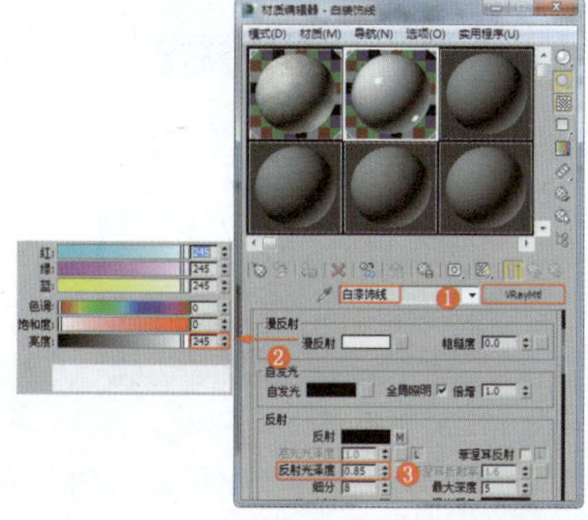

图10-90 设置白漆饰线材质

❻ 为"反射"指定"衰减"贴图，进入"反射贴图"层级，设置"衰减类型"为"Fresnel"，设置"折射率"为1.3，如图10-91所示。

图10-91 设置白漆饰线材质

❼ 在场景中选择如图10-92所示的模型，将材质指定给选定模型。

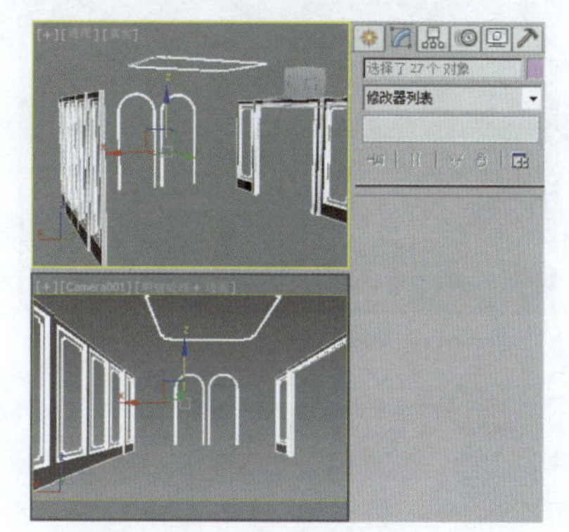

图10-92 选择模型

❽ 按M键打开材质编辑器，选择一个新的材质样本球，将其命名为"白乳胶"；将材质转换为VRayMtl材质，设置"漫反射"颜色的"亮度"为245，在"反射"选项组中设置"反射"颜色的"亮度"为5，解锁"高光光泽度"并设置其数值为0.55，设置"反射光泽度"为0.7，如图10-93所示。

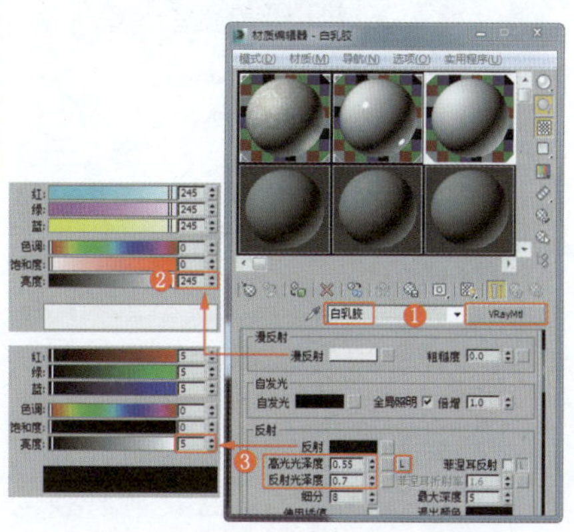

图10-93 设置白乳胶材质

❾ 在场景中选择如图10-94所示的模型，将材质指定给选定模型。

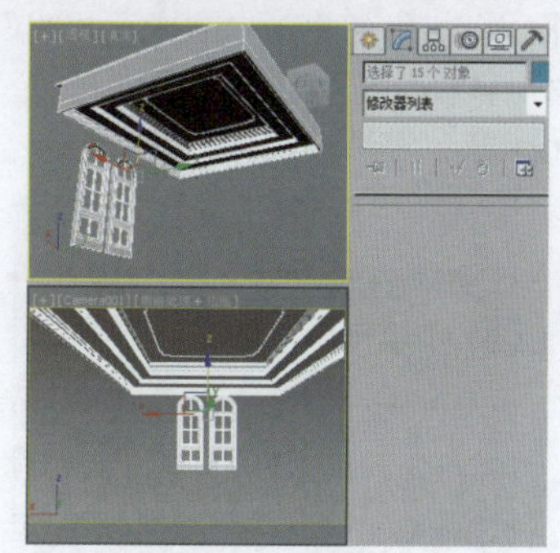

图10-94 选择模型

❿ 在场景选择玻璃模型，按M键打开材质编辑器，选择一个新的材质样本球，将其命名为"玻璃"；将材质转换为VRayMtl材质，设置"漫反射"颜色的"亮度"为255、"饱和度"为10、"色调"为146，设置"折射"颜色的"亮度"为220，勾选"影响阴影"复选框，设置"影响通道"为"颜色+Alpha"，如图10-95所示。

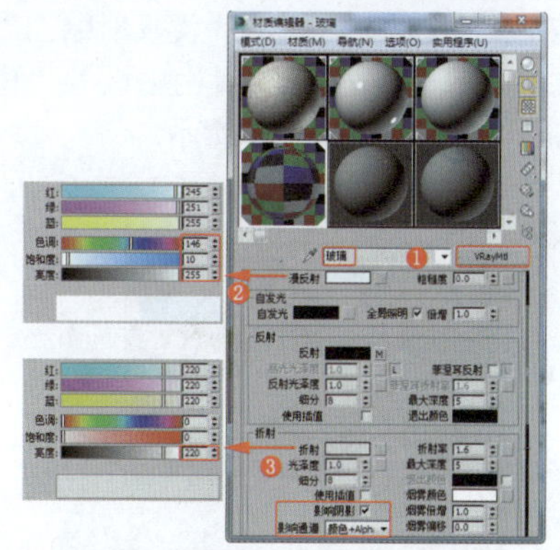

图10-95 设置玻璃材质

⓫ 为"反射"指定"衰减"贴图，进入"反射贴图"层级，设置"衰减类型"为"Fresnel"，设置"折射率"为1.6，如图10-96所示，将材质指定给玻璃模型。

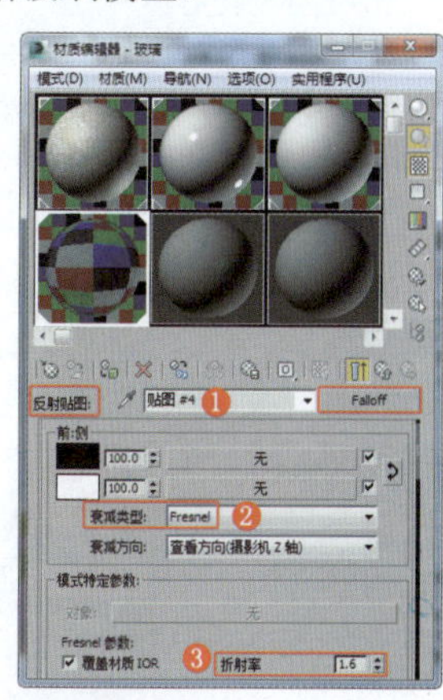

图10-96 设置玻璃材质

⑫ 在场景中选择墙裙模型，按M键打开材质编辑器，选择一个新的材质样本球，将其命名为“中欧米黄角线”；将材质转换为VRayMtl材质，设置“反射光泽度”为0.88，如图10-97所示。

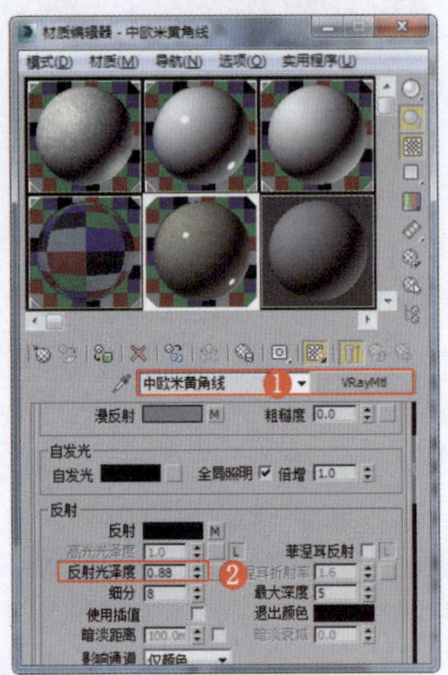

图10-97　设置墙裙材质

⑬ 为“漫反射”指定“位图”贴图（随书配套资源中的“Map\中欧米黄.jpg”文件），进入“漫反射贴图”层级，在“坐标”卷展栏中设置“模糊”为0.1，如图10-98所示。

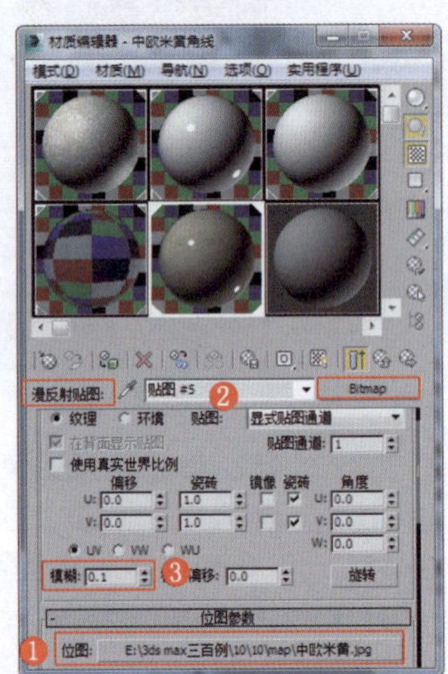

图10-98　设置墙裙材质

⑭ 单击“转到父对象”按钮返回主材质层级，为“反射”指定“衰减”贴图，进入“反射贴图”层级，设置“衰减类型”为“Fresnel”，设置“折射率”为1.4，将材质指定给墙裙模型，如图10-99所示。

⑮ 为模型施加“UVW贴图”修改器，在“参数”卷展栏中设置贴图类型为“长方体”，设置“长度”“宽度”“高度”均为800.0mm，如图10-100所示。

图10-99　设置墙裙材质

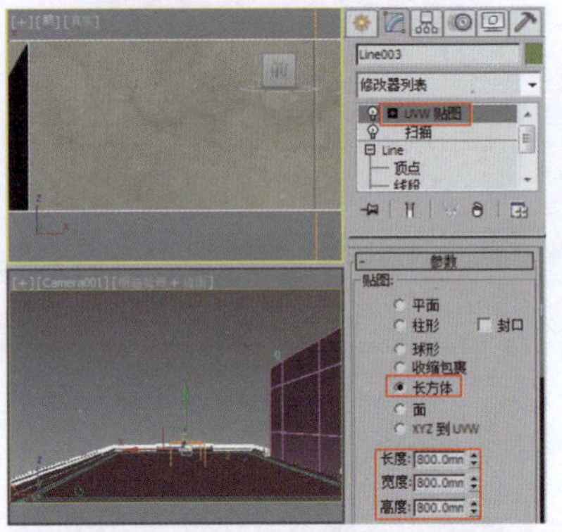

图10-100　设置UVW贴图

⑯ 在场景中选择软包模型，按M键打开材质编辑器，选择一个新的材质样本球，将其命名为“软包”；将材质转换为VRayMtl材质，设置“漫反射”颜色的“色调”为28、“饱和度”为70、“亮度”为220，设置“反射”颜色的“亮度”为15，设置“反射光泽度”为0.6，如图10-101所示，将材质指定给选定模型。

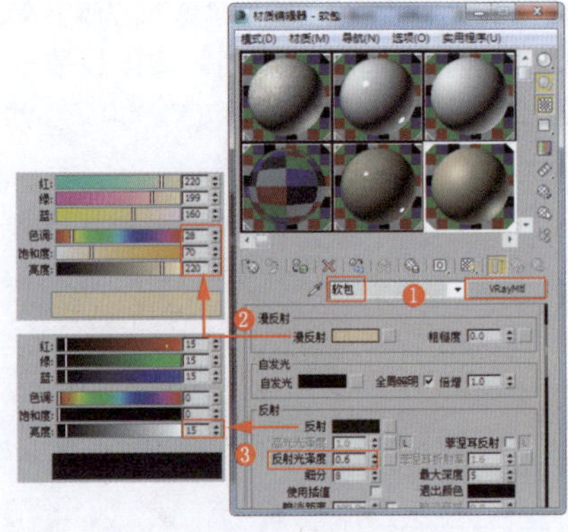

图10-101　设置软包材质

⑰ 在场景中选择地面模型，选择一个新的材质样本球，将其命名为“大理石铺地”；将材质转换为VRayMtl材质，设置“反射光泽度”为0.92，如图10-102所示。

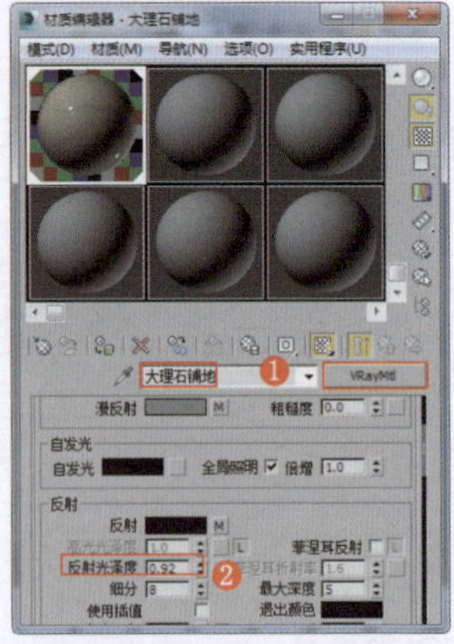

图10-102　设置地面材质

⑱ 为“漫反射”指定“位图”贴图（随书配套资源中的“Map\中欧米黄.jpg”文件），进入“漫反射贴图”层级，在“坐标”卷展栏中设置“模糊”为0.01，如图10-103所示。

图10-103　设置地面材质

⑲ 返回主材质层级，为“反射”指定“衰减”贴图，进入“反射贴图”层级，设置“衰减类型”为“Fresnel”，设置“折射率”为1.4，如图10-104所示，将材质指定给地面模型。

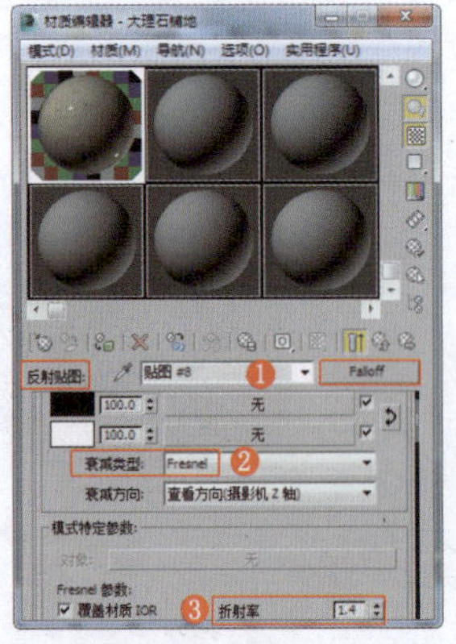

图10-104　设置地面材质

⑳ 为模型施加“UVW贴图”修改器，在“参数”卷展栏中设置贴图

类型为“平面”，设置“长度”“宽度”均为650.0mm，如图10-105所示。

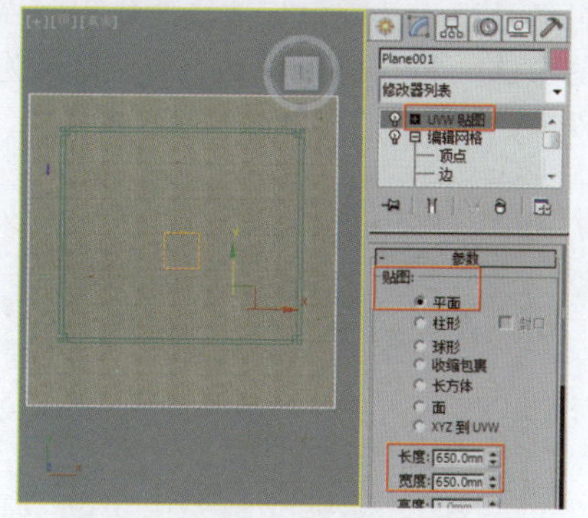

图10-105 设置UVW贴图

㉑按M键打开材质编辑器，将“大理石铺地”材质的材质样本球拖至一个空的材质样本球上，将其命名为“地面装饰线”；进入“漫反射贴图”层级，在“位图参数”卷展栏中重新指定“位图”贴图（随书配套资源中的“Map\黑金花0.jpg”文件），如图10-106所示。

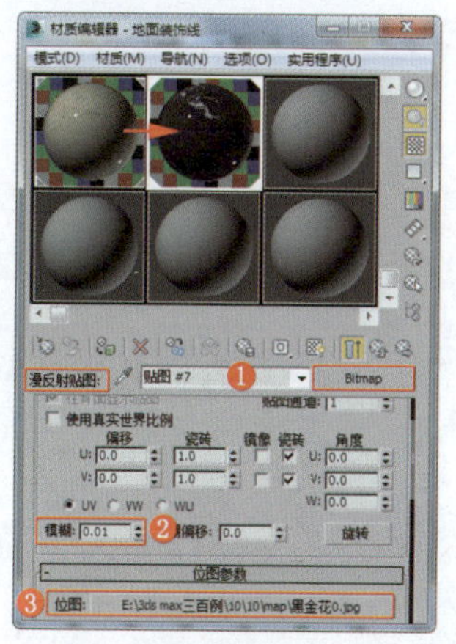

图10-106 设置地面装饰线材质

㉒为地面装饰线模型施加“UVW贴图”修改器，在“参数”卷展栏中设置贴图类型为“长方体”，设置“长度”“宽度”“高度”均为800.0mm，如图10-107所示。

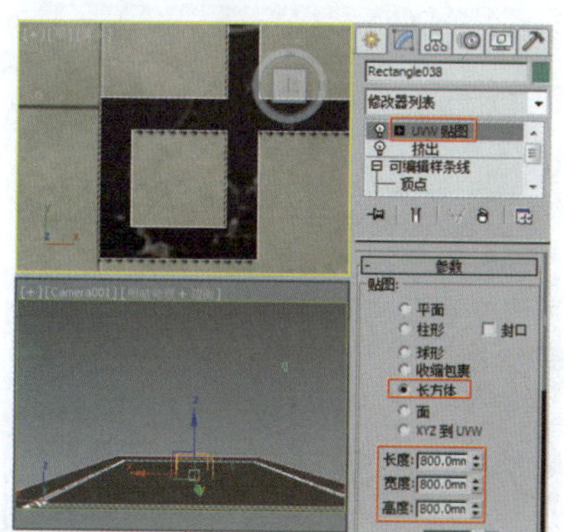

图10-107 设置UVW贴图

实例238 导入家具及小品装饰模型

为欧式客厅导入家具和小品装饰模型，以丰富客厅效果。

实例制作步骤

视频路径	视频\Cha10\实例238 导入家具及小品装饰模型.mp4		
难易程度	★★★	学习时间	14分12秒

❶单击“应用程序”按钮，选择“导入”→“合并”命令，导入窗帘模型（随书配套资源中的“Scene\第10章\窗帘.max”文件），调整模型至合适的位置，效果如图10-108所示。

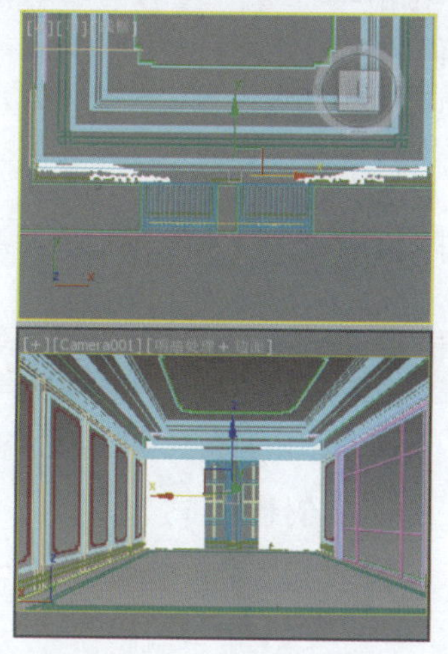

图10-108 导入窗帘模型

❷导入并合并吊灯模型（随书配套资源中的“Scene\第10章\吊灯.max”文件），调整模型至合适的位置，效果如图10-109所示。

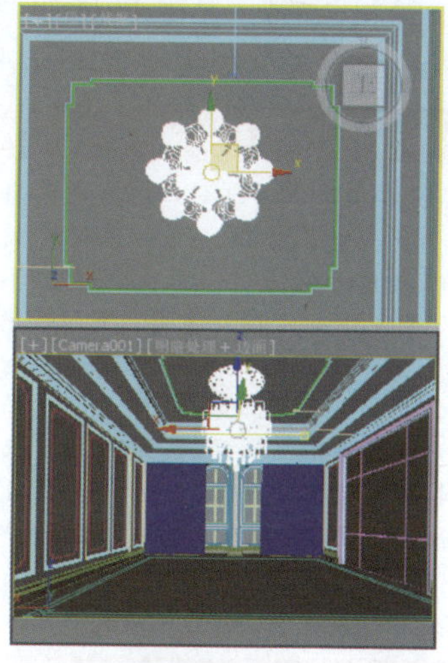

图10-109 导入吊灯模型

注意

也可以直接找到素材文件所在的文件夹，将文件拖动到3ds Max中，然后选择“合并”命令即可。

❸导入并合并壁灯模型（随书配套资源中的“Scene\第10章\壁灯.max”文件），调整模型至合适的位置，效果如图10-110所示。

图10-110 导入壁灯模型

❹导入并合并电视柜模型（随书配套资源中的“Scene\第10章\电视柜.max”文件），调整模型至合适的位置，效果如图10-111所示。

图10-111 导入电视柜模型

❺导入并合并电视模型（随书配套资源中的“Scene\第10章\电视.max”文件），调整模型至合适的位置，效果如图10-112所示。

❻导入并合并沙发模型（随

书配套资源中的“Scene\第10章\沙发.max”文件），调整模型至合适的位置，效果如图10-113所示。

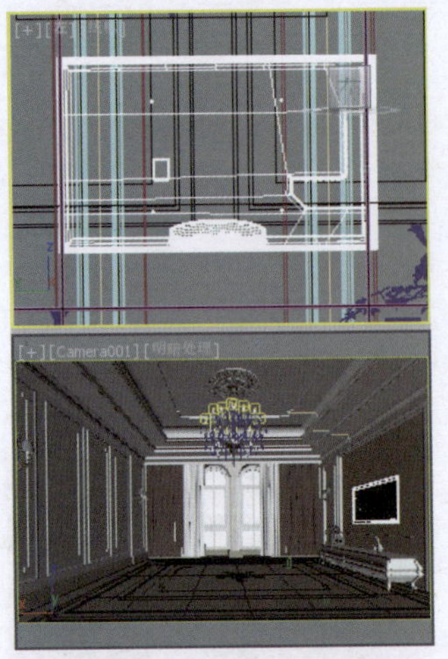

图10-112 导入电视模型

图10-113 导入沙发模型

❼导入并合并筒灯模型（随书配套资源中的“Scene\第10章\筒灯.max”文件），根据顶平面图复制模型，并调整模型至合适的位置，效果如图10-114所示。

图10-114 导入筒灯模型

❽合并场景后的效果如图10-115所示。

图10-115 合并后的场景

❾由于导入的模型是一些室内精模，导致场景中模型的面数很高，使场景操作变慢，可以将模型显示为Box外框形式以提高场景操作的流畅度。例如，渲染沙发模型，在模型上右击，在打开的“对象属性”对话框中勾选“显示为外框”复选框，如图10-116所示，单击“确定”按钮。此时场景操作会变得更流畅，使用同样的方法，将其他面数多的模型显示为外框。

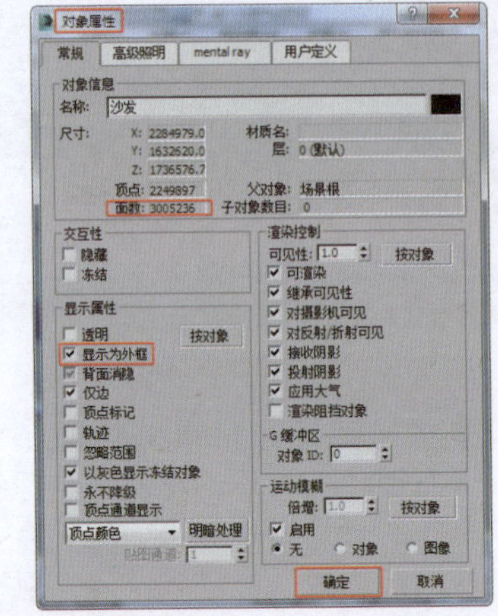

图10-116 显示为外框

实例239 创建灯光

下面介绍如何创建欧式客厅的灯光，以学习如何布置室内场景灯光。

实例制作步骤

视频路径	视频\Cha10\实例239 创建灯光.mp4		
难易程度	★★★	学习时间	17分37秒

❶按F10键打开“渲染设置”面板，切换到“V-Ray”选项卡，在“V-Ray::颜色贴图”卷展栏中设置“类型”为“莱因哈德”，设置“加深值”为0.5，勾选“子像素贴图”“钳制输出”复选框，如图10-117所示。

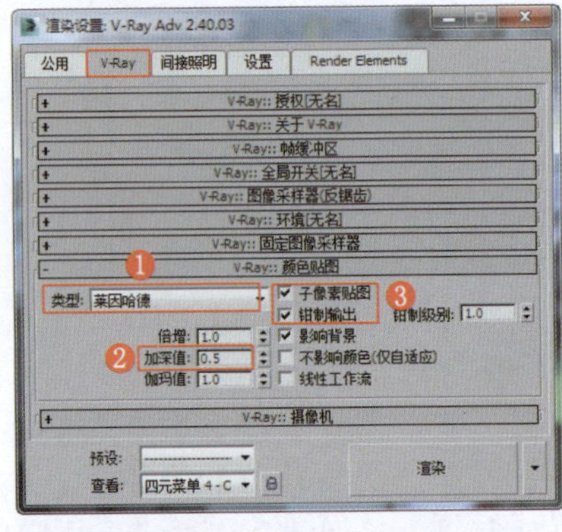

图10-117 设置参数

提 示

在表现日景客厅时，主光源来自客厅外窗，如果使用“线性倍增”设置会出现局部曝光过多且部分亮度不够的现象，因此，在此使用“莱因哈德”设置。“莱因哈德”是“线性倍增”和“指数”设置的综合体现，既保留了“线性倍增”设置的色彩表现，又有“指数”设置的整体提亮却不易曝光的特性。设置“加深值”为1，相当于“线性倍增”设置效果；设置“加深值”为0.2左右，接近于“指数”设置效果。

❷按住Ctrl键右击，在弹出的菜单中选择“弧”命令，或者在“对象类型”卷展栏中单击“弧”按钮，在“顶”视图中创建弧，将其作为窗外的背景板，效果如图10-118所示。

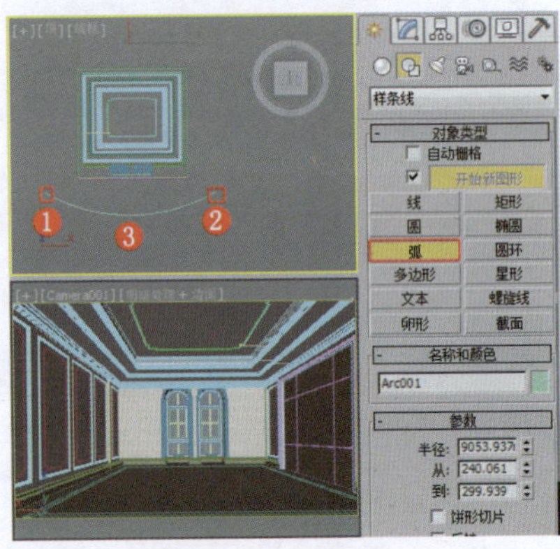

图10-118 创建背景板

❸ 为图形施加“挤出”修改器和“编辑网格”修改器，调整顶点的位置，效果如图10-119所示。

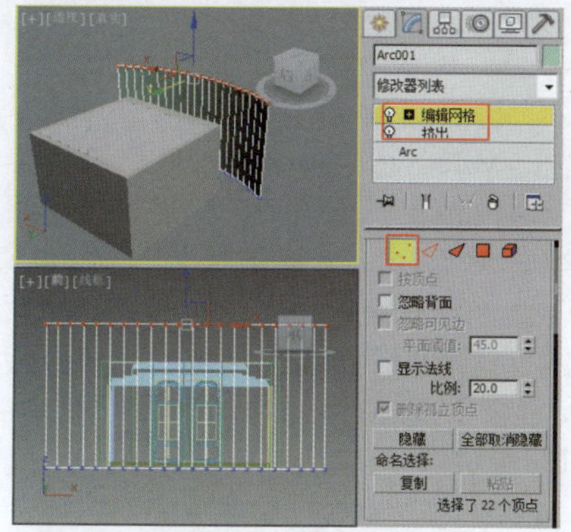
图10-119 制作背景板

❹ 选择背景板，按M键打开材质编辑器，选择一个新的材质样本球，将其命名为“背景板”；将材质转换为VR灯光材质，在“参数”卷展栏中单击“颜色”右侧的“无”按钮，为其指定“位图”贴图（随书配套资源中的“Map \ background.jpg”文件），如图10-120所示。

提 示

在VR灯光材质中指定“位图”贴图后，会出现只显示纯白的现象，可先在“参数”卷展栏中将“颜色”的“亮度”调至黑，这样在场景中贴图时就会正常显示，调整好坐标后再将“颜色”的“亮度”调至纯白。

图10-120 设置VR灯光材质

❺ 为模型施加“法线”修改器和“UVW贴图”修改器，设置合适的参数，效果如图10-121所示。

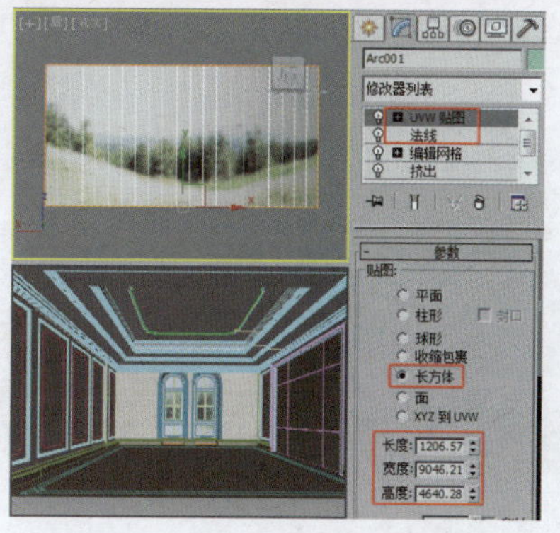
图10-121 施加修改器

❻ 单击“创建”→“灯光”→“VRay”→“VR灯光”按钮，在“前”视图中创建VR平面灯光以模拟窗外光；在“参数”卷展栏中设置“倍增器”为15.0，设置“颜色”的“色调”为147、“饱和度”为50、“亮度”为255，将面光的“大小”设置为稍小于窗口，在“选项”选项组中勾选“不可见”复选框，取消勾选“影响反射”复选框，将灯光放置于窗框稍外处，使用移动复制法“实例”复制灯光，效果如图10-122所示。

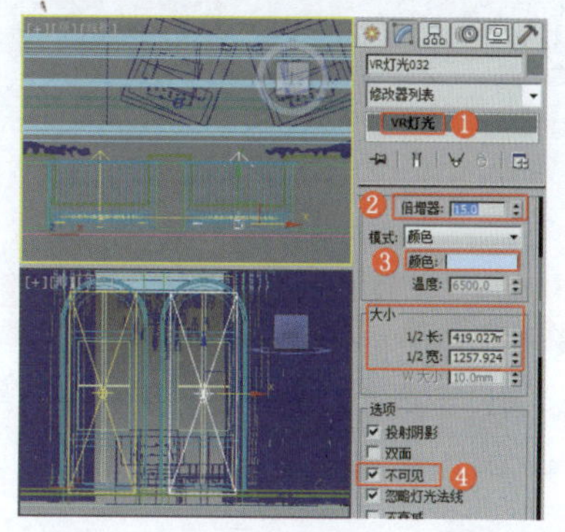
图10-122 创建窗口灯光

❼ 在“前”视图中创建VR灯光，将其作为灯池暗藏灯，调整灯光的位置和角度；在“参数”卷展栏中设置“倍增器”为3.5，设置“颜色”的“色调”为26、“饱和度”为93、“亮度”为255，调整合适的“大小”选项组数值，在“选项”选项组中勾选“不可见”复选框，取消勾选“影响反射”复选框，“实例”复制灯光，调整灯光的角度、大小和位置，效果如图10-123所示。

注 意

当横向和竖向的长度不同时，使用“缩放”工具沿长度方向轴进行缩放即可；面光的大小也同样影响亮度，如果大小差异不大则不影响灯光效果。

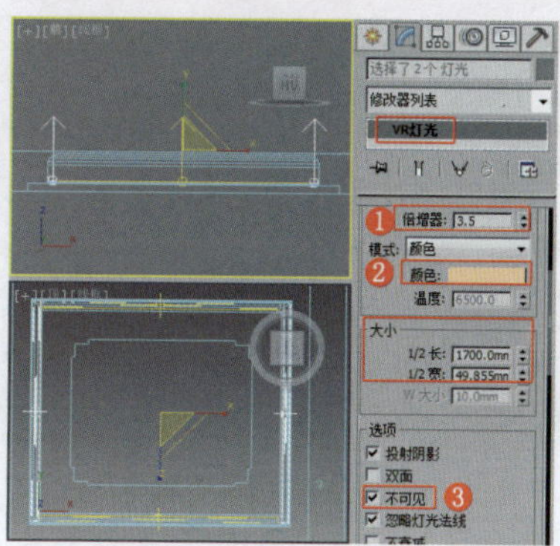
图10-123 创建灯池灯光

❽ 将灯光复制到电视背景墙暗藏灯槽中，调整灯光的大小和角度，将电视背景墙暗藏灯以“实例”的方式进行复制，效果如图10-124所示。

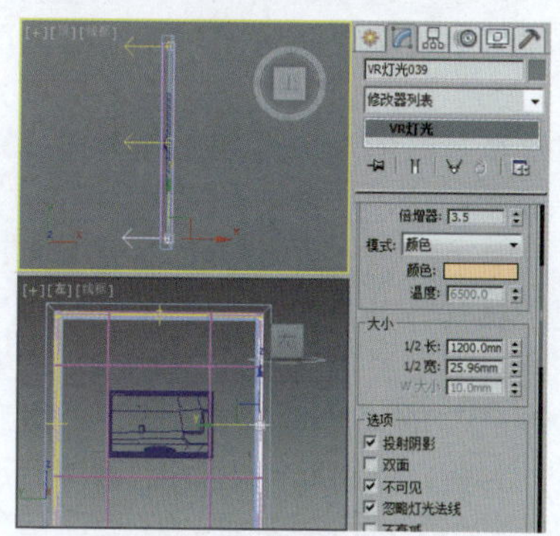
图10-124 调整并复制灯光

❾ 单击“创建”→“灯光”→“光度学”→“目标灯光”按钮，在“前”视图中从上向下拖动鼠标指针，创建光度学目标灯光；在“常规参数”卷展栏中的“阴影”选项组中勾选“启用”复选框，设置阴影类型为“VRay阴影”，在“灯光分布（类型）”选项组中设置类型为“光度学Web”；在“分布（光度学Web）”卷展栏中单击“选择光度学文件”按钮（光度学文件为位于随书配套资源中的“Map\1（4500cd）.ies”文件）；在“强度/颜色/衰减”卷展栏中设置“过滤颜色”的“色调”为27、“饱和度”为58、“亮度”为255，调整灯光至合适的位置，选择整个灯光，使用移动复制法“实例”复制灯光，在每个筒灯下放置灯光，在沙发处同样放置灯光以起到凸显效果，效果如图10-125所示。

注 意

光度学目标灯光一般被用于模拟射灯和筒灯。灯光具有衰减，与墙体具体距离需测试。

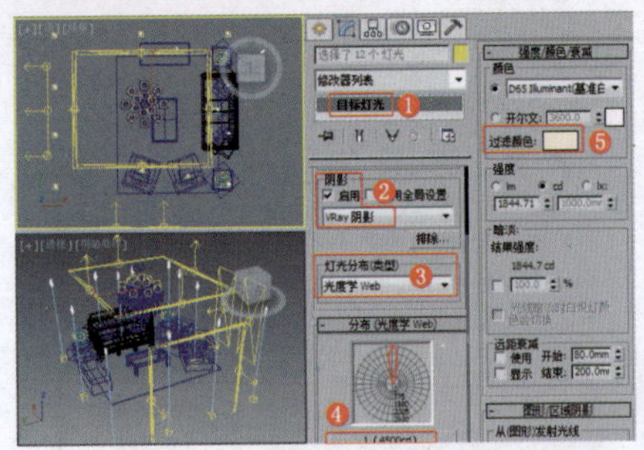

图10-125 创建光度学目标灯光

⑩ 在“顶”视图中创建VR灯光，将其作为吊灯灯光；在“参数”卷展栏中设置“倍增器”为2.5，设置“颜色”的“色调”为26、“饱和度”为34、“亮度”为255，调整合适的“大小”选项组数值，在“选项”选项组中勾选“不可见”复选框，取消勾选“影响反射”复选框，将灯光调整至吊灯的下方，效果如图10-126所示。

⑪ 在“后”视图中创建VR灯光，将其作为走廊补光。在“参数”卷展栏中设置“倍增器”为1.5，设置“颜色”的“色调”为149、“饱和度”为20、“亮度”为255，调整合适的“大小”选项组数值，在“选项”选项组中勾选“不可见”复选框，取消勾选“影响反射”复选框，调整灯光至合适的位置，效果如图10-127所示。

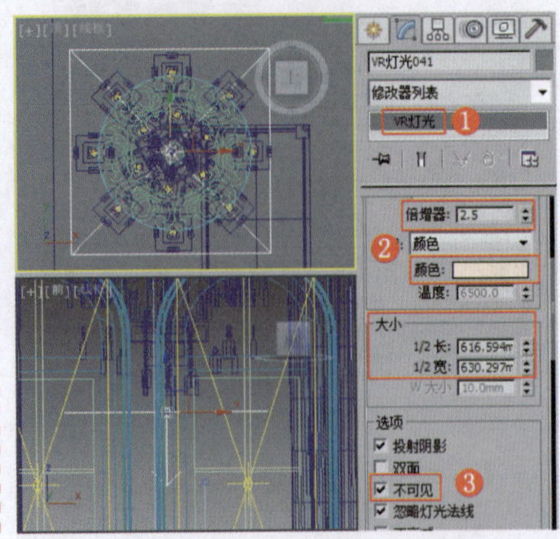

图10-126 创建并调整灯光

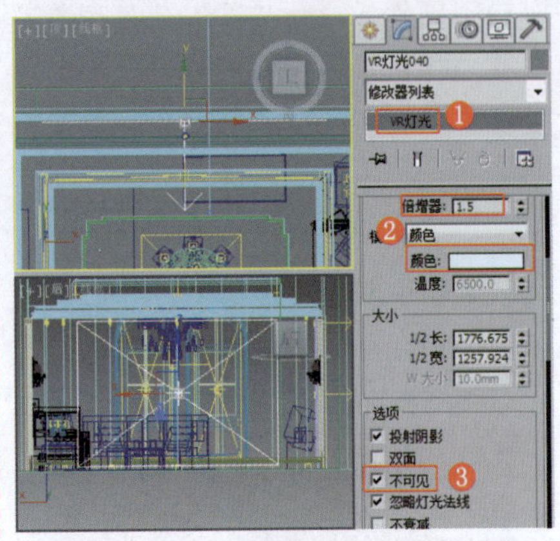

图10-127 创建并调整灯光

提 示

不渲染最终的图像，是因为之前在创建灯光阶段已经经过测试，在此可节省出草图时间。

③ 切换到“间接照明”选项卡，在“V-Ray::发光图”卷展栏中设置“当前预置”为“中”，设置“半球细分”为50、“插值采样”为30，勾选“自动保存”“切换到保存的贴图”复选框，单击“浏览”按钮，指定光子的存储路径和名称，如图10-129所示。

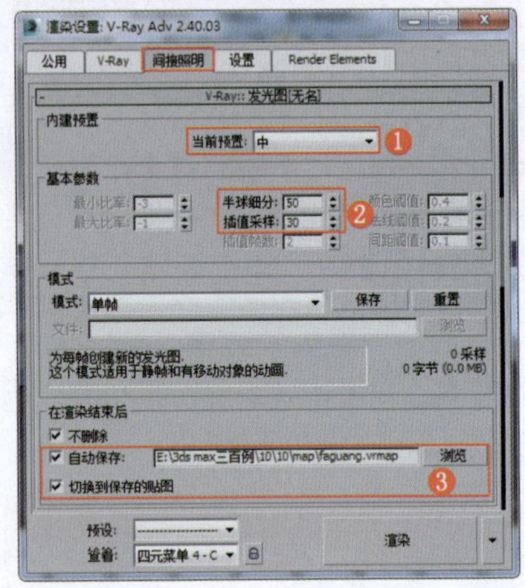

图10-129 设置参数

④ 在“V-Ray::灯光缓存”卷展栏中设置“细分”为1200，勾选“自动保存”“切换到被保存的缓存”复选框，单击“浏览”按钮，指定光子的存储路径和名称，如图10-130所示。

提 示

室内灯光缓存的细分在800～1500均可，可根据实际情况设置。

实例240 渲染光子图

下面介绍如何设置欧式客厅的光子图。通过设置渲染光子图，可以节省最终渲染效果图的时间。

实例制作步骤

视频路径	视频\Cha10\实例240 渲染光子图.mp4		
难易程度	★★	学习时间	9分20秒

① 在渲染光子图之前，应指定场景中的所有贴图，并通过反复测试渲染得到的效果，调整场景中的灯光强度、颜色和位置等。光子图是为输出成图作准备，只有场景中的光效合适了，才可以渲染光子图。

② 按F10键打开“渲染设置”面板，设置光子图的大小为成图的四分之一即可；选择“V-Ray”选项卡，在“V-Ray::全局开关”卷展栏中勾选“间接照明”选项组中的“不渲染最终的图像”复选框，在“材质”选项组中取消勾选“过滤贴图”“光泽效果”复选框，如图10-128所示。

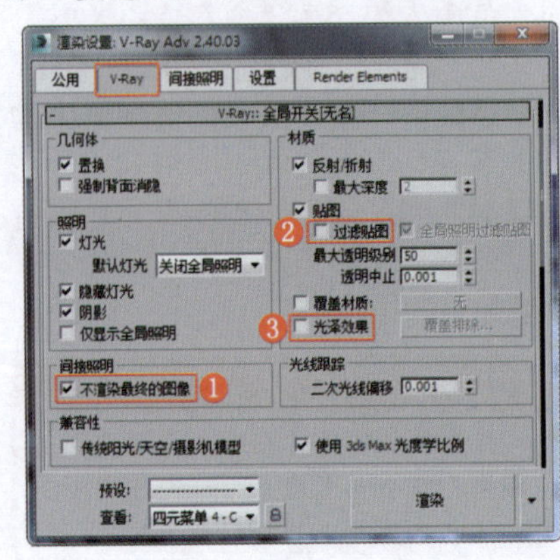

图10-128 设置参数

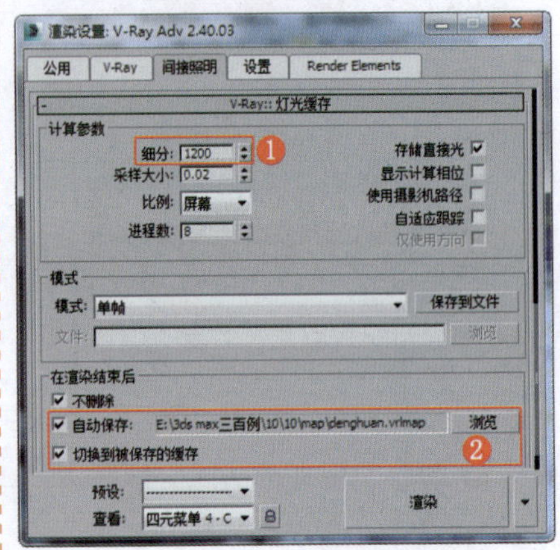

图10-130 设置参数

❺ 激活摄影机视图，单击“渲染”按钮即可渲染光子图，渲染完光子图后系统将自动指定光子图，模式均为“从文件”，如图10-131所示。

提 示

在渲染并保存光子图后，摄影机不能移动，不能删减、添加模型；可以修改灯光的亮度，但反弹光的亮度不受影响，也可以修改灯光的颜色，周边环境不受光子图的影响。场景材质中的镜面、玻璃类材质尽量不要变动，其他材质则可以调整。

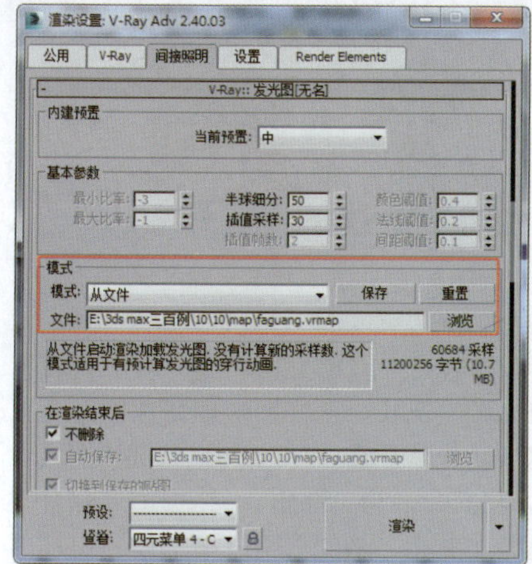

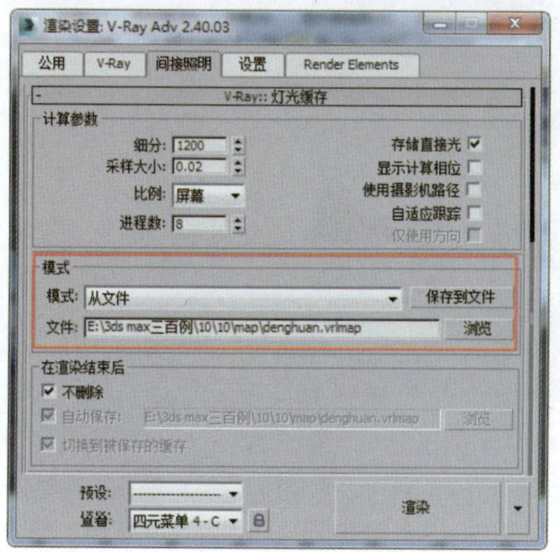

图10-131 自动切换为“从文件”

实例241 设置最终渲染参数

下面介绍如何提高场景的各种细分参数，以获得最终渲染效果。

实例制作步骤

视频路径	视频\Cha10\实例241 设置最终渲染.mp4		
难易程度	★★	学习时间	7分31秒

❶ 在“渲染设置”面板中的“公用参数”卷展栏中设置最终渲染尺寸，如图10-132所示。

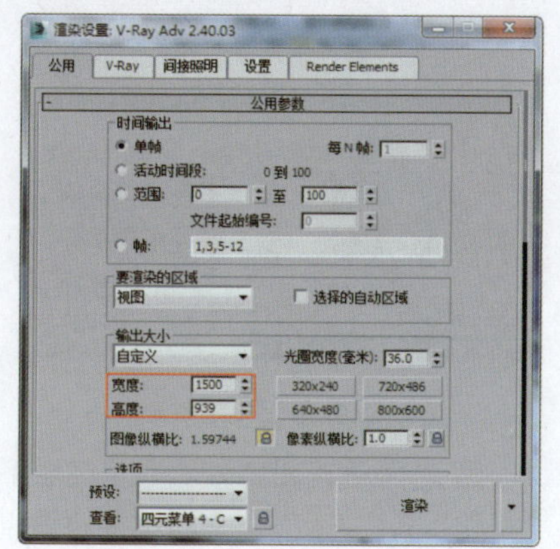

图10-132 设置参数

❷ 切换到“V-Ray”选项卡，取消勾选“不渲染最终的图像”复选框，勾选“过滤贴图”“光泽效果”复选框；在“V-Ray::图像采样器（反锯齿）”卷展栏中设置“图像采样器”选项组的“类型”为“自适应确定性蒙特卡洛”，在“抗锯齿过滤器”选项组中勾选“开”复选框，并设置类型为“Catmull-Rom”，如图10-133所示。

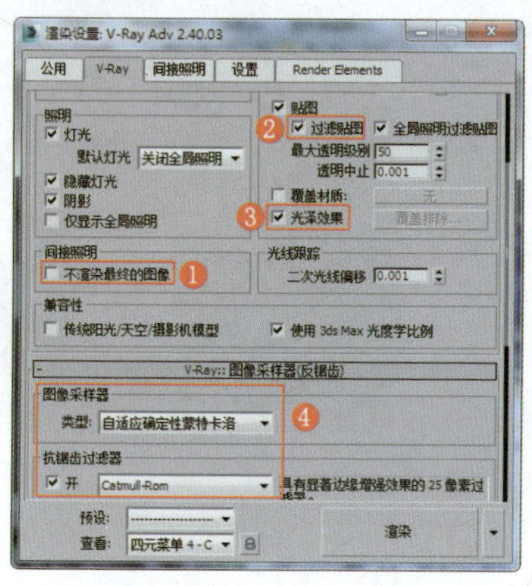

图10-133 设置参数

❸ 切换到“设置”选项卡，在“V-Ray::DMC采样器”卷展栏中设置“适应数量”为0.8、“噪波阈值”为0.001，如图10-134所示。

提 示

“适应数量”设置可以被理解为控制噪点的多少，出图时一般为0.75～0.85，数值越小，品质越好，渲染速度越慢。“噪波阈值”设置可以被理解为控制噪点的大小，出图时一般为0.01～0.001，数值越小，品质越好，渲染速度越慢。

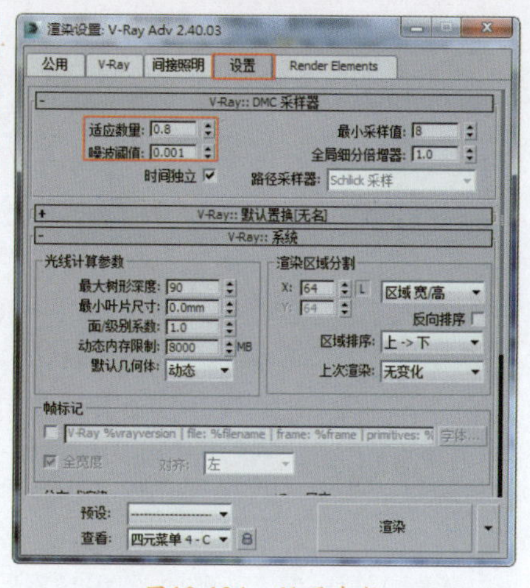

图10-134 设置参数

❹ 提高VR灯光的“细分”参数。选择光度学目标灯光，在“VRay阴影参数”卷展栏中设置“细分”为16，根据材质需求将“反射”的“细分”数值提高，如图10-135所示。

注 意

VRayMtl材质中“反射”的“细分”参数一般根据“反射光泽度”参数进行设置。例如，“反射光泽度”为0.7，则“细分”为30；“反射光泽度”为1，则“细分”默认为8；“细分”数值最大为35。材质细分和灯光细分均要提升，单独提升某一项，不会有明显的噪点控制效果。

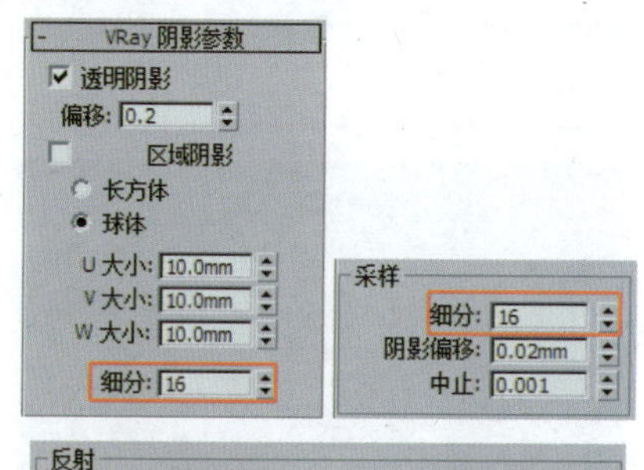

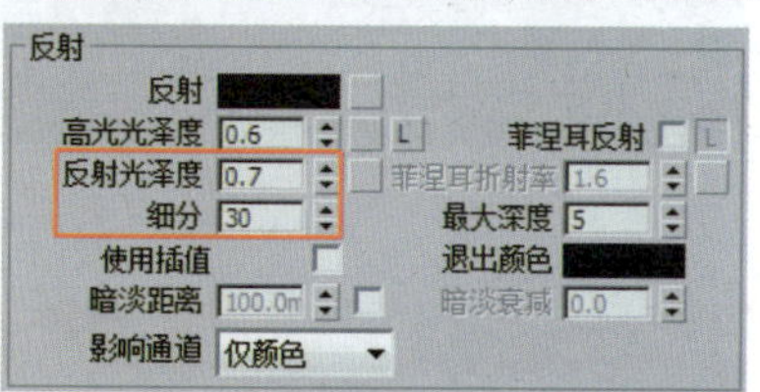

图10-135 提高“细分”数值

❺ 在“渲染设置”面板的“公用”选项卡中，单击“渲染输出”选项组的“文件”按钮，指定文件的保存路径，将格式设置为*.tga，在打开的“图像控制”对话框中不勾选“压缩”复选框，回到“渲染设置”面板，如图10-136所示。

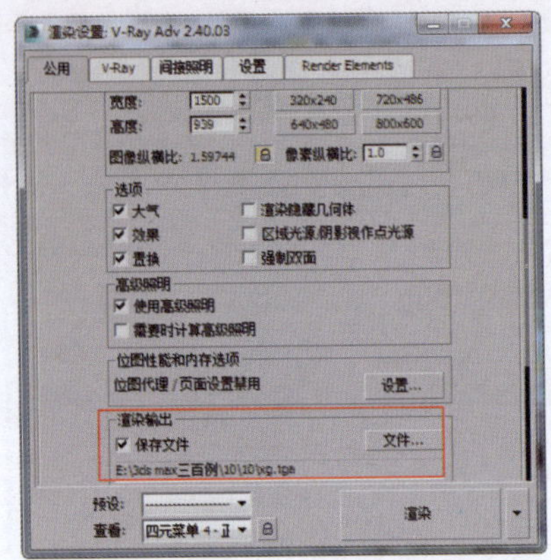
图10-136　设置参数

⑥渲染场景，得到如图10-137所示的效果。

图10-137　效果图

⑦保存场景，然后使用Random Color插件渲染通道图，将图像存储为*.tga格式，通道图效果如图10-138所示。

提　示

在输出成图前保存场景，在使用Random Color插件转换颜色后不能保存场景。

图10-138　通道图

实例242 后期处理

下面使用Photoshop软件来调整效果图。

实例制作步骤

视频路径	视频\Cha10\实例242 后期处理.mp4		
难易程度	★★★	学习时间	21分28秒

①打开Photoshop软件，将渲染的效果图和通道图拖入软件中，效果如图10-139所示。

图10-139　导入图像文件

②选择通道图文件，按V键激活“移动工具”，按住Shift键将通道图文件中的图像拖入效果图文件中，按C键使用“裁剪工具”修剪图像，效果如图10-140所示。

③选择“背景”图层，按Ctrl+J组合键复制得到“背景 副本”图层，按Ctrl+]组合键将该副本图层调整至通道图所在图层（即“图层1”）的上方，按Ctrl+J组合键复制得到“背景 副本2”图层，设置该图层的混合模式为“柔光”，“不透明度”为30%，如图10-141所示。

图10-140　将通道图拖入效果图中

图10-141　复制图层并设置图层属性

④按Ctrl+E组合键向下合并图层，按W键激活“魔棒工具”，在工具属性栏中单击“添加到选区”按钮，设置“容差”为10；选择通道图所在图层，单击地面区域，将地面载入选区，选择“背景 副本”图层，按Ctrl+J组合键将选区中的图像复制到新的图层中，双击图层名称，将其命名为“地面”，按Ctrl+L组合键打开“色阶”对话框，调整色阶，以达到亮处更亮、暗处更暗且增加色彩饱和度的效果，如图10-142所示，单击“确定”按钮。

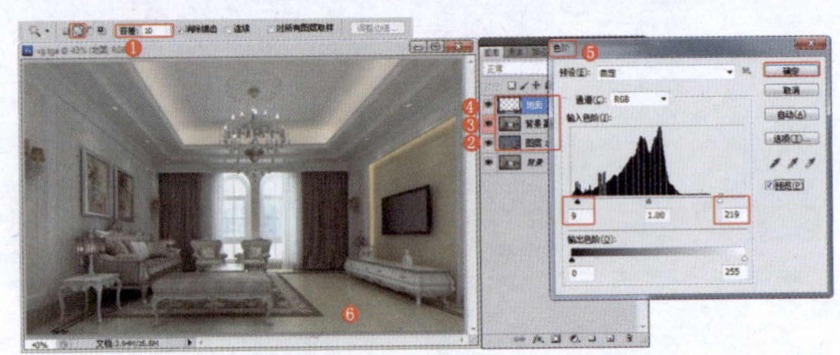
图10-142　通过选区复制图层并调整色阶

⑤选择通道图所在图层，使用“魔棒工具”将壁纸墙载入选区，选择“背景 副本”图层，按Ctrl+J组合键复制选区中的图像到新的图层中，将新图层命名为“壁纸墙”，按Ctrl+L组合键打开“色阶”对话框，调整色阶，以达到提亮和增加颜色饱和度的效果，如图10-143所示，单击“确定”按钮。

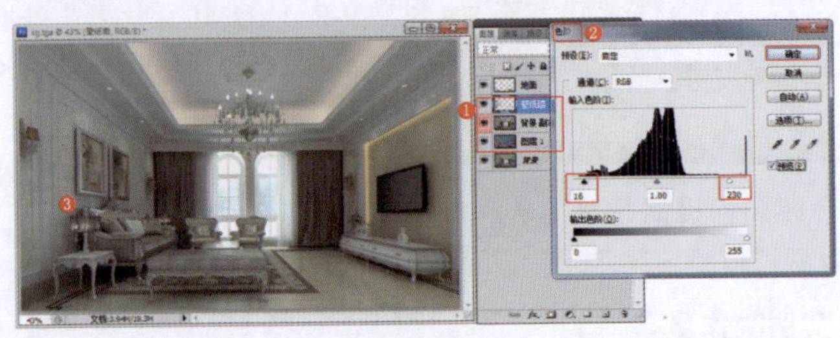
图10-143　通过选区复制图层并调整色阶

⑥在通道图所在图层中载入白乳胶选区，选择“背景 副本”图层，按Ctrl+J组合键将选区中的图像复制到新的图层中，将新图层命名为“白乳胶”，效果如图10-144所示。

图10-144 创建“白乳胶”图层

⑦ 按M键激活“矩形选框工具”[]，将门框载入选区，如图10-145所示，按Delete键将其删除。

提 示

如果不喜欢窗口曝光效果，可以在选择门框区域后按Ctrl+Shift+J组合键将其剪切复制到新的图层中，再使用Ctrl+U组合键打开“色相/饱和度”对话框调整明度以压暗曝光区域。

图10-145 删除门框区域

⑧ 按Ctrl+M组合键打开“曲线”对话框，提亮图像，如图10-146所示，单击“确定”按钮。

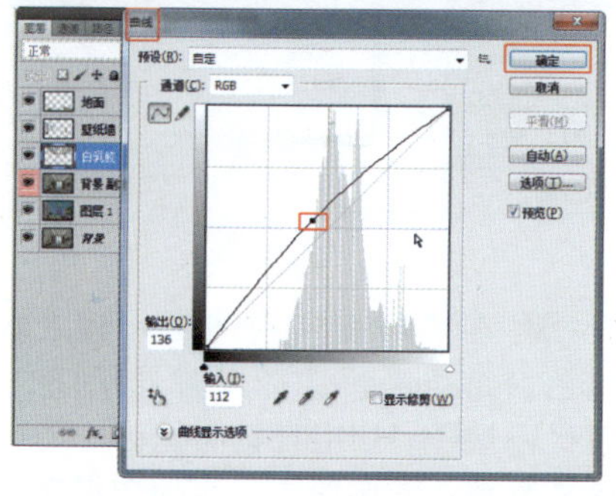

图10-146 提亮图像

⑨ 按Ctrl+U组合键打开“色相/饱和度”对话框，降低“饱和度”数值，如图10-147所示，单击“确定”按钮。

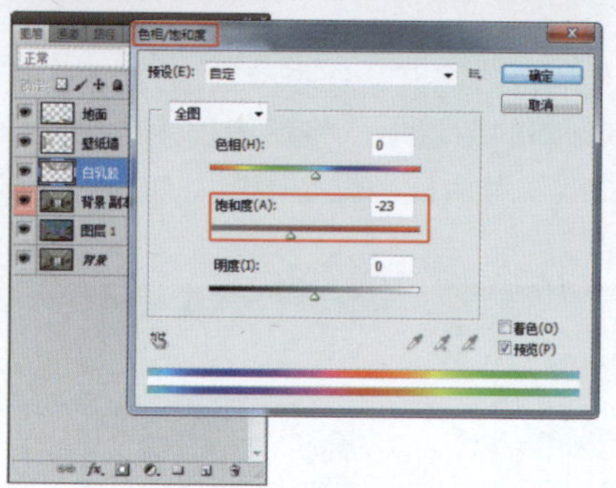

图10-147 降低饱和度

⑩ 按Ctrl+L组合键打开“色阶”对话框，增强明暗及色彩对比，以达到使图像边界清晰的效果，如图10-148所示，单击“确定”按钮。

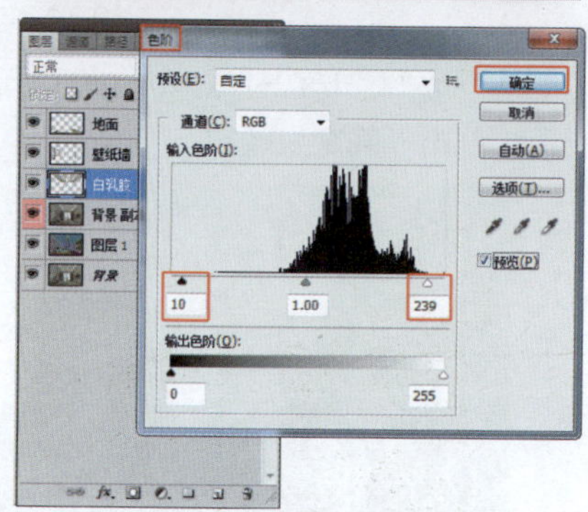

图10-148 增强对比效果

⑪ 在通道图所在图层中载入白漆选区，选择“背景 副本”图层，按Ctrl+J组合键将选区中的图像复制到新的图层中，将新图层命名为“白漆”，按Ctrl+M组合键打开“曲线”对话框，提亮图像，如图10-149所示，单击“确定”按钮。

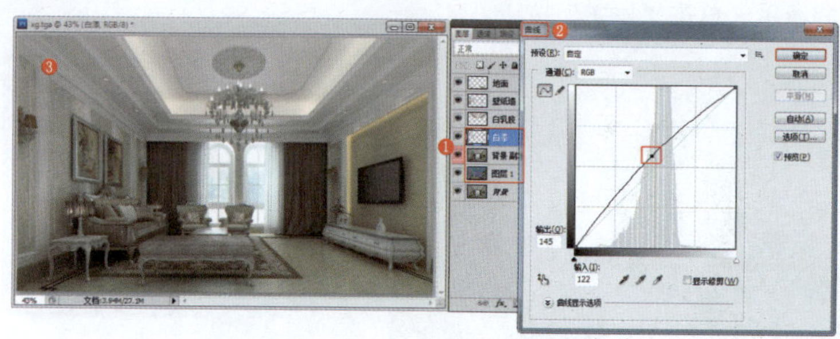

图10-149 提亮白漆区域

⑫ 在通道图所在图层中载入墙裙选区，选择“背景 副本”图层，按Ctrl+J组合键将选区中的图像复制到新的图层中，将新图层命名为“墙裙”，按Ctrl+M组合键打开“曲线”对话框，提亮图像，如图10-150所示，单击“确定”按钮。

图10-150 提亮墙裙区域

⑬ 在通道图所在图层载入软包选区，选择“背景 副本”图层，按Ctrl+J组合键将选区中的图像复制到新的图层中，将新图层命名为“软包”，按Ctrl+M组合键打开“曲线”对话框，提亮图像，如图10-151所示，单击“确定”按钮。

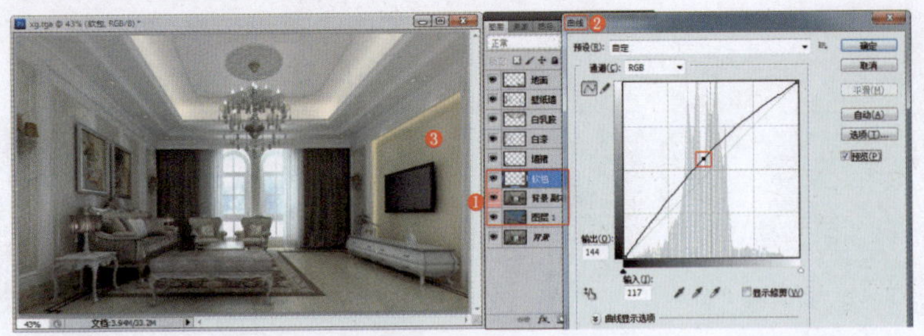

图10-151　提亮软包区域

⑭在通道图所在图层中载入导入家具的白漆选区，选择“背景 副本”图层，按Ctrl+J组合键将选区中的图像复制到新的图层中，将新图层命名为“导入家具白漆”，按Ctrl+M组合键打开“曲线”对话框，提亮图像，如图10-152所示，单击“确定”按钮。

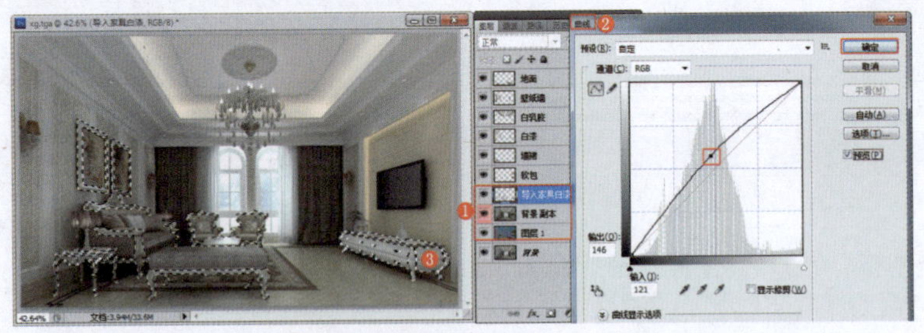

图10-152　提亮导入家具的白漆区域

⑮在通道图所在图层中载入沙发垫选区，选择“背景 副本”图层，按Ctrl+J组合键将选区中的图像复制到新的图层中，将新图层命名为“沙发垫”，按Ctrl+L组合键打开“色阶”对话框，增加饱和度和明暗对比效果，如图10-153所示，单击“确定”按钮。

图10-153　增加饱和度和明暗对比效果

⑯在通道图所在图层中载入水晶吊灯选区，选择“背景 副本”图层，按Ctrl+J组合键将选区中的图像复制到新的图层中，将新图层命名为“水晶吊灯”，按Ctrl+M组合键打开“曲线”对话框，提亮图像，如图10-154所示，单击“确定”按钮。

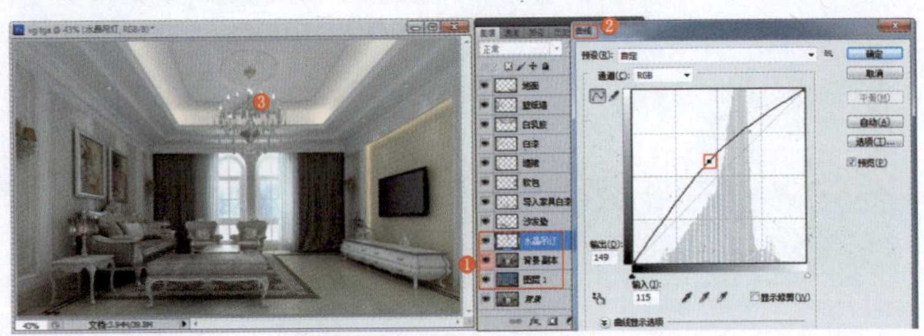

图10-154　提亮吊灯区域

⑰按Ctrl+J组合键复制“水晶吊灯”图层，在通道图所在图层中载入吊灯底座区域，按Delete键将其删除，设置图层的混合模式为“滤色”，“不透明度”为20%，效果如图10-155所示。

图10-155　滤色提亮吊灯

⑱在通道图所在图层中载入壁灯选区，选择“背景 副本”图层，按Ctrl+J组合键将选区中的图像复制到新的图层中，将新图层命名为“壁灯”，按Ctrl+M组合键打开“曲线”对话框，提亮图像，如图10-156所示，单击“确定”按钮。

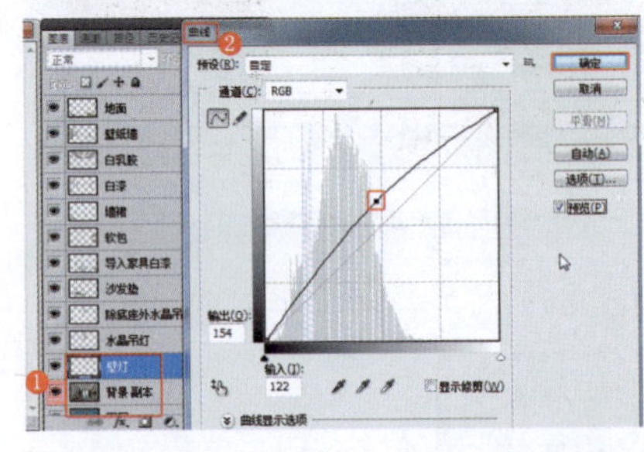

图10-156　提亮壁灯区域

⑲在通道图所在图层中载入咖啡色窗帘选区，选择“背景 副本”图层，按Ctrl+J组合键将选区中的图像复制到新的图层中，将新图层命名为“咖啡色窗帘”，按Ctrl+L组合键打开“色阶”对话框，提亮图像并增加其饱和度，如图10-157所示，单击“确定”按钮。

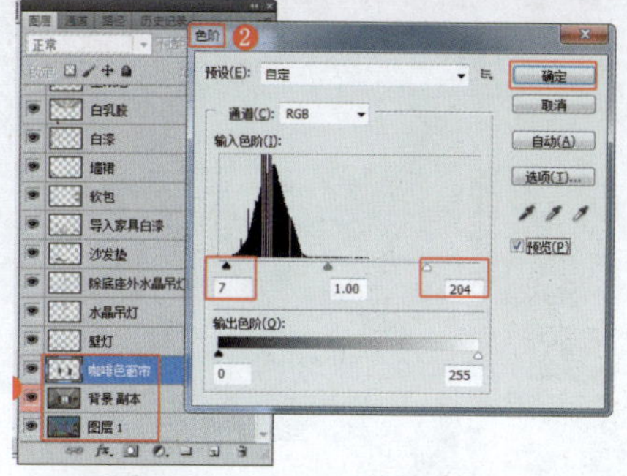

图10-157 提亮并增加其饱和度

⑳ 在通道图所在图层中载入黑色地面装饰线选区，选择“背景 副本”图层，按Ctrl+J组合键将选区中的图像复制到新的图层中，将新图层命名为“黑色地面装饰线”，按Ctrl+U组合键打开“色相/饱和度”对话框，增加明度，以达到提亮图像并使其显得灰白的效果，如图10-158所示，单击“确定”按钮。

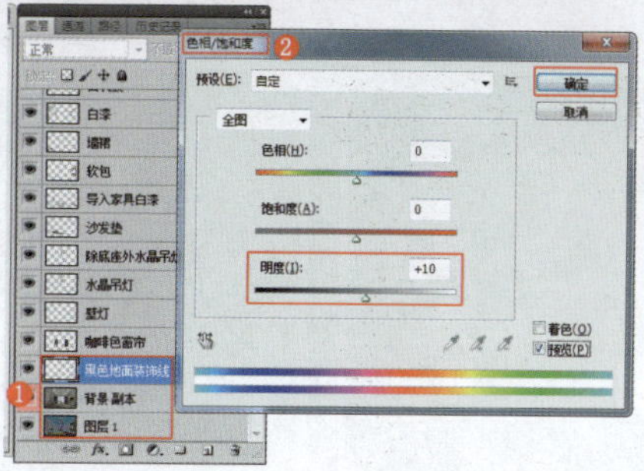

图10-158 增加黑色地面装饰线的明度

㉑ 选择最上方的图层，按Ctrl+Shift+Alt+E组合键盖印可见图层到新的图层中，设置新图层的混合模式为“滤色”，“不透明度”为20%，按E键激活“橡皮擦工具”，在工具属性栏中选择一种柔边画笔，按数字键调整画笔笔尖的不透明度，按[键和]键调整画笔笔尖的大小，对门窗曝光处进行擦除，效果如图10-159所示。

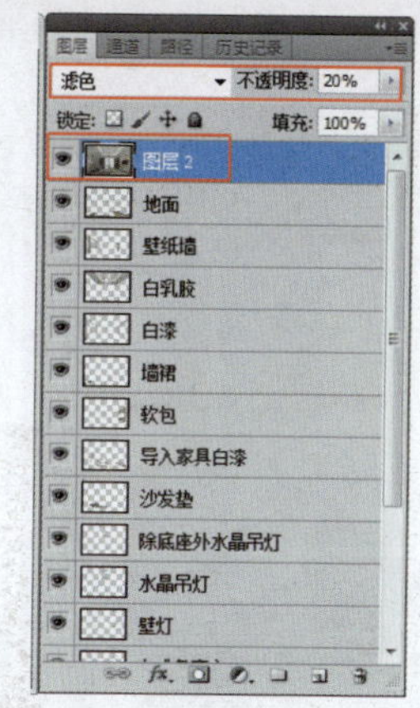

图10-159 调整图像

㉒ 将文件存储为*.psd格式文件，以便日后进行修改。按Ctrl+Shift+E组合键合并可见图层，将图像存储为所需要的*.jpg或*.tif格式。

第11章 时尚现代卧室

本章主要介绍时尚现代卧室的制作。

实例效果剖析

卧室是居室主人睡觉、休息的空间，布置的好坏直接影响到人们的生活、工作和学习，因此，卧室也是家居装修的设计重点之一。本章根据客户要求设计一款时尚现代的混搭风格卧室效果。

本章制作的卧室，效果如图11-1所示。

图11-1　效果展示

实例技术要点

本章主要用到的功能及技术要点如下。

- 导入CAD图纸。
- 创建卧室的框架。
- 导入模型：导入卧室的家具、小品装饰模型。
- 设置材质：设置场景中框架的材质。
- 创建摄影机和灯光：调整合适的室内观察角度，并创建灯光照亮卧室。
- 渲染输出：通过设置渲染参数，对场景进行渲染输出。
- 后期处理：通过使用Photoshop软件来调整卧室的最终效果，使其更加鲜亮和真实。

场景文件路径	Scene\第11章\时尚现代卧室.max
贴图文件路径	Map\
难易程度	★★★★

实例243 导入CAD图纸

下面将时尚现代卧室的图纸导入到3ds Max软件中。

实例制作步骤

视频路径	视频\Cha11\实例243 导入CAD图纸.mp4		
难易程度	★★	学习时间	2分19秒

打开3ds Max软件，单击“应用程序”按钮，在弹出的菜单中选择“导入”命令，分别导入“平面”“立面”文件，在“顶”视图中调整立面的位置，使其对齐对应的平面的位置，按A键激活“角度捕捉”按钮，使用“选择并旋转”按钮以90°调整立面的角度，然后调整立面至合适的位置，效果如图11-2所示。

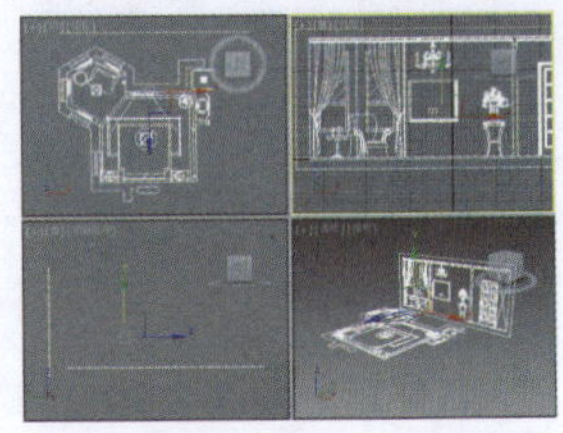

图11-2　导入CAD图纸

提 示

在导入CAD图纸时，如平面是由几个图形组成，应先将图形编组，按W键激活"选择并移动"按钮，在坐标栏中右击每个轴右侧的微调器按钮，将坐标归零，然后将线框的颜色统一。

实例244 建模

通过导入的图纸来制作现代卧室的基本框架模型。

实例制作步骤

视频路径	视频\Cha11\实例244 建模.mp4		
难易程度	★★★★	学习时间	20分49秒

❶激活"2.5维捕捉开关"按钮，按住Ctrl键右击，在弹出的快捷菜单中选择"线"命令，在"顶"视图中根据图纸先创建如图11-3所示的图形，在"图形"面板中取消勾选"开始新图形"复选框，继续创建其他图形。

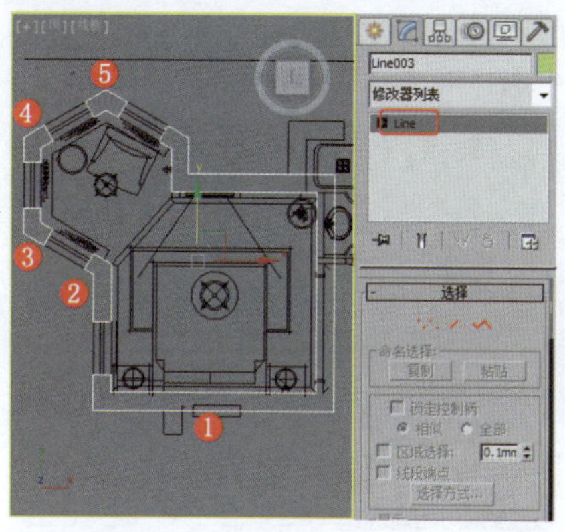

图11-3 创建图形

❷施加"挤出"修改器和"编辑网格"修改器，按1键将选择集定义为"顶点"，在"前"视图中选择图形上边的顶点，调整顶点的位置，效果如图11-4所示。

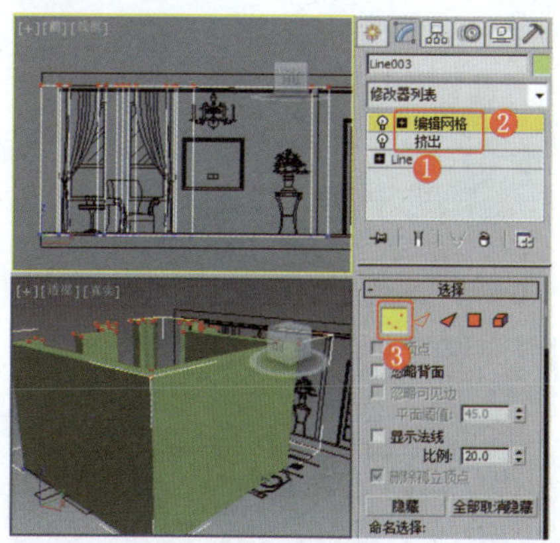

图11-4 调整顶点

❸继续在"顶"视图中创建如图11-5所示的图形。

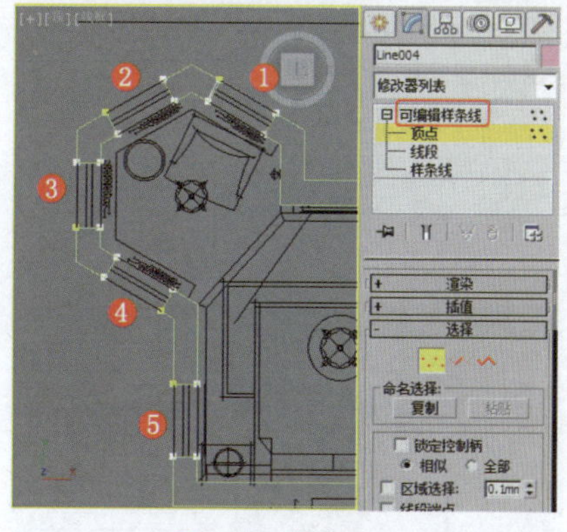

图11-5 创建图形

❹施加"挤出"修改器和"编辑网格"修改器，按1键将选择集定义为"顶点"，在"前"视图中选择图形上边的顶点，调整顶点的位置，效果如图11-6所示。

图11-6 调整顶点

❺按5键将选择集定义为"元素"，选择所有元素，在"前"视图中使用移动复制法向上复制元素，效果如图11-7所示。

❻按1键将选择集定义为"顶点"，在"前"视图中调整顶点，效果如图11-8所示。

图11-7 复制元素

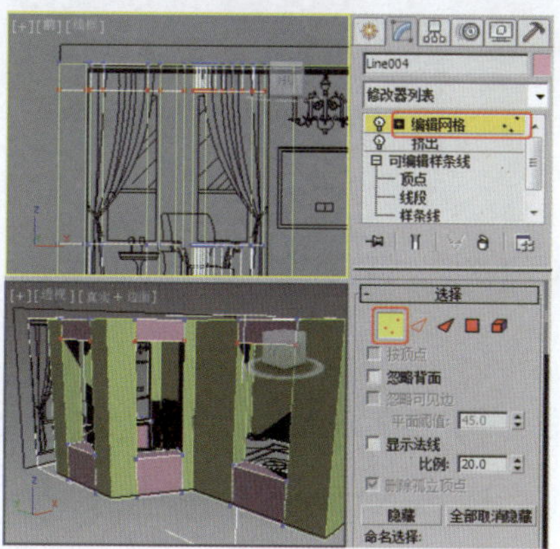

图11-8 调整顶点

❼切换到"左"视图，按住Ctrl键右击，在弹出的菜单中选择"矩形"命令，根据墙体框架创建矩形，将其作为窗框，为矩形施加"编辑样条线"修改器，效果如图11-9所示。

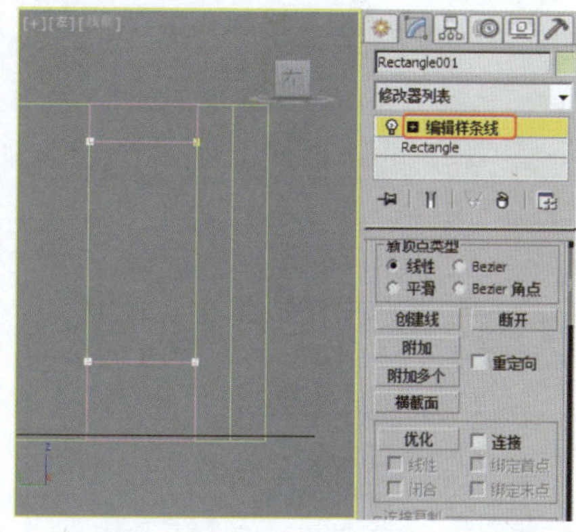

图11-9 创建矩形

❽按3键将选择集定义为"样条线"，选择样条线，在"几何体"卷展栏中设置"轮廓"为50，效果如图11-10所示。

❾为图形施加"挤出"修改器，设置"数量"为60.0mm，在"顶"视图中调整模型的位置，效果如图11-11所示。

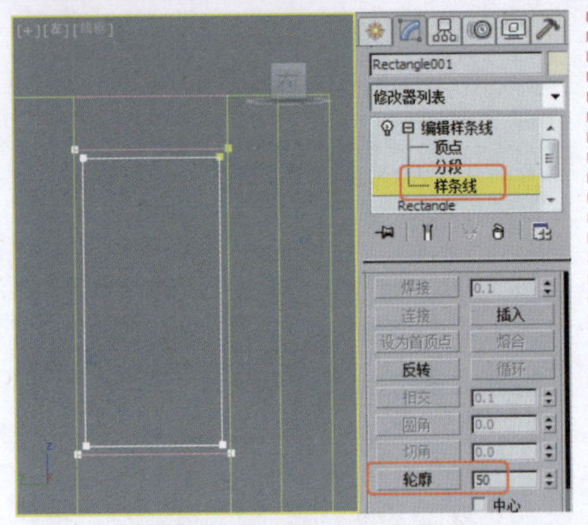

图11-10　设置“轮廓”参数

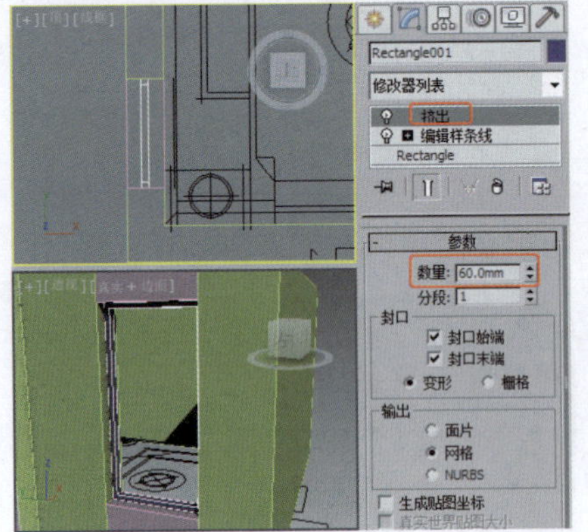

图11-11　施加“挤出”修改器

⑩ 为模型施加“编辑网格”修改器，按3键将选择集定义为“面”，在“左”视图中选择模型上边的面，使用移动复制法向下复制面，按1键将选择集定义为“顶点”，调整左右多出的顶点的位置，效果如图11-12所示。

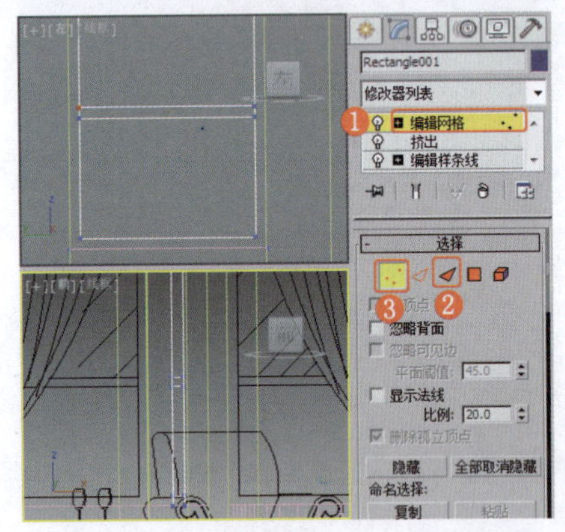

图11-12　复制面并调整顶点

⑪ 关闭选择集，使用移动复制法复制窗框模型至其他窗口位置，如有宽度不同，按1键将选择集定义为“顶点”，在工具栏中单击“参考坐标系”按钮，在弹出的下拉列表中选择“万向”命令，再次调整顶点的位置，效果如图11-13所示。

⑫ 按住Ctrl键右击，在弹出的菜单中选择“矩形”命令，在“前”视图中根据图纸创建矩形，将其作为电视墙框，在“图形”面板中取消勾选“开始新图形”复选框，继续创建另一个矩形，为图形施加“挤出”修改器，设置“数量”为100.0mm，在“顶”视图中调整模型的位置，效果如图11-14所示。

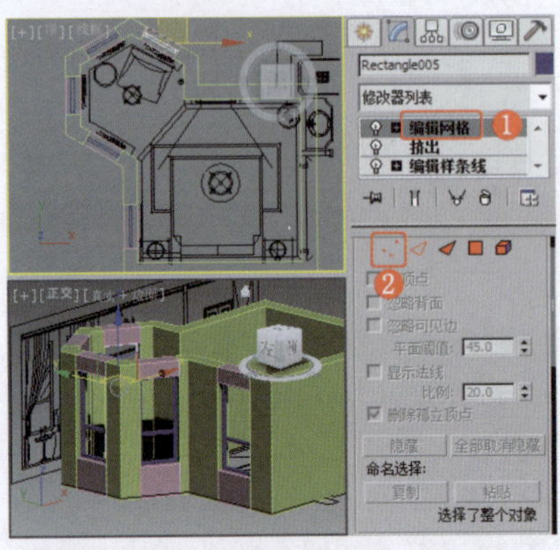

图11-13　复制并调整模型

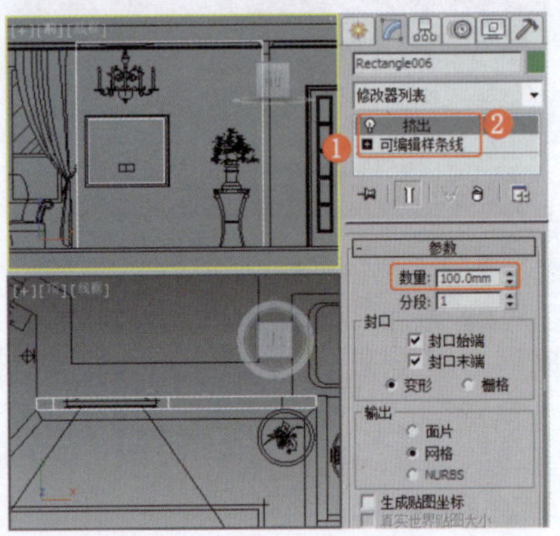

图11-14　创建电视墙框

⑬ 根据图纸在“前”视图中利用线创建如图11-15所示的图形，将其作为顶角线的截面图形，按1键将选择集定义为“顶点”，选择右上角的顶点，右击，在弹出的菜单中选择“设为首顶点”命令，在“插值”卷展栏中设置“步数”为2。

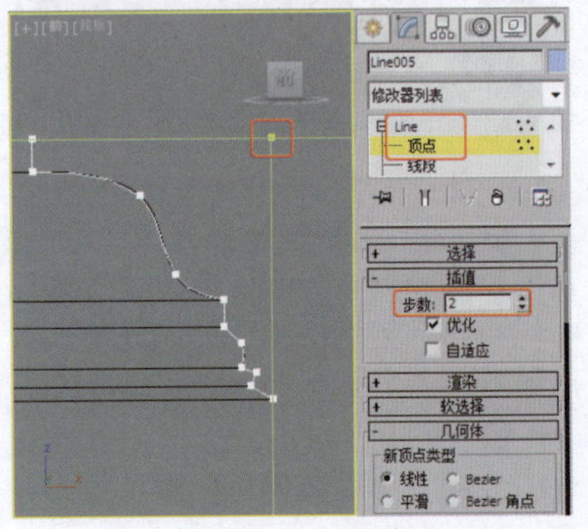

图11-15　创建顶角线截面图形

⑭ 根据平面图在“顶”视图中利用线创建如图11-16所示的图形，将其作为顶角线的路径。

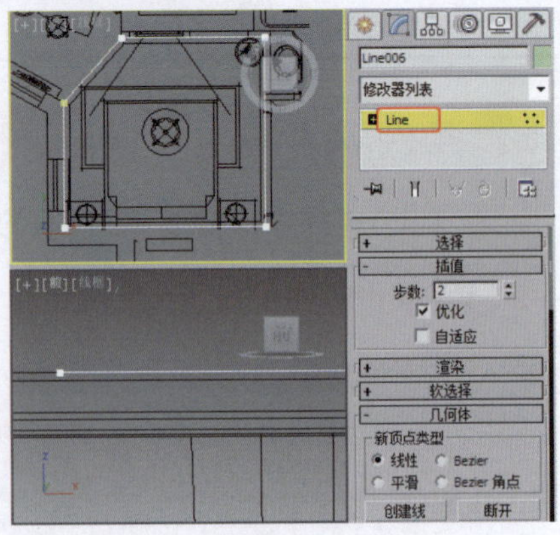

图11-16　创建顶角线的路径

⑮ 为线施加“扫描”修改器，在“截面类型”卷展栏中单击“使用自定义截面”单选按钮，单击“拾取”按钮，拾取场景中制作的截面图形；在“扫描参数”卷展栏中取消勾选“平滑路径”复选框，在“轴对齐”中选择对齐轴的点，如图11-17所示。

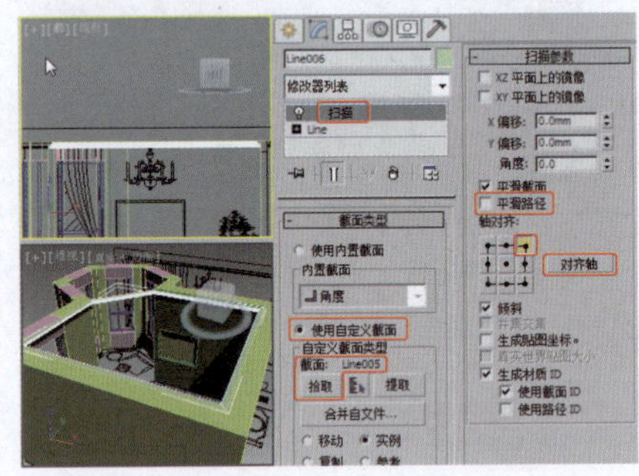

图11-17　施加“扫描”修改器

⑯ 根据平面图的外墙线，在“顶”视图中利用线创建如图11-18所示的图形，将其作为封顶，施加“挤出”修改器和“编辑网格”修改器，按1键将选择集定义为“顶点”，调整顶点。

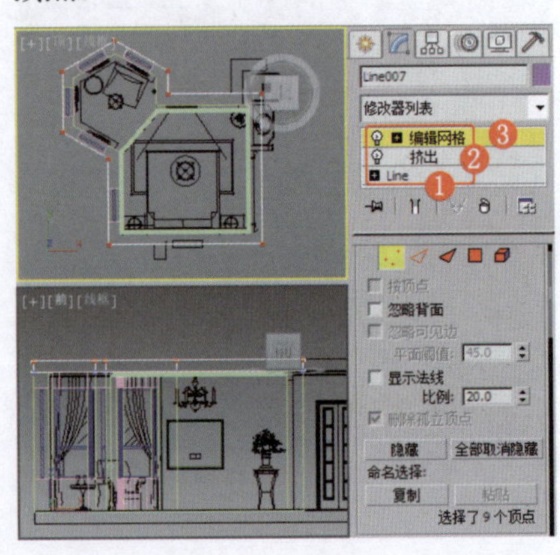

图11-18　创建封顶

⑰ 根据图纸在“顶”视图中利用线创建如图11-19所示的窗帘盒图形，施加“挤出”修改器和“编辑网格”修改器，按1键将选择集定义为“顶点”，调整顶点。

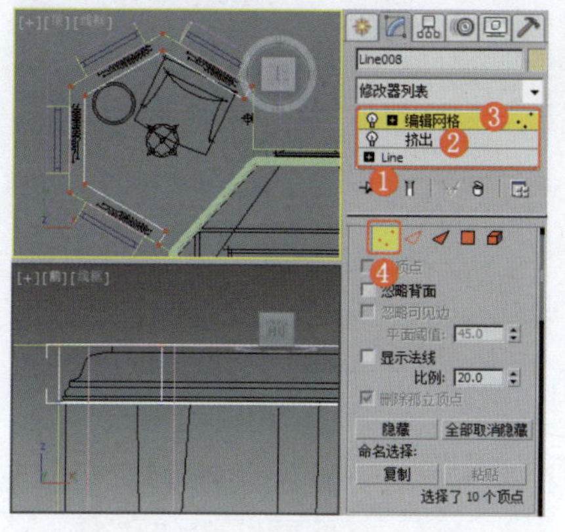
图11-19　创建窗帘盒

⑱ 在“顶”视图中创建如图11-20所示的图形，将其作为地面图形，按Ctrl+V组合键原处复制图形，将其作为墙裙角线的路径。

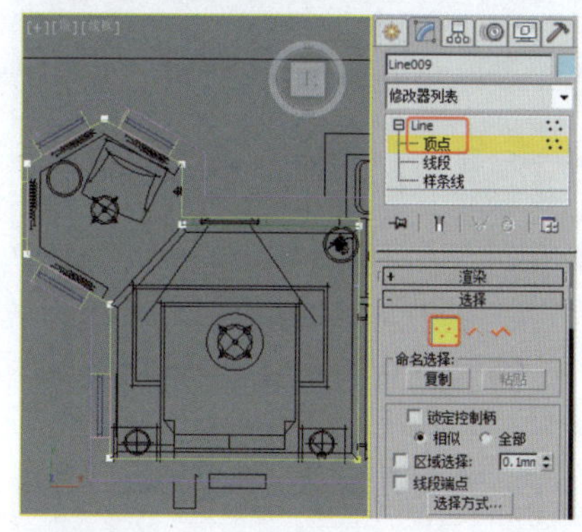
图11-20　创建地面图形和墙裙角线路径

⑲ 为图形施加“挤出”修改器，设置“数量”为40.0mm，调整模型至合适的位置，效果如图11-21所示。

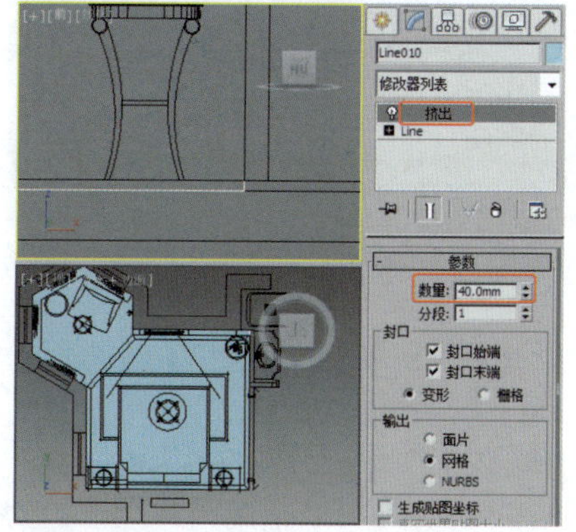
图11-21　施加“挤出”修改器

⑳ 导入墙裙角线的截面图形，按1键将选择集定义为“顶点”，分别选择顶点，确定没有断点，关闭选择集，在“插值”卷展栏中设置“步数”为4，如图11-22所示。

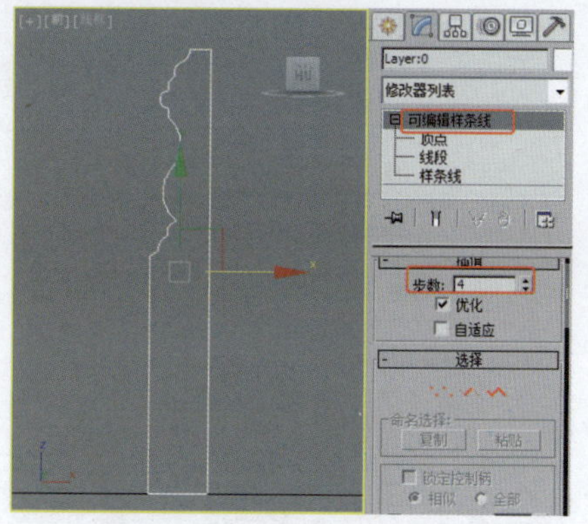
图11-22　导入墙裙角线截面图形

㉑ 选择之前复制的墙裙角线路径，为线施加“扫描”修改器，在“截面类型”卷展栏中单击“使用自定义截面”单选按钮，单击“拾取”按钮，拾取场景中制作的截面图形；在“扫描参数”卷展栏中勾选“XZ平面上的镜像”复选框，在“轴对齐”中选择对齐轴的点，调整模型至合适的位置，效果如图11-23所示。

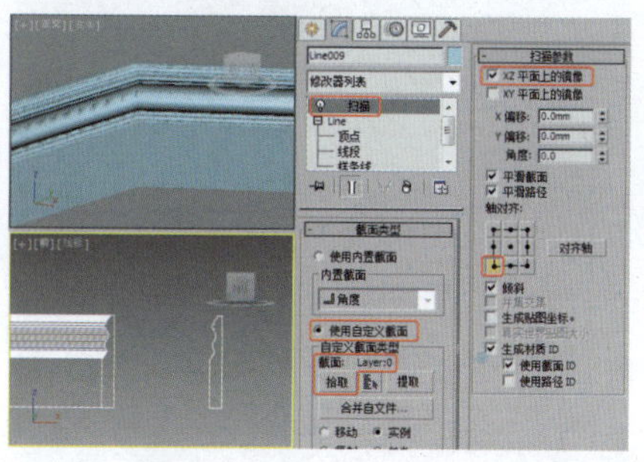
图11-23　扫描模型

㉒ 根据电视墙框在“前”视图中利用矩形创建装饰边路径，在“顶”视图中创建如图11-24所示的图形，将其作为截面图形。

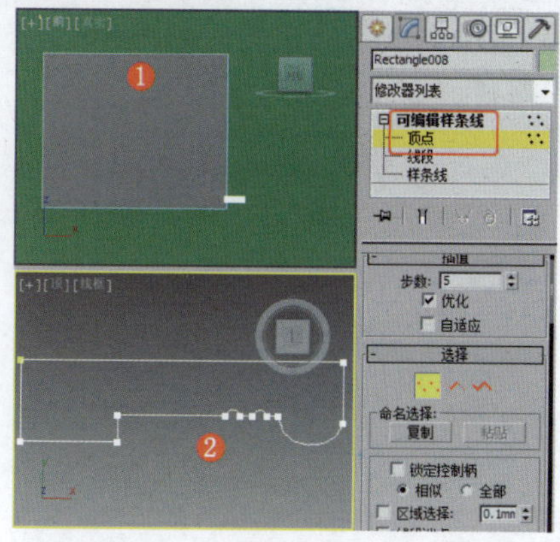
图11-24　创建路径和截面图形

㉓ 选择装饰边路径，为矩形施加“扫描”修改器，在“截面类型”卷展栏中单击“使用自定义截面”单选按钮，单击“拾取”按钮，拾取场景中制作的截面图形；在“扫描参数”卷展栏中勾选“XY平面上的镜像”复选框，在“轴对齐”中选择对齐轴的点，调整模型至合适的位置，效果如图11-25所示。

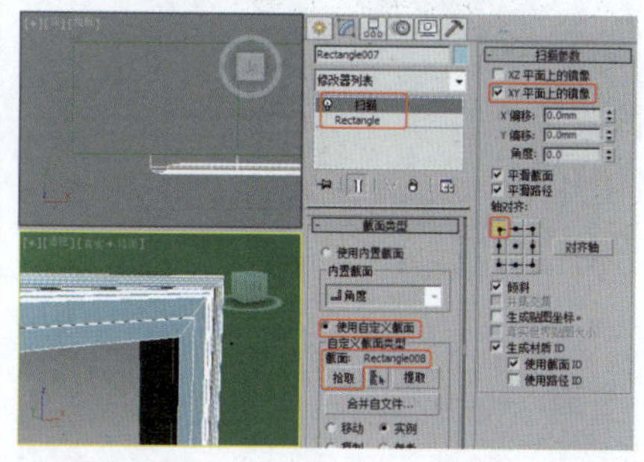
图11-25　扫描模型

实例245　创建摄影机

下面介绍如何调整合适的视口角度及裁剪参数，以完成场景中摄影机的创建。

实例制作步骤

视频路径	视频\Cha11\实例245 创建摄影机.mp4		
难易程度	★★	学习时间	2分41秒

❶ 单击“创建”→“摄影机”→“目标”按钮，在“顶”视图中创建目标摄影机，选择摄影机和目标点，激活“前”视图，在坐标栏中单击“绝对模式变换输入”按钮激活该模式，设置“Y”为800mm以抬高摄影机；在“参数”卷展栏中设置“镜头”为24.0mm，在“剪切平面”选项组中勾选“手动剪切”复选框，设置合适的“近距剪切”和“远距剪切”参数，选择其中一个视口，按C键将当前视图变为摄影机视图，按Ctrl+F组合键打开安全框，选择目标点，根据角度需求将其稍微向上位移，效果如图11-26所示。

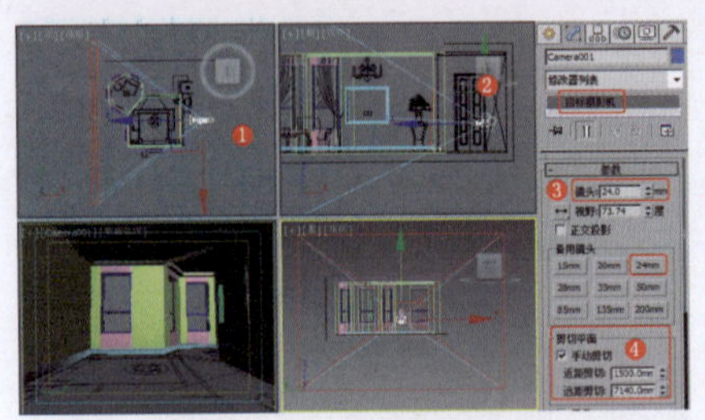

图11-26　创建目标摄影机

❷ 调整后的摄影机在视口中多少会有些拉伸，选择机身，右击，在弹出的菜单中选择“应用摄影机校正修改器”命令校正摄影机，效果如图11-27所示。

注　意

如果在应用了摄影机校正后又调整了摄影机，可以在“2点透视校正”卷展栏中单击“推测”按钮。

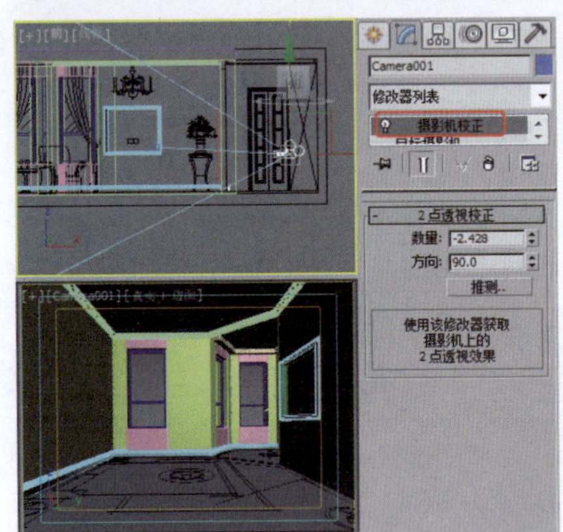

图11-27　校正摄影机

实例246 设置测试渲染参数

下面介绍如何设置场景的测试渲染参数，以便随时渲染查看场景效果。

实例制作步骤

视频路径	视频\Cha11\实例246 设置测试渲染参数.mp4
难易程度	★★　学习时间：45秒

❶ 按F10键或单击“渲染设置”按钮，打开“渲染设置”面板；在“公用”选项卡的“公用参数”卷展栏中设置合适的测试渲染尺寸，单击按钮将“图像纵横比”锁定；在“指定渲染器”卷展栏中单击“产品级”右侧的“选择渲染器”按钮，在打开的对话框中选择“V-Ray Adv”渲染器，返回“渲染设置”面板，如图11-28所示。

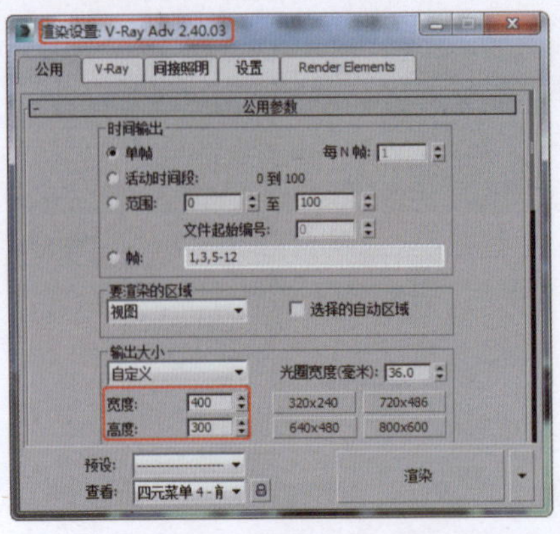

图11-28　设置参数

❷ 切换到“V-Ray”选项卡，在“V-Ray::全局开关”卷展栏中设置“二次光线偏移”为0.001；在“V-Ray::图像采样器（反锯齿）”卷展栏中设置“图像采样器”选项组的“类型”为“固定”，取消勾选“抗锯齿过滤器”选项组的“开”复选框，如图11-29所示。

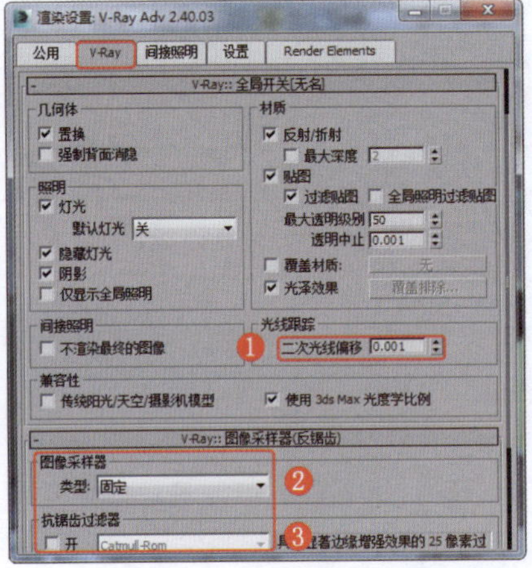

图11-29　设置参数

❸ 在“V-Ray::颜色贴图”卷展栏中勾选“子像素贴图”“钳制输出”复选框；在“V-Ray::环境”卷展栏中勾选 “全局照明环境（天光）覆盖”选项组中的“开”复选框，如图11-30所示。

❹ 切换到“间接照明”选项卡，在“V-Ray::间接照明（GI）”卷展栏中勾选“开”复选框，设置“二次反弹”选项组的“全局照明引擎”为“灯光缓存”；在“V-Ray::发光图”卷展栏中先设置“当前预置”为“非常低”，再将其设置为“自定义”，设置“最小比率”为-5、“最大比率”为-4，设置“半球细分”为20、“插值采样”为20，如图11-31所示。

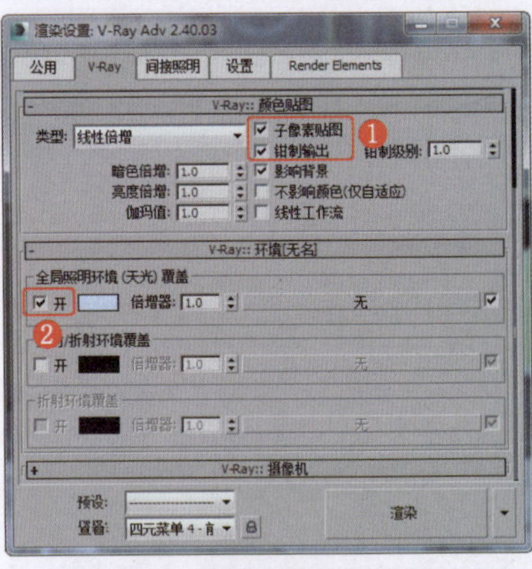

图11-30　设置参数

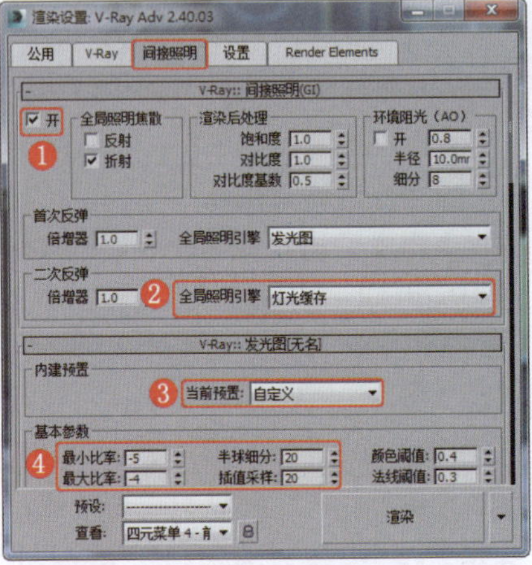

图11-31　设置参数

❺ 在“V-Ray::灯光缓存”卷展栏中设置“细分”为100，如图11-32所示。

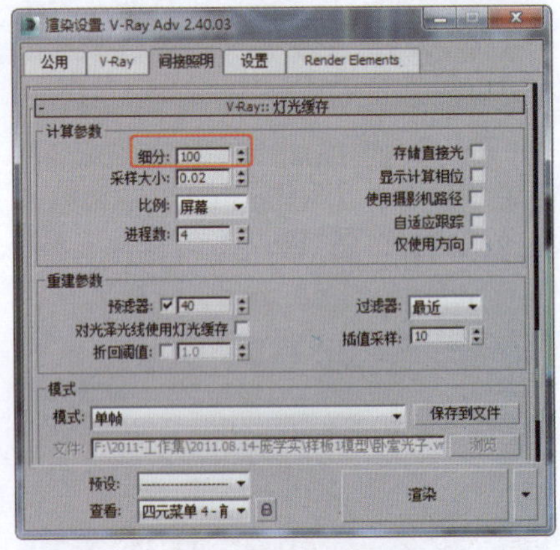

图11-32　设置参数

❻ 切换到“设置”选项卡，在“V-Ray::系统”卷展栏中设置“最大树形深度”为90、“动态内存限制”为8000MB、“默认几何体”为“动态”，在“渲染区域分割”选项组中设置“区域排序”为“上->下”，在“VRay日志”选项组中取消勾选“显示窗口”复选框，如图11-33所示。

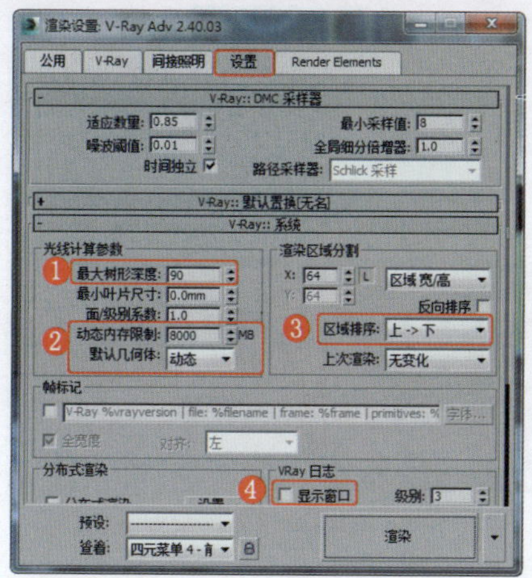

图11-33 设置参数

实例247 设置材质

下面介绍如何设置时尚现代卧室的场景材质。

实例制作步骤

视频路径	视频\Cha11\实例247 设置材质.mp4		
难易程度	★★★	学习时间	9分21秒

❶ 在场景中选择地面模型，按M键或单击“材质编辑器”按钮，打开材质编辑器，选择一个新的材质样本球，将其命名为“地面”；将材质转换为VRayMtl材质，在“反射”选项组中设置“反射光泽度”为0.86，如图11-34所示。

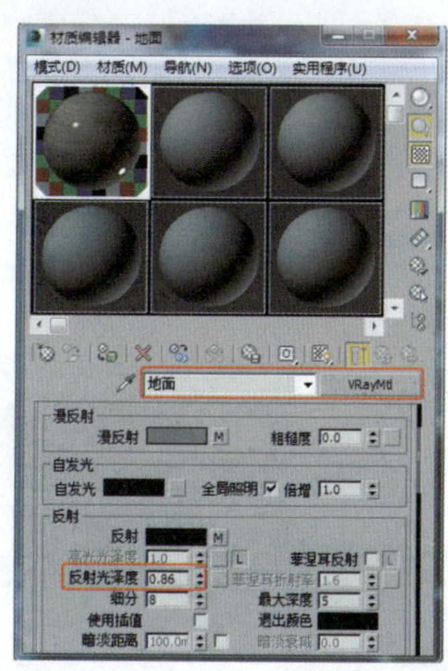

图11-34 设置地面材质

❷ 在“贴图”卷展栏中为“漫反射”指定“位图”贴图（位于随书配套资源中的“Map\d-181.jpg”文件），进入“漫反射贴图”层级，在“坐标”卷展栏中设置“模糊”为0.01，如图11-35所示。

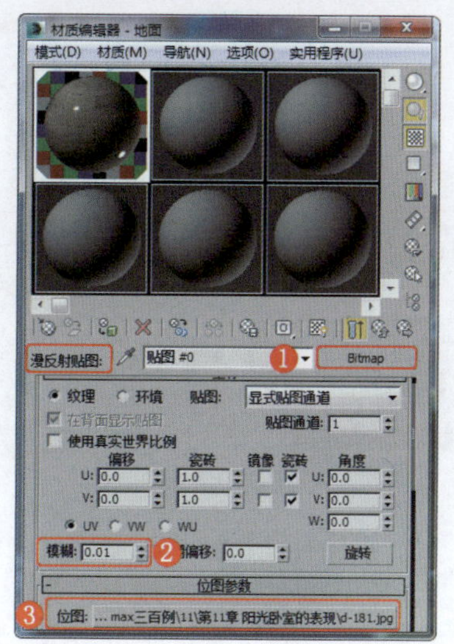

图11-35 设置地面材质

❸ 单击“转到父对象”按钮返回主材质层级，为“反射”指定“衰减”贴图，进入“反射贴图”层级，在“衰减参数”卷展栏中设置“衰减类型”为“Fresnel”，设置“折射率”为1.2，如图11-36所示，将材质指定给选定模型。

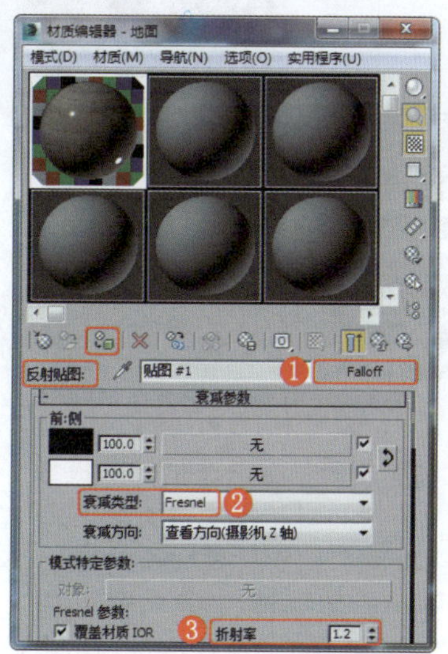

图11-36 设置地面材质

❹ 为模型施加“UVW贴图”修改器，在“参数”卷展栏中设置贴图类型为“长方体”，设置“长度”为1000.0mm、“宽度”为1800.0mm、“高度”为100.0mm，如图11-37所示。

注 意

室内地板一般都有标准尺寸，可在场景中创建矩形，将其作为标尺，调整完UVW坐标后将其删除即可。

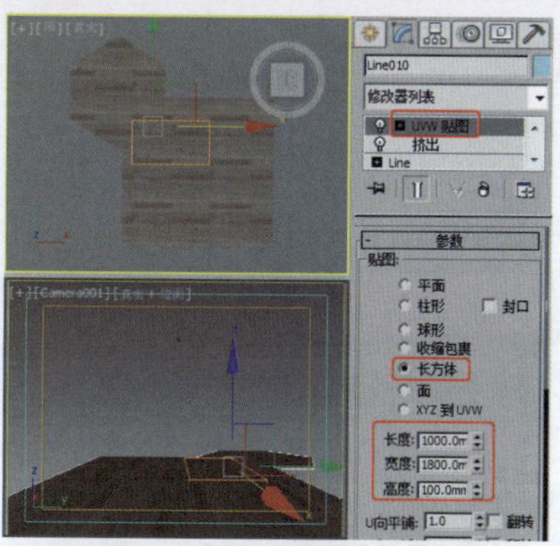

图11-37 设置UVW贴图

❺ 在场景中选择墙体框架模型，按4键将选择集定义为“多边形”，选择床头位置的多边形，在“编辑几何体”卷展栏中单击“分离”按钮，将多边形分离出来，如图11-38所示。

图11-38 将床头壁纸墙体分离出来

❻ 关闭选择集，选择分离出的床头壁纸墙体，打开材质编辑器，选择一个新的材质样本球，将其命名为“床头壁纸”；将材质转换为VRayMtl材质，在“反射”选项组中设置“反射”颜色的“亮度”为10，解锁“高光光泽度”并设置其数值为0.6，设置“反射光泽度”为0.7，如图11-39所示。

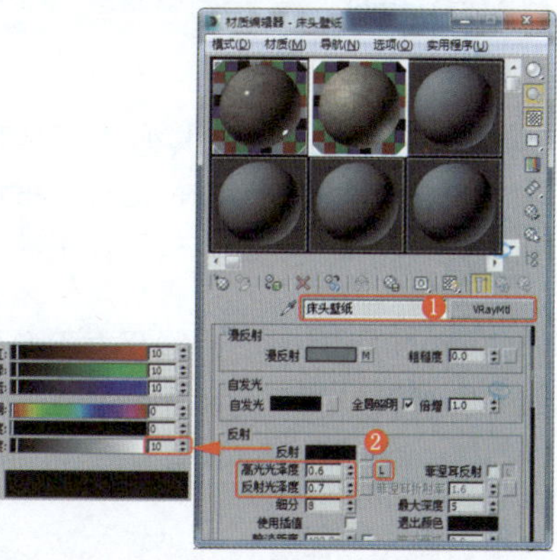

图11-39 设置床头壁纸材质

⑦ 在“贴图”卷展栏中为“漫反射”指定“位图”贴图（位于随书配套资源中的“Map\064ppbe.jpg”文件），进入“漫反射贴图”层级，在“坐标”卷展栏中设置“模糊”为0.01，如图11-40所示，将材质指定给选定的模型。

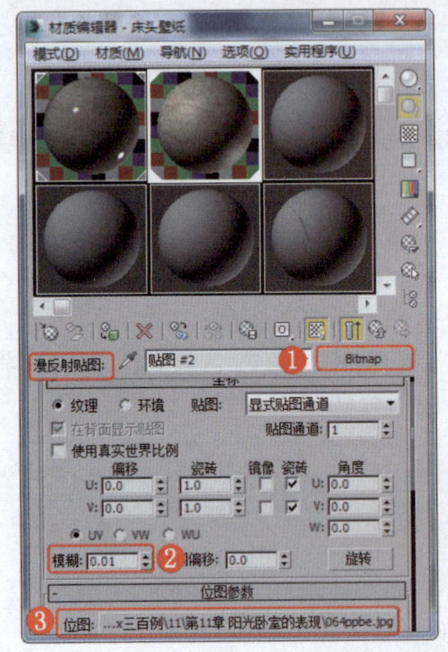

图11-40　设置床头壁纸材质

⑧ 为模型施加“UVW贴图”修改器，在“参数”卷展栏中设置贴图类型为“长方体”，设置“长度”为0.001mm、“宽度”为1000.0mm、“高度”为1000.0mm，如图11-41所示。

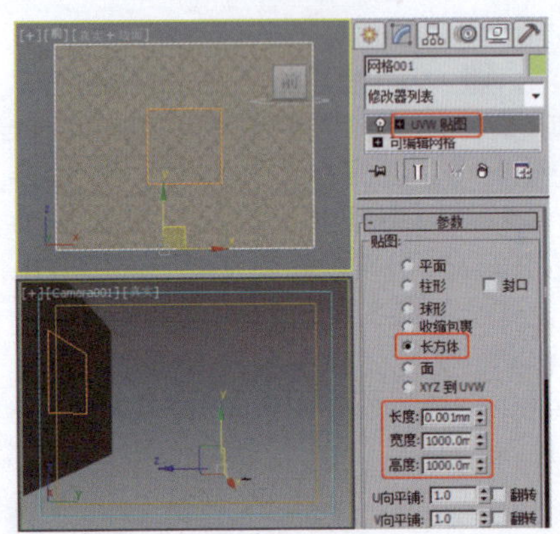

图11-41　设置UVW贴图

⑨ 在场景中选择其他立面墙体模型和电视墙模型，按M键打开材质编辑器，选择一个新的材质样本球，将其命名为“墙漆”；将材质转换为VRayMtl材质，设置“漫反射”颜色的“色调”为24、“饱和度”为32、“亮度”为220，在“反射”选项组中设置“反射”颜色的“亮度”为5，解锁“高光光泽度”并设置其数值为0.6，设置“反射光泽度”为0.7，如图11-42所示，将材质指定给选定的模型。

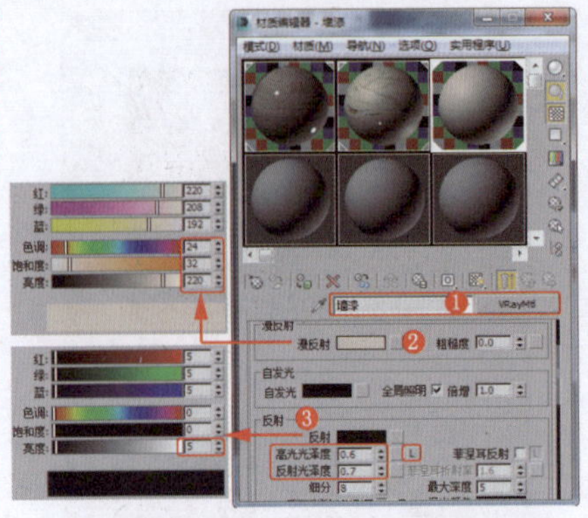

图11-42　设置立面墙漆材质

⑩ 在场景中选择所有窗框模型，选择一个新的材质样本球，将其命名为“窗框”；将材质转换为VRayMtl材质，设置“漫反射”颜色的“亮度”为22，在“反射”选项组中设置“反射”颜色的“亮度”为30，解锁“高光光泽度”并设置其数值为0.7，设置“反射光泽度”为0.8，如图11-43所示，将材质指定给选定的模型。

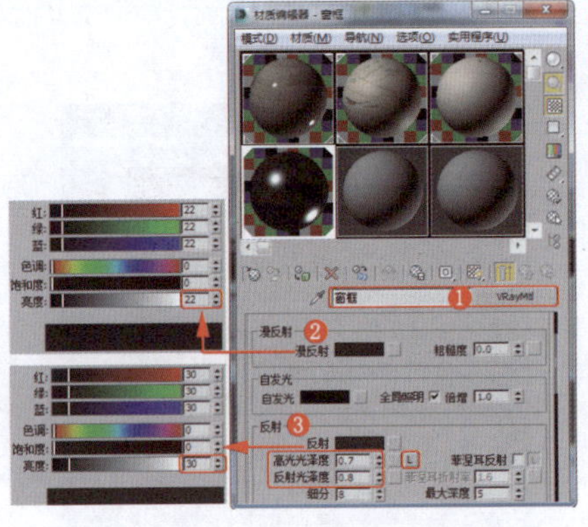

图11-43　设置窗框材质

⑪ 在场景中选择顶部的模型，选择一个新的材质样本球，将其命名为“白乳胶”；将材质转换为VRayMtl材质，设置“漫反射”颜色的“亮度”为238，在“反射”选项组中设置“反射”颜色的“亮度”为5，解锁“高光光泽度”并设置其数值为0.6，设置“反射光泽度”为0.7，如图11-44所示，将材质指定给选定的模型。

⑫ 在场景中选择顶部和墙裙的角线模型，将“白乳胶”材质样本球拖动到一个新的材质样本球上，将其命名为“白角线”；在“反射”选项组中设置“高光光泽度”为0.73、“反射光泽度”为0.8，如图11-45所示，将材质指定给选定的模型。

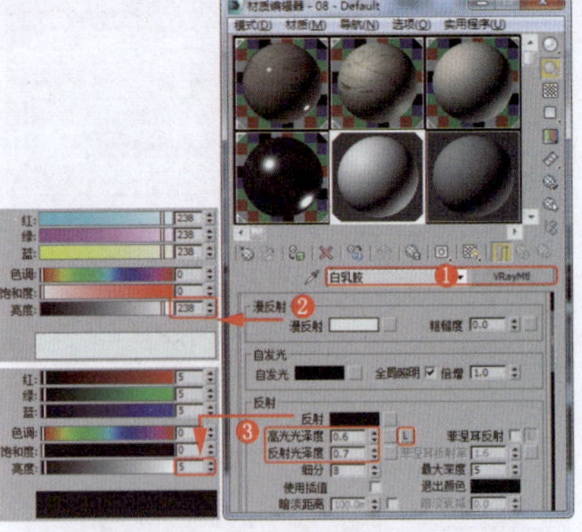

图11-44　设置白乳胶材质

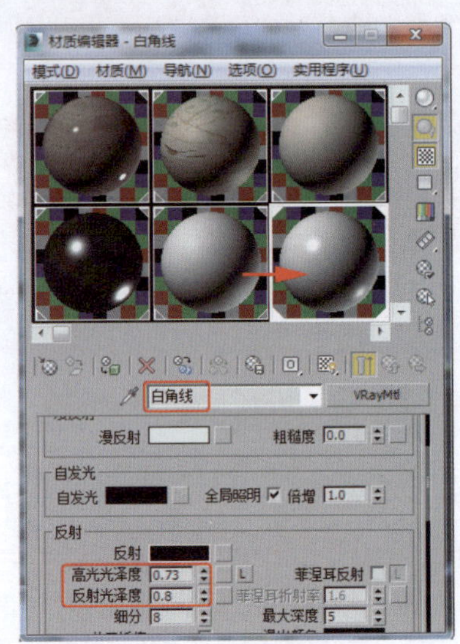

图11-45　设置白角线材质

⑬ 在场景中选择电视墙的装饰框架模型，选择一个新的材质样本球，将其命名为“电视墙框”；将材质转换为VRayMtl材质，设置“漫反射”颜色的“色调”为26、“饱和度”为70、“亮度”为128，在“反射”选项组中设置“反射”颜色的“色调”为26、“饱和度”为71、“亮度”为170，设置“反射光泽度”为0.75，如图11-46所示，将材质指定给选定的模型。

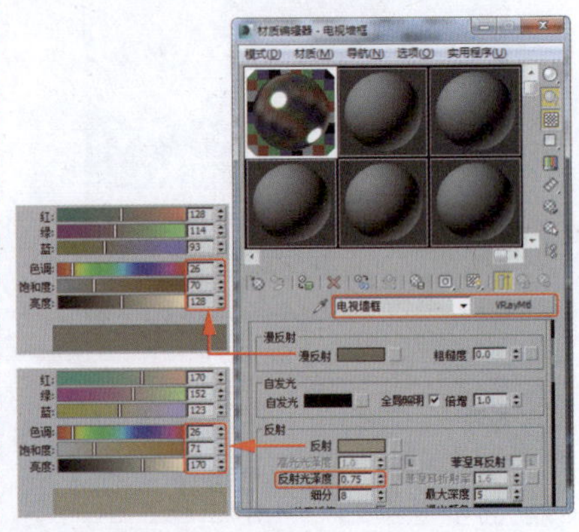

图11-46　设置电视墙框材质

实例248 导入家具及小品装饰模型

下面为卧室添加一些较为时尚的家具及小品作为装饰，以丰富卧室场景。

实例制作步骤

视频路径	视频\Cha11\实例248 导入家具及小品装饰模型.mp4		
难易程度	★★	学习时间	7分35秒

❶ 单击“应用程序”按钮，选择“导入”→“合并”命令，导入壁画模型（位于随书配套资源中的“Scene\第11章\壁画.max”文件），调整模型至合适的位置，效果如图11-47所示；导入并合并窗帘模型（位于随书配套资源中的“Scene\第11章\窗帘.max”文件），调整模型至合适的位置，效果如图11-48所示。

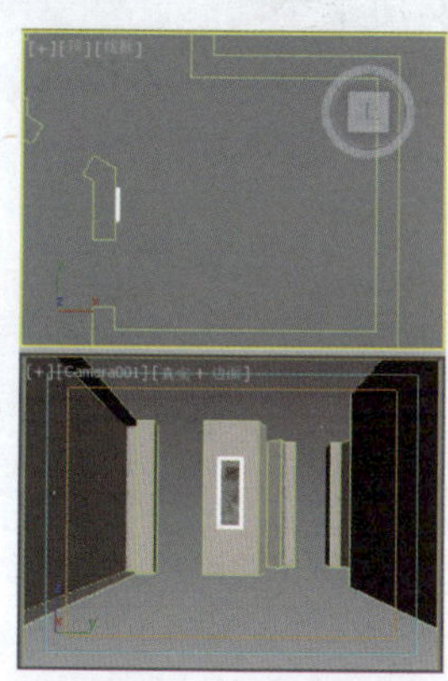

图11-47 导入壁画模型

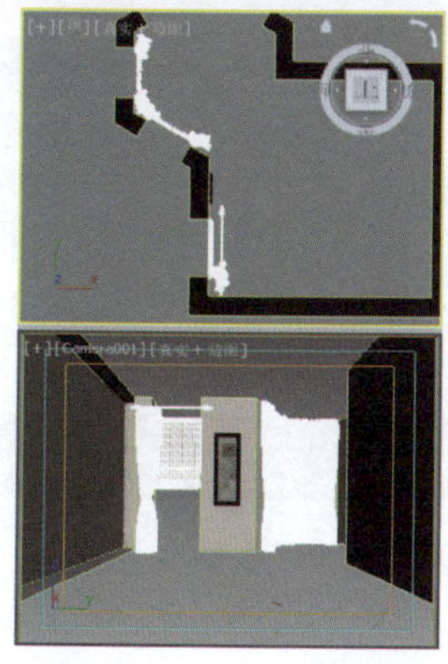

图11-48 导入窗帘模型

❷ 导入并合并电视模型（位于随书配套资源中的“Scene\第11章\电视.max”文件），调整模型至合适的位置，效果如图11-49所示。

❸ 导入并合并小盆景模型（位于随书配套资源中的“Scene\第11章\小盆景.max”文件），调整模型至合适的位置，效果如图11-50所示。

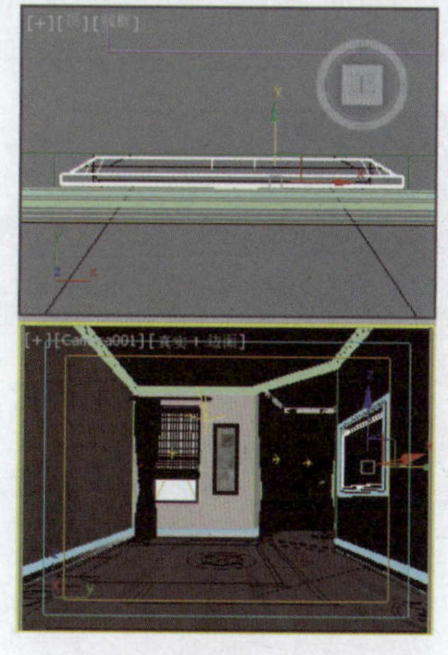

图11-49 导入电视模型

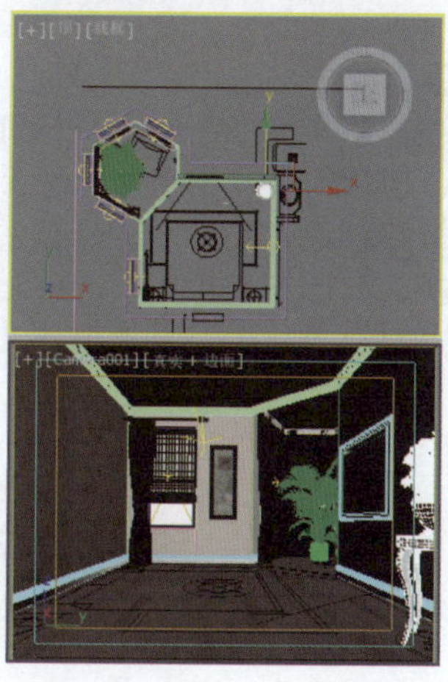

图11-50 导入小盆景模型

❹ 导入并合并床、灯、沙发模型（位于随书配套资源中的“Scene\第11章\床、灯、沙发.max”文件），调整模型至合适的位置，效果如图11-51所示。

注 意

导入的吊灯和床头柜台灯模型都有自带的VR球体灯光。

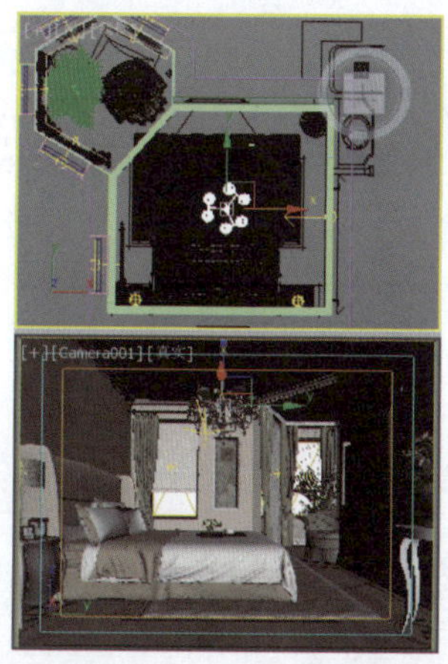

图11-51 导入床、灯、沙发模型

实例249 创建灯光

下面为卧室创建较为通透的灯光布局，以模拟时尚现代卧室的照明效果。

实例制作步骤

视频路径	视频\Cha11\实例249 创建灯光.mp4		
难易程度	★★★	学习时间	8分59秒

❶ 按住Ctrl键右击，在弹出的菜单中选择“平面”命令，在“左”视图中创建平面，将其作为窗外的背景板，调整背景板的方向，使正面有法线的方向可以在摄影机视口中被观察到，效果如图11-52所示。

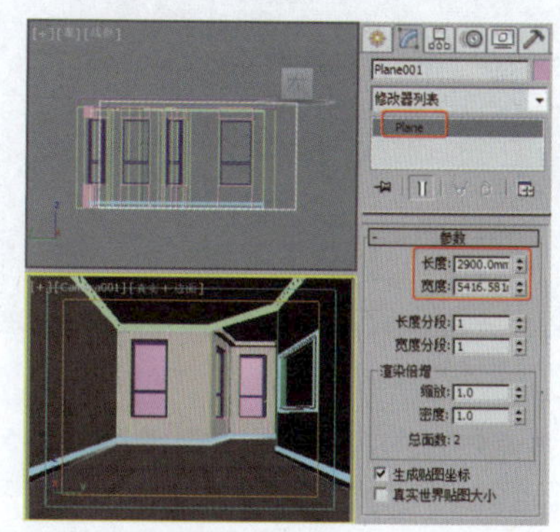

图11-52 创建背景板

❷ 选择背景板，按M键打开材质编辑器，选择一个新的材质样本球，将其命名为“背景”；将材质转换为VR灯光材质，在“参数”卷展栏中单击“颜色”右侧的“无”按钮，为其指定“位图”贴图（位于随书配套资源中的“Map\{272DBAD6-5D7C-46e1-9678-4159359afb16}.jpg”文件），如图11-53所示。

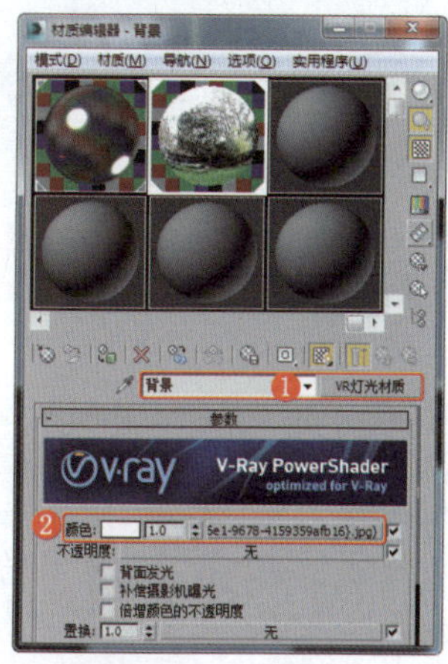

图11-53 设置背景材质

❸ 单击“创建”→“灯光”→“VRay”→“VR灯光”按钮，在“左”视图中创建VR平面灯光；在“参数”卷展栏中设置“倍增器”为3.0，设置“颜色”的“色调”为148、“饱和度”为50、“亮度”为255，在“大小”选项组中设置面光稍小于窗口大小，在“选项”选项组中勾选“不可见”复选框，取消勾选“影响反射”复选框，将灯光放置于窗框稍外的位置，移动复制灯光并调整灯光至合适的角度，效果如图11-54所示。

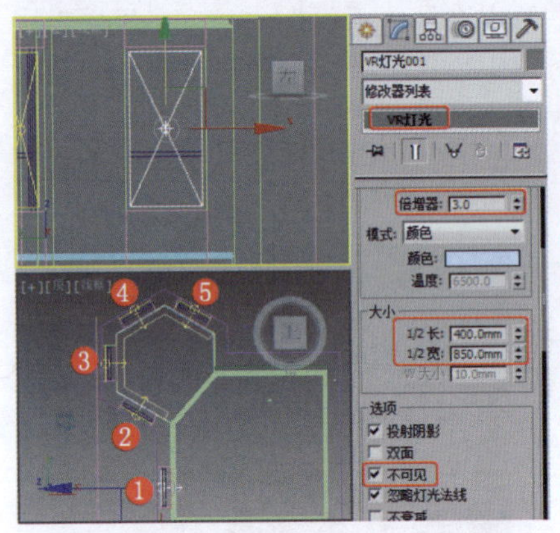

图11-54　创建窗口灯光

❹ 在“左”视图中创建如图11-55所示的VR灯光，调整灯光的位置和角度；在“参数”卷展栏中设置“倍增器”为1.0，调整合适的“大小”选项组数值，在“选项”选项组中勾选“不可见”复选框，取消勾选“影响反射”复选框。

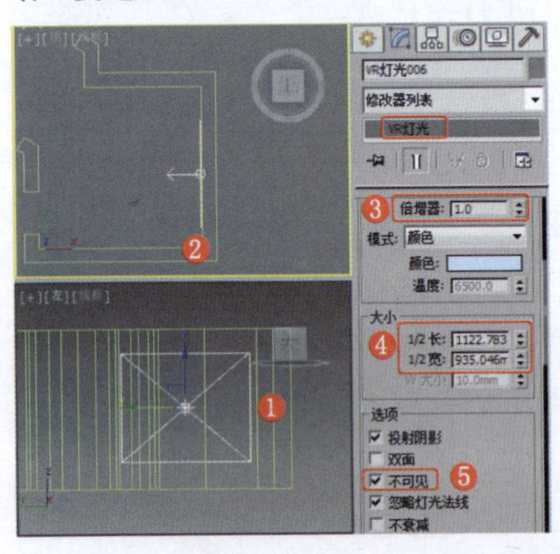

图11-55　室内补光

❺ 在“顶”视图中创建VR灯光，将其作为吊灯补光，调整灯光至合适的位置；在“参数”卷展栏中设置“倍增器”为2.0，设置“颜色”的“色调”为20、“饱和度”为55、“亮度”为255，设置合适的“大小”选项组数值，在“选项”选项组中勾选“不可见”复选框，取消勾选“影响反射”复选框，效果如图11-56所示。

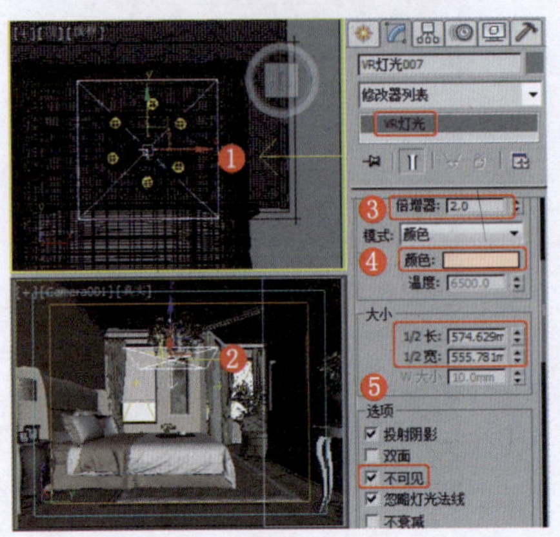

图11-56　创建吊灯补光

❻ 单击“创建”→“灯光”→“光度学”→“目标灯光”按钮，在“前”视图中从上向下拖动鼠标指针以创建光度学目标灯光；在“常规参数”卷展栏中的“阴影”选项组中勾选“启用”复选框，选择阴影类型为“VRay阴影”，在“灯光分布（类型）”选项组中设置类型为“光度学Web”；在“分布（光度学Web）”卷展栏中单击“选择光度学文件”按钮，选择光度学文件（位于随书配套资源中的“Map\cooper.ies”文件）；在“强度/颜色/衰减”卷展栏中保持“过滤颜色”的设置不变，调整灯光至合适的位置，效果如图11-57所示。

注　意

光度学目标灯光一般用于模仿射灯和筒灯效果，灯光具有衰减，具体距离墙体近度需要测试。

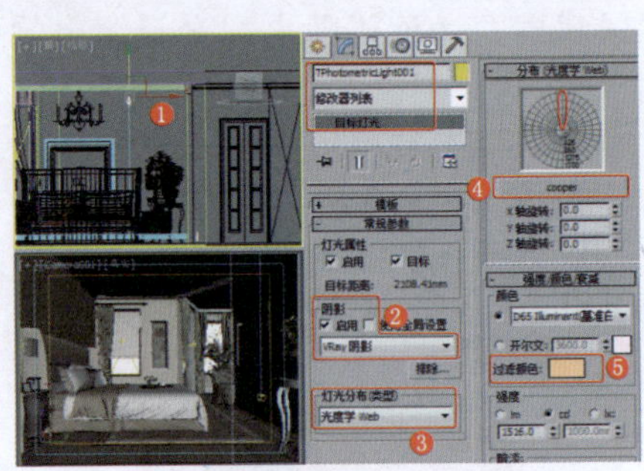

图11-57　创建光度学目标灯光

实例250　渲染光子图

渲染场景的光子图。通过设置渲染光子图，可以节省最终渲染效果图的时间。

视频路径	视频\Cha11\实例250 渲染光子图.mp4		
难易程度	★★	学习时间	2分59秒

实例251　设置最终渲染参数

通过最终渲染设置以提高场景参数。

视频路径	视频\Cha11\实例251 设置最终渲染参数.mp4		
难易程度	★★	学习时间	3分7秒

实例252　后期处理

通过Photoshop软件来调整最终渲染出的效果图。

实例制作步骤

视频路径	视频\Cha11\实例252 后期处理.mp4		
难易程度	★★	学习时间	9分4秒

❶ 打开Photoshop软件，将渲染的效果图和通道图文件拖入软件中，效果如图11-58所示。

图11-58 将图像文件拖入Photoshop中

❷ 选择通道图文件，按V键激活、“移动工具”，按住Shift键将通道图拖至效果图文件中，效果如图11-59所示。

图11-59 将通道图拖入效果图文件中

❸ 选择“背景”图层，按Ctrl+J组合键复制出“背景 副本”图层，按Ctrl+]组合键将图层调整至通道图所在图层的上方，按Ctrl+J组合键复制出“背景 副本2”图层，设置图层的混合模式为“柔光”，“不透明度”为30%，如图11-60所示。

图11-60 复制图层并设置图层属性

❹ 按Ctrl+E组合键向下合并图层，按W键激活“魔棒工具”，选择通道图所在图层，将屋顶载入选区，效果如图11-61所示。

图11-61 合并图层并载入屋顶选区

❺ 选择“背景 副本”图层，按Ctrl+J组合键将选区中的图像复制到新的图层中，双击图层名称，将其命名为“顶”，按Ctrl+M组合键打开“曲线”对话框，调整曲线，整体提亮选区，如图11-62所示，单击“确定”按钮。

图11-62 提亮屋顶区域

❻ 利用通道图所在图层载入床头壁纸墙选区，选择“背景 副本”图层，按Ctrl+J组合键将选区中的图像复制到新的图层中，将新图层命名为“床头墙”，按Ctrl+L组合键打开“色阶”对话框，使图像亮的区域更亮、暗的区域更暗，增强色彩的明暗对比，如图11-63所示，单击“确定”按钮。

图11-63 增强床头壁纸墙区域的明暗对比

❼ 利用通道图所在图层载入角线选区，选择“背景 副本”图层，按Ctrl+J组合键复制选区中的图像到新的图层中，按Ctrl+L组合键打开“色阶”对话框，提亮选区中的图像，如图11-64所示，单击“确定”按钮。

图11-64 提亮角线区域

❽ 利用通道图所在图层载入地板选区，选择“背景 副本”图层，按Ctrl+J组合键复制选区中的图像到新的图层中，按Ctrl+L组合键打开“色阶”对话框，增强图像的色彩对比，如图11-65所示，单击“确定”按钮。

图11-65 增强地板区域的色彩对比

❾ 利用通道图所在图层载入床头选区，选择“背景 副本”图层，按Ctrl+J组合键复制选区中的图像到新的图层中，按Ctrl+M组合键打开“曲线”对话框，提亮床头区域，如图11-66所示，单击“确定”按钮。

图11-66 提亮床头区域

❿ 按Ctrl+U组合键打开“色相/饱和度”对话框，降低“饱和度”数值，如图11-67所示，单击“确定”按钮。

图11-67 降低图像的饱和度

⓫ 利用通道图所在图层载入床头柜和角几选区，选择“背景 副本”图层，按Ctrl+J组合键复制选区中的图像到新的图层中，按Ctrl+M组合键打开“曲线”对话框，提亮床头柜和角几区域，如图11-68所示，单击“确定”按钮。

注 意

该操作会导致选区不纯的问题，可以在载入选区后按L键激活“多边形套索工具”，按住Alt键减选不纯的区域。

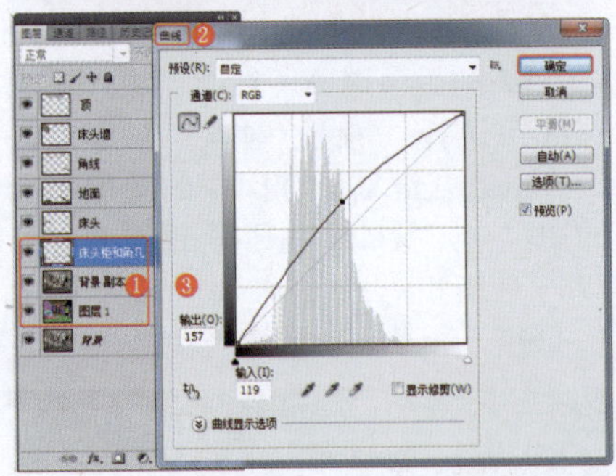

图11-68 提亮床头柜和角几区域

⑫ 利用通道图所在图层载入背景板选区，选择“背景 副本”图层，按Ctrl+J组合键复制图像到新的图层中，按Ctrl+U组合键打开“色相/饱和度”对话框，降低“饱和度”数值，如图11-69所示，单击“确定”按钮。

⑬ 按Ctrl+M组合键打开“曲线”对话框，提亮背景板区域，如图11-70所示，单击“确定”按钮。

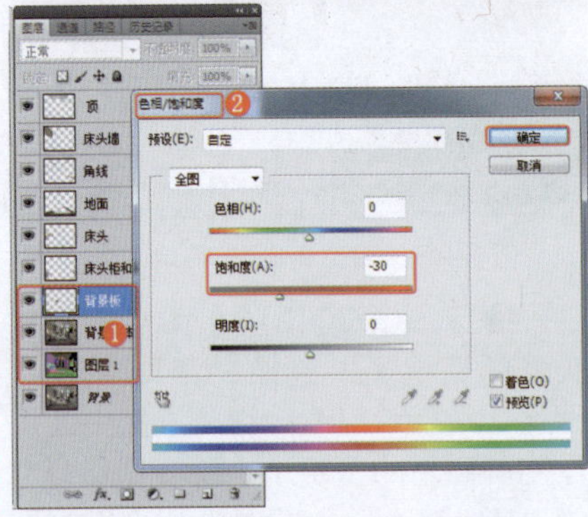

图11-69 降低背景板的饱和度

图11-70 提亮背景板区域（a）

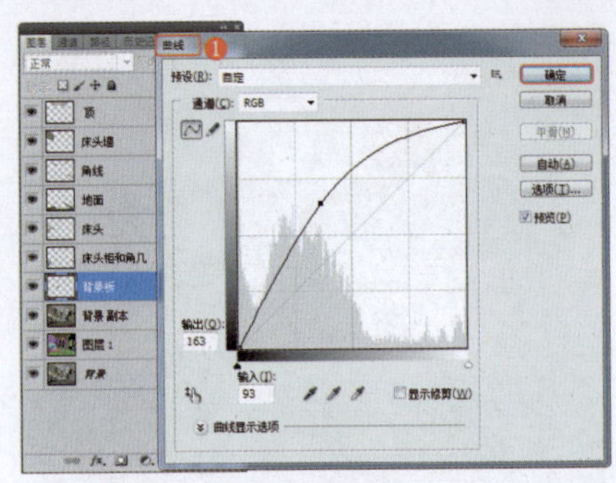

图11-70 提亮背景板区域（b）

⑭ 按Ctrl+J组合键复制“背景板”图层，将副本图层的混合模式设置为“滤色”，如图11-71所示。

图11-71 复制图层并设置图层混合模式

⑮ 将文件存储为*.psd格式文件以便后期修改，然后按Ctrl+Shift+E组合键合并可见图层，将合并后的图像存储为需要的*.jpg或*.tif格式。

第12章 现代家庭健身房

本章主要介绍现代家居中家庭健身房的制作。

实例效果剖析

在繁忙的都市中，人们比较注重健康问题而又没有太多锻炼时间，于是家庭健身房应运而生。本章制作的家庭健身房，效果如图12-1所示。

图12-1　效果展示

实例技术要点

本章主要用到的功能及技术要点如下。

- 导入CAD图纸。
- 创建健身房的框架。
- 导入模型：导入健身器材、灯具及窗帘等。
- 设置材质：设置场景中框架的材质。
- 创建摄影机和灯光：调整合适的观察角度，并创建灯光照亮健身房。
- 渲染输出：通过设置渲染参数，对场景进行渲染输出。
- 后期处理：通过使用Photoshop软件来调整健身房的最终效果，使其效果更加鲜亮和真实。

场景文件路径	Scene\第12章\现代家庭健身房.max
贴图文件路径	Map\
难易程度	★★★★

实例253　导入CAD图纸

首先导入家庭健身房的CAD图纸到3ds Max中。

视频路径	视频\Cha12\实例253 导入CAD图纸.mp4		
难易程度	★★	学习时间	1分18秒

实例254　创建框架模型

根据导入的图纸，创建家庭健身房的室内框架模型。

实例制作步骤

视频路径	视频\Cha12\实例254 创建框架模型.mp4		
难易程度	★★★★	学习时间	17分58秒

❶ 本例使用单面建模的方式创建室内框架模型，导入的CAD图纸如图12-2所示。

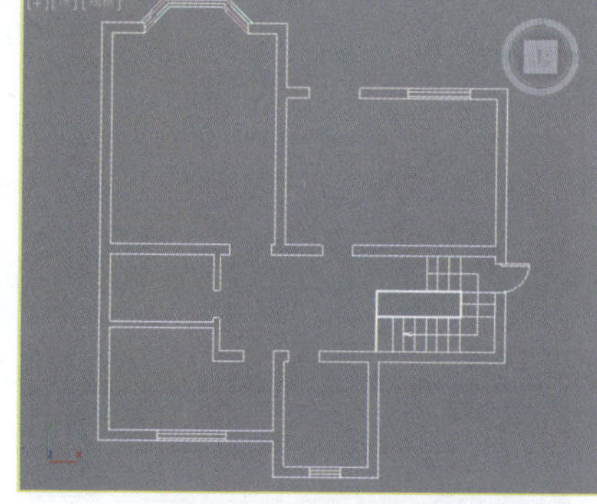

图12-2　导入CAD图纸

❷ 激活“2.5维捕捉开关”按钮，按住Ctrl键右击，在弹出的快捷菜单中选择“线”命令，根据图纸在“顶”视图中创建如图12-3所示的图形；

切换到“修改”命令面板，按1键将选择集定义为“顶点”，在“几何体”卷展栏中单击“优化”按钮，或者在线上右击，在弹出的快捷菜单中选择“细化”命令，然后分别在门、窗位置添加顶点。

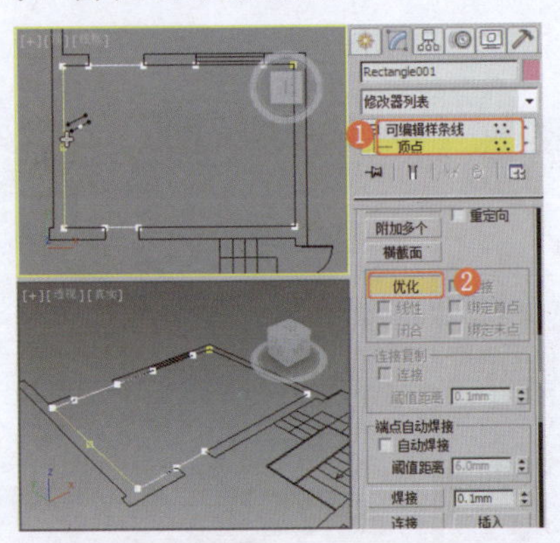

图12-3　创建并优化图形

❸ 为图形施加“挤出”修改器，设置挤出的“数量”为2800.0mm，效果如图12-4所示。

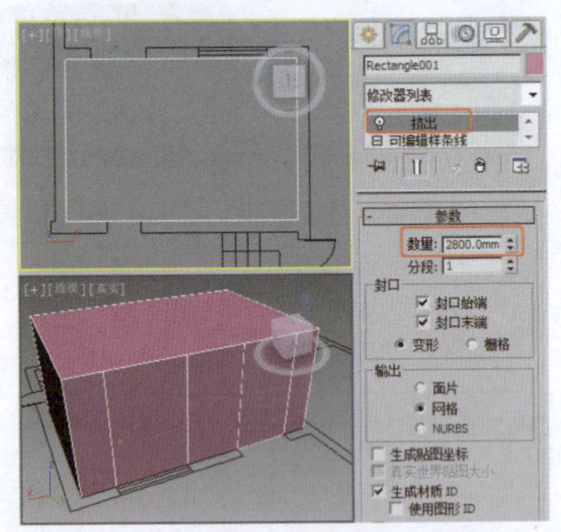

图12-4　挤出模型

❹ 为模型施加“编辑多边形”修改器，按2键将选择集定义为“边”，选择门处的两条线，在“编辑边”卷展栏中单击“连接”右侧的按钮，设置“分段”为1，效果如图12-5所示。

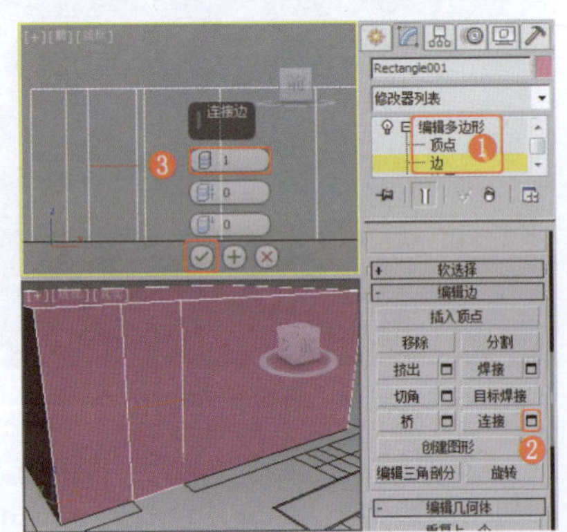

图12-5　连接边

❺ 选择连接出的边，使用“选择并移动”按钮先将线调整至地面位置，再使用坐标栏的绝对值输入法将线调整至2100mm的高度，效果如图12-6所示。

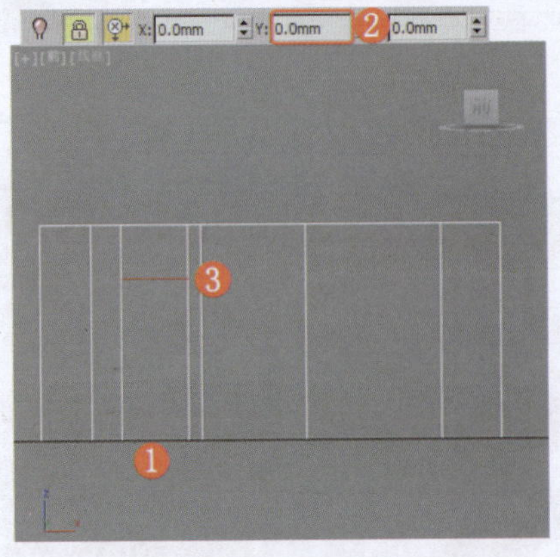

图12-6　调整边的位置

❻ 按4键将选择集定义为“多边形”，选择如图12-7所示的多边形，在“编辑多边形”卷展栏中单击“挤出”右侧的按钮，设置“高度”为300.0mm，按Delete键将多边形删除。

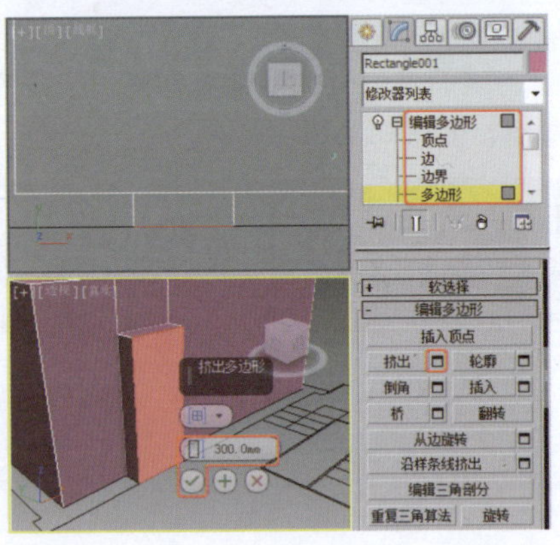

图12-7　挤出多边形

❼ 按2键将选择集定义为“边”，在“后”视图中选择如图12-8所示的边，在“编辑边”卷展栏中单击“连接”右侧的按钮，设置“分段”为2。

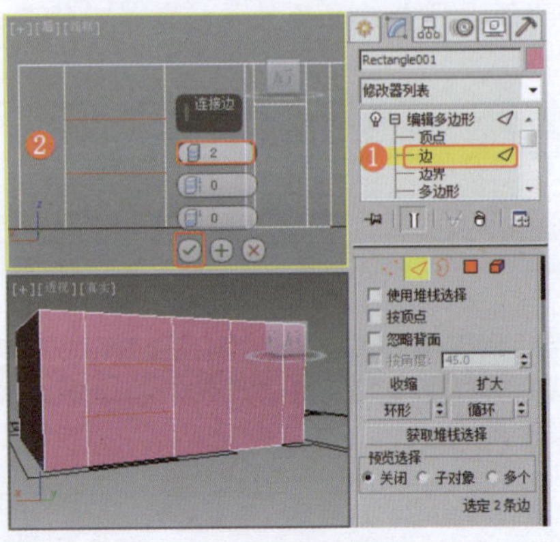

图12-8　连接边

❽ 使用坐标栏的绝对值输入法调整连接出的两条边的位置，在“前”视图中先将边移动至地面，再在y轴位置将其调高至900mm，将窗上线移动至窗下线位置，再在y轴位置将其调高至1600mm，调整后的效果如图12-9所示。

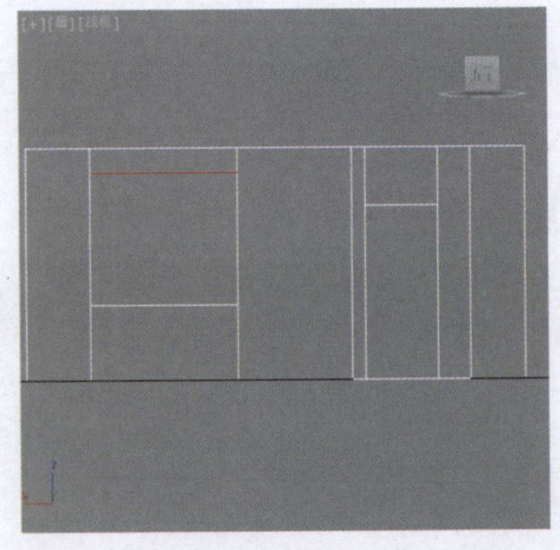

图12-9　调整边的位置

❾ 按4键将选择集定义为“多边形”，选择如图12-10所示的多边形，在“编辑多边形”卷展栏中单击“挤出”右侧的按钮，设置“高度”为300.0mm，按Delete键将多边形删除。

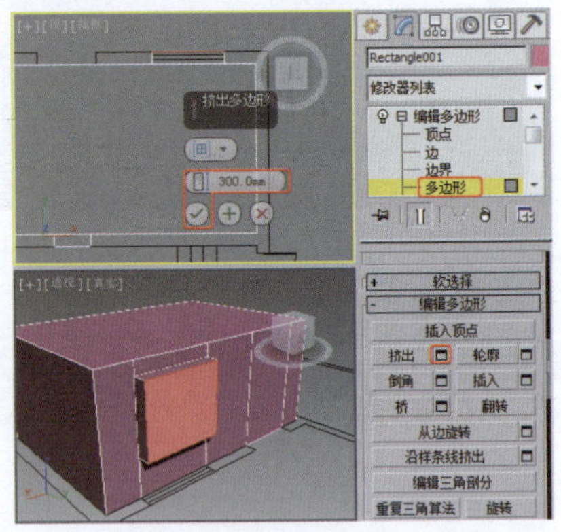

图12-10　挤出多边形

❿ 按照制作门的方法，制作如图12-11所示的门窗，按Delete键将其删除。

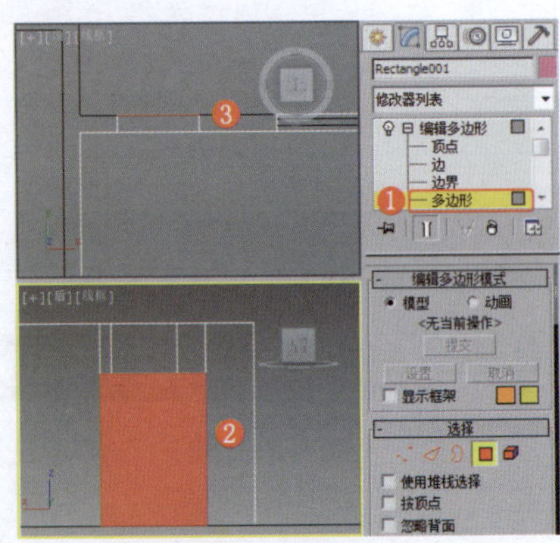

图12-11　制作门窗位置

⓫ 在“后”视图中创建如图12-12所示的矩形，将其作为窗外框，为矩形施加“挤出”修改器，设置“数量”为120.0mm，取消勾选“封口始端”“封口末端”复选框，在“顶”视图中调整模型至合适的位置。

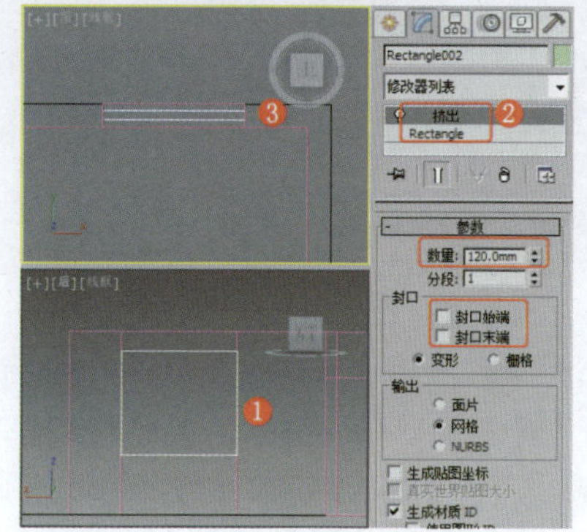

图12-12 挤出并调整模型

⓬ 为模型施加“壳”修改器，在“参数”卷展栏中设置“内部量”为60.0mm，勾选“将角拉直”复选框，效果如图12-13所示。

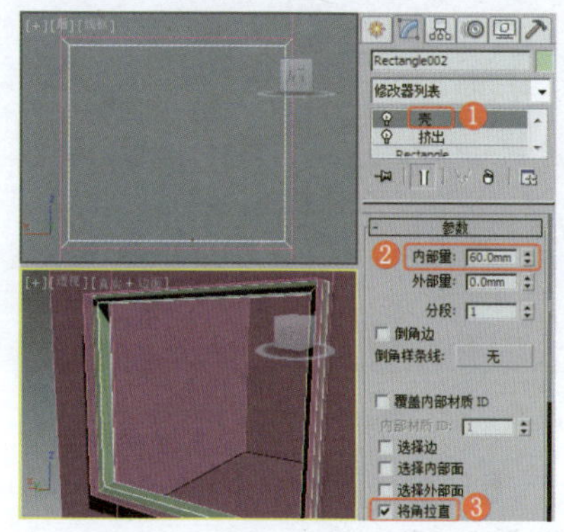

图12-13 施加“壳”修改器

⓭ 在“后”视图中根据窗外框的内线创建矩形，将矩形转换为“可编辑样条线”，将选择集定义为“线段”，选择顶底的两条线段，在“几何体”卷展栏中设置“拆分”为2，单击“拆分”按钮，将矩形作为内侧小窗框的参照，效果如图12-14所示。

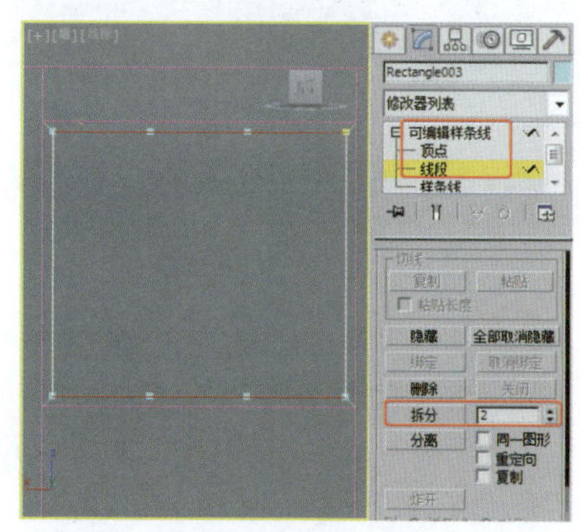

图12-14 创建小窗框的参照

⓮ 使用捕捉开关，根据参照线在“后”视图中创建矩形，将其作为小窗框。使用制作窗外框的方法，设置挤出的“数量”为50.0mm，设置壳的“内部量”为50.0mm，复制模型并调整模型至合适的位置，效果如图12-15所示。

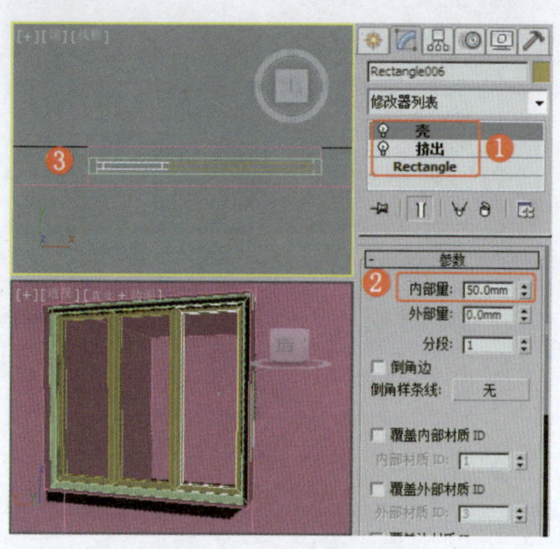

图12-15 创建小窗框

⓯ 使用前面的方法，制作门窗框模型，效果如图12-16所示。

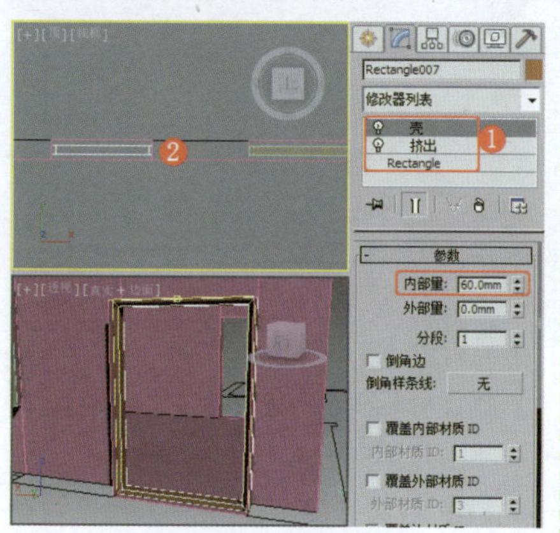

图12-16 创建门窗框

⓰ 根据导入的如图12-17所示的“角线”图纸，制作顶部灯池、顶角线和墙裙角线。

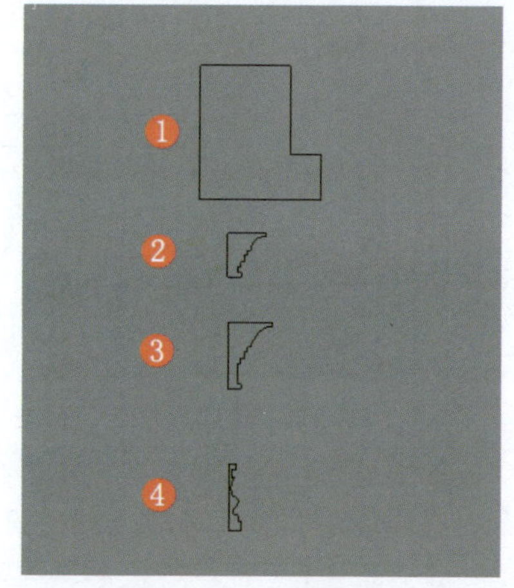

图12-17 顶部灯池、顶角线和墙裙角线

⓱ 在“前”视图中创建第一个角线图形，将其作为灯池的截面图形，根据内墙线在“顶”视图中创建矩形，将其作为路径，效果如图12-18所示。

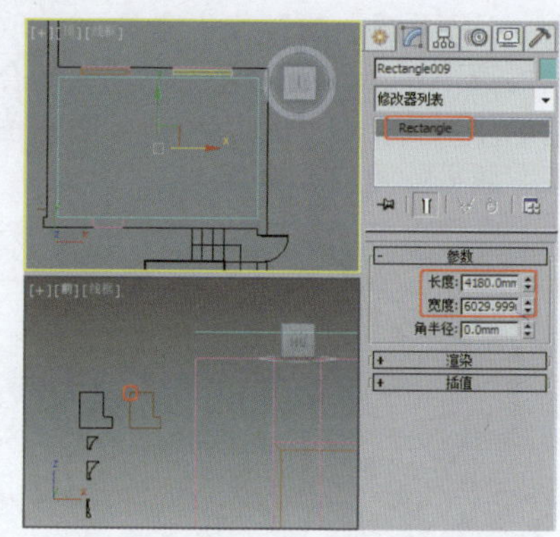

图12-18 创建灯池截面图形和路径

⓲ 选择作为路径的矩形，为其施加“扫描”修改器，在“截面类型”卷展栏中单击“使用自定义截面”单选按钮，单击“拾取”按钮并拾取截面图形；在“扫描参数”卷展栏中勾选“XZ平面上的镜像”复选框，取消勾选“平滑路径”复选框，选择合适的轴对齐点，调整模型至合适的位置，效果如图12-19所示。

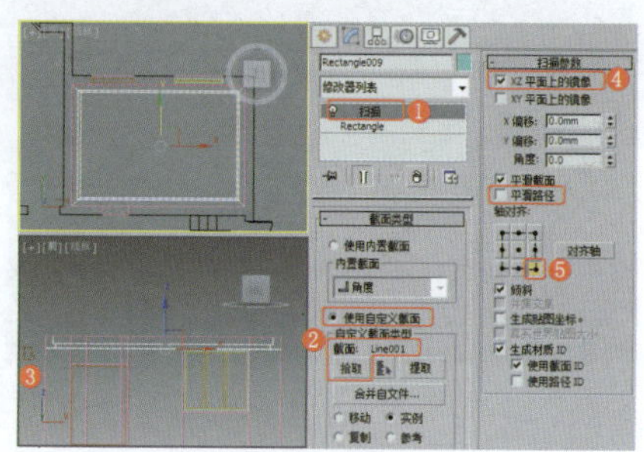

图12-19 创建灯池

⓳ 在“前”视图中创建第二个角线图形，将其作为灯池的截面图形，根据灯池内线在“顶”视图中创建矩形，将其作为路径，效果如图12-20所示。

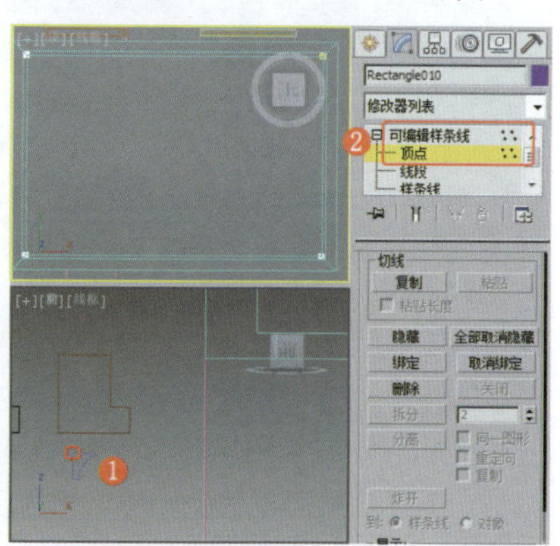

图12-20 创建截面图形和路径

⑳ 选择作为路径的矩形，为其施加“扫描”修改器，在“截面类型”卷展栏中单击“使用自定义截面”单选按钮，单击“拾取”按钮，拾取截面图形；在“扫描参数”卷展栏中勾选“XZ平面上的镜像”复选框，取消勾选“平滑路径”复选框，选择合适的轴对齐点，调整模型至合适的位置，效果如图12-21所示。

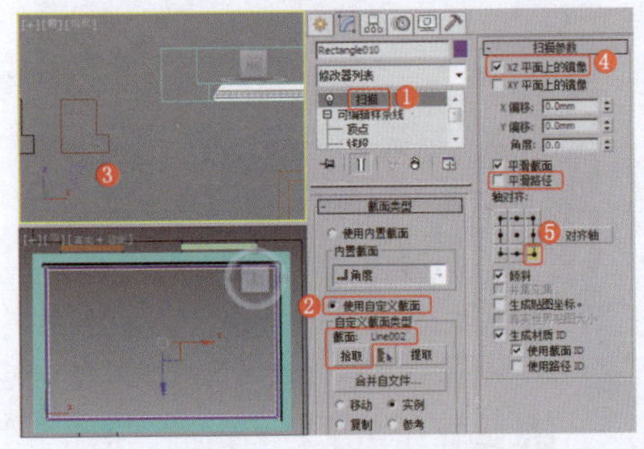

图12-21 创建灯池角线

㉑ 在“前”视图中创建如图12-22所示的第三个角线图形，将其作为截面图形。

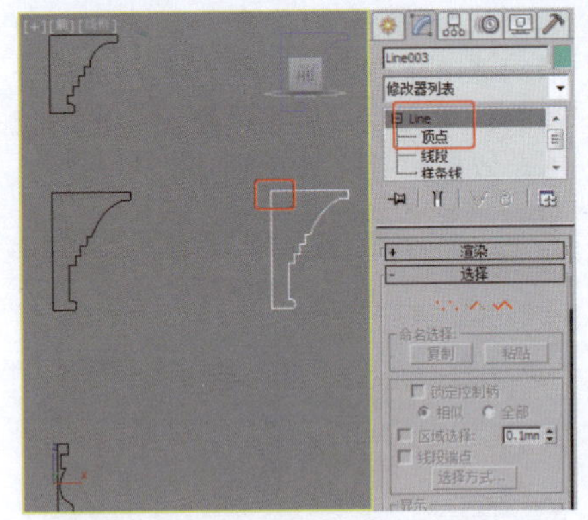

图12-22 创建截面图形

㉒ 使用移动复制法向下复制一个灯池模型，在“截面类型”卷展栏中单击“拾取”按钮，拾取第三个截面图形，调整模型至合适的位置，效果如图12-23所示。

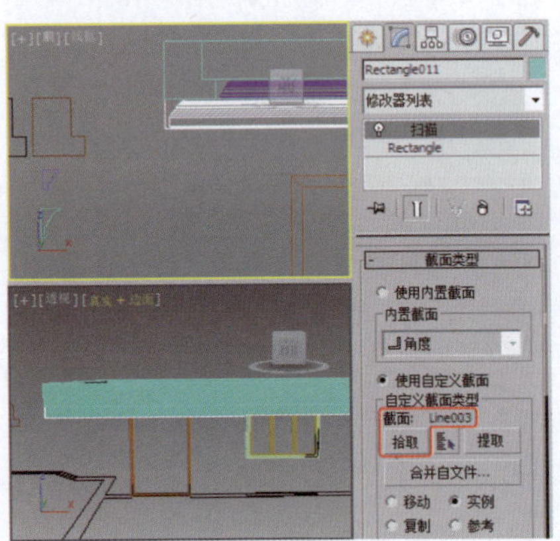

图12-23 复制并调整模型

㉓ 在“前”视图中创建如图12-24所示的第四个角线图形，将其作为截面图形。

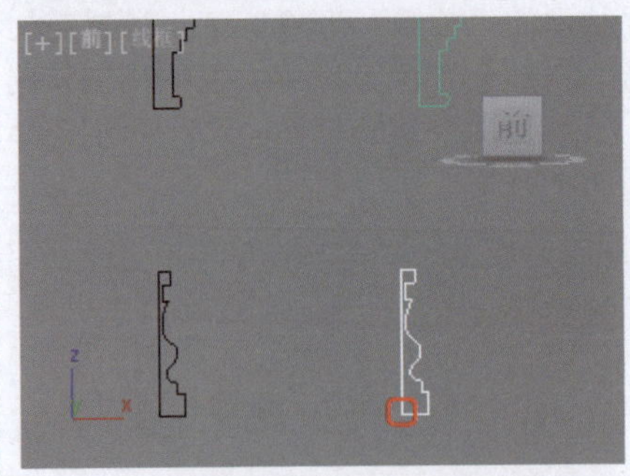

图12-24 创建截面图形

㉔ 使用移动复制法向下复制一个灯池模型，在修改器堆栈中将“扫描”修改器关闭，为矩形施加“编辑样条线”修改器，将选择集定义为“顶点”，在“几何体”卷展栏中单击“优化”按钮，在门窗和门的位置添加点，效果如图12-25所示。

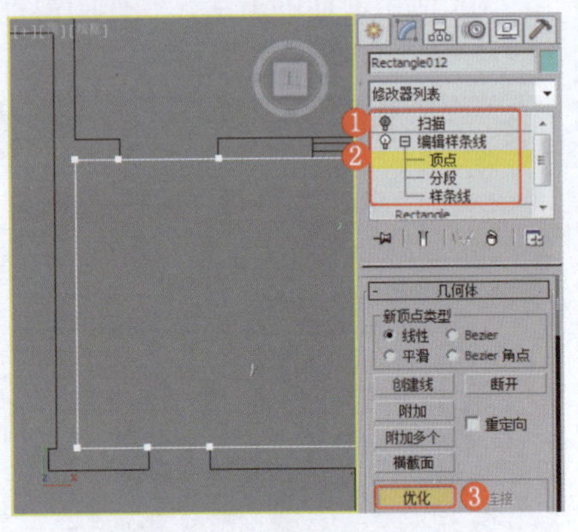

图12-25 复制并修改路径

㉕ 将选择集定义为“分段”，选择门窗和门处的分段并将其删除，效果如图12-26所示。

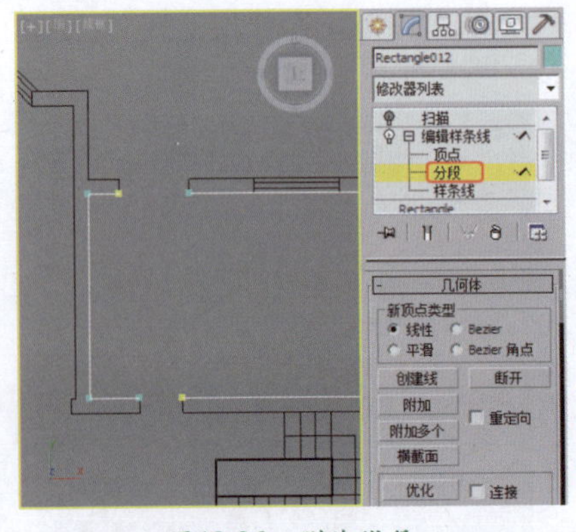

图12-26 删除线段

㉖ 激活“扫描”修改器，在“截面类型”卷展栏中单击“拾取”按钮，拾取第四个截面图形，调整模型至合适的位置，效果如图12-27所示。

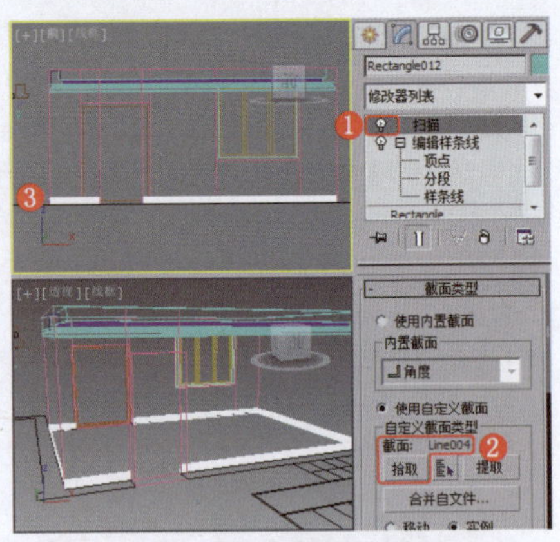

图12-27 完成墙裙角线模型的制作

㉗ 在“后”视图中根据窗口和门创建矩形，为图形施加“挤出”修改器，设置“数量”为5.0mm，在“顶”视图中调整模型至合适的位置，效果如图12-28所示。

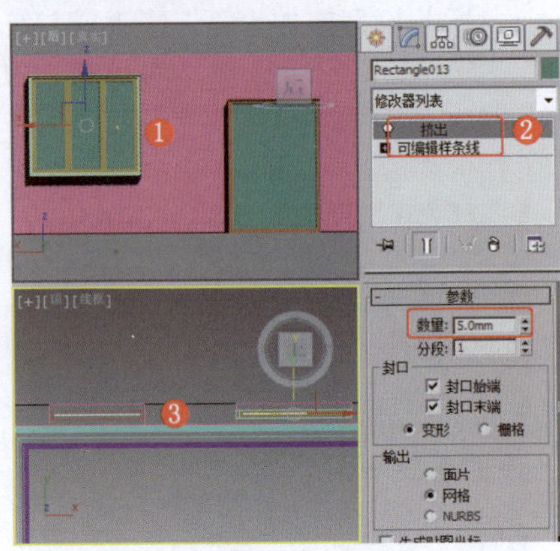

图12-28 创建玻璃

㉘ 选择室内框架模型，为模型施加“法线”修改器，将面进行翻转，效果如图12-29所示。

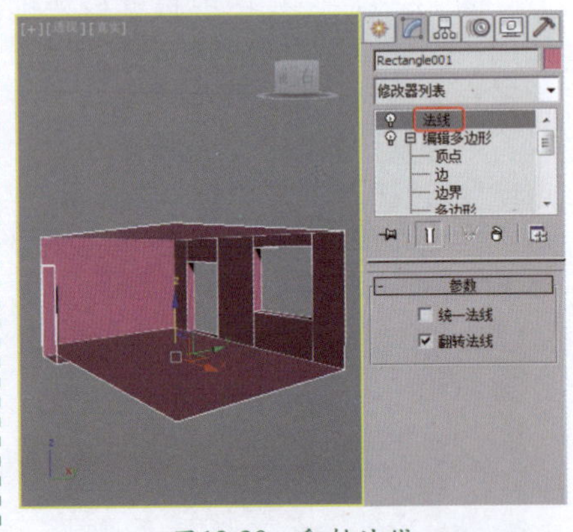

图12-29 翻转法线

㉙ 将模型转换为“可编辑多边形”，将选择集定义为“多边形”，分别将顶和底面分离出来，效果如图12-30所示。

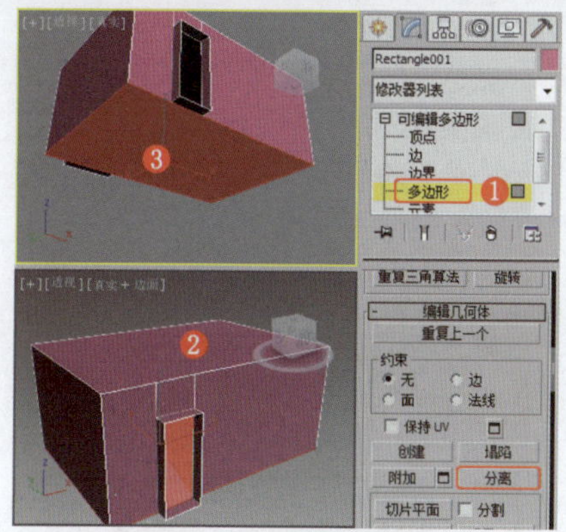
图12-30 分离顶底面

实例255 设置测试渲染参数

下面为场景设置测试渲染参数，以便随时快速渲染查看场景效果，如图12-31所示。

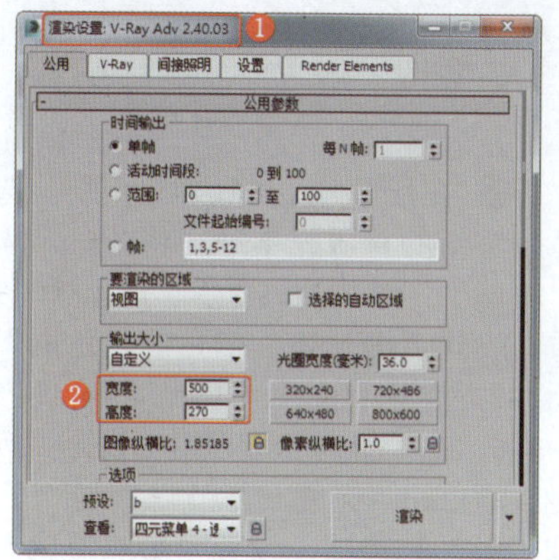
图12-31 设置测试渲染参数

视频路径	视频\Cha12\实例255 设置测试渲染参数.mp4		
难易程度	★	学生时间	46秒

实例256 设置材质

下面设置家庭健身房的材质。

实例制作步骤

视频路径	视频\Cha12\实例256 设置材质.mp4		
难易程度	★★	学习时间	6分55秒

❶ 在场景中选择顶、灯池和所有角线模型，按M键或单击“材质编辑器”按钮，打开材质编辑器，选择一个新的材质样本球，将其命名为“白乳胶”；将材质转换为VRayMtl材质，设置“漫反射”颜色的“亮度”为240，设置“反射”颜色的“亮度”为5，解锁“高光光泽度”并设置其数值为0.6，设置“反射光泽度”为0.75，如图12-32所示，将材质指定给选定的模型。

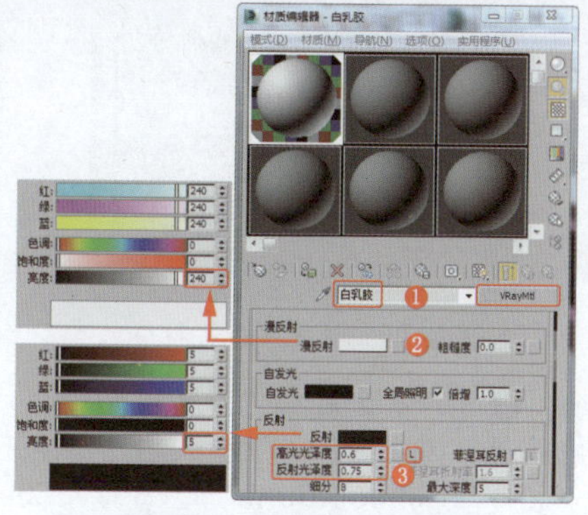
图12-32 设置白乳胶材质

❷ 在场景中选择墙体模型，选择一个新的材质样本球，将其命名为“军绿墙”；将材质转换为VRayMtl材质，在“贴图”卷展栏中为“漫反射”指定“位图”贴图（位于随书配套资源中的“Map \ fasfasf.jpg”文件），进入“漫反射贴图”层级，在“坐标”卷展栏中设置“模糊”为0.01，如图12-33所示。

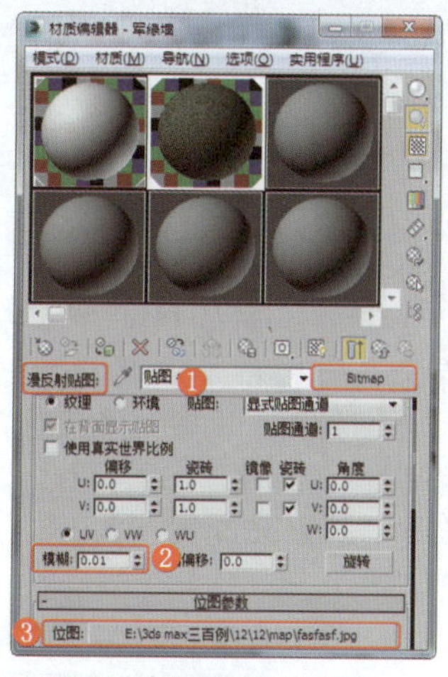
图12-33 设置军绿墙材质

❸ 单击“转到父对象”按钮返回主材质层级，为“凹凸”指定“位图”贴图（位于随书配套资源中的“Map\ 91201cloth2_bump.jpg”文件）；进入“凹凸贴图”层级，在“坐标”卷展栏中设置“模糊”为0.01；单击“转到父对象”按钮返回主材质层级，设置“凹凸”的“数量”为100.0，如图12-34所示，将材质指定给选定的模型。

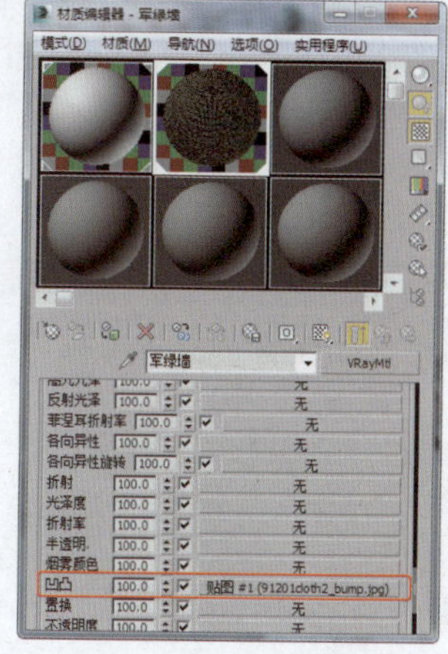
图12-34 设置参数

❹ 为模型施加“UVW贴图”修改器，在“参数”卷展栏中设置贴图类型为“长方体”，设置“长度”为1000.0mm、“宽度”为1000.0mm、“高度”为1000.0mm，如图12-35所示。

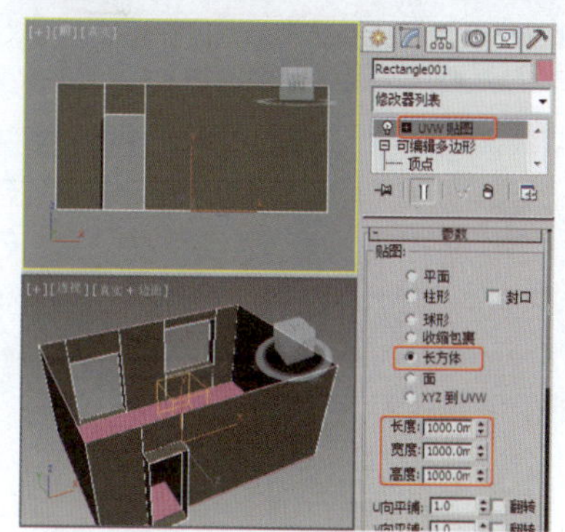
图12-35 设置UVW贴图

❺ 在场景中选择地板模型，选择一个新的材质样本球，将其命名为“木地板”；将材质转换为VRayMtl材质，设置“反射”选项组的“反射光泽度”为0.8，如图12-36所示。

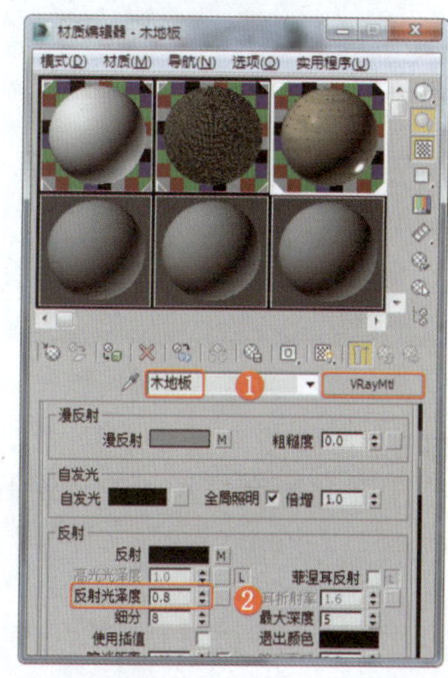
图12-36 设置木地板材质

❻ 在“贴图”卷展栏中为“漫反射”指定“位图”贴图（位于随书配套资源中的“Map \ AS2_wood_19.jpg”文件），进入“漫反射贴图”层级，在“坐标”卷展栏中设置“模糊”为0.1，如图12-37所示。

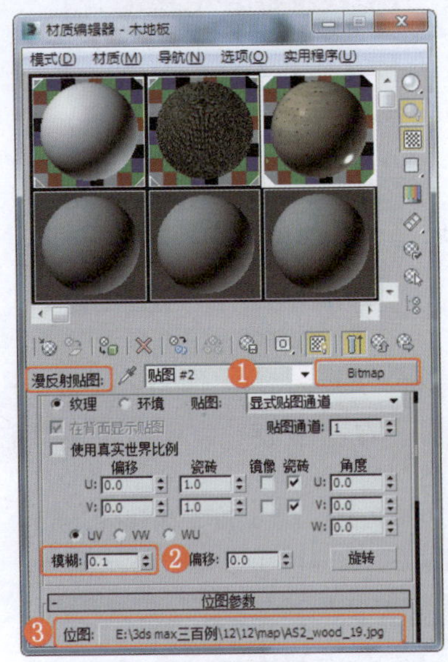

图12-37 设置木地板材质

❼ 返回主材质层级，为“反射”指定“衰减”贴图，进入“反射贴图”层级，设置“衰减类型”为“Fresnel”，设置“折射率”为1.2，如图12-38所示。

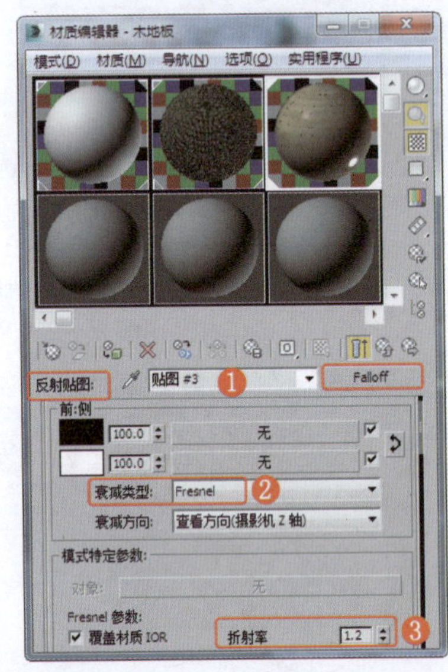

图12-38 设置木地板材质

❽ 为“凹凸”指定“位图”贴图（位于随书配套资源中的“Map \ as2_wood_19_bump.jpg”文件），设置“凹凸”的“数量”为20.0，如图12-39所示，将材质指定给选定的模型。

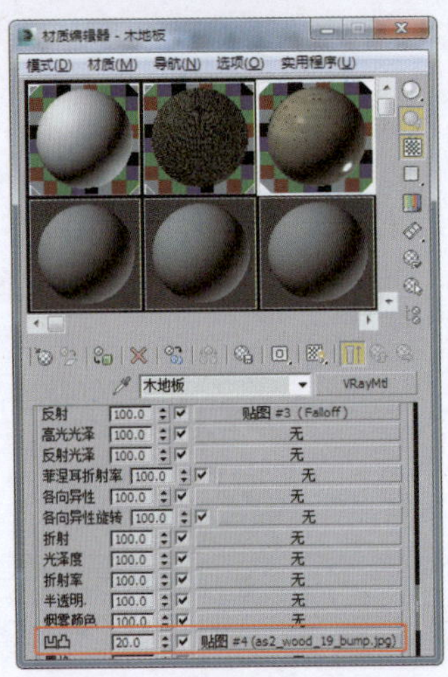

图12-39 设置木地板材质

❾ 为模型施加“UVW贴图”修改器，在“参数”卷展栏中设置“长度”为3000.0mm、“宽度”为4000.0mm，如图12-40所示。

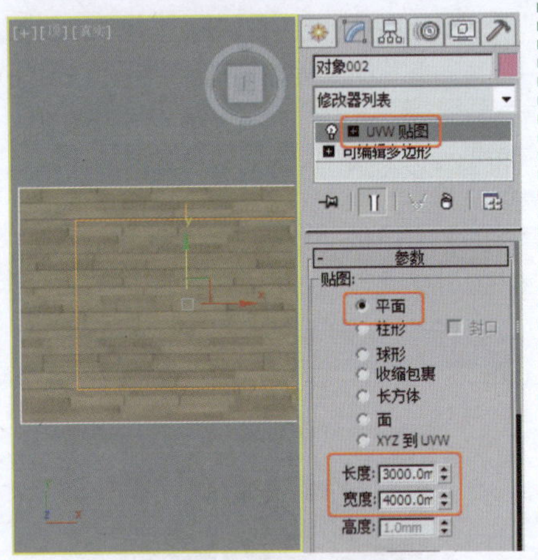

图12-40 设置UVW贴图

❿ 在场景中选择窗框、门框模型，选择一个新的材质样本球，将其命名为“窗框”；将材质转换为VRayMtl材质，设置“漫反射”颜色的“亮度”为238，在“反射”选项组中设置“反射光泽度”为0.85，如图12-41所示。

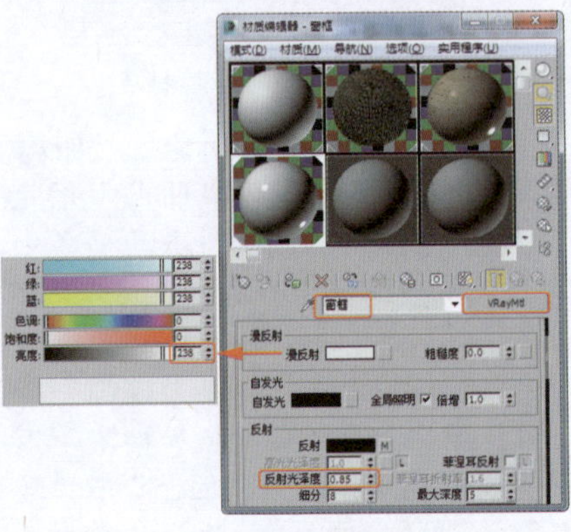

图12-41 设置窗框材质

⓫ 为“反射”指定“衰减”贴图，进入“反射贴图”层级，设置“衰减类型”为“Fresnel”，设置“折射率”为1.3，如图12-42所示，将材质指定给选定的模型。

图12-42 设置窗框材质

⓬ 在场景中选择玻璃模型，选择一个新的材质样本球，将其命名为“玻璃”；将材质转换为VRayMtl材质，设置“漫反射”颜色的“色调”为145、“饱和度”为135、“亮度”为108，在“折射”选项组中设置“折射”颜色的“亮度”为255，勾选“影响阴影”复选框，设置“影响通道”为“颜色+Alpha”，如图12-43所示；为“反射”指定“衰减”贴图，进入“反射贴图”层级，设置“衰减类型”为“Fresnel”，将材质指定给选定的模型。

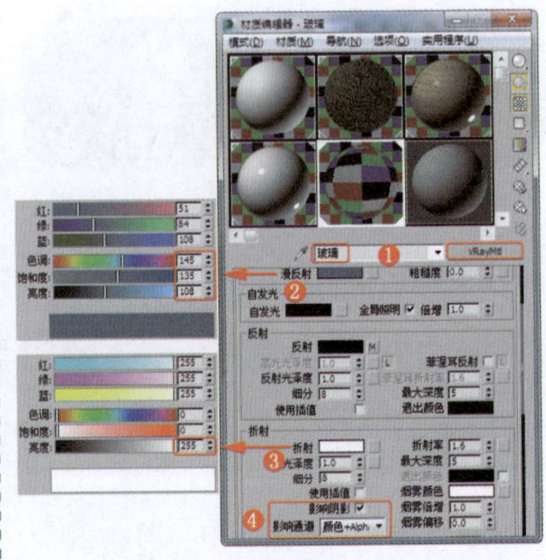

图12-43 设置玻璃材质

实例257 创建摄影机

在场景中创建摄影机，调整其至合适的角度，以查看家庭健身房效果。

视频路径	视频\Cha12\实例257 创建摄影机.mp4		
难易程度	★★	学习时间	2分15秒

实例258 导入健身器材、灯具及窗帘等

下面为场景导入健身器材、灯具及窗帘等模型，以丰富场景效果。

实例制作步骤

视频路径	视频\Cha12\实例258 导入健身器材、灯具及窗帘等.mp4		
难易程度	★★	学习时间	13分31秒

❶ 单击“应用程序”按钮，在弹出的菜单中选择“导入”→“合并”命令，导入门模型（位于随书配套资源中的“Scene \第12章\门.max”文件），调整模型至合适的位置，为模型施加“FFD 2×2×2”修改器，按1键将选择集定义为“点”，调整控制点，效果如图12-44所示。

提 示

当需要整体调整模型的宽度而模型的点数较多时，“FFD”修改器是比较理想的选择，在调整完成后最好将模型转换成“可编辑网格”状态的稳定模型。

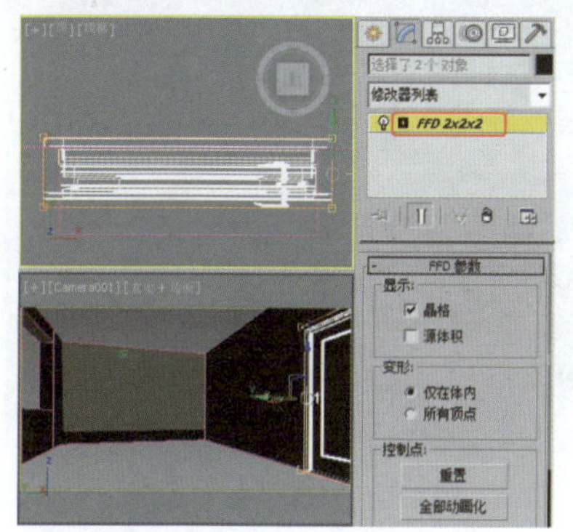

图12-44 导入并调整门模型

❷ 导入并合并练功镜模型（位于随书配套资源中的“Scene\第12章\练功镜.max”文件），调整模型至合适的位置，效果如图12-45所示。

❸ 导入并合并窗帘模型（位于随书配套资源中的“Scene\第12章\窗帘.max”文件），调整模型至合适的位置；选择灯池和灯池的两条角线，为模型施加“FFD 2×2×2”修改器，按1键将选择集定义为“点”，在“左”视图中调整控制点，效果如图12-46所示。

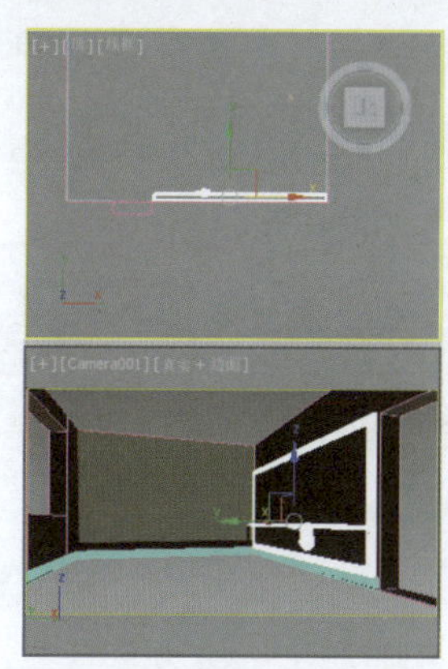

图12-45 导入练功镜模型

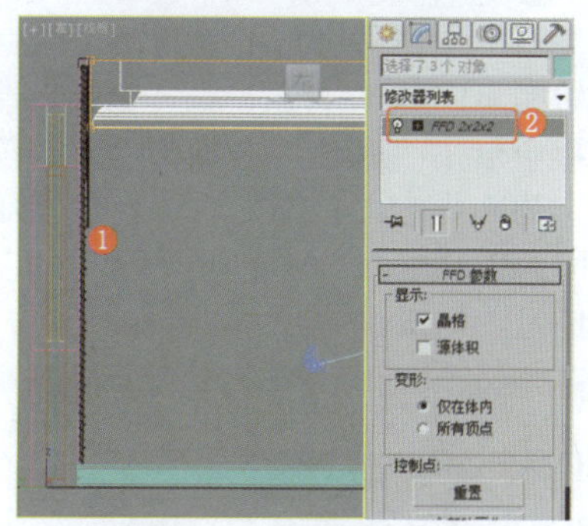

图12-46 导入并调整窗帘模型

❹ 导入并合并健身器材模型（位于随书配套资源中的“Scene \第12章\健身器材.max”文件），调整模型至合适的位置，效果如图12-47所示。

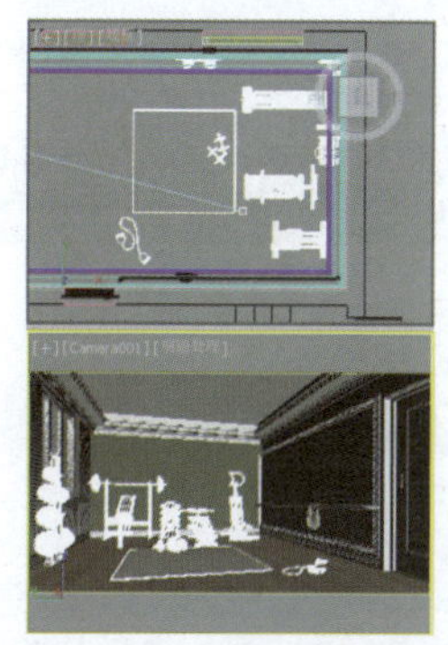

图12-47 导入健身器材模型

❺ 导入并合并电视模型（位于随书配套资源中的“Scene \第12章\电视.max”文件），调整模型至合适的位置，效果如图12-48所示。

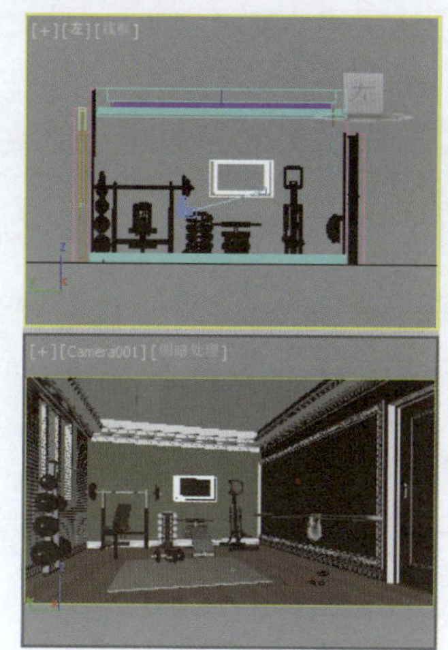

图12-48 导入电视模型

❻ 导入并合并吊灯模型（位于随书配套资源中的“Scene \第12章\吊灯.max”文件），调整模型至合适的位置，效果如图12-49所示。

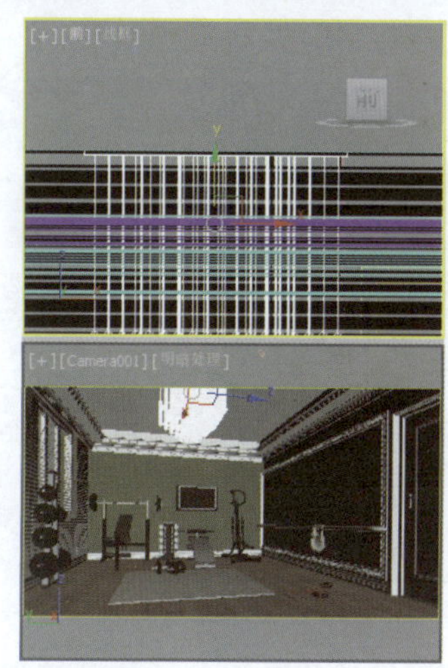

图12-49 导入吊灯模型

❼ 导入并合并筒灯模型（位于随书配套资源中的“Scene \第12章\筒灯.max”文件），调整模型至合适的位置，效果如图12-50所示。

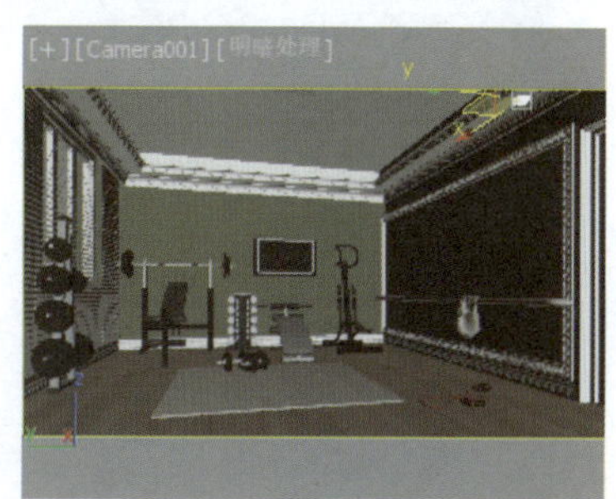

图12-50 导入筒灯模型

❽ 在“顶”视图中创建合适大小的圆柱体，将其作为灯池筒灯孔的布尔对象，将圆柱体转换为“可编辑网格”，按5键将选择集定义为“元素”，使用移动复制法复制元素，效果如图12-51所示。

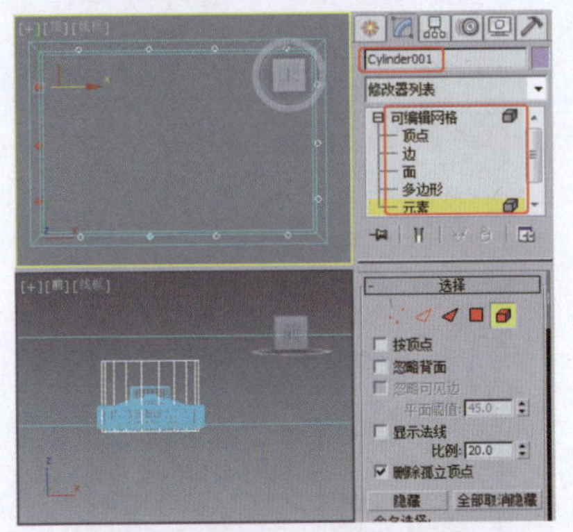

图12-51　创建布尔对象

❾ 选择灯池模型，单击“创建”→“几何体”→“复合对象”→“ProBoolean”按钮，在“拾取布尔对象”卷展栏中单击“开始拾取”按钮，拾取布尔对象，效果如图12-52所示。

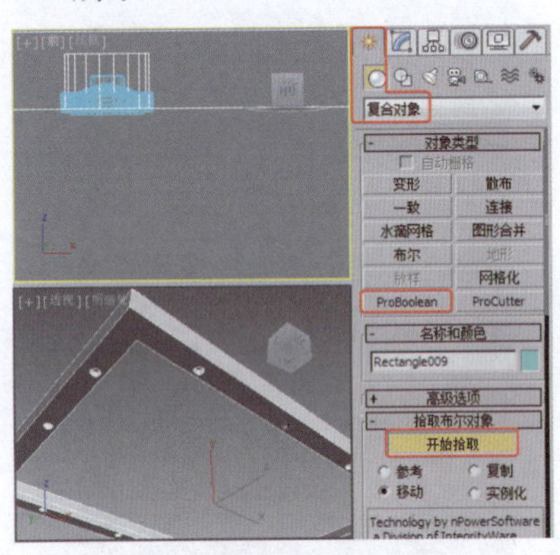

图12-52　布尔筒灯孔

❿ 使用移动复制法复制筒灯模型，效果如图12-53所示。

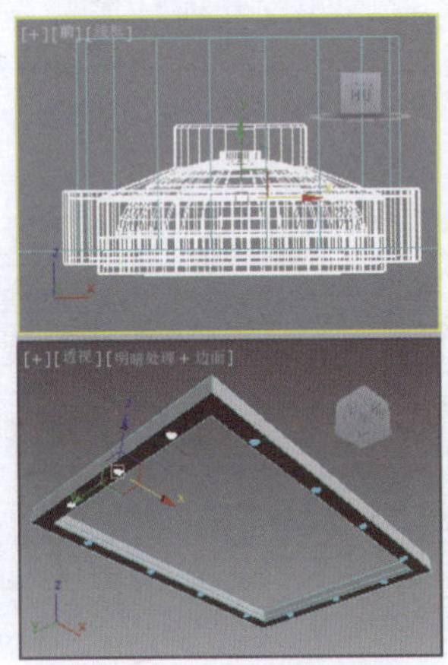

图12-53　复制筒灯模型

实例259　创建灯光

下面为家庭健身房场景创建灯光，以模拟出健身房的氛围。

实例制作步骤

视频路径	视频\Cha12\实例259 创建灯光.mp4		
难易程度	★★	学习时间	14分33秒

❶ 按住Ctrl键右击，在弹出的菜单中选择“平面”命令，在“左”视图中创建平面，将其作为窗外的背景板，调整模型至合适的位置，效果如图12-54所示。

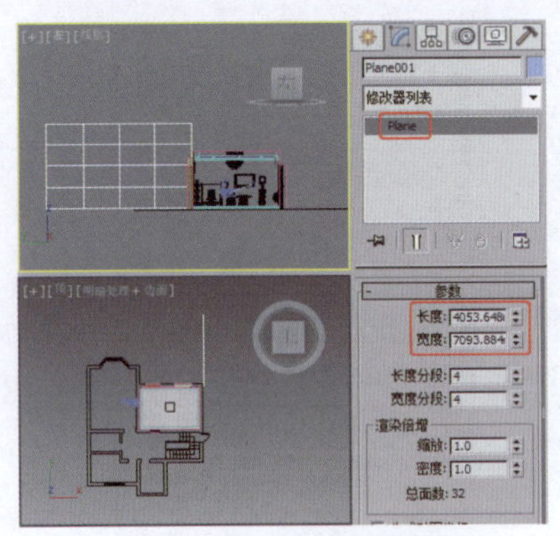

图12-54　创建背景板

❷ 选择背景板，按M键打开材质编辑器，选择一个新的材质球，将材质转换为VR灯光材质，在“参数”卷展栏中单击“颜色”右侧的“无”按钮，为其指定“位图”贴图（位于随书配套资源中的“Map\boli-010.jpg”文件），如图12-55所示。

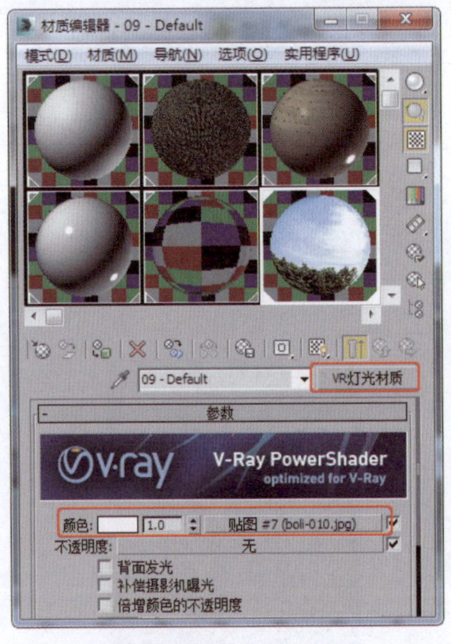

图12-55　设置灯光材质

❸ 单击“创建”→“灯光”→“标准”→“目标平行光”按钮，在“顶”视图中创建目标平行光，将其作为太阳光源；在“常规参数”卷展栏中勾选“启用”复选框启用阴影，设置阴影类型为“VRay阴影”；在“强度/颜色/衰减”卷展栏中设置“倍增”为1.5，设置颜色的“色调”为21、“饱和度”为18、“亮度”为255，调整灯光至合适的位置，效果如图12-56所示。

提　示

选择摄影机视口，在操作界面右下角的视口控制区右击，在打开的“视口配置”对话框中选择“视觉样式和外观”选项卡，在“照明和阴影”选项组中选择“场景灯光”选项，单击“确定”按钮，这样灯光产生的阴影和照明会在当前视口中显示。

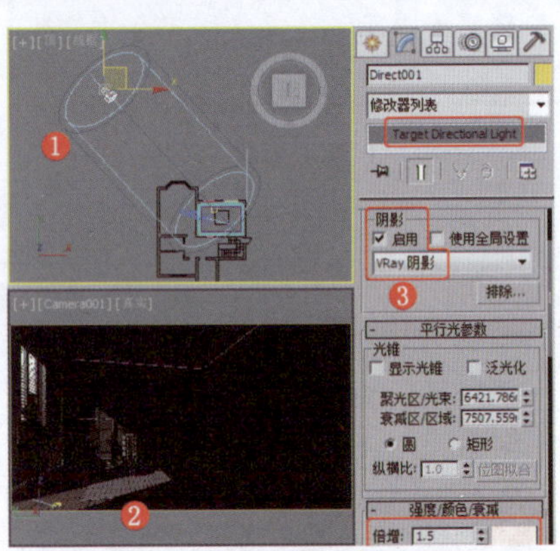

图12-56　创建太阳光源

❹ 在“后”视图中创建两个VR灯光，将其作为门窗的照明光源，调整灯光的位置；在“参数”卷展栏中设置“倍增器”为8.0，设置“颜色”的“色调”为151、“饱和度”为35、“亮度”为255，调整合适的“大小”选项组数值，在“选项”选项组中勾选“不可见”复选框，取消勾选“影响反射”复选框，如图12-57所示。

❺ 在灯池位置创建VR灯光以制作灯带，设置较长灯光的“倍增器”为2.5，设置灯光的颜色为暖色，勾选“不可见”复选框，取消勾选“影响

反射”复选框，调整灯光的位置和角度，效果如图12-58所示。

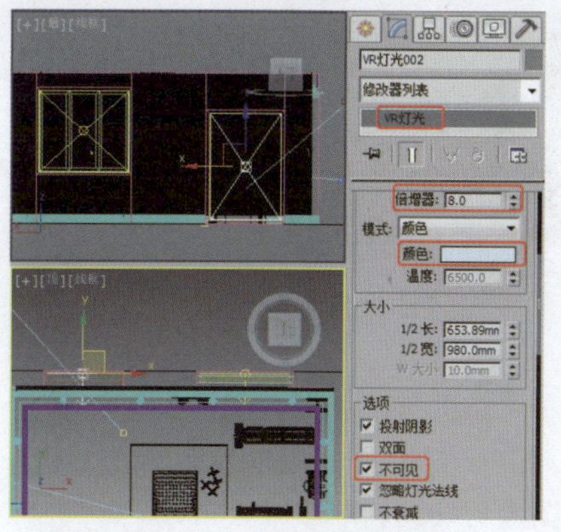

图12-57 创建门窗灯光

图12-58 创建灯池灯带

❻ 设置较短灯光的“倍增器”为3.0，效果如图12-59所示。

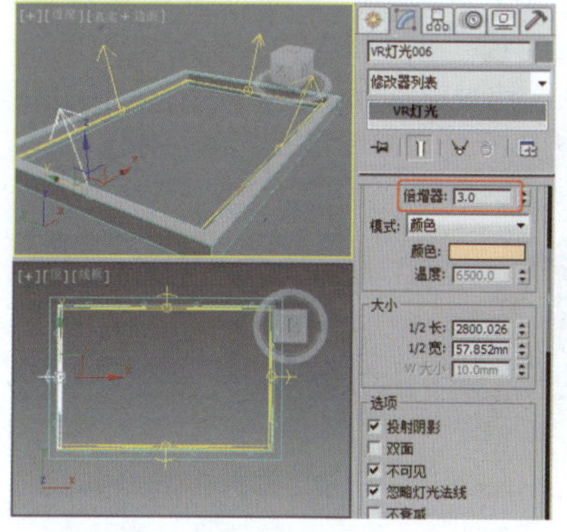

图12-59 修改“倍增器”参数的数值

❼ 单击“创建”→“灯光”→“光度学”→“目标灯光”按钮，在“前”视图中从上向下拖动鼠标指针以创建光度学目标灯光；在“常规参数”卷展栏中的“阴影”选项组中勾选“启用”复选框，设置阴影类型为“VRay阴影”，在“灯光分布（类型）”选项组中设置类型为“光度学Web”；在“分布（光度学Web）”卷展栏中单击“选择光度学文件”按钮，选择光度学文件（位于随书配套资源中的“Map\ cooper.ies”文件）；在“强度/颜色/衰减”卷展栏中设置“过滤颜色”的“色调”为26、“饱和度”为56、“亮度”为255，调整灯光至筒灯下面的位置，使用移动复制法复制灯光，效果如图12-60所示。

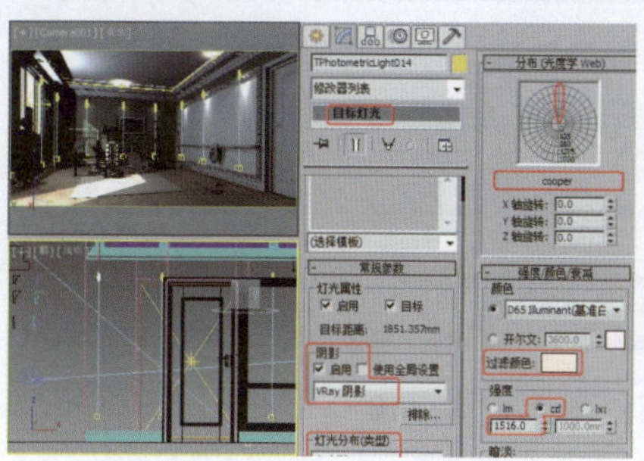

图12-60 创建光度学目标灯光

❽ 按M键打开材质编辑器，选择一个空的材质样本球，使用“吸管”吸取筒灯灯片，单击“按材质选择”按钮，在弹出的列表中单击“选择”按钮，选择应用该材质的所有模型；选择一个新的材质样本球，将其命名为“灯片”，将材质转换为VR灯光材质，如图12-61所示，将材质指定给选定的模型。

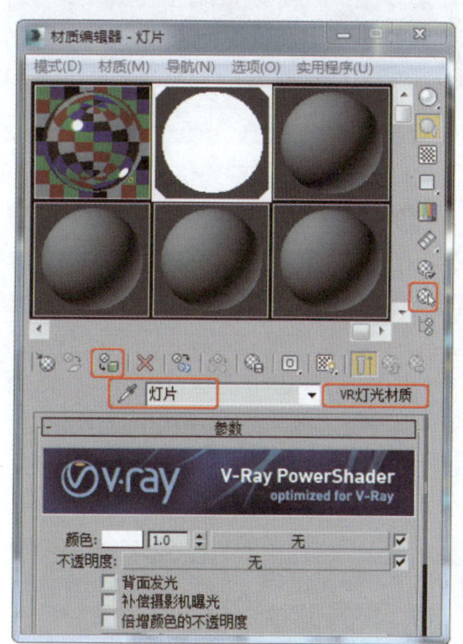

图12-61 修改筒灯灯片材质

❾ 在“顶”视图中创建VR灯光，将其作为吊灯灯光，设置“倍增器”为3.0，保持颜色不变，设置合适的大小，勾选“不可见”复选框，取消勾选“影响反射”复选框，调整灯光的位置，效果如图12-62所示。

❿ 单击“渲染产品”按钮渲染当前场景，效果如图12-63所示。

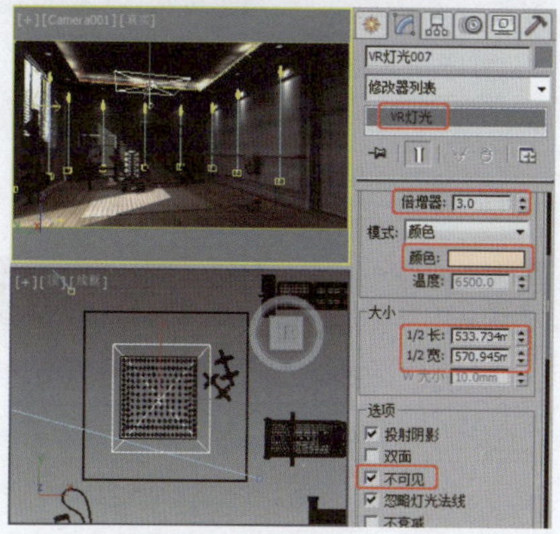

图12-62 创建吊灯灯光

图12-63 渲染当前场景

⓫ 通过渲染效果看到场景中的暗处区域偏暗，按F10键打开“渲染设置”面板，切换到“V-Ray”选项卡，在“V-Ray::颜色贴图”卷展栏中设置“暗色倍增”为1.3，勾选“子像素贴图”“钳制输出”复选框，如图12-64所示。

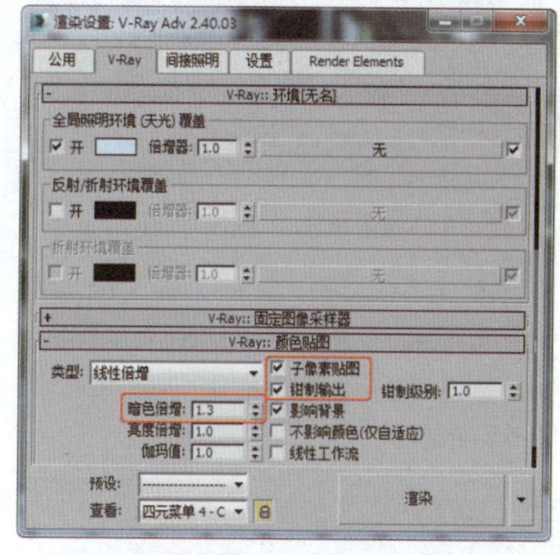

图12-64 设置参数

⓬ 再次测试渲染当前场景，得到如图12-65所示的效果。

图12-65 再次测试渲染的效果

实例260 渲染光子图

为场景设置渲染光子图。

视频路径	视频\Cha12\实例260 渲染光子图.mp4		
难易程度	★★	学习时间	4分30秒

实例261 设置最终渲染参数

设置合适的渲染尺寸，并提高渲染的细分参数，以渲染最终效果。

视频路径	视频\Cha12\实例261 设置最终渲染参数.mp4		
难易程度	★★	学习时间	5分19秒

实例262 后期处理

使用Photoshop软件打开家庭健身房效果图，调整色彩和亮度以完成后期效果。

实例制作步骤

视频路径	视频\Cha12\实例262 后期处理.mp4		
难易程度	★★★★	学习时间	13分30秒

❶ 打开Photoshop软件，将渲染的效果图和通道图文件拖入软件中，效果如图12-66所示。

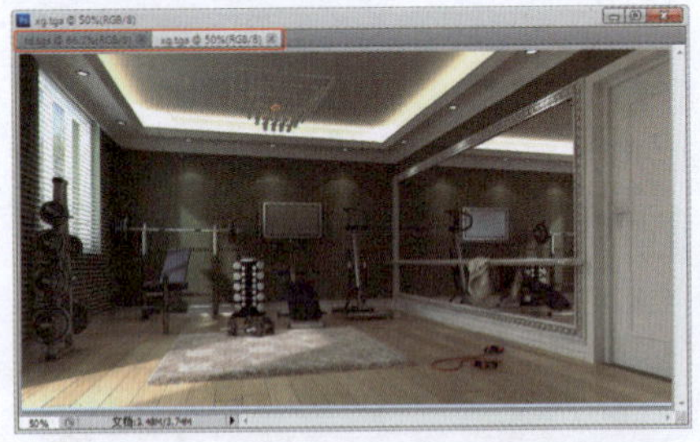

图12-66 将图像文件拖入Photoshop中

❷ 选择通道图文件，按V键激活“移动工具”，按住Shift键将通道图拖至效果图文件中，效果如图12-67所示。

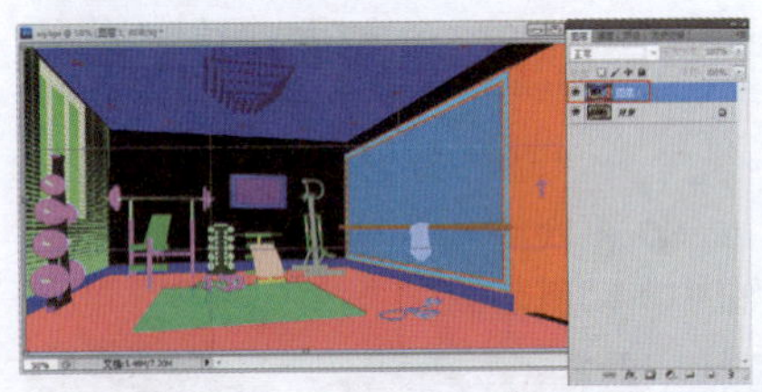

图12-67 将通道图拖入效果图文件

❸ 选择“背景”图层，按Ctrl+J组合键复制出“背景 副本”图层，按Ctrl+]组合键将副本图层调整至通道图所在图层的上方，按Ctrl+J组合键复制出“背景 副本2”图层，设置图层的混合模式为“滤色”，“不透明度”为30%，如图12-68所示。

图12-68 复制图层并设置图层属性

❹ 按Ctrl+E组合键向下合并图层，按W键激活“魔棒工具”，选择通道图所在图层，载入军绿墙选区，选择“背景 副本”图层，按Ctrl+J组合键复制选区中的图像到新的图层中，按Ctrl+M组合键打开“曲线”对话框，稍微提亮图像效果，如图12-69所示，单击“确定”按钮。

图12-69 提亮军绿墙区域

❺ 利用通道层载入白乳胶选区，选择“背景 副本”图层，按Ctrl+J组合键将选区中的图像复制到新的图层中，按Ctrl+M组合键打开“曲线”对话框，稍微提亮图像效果，如图12-70所示，单击“确定”按钮。

图12-70 提亮白乳胶区域

❻ 按L键激活“多边形套索工具”，将灯池中间的区域抠选出来，按Ctrl+Shift+J组合键将选区中的图像剪切到新的图层“图层2”中，再按Ctrl+J组合键复制出“图层2 副本”图层，按E键激活“橡皮擦工具”，在工具属性栏中选择一种柔边画笔，按[、]键控制画笔笔尖的大小，按数字键控制画笔笔尖的不透明度，擦除灯带区域过亮的部分，并按Ctrl+M组合键打开“曲线”对话框，将图像稍微提亮，单击“确定”按钮，效果如图12-71所示。

图12-71 将材质区域区分开

❼ 选择“图层2”图层，按Ctrl+U组合键打开“色相/饱和度”对话框，稍微降低图像的曝光程度，如图12-72所示，单击“确定”按钮。

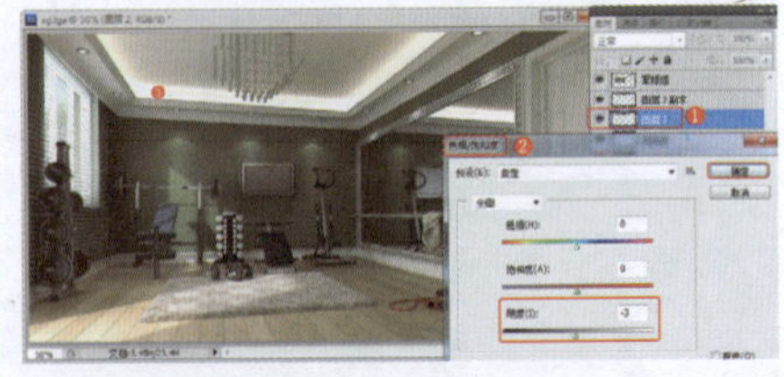

图12-72 稍降灯池中间的曝光程度

❽ 利用通道图所在图层载入门选区，选择“背景 副本”图层，按Ctrl+J组合键将选区中的图像复制到新的图层中，使用Ctrl+M组合键打开“曲线”对话框，稍微提亮图像效果，使其与周边亮度相协调，如图12-73所示，单击“确定”按钮。

❾ 利用通道图所在图层载入地板选区，选择“背景 副本”图层，按Ctrl+J组合键复制选区中的图像到新

的图层中，按Ctrl+L组合键打开“色阶”对话框，增强图像的明暗及色彩对比，如图12-74所示，单击“确定”按钮。

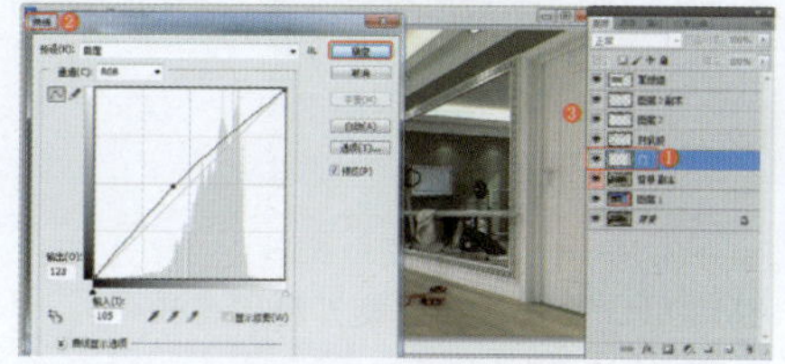

图12-73 提亮门区域

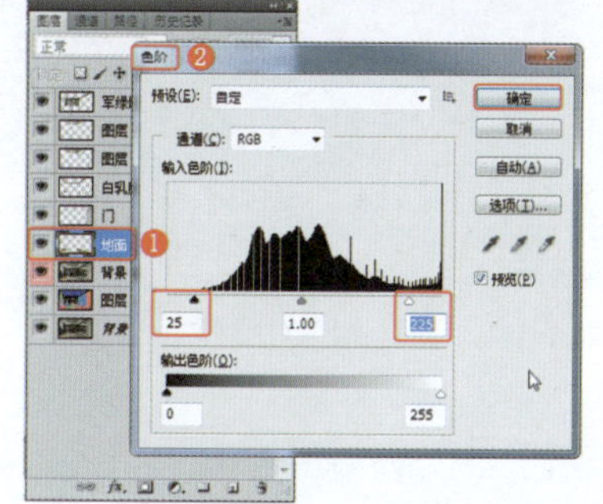

图12-74 增强地板区域的明暗及色彩对比

⑩ 利用通道图所在图层载入水晶吊灯选区，选择“背景 副本”图层，按Ctrl+J组合键复制选区中的图像到新的图层中，按Ctrl+M组合键打开“曲线”对话框，提亮图像效果，如图12-75所示，单击“确定”按钮。

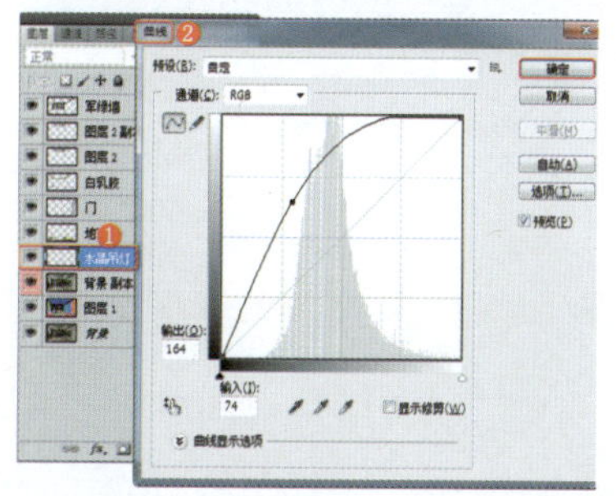

图12-75 提亮水晶吊灯区域

⑪ 利用通道图所在图层载入地毯选区，选择“背景 副本”图层，按Ctrl+J组合键复制选区中的图像到新的图层中，按Ctrl+L组合键打开“色阶”对话框，增强图像的明暗及色彩对比，如图12-76所示，单击“确定”按钮。

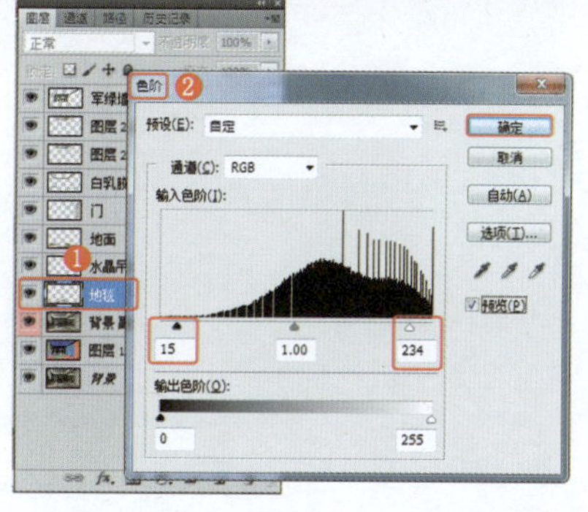

图12-76 增强地毯区域的明暗及色彩对比

⑫ 利用通道图所在图层载入哑铃选区，选择“背景 副本”图层，按Ctrl+J组合键复制选区中的图像到新的图层中，按Ctrl+M组合键打开“曲线”对话框，提亮图像效果，如图12-77所示，单击“确定”按钮。

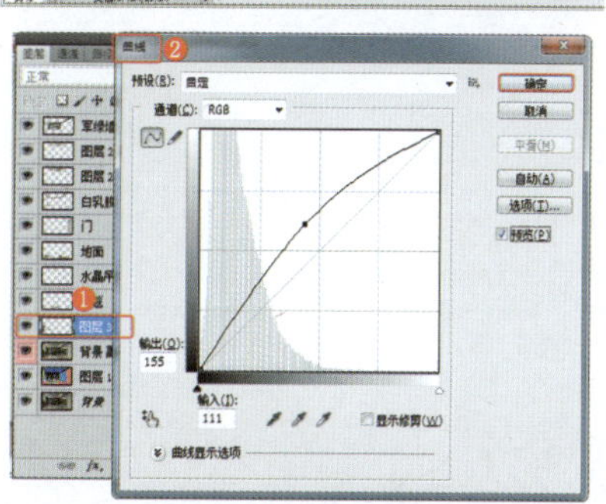

图12-77 提亮哑铃区域

⑬ 利用通道图所在图层载入窗框选区，选择“背景 副本”图层，按Ctrl+J组合键复制选区中的图像到新的图层中，按Ctrl+U组合键打开“色相/饱和度”对话框，减小“明度”数值以降低曝光程度，如图12-78所示，单击“确定”按钮。

提 示

在室内效果图中朝阳窗框的外立面可以有较低程度的曝光，但内立面不受直接光照的位置绝对不该出现曝光。

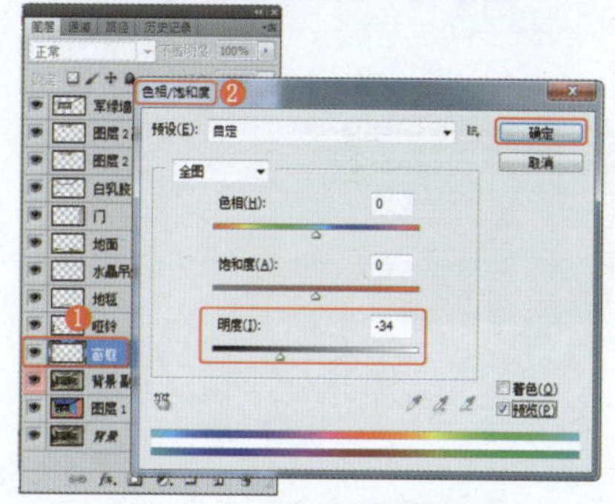

图12-78 处理窗框的曝光效果

⑭ 利用通道图所在图层载入镜子选区，选择“背景 副本”图层，按Ctrl+J组合键复制选区中的图像到新的图层中，按Ctrl+M组合键打开“曲线”对话框，提亮图像效果，如图12-79所示，单击“确定”按钮。

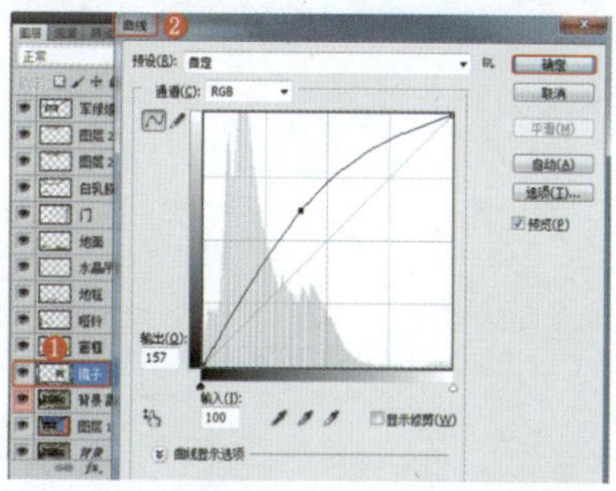

图12-79 提亮镜子区域

⑮ 选择“地面”图层，按E键激活“橡皮擦工具”，在地板曝光的开始位置单击，然后将鼠标指针移动至曝光的结束位置，按住Shift键再次单击，将不需要的区域擦除，效果如图12-80所示。

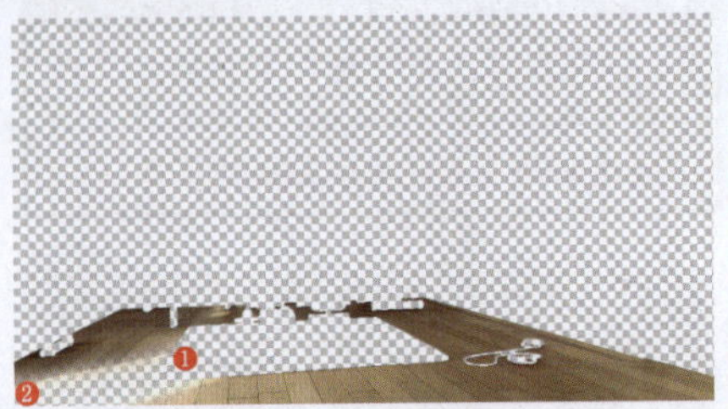

图12-80　擦除地板饱和度过高的曝光区域

⑯ 选择最上方的图层，然后按Ctrl+Shift+Alt+E组合键盖印可见图层，设置图层的“混合模式”为柔光，“不透明度”为20%，效果如图12-81所示。

图12-81　盖印图层并设置图层属性（a）

图12-81　盖印图层并设置图层属性（b）

⑰ 将文件存储为*.psd格式文件以便后期修改，按Ctrl+Shift+E组合键合并可见图层，将图像存储为需要的*.jpg或*.tif格式。

第13章 阳台花房空间

本章制作的是阳台花房空间。

实例效果剖析

本章制作的是利用阳台空间布置的小型花房，效果如图13-1所示。

图13-1　效果展示

实例技术要点

本章主要用到的功能及技术要点如下。

- 导入CAD图纸。
- 创建花房的框架。
- 设置材质：设置场景中框架的材质。
- 创建摄影机和灯光：调整合适的观察角度，并创建灯光照亮场景。
- 渲染输出：通过设置渲染参数，对场景进行渲染输出。
- 后期处理：通过使用Photoshop软件来调整花房的最终效果，使其更加鲜亮和真实。

场景文件路径	Scene\第13章\阳台花房空间.max
贴图文件路径	Map\
难易程度	★★★★

实例263　导入CAD图纸

首先将阳台花房的CAD图纸导入到3ds Max中。

视频路径	视频\Cha13\实例263导入CAD图纸.mp4		
难易程度	★★	学习时间	1分35秒

实例264　建立地面和墙体模型

根据导入的图纸创建地面和墙体模型。

实例制作步骤

视频路径	视频\Cha13\实例264 建立地面和墙体模型.mp4		
难易程度	★★★	学习时间	17分23秒

❶ 在“顶”视图中图纸的阳台位置创建长方体，根据图纸中阳台的大小设置合适的参数，效果如图13-2所示。

❷ 在“前”视图中创建矩形，设置合适的参数，将该矩形作为一侧的墙体，效果如图13-3所示。

❸ 继续在作为一侧墙体的矩形上创建两个小矩形，将其作为窗洞和门洞，效果如图13-4所示，将其中一

个矩形转换为“可编辑样条线”，在“几何体”卷展栏中单击“附加”按钮以附加图形。

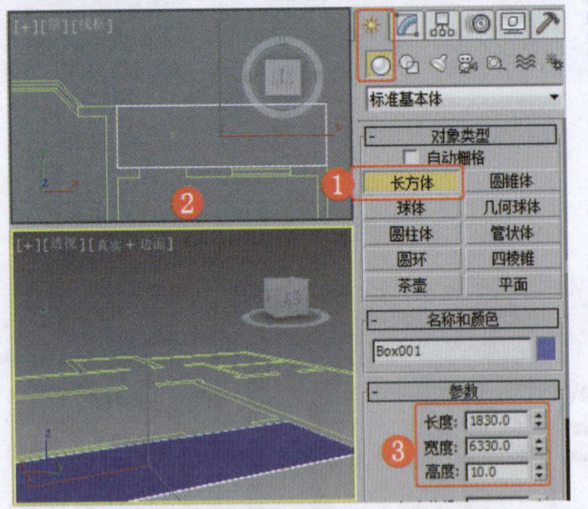

图13-2　创建长方体

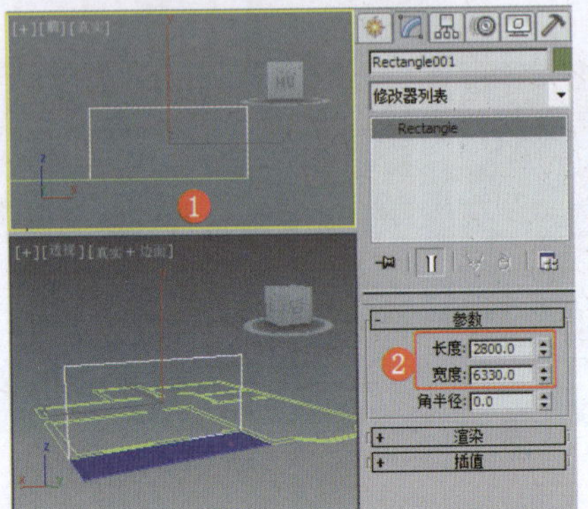

图13-3　创建矩形

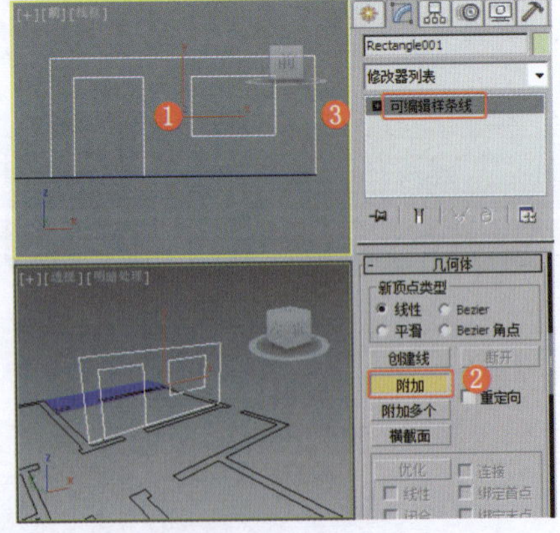

图13-4　附加图形

❹将选择集定义为“线段”，选择作为门洞和墙体的矩形的最下边的线段，效果如图13-5所示，按Delete键将其删除。

❺将选择集定义为“顶点”，右击，在弹出的四元菜单中选择“连接”命令，单击一点并按住鼠标左键，将该点拖动至另一点上以连接边，效果如图13-6所示。

❻为图形施加“挤出”修改器，设置“数量”为200.0，调整模型至合适的位置，效果如图13-7所示。

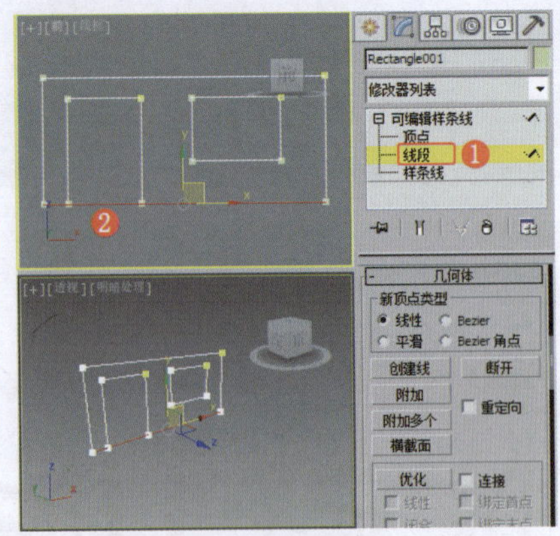

图13-5　选择线段

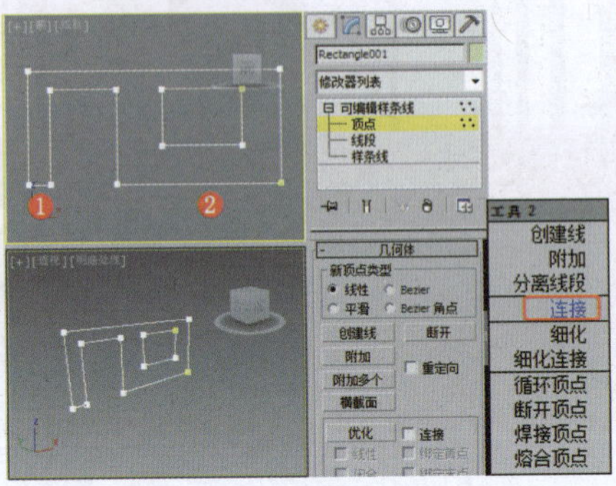

图13-6　连接顶点

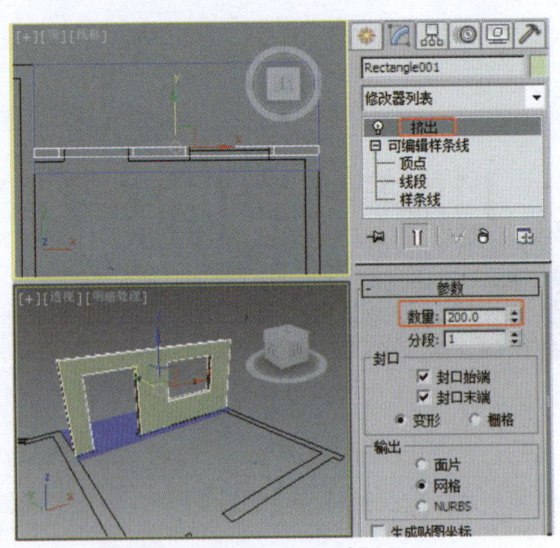

图13-7　施加“挤出”修改器

❼在“前”视图中根据门洞、窗洞的位置创建可渲染的矩形，在“渲染”卷展栏中勾选“在渲染中启用”“在视口中启用”复选框，设置“径向”的“厚度”为200.0，调整矩形至合适的位置，效果如图13-8所示。

❽将选择集定义为“线段”，在场景中选择门洞下面的线段，按Delete键将其删除，效果如图13-9所示。

❾为模型施加“编辑网格”修改器，将选择集定义为“多边形”，将与墙体共面的多边形删除，效果如图13-10所示。

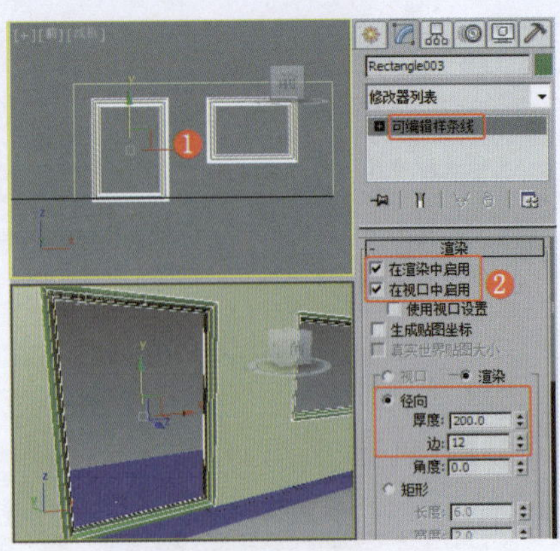

图13-8　创建可渲染的矩形

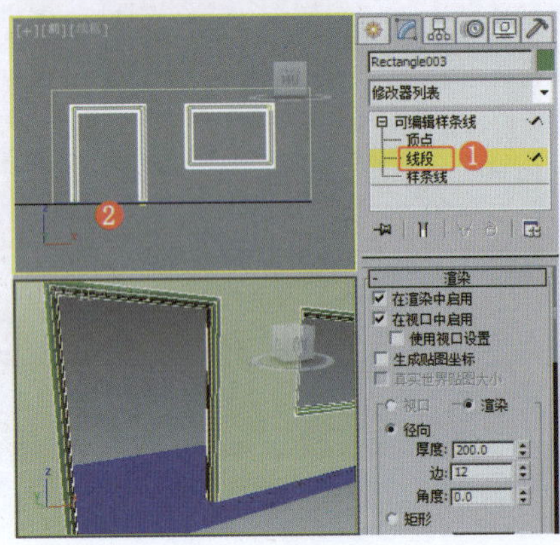

图13-9　删除线段

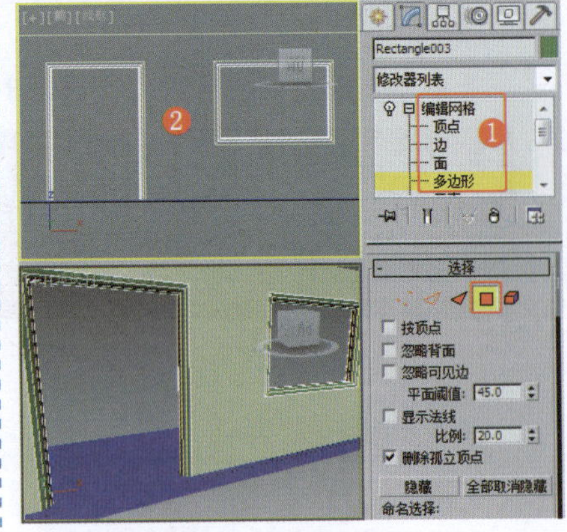

图13-10　删除多边形

❿使用“线”工具在“顶”视图中绘制线，并设置合适的“轮廓”参数，效果如图13-11所示。

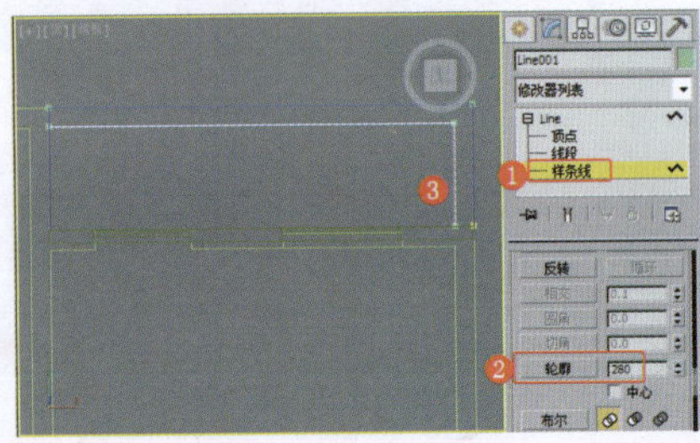

图13-11　创建图形

⓫为图形施加“挤出”修改器，设置合适的参数，效果如图13-12所示。

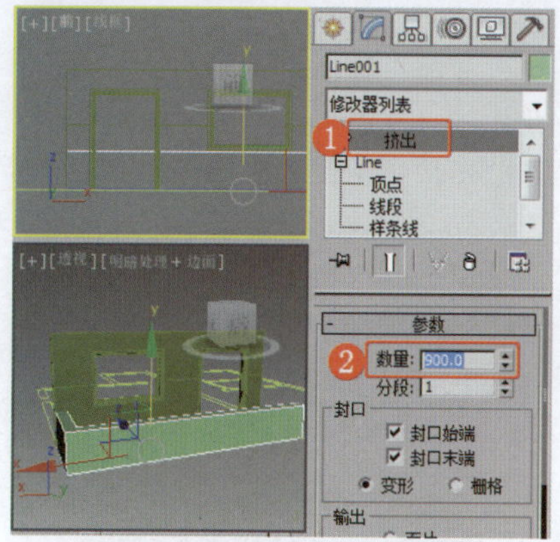
图13-12　施加“挤出”修改器

⓬ 为模型施加“编辑多边形”修改器，将选择集定义为“边”，在场景中设置如图13-13所示的边的切角效果。

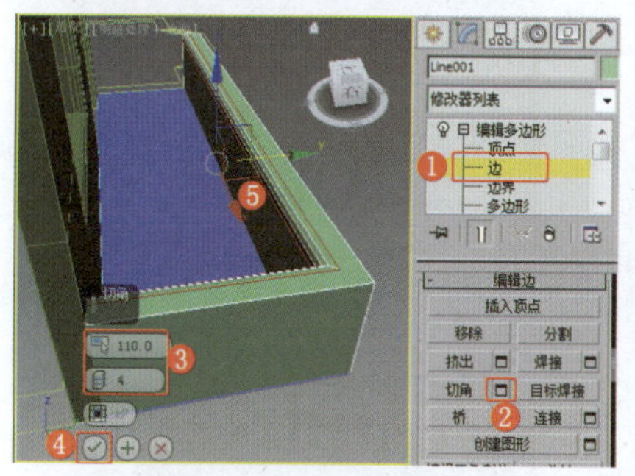
图13-13　设置边的切角效果

⓭ 在“顶”视图中创建长方体，设置合适的参数，效果如图13-14所示。

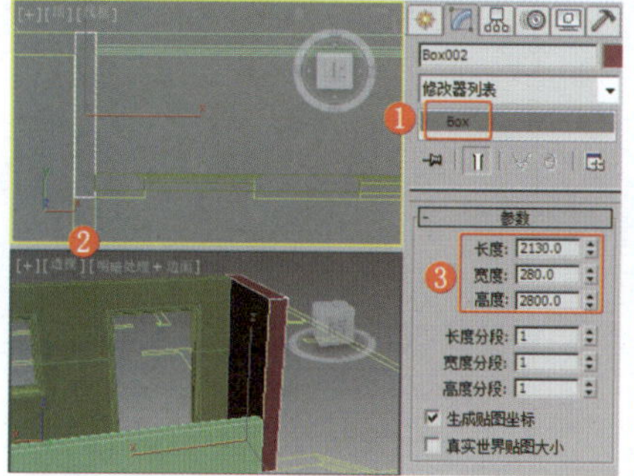
图13-14　创建长方体

⓮ 在场景中创建枢轴门，效果如图13-15所示。

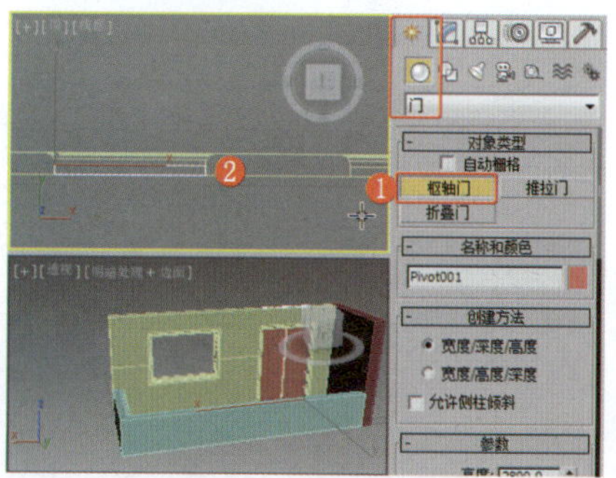
图13-15　创建枢轴门

⓯ 切换到“修改”命令面板，修改枢轴门的参数，如图13-16所示。

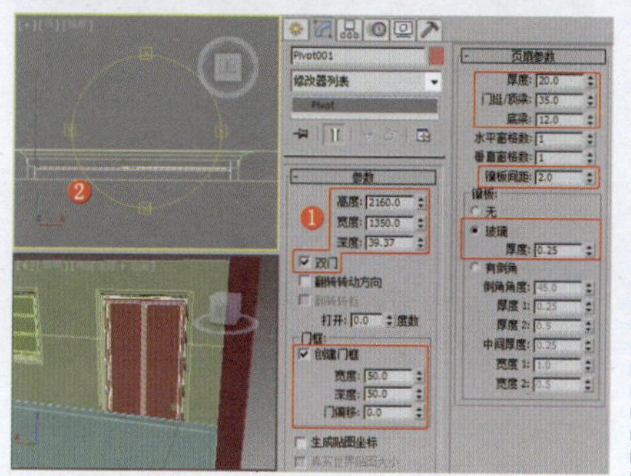
图13-16　修改枢轴门的参数

⓰ 继续创建遮篷式窗，设置合适的参数，效果如图13-17所示。

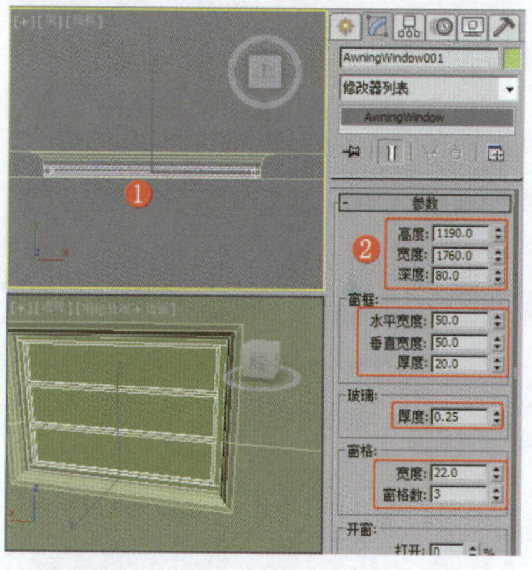
图13-17　创建遮篷式窗

⓱ 在“右”视图中创建线，将其作为路径，效果如图13-18所示。

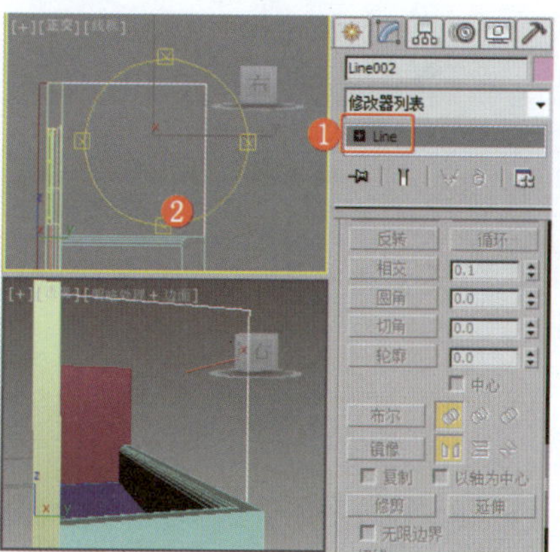
图13-18　创建放样路径

⓲ 在“顶”视图中创建宽法兰，设置合适的参数，将其作为截面图形，效果如图13-19所示。

⓳ 在场景中选择作为路径的图形，单击“放样”按钮，单击“获取图形”按钮，在场景中拾取宽法兰，效果如图13-20所示。

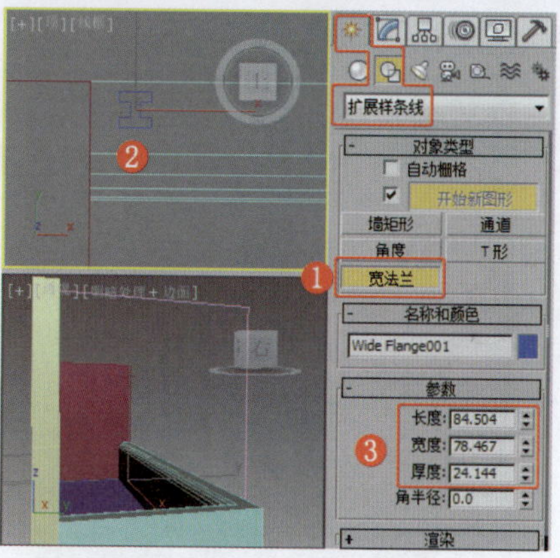
图13-19　创建宽法兰

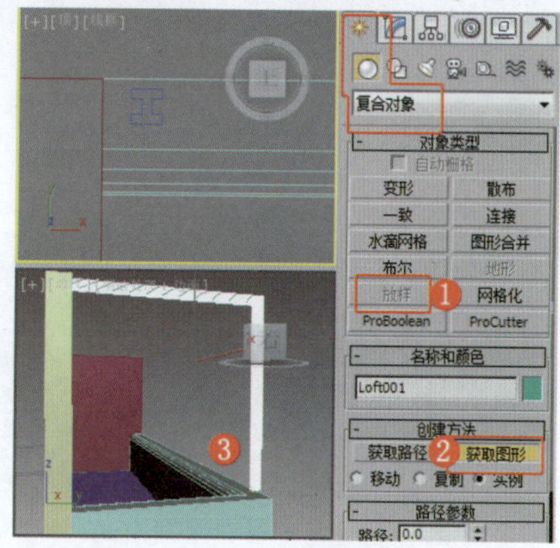
图13-20　创建放样模型

⓴ 在场景中选择放样的模型，在修改器堆栈中选择“线”，将选择集定义为“顶点”，在场景中调整模型，效果如图13-21所示。

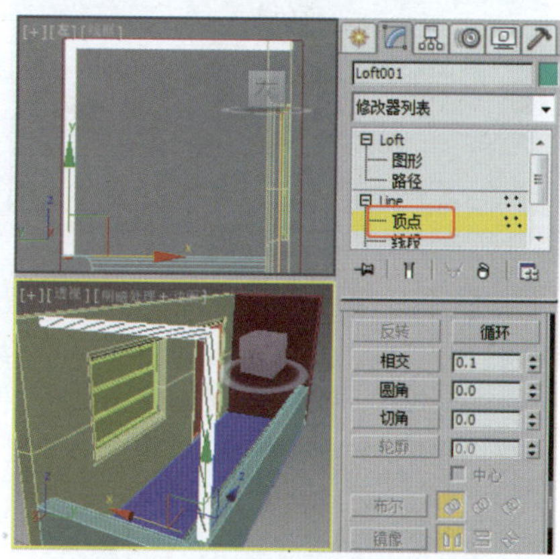
图13-21　调整放样模型的形状

㉑ 在场景中复制模型，效果如图13-22所示。

㉒ 在“前”视图中创建线，并设置合适的“轮廓”参数，效果如图13-23所示。

㉓ 为图形施加“挤出”修改器，并设置合适的参数，效果如图13-24所示。

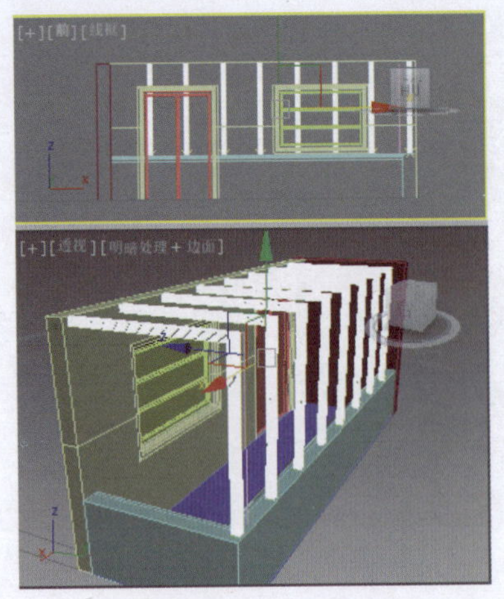
图13-22　复制模型

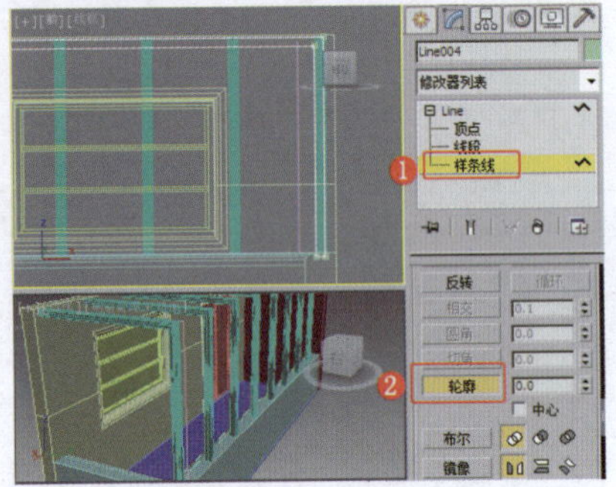
图13-23　创建图形并设置图形的轮廓

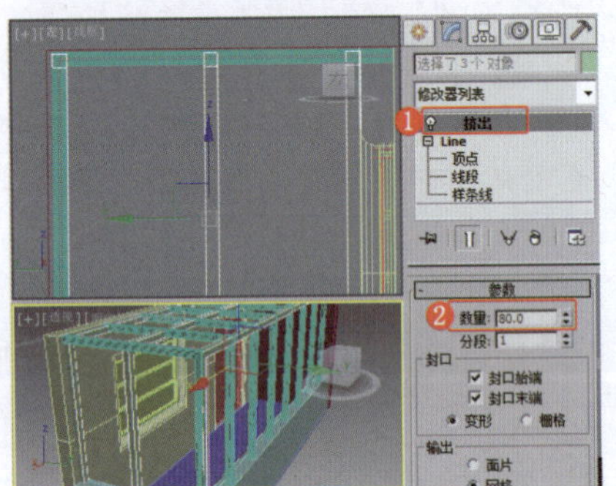
图13-24　施加“挤出”修改器

㉔ 在场景中如图13-25所示的位置创建长方体，为模型施加“编辑多边形”修改器，调整模型的合适大小。

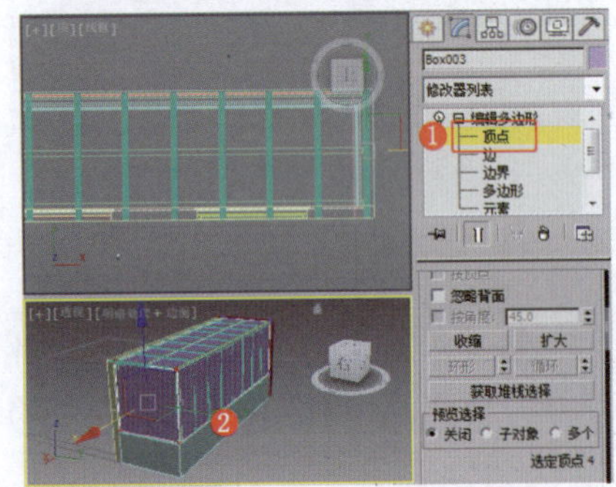
图13-25　创建长方体

㉕ 将选择集定义为“多边形”，并删除如图13-26所示的多边形。

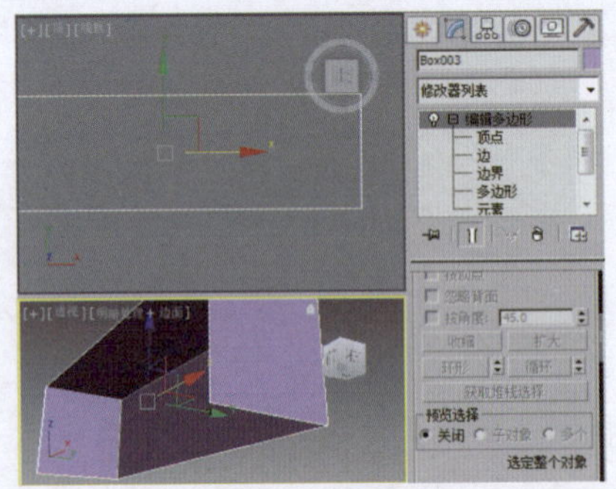
图13-26　删除多边形

㉖ 为模型施加“壳”修改器，设置合适的参数，效果如图13-27所示。

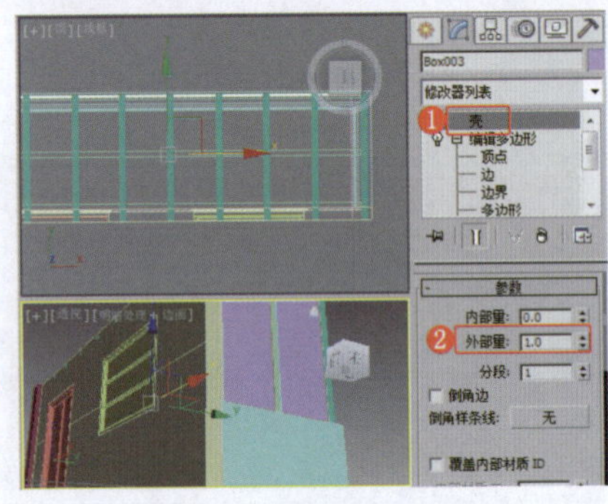
图13-27　施加“壳”修改器

㉗ 在场景中创建一个平面，将其作为透过窗户看到的户外风景。

实例265
设置材质

下面介绍阳台花房的材质设置。

实例制作步骤

视频路径	视频\Cha13\实例265 设置材质.mp4		
难易程度	★★★	学习时间	10分36秒

❶ 在场景中选择地面模型，按M键或单击“材质编辑器”按钮，打开材质编辑器，选择一个新的材质样本球，将其命名为“地面”；将材质转换为VRayMtl材质，设置“反射”选项组的“反射光泽度”为0.98，勾选“菲涅耳反射”复选框，如图13-28所示。

❷ 在“贴图”卷展栏中为“漫反射”指定“位图”贴图（位于随书配套资源中的“Map\as2_wood_17.jpg”文件）；设置“反射”的“数量”为50.0，为“反射”指定“位图”贴图（位于随书配套资源中的“Map\as2_wood_17_specular.jpg”文件）；设置“反射光泽”的“数量”为20.0，并复制“反射”贴图到“反射光泽”的贴图按钮上；为“凹凸”指定“位图”贴图（位于随书配套资源中的“Map\as2_wood_17_bump.jpg”），如图13-29所示。

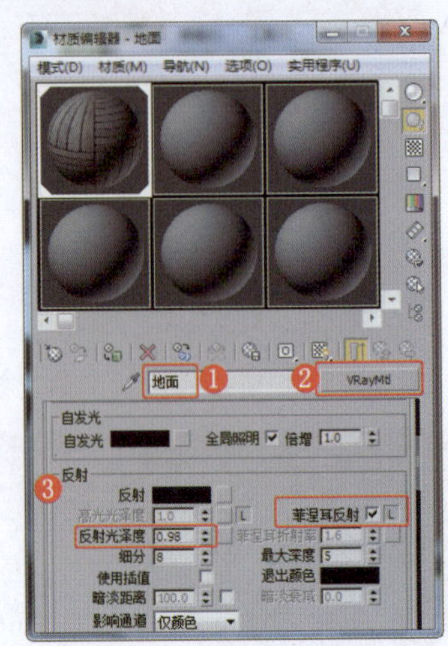
图13-28　设置地面材质

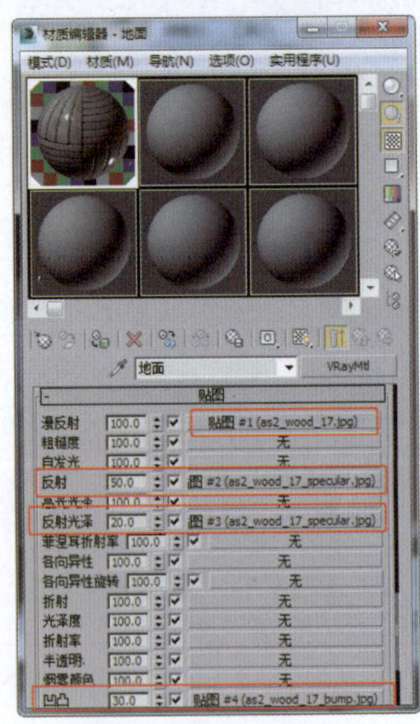
图13-29　设置地面材质

❸ 将材质指定给场景中的地面模型，并为其施加“UVW贴图”修改器，设置合适的参数，效果如图13-30所示。

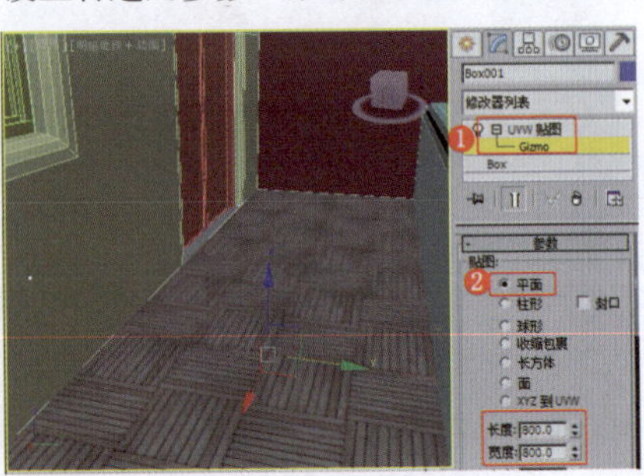
图13-30　设置地面贴图

❹选择一个新的材质样本球，将材质转换为VRayMtl材质，设置“反射”选项组的“反射光泽度”为0.8，勾选“菲涅耳反射”复选框，如图13-31所示。

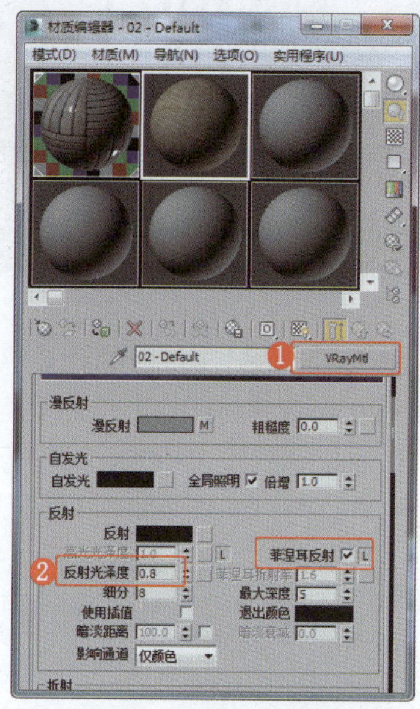

图13-31 设置墙体材质

❺在“贴图”卷展栏中为“漫反射”指定“位图”贴图（位于随书配套资源中的“Map\as2_concrete_08.jpg”文件）；设置“反射”的“数量”为9.0，为“反射”指定“位图”贴图（位于随书配套资源中的“Map\as2_concrete_08_bump.jpg”文件）；将“反射”贴图拖动复制到“凹凸”通道的贴图按钮上，如图13-32所示，将材质指定给场景中的墙体模型。

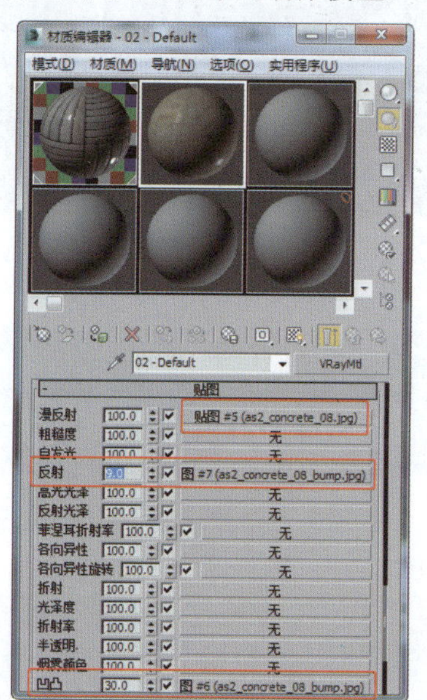

图13-32 设置墙体材质

❻设置门窗、金属架及玻璃材质。选择一个新的材质样本球，将其转换为“多维/子对象”材质，设置“设置数量”为2，如图13-33所示。

图13-33 设置“多维/子对象”材质

❼单击进入（1）号材质设置层级，将材质转换为VRayMtl材质，在“基本参数”卷展栏中设置“漫反射”的颜色（R、G、B值分别为65、39、25），设置“反射”的颜色（R、G、B值分别为23、9、0），并设置“反射光泽度”为0.85，如图13-34所示。

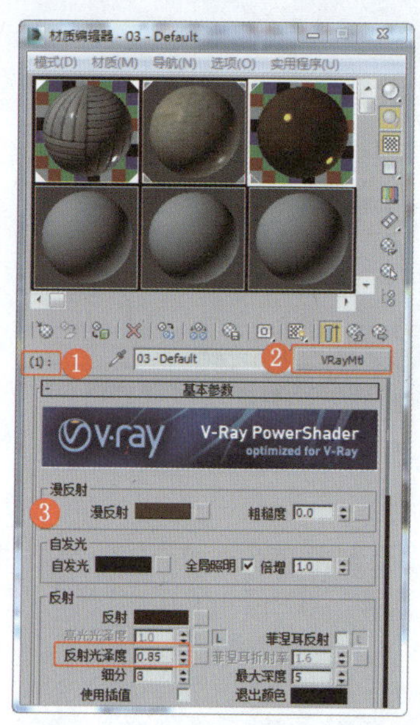

图13-34 设置（1）号材质

❽进入（2）号材质设置层级，将材质转换为VRayMtl材质，在“基本参数”卷展栏中设置“反射”的颜色（R、G、B值分别为75、75、75），设置“折射”的颜色（R、G、B值分别为245、245、245），设置“折射率”为1.33，如图13-35所示，将材质指定给场景中的门窗模型。

提 示

在场景中需要为窗和门设置材质ID，在此不再赘述。

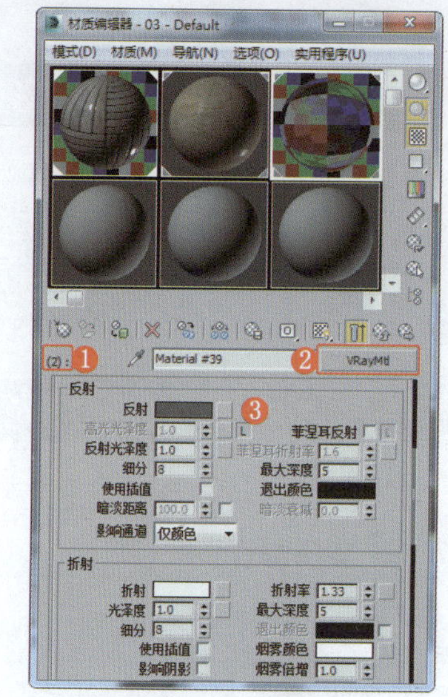

图13-35 设置（2）号材质

❾将（1）号材质拖动复制到新的材质样本球上，在打开的对话框中单击“实例”单选按钮，单击“确定”按钮，如图13-36所示，将材质指定给场景中的阳台金属框架。

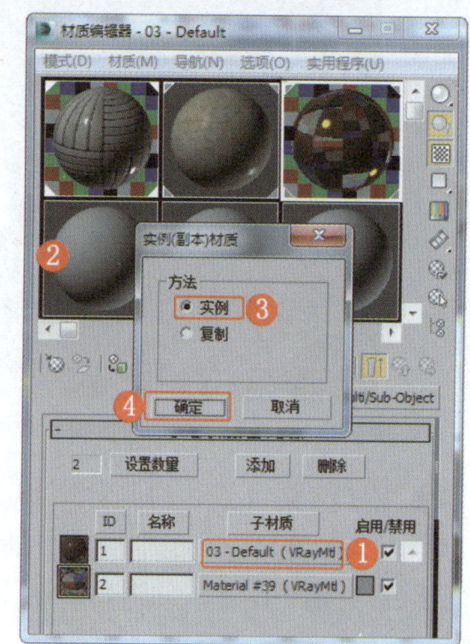

图13-36 “实例”复制模型材质

❿选择一个新的材质样本球，将材质转换为VR灯光材质，并制作背景模型，将材质指定给场景中作为背景的模型。

提 示

将（2）号材质拖动到新的材质样本球上，将玻璃材质指定给场景中的阳台大玻璃模型。

实例266 设置测试渲染参数

设置测试渲染参数，以便随时快速渲染查看场景效果。

视频路径	视频\Cha13\实例266 设置测试渲染参数.mp4		
难易程度	★★	学习时间	41秒

实例267 创建摄影机

调整合适的视口角度，以完成场景中摄影机的创建。

视频路径	视频\Cha13\实例267 创建摄影机.mp4		
难易程度	★	学习时间	2分17秒

实例268 创建灯光

为场景创建灯光，设置合适的参数，以模拟阳台花房的照明氛围。

实例制作步骤

视频路径	视频\Cha13\实例268 创建灯光.mp4		
难易程度	★★★	学习时间	7分58秒

❶ 单击“创建”→“灯光”→“VRay”→“VR太阳”按钮，在场景中创建VR太阳，调整灯光的照射角度，在“VRay太阳参数”卷展栏中设置“强度倍增”为0.02，设置“大小倍增”为5.0，如图13-37所示。

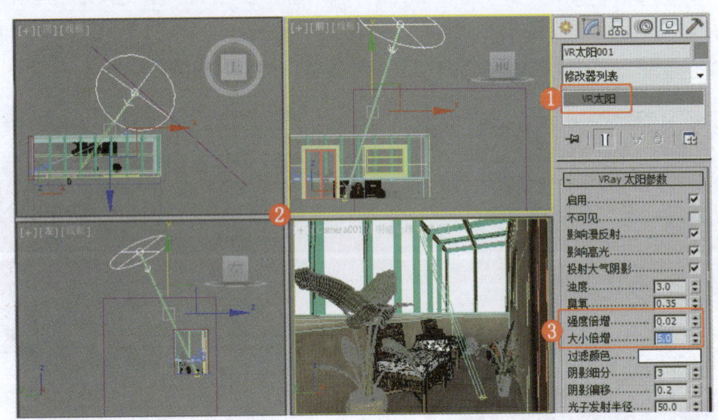

图13-37 创建VR太阳

❷ 测试渲染场景，得到如图13-38所示的效果。

❸ 在玻璃的前面和顶面创建VR灯光，设置灯光的“倍增器”为2.0，并设置“颜色”为浅蓝色，如图13-39所示，在“选项”选项组中勾选“不可见”复选框。

图13-38 渲染场景效果

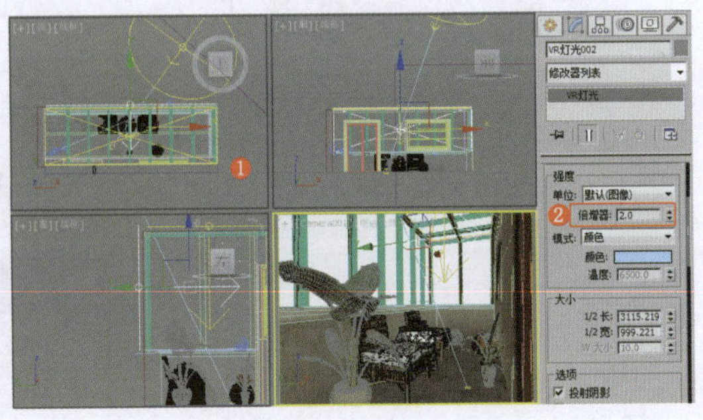

图13-39 创建VR灯光

❹ 测试渲染场景，得到如图13-40所示。

图13-40 测试渲染效果

❺ 设置两盏VR灯光的“排除”列表，将作为玻璃的模型排除场景灯光的照射，如图13-41所示。

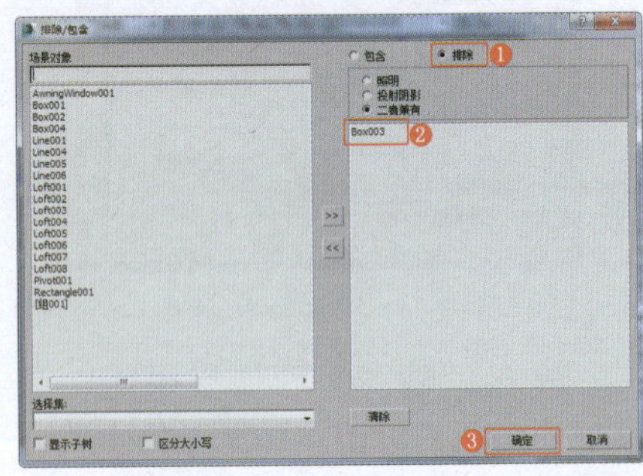

图13-41 设置灯光的排除列表

❻ 渲染场景，得到如图13-42所示的效果。

图13-42 渲染场景效果

实例269 渲染光子图

提高渲染参数，以渲染场景的光子图。

视频路径	视频\Cha13\实例269 渲染光子图.mp4		
难易程度	★	学习时间	2分12秒

实例270 设置最终渲染参数

设置合适的渲染尺寸和渲染参数，以渲染最终效果图。

视频路径	视频\Cha13\实例270 设置最终渲染参数.mp4		
难易程度	★★	学习时间	3分22秒

实例271 后期处理

使用Photoshop软件将渲染出的最终效果图进行处理，将其调整至满意效果。

实例制作步骤

视频路径	视频\Cha13\实例271 后期处理.mp4		
难易程度	★★★	学习时间	4分55秒

❶ 打开Photoshop软件，打开渲染的效果图文件，按Ctrl+J组合键，复制图像到新的图层中，效果如图13-43所示。

❷ 选择“图层1”，按Ctrl+L组合键，在打开的对话框中调整“输入色阶”数值，如图13-44所示，单击“确定”按钮。

图13-43 复制图像

图13-44 调整色阶

❸ 按Ctrl+J组合键，复制图像到新的图层“图层1副本”中，在菜单栏中选择“图像”→“自动色调”或“自动对比度”命令，效果如图13-45所示。

❹ 按Ctrl+U组合键，在打开的对话框中调整“饱和度”参数，如图13-46所示，单击“确定”按钮。

图13-45 设置自动效果

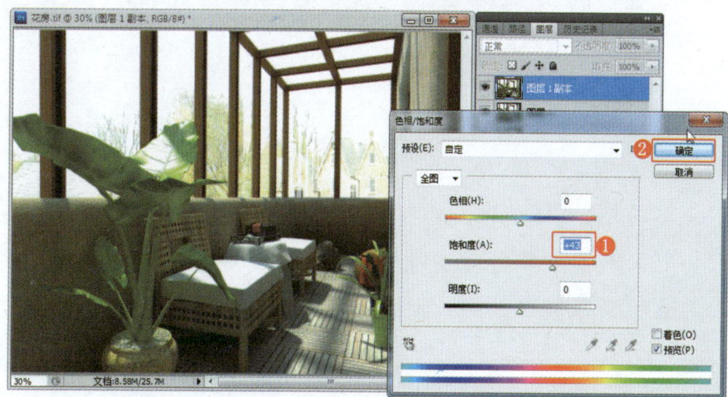

图13-46 调整“饱和度”参数

❺ 按Ctrl+M组合键，在打开的“曲线”对话框中调整曲线的形状，如图13-47所示，单击“确定”按钮。

❻ 在菜单栏中选择“滤镜”→“模糊→“高斯模糊”命令，在打开的对话框中设置模糊参数，如图13-48所示，单击“确定”按钮。

❼ 设置“图层1副本”的混合模式为“柔光”，“不透明度”为30%，效果如图13-49所示。

❽ 按Ctrl+J组合键，复制图像到新的图层中，设置混合模式为“滤色”，“不透明度”为30%，效果如图13-50所示。

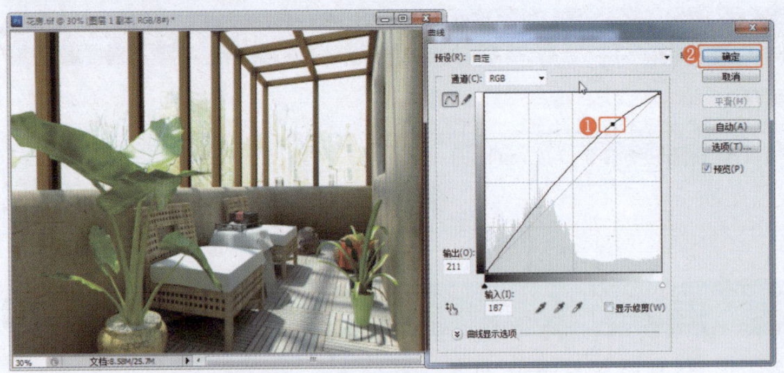

图13-47　设置曲线效果

图13-48　设置模糊效果

图13-49　设置图层属性

图13-50　复制图像并设置图层属性

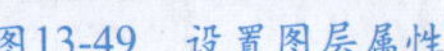

⑨ 后期处理完成，存储一个包含图层的场景文件以便日后修改，合并图层，将其存储为需要的效果图文件。

第14章 简欧风格的独栋别墅

本章制作的是简欧风格的独栋别墅。

实例效果剖析

独栋别墅一般包括住宅空间、私家花园领地、地下室等，是私密性很强的独立式住宅。本章制作的是简欧风格的独栋别墅，其中包括初期的CAD图纸导入、建模，中期的灯光、材质、渲染设置，以及后期的Photoshop处理。

本章制作的简欧风格独栋别墅，效果如图14-1所示。

图14-1　效果展示

实例技术要点

本章主要用到的功能及技术要点如下。

- 导入CAD图纸。
- 创建别墅模型。
- 导入模型：导入植物和装饰模型。
- 设置材质：设置场景中框架的材质。
- 创建摄影机和灯光：调整合适的观察角度，并创建灯光照亮场景。
- 渲染输出：通过设置渲染参数，对场景进行渲染输出。
- 后期处理：通过使用Photoshop软件来调整别墅的最终效果，使其更加鲜亮和真实。

场景文件路径	Scene\第14章\简易风格的独栋别墅.max
贴图文件路径	Map\
难易程度	★★★★★

实例272
导入CAD图纸

导入别墅的平面和立面图到3ds Max软件中。

实例制作步骤

视频路径	视频\Cha14\实例272 导入CAD图纸.mp4		
难易程度	★★★	学习时间	11分29秒

❶ 打开3ds Max软件，单击“应用程序”按钮，在弹出的菜单中选择“导入”命令，选择需要导入的一层平面图，如图14-2所示，双击文件或单击“打开”按钮，导入平面图。

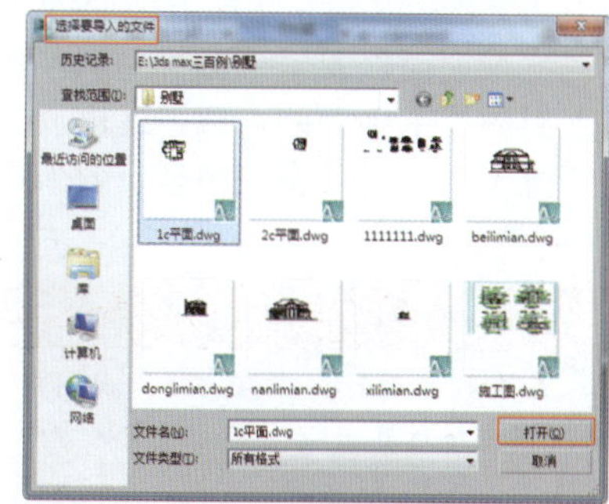

图14-2　选择文件

❷ 打开“Auto CAD DWG/DXF导入选项”对话框，直接单击“确定”按钮，如图14-3所示。

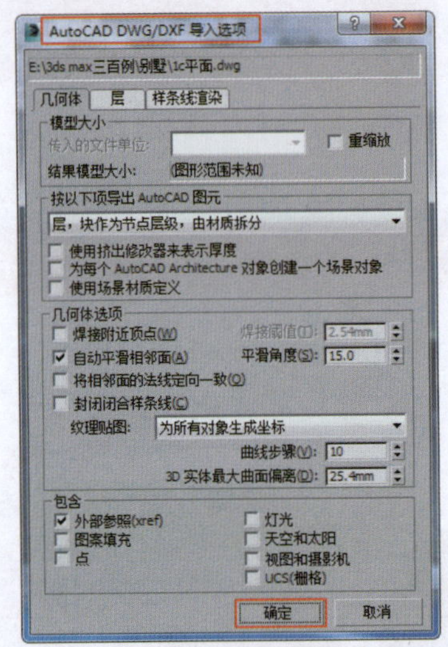

图14-3 导入选项

❸ 将导入的图形编组并为其命名，将线框的颜色改为黑色，选择图形，按W键将其转换为移动模型，在坐标栏中右击按钮，将x、y、z轴的坐标归零，效果如图14-4所示。

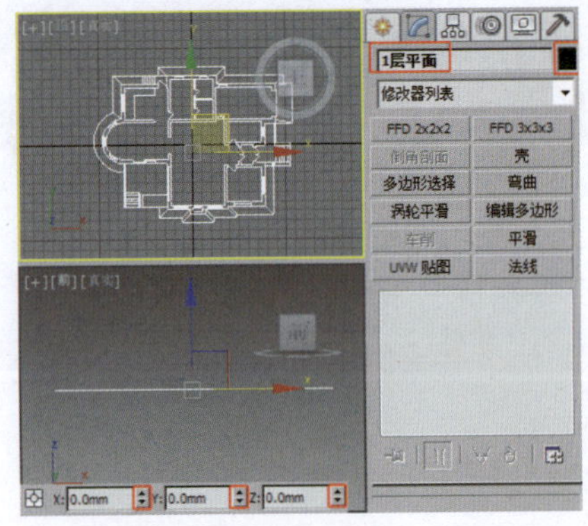

图14-4 调整位置

❹ 依次导入南立面、西立面、东立面、北立面、二层平面、屋顶平面图纸，调整各图纸的位置和方向。在平面中一般是上北下南、左西右东，在“顶”视图中将南立面放置于平面的上方，将北立面放置于平面的下方，将东立面放置于平面的左侧，将西立面放置于平面的右侧，这样放置图纸便于在建模时观察模型，效果如图14-5所示。

注　意

在导入立面后，应在“顶”视图中先根据图纸对齐平面位置，再旋转方向对齐立面位置。

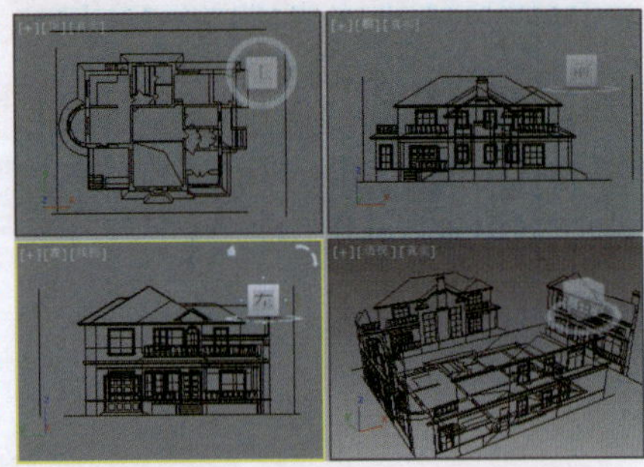

图14-5 调整各图纸的位置

实例273 保存场景状态

在室外CAD建模中保存场景状态是非常重要的，可以快速切换到所需观察的CAD平面。

实例制作步骤

视频路径	视频\Cha14\实例273 保存场景状态.mp4		
难易程度	★	学习时间	4分9秒

❶ 在场景中选择一层平面、南立面、西立面，右击，在弹出的四元菜单中选择“隐藏未选定对象”命令，再次右击，在弹出的四元菜单中选择“冻结当前选择”命令，如图14-6所示，将图形冻结。

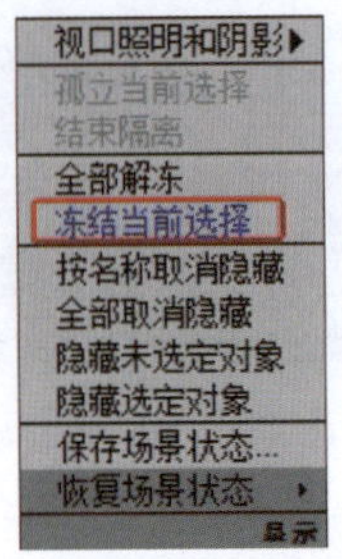

图14-6 冻结当前选择

❷ 右击，在弹出的四元菜单中选择“保存场景状态”命令，将场景命名为“1c西南”，存储当前场景状态；切换到“显示”命令面板，在“冻结”卷展栏中单击“按点击解冻”按钮，解冻一层平面，隐藏一层平面，然后取消隐藏二层平面，冻结图形；右击，在弹出的四元菜单中选择“保存场景状态”命令，保存当前场景状态，将场景命名为“2c西南”，以同样方法保存“1c东北”“2c东北”“Wuding”（即屋顶）的场景状态，如图14-7所示。

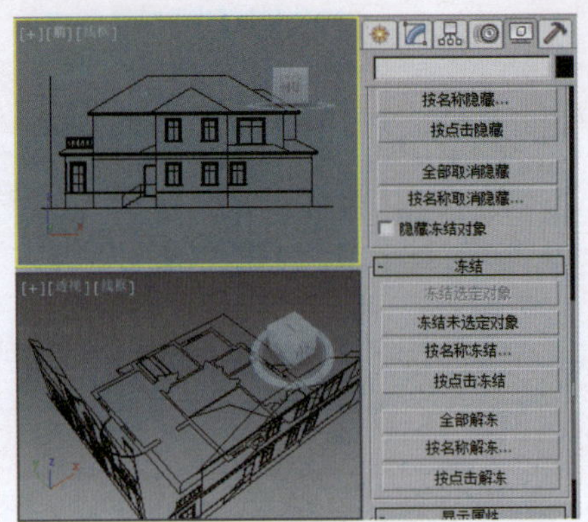

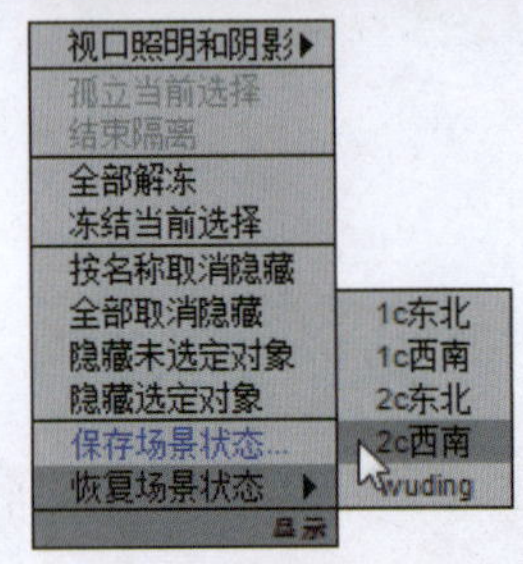

图14-7 保存场景状态

实例274 建立一、二层外立面模型

在室外建模中，一般先创建在效果图中可观察到的外立面，且均由底层向上创建，因此，需要创建一、二层的外立面。

实例制作步骤

视频路径	视频\Cha14\实例274 建立一、二层外立面模型.mp4	
难易程度	★★★★	学习时间
		32分21秒，38分56秒，35分7秒，15分30秒

❶ 激活“顶”视图，激活“2.5维捕捉开关”按钮，按住Ctrl键，右击，在弹出的快捷菜单中选择“线”命令，勾画出楼梯踏步旁的墙体结构；为图形施加“挤出”修改器，设置合适的高度，效果如图14-8所示；为模型施加“编辑网格”修改器，将选择集定义为“顶点”，在“前”视图中利用捕捉功能沿y轴调整点。

❷ 使用同样方法创建矩形，并为其施加“挤出”修改器，将其作为踏步，为模型施加“编辑网格”修改器，将选择集定义为“元素”，激活

"左"视图和捕捉开关，按F8键使用轴约束，沿x、y轴移动复制元素，效果如图14-9所示。

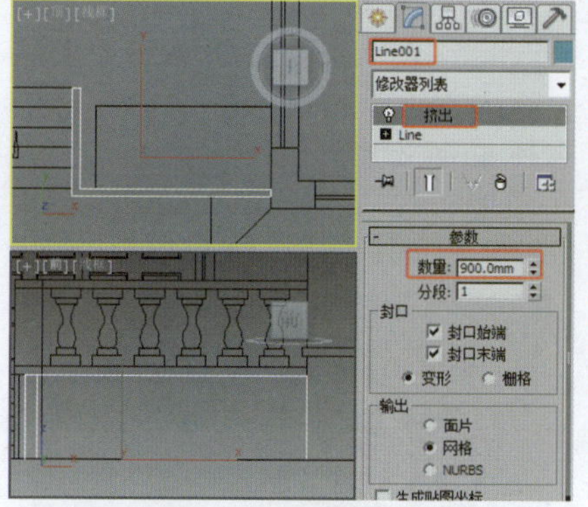

图14-8 创建模型

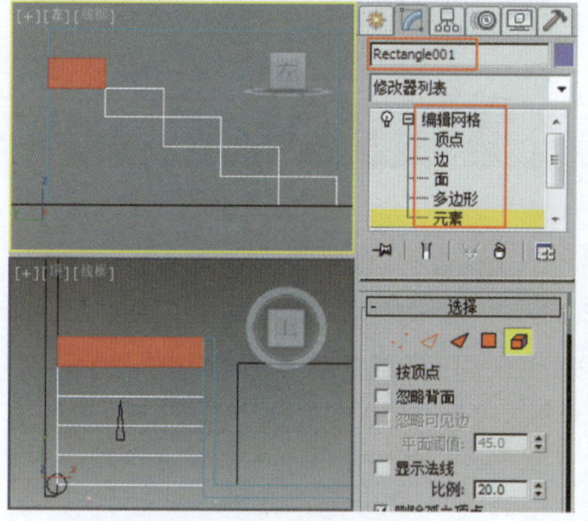

图14-9 制作台阶模型

❸ 利用线在"顶"视图中创建封闭图形，为图形施加"挤出"修改器，设置"数量"为150.0mm，在"前"视图中调整模型的位置，效果如图14-10所示。

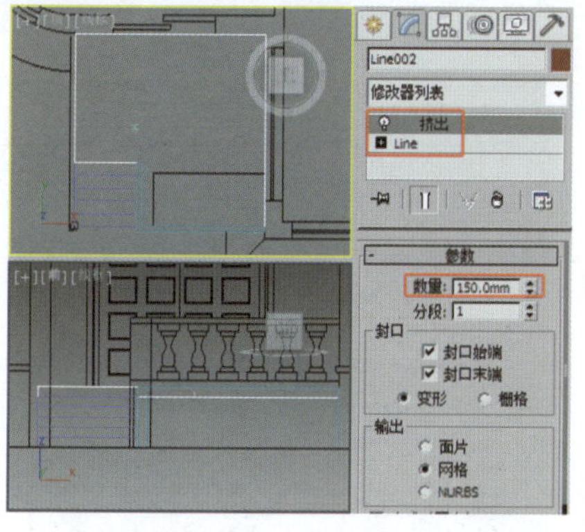

图14-10 创建模型

❹ 在"顶"视图中创建合适大小的圆柱体，设置"高度"为1，为模型施加"编辑网格"修改器，将选择集定义为"顶点"，在"前"视图中沿y轴调整顶点的位置，效果如图14-11所示。

❺ 利用线在"顶"视图中创建如图14-12所示的图形，为其施加"挤出"修改器和"编辑网格"修改器，在"前"视图中调整顶点的位置，继续在"顶"视图中利用矩形创建门上墙体。

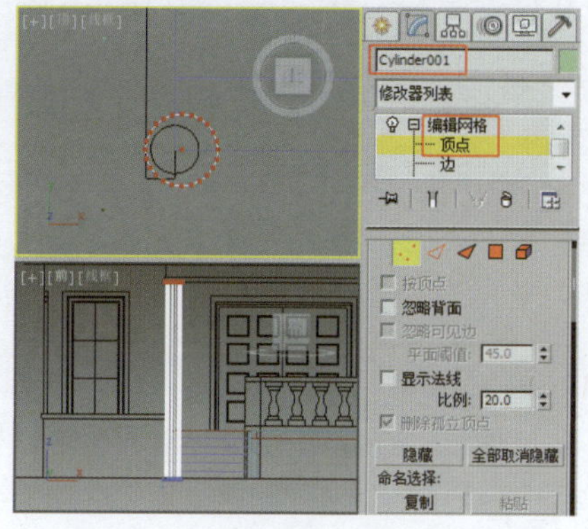

图14-11 创建圆柱体

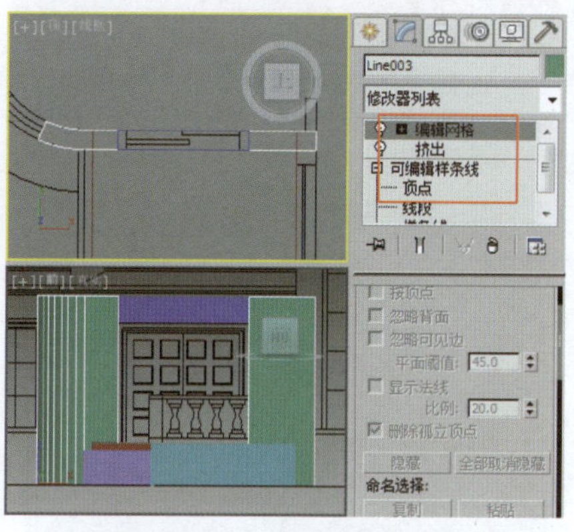

图14-12 创建门上墙体

❻ 根据图纸在"前"视图中创建门檐、门套、门框图形，为图形施加"挤出"修改器，设置合适的"数量"数值，在"顶"视图中调整模型的位置，效果如图14-13所示。

注 意

门檐内边应比门洞墙内边稍宽，比墙稍多出10～20mm，门套和门框在墙中间即可。

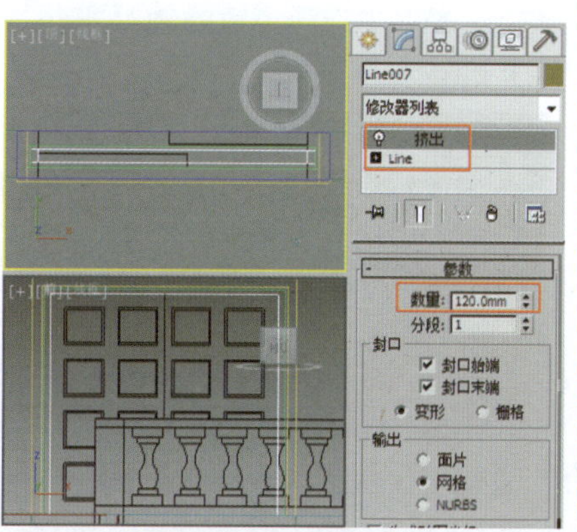

图14-13 创建并调整模型

❼ 激活"前"视图，先利用矩形创建门板的外框线，取消勾选"开始新图形"复选框，继续利用矩形创建一个较小的矩形，将选择集定义为"样条线"，使用移动复制法复制样条线，关闭选择集，为图形施加"挤出"修改器，设置"数量"为60.0mm，在"顶"视图中调整模型至合适的位置，效果如图14-14所示。

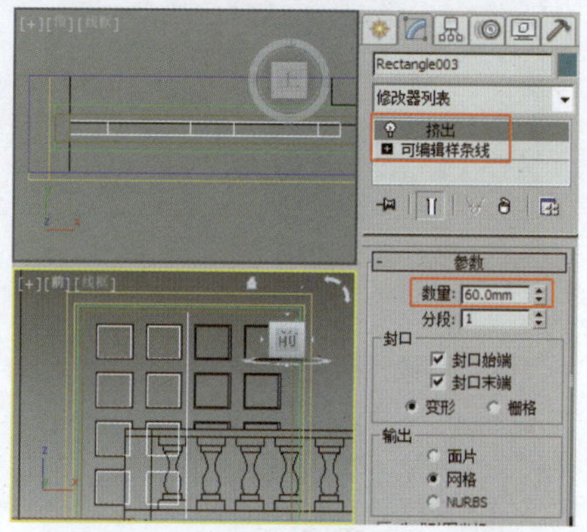

图14-14 创建门板

❽ 在"前"视图中创建两个矩形，将其作为门洞边框，为图形施加"挤出"修改器，设置合适的"数量"参数，为模型施加"编辑网格"修改器，将选择集定义为"元素"，使用移动复制法复制元素，效果如图14-15所示。

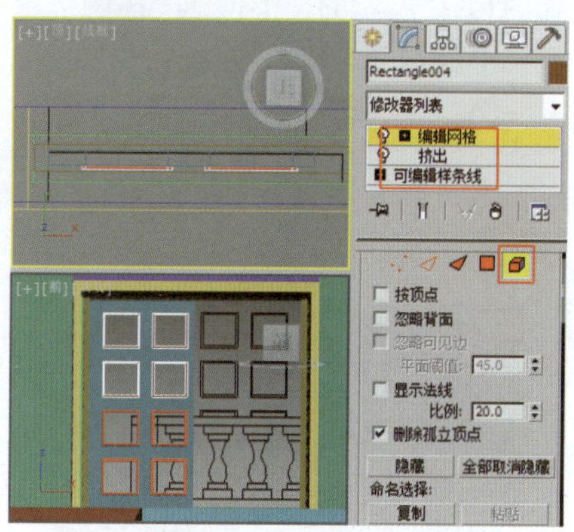

图14-15 调整门洞

❾ 选择踏步右侧的围墙模型，将模型转换为"可编辑多边形"，将选择集定义为"边"，在"前"视图中从左至右框选最上层的边，在"编辑边"卷展栏中单击"利用所选内容创建图形"按钮，在打开的"创建图形"对话框中设置"图形类型"为"线性"，如图14-16所示，单击"确定"按钮。

❿ 选择利用围墙模型创建的图

形，将选择集定义为“样条线”，设置“轮廓”为50.0mm，选择如图14-17所示的原始样条线，按Delete键删除，为图形施加“挤出”修改器，根据南立面调整其数量。

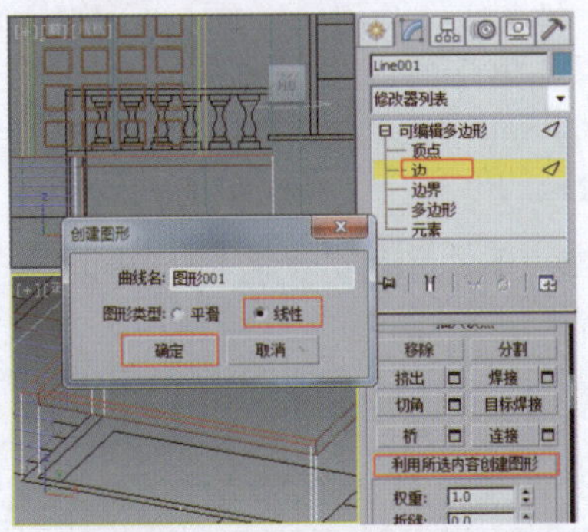

图14-16 创建图形

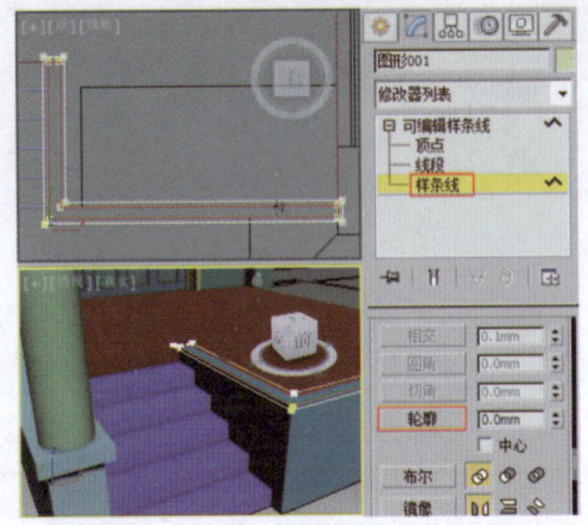

图14-17 选择样条线

⑪激活“左”视图，利用线创建如图14-18所示的图形，在“插值”卷展栏中设置“步数”为2。

注 意

在室外建模中应注意控制模型的面数。

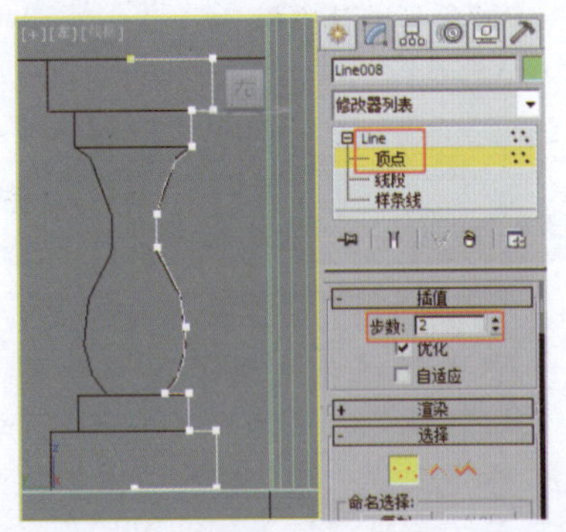

图14-18 创建图形

⑫为图形施加“车削”修改器，设置“度数”为360.0，勾选“焊接内核”复选框，设置“分段”为16、“方向”为“Y”、“对齐”为“最小”，使用移动移动复制法“实例”复制模型，效果如图14-19所示。

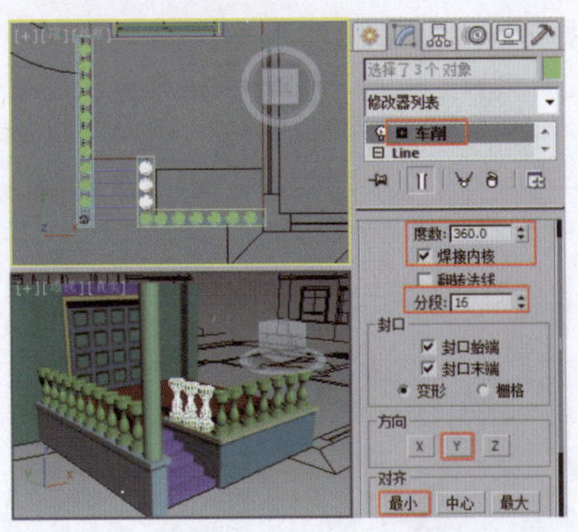

图14-19 调整并复制模型

⑬根据图纸在“前”视图中创建如图14-20所示的封闭图形，将其作为截面图形，选择图形右下角的顶点，右击，在弹出的菜单中选择“设为首顶点”命令。

提 示

设置首顶点是为了方便选择扫描时截面图形位于路径的位置。

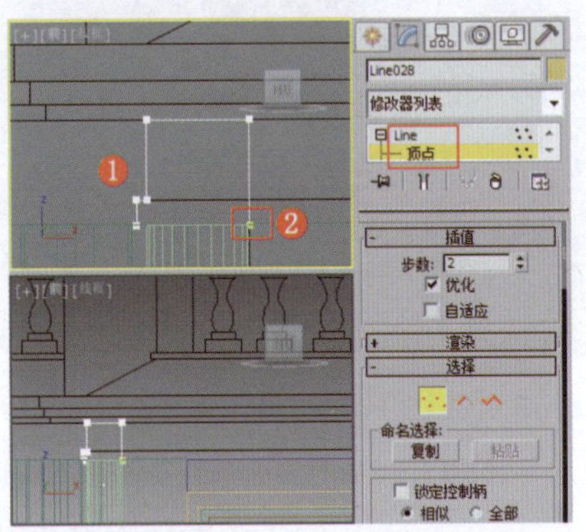

图14-20 创建图形

⑭在“顶”视图中创建3点的线，将其作为路径，为图形施加“扫描”修改器；在“截面类型”卷展栏中单击“使用自定义截面”单选按钮，单击“拾取”按钮，拾取创建的截面图形；在“扫描参数”卷展栏中勾选“XZ平面上的镜像”复选框，在“轴对齐”中选择合适的轴对齐点，效果如图14-21所示。

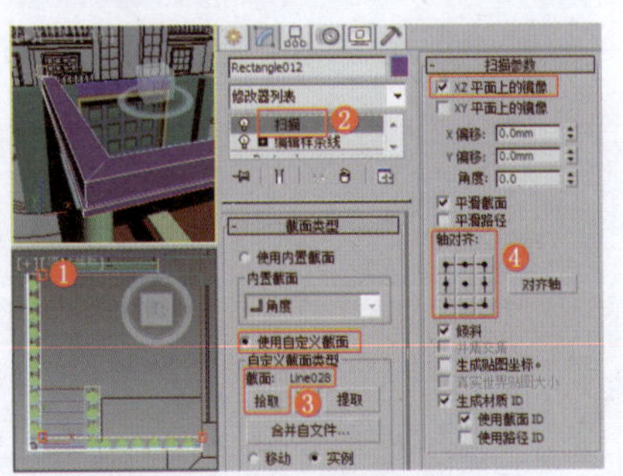

图14-21 扫描模型

⑮在“前”视图中创建如图14-22所示的不闭合图形，将其作为剖面图形，在“顶”视图中创建矩形，将其作为路径，为矩形施加“倒角剖面”修改器，在“参数”卷展栏中单击“拾取剖面”按钮，拾取剖面，将选择集定义为“剖面Gizmo”，打开角度捕捉，在“前”视图中调整Gizmo的角度。

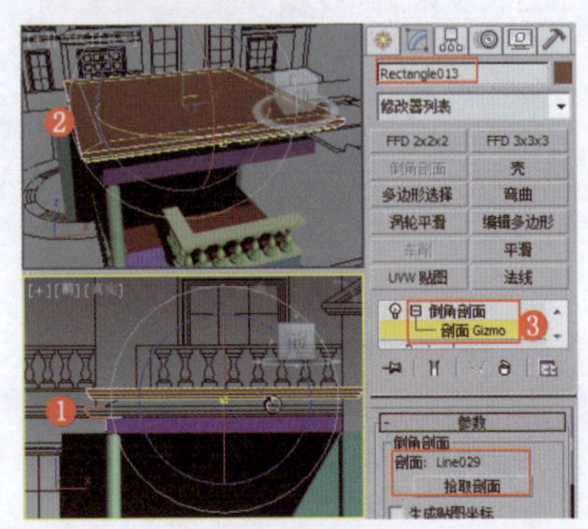

图14-22 创建顶

⑯将模型转换为“可编辑多边形”，将选择集定义为“顶点”，调整顶点的位置，效果如图14-23所示。

提 示

也可以将选择集定义为“多边形”，将用不到的多边形删除，然后再缩放顶点。先选择同轴向需要缩放的顶点，再激活“选择并挤压”、“使用选择中心”、“偏移模式变换输入”等按钮。如需要沿y轴缩放顶点，则右击绝对值输入“Y”右侧的按钮，使选中顶点在y轴为同坐标，该方法只适用于“编辑多边形”和“可编辑多边形”。

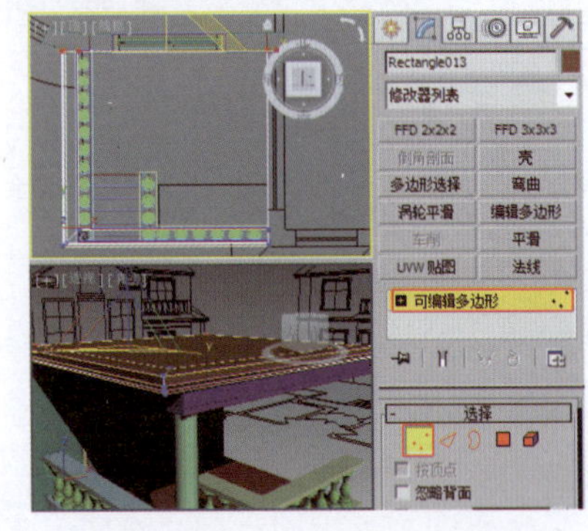

图14-23 调整顶点

⑰根据图纸，在“顶”视图中创建客厅的部分底墙图形，施加“挤出”修改器和“编辑网格”修改器，调整高度，以同样方法创建客厅外墙檐口，效果如图14-24所示。

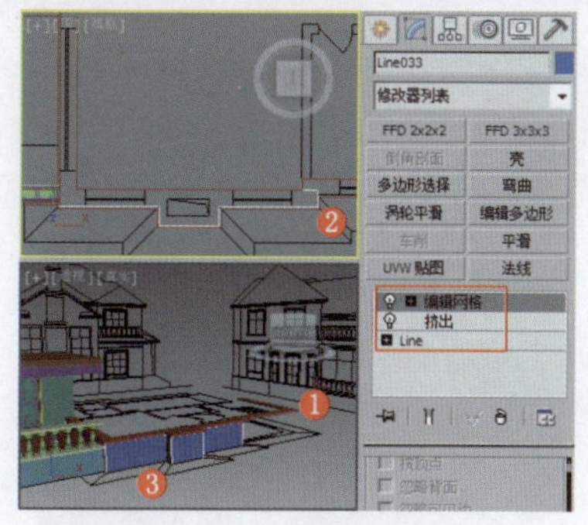

图14-24　制作客厅部分

⑱继续创建如图14-25所示的模型。

提　示

该模型是在“左”视图中根据西立面创建的。

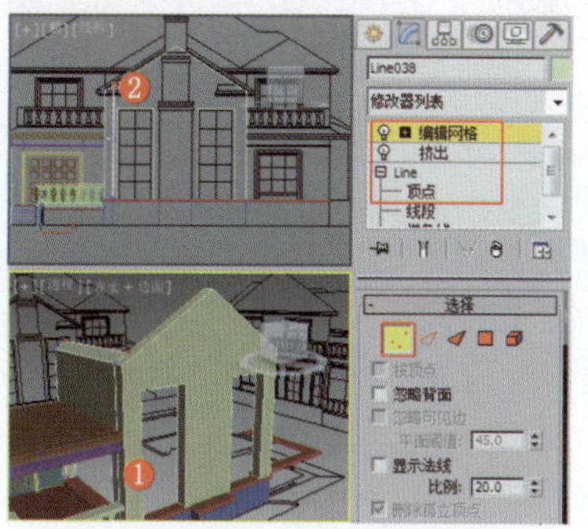

图14-25　创建模型

⑲创建平面，将其作为玻璃，调整平面的大小、位置和角度，效果如图14-26所示。

图14-26　创建玻璃

提　示

同材质的模型尽量使用同一个物体。

⑳根据图纸创建一楼客厅右侧的墙体、窗框、窗格、玻璃，调整模型至合适的位置，效果如图14-27所示。

㉑根据图纸创建入户门二楼的墙体、窗框、窗格、玻璃，以及阳台围栏和围栏柱，效果如图14-28所示。

图14-27　创建一楼客厅右侧的模型

图14-28　创建二楼的各部分模型

㉒根据图纸创建右侧的二层阳台及墙体结构，效果如图14-29所示。

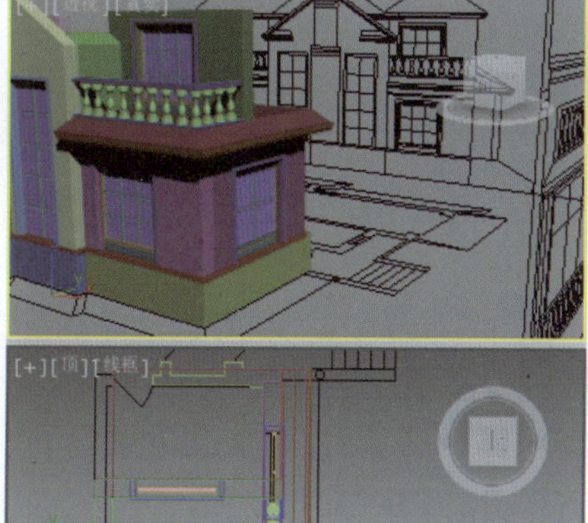

图14-29　创建二楼右侧墙体

㉓根据图纸创建烟囱及烟囱檐口的结构，效果如图14-30所示。

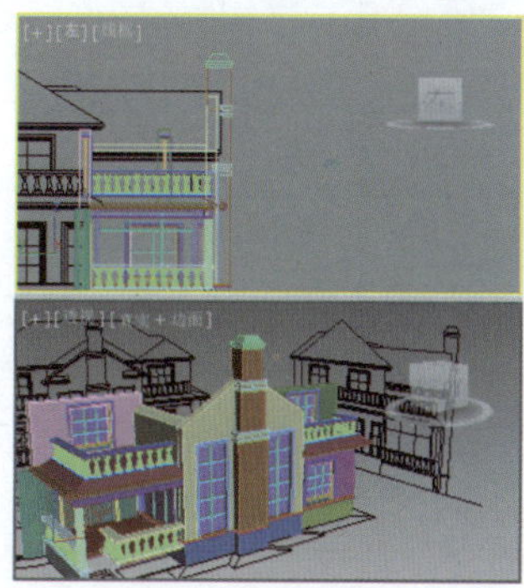

图14-30　创建烟囱及烟囱檐口

㉔根据图纸创建客厅的顶和檐口结构，效果如图14-31所示。

提　示

在图纸中看不到的线，需要先创建顶点，再根据调整顶点时线的变化确定顶点的位置。

图14-31　创建客厅的顶和檐口

㉕根据图纸创建图形，制作左侧弧形墙体的上下墙及檐口，效果如图14-32所示。

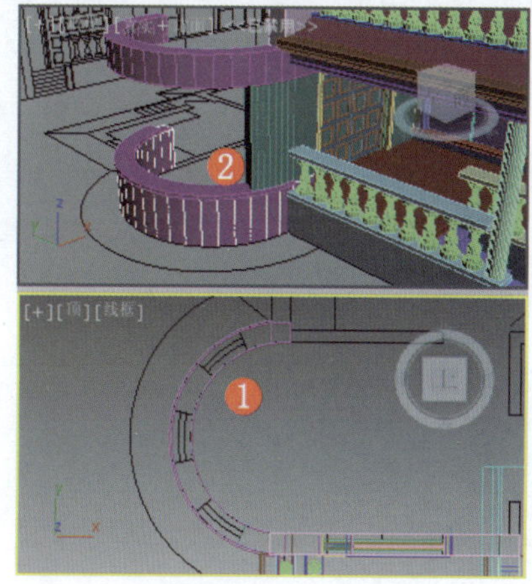

图14-32　制作左侧墙体的上下墙及檐口

㉖修改弧形墙的图形，并施加“挤出”和“编辑网格”修改器，制作如图14-33所示的墙体。

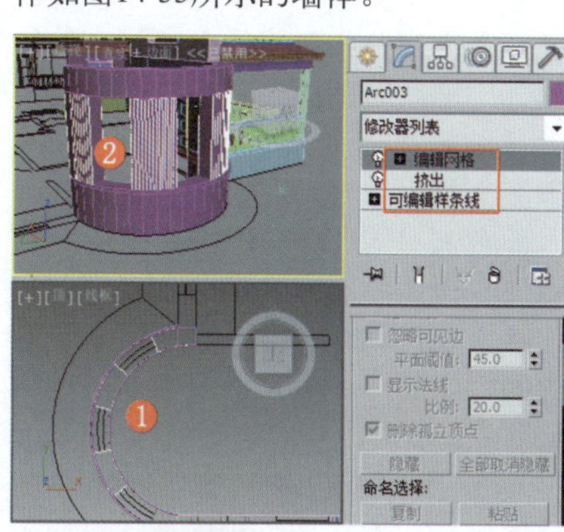

图14-33　修改弧形墙

㉗ 根据南立面图纸创建弧形墙体的窗套、窗框和玻璃，调整好模型的位置后，为横向的模型设置分段，效果如图14-34所示。

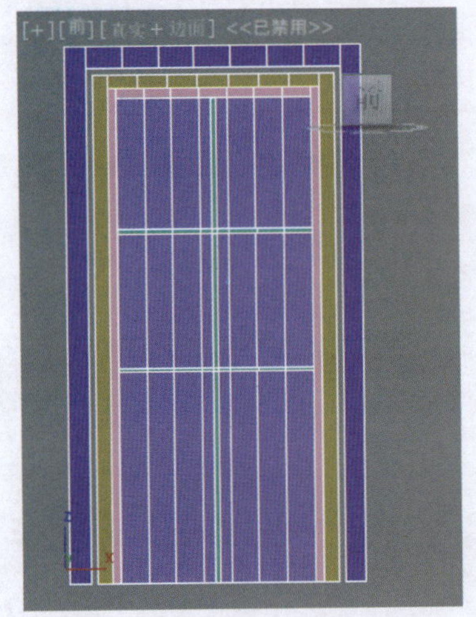

图14-34 设置合适的分段

㉘ 选择模型，为模型施加“弯曲”修改器，在“参数”卷展栏中设置“弯曲轴”为“X”，设置“弯曲”选项组的“角度”和“方向”参数，调整模型的位置，效果如图14-35所示。

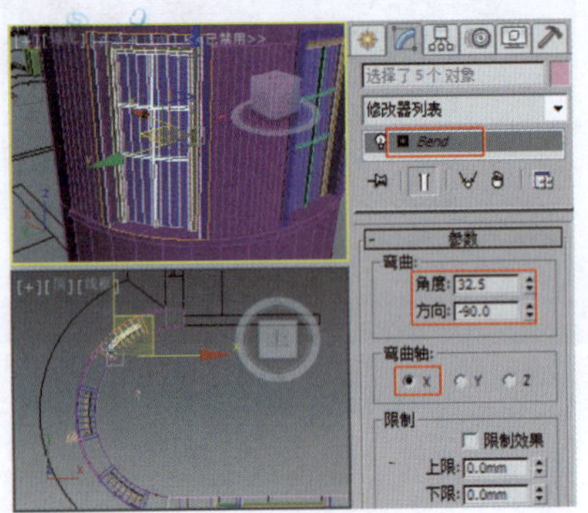

图14-35 施加“弯曲”修改器

㉙ 根据南立面在“前”视图中创建如图14-36所示的弧形墙的檐口和瓦的截面图形，再根据墙体外边创建一个弧形，为弧形施加“扫描”修改器，拾取截面图形，将模型转换为“可编辑多边形”，使用“选择并挤压”、“使用选择中心”、“偏移模式变换输入”按钮，在“顶”视图中选择右侧除顶底部分的顶点，在绝对值输入中右击“X”右侧的按钮，将顶点位置归零，再调整顶点。

㉚ 根据图纸在“前”视图中创建围栏柱，在“顶”视图中捕捉围栏檐口的中点以创建弧，选择围栏柱模型，按Shift+I组合键打开“间隔工具”对话框，拾取弧，设置“参数”选项组中的“计数”数量为14，设置“前后关系”为“边”，如图14-37所示，单击“应用”按钮，单击“关闭”按钮，删除原始模型，并调整间隔复制的模型至合适的位置。

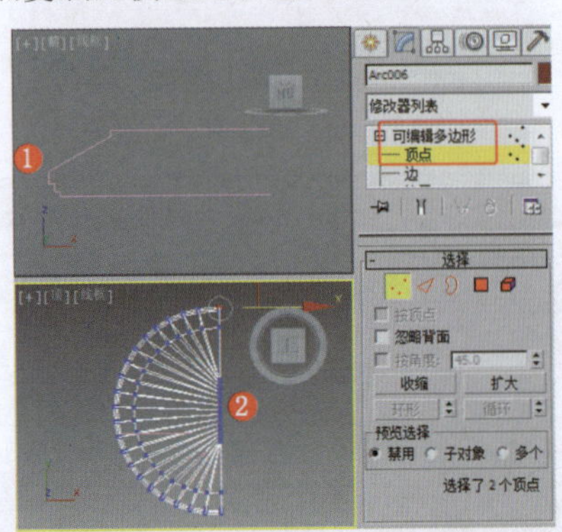

图14-36 创建弧形墙的檐口和瓦

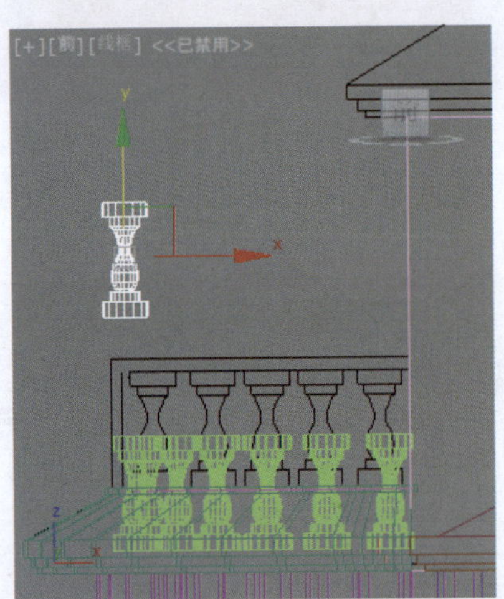

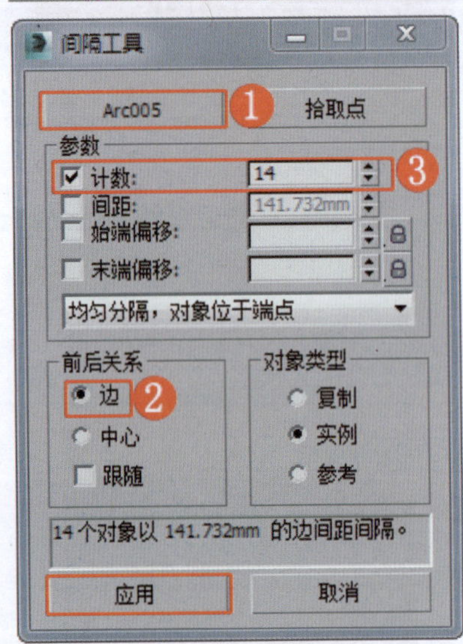

图14-37 复制围栏柱

㉛ 根据西立面创建墙体，复制窗框、窗套、玻璃、下墙和檐口模型并修改模型，效果如图14-38所示。

图14-38 创建并修改模型

实例275 创建屋顶及补墙

室外建模中的补墙是摄影机观察不到的面，因此，一般使用整个墙体直接堵上。如果需要多角度观察室外建筑，则必须完成整个模型的创建，在完成底层和补墙后创建屋顶模型，这样一层一层叠加一般不会出错。

实例制作步骤

视频路径	视频\Cha14\实例275 创建屋顶及补墙.mp4	
难易程度	★★★	学习时间
		20分23秒

① 恢复场景中的屋顶平面，打开捕捉开关，利用线创建如图14-39所示的封口图形，取消勾选“开始新图形”复选框，继续创建其他图形。

注 意

要依次创建图形以防遗漏。

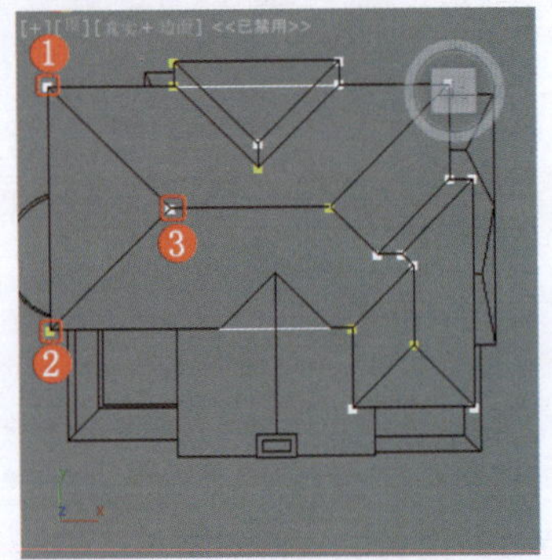

图14-39 创建顶部图形

② 为图形施加“编辑网格”修改器，将选择集定义为“线”，先调

整横向线的位置，再调整竖向线的位置，效果如图14-40所示。

注 意

在选择时要碰选或框选，不要点选。

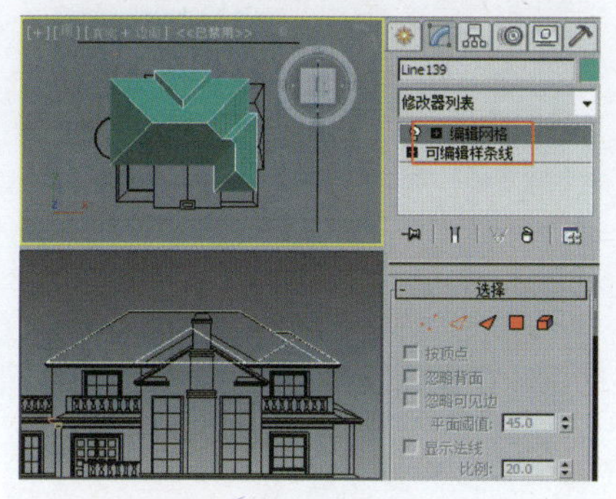

图14-40 调整线

❸ 创建如图14-41所示的不封闭图形，将其作为剖面图形，将选择集定义为“顶点”，选择顶点，右击，在弹出的菜单中选择“设为首顶点”命令。

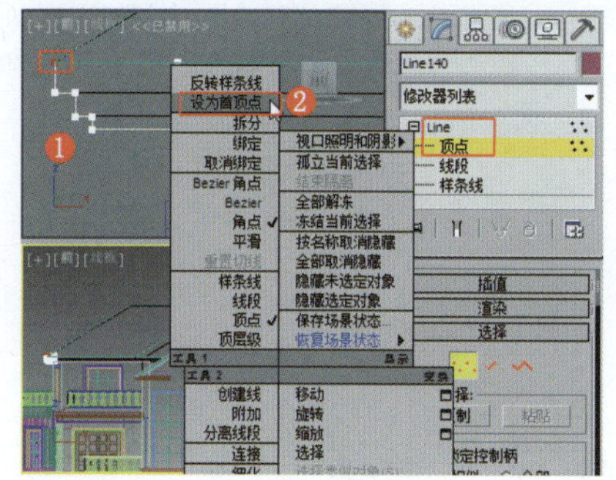

图14-41 创建图形

❹ 在“顶”视图中沿着墙体外侧创建封闭图形，为图形施加“倒角剖面”修改器，拾取剖面图形，将选择集定义为“剖面Gizmo”，调整Gizmo的角度，效果如图14-42所示。

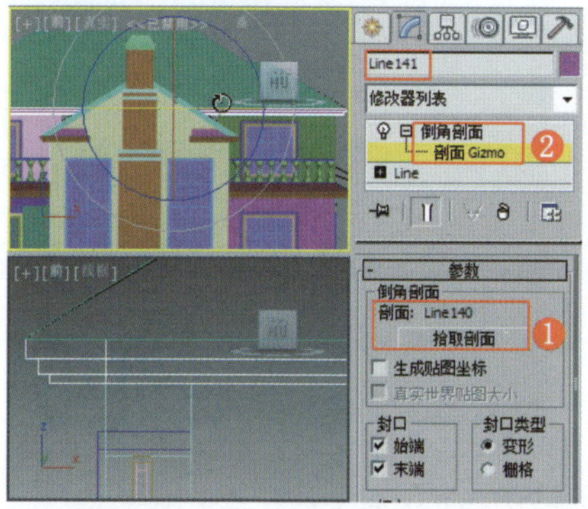

图14-42 施加“倒角剖面”修改器

❺ 将模型转换为“可编辑网格”，根据图纸调整模型的顶点，效果如图14-43所示。

图14-43 调整模型的顶点

❻ 根据图纸创建线，将其作为别墅的封口墙体，为线施加“挤出”修改器，将模型转换为“可编辑网格”，调整模型的顶点，效果如图14-44所示。

❼ 在场景中选择如图14-45所示的模型，将模型转换为“可编辑多边形”，将选择集定义为“多边形”，选择顶部的两个多边形，在“编辑几何体”卷展栏中单击“分离”按钮，将模型分离出去，以同样方法将弧形墙上的瓦模型分离出去。

图14-44 创建封口墙体

图14-45 创建顶

实例276 塌陷同材质的模型

在完成模型的创建后，需要将同材质模型塌陷，这样可以很好地控制场景中对象的个数，既可以使场景保持流畅，又可以防止不小心将模型错误位移。有些特殊形状对象的贴图坐标可以单独指定，将该元素分离出来即可，在塌陷时要注意法线的方向。

实例制作步骤

视频路径	视频\Cha14\实例276 塌陷同材质的模型.mp4		
难易程度	★★	学习时间	15分3秒

❶ 选择场景中同材质的模型，切换到“实用程序”面板，在“实用程序”卷展栏中单击“塌陷”按钮，在“塌陷”卷展栏中单击“塌陷选定对象”按钮，如图14-46所示，将模型按材质塌陷可以减少模型对象的个数，以保证场景运行及渲染的流畅。

❷ 将场景中除瓦材质以外的所有模型按材质塌陷，并按材质名称命名，如图14-47所示。

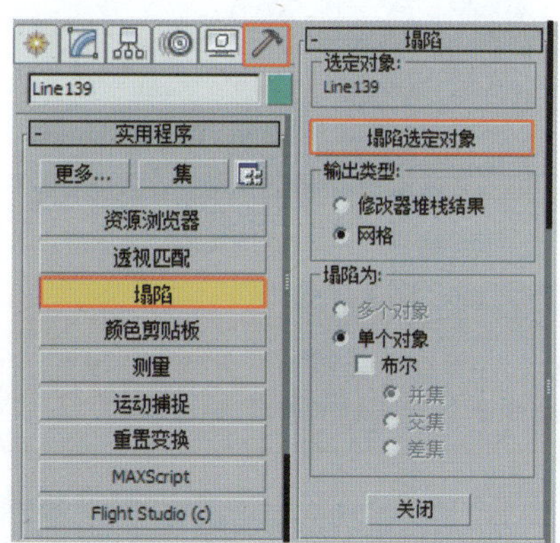

图14-46 塌陷模型

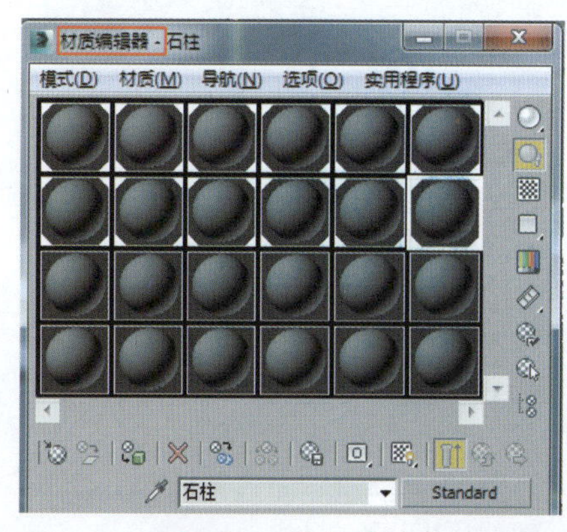

图14-47 按材质塌陷

实例277 创建摄影机

在效果图中，摄影机起到记忆画面的作用，可以方便观察场景效果。

视频路径	视频\Cha14\实例277 创建摄影机.mp4		
难易程度	★★	学习时间	3分14秒

实例278 创建地形

地形是指地表各种形态，是室外效果图中必不可少的部分。

实例制作步骤

视频路径	视频\Cha14\实例278 创建地形.mp4		
难易程度	★★★★	学习时间	12分13秒

❶ 在“顶”视图中创建平面，将其作为地面，效果如图14-48所示。

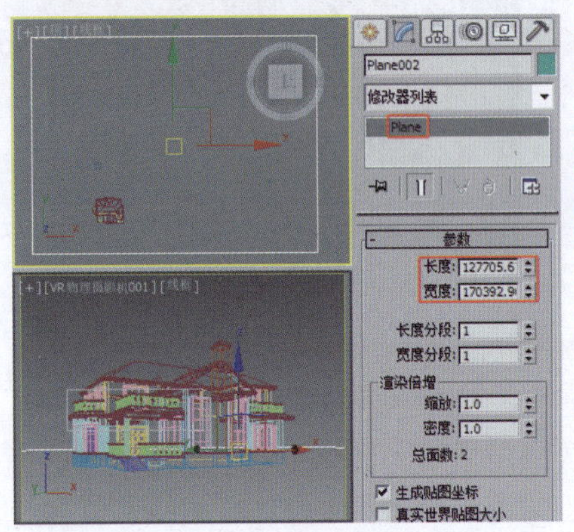

图14-48 创建平面

❷ 在“顶”视图中创建模型，将其作为马路，效果如图14-49所示。

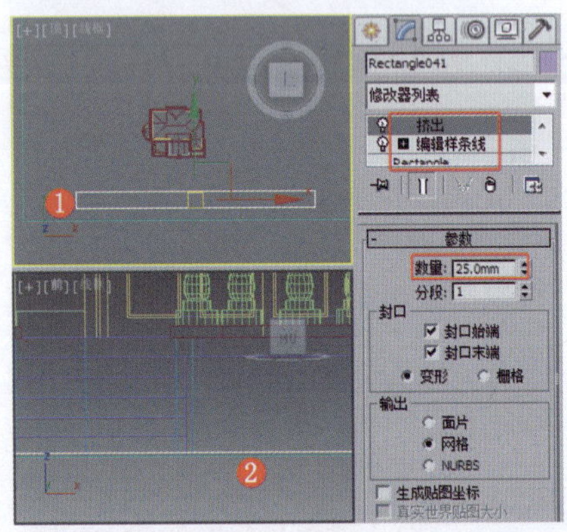

图14-49 创建马路

❸ 创建如图14-50所示的图形，将其作为铺装，为其施加“挤出”修改器，设置与马路模型同样的高度。

❹ 创建如图14-51所示的横向道牙模型，道牙一般宽度为100mm、高度为150mm，需要留出铺装出口的位置。

❺ 继续创建竖向道牙模型，效果如图14-52所示。

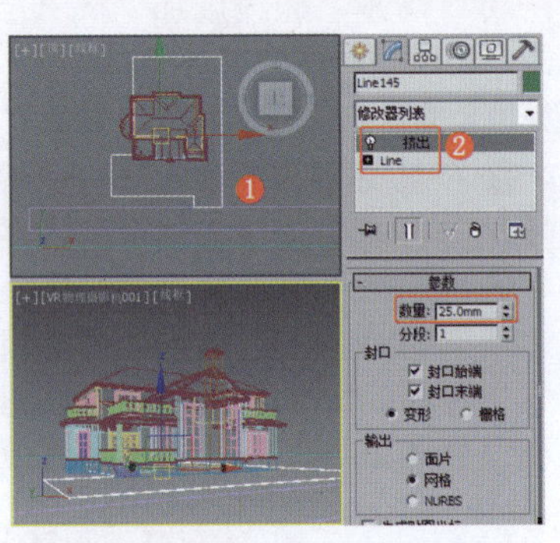

图14-50 创建铺装

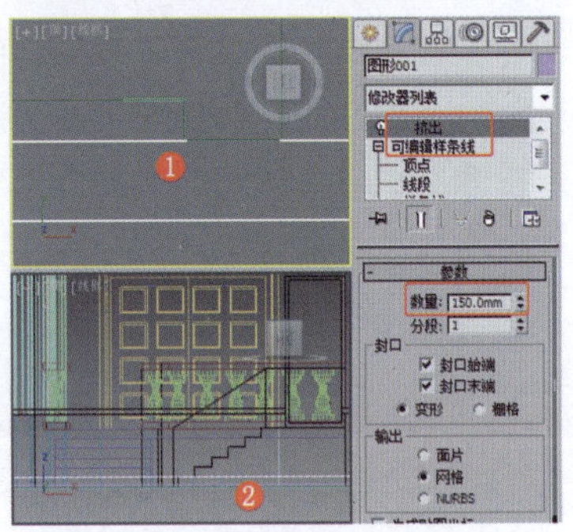

图14-51 创建横向道牙

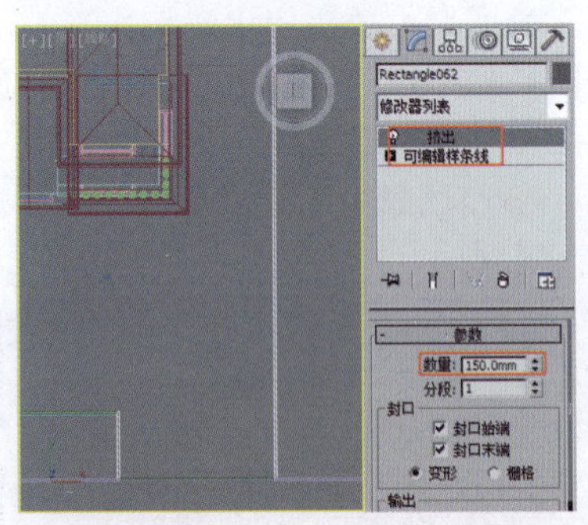

图14-52 创建竖向道牙

提 示

分别创建横向和竖向的道牙模型，是因为贴图坐标的需要。

❻ 创建如图14-53所示的篱笆模型，篱笆模型的摆放应以不遮挡主体建筑为前提，如果不能避免遮挡建筑，必须留出建筑的入户位置。

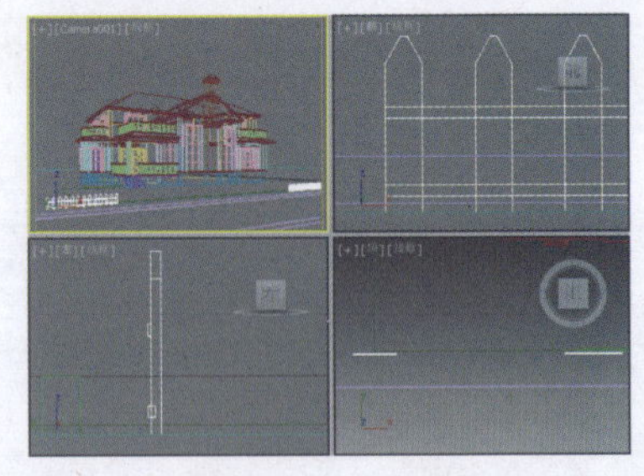

图14-53 创建篱笆

❼ 在创建模型时，应同时将新的材质球指定给模型。

实例279 设置测试渲染参数

先设置较低的参数作为测试渲染参数是非常必要的，这样可以大大提高渲染效率，并根据渲染效果调整场景中的灯光、材质。

实例制作步骤

视频路径	视频\Cha14\实例279 设置测试渲染参数.mp4	
难易程度	★★★	学习时间
		2分18秒

❶ 单击“渲染设置”按钮或按F10键，打开“渲染设置”面板，在“公用参数”卷展栏中设置较小的渲染尺寸，锁定“图像纵横比”，如图14-54所示。

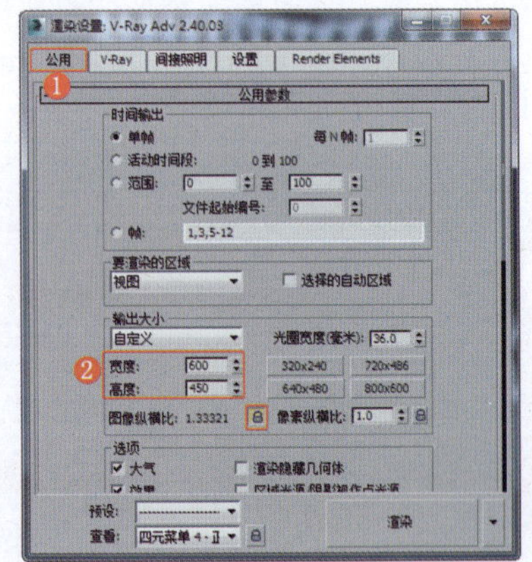

图14-54 设置参数

❷ 切换到“V-Ray”选项卡，在“V-Ray::全局开关”卷展栏中的“材质”选项组中设置“反射/折射”的“最大深度”为2，在“光线跟踪”选项组中设置“二次光线偏移”为

0.001；在“V-Ray::图像采样器（反锯齿）”卷展栏中设置“图像采样器”选项组的“类型”为“固定”，取消勾选“抗锯齿过滤器”选项组的“开”复选框，如图14-55所示。

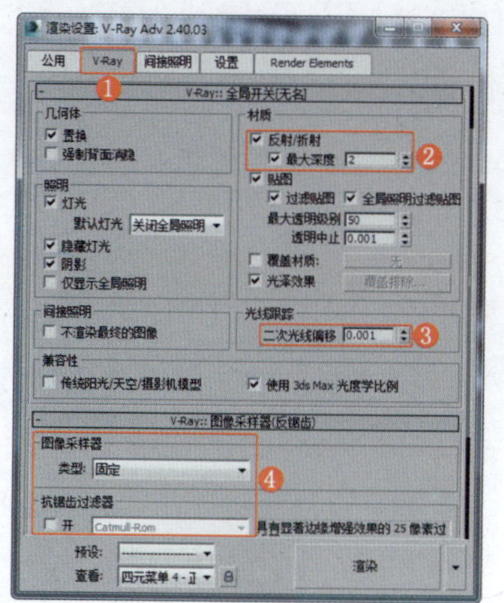

图 14-55 设置参数

❸ 切换到“间接照明”选项卡，在“V-Ray::间接照明（GI）”卷展栏中勾选“开”复选框打开GI，设置“二次反弹”选项组的“全局照明引擎”为“BF算法”；在“V-Ray::发光图”卷展栏中先设置“当前预置”为“非常低”，再将其设置为“自定义”，设置“最小比率”为-5、“最大比率”为-4，“半球细分”为20、“插值采样”为20，如图14-56所示。

❹ 切换到“设置”选项卡，在“V-Ray::系统”卷展栏中设置“最大树形深度”为90、“动态内存限制”为当前电脑的内存大小，设置“默认几何体”为“动态”、“区域排序”为“上->下”，如希望从下向上渲染，可勾选“反向排序”复选框，在“VRay日志”选项组中取消勾选“显示窗口”复选框，如图14-57所示。

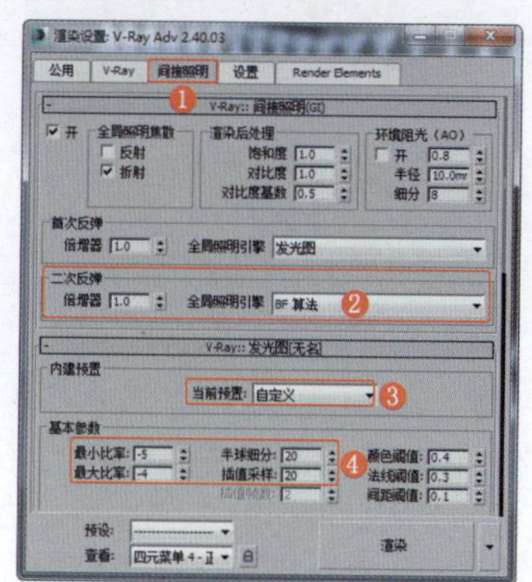

图14-56 设置参数

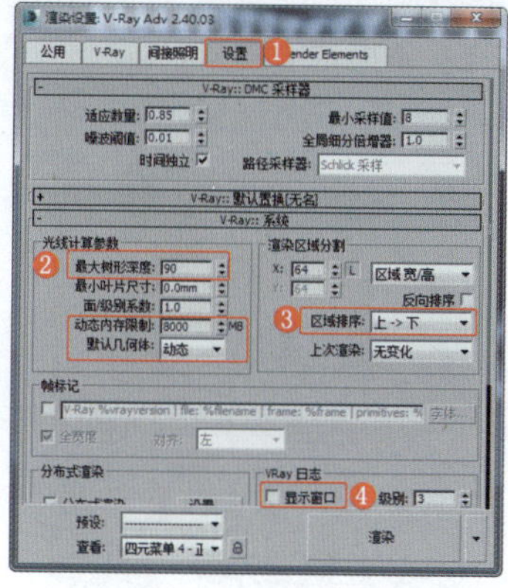

图14-57 设置参数

实例280 初调场景材质

在效果图渲染中，随着场景中灯光和环境的变化，材质的效果也会受到影响而发生变化，无法一次调整至完美，因此，需要先大体将材质指定，然后根据灯光和环境的改变进一步细化材质。

实例制作步骤

视频路径	视频\Cha14\实例280 初调场景材质.mp4		
难易程度	★★★	学习时间	25分51秒

注 意

室外建筑由于受环境、灯光的影响较大，调整材质时应先设置低参数，以便快速进行调整。

❶ 在场景中选择围栏柱模型，选择一个材质样本球，将其命名为“围栏柱”。

注 意

由于受天光影响，白色围栏柱会出现色溢，可以稍微加些青蓝之间的色调。为了防止曝光，纯白色物体的亮度一般不会被设置得太满。

❷ 在“Blinn基本参数”卷展栏中设置“环境光”和“漫反射”颜色的“色调”为149、“饱和度”为6、“亮度”为247，设置“高光级别”为20、“光泽度”为30，如图14-58所示，将材质指定给围栏柱模型。

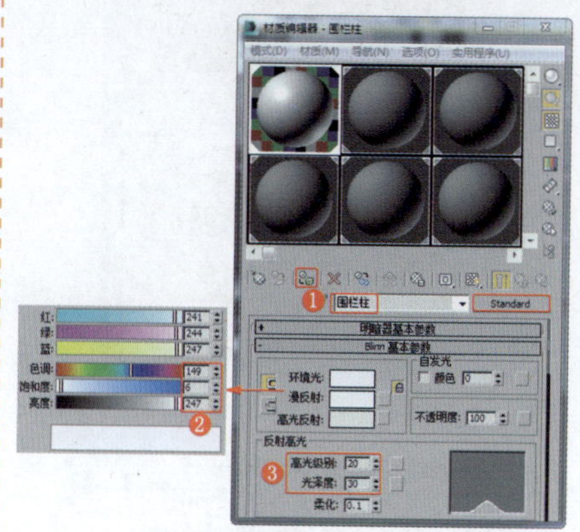

图14-58 设置围栏柱材质

❸ 在场景中选择台阶及入户露台模型，按M键打开材质编辑器，选择一个材质样本球，将其命名为“台阶及入户”；在“贴图”卷展栏中为“漫反射颜色”指定“位图”贴图（位于随书配套资源中的“Map \方砖面.jpg”文件），进入“漫反射颜色”贴图层级，设置“模糊”为0.6，如图14-59所示。

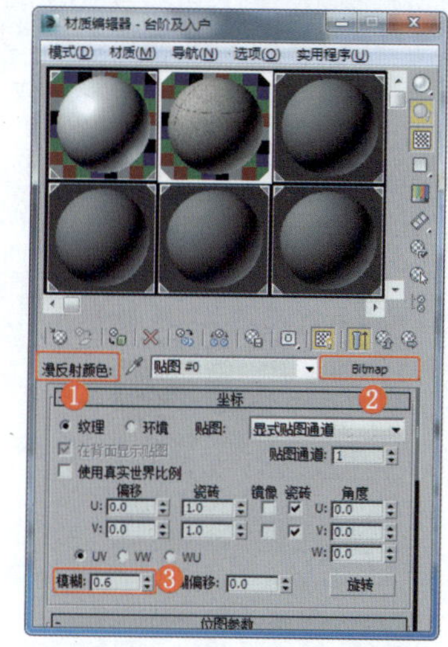

图14-59 设置台阶及入户材质

❹ 返回上一层级，将“漫反射颜色”的“位图”贴图复制给“凹凸”通道，设置“凹凸”的“数量”为10，如图14-60所示，将材质指定给模型。

❺ 为模型施加“UVW贴图”修改器，在“参数”卷展栏中设置贴图类型为“长方体”，设置合适的“长度”“宽度”“高度”数值，将选择

集定义为“Gizmo”，调整贴图在模型上的位置，效果如图14-61所示。

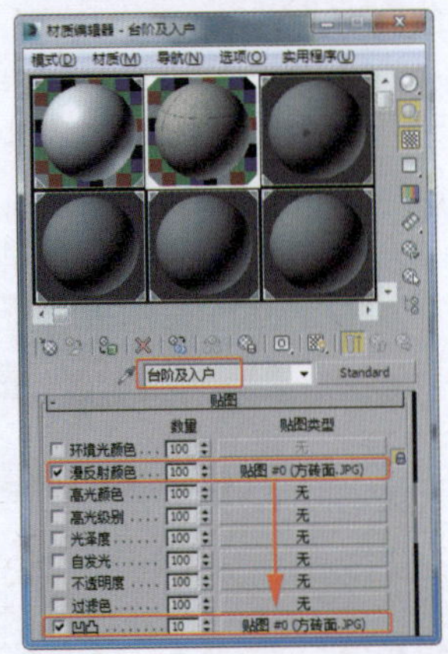

图14-60　设置台阶及入户材质

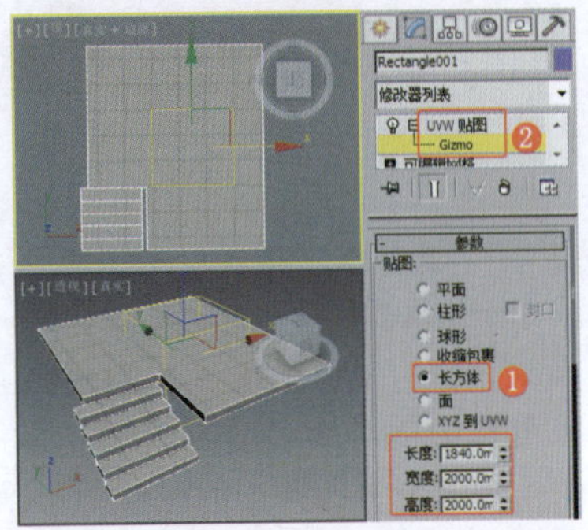

图14-61　设置UVW贴图

❻在场景中选择门模型，选择一个材质样本球，将其命名为“门”；将材质转换为VRayMtl材质，在“基本参数”卷展栏中设置“反射”选项组的“反射光泽度”为0.9，解锁“高光光泽度”，设置“高光光泽度”为1.0，此时没有高光，可以防止曝光，如图14-62所示。

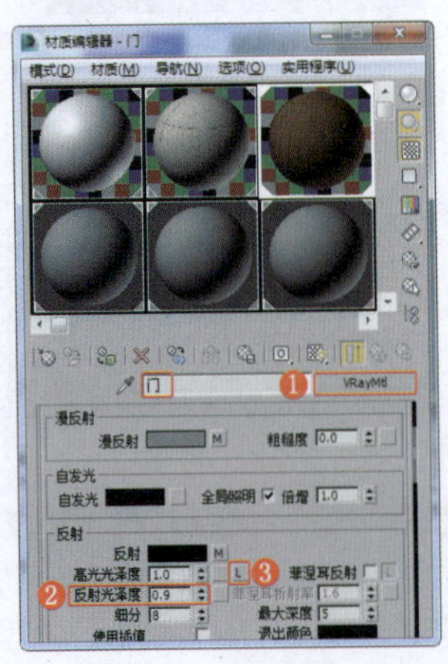

图14-62　设置门材质

❼为“反射”指定“衰减”贴图，进入“反射贴图”层级，设置“衰减类型”为“Fresnel”，设置“折射率”为1.2，如图14-63所示。

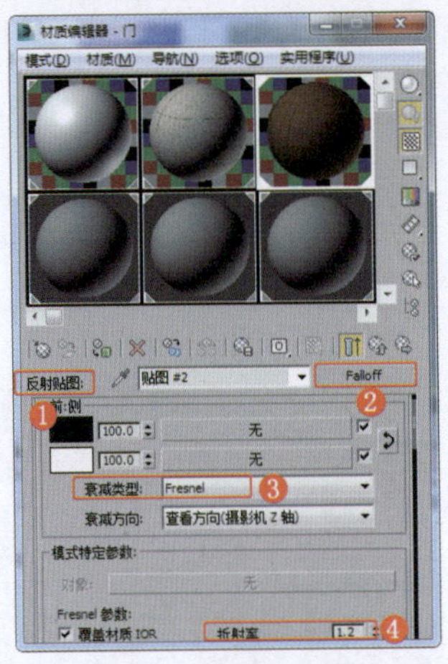

图14-63　设置门材质

❽为“漫反射”指定“位图”贴图（位于随书配套资源中的“Map\CHERRYWD007.jpg”文件），进入“漫反射贴图”层级，在“坐标”卷展栏中设置“模糊”为0.5，设置“角度”的“W”值为90.0，如图14-64所示，将材质指定给模型。

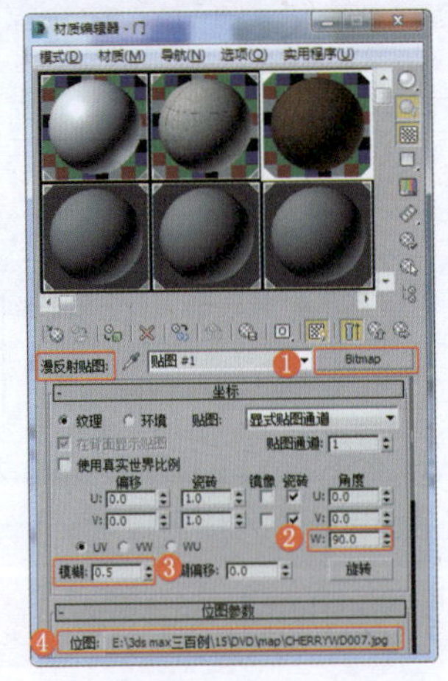

图14-64　设置门材质

❾为模型施加“UVW贴图”修改器，在“参数”卷展栏中设置贴图类型为“长方体”，设置合适的“长度”“宽度”“高度”数值，如图14-65所示。

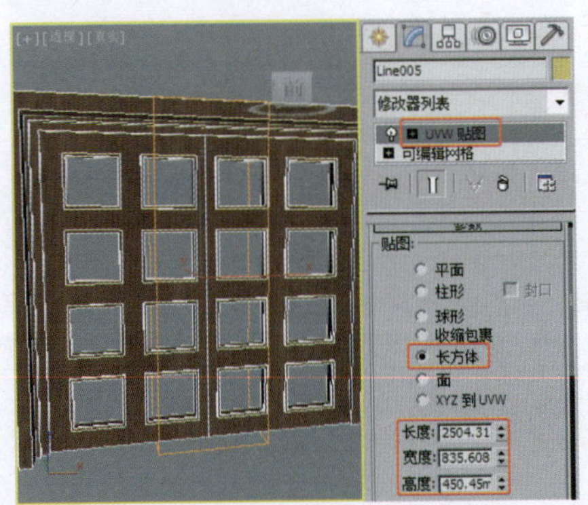

图14-65　设置UVW贴图

❿在场景中选择玻璃模型，选择一个材质样本球，将其命名为“玻璃”；设置“环境光”和“漫反射”颜色的“色调”为145，“饱和度”为130，“亮度”为106，设置“不透明度”为70、“高光级别”为103、“光泽度”为46；在“扩展参数”卷展栏中设置“过滤”颜色的“色调”为149、“饱和度”为20、“亮度”为75，如图14-66所示。

提　示

如果是单片玻璃，建议使用标准材质；如果是双面玻璃，建议使用VRay材质。

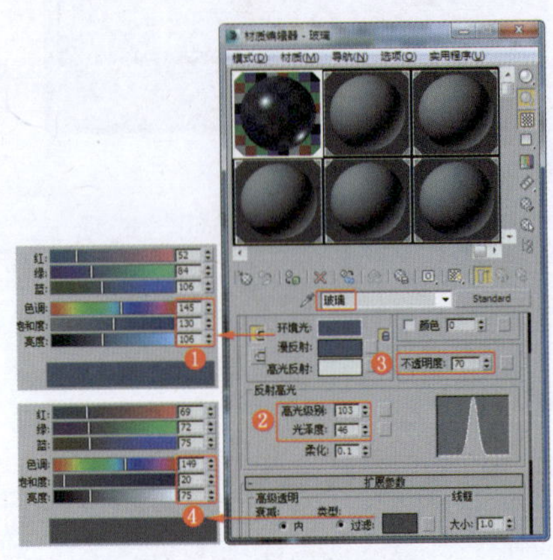

图14-66　设置玻璃材质

⓫在“贴图”卷展栏中为“反射”指定“VR贴图”，设置“反射”的“数量”为40，如图14-67所示，将材质指定给玻璃模型。

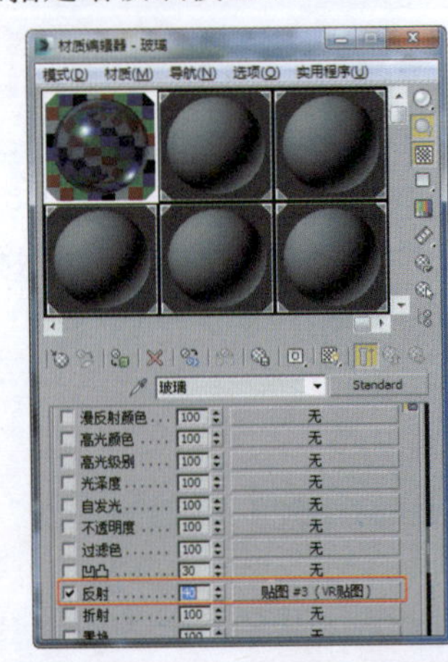

图14-67　设置玻璃材质

⓬在场景中选择檐口模型，选择一个材质样本球，将其命名为“檐口”；在“Blinn基本参数”卷展栏中设置“环境光”和“漫反射”颜色的“亮度”为220，如图14-68所示，将材质指定给模型。

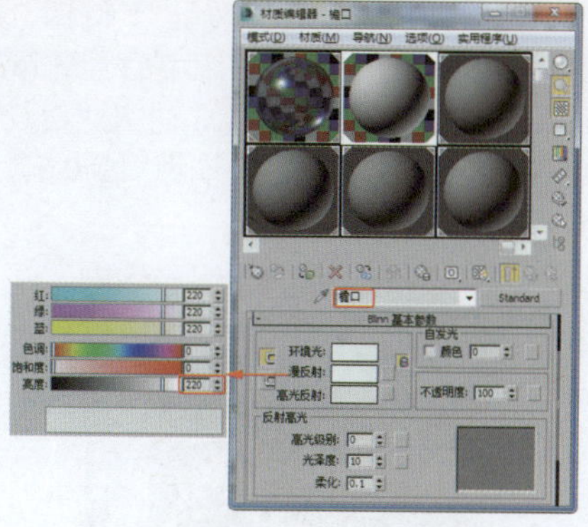
图14-68　设置檐口材质

⑬ 在场景中选择屋顶模型，选择一个材质样本球，将其命名为“屋顶”；将材质转换为VRayMtl材质，在“基本参数”卷展栏中设置“反射”颜色的“亮度”为26，“反射光泽度”为0.9，解锁“高光光泽度”，如图14-69所示。

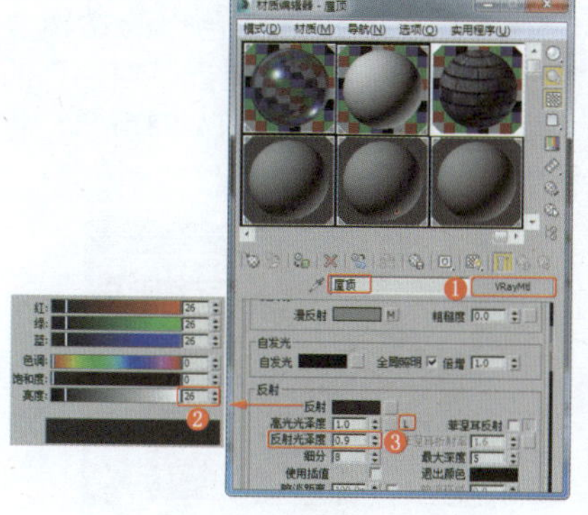
图14-69　设置屋顶材质

⑭ 为“漫反射”指定“位图”贴图（位于随书配套资源中的“Map\wa.jpg”文件），进入“漫反射贴图”层级，设置“模糊”为0.5，如图14-70所示。

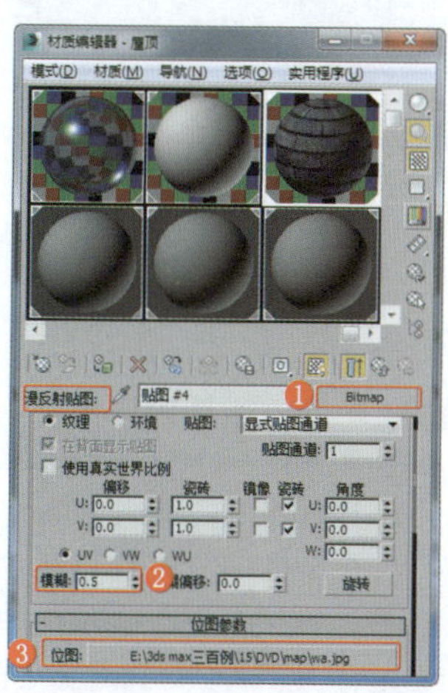
图14-70　设置屋顶材质

⑮ 为“凹凸”指定“位图”贴图（位于随书配套资源中的“Map\wa-2.jpg”文件），进入“凹凸贴图”层级，设置“模糊”为0.5，返回上一层级，设置“凹凸”的“数量”为15.0，如图14-71所示，将材质指定给选定的模型。

图14-71　设置屋顶材质

⑯ 为模型施加“贴图缩放器绑定（WSM）”修改器，在“参数”卷展栏中设置“比例”为1200.0mm，如图14-72所示。

图14-72　设置参数

⑰ 选择底墙模型，选择一个材质样本球，将其命名为“底墙”；将材质转换为VRayMtl材质，在“基本参数”卷展栏中设置“反射”颜色的“亮度”为26，解锁“高光光泽度”，设置“反射光泽度”为0.75，如图14-73所示。

⑱ 为“漫反射”指定“位图”贴图（位于随书配套资源中的“Map\B-A-001#.jpg”文件），进入“漫反射贴图”层级，设置“模糊”为0.3，如图14-74所示。

⑲ 为“凹凸”指定“法线凹凸”贴图，进入“凹凸贴图”层级，在“参数”卷展栏中为“法线”指定“位图”贴图（位于随书配套资源中的“Map\B-A-001_ NRM.png”文件），如图14-75所示，返回主材质层级，将材质指定给选定的模型。

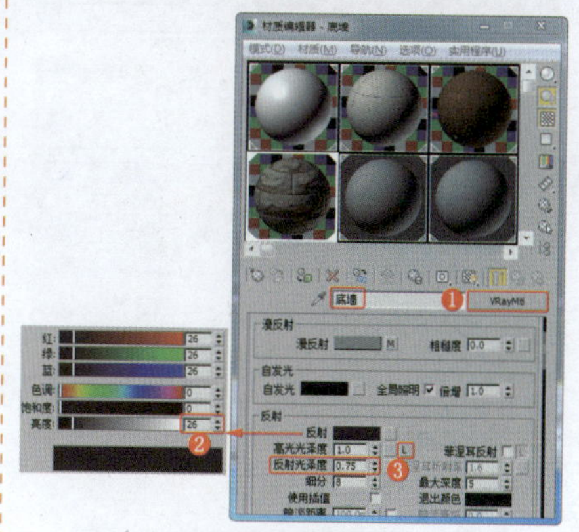
图14-73　设置底墙材质

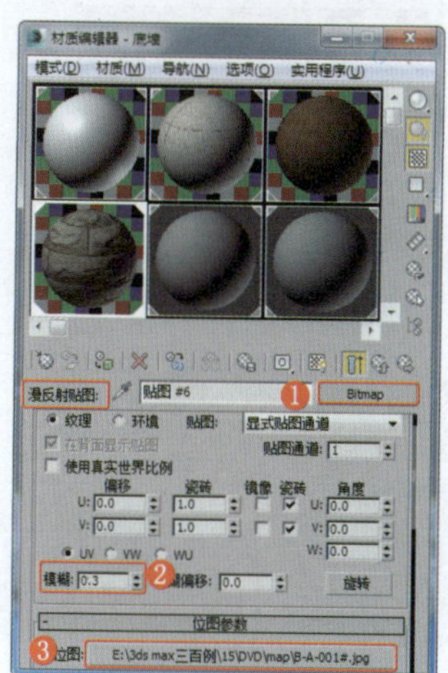
图14-74　设置底墙材质

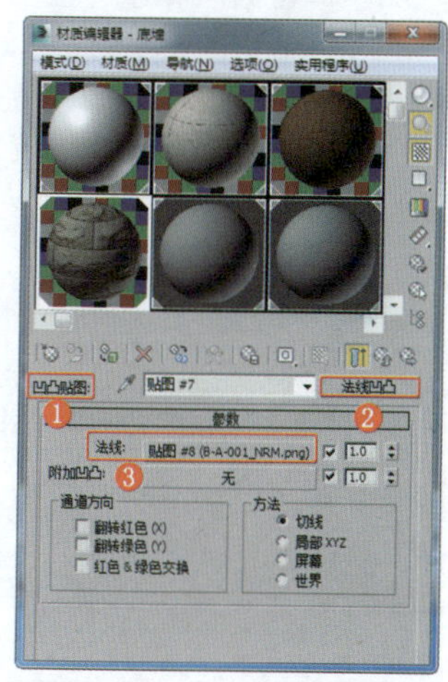
图14-75　设置底墙材质

⑳ 为模型施加“贴图缩放器绑定（WSM）”修改器，在“参数”卷展栏中设置“比例”为900.0mm，如图14-76所示。

㉑ 在场景中选择墙1模型，在材质编辑器中选择一个材质样本球，将其命名为“墙1”；在“Blinn基本参

数”卷展栏中设置“高光级别”为20、“光泽度”为16，如图14-77所示。

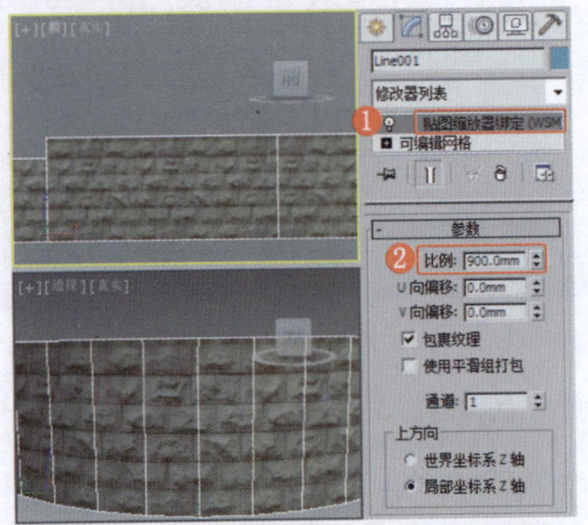

图14-76　设置参数

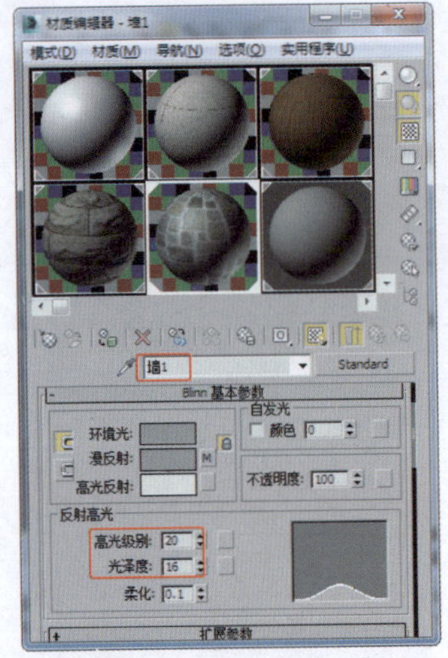

图14-77　设置墙1材质

㉒为“漫反射”指定“位图”贴图（位于随书配套资源中的“Map\墙01.jpg”文件），进入“漫反射颜色”层级，在“坐标”卷展栏中设置“模糊”为0.5，设置“角度”的“W”值为90.0，如图14-78所示。

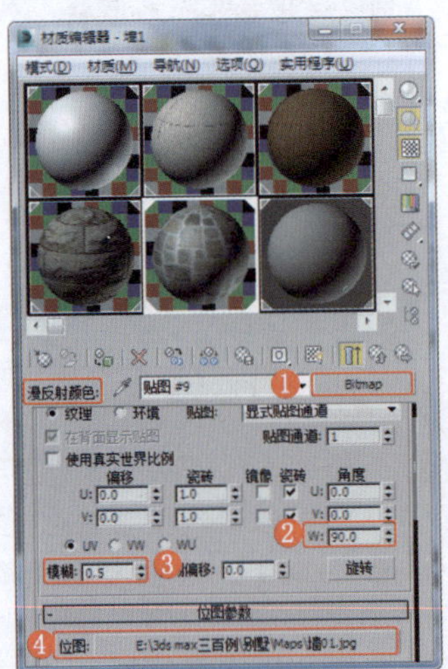

图14-78　设置墙1材质

㉓将“漫反射颜色”的“位图”贴图复制给“凹凸”通道，设置“凹凸”的“数量”为-10，如图14-79所示，将材质指定给选定的模型。

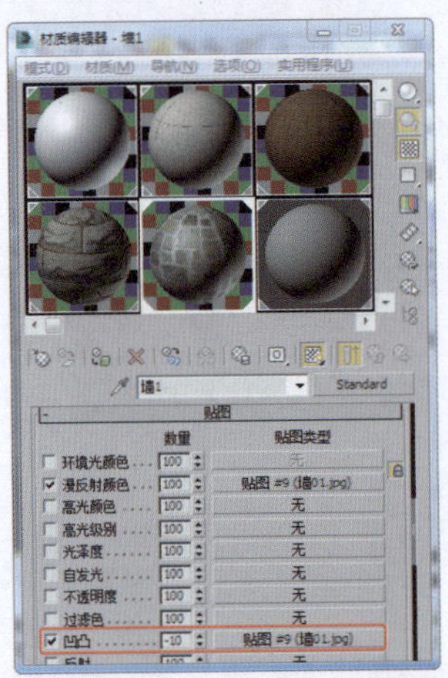

图14-79　设置墙1材质

㉔为模型施加“UVW贴图”修改器，在“参数”卷展栏中设置贴图类型为“长方体”，设置合适的“长度”“宽度”“高度”数值，如图14-80所示。

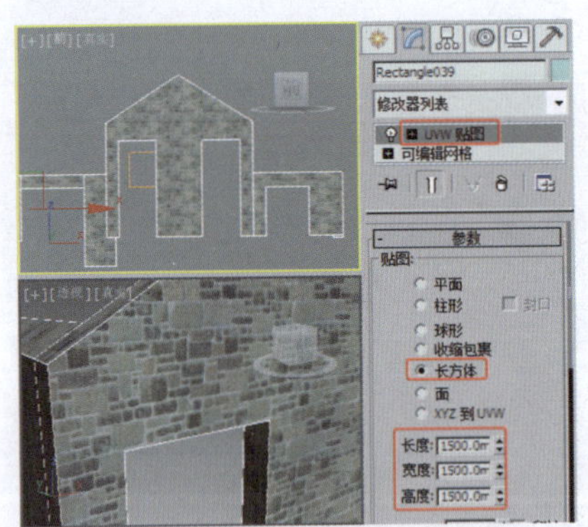

图14-80　设置UVW贴图

㉕在场景中选择墙2模型，在材质编辑器中选择一个材质样本球，将其命名为“墙2”，设置“高光级别”为12，如图14-81所示。

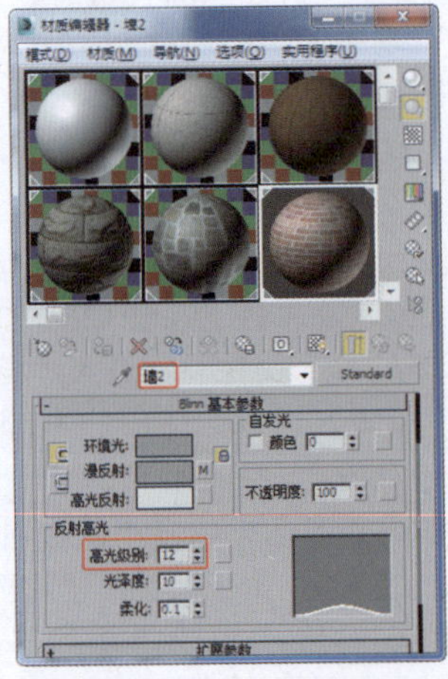

图14-81　设置墙2材质

㉖为“漫反射”指定“位图”贴图（位于随书配套资源中的“Map\america018.jpg”文件），进入“漫反射颜色”层级，设置“模糊”为0.5，如图14-82所示。

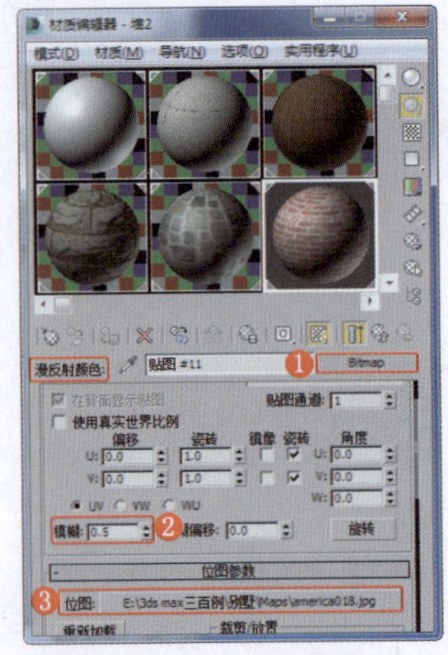

图14-82　设置墙2材质

㉗将“漫反射颜色”的贴图复制给“凹凸”通道，设置“凹凸”的“数量”为-10，如图14-83所示，将材质指定给选定的模型。

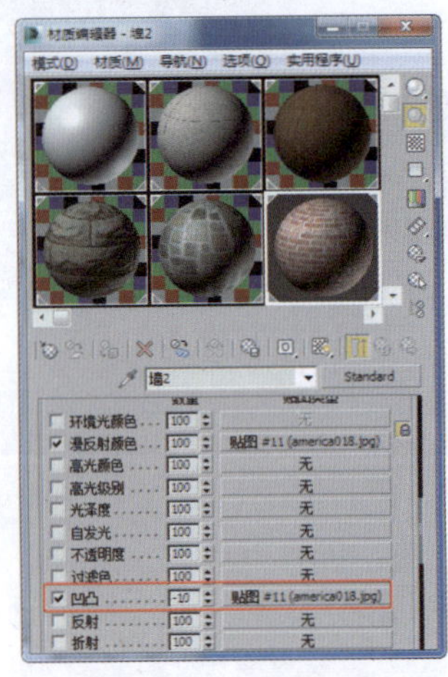

图14-83　设置墙2材质

㉘为模型施加“UVW贴图”修改器，在“参数”卷展栏中设置贴图类型为“长方体”，设置合适的“长度”“宽度”“高度”数值，如图14-84所示。

㉙在场景中选择窗框模型，在材质编辑器中选择一个材质样本球，将其命名为“窗框”；在“基本参数”卷展栏中设置“漫反射”颜色的“亮度”为247，在“反射”选项组中解锁“高光光泽度”，设置“反射光泽度”为0.88，如图14-85所示。

㉚为“反射”指定“衰减”贴图，进入“反射贴图”层级，设置

“衰减类型”为“Fresnel”，设置“折射率”为1.3，如图14-86所示，将材质指定给选定的模型。

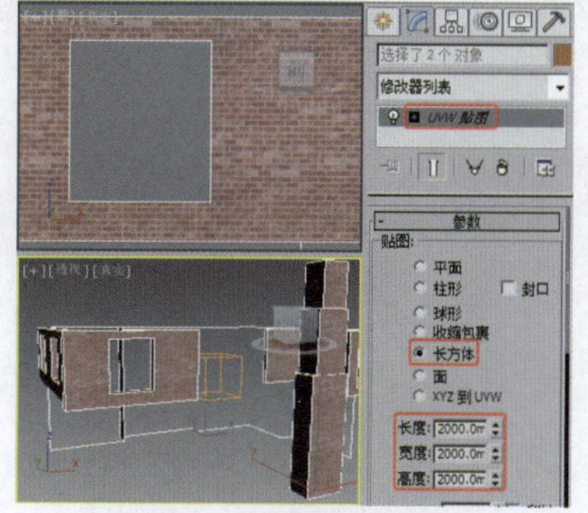
图14-84 设置UVW贴图

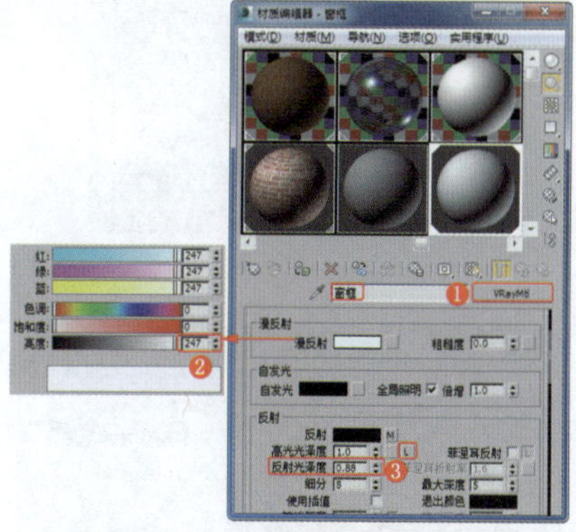
图14-85 设置窗框材质

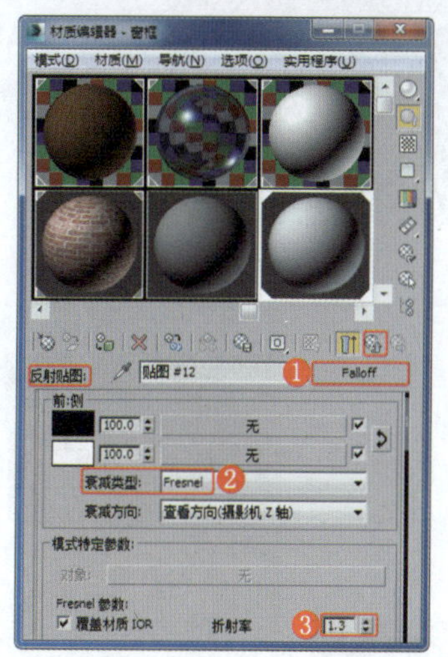
图14-86 设置窗框材质

31 在场景中选择石柱模型，在材质编辑器中选择一个材质样本球，将其命名为“石柱”，设置“高光级别”为18、“光泽度”为13，如图14-87所示。

32 为“漫反射”指定“位图”贴图（位于随书配套资源中的“Map\dongshi.jpg”文件），进入“漫反射颜色”层级，设置“模糊”为0.3，如图14-88所示。

图14-87 设置石柱材质

图14-88 设置石柱材质

33 将“漫反射颜色”的贴图复制给“凹凸”通道，设置“凹凸”的“数量”为10，如图14-89所示，将材质指定给选定的模型。

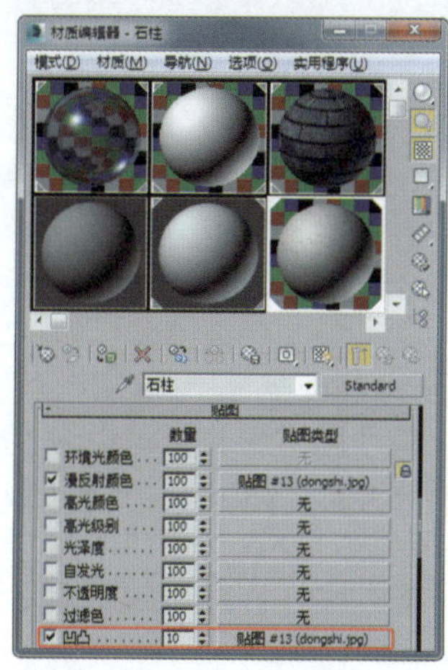
图14-89 设置石柱材质

34 为模型施加“UVW贴图”修改器，在“参数”卷展栏中设置贴图类型为“长方体”，设置合适的“长度”“宽度”“高度”数值，如图14-90所示。

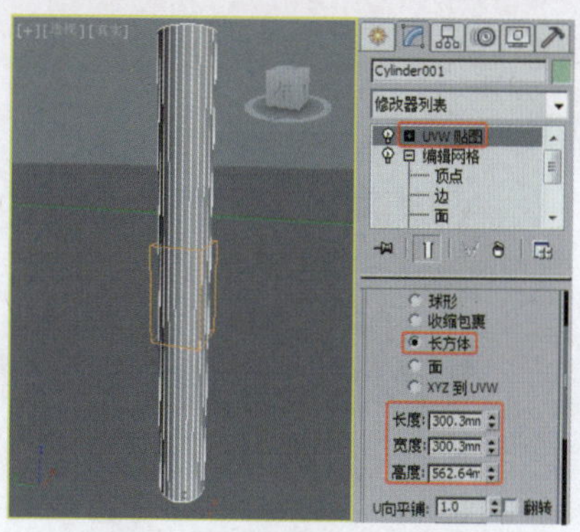
图14-90 设置UVW贴图

35 在场景中选择地面模型，在材质编辑器中选择一个材质样本球，将其命名为“草地”；为“漫反射”指定“位图”贴图（位于随书配套资源中的“Map\cao.jpg”文件），进入“漫反射颜色”层级，设置“模糊”为0.3，如图14-91所示，将材质指定给选定的模型。

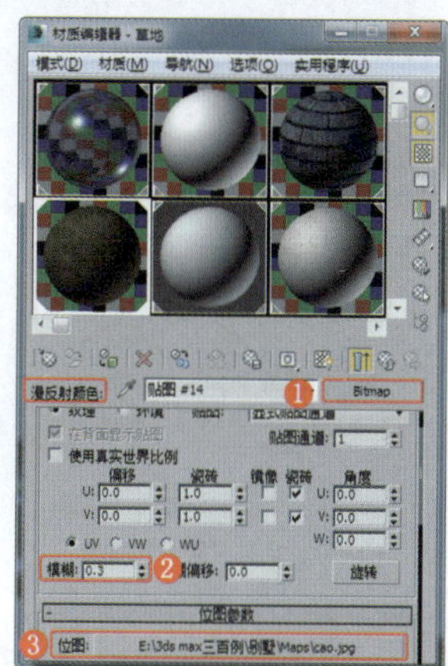
图14-91 设置草地材质

36 为草地施加“UVW贴图”修改器，在“参数”卷展栏中设置贴图类型为“平面”，设置合适的“长度”“宽度”数值，如图14-92所示。

图14-92 设置UVW贴图

37 在场景中选择道牙模型，在材质编辑器中选择一个材质样本球，将其命名为“道牙”，设置“高光级别”为23、“光泽度”为15，如图14-93所示。

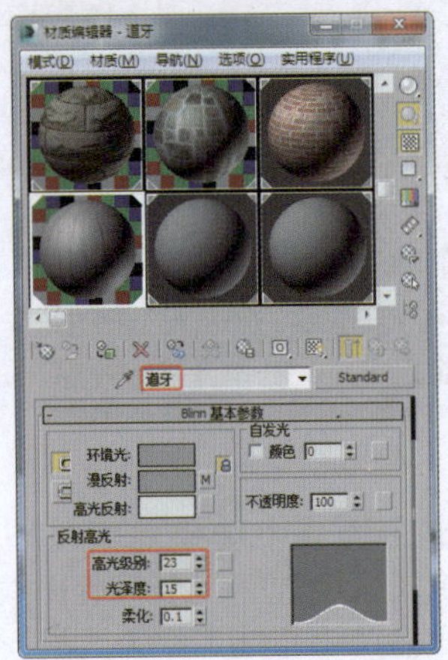

图14-93 设置道牙材质

38 为“漫反射”指定“位图”贴图（位于随书配套资源中的“Map\路牙.jpg”文件），进入“漫反射颜色”层级，设置“模糊”为0.5，如图14-94所示，将材质指定给选定的模型。

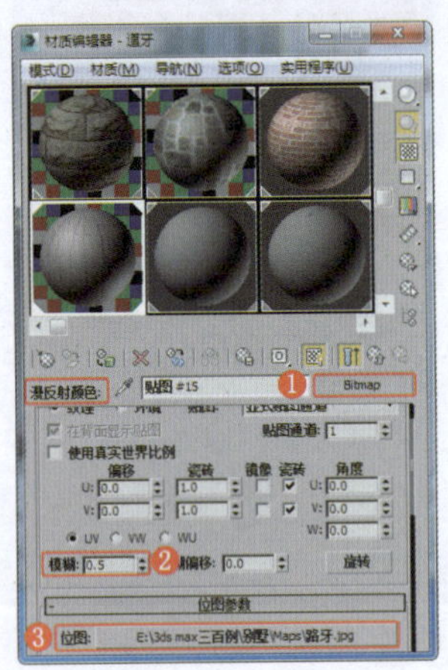

图14-94 设置道牙材质

39 在场景中选择横向的道牙模型，为模型施加“UVW贴图”修改器，设置贴图类型为“长方体”，设置合适的“长度”“宽度”“高度”数值，如图14-95所示。

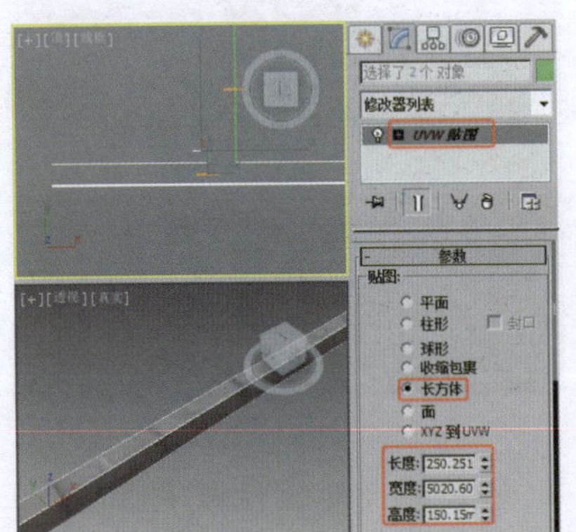

图14-95 设置UVW贴图

40 右击“UVW贴图”修改器，在弹出的快捷菜单中选择“复制”命令，在场景中选择竖向的道牙模型，在修改器堆栈中右击，在弹出的菜单中选择“粘贴”命令，将选择集定义为“Gizmo”，在“顶”视图中旋转Gzimo的角度，效果如图14-96所示。

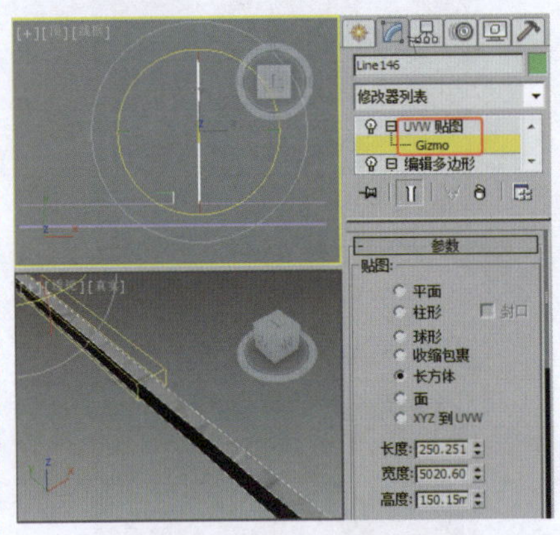

图14-96 复制并调整修改器

41 在场景中选择公路模型，在材质编辑器中选择一个材质样本球，将其命名为“公路”，设置“高光级别”为10、“光泽度”为16，如图14-97所示。

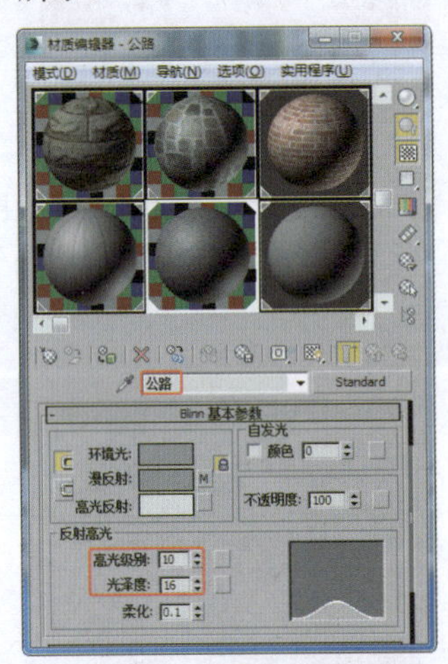

图14-97 设置公路材质

42 为“漫反射”指定“位图”贴图（位于随书配套资源中的“Map\streets19.jpg”文件），进入“漫反射颜色”层级，设置“模糊”为0.5，如图14-98所示，将材质指定给选定的模型。

43 为模型施加“UVW贴图”修改器，在“参数”卷展栏中设置贴图类型为“长方体”，设置合适的“长度”“宽度”“高度”数值，如图14-99所示。

44 在场景中选择铺装模型，在材质编辑器中选择一个材质样本球，将其命名为“铺装”；将材质转换为VRayMtl材质，在“基本参数”卷展栏中设置“反射”颜色的“亮度”为20，解锁“高光光泽度”，设置“反射光泽度”为0.9，如图14-100所示。

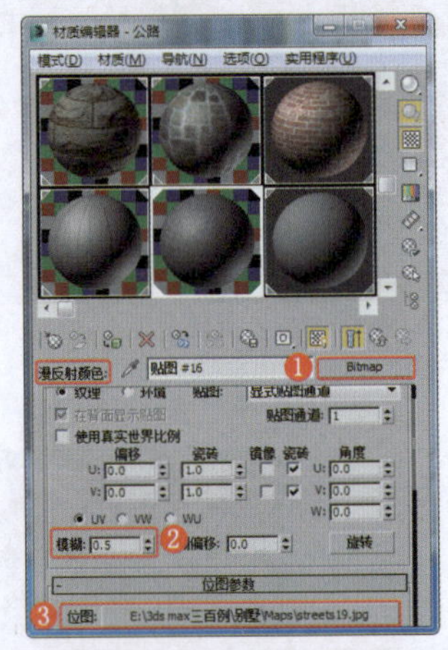

图14-98 设置公路材质

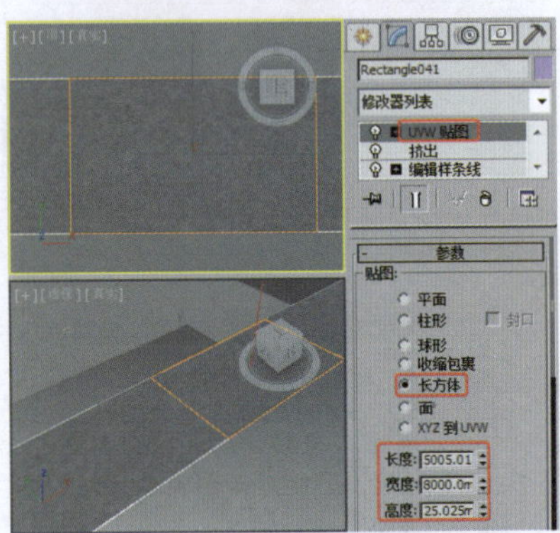

图14-99 设置UVW贴图

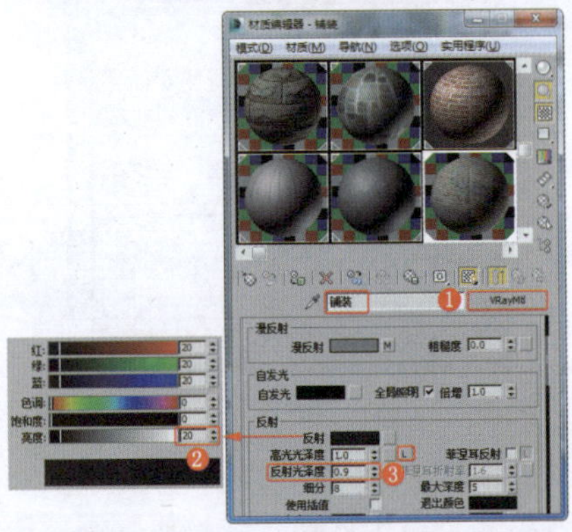

图14-100 设置铺装材质

45 为“漫反射”指定“位图”贴图（位于随书配套资源中的“Map\铺地-073.jpg”文件），为“凹凸”指定“位图”贴图（位于随书配套资源中的“Map\铺地-073-2.jpg”文件），如图14-101所示，将材质指定给选定的模型。

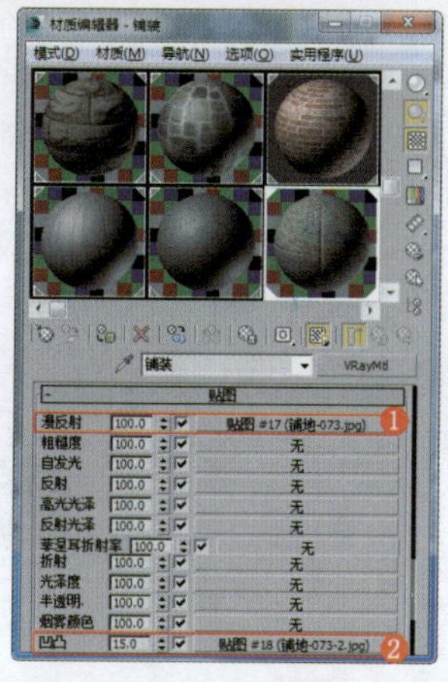

图14-101 设置铺装材质

㊻ 为模型施加“UVW贴图”修改器，在“参数”卷展栏中设置贴图类型为“长方体”，设置合适的“长度”“宽度”“高度”数值，如图14-102所示。

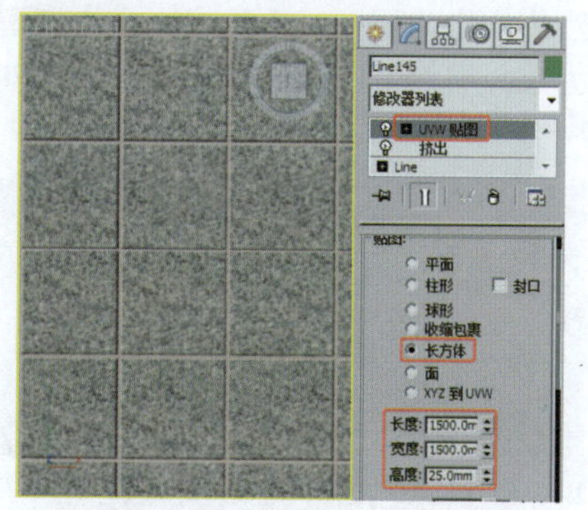

图14-102 设置UVW贴图

㊼ 检查场景中模型的贴图坐标，按Ctrl+A组合键全选模型，右击，在弹出的菜单中选择“对象属性”命令，在打开的“对象属性”对话框中勾选“背面消隐”复选框，如图14-103所示，单击“确定”按钮。

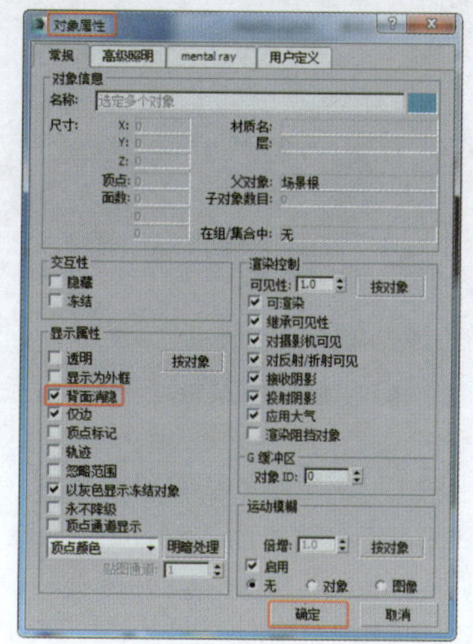

图14-103 设置对象属性

㊽ 可以看到，场景中屋顶模型的法线反了，为模型施加“法线”修改器，效果如图14-104所示。

图14-104 施加“法线”修改器

实例281 放置场景中的园林景观及配套元素

园林景观和配套元素在任何效果图中都是非常重要的，可以决定整体画面的效果。

实例制作步骤

视频路径	视频\Cha14\实例281 放置场景中的园林景观及配套元素.mp4		
难易程度	★★★★	学习时间	29分18秒

① 单击“应用程序”按钮，在弹出的菜单中选择“导入”→“合并”命令，或者直接将场景文件拖入3ds Max，再选择“合并”命令；导入带花的灌木模型（位于随书配套资源中的“Scene\第14章\带花的灌木\带花的灌木.max”文件）。

注 意

带花的灌木模型由两种模型组成。由于模型的总面数较多，如果直接复制使用，会使场景操作非常不流畅，此时需要将模型转换为VR代理物体。

② 选择其中一种模型，将模型转换为“可编辑网格”，在“编辑几何体”卷展栏中单击“附加”按钮，附加另一个模型，效果如图14-105所示。

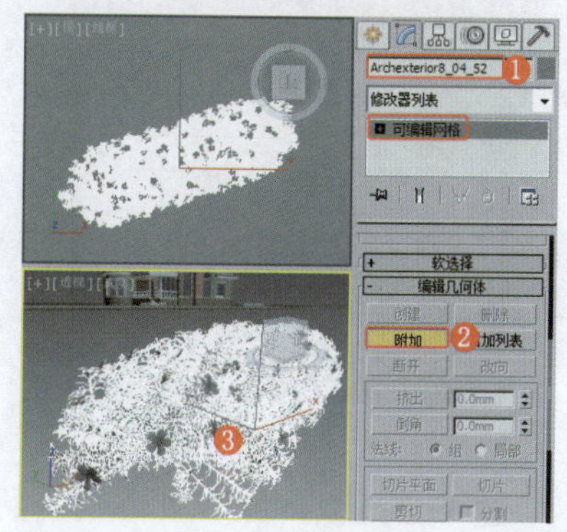

图14-105 附加模型

③ 打开“附加选项”对话框，保持“匹配材质ID到材质”单选按钮的选中状态，如图14-106所示，单击“确定”按钮。

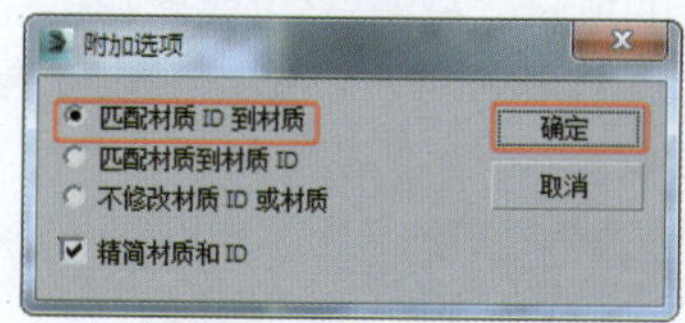

图14-106 匹配材质ID到材质

④ 右击，在弹出的四元菜单中选择“V-Ray网格导出”命令，如图14-107所示。

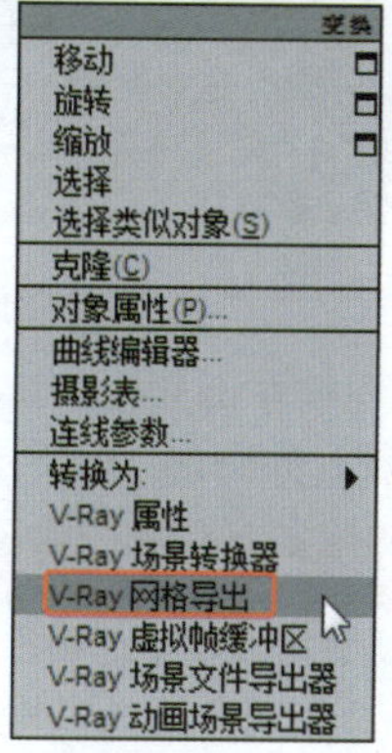

图14-107 选择命令

⑤ 在打开的“VRay网格导出”对话框中单击“浏览”按钮，指定代理文件的输出位置，代理文件为*.vrmesh格式，勾选“自动创建代理”复选框，设置合适的“预览面数”数值，如图14-108所示，单击“确定”按钮。

注 意

“预览面数”数值一般为1000～6000左右。“预览面数”为VR代理物体在场景中所显示的面数，如果面数太少会看不出VR代理物体的形状。

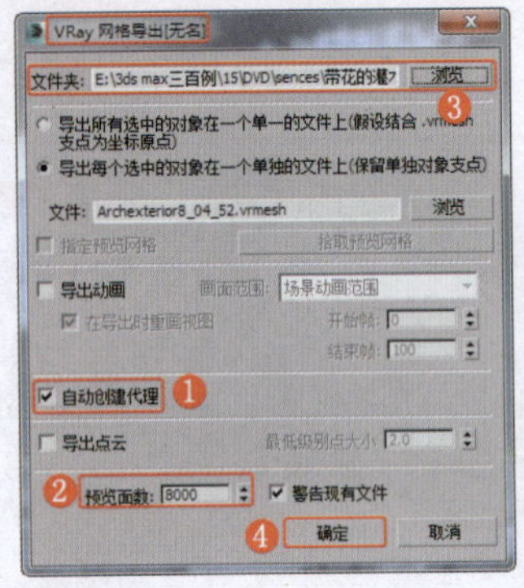
图14-108 “VRay网格导出”对话框

❻单击场景的空白处并选择物体，物体会显示VR代理物体的状态，在“网格代理参数”卷展栏中单击“边界框”单选按钮，当前VR代理物体和以“实例”方式复制的模型即会以六面方盒的方式显示，效果如图14-109所示。在调整VR代理物体的大小、角度和位置时，单击“边界框”单选按钮，可以使场景操作更流畅。

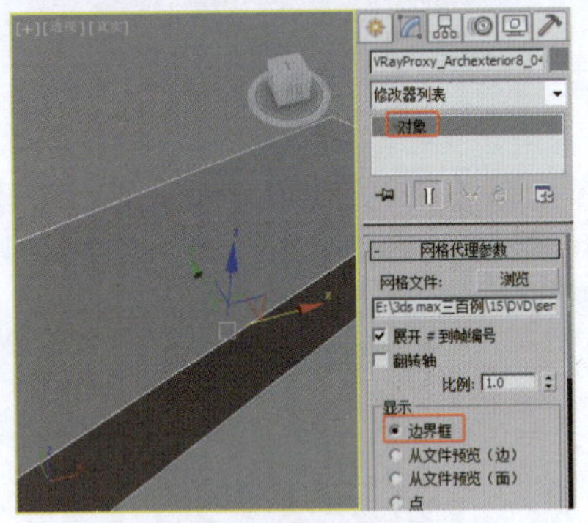
图14-109 设置VR代理参数

❼代理物体必须以“实例”的方式进行复制，如图14-110所示。

注 意

代理文件对复制出的物体无效，在渲染时不会被渲染出或以线框颜色的Box显示。

图14-110 “实例”复制

❽将模型放置于如图14-111所示的位置，摆放时应注意调整模型的方向、位置和缩放，以满足镜头的需求。

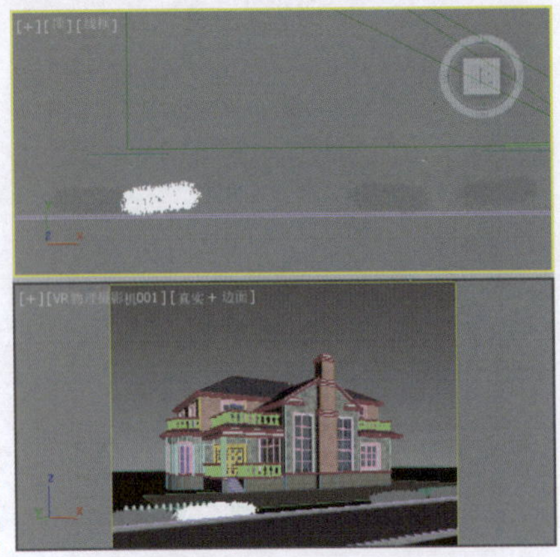
图14-111 摆放植物

❾以同样方式导入灌木模型（位于随书配套资源中的“Scene\第14章\灌木1\灌木.max”文件），并将其转换为VR代理物体，调整模型的位置、大小和角度，效果如图14-112所示。

图14-112 导入并调整灌木模型

❿导入并合并小树模型（位于随书配套资源中的“Scene\第14章\小树\小树.max”文件），该模型是已转为代理的模型，选择小树模型，切换到“修改”命令面板，在“网格代理参数”卷展栏中单击“浏览”按钮，如图14-113所示。

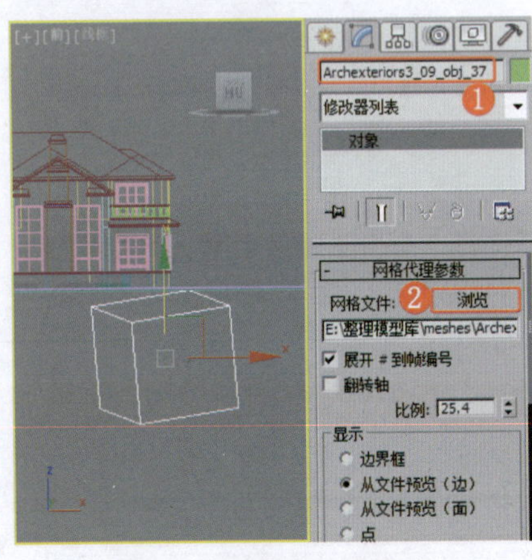
图14-113 导入小树模型

⓫在打开的“选择外部网格文件”对话框中，会在“文件名”处显示代理文件的名称，找到随书配套资源中的“Scene\第14章\小树\Archexteriors3_09_tree_2.vrmesh”文件，双击打开该文件，如图14-114所示。

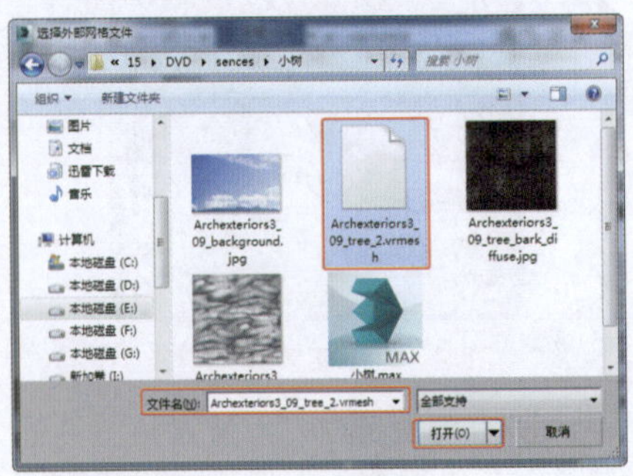
图14-114 选择外部网格文件

⓬放置一小树模型于弧形墙处，将其作为别墅点缀，要以不遮挡主体建筑结构为原则；再放置一小树模型于镜头右侧，将其作为压角，效果如图14-115所示。

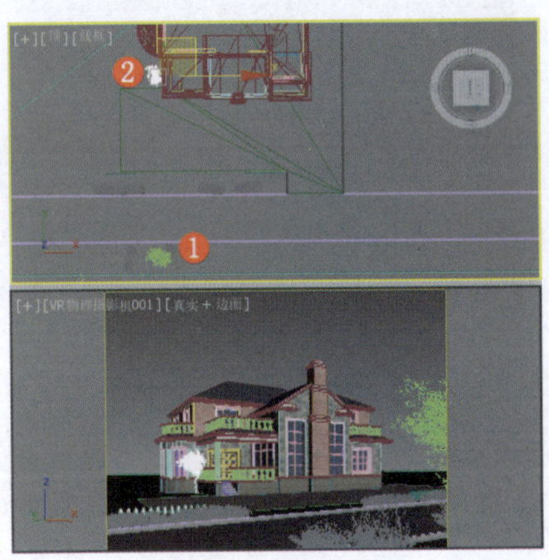
图14-115 放置模型

⓭导入并合并树和绿篱模型，按Alt+Q组合键孤立模型以便观察，选择导入的VR代理物体，显示为28个物体，效果如图14-116所示。

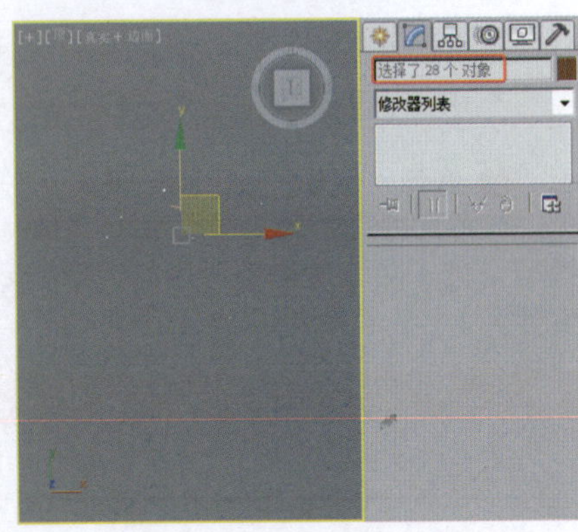
图14-116 导入树和绿篱模型

注 意

对于需要导入多个VR代理的场景，如果依次指定代理文件会非常麻烦，此处将运用一个小脚本完成一次性指定VR代理文件的操作。

⑭ 在菜单栏中选择“MAXScript”→“运行脚本”命令，如图14-117所示。

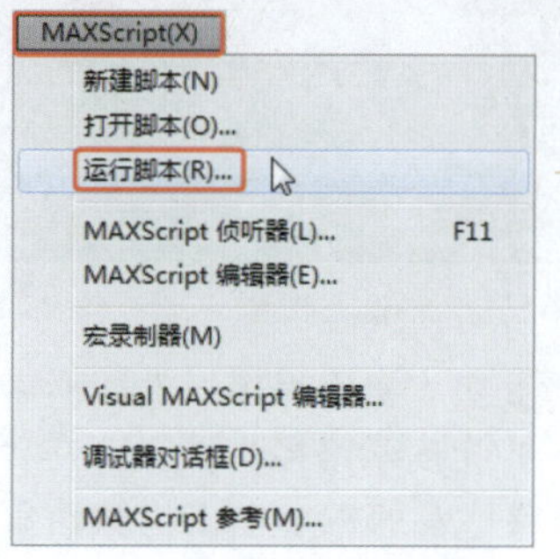

图14-117 选择运行脚本

⑮ 打开“选择编辑器文件”对话框，选择编辑器文件（路径为“C:\Program Files\Autodesk\3ds Max 2014\scripts\”），该文件用于放置3ds Max的插件和脚本，双击“改VR代理路径.mse”文件打开脚本，也可以直接将脚本文件拖入3ds Max中，如图14-118所示。

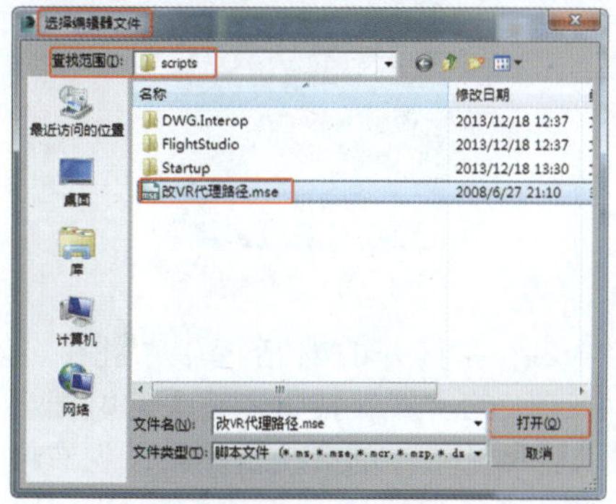

图14-118 选择编辑器文件

⑯ 找到VR代理文件的根目录，选择路径，如图14-119所示，按Ctrl+C组合键进行复制。

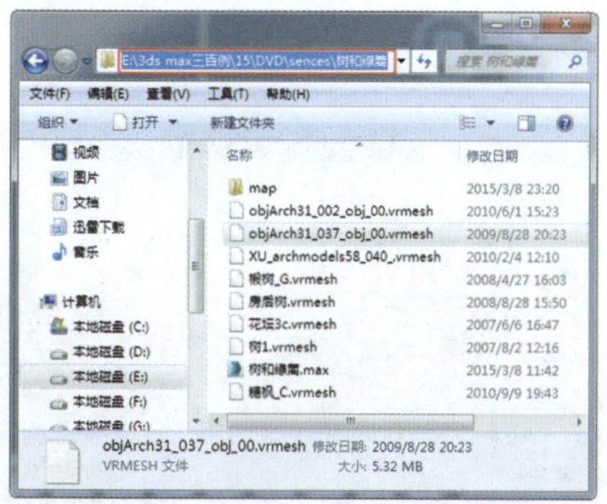

图14-119 选择路径

⑰ 打开脚本后会弹出一个小窗口，未指定路径时在窗口下方会显示“…/28”字样，表示选择了28个VR代理物体，未指定代理文件，单击路径显示框，按Ctrl+V组合键粘贴路径，单击笑脸按钮，在窗口下方会显示代理物体被指定代理文件后的个数，如图14-120所示。

图14-120 粘贴路径

提 示

指定贴图或VR代理路径，也可以使用Shift+T组合键激活“资源追踪”功能，选择需要指定的代理文件的名称。如果代理文件的名称较多，可以先选择一个名称，按住Shift键单击最后一个名称。选择“路径”→“指定路径”命令，找到代理文件所在的文件夹，单击路径，路径显示为蓝色选中状态，按Ctrl+C组合键复制路径，回到3ds Max中，在弹出的“指定资源路径”窗口中将路径粘贴到路径显示框中。

⑱ 如图14-121所示为导入的代理模型。

注 意

在选择模型时由于物体太多，有可能误选模型，可以通过“选择过滤器”分类选择模型。

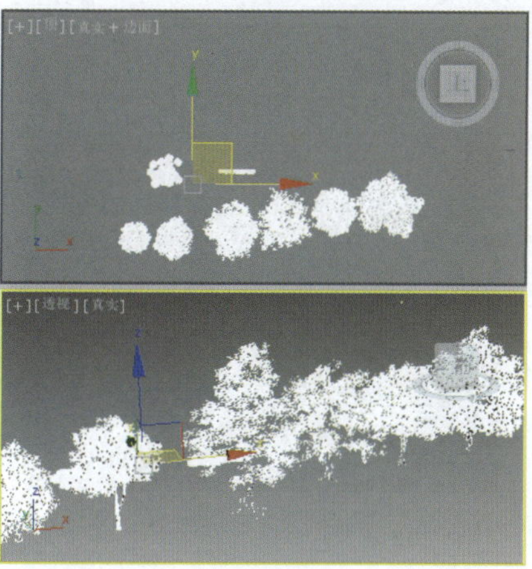

图14-121 导入的代理模型

⑲ 在工具栏的“选择过滤器”下拉列表中选择“组合”命令，如图14-122所示。

⑳ 在打开的“过滤器组合”对话框中的“所有类别ID”列表中选择“VR代理”选项，单击“添加”按钮，将“VR代理”ID类别添加到“当前类别ID过滤器”列表中，如图14-123所示。

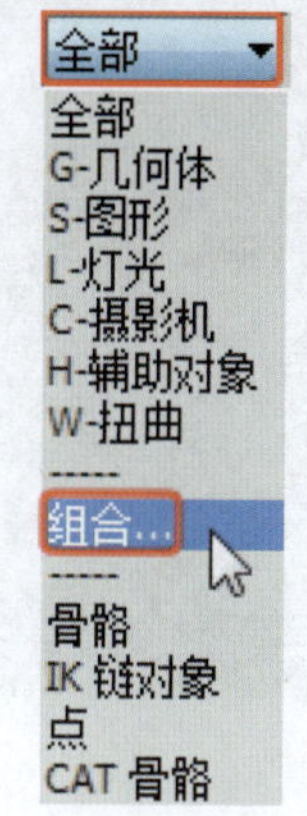

图14-122 选择“组合”命令

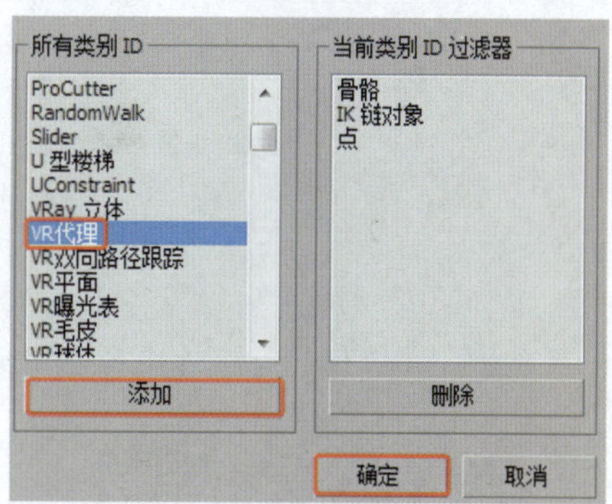

图14-123 添加“VR代理”ID类别

㉑ 如图14-124所示为将“VR代理”添加至“当前类别ID过滤器”列表中后的“选择过滤器”下拉列表显示效果。

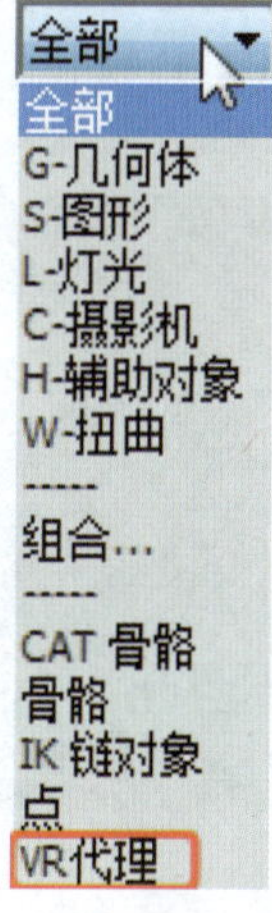

图14-124 “选择过滤器”下拉列表

㉒ 在场景中调整花丛的位置，三两成组，不要太多、太密，大致满足镜头的需求即可，效果如图14-125所示。

㉓ 在场景中放置绿篱，在镜头

中起到分界作用，效果如图14-126所示。

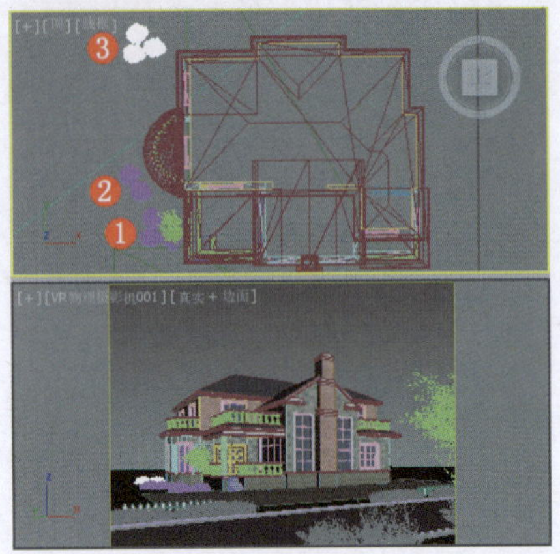

图14-125　调整VR代理

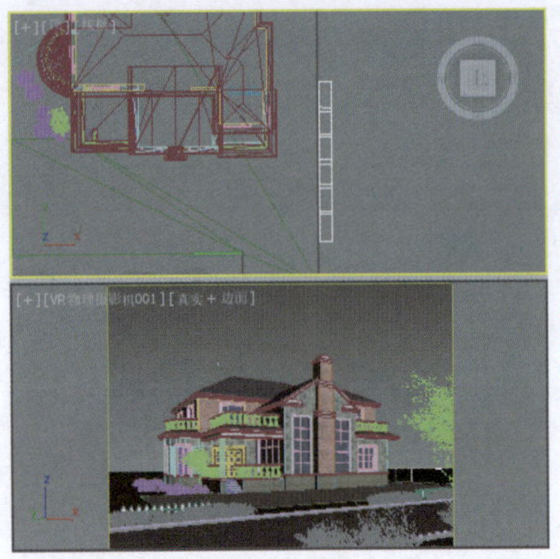

图14-126　放置绿篱

㉔ 在场景中放置如图14-127所示的树，树叶要稍高于地面，这样在镜头中不会有太多漏底的地方，通过旋转、缩放、位移等调整，在镜头中显示出高低错落、有疏有密的效果，注意控制树的数量。

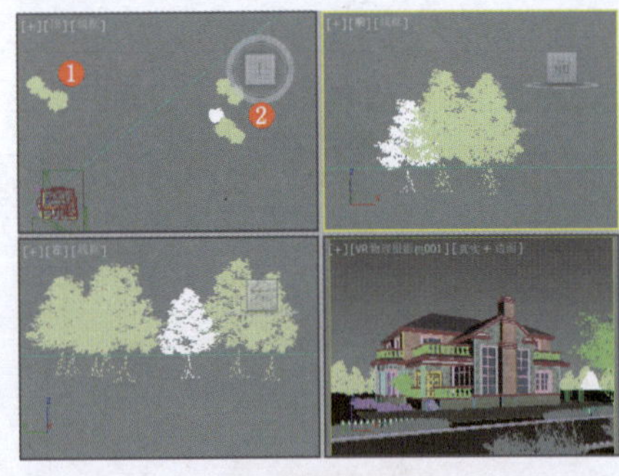

图14-127　放置树

㉕ 在镜头左侧放置一棵树，将其作为压角，再放置若干棵树于绿篱后，将其作为右侧远景树的空白补充，效果如图14-128所示。

㉖ 放置如图14-129所示的树，将其作为左侧远景树的空白补充。

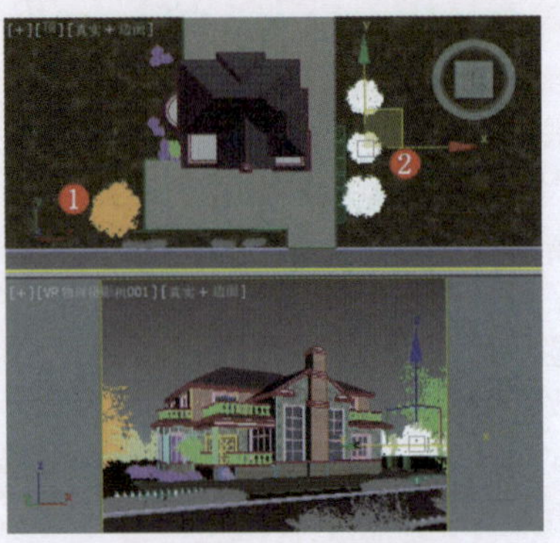

图14-128　放置远景树

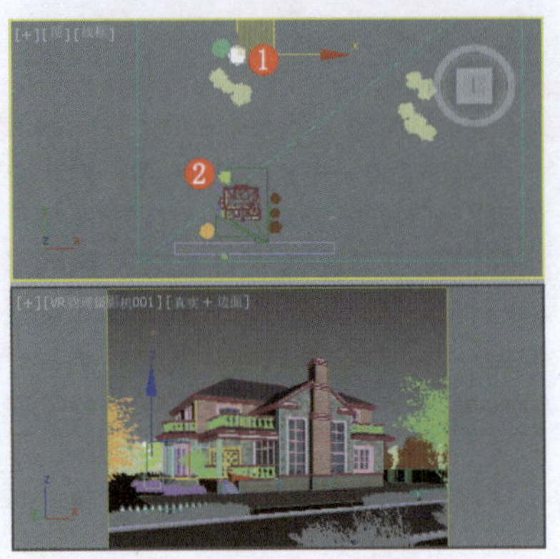

图14-129　放置远景树

㉗ 导入汽车模型，效果如图14-130所示。

注　意

本例导入的SUV车型其高度为1700mm左右，汽车模型不要遮挡主体建筑，汽车模型最下方的点应与地面平行或稍微低于地面20mm，否则渲染成图后汽车模型会发飘或陷在地下。

图14-130　导入汽车模型

㉘ 导入所有配景后，切换到“实用程序”面板，单击“配置按钮集”按钮，在打开的“配置按钮集”对话框的左侧列表中选择“位图/光度学路径”选项，将其拖动到右侧列表中不常用的按钮上，或者增加按钮总数再拖动该选项到空白按钮上，如图14-131所示，单击“确定”按钮。

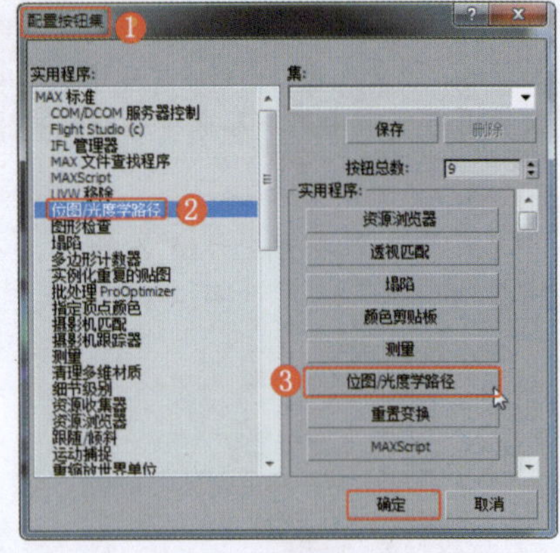

图14-131　配置“位图/光度学路径”按钮

㉙ 在“实用程序”卷展栏中单击“位图/光度学路径”按钮，在“路径编辑器”卷展栏中单击“编辑资源”按钮，如图14-132所示。

图14-132　单击按钮

㉚ 在打开的对话框中单击“选择丢失的文件”按钮，丢失的贴图会以蓝色显示，单击“新建路径”右侧的“选择新路径”按钮，找到贴图所在的路径，双击丢失的贴图后单击“确定”按钮；回到原来的对话框，单击“设置路径”按钮，再次单击“选择丢失的文件”按钮，以防之前未指定上，如图14-133所示，单击“关闭”按钮。

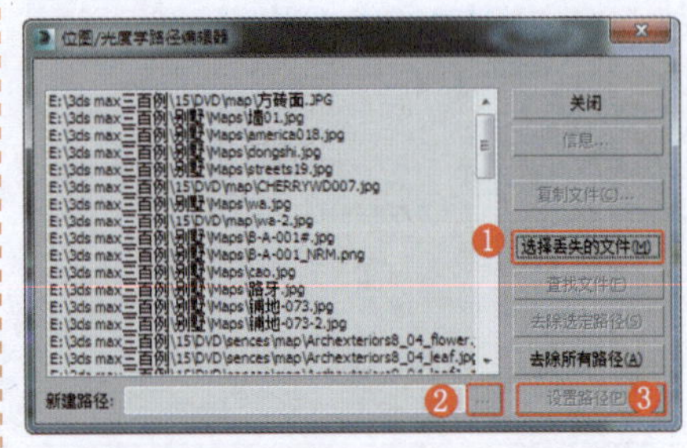

图14-133　指定路径

实例282 创建场景灯光

室外灯光的设置较为简单，一般只要调整明暗关系和色调范围即可。

实例制作步骤

视频路径	视频\Cha14\实例282 创建场景灯光.mp4		
难易程度	★★★	学习时间	11分59秒

❶ 按8键打开“环境和效果”面板，在“公用参数”卷展栏中单击“环境贴图”下的按钮，为环境指定“渐变”贴图，以“实例”方式将“环境贴图”拖动到一个新的材质样本球上，如图14-134所示。

❷ 在“渐变参数”卷展栏中设置“颜色#1”颜色的“色调”为146、“饱和度”为51、“亮度”为255；将“颜色#1”复制给“颜色#2”，更改“饱和度”为34；将“颜色#2”复制给“颜色#3”，更改“色调”为147，更改“饱和度”为20，如图14-135所示。

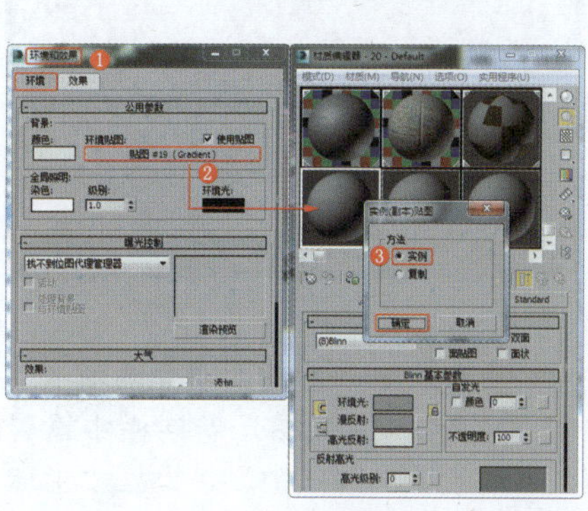

图14-134 指定“渐变”贴图

图14-135 设置渐变参数

❸ 单击“创建”→“灯光”→“标准”→“目标平行光”按钮，在“顶”视图中与摄影机角度大体呈90°夹角的位置创建灯光。按Shift+4组合键切换到灯光视图，在右下角灯光控制区先激活“灯光衰减区”按钮，上下拖动鼠标指针放大衰减区域，以能包含整个场景为标准；再激活“灯光聚光区”按钮，调整聚光区以包含整个场景；激活“环绕子对象”按钮，将灯光摇起；激活“推拉灯光”按钮，调整灯光的距离，一般直线距离至少为建筑群加配景的两倍以上。在“常规参数”卷展栏的“阴影”选项组中勾选“启用”复选框启用阴影，设置阴影类型为“VRay阴影”；也可以在“平行光参数”卷展栏中设置灯光所包含的范围；在“强度/颜色/衰减”卷展栏中设置“倍增”为0.8，设置灯光颜色的“色调”在红黄之间偏黄，设置“饱和度”为30～70，以颜色偏浅为宜，如图14-136所示。

图14-136 创建目标平行光

❹ 如果场景中建筑的底面偏暗，可以在建筑的下方创建一盏泛光灯，不启用阴影，将其放置于底面下方至少为建筑2.5倍的距离处，设置灯光的颜色为浅蓝色，调整灯光倍增为0.1～0.2。

实例283 测试渲染场景

通过测试渲染场景，可以调整场景中的灯光和材质，以达到满意效果。

实例制作步骤

视频路径	视频\Cha14\实例283 测试渲染场景.mp4		
难易程度	★★	学习时间	5分7秒

❶ 激活摄影机视图，单击“渲染产品”按钮渲染当前场景，效果如图14-137所示。

图14-137 测试渲染场景

❷ 渲染当前场景后，发现别墅玻璃上没有反射物，应在场景中使用枝叶繁茂的行道树作为反射物，将树干放置于地面下，使玻璃只反射树叶，并将树三两成组放置于玻璃的反射区域，尽量使树的摆放高低错落、层次分明；通过测试渲染场景调整反射物在玻璃上的位置，该位置一般不高于别墅二层的顶部，同时让马路的大部分区域处于树影中，效果如图14-138所示。

图14-138 调整反射物

❸ 渲染当前场景，效果如图14-139所示。

图14-139　渲染场景

④选择场景中的目标平行光，在“VRay阴影参数”卷展栏中勾选“区域阴影”复选框，使阴影的边缘显得柔和，设置类型为“球体”，通过渲染当前场景观察树影，设置合适的参数，如图14-140所示。

⑤渲染场景，效果如图14-141所示。

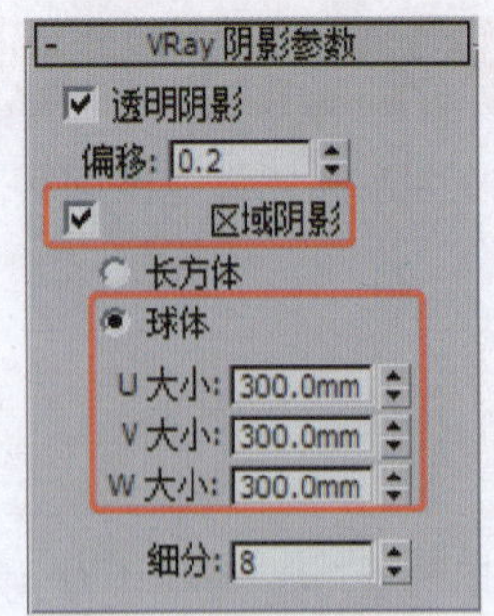

图14-140　设置参数

图14-141　渲染场景

实例284　设置最终渲染参数并输出效果图

下面设置最终出图参数，渲染效果图和通道图并进行保存。

实例制作步骤

视频路径	视频\Cha14\实例284 设置最终渲染参数并输出效果图.mp4		
难易程度	★★	学习时间	7分16秒

①选择目标平行光，在“VRay阴影参数”卷展栏中设置“细分”为16。按M键打开材质编辑器，设置VRay材质中“反射”选项组的“细分”数值，如图14-142所示。

提　示

“细分”数值应根据“反射光泽度”进行设置。如果“反射光泽度”为0.88，相应的“细分”数值应为12；如果“反射光泽度”为0.7，相应的“细分”数值应为30；“细分”数值最大为35，如果材质细分不够，会出现噪点。

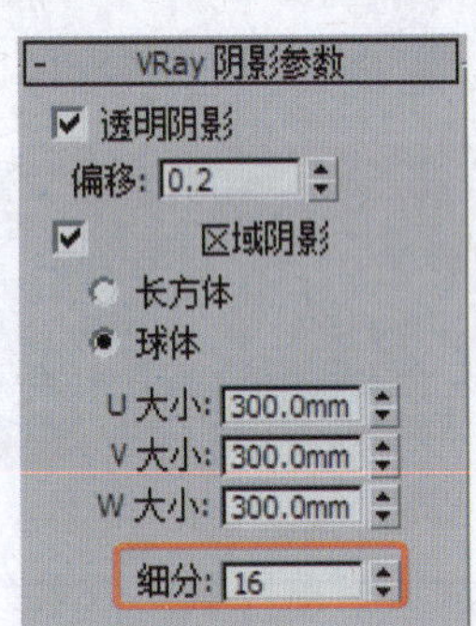

图14-142　设置“细分”数值（a）

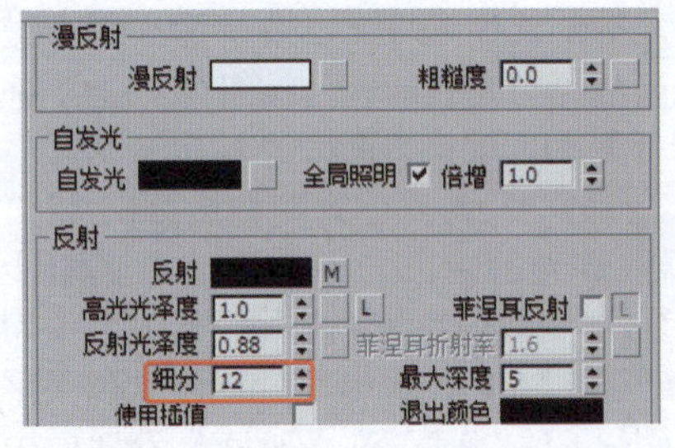

图14-142　设置“细分”数值（b）

②按F10键打开“渲染设置”面板，在“公用”选项卡中设置最终渲染尺寸，如图14-143所示。

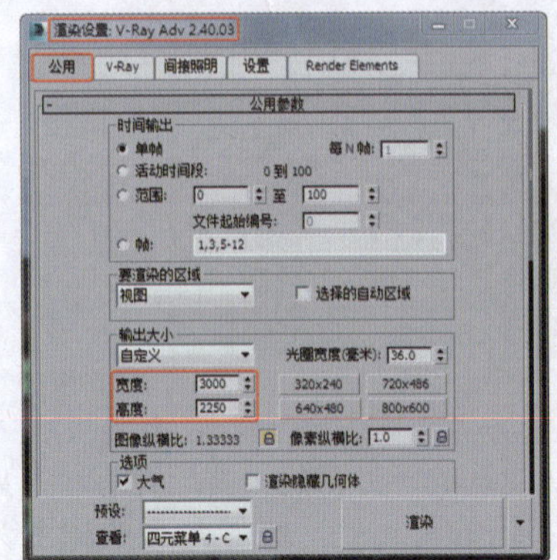

图14-143　设置最终渲染尺寸

③切换到“V-Ray”选项卡，在“V-Ray::图像采样器（反锯齿）”卷展栏中设置“图像采样器”选项组的“类型”为“自适应确定性蒙特卡洛”，在“抗锯齿过滤器”选项组中勾选“开”复选框，设置类型为“Catmull-Rom”；在“V-Ray::颜色贴图”卷展栏中勾选“子像素贴图”“钳制输出”复选框，如图14-144所示。

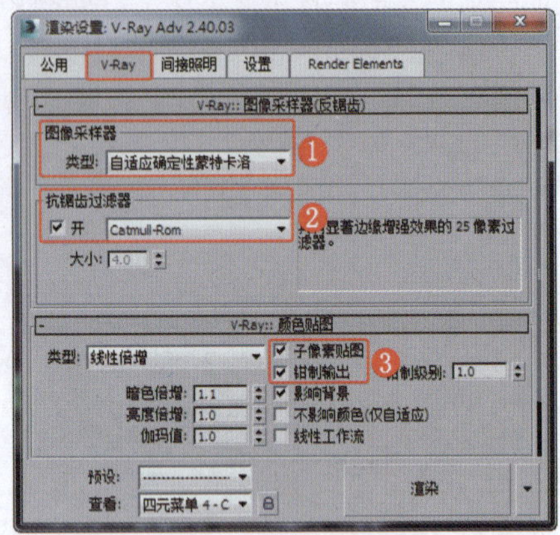

图14-144　设置参数

④切换到“间接照明”选项卡，在“V-Ray::发光图”卷展栏中设置“当前预置”为“中”，设置“半球细分”为50、“插值采样”为30，如图14-145所示。

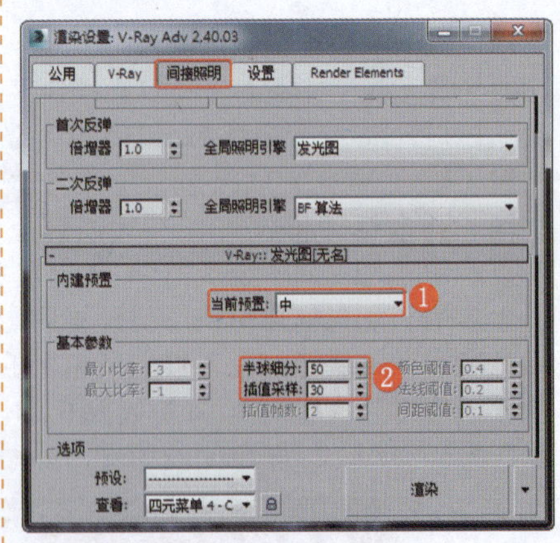

图14-145　设置参数

⑤在“公用参数”卷展栏中单击“渲染输出”选项组的“文件”按钮，在打开的“保存图像”对话框中指定输出路径，设置“保存类型”为*.tga，单击“保存”按钮，在打开的“Targa图像控制”对话框中取消勾选“压缩”复选框，如图14-146所示，单击“确定”按钮。

⑥渲染完成的效果图如图14-147所示。

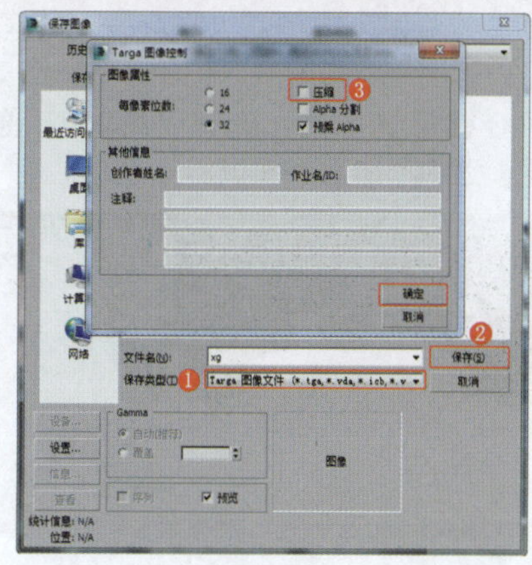

图14-146 存储图像

图14-147 渲染效果

7 先将场景进行保存，在运行插件后场景材质会发生转变，因此，在使用插件时不要保存场景文件。在后期制作中，需要一张或两张通道图以便在Photoshop中确定选区，此处使用“本_强强”插件，该插件基于材质样本球分色渲染，渲染后同一材质为同一种颜色。选择“MAXScript”→“运行脚本”命令，选择插件，或直接将插件拖入场景文件中，如图14-148所示。

提 示

如果是渲染大图应先渲染光子图，设置其尺寸最小为成图的四分之一。在“渲染设置”面板中切换到“V-Ray”选项卡，在“V-Ray::全局开关”卷展栏中勾选“不渲染最终的图像”复选框；切换到“间接照明”选项卡，在“V-Ray::发光图”卷展栏中设置“当前预置”为“中”，设置“半球细分”为50、“插值采样”为30，在“渲染结束后”选项组中勾选“自动保存”“切换到保存的贴图”复选框，单击“浏览”按钮指定光子图的输出路径，然后渲染场景。渲染完光子图后，会自动打开“加载发光图”对话框，选择光子图，单击“打开”按钮；回到“渲染设置”面板，此时“模式”选项组中的“模式”变为“从文件”，取消勾选“不渲染最终的图像”复选框，设置最终渲染参数，渲染成图。采用该方法在渲染大图时可以节约灯光渲染的时间。

注 意

要将场景灯光删除，并将“间接照明”选项卡中的GI关闭；在将所有材质转换为通道材质后，千万不要保存场景。

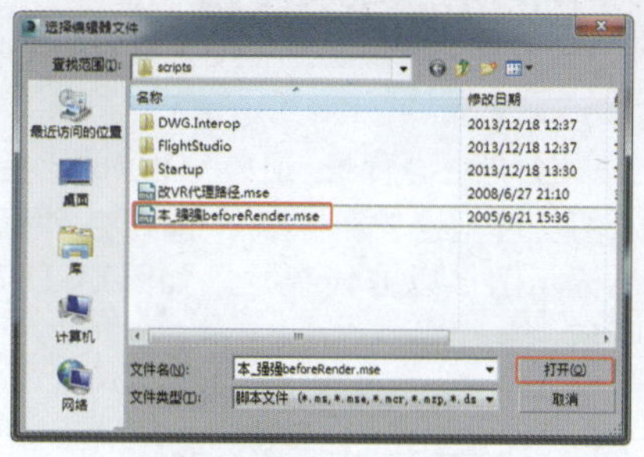

图14-148 运行脚本

8 场景中出现相应面板，在“场景整理”卷展栏中勾选“转换所有材质（→Standard）”复选框，单击“转换为通道渲染场景”按钮，此时材质编辑器中的材质样本球会自动转换为各种颜色的标准材质，并自动修改“自发光”选项组的“颜色”数值为100，如图14-149所示。

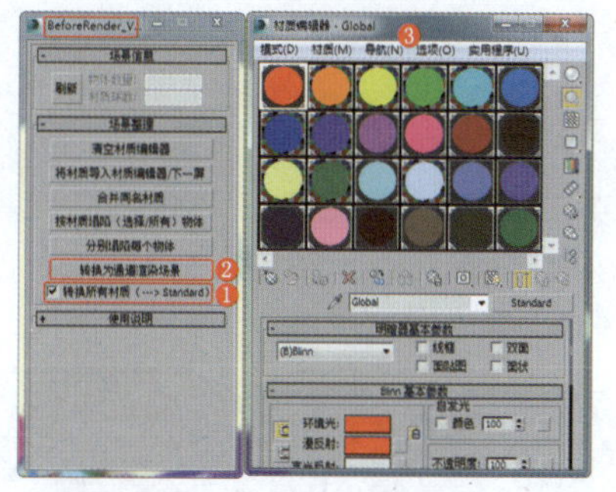

图14-149 转换所有材质

9 将场景中所有灯光删除，打开“渲染设置”面板，在“间接照明”选项卡中取消“V-Ray::间接照明（GI）”卷展栏“开”复选框的勾选状态，如图14-150所示。

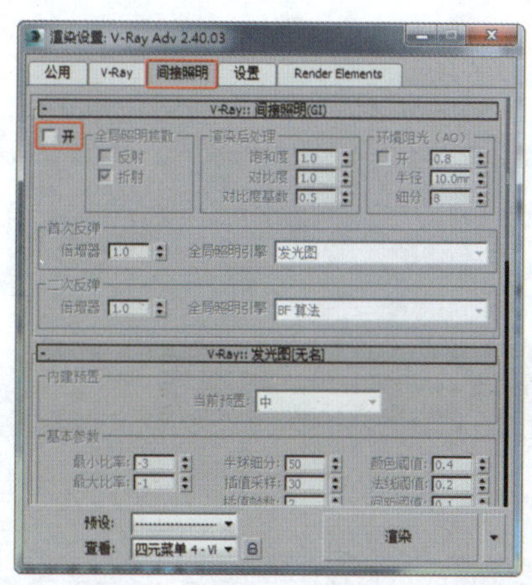

图14-150 关闭GI

10 更改渲染输出图像的名称，如改为“通道1”，渲染场景，效果如图14-151所示。

图14-151 渲染场景效果

11 将场景中的别墅单独设置为一种材质，将植物设置为一种材质，将其他模型设置为一种材质，更改渲染输出图像的名称，渲染场景，效果如图14-152所示。

图14-152 渲染场景效果

实例285 后期处理

通过后期调整效果图，使整体画面色调和光影的协调性、统一性、完整性达到满意效果。

实例制作步骤

视频路径	视频\Cha14\实例285 后期处理.mp4	
难易程度	★★★★	学习时间 40分42秒

1 打开Photoshop软件，将渲染的效果图和两幅通道图拖入软件中，效果如图14-153所示。

2 将两幅通道图拖出为小窗口模式，选择其中一幅通道图，按V键激活“移动工具”，按住Shift键拖动该通道图中的图像至效果图文件中，得到“图层1”，使用同样方法拖动另一幅通道图中的图像至效果图文件中，得到“图层2”。选择效果图文件，暂时取消“图层2”的图层可见性。选择“背景”图层，按Ctrl+J组合键复制背景图像到新的图层中，按Ctrl+Shift+]组合键将该副本图层置顶，再按Ctrl+J组合键复制“背景 副本”图层，根据实际渲染效果（显示器不同，显像效果不同）设置图层的混合模式为“柔光”或“滤色”，在此选择“柔光”模式，使图像效果更加鲜艳，设置合适的“不透明度”数值（如40%），如图14-154所示。

图14-153 拖入渲染的图像

图14-154 复制图层并设置图层属性

❸ 此时整体画面变暗，某些阴影处尤其是园林树处会变黑，如果效果太暗则后期是无法处理的。按E键激活“橡皮擦工具”，选择一种柔边画笔，按[键和]键调整画笔笔尖的大小，按1～0键调整画笔笔尖的不透明度，将场景中偏黑的树和入户门露台处擦除，效果如图14-155所示。

图14-155 擦除偏黑的图像区域

❹ 按Ctrl+E组合键向下合并图层，效果如图14-156所示。

图14-156 合并图层

❺ 右击“背景 副本”图层的“指示图层可见性”图标，选择一种颜色标示图层以方便查找，如图14-157所示。

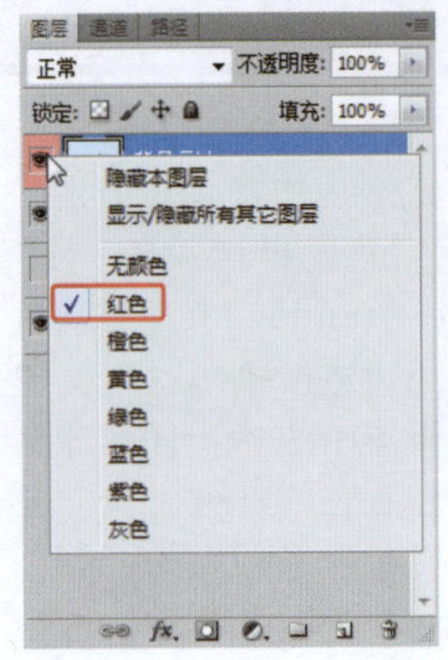

图14-157 设置图层的颜色

❻ 拖入一幅天空素材，按Ctrl+T组合键调出自由变换控制框，按住Shift键均匀缩放图像，再进行微调，按Enter键或双击图像确定调整效果，效果如图14-158所示。

图14-158 添加天空素材

❼ 选择“背景 副本”图层，如图14-159所示。

图14-159 选择图层

❽ 切换到“通道”面板，选择“Alpha 1”通道，按住Ctrl键单击其通道缩览图，选择除天空背景外的区域，如图14-160所示，按Ctrl+Shift+I组合键反选区域，选择“RGB”通道，返回“图层”面板。

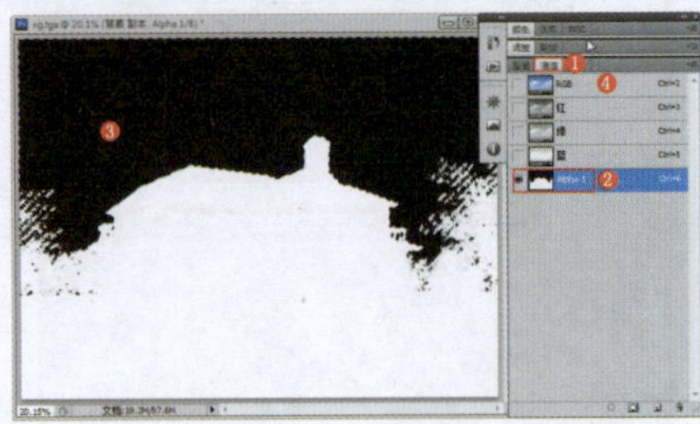

图14-160 调整选区

❾ 在“图层”面板的下方单击“添加图层蒙版”按钮，添加图层蒙版，如图14-161所示。

图14-161 添加图层蒙版

❿ 此时发现天空中云的饱和度偏高，选择天空素材所在图层的图层缩览图，按W键激活“魔棒工具”，在工具属性栏中设置类型为“添加到选区”，设置“容差”为70，单击云，载入如图14-162所示的选区。

图14-162 载入云选区

⓫ 按Ctrl+U组合键打开“色彩/饱和度”对话框，降低云的饱和度，如图14-163所示，单击“确定”按钮。

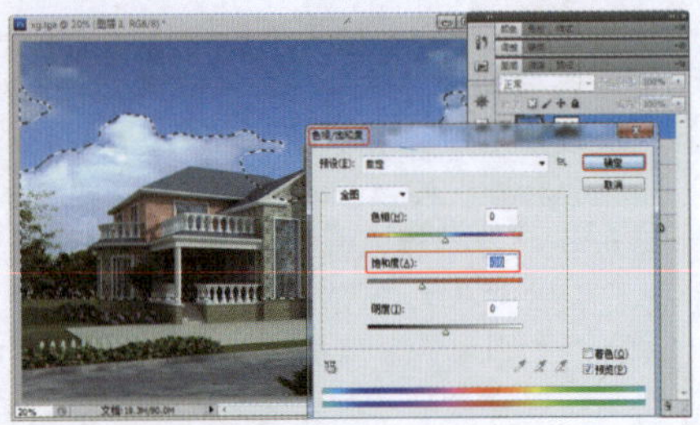

图14-163 降低“饱和度”数值

⑫ 将“1.psd” 素材文件（位于随书配套资源中的“Sence\第14章\1.psd文件”）拖入效果图文件中，然后在菜单栏中选择“图层”→“修边”→“去边”命令，在打开的“去边”对话框中设置“宽度”为100像素，如图14-164所示，单击“确定”按钮。

图14-164　添加素材图像

⑬ 按住Ctrl键单击天空素材所在图层的图层蒙版缩览图以载入选区，选择上一步骤导入的树素材所在的图层，单击“添加图层蒙版”按钮添加图层蒙版，单击“锁定”按钮解锁，按住Ctrl键单击该图层的图层缩览图以载入选区，将树素材作为远景树的空白补充，载入选区后按住Alt键拖动素材图像，按Ctrl+T组合键变换素材图像的方向、大小、角度，使其富有变化，效果如图14-165所示，确认调整效果后按Ctrl+D组合键取消选区。

图14-165　调整图像

⑭ 导入 “2.psd” 素材文件，按Ctrl+T组合键调整素材图像的大小和位置，选择“图层2”并使其可见，按W键激活“魔棒工具”，在工具属性栏中设置“容差”为10，选择主体建筑区域；选择上一步导入的素材所在的图层，按Delete键删除选区中的图像，效果如图14-166所示。

图14-166　导入素材并调整图像

⑮ 按Ctrl+D组合键取消选区，按Ctrl+M组合键，在打开的“曲线”对话框中调整曲线以压暗图像，如图14-167所示，单击“确定”按钮。

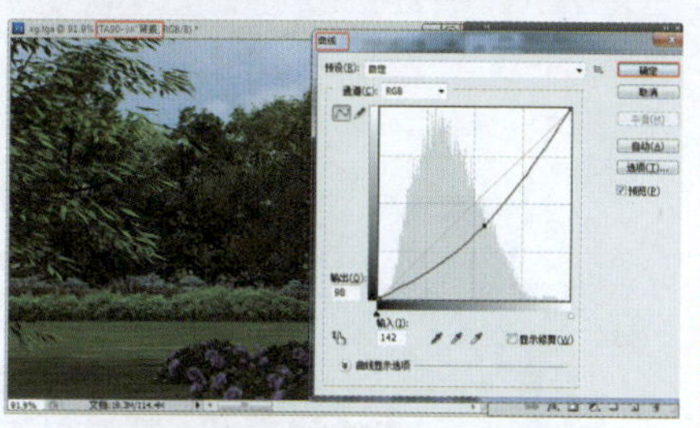

图14-167　调整曲线

⑯ 按Ctrl+L组合键打开“色阶”对话框，增加图像的明暗对比，如图14-168所示，单击“确定”按钮。

图14-168　调整色阶

注　意

在调整色阶以增强图像明暗对比的同时，也增加了图像的饱和度，需要根据整体画面效果略微降低饱和度。

⑰ 按Ctrl+U组合键打开“色相/饱和度”对话框，适当降低“饱和度”数值，如图14-169所示，单击“确定”按钮。

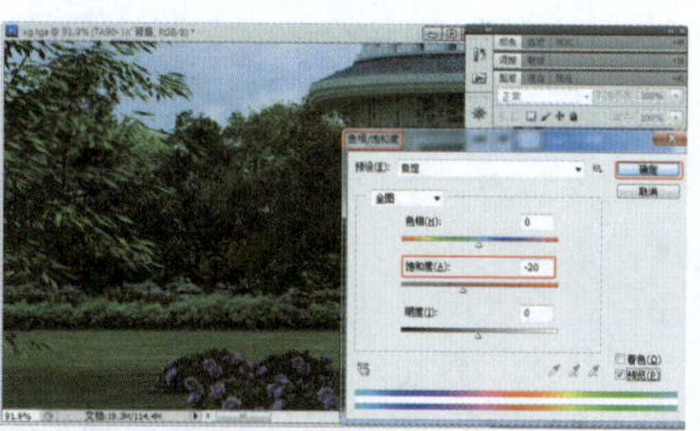

图14-169　降低饱和度

⑱ 选择“图层1”，按住Alt键单击其“指示图层可见性”图标，使仅“图层1”可见，按W键激活“魔棒工具”，载入如图14-170所示的选区。

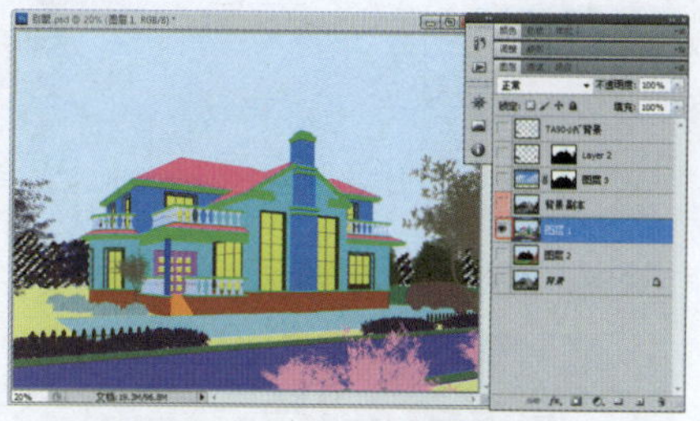

图14-170　载入选区

⑲ 按住Alt键再次单击“图层1”的“指示图层可见性”图标，使所有图层可见，选择“背景 副本”图层，按Ctrl+J组合键复制选区中的图像到新的图层中；按Ctrl+L组合键打开“色阶”对话框，加强图像的色彩对比，单击“确定”按钮；按Ctrl+J组合键复制图像到新的图层中，得到“图层4副本”，为该副本图层设置混合模式为“滤色”，“不透明度”为20%，效果如图14-171所示。

图14-171　调整图像并设置图层属性

⑳ 按住Ctrl键单击“图层4副本”以载入选区，按住Shift键加选左侧的房后树，单击“创建新图层”按钮创建新图层，将其作为远景树雾效层，单击“添加图层蒙版”按钮添加图层蒙版，解除图层蒙版的锁定，效果如图14-172所示。

图14-172　添加图层蒙版

㉑ 在工具箱中单击前景色色块，打开“拾色器（前景色）”对话框，

移动鼠标指针至文件中颜色较浅的天空处，鼠标指针变为吸管形状，单击鼠标左键吸取颜色，效果如图14-173所示。

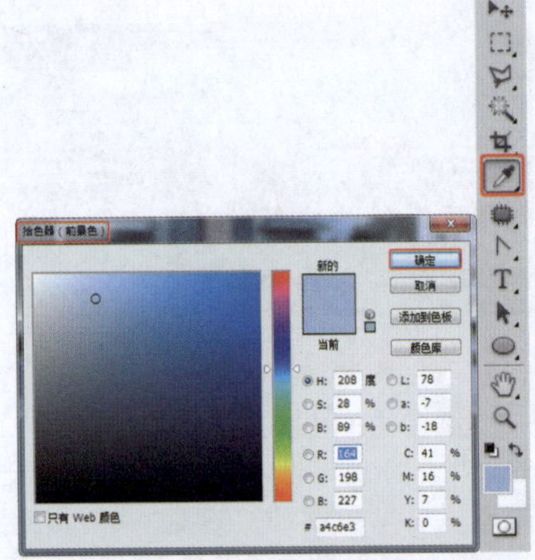

图14-173　吸取颜色

㉒按G键激活“渐变工具”，单击工具属性栏中的“点击可编辑渐变”色条，在打开的“渐变编辑器”对话框中选择如图14-174所示的“前景色到透明渐变”预设，单击“确定”按钮。

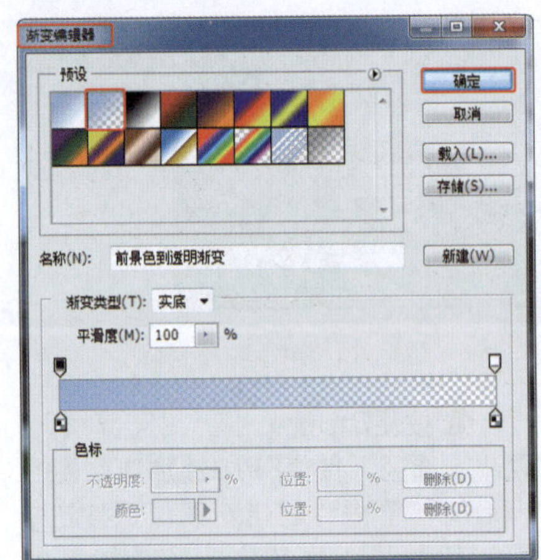

图14-174　设置渐变

㉓在远景树雾效层中激活图层缩览图，按G键拖动出渐变效果，设置图层的混合模式为“滤色”，并设置合适的“不透明度”数值，也可以按V键激活“移动工具”，上下移动鼠标指针以调整渐变效果，效果如图14-175所示。

㉔选择“图层1”，按W键激活“魔棒工具”以载入红砖选区，选择“背景 副本”图层，按Ctrl+J组合键将选区内的图像复制到一个新的图层中，将新图层命名为“红砖”，这样可以方便修改；使用“色阶”“色相/饱和度”命令调整图像的对比度和饱和度；按M键激活“矩形选框工具”以抠选阴影面区域，按Ctrl+M组合键打开“曲线”对话框，压暗图像的暗面，如图14-176所示，单击“确定”按钮。

图14-175　创建渐变并进行调整

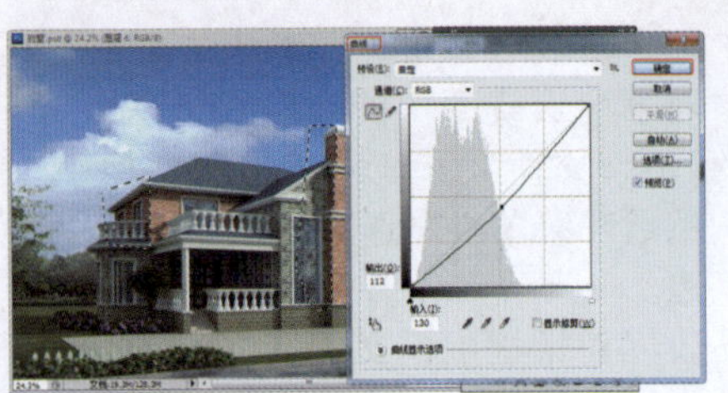

图14-176　载入选区并进行调整

㉕使用通道图所在图层载入下层墙体区域，选择“背景 副本”图层，按Ctrl+J组合键复制选区中的图像到新的图层中，将其命名为“下层墙”，按Ctrl+L组合键打开“色阶”对话框，加强图像的明暗对比和色彩饱和度，如图14-177所示，单击“确定”按钮。

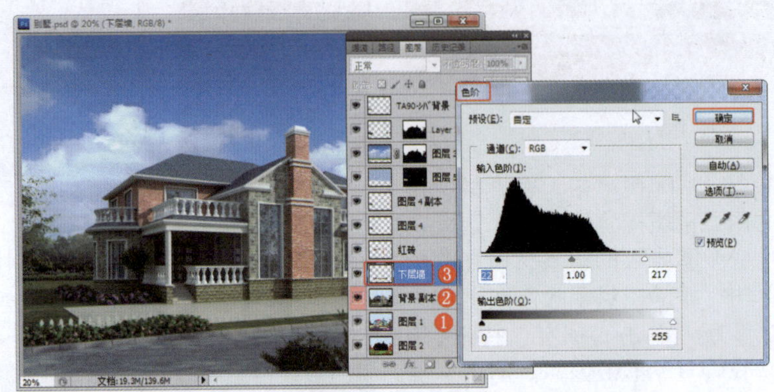

图14-177　调整色阶

㉖按Ctrl+U组合键打开“色相/饱和度”对话框，稍微降低“饱和度”数值，如图14-178所示，单击“确定”按钮。

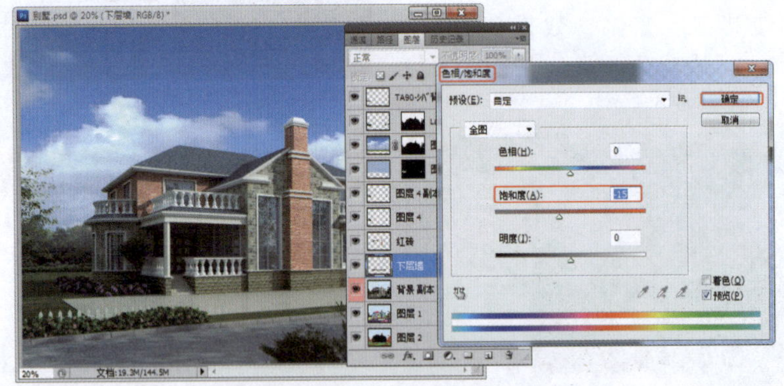

图14-178　降低饱和度

㉗使用通道图所在图层载入中间主墙体的选区，选择“背景 副本”图层，按Ctrl+J组合键复制选区中的图像到新的图层中，并将新图层命名为“主墙体”，使用“色阶”“色相/饱和度”命令调整图像效果；再按L键激活“多边形套索工具”，抠选出如图14-179所示的暗面区域，按Q键进入快速蒙版编辑状态，此时选区变为红色，按W键激活“魔棒工具”，选择红色区域，按G键激活“渐变工具”，单击工具属性栏中的“点击可编辑渐变”色条，在打开的“渐变编辑器”对话框中选择“前景色到背景色渐变”预设，单击“确定”按钮，在文件中从右至左拖动出渐变效果，按Q键退出快速蒙版编辑状态；按Ctrl+M组合键打开“曲线”对话框，稍微提亮图像，以产生较小的明暗变化，单击“确定”按钮。

图14-179 抠选图像

㉘ 使用通道图所在图层载入围栏立柱选区，选择“背景 副本”图层，按Ctrl+J组合键复制选区中的图像到新的图层中，使用“色阶”命令加强图像整体的对比度；再使用L键激活“多边形套索工具”，抠选出如图14-180所示的区域，按Ctrl+M组合键打开“曲线”对话框，将图像整体稍微压暗，单击“确定”按钮。

图14-180 抠选图像

㉙ 按L键激活“多边形套索工具”，抠选出如图14-181所示的区域，先按Ctrl+M组合键打开“曲线”对话框，压暗图像，单击“确定”按钮；再按Ctrl+B组合键打开“色彩平衡”对话框，为中间区域加些蓝色，单击“确定”按钮。

图14-181 抠选图像

㉚ 使用通道图所在图层载入檐口选区，选择“背景 副本”图层，按Ctrl+J组合键复制选区中的图像到新的图层中，并将新图层命名为“檐口”；按Ctrl+L组合键打开“色阶”对话框，增强图像的明暗对比，如图14-182所示，单击“确定”按钮。

㉛ 使用通道图所在图层载入屋顶瓦选区，选择“背景 副本”图层，按Ctrl+J组合键复制选区中的图像到新的图层中，并将新图层命名为“屋顶瓦”；按Ctrl+L组合键打开“色阶”对话框，提亮图像并增强图像的色彩明暗对比，如图14-183所示，单击“确定”按钮。

图14-182 调整色阶

图14-183 调整色阶

㉜ 使用通道图所在图层载入带花灌木选区，选择“背景 副本”图层，按Ctrl+J组合键复制选区中的图像到新的图层中，并将新图层命名为“路边花”；按Ctrl+U组合键打开“色相/饱和度”对话框以降低饱和度，单击“确定”按钮；按Ctrl+L组合键打开“色阶”对话框以提亮图像并增强图像的色彩明暗对比，单击“确定”按钮；按Ctrl+B组合键打开“色彩平衡”对话框以调整中间调，如图14-184所示，单击“确定”按钮。

图14-184 调整色彩平衡

㉝ 使用通道图所在图层载入马路选区，选择“背景 副本”图层，按Ctrl+J组合键复制选区中的图像到新的图层中，并将新图层命名为“路面”；按Ctrl+L组合键打开“色阶”对话框，加强图像的明暗对比和饱和度，如图14-185所示，单击“确定”按钮。

图14-185 调整色阶

㉞ 导入“3.psd”素材文件，将其中的绿化图像拖入效果图文件中，按Ctrl+T组合键调出自由变换控制框以调整图像的大小，再略微调整颜色，使其融入效果图画面，效果如图14-186所示。

图14-186 导入并调整素材图像

㉟ 选择通道图所在图层，按W键激活“魔棒工具”以抠选栅栏区域，选择导入的素材所在的图层，按Delete键删除选区中的图像，效果如图14-187所示。

图14-187 删除选区中图像

㊱ 导入“ren.psd”素材文件，先使用“去边”命令去边，再按Ctrl+T组合键调出自由变换控制框以调整图像的大小和位置，使其高度与汽车同高或略高于汽车，效果如图14-188所示，然后再略微调整颜色。

图14-188 导入并调整素材图像

37 按Ctrl+J组合键复制上一步导入的人物素材所在的图层，按Ctrl+[组合键将该副本图层放置于原人物素材所在图层的下方，按Ctrl+T组合键调出自由变换控制框，按住Ctrl键调整控制框上方的中点，再略微调整图像的角度和位置，效果如图14-189所示，确定调整效果。

图14-189 制作阴影效果

38 按Ctrl+U组合键打开“色相/饱和度”对话框，降低“饱和度”和“明度”数值，单击“确定”按钮；按E键激活“橡皮擦工具”，在工具属性栏设置“不透明度”数值，在文件中擦除人物阴影的上半部分，使阴影有由实至虚的变化，再根据图像显示效果设置阴影所在图层的“不透明度”数值，效果如图14-190所示。

图14-190 调整倒影效果

39 在菜单栏中选择“滤镜”→“模糊”→“动感模糊”命令，在打开的对话框中根据阴影的方向调整模糊的角度，设置合适的“距离”值，如图14-191所示，单击“确定”按钮。

图14-191 设置模糊效果

40 使用通道图所在图层载入玻璃选区，选择“背景 副本”图层，按Ctrl+J组合键复制选区中的图像到新的图层中，并将新图层命名为“玻璃”；按Ctrl+L组合键打开“色阶”对话框，加强图像的对比，如图14-192所示，单击“确定”按钮。

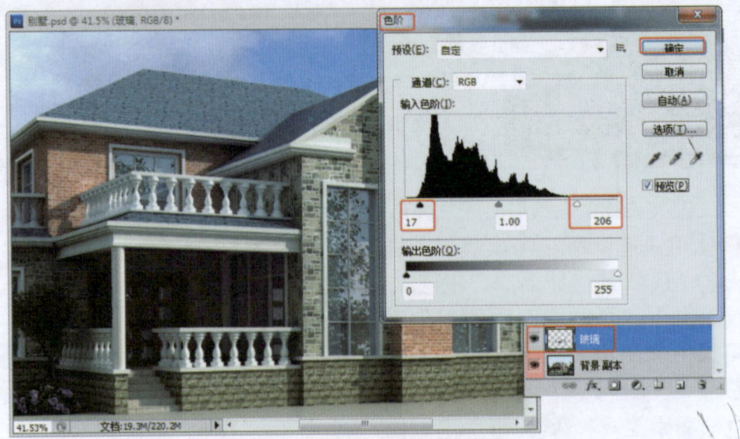

图14-192 调整色阶

41 进入快速蒙版编辑状态，选择玻璃上面的区域，按Ctrl+M组合键打开“曲线”对话框以调亮图像，如图14-193所示，单击“确定”按钮；再次进入快速蒙版编辑状态，选择玻璃下面的区域，按Ctrl+M组合键打开“曲线” 对话框，压暗图像，单击“确定”按钮。

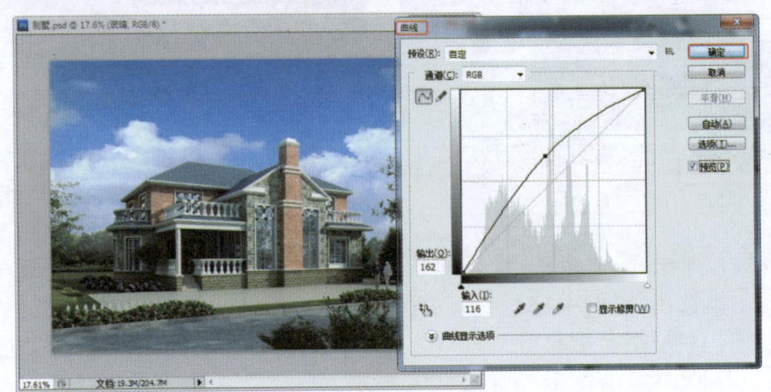

图14-193 调整曲线

42 按Ctrl+Shift+Alt+E组合键，盖印可见图层至新的图层中，按Ctrl+Shift+2组合键载入高光选区，效果如图14-194所示。

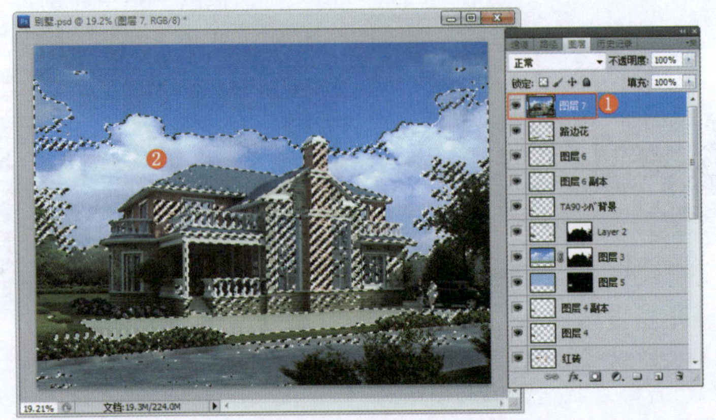

图14-194 载入选区

43 按Ctrl+J组合键复制高光区域中的图像至新的图层中，设置图层的“混合模式”为“滤色”，设置合适的“不透明度”数值；在菜单栏中选择“滤镜”→“模糊”→“高斯模糊”命令，在打开的对话框中设置“半径”为50.0像素，如图14-195所示，单击“确定”按钮。

图14-195 设置模糊效果

44 选择盖印图层，选择“滤镜”→“其他”→“高反差保留”命令，在打开的对话框中设置“半径”数值，如图14-196所示，单击“确定”按钮。

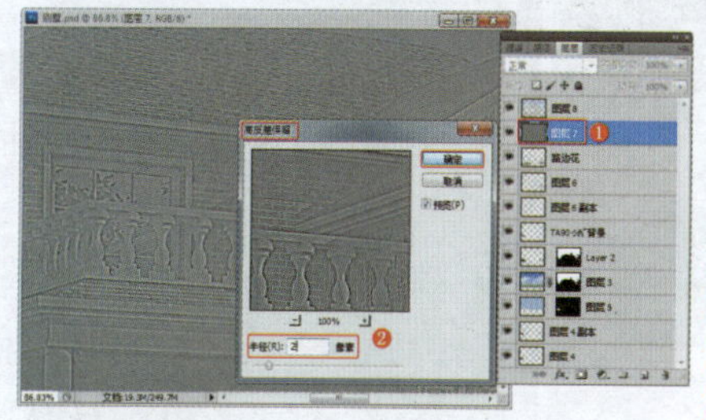

图14-196 “高反差保留”对话框

45 设置盖印图层的混合模式为“叠加”，如图14-197所示。

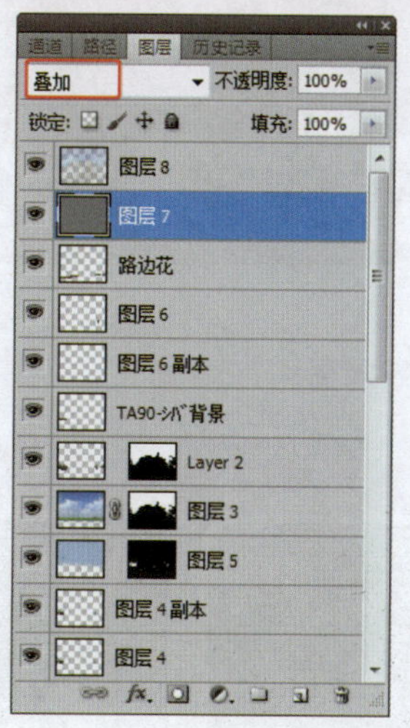

图14-197 设置图层的混合模式

46 再次按Ctrl+Shift+Alt+E组合键，盖印可见图层至新的图层中，设置图层的混合模式为“正片叠底”；按Ctrl+M组合键打开“曲线”对话框，压暗图像，如图14-198所示，单击“确定”按钮。

47 按E键激活“橡皮擦工具”，按0键设置“不透明度”为100%，选择一种柔边画笔，按]键将画笔笔尖放大，然后将中心区域的图像擦除；设置图层的“不透明度”为30%，以制作四角压暗效果，如图14-199所示。

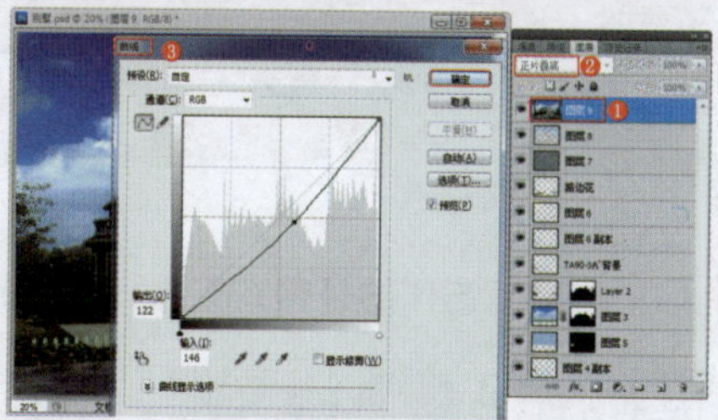

图14-198 调整曲线

图14-199 擦除图像

48 前面步骤中的操作可以保证整体画面在同一色调中，再次按Ctrl+Shift+Alt+E组合键盖印图层，按Ctrl+B组合键打开“色彩平衡”对话框，适当调整色调，单击“确定”按钮。

第15章 花园式住宅

本章制作的是带有花园、草坪的住宅楼效果图。

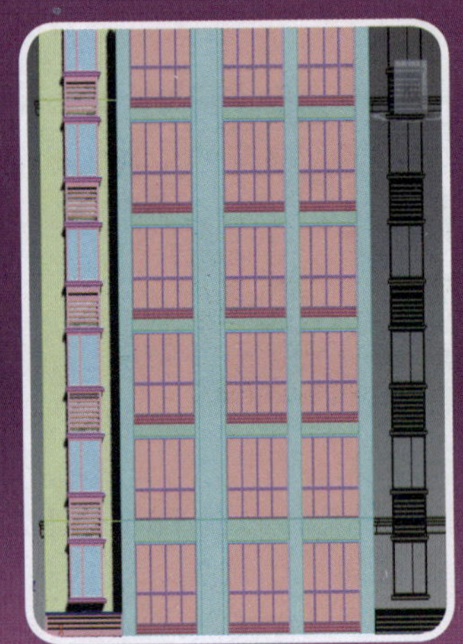

实例效果剖析

本章制作的花园式住宅，效果如图15-1所示。

图15-1　效果展示

实例技术要点

本章主要用到的功能及技术要点如下。

- 导入CAD图纸。
- 创建住宅模型。
- 导入模型：导入植物和装饰模型。
- 设置材质：设置场景中框架的材质。
- 创建摄影机和灯光：调整合适的观察角度，并创建灯光照亮场景。
- 渲染输出：通过设置渲染参数，对场景进行渲染输出。
- 后期处理：通过使用Photoshop软件来调整花园式住宅的最终效果，使其更加鲜亮和真实。

场景文件路径	Scene\第15章\花园式住宅.max
贴图文件路径	Map\
难易程度	★★★★★

实例286 导入CAD图纸

导入花园式住宅的CAD图纸到3ds Max中。

视频路径	视频\Cha15\实例286 导入CAD图纸.mp4	
难易程度	★★	学习时间
		16分11秒

实例287 创建住宅南立面模型

导入图纸后，创建住宅南立面的模型。

实例制作步骤

视频路径	视频\Cha15\实例287 创建住宅南立面模型（上）.mp4，实例287 创建住宅南立面模型（下）.mp4	
难易程度	★★★★	学习时间
		35分52秒，31分19秒

❶ 在“前”视图中利用矩形创建图形，为图形施加“挤出”修改器，设置“数量”为200.0，在“顶”视图中调整模型的位置，效果如图15-2所示。

❷ 在“前”视图中继续创建图形，为图形施加“挤出”修改器，设置合适的挤出数量；为模型施加“编辑网格”修改器，将选择集定义为

"顶点"，在"顶"视图中调整顶点，效果如图15-3所示。

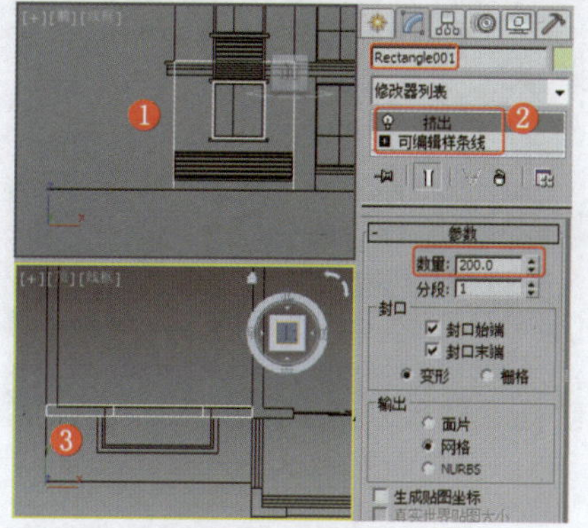

图15-2 创建模型

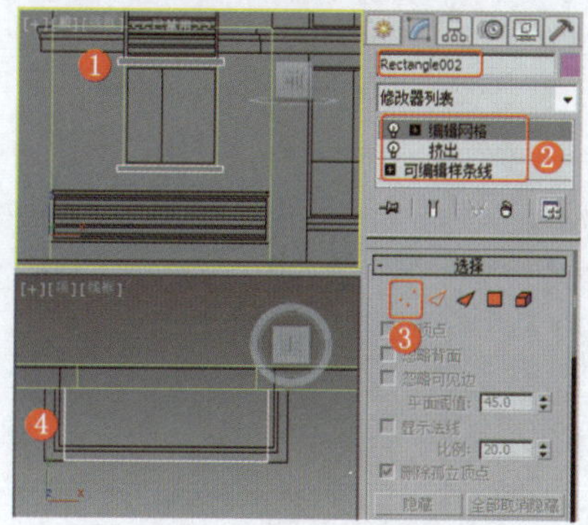

图15-3 创建并调整模型

❸ 在"前"视图中创建矩形，将其作为飘窗，为图形施加"挤出"修改器，设置"数量"为40.0，调整模型至合适的位置，效果如图15-4所示。

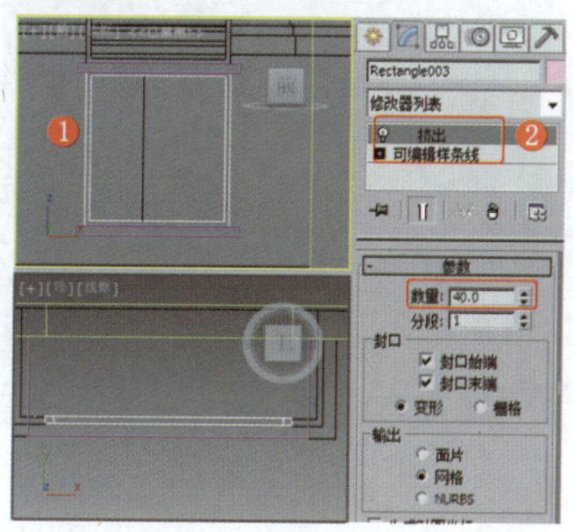

图15-4 创建飘窗

❹ 为模型施加"编辑网格"修改器，将选择集定义为"面"，从左向右选择如图15-5所示的面，使用移动复制法复制面；将选择集定义为"顶点"，调整顶点使其不共面；将选择集定义为"元素"，复制元素至合适的位置。

❺ 在"顶"视图中根据窗框的内边创建如图15-6所示的4点的线，将选择集定义为"样条线"，为图形设置向外的"轮廓"为5.0。

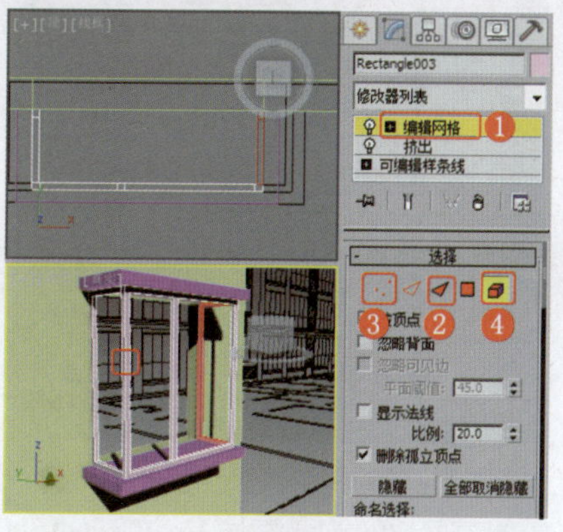

图15-5 调整模型

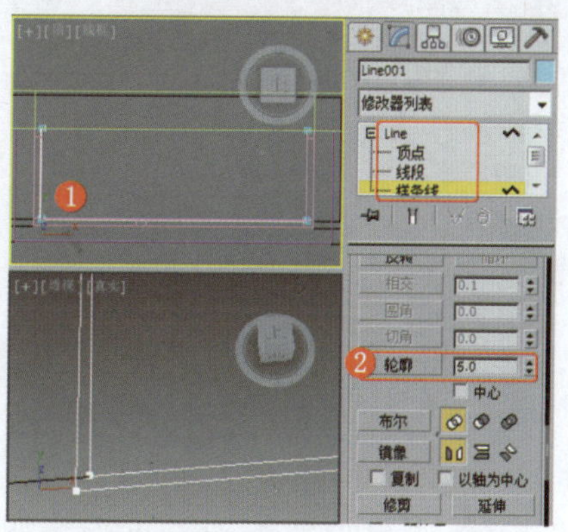

图15-6 创建并调整线

❻ 为图形施加"挤出"修改器，设置合适的"数量"数值；为模型施加"编辑网格"修改器，将选择集定义为"顶点"，在"前"视图中调整顶点，效果如图15-7所示。

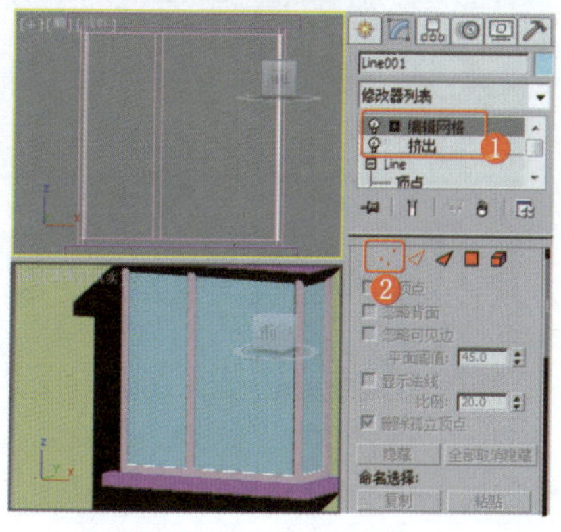

图15-7 创建并调整模型

❼ 在"前"视图中向上复制一层墙体模型，关闭"挤出"修改器；将复制的墙体转换为"可编辑样条线"，将选择集定义为"顶点"，将模型上边的顶点调至5层顶上，将选择集定义为"样条线"，选择作为窗口的线，使用移动复制法向上复制线，效果如图15-8所示；关闭选择集，激活"挤出"修改器。

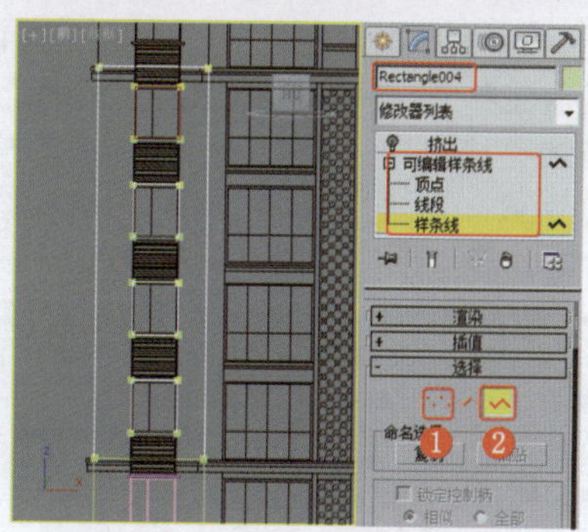

图15-8 创建墙体

❽ 使用制作窗框的方法制作空调位栅格，效果如图15-9所示。

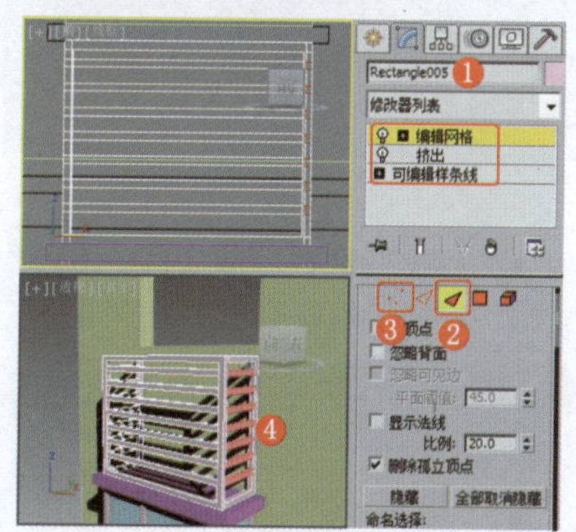

图15-9 制作空调位栅格

❾ 使用空调位栅格制作一楼的空调位，效果如图15-10所示。

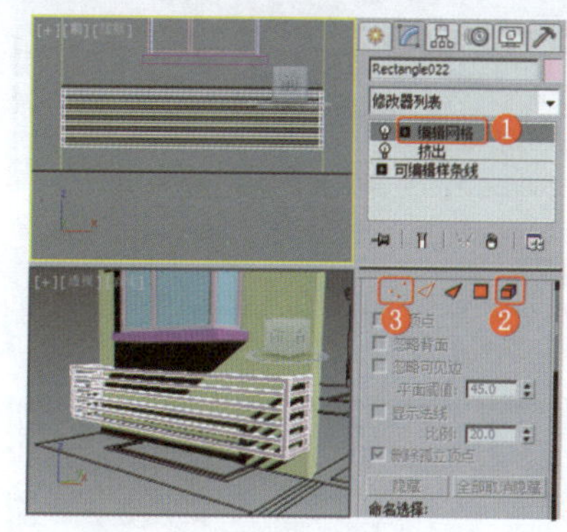

图15-10 制作一楼的空调位

❿ 制作如图15-11所示的一楼空调位盖板及底座。

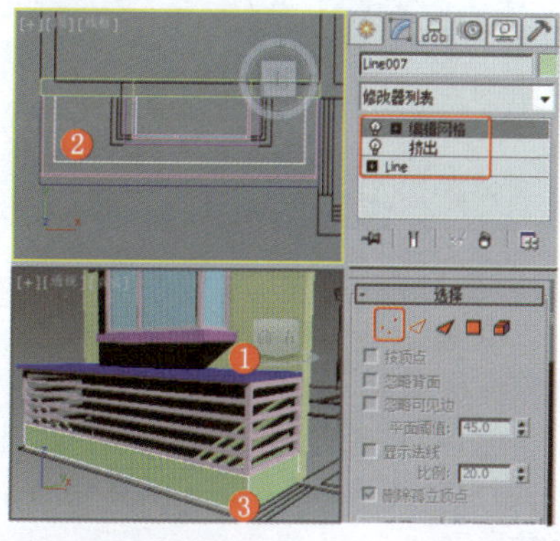

图15-11 制作一楼的空调位盖板及底座

⑪ 根据图纸在“顶”视图中利用线创建如图15-12所示的图形；为图形施加“挤出”修改器，设置合适的挤出数量；为模型施加“编辑网格”修改器，在“前”视图中调整顶点。

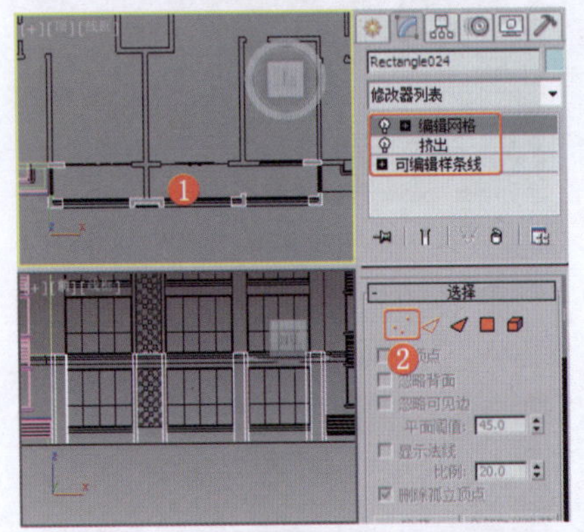

图15-12　创建并调整模型

⑫ 根据图纸在“前”视图中制作如图15-13所示的窗下墙和窗檐模型。

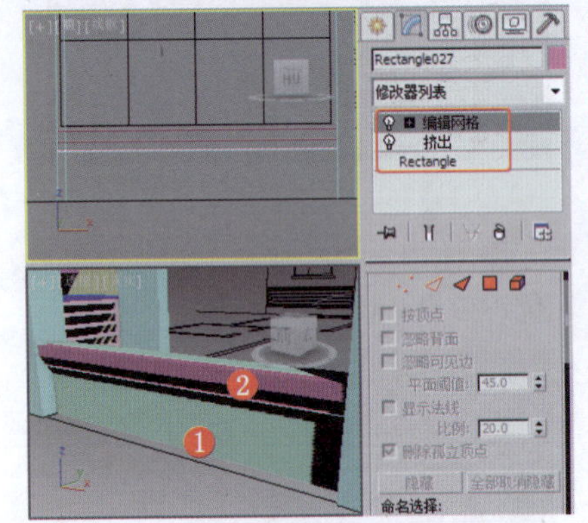

图15-13　制作窗下墙和窗檐

⑬ 根据图纸制作如图15-14所示的窗框和玻璃。

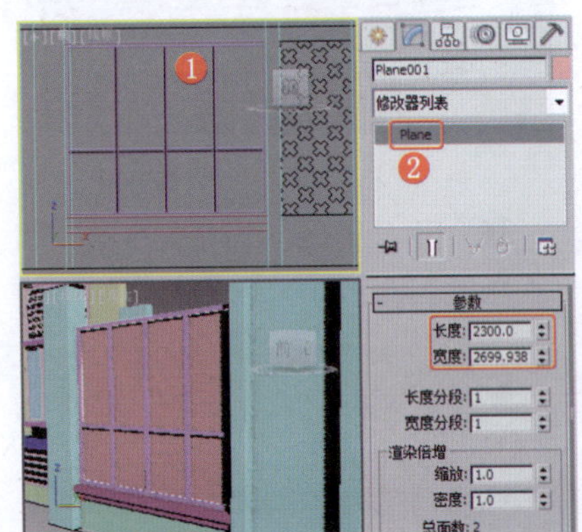

图15-14　制作窗框和玻璃

⑭ 复制窗下墙、窗檐、窗框模型，调整玻璃模型，效果如图15-15所示。

⑮ 根据图纸在“前”视图中创建如图15-16所示的模型，将其作为布尔对象。

图15-15　调整模型

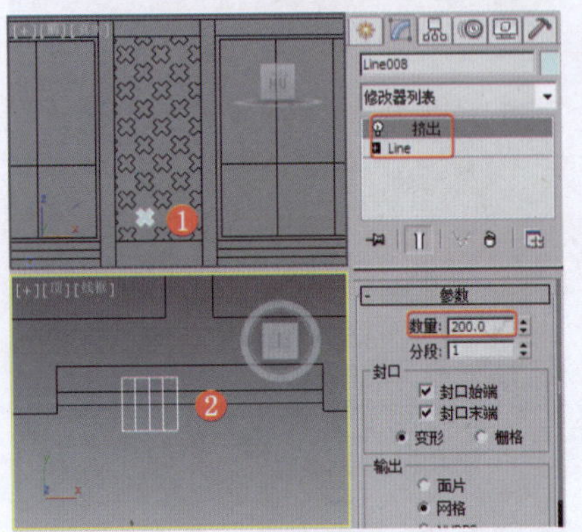

图15-16　创建布尔对象

⑯ 将模型转换为“可编辑网格”，将选择集定义为“元素”，使用移动复制法复制模型，效果如图15-17所示。

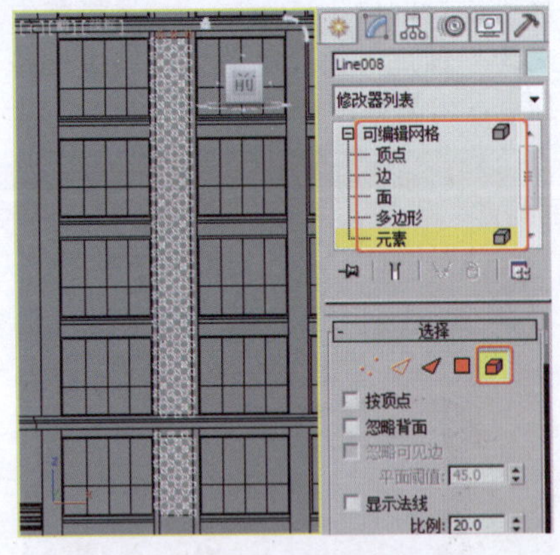

图15-17　复制模型

⑰ 在“前”视图中创建图形，将其作为装饰雕画，为图形施加“挤出”修改器，设置合适的挤出数量，调整模型至合适的位置，效果如图15-18所示。

⑱ 选择装饰雕画模型，使用“ProBoolean”工具布尔模型，效果如图15-19所示。

⑲ 制作侧面的窗下墙、窗檐、玻璃模型，复制一楼的空调位模型并进行调整，效果如图15-20所示。

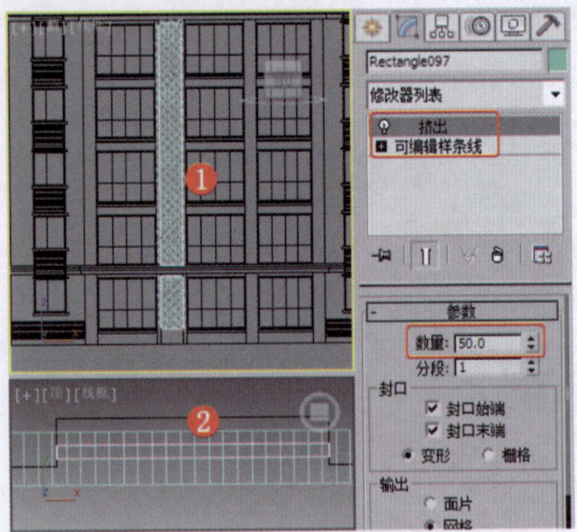

图15-18　创建并调整模型

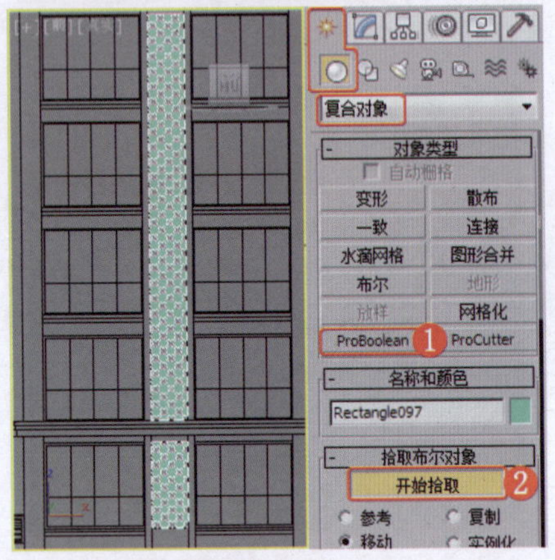

图15-19　布尔模型

图15-20　制作模型

⑳ 根据图纸制作中间凸出阳台墙体模型，效果如图15-21所示。

㉑ 复制模型，效果如图15-22所示。

㉒ 选择装饰雕画后面的模型，将选择集定义为“顶点”，调整如图15-23所示位置的点。

㉓ 在“顶”视图中创建矩形，为图形施加“挤出”修改器，设置合适的挤出数量；为模型施加“编辑网格”修改器，调整顶点，效果如图15-24所示。

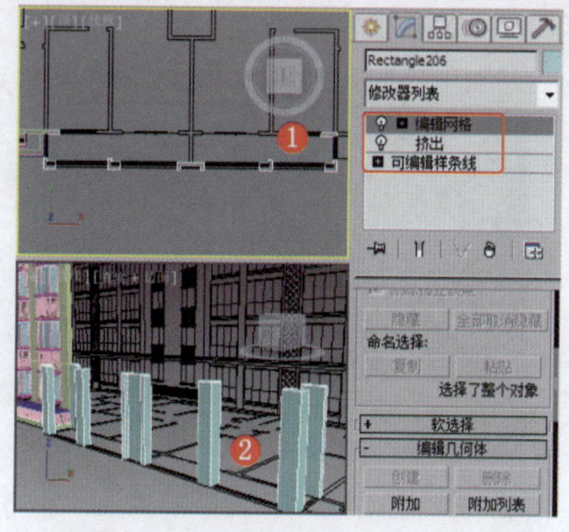

图15-21 创建阳台墙体模型

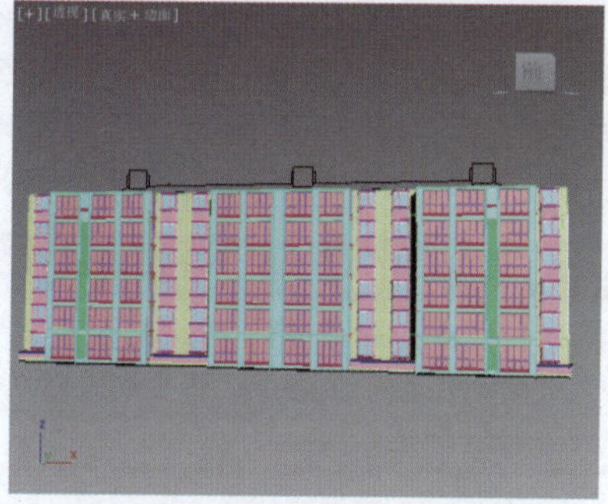

图15-22 复制模型

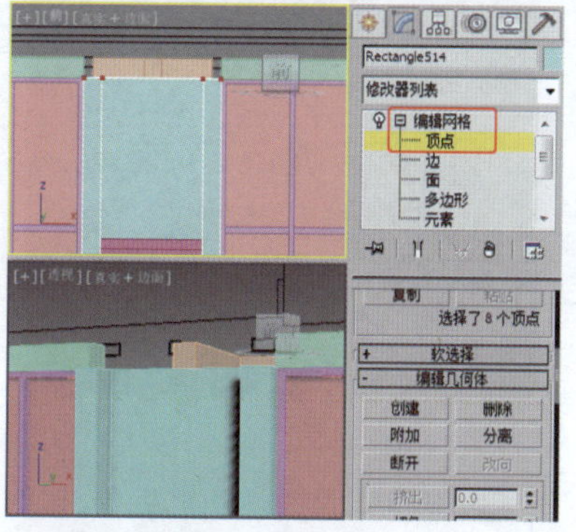

图15-23 调整模型

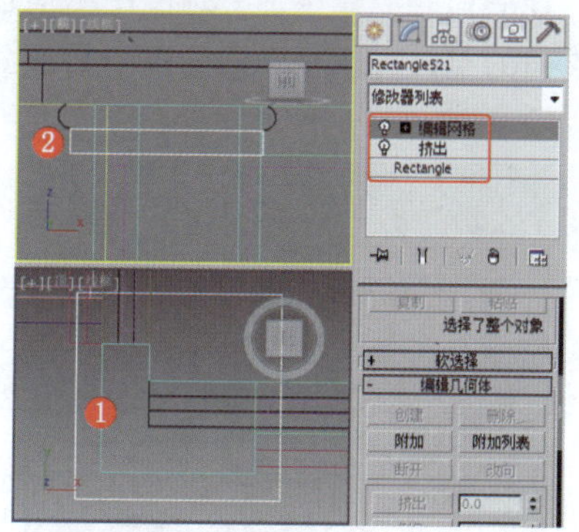

图15-24 创建并调整模型

㉔ 在“前”视图中创建弧，将其作为剖面图形，在“顶”视图中创建矩形，将其作为路径，效果如图15-25所示。

㉕ 为作为路径的矩形施加“倒角剖面”修改器，在“参数”卷展栏中单击“拾取剖面”按钮，拾取弧，将选择集定义为“剖面Gizmo”，使用“旋转”工具调整Gizmo的角度，效果如图15-26所示。

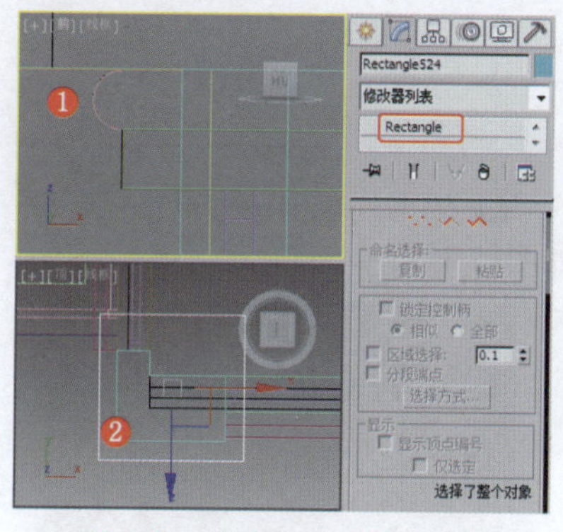

图15-25 创建剖面图形和路径

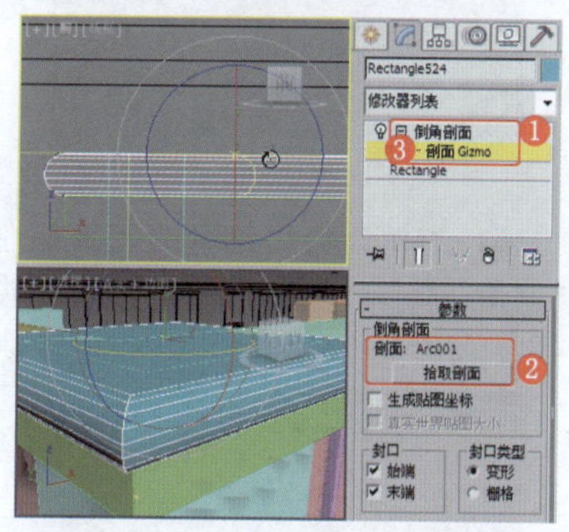

图15-26 创建并调整倒角剖面模型

㉖ 复制并调整模型，效果如图15-27所示。

㉗ 在“顶”视图创建如图15-28所示的模型。

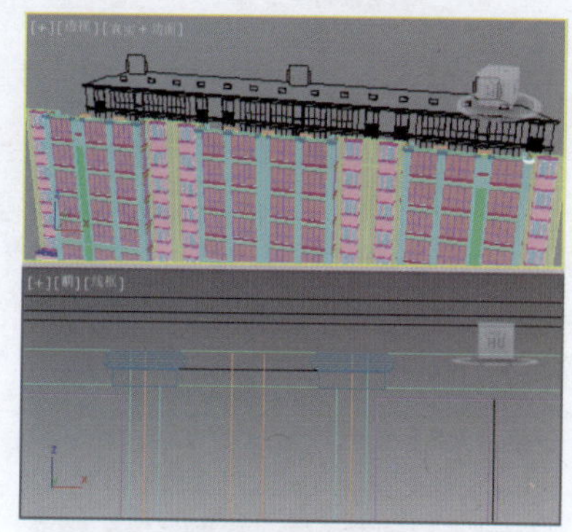

图15-27 复制并调整模型

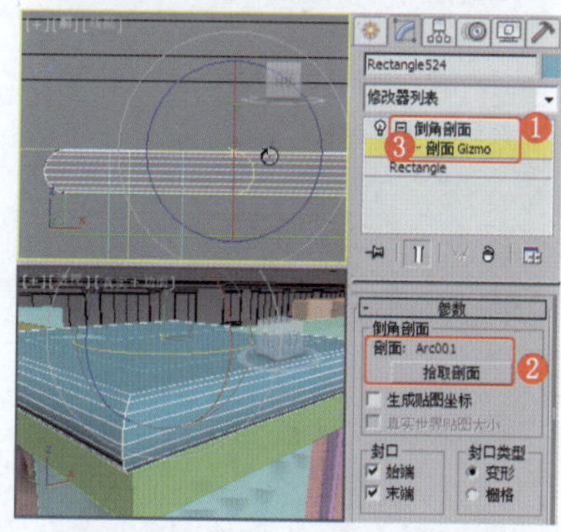

图15-28 创建模型

实例288 创建住宅西立面模型

根据图纸创建住宅西立面的模型，效果如图15-29所示。

视频路径	视频\Cha15\实例288 创建住宅西立面模型.mp4		
难易程度	★★★★	学习时间	7分17秒

实例289 创建住宅东立面模型

根据图纸创建住宅东立面的模型，效果如图15-30所示。

视频路径	视频\Cha15\实例289 创建住宅东立面模型.mp4		
难易程度	★★★★	学习时间	5分22秒

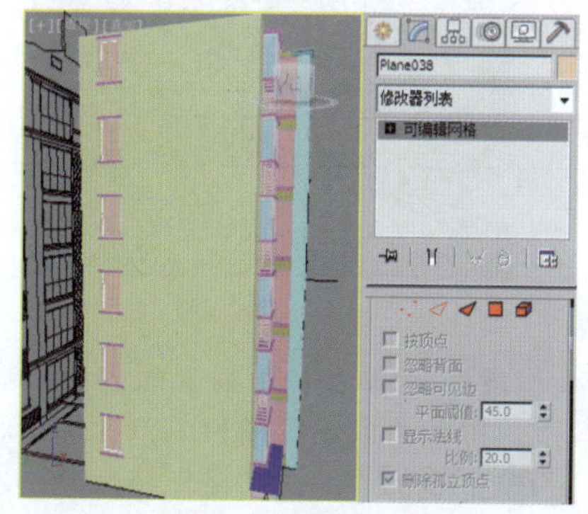

图15-29 创建西立面

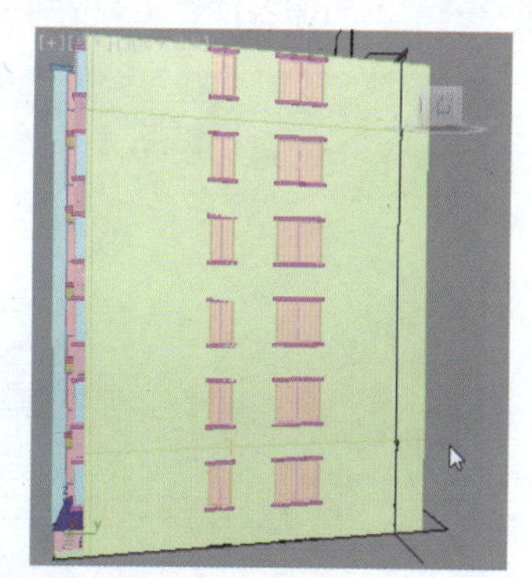

图15-30 创建东立面

实例290 创建住宅后墙、檐口及屋顶

根据图纸创建住宅后墙、檐口和屋顶的模型。

实例制作步骤

视频路径	视频\Cha15\实例290 创建住宅后墙、檐口及屋顶.mp4		
难易程度	★★★★	学习时间	23分12秒

❶ 在“顶”视图中根据外墙线绘制样条线，将其作为后墙，将选择集定义为“样条线”，再设置向内的“轮廓”为200.0mm，效果如图15-31所示。

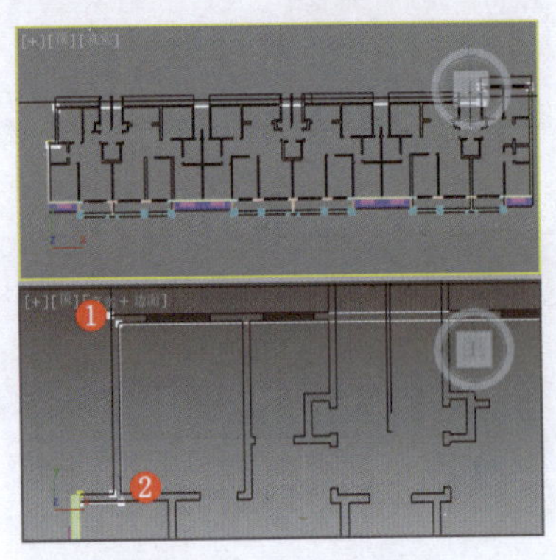

图15-31 创建后墙

❷ 为图形施加“挤出”修改器，设置合适的挤出数量；为模型施加“编辑网格”修改器，调整顶点，效果如图15-32所示。

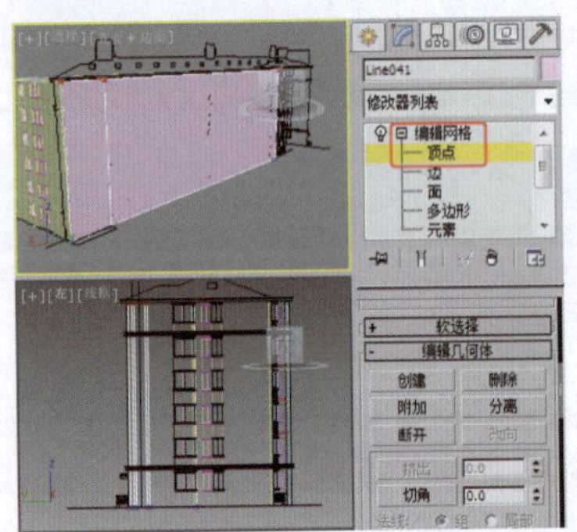

图15-32 创建并调整模型

❸ 在“前”视图中创建如图15-33所示的封闭图形，将其作为檐口剖面，将图形右下方的顶点设置为首顶点。

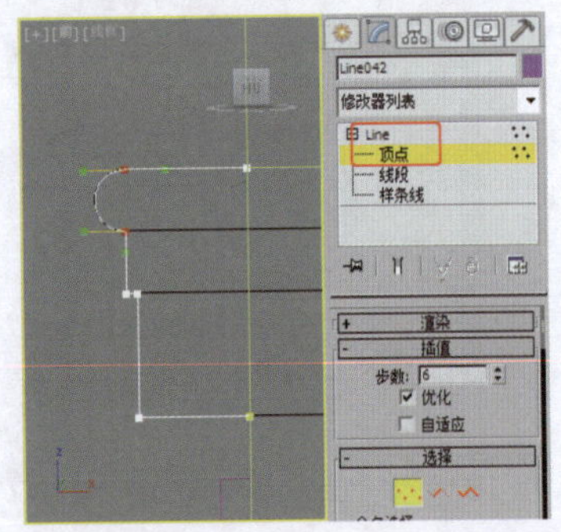

图15-33 创建檐口剖面

❹ 根据外墙创建檐口路径，效果如图15-34所示。

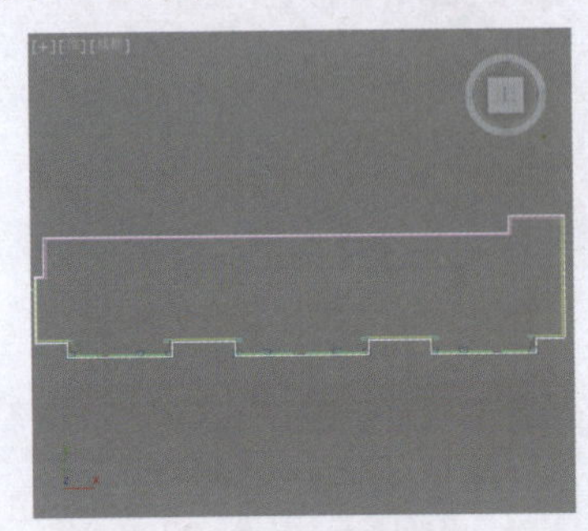

图15-34 创建檐口路径

❺ 为作为檐口路径的图形施加“倒角剖面”修改器，在场景中拾取檐口剖面封闭图形，效果如图15-35所示。

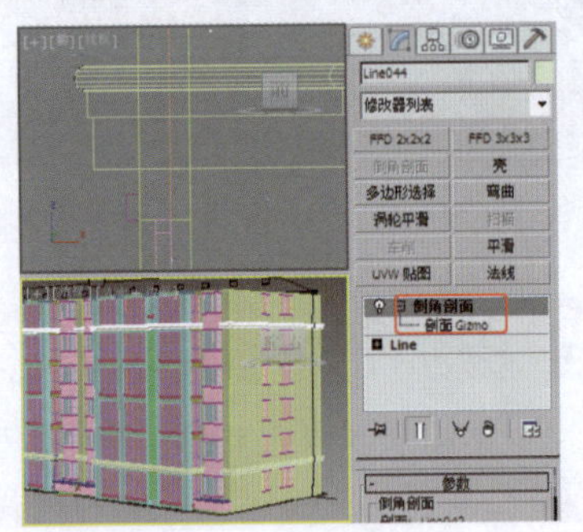

图15-35 施加“倒角剖面”修改器

❻ 在“前”视图中绘制屋顶檐口的剖面图形，效果如图15-36所示。

注 意

绘制时屋顶檐口图形不要封闭。

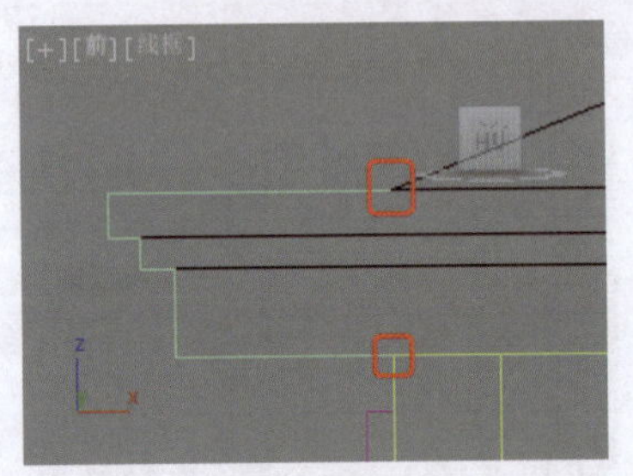

图15-36 绘制屋顶檐口的剖面图形

❼ 在场景中复制下面檐口的模型，重新拾取屋顶檐口的剖面图形，为模型施加“编辑网格”修改器，将选择集定义为“顶点”，在“顶”视图中调整模型，效果如图15-37所示。

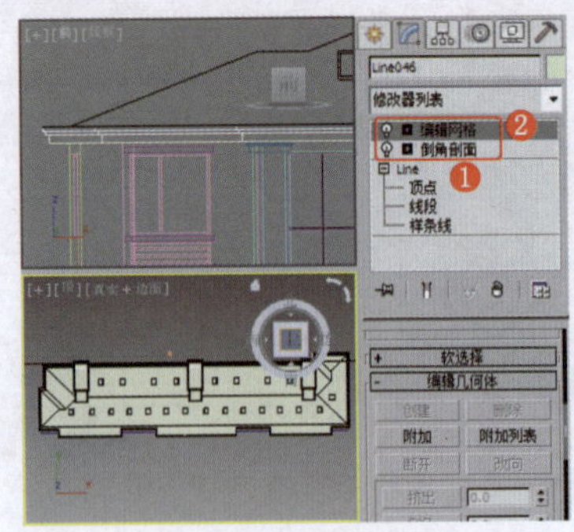

图15-37 复制并调整模型

❽ 取消隐藏顶面图并孤立顶面图，在“顶”视图中根据图纸利用线创建如图15-38所示的图形，将其作为楼顶。

提 示

先创建左侧三角图形，取消勾选“开始新图形”复选框，继续依次创建其他封闭图形。

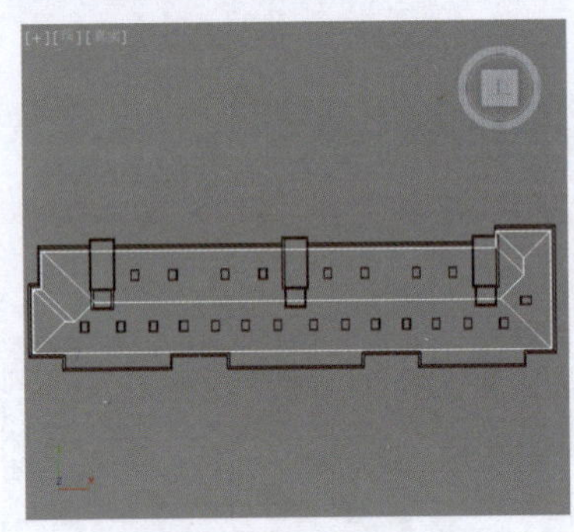

图15-38 创建图形

❾ 将绘制的顶部图形转换为“可编辑多边形”，通过调整顶点调整出顶部的形状，在“顶”视图中先调整横向的点，再调整竖向的点，效果如图15-39所示。

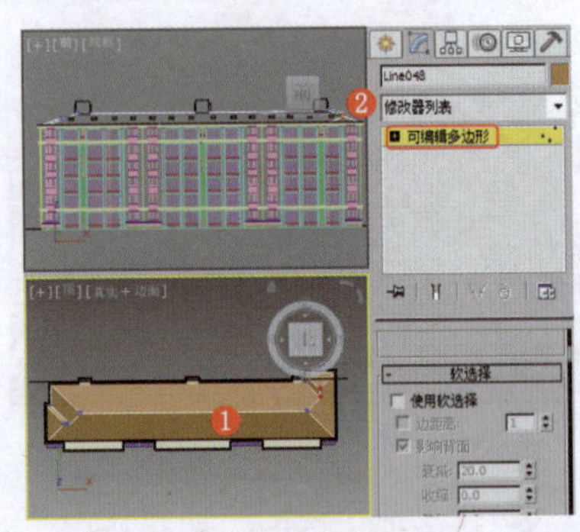

图15-39 调整顶点

❿ 在“顶”视图中分别创建两个矩形，在“前”视图中为图形施加“挤出”修改器，对模型进行复制，效果如图15-40所示。

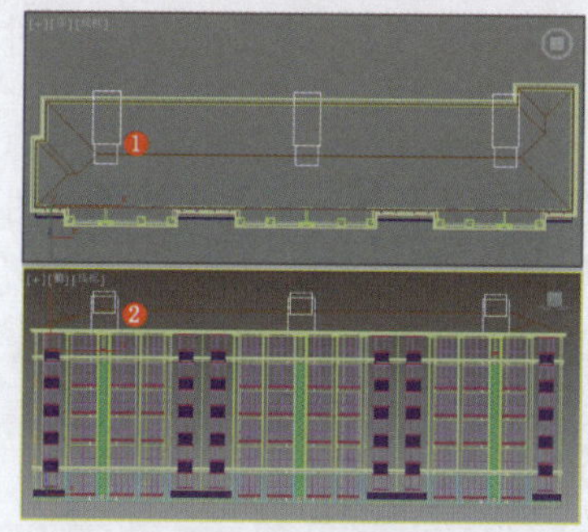
图15-40 挤出并复制模型

⓫ 在"前"视图中利用矩形创建如图15-41所示的图形，为图形施加"挤出"修改器，设置"数量"为50.0。

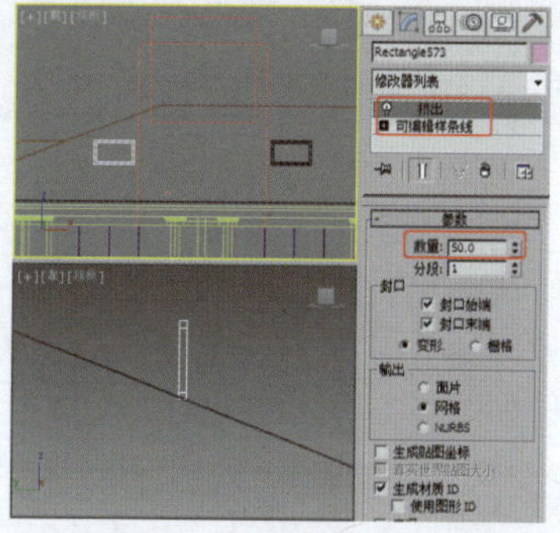
图15-41 挤出模型

⓬ 在"前"视图中创建平面，将其作为玻璃，效果如图15-42所示。

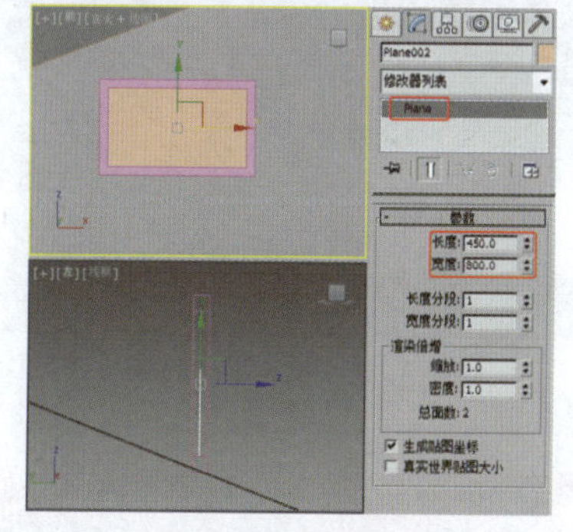
图15-42 创建玻璃

⓭ 在"左"视图中调整窗框和玻璃的角度，为模型施加"编辑网格"修改器，在工具栏中选择"局部"坐标轴，在"左"视图中调整顶点的位置，效果如图15-43所示。

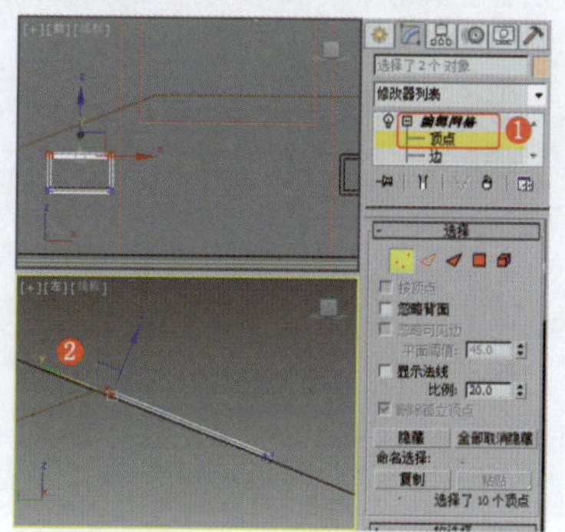
图15-43 调整模型

⓮ 使用移动复制法复制顶部窗框和玻璃模型，效果如图15-44所示。

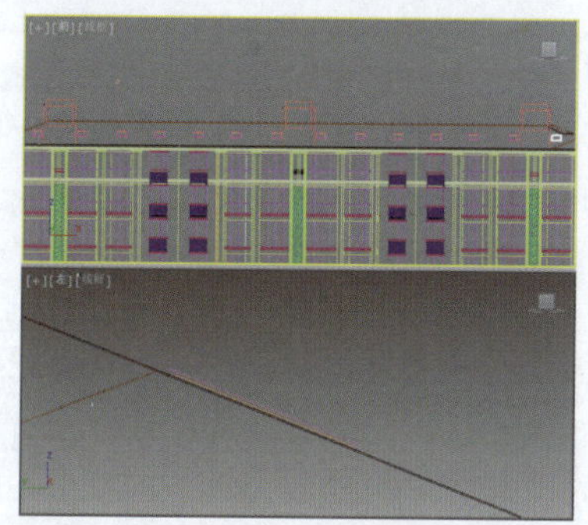
图15-44 复制模型

⓯ 选择除顶部玻璃和飘窗玻璃外的所有玻璃，为模型施加"壳"修改器，设置"外部量"为5。

提 示

因为在摄影机的前端玻璃中可以看到右侧玻璃，如果是单面模型，则右侧玻璃的法线向外会看不到。

实例291 创建摄影机

完成模型的创建后创建摄影机，根据需要的视口角度进行调整，以更好地观察场景效果。

视频路径	视频\Cha15\实例291 创建摄影机.mp4		
难易程度	★★	学习时间	3分19秒

实例292 创建地形及配楼布置

完成住宅主体楼的创建后，下面制作周围环境，包括地形和配楼。

实例制作步骤

视频路径	视频\Cha15\实例292 创建地形及配楼布置.mp4		
难易程度	★★★★	学习时间	25分49秒

❶ 选择整个楼体模型，使用移动复制法"实例"复制模型，模型放置的位置要体现出楼体有前后、远近的层次，效果如图15-45所示。

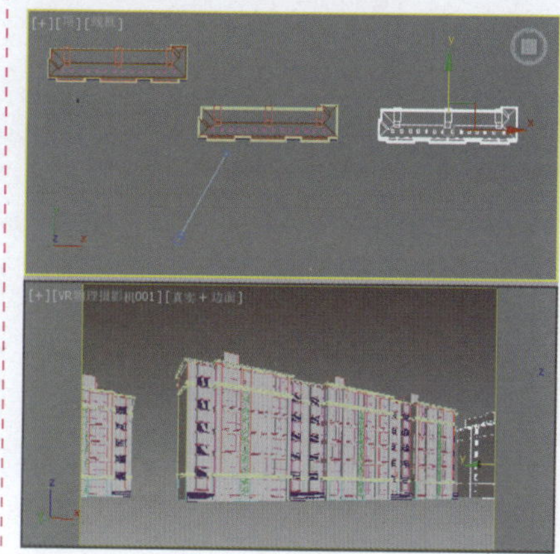
图15-45 复制模型

❷ 在"顶"视图中创建矩形，将其作为地面草地，为其施加"挤出"修改器，设置"数量"为0.0mm，效果如图15-46所示。

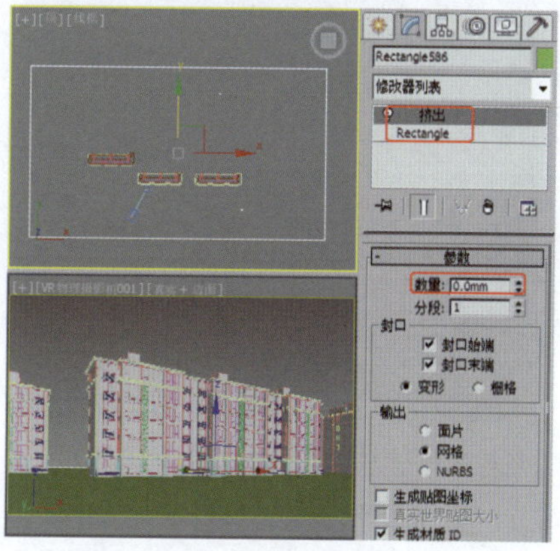
图15-46 创建草地

❸ 在"顶"视图中创建如图15-47所示的图形，将其作为路面，为其施加"挤出"修改器，设置"数量"为50.0mm。

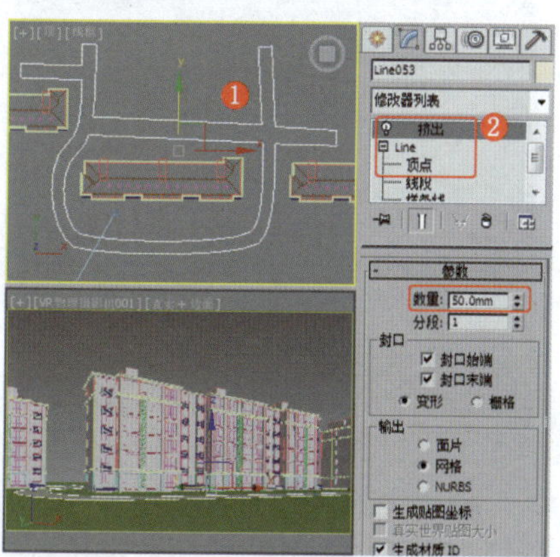
图15-47 创建路面

❹ 在"顶"视图中创建如图15-48所示的图形，将其作为行人小路，为其施加"挤出"修改器，设置"数量"为50.0mm。

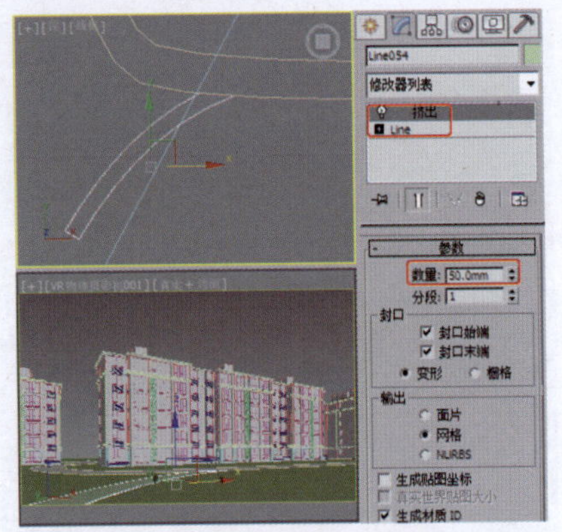

图15-48 创建行人小路

❺ 在"顶"视图中利用线创建如图15-49所示的图形，将其作为水面和草地布尔对象。

图15-49 创建水面和草地布尔对象

❻ 为图形施加"挤出"修改器，设置合适的挤出数量，按Ctrl+V组合键复制模型，将其作为水面，如图15-50所示。

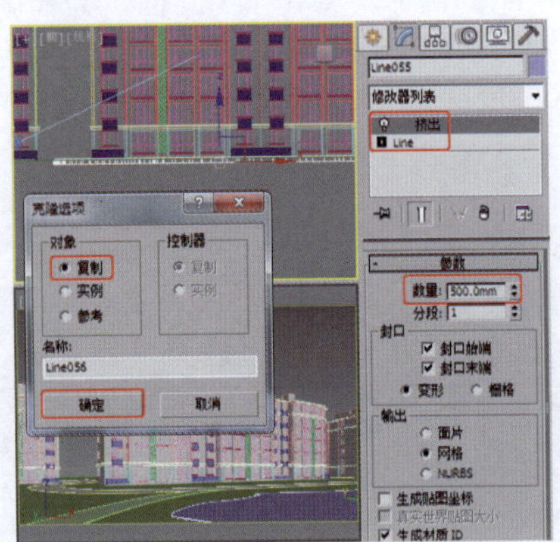

图15-50 复制出水面

❼ 选择作为草地的模型，将模型转换为"可编辑多边形"，将选择集定义为"边"，先选择两侧的边，使用"连接"工具增加一条连接边，再选择连接出的边与下方的边，使用"连接"工具增加两条竖向边，将其分布于湖水图形的两侧，效果如图15-51所示。

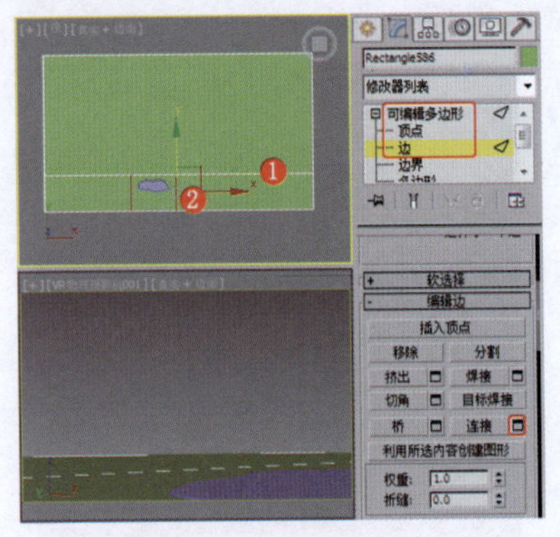

图15-51 调整模型

提 示

增加连接边，是为了布尔模型。

❽ 选择草地模型，使用"Pro-Boolean"工具布尔出湖水模型，效果如图15-52所示。

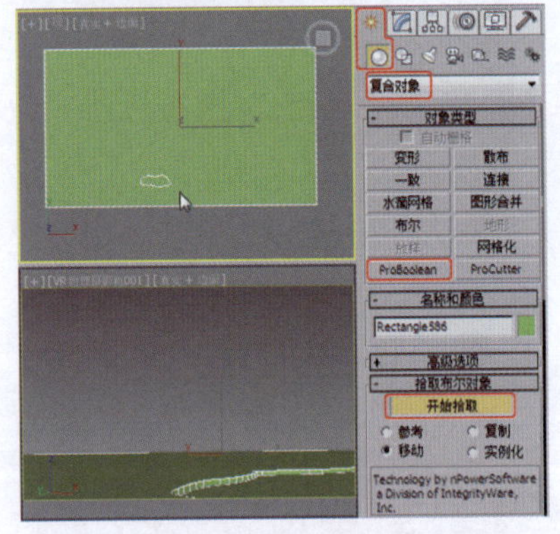

图15-52 布尔模型

❾ 将布尔模型转换为"可编辑网格"，将选择集定义为"顶点"，先在"前"视图中向下调整如图15-53所示的顶点的位置，再在"顶"视图中缩放顶点。

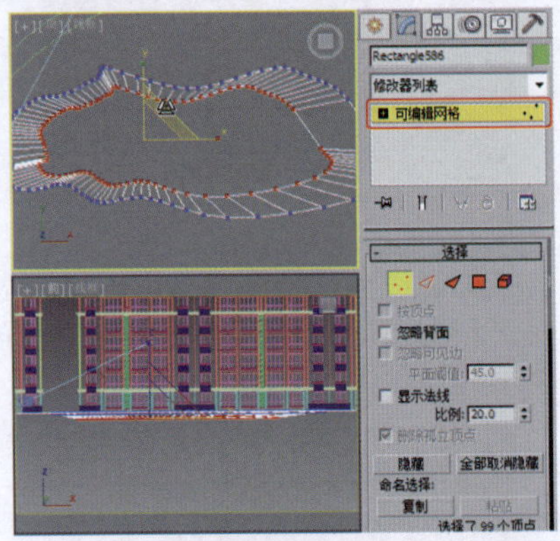

图15-53 调整顶点

❿ 选择剩余的湖水模型，将"挤出"修改器移除，将图形转换为"可编辑网格"，向下调整湖水的位置，效果如图15-54所示。

图15-54 调整湖水的位置

实例293 设置测试渲染参数

为了方便观察场景效果，下面设置测试渲染参数并进行测试渲染，以便快速查看模型的显示效果。

实例制作步骤

视频路径	视频\Cha15\实例293 设置测试渲染参数.mp4		
难易程度	★★★★	学习时间	1分28秒

❶ 按F10键打开"渲染设置"面板，在"指定渲染器"卷展栏中设置"产品级"为"V-Ray Adv 2.40.03"，如图15-55所示。

❷ 切换到"V-Ray"选项卡，在"V-Ray::全局开关"卷展栏的"材质"选项组中勾选"最大深度"复选框，并将其数值设置为2，设置"光线跟踪"选项组中的"二次光线偏移"为0.001；在"V-Ray::图像采样器（反锯齿）"卷展栏中设置"图像采样器"选项组中的"类型"为"固定"，取消勾选"抗锯齿过滤器"选项组中的"开"复选框，如图15-56所示。

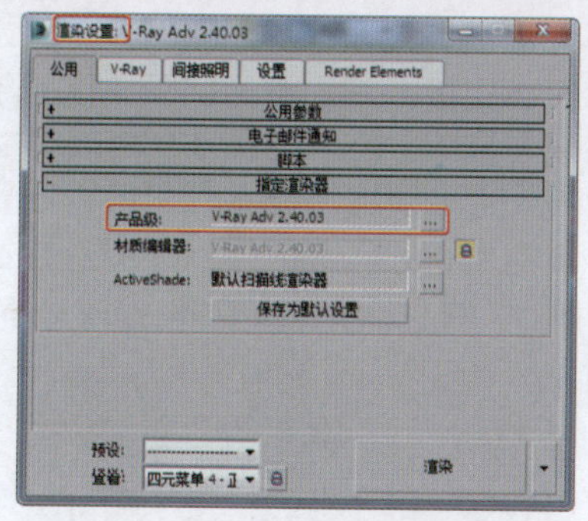
图15-55 选择渲染器

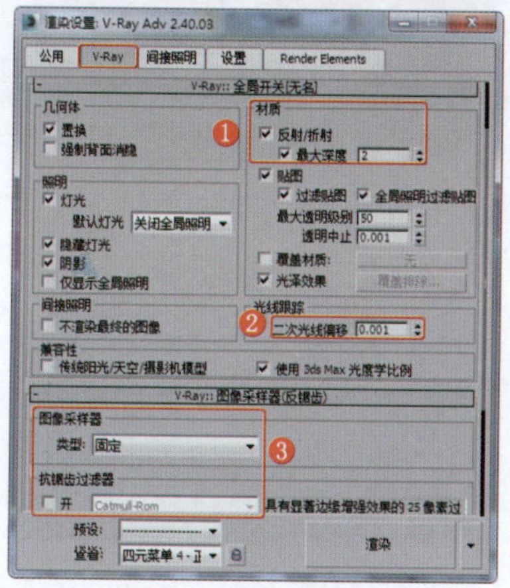
图15-56 设置参数

❸ 切换到“间接照明”选项卡，在“V-Ray::间接照明（GI）”卷展栏中勾选“开”复选框，激活GI；在“V-Ray::发光图”卷展栏中先设置“当前预置”为“非常低”，再将其设置为“自定义”，设置“最小比率”为-5、“最大比率”为-4、“半球细分”为20、“插值采样”为20，如图15-57所示。

❹ 切换到“设置”选项卡，在“V-Ray::系统”卷展栏中设置“最大树形深度”为90、“动态内存限制”为8000MB（电脑的内存有多大，此处就设置多大的数值）、“默认几何体”为“动态”、“区域排序”为“上->下”，取消勾选“显示窗口”复选框，如图15-58所示。

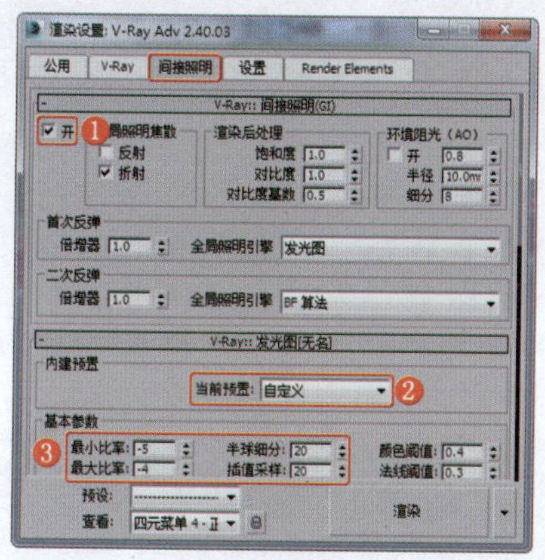
图15-57 设置参数

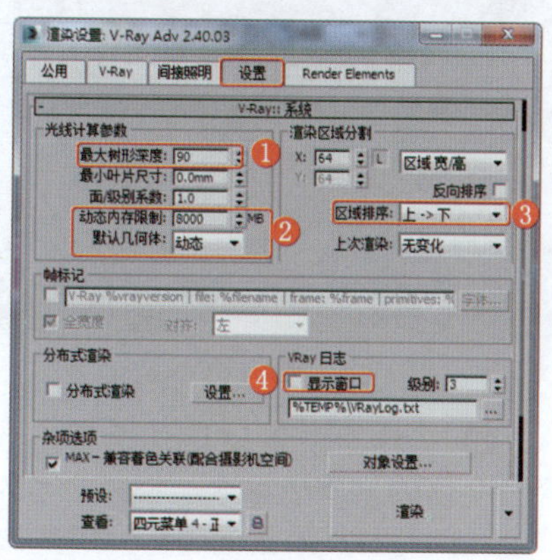
图15-58 设置参数

实例294 初调材质

下面为场景中的模型设置初始材质。

实例制作步骤

视频路径	视频\Cha15\实例294 初调材质.mp4		
难易程度	★★★★	学习时间	31分26秒

❶ 在调整材质前，先将场景中所有同材质的模型塌陷。

❷ 选择场景中楼顶的单片玻璃，按M键打开材质编辑器，选择一个新的材质样本球，将其命名为“单片玻璃”；设置“环境光”和“漫反射”颜色的“色调”为150、“饱和度”为130、“亮度”为45，设置“高光级别”为110、“光泽度”为49，设置“不透明度”为70；在“扩展参数”卷展栏中设置“过滤”颜色的“色调”为150、“饱和度”为29、“亮度”为131，如图15-59所示。

❸ 在“贴图”卷展栏中为“反射”指定“VR贴图”，设置“数量”为40，如图15-60所示，将材质指定给选定的模型。

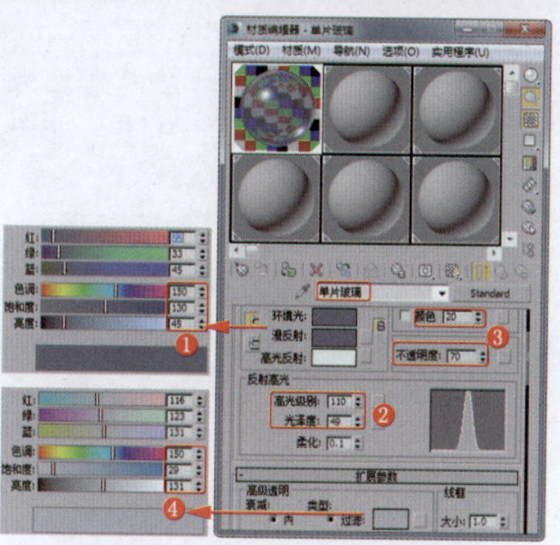
图15-59 设置单片玻璃材质

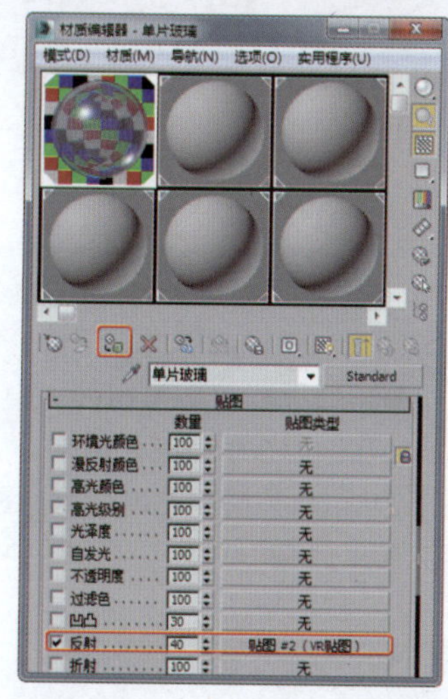
图15-60 设置单片玻璃材质

❹ 在场景中选择窗框模型，选择一个新的材质样本球，将其命名为“窗框”；在“Blinn基本参数”卷展栏中设置“环境光”和“漫反射”颜色的“色调”为159、“饱和度”为85、“亮度”为12，设置“高光级别”为27、“光泽度”为16，如图15-61所示，将材质指定给选定的模型。

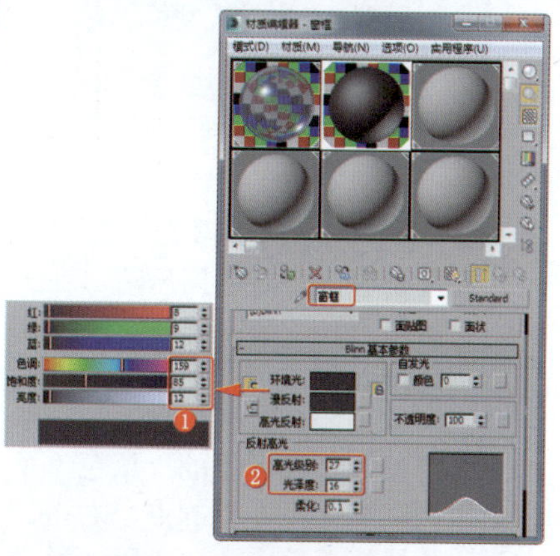
图15-61 设置窗框材质

❺ 在场景中选择窗檐和阳台板模型，选择一个新的材质样本球，将其

命名为“窗檐和阳台板”；在“Blinn基本参数”卷展栏中设置“高光级别”为13、“光泽度”为10，如图15-62所示。

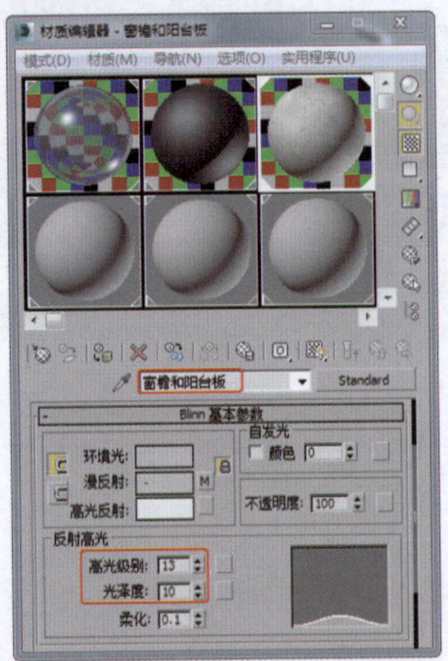

图15-62 设置窗檐和阳台板材质

❻ 为“漫反射”指定“位图”贴图（位于随书配套资源中的“Map\Archexteriors1_003_stone_01.jpg”文件），进入“漫反射颜色”贴图层级，设置“模糊”为0.1，如图15-63所示。

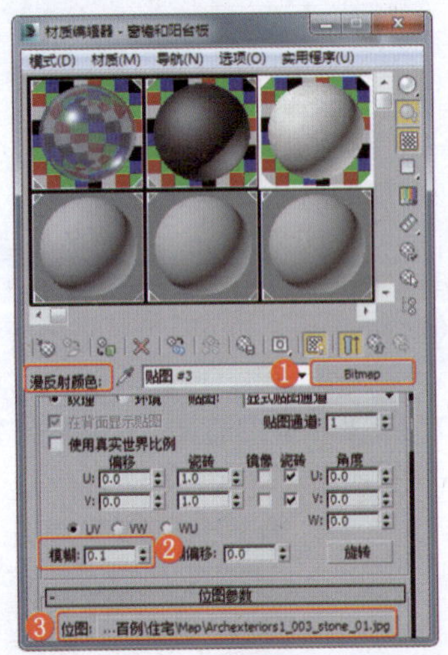

图15-63 设置窗檐和阳台板材质

❼ 为了防止材质曝光，在“输出”卷展栏中需要将贴图压暗。在工具栏中单击“显示最终结果”按钮，只显示贴图效果；在“输出”卷展栏中勾选“启用颜色贴图”复选框，单击“颜色贴图”选项组的“单色”单选按钮，选择曲线左侧的点，右击，在弹出的快捷菜单中选择“Bezier角点”命令，调整Bezier杆以压暗贴图，如图15-64所示，将材质指定给选定的模型。

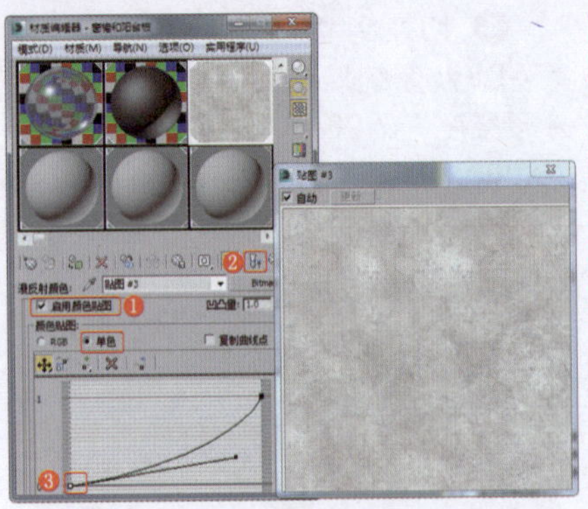

图15-64 设置窗檐和阳台板材质

❽ 为模型施加“UVW贴图”修改器，在“参数”卷展栏中设置贴图类型为“长方体”，设置“长度”“宽度”“高度”均为1000.0mm，如图15-65所示。

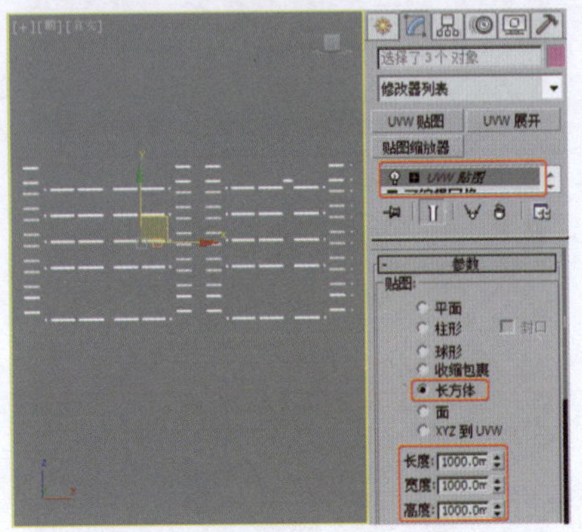

图15-65 设置UVW贴图

❾ 在场景中选择屋顶模型，选择一个新的材质样本球，将其命名为“屋顶”；将材质转换为VRayMtl材质，设置“反射”颜色的“亮度”为5，解锁“高光光泽度”并设置其数值为0.68，设置“反射光泽度”为0.83，如图15-66所示。

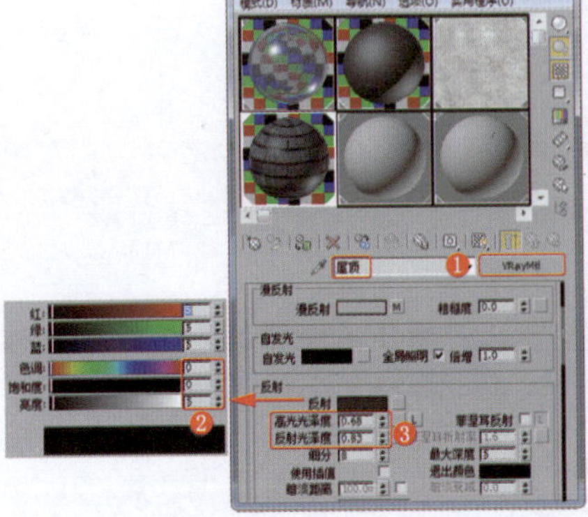

图15-66 设置屋顶材质

❿ 为“漫反射”指定“位图”贴图（位于随书配套资源中的“Map\wa.jpg”文件），进入“漫反射贴图”层级，设置“模糊”为0.1；为“凹凸”指定“位图”贴图（位于随书配套资源中的“Map\wa-2.jpg”文件），进入“凹凸贴图”层级，设置“模糊”为0.1；返回主材质层级，设置“凹凸”的“数量”为20.0，如图15-67所示，将材质指定给选定的模型。

图15-67 设置屋顶材质

⓫ 为模型施加“贴图缩放器绑定（WSM）”修改器，在“参数”卷展栏中设置“比例”为1300.0mm，如图15-68所示。

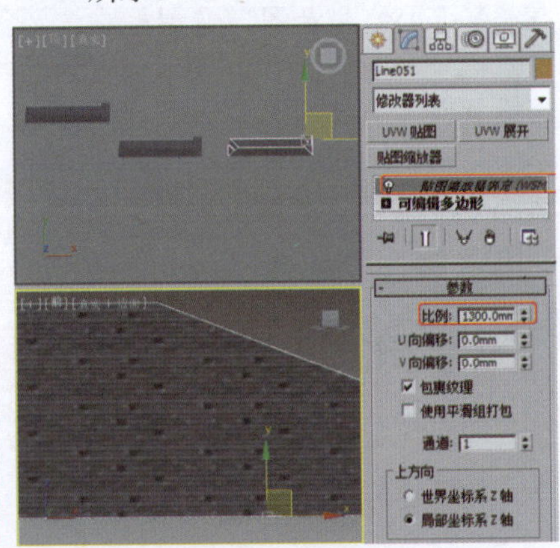

图15-68 设置UVW贴图

⓬ 在场景中选择檐口模型，选择一个新的材质样本球，将其命名为“檐口”；在“Blinn基本参数”卷展栏中设置“漫反射”颜色的“色调”为149、“饱和度”为16、“亮度”为128，设置“高光级别”为16，如图15-69所示，将材质指定给选定的模型。

⓭ 在场景中选择一层墙体模型，选择一个新的材质样本球，将其命名为“1c墙”；将材质转换为VRayMtl材质，在“反射”选项组中解锁“高

光光泽度”并设置其数值为0.8，设置“反射光泽度”为0.88，如图15-70所示。

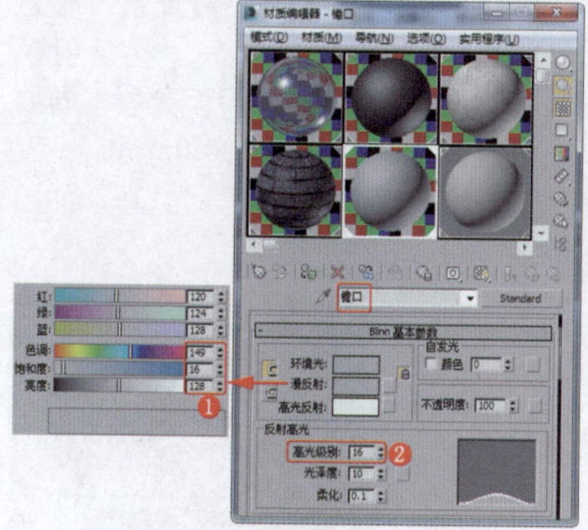
图15-69 设置檐口材质

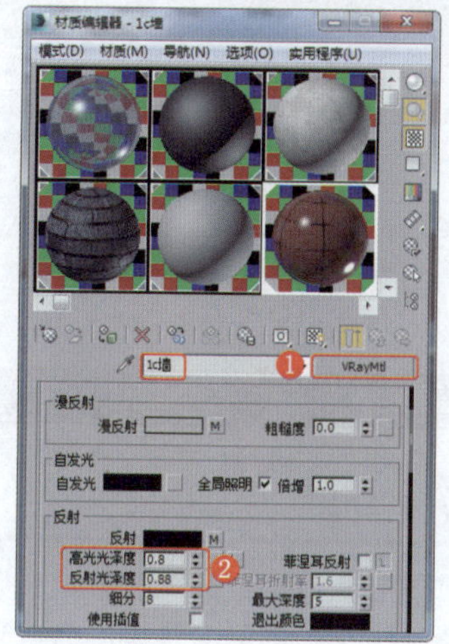
图15-70 设置1c墙材质

⑭ 为“漫反射”指定“位图”贴图（位于随书配套资源中的“Map\qiang01.jpg”文件），进入“漫反射贴图”层级，设置“模糊”为0.3，如图15-71所示。

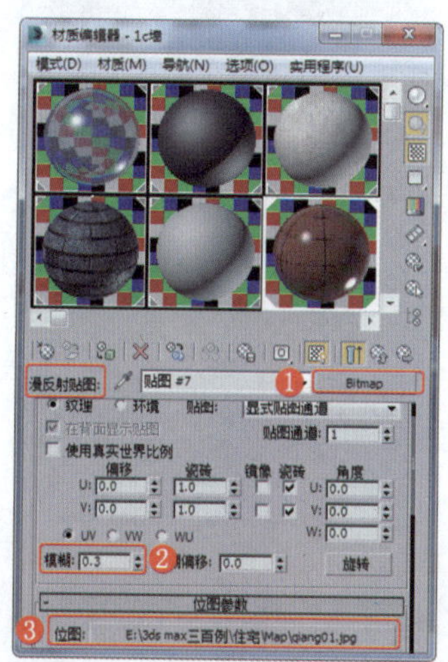
图15-71 设置1c墙材质

⑮ 为“反射”指定“衰减”贴图，进入“反射贴图”层级，设置“衰减类型”为“Fresnel”，设置“折射率”为1.4，如图15-72所示。

图15-72 设置1c墙材质

⑯ 为“凹凸”指定“位图”贴图（位于随书配套资源中的“Map\qiang01-2.jpg”文件），设置“凹凸”的“数量”为20.0，如图15-73所示，将材质指定给选定的模型。

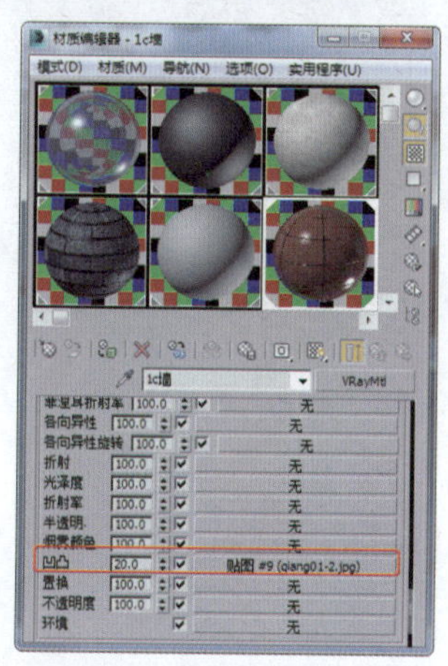
图15-73 设置1c墙材质

⑰ 为模型施加“UVW贴图”修改器，设置贴图类型为“长方体”，设置“长度”“宽度”“高度”均为3000.0mm，如图15-74所示。

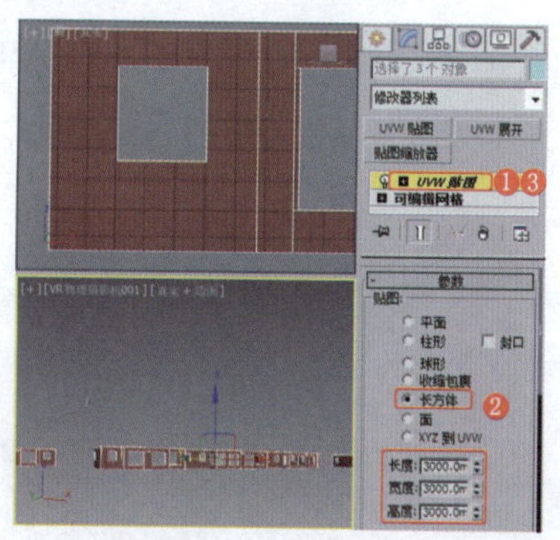
图15-74 设置UVW贴图

⑱ 在场景中选择所有双面玻璃，选择一个新的材质样本球，将其命名为“双面玻璃”；将材质转换为VRayMtl材质，设置“漫反射”颜色的“色调”为156、“饱和度”为130、“亮度”为55，设置“反射”颜色的“亮度”为73，解锁“高光光泽度”并设置其数值为0.5，设置“折射”颜色的“亮度”为133，勾选“影响阴影”复选框，设置“影响通道”为“颜色+Alpha”，如图15-75所示，将材质指定给选定的模型。

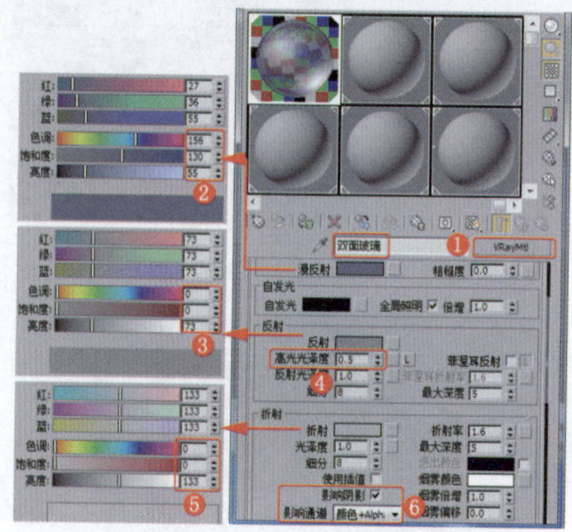
图15-75 设置双面玻璃材质

⑲ 在场景中选择空调位护栏模型，选择一个新的材质样本球，将其命名为“空调位护栏”；设置“环境光”和“漫反射”颜色的“色调”为14、“饱和度”为220、“亮度”为66，如图15-76所示，将材质指定给选定的模型。

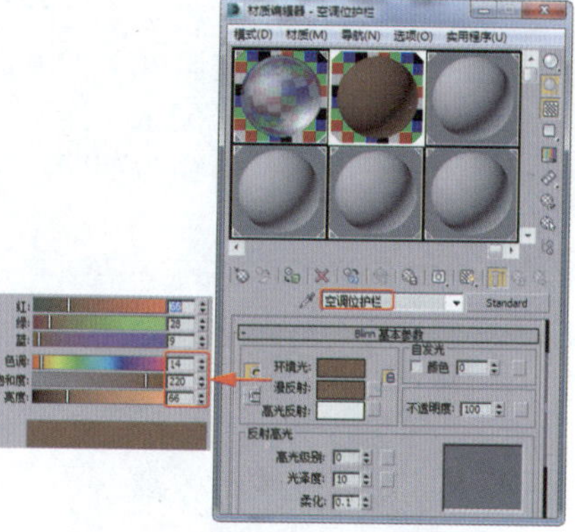
图15-76 设置空调位护栏材质

⑳ 在场景中选择外墙的装饰雕画模型，选择一个新的材质样本球，将其命名为“镂空装饰”；设置“环境光”和“漫反射”颜色的“色调”为28、“饱和度”为60、“亮度”为240，如图15-77所示，将材质指定给选定的模型。

㉑ 在场景中选择两侧的灰色墙

体模型，选择一个新的材质样本球，将其命名为“灰墙”；将材质转换为VRayMtl材质，在“基本参数”卷展栏中设置“高光光泽度”为0.68、“反射光泽度”为0.85，如图15-78所示。

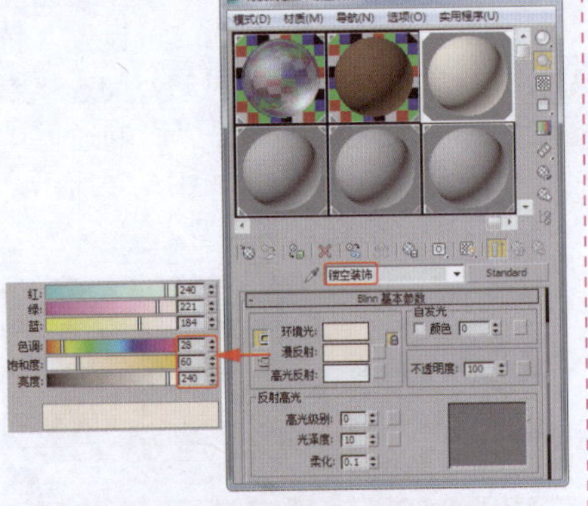

图15-77 设置镂空装饰材质

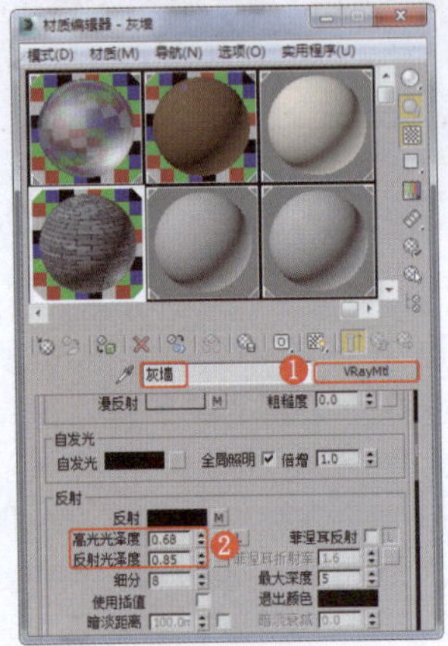

图15-78 设置灰墙材质

㉒ 为“漫反射” 指定“位图”贴图（位于随书配套资源中的“Map\qiang02.jpg”文件），进入“漫反射贴图”层级，设置“模糊”为0.3，如图15-79所示。

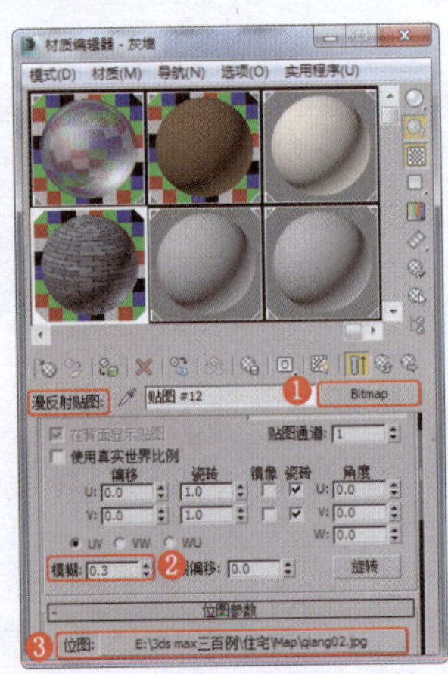

图15-79 设置灰墙材质

㉓ 为“反射”指定“衰减”贴图，进入“反射贴图”层级，设置“衰减类型”为“Fresnel”，设置“折射率”为1.1，如图15-80所示。

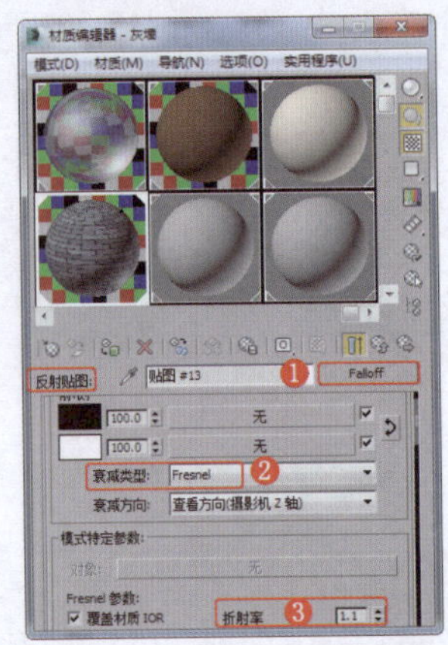

图15-80 设置灰墙材质

㉔ 将“漫反射”的贴图复制给“凹凸”通道，设置“凹凸”的“数量”为15.0，如图15-81所示，将材质指定给选定的模型。

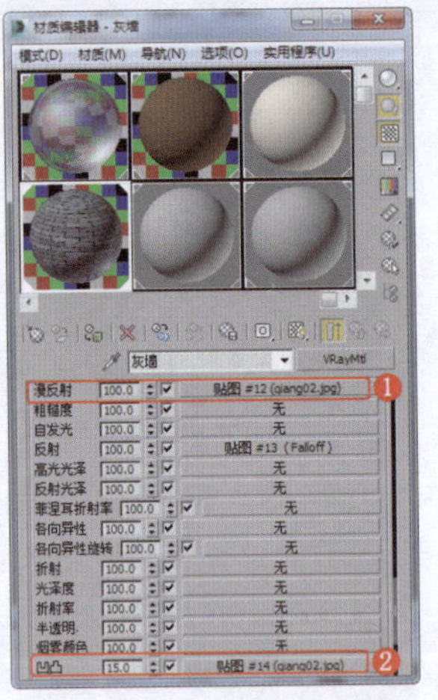

图15-81 设置灰墙材质

㉕ 为模型施加“UVW贴图”修改器，设置贴图类型为“长方体”，设置“长度”为2600.0mm、“宽度”为3000.0mm、“高度”为1800.0mm，如图15-82所示。

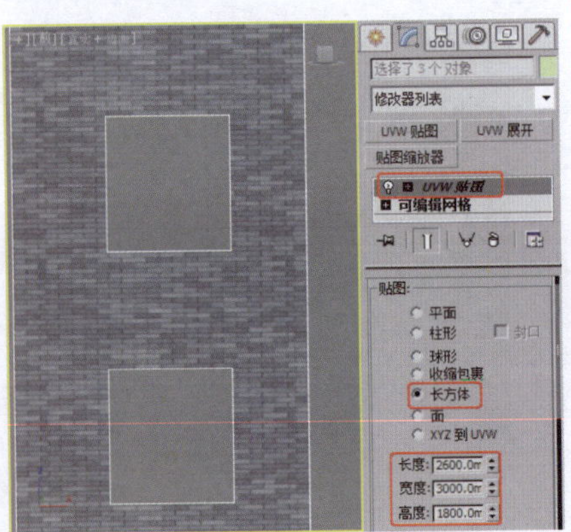

图15-82 设置UVW贴图

㉖ 在场景中选择白色墙体模型，选择一个新的材质样本球，将其命名为“白色乳胶漆”；将材质转换为VRayMtl材质，为“漫反射”指定“VR污垢”贴图；进入“漫反射贴图”层级，在“VRay污垢参数”卷展栏中设置“半径”为300.0mm，设置“阻光颜色”的“亮度”为128，如图15-83所示。

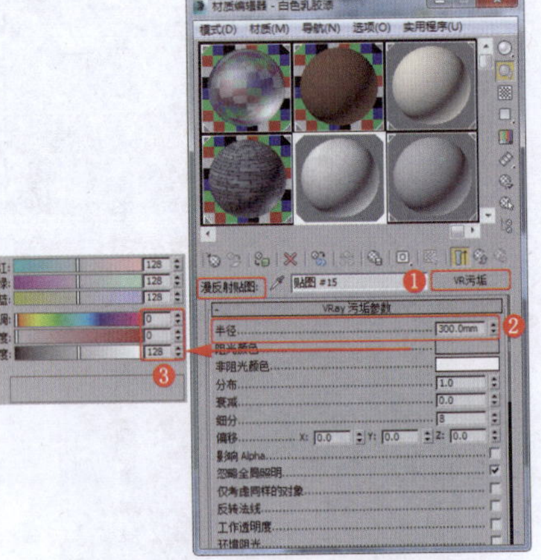

图15-83 设置白色乳胶漆材质

提 示

指定“VR污垢”贴图，是为了使转折处有区别。

㉗ 为“非阻光”指定“位图”贴图（位于随书配套资源中的“Map\Archexteriors1_003_stone_01.jpg”文件），进入“非阻光”层级，设置“模糊”为0.1，如图15-84所示，将材质指定给选定的模型。

图15-84 设置白色乳胶漆材质

㉘ 为模型施加“UVW贴图”修改器，设置贴图类型为“长方体”，设置“长度”“宽度”“高度”均为8000.0mm，如图15-85所示。

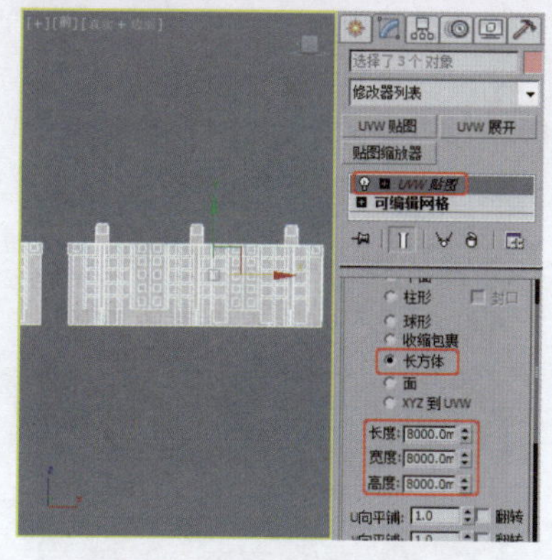
图15-85 设置UVW贴图

㉙ 在场景中选择一楼空调位的水泥模型，选择一个新的材质样本球，将其命名为“一楼空调位水泥”；使用默认材质，如图15-86所示，将材质指定给选定的模型。

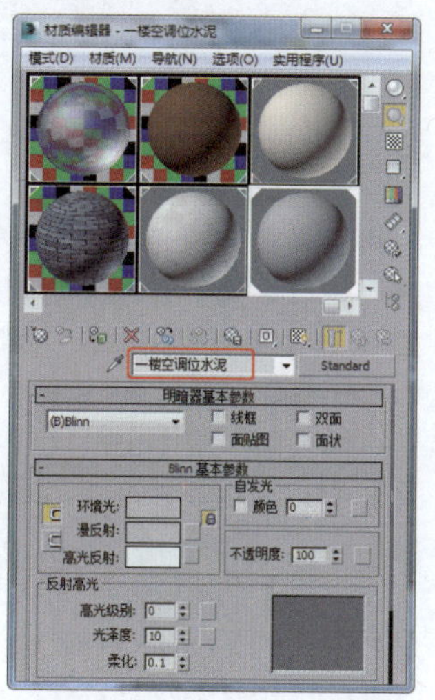
图15-86 设置一楼空调位水泥材质

㉚ 在场景中选择草地模型，选择一个新的材质样本球，将其命名为“草”；设置“高光级别”为13，如图15-87所示。

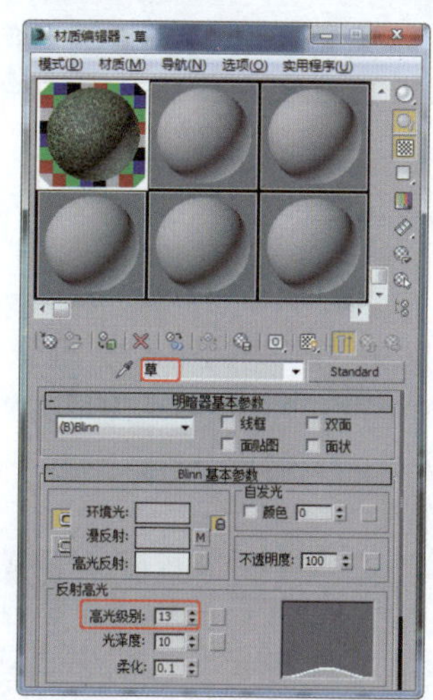
图15-87 设置草材质

㉛ 为“漫反射”指定“位图”贴图（位于随书配套资源中的“Map\Archexteriors7_9_Grass.jpg”文件），进入“漫反射颜色”层级，设置“模糊”为0.1，如图15-88所示，将材质指定给选定的模型。

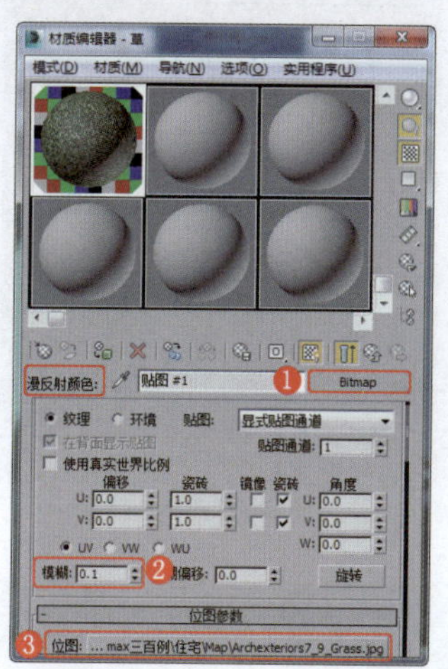
图15-88 设置草地材质

㉜ 为模型施加“UVW贴图”修改器，设置贴图类型为“长方体”，设置“长度”“宽度”“高度”均为5000.0mm，如图15-89所示。

图15-89 设置UVW贴图

㉝ 在场景中选择小路模型，选择一个新的材质样本球，将其命名为“小路铺装”；将材质转换为VRayMtl材质，设置“反射”选项组的“反射光泽度”为0.75，如图15-90所示。

㉞ 为“漫反射”指定“位图”贴图（位于随书配套资源中的“Map\铺地-073.jpg”文件），进入“漫反射贴图”层级，设置“模糊”为0.1，如图15-91所示。

㉟ 为“反射”指定“衰减”贴图，进入“反射贴图”层级，设置“衰减类型”为“Fresnel”，设置“折射率”为1.4，如图15-92所示。

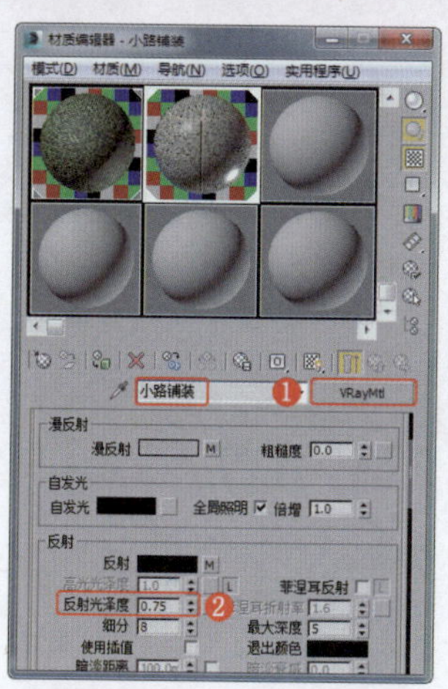
图15-90 设置小路铺装材质

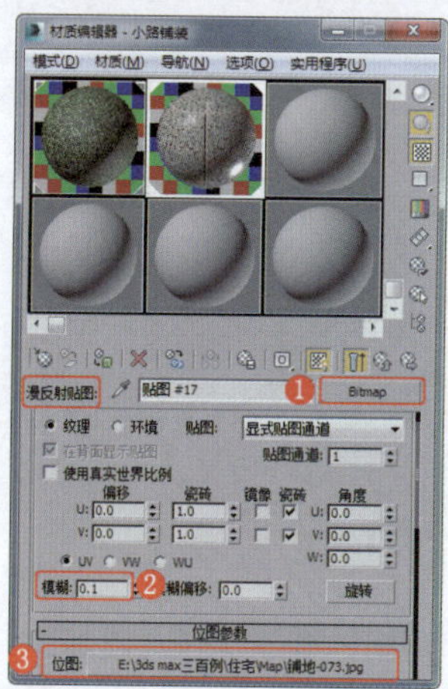
图15-91 设置小路铺装材质

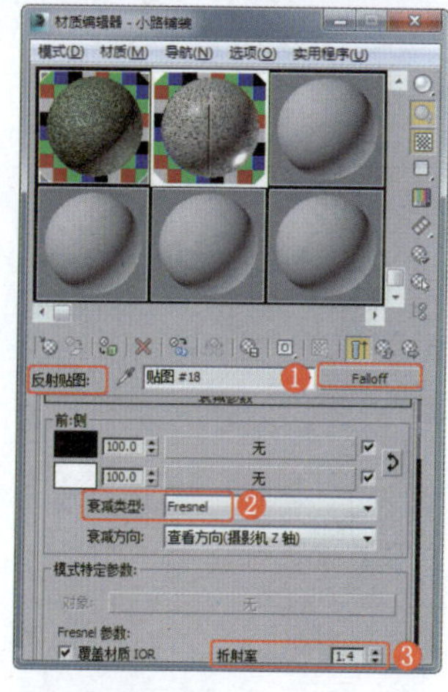
图15-92 设置小路铺装材质

㊱ 为“凹凸”指定“位图”贴图（位于随书配套资源中的“Map\铺地-073-2.jpg”文件），设置“凹凸”的“数量”为30.0，如图15-93所示，将材质指定给选定的模型。

㊲ 为模型指定“UVW贴图”修改器，设置贴图类型为“长方体”，设置“长度”“宽度”“高度”均为2000.0mm，如图15-94所示。

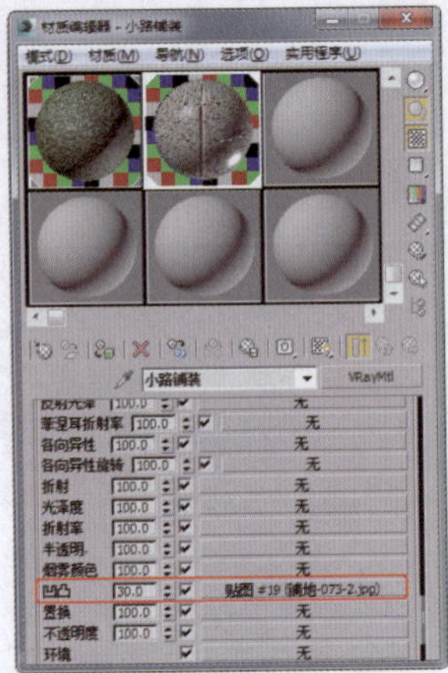

图15-93　设置小路铺装材质

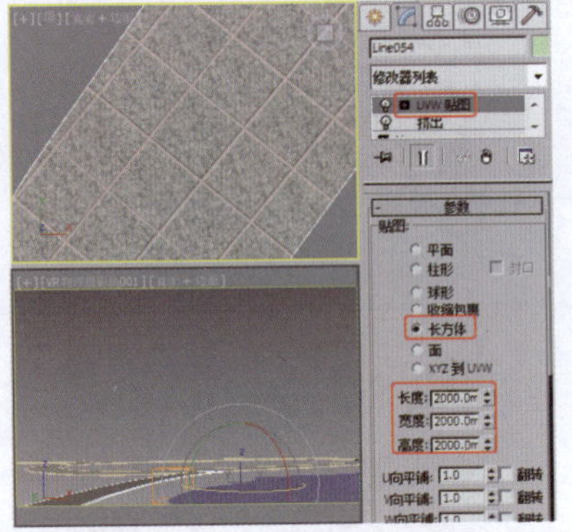

图15-94　设置UVW贴图

38 在场景中选择马路模型，选择一个新的材质样本球；在"Blinn基本参数"卷展栏中设置"高光级别"为18、"光泽度"为12，如图15-95所示。

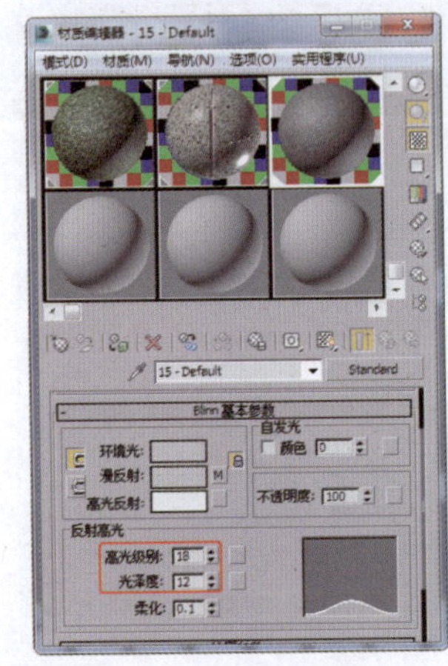

图15-95　设置马路材质

39 为"漫反射"指定"位图"贴图（位于随书配套资源中的"Map\streets19.jpg"文件），进入"漫反射颜色"层级，设置"模糊"为0.3，如图15-96所示，将材质指定给选定的模型。

40 为模型施加"UVW贴图"修改器，设置贴图类型为"长方体"，设置"长度""宽度""高度"均为5000.0mm，如图15-97所示。

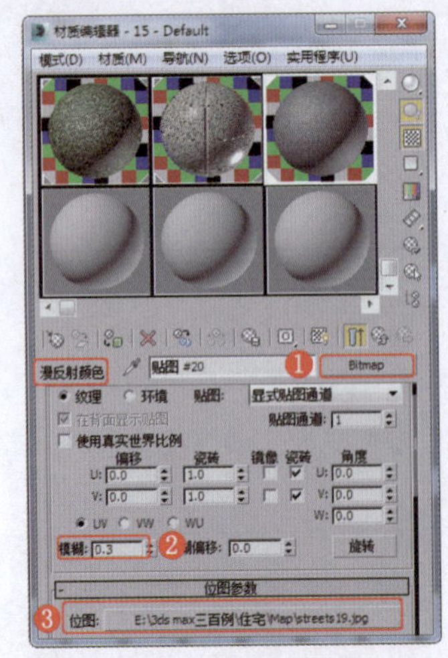

图15-96　设置马路材质

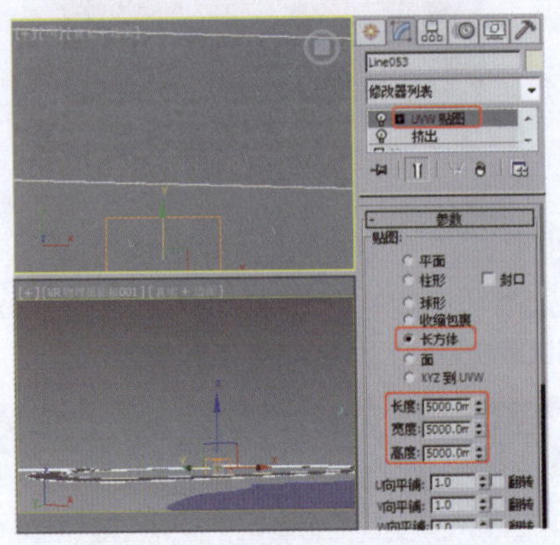

图15-97　设置UVW贴图

41 在场景中选择湖水模型，选择一个新的材质样本球，将其命名为"湖水"；设置"环境光"和"漫反射"颜色的"色调"为140、"饱和度"为128、"亮度"为82，设置"不透明度"为60，设置"高光级别"为110、"光泽度"为51；在"扩展参数"卷展栏中设置"过滤"颜色的"色调"为140、"饱和度"为35、"亮度"为73，如图15-98所示。

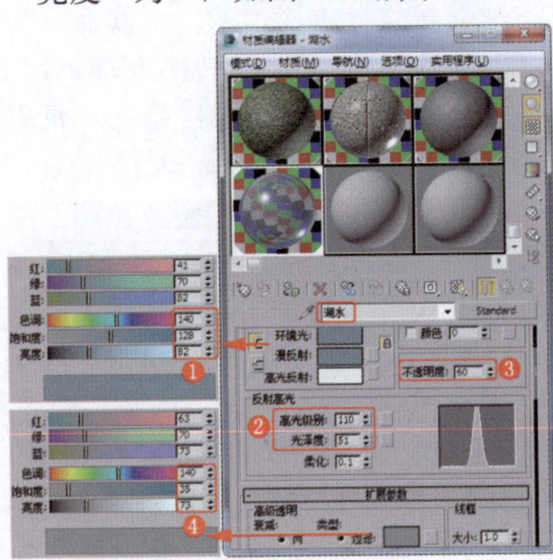

图15-98　设置湖水材质

42 在"贴图"卷展栏中为"反射"指定"VR贴图"，设置"反射"的"数量"为40，如图15-99所示。

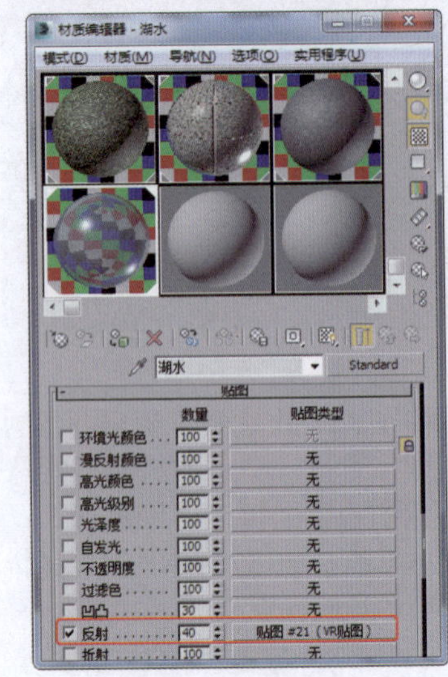

图15-99　设置湖水材质

43 在场景中创建球体，将其作为球天，将模型转换为"可编辑网格"；将选择集定义为"多边形"，在"前"视图中选择下半部分的多边形，按Delete键将其删除；将选择集定义为"顶点"，选择如图15-100所示的顶点，在"前"视图中沿y轴缩放顶点，使用"移动"工具向上调整顶点。

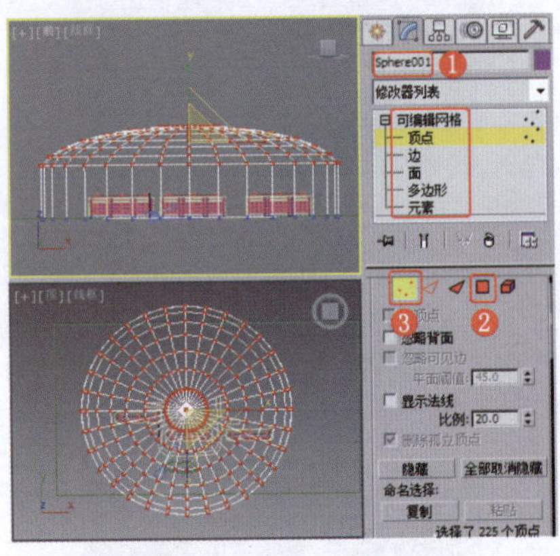

图15-100　调整球天

44 选择一个新的材质样本球，将材质转换为VR灯光材质，在"参数"卷展栏中为"颜色"指定"位图"贴图（位于随书配套资源中的"Map\360-panoramas_004.jpg"文件），如图15-101所示，将材质指定给球天模型。

45 为球天模型施加"法线"修改器，将法线进行翻转；为模型施加"UVW贴图"修改器，设置贴图类型为"柱形"，分别设置"长度""宽度""高度"数值，如图15-102所示。

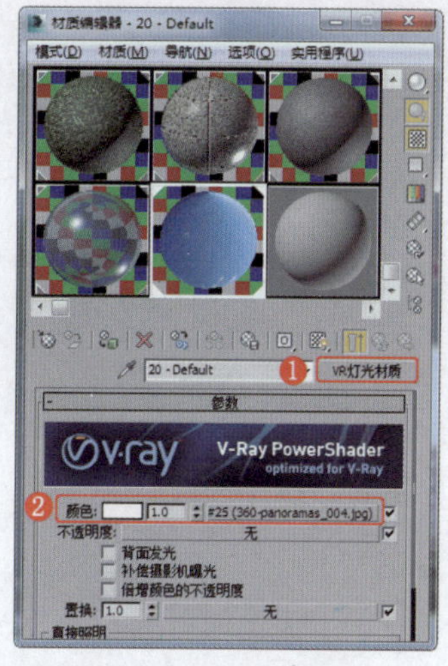
图15-101 设置球天材质

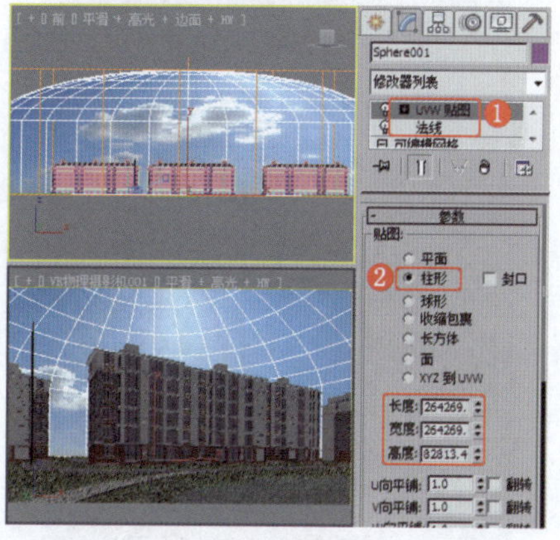
图15-102 调整模型

46 右击球天模型，在弹出的四元菜单中选择“对象属性”命令，在打开的“对象属性”对话框中勾选“背面消隐”复选框，取消勾选“对摄影机可见”“接收阴影”“投射阴影”复选框，使其只对反射/折射可见，如图15-103所示，单击“确定”按钮。

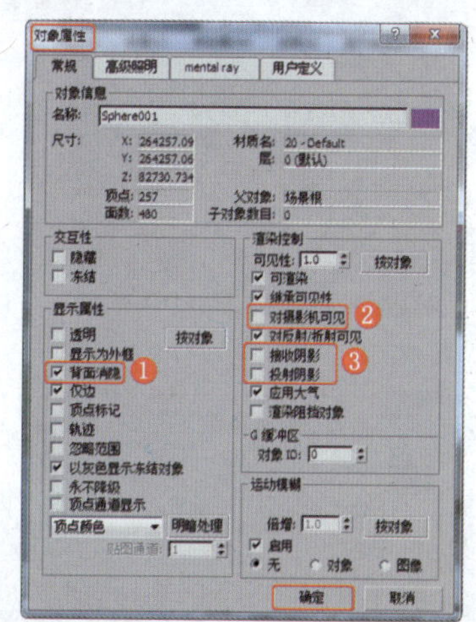
图15-103 设置对象属性

47 右击球天模型，在弹出的快捷菜单中选择“VR属性”命令，在打开的对话框中取消勾选“可见全局照明”复选框，使球天模型产生的颜色不影响其他模型，如图15-104所示，单击“关闭”按钮。

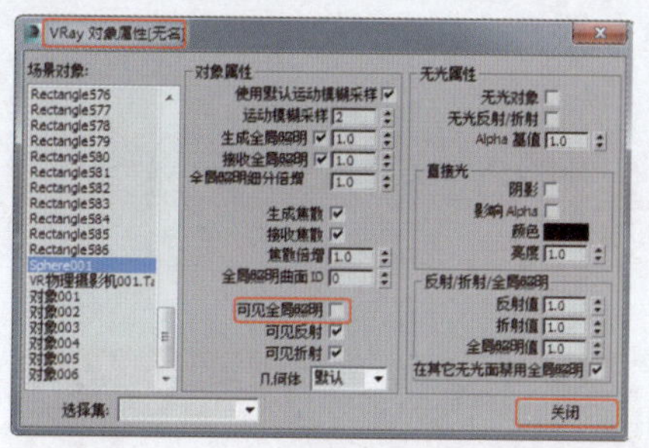
图15-104 设置VR属性

48 在“顶”视图中根据内墙线创建如图15-105所示的封闭图形，将其作为楼板。

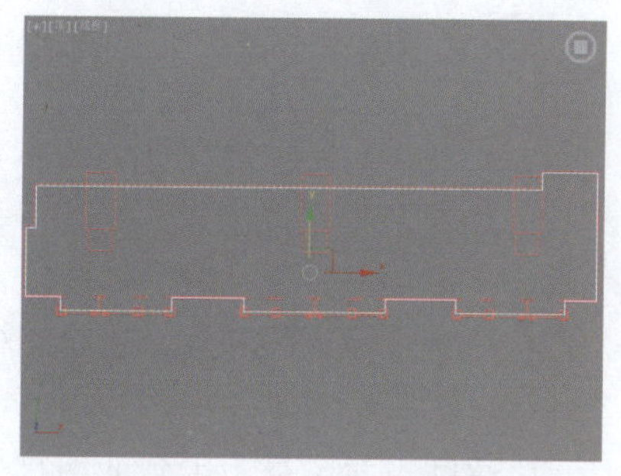
图15-105 创建楼板

49 为图形施加“挤出”修改器，设置“数量”为200.0；为模型施加“编辑网格”修改器，将选择集定义为“元素”，在“前”视图中使用移动复制法复制模型，效果如图15-106所示。

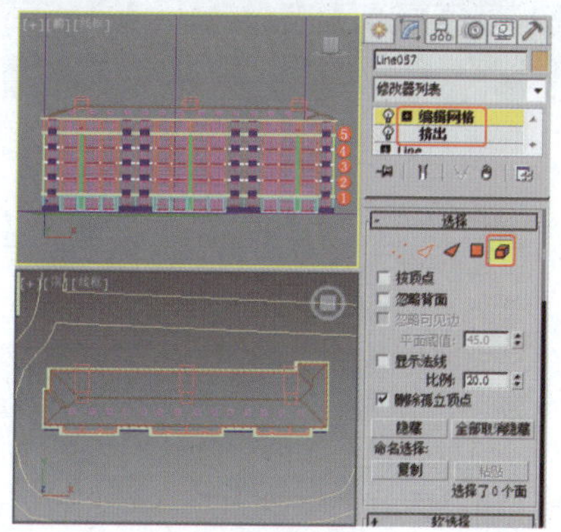
图15-106 调整模型

50 选择一个新的材质样本球，将其命名为“楼板”；设置“高光级别”为18、“光泽度”为12，如图15-107所示。

51 为“漫反射”指定“位图”贴图（位于随书配套资源中的“Map\H-st-002gg.jpg”文件），进入“漫反射颜色”层级，设置“模糊”为0.5，如图15-108所示，将材质指定给选定的模型。

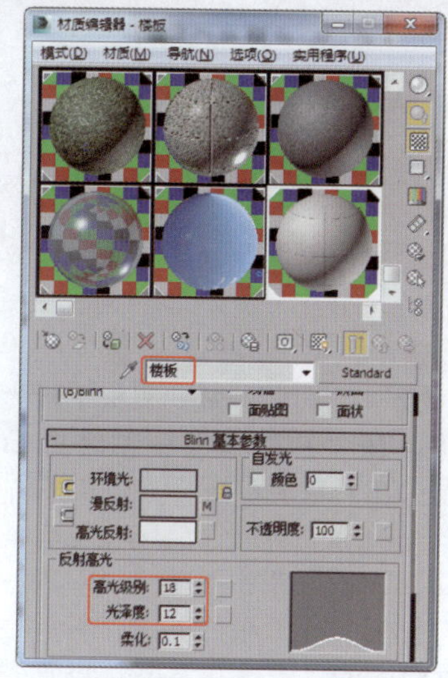
图15-107 设置楼板材质

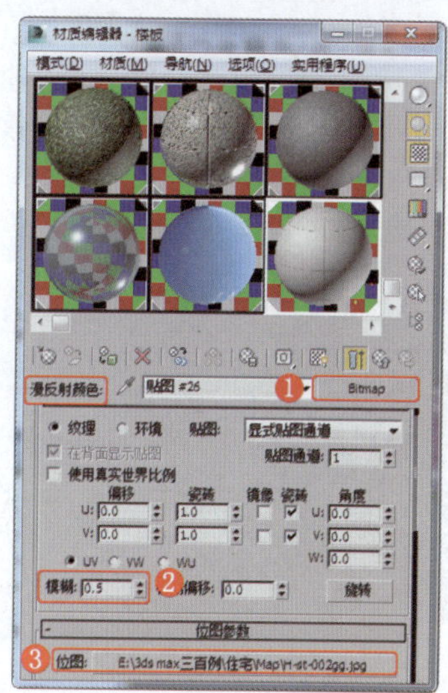
图15-108 设置楼板材质

52 为模型施加“UVW贴图”修改器，设置贴图类型为“长方体”，设置“长度”“宽度”“高度”均为2500.0mm，如图15-109所示。

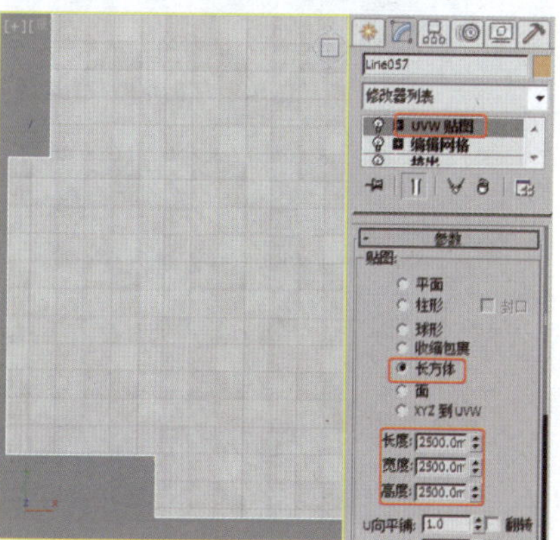
图15-109 设置UVW贴图

实例295 创建灯光

大致完成场景中模型的创建后，创建场景灯光，以烘托出花园式住宅的日景效果。

实例制作步骤

视频路径	视频\Cha15\实例295 创建灯光.mp4		
难易程度	★★★★	学习时间	3分7秒

❶ 单击“创建”→“灯光”→“标准”→“目标平行光”按钮，在“顶”视图中创建目标平行光；在“常规参数”卷展栏的“阴影”选项组中勾选“启用”复选框启用阴影，设置阴影类型为“VRay阴影”；在“强度/颜色/衰减”卷展栏中设置灯光的“倍增”为1.0，设置颜色的“色调”为28、“饱和度”为64、“亮度”为255，使灯光的“聚光区/光束”和“衰减区/区域”都能包含整个场景，并抬高灯光的位置，效果如图15-110所示。

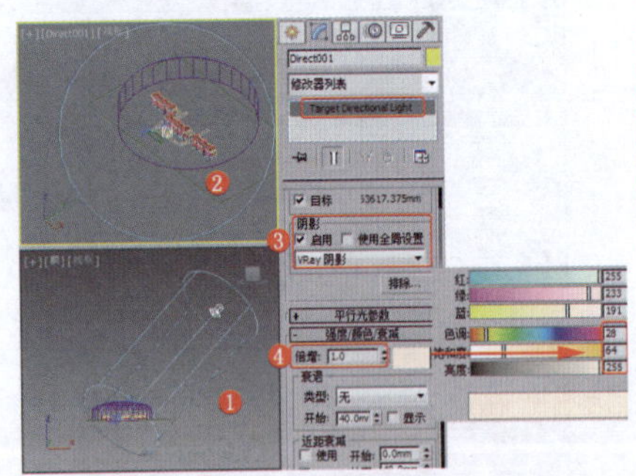

图15-110 创建目标平行光

❷ 在场景下方的较远位置创建一盏泛光灯，不启用阴影，设置“倍增”为0.1，设置颜色的“色调”为青蓝之间，“饱和度”较低，将该灯用于补光，效果如图15-111所示。

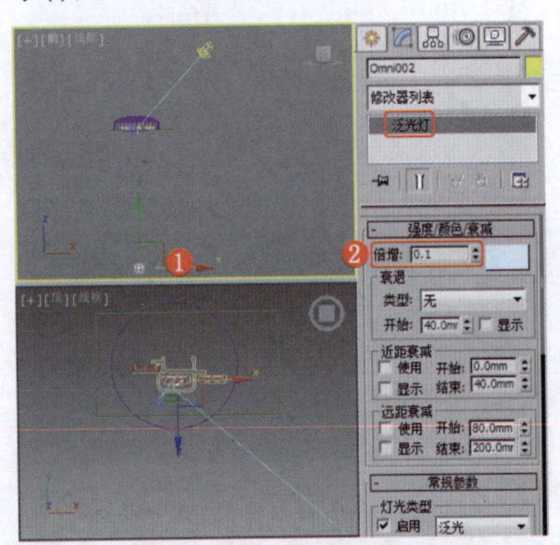

图15-111 创建泛光灯

实例296 测试场景并调整材质

测试场景，并根据测试的场景材质效果进一步调整材质。

实例制作步骤

视频路径	视频\Cha15\实例296 测试场景并调整材质.mp4	
难易程度	★★★★	学习时间
		6分14秒

❶ 渲染当前场景，得到如图15-112所示效果。

图15-112 渲染场景效果

❷ 为小区中的湖水增加波纹细节。选择湖水材质，为“凹凸”指定“噪波”贴图，进入“凹凸”层级，在“噪波参数”卷展栏中设置“噪波类型”为“规则”，设置“大小”为50；设置“凹凸”的“数量”为3，如图15-113所示。

❸ 选择双面玻璃材质，设置“反射”选项组的“高光光泽度”为0.2，如图15-114所示。

❹ 选择1c墙材质，进入“反射贴图”层级，设置“折射率”为1.2以降低反射，如图15-115所示。

❺ 再次渲染场景，得到如图15-116所示的效果。

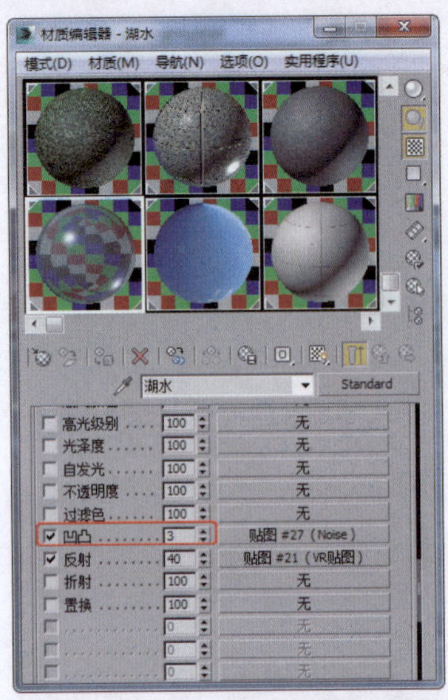

图15-113 调整湖水材质

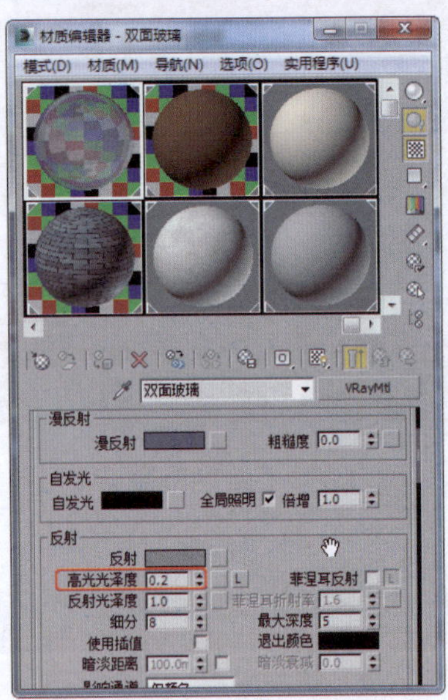

图15-114 调整双面玻璃材质

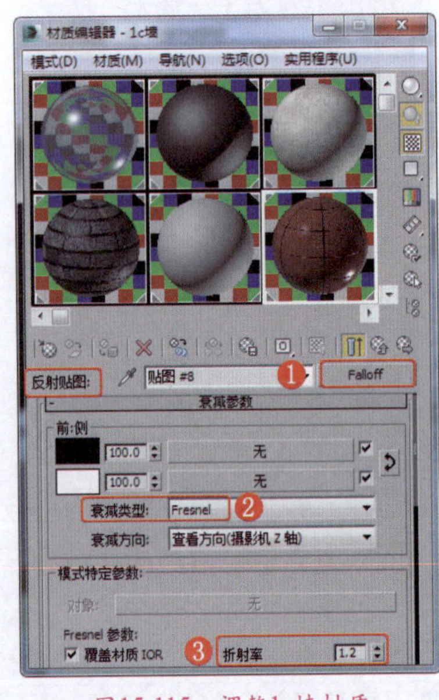

图15-115 调整1c墙材质

图15-116 渲染场景效果

实例297 放置园林景观素材

为花园式住宅添加园林景观装饰素材，根据地形进行放置，注意不要喧宾夺主，也不要太过随意或太过紧凑。

实例制作步骤

视频路径	视频\Cha15\实例297 放置园林景观素材.mp4	
难易程度	★★★★	学习时间
		48分57秒

❶ 导入并合并带花灌木模型，以“实例”方式复制模型，将带花灌木放置于小路两侧，效果如图15-117所示。

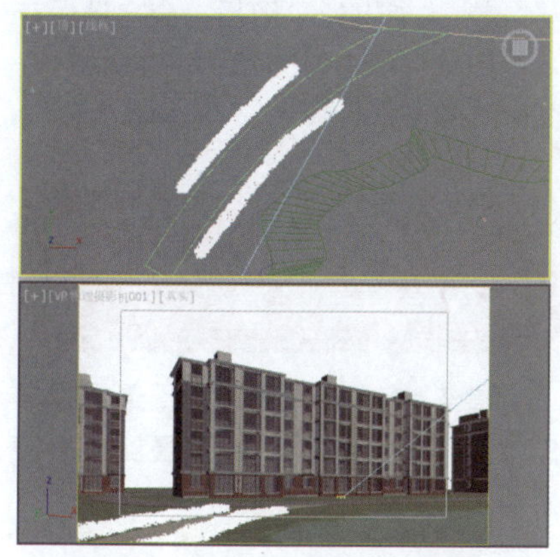
图15-117 导入带花灌木模型

❷ 导入并合并水边草模型，将模型放置于场景近处，用于压住画面，效果如图15-118所示。

❸ 导入并合并石头模型，将石头放置于湖水周边，效果如图15-119所示。

❹ 导入并合并树和绿篱模型，将其放置于如图15-120所示的位置。

❺ 根据场景需求，在中间主体楼左后侧和右侧各放置一棵树，以凸显场景前后左右的关系；在场景两侧各放置一棵树，将其作为压角；在左侧楼前放置一棵树，以起到遮挡效果，还可以凸显主体，效果如图15-121所示。

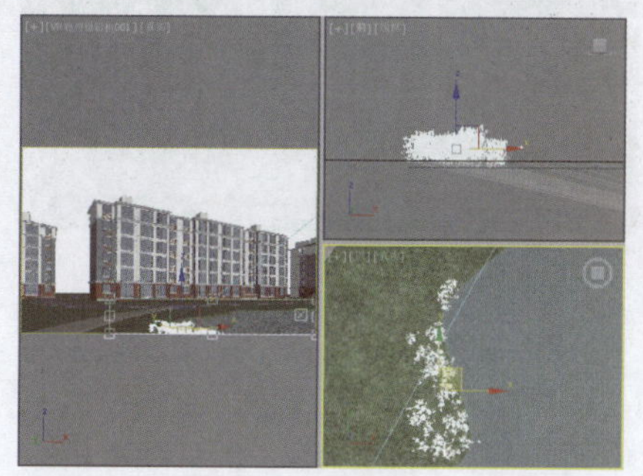
图15-118 导入水边草模型

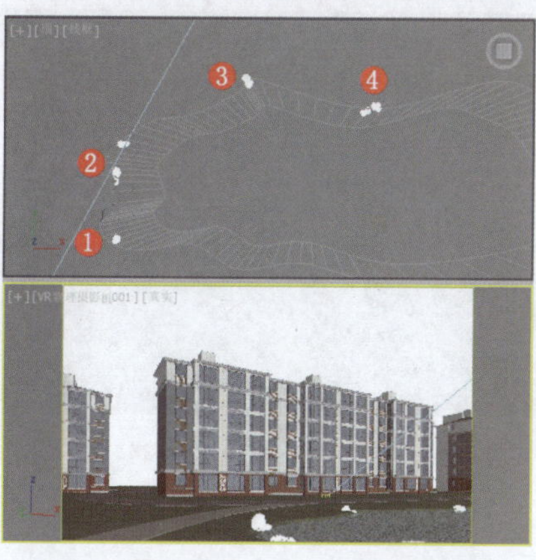

图15-119 导入石头模型

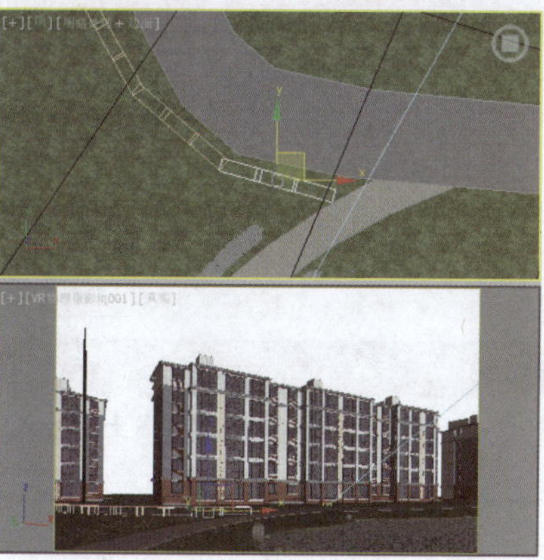
图15-120 导入树和绿篱模型

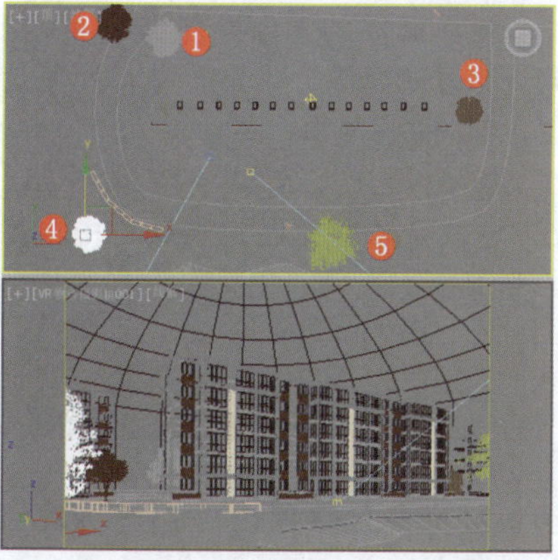

图15-121 调整树模型

❻ 渲染当前场景，得到如图15-122所示的效果。

图15-122 渲染场景效果

❼ 在场景后面放置树模型，将其作为背景，效果如图15-123所示。

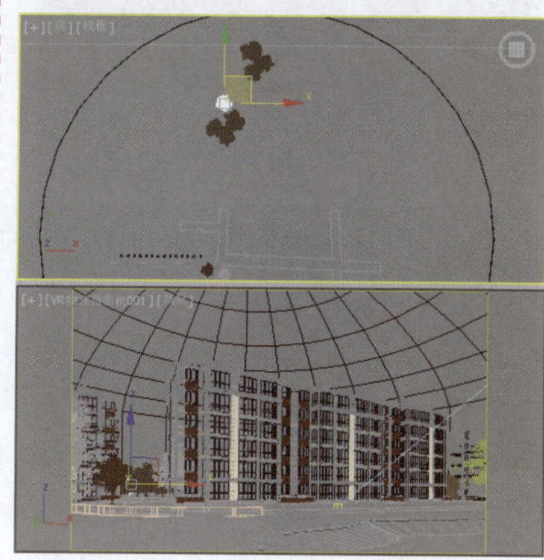
图15-123 放置背景树模型

❽ 在场景中放置如图15-124所示的花团，将其作为陪衬和补充。

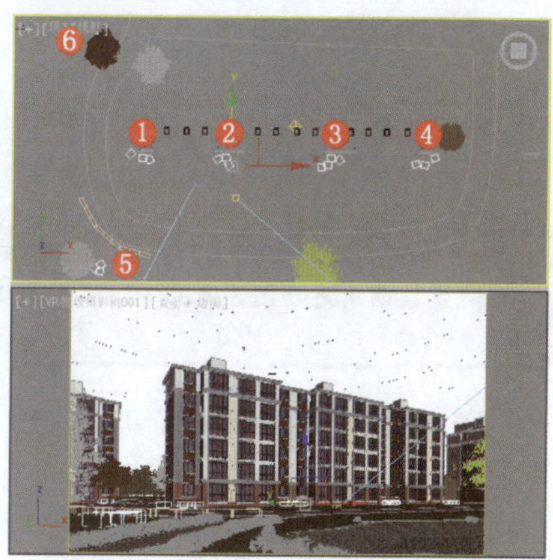

图15-124 放置植物模型

❾ 导入并合并楼前树模型，以“实例”方式复制模型，进行旋转、位移、缩放操作，使其效果不同，效果如图15-125所示。

❿ 导入并合并小区内的小品模型，效果如图15-126所示。

⓫ 导入并合并“灌木1”模型，放置好位置并进行渲染，效果如图15-127所示。

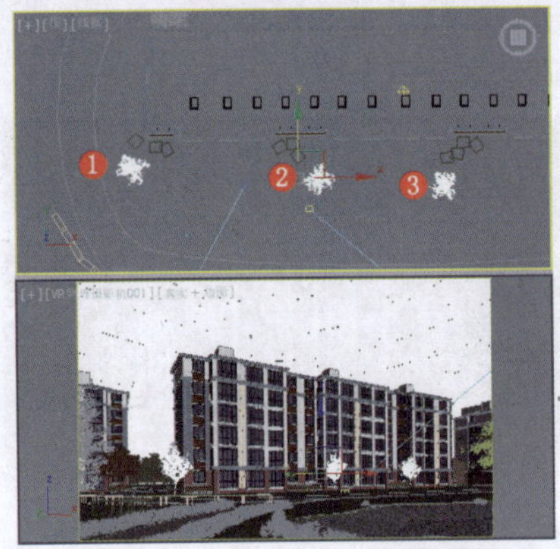

图15-125　导入并调整楼前树模型

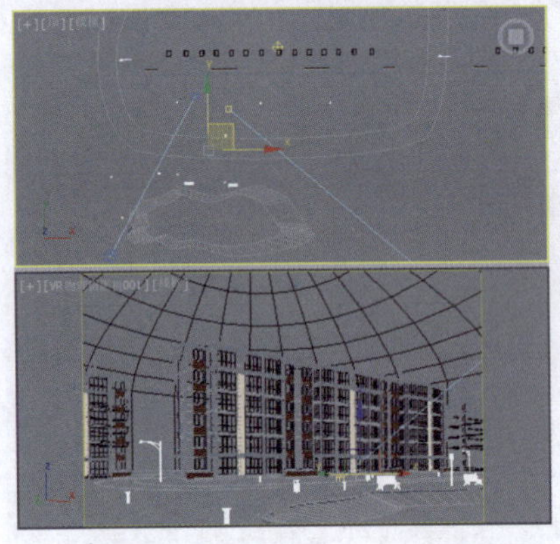

图15-126　导入小品模型

图15-127　渲染场景效果

⑫ 放置一些树模型于镜头后，将其作为玻璃的反射效果，在反射效果中要能看出高低错落、前后层次的变化，效果如图15-128所示。

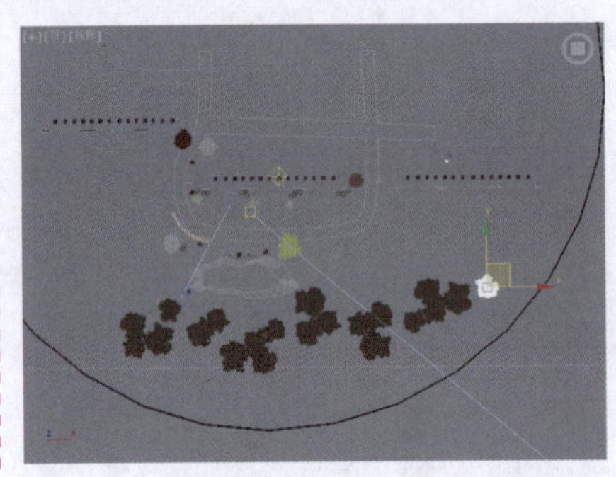

图15-128　放置反射物

⑬ 测试场景效果，进入最终渲染。

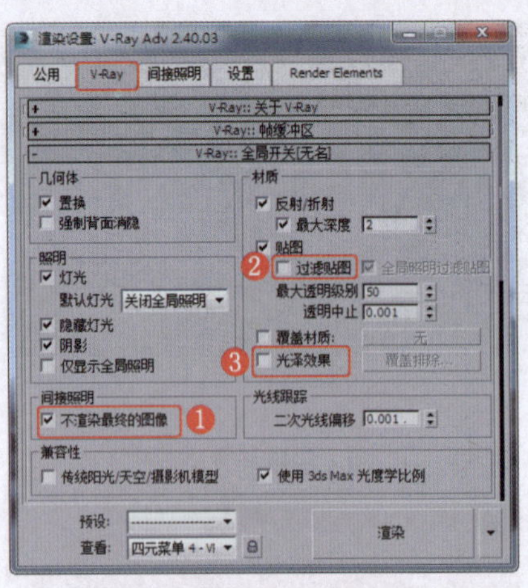

图15-130　设置参数

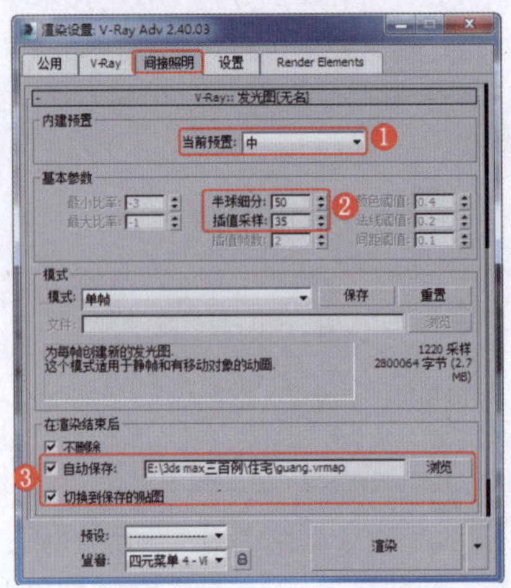

图15-131　设置参数

④ 渲染出光子图后，会自动保存光子图或打开指定光子图的对话框，单击“确定”按钮。

实例298　设置渲染光子图参数

完成场景的布置后，提高渲染参数并渲染场景光子图。

实例制作步骤

视频路径	视频\Cha15\实例298 设置渲染光子图参数.mp4		
难易程度	★★★★	学习时间	1分56秒

注　意

渲染及调用光子图，是为了节省渲染场景时GI的渲染时间，一般光子图大小为成图的四分之一。

① 打开“渲染设置”面板，设置合适的渲染尺寸，如图15-129所示。

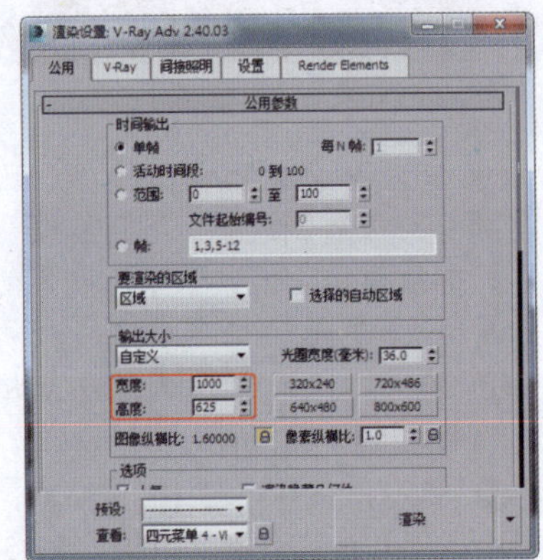

图15-129　设置渲染尺寸

② 切换到“V-Ray”选项卡，在“V-Ray::全局开关”卷展栏中勾选“不渲染最终的图像”复选框，取消勾选“过滤贴图”“光泽效果”复选框，如图15-130所示。

③ 切换到“间接照明”选项卡，在“V-Ray::发光图”卷展栏中设置“当前预置”为“中”，设置“半球细分”为50、“插值采样”为35，在“在渲染结束后”选项组中勾选“自动保存”“切换到保存的贴图”复选框，单击“浏览”按钮，指定发光贴图的存储路径，如图15-131所示。

实例299　设置最终渲染参数

渲染完光子图后，设置最终渲染尺寸和渲染参数，以完成最终效果图的输出。

实例制作步骤

视频路径	视频\Cha15\实例299 设置最终渲染参数.mp4	
难易程度	★★★★	学习时间
		6分31秒

① 切换到“公用”选项卡，设置成图渲染参数，在“渲染输出”选项组中单击“文件”按钮，指定输出路径及名称，设置输出格式为*.tga，不压缩图像，如图15-132所示。

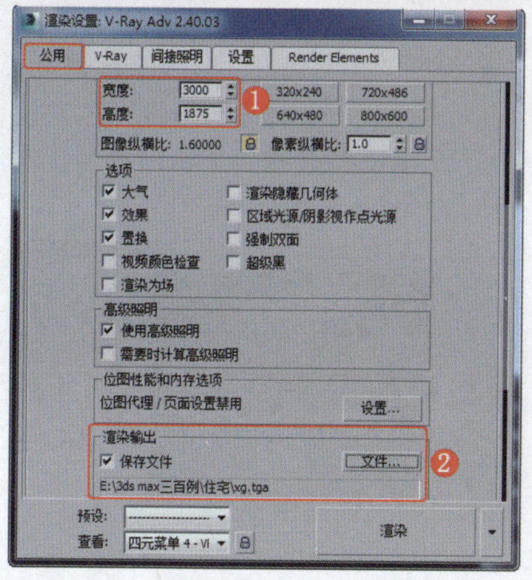

图15-132 设置参数

❷ 切换到“V-Ray”选项卡，在“V-Ray::全局开关”卷展栏中取消勾选“不渲染最终的图像”复选框，勾选“过滤贴图”“光泽效果” 复选框；在“V-Ray::图像采样器（反锯齿）”卷展栏中设置“图像采样器”选项组的“类型”为“自适应确定性蒙特卡洛”，勾选“抗锯齿过滤器”选项组的“开” 复选框，并将类型设置为“Catmull-Rom”，如图15-133所示。

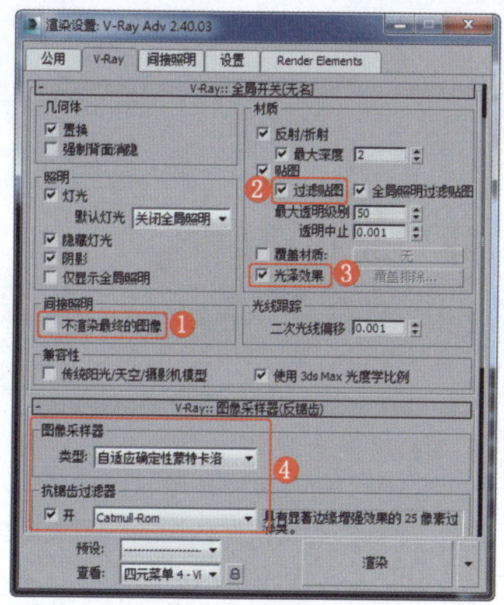

图15-133 设置参数

❸ 切换到“间接照明”选项卡，可以看到保存并切换光子图后，“模式”从“单帧”改为“从文件”，如图15-134所示。

❹ 切换到“设置”选项卡，在“V-Ray::DMC采样器”卷展栏中设置“适应数量”为0.8、“噪波阈值”为0.005，以减少噪点，如图15-135所示。

❺ 选择目标平行光，在“VRay阴影参数”卷展栏中勾选“透明阴影”“区域阴影” 复选框，使阴影产生柔边效果，设置类型为“球体”，设置“U大小”“V大小”“W大小”均为1000.0mm，设置“细分”为16；在材质编辑器中为VRay材质提高反射细分数值，如图15-136所示。

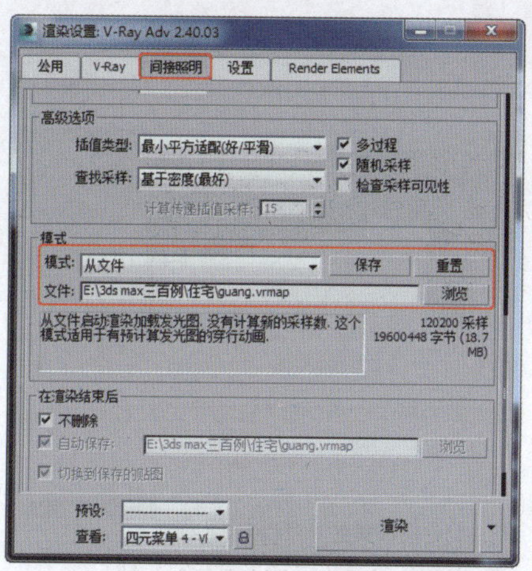

图15-134 查看参数

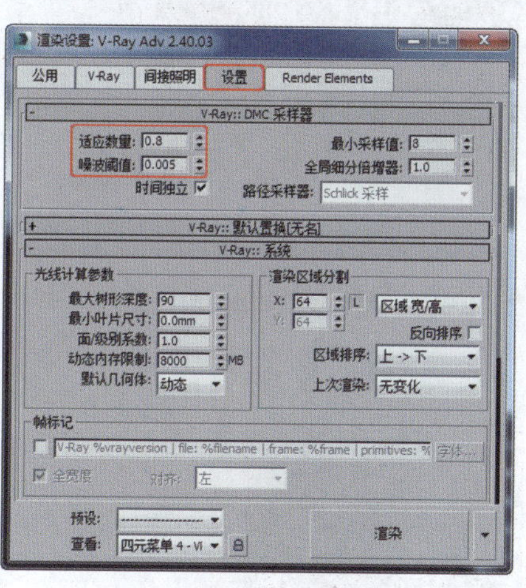

图15-135 设置参数

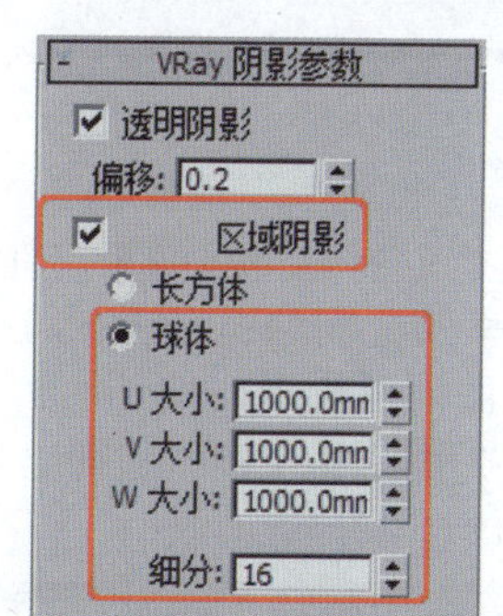

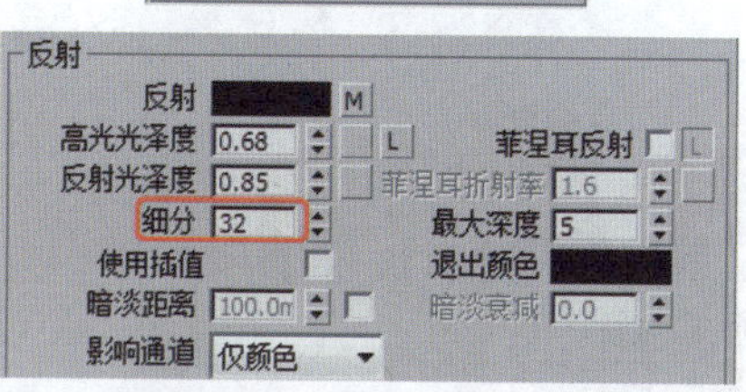

图15-136 设置参数

提 示

一般要自己测试区域阴影，在测试时使用小尺寸并关闭抗锯齿设置。

❻ 渲染场景，效果如图15-137所示。

图15-137 渲染场景效果

❼ 使用“本_强强”插件渲染一幅通道图并将其命名为“通道1”，效果如图15-138所示。

注 意

需要将场景灯光删除，并将“间接照明”选项卡中的GI关闭。在将所有材质转换为通道材质后，千万不要保存场景。

图15-138 渲染通道图

❽ 为整个主体楼、两个配楼、所有园林设施、后方背景树、湖水、小品、道路分别指定一种材质，再渲染一幅通道图并将其命名为“通道2”，效果如图15-139所示。

图15-139 渲染颜色通道图

实例300 后期处理

通过Photoshop软件打开渲染输出的效果图和通道图并进行后期处理，使整个画面色调和光影的协调性、统一性、完整性达到满意效果。

实例制作步骤

视频路径	视频\Cha15\实例300 后期处理（上）.mp4，实例300 后期处理（下）.mp4		
难易程度	★★★★	学习时间	36分38秒，36分50秒

❶ 打开Photoshop软件，导入渲染的效果图文件和通道图文件，效果如图15-140所示。

图15-140 导入图像文件

❷ 将两幅通道图拖出为小窗口模式，按V键激活“移动工具”，按住Shift键将通道图拖入效果图文件中，取消“通道2”所在图层（即“图层2”）的可见性；选择“背景”图层，按Ctrl+J组合键复制得到“背景副本”图层，按Ctrl+Shift+]组合键将该副本图层置顶，并在“指示图层可见性”图标上右击，将其用颜色标示，效果如图15-141所示。

图15-141 复制并设置图层

❸ 切换到“通道”面板，选择“Alpha 1”通道，按住Ctrl键单击“Alpha 1”通道的通道缩览图，按Ctrl+Shift+I组合键将其反选，效果如图15-142所示。

❹ 切换到“图层”面板，单击“创建新图层”按钮创建新图层，效果如图15-143所示。

❺ 双击前景色色块，在打开的对话框中设置青蓝之间偏青的颜色，如图15-144所示，单击“确定”按钮。

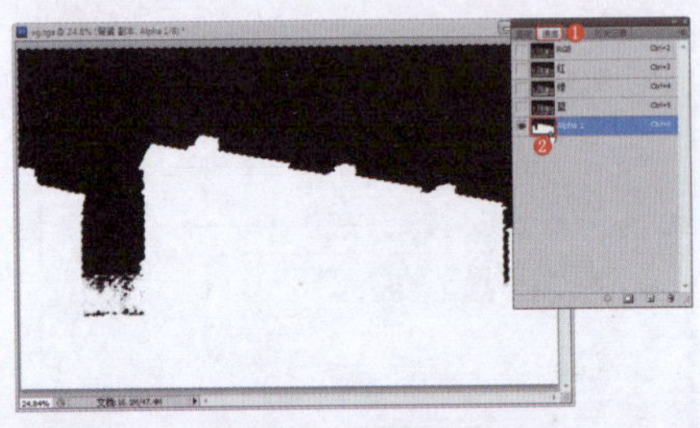

图15-142 载入选区

图15-143 新建图层

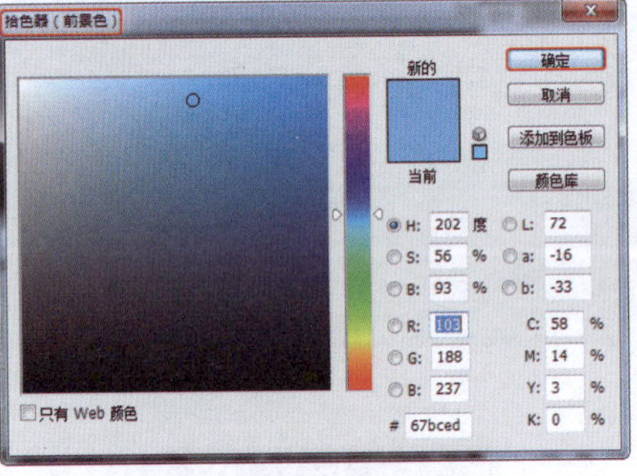

图15-144 设置颜色

❻ 在“图层”面板的下方单击“添加图层蒙版”按钮，解除图层与图层蒙版之间的链接状态，选择该图层的图层缩览图，按G键激活“渐变工具”，从上向下拖动出渐变效果，如图15-145所示。

图15-145 创建渐变效果

❼ 导入云素材（位于随书配套资源中的“Scene\第15章\云.jpg”文件），按Ctrl+Shift+U组合键去色，按Ctrl+Shift+L组合键应用自动色调，效果如图15-146所示。

图15-146 添加并调整素材

❽ 按住Ctrl键单击渐变天空图层的图层蒙版缩览图以载入选区，为云所在图层添加图层蒙版，解除图层与图层蒙版之间的链接状态；选择该图层的图层缩览图，按住Ctrl键单击云所在图层的图层缩览图以载入图像选区，按V键激活“移动工具”，在层内复制图像，按Ctrl+T组合键调出自由变换控制框，按住Shift键均匀缩放图像，按V键调整图像至合适的位置；设置该图层的混合模式为“滤色”，“不透明度”为80%，按E键使用“橡皮擦工具”擦除多余的部分，效果如图15-147所示。

图15-147 调整图像

❾ 选择“背景 副本”图层，按Ctrl+Shift+]组合键将该图层置顶，按住Ctrl键单击天空所在图层的图层蒙版缩览图以载入选区，确认选择“背景副本”图层，按Delete键将选区内的图像删除，效果如图15-148所示。

图15-148 删除图像

❿ 按Ctrl+D组合键取消选区状态，按Ctrl+J组合键复制图层，设置

图层的混合模式为“滤色”，“不透明度”为40%，如图15-149所示，按Ctrl+E组合键向下合并图层。

图15-149 设置图层属性

⑪ 导入“TA90草地.psd”素材文件，按Ctrl+T组合键调出自由变换控制框，按住Shift键均匀缩放图像，如图15-150所示，按Enter键确定调整效果。

图15-150 导入并调整素材

⑫ 按Ctrl+L组合键打开“色阶”对话框，调整图像，使亮的区域更亮、暗的区域更暗以加强对比，如图15-151所示，单击“确定”按钮，使用选区方式删除应该被遮挡的区域中的图像。

图15-151 调整色阶

⑬ 利用通道图所在图层载入远景树选区，在“图层”面板中单击“创建新图层”按钮创建新图层，将其命名为“树雾效”，单击“添加图层蒙版”按钮添加图层蒙版，解除图层和图层蒙版之间的链接状态；选择该图层的图层缩览图，按G键激活“渐变工具”，在工具属性栏中单击“点击可编辑渐变”色条，在打开的“渐变编辑器”对话框中选择“前景色到透明渐变”预设，在文件中从上向下拖动出渐变效果；设置图层的混合模式为“滤色”，“不透明度”为60%；按Ctrl+M组合键打开“曲线”对话框，压暗图像以达到增加饱和度并稀释雾效的效果，如图15-152所示，单击“确定”按钮。

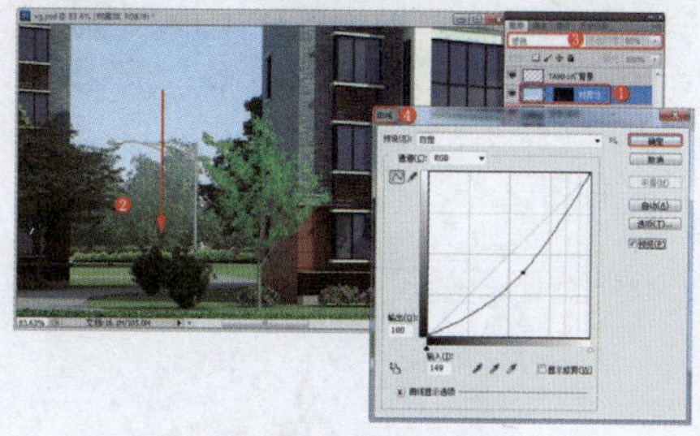

图15-152 调整图像

提 示

调整曲线压暗画面，有可能同时使饱和度增加。

⑭ 使“通道2”所在图层可见，按W键激活“魔棒工具”以载入配楼选区，在“图层”面板中单击“创建新图层”按钮创建新图层，单击“添加图层蒙版”按钮添加图层蒙版，解除图层和图层蒙版之间的链接状态；选择该图层的图层缩览图，按G键激活“渐变工具”，拖动出渐变效果；设置该图层的混合模式为“滤色”，“不透明度”为40%，效果如图15-153所示。

⑮ 使用“通道1”所在图层载入白墙选区，选择“背景 副本”图层，按Ctrl+J组合键复制选区中的图像到新的图层中，将新图层命名为“白墙”；按住Ctrl键单击该图层的图层缩览图以载入选区，按Q键进入快速蒙版编辑状态，按W键激活“魔棒工具”，选择红色区域，按G键激活“渐变工具”，在工具属性栏中单击“点击可编辑渐变”色条，在打开的“渐变编辑器”对话框中选择“前景色到背景色渐变”预设，由下向上拖动出渐变效果，效果如图15-154所示。

图15-153 创建渐变效果并设置图层属性

图15-154 创建渐变效果

⑯ 按Q键退出快速蒙版编辑状态，按Ctrl+U组合键打开“色相/饱和度”对话框，降低“明度”数值，使楼体有从上向下受光影响的明暗变化，如图15-155所示，单击“确定”按钮。

图15-155 调整明度

⑰ 按Ctrl+B组合键打开“色彩平衡”对话框，单击“高光”单选按钮，加些青蓝，如图15-156所示，单击“确定”按钮。

图15-156 调整色彩平衡

⑱ 使用“通道1”所在图层载入一层墙选区，选择“背景 副本”图层，按Ctrl+J组合键复制选区中的图像到新的图层中，将新图层命名为“一层墙”，使用“色阶”命令加强明暗对比；按M键激活“矩形选框工具”，框选如图15-157所示的区域，使用“曲线”命令压暗该区域的图像，打开“色彩平衡”对话框，单击“阴影”单选按钮，加些蓝青色，单击“确定”按钮。

图15-157　调整图像

⑲ 使用“通道1”所在图层载入灰砖墙选区，选择“背景 副本”图层，按Ctrl+J组合键复制选区中的图像到新的图层中，将新图层命名为“灰砖墙”，按Ctrl+L组合键打开“色阶”对话框，加强图像的明暗对比，单击“确定”按钮；按M键激活“矩形选框工具”，框选阴面区域，使用“曲线”命令压暗该区域的图像，效果如图15-158所示。

图15-158　调整图像

⑳ 按Ctrl+D组合键取消选区，按住Ctrl键单击“灰砖墙”图层的图层缩览图，按Q键进入快速蒙版编辑状态，按W键激活“魔棒工具”，选择红色区域，按G键激活“渐变工具”，由下向上拖动出渐变效果，按Q键退出快速蒙版编辑状态；按Ctrl+U组合键打开“色相/饱和度”对话框，调整“明度”数值以压暗图像，使墙体有明暗变化，单击“确定”按钮，效果如图15-159所示。

㉑ 使用“通道1”所在图层载入镂空选区，选择“背景 副本”图层，按Ctrl+J组合键复制选区中的图像到新的图层中，将新图层命名为“镂空”；按Ctrl+L组合键打开“色阶”对话框，加强图像的明暗对比，单击“确定”按钮；按住Ctrl键单击该图层的图层缩览图以载入选区，按Q键进入快速蒙版编辑状态，使用“魔棒工具”选择红色区域，按G键激活“渐变工具”，由下向上拖动出渐变效果，按Q键退出快速蒙版编辑状态；按Ctrl+U组合键打开“色相/饱和度”对话框，降低“明度”数值，如图15-160所示，单击“确定”按钮。

图15-159　调整图像

图15-160　降低明度

㉒ 选择“通道1”所在图层，按W键激活“魔棒工具”，选择窗框，按住Shift键加选檐口、窗沿，选择“背景 副本”图层，按Ctrl+J组合键复制选区中的图像至新的图层中，将新图层命名为“窗框、檐口、窗沿”；按Ctrl+L组合键打开“色阶”对话框，加强图像的明暗对比，单击“确定”按钮；进入快速蒙版编辑状态，选择如图15-161所示的区域，由下向上拖动出渐变效果，然后压暗图像。

图15-161　调整图像

㉓ 使用“通道1”所在图层载入玻璃选区，选择“背景 副本”图层，按Ctrl+J组合键复制选区中的图像到新的图层中，将新图层命名为“玻璃”；进入快速蒙版编辑状态，选择相应区域，按Ctrl+M组合键打开“曲线”对话框，整体提亮图像，如图15-162所示，单击“确定”按钮。

㉔ 按Ctrl+D组合键取消选区，按Ctrl+L组合键打开“色阶”对话框，增强图像的明暗对比，如图15-163所示，单击“确定”按钮。

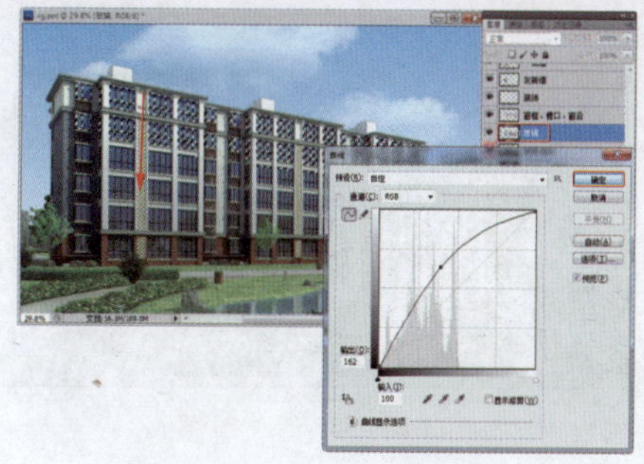
图15-162 调整曲线

图15-163 调整色阶

㉕ 进入快速蒙版编辑状态，选择如图15-164所示的区域，按Ctrl+U组合键打开“色相/饱和度”对话框，降低饱和度，单击“确定”按钮。

图15-164 选择要调整饱和度的区域

㉖ 使用“通道1”所在图层载入草地选区，选择“背景 副本”图层，按Ctrl+J组合键复制选区中的图像到新的图层中，将新图层命名为“草地”；按Ctrl+L组合键打开“色阶”对话框，加强图像的明暗对比，单击“确定”按钮；按Ctrl+U组合键打开“色相/饱和度”对话框，降低饱和度，单击“确定”按钮；按Ctrl+B组合键打开“色彩平衡”对话框，加些青蓝色，单击“确定”按钮，效果如图15-165所示。

图15-165 调整图像

㉗ 使用“通道1”所在图层载入灌木选区，选择“背景 副本”图层，按Ctrl+J组合键复制选区中的图像到新的图层中，将新图层命名为“灌木”；按Ctrl+M组合键打开“曲线”对话框，整体提亮图像，单击“确定”按钮；按Ctrl+L组合键打开“色阶”对话框，加强图像的对比，单击“确定”按钮；按Ctrl+B组合键打开“色彩平衡”对话框，调整图像的颜色，单击“确定”按钮，效果如图15-166所示。

图15-166 调整图像

㉘ 使用“通道1”所在图层载入带花灌木选区，选择“背景 副本”图层，按Ctrl+J组合键复制选区中的图像到新的图层中，将新图层命名为“带花灌木”；按Ctrl+L组合键打开“色阶”对话框，加强图像的明暗对比，单击“确定”按钮；按Ctrl+U组合键打开“色相/饱和度”对话框，降低饱和度，单击“确定”按钮；按Ctrl+B组合键打开“色彩平衡”对话框，单击“中间调”单选按钮，加些绿蓝色，如图15-167所示，单击“确定”按钮。

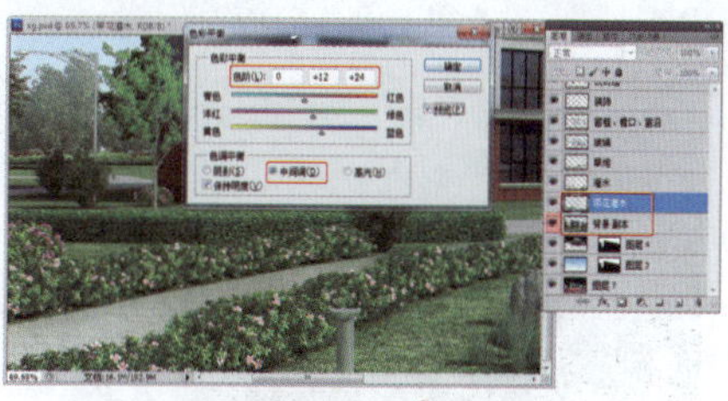
图15-167 调整图像

㉙ 将花丛图像从“背景 副本”图层中复制到新的图层中，对花丛进行颜色调整，效果如图15-168所示。

图15-168 调整花丛图像

㉚ 将绿篱图像从“背景 副本”图层中复制到新的图层中，按Ctrl+B组合键打开“色彩平衡”对话框，单击“中间调”单选按钮，加些洋红色，如图15-169所示，单击“确定”按钮。

图15-169 调整色彩平衡

㉛ 将草图像从“背景 副本”图层中复制到新的图层中，对草进行颜色调整，效果如图15-170所示。

图15-170 调整草图像

㉜ 将楼前的树图像从“背景 副本”图层中复制到新的图层中，按Ctrl+U组合键打开“色相/饱和度”对话框，降低饱和度，单击“确定”按钮，效果如图15-171所示。

图15-171 降低饱和度

㉝ 将水图像从“背景 副本”图层中复制到新的图层中，按Ctrl+L组合键打开“色阶”对话框，增强图像的明暗对比，单击“确定”按钮；按Ctrl+U组合键打开“色相/饱和度”对话框，降低饱和度，单击“确定”按钮；按Ctrl+B组合键打开“色彩平衡”对话框，单击“中间调”单选按钮，加些红、绿、蓝色，如图15-172所示，单击“确定”按钮。

㉞ 将小路图像从“背景 副本”图层中复制到新的图层中，将小路压暗，效果如图15-173所示。

图15-172　调整色彩平衡

图15-173　将小路压暗

㉟ 场景中左侧配楼的顶部结构处于曝光状态且分不开面，选择“白墙”图层，按L键激活“多边形套索工具”，抠选出左侧配楼的正面结构，按Ctrl+U组合键打开“色相/饱和度”对话框，稍微降低“明度”数值，单击“确定”按钮，效果如图15-174所示。

注 意

在选择需要降低明度的面之前，应先观察灯光的方向。

图15-174　调整明度

㊱ 导入“shinei.psd”素材文件，分别将各图层中的图像拖入效果图文件中并添加图层蒙版，效果如图15-175所示。

图15-175　拖入图像并添加图层蒙版

㊲ 选择所有窗玻璃素材所在图层，按Ctrl+E组合键合并图层，设置图层的混合模式为“滤色”，“不透明度”为40%；按Ctrl+R组合键调出标尺，从上向下拖出一条辅助线，大概位于高出地面1.7m的位置，将该辅助线作为人物头顶的参照，效果如图15-176所示。

图15-176　拖出辅助线

㊳ 导入“ren.psd”素材文件，分别将人物图像拖入效果图文件中，并分别复制人物图像，将其作为人物的阴影；按Ctrl+T组合键调出自由变换控制框，按住Ctrl键单击控制框上方中间的点以压扁人物阴影，人物阴影的方向要与绿植和小品阴影的方向相符；按E键激活“橡皮擦工具”，擦除并虚化人物阴影的上面部分，使人物阴影在人物脚部的位置有向上由实到虚的变化；按Ctrl+U组合键打开“色相/饱和度”对话框，降低“明度”数值，使人物阴影降到全黑，单击“确定”按钮；再次按Ctrl+U组合键打开“色相/饱和度”对话框，提高“明度”数值，稍微提亮图像，单击“确定”按钮；在菜单栏中选择“滤镜”→“模糊”→“高斯模糊”或“动感模糊”命令，在打开的对话框中设置参数，使阴影模糊，单击“确定”按钮，效果如图15-177所示。

图15-177　制作人物阴影效果

㊴ 将辅助线拖出文件操作窗口，以取消辅助线。选择最上方的图层，按Ctrl+Shift+Alt+E组合键盖印可见图层到新的图层中，在菜单栏中选择“滤镜”→“艺术效果”→“海报边缘”命令，应用“海报边缘”效果；按E键激活“橡皮擦工具”，擦除天空及其他有水渍效果的区域，按V键后再按5键，设置最上方图层的“不透明度”为50%，效果如图15-178所示。

图15-178　调整图像

㊵ 使用“通道2”所在图层载入主体楼选区，复制得到新图层，按Ctrl+Shift+]组合键将新图层置顶；设置新图层的混合模式为“滤色”，在菜单栏中选择“滤镜”→“模糊”→“高斯模糊”命令，在打开的对话框中设置“半径”为50像素，如图15-179所示，单击“确定”按钮。

图15-179　设置高斯模糊

㊶ 设置新图层的“不透明度”为30%，如图15-180所示。

图15-180　设置图层属性

㊷ 选择应用“海报边缘”效果的图层，按Ctrl+Shift+Alt+E组合键盖印可见图层到新的图层中，在菜单栏中选择“滤镜”→“锐化”→“USM锐化”命令，在打开的对话框中设置合适的“数量”和“半径”数值，如图15-181所示，单击“确定”按钮。

图15-181　设置USM锐化

㊸ 选择最上方的图层，再次盖印图层，设置盖印图层的混合模式为“正片叠底”；按Ctrl+M组合键打开

“曲线”对话框，压暗图像，如图15-182所示，单击“确定”按钮。

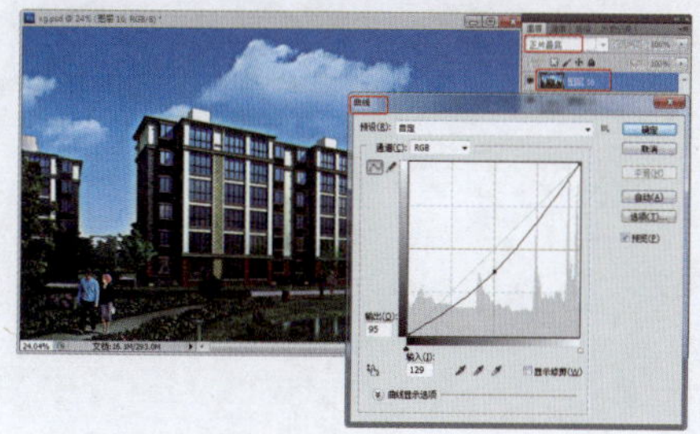

图15-182 调整曲线

44 按E键激活“橡皮擦工具”，按]键将画笔笔尖放大，按0键将“不透明度”调整为100%，使用柔边画笔笔尖擦除中间的区域，留出四角以制作四角压暗的画面效果；设置合适的“不透明度”数值以调整图像效果（如60%），效果如图15-183所示。

图15-183 擦除图像并设置图层属性

45 再次按Ctrl+Shift+Alt+E组合键盖印图层，按Ctrl+B组合键打开“色彩平衡”对话框，调整色调，如图15-184所示，可根据显示器显色和个人喜好进行调整，单击“确定”按钮。

图15-184 调整色彩平衡